제3판

# 토질시험

## 원리와 방법

제3판

# 토질시험

## 원리와 방법

이상덕 저

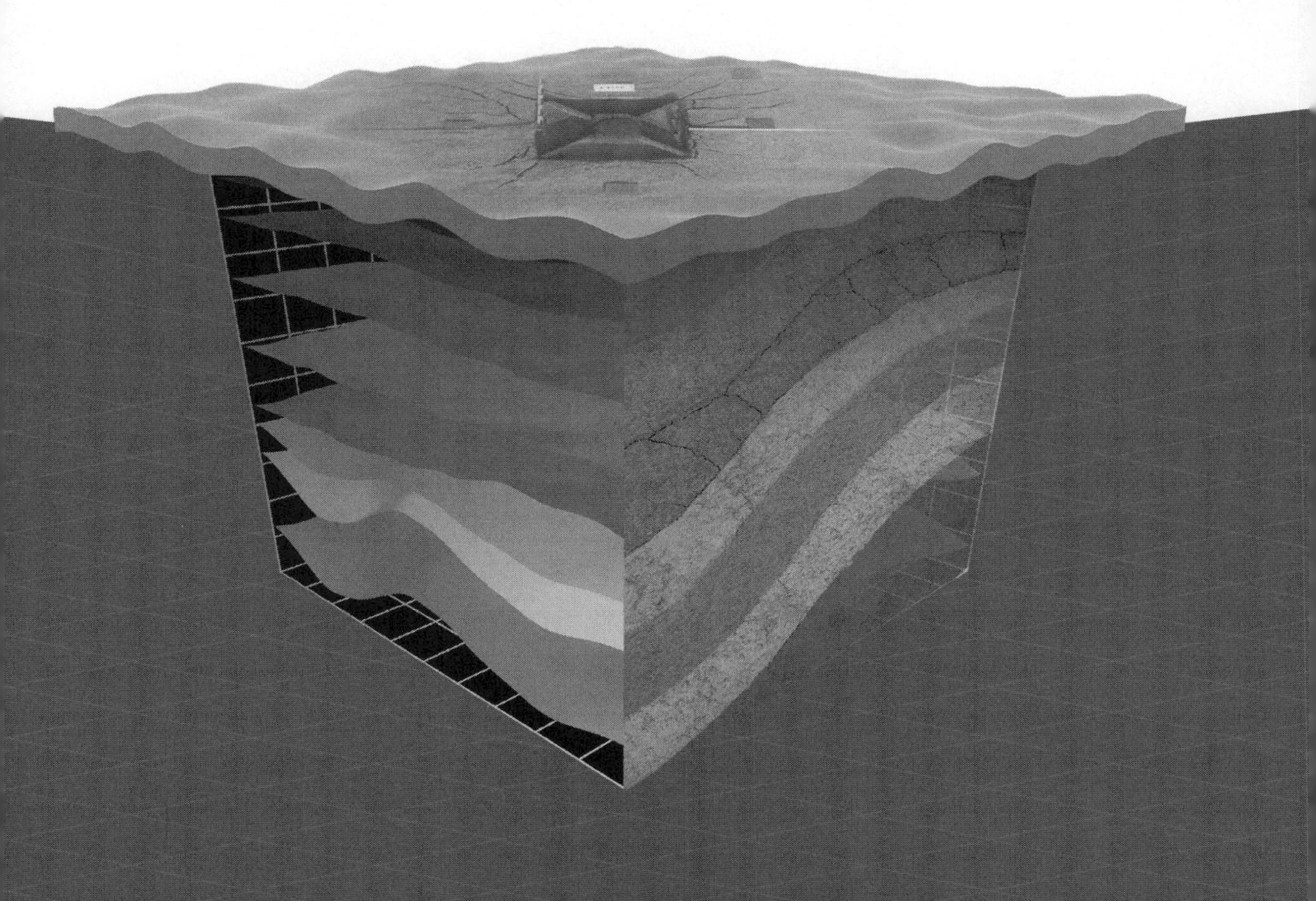

씨아이알

# 머 리 말

최근 건설공사에서 발생되는 각종 사고들로 인하여 인명과 시설 및 장비가 손상되어서 막대한 경제적인 손실이 일어나 사회적인 문제가 되고 있으며, 땀흘려 일한 건설 기술자의 공로가 가려질 뿐만 아니라 건설기술자에 대한 사회적인 편견이 조장되고 있어서 여간 가슴아픈 일이 아닐 수 없다.

이러한 건설공사에서 문제발생의 시발 내지는 가장 큰 원인으로 지반조사의 불확실성을 거론할 수 있겠다. 따라서 철저하고 신뢰성 있는 지반조사가 이루어지기 위해서는 토목공학을 시작하는 학생들로 하여금 건설기술자로서의 철저한 책임의식과 자긍심을 갖도록 하고, 완전한 기술을 습득하도록 하는 일이 중요하다고 하겠다. 또한 기존의 일선 기술자들은 지금까지 해왔던 실내 및 현장 토질시험방법들을 재검토할 필요가 있다고 하겠다.

본 책에서는 토목공학을 시작하는 학생들은 물론 현재 토목공학에 종사하는 일선 기술자들이 **이론과 시험**을 동시에 이해할 수 있도록 노력하였다. 이를 위하여 현재 실무에서 진행되고 있는 **실내시험**과 **현장시험**들을 최대한 수록하였다.

그동안 지반공학 분야를 강의하면서 느낀 바와 많은 실무 기술자들이 요구하는 바를 수용하여 집필방향을 설정하였으며 실내 및 현장 토질시험들의 **이론적인 배경**과 **시험방법**들을 체계화하여, 객관적이고 보편타당한 시험결과를 확보할 수 있는 토질시험의 참고도서가 될 수 있도록 노력하였다.

본 책에서는 아직 전문적인 지식이 부족한 초보 기술자들도 토질시험 과정을 쉽게 이해할 수 있도록 각 시험의 **흐름도**를 제시하였으며 시험을 수행하고 자료를 정리하고 분석할 수 있는 능력을 습득할 수 있도록 각 시험법마다 **Data Sheet**를 수록하였다.

현재 국내에서는 시험장비와 실무 기술자들의 선호에 따라 각종 **시험규정**들이 혼용되고 있어 설계 및 시공상 문제점들이 야기되고 있음은 물론이고 시험방법들이 통일되지 않고 중구난방인 점을 부인할 수 없는 실정이다.

따라서 시험의 내용을 기술함에 있어서 **한국공업규격**을 기준으로 하였으며, 한국 공업규격에서 누락된 내용들은 영국(BS), 독일(DIN), 일본(JIS), 미국(ASTM)의 규정들을 참고 하였다.

본 책에서 현재 수행되고 있는 실내 및 현장 토질시험들이 완전히 망라되었다고는 생각하지 않으며 앞으로 더 많은 조언과 질책을 받는다면 해가 거듭될수록 더 좋은 참고도서가 될 것으로 확신한다.

인간이 자연현상을 이해하는 데에는 한계가 있음을 깊이 느끼고 있으나 토질시험 기술자로서 구조물 건설에 가장 중요한 정보를 취득하고 있다는 자부심과 사명감을 가지고 겸허하게 최선을 다한다면 자연현상이라 할지라도 많은 이해가 가능할 것으로 확신한다.

본 책은 저자 혼자만의 힘으로 이루어진 것이 아니고 그동안 주위에서 지도와 격려를 아끼지 않았던 많은 동료 교수님들과 학생들 그리고 실무기술자들의 힘을 합하여 이루어진 **공동작품**임을 언급하고 싶다.

헌신의 노력을 기울여준 아주대학교 지반공학 연구실의 강세구, 김용설, 김은섭, 남순기, 이용준, 송영두군의 노고에 대해서도 언급하고 싶다.

또한 성은, 민선, 륜정, 원희에게는 가장으로서 함께하지 못한 많은 시간들에 대해서 이 책으로나마 보답하고 싶은 마음이 간절하다.

끝으로 본 책이 출간될 수 있도록 애써주신 도서출판 새론의 한민석 사장님을 비롯한 여러분들께 감사 드린다.

1996. 2.<br>저 자.

개정판을 내면서

건설현장에서 일어나는 각종 사고로 인해서 막대한 경제적 손실은 물론 인명피해가 발생하여 사회적으로 문제가 되고, 건설 기술자의 공로가 가려지며 건설기술자에 대한 부정적 편견이 조장되고 있어서 여간 가슴 아픈 일이 아닐 수 없다.

건설공사에서 문제발생의 가장 큰 원인으로 지반상태 파악의 불확실성이 자주 거론되고 있다. 지반상태 파악의 불확실성을 낮추기 위해서는 철저하고 신뢰성 있는 지반조사가 이루어져야 하고, 이를 위해서는 담당 기술자들이 구조물 건설에 가장 중요한 정보를 취득한다는 자부심과 사명감을 갖고 완전한 실내 및 현장 시험기술을 습득하여 책임감 있게 최선을 다해야할 것이다.

본 책에서는 **이론과 시험**을 분리해서 생각하지 말고 동시에 이해할 수 있도록 하기 위해서 현재 실무에서 진행되고 있는 **실내시험**과 **현장시험**들을 최대한 수록하였다. 그동안 지반공학을 강의하고 현장을 보면서 느낀 바와 많은 실무 기술자들이 요구하는 바를 수용하였으며, **이론적 배경**과 **시험방법**들을 체계화하여, 객관적이고 보편타당한 시험결과를 확보할 수 있는 토질시험의 참고도서가 될 수 있도록 노력하였다.

현재 국내에서는 각종 **시험규정**들이 혼용되고 시험방법과 결과도출이 통일되지 않은 경우가 있다. 또한, 해외공사가 증가하면서 한국 산업규격에 없는 시험에 대한 지식이 필요할 때가 많다.

따라서 본 책은 **한국산업규격**을 기준으로 기술하면서 한국 산업규격에 없는 내용들은 영국(BS), 독일(DIN), 일본(JIS), 미국(ASTM)의 규정들을 참고하였다.

본 책은 그동안 주위에서 지도와 격려를 아끼지 않았던 많은 동료들과 학생들 그리고 실무기술자들의 힘을 합하여 만든 **공동작품**이다. 헌신의 노력을 보여준 아주대학교 지반공학 연구실 연구원들의 노고를 치하하고 싶다.

끝으로 본 개정판의 출간을 적극 추진한 도서출판 CIR의 김성배 사장님과 관계자 여러분들께 감사드린다.

2014.8. 沃湛齋에서 淸愚 李 相德.

# 일 러 두 기

| 시험종류 | KS | BS | ASTM | AASHTO | DIN | JIS | 본문내용 |
|---|---|---|---|---|---|---|---|
| 시료조제 | F 2301 | 1377 Test 7 | D 421, D 422 | T 27, T 88 | | A 1201 T 1979 | 1.2 |
| 흙의 분류 | F 2430 | | | | 18196 | JSF MI-73 | 2.1 |
| 체분석 | F 2302 | 1377 Test 7 | D 421, D 422 | T 27, T 88 | 18123 | A 1204 -80 | 2.2 |
| 비중계분석 | F 2302 | 1377 Test 7 | D 421, D 422 | T 88 | 18123 | A 1204 | 2.2 |
| 함수량시험 | F 2306 | 1377 Test 1 | D 2216 | T 265 | 18121 T 1 | A 1203 -78 | 3.2 |
| 비중시험 | F 2308 | 1377 Test 6 | D 854 | | 18124 | A 1202 -78 | 3.3 |
| 사질토최대/최소 건조단위중량시험 | F 2345 | | D 2049 -69 | | 18126 | | 3.4 |
| 모래치환법 | F 2311 | 1377, 1924 | D 1556 | T 191 | 18125 T 2 | | 3.5 |
| 동적액성한계시험 | F 2303 | 1377 Test 2 | D 423 D 4318 | T 89 | 18122 T 1 | A 1205 -80 | 4.2 |
| 정적액성한계시험 | | | | | | | 4.2 |
| 소성한계시험 | F 2303 | 1377 Test 3 | D 424 D 4318 | T 90 | 18122 T 1 | A 1206 -78 | 4.3 |
| 수축한계시험 | F 2305 | 1377 Test 5 | D 427 | T 92 | 18122 T 2 | A 1209 -78 | 4.4 |
| 다짐시험 | F 2312 | 1375 Test 12, 13 | D 698 D 1557 | T 99, T 180 | 18127 | A 1210 -80 | 5.2 |
| 정수두투수시험 | F 2322 | | D 2434 | T 215 | 18130 T 1 | A 1218 -79 | 6.2 |
| 변수두투수시험 | F 2322 | | | | 18130 T 1 | A 1218 -79 | 6.2 |

| 시 험 종 류 | KS | BS | ASTM | AASHTO | DIN | JIS | 본문내용 |
|---|---|---|---|---|---|---|---|
| 현 장 투 수 시 험 | | | | | | | 6.3 |
| 압 밀 시 험 | F 2316 | 1377<br>Test 17 | D 2345<br>D 4186 | T 216 | 4016 | A 1217<br>- 80 | 7.2 |
| 삼 축 압 축 시 험 | F 2346 | 1377<br>Test 21 | D 2850<br>-70 | T 226<br>T 334 | 18137 T | | 8.2 |
| 직 접 전 단 시 험 | F 2343 | 1377 | D 3080<br>-72 | T 236 | 18137 T | | 8.3 |
| 일 축 압 축 시 험 | F 2314 | 1377<br>Test 20 | D 2166<br>D 2166 | T 208 | 18136 | A 1216<br>- 79 | 8.4 |
| 베 인 시 험 | F 2342 | 1377<br>Test 18 | D 2573 | T 323 | 4096 | | 8.5 |
| 보 링 조 사 | | | | | 4021 | | 9.3 |
| 사 운 딩 조 사 | | | | | 4094 B 1 | | 9.3 |
| 박 관 시 료 채 취 기 | F 2317 | | | | 4021 | | 10.3 |
| 박 관 피 스 톤 형 시 료 채 취 기 | F 2317 | | | | 4021 | | 10.3 |
| 실 내 C B R 시 험 | F 2320 | 1377<br>Test 16 | D 1883 | T 193 | | A 1211<br>- 80 | 11.2 |
| 현 장 C B R 시 험 | F 2320 | 1924 | D 1883 | T 193 | | | 11.3 |
| 표 준 관 입 시 험 | F 2307 | 1377<br>Test 19 | D 1586 | | 4094 | A 1219 | 12.2 |
| 콘 관 입 시 험 | | | D 3441 | | 4094 | | 12.3 |
| 평 판 재 하 시 험 | F 2310 | | D 1194<br>D 1195<br>D 1196 | T 221<br>T 221<br>T 232 | 18134 | A 1215 | 12.4 |
| 말 뚝 정 적 재 하 시 험 | F 2445 | | D 1143<br>D 3689 | | | | 13.2 |
| 말 뚝 횡 방 향 재 하 시 험 | | | D 3966 | | | | 13.3 |

# 목 차

# 제1장 토질시험 개요

## 1.1 개 요

흙은 암석이 물리적 또는 화학적 풍화작용에 의해 작은 입자로 쪼개져서 생성되며, 생성된 흙은 원위치에(원적토) 머물러 있거나 바람(풍적토), 물(충적토), 빙하(빙적토) 등에 의하여 다른 곳으로 운반되고 퇴적되어(퇴적토) 현재의 지층을 이루고 있다. 또한 이미 생성된 흙도 계속 풍화되어 점점 더 작은 입자로 쪼개지는 과정에 있다.

원적토는 풍화되기 전 모암의 성질을 일부 갖고 있으며 퇴적토는 운반방법과 퇴적과정에 따라 다른 공학적 거동특성을 나타낸다. 거기에다 흙은 비압축성인 고체(흙입자)와 액체(간극수)뿐만 아니라 압축성인 기체(공기)의 삼상으로 이루어져 있으므로 거동특성이 대단히 복잡하다.

일반적으로 현재 지반은 상당히 오랜 기간 동안에 형성된 것이므로 상대적으로 짧은 인간의 수명으로는 그 생성과정과 연대를 정확히 알 수 없다. 또한 매우 긴 생성시간에 비해서 지반조사는 짧은 시간 동안에 국지적으로 이루어지므로 지반의 전체적이고 상세한 거동은 한정된 자료를 근거로 경험에 의존하여 추정할 수밖에 없다. 또한 지반은 생성된 후에도 주변 환경의 변화와 지각변동 등에 의해 매우 복잡하게 변하여 보링조사를 하여도 그 자료의 보편성을 기대하기가 어려운 실정이다. 따라서 짧은 시간에 한정된 위치에서 조사하고 채취한 시료를 가지고 시험하여 전체 지반의 역학적 거동을 예측할 수밖에 없기 때문에 지반판정에는 많은 경험과 기술자로서의 판단능력을 필요로 한다.

토질시험은 크게 실내시험과 현장시험으로 나누어지며 각각 병행하여 수행하는 게 보통이다.

**표 1.1 실내토질시험**

| 실내토질시험 | 시 험 목 적 | 시료 상태 | | 본문 내용 |
|---|---|---|---|---|
| | | 비교란 | 교란 | |
| 입도분포시험<br>체분석<br>비중계분석 | 지반분류, 건설재료로서의 흙의 판정 | | ※ | 2.2 |
| 함수량시험 | 지반분류 | ※ | ※ | 3.2 |
| 비중시험 | 지반분류 | ※ | ※ | 3.3 |
| 사질토 최대 / 최소 건조단위중량시험 | 사질토의 최대 및 최소 건조단위중량 | | ※ | 3.4 |
| 습윤단위중량시험 | 지반분류 | ※ | (※) | 3.5 |
| 아터버그한계시험<br>액성한계<br>소성한계<br>수축한계 | 지반분류, 흙의 컨시스턴시 | | ※ | 4.2<br>4.3<br>4.4 |
| 다짐시험 | 최적함수비(시공관리,건설재료로서의 흙의 판정) | | ※ | 5.2 |
| 실내투수시험 | 투수계수 | ※ | ※ | 6.2 |
| 압밀시험 | 압축성, 압밀특성, 투수계수(침하계산, 시공관리) | ※ | | 7.2 |
| 팽창시험 | 지반의 팽창 특성 | ※ | | 7.2 |
| 삼축압축시험 | 배수 및 비배수 전단강도(지지력, 토압, 안정) | ※ | | 8.2 |
| 직접전단시험 | 배수 및 비배수 전단강도(지지력, 토압, 안정) | ※ | | 8.3 |
| 일축압축시험 | 비배수 전단강도(지지력, 토압, 안정) | ※ | | 8.4 |
| 베인시험 | 비배수 전단강도(지지력, 토압, 안정) | ※ | | 8.5 |
| 노상토지지력시험 | 도로지반의 지지력<br>(도로지반의 치수 결정, 자갈질 모래의 건설재료판정) | | ※ | 11.2 |
| 콘관입시험 | 비배수 전단강도(지지력, 토압, 안정) | ※ | | 12.3 |

실내시험은 다시 교란된 시료를 이용하는 시험과 교란되지 않은 비교란 시료를 이용하는 시험으로 구분된다. 그러나 시료는 비교란 상태로 채취하기가 거의 불가능하다. 즉, 세심하게 주의를 기울여 조사하고 시료를 채취하더라도 시료가 지상으로 유출되면 시료에 가해지는 응력상태와 온도 및 함수비가 변하여 흙이 미세하나마 변형을 일으키므로 흙의 구조골격에 민감한 지반특성은 실내시험으로 정확하게 파악하기가 어렵다. 따라서 교란되지 않은 상태로 현장에서 수행하는 현장시험이 필요하다. 그러나 현장시험은 그만큼 많은 비용과 시간을 필요로 하고 현장시험 여건이 제한된 경우가 많기 때문에 사항의 중요도에 따라 실내시험을 병행할 수밖에 없다. 최근에는 실내시험기술과 장비의 발달로 이와 같은 문제점들이 많이 해결되었으나 그만큼 수행자의 책임감과 전문기술이 전체가 되고 있다.

각 나라마다 지반의 특성을 파악하는 데 필수적인 일부 시험들에 대한 시험방법과 장비를 규정화하여 시험결과의 객관성과 보편 타당성을 확보하기 위해 노력하고 있다. 우리나라도 일부 토질시험에 관한 내용을 한국산업규격(Korean Industrial Standards)으로 규정하여 각종 건설공사에 기본자료를 삼고 있으며, 건설물량이 증가하고 건설의 질이 높아짐에 따라 그 중요성이 강조되고 있다.

인간이 자연을 이해하는 데에는 한계가 있으나 겸허하게 최선을 다하면 자연현상이라 할지라도 많은 이해가 가능할 것으로 확신하며 특히 토질시험자는 구조물 건설에 가장 중요한 정보를 취득하고 있다는 자부심을 갖고 사명을 다해야 할 것이다.

주요 실내시험과 현장시험을 개략적으로 나타내면 표 1.1과 1.2와 같다.

**표 1.2 현장토질시험**

| 현 장 토 질 시 험 | 시 험 목 적 | 본문 내용 |
|---|---|---|
| 현 장 투 수 시 험 | 현장지반의 투수계수 | 6.3 |
| 현 장 베 인 시 험 | 비배수 전단강도(지지력, 토압, 안정) | 8.5 |
| 현장비교란시료채취 | 현장에서 비교란상태의 시료채취 | 10.3 |
| 현장노상토지지력시험 | 도로지반의 지지력 | 11.3 |
| 표 준 관 입 시 험 | 지지력, 역학적 특성, 압축성 | 12.2 |
| 콘 관 입 시 험 | 비배수 전단강도(지지력, 토압, 안정) | 12.3 |
| 평 판 재 하 시 험 | 지지력, 침하특성 | 12.4 |
| 말 뚝 재 하 시 험 | 말뚝의 지지력 | 13.2 |
| 앵 커 인 발 시 험 | 앵커의 인발저항력 | 16.2 |
| 공 내 재 하 시 험 | $K_0$, 역학적특성, 지반내 수평응력 | 18.3 |

# 1.2 시료조제

## 1.2.1 개 요

실내토질시험에서 신뢰성 있는 결과를 얻기 위해서는 시료가 현장지반을 대표할 수 있는 것이어야 한다. 시료는 현장에서 채취하여 운반하고 실내에서 시험을 준비하는 과정에서 그 상태가 달라질 가능성이 있다. 또한 소량의 시료를 취해 실내시험을 수행하기 때문에 현장지반을 대표할 수 없는 시료를 취할 가능성이 높다. 따라서 교란된 시료를 이용하는 시험에서는 시험 전에 시료를 잘 조제해야 한다.

시료는 공기건조상태나 습윤상태로 조제하며, 습윤상태 시료조제방법은 아직 표준화되어 있지 않다. 한국산업규격 KS F 2301에서는 공기건조상태 시료 조제방법이 규정되어 있다. 여기에서는 공기건조시료 조제방법에 대하여 주로 취급하였다. 즉, 시료를 공기건조하고 일부를 취하여 시험할 때 취한 소량시료가 전체시료를 대표할 수 있는 상태가 되기 위해서는 적절한 방법으로 시료를 취해야 하며 이를 시료조제라 한다.

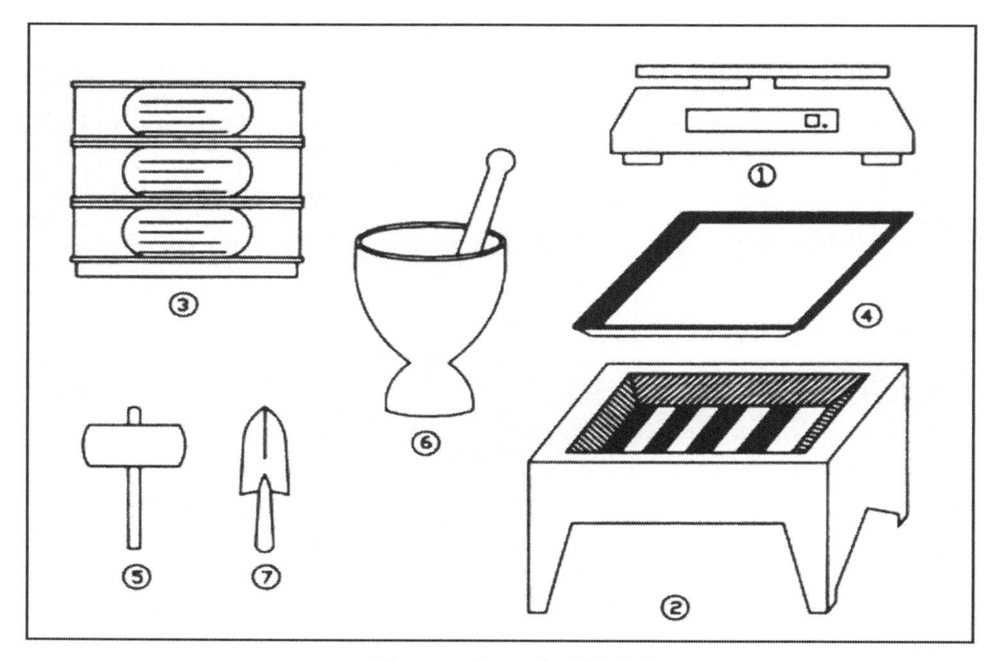


**그림 1.1 시료조제 시험장비**

## 1.2.2 시험장비

① 저울(감량이 시료무게의 0.1%)
② 시료분취기
③ 체(No.4, No.40, No.200)
④ 시료취급 팬
⑤ 고무망치
⑥ 분쇄절구
⑦ 시험삽

## 1.2.3 현장시료 채취

현장에서 전체 지반을 대표할 수 있는 시료를 채취해야 한다. 또한 가능한 한 많은 양의 시료를 채취한 후 4분법 등으로 소요량의 시료를 취하는 편이 좋다(그림 1.2).

시료의 소요량은 시험항목, 횟수 및 조립토 함유량 등에 따라 결정한다.

### 1.2.4 시료의 건조

유기질 또는 특수한 점토광물을 함유하여 시료의 성질이 함수비의 변화에 따라 달라질 수 있는 경우에는 습윤상태로 시료를 조제해야 한다.

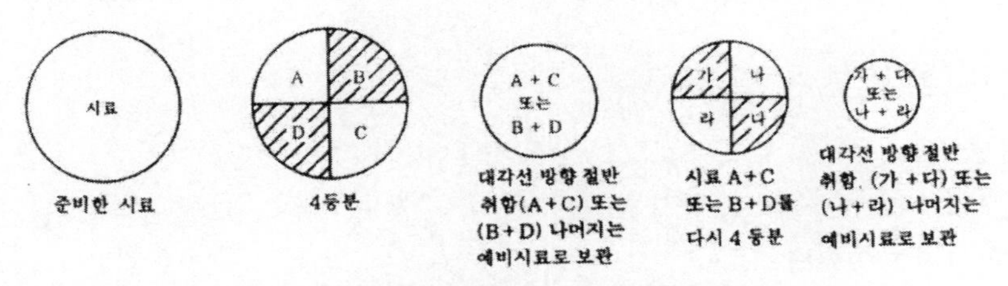


그림 1.2 4분법에 의한 시료조제

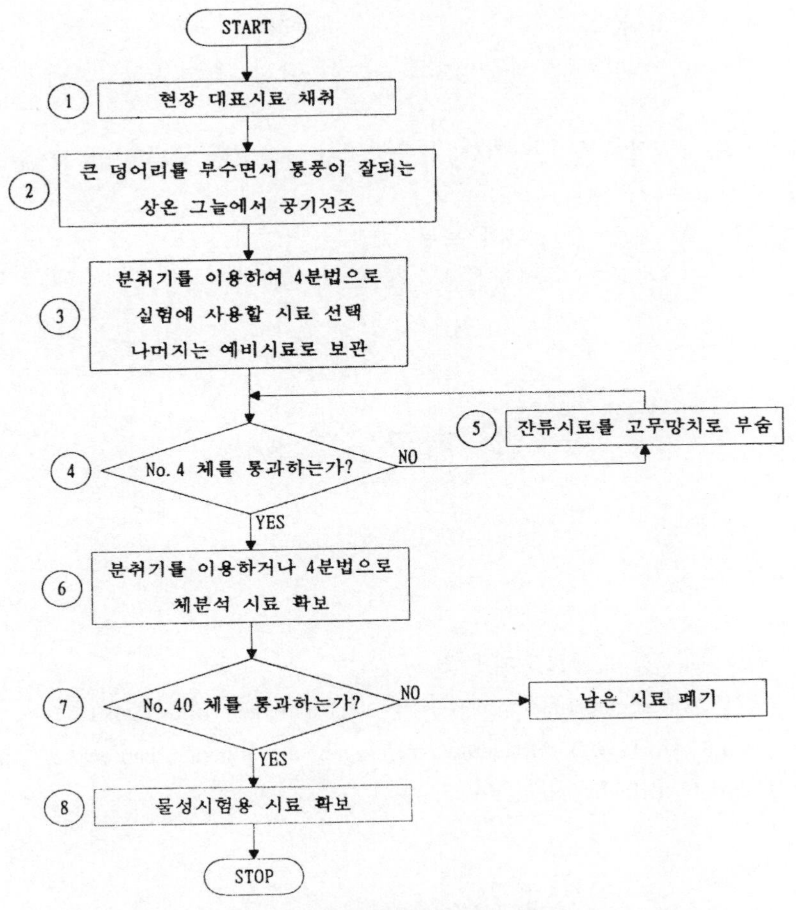


그림 1.3 토질시료 조제 흐름도

시료를 공기건조하면 시료를 잘게 부수기가 쉬워진다. 시료를 공기건조할 때는 직사광선이 비치지 않고 통풍이 잘되는 그늘진 곳에서 상온상태로 건조시킨다. 조립토는 높은 온도에서도 성질이 변하지 않기 때문에 노건조해도 되지만 세립토가 많은 흙은 건조 시에 온도가 높으면 성질이 변할 수 있으므로 상온에서 건조시켜야 한다.

### 1.2.5 시험방법

① 현장을 대표할 수 있는 시료를 채취한다.
② 큰 덩어리를 부수면서 직사광선이 비치지 않고, 통풍이 잘되는 그늘에서 상온으로 공기건조시킨다.
③ 분취기를 사용하거나 4분법을 적용하여 필요한 양의 시료를 취하고, 나머지는 예비시료로 보관한다.
④ No.4 체로 시료를 친다.
⑤ No.4 체에 남은 시료는 고무망치로 부수어 다시 체로 치고, 그래도 남는 시료는 버린다.
⑥ No.4 체로 친 시료를 분취기를 사용하거나 4분법을 적용하여 그 일부를 취하여 체분석 시료로 사용한다.
⑦ 시료를 No.40 체로 치고 체에 남은 시료는 버린다.
⑧ No.40 체 통과시료를 물성시험용 시료로 확보한다.

## 참고문헌

AASHTO T 27, T 88

ASTM D 421. D 422

BS 1377 Test 7

KS F2301 흐트러진 흙의 시료조제방법

Bowles, J. E. (1978). Engineering properties of soils and their measurement.

Schulze E., Muhs H. (1967). Bodenuntersuchungen für Ingenieurbauten. 2. Aufl. Springer Verlag, Berlin / Heidelberg / New York.

# 제2장 흙의 분류 및 표시

## 2.1 흙의 분류 및 표시

### 2.1.1 개 요

지반은 경성지반(암반)과 연성지반(흙지반)으로 분류하며, 물에 용해되지는 않지만 연화되어 풀어지는 지반을 연성지반이라 하고 그렇지 않은 지반을 경성지반이라 한다. 자연에 다양한 상태로 존재하는 지반을 역학적 거동이 유사한 것들끼리 모아 몇 개의 지반그룹으로 나누는 작업을 지반분류라고 한다. 현재 널리 통용되는 공학적 지반분류법들의 근간은 미공병단의 통일분류법(Unified Soil Classification System)이다.

지반은 다음과 같은 여러 가지 관점에 따라 분류할 수 있다.

- 입자의 크기 (2.1.2)
- 입자의 형상 (2.1.3)
- 구성성분 (2.1.4)
- 소성성 (2.1.5)
- 공학적 특성 (2.1.6)

### 2.1.2 입자의 크기에 따른 분류

지반의 역학적 거동은 흙입자 크기에 따라 큰 영향을 받으므로 오래 전부터 입자의 크기에 따라서 지반을 분류해왔다. 흙 지반은 암석이 풍화되는 과정에 있으므로 풍화 정도에 따라 입자 크기가 달라진다. 일반적으로 No. 200체를 통과하지 않고 남는 흙을 조립토라 하고 통과한 흙을 세립토라 한다.

**표 2.1 입자의 크기에 따른 흙의 분류**

| 입자 크기 | (mm) 0.001 0.002 0.006 0.02 0.06 0.2 0.6 2.0 6.0 20.0 63 76.2 100 | | | | | | | | | | |
|---|---|---|---|---|---|---|---|---|---|---|---|
| DIN 4022 | 점 토 | 실 트 | | | 모 래 | | | 자 갈 | | | 암 편 |
| | | 미세 | 중간 | 거침 | 미세 | 중간 | 거침 | 미세 | 중간 | 거침 | |
| MIT | 점 토 | 실 트 | | | 모 래 | | | 자 갈 | | | 암 편 |
| AASHTO | 콜로이드 / 점토 | 실 트 | | | 모 래 | | | 자 갈 | | | 암 편 |
| ASTM | 점 성 토 | | | | 모 래 | | | 자 갈 | | | 암 편 |
| KS F2301 | 콜로이드 / 점 토 | 실 트 | | | 모 래 | | | 자 갈 | | | 암 편 |
| 비교크기 | 0.001 0.002 0.005 0.05 0.074 2.0 4.75 20.0 76.2 100 200<br>좁쌀알 성냥알 완두콩 도토리 계란 (mm) | | | | | | | | | | |

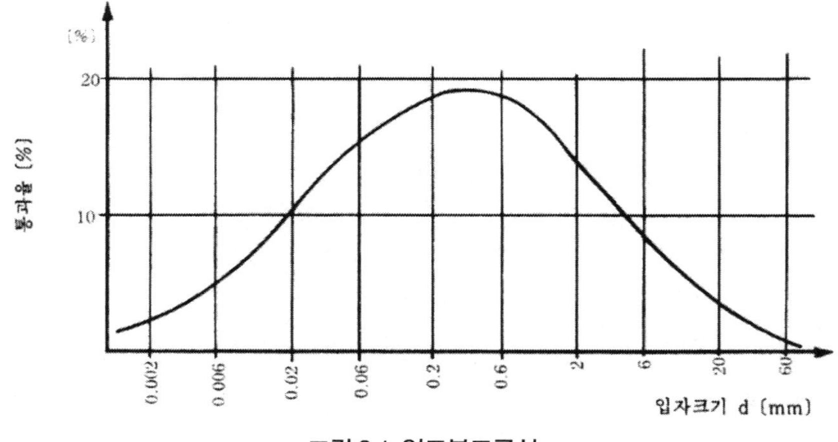


**그림 2.1 입도분포곡선**

조립토의 공학적 특성은 흙의 조밀한 정도에 따라 다르고, 세립토의 공학적 특성은 함수비에 따라 결정된다. 조립토는 체분석을 통하여 그리고 세립토는 비중계 분석을 실시하여 입자 크기를 가름한다. 흙은 입자크기에 따라 표 2.1과 같이 분류한다.

크기가 다양한 입자가 혼합된 흙은 총중량의 40 % 이상을 차지하면서 양이 가장 많은 흙으로 명칭을 붙인다. 그러나 두 가지 흙이 각각 40 % 이상을 차지하면 함량이 많은 순서대로 두 이름을 나란히 붙인다(예. 모래 - 자갈). 전체에 대한 함량이 5～15 % 이면 —'성' 30～40 % 이면 —'질' 등으로 표시하면 편리하다(예. 자갈 4 %, 모래 36 %, 실트 45 %, 점토 15 %인 흙은 '점토성 모래질 실트'로 표시).

지반공학에서 가로축을 입자의 크기로 하고 세로축을 통과백분율로 하여 흙의 입도분포를 나타낸 곡선을 입도분포곡선이라고 한다(그림 2.1).

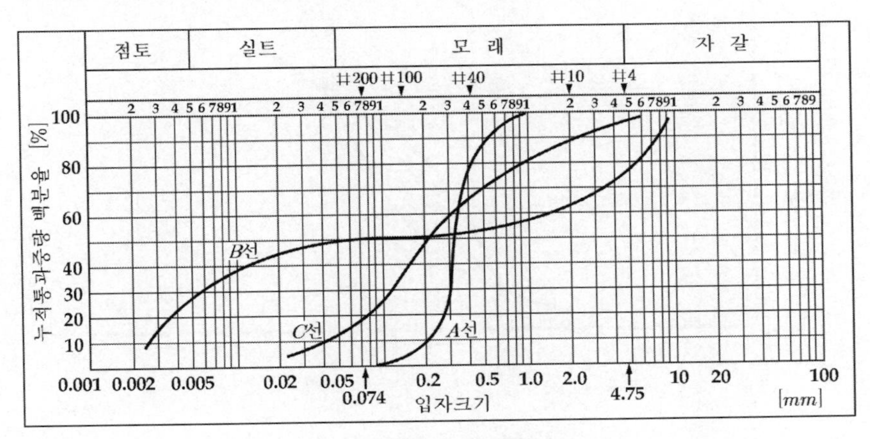


그림 2.2 입경가적곡선

가로 축을 입자의 크기로 하여 세로축에 입경별 누적통과량을 나타내면 지반을 분류하거나 공학적 특성을 예측하는 데 중요한 지침이 되는 곡선이 구해진다. 이러한 곡선을 입경가적곡선이라 하며, 이는 그림 2.1의 입도분포곡선과는 다른 의미를 갖고 있다. 그러나 입경가적곡선은 흙의 공학적 특성을 파악하기에 유리하여 자주 사용하므로 일반적으로 말하는 입도분포곡선은 곧 입경가적곡선을 의미하는 경우가 많다.

지반이 균등한 입자로 구성되면 입경가적곡선 형태가 연직선(그림 2.2에서 A 선)이 되고, 특정한 크기의 입자가 결여된 지반은 수평선(그림 2.2에서 B 선)으로 나타난다. 입도분포가 양호하여 공학적으로 가장 유리한 지반의 입경가적곡선은 거의 대각선(그림 2.2에서 C 선)이 된다.

이와 같이 입도분포곡선은 흙지반의 공학적 특성을 판정하는 데 매우 중요하며 그 모양은 60 % 통과입경 $D_{60}$ 과 10 % 통과입경 $D_{10}$ 으로 정의한 균등계수 $C_u$ 를 이용하여 나타낼 수 있다. 균등계수는 흙지반의 분류와 다짐성의 판단기준이 된다.

$$C_u = \frac{D_{60}}{D_{10}}$$

대체로 균등계수가 $C_u < 6$ 이면 '입자크기가 균등'하여 '공학적으로 불리한 지반'이고 $C_u > 6$ 이면 '입도분포가 양호'하여 '공학적으로 유리한 지반'이다. 자갈, 풍화토, 빙적토 등에서 $C_u > 15$ 인 경우가 있으며 이때는 '입도분포가 매우 불균등'하다고 말한다.

그러나 균등계수가 $C_u > 6$ 이라도 $D_{10}$ 과 $D_{60}$ 사이 곡선의 모양이 다양할 수가 있다.

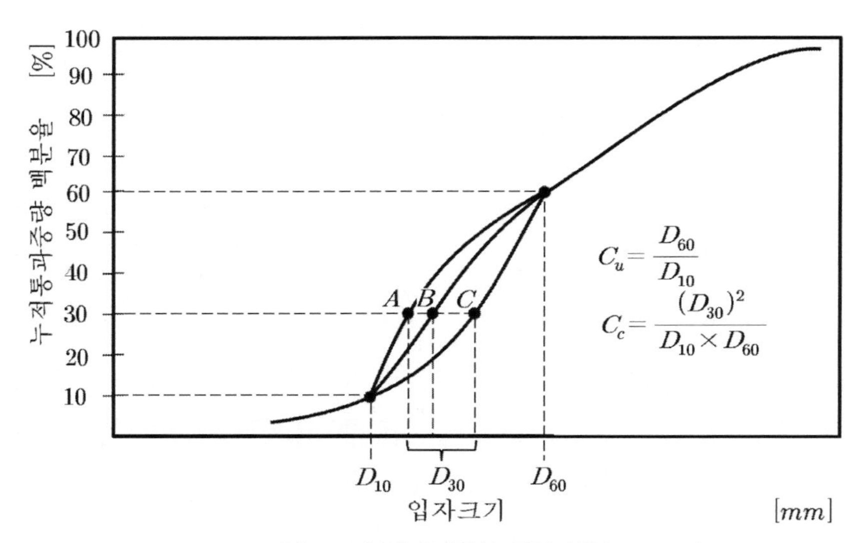


**그림 2.3 입경가적곡선 중간 부분**

따라서 입도분포곡선의 중간 부분의 모양을 더욱 분명하게 표현하기 위해서 $D_{60}$과 $D_{10}$ 사이의 30 % 통과입경 $D_{30}$ 을 고려한 곡률계수 $C_c$ 를 정의한다(그림 2.3).

$$C_c = \frac{(D_{30})^2}{D_{10} \times D_{60}}$$

'입도분포가 양호한 지반'의 곡률계수는 $1 < C_c < 3$ 의 범위에 속한다. 이상에서 균등계수와 곡률계수를 이용하여 흙지반의 입도분포를 객관적으로 표현할 수 있다.

입도분포곡선에서 $D_{10}$ 은 '유효입경'이라고 하며 지반의 간극상태를 나타내기 때문에 지반의 투수성을 경험적으로 판정하는 기준이 된다.

그밖에도 흙지반의 입도분포를 표현하는 방법으로 삼각도법(그림 2.4) 등이 있으나 단순한 입자의 크기만으로 지반을 분류하기 때문에 공학적인 의미가 적어서 지반공학에서는 잘 이용하지 않는다.

## 2.1.3 입자의 형상에 따른 분류

흙입자의 형상은 구성광물의 결정형태와 퇴적전 운반경로에 따라 다르다. 즉, 석영과 같은 육방정계 광물로 구성된 흙입자의 형상은 정육면체나 공모양이며, 광물의 강도가 비등방성이면 막대기나 판모양이 된다. 충적토의 침식되어 물에 의해 운반되는 과정에서 흙입자의 모서리가 깨어지고 표면이 마모되기 때문에 운반거리가 멀고 흐름 속도가 커서 동력 에너지가 클수록 입자의 크기가 균일해지고 표면이 매끄러워진다.

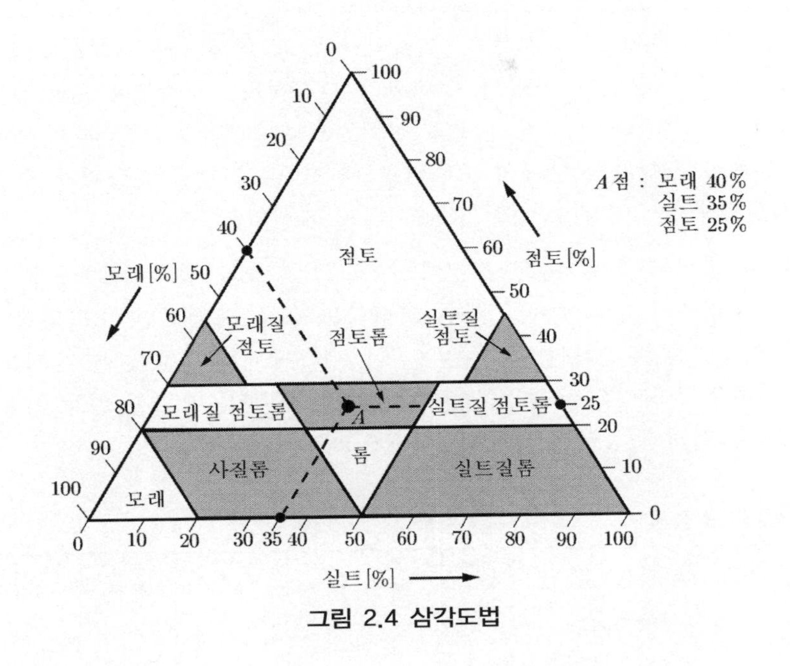


그림 2.4 삼각도법

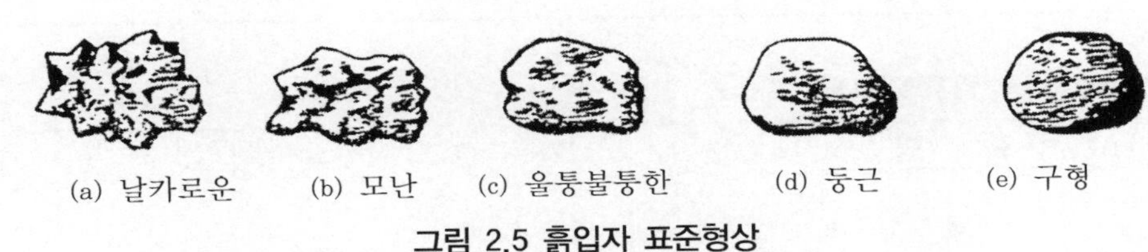


그림 2.5 흙입자 표준형상

조립토는 입자들이 서로 접촉되어 있기 때문에 그 공학적 거동특성이 입자의 배열 상태와 접촉된 형상에 따라 크게 영향을 받는다. 즉, 입자가 둥근 모양이면 입자 간의 마찰만으로 외력에 대해 저항하며 입자가 모나고 울퉁불퉁한 모양이면 마찰저항 외에도 입자간의 맞물림에 의해서 외력에 대한 저항력이 증가한다.

따라서 흙입자의 형상을 고려하여 흙을 분류하려는 시도가 이루어지고 있으나 흙입자의 형상이 워낙 다양해서 이를 고려한 흙의 분류법이 아직은 일반화되어 있지 못하다.

Schulz/Muhs(1967)는 흙입자의 표준형상을 정하여 흙을 분류하였다(그림 2.5).

## 2.1.4 흙의 구성성분에 따른 분류

흙에는 광물입자 이외에 유기질이나 석회 등의 다른 물질이 섞여 있는 경우도 있다. 늪지대나 흐름이 완만한 하천 등에서 퇴적되어 동식물의 잔해가 포함된 흙을 유기질흙이라고 하며 대체로 함수비가 크다. 흙 속에 포함된 유기질은 부패 정도가 다양하다.

즉, 동식물의 잔해가 아직 완전히 부패되지 않고 미생물의 분해작업이 이루어지고 있는 상태에서부터 완전히 탄화된 상태까지 다양하다. 유기질은 증발접시에서 가열하면 산화되므로 흙속의 유기질 함량을 실험적으로 구할 수가 있다. 유기질 함량비는 유기질의 무게와 흙입자의 무게의 중량비로 나타내며 유기질 함량비가 사질토에서 3% 이상, 점성토에서 5% 이상이면 유기질흙이라고 말한다(DIN 4022).

석회성분이 많이 포함된 흙은 점성이 커서 그 강도가 함수비에 따라 급격히 변화한다. 점성은 건조된 상태에서는 매우 크더라도 물로 포화되면 소멸되지만 점착력은 물의 존재 여부와는 무관하여 지하수위 위나 아래에서 일정한 값을 유지한다. 따라서 이러한 점성력을 점착력으로 착각하여 지반의 강도특성을 오판할 가능성이 크다. 석회성분과 건조 흙전체의 중량비를 석회함유율이라고 말한다.

**표 2.2 점성토의 소성성**

| 소 성 성 | 소 성 지 수 $I_p$ |
|---|---|
| 약 소 성 | $I_p < 35$ |
| 중 소 성 | $35 < I_p < 50$ |
| 강 소 성 | $50 < I_p$ |

**표 2.3 점성토의 컨시스턴시**

| 흙의 실제상태 | 컨시스턴시지수 $I_c$ |
|---|---|
| 액 성 | $I_c < 0$ |
| 죽 상 태 | $0 < I_c < 0.50$ |
| 연 성 | $0.50 < I_c < 0.75$ |
| 강 성 | $0.75 < I_c < 1.00$ |
| 반 고 체 | $1.00 < I_c$ |

## 2.1.5 소성성에 따른 분류

점성토의 공학적 거동은 입도분포보다는 오히려 소성특성에 의하여 크게 좌우되며 점성토의 소성특성은 함수비에 따라 다르다. 따라서 점성토지반의 공학적 거동특성을 알기 위해서 반드시 현장 함수비를 측정해야 한다. 점성토의 소성성은 액성한계 $w_L$과 소성한계 $w_P$를 이용하여 정량적으로 표현할 수 있으며 이를 일반적으로 소성지수 $I_p$ 라고 한다.

$$I_P = w_L - w_P$$

사질토는 소성성이 없는($I_p = 0$)지반이며, 실트는 소성성이 낮고($I_p \le 4\%$) 점토는 소성성이 크다($I_p \ge 7\%$).

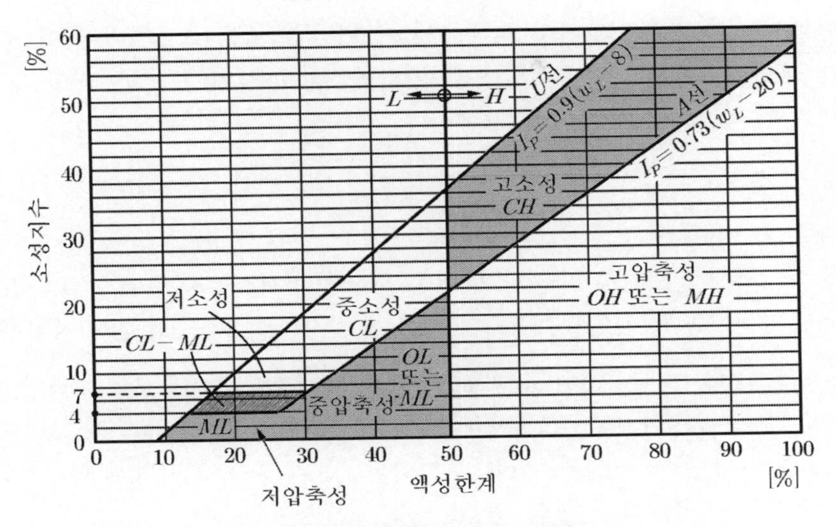


**그림 2.6 Casagrande 소성도표**

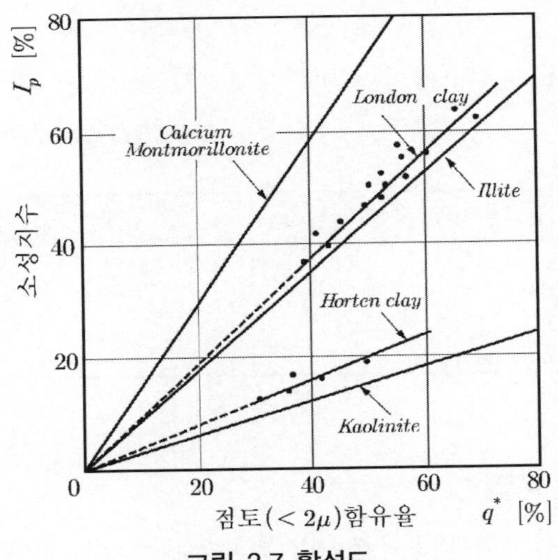


**그림 2.7 활성도**

점성토의 소성특성은 소성지수 $I_p$ 의 크기에 따라 대체로 표 2.2와 같이 구분한다.

그러나 자연함수비 $w$ 인 점성토 지반의 소성성은 소성지수 $I_p$ 만으로는 표현하기에 부족하므로 컨시스턴시 지수 $I_c$ 를 사용한다.

$$I_c = \frac{w_L - w}{w_L - w_p} = \frac{w_L - w}{I_p}$$

컨시스턴시 지수 $I_c$는 $0 < I_c < 1.0$의 값을 가지며 컨시스턴시 지수가 클수록 강성도가 큰 지반이다. 컨시스턴시 지수를 이용하여 흙의 실제 상태를 표 2.3과 같이 표현할 수 있다.

Casagrande(1948)는 점성토의 소성특성을 나타낼 수 있는 소성도표(그림 2.6)를 제시하였다. 점성토의 소성특성은 점토 함유량과 관계가 있고(Skempton, 1953) 이를 활성도 $I_A$(그림 2.7)로 나타낼 수 있다. 활성도는 점토광물의 종류에 따라서 다르므로 활성도로부터 점토의 구성광물을 추정할 수 있다.

$$I_A = \frac{I_p}{\text{점토함유율}}$$

점성토의 활성도가 $I_A < 0.75$이면 비활성이며 $I_A > 1.25$이면 활성이다.

**표 2.4 점토광물의 활성도**

| 점토광물 | 활성도 |
|---|---|
| Kaolinite | 0.33~0.46 |
| Illite | 0.90 |
| Ca - Montmorrilonite | 1.50 |
| Bentonite(Na - Montmorrilonite) | 7.20 |

## 2.1.6 공학적 분류법

흙의 공학적 성질을 고려한 공학적 지반분류방법 중에서 현재 가장 널리 사용되는 방법은 Casagrande가 미공병단을 위해 개발하고 그 후에 미개척국(U.S. Bureau of Reclamation)과 공동으로 수정한 공학적 분류법인 통일분류법(Unified Soil Classification System)이다. 그 후에 국가별로 보완하여 적용하고 있으며 우리나라에서도 가장 빈번하게 사용하고 있다.

흙을 알파벳 2 글자로 나타내며 첫째 글자는 '흙의 주된 입자크기'를, 그리고 둘째 글자는 '흙의 공학적 성질(입도분포, 소성성 등)'을 나타낸다. 이들 각각의 글자는 다음의 의미를 나타내고 있다.

첫째 글자 : 함량이 가장 큰 흙입자를 나타낸다.

G : 자갈(Gravel) : 자갈 50% 이상

S : 모래(Sand) : 모래 50% 이상

M : 실트(Silt) : 소성도표 A선 아래, 또는 A선 위이면서 소성지수 $I_p < 4$

C : 점토(Clay) : 소성도표 A선 위이면서 소성지수 $7 < I_p$

O : 유기질토(Organic Soil) : 유기질 포함

$P_t$ : 이탄(Peat)

둘째 글자 : 세립토(No. 200체 통과분)의 함량에 따라 다음의 의미를 갖는다.

(1) 세립토 함량 0~5%

**W** : 입도분포 양호(Well graded) 〈GW, SW〉

자갈 : $C_u > 4$, $3 > C_c > 1$

모래 : $C_u > 6$, $3 > C_c > 1$

**P** : 입도분포 불량(Poor graded) 〈GP, SP〉

**W**(입도분포 양호)의 조건을 만족하지 못하는 경우

(2) 세립토 함량 5~12 %

이중기호 : 〈GW-GM, SW - SC〉

(3) 세립토 함량 12~50 %

**M** : 소성성 없는 세립토(Non - plastic fines)함유 〈GM, SM〉

소성도표 A선 아래, 또는 A 선 위이면서 소성지수 $I_p < 4$

**C** : 소성성 있는 세립토(Plastic Fines)함유 〈GC, SC〉

소성도표 A선 위이면서 소성지수 $7 < I_p$

(4) 세립토 함량 50~100 %

**L** : 소성성 낮은 세립토(Low Plasticity) 〈ML, CL, ML-CL〉

액성한계 $w_L < 50$

A선 위이면서 소성지수 $7 < I_p$ 〈CL〉

A선 위이면서 소성지수 $4 < I_p < 7$ 〈MI-CL〉

A선 아래 또는 A선 위이면서 소성지수 $I_p < 4$ 〈ML-OL〉

**H** : 소성성 높은 세립토(High Plasticity) 〈MH, CH〉

액성한계 $w_L \geq 50$

A선 위 : 〈CH〉

A선 아래 : 〈MH, OH〉

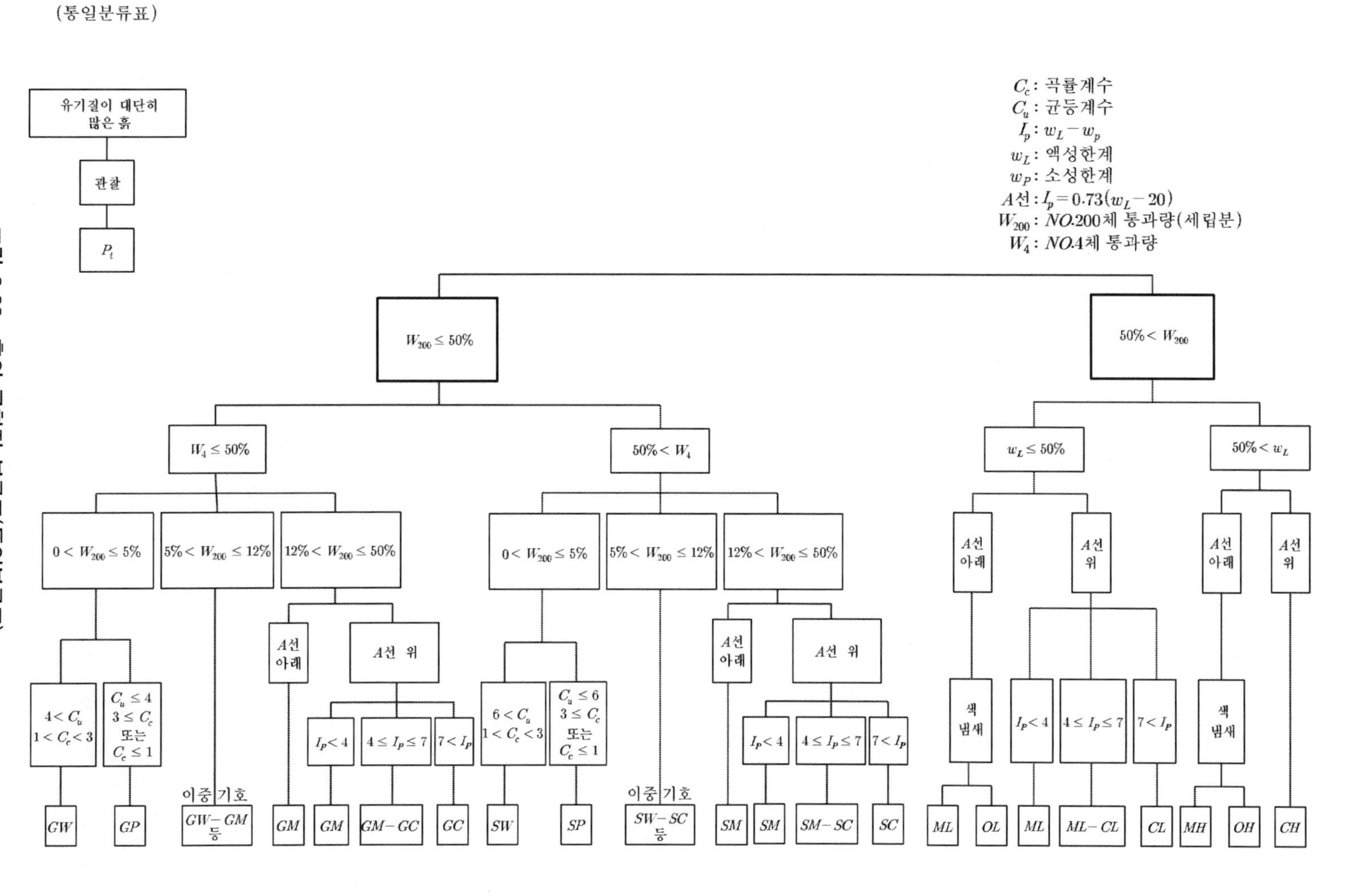


그림 2.22 흙의 공학적 분류표(통일분류표)

**표 2.5 AASHTO 분류법**

| 일반적 분류 | 조립토(No. 200체 통과율 35 % 이하) | | | | | | | 세립토(No. 200체 통과율 35 % 이상) | | | |
|---|---|---|---|---|---|---|---|---|---|---|---|
| 분류 기호 | A-1 | | A-3 | A-2 | | | | A-4 | A-5 | A-6 | A-7 |
| | A-1-a | A-1-b | | A-2-4 | A-2-5 | A-2-6 | A-2-7 | | | | A-7-5<br>A-7-6 |
| 체분석, 통과백분율<br>No. 10체<br>No. 40체<br>No. 200체 | <br>50 이하<br>30 이하<br>15 이하 | <br><br>50 이하<br>25 이하 | <br><br>51 이상<br>10 이하 | 35 이하 | 35 이하 | 35 이하 | 35 이하 | 36 이상 | 36 이상 | 36 이상 | 36 이상 |
| No. 40체<br>통과분의 성질<br>액 성 한 계<br>소 성 지 수 | 6 이하 | | ※ N. P | 40 이하<br>10 이하 | 41 이상<br>10 이하 | 40 이하<br>11 이상 | 41 이상<br>11 이상 | 40 이하<br>10 이하 | 41 이상<br>10 이하 | 40 이하<br>11 이상 | 41 이상<br>11 이상 |
| 군 지 수 | 0 | | 0 | 0 | | 4 이하 | | 8 이하 | 12 이하 | 16 이하 | 20 이하 |
| 주요 구성 재료 | 석편, 자갈, 모래 | | 세사 | 실트질 또는 점토질 자갈 모래 | | | | 실트질 흙 | | 점토질 흙 | |
| 노상토로서의<br>일반적 등급 | 우 또는 양 | | | | | | | 가 또는 불가 | | | |

※ A-7-5 그룹 $I_p \le w_L - 30$, A-7-6 그룹 $I_p > w_L - 30$

## 2.1.7 AASHTO 분류법

아쉬토분류법(AASHTO)은 미공로국(U.S. Public Road Administration)에서 개발하고 수정하여 주로 도로공사에 적용하는 흙지반의 분류법으로 흙의 입도분포, 아터버그 한계 및 군지수($GI$: Group Index)를 근거로 흙지반을 A-1~A-7까지 분류한다. 노상토로 적합한 흙은 군지수가 4 미만인 A-1, A-2, A-3 지반이며 세립토를 많이 함유하는 실트질 흙(A-4, A-5) 또는 점토질 흙(A-6, A-7)은 노상토로 부적합하다.

군지수 $GI$는 다음과 같이 정의한다.

$$GI = 0.2a + 0.005ac + 0.01bd$$

여기서, $a$ : [No.200체 통과백분율 - 35].

$0 \le a \le 40$의 정수만 취한다($a < 0$이면 $a = 0$, $a > 40$이면 $a = 40$ 선택).

$b$ : [No.200체 통과백분율 - 15].

$0 \le b \le 40$의 정수만 취한다($b < 0$이면 $b = 0$, $b > 40$이면 $b = 40$ 선택).

$c$ : [액성한계 - 40].

$0 \le c \le 20$의 정수만 취한다($c < 0$이면 $c = 0$, $c > 20$이면 $c = 20$ 선택).

$d$ : [소성지수 - 10].

$0 \le d \le 20$의 정수만 취한다($d < 0$이면 $d = 0$, $d > 20$이면 $d = 20$ 선택).

# 2.2 흙의 입도시험(KS F2302)

## 2.2.1 개 요

**표 2.6 체번호와 눈금의 크기(ASTM Designation)**

| 체 번 호 | 4 | 10 | 16 | 40 | 60 | 100 | 200 |
|---|---|---|---|---|---|---|---|
| 체 눈 금 [mm] | 4.76 | 2.0 | 1.19 | 0.42 | 0.25 | 0.149 | 0.074 |

**표 2.7 최대입경에 따라 필요한 시료의 양**

| 최 대 입 경 [mm] | 2 | 4.75 | 19 | 37.5 | 75 |
|---|---|---|---|---|---|
| 시 료 의 양 [kgf] | 0.2 | 0.4 | 1.5 | 6 | 30 |

흙을 토목재료로 사용하는 구조물, 즉 흙댐이나 하천제방, 도로 또는 비행장 활주로에서는 흙의 공학적인 성질을 파악하는데 흙입자의 크기와 그 입도분포가 대단히 중요한 자료로 사용된다. 따라서 흙의 입도분포를 결정하는 것은 모든 토질시험의 기초로 되어 있다. 흙의 입도분포는 흙의 종류에 따라서 체분석이나 비중계 분석을 실시하여 구한다. 즉, 조립토는 체분석을 실시하여, 세립토는 비중계 분석을 그리고 혼합토는 체분석과 비중계 분석을 병행하여 입도분포를 구한다.

### (1) 체분석

흙입자의 크기와 그 분포는 네모눈금을 가진 체를 체눈금 크기의 순서대로 포갠 후 노건조한 흙을 부어 넣고 흔들어서 체를 통과한 흙의 무게를 구하여 알아낸다. 일반적으로 사용하는 체의 번호와 눈금의 크기는 표 2.6과 같다.

일반적으로 체분석에 필요한 시료의 양은 시료의 최대입경으로부터 결정하며(표 2.7) 저울은 시료무게의 0.1%를 측정할 수 있는 정밀한 것이어야 한다(Simmer, 1980).

### (2) 비중계 분석

No. 200체를 통과한 미세 입자가 많으면(약 10% 이상) 체분석만으로는 흙의 입도분포를 파악하기에 부족하다. 이때에는 No. 200체 통과분에 대하여 Stokes의 법칙을 이용한 비중계 분석(Hydrometer Analysis)을 실시하여 입도분포를 간접적으로 구한다. 즉, 흙입자가 섞인 현탁액에서는 시간이 경과함에 따라 흙입자가 크기 순서대로 가라앉아서 현탁액의 농도, 즉 비중이 변하므로, 현탁액의 비중을 측정하면 흙의 입경과 그 분포를 알 수 있다. 실트와 점토가 대부분인 흙에서는 비중계 분석만으로도 입도분포 곡선을 구할 수 있다.

### 1) 현탁액 상태의 흙입자의 크기

물에 현탁되어 있는 흙입자의 최대직경은 Stokes의 법칙에 따라 다음의 식으로 계산한다.

$$D = \sqrt{\frac{30\eta}{980\,(G_s - G_w)}} \times \sqrt{\frac{L}{T}} \;\; [\mathrm{mm}]$$

여기서, $D$ : 흙 입자의 최대직경 [mm]

$\eta$ : 물의 점성계수 (표 2.10)

$L$ : 유효깊이(흙입자가 일정한 시간 동안에 침강한 거리) [cm]

$T$ : 침강시간 [min]

$G_s$ : 흙입자의 비중

$G_w$ : 물의 비중 (표 2.8)

따라서 온도에 따른 물의 비중 $G_w$ (표 2.8)와 점성계수 $\eta$ (표 2.10) 및 흙입자의 비중 $G_s$ 를 알고 있으면 비중계 시험에서 구한 유효깊이 $L$ 로부터 흙입자의 직경 $D$ 를 구할 수 있다.

**표 2.8 수온에 따른 물의 비중과 보정계수(15℃ 기준)**

| 온 도℃ | 물 의 비 중 | 보 정 계 수 $K$ | 온 도℃ | 물 의 비 중 | 보 정 계 수 $K$ |
|---|---|---|---|---|---|
| 4 | 1.000000 | 1.0009 | 20 | 0.998234 | 0.9991 |
| 5 | 0.999992 | 1.0009 | 21 | 0.998022 | 0.9989 |
| 6 | 0.999968 | 1.0008 | 22 | 0.997800 | 0.9987 |
| 7 | 0.999930 | 1.0008 | 23 | 0.997568 | 0.9984 |
| 8 | 0.999877 | 1.0007 | 24 | 0.997327 | 0.9982 |
| 9 | 0.999809 | 1.0007 | 25 | 0.997075 | 0.9979 |
| 10 | 0.999728 | 1.0006 | 26 | 0.996814 | 0.9977 |
| 11 | 0.999634 | 1.0005 | 27 | 0.996544 | 0.9974 |
| 12 | 0.999526 | 1.0004 | 28 | 0.996264 | 0.9971 |
| 13 | 0.999406 | 1.0003 | 29 | 0.995976 | 0.9968 |
| 14 | 0.999273 | 1.0001 | 30 | 0.995678 | 0.9965 |
| 15 | 0.999129 | 1.0000 | 31 | 0.995372 | 0.9962 |
| 16 | 0.998972 | 0.9998 | 32 | 0.995058 | 0.9959 |
| 17 | 0.998804 | 0.9997 | 33 | 0.994734 | 0.9956 |
| 18 | 0.998625 | 0.9995 | 34 | 0.994403 | 0.9953 |
| 19 | 0.998435 | 0.9993 | 35 | 0.994064 | 0.9949 |

### 표 2.9 물의 온도 보정($F$)

| 온도℃ | 보정계수 | 온도℃ | 보정계수 | 온도℃ | 보정계수 | 온도℃ | 보정계수 |
|---|---|---|---|---|---|---|---|
| 4 | − 0.0006 | 11 | − 0.0004 | 18 | +0.0004 | 25 | +0.0018 |
| 5 | − 0.0006 | 12 | − 0.0003 | 19 | +0.0006 | 26 | +0.0020 |
| 6 | − 0.0006 | 13 | − 0.0002 | 20 | +0.0008 | 27 | +0.0023 |
| 7 | − 0.0006 | 14 | − 0.0001 | 21 | +0.0010 | 28 | +0.0025 |
| 8 | − 0.0005 | 15 | 0.0000 | 22 | +0.0012 | 29 | +0.0028 |
| 9 | − 0.0005 | 16 | +0.0001 | 23 | +0.0014 | 30 | +0.0031 |
| 10 | − 0.0005 | 17 | +0.0003 | 24 | +0.0016 | | |

### 표 2.10 물의 점성계수($\eta$)

[단위 mm poise]

| $T$℃ | 0 | 1 | 2 | 3 | 4 | 5 | 6 | 7 | 8 | 9 |
|---|---|---|---|---|---|---|---|---|---|---|
| 0 | 17.94 | 17.32 | 16.74 | 16.19 | 15.68 | 15.19 | 14.73 | 14.29 | 13.87 | 13.48 |
| 10 | 13.10 | 12.74 | 12.39 | 12.06 | 11.75 | 11.45 | 11.16 | 10.88 | 10.60 | 10.34 |
| 20 | 10.09 | 9.84 | 9.61 | 9.38 | 9.16 | 8.95 | 8.75 | 8.55 | 8.36 | 8.18 |
| 30 | 8.00 | 7.83 | 7.67 | 7.51 | 7.36 | 7.21 | 7.06 | 6.92 | 6.79 | 6.66 |

### 표 2.11 온도에 따른 $\sqrt{\dfrac{30\eta}{980-(G_s-G_w)}}$ 의 값

| 온도 [℃] | $G_s$ | | | | | | | |
|---|---|---|---|---|---|---|---|---|
| | 2.45 | 2.50 | 2.55 | 2.60 | 2.65 | 2.70 | 2.75 | 2.80 |
| 16 | 0.01510 | 0.01505 | 0.01481 | 0.01457 | 0.01435 | 0.01414 | 0.01394 | 0.01374 |
| 17 | 0.01511 | 0.01486 | 0.01462 | 0.01439 | 0.01417 | 0.01396 | 0.01376 | 0.01356 |
| 18 | 0.01492 | 0.01467 | 0.01443 | 0.01421 | 0.01399 | 0.01378 | 0.01359 | 0.01339 |
| 19 | 0.01474 | 0.01449 | 0.01425 | 0.01403 | 0.01382 | 0.01361 | 0.01342 | 0.01323 |
| 20 | 0.01456 | 0.01431 | 0.01408 | 0.01386 | 0.01365 | 0.01344 | 0.01325 | 0.01307 |
| 21 | 0.01438 | 0.01414 | 0.01391 | 0.01369 | 0.01348 | 0.01328 | 0.01309 | 0.01291 |
| 22 | 0.01421 | 0.01397 | 0.01374 | 0.01353 | 0.01332 | 0.01312 | 0.01294 | 0.01276 |
| 23 | 0.01404 | 0.01381 | 0.01358 | 0.01337 | 0.01317 | 0.01297 | 0.01279 | 0.01261 |
| 24 | 0.01388 | 0.01365 | 0.01342 | 0.01321 | 0.01301 | 0.01282 | 0.01264 | 0.01246 |
| 25 | 0.01372 | 0.01349 | 0.01327 | 0.01306 | 0.01286 | 0.01267 | 0.01249 | 0.01232 |
| 26 | 0.01357 | 0.01334 | 0.01312 | 0.01291 | 0.01272 | 0.01253 | 0.01235 | 0.01218 |
| 27 | 0.01342 | 0.01319 | 0.01297 | 0.01277 | 0.01258 | 0.01239 | 0.01221 | 0.01204 |
| 28 | 0.01327 | 0.01304 | 0.01283 | 0.01264 | 0.01244 | 0.01225 | 0.01208 | 0.01191 |
| 29 | 0.01312 | 0.01290 | 0.01269 | 0.01249 | 0.01230 | 0.01212 | 0.01195 | 0.01178 |
| 30 | 0.01298 | 0.01276 | 0.01256 | 0.01236 | 0.01217 | 0.01199 | 0.01182 | 0.01169 |

유효깊이 $L$ 은 다음의 식으로 구한다.

$$L = Z - V_b/2A = L_1 + 0.5(L_2 - V_b/A)\ [\mathrm{cm}]$$

여기서, $Z$ : 비중계를 읽은 값의 현탁액의 깊이(침강 깊이) [cm]

$L_1$ : 현탁액 수면에서 비중계 구부위끝까지의 거리 [cm]

$L_2/V_b$ : 비중계 구부의 길이 [cm] / 부피 [cm$^3$]

$A$ : 메스실린더의 단면적 [cm$^2$]

유효깊이를 매번 계산하는 대신에 유효깊이 산출표, 즉 비중계 보정곡선(그림 2.13)을 만들어 두고 비중계 각 측정치에 대해 정확한 유효깊이($L$)를 구하여 기록하면 편하다.

**2) 현탁되어 있는 흙의 백분율**

비중계의 각 측정치에 대해서 유효깊이 $L$ 일 때 부피 $V$ ml 현탁액 중에 현탁되어 있는 흙의 중량백분율 $P$ 는 다음 식으로 구한다.

$$P = \frac{V}{W_s} \times \frac{G_s}{G_s - G_w} \gamma_w (\gamma' + F + C_m) \times 100\ [\%]$$

여기서, $V$ / $W_s$ : 현탁액의 부피 [cm$^3$] / $V$[ml] 에 들어 있는 시료의 건조중량

$\gamma'$ : 비중계 측정치의 소수부분 : $\gamma' = \gamma - \gamma_w$

$F$ : 온도에 대한 보정계수(표 2.9)

$C_m$ : 메니스커스 보정(0.5)(그림 2.12)

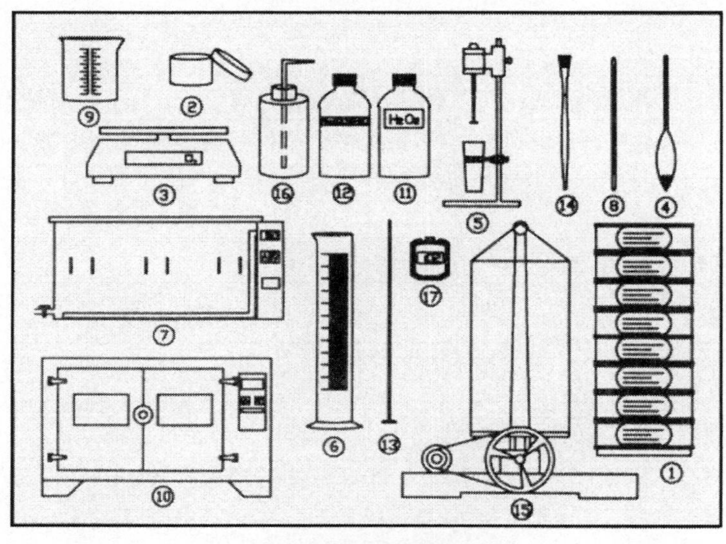

그림 2.9 입도시험장비

### 2.2.2 시험장비

① 체 1세트(No.4, No.10, No.20, No.40, No.60, No.100, No.140, No.200)
② 함수비 측정용구
③ 저울 : 감도 0.01 gf 이상의 것이어야 한다.
④ 비중계 : 15°C의 수중에서 1.000 이어야 한다.
⑤ 분산장치 : 분산장치는 교반장치와 분산용기로 구성되며, 교반장치는 분산용기 내에서 10,000 rpm 이상이어야 한다.
⑥ 메스실린더 : 높이 약 45 cm, 안지름 약 6 cm의 실린더로 1,000ml 의 눈금이 새겨 있어야 한다.
⑦ 항온수조
⑧ 온도계
⑨ 비커
⑩ 건조로
⑪ 과산화수소수($H_2O_2$) 6% 용액
⑫ 규산나트륨($Na_2SiO_39H_2O$)용액(비중 1.023/15°C)
⑬ 교반날개
⑭ 붓
⑮ 체분석장치, 주수기, 타이머

### 2.2.3 시험방법

#### (1) 시험준비

조립토와 세립토가 섞여 있는 혼합토는 체분석과 비중계 분석을 병행실시하여 입경과 입도분포를 구해야 한다. 세립토의 함유량이 적은 경우에는 다음의 A 방법을 적용하고 반대로 세립토의 양이 많은 경우에는 B방법을 적용하여 입도분포를 구한다.

**1) A 방법(세립토 소량 함유)**

① 흙시료를 준비하여 노건조한다.
② 흙덩어리를 손으로 잘 비벼 부순다.
③ No.200 체로 거른다.
④ No.200 체에 남은 흙은 물로 씻어서 노건조하여 체분석한다.
⑤ No.200 체를 통과한 흙은 약 50 gf 취하여 비중계 분석한다.

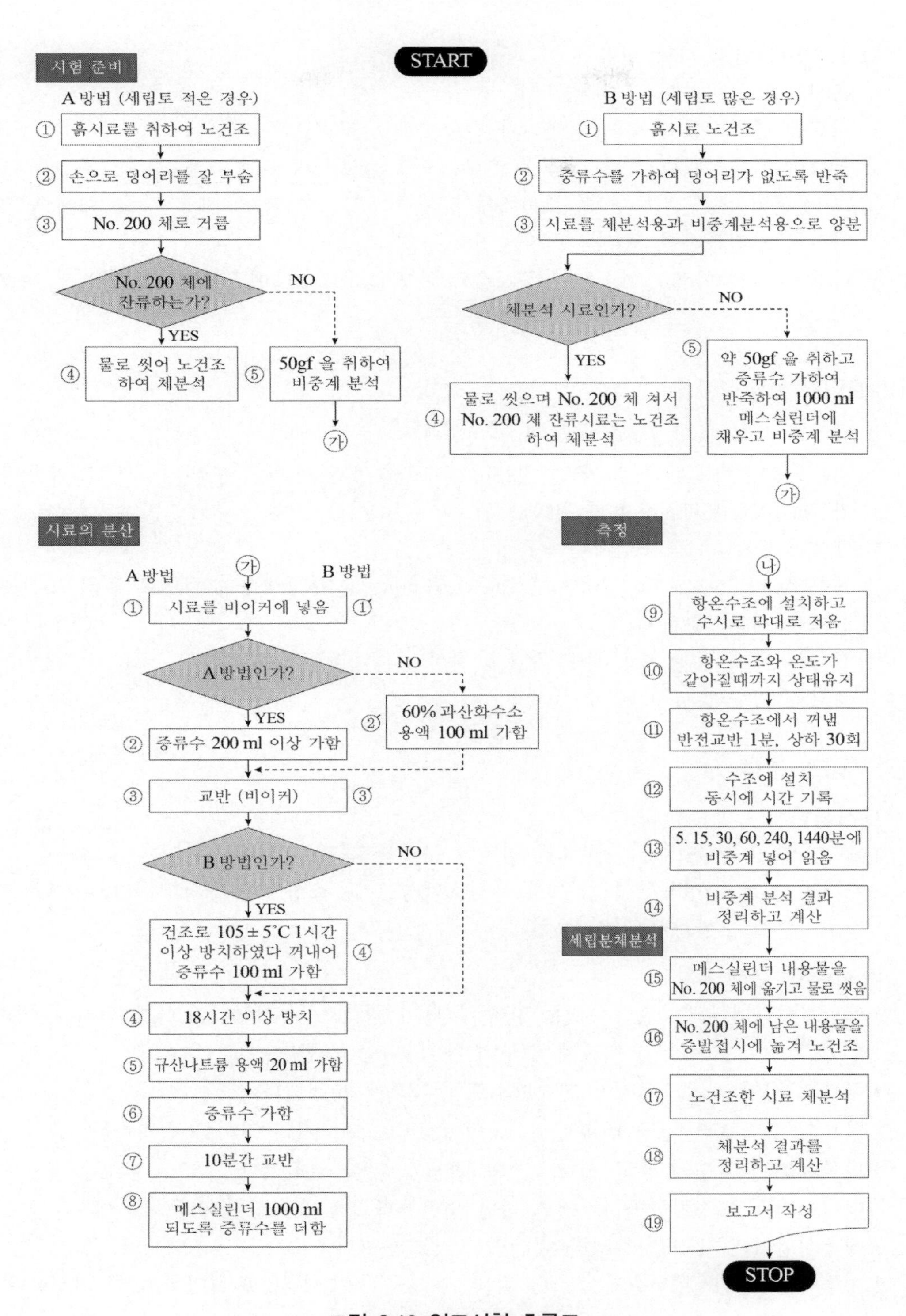

시험 준비
START
A 방법 (세립토 적은 경우)
① 흙시료를 취하여 노건조
② 손으로 덩어리를 잘 부숨
③ No. 200 체로 거름
No. 200 체에 잔류하는가?
NO
YES
④ 물로 씻어 노건조 하여 체분석
⑤ 50gf 을 취하여 비중계 분석
㉮
B 방법 (세립토 많은 경우)
① 흙시료 노건조
② 증류수를 가하여 덩어리가 없도록 반죽
③ 시료를 체분석용과 비중계분석용으로 양분
체분석 시료인가?
NO
YES
④ 물로 씻으며 No. 200 체 쳐서 No. 200 체 잔류시료는 노건조 하여 체분석
⑤ 약 50gf 을 취하고 증류수 가하여 반죽하여 1000 ml 메스실린더에 채우고 비중계 분석
㉮
시료의 분산
A 방법
㉮
B 방법
① 시료를 비이커에 넣음 ①
A 방법인가?
NO
YES
② 증류수 200 ml 이상 가함
② 60% 과산화수소 용액 100 ml 가함
③ 교반 (비이커) ③
B 방법인가?
NO
YES
건조로 105 ± 5°C 1시간 이상 방치하였다 꺼내어 증류수 100 ml 가함 ④
④ 18시간 이상 방치
⑤ 규산나트륨 용액 20 ml 가함
⑥ 증류수 가함
⑦ 10분간 교반
⑧ 메스실린더 1000 ml 되도록 증류수를 더함
측정
㉯
⑨ 항온수조에 설치하고 수시로 막대로 저음
⑩ 항온수조와 온도가 같아질때까지 상태유지
⑪ 항온수조에서 꺼냄 반전교반 1분, 상하 30회
⑫ 수조에 설치 동시에 시간 기록
⑬ 5. 15, 30, 60, 240, 1440분에 비중계 넣어 읽음
⑭ 비중계 분석 결과 정리하고 계산
세립분체분석
⑮ 메스실린더 내용물을 No. 200 체에 옮기고 물로 씻음
⑯ No. 200 체에 남은 내용물을 증발접시에 놓겨 노건조
⑰ 노건조한 시료 체분석
⑱ 체분석 결과를 정리하고 계산
⑲ 보고서 작성
STOP

그림 2.10 입도시험 흐름도

#### 2) B 방법(세립토 다량 함유)

① 흙시료를 준비하여 노건조한다.

② 시료에 증류수를 가하여 덩어리가 없도록 잘 반죽한다.

③ 반죽한 흙을 체분석용과 비중계 분석용으로 둘로 가른다.

④ 그 절반의 흙을 취하여 No.200체에 담아서 물로 씻으면서 체로 치고 체에 남은 시료를 노건조하여 체분석 한다.

⑤ 나머지 흙을 약 50 gf 취하여 증류수로 재반죽하고 1 ℓ 메스실린더에 넣어서 비중계 분석한다.

### (2) 큰입자 체분석

① 표 2.7에 따라 일정량의 시료를 준비한다.

② No.10체에 시료를 넣고 물로 씻는다. 시료를 씻은 현탁액은 버리지 않고 두었다가 No.10체 통과시료와 합친다.

③ 체에 남은 시료를 노건조한다.

④ 표준체 50.8 mm, 25.4 mm, 19 mm, 9.51 mm 및 No.4체를 순서대로 놓고 노건조 시료를 체분석한다.

⑤ 각 체의 잔류량과 No.4체 통과량을 정한다.

⑥ 결과를 정리한다.

### (3) 비중계 분석

#### 1) 시료준비

- 표 2.7에 따라 일정량의 시료를 취하여 무게를 잰다.
- 나머지 시료를 이용하여 함수비, 비중, 액성한계, 소성한계 등의 시험을 수행하고 소성지수를 구한다.

#### 2) 비중계 검정

- 메스실린더에 물을 넣고 수위를 읽은 후에 비중계의 구부상단까지 물에 잠기게 하고 상승된 수위를 읽어서 비중계 구부의 체적 $V_b$를 구한다.
- 구부의 길이 $L_2$를 버니어 캘리퍼스로 정확하게 측정한다.
- 구부의 상단부터 눈금 1.000, 1.015, 1.035, 1.050까지의 길이를 측정한다.
- 비중계를 증류수에 넣고 메니스커스 보정치 $C_m$를 결정한다.
  메니스커스 보정치 = 메니스커스 하단 읽음 − 메니스커스 상단 읽음
- 메스실린더의 내경을 측정하여 단면적 A를 구한다.
- 비중계유효깊이−메니스커스 하단 읽음 관계, 즉 비중계검정표(그림 2.13)를 작성한다.

### 3) 시료의 분산

한국 산업규격 KS F 2302에서는 흙의 소성지수($I_p$)에 따라 다른 방법으로 분산시키도록 하고 있다.

가) A 방법(흙의 소성지수 $I_p < 20$) :

① 무게 $W_s$ 인 노건조 시료를 비커에 넣는다.

② 증류수를 200 mℓ 이상 가한다.

③ 충분히 교반하여 혼합한다.

나) B 방법(흙의 소성지수 $I_p > 20$) :

①′ 무게 $W_s$ 인 노건조 시료를 비커에 넣는다.

②′ 6 % 과산화수소용액을 100 mℓ 가한다.

③′ 충분히 교반하여 혼합한다.

④′ 비커를 유리판이나 접시로 덮고 110 ± 5°C의 건조로에 1시간 이상 넣어두었다가 비커를 꺼내어 증류수를 100 mℓ 가한다.

다) A, B 방법 공통

④ 18시간 이상 방치해둔다.

⑤ 비커의 내용물을 분산용기로 옮기고 시료의 면모화를 방지하기 위하여 15°C에서 비중이 1.023인 규산나트륨($Na_2SiO_39H_2O$) 용액 20 mℓ 를 가한다.

⑥ 용기의 끝으로부터 5 cm 깊이까지 증류수를 더 가한다.

⑦ 용기의 내용물을 다시 교반장치로 10분간 교반시킨다.

⑧ 분산시킨 내용물을 메스실린더에 옮기고 항온수조와 같은 온도의 증류수를 메스실린더에 더 가하여 1,000 mℓ 가 되도록 한다.

### 4) 측정준비

⑨ 이 실린더를 항온수조에 넣고 현탁액을 가끔 유리막대로 휘저어서 부유입자가 침강되지 않도록 한다.

⑩ 메스실린더 내용물의 온도와 향온수조의 온도가 같아질 때까지 위의 상태를 유지한다.

⑪ 현탁액이 수조와 같은 온도로 되면 실린더를 꺼내어 그 윗부분을 손바닥 또는 고무마개로 막고 1분간 위아래로 약 30회 반전시킨다.

⑫ 측정준비가 끝나면 실린더를 수조에 넣음과 동시에 시간을 기록하고 비중계를 읽는다.

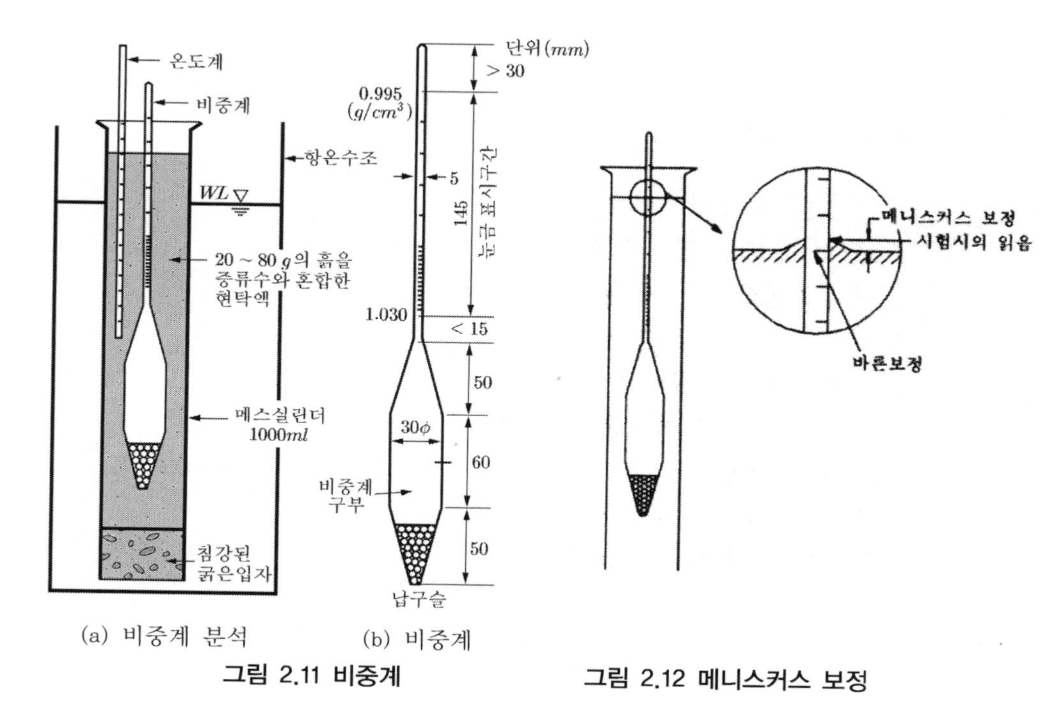


(a) 비중계 분석 (b) 비중계

그림 2.11 비중계

그림 2.12 메니스커스 보정

비중계는 메니스커스 위 끝을 읽어야 한다(그림 2.12). 비중계는 조용히 넣었다 꺼내어서 현탁액이 교란되지 않도록 하고 장시간 넣어 두면 비중계의 구부에 흙입자가 묻어서 비중계의 침강속도에 영향을 줄 수 있으므로 10초 정도가 적당하다. 비중계는 꺼낸 후 구부에 붙은 흙입자를 물로 씻어 내야 한다. 소수 부분은 0.005까지 읽는다.

⑬ 경과시간 5, 15, 30, 60, 240, 1440분 경과시간 마다 비중계를 다시 넣고 비중계의 값을 읽는다. 이때 항온수조에 설치한 온도계의 눈금도 읽는다.

⑭ 비중계 분석결과를 정리한다.

## (4) 작은 입자 체분석

⑮ 비중계 시험이 끝나면 메스실린더의 내용물을 No.200체 위에서 물로 씻는다.

⑯ No.200체에 남은 내용물을 증발접시에 옮기고 110 ± 5°C 에서 노건조한다. 이때 체는 조심해서 다루어 손상되지 않도록 한다.

⑰ 노건조한 시료를 No.10 No.20, No.40, No.60, No.140, No.200체로 치고 잔류무게를 측정한다.

⑱ 체분석결과를 정리하고 계산한다.

⑲ 보고서를 작성한다.

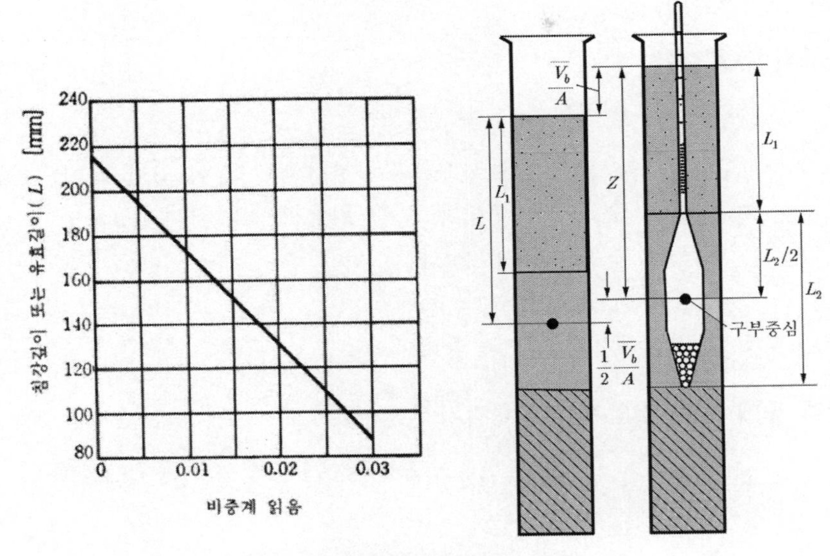


그림 2.13 정확한 읽기와 유효길이 L

## 2.2.4 계산 및 결과정리

### (1) 굵은 입자의 체분석

**1) 체잔류율 결정**

각 체의 잔류무게를 투입한 시료의 본래 무게로 나누어 체잔류율을 결정한다.

$$\text{잔류율} = \frac{\text{잔류무게}}{\text{시료의 본래 무게}} \times 100\ [\%]$$

**2) 통과율 결정**

통과율은 100 %에서 잔류율을 빼서 구한다.

통과율 = 100 − 잔류율 [%]

체분석과 비중계분석을 병행하였을 경우에는 중량백분율을 다음과 같이 수정하여야 한다.

$$P' = \frac{W_{200}}{W_s} P = \frac{\text{No.200 체 통과 시료의 무게}}{\text{전체 건조시료의 무게}} \times \text{입자의 중량백분율}$$

여기서, $W_{200}$ : No.200체를 통과한 건조시료의 무게 [gf]

$W_s$ : 전체 건조시료의 무게 [gf]

$P$ / $P'$ : 입자의 중량백분율 [%] / 수정 중량백분율 [%]

### (2) 비중계시험 결과의 정리

**1) 비중계의 유효깊이**

$$L = Z - V_b/2A = L_1 + 0.5(L_2 - V_b/A)\ \text{[cm]}$$

여기서, $Z$ : 비중계를 읽은 값에 해당하는 현탁액의 깊이(침강 깊이) [cm]
$L_1$ : 현탁액 수면에서 비중계 구부 위끝까지의 거리 [cm]
$L_2$ : 비중계 구부의 길이 [cm]
$V_b$ : 비중계 구부의 부피 [cm$^3$]
$A$ : 메스실린더의 단면적 [cm$^2$]

**2) 현탁액 중에 있는 흙입자의 최대직경**

$$D = \sqrt{\frac{30\eta}{980(G_s - G_w)}} \times \sqrt{\frac{L}{t}}\ \text{[mm]}$$

여기서, $D$ : 흙 입자의 최대지름 [mm]
$\eta$ : 물의 점성계수 (표 2.10)
$L$ : 유효깊이(흙입자가 일정 시간에 침강한 거리) [cm]
$t$ : 침강시간 [min]
$G_s$ : 흙입자의 비중
$G_w$ : 물의 비중 (표 2.8)
$V$ : 현탁액의 부피 [cm$^3$]

**3) 현탁액 중에 있는 흙의 중량백분율**

비중계의 각 측정치에 대해서 유효깊이 $L$ 일 때에 $V$ ml 의 현탁액 중에 현탁되어 있는 흙의 중량백분율 $P$ 는 다음 식으로 구한다.

$$P = \frac{V}{W_s} \times \frac{G_s}{G_s - G_w} \gamma_w(\gamma' + F + C_m) \times 100\ [\%]$$

여기서, $P$ : 현탁되어 있는 흙의 노건조 중량백분율 [%]
$W_s$ : 현탁액 $V$ ml 에 들어 있는 시료의 건조중량 [gf]
$\gamma_w$ : 물의 단위중량
$\gamma' = \gamma - \gamma_w$ : 비중계 측정치의 소수 부분(메니스커스에 대해 보정값)
$F$ : 온도에 대한 보정계수(표 2.9)
$C_m$ : 메니스커스 보정(0.5)(그림 2.12)

**4) 전체 시료에 대한 흙의 중량백분율의 수정**

$$P' = \frac{W_{200}}{W_s} \cdot P \ [\%]$$

### (3) 작은 시료에 대한 중량백분율

① 각 체에 대한 통과 중량백분율을 구하고 이로부터 가적통과중량백분율을 구한다.

② 반대수지상에 입경-가적통과율 관계곡선, 즉 입경가적곡선을 그린다.

③ 입경가적곡선에서 다음의 값을 구한다.

- 10%, 30%, 60% 통과 입경($D_{10}$, $D_{30}$, $D_{60}$) [mm]
- No.10, No.40, No.200 통과 중량백분율 [%]

④ 균등계수 $C_u$와 곡률계수 $C_c$를 구한다.

$$C_u = \frac{D_{60}}{D_{10}}$$

$$C_c = \frac{(D_{30})^2}{D_{10} \times D_{60}}$$

## 2.2.5 결과 이용

### (1) 입도분포의 적부판정

**1) 균등계수 $C_u$ 에 따른 판정**

$C_u > 15$ : 입도분포 매우 불균등

$15 > C_U > 6$ : 입도분포 양호

$6 > C_u > 0$ : 입도분포 균등

**2) 곡률계수 $C_c$ 에 따른 판정**

$3 > C_c > 1$ : 입도분포 양호

### (2) 흙의 판별 및 분류

흙지반의 분류에서 입도시험결과는 조립토를 판단하는 근거가 되고 있다.

W : 입도분포 양호 (Well graded)

P : 입도분포 불량 (Poorly graded)

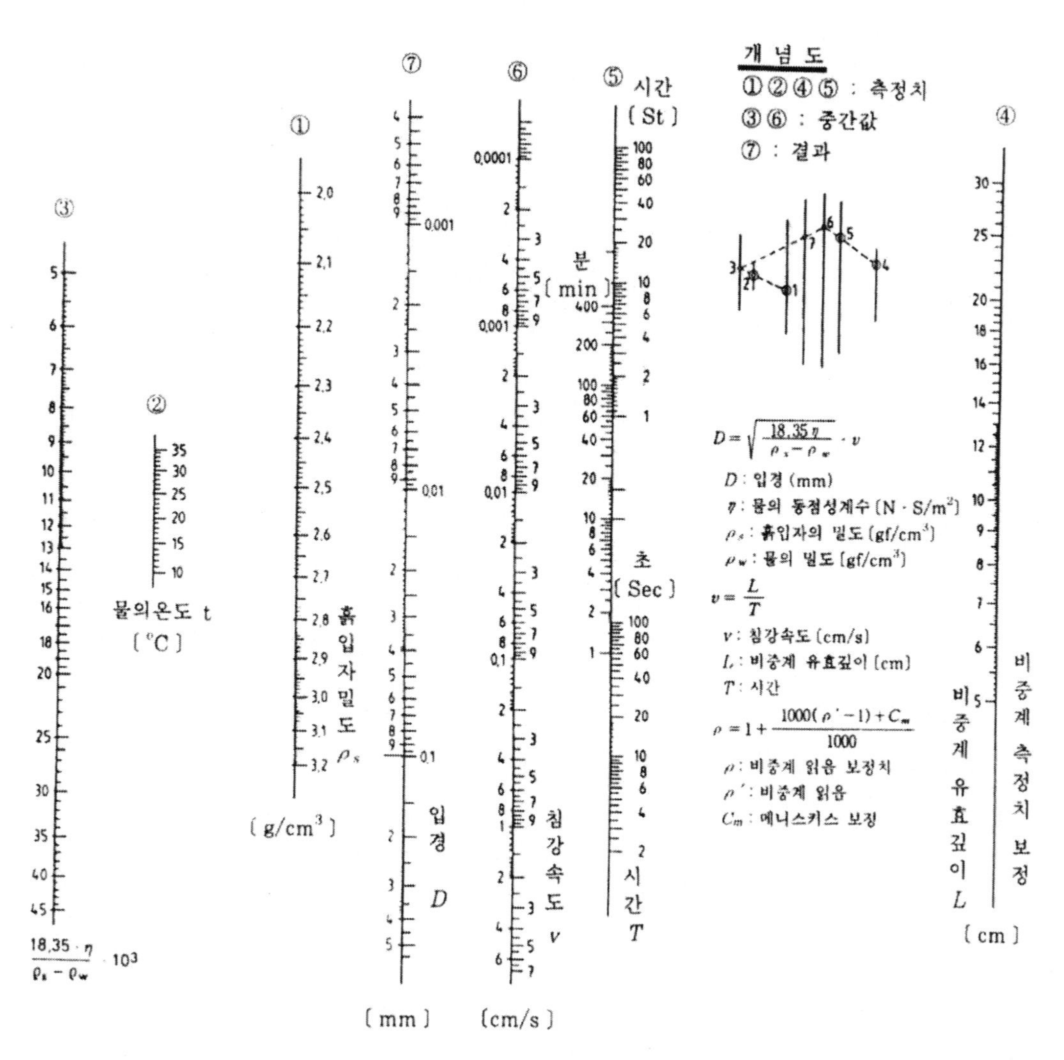


그림 2.14 비중계시험에 의한 입경을 구하는 노모그램(DIN 18123)

### (3) 흙의 공학적 성질추정

흙의 동상파괴 가능성은 입경 0.02 mm 의 함유량으로부터 투수특성은 10 % 통과입경 $D_{10}$ 으로부터 판정한다.

# 흙의 No.200 체 통과량 시험

과 업 명 6조 토질역학실험 시험날짜 1999 년 5 월 4 일
조사위치 아주대학교 팔달관 온도 18 [℃] 습도 68 [%]
시료위치 A - 3 시료심도 0.3 [m] ~ 1.0 [m] 시험자 주 영 훈

| 공 기 건 조 시 료 의 함 수 비 | | | 평 균 함수비 |
|---|---|---|---|
| 시료번호 1 | 시료번호 2 | 시료번호 3 | |
| $W_t$ 34.71 [gf] $W_d$ 33.87 [gf]<br>$W_d$ 33.87 [gf] $W_c$ 16.25 [gf]<br>$W_w$ 0.84 [gf] $W_s$ 17.62 [gf] | $W_t$ 35.50 [gf] $W_d$ 34.37 [gf]<br>$W_d$ 34.37 [gf] $W_c$ 17.72 [gf]<br>$W_w$ 1.13 [gf] $W_s$ 16.65 [gf] | $W_t$ 49.14 [gf] $W_d$ 47.83 [gf]<br>$W_d$ 47.83 [gf] $W_c$ 29.61 [gf]<br>$W_w$ 1.31 [gf] $W_s$ 18.22 [gf] | $w$<br>6.3<br>[%] |
| $w$ = 4.8 [%] | $w$ = 6.8 [%] | $w$ = 7.2 [%] | |

참 고 : $W_t$ : (습윤시료 + 용기) 무게 $W_d$ : (노건조시료 + 용기) 무게
$W_c$ : 용기의 무게 $W_w$ : 물의 무게
$W_s$ : 흙 시료의 무게 $w$ : 함수비 $w = w_w / w_s \times 100$ [ % ]

| 시 험 번 호 | | 1 | 2 | 3 |
|---|---|---|---|---|
| 용 기 번 호 | | 가 | 나 | 다 |
| ( 공기건조시료 + 용기 ) 무게 | [gf] | 873.42 | 817.76 | 825.51 |
| 용 기 무 게 | [gf] | 121.24 | 109.81 | 112.35 |
| 공기건조 시료 무게 $W_d$ | [gf] | 752.18 | 707.95 | 713.16 |
| 공기건조 시료의 함수비 $w$ | [%] | 4.80 | 6.80 | 7.20 |
| 노건조 시료의 무게 ※1 $W_o$ | [gf] | 717.73 | 662.87 | 665.26 |
| No. 200체 잔류무게 $W_p$ | [gf] | 547.24 | 522.37 | 532.83 |
| No. 200체 통과율 ※2 $P_r$ | [%] | 23.75 | 21.20 | 19.91 |
| 평균 No.200 체 통과율 21.62 [%] | | | | |

참 고 : ※1 $W_o = W_d / (1 + w/100)$ ※2 $P_r = (W_o - W_p) / W_o \times 100$

확 인 조 병 하 (인)

# 흙의 입도시험 (체분석)

과 업 명 6조 토질역학실험 시험날짜 1999 년 5 월 4 일
조사위치 아주대학교 팔달관 온도 18 [℃] 습도 68 [%]
시료위치 A - 3 시료심도 0.3 [m] ~ 1.0 [m] 시험자 주 영 훈

| 공기건조 시료의 함수비 | | | 평균 함수비 |
|---|---|---|---|
| 시료번호 1 | 시료번호 2 | 시료번호 3 | |
| $W_t$ 34.71 [gf] $W_d$ 33.87 [gf]<br>$W_d$ 33.87 [gf] $W_c$ 16.25 [gf]<br>$W_w$ 0.84 [gf] $W_s$ 17.62 [gf] | $W_t$ 35.50 [gf] $W_d$ 34.37 [gf]<br>$W_d$ 34.37 [gf] $W_c$ 17.72 [gf]<br>$W_w$ 1.13 [gf] $W_s$ 16.65 [gf] | $W_t$ 49.14 [gf] $W_d$ 47.83 [gf]<br>$W_d$ 47.83 [gf] $W_c$ 29.61 [gf]<br>$W_w$ 1.31 [gf] $W_s$ 18.22 [gf] | $w$<br>6.3<br>[%] |
| $w$ = 4.8 [%] | $w$ = 6.8 [%] | $w$ = 7.2 [%] | |

참 고 : $W_t$ : (습윤시료 + 용기) 무게 $W_d$ : (노건조시료 + 용기) 무게
$W_c$ : 용기의 무게 $W_w$ : 물의 무게
$W_s$ : 흙 시료의 무게 $w$ : 함수비 $w = w_w / w_s \times 100$ [ % ]

| 체번호 No. | 눈 금 [mm] | 용 기 번 호 | (잔류토+용기) 무 게 [gf] | 용 기 무 게 [gf] | 잔류토 무 게 [gf] | 잔 류 율 [%] | 가 적 잔류율 [%] | 가 적 통과율 [%] |
|---|---|---|---|---|---|---|---|---|
| 4 | 4.76 | 가 | 460.45 | 396.8 | 63.65 | 9.09 | 9.09 | 90.91 |
| 10 | 2.00 | 나 | 513.83 | 460.7 | 53.13 | 7.59 | 16.68 | 83.32 |
| 16 | 1.19 | 다 | 345.82 | 291.0 | 54.82 | 7.83 | 24.51 | 75.49 |
| 40 | 0.42 | 라 | 444.65 | 320.3 | 124.35 | 17.76 | 42.27 | 57.73 |
| 60 | 0.25 | 마 | 409.62 | 300.4 | 109.22 | 15.60 | 57.87 | 42.13 |
| 100 | 0.149 | 바 | 368.46 | 287.3 | 81.16 | 11.59 | 69.46 | 30.54 |
| 200 | 0.074 | 사 | 359.08 | 290.5 | 68.58 | 9.80 | 79.26 | 20.74 |
| | | | | 계 $W_r$ = 491.81 | | | | |

$(W_r / W_s) \times 100 = 98.1 > 95$ [%]

OK.

| 확 인 | 조 병 하 (인) |
|---|---|

# 흙의 입도시험 (비중계 분석)

과 업 명 6조 토질역학실험 시험날짜 1999 년 5 월 4 일
조사위치 아주대학교 팔달관 온도 18 [℃] 습도 68 [%]
시료위치 A - 3 시료심도 0,3 [m] ~ 1,0 [m] 시험자 주영훈

1. 시료

흙입자의 비중 $G_s$= 2,63 , 소성지수 $I_p$ = 22,1 , 분산제 6% 과산화수소

공기건조 시료의 무게 $W_a$= 55,0953 [gf], 노건조시료의 무게 $W_s = W_a/(1+w/100)$= 51,83 [gf]

세립토 (NO.200체 통과 흙) 함유율 $W_f = W_{200}/W_s$= 0,4

2. 현탁액

부피 $V$ = 1000 [cm³], 1ml당 건조시료의 무게 $W_s/V$ = 0,0518 [gf]

3. 비중계

구부길이 $L_2$ = 14 [cm], 구부부피 $V_b$ = 56 [cm³], 메니스커스보정 $C_m$ = 0,0005

| 비 중 계 눈 금 | 1,000 | 1,015 | 1,035 | 1,050 |
|---|---|---|---|---|
| 눈금부터 구부상단까지 길이[cm] | 17,26 | 14,16 | 10,30 | 7,17 |

4. 메스실린더

용량: V = 1000 [cm³], 단면적 A = 26,41 [cm²], Vb/A = 2,121 [cm]

5. 비중계 시험

| | 측 정 시 간 | | 11:15 | 11:16 | 11:19 | 11:29 | 11:44 | 12:14 | 15:14 | 5일 11:14 |
|---|---|---|---|---|---|---|---|---|---|---|
| ① | 경 과 시 간 $t$ [min] | | 1 | 2 | 5 | 15 | 30 | 60 | 240 | 1440 |
| ② | 증류수 | 온 도 읽 음 [℃] | 20 | 20 | 20 | 20 | 20 | 20 | 20 | 20 |
| ③ | | 온 도 보 정 $F$ ※1 | 0,0008 | 0,0008 | 0,0008 | 0,0008 | 0,0008 | 0,0008 | 0,0008 | 0,0008 |
| ④ | | 비 중 $G_w$ ※2 | 0,9982 | 0,9982 | 0,9982 | 0,9982 | 0,9982 | 0,9982 | 0,9982 | 0,9982 |
| ⑤ | | $G_s/(G_s-G_w)$ | 1,0395 | 1,0395 | 1,0395 | 1,0395 | 1,0395 | 1,0395 | 1,0395 | 1,0395 |
| ⑥ | 비중계 읽 음 | 소수부분 읽음 | 0,0137 | 0,0134 | 0,0107 | 0,0082 | 0,0063 | 0,0044 | 0,0022 | 0,0011 |
| ⑦ | | $r'$=⑥+$C_m$ | 0,0142 | 0,0139 | 0,0112 | 0,0087 | 0,0068 | 0,0049 | 0,0027 | 0,0016 |
| ⑧ | 유효 침강 길이 | 수면-구부상단거리 $L_1$ [cm] | 7,0903 | 7,1503 | 7,6803 | 8,2203 | 8,6403 | 9,0103 | 9,4803 | 9,7103 |
| ⑨ | | $(L_2-V_b/A)/2$ [cm] | 5,9397 | 5,9397 | 5,9397 | 5,9397 | 5,9397 | 5,9397 | 5,9397 | 5,9397 |
| ⑩ | | $L$=⑧+⑨ [cm] | 13,03 | 13,09 | 13,62 | 14,16 | 14,68 | 14,95 | 15,42 | 15,65 |
| ⑪ | 흙입자 최대 직경 | $L/(60t)$ | 0,2172 | 0,1091 | 0,0454 | 0,0157 | 0,0081 | 0,0042 | 0,0010 | 0,0002 |
| ⑫ | | $\sqrt{\frac{L}{60t}}$ | 0,466 | 0,3303 | 0,2131 | 0,1254 | 0,0900 | 0,0644 | 0,0327 | 0,0135 |
| ⑬ | | $\sqrt{\frac{0.18 \cdot \eta}{(G_s-1)}}$ ※3 | 0,138 | 0,138 | 0,138 | 0,138 | 0,138 | 0,138 | 0,138 | 0,138 |
| ⑭ | | 입경 $D$=⑫×⑬ [mm] | 0,0064 | 0,0045 | 0,0029 | 0,0017 | 0,0012 | 0,0009 | 0,0004 | 0,0002 |
| ⑮ | 현탁액중의 흙의 중량 백분율 | ⑤/($W_s/V$) | 20,055 | 20,055 | 20,055 | 20,055 | 20,055 | 20,055 | 20,055 | 20,055 |
| ⑯ | | $r'+F$=⑦+$F$ | 0,015 | 0,0147 | 0,0120 | 0,0095 | 0,0076 | 0,0057 | 0,0035 | 0,0024 |
| ⑰ | | $P$=⑮×$\gamma_w$×⑯×100 [%] | 30,0826 | 29,4809 | 24,0661 | 19,0523 | 15,2418 | 11,4314 | 7,0193 | 4,8132 |
| ⑱ | 보정가적통과율 $P'$=⑰×$W_f$ [%] | | 12,0319 | 11,7912 | 9,6255 | 7,6202 | 6,0961 | 4,5721 | 2,8074 | 1,9251 |

참 고 : ※1 표2,9 ※2 표2,8 ※3 표2,11

| 확 인 | 조 병 하 (인) |
|---|---|

# 흙의 입도 시험(결과)

과 업 명 6조 토질역학실험 시험날짜 1999 년 5 월 4 일
조사위치 아주대학교 팔달관 온도 18 [℃] 습도 68 [%]
시료위치 A - 3 시료심도 0.3 [m] ~ 1.0 [m] 시험자 주 영 훈

| 시 료 | 최대입경 7.47 [mm] | 비 중 2.63 | 함수비 6.3 [%] |
|---|---|---|---|

| 시험방법 | 체번호 | 입경[mm] | 통과율 | | |
|---|---|---|---|---|---|
| | | | 시료번호 1 | 시료번호 2 | 시료번호 3 |
| 체분석 | 4 | 4.76 | 90.91 | | |
| | 10 | 2.00 | 83.32 | | |
| | 16 | 1.19 | 75.49 | | |
| | 40 | 0.42 | 57.73 | | |
| | 60 | 0.25 | 42.13 | | |
| | 100 | 0.149 | 30.54 | | |
| | 200 | 0.074 | 20.74 | | |
| 비중계 분석 | | 0.0116 | 12.03 | | |
| | | 0.0095 | 11.79 | | |
| | | 0.0065 | 9.63 | | |
| | | 0.0040 | 7.62 | | |
| | | 0.0029 | 6.10 | | |
| | | 0.0021 | 4.57 | | |
| | | 0.0011 | 2.81 | | |
| | | 0.0010 | 1.93 | | |

참 고 : $D_{10}$ = 0.0092 [mm], $D_{30}$ = 0.15 [mm], $D_{60}$ = 0.46 [mm]
$C_u$ = 50, $C_c$ = 5.32

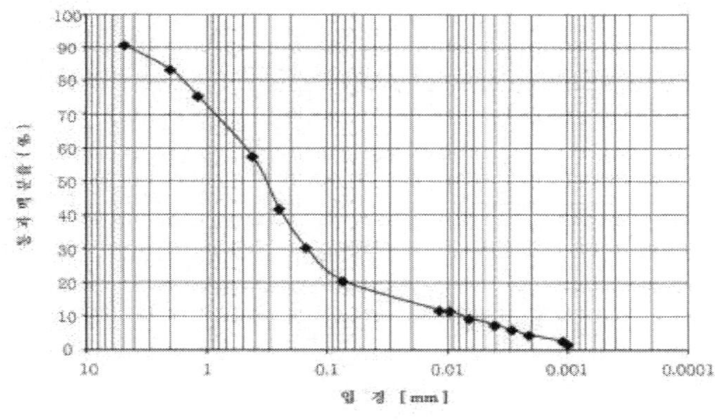


참 고 : 균등계수 $C_u = \dfrac{D_{60}}{D_{10}}$, 곡률계수 $C_c = \dfrac{D_{30}^2}{D_{10} \times D_{60}}$

$D_{10}$ : 10% 통과입경, $D_{30}$ : 30% 통과입경, $D_{60}$ : 60% 통과입경

| 확 인 | 조 병 하 (인) |
|---|---|

# 참고문헌

AASHTO T 27, T 88

ASTM D 421, D 422

BS 1377 Test 7

DIN 18123, 18128, 19129

JIS A 1204

KS F 2301, 2302

AASHTO Specifications M145-66 : The Classification of Soils and Soil Aggregate Mixtures for Highway Construction Purposes, "Highway Materials", vol 1.

Allen, T (1974). Particle Size Measurement. Chapman & Hall, London.

BS 410 : 1969, 'Test sieves'. British Standards Institution, London.

BS Code of Practice CP 2001 (1957). 'Site investigations', British Standards Institution, London ; and document No.76/11937, draft revision.

BS Code of Practice CP 2003 (1959). 'Earthworks'. British Standards Institution, London.

BS Code of Practice CP 2004 (1972). 'Foundations'. British Standards Institution, London.

Casagrande. A., (1948). Classification and Identification Purposes, Transaction, ASCE, vol. 113, pp. 901-991.

Highway Research Board (1945), Classification of Highway Subgrade Materials, Proceedings, vol. 25, pp. 376-392.

Jänke, S. (1961). Verfahren Zur Bestimmung des Rauhig Keitsgrades von Sanden. Baumaschine und Bautechnik H. 10.

Schulze E. / Muhs H. (1967), Bodenuntersuchengen fuer Ingenieur-bauten 2. Auf Springer Verlag, Berlin / Heidelberg / Newyork

Wagner, A. A. (1957), The Use of the Unified Soil Classification System by the Bureau of Reclamation, Proc. 4th Int. Conf. Soil Mech. Found Eng., London, vol. 1, pp. 125-134.

# 제3장 흙의 물성시험

## 3.1 지반의 구조와 기본물성

### 3.1.1 개 요

흙은 흙입자, 물, 공기의 3가지 성분으로 이루어져 있으며 완전 포화되면 흙입자와 물 그리고 완전히 건조되면 흙입자와 공기로 구성된다. 흙은 구성상태에 따라 그 거동 특성이 달라진다. 흙의 구성 상태는 흙입자, 물, 공기의 각각 부피와 무게를 이용하여 다음의 여러 가지 물성을 나타낼 수 있다.

- 밀도, 단위중량
- 간극비, 간극률
- 함수비, 포화도
- 흙의 비중
- 상대밀도

#### (1) 흙의 밀도 $\rho$ 와 단위중량 $\gamma$

물체의 밀도 $\rho$ 는 단위부피당 질량이며, 단위중량 $\gamma$ 는 단위부피당 무게를 나타낸다. 흙입자의 밀도 $\rho$ 는 흙입자의 비중 $G_s$ 로부터 계산할 수 있다. 흙입자의 비중은 피크노미터를 사용하여 측정하고, 대개 $2.60 \sim 2.70$ 이다. 흙지반의 단위중량을 구하기 위해서는 이처럼 흙입자, 간극수 및 간극공기의 부피를 알아야 한다. 흙시료의 부피 $V$ 는 공시체의 치수를 측정하거나 일정한 부피를 갖는 용기를 지반에 삽입하여서 시료를 채취하여 직접 측정할 수 있다.

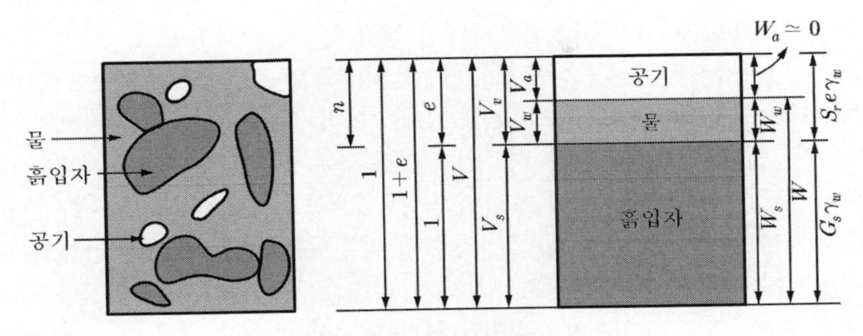


그림 3.1 간극비 정의와 흙의 구성

또한 흙시료의 부피 $V$는 시료를 액체에 담가서 무게를 측정하여 부피로 환산하거나 시료를 수은에 담가서 대체부피를 측정하여 간접적으로 구할 수 있다.

$$\rho = \frac{m}{V} \ [\mathrm{g/cm^3}]$$

$$\gamma = \frac{W}{V} \ [\mathrm{g/cm^3}]$$

여기서 $m$ 은 흙의 질량 [g], $W$는 흙의 무게 [gf]를 나타낸다.

### (2) 간극비 $e$, 간극률 $n$

흙은 흙입자와 입자 간의 간극으로 구성되어 있으며 간극은 액체(물, 액화가스, 석유 등)나 공기로 채워져 있다. 흙 지반의 전체부피를 $V$, 흙 입자의 부피를 $V_s$ 라고 하면 간극의 부피는 $V_n = V - V_s$ 이며 간극부피 $V_v$ 의 전체 부피 $V$에 대한 비를 간극률 $n$이라고 한다(그림 3.1).

$$n = \frac{V_v}{V} = \frac{V - V_s}{V}$$

반면에 간극의 부피 $V_v$ 와 흙입자의 부피 $V_s$ 의 비를 간극비 $e$라고 한다.

$$e = \frac{V_v}{V} = \frac{V - V_s}{V_s} = \frac{n}{1-n}$$

### (3) 함수비 $w$, 포화도 $S$

함수비 $w$ 는 간극 내의 물의 무게 $W_w$ 와 흙입자의 무게 $W_s$ 의 비로 정의하며 간극에 있는 물의 부피를 $V_w$ , 물의 단위중량을 $\gamma_w$ 라고 하면 다음과 같이 계산할 수 있다.

$$w = \frac{W_w}{W_s} \times 100 = \frac{\gamma_w V_w}{\gamma_s V_s} \times 100 \ [\%]$$

함수비는 보통 흙을 110 ± 5°C인 건조로에서 노건조하여 측정하며 건조로의 온도를 너무 높게 하면 흙 구성입자의 물성이 변성될 수 있으므로 온도를 잘 유지해야 한다. 현장에 건조로가 없거나 시험결과를 빨리 구하고자 할 때에는 여러 가지 방법으로 신속하게 함수량시험을 수행할 수 있다. 세립토 성분이 많은 시료일수록 흡착수 때문에 신속함수량 시험(14장)에 의한 결과와 노건조 시험에 의한 결과가 달라질 수 있으므로 항상 대조하여 확인해야 한다.

그 밖에 석회를 함유하여 고온에서 결정수를 잃는 흙이나 유기질을 함유하는 흙은 저온(80°C)에서 가능한 한 장시간 건조시켜서 함수비를 측정한다.

간극이 물로 완전히 가득차 있으면 포화되었다고 하며 일부만 물로 채워져 있으면 불포화상태라 하고 물이 없으면 건조한 상태라고 한다. 간극이 물로 포화된 정도를 나타내는 포화도 $S_r$ 은 다음과 같이 간극 내 물의 부피 $V_w$ 와 간극의 부피 $V_v = nV$ 의 비의 백분율로 정의한다.

$$S_r = \frac{V_w}{V_v} \times 100 = \frac{V_w}{nV} \times 100 \ [\%]$$

## (4) 흙의 비중

보통 물체의 비중은 온도 4°C 에 대한 같은 부피의 물의 무게를 말하나 흙입자의 비중은 온도 15°C를 기준으로 하는 수가 많다. 흙의 비중은 부피를 알고 있는 용기(피크노미터)를 이용하여 흙입자만의 부피를 측정하여 구한다. 즉, 노건조 시료의 무게 $W_s$ 를 재어서 피크노미터에 넣고 물을 추가하여 가득 채운 후에 무게(시료 + 물 + 피크노미터) $W_{pws}$ 를 재고 같은 피크노미터를 물로만 채워서 무게(물 + 피크노미터) $W_{pw}$ 를 재면 흙입자가 대체하는 물의 무게를 알 수 있고 이때의 물의 온도를 알고 있으면 곧 흙입자가 대체하는 물의 부피, 즉 흙입자의 부피를 구할 수 있다.

$$G_s = \frac{W_s}{W_s + W_{pw} - W_{pws}} \ [\%]$$

## (5) 상대밀도

조립토는 역학적 특성이 어느 정도 조밀한가에 따라 다르며, 지반의 조밀한 정도는 상대밀도 $D_r$ 로 나타낸다. 상대밀도는 입자들이 모두 접촉되어 있는 상태에서 가장 촘촘한 배열이면 100, 가장 느슨한 배열이면 0으로 나타낸다(그림 3.2). 비점성토인 사질토의 역학적 특성은 입자배열의 촘촘한 정도에 따라 결정되고, 촘촘한 정도는 간극률 $n$(또는 간극비 $e$)으로 판정한다.

상대밀도 $D_r$ 은 간극률 $n\,(D_{rn})$ 이나 간극비 $e\,(D_{re})$ 또는 건조단위중량 $\gamma_d$ 로부터 정의하며, 대개 간극비로 정의한 상대밀도 $D_{re}$ 를 사용하고 건조단위중량으로부터 구한다.

$$D_{re} = \frac{e_{\max} - e}{e_{\max} - e_{\min}} \times 100 = \frac{\gamma_{d\max}}{\gamma_d} \frac{\gamma_d - \gamma_{d\min}}{\gamma_{d\max} - \gamma_{d\min}} \times 100 \, [\%]$$

$$(0 \le D_{re} \le 100)$$

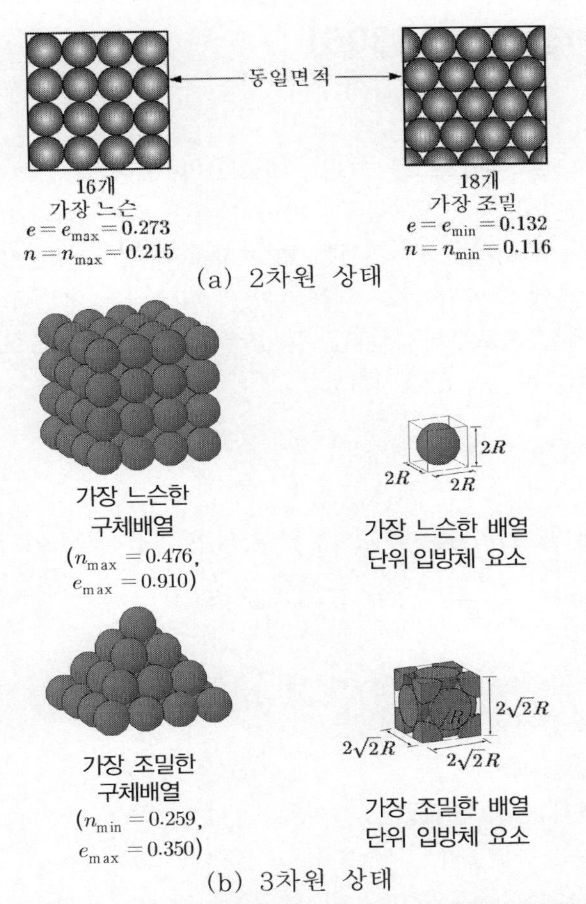


**그림 3.2 가장 느슨한 상태와 가장 조밀한 상태(균등한 흙)**

같은 상태의 흙에 대해 간극률로 구한 상대밀도 $D_{rn}$ 과 간극비로 구한 상대밀도 $D_{re}$ 는 서로 다르며 다음과 같이 환산할 수 있다.

$$D_{rn} = \frac{1 + e_{\min}}{1 + e} D_{re}$$

입도분포 양호한 흙은 최대 간극률 $n_{\max}$와 최소 간극률 $n_{\min}$의 차이가 크다. 상대밀도 값에 따라 지반의 상태를 다음 표 3.1과 같이 구분한다.

**표 3.1 상대밀도와 사질토의 상태**

| 지 반 상 태 | 매우 느슨 | 느슨 | 보통 | 조밀 |
|---|---|---|---|---|
| 상대밀도 $D_{re}$ | – | 0 ~ 33 | 33 ~ 67 | 67 ~ 100 |

# 3.2 함수량시험(KS F 2306)

## 3.2.1 개 요

일반적으로 흙지반은 흙입자, 물 그리고 공기로 이루어져 있으며 물의 양에 따라서 흙지반의 공학적 성질이 크게 달라진다. 따라서 흙의 함수량은 지반의 공학적 판단에 중요한 근거가 된다. 한국산업규격에서는 KS F 2306에 규정하고 있다.

함수비 $w$ 는 흙 속에 포함되어 있는 물의 양을 나타내는 척도이며 보통 110 ± 5°C의 온도를 유지할 때에 흙으로부터 제거할 수 있는 물의 무게 $W_w$ 와 순수한 흙의 무게 $W_s$ 의 비 $W_w / W_s$ 를 백분율로 표시한다.

$$w = \frac{W_w}{W_s} \times 100 \ [\%]$$

흙의 함수량은 단위부피의 흙 속에 포함된 물의 부피를 백분율로 표현할 수 있다.

$$w_v = \frac{V_w}{V} \times 100 = \frac{w_w / \gamma_w}{w_s / \gamma_d} \times 100 = \frac{\gamma_d}{\gamma_w} \cdot w \ [\%]$$

여기에서 $w_v$ : 부피이론에 의한 함수량

$V_w$ : 물의 부피

$V$ : 흙의 부피

$\gamma_d$ : 흙의 건조 단위중량

$\gamma_w$ : 물의 단위중량

함수비는 흙시료의 최대입경에 의해 영향을 받으므로, 현장시험에서도 입경 25mm 이상 큰입자가 없는 상태로 측정하는 것이 좋다.

## 3.2.2 시험장비

① 건조로 : 온도를 105 ± 5°C로 일정하게 유지하여 흙을 건조시킬 수 있는 것으로 건조로 내부온도를 일정하게 유지하도록 건조로 내에 통풍용 팬이 있어야 한다.

② 건조용 캔 : 주석이나 알루미늄제로 무게를 재는 동안에 수분이 증발되지 않도록 뚜껑이 있어야 한다.

③ 저울 : 시료 무게가 100 gf 미만일 때에는 0.01 gf 까지, 시료가 100 ~ 1000 gf일 때에는 0.1 gf 까지, 1000 gf 이상일 때에는 1.0 gf 까지 잴 수 있는 저울이 필 요하다.

④ 데시케이터 : 시료가 실온으로 식으면서 공기 중에 있는 수분을 흡수하지 못하도록 염화칼슘이나 실리카겔 등의 건조제를 넣어서 사용한다.
⑤ 석면장갑 또는 집게 : 건조로에서 뜨거운 내용물을 꺼낼 때에 사용한다.

## 3.2.3 시험방법

① 현장지반을 대표하는 시료를 최대입경에 따라 표 3.2의 양만큼 준비한다.
② 깨끗하고 마른 용기의 무게 $W_c$ 를 0.10 gf 까지 측정한다.
③ 토질의 종류에 따라 습윤시료 일정량을 건조용 캔 속에 넣고(습윤시료 + 용기)의 무게 $W_t$ 를 정확히 측정한다.
④ 시료의 양과 종류에 따라 다소 건조시간이 다르나, 105 ± 5°C, 유기질토는 60±3°C 건조로에서 최소한 16 ~ 18시간 이상 보통 24시간 정도 건조시킨다.
⑤ 건조시킨 시료를 꺼내어서 데시케이터에 넣고 실온으로 식힌다.
⑥ 데시케이터에서 꺼내어 (노건조시료 + 용기)의 무게 $W_d$ 를 잰다.
⑦ 측정치를 정리하고 계산한다.
⑧ 보고서를 작성한다.

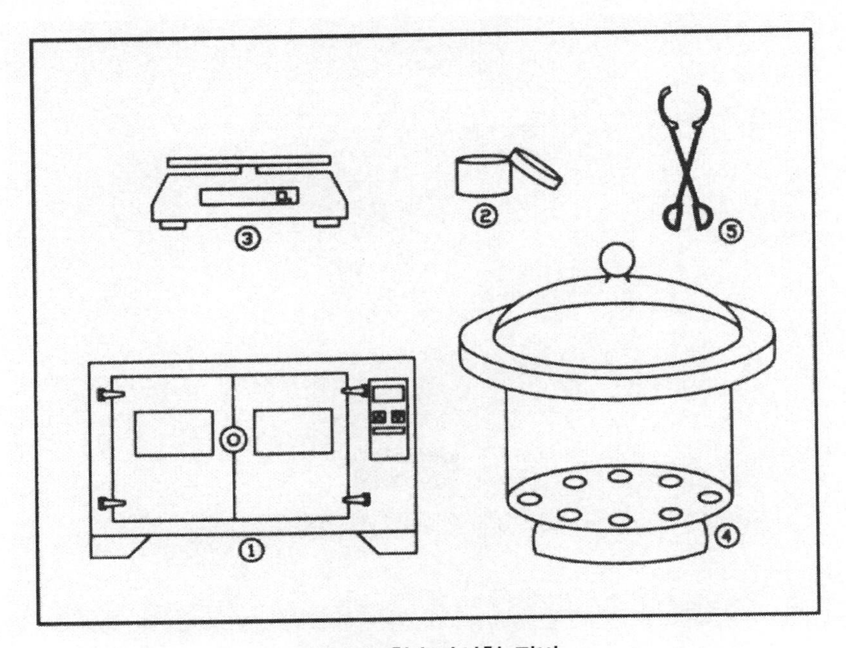


그림 3.3 함수비시험 장비

**표 3.2 함수량시험의 최소시료량**

| 최 대 입 경 [mm] | 최 소 시 료 량 |
|---|---|
| 0.425 | 5 ~ 10gf |
| 2 | 10 ~ 30gf |
| 4.75 | 30 ~ 100gf |
| 19 | 150 ~ 300gf |
| 3.75 | 1 ~ 5kgf |
| 75 | 5 ~ 30kgf |

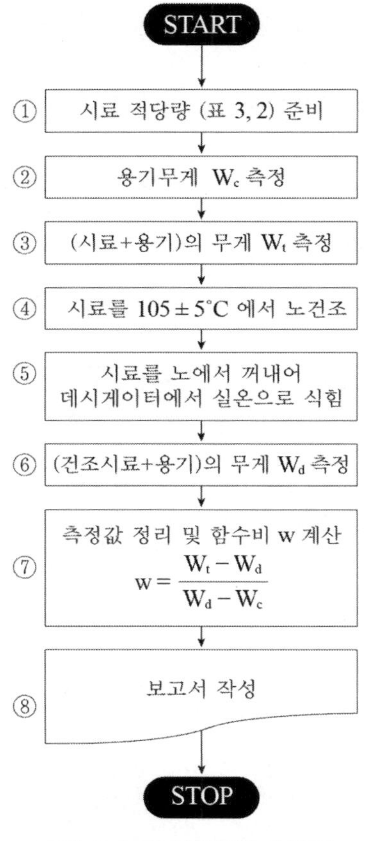
START
① 시료 적당량 (표 3, 2) 준비
② 용기무게 Wc 측정
③ (시료+용기)의 무게 Wt 측정
④ 시료를 105±5°C 에서 노건조
⑤ 시료를 노에서 꺼내어 데시게이터에서 실온으로 식힘
⑥ (건조시료+용기)의 무게 Wd 측정
⑦ 측정값 정리 및 함수비 w 계산
w = (Wt − Wd) / (Wd − Wc)
⑧ 보고서 작성
STOP

**그림 3.4 함수량시험 흐름도**

## 3.2.4 계산 및 결과정리

함수비 $w$ 는 건조된 물의 무게 $W_w = W_t - W_d$ 와 건조 후 흙의 무게 $W_s = W_d - W_c$ 로부터 구하여 0.1% 까지 표시한다.

① 데이터 시트를 기입한다.

② 함수비를 구한다.

$$w = \frac{\text{증발된 물의 무게}}{\text{노건조시료의 무게}} \times 100 = \frac{W_t - W_d}{W_d - W_c} \times 100 \ [\%]$$

## 3.2.5 결과의 이용

**1) 자연상태 시료의 함수비** $w$

자연상태인 흙의 함수비 $w$ 로부터 간극비 $e$, 간극률 $n$, 포화도 $S_r$ 등을 구할 수 있다.

$$\text{간극비} : e = \frac{V_v}{V_s} = \left(1 + \frac{w}{100}\right) \cdot \frac{\gamma_s}{\gamma_t} - 1$$

$$\text{간극률} : n = \frac{V_v}{V} \times 100 = \left(1 - \frac{100}{100 + w}\frac{\gamma_t}{\gamma_s}\right) \times 100$$

$$\text{포화도} : S_r = \frac{V_w}{V_v} \times 100 = \frac{w}{e} \times \frac{\gamma_s}{\gamma_w} \ [\%]$$

여기에서 $\gamma_s$ : 흙입자의 단위중량 [g/cm$^3$]

$\gamma_t$ : 흙의 습윤단위중량 [g/cm$^3$]

**2) 흐트러진 시료의 함수비**

액성한계 $w_L$, 소성한계 $w_P$, 수축한계 $w_s$ 등은 흐트러진 시료에 대한 함수비로 정의한다.

# 흙의 함수비시험

과 업 명 2조 토질역학실험 시험날짜 1999 년 3 월 14 일
조사위치 아주대학교 팔달관 온도 15 [℃] 습도 52 [%]
시료위치 B - 4 시료심도 0.2 [m] ~ 0.4 [m] 시험자 김 양 운

| 시료 번호 | 시료 심도 | 함수비 측정 | | | 평균 함수비 |
|---|---|---|---|---|---|
| | | 시료번호 1 | 시료번호 2 | 시료번호 3 | |
| 가 | 0.2 | $W_t$ 103.32 [gf]<br>$W_d$ 91.94 [gf]<br>$W_d$ 91.94 [gf]<br>$W_c$ 28.25 [gf]<br>$W_w$ 10.38 [gf]<br>$W_s$ 63.69 [gf]<br>$w$ = 16.30 % | $W_t$ 123.36 [gf]<br>$W_d$ 110.48 [gf]<br>$W_d$ 110.48 [gf]<br>$W_c$ 28.25 [gf]<br>$W_w$ 12.88 [gf]<br>$W_s$ 82.23 [gf]<br>$w$ = 15.66 % | $W_t$ 112.42 [gf]<br>$W_d$ 101.18 [gf]<br>$W_d$ 101.18 [gf]<br>$W_c$ 27.74 [gf]<br>$W_w$ 11.24 [gf]<br>$W_s$ 73.44 [gf]<br>$w$ = 15.31 % | $w$ = 15.76 % |
| 나 | 0.3 | $W_t$ 114.91 [gf]<br>$W_d$ 106.47 [gf]<br>$W_d$ 106.47 [gf]<br>$W_c$ 24.15 [gf]<br>$W_w$ 8.44 [gf]<br>$W_s$ 82.32 [gf]<br>$w$ = 10.25 % | $W_t$ 127.30 [gf]<br>$W_d$ 117.85 [gf]<br>$W_d$ 117.85 [gf]<br>$W_c$ 26.73 [gf]<br>$W_w$ 9.45 [gf]<br>$W_s$ 91.12 [gf]<br>$w$ = 10.37 % | $W_t$ 118.24 [gf]<br>$W_d$ 109.73 [gf]<br>$W_d$ 109.73 [gf]<br>$W_c$ 29.07 [gf]<br>$W_w$ 8.51 [gf]<br>$W_s$ 80.60 [gf]<br>$w$ = 10.55 % | $w$ = 10.39 % |
| 다 | 0.4 | $W_t$ 129.25 [gf]<br>$W_d$ 113.51 [gf]<br>$W_d$ 113.51 [gf]<br>$W_c$ 28.22 [gf]<br>$W_w$ 15.74 [gf]<br>$W_s$ 85.29 [gf]<br>$w$ = 18.45 % | $W_t$ 130.05 [gf]<br>$W_d$ 114.84 [gf]<br>$W_d$ 114.84 [gf]<br>$W_c$ 26.73 [gf]<br>$W_w$ 15.81 [gf]<br>$W_s$ 83.95 [gf]<br>$w$ = 18.83 % | $W_t$ 84.27 [gf]<br>$W_d$ 73.52 [gf]<br>$W_d$ 73.52 [gf]<br>$W_c$ 17.41 [gf]<br>$W_w$ 10.75 [gf]<br>$W_s$ 56.02 [gf]<br>$w$ = 19.19 % | $w$ = 18.82 % |

참 고 : $W_t$ : (습윤시료 + 용기)무게 , $W_d$ : (노건조시료 + 용기) 무게
$W_c$ : 용기캔의 무게 , $W_w$ : 물의 무게
$W_s$ : 흙 시료의 무게 , $w$ : 함 수 비

$$w = W_w \times W_s \times 100$$

| 확 인 | 김 상 철 (인) |
|---|---|

# 3.3 흙의 비중시험(KS F2308)

## 3.3.1 개 요

흙입자의 비중은 흙지반의 구조골격을 이루고 있고 크기와 구성광물이 다양한 흙입자의 평균비중을 말한다. 흙입자의 비중은 흙의 기본적인 성질인 간극비와 포화도를 구하는 데 필요할 뿐만 아니라, 흙의 구성광물이나 견고한 정도를 구하는 데 이용된다.

흙입자의 비중은 흙입자의 무게를 흙입자와 같은 부피의 물(증류수)의 무게를 나눈 값이 되며 한국산업규격 KS F 2308(흙입자 밀도시험)에서 규정하고 있다.

## 3.3.2 시험장비

① 피크노미터 : 용량 100 mL 이상의 부피측정용 플라스크 또는 스토퍼(stopper)가 있는 용량 50 mL 이상의 병이어야 한다. 스토퍼는 병에 꼭 맞는 것이어야 하며 병목에 쉽게 들어갈 수가 있고 중앙에 작은 구멍이 있어서 공기와 여분의 물을 뿜어낼 수 있는 것이어야 한다. 비중시험에는 부피 팽창이 적은 양질의 유리로 된 피크노미터가 3개 이상 필요하다.

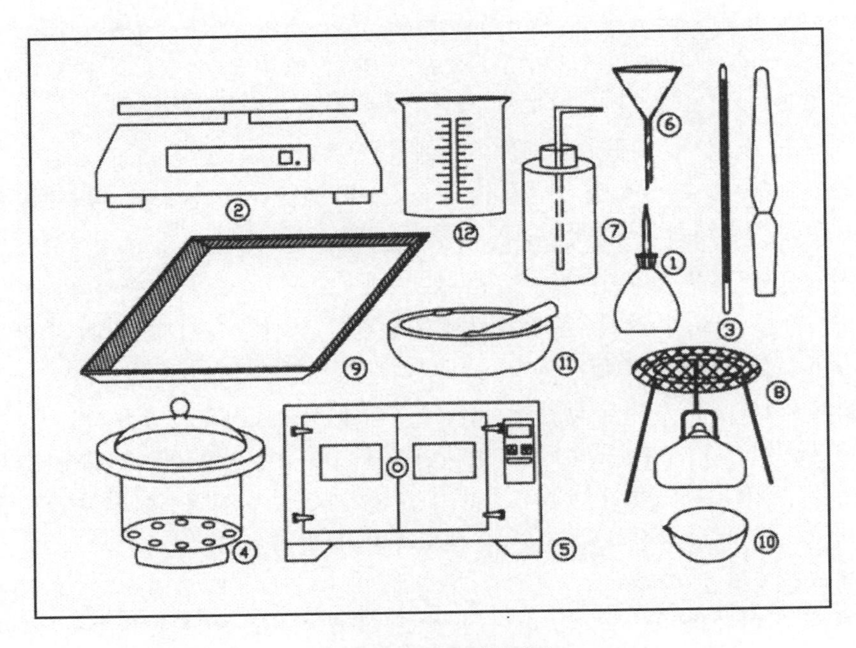


그림 3.5 비중시험장비

② 저울 : 용량 200 gf, 감도 0.001 gf 의 저울
③ 온도계
④ 데시케이터
⑤ 항온 건조로
⑥ 깔때기
⑦ 증류수
⑧ 가열장치(전열기나 알코올램프)
⑨ 시료취급용 팬
⑩ 증발접시
⑪ 유발

### 3.3.3 시험방법

#### (1) 노건조시료 사용

① 피크노미터를 건조시킨다.
② 건조된 피크노미터의 무게 $W_p$ 를 잰다.
③ 피크노미터를 증류수로 채우고 뚜껑을 닫은 후에 뚜껑 부분에 기포가 없도록 물로 가득 채워서(피크노미터 + 증류수)의 무게 $W_{pw}'$ 와 온도 $T'$를 측정한다.
④ 시료를 12시간 이상 노건조시킨다.
⑤ 시료를 노에서 꺼내서 데시케이터에서 실온으로 식힌다.
⑥ 노건조한 시료 일정량 $W_s$ 를 검정을 끝낸 깨끗하고 건조한 피크노미터 속에 넣고(피크노미터 + 증류수)의 무게 $W_{ps}$ 를 0.01 gf 정도까지 측정한다. 시료양은 사질토인 경우 150 gf, 점성토인 경우 10 ~ 20 gf 정도가 적당하다.
⑦ 증류수를 시료가 잠길 정도 채워서 가능하면 장시간(12시간 이상) 수침시킨다.
⑧ 증류수를 가하여 수위가 피크노미터의 절반 정도가 되게 한다.
⑨ 피크노미터를 10분 이상 끓여서 흙 속의 공기를 배출시킨다. 진공펌프로 병 속 압력을 대기압 이하로 내리면 끓는 온도가 내려가 공기배출이 쉬워진다. 시료에 따라 끓이는 시간이 다르고 내용물이 너무 많거나 너무 심하게 끓이면 내용물이 넘치므로 주의한다.
⑩ 피크노미터를 검정곡선 범위의 온도까지 식힌다.
⑪ 피크노미터를 증류수로 채우고 뚜껑을 닫는다. 이때 뚜껑 부분에 기포가 없게 완전히 채운다. 피크노미터 표면과 뚜껑외부의 물기를 깨끗이 제거한다.
⑫ (피크노미터 + 증류수 + 시료)의 무게 $W_{pws}$를 0.01 gf 정밀도로 측정하고 온도 $T_s$ 를 측정한다.

⑬ 온도 $T'$에서 측정한(피크노미터 + 증류수)의 무게 $W_{pw}'$를 임의의 온도 $T_s$에 대한 (피크노미터 + 증류수)의 무게 $W_{pw}$로 환산한다.

$$W_{pw} = (W_{pw}' - W_p)\frac{\text{온도 } T_s \text{의 물의 비중}}{\text{온도 } T' \text{의 물의 비중}} + W_p$$

⑭ 같은 방법으로 3회 이상 시험하여 이상한 값은 버리고 나머지의 평균값을 채택한다.

⑮ 측정치를 정리하고 비중을 계산한다.

⑯ 보고서를 작성한다.

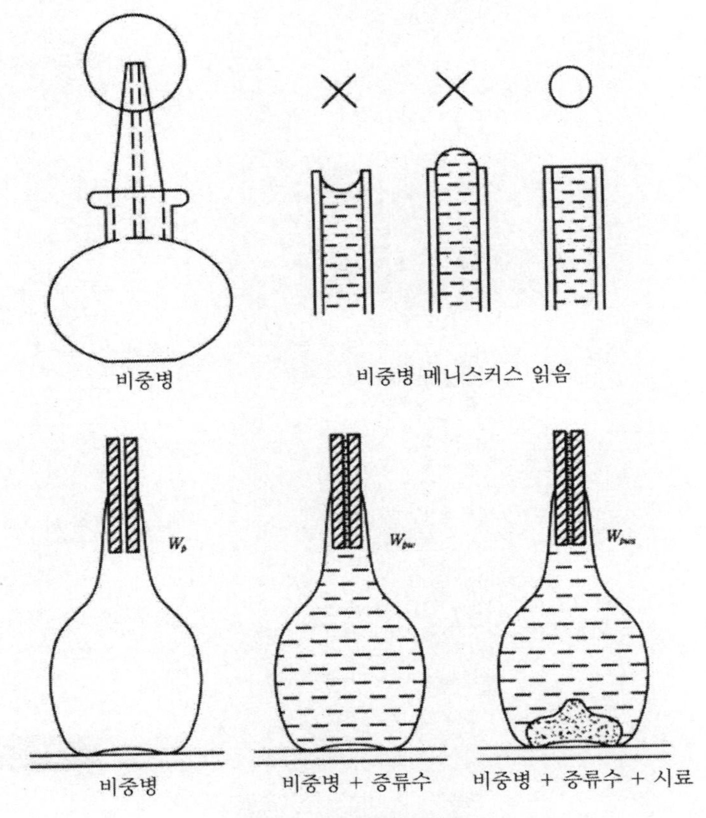


**그림 3.6 비중병 검정**

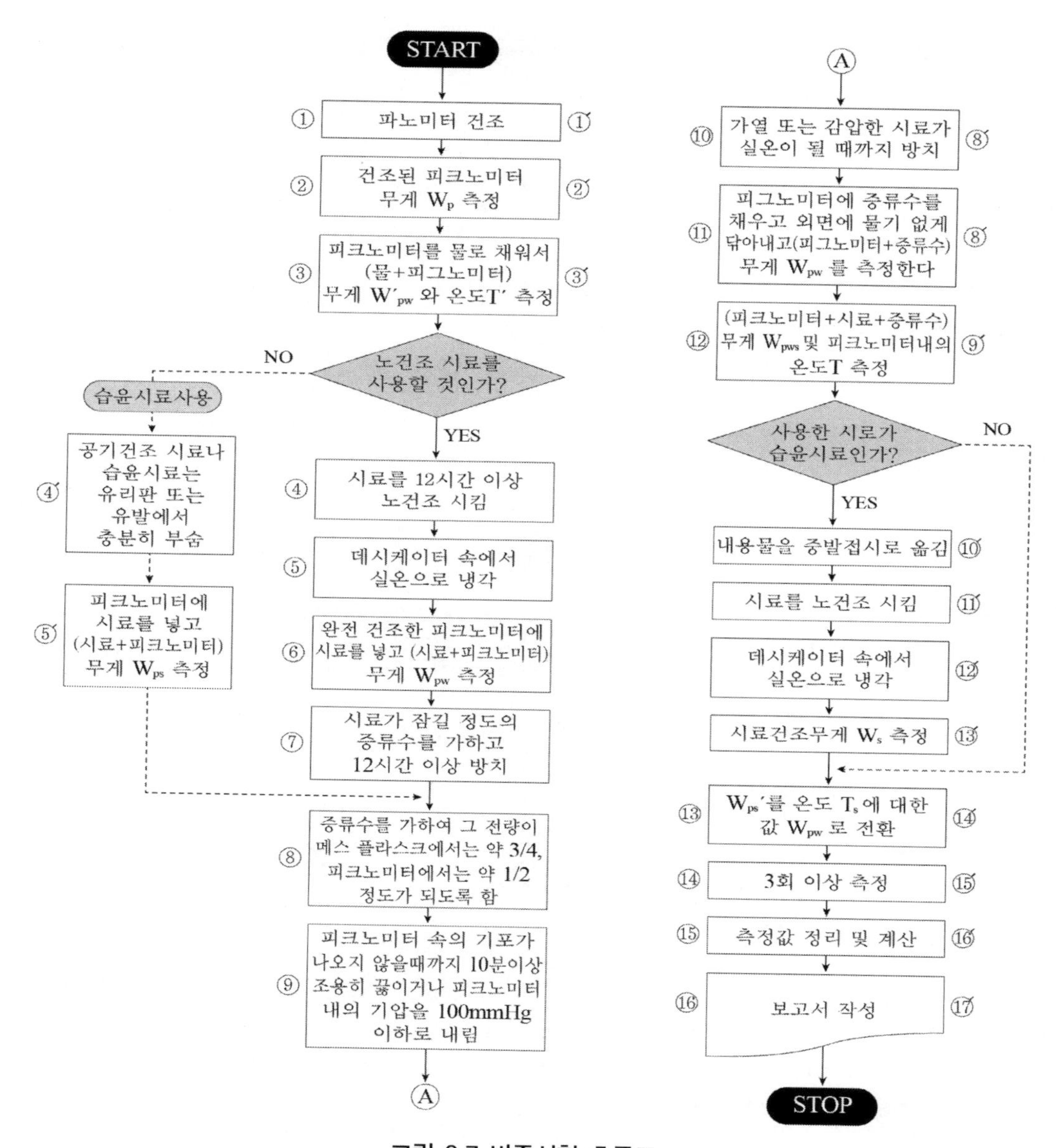


그림 3.7 비중시험 흐름도

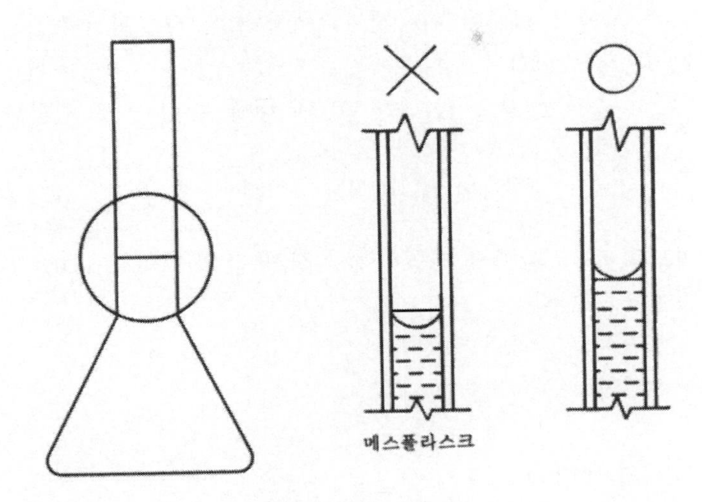


그림 3.8 메니스커스의 보정

## (2) 습윤시료 사용

비중시험에서는 가능한 한 노건조시료를 사용하며 특별한 경우에만 습윤시료를 사용한다.

①′ 피크노미터를 건조시킨다.

②′ 건조된 피크노미터의 무게 $W_p$ 를 잰다.

③′ 피크노미터에 기포가 없도록 증류수를 가득 채우고(피크노미터 + 증류수)의 무게 $W_{pw}'$ 와 온도 $T'$ 를 측정한다.

④′ 유리판 위나 유발 안에서 빻아서 입자를 낱알 형태로 만든다.

⑤′ 무게 $W_s$ 인 건조시료를 검정을 끝낸 깨끗하고 건조한 피크노미터(무게 $W_p$) 속에 넣고 (피크노미터+건조시료)의 무게 $W_{ps}$를 측정한다.

⑥′ 피크노미터에 증류수를 반 정도 채운다.

⑦′ 흙 속의 증기를 쉽게 배출시키기 위하여 피크노미터를 10분 이상 끓인다. 시료에 따라서 끓이는 시간이 다를 수 있다. 이때 진공펌프를 사용하여 피크노미터 속의 압력을 대기압 이하로 내리면 끓는 온도가 내려가 공기배출이 용이해진다.

⑧′ 피크노미터의 검정곡선 범위의 온도까지 식힌 다음 증류수를 채우고 뚜껑을 닫은 후 물로 채운다. (피크노미터 + 증류수)의 무게 $W_{pw}'$를 0.001 gf 정도까지 측정한다.

⑨′ 피크노미터 표면과 뚜껑 외부의 물기를 깨끗이 제거한 후 (피크노미터 + 증류수)의 무게 $W_{pws}$와 온도 $T_s$ 를 측정한다.

⑩′ 내용물을 증발접시에 옮긴다. 미량이라도 입자가 남지 않아야 한다.

⑪′ 내용물을 노건조시킨다.

⑫′ 노건조한 후 노에서 꺼내어 데시케이터에서 실온으로 식힌다.

⑬′ 건조무게 $W_s$ 를 측정한다.

⑭′ 온도 $T'$ 에서 측정한 $W_{pw}'$ 를 온도 $T_s$ 에 대한 값 $W_{pw}$ 로 전환한다.

$$W_{pw} = \frac{T_s^o c \text{ 물의 비중}}{T^o c \text{ 물의 비중}} (W_{pw}' - W_p) + W_p$$

⑮′ 같은 방법으로 3∼5회 이상 시험하여 이상한 값은 버리고 나머지(최소 3개 이상)의 평균값을 채택한다.

⑯′ 측정치를 정리하고 비중을 계산한다.

⑰′ 보고서를 작성한다.

### 3.3.4 계산 및 결과정리

1) 시험결과를 데이타 쉬트에 정리한다.

온도 $T_s$ 에서 흙입자의 비중 $G_{s,\,Ts}$ 는 다음 식에 따라 계산한다.

$$G_{s,\,Ts} = \frac{W_s}{W_s + (W_{pw} - W_{pws})}$$

여기서, $W_p$ : 피크노미터 무게 [gf]

$W_{pw}$ : (피크노미터 + 증류수) 무게 [gf]

$W_s$ : 노건조시료 무게 [gf]

$W_{pws}$: (피크노미터 증류수 + 시료) 무게 [gf]

$T_s$ : $W_{pws}$ 측정온도 [°C]

2) 특별히 지정하지 않은 한 흙의 비중은 15°C의 물에 대한 값 $G_{s,15}$ 으로 표시하며, 온도 $T_s$ 에 대한 비중 $G_{s,\,Ts}$ 와 표 3.3(물의 비중에 대한 보정계수표)의 보정계수 $K$를 다음 식에 적용하여 계산한다. 흙입자의 밀도(KS F 2308 등)를 이용하여 비중을 계산할 수도 있으나, 이때에는 표 3.3의 물의 비중 대신에 증류수의 밀도(KS F 2308의 표1)를 적용해야 한다.

$$G_{s,15} = K \cdot G_{s,\,T_s}$$

3) 임의 온도 $T$ 의 물에 대한 흙입자 비중 $G_{s,\,T}$ 를 구할 때는 온도 $T_s$ 에서의 비중 $G_{s,\,Ts}$ 에 온도 $T_s$ 에서의 물의 비중과 온도의 비를 곱하여 얻는다(표 3.3 참조).

$$G_{s,\,T} = G_{s,\,Ts} \frac{\text{온도 } T_s \text{에서의 물의 비중}}{\text{온도 } T \text{에서의 물의 비중}}$$

**표 3.3 온도에 따른 물의 비중과 15℃ 에 대한 보정계수 $K$**

| 온도°C | 물의 비중 | 보정계수 | 온도°C | 물의 비중 | 보정계수 | 온도°C | 물의 비중 | 보정계수 |
|---|---|---|---|---|---|---|---|---|
| 4 | 1.000000 | 1.0009 | 15 | 0.999129 | 1.0000 | 26 | 0.996814 | 0.9977 |
| 5 | 0.999992 | 1.0009 | 16 | 0.998972 | 0.9998 | 27 | 0.996544 | 0.9974 |
| 6 | 0.999968 | 1.0008 | 17 | 0.998804 | 0.9997 | 28 | 0.996264 | 0.9971 |
| 7 | 0.999930 | 1.0008 | 18 | 0.998625 | 0.9995 | 29 | 0.995976 | 0.9968 |
| 8 | 0.999877 | 1.0007 | 19 | 0.998435 | 0.9993 | 30 | 0.995678 | 0.9965 |
| 9 | 0.999809 | 1.0007 | 20 | 0.998234 | 0.9991 | 31 | 0.995372 | 0.9962 |
| 10 | 0.999728 | 1.0006 | 21 | 0.998022 | 0.9989 | 32 | 0.995058 | 0.9959 |
| 11 | 0.999634 | 1.0005 | 22 | 0.997800 | 0.9987 | 33 | 0.994734 | 0.9956 |
| 12 | 0.999526 | 1.0004 | 23 | 0.997568 | 0.9984 | 34 | 0.994403 | 0.9953 |
| 13 | 0.999406 | 1.0003 | 24 | 0.997327 | 0.9982 | 35 | 0.994064 | 0.9949 |
| 14 | 0.999273 | 1.0001 | 25 | 0.997075 | 0.9979 | 36 | | |

## 3.3.5 결과이용

1) 흙의 기본적인 성질인 간극비($e$), 포화도($S_r$)의 계산

$$e = \frac{G_s \cdot \gamma_w}{\gamma_d} - 1$$

$$S = \frac{G_s \cdot w}{e} \ [\%]$$

2) 흙의 다짐 정도를 알기 위하여 그리고 일정포화도곡선, 영공기 간극곡선, 계산한 공기간극의 일정곡선에 필요한 건조단위중량의 계산

일정 포화도 곡선 :

$$\gamma_d = \frac{\gamma_w}{\dfrac{1}{G_S} + \dfrac{\omega}{S_r}} \ [\mathrm{gf/cm^3}]$$

영공기 간극곡선

$$\gamma_d = \frac{\gamma_w}{\frac{1}{G_S} + \omega} = \frac{G_s \cdot \gamma_\omega}{1 + G_s \cdot \omega}$$

3) 유기질흙의 유기물 함량 $C_0$ 의 계산

$$C_0 = \frac{G_0(G_S - G_P)}{G_P(G_S - G_0)} \times 100 \ [\%]$$

여기서, $G_0$ : 유기질의 비중

$G_S$ : 유기질흙 중 광물의 비중

$G_P$ : 유기질흙의 비중

수축한계 $w_s$ 와 수축비 $R$ 로부터 다음과 같이 근사적으로 구한 비중과 비교한다.

$$G_s = \frac{1}{\frac{1}{R} - \frac{W_s}{100}}$$

# 흙의 비중 시험

과 업 명 A조 토질역학실험 시험날짜 1996 년 5 월 14 일
조사위치 아주대학교 팔달관 온도 18 [℃] 습도 68 [%]
시료위치 A - 1 시료심도 0.3 [m] ~ 0.5 [m] 시험자 김 은 섭

| 시 험 번 호 | | 1 | 2 | 3 |
|---|---|---|---|---|
| 비 중 병 번 호 | | 가 | 나 | 다 |
| (비중병 + 물) 무게 $W'_{pw}$ | gf | 78.26 | 78.28 | 78.26 |
| 온 도 $T$ | ℃ | 18 | 18 | 18 |
| (비중병+물+시료) $W_{pws}$ | gf | 97.25 | 97.78 | 97.58 |
| (비중병+물) 무게 $W_{pw}$ | gf | 78.24 | 78.26 | 78.24 |
| 용 기 번 호 | | ㄱ | ㄴ | ㄷ |
| (용기+노건조시료)무게 $W_{cs}$ | gf | 57.34 | 62.67 | 59.59 |
| 용 기 무 게 $W_c$ | gf | 26.67 | 31.09 | 28.38 |
| 노건조시료 무게 ※1 $W_c$ | gf | 30.67 | 31.58 | 31.21 |
| 물의 비중 $G_w$ | | 0.9986 | 0.9986 | 0.9986 |
| 흙의 비중 ※2 $G_w$ | | 2.63 | 2.62 | 2.63 |
| 흙의 평균 비중 $G_s$ | | 2.63 | | |

참 고 : ※1 $W_s = W_{cs} - W_c$ ※2 $G_s = W_s / (W_{pw} + W_s - W_{pws})$

확 인 이 용 준 (인)

# 3.4 사질토의 최대/최소 건조단위중량(DIN 18126)

## 3.4.1 개 요

사질 지반의 역학적 특성은 입자의 촘촘한 정도, 즉 상대밀도에 따라 달라지며, 이를 위해 지반이 나타낼 수 있는 가장 느슨한 상태와 가장 촘촘한 상태를 시험으로 재현할 수 있다.

입자가 벗겨지거나, 탈락되거나, 세굴되지 않으면서 가장 느슨한 상태로 있는 흙의 건조단위중량은 몰드에 가장 느슨한 상태로 지반을 채워 측정한다. 가장 조밀한 상태의 건조단위중량은 몰드의 외벽을 타격 봉으로 두드려서 다짐하거나 일정한 주기와 진폭으로 진동하는 진동 테이블에 시료를 놓고 진동을 가해 다져서 구한다. 현장지반에서 가장 느슨한 상태와 가장 촘촘한 상태의 건조단위중량을 구하여 현 지반상태의 상대밀도를 구하는 데에 적용한다. 가장 촘촘한 상태와 가장 느슨한 상태의 간극률과 간극비 및 상대밀도와 다짐성은 다음과 같이 정의한다.

### (1) 간극률 및 간극비

$$n_{\max} = 1 - \frac{\gamma_{d\min}}{\gamma_s} \qquad e_{\max} = \frac{\gamma_s}{\gamma_{d\min}} - 1$$

$$n_{\min} = 1 - \frac{\gamma_{d\max}}{\gamma_s} \qquad e_{\min} = \frac{\gamma_s}{\gamma_{d\max}} - 1$$

### (2) 상대밀도

$$D_r = \frac{e_{\max} - e}{e_{\max} - e_{\min}} \times 100 = \frac{\gamma_{d\max}(\gamma_d - \gamma_{d\min})}{\gamma_d(\gamma_{d\max} - \gamma_{d\min})} \times 100 \ [\%]$$

### (3) 다짐성

$$I_f = \frac{e_{\max} - e_{\min}}{e_{\min}}$$

## 3.4.2 시료의 종류와 크기

시료는 최대입경과 세립토 함유율이 기준치 이내인 것을 사용한다. 예를 들어 DIN 18126에서는 세립토(입경 $\le 0.06$ mm) 함유율이 15 % 이하이어야 한다.

표 3.4 몰드의 크기와 최대입경 및 시료의 양 (DIN 18126)

| 몰드직경 [mm] | 최대입경 [mm] | 시료양(건조상태) [kgf] |
|---|---|---|
| 71 | $5(C_u \geq 3)$<br>$2(C_u < 2)$ | 1 |
| 100 | $10(C_u \geq 3)$<br>$5(C_u < 3)$ | 6 |
| 150<br>250 | 31.5<br>$63(C_u < 6)$ | 18<br>90 |

타격봉시험에서는 입경 ≤ 0.06 mm 인 세립토가 없어야 하고 0.06~0.2 mm 의 가는 모래는 50 % 미만이어야 한다. 최대입경은 몰드의 직경에 따라서 다음의 표 3.4와 같이 다르게 적용하며 최대입경이 63 mm 이고 $C_U \leq 6$이면 최대 건조단위중량이 12 % 까지 작게 측정될 수 있으며, 시험결과의 분산폭이 크다.

진동다짐에서는 되도록 작은 몰드에 대한 값을 택한다. 진동다짐은 시료 양이 부족하더라도 수행할 수 있다. 직경 100 mm 몰드에서 최고 25 % 적은 양으로 시험할 수 있다.

강도가 작은 입자로 된 지반을 진동다짐하면 입자가 부서질 수 있으며, $C_U \leq 12$이고 입경 > 31.5 mm 이며 세립분이 적고 입자 모양이 둥근 흙은 진동으로 입자가 오히려 분리될 수 있으므로, 이러한 경우에는 진동다짐이 허용되지 않는다.

## 3.4.3 시료준비

예비실험을 실시하여 입도분포가 다질 수 없는 상태이거나 입자가 벗겨지거나 깨어지는지 확인해야 한다. 시료는 105 ± 5°C 건조로에서 노건조하고 습해지지 않도록 주의하여 시험한다.

진동방법으로 가장 조밀한 상태에 대한 시험을 수행할 경우에는 가장 느슨한 상태에 대한 시험과 같은 시료와 몰드를 사용하여 수행해야 한다.

타격봉으로 시험할 경우에는 우선 동일시료를 이용하여 가장 느슨한 상태의 시험을 5회 실시한 후에 같은 시료를 이용하여 가장 조밀한 상태의 시험을 실시한다.

## 3.4.4 최대 건조단위중량시험

최대 건조단위중량 시험방법은 입자의 크기에 따라서 진동 테이블로 다짐(그림 3.9) 하거나 타격봉 다짐법(그림 3.11)을 적용한다.

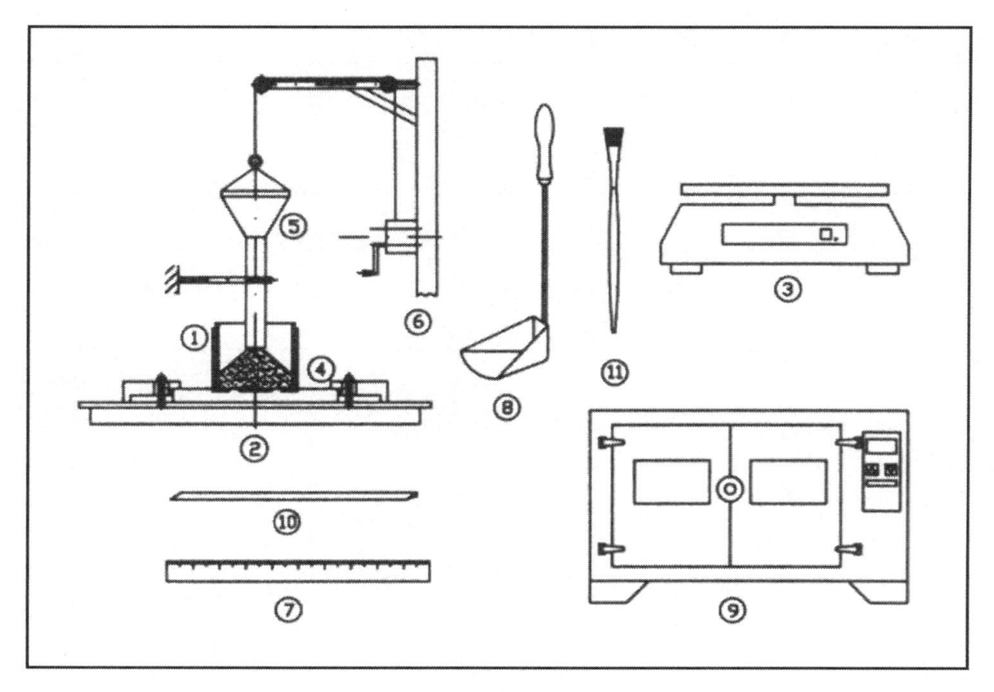


그림 3.9 진동 테이블 다짐시험 장비

## (1) 진동 테이블 다짐시험

### 1) 시험 장비

① 몰드 : 직경 $D$ =100, 150, 250 mm 인 몰드를 사용하며 1회에 최소한 50, 60, 120mm씩 시료높이를 높여 가면서 다진다. 그림 3.9와 같은 장치를 이용하여 10 kN/m$^2$의 상재하중을 가한 상태로 다진다.

② 진동테이블 : 주기 50 Hz로 상하진동하며 몰드 고정장치가 있어야 하고 2.5kN을 가할 수 있어야 한다. 상하진폭은 초기에 1.4 mm이어야 하고 진동 중에 1.7mm를 초과하지 않아야 한다. 이 진폭은 $D$ = 250 mm 몰드 기준이며 $D$ =100, 150 mm 몰드는 보정한다. 진동기는 진동 중단 후 1.5초 이내에 정지할 수 있어야 한다.

③ 저울 : 시료무게의 0.1 % 까지 잴 수 있어야 한다.

④ 내부 설치판 : 두께 40 mm, 직경 $D$ = 100 mm

⑤ 시료포설용 깔때기 : 60° 각으로 관경이 12~50 mm 인 것을 사용한다.

⑥ 깔때기 위치조절장치

⑦ 깊이 측정용 자

⑧ 시료삽, 손삽

⑨ 건조로
⑩ 시료절단용 곧은 날
⑪ 정리용 붓

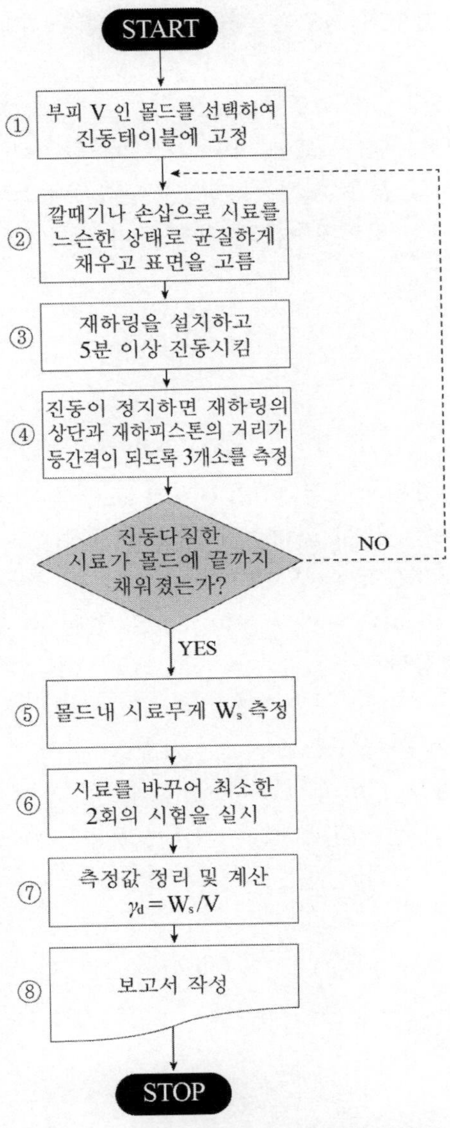


그림 3.10 진동 테이블 다짐시험 흐름도

**2) 시험 방법**

① 몰드를 진동 테이블에 고정시킨다.
② 깔때기와 손삽 등으로 시료를 느슨한 상태로 균질하게 채우고 표면을 고른다.
③ 재하링을 설치하고 5분 이상 진동한다.
④ 진동이 정지되면 재하링의 상단과 재하 피스톤의 거리를 되도록 등간격으로 3개 점에서 측정한다.
⑤ 몰드 안에 있는 시료무게를 측정한다.
⑥ 몰드의 끝까지 채워졌으면, 시료를 바꾸어서 최소한 2회 시험한다. 입자의 크기가 대체로 0.6 mm 이상인 흙은 재사용하면 안 된다. 시료의 양이 부족하여 반복 시험할 수 없는 경우에는 시험횟수를 줄여야 한다.
⑦ 측정값을 정리하고 계산한다.
⑧ 보고서를 작성한다.

## (2) 타격봉 다짐시험

**1) 시험 장비**

① 가장 조밀한 상태 측정용 몰드는 내경 $D = 71$ mm, 높이 $H = 112$ mm 이고, 해체가 가능하고 그림 3.11(a)와 같이 필터층이 있으며 무게(1.35 ± 0.05) kgf이어야 한다.
② 무게(0.96 ± 0.03) kgf 인 철제 타격봉
③ 덮개판은 직경 $D = 70$ mm, 높이 $H = 15$ mm 의 원형 철제판으로 고정장치가 있고 무게 0.5 kgf 이어야 한다.
④ 워터펌프
⑤ 가장 느슨한 상태 측정용 몰드 : 내경 $D = 71$ mm, 높이 $H = 112$ mm 이고 필터판이 없고 무게(0.9 ± 0.05) kgf 이어야 한다.
⑥ 깔때기, 각도 60° 이고 관경이 12 mm 곧은날, 용량 500 $cm^3$ 정도이어야 한다.
⑦ 시료 절단용 시료칼
⑧ 깊이 측정용 자
⑨ 건조로, 시료판
⑩ 정리용 붓
⑪ 저울

**2) 시험 방법**

① 시험용 몰드 바닥판에 필터판을 설치하고, 그 위에 다시 필터 페이퍼를 설치한다. 이렇게 하면 물로 빨아들이는 과정에서 세립자의 유실이 방지된다.

② 우선 시료양의 1/5을 몰드에 채우고 물을 가득 채운다.
③ 타격봉을 이용하여 8~10초간 몰드의 하부를 타격한다.
④ 전체 몰드가 채워질 때까지 시료양의 1/5씩을 추가로 채우고 타격시험을 계속한다.

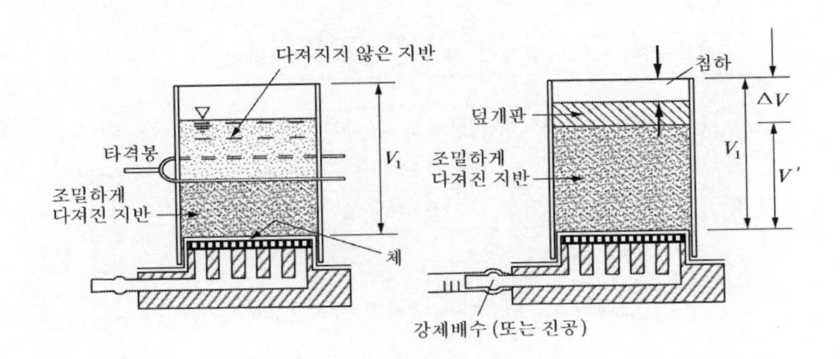


그림 3.11(a) 타격봉 시험

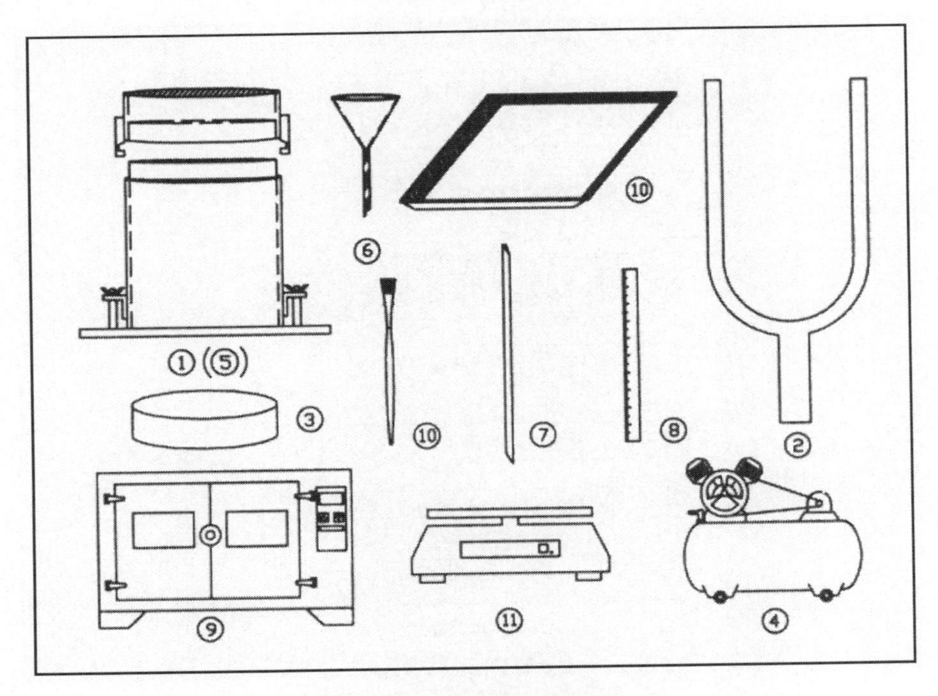


그림 3.11(b) 타격봉 시험 장비

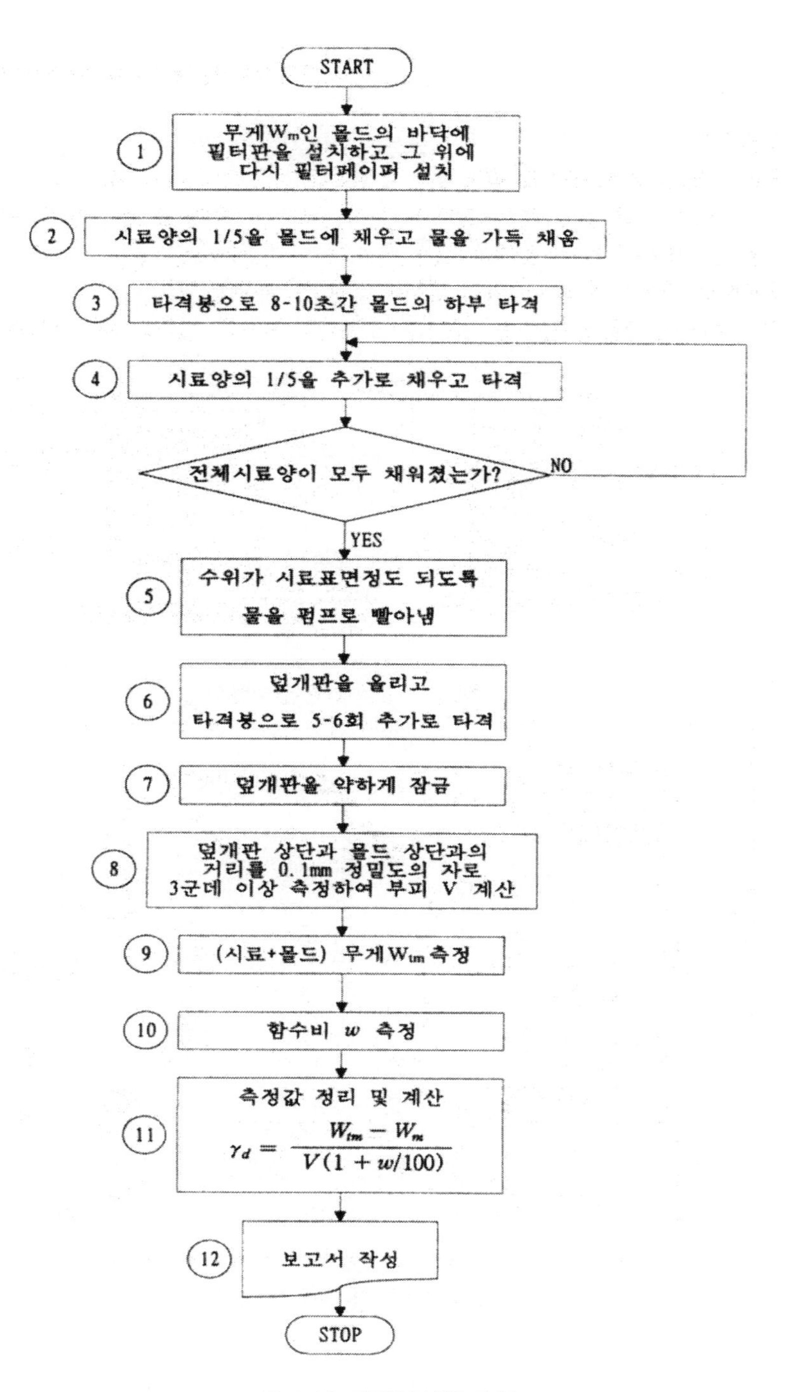


그림 3.12 타격봉시험 흐름도

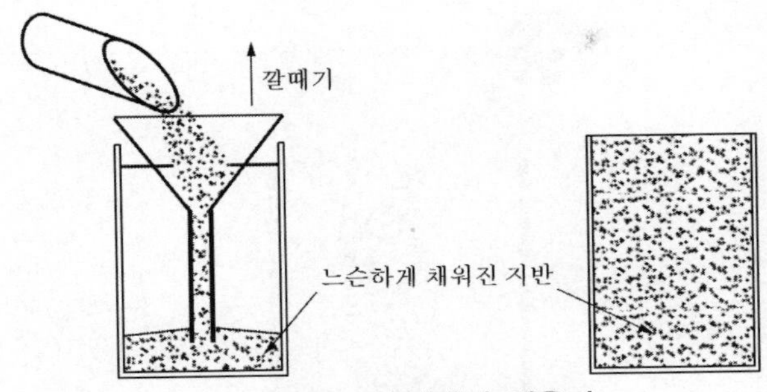

그림 3.13 깔때기 채우기

⑤ 전체 시료가 모두 채워지면 타격 후 시료 표면 정도까지 물을 펌프로 빨아낸다.
⑥ 수위가 시료 표면 정도로 낮아지면 덮개판을 놓고 타격봉으로 5~6회 추가 타격한다.
⑦ 덮개판을 약하게 잠근다.
⑧ 덮개판 상단과 몰드상단 간의 거리를 3군데 다른 위치에서 0.1 mm 의 정밀도를 갖는 자로 잰다.
⑨ (시료 + 몰드) 무게 $W_{tm}$ 측정
⑩ 함수비 $w$ 측정
⑪ 측정값을 정리하고 건조단위중량 $\gamma_d$를 계산한다.
⑫ 보고서를 작성한다.

## 3.4.5 최소 건조단위중량시험

### (1) 개 요

가장 촘촘한 상태의 시험과 같은 내경의 몰드(직경 $D = 71$, 100 mm)를 택한다. 균등하고 입자가 모난 지반에서는 최대입경 2 mm 까지는 내경 12 mm 깔때기를 사용한다. 둥글고 균등하지 않은 흙에서는 흙입자보다 큰 깔때기를 사용하면 된다. 깔때기로 흙이 흘러내려가지 않으면 직경 $D = 150$ mm 몰드를 사용하고 깔때기 대신 시험삽으로 채운다. 직경 $D = 250$ mm 몰드를 사용할 때는 손삽으로 채운다.

### (2) 깔때기 채우기(그림 3.13)

① 몰드의 바닥에 깔때기의 끝을 대고 깔때기에 시료를 채운다.
② 깔때기를 들어올릴 때, 깔때기의 끝이 항상 시료의 상단에 오도록 높이를 조절한다.

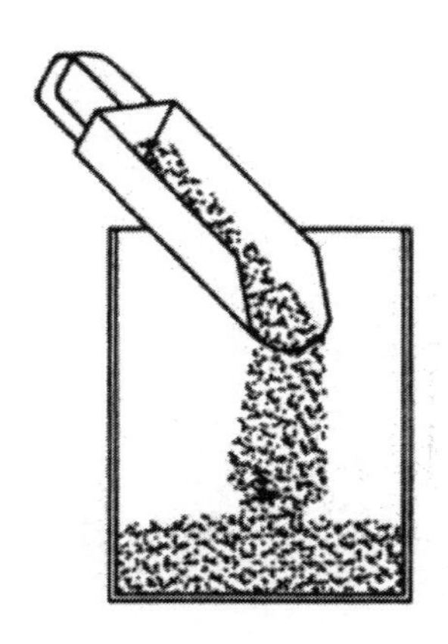

그림 3.14 손삽 채우기

③ 다 채운 후 몰드 윗 부분의 시료는 절단칼로 주의하며 깎아낸다.
④ 붓으로 외부에 흘러나온 흙은 털어내고 무게를 잰다.
⑤ 시료를 삼등분하여 각각 2회 실시하며 시료 량이 적어서 삼등분하기 어려운 경우에도 최소한 5회 실시한다.
⑥ 측정값을 정리하고 계산한다.
⑦ 보고서를 작성한다.

### (3) 시험삽이나 손삽채우기(그림 3.14)

① 깔때기로 흘러내려가지 않는 흙은 직경 $D = 150$, 250 mm 인 몰드에 시험삽이나 손삽으로 시료를 채운다.
② 이때 쌓인 시료의 표면이 최대한 평평하게 되도록 시료를 채운다.
③ 시험삽이나 손삽이 시료표면에서 멀리 떨어지지 않되 시료에 닿지 않도록 주의한 다. 시료가 구르면서 쌓이지 않도록 한다.
④ 몰드 위에 솟을 정도로 시료를 채운다.
⑤ 몰드 위에 솟은 흙은 절단 칼이나 줄칼로 잘라낸다. 이때에 굵은 입자가 걸리면 빼내고 고른다.
⑥ 몰드 외부에 떨어진 흙은 붓으로 잘 털어내고 무게를 잰다.
⑦ 시료를 삼등분하여 각각 2회씩 실시한다. 시료량이 적어 삼등분하기 어려운 경우에도 최소한 5회는 실시하여야 한다.
⑧ 측정값을 정리하고 계산한다.
⑨ 보고서를 작성한다.

# 흙의 최대건조 단위중량 시험

과 업 명 A조 토질역학실험 시험날짜 1996 년 6 월 24 일
조사위치 아주대학교 기숙사 온도 24 [℃] 습도 68 [%]
시료위치 A - 2 시료심도 0.3 [m] ~ 0.7 [m] 시험자 송 영 두

| 몰 드 | 직경 $D$ 5.0 [cm] | 높이 $H$ 17.5 [cm] | 단면적 $A$ 176.6 [cm$^2$] | 체적 $V$ 3090.9 [cm$^3$] |
|---|---|---|---|---|
| 재하링 | 높이 $H_k$ 5.0 [cm] | | | |
| 시 료 | 지반분류 SP | 최대입경 $d_{max}$ 4.75 [mm] | 균등계수 $C_u$ 4.23 | |
| | 비 중 $G_s$ 2.64 | 간극비 $e$ 0.52 | 간극율 $n$ 0.34 | |

| 시 험 번 호 | | | 1 | 2 | 3 |
|---|---|---|---|---|---|
| 재하링 위치 (용기상단과 상부간 거리) | 1 | mm | 2.9 | 4.0 | 3.7 |
| | 2 | mm | 3.4 | 4.2 | 3.7 |
| | 3 | mm | 3.3 | 4.0 | 3.6 |
| | 합 | mm | 9.6 | 12.2 | 11.0 |
| | 평균 | mm | 3.2 | 4.1 | 3.7 |
| 재하링 길이 ※1 $S$ | | mm | 53.2 | 54.1 | 53.7 |
| 시료 높이 ※2 $h$ | | mm | 121.8 | 120.9 | 121.3 |
| 시료 체적 ※3 $V$ | | cm$^3$ | 2152.21 | 2136.3 | 2143.37 |
| 건조무게 $W_d$ | | gf | 3895.5 | 3802.61 | 3836.63 |
| 건조단위중량 ※4 $\gamma_d$ | | gf/cm$^3$ | 1.81 | 1.78 | 1.79 |
| 평균건조단위중량 | | gf/cm$^3$ | 1.79 | | |

참고 : ※1 $S = H_k + a$ ※2 $h = H + H_k + S$ ※3 $V = A \cdot h$ ※4 $\gamma_d = \frac{W_d}{V}$

확인 김 기 림 (인)

# 흙의 최소건조 단위중량 시험

과 업 명 A조 토질역학실험 시험날짜 1996 년 6 월 24 일
조사위치 아주대학교 기숙사 온도 24 [℃] 습도 68 [%]
시료위치 A - 2 시료심도 0.3 [m] ~ 0.7 [m] 시험자 송 영 두

| 몰드 | 직경 $D$ 100 [mm] | 높이 $H$ 12.6 [cm] | 단면적 $A$ 78.54 [cm$^2$] | 체적 $V$ 989.6 [cm$^3$] |
|---|---|---|---|---|
| 시료 | 지반분류 SP | 최대입경 $d_{max}$ 4.75 [mm] | 균등계수 $C_u$ 4.23 | |
| | 비 중 $G_s$ 2.64 | 간극비 $e$ 0.52 | 간극율 $n$ 0.34 | |

| 시 험 번 호 | (건조시료+용기) 무게 $W_{cd}$ [gf] | 용기 무게 $W_c$ [gf] | 건조 시료 무게 ※1 $W_d$ [gf] | 건조 단위중량 ※2 $\gamma_d$ [gf/cm$^3$] |
|---|---|---|---|---|
| 1 | 5418 | 3961 | 1457 | 1.472 |
| 2 | 5440 | 3961 | 1479 | 1.495 |
| 3 | 5422 | 3961 | 1461 | 1.476 |
| 4 | 5435 | 3961 | 1474 | 1.489 |
| 5 | 5435 | 3961 | 1474 | 1.489 |
| 6 | 5444 | 3961 | 1483 | 1.499 |
| 합 $\Sigma\gamma_d$ | | | | 8.92 |
| 평 균 $\gamma_d$ | | | | 1.49 |

참고 : ※1 $W_d = W_{cd} - W_c$  ※2 $\gamma_d = \dfrac{W_d}{V}$

확인 김 기 림 (인)

# 3.5 흙의 단위중량시험

## 3.5.1 개 요

흙의 단위중량은 흙의 단위부피당 무게를 말하며 흙의 무게를 흙의 외형부피로 나누어서 구한다. 단위중량은 지반의 공학적 특성을 파악하는 가장 중요한 척도인 토질정수의 하나로서 실내 또는 현장에서 시험을 통하여 결정한다.

단위중량은 경우에 따라서 습윤단위중량 $\gamma_t$, 건조단위중량 $\gamma_d$, 포화단위중량 $\gamma_{sat}$, 수중단위중량 $\gamma_{sub}$ 으로 구분하여 정의하며 서로 환산이 가능하다.

**1) 습윤단위중량** $\gamma_t$

지반이 습윤상태로 있을 때의 단위중량을 나타내며 흙입자의 무게와 지반 내 물의 무게를 합한 전체 무게를 부피로 나누어 구한다. 일반적으로 현장에서 접하는 불포화 상태의 흙의 단위중량을 말한다.

**2) 건조단위중량** $\gamma_d$

지반이 완전히 건조한 상태의 단위중량을 나타낸다. 흙에 포함된 물이 완전히 건조되어 흙의 구조골격을 구성하는 흙입자만 남아 있기 때문에 건조단위중량으로부터 지반의 구조골격의 상태나 조밀한 정도를 알 수 있다.

**3) 포화단위중량** $\gamma_{sat}$

간극이 완전히 물로 포화된 상태의 단위중량을 나타낸다.

**4) 수중단위중량** $\gamma_{sub}$

지하수면 아래에 있는 지반은 부력을 받고 있으므로 지반의 구조골격에 작용하는 유효응력은 매우 작은 상태가 된다. 이와 같은 경우에 부력을 고려한 지반의 단위중량을 수중단위중량이라 한다. 지하수면 아래에 있는 지반의 유효응력을 계산하는 데에 적용한다.

## 3.5.2 실내시험

실내에서 지반의 단위중량을 구하는 방법이 여러 가지가 있으며 이는 공시체의 부피를 측정하는 방법에 따라 구분된다. 다음과 같은 방법들이 자주 적용된다.

- 직접측정법
- 액침법
- 부피치환법

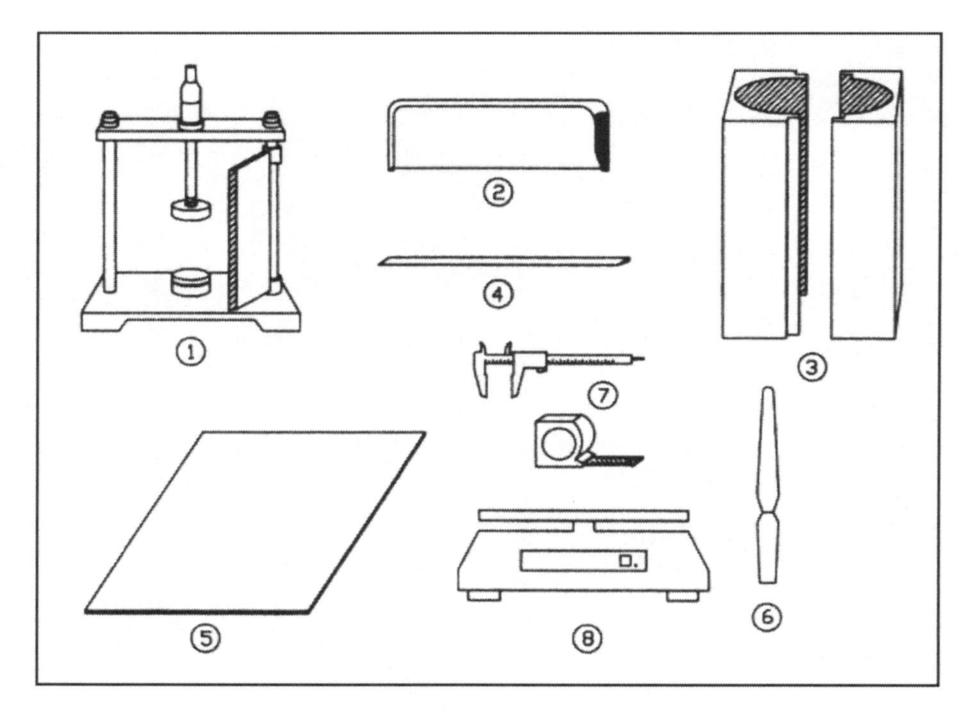


그림 3.15 직접측정법 시험장비

## (1) 직접 측정법

### 1) 개요

흙의 단위중량을 현장에서 채취한 비교란 시료를 이용하여 측정할 수 있다. 흙의 무게는 저울로 쉽게 측정할 수 있으나 부피는 측정하기가 매우 어렵다. 따라서 일정한 크기의 공시체로 만들어 부피를 직접 측정하는 방법이며 점착력이 충분히 커서 공시체 성형이 가능한 지반에 적용할 수 있다.

### 2) 시험 장비

① 트리머　② 줄톱　③ 마이터박스
④ 시료 절단용 시료칼　⑤ 유리판　⑥ 주걱 또는 스패출러
⑦ 테이프자 및 버니어 캘리퍼스　⑧ 저울

### 3) 시험방법

① 샘플러 등을 이용하여 시료를 채취한다.
② 트리머를 이용하여 일정한 크기의 공시체로 만든다. 이때 남은 시료를 이용하여 함수비 $w$ 를 측정한다.

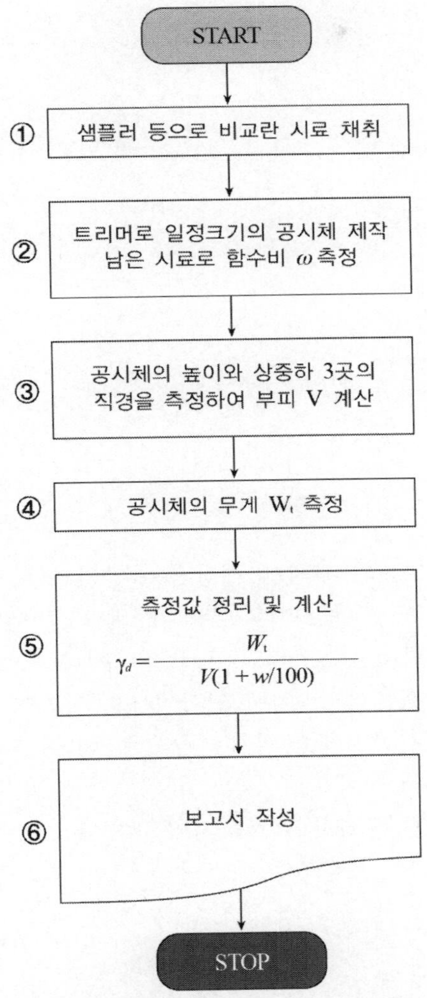


**그림 3.16 흙의 단위중량 직접측정법 흐름도**

③ 버니어 캘리퍼스를 이용하여 공시체 치수를 정확히 측정하고 부피 $V$를 계산한다. 공시체의 치수는 상중하를 모두 측정하여 평균치를 적용한다. 점성토에서는 표면이 매끄럽기 때문에 버니어 캘리퍼스를 쓰지만 굵은 입자가 포함된 시료에서는 표면이 거칠어서 버니어 캘리퍼스보다는 줄자로 측정하는 것이 좋다.

④ 공시체의 무게 $W_t$를 측정한다. 저울은 필요한 용량과 감량을 가지는 것이어야 한다.

⑤ 측정값을 정리하고 단위중량 $\gamma_t$와 $\gamma_d$를 계산한다.

⑥ 보고서를 작성한다.

#### 4) 결과정리

① 결과정리 쉬트를 기입한다.

② 단위중량을 구한다.

- 습윤단위중량 $\gamma_t$

$$\gamma_t = \frac{\text{습윤상태의 공시체의 무게}}{\text{공시체의 부피}} \times 100 = \frac{W_t}{V}$$

- 건조단위중량 $\gamma_d$

$$\gamma_d = \frac{\text{습윤단위중량}}{1 + \text{함수비}/100} \times 100 = \frac{\gamma_t}{1 + w/100}$$

### (2) 액침법

#### 1) 개 요

고체를 액체에 담그면 고체의 부피에 해당하는 양의 액체가 배제된다. 따라서 배제된 액체의 부피를 측정하면 곧 공시체의 부피가 된다. 이때에 액체의 부피는 액체의 무게를 측정하여 액체의 단위중량으로 나누어 구하거나 메스실린더를 사용하여 직접 측정하여 구한다. 그러나 흙은 물 속에서 연화되므로 지반이 연화되지 않는 특수한 액체(케로센 등)를 사용하거나 공시체를 파라핀 등으로 표면을 도포하여 물에서 공시체가 연화되지 않도록 한다. 그러나 케로센 등의 액체는 쉽게 발화되므로 시험 중에 주의해야 한다. 성형이 어려운 사질토에는 적용하기가 어렵다.

#### 2) 시험 장비

| | | |
|---|---|---|
| ① 트리머 | ② 줄톱 | ③ 마이터박스 |
| ④ 액침용기 및 용액(케로센) | ⑤ 파라핀 | ⑥ 온도계 |
| ⑦ 줄자 및 버니어 캘리퍼스 | ⑧ 저울 | ⑨ 액침용 거울 |

#### 3) 시험 방법

① 샘플러 등으로 비교란 시료를 채취한다.

② 트리머를 이용하여 공시체를 조성한다. 남은 시료로 함수비 $w$ 를 측정한다.

③ 공시체의 치수를 측정한다. 치수를 측정할 때에 점성토에서는 표면이 매끄럽기 때문에 버니어 캘리퍼스를 쓰지만 굵은 입자가 포함된 시료에서는 표면이 거칠어서 버니어 캘리퍼스보다는 줄자로 측정하는 것이 좋다.

④ 공시체의 무게 $W_t$ 를 측정한다.

⑤ 공시체를 케로센(Kerosene) 등의 액체에 담그고 무게 $W_{te}$ 를 측정한다. 이때에 액체는 케로센으로 알려진 난방용 등유 등을 사용한다.
⑥ 케로센 등 액체의 온도 $T$와 단위중량 $\gamma_e$ 을 측정한다.
⑦ 측정값을 정리하고 계산한다.
⑧ 보고서를 작성한다.

※ 공시체를 파라핀으로 도포하는 경우
①~④ 는 케로센 액침과 같이 한다.
⑤ 공시체를 60°C 정도 융해상태의 단위중량 $\gamma_p$ 인 파라핀으로 얇게 도포한다. 이때 파라핀 온도가 수온 정도로 떨어지도록 기다린다. 온도가 높은 상태로 갑자기 물에 넣으면 파라핀이 수축되면서 균열이 발생된다.
⑥ (파라핀 + 공시체)의 무게 $W_{tp}$ 를 잰다.
⑦ 파라핀으로 도포된 공시체를 물에 담그고 수중무게 $W_{tpw}$ 를 측정한다. 이때 물의 온도 $T$를 측정한다.
⑧ 측정치를 정리하고 단위중량 $\gamma_t$ 와 $\gamma_d$ 를 계산한다.
⑨ 보고서를 작성한다.

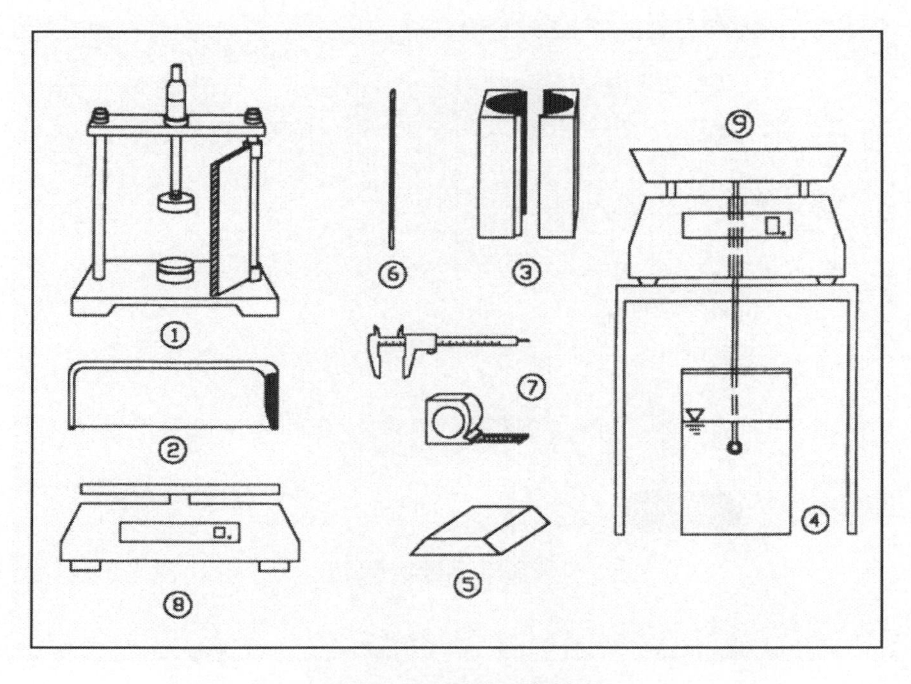


그림 3.17 액침법 시험장비

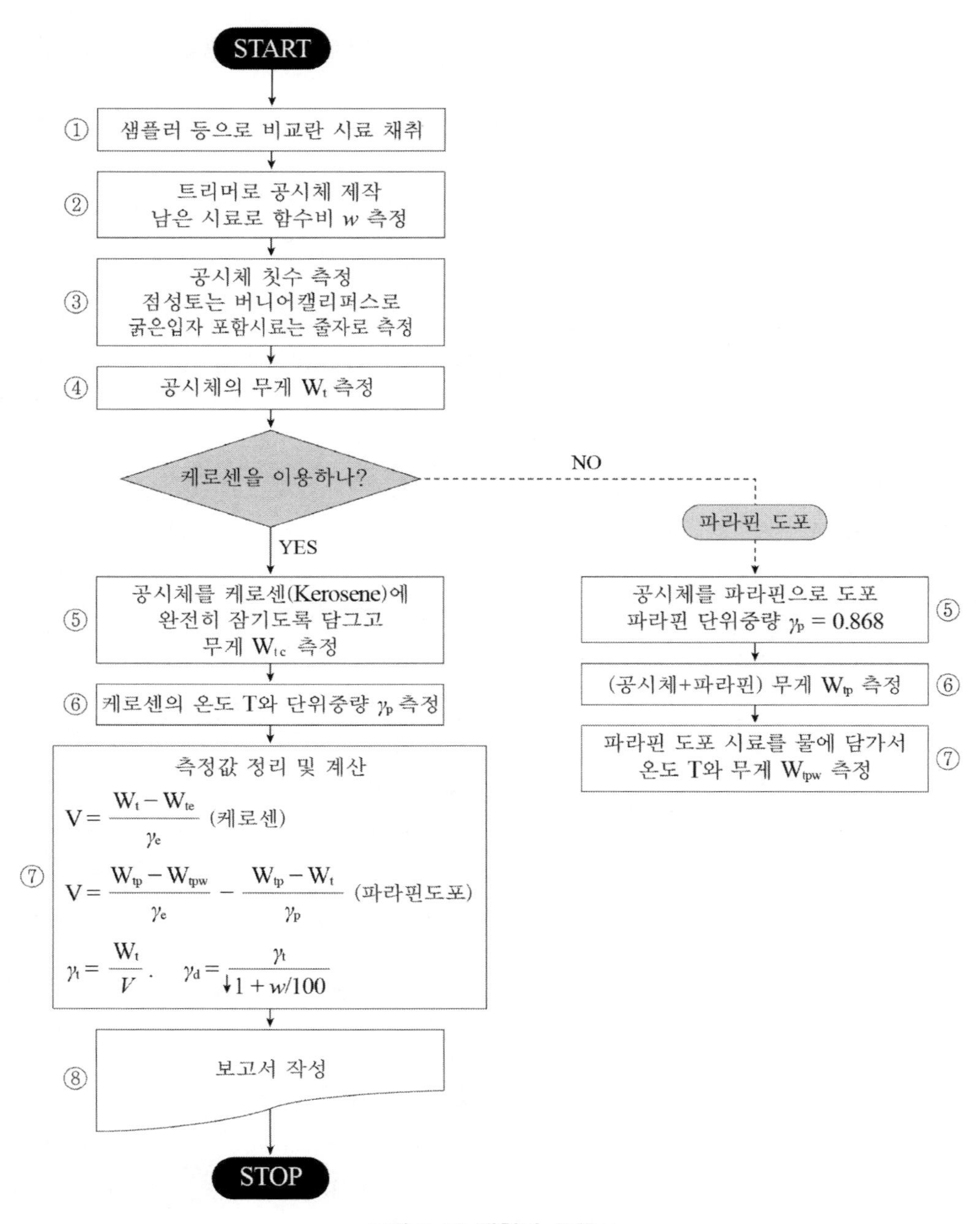


그림 3.18 액침법 흐름도

#### 4) 결과정리

① 액침법에서 공시체의 부피 $V$

$$V = \frac{\text{공시체의 공기 중 무게} - \text{공시체의 액중 무게}}{\text{액체의 단위체적중량}} = \frac{W_t - W_{tw}}{\gamma_e}$$

② 파라핀 도포법에서 공시체의 부피

$V =$ 파라핀 도포부피 − 파라핀의 부피 $= V_{tp} - V_p$

파라핀 도포부피 $V_{tp}$ :

$$V = \frac{\text{파라핀 도포 공기 중 무게} - \text{파라핀 도포 수중 무게}}{\text{물의 단위체적중량}} = \frac{W_{tp} - W_{tpw}}{\gamma_w}$$

파라핀의 부피 $V_p$ :

$$V_p = \frac{\text{사용 파라핀의 무게}}{\text{파라핀의 단위체적중량}(=0.869)} = \frac{W_p}{\gamma_p}$$

$$= \frac{\text{도포 후 공기 중 공시체 무게} - \text{도포 전 공기 중 공시체 무게}}{\text{파라핀의 단위체적중량}} = \frac{W_{tp} - W_t}{\gamma_p}$$

③ 단위중량 : $\gamma_t = \dfrac{W_t}{V}$, $\gamma_d = \dfrac{\gamma_t}{1 + w/100}$

### (3) 부피치환법

#### 1) 개 요

비교적 강성이 큰 공시체는 단위중량이 큰 수은 등을 이용하여 치환 부피를 구하여 그 부피를 구할 수 있다.

**표 3.6 수은의 온도에 따른 단위중량**

| 온 도℃ | 비 중 | 온 도℃ | 비 중 | 온 도℃ | 비 중 | 온 도℃ | 비 중 |
|---|---|---|---|---|---|---|---|
| 0 | 13.595 | 10 | 13.570 | 20 | 13.546 | 30 | 13.521 |
| 1 | 13.593 | 11 | 13.568 | 21 | 13.543 | 31 | 13.519 |
| 2 | 13.590 | 12 | 13.565 | 22 | 13.541 | 32 | 13.516 |
| 3 | 13.588 | 13 | 13.563 | 23 | 13.538 | 33 | 13.514 |
| 4 | 13.585 | 14 | 13.561 | 24 | 13.536 | 34 | 13.511 |
| 5 | 13.583 | 15 | 13.558 | 25 | 13.534 | 35 | 13.509 |
| 6 | 13.580 | 16 | 13.556 | 26 | 13.531 | 36 | 13.507 |
| 7 | 13.578 | 17 | 13.553 | 27 | 13.529 | 37 | 13.504 |
| 8 | 13.575 | 18 | 13.551 | 28 | 13.526 | 38 | 13.502 |
| 9 | 13.573 | 19 | 13.548 | 29 | 13.524 | 39 | 13.499 |

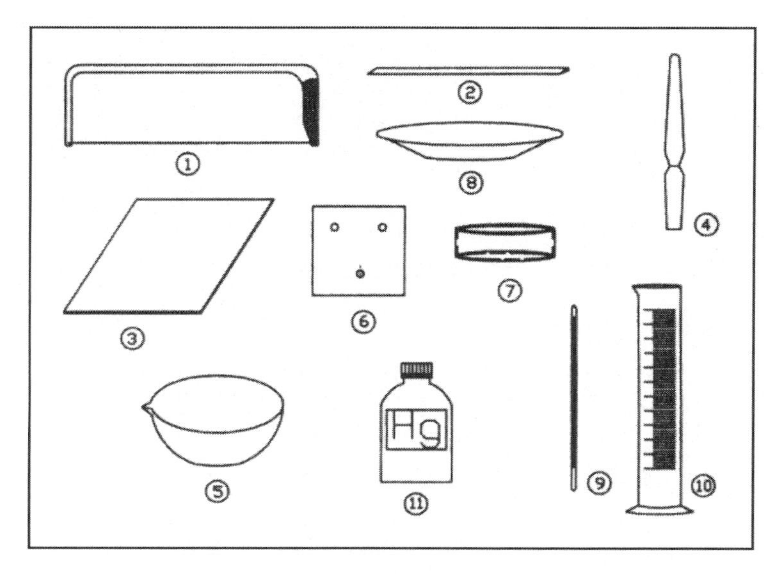


그림 3.19 부피치환법 시험장비

보통 수은은 무기수은이라 거의 증발되지 않으므로 직접 접촉해도 크게 위해하지는 않으나 장시간 시험할 경우에는 만일에 대비하여 마스크나 고무장갑 등 보호구를 착용하는 것이 좋다. 수은의 비중이 20°C에서 13.55 정도이며, 보통 실험이 10~30°C 범위에서는 소수 두자리까지는 차이가 나지 않으므로 수은의 온도를 측정하고 이에 대한 보정을 할 필요는 없다고 할 수 있다. 그러나 소수 세 자리의 정밀도를 요구하는 경우에는 온도에 대해서 보정해야 한다.

참고적으로 수은의 온도에 따른 단위중량은 표 3.6과 같다.

**2) 시험장비**

① 줄톱 ② 스트레이트 엣지 ③ 유리판 ④ 주걱
⑤ 증발접시 ⑥ 다리 달린 유리판 ⑦ 유리용기 ⑧ 수은받이 접시
⑨ 온도계 ⑩ 메스실린더 ⑪ 수은(약 50 ml)

**3) 시험방법**

① 샘플러 등으로 비교란 시료를 채취한다.

② 채취한 시료의 일부를 취하여 임의의 형상으로 공시체를 제작한다. 남은 재료로 함수비 $w$를 측정한다. 공시체는 사용한 수은의 양을 고려하여 크기가 적당해야 한다. 즉, 직경 30~40 mm, 높이 10~15 mm 정도가 적합하다.

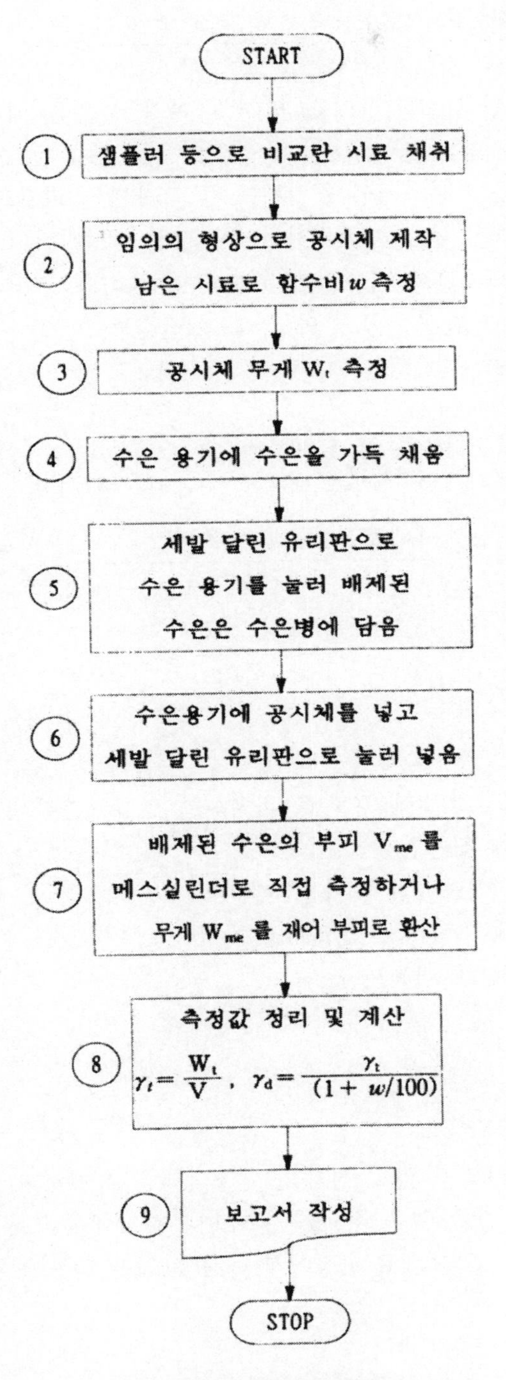


그림 3.20 부피치환법 흐름도

③ 공시체의 무게 $W_t$ 를 측정한다.

④ 수은용기에 수은을 가득 채운다.

⑤ 세발 달린 유리판을 조심하여 눌러서 나머지 수은을 배제한다. 배제된 수은은 수은병에 담는다.

⑥ 수은이 들어 있는 수은용기에 공시체를 놓고 세발 유리판으로 눌러 넣는다.

⑦ 배제된 수은의 부피 $V_{me}$ 는 메스실린더로 직접 측정하거나 무게 $W_{me}$ 를 측정하여 부피를 환산한다. 수은의 비중은 20°C에서 13.55 이다.

⑧ 측정치를 정리하고 단위중량 $\gamma_t$ 와 $\gamma_d$ 를 계산한다.

⑨ 보고서를 작성한다.

**4) 결과정리**

- 부피치환법에서 공시체의 부피는 배제된 수은의 부피이다.

$$\text{공시체의 부피 } V = \frac{\text{공시체로 치환된 수은의 무게}}{\text{수은의 단위중량}} = \frac{W_{me}}{\gamma_{me}}$$

- 단위중량 $\gamma_t = \dfrac{W_t}{V}$, $\gamma_d = \dfrac{\gamma_t}{1 + w/100}$

### (4) 결과의 이용

① 흙의 기본적인 성질(조밀한 정도)을 파악하는 판단기준이 된다.

② 지반의 자중계산에 적용한다.

③ 하부수조물의 토피하중계산에 이용된다.

토피하중 = 지반의 단위부피중량 × 토피

④ 간극비 포화도 계산에 이용된다.

## 3.5.3 현장시험

### (1) 개요

단위중량은 흙이 교란되지 않고 본래의 구조골격을 유지하고 있는 상태로 현장에서 측정해야 신뢰성 있는 값을 얻을 수 있다. 그러나 현장에서 소규모 시험공을 굴착하고 부피를 측정하기가 쉽지 않으므로 현장에서 이용 가능한 기구에 따라 여러 가지 방법이 파생되고 있다.

대체로 다음 방법들이 자주 이용되고 있다.

- 모래치환법 - 석고치환법 - 고무막법 - 액체치환법

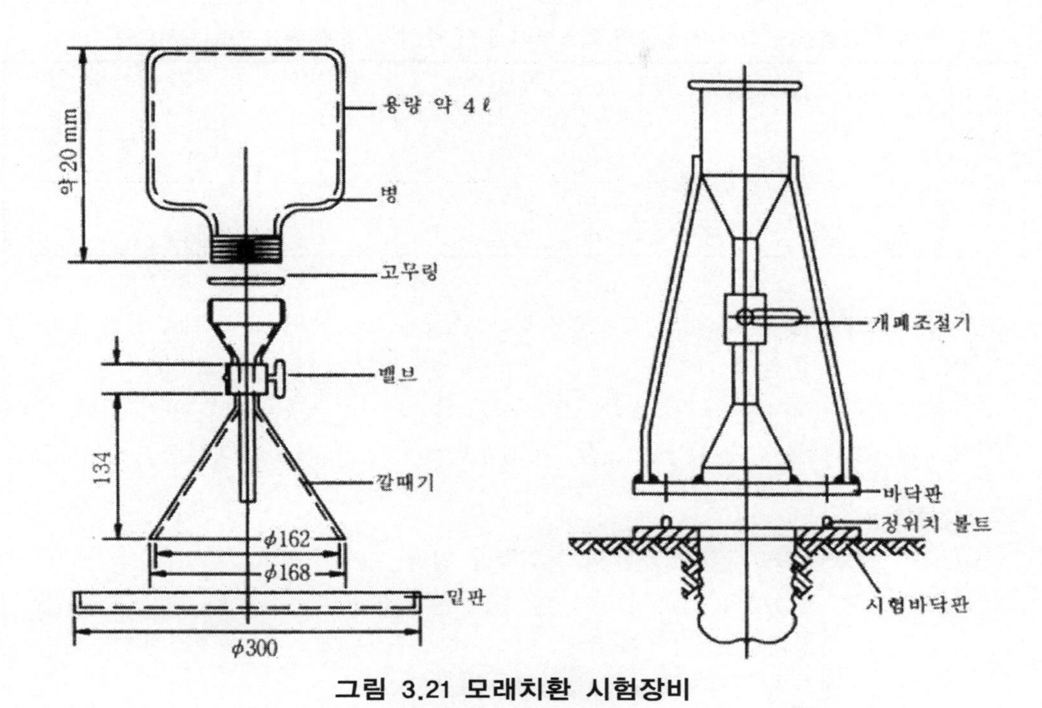


그림 3.21 모래치환 시험장비

## (2) 모래치환법(KS F 2311)

**1) 개 요**

모래치환법은 현장에서 간편하게 단위중량을 결정할 수 있는 방법으로 흙댐, 도로성토, 구조물의 뒷채움 등을 시공할 때에 다짐흙의 품질관리에 널리 사용되고 있다. 이 방법은 일반적으로 불포화 지반에 적용되며 연약한 지반이나 굴착하면 물이 스며 나올 수 있는 곳에서는 시험의 결과가 영향을 받으므로 주의를 요한다. 모래치환법의 장비와 시험방법은 KS F 2311에 규정되어 있다.

**2) 시험장비**

① 단위중량 측정기 : 저장법 및 부속기구(깔때기, 밸브, 저판 등)

② 시험용 모래 : No.10체를 통과하고 No.200체에 남는 모래를 물로 씻어 잘 건조시킨 것으로서 균등계수 $C_u < 2$ 인 균등한 표준사를 사용한다. 이 표준사는 취급, 저장, 사용하는 동안 습도의 영향을 받지 않도록 주의해야 한다. 입자모양이 둥근 것이어야 하며 부순 모래나 각진 모래는 부적합하다.

③ 저울 : 최대용량 10 kgf 이고 1.0 gf 까지 읽을 수 있는 것과 용량 500 gf 에 감도가 0.1 gf 인 것 2대가 필요하다.

**표 3.7 흙의 최대입경에 따른 시험공의 최소부피 및 함수량 시험에 필요한 최소시료량**

| 최대입경 | 시험공의 최소부피 [$cm^3$] | 함수량 시험 최소시료량 [gf] |
|---|---|---|
| No.4 | 700 | 100 |
| 13 mm | 1,400 | 250 |
| 25 mm | 2,100 | 500 |
| 50 mm | 2,800 | 1,000 |

④ 항온건조로 : 온도를 105 ± 5℃로 장시간 일정하게 유지할 수 있고 내부환기 팬이 부착된 것이어야 한다.

⑤~⑯ 기타장비 : 시료칼, 캔, 작은 괭이, 오거, 흙 숟가락(시험구멍을 파기 위한 기구), 온도계, 부러쉬, 스패너, 흙손, 끌, 체(No.10, No.60, No.100), 직선자

### 3) 시험방법

가. 측정기의 부피와 시험용 모래의 단위중량 점검

a. 저장병과 연결부의 부피 검정

① 부피 측정기를 조립하여(저장병 + 부속기구) 무게 $W_1$ 을 측정한다.
② 넘칠 때까지 물을 채우고 밸브를 닫는다.
③ 깔때기 속의 물을 버린다.
④ 측정기 외측과 내면의 물기가 없도록 마른 걸레로 잘 닦는다.
⑤ (저장병 + 부속기구 + 물) 무게 $W_2$ 를 측정한다.
⑥ 연결부를 제거하고 물의 온도 $T$ 를 측정한다.
⑦ 병과 연결부의 부피를 계산한다.

$$V_B = \frac{W_2 - W_1}{\gamma_{wt}}$$

b. 시험용 모래의 단위중량 검정

⑧ 밸브를 닫고 시험용 모래를 깔때기 상단까지 넣는다.
⑨ 밸브를 열어 병 속으로 모래를 넣는다. 이때에 모래표면이 깔때기 높이의 절반 이상을 항상 유지하도록 모래를 계속 보충한다.
⑩ 깔때기 속 모래의 이동이 멈추면 밸브를 잠그고 깔때기 속에 남은 모래를 제거한다.
⑪ (저장병 + 부속기구 + 모래) 무게 $W_3$ 를 측정한다. 저장병 속에 있는 모래 무게는 $W_4 = W_3 - W_1$ 이다.
⑫ 저장병 속 모래의 단위중량 $\gamma_{ts}$ 를 계산한다.

$$\gamma_{ts} = W_4 / V_B$$

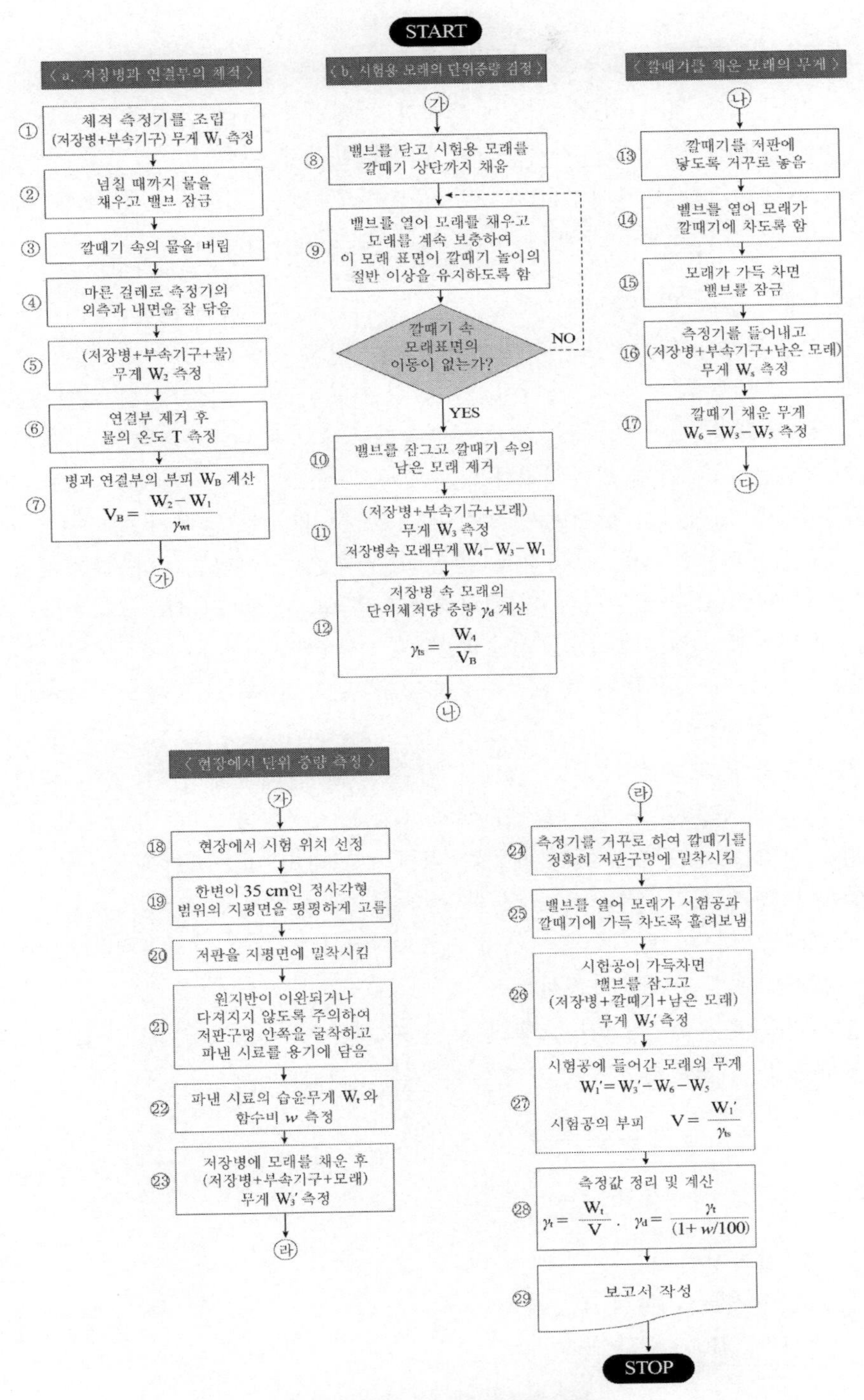


$$V_B = \frac{W_2 - W_1}{\gamma_{wt}}$$

$$\gamma_{ts} = \frac{W_4}{V_B}$$

$$V = \frac{W_1'}{\gamma_{ts}}$$

$$\gamma_t = \frac{W_t}{V}, \quad \gamma_d = \frac{\gamma_t}{(1 + w/100)}$$

그림 3.22 모래치환시험 흐름도

c. 깔때기를 채우는 데 소요되는 모래의 무게 검정

⑬ 깔때기가 저판에 닿도록 측정기를 거꾸로 놓는다.

⑭ 밸브를 열어 저장병 속의 모래가 깔때기로 흘러 들어가도록 한다.

⑮ 깔때기가 모래로 가득 차면 밸브를 잠근다.

⑯ 측정기를 들어내어서(저장병+부속기구+남은 모래) 무게 $W_5$를 측정한다.

⑰ 깔때기를 채운 모래의 무게 $W_6$는 $W_6 = W_3 - W_5$ 이다.

나. 현장에서 흙의 단위중량의 측정

⑱ 시험위치를 정한다.

⑲ 시료 칼을 사용하여 한 변이 35cm 정도 되는 정사각형 범위 지평면을 평평하게 고른다.

⑳ 저판을 지평면에 밀착시킨다.

㉑ 저판을 밀착시킨 상태에서 손삽이나 흙 숟가락 등 굴착기구를 사용하여 저판 구멍 안쪽의 흙을 굴착하는 동안에 원지반이 이완되거나 다져지지 않도록 주의하여 용기에 담는다. 최대입경에 따라 표 3.7의 크기로 굴착한다. 시험공은 직경의 1.0~1.5배 깊이로 굴착한다.

㉒ 파낸 흙의 습윤무게 $W_t$를 측정하고 시료를 표 3.4의 양으로 취하여 함수비 $w$를 측정한다.

㉓ 저장병에 모래를 채우고 밸브를 잠근 후에 깔때기에 남아 있는 모래를 제거하고(저장병+부속기구+모래) 무게 $W_3'$를 측정한다.

㉔ 측정기를 거꾸로 하여 깔때기를 저판에 정확히 밀착시킨다.

㉕ 밸브를 열어 저장병 속의 모래가 시험공과 깔때기에 가득 차도록 한다.

㉖ 모래가 더 이상 흘러들어가지 않으면 밸브를 잠그고(저장병+부속기구+남은 모래) 무게 $W_5'$을 측정한다.

㉗ 시험공에 흘러 들어간 모래의 무게 $W_7$는 $W_7 = W_3' - W_6 - W_5'$ 이다.

㉘ 측정값을 정리하고 단위중량 $\gamma_t$와 $\gamma_d$를 계산한다.

$$\gamma = \frac{W_t}{V}, \quad \gamma_d = \frac{\gamma_t}{1 + w/100}$$

㉙ 보고서를 작성한다.

**4) 계산 및 결과정리**

① 저장병과 연결부의 부피 $V_B$ 계산

$$V_B = \frac{W_2 - W_1}{\gamma_{wt}} \quad [\text{cm}^3]$$

여기서 $V_B$ : (저장병+연결부)의 부피 [$cm^3$]
$W_2 - W_1$ : (저장병+연결부)를 채우는 물의 무게 [gf]
$\gamma_{wt}$ : 온도 $t$°C에서의 물의 단위중량 [$gf/cm^3$]

② 시험용 모래의 단위중량 결정

$$\gamma_{ts} = \frac{W_3 - W_1}{V_B} \quad [cm^3]$$

여기서, $W_3 - W_1$ =(저장병+연결부)를 채우는 모래의 무게 [gf]
$\gamma_{ts}$ : 시험모래의 단위중량 [$gf/cm^3$]

③ 시험공의 부피

$$V = \frac{W_3 - W_6 - W_5}{\gamma_{ts}} \quad [cm^3]$$

여기서, $V$ : 시험공의 부피 [$cm^3$]
$W_3 - W_6 - W_5$ =시험공을 채우는 데 필요한 모래의 무게 [gf]

④ 현장 흙의 습윤 단위중량

$$\gamma_t = \frac{W_t}{V} \quad [gf/cm^3]$$

여기서, $W_t$ : 시험공에서 굴착한 흙의 습윤무게 [gf]

⑤ 현장 흙의 건조 단위중량

$$\gamma_d = \frac{\gamma_t}{1 + w/100} \quad [gf/cm^3]$$

여기서, $w$ : 시험공에서 굴착한 흙의 함수비 [%]

## (3) 고무막법

### 1) 개 요

고무막법은 시험굴을 굴착하고 시료의 무게와 함수비를 측정한 후에 끝에 고무막이 붙어 있고 부피 약 10리터인 실린더의 한면을 지표에 대고 피스톤을 누르면 고무막이 굴착면에 밀착하여 굴착부 부피만큼 실린더 내의 액체(보통 물을 사용)가 흘러나간다. 따라서 피스톤의 이동거리에 단면적을 곱하면 굴착부의 체적이 구해진다. 작업속도가 빠르고 결과의 신뢰성이 높은 방법이다.

고무막은 약 0.25 mm 이상 두꺼워야 하고 판판한 상태로 접착되어 있어야 한다. 시험굴을 굴착하였을 때 굴착벽이 붕괴되지만 않으면 사질토나 점성토에 모두 적합하다. 특히 자갈이나 돌멩이 등 굵은 입자가 섞인 세립지반에서 좋은 결과를 나타낸다. 모서리가 날카로운 입자가 있는 지반에서는 고무막이 찢어질 수 있다.

#### 2) 시험장비

① 고무막 단위중량 측정기(피스톤 달린 실린더, 저판 등)

② 저울 : 최대용량이 10kgf이고 1.0gf 까지 읽을 수 있는 것과 용량 500gf에 감도가 0.1g 인 것 2대가 필요하다.

③ 건조로 : 105±5°C 로 유지할 수 있는 것

④~⑯ 기타장비 : 칼, 캔, 작은 괭이, 오거, 흙 숟가락(시험구멍 굴착기구), 온도계, 브러쉬, 흙손, 끌, 체(No.10, 60, 100체), 직선자

#### 3) 시험방법

① 지표면을 고르고 저판의 위치를 잡는다.

② 저판의 구멍을 통하여 시험굴을 굴착한다. 시험공은 최소깊이 50mm 이상으로 깊이는 폭의 1.5배 이내로 한다.

③ 흙은 손삽이나 브러쉬로 굴착하여 습윤무게 $W_t$와 함수비 $w$를 측정한다. 굴착 중에 굴착면이 눌러지거나 이완된 흙이 시험공에 남아 있지 않도록 주의한다.

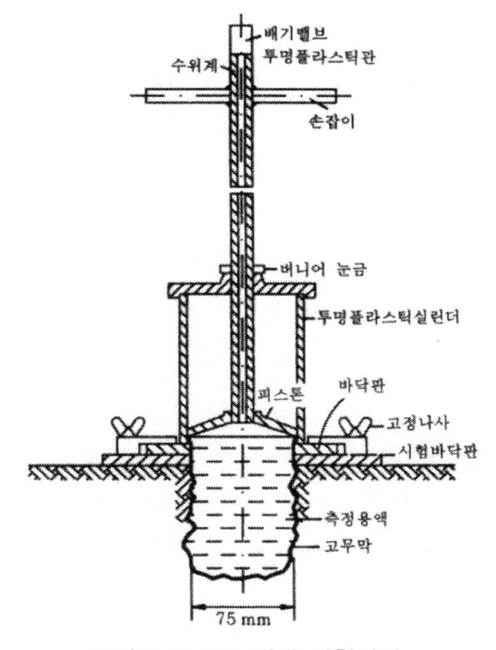


그림 3.23 고무막법 시험장비

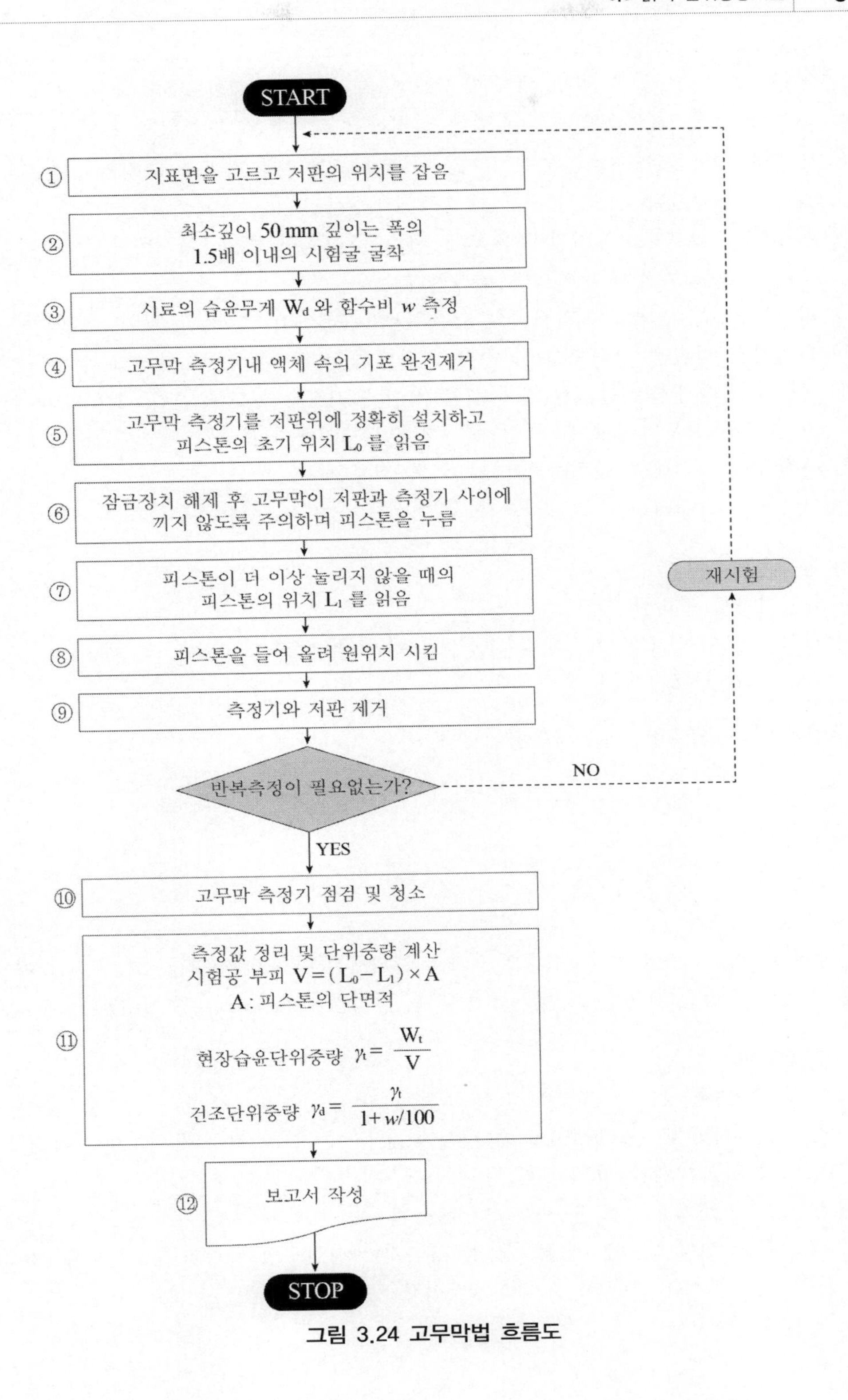


**그림 3.24 고무막법 흐름도**

④ 고무막 측정기 안에 있는 액체의 기포를 완전히 제거해야 한다.
⑤ 고무막 측정기를 저판 위에 정확히 설치하고 피스톤의 초기위치 $L_0$를 읽는다.
⑥ 잠금장치를 풀고 피스톤을 누른다. 이때에 고무막이 저판과 측정기 사이에 끼지 않도록 주의한다.
⑦ 피스톤이 더 이상 눌러지지 않으면 피스톤의 위치 $L_1$을 측정한다. 이때에 너무 무리한 힘이 가해지지 않도록 주의한다.
⑧ 피스톤을 위로 들어 올려서 고무막을 원위치시킨다.
⑨ 측정기와 저판을 주의해서 제거한다. 필요한 경우에는 반복 측정할 수 있다.
⑩ 고무막 측정기 상태를 점검하여 다음 시험에 지장이 없도록 한다. 고무막이 손상되지 않도록 고무막에 붙은 흙입자를 깨끗이 제거한다.
⑪ 측정값을 정리하고 단위중량 $\gamma_t$와 $\gamma_d$를 계산한다.
⑫ 보고서를 작성한다.

#### 4) 결과정리

① 측정결과를 정리한다.
② 시험굴의 부피 $V$를 계산한다($A$ : 피스톤의 단면적).

$$V = (L_1 - L_0) \times A$$

③ 현장습윤단위중량 $\gamma_t$와 건조단위중량 $\gamma_d$를 계산한다.

$$\gamma_t = \frac{W_t}{V}, \quad \gamma_d = \frac{\gamma_t}{1 + w/100}$$

### (4) 석고치환법

#### 1) 개 요

현장에 굴착한 시험굴을 반죽상태의 석고로 채워서 굳힌 후에 석고덩이의 체적을 액침법으로 측정하는 방법이다. 다소 번거롭지만 현장 여건에 따라 실시할 수 있다.

#### 2) 시험장비

① 석고 및 반죽 장비
② 저울 : 최대용량이 10kgf이고 1.0gf까지 읽을 수 있는 것과 용량 500gf에 감도가 0.1gf인 저울 2대가 필요하다.
③ 건조로 : 105 ± 5 °C 로 유지할 수 있는 것
④~⑮ 기타장비 : 칼, 캔, 손삽, 오거, 흙숟가락(시험구멍 굴착기구), 온도계, 브러쉬 흙손, 끌, 체(NO. 10, 60, 100체), 직선자.

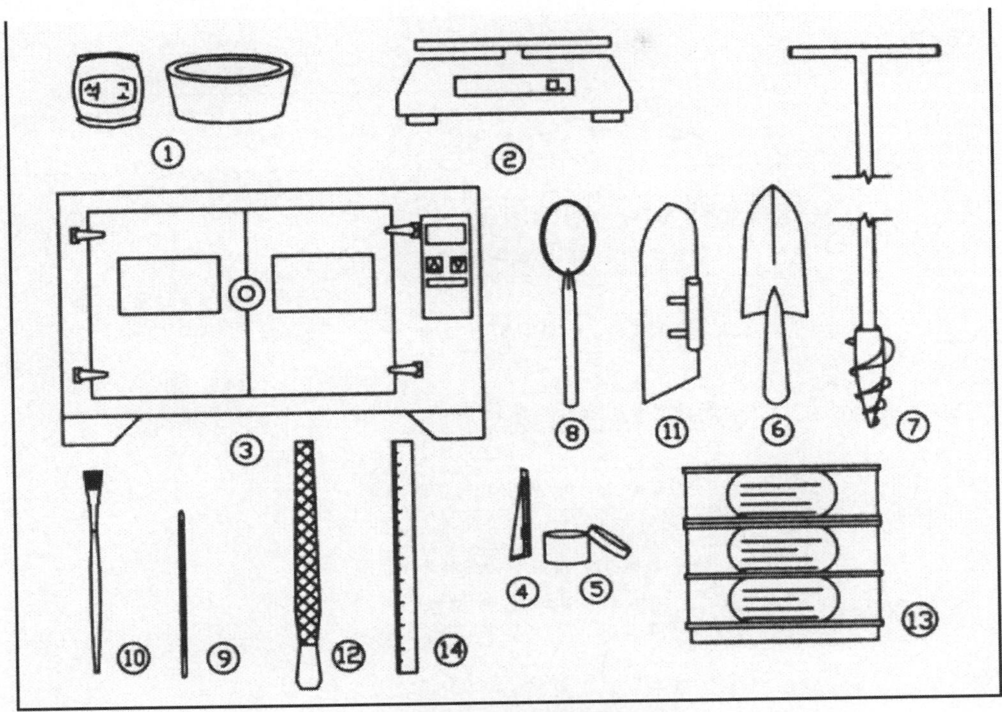


그림 3.25 석고치환법 시험장비

**3) 시험방법**

① 지표면을 고르고 시험위치를 잡는다.

② 시험굴을 일정한 크기로 굴착한다.

③ 굴착한 흙은 손삽이나 브러쉬로 파내어 무게 $W_t$와 함수비 $w$를 측정한다. 굴착면이 눌러지거나 이완된 흙이 시험굴에 남아 있지 않도록 주의한다.

④ 석고를 작업하기 쉬운 상태로 반죽한다. 반죽이 너무 되거나 묽지 않아야 한다.

⑤ 반죽한 석고를 시험굴에 공극이 생기지 않도록 주의하여 채운다.

⑥ 채운 표면은 지표와 일치되게 한다. 석고를 채울 때 힘이 가해지지 않도록 주의한다.

⑦ 석고가 굳으면 현장에서 들어내고 석고의 표면에 공극이 생성되었는지 확인하고 이상이 없으면 시험실로 옮긴다.

⑧ 액침법으로 석고, 즉 시험굴의 부피 $V$를 측정한다.

⑨ 측정값을 정리하고 단위중량 $\gamma_t$와 $\gamma_d$를 계산한다.

$$\gamma_t = \frac{W_t}{V}, \ \gamma_d = \frac{\gamma_t}{1+w/100}$$

⑩ 보고서를 작성한다.

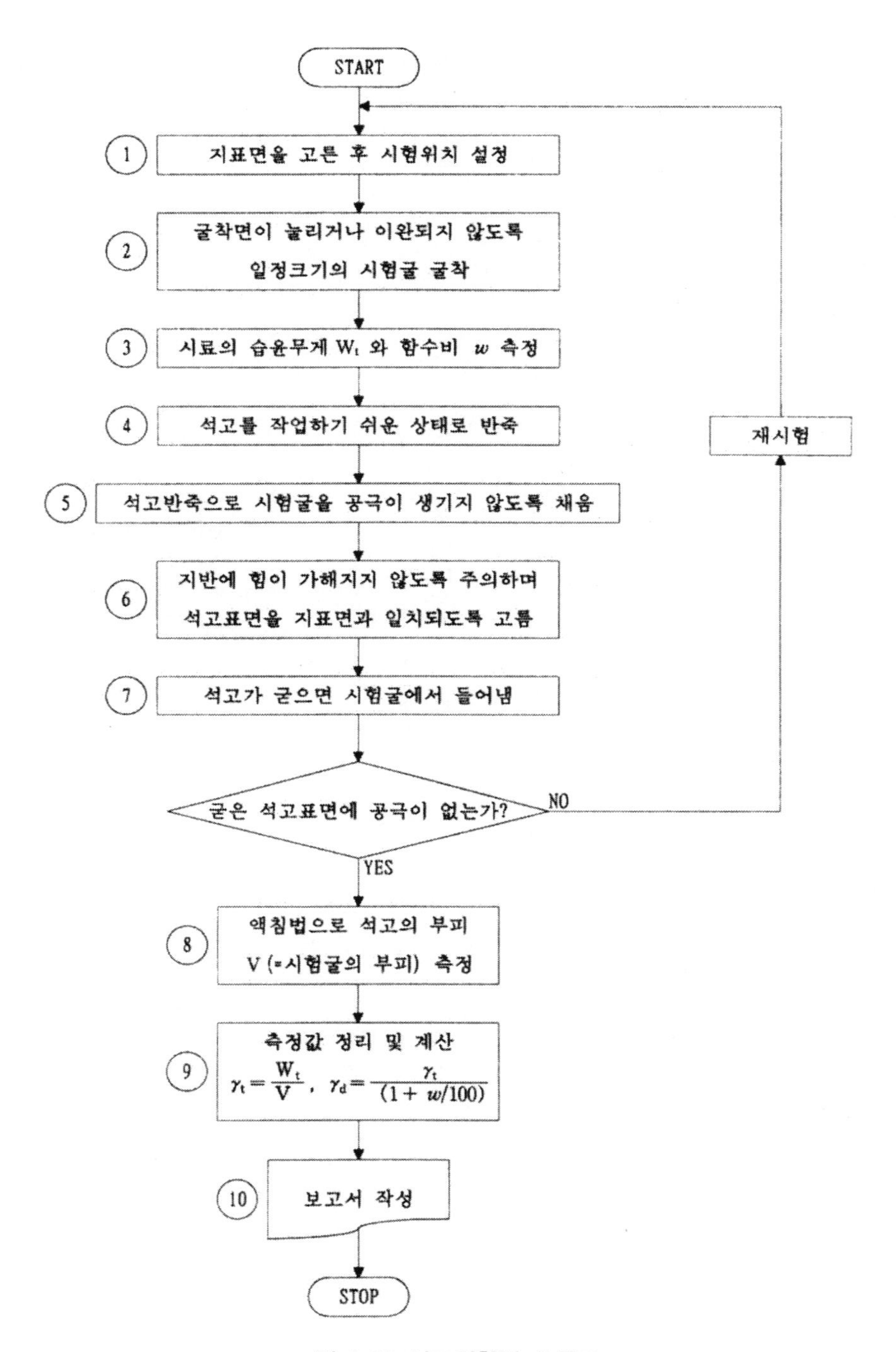


그림 3.26 석고치환법 흐름도

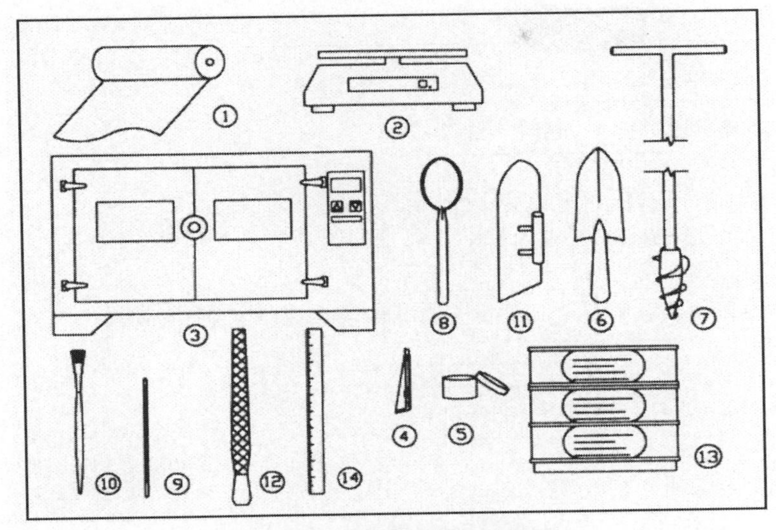

그림 3.27 액체치환법 시험장비

**4) 결과정리**

① 측정결과를 정리한다.

② 시험굴의 부피를 이용하여 현장단위중량 $\gamma_t$와 $\gamma_d$를 계산한다.

$$\gamma_t = \frac{W_t}{V}, \ \gamma_d = \frac{\gamma_t}{1+w/100}$$

## (5) 액체치환법

**1) 개 요**

현장에 굴착한 시험굴에 부드러운 고무막이나 비닐 등을 놓고 물 등 액체로 채워서 시험굴의 부피을 측정하는 방법이다. 고무막이나 비닐은 굴착면에 완전히 밀착될 수 있는 것이어야 한다. 미세한 공간이 남아 있을 가능성이 있어서 신뢰성이 다소 떨어 지기는 하지만 특별한 도구 없이도 손쉽게 단위중량을 구할 수 있는 장점이 있다.

**2) 시험장비**

① 얇고 유연성이 좋은 고무막이나 비닐쉬트

② 저울 : 최대용량이 10kgf이고 1.0gf까지 읽을 수 있는 것과 용량 500gf에 감도가 0.1gf인 것 2대가 필요하다.

③ 건조로 : 110 ± 5 °C로 유지할 수 있는 것

④~⑮ 기타 장비 : 칼, 캔, 손삽, 오거, 흙 숟가락(시험구멍 굴착기구), 온도계, 브러쉬, 흙손, 끌, 체(NO. 10, 60, 100체), 직선자

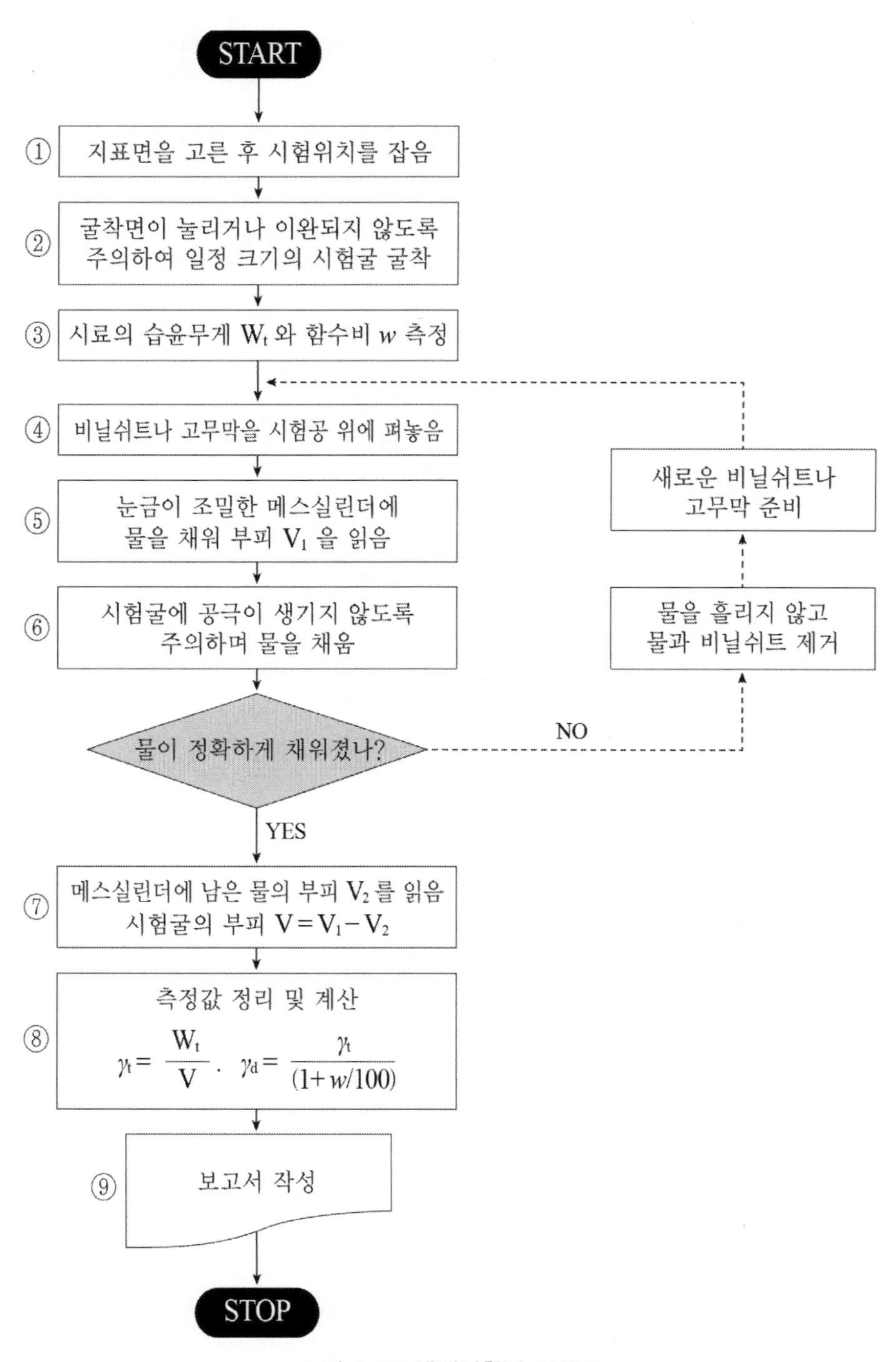


그림 3.28 액체치환법 흐름도

#### 3) 시험방법

① 지표면을 고르고 시험위치를 잡는다.

② 시험굴을 일정한 크기로 굴착한다.

③ 굴착한 흙은 손삽이나 부러쉬로 파내어 무게 $W_t$와 함수비 $w$를 측정한다. 굴착면이 눌러지거나 이완된 흙이 시험굴에 남아 있지 않도록 주의한다.

④ 비닐쉬트나 고무막을 시험공 위에 펴 놓는다.

⑤ 메스실린더에 물을 채워 부피 $V_1$을 읽는다.

⑥ 시험 공에 공극이 생기지 않도록 주의하여 물로 채운다. 물이 지표보다 높아서 월류하는 일이 없도록 주의하여야 한다. 비닐쉬트나 고무막이 굴착면에 잘 부착되었는지 확인하고 부피를 측정한다.

⑦ 메스실린더에 남은 물의 부피 $V_2$를 읽는다. 시공의 부피는 $V = V_1 - V_2$이다. 비닐쉬트나 고무막을 들어 올려서 무게 $W_t$와 온도 $T$를 재어서 부피를 환산할 수도 있다.

⑧ 측정값을 정리하고 단위중량 $\gamma_t$와 $\gamma_d$를 계산한다.

$$\gamma_t = \frac{W_t}{V},$$

$$\gamma_d = \frac{\gamma_t}{1 + w/100}$$

⑨ 보고서를 작성한다.

#### 4) 결과정리

① 측정결과를 정리한다.

② 시험공 부피를 이용하여 현장의 습윤단위중량 $\gamma_t$와 건조단위중량 $\gamma_d$를 계산한다.

$$\gamma_t = \frac{W_t}{V},$$

$$\gamma_d = \frac{\gamma_t}{1 + w/100}$$

# 현장 단위중량 시험

과 업 명 A조 토질역학실험 시험날짜 1996 년 6 월 24 일
조사위치 아주대학교 기숙사 온도 24 [℃] 습도 68 [%]
시료위치 A - 2 시료심도 0.3 [m] ~ 0.7 [m] 시험자 송 영 두

조사방법 : 모래치환법

| ◎ 저장병과 연결부의 체적 | | | |
|---|---|---|---|
| 저장병 + 부속기구 무게 $W_1$ [gf] | 2389.0 | 저장병 + 부속기구+물무게 $W_2$ [gf] | 6305.0 |
| 물온도 $T$ [℃] $\gamma_{wt}$ [gf/cm³] | 0.9973 | 저장병과 연결부의 체적 $V_B$ ※1 [cm³] | 3926.5 |
| ◎ 시험용 모래의 단위중량 검정 | | 저장병 + 부속기구+모래무게 $W_3$ [gf] | 7950.0 |
| 표준사 단위중량 $\gamma_{ts}$ ※2 [gf/cm³] | 1.42 | 저장병속 모래무게 $W_4$ [gf] | 5561.0 |
| 저장병+부속기구+남은모래 $W_5$ [gf] | 6800 | 깔대기를 채운 모래무게 $W_6$ ※3 [gf] | 1150.0 |

◎ 시험굴의 현장단위중량

| 시험번호 | 단위 | 1 | 2 | 3 |
|---|---|---|---|---|
| 파낸시료의 습윤무게 $W_t$ | [gf] | 3344.4 | 4218.6 | 3951.8 |
| 현장 시료 함수비 $w$ ※4 | [%] | $W_a$= 49.6 [gf]<br>$W_c$= 32.5 [gf]<br>$W_d$= 47.0 [gf]<br>$W_{ws}$=17.1 [gf]<br>$W_{ds}$= 14.4 [gf]<br>$W_w$= 2.7 [gf]<br>$w$ = 18.8 % | $W_a$= 56.1 [gf]<br>$W_c$= 30.6 [gf]<br>$W_d$= 52.2 [gf]<br>$W_{ws}$=25.2 [gf]<br>$W_{ds}$= 21.6 [gf]<br>$W_w$= 3.9 [gf]<br>$w$ = 18.8 % | $W_a$= 64.6 [gf]<br>$W_c$= 28.8 [gf]<br>$W_d$= 59.1 [gf]<br>$W_{ws}$=35.8 [gf]<br>$W_{ds}$= 30.3 [gf]<br>$W_w$= 5.5 [gf]<br>$w$ = 18.8 % |
| 저장병+부속기구+모래무게 $W_3'$ | [gf] | 7930.0 | 8008.0 | 8030.0 |
| 저장병+깔때기+남은모래무게 $W_5'$ | [gf] | 4332.0 | 3738.0 | 4017.0 |
| 시험공에 들어간 모래무게 $W_7$ ※5 | [gf] | 2448.0 | 3120.0 | 2863.0 |
| 시험공부피 $V_t$ ※6 | [cm³] | 1723.9 | 2197.2 | 2016.2 |
| 습윤단위중량 $\gamma_t$ ※7 | [gf/cm³] | 1.94 | 1.92 | 1.96 |
| 건조단위중량 $\gamma_d$ ※8 | [gf/cm³] | 1.66 | 1.63 | 1.66 |

참고 : ※1 $V_B = (W_2 - W_1)/\gamma_{wt}$ ※2 $\gamma_{ts} = W_4 / W_B$ ※3 $W_6 = W_3 - W_5$

※4 $W_{ws} = W_a - W_c$, $W_{ds} = W_d - W_c$, $W_w = W_{ws} - W_{ds}$, $w = (W_w)/(W_{ds}) \times 100$

※5 $W_7 = W_3' - (W_5' + W_6)$ ※6 $V_t = W_7 / \gamma_{ts}$

※7 $\gamma_t = W_t / V_t$ ※8 $\gamma_d = \gamma_t / (1 + w/100)$

확인 이 용 준 (인)

# ◘ 참고문헌 ◘

AASHTO T 265, T 191.

American Society for Testing and Materials (1972). Designation D2049-69. 'Standard method of test for relative density of cohesionless soil'. ASTM, Philadelphia ASTM D 2216, D 854, D 1556.

BS 1377 Test1, 1377 Test6, 1377, 1924.

BS 733:1965, 'Density bottles, British Standards Institution, London E.Schultze and H.Muhs Springer Verleg, (1967) 'Bodenuntersuchungen für Ingenieurbauten' Gilboy G (1936). 'Improved soil testing methods'. Engineering News Record, 21st May 1936

Bishop, A. W. (1948). 'A large shear box for testing sands and gravels'. Proc. 2nd. Int. Conf. Soil Mech. and Found. Eng., Rotterdam, Vol. 1.

Bishop, A. W. and Henkel, D. J. (1962). The Measurement of Soil Properties in the Triaxial Test. (2nd Edn.). Edward Arnold. London.

DIN 18121 T1, T2, 18124, 18126, 18125 T1, 18125 T2.

JIS A 1202, A 1203

KS F 2306, 2308, 2311.

Lambe, T.W. and Whitman, R.V. (1979). Soil Mechanics. S.I. Version, Wiley, New York

Schulze E./ Muhs H.(1967). Bodenunterschungen für Ingenieurbauten 2.Auf. Springer Verlag, Berlin/Heidelberg/New York.

Scott, C. R. (1974) An Introduction to Soil Mechanics, Applied Science Publishers

Skempton, A. W. (1964). 'Long term stability of clay slopes'. Fourth Rankine Lecture, Geotechnique, Vol. 14 No. 2.

Skempton, A. W. (1948) 'Vane tests in the alluvial plain of the River Forth near Grangemouth'. Geotechnique, Vol. 1. No. 1.

Terzaghi, K. and Peck, R. B. (1967). Soil Mechanics in Engineering Practice, Wiley, New York

US Department of the Interior. Bureau of Reclamation (1974). Earth manual, 2nd edition. Test designation E-12. US Government Printing Office, Washington, D.C.

# 제 4 장 아터버그한계 시험

## 4.1 아터버그한계 개요

점성토는 함수비 $w$에 따라 그 형상 및 성질이 달라진다. 즉, 함수비가 클 때는 액체상태가 되며 함수비가 작아지면 고체상태가 된다. 이렇게 함수비에 따라 형상이 달라지는 것은 흙입자를 둘러싸고 있는 물, 즉 흡착수에 의한 전기적 힘 때문이다. 함수비가 작을 때에는 흙입자 간의 결합력이 강하지만 함수비가 커지면 흡착수로 둘러싸인 흙입자들이 서로 분리되어 흙입자 간의 거리가 멀어져서 결합력이 약화되고, 함수비가 아주 커지면 흙입자간 결합력이 소멸하여 흙입자는 액체처럼 자유로이 유동하게 된다.

이와 같이 점성토 형상은 함수비에 따라 고체 – 반고체 – 소성체 – 유동체로 변화한다. 여기에서 흙의 형상은 다음과 같이 판별할 수 있다(그림 4.1).

- 고체 : 부피가 변하지 않고 외력에 의하지 않고는 변형이 일어나지 않는다. 고체는 취성파괴가 일어난다.
- 반고체 : 함수비 변화에 따라 부피는 약간 변화하나 소성성이 없다. 취성에 가까운 파괴가 일어난다. 전단력이 작용하면 변형되지 않고 부스러진다.
- 소성체 : 외력에 의하여 소성변형하며 함수비 변화에 따라 부피가 변한다.
- 유동체 : 자중에 의하여 변형되는 액체상태이다.

점성토의 형상은 함수비에 따라 달라지며 이러한 현상을 발견한 아터버그의 이름을 따서 형상의 경계가 되는 함수비를 아터버그한계라고 하고 다음과 같이 정의한다.

- 액성한계 $w_L$ : 유동체와 소성체의 경계 함수비
- 소성한계 $w_p$ : 소성체와 반고체의 경계 함수비
- 수축한계 $w_s$ : 반고체와 고체의 경계 함수비

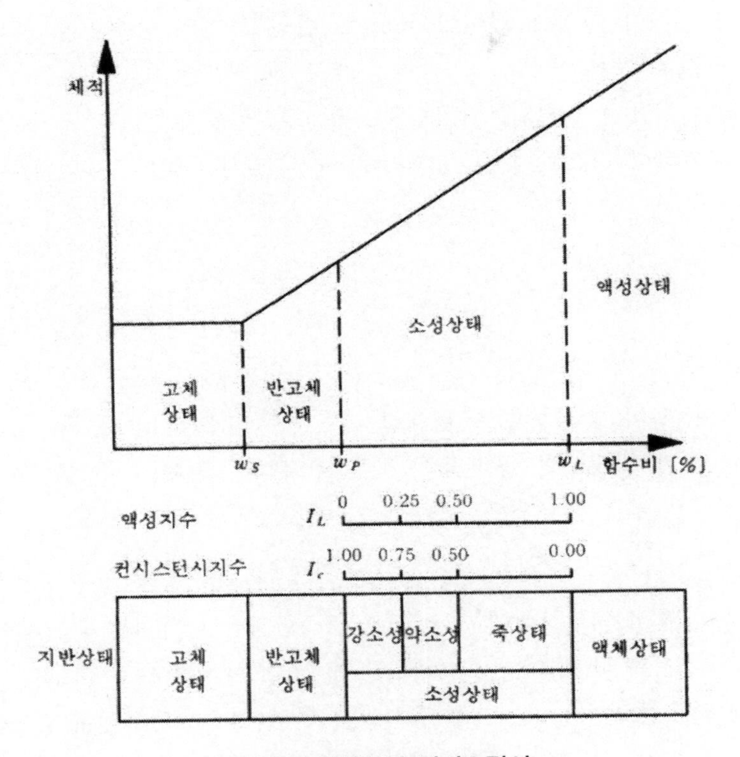


**그림 4.1 점성토의 컨시스턴시**

수축한계 $w_s$는 건조한 점성토가 물을 흡수할 때에 처음에는 부피가 변하지 않다가 일정한 함수비에 도달되면 부피가 팽창하기 시작할 때 함수비로 정의한다. 수축한계는 부피가 일정한 용기에 시료를 채운 후에 공기건조하여 더 이상 부피가 감소되지 않을 때의 함수비를 측정하면 된다.

소성한계 $w_p$는 흙이 직경 3mm를 기준으로 뭉쳐질 수 있는 최소 함수비로 정의한다. 이러한 상태를 만들기 위하여 직경 3 mm 로 국수가락 형상을 만든 후 우유빛 유리판에 놓고 손바닥으로 살살 굴리면 체온에 의해서 수분이 증발되고 함수비가 감소하여 소성한계에 도달되면 부스러지기 시작한다. 이때의 함수비가 소성한계 $w_p$이다.

액성한계 $w_L$는 경사 60°C, 높이 1 cm 의 인공사면을 조성하여 측정한다(동적방법). 즉, 인공사면을 낙하고 1 cm 로 낙하시키면 사면 내의 물이 인공사면 선단으로 몰려서 사면선단의 함수비가 증가하고 낙하 횟수가 많을수록 함수비가 커져서 함수비가 일정한 값에 도달되면 인공사면이 유동하게 된다. 액성한계 $w_L$은 경험적으로 25회 낙하로 사면의 일부가 유동되어서 약 1.5 cm 서로 접하게 될 때에 그 함수비로 정의한다.

근래에는 표준콘이 일정한 깊이(20 mm)로 관입될 때의 함수비를 측정하는 정적인 방법을 사용하기도 한다.

아터버그한계는 흙의 소성성을 나타내는 값으로 흙을 분류하는 데에 필요하며 아터버그한계를 이용하여 다음과 같은 공학적인 판정기준이 제시되어 있다.

- 소성지수 $I_P$
- 액성지수 $I_L$
- 컨시스턴시지수 $I_c$

**1) 소성지수 $I_P$**

자연상태에서 흙이 소성상태로 존재할 수 있는 함수비 범위, 즉 $I_P = w_L - w_p$를 소성지수라고 하며 점성토의 공학적 성질을 추정하는 중요한 자료가 된다(2장 2.1.5 참조).

**2) 액성지수 $I_L$**

액성지수 $I_L$는 흙이 액성상태에 어느 정도 근접한가를 나타내는 척도이며 자연상태의 함수비 $w$에서 소성한계 $w_P$의 차이, 즉 $w - w_p$를 소성지수 $I_p$ 로 나누어 구한다. 액성지수 $I_L$이 영보다 작으면 ( $I_L < 0$) 흙시료는 반고체나 고체상태이며, 액성지수 $I_L$이 1보다 크면( $I_L > 1$) 그 흙은 액체상태로 유동하게 된다(그림 4.1).

$$I_L = \frac{w - w_p}{I_p}$$

**3) 컨시스턴시 지수 $I_c$**

흙의 컨시스턴시 지수 $I_c$ 는 점성토의 컨시스턴시를 나타내며 액성한계 $w_L$와 자연함수비 $w$의 차이 $w_L - w$를 소성지수 $I_p$로 나눈 값으로 클수록 고체상태에 가깝고 액체상태에서는 영보다 작아진다(2장 2.1.5 참조).

$$I_c = \frac{w_L - w}{I_p}$$

**4) 터프니스지수 $I_t$**

흙의 터프니스지수 $I_t$는 소성지수 $I_p$를 유동지수 $I_f$(유동곡선의 기울기)로 나누어서 구하며 흙의 터프니스를 나타낸다.

$$I_t = \frac{I_p}{I_f}$$

# 4.2 흙의 액성한계시험

흙의 액성한계는 동적인 방법, 즉 동적 액성한계시험(KS F2303)이나 정적인 방법, 즉 낙하콘 시험(BS1377/1975)으로 측정할 수 있다.

## 4.2.1 동적 액성한계시험(KS F 2303)

### (1) 개 요

액성한계는 흙이 유동상태를 나타낼 수 있는 최소의 함수비를 말하며 KS F 2303에서는 『황동접시에 경사 60°, 높이 1 cm 의 인공사면을 조성한 후에 시료를 넣은 접시를 1cm의 높이에서 1초에 2회의 비율로 25회 낙하시켰을 때에 둘로 나뉜 부분의 흙이 양측으로부터 유동하여 약 13 mm 길이로 합류했을 때의 함수비』라고 정의되어 있다. 그런데 25회를 정확히 맞추기가 어렵기 때문에 여러 번 시험하여, 25회에 해당하는 함수비를 역추적한다. 액성한계는 세립토의 판별분류 및 공학적 성질의 판단에 이용된다.

### (2) 시험장비

① 액성한계 측정기(ⓐ 황동접시, ⓑ 경질 고무판, ⓒ 크랭크)
② ~ ④ 유리판, 스패출라, 분무기
⑤ 홈파기 날
⑥ ~ ⑨ 함수량 측정기구, 헝겊

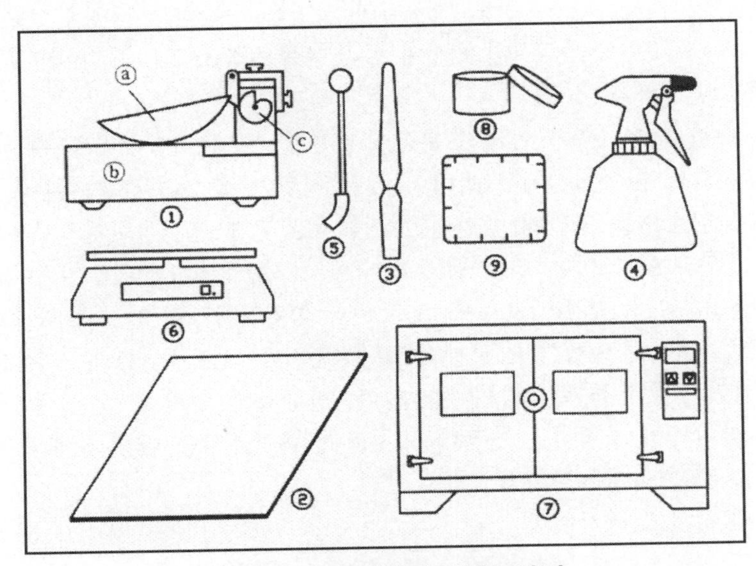


그림 4.2 액성한계 시험 장비

## (3) 시험방법

① 액성한계 측정기의 조정 : 액성한계 측정기의 손잡이를 돌렸을 때 놋쇠 접시가 1cm 높이가 되도록 캠(Cam)의 끝을 조절한다. 홈파기 날의 머리는 두께가 1 cm 이므로 이 것을 컵과 판 사이에 끼워 조절나사를 조정하면 쉽게 조정할 수 있다.

② 시료준비 : 자연함수비의 약 40 % 정도로 공기건조한 No.40체 통과시료를 약 100 gf 을 취해 증류수를 살수하여 잘 혼합한다. 처음에는 반죽이 너무 무르면 안 되므로 예상 액성한계보다 작은 함수비로 반죽을 만들어 놓는다. 반죽된 시료는 젖은 헝겊 으로 덮어서 일정한 시간(30분) 이상 방치하여 시료 내 함수비가 평형이 되도록 한다.

③ 시험사면 조성 : 반죽한 흙을 황동 접시에 담아 최대 두께가 약 1.0 cm가 되도록 스패츌라로 잘 고른다. 접시의 대칭축을 따라 홈파기 날을 수직으로 세워 홈을 한 번에 파서 접시 속의 흙을 양쪽으로 가른다. 이때에 여러 번에 걸쳐서 홈을 파면 흙이 다져지거나 흐트러질 염려가 있으므로 한 번에 파야 한다.
만일 시료가 양분되지 않으면 시험을 중단하고 NP(Nonplastic, 비소성)라고 기록 한다. 홈파기날은 두 가지 종류가 있으나 시료에 따라 적합한 것을 사용한다. 보통 황동접시를 분리하여 시험사면을 조성한 후에 결합하지만 시료가 연약한 경우 에는 황동접시를 결합한 상태로 홈파기를 한다.

④ 시험수행 : 액성한계 시험기의 손잡이를 1초 동안 2회 속도로 일정하게 회전시켜 흙을 담은 접시를 판에 낙하시킨다. 양쪽으로 갈라진 흙, 즉 양쪽의 인공사면이 중앙 부분에서 약 13 mm 정도 합쳐지면 시험을 중단하고 낙하횟수를 기록한다.
이때에 13 mm 길이를 판정하기 위하여 미리 종이 등으로 13 mm 길이의 물건을 만들어 사용하면 편리하다.

⑤ 함수비 측정 : 양쪽 흙이 합쳐진 부분에서 흙을 떠내어 함수비를 측정한다.

⑥ 나머지 시료를 황동접시에서 퍼내어 남은 시료와 잘 혼합하고 분무기로 증류수를 살수하여 함수비를 약간씩 증가시켜서 3)～5) 단계를 반복한다. 황동접시는 시료 를 담기 전에 항상 마른 헝겊으로 잘 닦아서 사용해야 한다.

⑦ 낙하횟수 10～25회 범위에서 2개, 25～40회 범위에서 2개 등 최소한 4 개의 시험을 함수비를 조절하여 수행한다. 통상적으로 함수비가 적은 상태에서 시작하여 함수량을 증가시키면서 충분히 반죽하여 시험한다. 반대로 함수비가 큰 상태에서 시작하여 시료를 말려가며 시험하는 경우에는 시료가 표면에서만 마른 상태일 수 있으므로 특별히 반죽을 잘 해야 한다.

⑧ 결과를 정리하고 계산한다.

⑨ 보고서를 작성한다.

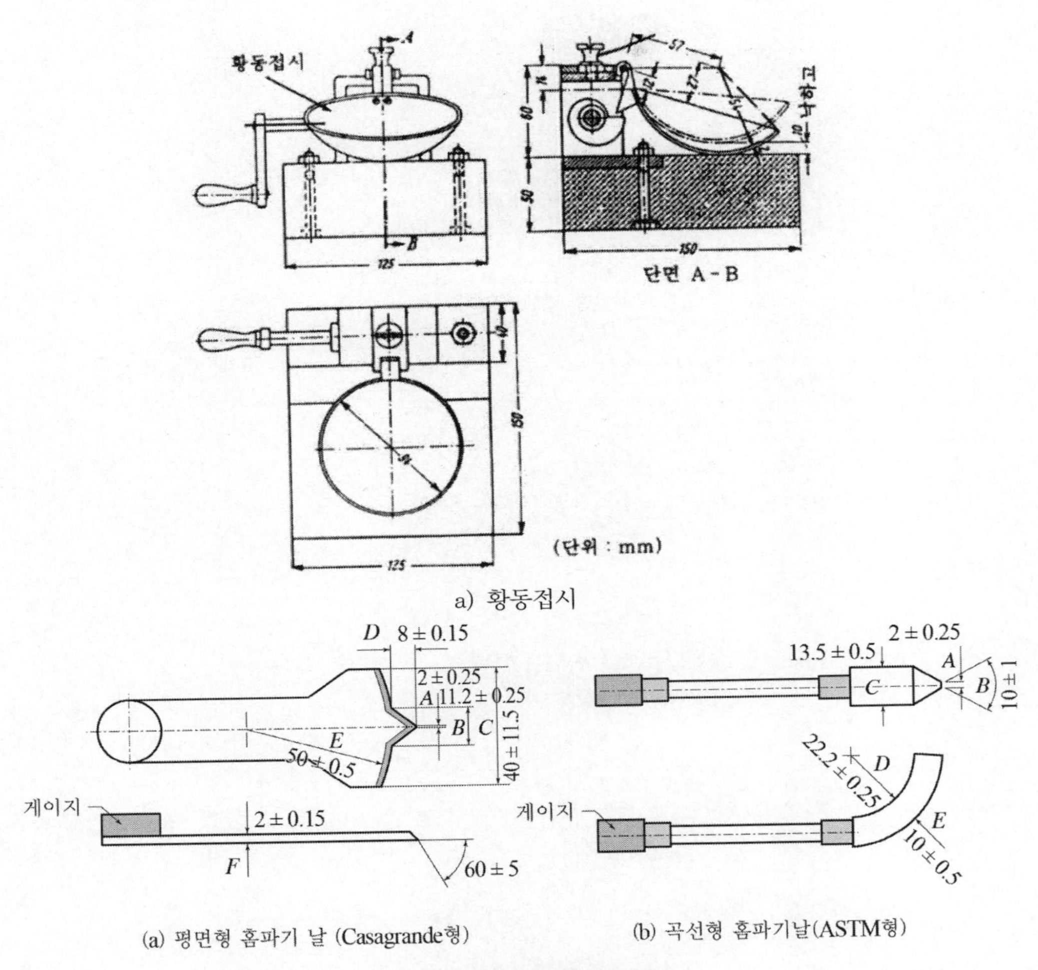


**그림 4.3 동적액성한계 시험기**

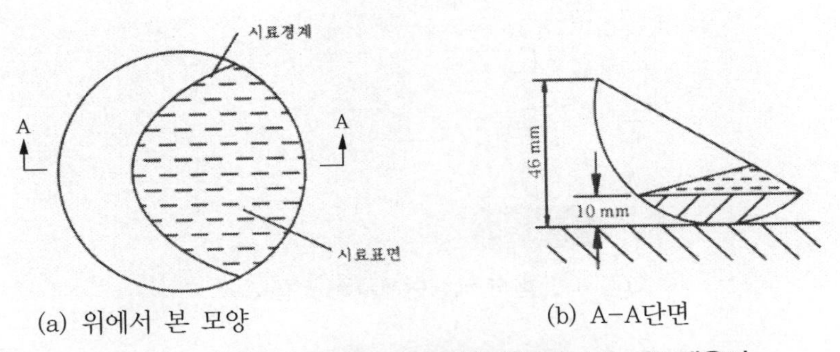


**그림 4.4 동적 액성한계시험에서 황동접시에 시료채우기**

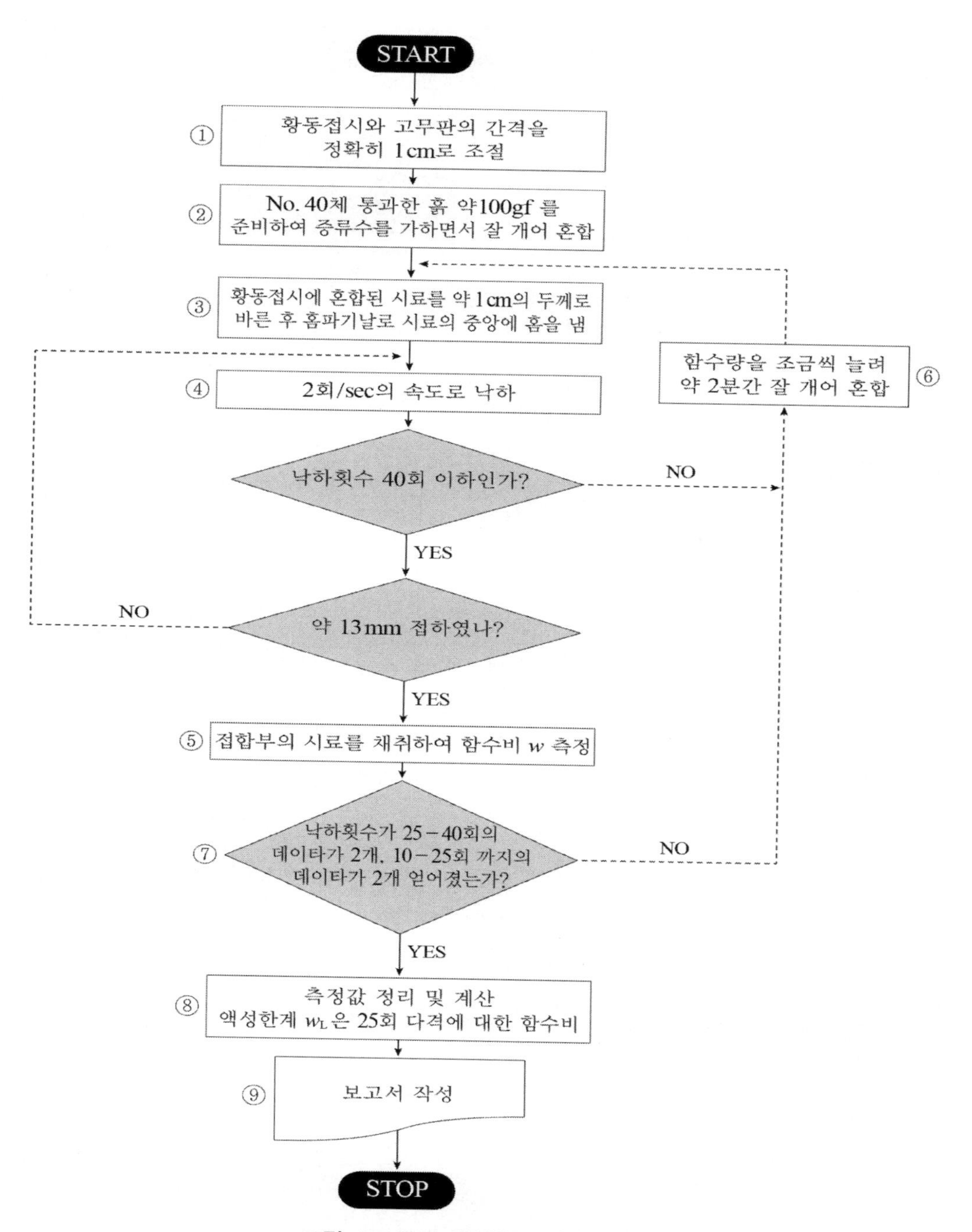


**그림 4.5 동적 액성한계시험 흐름도**

## (4) 계산 및 결과정리

① 데이터 쉬트를 작성한다.

② 유동곡선을 그린다.

함수비를 세로축으로, 낙하횟수를 가로축(대수)에 취하여 반대지수상에 그리면 대략 직선으로 나타난다(그림 4.6).

③ 유동지수 $I_f$와 액성한계 $w_L$를 구한다.

유동곡선에서 낙하횟수가 25회일 때의 함수비가 액성한계 $w_L$이며 유동곡선의 기울기는 유동지수 $I_f$가 된다. $I_f = (w_2 - w_1)/\log(N_2/N_1)$

## (5) 결과이용

① 소성지수 $I_p$결정

소성지수 $I_p$는 흙의 공학적 특성을 나타내는 중요한 척도가 되며 액성한계 $w_L$와 소성한계 $w_p$의 차이를 나타낸다.

$I_p = w_L - w_p$

② 압축지수 $C_c$의 추정

흙입자가 작아질수록 비표면적이 커져서 액성한계 $w_L$는 커진다. 흙의 압축지수 $C_c$는 액성한계와 관련이 있으며 그 관계는 예민비가 낮은 점토에서 다음과 같다(Skempton).

교　란 시료 : $C_c = 0.009(w_L - 10)$

비교란 시료 : $C_c = 0.007(w_L - 10)$

그러나 이 관계는 액성한계가 100 %를 초과($w_L > 100$)하거나, 자연함수비가 액성한계보다 크거나($w > w_L$), 또는 특수한 점토광물이 포함된 지반에서는 적용되지 않는다.

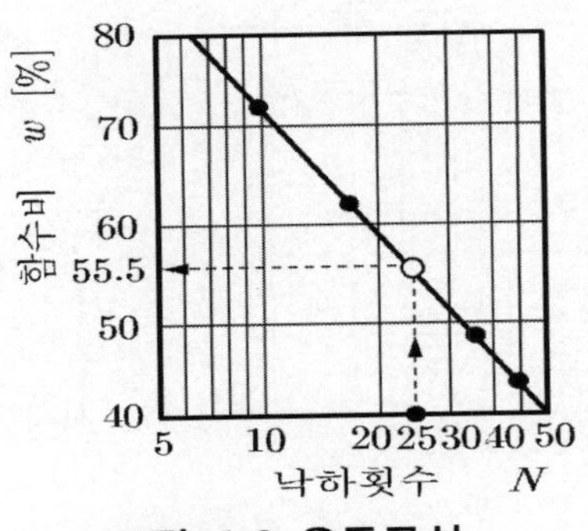


그림 4.6 유동곡선

# 흙의 액성·소성한계 시험

과 업 명 토질역학실험 시험날짜 1996 년 5 월 14 일

조사위치 아주대학교 성호관 온도 18 [℃] 습도 68 [%]

시료위치 A - 1 시료심도 0.3 [m] ~ 0.5 [m] 시험자 박 영 호

**액 성 한 계 시험 $w_L$**

| 시험번호 | 낙하횟수 | 함 수 비 $w$ |
|---|---|---|
| 1 | 34 회 | $W_t$=111.11 [gf] $W_d$= 109.20 [gf]<br>$W_d$=109.20 [gf] $W_c$= 104.67 [gf]<br>$W_w$= 1.91 [gf] $W_s$= 4.53 [gf]<br>함수비 $w$ = 42.16 [%] |
| 2 | 28 회 | $W_t$=115.88 [gf] $W_d$= 113.01 [gf]<br>$W_d$=113.0 [gf] $W_c$= 106.69 [gf]<br>$W_w$=2.87 [gf] $W_s$= 6.32 [gf]<br>함수비 $w$ = 45.41 [%] |
| 3 | 20 회 | $W_t$=118.80 [gf] $W_d$= 117.18 [gf]<br>$W_d$=117.1 [gf] $W_c$= 113.80 [gf]<br>$W_w$=1.62 [gf] $W_s$= 3.38 [gf]<br>함수비 $w$ = 47.92 [%] |
| 4 | 16 회 | $W_t$=112.62 [gf] $W_d$= 110.67 [gf]<br>$W_d$=110.6 [gf] $W_c$= 106.80 [gf]<br>$W_w$=1.95 [gf] $W_s$= 3.87 [gf]<br>함수비 $w$ = 50.39 [%] |

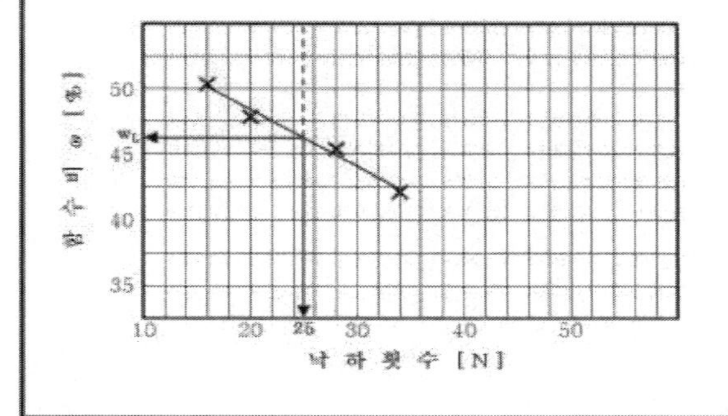


**소 성 한 계 시험 $w_P$**

| 시험번호 | 함 수 비 $w$ |
|---|---|
| 1 | $W_t$=108.73 [gf] $W_d$= 108.44 [gf]<br>$W_d$=108.44 [gf] $W_c$= 106.80 [gf]<br>$W_w$= 0.29 [gf] $W_s$= 1.64 [gf]<br>함수비 $w$ = 17.68 [%] |
| 2 | $W_t$=116.11 [gf] $W_d$= 115.77 [gf]<br>$W_d$=115.77 [gf] $W_c$= 113.80 [gf]<br>$W_w$= 0.34 [gf] $W_s$= 1.97 [gf]<br>함수비 $w$ = 17.26 [%] |
| 3 | $W_t$=106.81 [gf] $W_d$= 106.50 [gf]<br>$W_d$=106.50 [gf] $W_c$= 104.67 [gf]<br>$W_w$= 0.31 [gf] $W_s$= 1.83 [gf]<br>함수비 $w$ = 16.94 [%] |
| 평 균 | 함수비 $w$ = 17.29 [%] |

$W_t$ : (습윤시료+ 용기) 무게

$W_d$ : (노건조시료+ 용기) 무게

$W_c$ : 용기 무게

$W_w$ : 물의 무게

$W_s$ : 노건조시료 무게

$w = W_w / W_s \times 100$

$I_p = w_L - w_P$ $w_L$ :낙하횟수 25회 함수비

| | | | |
|---|---|---|---|
| 액성한계 | $w_L$ = | 46.30 | [%] |
| 소성한계 | $w_P$ = | 17.29 | [%] |
| 소성지수 | $I_p$ = | 29.01 | [%] |

확인 이 용 준 (인)

# 동적 액성한계 시험

## Casagrande Test

과업명 토질역학실험 시험날짜 1996 년 5 월 14 일
조사위치 아주대학교 성호관 온도 18 [℃] 습도 68 [%]
시료위치 A - 1 시료심도 0.3 [m] ~ 0.5 [m] 시험자 박 영 호

| 시험 번호 | 시료 번호 1 | | 시료 번호 2 | |
|---|---|---|---|---|
| 1 | 낙하횟수 34 회 | $W_t$=111.11 [gf] $W_d$= 109.20 [gf]<br>$W_d$=109.20 [gf] $W_c$= 104.67 [gf]<br>$W_w$= 1.91 [gf] $W_s$= 4.53 [gf] | 낙하횟수 ___ 회 | $W_t$=___ [gf] $W_d$=___ [gf]<br>$W_d$=___ [gf] $W_c$=___ [gf]<br>$W_w$=___ [gf] $W_s$=___ [gf] |
| | | 함수비 $w$ = 42.16 [%] | | 함수비 $w$ = ___ [%] |
| 2 | 낙하횟수 28 회 | $W_t$=115.88 [gf] $W_d$= 113.01 [gf]<br>$W_d$=113.0 [gf] $W_c$= 106.69 [gf]<br>$W_w$=2.87 [gf] $W_s$= 6.32 [gf] | 낙하횟수 ___ 회 | $W_t$=___ [gf] $W_d$=___ [gf]<br>$W_d$=___ [gf] $W_c$=___ [gf]<br>$W_w$=___ [gf] $W_s$=___ [gf] |
| | | 함수비 $w$ = 45.41 [%] | | 함수비 $w$ = ___ [%] |
| 3 | 낙하횟수 20 회 | $W_t$=118.80 [gf] $W_d$= 117.18 [gf]<br>$W_d$=117.1 [gf] $W_c$= 113.80 [gf]<br>$W_w$=1.62 [gf] $W_s$= 3.38 [gf] | 낙하횟수 ___ 회 | $W_t$=___ [gf] $W_d$=___ [gf]<br>$W_d$=___ [gf] $W_c$=___ [gf]<br>$W_w$=___ [gf] $W_s$=___ [gf] |
| | | 함수비 $w$ = 47.92 [%] | | 함수비 $w$ = ___ [%] |
| 4 | 낙하횟수 16 회 | $W_t$=112.62 [gf] $W_d$= 110.67 [gf]<br>$W_d$=110.6 [gf] $W_c$= 106.80 [gf]<br>$W_w$=1.95 [gf] $W_s$= 3.87 [gf] | 낙하횟수 ___ 회 | $W_t$=___ [gf] $W_d$=___ [gf]<br>$W_d$=___ [gf] $W_c$=___ [gf]<br>$W_w$=___ [gf] $W_s$=___ [gf] |
| | | 함수비 $w$ = 50.39 [%] | | 함수비 $w$ = ___ [%] |

참고 : $W_w = W_t - W_d$ , $W_s = W_d - W_c$ , $w = (W_w)/(W_s) \times 100$ [%],
$w_L$ : 낙하횟수 25회의 함수비

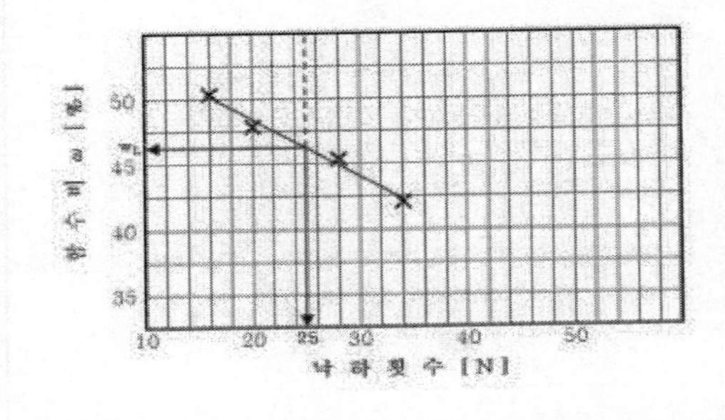


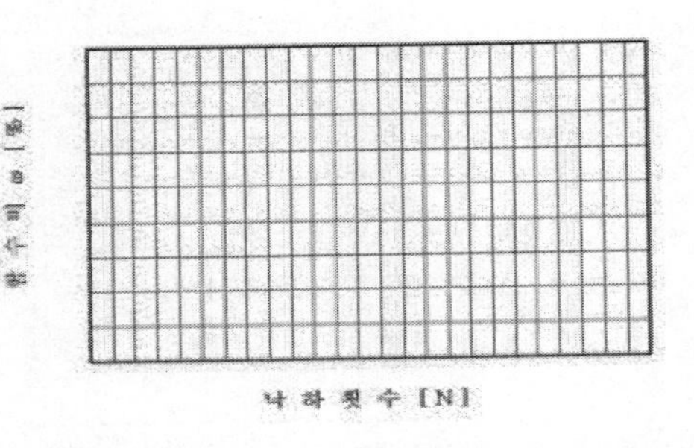


확인 이 용 준 (인)

③ 수축한계 $w_s$ 추정

액성한계 $w_L$과 소성지수 $I_p$로부터 수축한계 $w_s$를 간접적으로 구할 수 있다(Krabbe, 1958).

$w_s = w_L - 1.25 I_p$

④ 흙의 특성을 나타내는 지수결정(4.3 참조)

소성지수 $I_p$를 이용하여 유동지수($I_f$), 터프니스지수($I_t$), 콘시스턴시지수($I_c$) 및 액성지수($I_L$), 활성도($I_A$), 소성도 등을 구할 수 있다.

### 4.2.2 정적 액성한계시험

낙하 콘 시험법(Fall – cone test/Cone Penetrometer Method : BS 1377/1975, Test 2(A))

#### (1) 개 요

흙의 액성한계를 정적으로 결정하는 방법이다. 선단의 각도가 30° 이고 무게 80 g으로 표준화된 콘을 점성토 위에 올려 놓으면 컨시스턴시에 따라 관입량이 달라지는 원리를 이용하여 흙의 액성한계를 구하는 시험이다. 액성한계값은 표준 콘이 5초 동안 관입량이 약 20 mm일 때이다. 따라서 15～25 mm 범위에서 4회 이상, 즉 15～20 mm에서 2회 이상, 20～25 mm에서 2회 이상 실시한다.

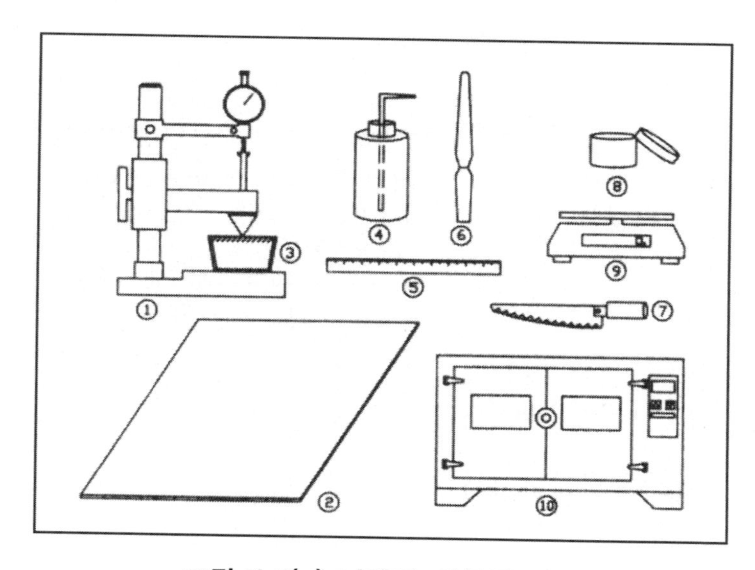


그림 4.7(a) 낙하콘 시험법 장비

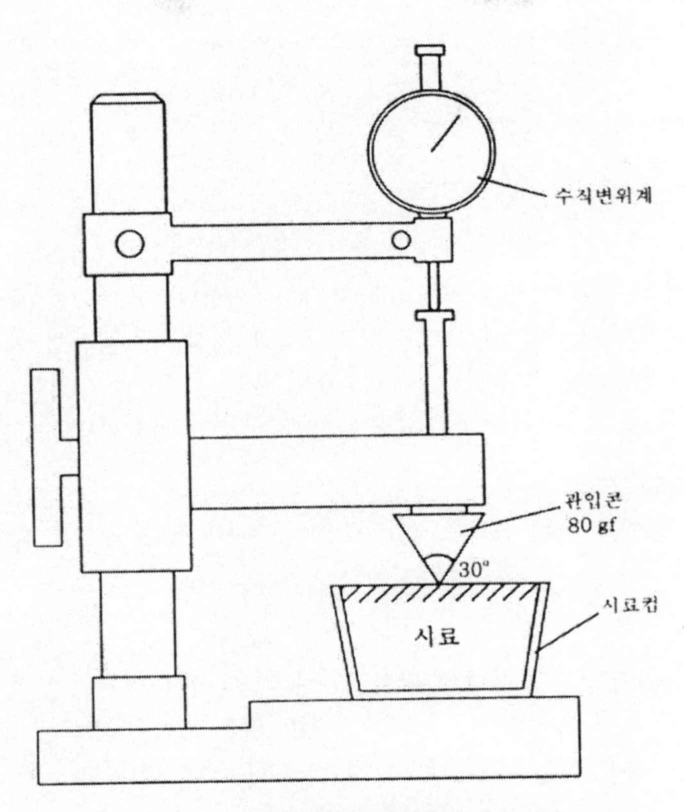


**그림 4.7(b) 정적 액성한계 시험장비**

(2) 시험장비

① 콘관입시험기구(BS 4691, 1974)

관입콘은 스테인레스강이나 알루미늄 합금으로 만들며 표면이 매끈한 것이어야 한다. 관입콘은 길이 35mm이고, 선단 각도 30°이며, 끝점이 예리하고, 콘과 수직관의 합한 무게가 80.00 gf 이어야 한다.

콘은 작은 강판에 두께 1.75 mm, 지름 1.50 mm 의 구멍을 낼 정도로 날카로운 것이어야 한다.

② 유리판 : 한 변의 길이가 50 cm 인 정사각형판이고 두께가 10 mm 이어야 한다.

③ 시료컵 : 황동이나 알루미늄 합금으로 만들며 단면이 원형이고 내경 55 mm, 깊이 40 mm 의 컵형태로 테두리는 편평해야 한다.

④ 증류수와 세척병

⑤ 강철자

⑥ 스패츌러(규격 : 200 mm × 30 mm, 150 mm × 25 mm, 100 mm × 18 mm)
⑦ 치즈칼
⑧~⑩ 함수비 측정기구(캔, 저울, 건조로)

## (3) 시험 방법

### 1) 시료준비

① No.40체를 통과한 시료 200~250 gf 을 준비한다. 가능하면 자연상태의 흙에서 굵은 입자는 손으로 제거한다. 공기건조된 흙시료를 사용할 때에는 No.40체로 쳐서 통과한 것을 사용한다. 자연상태의 흙은 치즈칼을 이용하여 작은 입자들로 자르거나 공기건조하여 고무망치로 잘게 부수어 사용한다.

### 2) 시료를 물과 혼합

② 유리판 위에 준비된 시료를 놓고 증류수를 가하여 두 개의 스패츌러를 사용하여 잘 혼합한다.

### 3) 시료숙성

③ 물과 혼합된 시료를 용기에 담고 용기를 밀폐시켜서 24시간 혹은 하룻밤 동안 시원한 장소에 방치한다. 점토의 함량이 적은 흙이나 실트질 흙시료에 대해서는 숙성단계를 생략하고 혼합 후에 즉시 시험을 실시한다.

### 4) 시료 재혼합

④ 시료숙성 후에도 함수비가 전체 시료 내에서 균등해지도록 스패츌러를 이용하여 10분 이상 재혼합한다. 점토성분이 많은 흙일수록 오랜 시간 동안 혼합하며, 특별히 혼합시간을 40분 정도까지 필요로 하는 것도 있다.

### 5) 실험기구 점검

⑤ 콘과 수직관의 합한 무게가 80.00 ± 0.05 gf 이어야 하며 콘의 날카로운 정도를 규격판을 이용하여 확인한다. 수직관을 깨끗이 닦고 콘이 자유낙하할 수가 있는지 버튼을 확인하고 시험기구는 편평한 곳에 위치시킨다.

### 6) 시료컵에 시료담기

⑥ 시료컵을 헝겊으로 깨끗이 닦아서 남은 흙과 수분를 제거하고 마른상태를 유지한다. 시료를 시료컵에 담는다. 이때에는 빈 공간이 없도록 하고 시료컵의 윗끝까지 담으며, 작은 스패츌러로 테두리 부분과 표면을 잘 다듬는다.

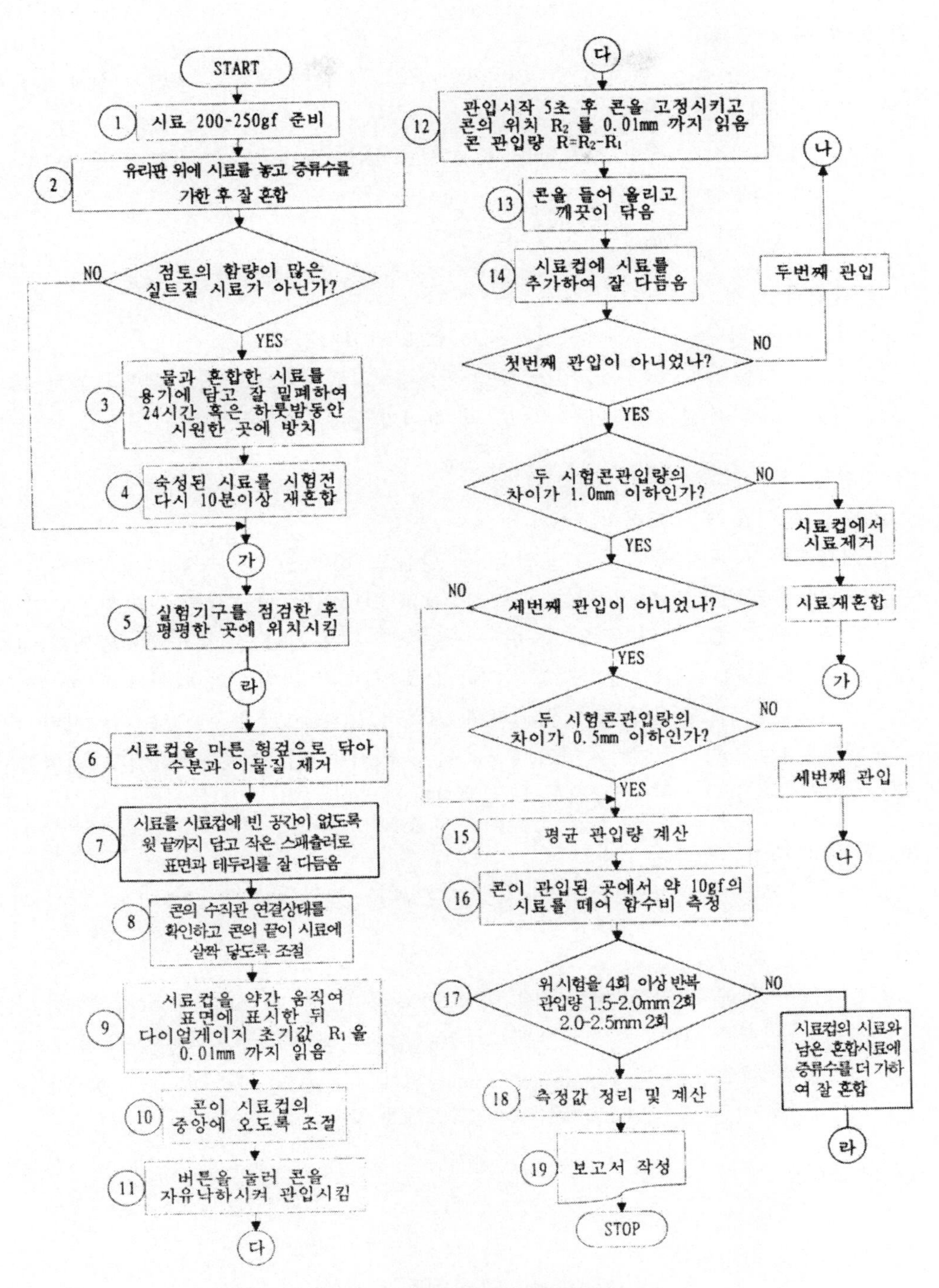


그림 4.8 정적액성 한계시험 흐름도

### 7) 콘의 위치 조정

⑧ 콘이 수직관에 잘 위치해 있는지 확인하고, 그 끝이 시료의 표면에 살짝 닿도록 콘의 위치를 조절한다.

⑨ 시료컵을 약간 움직여서 표면을 표시해두고 다이알게이지 초깃값 $R_1$ 을 0.01mm 정도까지 읽는다.

⑩ 콘이 시료컵의 중앙에 오도록 조절한다.

### 8) 콘관입과 측정

⑪ 버튼을 눌러 콘을 자유낙하시켜서 시료에 관입시킨다.

⑫ 버튼을 누른 후 5초가 경과되면 콘의 위치를 고정시키고 관입 후 콘의 위치 $R_2$를 0.01 mm 까지 읽는다. 이 $R_1$과 $R_2$ 의 차이가 콘의 관입량이다.

### 9) 재관입

⑬ 콘을 들어올리고 깨끗이 닦는다.

⑭ 시료컵에 시료를 추가하여 표면을 잘 다듬고 ⑧~⑬번의 과정을 반복한다.

⑮ 두 번째 콘의 관입량이 처음 것과 0.5 mm 이내이면 평균값을 기록해두고 다음 단계 ⑯으로 넘어간다. 만일 두 번째 관입량이 처음 것과 0.5 mm~1 mm 의 차이가 나면 세 번째 시험을 실시하고 전체적으로 시험의 관입량의 차이가 1 mm 를 넘지 않으면 3단계 관입량을 평균하여 기록하고 다음 단계 ⑯으로 넘어간다. 만약 전체적으로 관입량 차이가 1 mm 를 초과하면 시료를 시료컵에서 제외하고 시료를 다시 혼합하여 재시험을 실시한다.

### 10) 함수비 측정

⑯ 콘이 관입된 곳에서 약 10 gf 의 시료를 스패츌러로 채취하여 함수비를 측정한다.

### 11) 시료 재혼합

⑰ 단계 ⑥~⑩을 따라 적어도 3회 이상 반복하여, 즉 총 4회 이상 시험한다. 이 시험을 반복할 때마다 증류수를 가하여 함수비를 더 증가시키면서 실시한다. 가능하면 관입량은 약 15 mm~20 mm 범위에서 2번 20 mm~25 mm 범위에서 2번 이상이 되도록 조절하면서 시험을 수행한다.

### 12) 결과정리

⑱ 측정결과를 정리하고 계산한다.

⑲ 보고서를 작성한다.

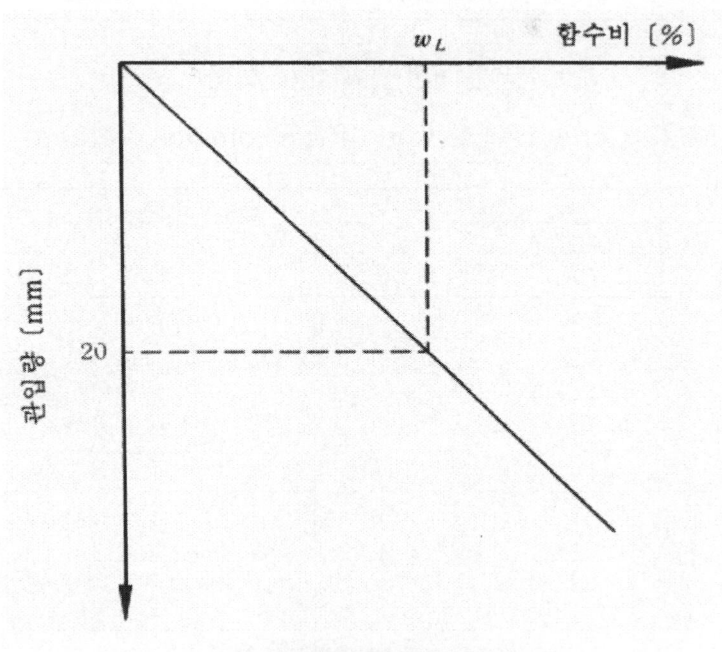


그림 4.9 관입량–함수비 관계

(4) 계산 및 결과정리

**1) 계산 및 그래프 작성**

각각의 시험에서 관입량에 대한 함수비를 계산하고 세로축은 콘관입량[mm]을 가로축은 함수비[%]를 나타내는 점을 표시한다. 시험결과에 가장 적합한 직선을 긋는다(그림 4.9).

**2) 결과정리**

관입량 – 함수비 관계 직선으로부터 콘관입량이 20 mm 일 때의 함수비 값을 읽어서 이것을 액성한계값으로 표시한다. 시료의 No.40체 통과백분율과 시료의 상태(자연상태 또는 건조상태)를 기록한다. 대개 소성한계와 소성지수값을 액성한계값과 함께 기록한다.

※ 참고 : 스웨덴에서는 낙하 콘 시험방법을 개발하여 처음으로 실무에 적용하였는데, 선단각은 60° 무게가 60 gf 인 콘을 사용하였다. 이때 액성한계는 10 mm 관입깊이에서의 함수비로 측정된다. 이 값은 약 18 kN/m$^2$ 의 비배수 전단강도와 일치한다.

# 정적 액성한계 시험

## Fall Cone Test / Cone Penetrometer Method

과 업 명 토질역학실험　　시험날짜 1996 년 5 월 14 일

조사위치 아주대학교 성호관　　온도 18 [℃]　습도 68 [%]

시료번호 A-1　시료위치 0.3 [m] ~ 0.5 [m]　　시험자 박 영 호

| 시험 번호 | 시료번호 1 $w_L$ 63.8 [%] | | 시료번호 2 $w_L$ 64.3 [%] | |
|---|---|---|---|---|
| 1 | 관입깊이 15.5 mm | $W_t$= 46.78 [gf] $W_d$= 32.51 [gf]<br>$W_d$= 32.51 [gf] $W_c$= 8.31 [gf]<br>$W_w$= 14.27 [gf] $W_s$= 24.20 [gf]<br>함수비 $w$ = 58.97 [%] | 관입깊이 15.1 mm | $W_t$= 45.56 [gf] $W_d$= 31.50 [gf]<br>$W_d$= 31.50 [gf] $W_c$= 7.68 [gf]<br>$W_w$= 14.06 [gf] $W_s$= 23.82 [gf]<br>함수비 $w$ = 59.03 [%] |
| 2 | 관입깊이 19.0 mm | $W_t$= 57.20 [gf] $W_d$= 38.31 [gf]<br>$W_d$= 38.31 [gf] $W_c$= 8.35 [gf]<br>$W_w$= 18.89 [gf] $W_s$= 29.96 [gf]<br>함수비 $w$ = 63.05 [%] | 관입깊이 19.0 mm | $W_t$= 58.42 [gf] $W_d$= 39.40 [gf]<br>$W_d$= 39.40 [gf] $W_c$= 9.79 [gf]<br>$W_w$= 19.02 [gf] $W_s$= 29.61 [gf]<br>함수비 $w$ = 64.24 [%] |
| 3 | 관입깊이 22.0 mm | $W_t$= 63.60 [gf] $W_d$= 41.64 [gf]<br>$W_d$= 41.64 [gf] $W_c$= 8.26 [gf]<br>$W_w$= 21.96 [gf] $W_s$= 33.38 [gf]<br>함수비 $w$ = 65.79 [%] | 관입깊이 21.8 mm | $W_t$= 64.51 [gf] $W_d$= 42.38 [gf]<br>$W_d$= 42.38 [gf] $W_c$= 9.12 [gf]<br>$W_w$= 22.13 [gf] $W_s$= 33.26 [gf]<br>함수비 $w$ = 66.54 [%] |
| 4 | 관입깊이 25.4 mm | $W_t$= 71.72 [gf] $W_d$= 45.78 [gf]<br>$W_d$= 45.78 [gf] $W_c$= 8.29 [gf]<br>$W_w$= 25.94 [gf] $W_s$= 37.49 [gf]<br>함수비 $w$ = 69.19 [%] | 관입깊이 25.2 mm | $W_t$= 72.36 [gf] $W_d$= 46.13 [gf]<br>$W_d$= 46.13 [gf] $W_c$= 7.83 [gf]<br>$W_w$= 26.23 [gf] $W_s$= 38.30 [gf]<br>함수비 $w$ = 68.49 [%] |

참고 : $W_w = W_t - W_d$ , $W_s = W_d - W_c$ , $w = (W_w)/(W_s) \times 100$ [%] ,

$w_L$ : 관입깊이 20 mm의 함수비

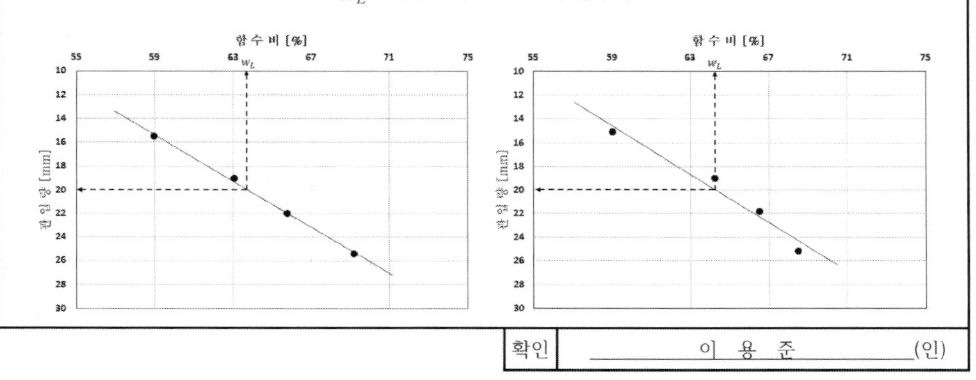


| 확인 | 이 용 준 (인) |
|---|---|

# 4.3 소성한계시험(KS F 2303)

## 4.3.1 개 요

소성한계 $w_p$는 흙의 소성상태와 반고체 상태의 경계를 나타내는 함수비를 말하고 KS F 2304에서는 『흙덩어리를 손으로 밀어 직경 3 mm 의 국수 모양으로 만들어 부슬부슬해질 때의 함수비』라고 정의되어 있다. 시험에서는 직경 3 mm 가 되게 국수모양으로 만든 다음에 손바닥으로 힘을 가하지 않고 살살 문지르면 체온에 의하여 물이 마르면서 함수비가 감소되고, 일정함수비(소성한계)에 도달되면 부스러진다. 이때의 함수비를 측정하면 곧 소성한계가 된다. 그러나 직경 3 mm를 정확히 유지하기 어렵고 손바닥에 힘이 가해져서 시험오차가 발생될 가능성이 크다. 최근에는 이러한 문제점을 해결할 수 있는 자동 소성한계시험장비가 개발되어 사용되고 있다. 소성한계는 소성도를 이용한 세립토의 분류와 흙의 공학적 성질판정에 이용된다.

## 4.3.2 시험장비

① 유리판(반죽용)
② 주걱, 스패출라
③ 함수량 측정기구
④ 분무기(증류수 담은 상태)
⑤ 면헝겊
⑥ 직경 3 mm 봉
⑦ 시료용기(뚜껑달린 캔)

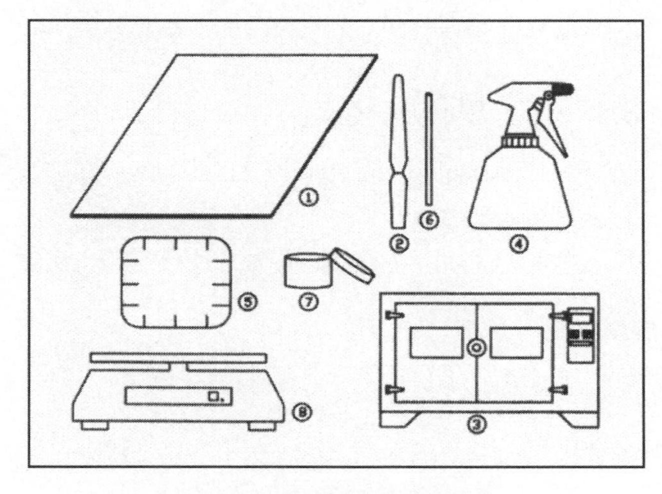

그림 4.10 소성한계 시험 장비

### 4.3.3 시험방법

① No.40체 통과시료 약 15 gf 을 유리판 위에 놓고 증류수를 가해 고르게 혼합한 후에 덩어리가 될 때까지 잘 뭉친다.

② 잘 뭉쳐진 흙덩어리를 우유빛 유리 위에 놓고, 손바닥으로 밀어 균일하게 지름 3mm 정도의 국수모양으로 만든다. 국수모양으로 뭉쳐지지 않으면 시험을 중단하고 NP(비소성)라고 기록한다. 3 mm 크기를 일일이 측정하기가 번거로우므로 미리 3 mm 봉을 놓고 비교하면서 만든다. 시료가 3 mm가 되기 전에 부스러지면 함수비가 소성한계보다 작은 상태이므로 물을 추가하여 함수비를 증가시켜 재시험한다. 흙의 반죽이 너무 유연하면 공기 건조시킨 후에 다시 잘 반죽해서 시험한다.

③ 국수모양의 흙을 손바닥으로 힘을 가하지 않고 문지른다.

④ 부슬부슬하게 부스러지기 시작하면 부스러진 흙을 모아서 즉시 무게를 측정하여 함수비를 구한다. 이 함수비가 소성한계 $w_p$이다.

⑤ 흙을 다시 반죽하여 이상 시험을 3회 이상 실시한다. 소성한계를 구할 수 없거나 소성한계가 액성한계와 같다든지 또는 소성한계가 액성한계보다 크게 구해지는 경우에는 비소성(NP)으로 표시한다.

⑥ 시험결과를 정리한다.

⑦ 보고서를 작성한다.

### 4.3.4 계산 및 결과 정리

① 시험에서 구한 함수비 중에서 너무 크거나 작은 값은 버리고 나머지 값을 평균하여 소성한계를 정한다.

② 소성한계 $w_p$ 와 액성한계 $w_L$ 로부터 소성지수 $I_p$ 를 구한다.

$$I_p = w_L - w_P$$

### 4.3.5 결과의 이용

소성한계 $w_p$를 이용하여 다음을 구할 수 있다.

① 소성도표

가로축을 액성한계 $w_L$, 세로축을 소성지수 $I_P$ 로 하여 시험결과를 표시한 후에 A 선 : $I_P = 0.73(w_L - 20)$과 B 선 $w_L = 50$선을 그린다. 소성도로부터 지반의 특성(압축성, 투수성)을 개략적 파악하고, 세립토를 분류하는 데 사용한다.

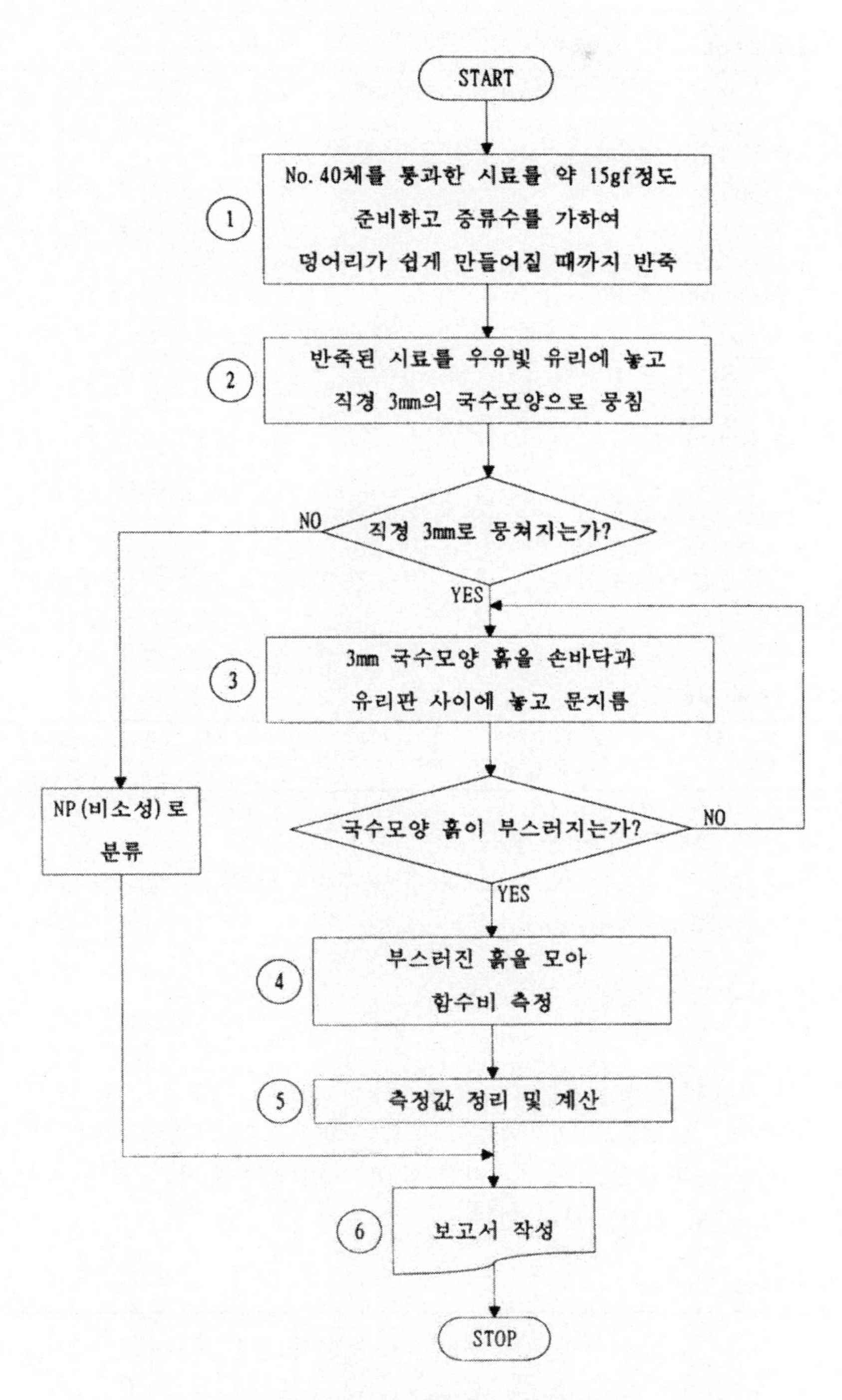


그림 4.11 소성한계시험 흐름도

② 터프니스(Thouness Idex)지수 $I_t$

$I_t = I_p \ / \ I_f$ (유동지수)

③ 컨시스턴시지수(Consistency Index) $I_c$

$$I_c = \frac{w_L - w}{I_p}$$

④ 액성지수(Liquidity Index)

$$I_L = \frac{w - w_p}{I_p}$$

⑤ 활성도(Activity) $A$

$$A = \frac{I_p}{2\mu \text{ 이하 점토함유율}}$$

활성도는 점토광물의 종류에 따라 다른 값을 가지므로 표준활성도로부터 점토광물을 추정할 수 있다.

**표 4.1 소성지수와 활성도**

| 소 성 지 수 | $I_p < 0.75$ | $0.75 < I_p < 1.25$ | $1.25 < I_p$ |
|---|---|---|---|
| 흙 의 활 성 도 | 비활성토 | 보통의 흙 | 활 성 토 |

⑥ 압밀에 따른 점토의 강도 증가율

압밀의 진행에 따른 점토의 강도증가를 소성지수로부터 구할 수 있다.

$C_u/P = 0.11 + 0.0037\, I_p$ (Skempton, 1948)

여기서, $C_u$ : 점토의 비배수 전단강도

$P$ : 압밀 유효응력

⑦ 도로노반 재료의 선택

소성지수는 큰 강성도가 요구되는 도로의 노반재료의 기준으로 사용할 수 있다. 또한 시멘트나 역청으로 안정처리한 흙의 노반에 사용되는 골재 적부판정기준으로 소성지수를 사용하기도 한다.

**표 4.2 소성지수와 노반재료**

| 상 층 노 반 | $I_p < 4$ |
|---|---|
| 하 층 노 반 | $I_p < 6$ |
| 시 멘 트 나 역 청 안 정 처 리 토 의 노 반 | $I_p < 6$ |

# 소성한계 시험

과 업 명 토질역학실험 시험날짜 1996 년 5 월 14 일
조사위치 아주대학교 성호관 온도 18 [℃] 습도 68 [%]
시료위치 A - 2 시료심도 0.3 [m] ~ 0.5 [m] 시험자 박 영 호

| 시험 번호 | 시료번호 1 | 시료번호 2 |
|---|---|---|
| 1 | $W_t$ = 14.13 [gf] $W_d$ = 14.00 [gf]<br>$W_d$ = 14.00 [gf] $W_c$ = 13.3 [gf]<br>$W_w$ = 0.13 [gf] $W_s$ = 0.69 [gf]<br>함수비 $w_p$ = 18.84 [%] | $W_t$ = 17.69 [gf] $W_d$ = 17.47 [gf]<br>$W_d$ = 17.47 [gf] $W_c$ = 16.25 [gf]<br>$W_w$ = 0.22 [gf] $W_s$ = 1.22 [gf]<br>함수비 $w_p$ = 18.03 [%] |
| 2 | $W_t$ = 14.38 [gf] $W_d$ = 14.27 [gf]<br>$W_d$ = 14.27 [gf] $W_c$ = 13.63 [gf]<br>$W_w$ = 0.11 [gf] $W_s$ = 0.64 [gf]<br>함수비 $w_p$ = 17.19 [%] | $W_t$ = 32.71 [gf] $W_d$ = 32.25 [gf]<br>$W_d$ = 32.25 [gf] $W_c$ = 29.61 [gf]<br>$W_w$ = 0.46 [gf] $W_s$ = 2.64 [gf]<br>함수비 $w_p$= 17.42 [%] |
| 3 | $W_t$ = 14.85 [gf] $W_d$ = 14.65 [gf]<br>$W_d$ = 14.65 [gf] $W_c$ = 13.52 [gf]<br>$W_w$ = 0.20 [gf] $W_s$ = 1.13 [gf]<br>함수비 $w_p$ = 17.70 [%] | $W_t$ = 18.48 [gf] $W_d$ = 18.36 [gf]<br>$W_d$ = 18.36 [gf] $W_c$ = 17.72 [gf]<br>$W_w$ = 0.12 [gf] $W_s$ = 0.64 [gf]<br>함수비 $w_p$ = 18.75 [%] |
| 평균 함수비 | $w_p$ = 17.91 [%] | $w_p$ = 18.07 [%] |

참고 : $W_t$ : (습윤시료+용기) 무게 $W_d$ : (노건조시료+용기) 무게
$W_c$ : 용기 무게 $W_w$ : 물의 무게 $W_s$ : 노건조시료 무게
$W_w = W_t - W_d$, $W_s = W_d - W_c$, $w = (W_w)/(W_s) \cdot 100$ [%] ,

확인 이 용 준 (인)

# 4.4 수축한계시험(KS F 2305)

## 4.4.1 개 요

점성토는 함수비가 증가함에 따라 고체, 반고체, 소성체, 액체상태로 변화한다. 그중에서 반고체에서 고체상태로 변하는 순간의 함수비를 수축한계 $w_s$(Shrinkage Limit)라고 한다. 수축한계는 수분이 증발하여 함수비가 감소하여도 부피가 감소하지 않는 한계의 함수비로 정의하며 토공의 적정판정기준으로 사용한다. 포화토의 수축과정은 다음과 같이 3단계로 구분할 수 있다.

1단계 : 흙표면의 자유수가 증발되어 유발된다. 이때에는 증발수량과 흙의 수축량이 같다.

2단계 : 흙 내부에 있는 수분까지 증발되어 수축이 유발된다. 이때에는 증발수량이 흙의 수축량보다 크다.

3단계 : 흙이 충분히 건조되어 수분증발이 계속되어도 흙은 거의 수축되지 않는다.

## 4.4.2 시험장비

① 수은받이 접시 :
지름이 약 150 mm 이고 밑이 편편한 자기 또는 수은유리제품의 접시형태 용기이다. 넘쳐흐른 수은을 받기 위하여 사용한다.

② 스패츌라(spatula)

③ 수축접시 : 지름이 약 45 mm, 깊이 약 13 mm 이고 밑이 편편한 원형단면 용기로 시료를 담는 데 사용한다.

④ 시료칼(Straight edge) : 길이 약 300 mm 의 강철제로 되고 휘어지지 않아야 된다.

⑤ 유리용기 :
안지름 약 50 mm, 깊이 약 25 mm이고, 윗부분을 수평으로 잘 다듬은 원형단면의 용기로 부피를 측정하는 데 사용한다.

⑥ 유리판 :
시료를 반죽하기 위한 우유빛 유리로 두께 10mm 이상이어야 한다.

⑦ 다리달린 유리판 :
수은 중에 시험할 공시체를 눌러 넣는데 편리한 금속제 다리가 3개 붙은 약 2mm×80mm×80mm크기의 투명한 판유리이어야 한다.

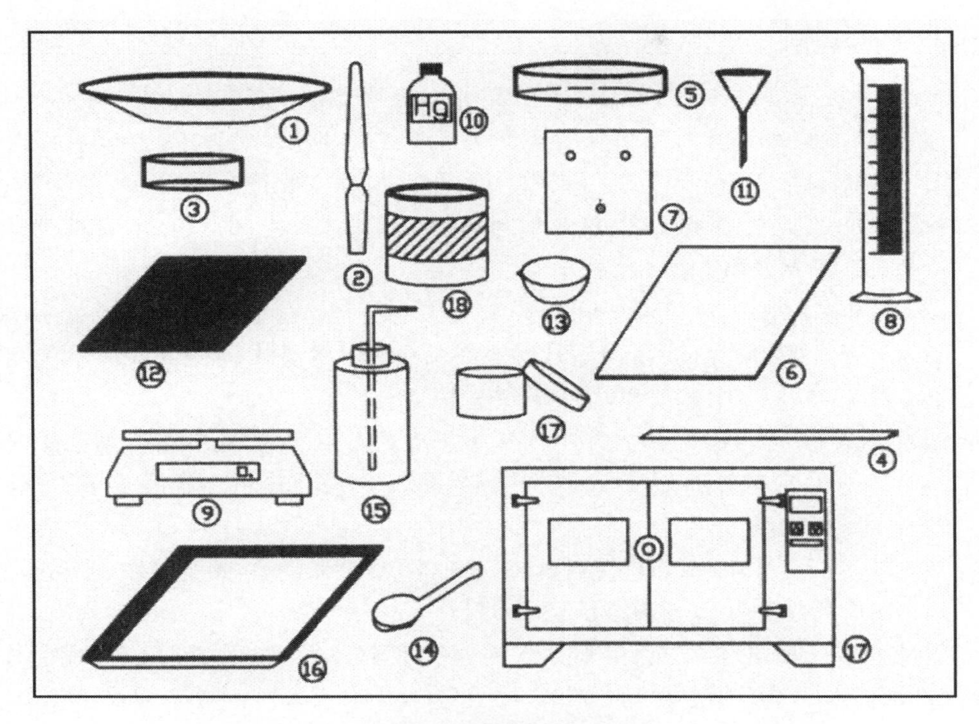


그림 4.12 수축한계시험 장비

⑧ 메스실린더 :

25 ml의 용량을 가진 유리실린더로 수은의 체적을 측정하는 데 사용한다.

⑨ 저울 :

용량 100 gf 미만, 감도 0.01 gf 의 것이어야 한다.

⑩ 수은 :

약 50 ml를 준비한다.

⑪ 깔때기

⑫ 쿠션(고무판)

⑬ 증발접시

⑭ 주걱

⑮ 주수기(세척병)

⑯ 시료팬

⑰ 함수량 측정장치

## 4.4.3 시험방법

① No.40체를 통과한 시료 약 100 gf 을 준비한다. 시료는 기포 없이 쉽게 수축접시에 넣을 수 있도록 충분한 양의 증류수를 가하여 포화상태로 만들어서 유리판에 놓고 잘 반죽한다. 이때에 시료의 반죽시간에 따라 시험결과가 달라지므로 주의한다.

② 수축접시 내부에 흙이 붙지 않도록 바셀린이나 그리스를 가능한 한 얇게 바르고 수축접시의 무게 $W_k$ 를 측정한다.

③ 수축접시용량의 약 ⅓ 되는 양의 젖은 시료를 접시 가운데에 넣고 이 접시를 쿠션의 면에 두들겨서 접시 안의 흙이 접시 둘레로 모두 퍼지게 한다. 쿠션이 없으면 몇 장의 흡수지나 그와 유사한 것을 깔아서 쿠션을 대신한다.

④ 먼저와 같은 양의 흙을 추가하여 기포가 표면으로 나오고 잘 다져질 때까지 쿠션에서 두들기는 작업을 접시가 완전히 채워지고, 여분의 흙이 둘레에 넘쳐 나올 때까지 계속한다.

⑤ 여분의 흙은 시료칼로 긁어 버리고 접시의 바깥에 묻은 흙을 닦아낸 후(수축접시 + 습윤시료)의 무게 $W_{tk}$ 를 측정한다.

⑥ 접시 안의 시료의 색이 밝은 색이 될 때까지 바람이 잘 통하는 그늘진 곳에서 보통 3～7일 공기 건조시킨다. 공기건조 시 균열이 생긴 시료는 버리고 다시 시험한다.

⑦ 공기건조 후에 밝은색이 되면(수축접시 + 공기건조시료)의 무게 $W_{ak}$ 를 측정한다.

⑧ 건조로에서 110 ± 5°C의 온도로 24시간 노건조시킨다.

⑨ (수축접시 + 노건조시료)의 무게 $W_{dk}$ 를 측정한다.

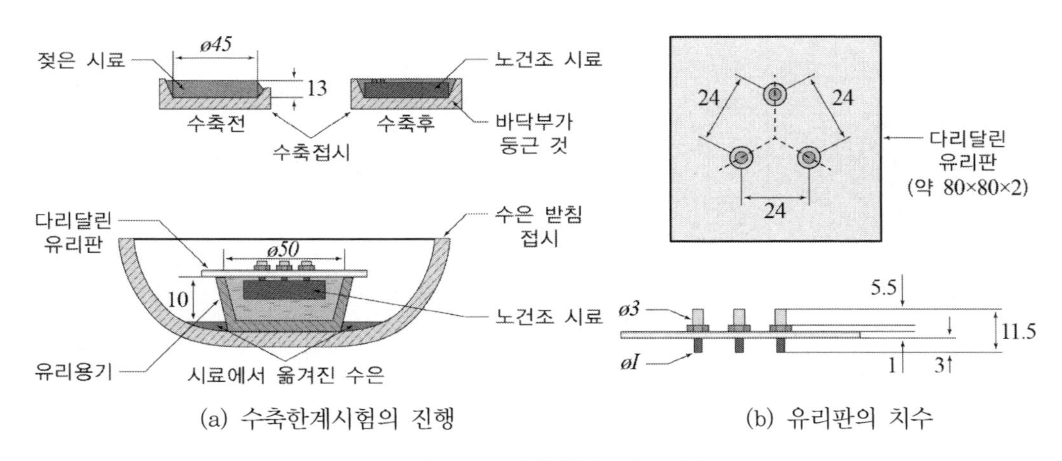


(a) 수축한계시험의 진행　　(b) 유리판의 치수

**그림 4.13 수축한계시험 진행**

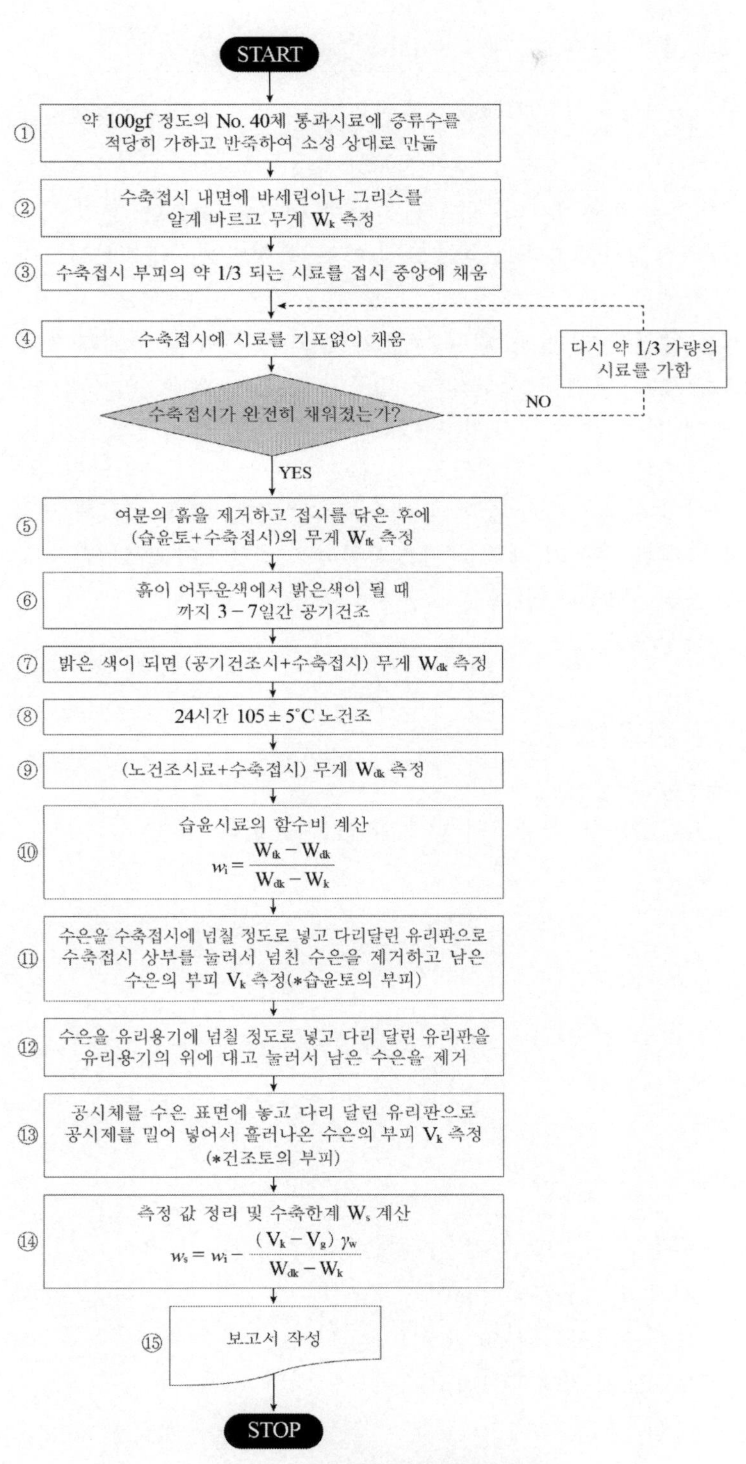
START
① 약 100gf 정도의 No. 40체 통과시료에 증류수를 적당히 가하고 반죽하여 소성 상태로 만듦
② 수축접시 내면에 바세린이나 그리스를 얇게 바르고 무게 $W_k$ 측정
③ 수축접시 부피의 약 1/3 되는 시료를 접시 중앙에 채움
④ 수축접시에 시료를 기포없이 채움
다시 약 1/3 가량의 시료를 가함
수축접시가 완전히 채워졌는가?
NO
YES
⑤ 여분의 흙을 제거하고 접시를 닦은 후에 (습윤토+수축접시)의 무게 $W_{fk}$ 측정
⑥ 흙이 어두운색에서 밝은색이 될 때까지 3－7일간 공기건조
⑦ 밝은 색이 되면 (공기건조시+수축접시) 무게 $W_{dk}$ 측정
⑧ 24시간 105±5°C 노건조
⑨ (노건조시료+수축접시) 무게 $W_{dk}$ 측정
⑩ 습윤시료의 함수비 계산
$w_i = \frac{W_{fk} - W_{dk}}{W_{dk} - W_k}$
⑪ 수은을 수축접시에 넘칠 정도로 넣고 다리달린 유리판으로 수축접시 상부를 눌러서 넘친 수은을 제거하고 남은 수은의 부피 $V_k$ 측정(*습윤토의 부피)
⑫ 수은을 유리용기에 넘칠 정도로 넣고 다리 달린 유리판을 유리용기의 위에 대고 눌러서 남은 수은을 제거
⑬ 공시체를 수은 표면에 놓고 다리 달린 유리판으로 공시제를 밀어 넣어서 흘러나온 수은의 부피 $V_k$ 측정 (*건조토의 부피)
⑭ 측정 값 정리 및 수축한계 $W_s$ 계산
$w_s = w_i - \frac{(V_k - V_g)\gamma_w}{W_{dk} - W_k}$
⑮ 보고서 작성
STOP

**그림 4.14 수축한계시험 흐름도**

⑩ 습윤시료의 함수비 $W_k$를 계산한다.

$$w_t = \frac{W_{tk} - W_{dk}}{W_{dk} - W_k} \times 100\,(\%)$$

⑪ 수은받이 접시 위에 수축접시를 포개어 놓고 수은을 유리그릇에 넘치도록 채운다. 유리판으로 수축접시의 윗면을 눌러서 여분의 수은을 제거한 후에 남은 수은의 부피 $V_k$ (습윤시료부피)를 메스실린더로 측정한다. 메스실린더의 눈금은 그림 4.13과 같이 읽는다.

⑫ 유리용기를 수은받이 접시 위에 포개어 놓고 수은이 넘치도록 채우고 다리 달린 유리판으로 접시 윗면에 꼭 눌러서 기포가 없도록 한다. 여분의 수은을 제거하고 용기 바깥에 묻은 수은을 씻어 낸다.

⑬ 건조시킨 공시체를 수은이 가득찬 유리용기 위에 놓고 다리달린 유리판으로 수은 속으로 밀어넣어 유리용기 상부 둘레를 꼭 누른다. 이때 공시체 밑에 기포가 없는 상태에서 배제된 수은의 체적을 메스실린더로 측정하여 흙의 건조부피 $V_g$로 한다.

⑭ 측정치를 정리하고 계산한다.

⑮ 보고서를 작성한다.

### 4.4.4 계산 및 결과정리

① 데이터 쉬트를 작성한다.

② 수축한계 시험결과를 이용하여 다음의 값을 구한다.

- 수축한계 $w_s$
- 부피변화 C
- 수축비 $R$
- 선수축 $L_s$
- 흙입자의 비중 $G_s$
- 수축률 $S_v$

③ 수축한계 $w_s$

$$w_s = w_t - \frac{(V_k - V_g)\gamma_w}{W_s}$$

여기서, $w_t$ : 수축접시 속에 담긴 습윤시료의 초기함수비 [%]

$V_k$ : 시료의 습윤부피 [cm$^3$]

$V_g$ : 노건조시료의 부피 [cm$^3$]

$W_s$ : 노건조시료의 무게 [gf]

$\gamma_w$ : 물의 단위중량 [gf/cm$^3$]

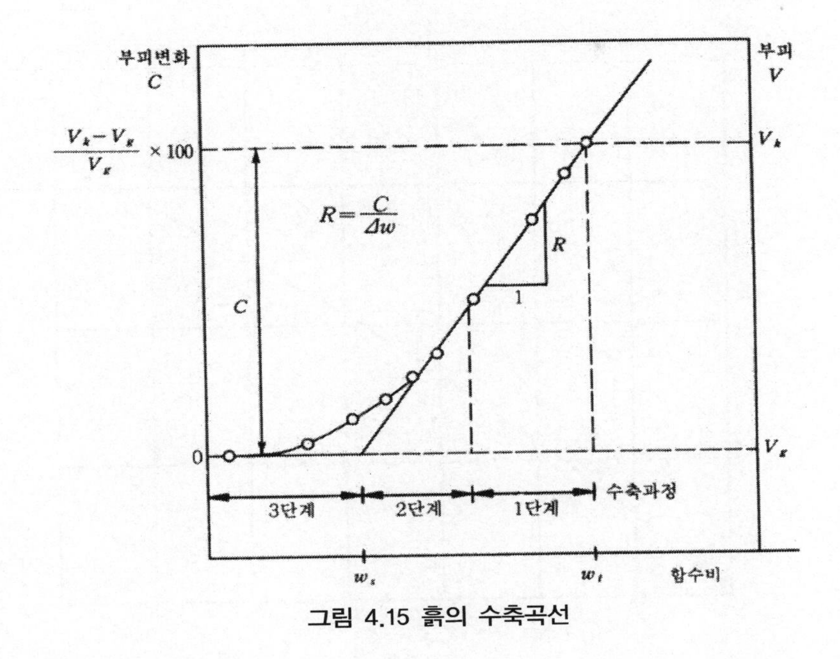


그림 4.15 흙의 수축곡선

④ 부피변화율(Volumetric Shrinkage) C

부피변화율 C는 임의의 함수비 $w_t$로부터 수축한계 $w_s$까지 함수비가 감소하였을 때에 부피의 변화량 $\Delta V$의 건조부피 $V_g$에 대한 백분율로 나타낸다. 그런데 부피변화는 $\Delta V = V_k - V_g = (w_t - w_s) \cdot W_s / \gamma_w$ 이므로 부피변화율 C는 다음과 같다.

$$C = \frac{\Delta V}{V_g} \times 100 = (w_t - w_s) \frac{W_s}{\gamma_w V_g} \ (\%)$$

⑤ 흙의 수축비 $R$

흙의 수축비 $R$은 임의의 함수비 $w_t$ 로부터 수축한계 $w_s$ 까지 함수비가 줄었을 때에 부피변화율 $C$ 와 함수비 변화 $\Delta w$ 의 비 $C/\Delta w$ 를 나타낸다.

$$R = \frac{C}{\Delta w} = \frac{C}{w_t - w_s} = \frac{W_s}{\gamma_w V_g} \ (\%)$$

⑥ 선수축 $L_S$

선수축 $L_S$는 임의의 함수비 $w_t$ 로부터 수축한계 $w_s$로 함수비가 줄었을 때에 선수축량 $\Delta L$ 의 건조 전의 길이 $L$ 에 대한 백분율을 나타낸다. 이때에 수축은 등방으로 일어난다고 생각한다.

$$L_s = \left(1 - \sqrt[3]{\frac{100}{C + 100}}\right) \times 100 [\%]$$

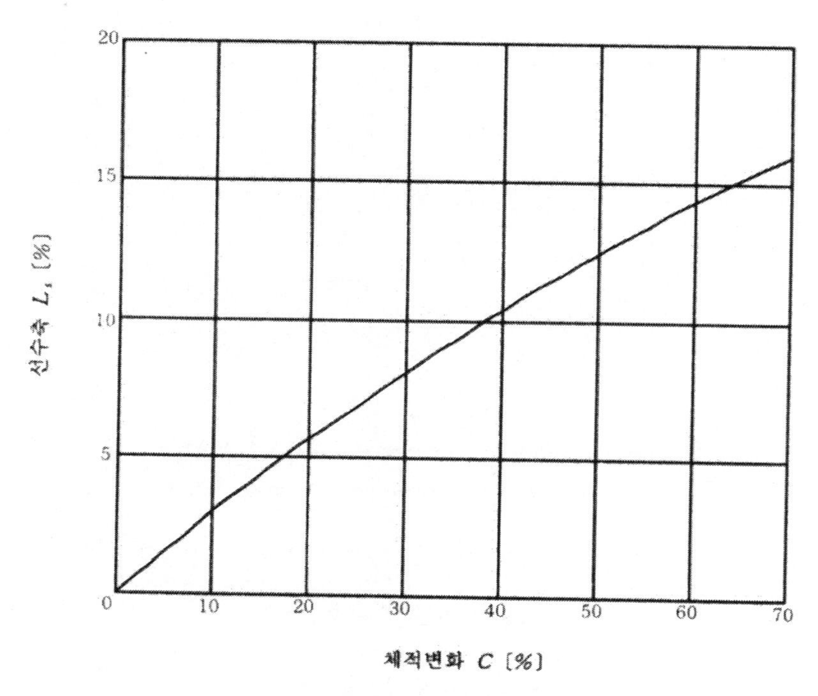


**그림 4.16 선수축-체적변화 관계곡선**

⑦ 흙입자의 비중 $G_s$를 구한다.

수축한계 $w_s$와 수축비 $R$로부터 흙입자의 비중 $G_s$을 다음과 같이 근사적으로 구할 수 있다.

$$G_s = \frac{1}{\frac{1}{R} - \frac{w_s}{100}}$$

⑧ 수축률 $S_V$

수축률은 임의의 부피가 $V_k$이고 함수비가 $w$인 흙이 수축하여 수축한계 $w_s$로 되고 수축하여 부피 $V_g$가 되었을 때 부피변화율 $\Delta V / V_k$의 백분율을 나타낸 값이다.

$$S_v = \frac{\Delta V}{V_k} \times 100 = \frac{V_k - V_g}{V_k} \times 100 = \frac{100\,C}{C+100} \ (\%)$$

### 4.4.5 결과의 이용

수축한계로부터 다음의 내용을 판정할 수 있다.

**표 4.3 흙의 종류와 수축한계**

| | 모 래 | 실 트 | 점 토 | 콜로이드 | 운 모 | 뢰 스 | 규조토 | 카올린 |
|---|---|---|---|---|---|---|---|---|
| 수 축 한 계 $w_s$ [%] | – | 10 | 11 | 6 | 160 | 44 | 134 | 3.6 |
| 수 축 비 $R$ | – | 1.8 | 2.1 | 0.52 | 0.9 | 0.5 | 2.0 | 1.3 |
| 수 축 률 $S_V$ [%] | 4 | 21 | 236 | 800 | 103 | 135 | 57 | – |

① 흙의 주요성분의 판정

흙의 종류에 따라 표 4.3과 같이 수축한계 $w_s$, 수축비 $R$, 수축률 $S_V$ 등이 다르므로 이로부터 흙을 구성하는 대표적 성분을 판정할 수 있다.

② 토공의 판정

아쉬토분류법으로 A – 5인 흙에서 $w_s > 50$이면 토공이 어려우며 $C \geq 17$의 흙은 수축성이 커져서 노상토로 부적합하다.

③ 동상성의 판정

아쉬토분류법으로 A – 7인 흙에서 $w_s > 20$인 것은 동해의 우려가 있으며, 만일 $w_s < 2.1 - 1.1\sqrt{w_L - \frac{w_L^2}{800}}$ 이면 동해의 염려가 없다.

④ 액성한계의 추정

충적점토에서 액성한계 $w_L$을 수축한계 $w_s$로부터 근사적으로 추정할 수 있다.

$$w_L = \frac{w_s}{0.31} - 33.7$$

# 흙의 수축한계 시험

과 업 명 토질역학실험 시험날짜 1996 년 5 월 14 일
조사위치 아주대학교 성호관 온도 18 [℃] 습도 68 [%]
시료위치 A - 1 시료심도 0.3 [m] ~ 0.5 [m] 시험자 김 양 운

| 시 험 번 호 | | 1 | 2 | 3 | 평 균 |
|---|---|---|---|---|---|
| 함수비 | % | $W_t$ = 67.34 [gf]<br>$W_d$ = 52.14 [gf]<br>$W_w$ = 15.20 [gf]<br>$W_d$ = 52.14 [gf]<br>$W_c$ = 17.04 [gf]<br>$W_s$ = 35.10 [gf]<br>$w$ = 43.30 [%] | $W_t$ = 62.96 [gf]<br>$W_d$ = 48.64 [gf]<br>$W_w$ = 14.32 [gf]<br>$W_d$ = 48.64 [gf]<br>$W_c$ = 16.04 [gf]<br>$W_s$ = 32.60 [gf]<br>$w$ = 43.93 [%] | $W_t$ = 66.54 [gf]<br>$W_d$ = 52.19 [gf]<br>$W_w$ = 14.35 [gf]<br>$W_d$ = 52.19 [gf]<br>$W_c$ = 19.37 [gf]<br>$W_s$ = 32.82 [gf]<br>$w$ = 43.72 [%] | $w$ = 43.65[%] |
| 습윤상태의 체적 $V$ | $cm^3$ | 26.40 | 26.35 | 26.38 | |
| 공기건조상태 체적 $V_o$ | $cm^3$ | 17.29 | 17.20 | 17.25 | |
| 노건조 시료 무게 $W_s$ | gf | 31.60 | 30.98 | 31.06 | |
| 수축체적 ※1 $\triangle V$ | $cm^3$ | 9.11 | 9.15 | 9.13 | |
| 증발함수비 ※2 $w_v$ | % | 28.83 | 29.54 | 29.39 | 29.25 [%] |
| 수축한계 ※3 $w_S$ | % | 14.47 | 14.35 | 14.33 | |
| 수정수축한계 ※4 $w_s'$ | % | 14.46 | 14.48 | 14.40 | 14.45 [%] |
| 수축비 ※5 $R$ | | 1.83 | 1.80 | 1.80 | $R$ = 1.81 |
| 액성한계 $w_L$ | % | 46.30 | 45.84 | 46.17 | |
| 체적변화 ※6 $C$ | | 58.25 | 56.68 | 57.31 | $C$ = 57.41 |
| 선수축 ※7 $L_s$ | | 14.19 | 13.90 | 14.12 | $L_s$ = 14.07 |
| 흙입자 비중 ※8 $G_s$ | | 2.49 | 2.43 | 2.43 | $G_s$ = 2.45 |

참고 :

※1 $\triangle V = V - V_o$ ※2 $w_v = (\triangle V \cdot \rho_w)/(w_s) \times 100$ [%] ※3 $w_s = w - w_v$

※4 $w_s' = (1/R - 1/G_s) \times 100$ [%] ※5 $R = w_s/(V_o \cdot \rho_w)$

※6 $C = (w_L - w_S) \cdot R$ [%] ※7 $L_s = 100 \times \left\{1 - \left(\frac{100}{C+100}\right)^{\frac{1}{3}}\right\}$

※8 $G_s = \dfrac{1}{\left(\frac{1}{R} - \frac{w_S}{100}\right)}$

$W_w = W_t - W_d$ $W_s = W_d - W_c$ $w = W_w / W_s \times 100$

확인 이 용 준 (인)

# 참고문헌

AASHTO T 89, T 90, T 92.

ASTM D 423, D 4318, D 424, D 427.

BS 1377 Test2, 1377 Test3, 1377 Test5.

DIN 18122 T1, 18122 T2.

JIS A 1205, 1206, 1209

KS F 2303, 2304, 2305.

American Society for Testing and Materials (1974). Part 11. Test Designation D427-61, 'Standard method of test for shrinkage factors of soils'. ASTM, Philadelphia

Atterberg, A. (1911). über die physikalische Bodenuntersuchung und über die Plastizität der Tone'. Internationale Mitteilungen für Bodenkunde, Vol. 1.

BS 903: Part A26: 1969 'Determination of hardness'. British Standards Institution, London

Casagrande, A. (1932). 'Research on the Atterberg limits of soils' Public Roads, Vol. 13, No. 8

Casagrande, A. (1958). 'Notes on the design of the liquid limit device'. Geotechnique, Vol. 8, No. 2

Lambe, T.W. and Whitman, R.V. (1979). Soil Mechanics. S.I. Version, Wiley, New York

Norman, L. E. J. (1958). 'A comparison of values of liquid limit determined with apparatus having bases of different hardness'. Geotechnique, Vol. 8, No. 2

Norman, L. E. J. (1959). 'The one-point method of determining the liquid limit of a soil'. Geotechnique, Vol. 9, No. 1

Schulze E./Muhs H.(1967). Bodenunterschungen für Ingenieurbauten 2. Auf. Springer Verlag, Berlin/Heidelberg/New York.

Skempton. 1948. The analysis of stability and its theoretical basis proc. II ICSMFE. Rotterdam. BdI, P. 72

Terzaghi, K. and Peck, R. B. (1948). Soil Mechanics in Engineering Practice, Wiley, New York

# 제5장 흙의 다짐특성

## 5.1 개 요

지반은 다져서 공학적 특성을 개량할 수 있고 지반의 다짐은 동적이나 정적인 방법으로 흙 속의 공기량을 감소시키고 흙입자간 거리를 근접시켜서 흙의 건조단위중량을 증가시키는 작업을 말한다. 다짐결과는 다짐에너지와 지반 입도분포 및 함수비의 영향을 받는다. 다짐작업으로 다음의 다짐효과를 기대할 수 있다.

- 강도증가
- 압축특성 개선(과도한 침하방지 및 침하감소)
- 지반의 지지력 증가
- 투수성 개선
- 지반의 체적변화 억제
- 동상의 방지

다짐시험에서 다짐효과는 지반의 건조단위중량 $\gamma_d$로 확인한다. 다짐시험은 일정한 에너지를 가하여 지반을 다질 때에 최대 건조단위중량 $\gamma_{d\max}$와 이때의 최적함수비 $w_{\text{opt}}$를 구하는 시험이다.

다짐시험은 Proctor(1936)가 제시한 방법이 국제적으로 표준화되어 있으며 우리나라에서도 Proctor의 다짐을 근간으로 하여 한국산업규격 KS F 2312에 규정되어 있다.

다짐시험에서 함수비에 따른 건조단위중량을 표시한 곡선을 다짐곡선이라고 한다(그림 5.1). 대체로 건조단위중량은 특정한 함수비에서 최대가 되며 그보다 작거나 큰 함수비에서는 건조단위중량이 작게 되므로 다짐곡선은 완만한 산봉우리 모양이 된다.

그러나 세립토가 섞이지 않은 깨끗한 모래(SW, SP)나 자갈질 흙(GW, GP)에서는 최적함수비 개념을 적용할 수 없고, 완전히 포화되거나 건조된 상태에서 오히려 큰 건조단위중량이 구해진다. 또한 완전히 건조된 흙, 덩어리 흙, 포화토, 죽상태의 흙은 다짐효과가 적다.

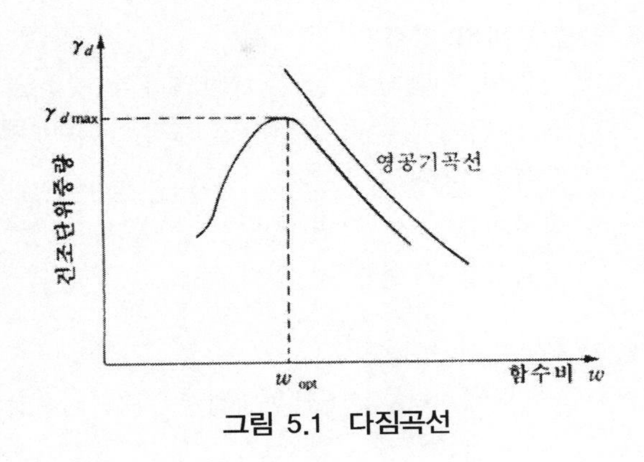

그림 5.1 다짐곡선

## 5.1.1 다짐에너지

실내에서 흙을 다짐시험을 수행할 때에는 부피 $V$가 일정한 몰드(표 5.2) 흙을 N 개 층으로 나누어 넣고 무게 W의 다짐램머를 낙하고 H에서 M회 낙하시켜서 에너지를 가한다. 이때 흙에 가해지는 단위체적당 다짐에너지 $E_p$는 다음과 같이 계산한다.

$$E_p = \frac{WHNM}{V}$$

초기 Proctor가 제안한 다짐방법은 내경 100.6mm, 높이 116.4mm 원통형 몰드에 흙을 N=3층으로 나누어 넣고 각 층마다 무게 W=2.5kgf의 다짐램머로 낙하고 H=30cm로 M=25회 다지는 표준다짐시험(Standard Proctor Test)이 개발되어 차량이나 항공기의 중량화에 대응하여 적용되고 있다.

수정다짐시험에서는 내경 152.4mm, 높이 116.4mm의 원통형 몰드에 흙을 N=5층으로 나누어 넣고 각 층마다 무게 W=4.5kgf의 다짐램머로 낙하고 H=45cm로 M=55회 다진다.

한국산업규격 KS F 2312에서는 표준다짐시험(A, B방법)과 수정다짐시험(C, D, E 방법)을 모두 규정하고 있다(표 5.1).

## 5.1.2 다짐 영향요소

흙의 다짐은 다음의 요인에 의하여 영향을 받는다.

- 함수비
- 포화도
- 큰 입자

**1) 함수비의 영향**

지반의 다짐성은 함수비에 의하여 영향을 받는다. 투수성이 좋은 지반에서는 다짐 에너지를 가할 때 과잉간극수압이 발생되지 않으므로 함수비가 다짐에 아무런 영향을 미치지 못한다. 그러나 투수성이 좋지 않은 지반에서는 불포화상태이고 공극이 충분히 크면 과잉간극수압이 발생하므로 입자배열이 잘 변화되어 좋은 다짐효과를 기대할 수 있다.

**2) 포화도의 영향**

포화도에 따른 건조단위중량은 다음 식으로 나타낼 수 있으며 포화도가 클수록 큰 건조단위중량이 구해진다.

$$\gamma_{d\max} = \frac{\gamma_{\mathrm{sat}}}{1 + \dfrac{w\,\gamma_{sat}}{S\gamma_w}}$$

**3) 큰입자의 영향**

다짐시험은 크기가 일정한 몰드(직경 100mm, 150mm)에서 실시하므로 몰드직경의 약 1/10보다 큰 입자가 있으면 다짐결과에 영향을 미친다. 따라서 KSF 2312-91에서는 허용최대입경을 규정하고 있다(표 5.1). 그러나 큰 입자가 많을수록 건조단위중량이 커지므로(Brand/Floss, 1965) 경제적일 수 있다.

점성토에서 최적함수비는 소성지수보다 약간 크며 액성한계보다 약간 작다. 지반에 석회 등을 추가하면 석회가 간극에 있는 물과 반응하여 액성한계가 증가하여 최적함수비를 줄일 수도 있다. 점성토를 최적함수비보다 더 큰 함수비로 다지면 다짐이 신속하고 투수계수가 작아지며 사용하중 상태에서 부피변화가 작게 일어나지만 전단변형량이 커진다. 반대로 최적함수비보다 작은 함수비로 다지면 다짐속도가 느리고 투수계수가 커지며 사용하중 상태에서 체적변화가 크지만 전단변형량은 작아진다. 함수비가 최적함수비보다 작은 지반을 다지면 겉보기 점착력이 크고 구조골격이 불완전하며 간극에 공기를 많이 함유하게 되어 다짐작업이 어렵다. 대체로 다짐흙은 간극에 공기량이 12% 미만이어야 한다.

흙의 간극에 있는 공기의 함유량 $n_a$는 현장의 함수비 $w$와 최대건조단위중량 $\gamma_{d\max}$ 및 흙입자의 건조단위중량 $\gamma_s$ 를 알면 다음의 식으로 구한다.

$$n_a = 1 - w\,\gamma_{d\max} - \frac{\gamma_{d\max}}{\gamma_s}$$

현장에서 다짐 후 품질은 현장 건조단위 중량을 측정하거나, 사운딩시험 또는 평판재하시험 등을 실시하여 확인할 수 있다.

표 5.1 다짐방법의 종 (KS F 2312, 2016년)

| 다짐 방법 | 램머무게 [kgf] | 몰드내경 [cm] | 다짐 층수 | 층당 다짐횟수 | 허용 최대입경 |
|---|---|---|---|---|---|
| A | 2.5 | 10 | 3 | 25 | 19 |
| B | 2.5 | 15 | 3 | 55 | 37.5 |
| C | 4.5 | 10 | 5 | 25 | 19 |
| D | 4.5 | 15 | 5 | 55 | 19 |
| E | 4.5 | 15 | 3 | 92 | 37.5 |

표 5.2 다짐몰드의 치수 (KS F 2312, 2016년)

| 몰드의 종류 | 내 경 [mm] | 높 이 [mm] | 칼라높이[mm] | 체 적 [$cm^3$] |
|---|---|---|---|---|
| 100 mm | 100±0.4 | 127.3 | 50 | 1000±10 |
| 150 mm | 150±0.6 | 175 | 50 | 2209±26 |

# 5.2 흙의 다짐시험(KS F 2312)

## 5.2.1 개 요

다짐시험은 현장에서 임의의 함수비로 흙을 다질 때 예상되는 단위중량을 결정하기 위하여 실시한다. 현장에서는 다짐시험의 결과를 이용하여 최대 건조단위중량의 어느 비율(다짐도) 이상을 요구하고 있다. 시료의 함수비를 증가시키면서 다짐시험을 수행하여 건조단위중량이 최대가 되는 함수비, 즉 최적함수비를 찾는다. 이를 위해 함수비를 변화시키면서 다짐시험하여 함수비 - 건조단위중량 관계곡선을 구하여 최대건조단위중량 $\gamma_{dmax}$과 이에 대응하는 최적함수비 $w_{opt}$를 구한다. 다짐곡선은 대개 흙에서 위로 볼록한 곡선이 되지만 모래(SW, SP), 자갈(GW, GP) 등에서는 완전 포화되거나 건조한 상태에서 건조밀도가 최대가 될 수 있으므로 원칙적으로 다질 수 없다. 다짐에너지는 시료의 최대입경과 램머의 무게 및 다짐층수를 달리하여 변화시킬 수 있다. 이와 같이 다짐에너지에 따라서 다짐방법을 표 5.1과 같이 구분한다. 다짐시험결과는 주로 현장 다짐공정관리, 사질토의 상대밀도를 구하는 경우에 이용한다. 우리나라에는 한국산업규격 KS F 2312에 규정되어 있다.

다짐곡선의 모양은 입도가 양호한 사질토일수록 날카롭고 세립토일수록 완만하다. 입도가 양호한 균등한 사질토는 곡선이 평평한 상태를 나타내고 최대치가 불분명하다. 최대건조단위중량이 클수록 최적함수비는 작다.

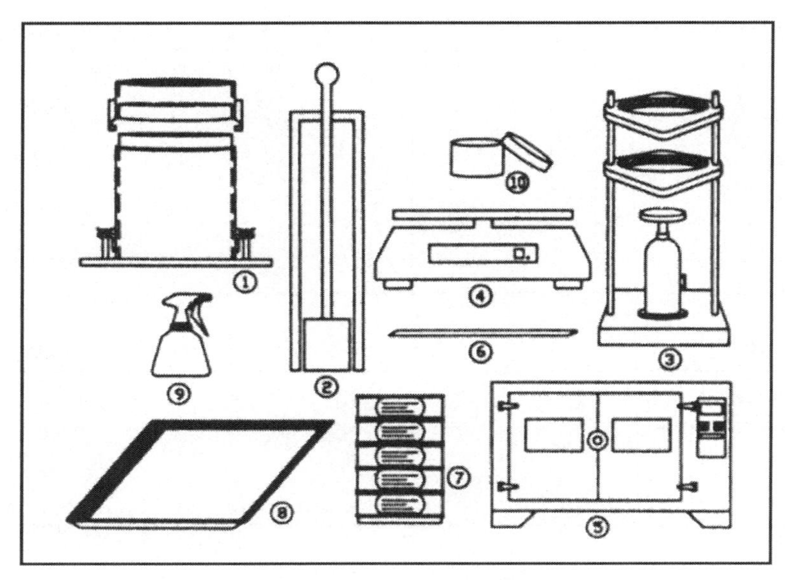

그림 5.2 다짐시험 장비

## 5.2.2 시험장비

① 다짐몰드 :

② 램머(Rammer) :

직경 5cm인 원형단면을 가진 금속제 램머로 무게 2.5 kgf, 4.5 kgf의 두 가지가 있으며 전자는 낙하고 30cm이고 후자는 낙하고가 45cm이어야 한다.

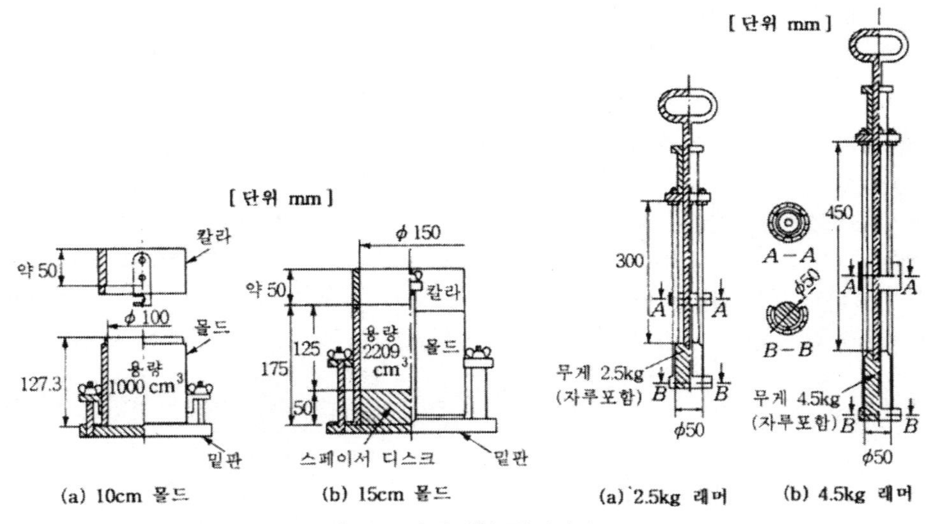


그림 5.3 다짐시험 램머와 몰드

③ 시료추출기 : 몰드에서 다진시료를 추출하는 데 쓰인다.
④ 저울 : 용량 10kgf 이상, 감도 10gf와 용량 100gf 이상 감도 0.1gf이 필요하다.
⑤ 건조로
⑥ 시료칼(straight edge) : 길이 약 30cm인 강철제의 곧은날이어야 한다.
⑦ 체 : No.4, 12.7 mm, 19.1 mm, 25.4 mm, 38.1 mm
⑧~⑨ 시료혼합기구 : 시료팬, 분무기
⑩ 함수량 측정용 기구

## 5.2.3 시험방법

① 19mm체에 잔류한 시료가 30% 미만인 시료에 대해서만 적용되며 잔류시료는 버린다. 최대입경은 시험방법에 따라 다르다(표 5.1). 시험방법에 따라 시료약 3kgf을 준비한다. 예비시료로 함수량을 측정한다. 시료에 예상되는 최적 함수비보다 4~9 % 낮은 함수비가 되도록 증류수를 가해 충분히 고르게 혼합한다. 시료의 함수비가 크면 체를 통과할 수 있을 정도로 공기건조시킨다. 건조로를 사용하여 급하게 건조시킬 때에도 건조로의 온도가 50°C 가 넘으면 안 된다.
② 칼라를 제거하고 (저판+몰드)의 무게 $W_1$ 을 측정한다.
③ 다짐형태, 즉 다짐에 필요한 층수 N 및 타격수 M 등을 선정한다.
④ 다짐 후 흙 시료가 잘 추출되도록 몰드칼라를 벗겨내고 안쪽에 그리스를 바른다.
⑤ 다진층의 두께가 몰드 깊이의 약 1/N 이 되도록 몰드 속에 흙을 적당히 넣는다.
⑥ 흙표면의 각각 마주보는 위치 4곳을 다져서 표면을 고른 후에 흙이 골고루 다져지도록 램머를 몰드 안쪽둘레를 따라 다지고(그림 5.4) 중앙 부분도 다진다. 이와 동일한 방법으로 3층 또는 5층을 다지고 마지막 층을 다질 때에는 칼라를 붙여 흙을 넣어 다지되 다진 후에는 흙의 표면이 몰드 가장자리 위로 약간 올라와야 한다. 각층의 다짐 후 두께가 4.5cm 정도로 일정해야 한다. 전체 두께는 13cm 정도가 되게 한다. 다짐중간이 분리되지 않도록 다짐한 흙의 표면을 긁어 놓는다. 램머 끝에 흙이 묻으면 반드시 털어낸다.

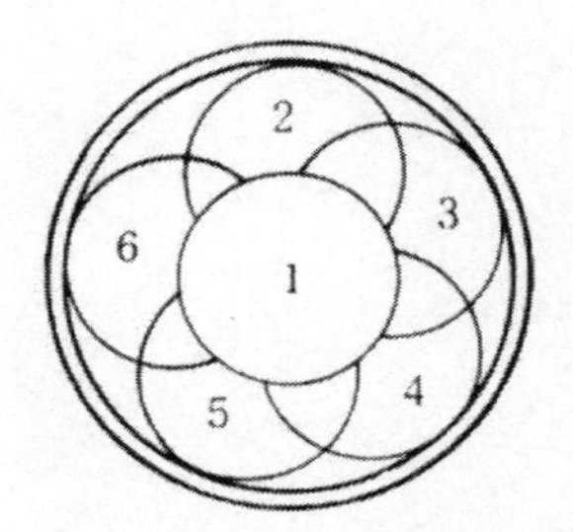

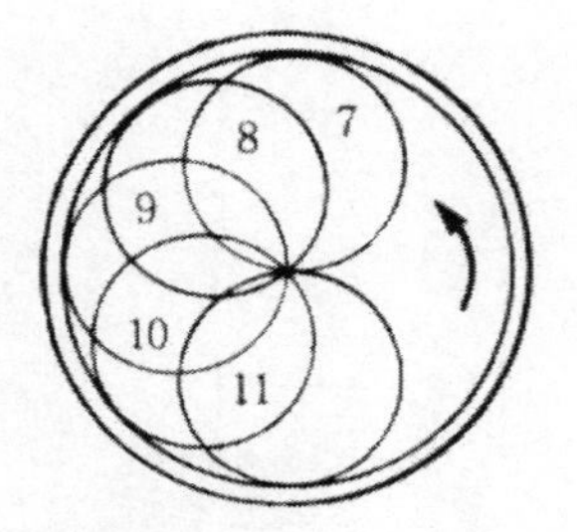


그림 5.4 다짐램머의 타격위치

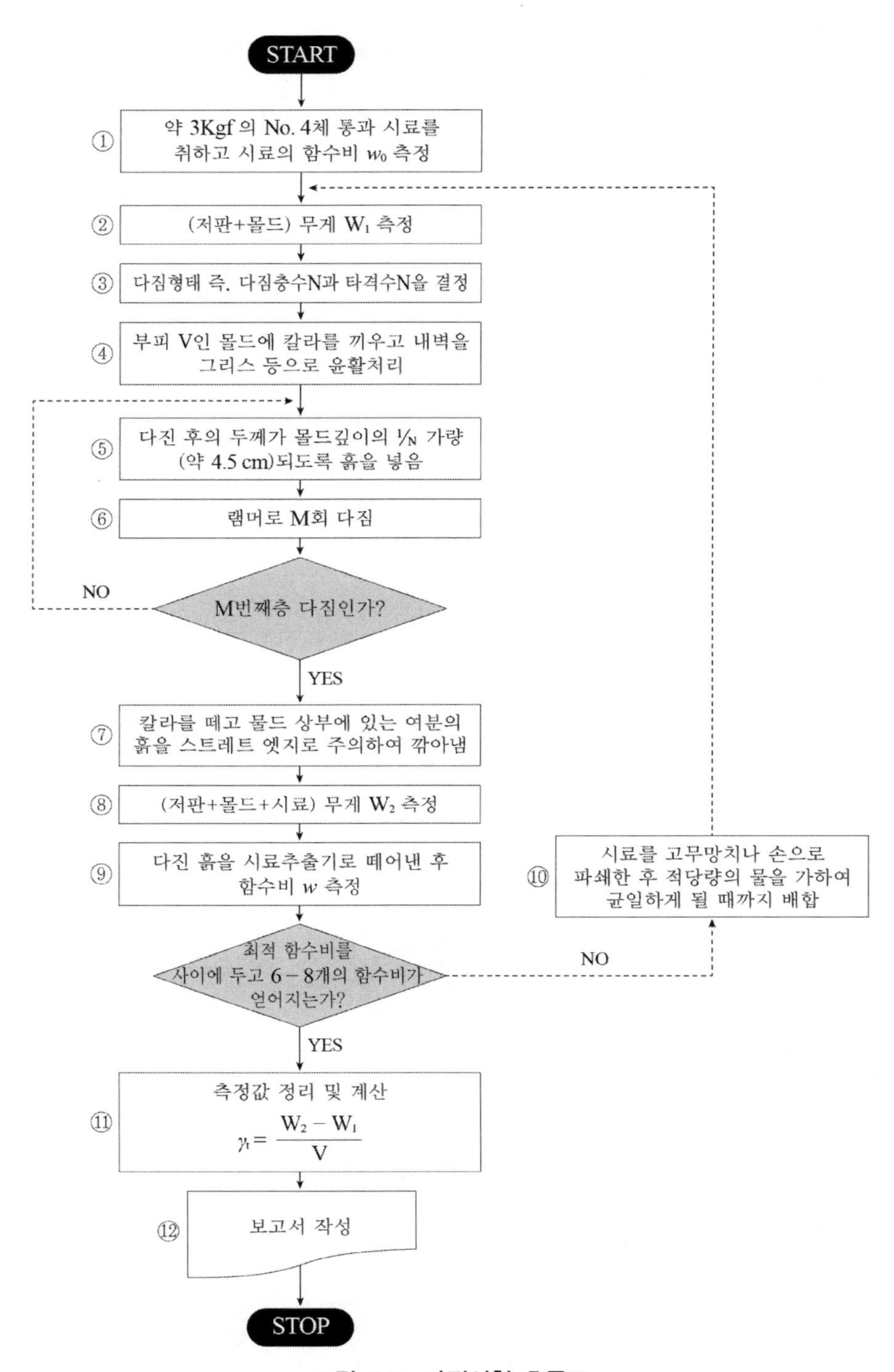


그림 5.5 다짐시험 흐름도

⑦ 다짐이 끝나면 칼라를 빼어내고 곧은 날로 몰드 가장자리를 깨끗이 깎는다. 칼라를 분리할 때에 몰드 내에서 흙이 묻어나오지 않도록 주의해야 한다.

⑧ 몰드 주위에 붙어 있는 흙을 깨끗이 털어낸 후 (저판 + 몰드 + 젖은 시료)의 무게 $W_2$를 잰다.

⑨ 시료추출기로 시료를 추출하고 시료를 길이 방향으로 반으로 가른 후에 시료의 상하 및 중간 부분에서 흙을 각각 약 50 gf 씩 채취하여 KS F 2306에 의해 각각의 함수비 $w$를 구한 후에 평균한다.

⑩ 나머지 흙은 고무망치 혹은 손으로 부순 다음에 새로운 흙시료를 더 추가하고 적당량의 물을 추가하여 잘 혼합하여 시험을 반복한다. 대체로 최적 함수비보다 작은 함수비로 3~4회, 즉 전부 6~8회 시험을 반복한다.

⑪ 측정결과를 정리한다.

⑫ 보고서를 작성한다.

## 5.2.4 계산 및 결과정리

① 데이타 쉬트를 작성한다.

② 건조단위중량(건조밀도) $\gamma_d$를 계산한다.

③ 다짐곡선을 그린다.

세로축은 건조단위중량 $\gamma_d$, 가로축은 함수비 $w$로 잡고 각 함수비에 대한 건조단위중량을 표시하면 다짐곡선이 얻어진다. 이 곡선으로부터 최대 건조단위중량 $\gamma_{d\max}$ 과 최적함수비 $w_{\mathrm{opt}}$ 를 구한다.

- 각 시험에서 습윤단위중량 $\gamma_t$ 를 다음과 같이 구한다.

$$\gamma_t = \frac{W_2 - W_1}{V} [\mathrm{gf/cm^3}]$$

여기서, $W_1$ : (몰드 + 저판)의 무게 [gf]
$W_2$ : (몰드 + 저판 + 습윤시료)의 무게 [gf]
$V$ : 몰드의 체적 [cm$^3$]

- 각 시료의 함수비 $w$를 알고 있으므로 건조단위중량 $\gamma_d$을 구할 수 있다.

$$\gamma_d = \frac{\gamma_t}{1 + w/100} = \frac{W_2 - W_1}{V(1 + w/100)} \ [\mathrm{gf/cm^3}]$$

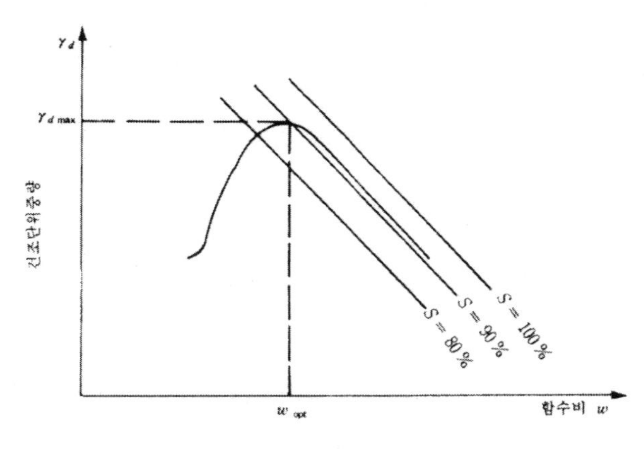


그림 5.6 여러 가지 포화곡선

④ 영공기 간극곡선

건조단위중량을 구하는 다음 식에서 $S = 100$으로 두고 함수비와 건조단위중량과의 관계곡선을 구하면 이것이 영공기간극곡선(또는 포화곡선)이 된다. 그밖에 90% 포화곡선 또는 80 % 포화곡선을 얻으려면 $S = 90$ 또는 $S = 80$을 대입한다.

$$\gamma_d = \frac{G_s \cdot \gamma_w}{1 + w \cdot G_s / S} = \frac{\gamma_w}{1/G_s + w/S}$$

여기서, $G_s$ : 흙의 비중

$\gamma_w$ : 물의 단위중량 [gf/cm$^3$]

$S$ : 포화도 [%]

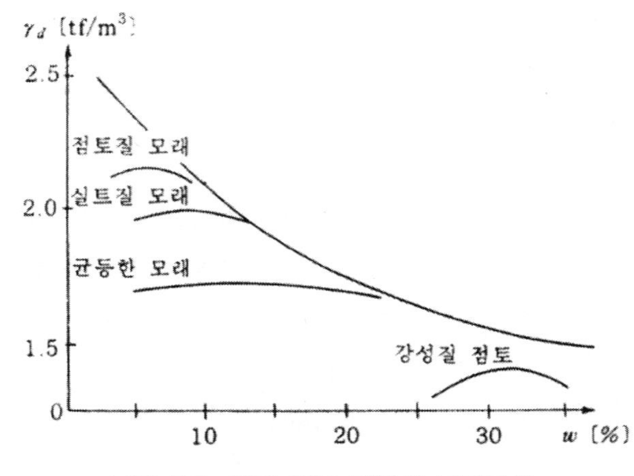


그림 5.7 여러 가지 지반의 다짐곡선

# 흙의 다짐시험

과 업 명 7조 토질역학실험　　시험날짜 1996 년 3 월 24 일

조사위치 아주대학교 율곡관　　온도 15 [℃]　　습도 40 [%]

시료위치 A　　시료심도 0.5 [m] ~ 0.7 [m]　　시험자 이 용 준

| 다 짐 | 목 적 ( **보통 다짐**, CBR 다짐 ) | | 방 법 ( **A**, B, C, D, E ) | |
|---|---|---|---|---|
| | 램머무게 2.5 [kgf] | 낙하고 30 [cm] | 다짐층수 3 [층] | 층별다짐횟수 25 [회] |
| 사용몰드 | 번호 ___ | 무게 (**몰드** 몰드+저판) 2199 [kgf] | 크기 (직경10 cm,체적1000 cm³) (직경15 cm,체적2209 cm³) | |
| 시 료 | 준비상태 ( 노건조, **공기건조**, 자연상태 ) | | 함수비 ( 자연상태 19.1 [%] 시험개시전 13.0 [%] ) | |
| | 최대입경 4.75 [mm] | 흙입자비중 $G_s$ 2.63 | 시험온도에서 물의 단위중량 $\gamma_w$ 1.00 [gf/cm³] | |

| 시험번호 | 측정 내용 | 단위 | 1 회(평균 함수비 = 15.1%) | | 2 회(평균 함수비 = 16.5%) | | 3 회(평균 함수비 = 17.4%) | |
|---|---|---|---|---|---|---|---|---|
| 1 | (습윤시료+몰드) 무게 | gf | 3942 | | 4015 | | 4074 | |
| | 습윤시료 무게 | gf | 1743 | | 1816 | | 1875 | |
| | 습윤 단위중량 $\gamma_t$ | gf/cm³ | 1.847 | | 1.924 | | 1.987 | |
| | 함 수 비 $w$ ※1 | % | $W_c$ 25.3 $W_t$ 38.3<br>$W_d$ 36.3 $W_s$ 11.3<br>$W_w$ 1.7 $w$ 15.0 | $W_c$ 27.4 $W_t$ 44.8<br>$W_d$ 42.5 $W_s$ 15.1<br>$W_w$ 2.3 $w$ 15.2 | $W_c$ 25.3 $W_t$ 48.9<br>$W_d$ 45.8 $W_s$ 20.5<br>$W_w$ 3.1 $w$ 5.1 | $W_c$ 27.4 $W_t$ 49.1<br>$W_d$ 45.8 $W_s$ 18.4<br>$W_w$ 3.3 $w$ 7.9 | $W_c$ 25.3 $W_t$ 48.7<br>$W_d$ 45.3 $W_s$ 20.0<br>$W_w$ 3.4 $w$ 7.0 | $W_c$ 27.4 $W_t$ 42.6<br>$W_d$ 40.3 $W_s$ 12.9<br>$W_w$ 2.3 $w$ 17.8 |
| | 건조 단위중량 $\gamma_d$ ※2 | gf/cm³ | 1.605 | | 1.652 | | 1.693 | |
| 2 | 측정 내용 | 단위 | 4 회(평균 함수비 = 18.5%) | | 5 회(평균 함수비 = 19.8%) | | 6 회(평균 함수비 = 21.9%) | |
| | (습윤시료+몰드) 무게 | gf | 4111 | | 4121 | | 4085 | |
| | 습윤시료 무게 | gf | 1912 | | 1922 | | 1886 | |
| | 습윤 단위중량 $\gamma_t$ | gf/cm³ | 2.026 | | 2.037 | | 1.999 | |
| | 함 수 비 $w$ ※1 | % | $W_c$ 25.3 $W_t$ 41.3<br>$W_d$ 38.8 $W_s$ 13.5<br>$W_w$ 2.5 $w$ 8.5 | $W_c$ 27.4 $W_t$ 47.9<br>$W_d$ 44.7 $W_s$ 17.3<br>$W_w$ 3.2 $w$ 18.5 | $W_c$ 25.3 $W_t$ 59.0<br>$W_d$ 53.5 $W_s$ 28.2<br>$W_w$ 5.5 $w$ 9.5 | $W_c$ 27.4 $W_t$ 53.1<br>$W_d$ 48.8 $W_s$ 21.4<br>$W_w$ 4.3 $w$ 20.1 | $W_c$ 25.3 $W_t$ 46.9<br>$W_d$ 43.1 $W_s$ 17.8<br>$W_w$ 3.8 $w$ 1.4 | $W_c$ 27.4 $W_t$ 51.4<br>$W_d$ 47.0 $W_s$ 19.6<br>$W_w$ 4.4 $w$ 2.4 |
| | 건조 단위중량 $\gamma_d$ ※2 | gf/cm³ | 1.710 | | 1.701 | | 1.640 | |

참고 : $W_t$ :(습윤시료+용기)무게 [g]　$W_d$ :(노건조시료+용기)무게 [g]　$W_c$ :용기무게 [g]

$W_s$ :노건조시료무게 [g]　$W_w$ :물무게 [g]　※1 $w = W_w / W_s \times 100$ [%]　※2 $\gamma_d = \frac{\gamma_t}{w + 100} \times 100$ [gf/cm³]

확인　이 용 준　(인)

# 흙의 다짐시험

KS F2312

과 업 명 7조 토질역학실험 시험날짜 1996 년 3 월 24 일
조사위치 아주대학교 율곡관 온도 15 [℃] 습도 40 [%]
시료위치 A 시료심도 0.5 [m] ~ 0.7 [m] 시험자 이 용 준

| 다 짐 | 목적 ( **보통다짐,** CBR다짐 ) | | 방 법 ( **A,** B, C, D, E ) | |
|---|---|---|---|---|
| | 램머무게 2.5 [kgf] | 낙하고 30 [cm] | 다짐층수 3 [층] | 층별다짐횟수 25 [회] |
| 사용몰드 | 번호 __ | 무게 (몰드 몰드+저판) 2199 [kgf] | 크기 (직경10 cm,체적1000 cm³)(직경15 cm,체적2209 cm³) | |
| 시 료 | 준비상태 (노건조, **공기건조,** 자연상태) | | 함수비 (자연상태 19.1 [%] 시험개시전 13.0 [%]) | |
| | 최대입경 4.75 [mm] | 흙입자비중 $G_s$ 2.63 | 시험온도에서 물의 단위중량 $\gamma_w$ 1.00 [gf/cm³] | |

| 시험 번호 | 단위 | 1 | 2 | 3 | 4 | 5 | 6 | 7 |
|---|---|---|---|---|---|---|---|---|
| 건조단위중량 $\gamma_d$ | gf/cm³ | 1.605 | 1.652 | 1.693 | 1.710 | 1.701 | 1.640 | 1.591 |
| 함 수 비 $w$ | % | 15.1 | 16.5 | 17.4 | 18.5 | 19.8 | 21.9 | 23.1 |
| 영공기곡선 ※1 $\gamma_d$ | gf/cm³ | 1.882 | 1.834 | 1.804 | 1.769 | 1.729 | 1.669 | 1.636 |

참고 : 영공기곡선 ※1 $\gamma_d = \dfrac{\gamma_w}{1/G_s + w/100}$ [gf/cm³]

최적함수비 $w_{opt}$ = 18.9 [%]

최대건조단위중량 $\gamma_{d\,max}$ = 1.72 [gf/cm³]

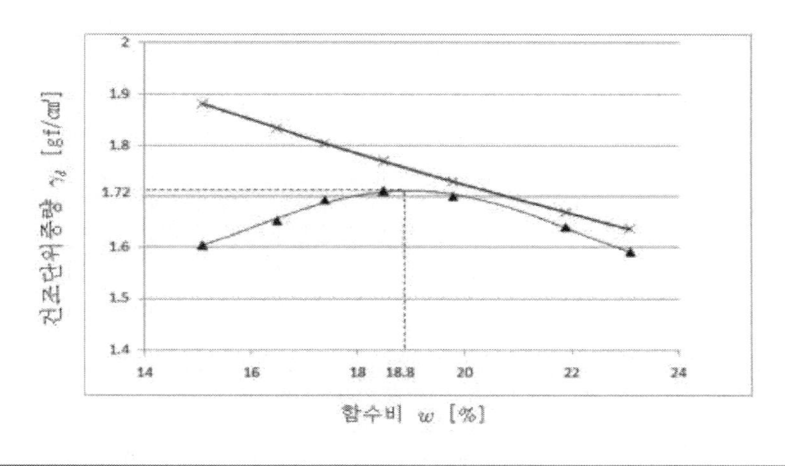


확인 이 용 준 (인)

# 참고문헌

ASTM D 698-90, D 1557-70.

ASSHTO T 99-70(standard), T 180-70(modified)

BS 1377 Test12, 1377 Test 13, 1377 Test 14.

JIS A 1210

KS F 2312.

American Association of State Highway Officials (1942). Standard specifications for highway materials and methods of sampling and testing. Part II, AASHTO. Designation T99-38, 'Standard laboratory method of test for the compaction and density of soil'. AASHTO, Washington, D.C.

American Foundrymen's Association (1944), Foundry Sand Testing Handbook, Section 4. American Foundrymen's Association, Chicago.

British Standards Institution (1978), Draft Standard Recommendations for methods of test on aggregates, Pt. 1. Compactability test for graded aggregates, Document No. 78/13448

Burmister. D. M., (1965) Environmental Factors in soil Compaction, ASTM STP no. 377, pp. 47-66

Gordon, B. B., D. M., Hammond, and R. K. Miller(1965), Effect of Rock Content on Compaction Characteristics of Clayer Soil, ASTM STP no. 377, pp. 31-46.

Johnson, A. W., and J. R. Sallberg(1962), "Factors Influencing Compaction"

Lambe, T.W., (1960). Compacted Clay : A Symposium, Trans, ASCE, vol. 125, pp. 682-756(also in J. Soil Mech. Found. Div., Sm2, May).

McLeod, N. W. (1970). 'Suggested method for correcting maximum density and optimum moisture content of compacted soils for oversize particles'. ASTM STP 479.

Results, "Highway Reasearch Board Bulletin no. 319, 148 pages.

Schulze E./Muhs H.(1967). Bodenunterschungen für Ingenieurbauten 2. Auf. Springer Verlag, Berlin/Heidelberg/New York.

Taylor, D. W. (1948). Fundamentals of Soil Mechanics. Wiley, New York

Proctor, (1933). 'Design and construction of rolled earth dams Eng, News Rec, III. p. 254.

# 제6장 흙의 수리특성

## 6.1 지반의 투수성 및 모세관 현상

### 6.1.1 흙 속의 물

흙 속에는 여러 가지 형태의 물이 존재하고 있고 흙입자에 붙어 있는 물(흡착수)과 간극 내 일정공간을 채우고 있으면서 중력에 의해서는 흐르지 않는 물(모관수, 지층수)이 있고 지반 내에서 수평인 수면을 이루고 중력에 의하여 자유로이 흐르는 물(지하수)이 있다. 그밖에 절리나 지하공동 등 불규칙한 틈을 따라 흐르기 때문에 흐름을 거의 예측할 수 없는 물(절리수)도 있다.

흙 속의 물은 그 생성원인과 지반 내 존재상태에 따라 다음과 같이 구분한다.
- 지하수 : 중력에 의하여 공극을 흐르며 일정한 수위를 유지하는 물
- 흡착수 : 흙입자를 둘러싸고 있으며 지반의 역학적 거동에 영향을 미치며 노건조하여도 마르지 않는 물
- 침투수 : 강우 등이 지반 내로 유입되어 지반 내에서 압력없이 흐르는 물
- 지층수 : 지층의 형상이 특이하여 지반 내에 수평으로 고여 있는 물
- 모관수 : 모세관 현상에 의해 간극을 따라 상승되어 지하수면 상부에 존재하는 물
- 절리수 : 침투에 의해 불연속지반에 유입되어 절리를 따라 흐르는 물
- 간극수 : 기타의 여러 가지 원인에 의하여 지반의 간극에 존재하는 물

지반공학에서 말하는 지하수는 흙의 간극 내에 존재하고 수평수위를 유지하며 수두가 발생되면 중력에 의해 간극을 따라 흐르고 그 거동을 예측할 수 있는 물을 말한다.

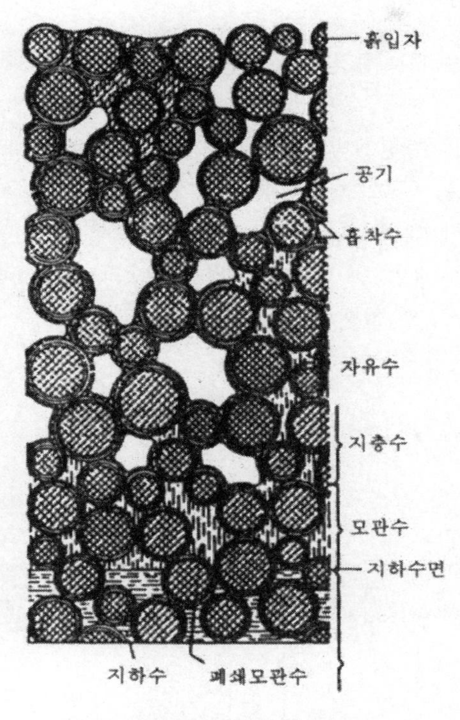


**그림 6.1 흙 속의 물**

즉, 렌즈형 불투수층에 고이거나(지층수) 폐쇄공간에 갇혀서(간극수) 자유로이 흐를 수 없는 물 등은 그 거동특성을 예측하기가 어려우므로 포함하지 않는다.

지반 내에 있는 물은 지반의 구조골격에 직접적인 힘을 가하여 지반 내 유효응력에 영향을 미치며 지반 내 물에 의하여 작용되는 힘은 다음과 같은 것들이 있다.

- 정수압 : 면에 수직으로 작용하며 물의 단위중량에 수두를 곱한 값이다.
- 침투압 : 물이 흙의 간극을 흐르면서 흙입자에 가하는 압력이다. 침투압은 단위부피당 작용하는 압력으로 정의하며 그 크기는 동수경사 $i$에 물의 단위중량을 곱한 값이다.
- 간극수압 : 지반 내 간극수의 압력을 말하며 피에조미터 등으로 측정한다.
- 부력 : 지하수면 아래에 있는 구조물이 부력에 의하여 받는 힘을 말한다.

### 6.1.2 지반의 투수성

지반의 간극 내에 있는 지하수가 수두차에 의하여 간극을 따라 흐르는 특성을 지반의 투수성이라고 한다.

지반의 투수성은 흙댐, 하천제방, 간척지제방 등의 제체 내 물의 흐름과 수로지반의 침투, 지하수 아래에 있는 구조물에 작용하는 양압력을 밝혀서 제체 내 배수공의 설계 및 시공에 적용하기 위하여 조사한다.

Darcy는 흐름방향에 수직인 단면에서 단위면적당의 유량 $q$를 지하수의 유속 $v$로 정의하면 유속은 동수경사 $i$에 비례한다고 하였다.

$$v = ki \ [\mathrm{m/s}]$$

이때 비례상수 $k$를 지반의 투수계수라 하며 속도차원[m/s]이고 지반에 따라 대체로 표 6.1의 값을 갖는다.

**표 6.1 지반에 따른 투수계수**

| 지반 | 투수계수 $k$ [cm/sec] |
|---|---|
| 거친 모래 | 0.5 ~ 1.0 |
| 미세한 모래 | 0.1 ~ 0.3 |
| 매우 미세한 모래 | 0.01 ~ 0.02 |
| 롬질 흙 | 0.01 ~ $1.0 \times 10^{-4}$ |
| 점토 | 0.02 ~ $20 \times 10^{-7}$ |
| 벤토나이트 | 0.0033 [mm/year] |

투수계수는 흙의 간극상태(즉, 구조골격)에 의해 절대적인 영향을 받기 때문에 현장 적용성이 있는 투수계수를 구하기가 매우 어렵다. 반면에 현장투수시험은 많은 비용과 노력이 필요하므로 특수한 경우가 아니면 실시하기 어렵다. 따라서 투수계수를 결정하기 위해서는 고도의 전문지식과 경험이 필요하다. 투수계수는 대체로 다음과 같은 방법으로 구하며 여기에서는 시험에 의한 방법만을 설명한다.

- 직접적 방법 :
  - 실내 투수시험(6.2)
  - 현장 투수시험(6.3)
  - 기타 실내투수시험
- 간접적 방법 :
  - 압밀계수로부터 간접계산
- 경험적인 방법

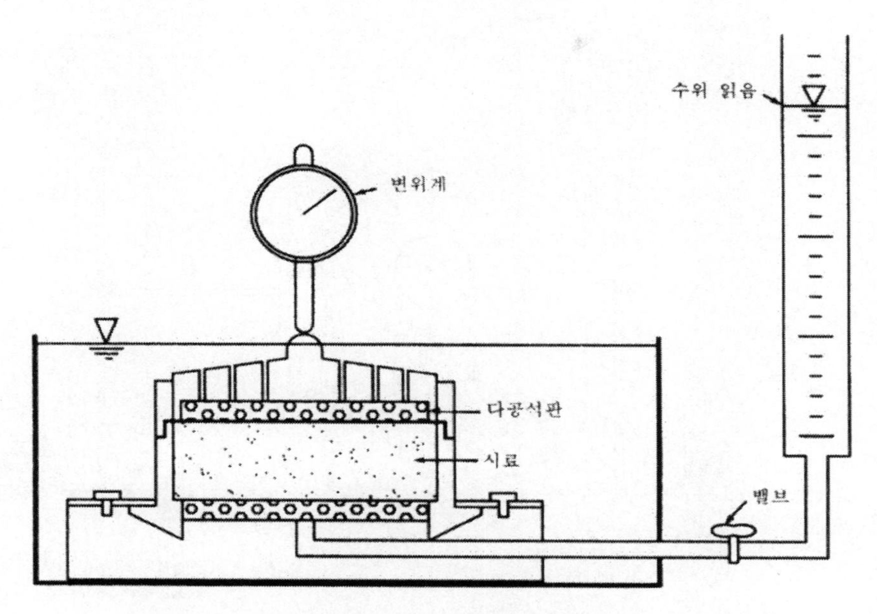


그림 6.2 압밀시험기를 이용한 투수시험

## (1) 직접적 방법

### 1) 실내 투수시험

실내에서 교란 또는 비교란 시료를 사용하여 투수시험을 실시하여 지반의 투수계수를 구할 수 있다. 그러나 비교란 시료는 채취하기가 매우 어려워서 투수시험하는 경우가 드물다. 일반적으로 사질토의 투수계수는 정수두 투수시험으로 측정한다. 그러나 점성토의 투수계수는 매우 작아서(즉 유속이 매우 느려서) 정수두 시험으로는 측정하기가 어렵기 때문에 변수두 투수시험을 실시하여 측정한다.

### 2) 현장 투수시험

현장에서 교란되지 않은 원지반에 대해 투수시험하여 결과를 얻기 위해 현장투수시험을 실시한다. 그러나 많은 시간과 비용이 필요하므로 부득이한 경우에 한하여 실시하고 있다.

### 3) 기타 실내투수시험

투수계수는 압밀시험(그림 6.2)이나 삼축압축시험(그림 6.3)을 통해서 측정할 수가 있다. 특히 삼축압축시험기를 이용하면 현장의 압력상태를 재현하여 등방이나 이방압력 또는 피압상태의 투수계수를 측정할 수 있다.

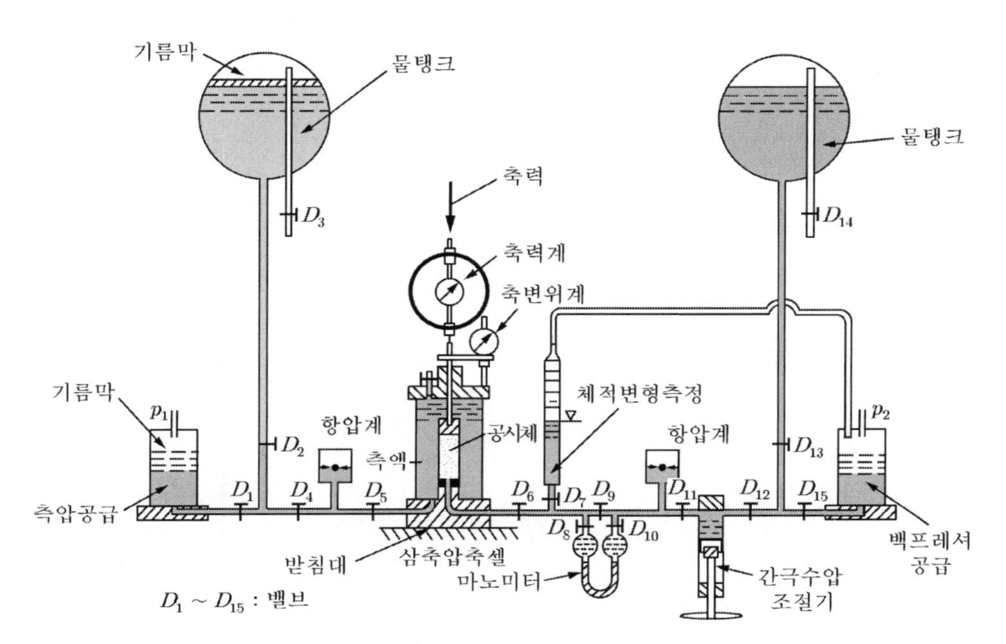


**그림 6.3 삼축시험기를 이용한 투수시험**

### (2) 간접적인 방법

Terzaghi 압밀이론에서 지반의 압밀계수 $C_v$ 는 투수계수 $k$ 와 관계가 있으므로 압밀시험 결과로부터 지반의 투수계수를 간접적으로 구할 수 있다.

$$k = C_v \, m_v \, \gamma_w \ \ [\text{cm/sec}]$$

여기서, $C_v$ : 지반의 압밀계수 [cm$^2$/sec]

$m_v$ : 지반의 체적변화계수

$\gamma_w$ : 물의 단위중량 [gf/cm$^3$]

### (3) 경험적인 방법

지반의 투수계수는 경험적으로 구할 수 있다. Hazen은 경험적으로 깨끗한 모래지반 ($0.1 \le D_{10} \le 3.2$ mm, $C_v \le 5$)에서 투수계수가 지반의 유효입경 $D_{10}$의 제곱에 비례하는 것을 알았다. 다음 Hazen 식은 경험적 수치에 불과하여 차원이 맞지 않는다.

$$k = CD_{10}^2 = (100 \sim 150) D_{10}^2 \ \ [\text{cm/sec}]$$

단, 여기서 $D_{10}$의 단위는 [cm]이며, 둥근입자의 경우에 $C = 1.5$이다.

### 6.1.3 투수계수의 영향요소

지반의 투수계수는 지반의 구성과 구조골격은 물론 지하수의 성질에 따라서도 달라지며 그중에서 주로 다음의 요소에 의하여 영향을 받는다.

- 흙입자의 크기
- 물의 성질
- 지반의 포화도
- 간극의 배열상태
- 간극비

#### (1) 흙입자의 크기

지반 내에서 물은 간극을 따라 이동하므로 지반의 투수계수는 간극의 크기와 상태에 상관이 있으며 간극의 크기는 유효입경 $D_{10}$과 밀접한 관계가 있다.

#### (2) 물의 성질

지반 내에 있는 침투수의 성질은 점성에 의하여 큰 영향을 받으며 물의 점성은 온도에 반비례한다. 온도 $T$°C에서 측정한 투수계수 $k_T$는 온도 15°C에서 측정한 값 $k_{15}$ 으로 환산하여 적용한다.

$$k_{15} = k_T \frac{\mu_T}{\mu_{15}}$$

여기서 $\mu_T$와 $\mu_{15}$는 각각 온도 $T$°C와 20°C에서의 물의 동점성계수이다.

#### (3) 지반의 포화도

지반의 포화도가 증가하면 물의 이동통로가 확대되어 투수계수도 커진다.

#### (4) 간극의 배열상태

투수계수는 간극의 크기와 배열에 따라 영향을 받는다. 지반 내 간극의 크기와 배열은 워낙 불규칙하여 이를 수학적으로 표현할 수 있는 방법이 아직 제시되어 있지 못하다.

#### (5) 간극비

지반의 투수계수는 간극비와 상관이 있으며 투수계수-간극비의 관계를 규명하기 위한 시도가 많이 이루어져 왔다. 대체로 $k - \frac{e^3}{1+e}$, $\log k - e$는 선형적 관계를 갖고 있는 것으로 알려지고 있다(Lambe/Whitman, 1969).

### 6.1.4 지반의 모세관 현상

지반은 입자가 미세할수록 물의 통로가 되는 간극이 작아서 모세관 현상이 뚜렷하게 발생된다. 모세관 현상으로 지하수위 보다 상승한 물의 높이를 모관고 $h_k$라고 한다. 모관고는 정지상태에서 지반 내 간극으로 물이 상승하여 발생되는 개방 모관고와 지하수위가 하강할 때에 간극 내에 갇혀서 발생하는 폐쇄 모관고가 있다. 모세관 현상에 의해 상승된 물은 지반의 구조골격에 직접적인 힘을 가하여, 지반 내 유효응력을 증가시킨다. 폐쇄공간에서는 음(-)의 모관력(Suction) $h_k\gamma_w$이 발생되고 열린 공간에서는 함수비에 의존하여 음의 압력(負壓)이 작용한다. 불포화토에서는 물의 표면장력과 모세관 현상에 의해 작은 간극은 물로 채워지고 큰 간극은 공기로 채워진다. 일반적으로 정지상태의 개방 모관고는 지하수위가 하강하면서 발생된 폐쇄 모관고보다 20~50% 작다.

## 6.2 실내투수시험(KS F 2322)

### 6.2.1 개 요

투수계수의 크기는 흙입자의 크기에 따라 그 범위가 대단히 넓으며 투수시험은 실내에서 행하는 실내투수시험과 현장에서 실시하는 현장투수시험이 있다.

한국산업규격(KS F 2322)에서는 (실내투수시험)으로 투수계수가 비교적 큰 사질토에 적합한 정수두 투수시험과 투수계수가 비교적 작은 점성토에 적합한 변수두 투수시험이 규정되어 있다. 정수두 투수시험이란 일정한 수위차에서 지름과 길이가 일정한 시료 속을 일정한 시간 내에 침투하는 물의 양을 측정하는 방법이다. 변수두 투수시험이란 일정한 지름과 길이를 가진 시료 속을 침투할 때에 발생되는 수위강하와 그 경과시간의 관계를 조사하는 방법을 말한다. 시료를 완전하게 포화시켜야 할 다짐시료인 경우에는 투수시험 몰드에 삼축시험에서와 같이 백 프레셔를 가하거나 진공펌프를 사용하여 시료를 사전에 포화시킨 후에 시험을 실시한다. 투수계수는 유효숫자 3자리까지 한다.

그밖에도 삼축시험기를 이용하여 등방압(그림 6.8) 또는 이방압(그림 6.9) 상태에서 투수계수를 측정할 수 있다.

## 6.2.2 시험장비

① 투수몰드 : 상단에 월류구를 가진 플라스틱, 또는 금속제 원통형으로 내경 10cm, 월류구까지 높이 15 cm인 것을 원칙으로 하고, 내경이 시료 최대입경의 20배 이상이어야 한다.
② 유공판 : 투수몰드를 올려놓는 다리가 달린 판으로서 지름 15 cm, 두께 5mm의 황동판에 작은 구멍을 뚫은 것이어야 한다.
③ 황동제 망 : 지름이 투수몰드 안지름보다 약간 작게 잘라낸 원형의 황동제 망으로 눈금 크기가 420$\mu$m(No.40체) 1장과 72$\mu$m(No.200체) 정도의 2장이 있어야 한다.
④ 진공펌프 : 진공도 600 mmHg 이상을 유지할 수 있어야 한다.
⑤ 수조 : 투수몰드를 넣기에 적당한 크기이고 유공판의 윗면에서 약 1 cm 의 높이로 수면을 유지할 수 있는 배수구를 가진 플라스틱 또는 금속제의 것이어야 한다.
⑥ 다짐봉 : 시료를 투수몰드에 넣고 다지는 금속제 다짐봉으로 그 한쪽 끝에 고무를 씌운 것이라야 한다.
⑦ 저울 : 용량 10 kgf, 감도 10 gf 의 것이라야 한다.
⑧ 매스실린더 : 용량 1,000 ml이고 매 10 ml의 눈금이 표시된 것이라야 한다.
⑨ 스톱워치
⑩ 온도계
⑪ 여과사 : 입경 2 mm 내외의 균등한 굵은 모래나 잔자갈이라야 한다.
⑫ 자, 캘리퍼스, 시료받이 팬, 다짐봉, 스탠드파이프

## 6.2.3 시험방법

### (1) 정수두 투수시험

① 약 2 kgf 의 시료를 준비하고 그 무게 $W_0$를 측정한다.
② 투수시험기의 (몰드+저판) 무게 $W_m$를 측정하고 투수몰드의 안지름과 높이를 측정하여 그 단면적 $A$와 부피 $V$를 계산한다.
③ 투수몰드를 유공판 위에 올려 고정하고 필터용 모래를 1cm 두께로 포설한 후에 No.200(74$\mu$m) 크기 황동제망을 놓는다. 시료를 다짐봉으로 다지면서 투수몰드에 균등하고 일정하게 채우고 높이 $L$을 측정한다.
④ 투수몰드에 넣기 전의 시료무게 $W_0$에서 넣고 남은 시료무게 $W_1$을 빼면 몰드 내 시료의 무게 $W_t = W_0 - W_1$을 구할 수 있다.

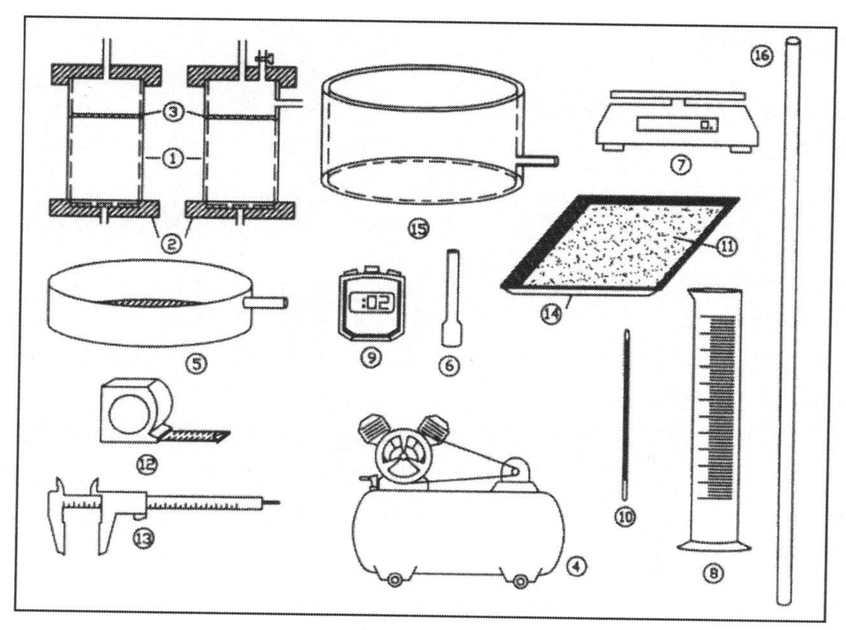

**그림 6.4 정수두 투수시험장비**

⑤ 남은 시료를 이용하여 비중 $G_s$ 및 함수비 $w_1$을 측정한다.
흙의 다짐방법에 따라 몰드에 다진 시료나 시료채취기로 채취한 교란되지 않은 시료를 그대로 투수시험용 시료로 사용할 수 있다. 투수몰드보다 지름이 작고 교란되지 않은 시료를 그대로 투수시험을 할 때에는 시료와 원통 사이의 간극을 파라핀이나 벤토나이트 등으로 밀봉하여 간극에서 물이 새지 않도록 하여야 한다. 이때에는 시료의 단면적 $A$를 미리 측정하여 둘 필요가 있다.

⑥ 시료 위에 No.200체 크기(74$\mu$m) 황동망을 놓고 그 위에 두께 1cm의 필터용 모래(여과사)를 깔거나 필터 페이퍼를 놓고 몰드 가장자리를 깨끗이 한 다음에 고무 가스켙을 놓고 뚜껑을 덮는다. 뚜껑은 물이 새지 않도록 잘 죄어야 한다.

⑦ 몰드에 넣은 시료를 수조 속에 정치시키고 시료저부에서부터 수침시켜서 시료를 포화시킨다.

⑧ 뚜껑에 붙은 비닐관을 저수조와 연결한 다음 기포가 완전히 없어질 때까지 물을 순환시킨다. 순환수는 기포를 제거하고 사용해야 한다.

⑨ 시료를 통해 흘러나온 유량 $Q$를 500 ml 또는 1 000 ml 용기로 받고 그 용기를 채우는 시간 $t$를 측정한다. 이와 같은 조작을 2, 3회 반복하여 측정 시간이 거의 일치하는가 확인하고, 일치하면 임의 시각 $t_1$부터 $t_2$까지 시간 동안에 배수량 $Q$를 메스실린더로 측정한다.

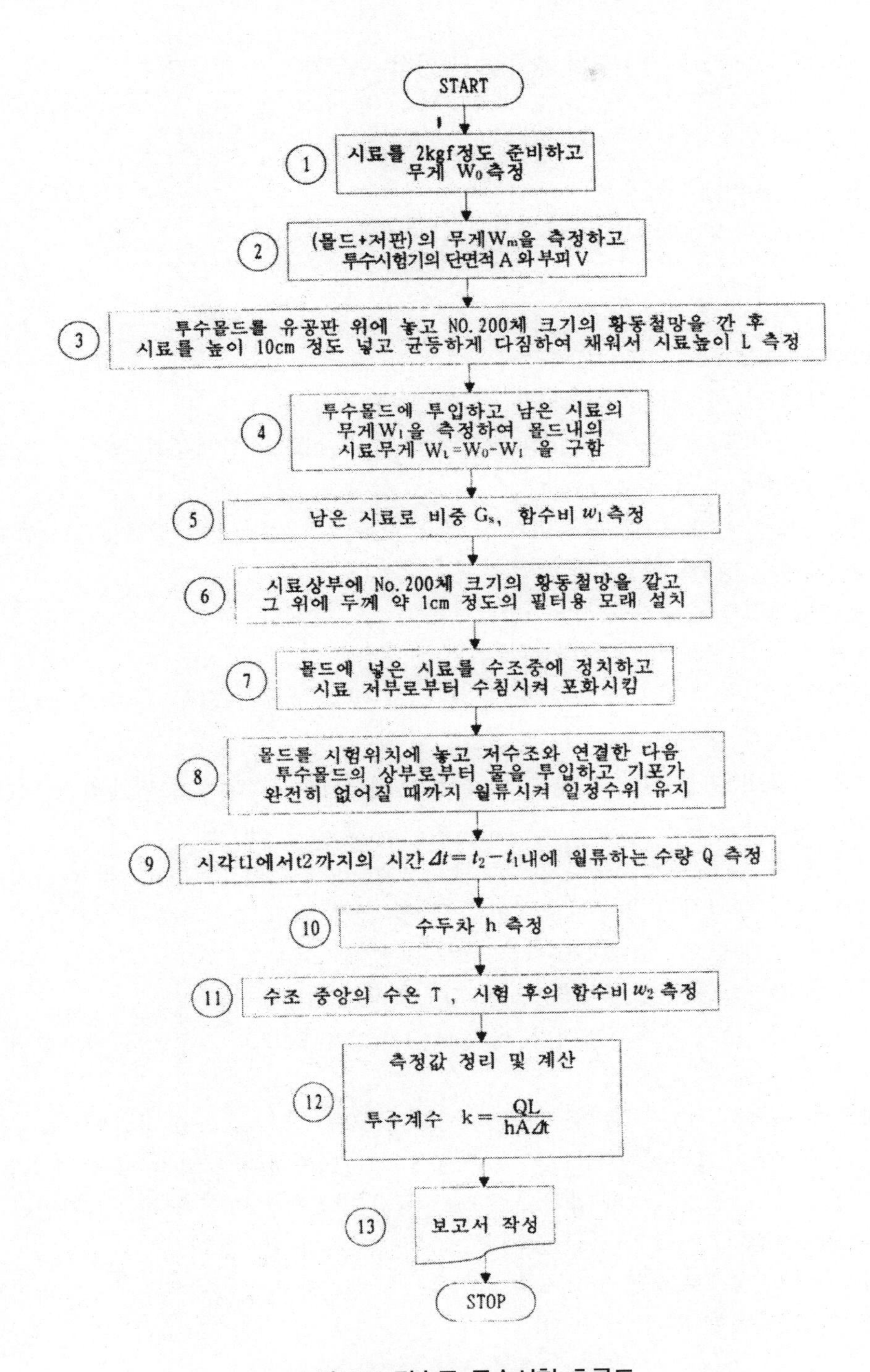


그림 6.5 정수두 투수시험 흐름도

⑩ 시료의 배수면과 저수조의 상류면 사이의 수두차 $h$를 측정한다.
⑪ 시험 후 수조 온도 $T$와 (몰드+저판+시료) 무게 $W_2$를 측정하여 시료 함수비 $w_2$를 측정한다.
⑫ 결과를 정리하고 계산한다.
⑬ 보고서를 작성한다.

### (2) 변수두 투수시험

#### 1) 변수두 시험

① 약 2 kgf 의 시료를 준비하고 그 무게 $W_0$를 측정한다.
② 변수두 (몰드+저판) 무게 $W_m$을 측정하고 투수몰드 안지름과 높이를 측정하여 단면적 $A$와 부피 $V$를 구한다.
③ 투수몰드를 저판 위에 올려 놓고 두께 약 1 cm 정도로 여과사를 깔고 그 위에 눈금 No.200체 크기의 황동제망을 씌운다.
④ 시료를 다짐대로 다지면서 균등하게 투수몰드에 넣는다. 높이 약 10 cm 까지 시료를 넣고 시료의 높이 $L$ 를 측정한다.
⑤ 투수원통에 투입하기 전 시료무게 $W_0$에서 넣고 남은 시료무게 $W_1$을 빼면 몰드 내에 들어간 시료의 무게 $W_t$를 구할 수 있다.
⑥ 남은 시료의 비중 $G_s$ 및 함수비 $w_1$을 측정한다. 시료채취기로 채취한 교란되지 않은 시료를 그대로 사용하여 투수시험을 수행할 수 있다.
⑦ 시료 위에 No.200체(75$\mu$m)의 황동제망을 놓고 그 위에 약 1 cm가량 여과사를 포설한 다음 여과사의 윗면이 투수몰드의 윗 끝과 거의 일치하도록 고른다.
⑧ 여과사 윗면에 No.40체(420$\mu$m)의 황동제 망과 투수몰드의 윗 뚜껑을 올려놓고 나사를 잠그고 윗뚜껑 및 저판을 투수몰드에 고정시킨다.
⑨ 투수몰드를 수평 시험대에 장치하고 모든 밸브를 잠그고 저수조와 급수병에 공기를 제거한 물을 채운다.
⑩ 시료를 포화시킨다. 시료의 포화는 백 프레셔(Back Pressure) 가압장치를 사용하는 것이 가장 효과적이다. 그밖에 진공펌프를 이용하여 시료 내부를 대기압보다 더 낮은 70 cmHg 이상의 압력으로 15분 이상 감압하면서 물을 투과시키면서 시료를 포화시킨다. 시료의 간극을 채울 때까지 서서히 급수한다.
⑪ 시료를 대기압으로 되돌리고 저수조의 물을 스탠드파이프에 채우고 스탠드파이프 단면적 A를 측정한다. 스탠드파이프의 최소의 수위 $h_1$과 최종수위 $h_2$를 미리 정해둔다.

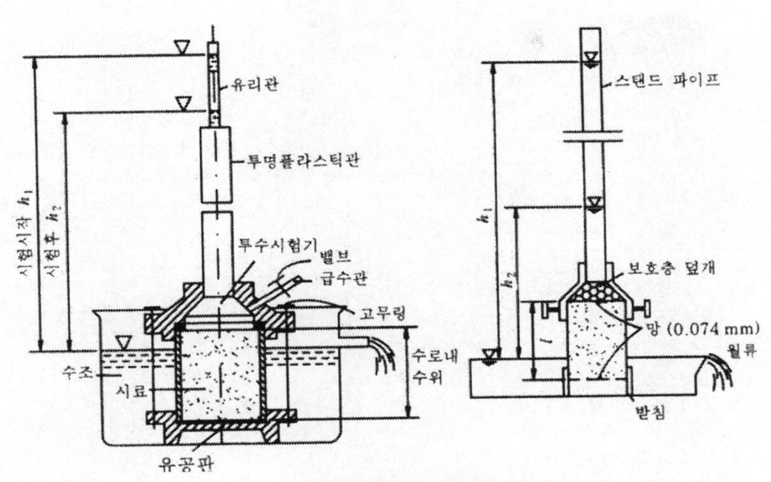


그림 6.6 변수두 투수시험 장비

⑫ 기포가 없는 것이 확인되면 월류수조에 물을 채우고 수조 월류면으로부터 스탠드 파이프의 0점까지의 높이를 측정한다. 수위가 $h_1$에서 $h_2$로 내려올 때의 시간 $t_1$, $t_2$을 스톱워치로 측정한다. 이 같은 조작을 수회 되풀이하여 측정시간이 일정하게 되는가 확인한다.

⑬ 측정 때마다 온도계로 물의 온도 $T$를 측정한다. 시험이 끝나면 투수몰드를 부속 장치로부터 분리하여 (몰드+저판+시료)무게 $W_2$를 측정하여 시료의 무게 $W_t$로부터 함수비 $w_2$를 계산한다.

⑭ 결과를 정리하고 계산한다.

⑮ 보고서 작성한다.

**2) 다짐시료를 사용한 변수두 투수시험**

① 다짐시험으로 얻은 최대 건조 단위중량과 최적 함수비에 맞추어 시료를 다진다.

② 팽창에 의한 체적변화의 방지 및 균등한 수압을 작용시키기 위하여 다짐 몰드의 상하단에 여과지와 다공석판을 놓는다.

③ 큰 압력에서 물의 누수를 방지하기 위하여 고무링을 사용한다.

④ 시료 속에 한쪽 방향으로 물을 주입하여 다른 쪽 방향으로 일정하게 물이 빠져나오게 함으로써 시료 속의 기포를 제거하고 시료를 포화시킨다. 이때 주입압력은 60 $tf/m^2$ 정도가 적당하다.

⑤ 포화시킨 후 상하단 판의 수두차를 1, 2, 4 $tf/m^2$으로 하여 물의 비중 및 배출량을 측정하여 동수경사를 구한다.

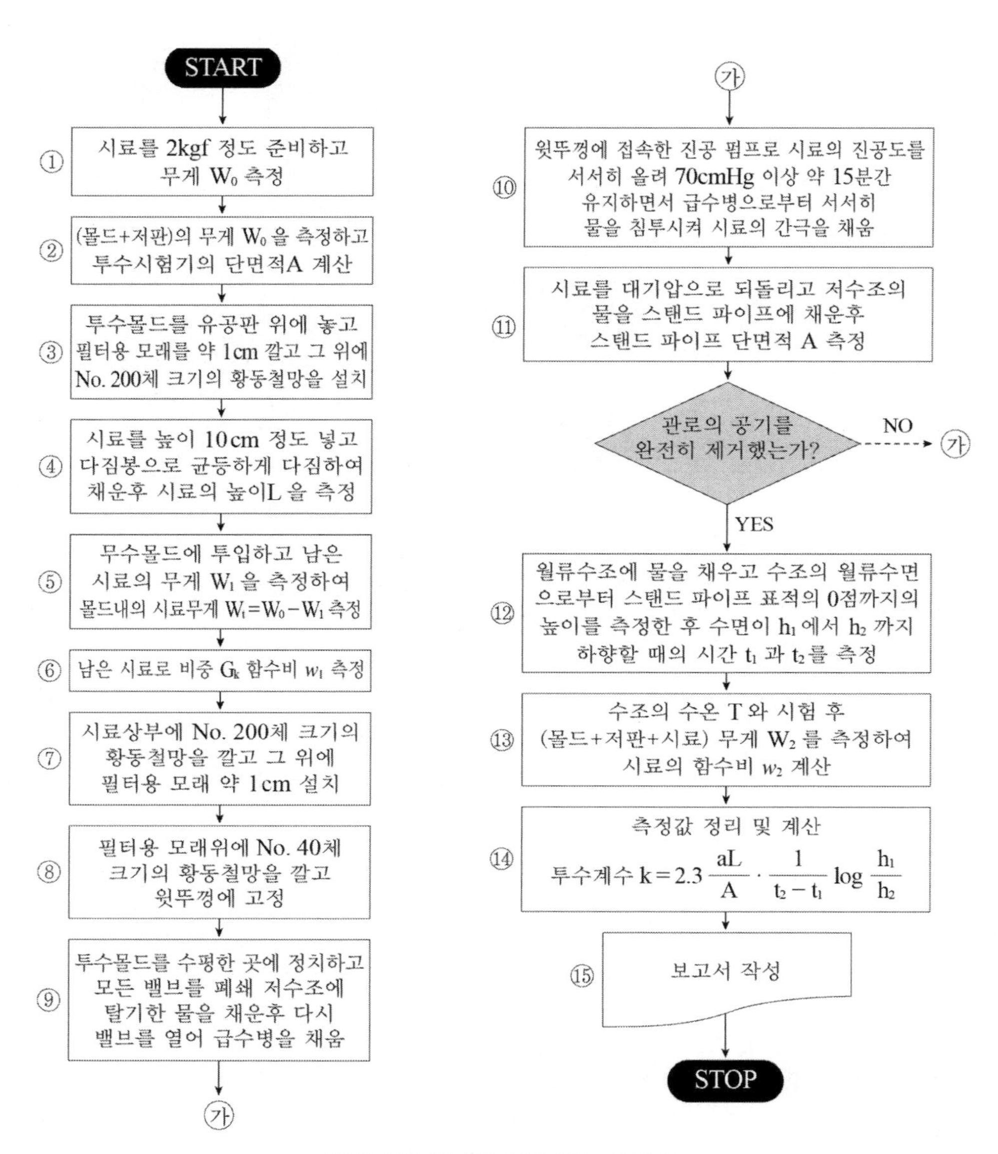


**그림 6.7 변수두 투수시험 흐름도**

## 6.2.4 계산 및 결과정리

### (1) 정수두 투수시험

1) 데이터 쉬트를 작성한다.

2) 시료의 상태

① 습윤단위중량을 구한다.

$$\gamma_t = \frac{\text{시료무게}}{\text{용기부피}} = \frac{W_t}{V} \quad [\text{gf/cm}^2]$$

② 시험 전 함수비 $w_0$를 구한다.

③ 건조단위중량을 구한다.

$$\gamma_d = \frac{\gamma_t}{1 + w_1/100}$$

④ 흙입자의 비중 $G_s$을 구한다.

⑤ 흙의 간극비 $e$를 구한다.

$$e = G_s \frac{\gamma_w}{\gamma_d} - 1$$

⑥ 시험후의 함수비 $w_2$를 구한다.

$$W_d = \frac{W_t}{1 + w_1/100}$$

$$w_2 = \frac{W_2 - W_m - W_d}{W_d} \times 100 \quad [\%]$$

⑦ 정수두 투수시험으로부터 다음의 식으로 투수계수를 구한다.

$$k = \frac{QL}{hA\Delta t} \quad [\text{cm/s}]$$

여기서, $\Delta t$ : 측정시간 [sec]

$L$ : 물이 시료를 통과한 거리 [cm]

$Q$ : $t$ 시간 동안 침투한 유량 [cm$^3$]

$A$ : 시료의 단면적 [cm$^2$]

$h$ : 수두 [cm]

표 6.2 온도에 따른 투수계수 보정계수

| $T$ °C | $\mu_T/\mu_{15}$ | $T$ °C | $\mu_T/\mu_{15}$ | $T$ °C | $\mu_T/\mu_{15}$ | $T$ °C | $\mu_T/\mu_{15}$ | $T$ °C | $\mu_T/\mu_{15}$ |
|---|---|---|---|---|---|---|---|---|---|
| 0.0 | 1.567 | 0.0 | 1.144 | 0.0 | 0.881 | 0.0 | 0.669 | 0.0 | 0.571 |
| 1.0 | 1.513 | 1.0 | 1.113 | 1.0 | 0.859 | 1.0 | 0.684 | 1.0 | 0.561 |
| 2.0 | 1.460 | 2.0 | 1.082 | 2.0 | 0.839 | 2.0 | 0.670 | 2.0 | 0.550 |
| 3.0 | 1.414 | 3.0 | 1.053 | 3.0 | 0.819 | 3.0 | 0.656 | 3.0 | 0.540 |
| 4.0 | 1.369 | 4.0 | 1.026 | 4.0 | 0.800 | 4.0 | 0.643 | 4.0 | 0.531 |
| 5.0 | 1.327 | 5.0 | 1.000 | 5.0 | 0.782 | 5.0 | 0.630 | 5.0 | 0.521 |
| 6.0 | 1.286 | 6.0 | 0.975 | 6.0 | 0.764 | 6.0 | 0.617 | 6.0 | 0.513 |
| 7.0 | 1.248 | 7.0 | 0.950 | 7.0 | 0.747 | 7.0 | 0.604 | 7.0 | 0.504 |
| 8.0 | 1.211 | 8.0 | 0.926 | 8.0 | 0.730 | 8.0 | 0.593 | 8.0 | 0.496 |
| 9.0 | 1.177 | 9.0 | 0.903 | 9.0 | 0.714 | 9.0 | 0.582 | 9.0 | 0.487 |

### (2) 변수두 투수시험

변수두 투수시험으로부터 다음의 식으로 투수계수를 구한다.

$$k = 2.3\frac{aL}{A}\frac{1}{(t_2 - t_1)}\log_{10}\frac{h_1}{h_2} \quad [\text{cm/sec}]$$

여기서, $L$ : 물이 시료를 통과한 거리 [cm]

$a$ : 스탠드파이프의 단면적 [cm$^2$]

$t_1$ : 측정시간 시간 [sec]

$t_2$ : 측정 종료시간 [sec]

$h_1$ : $t_1$에서의 수조기준 수면높이 [cm]

$h_2$ : $t_2$에서의 수조기준 수면높이 [cm]

### (3) 온도보정

측정한 투수계수 $k_T$를 온도 15°C에 대한 투수계수 $k_{15}$로 보정한다.

$$k_{15} = k_T\frac{\mu_T}{\mu_{15}} \quad [\text{cm/s}]$$

여기서, $\mu_{15}$ :15°C의 물의 점성계수 (표 2.10)

$\mu_T/\mu_{15}$ : 온도에 따른 투수계수 보정계수 (표 6.2 참조)

### 6.2.5 결과의 이용

① 유선망과 투수시험 결과를 병용하여 침투유속 $v$을 구할 수 있다.
투수계수 $k$와 유선망에서 구한 동수경사 $i$를 곱하여 침투유속 $v$를 구할 수 있다.

$$v = ki \ [\text{cm}^3/\text{s}]$$

② 제방등 체재의 누수량 $Q$ 를 구할 수 있다.
유선망에서 포텐셜라인으로 나누어지는 수두강하단계의 등포텐셜라인 개수 $N_d$와 유로의 개수 $N_f$를 알고 수두차 $h$를 알면 누수유량 $Q$를 구할 수 있다.

$$Q = kh\frac{N_f}{N_d} \quad [\text{cm}^3/\text{s}]$$

③ 지반굴착 공사에서 배수량 $Q$를 계산할 수 있다.
지하수위의 강하를 필요로 하는 지반굴착공사에서 투수계수 $k$와 유선망에서 구한 동수경사 $i$를 이용하여 배수량 $Q$를 구할 수 있다.

$$Q = kiA \quad [\text{cm}^3/\text{s}]$$

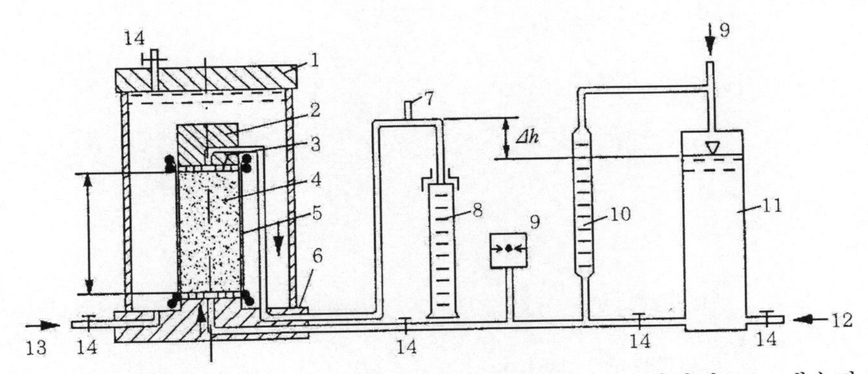


1. 셀뚜껑 2. 캡 3. 다공석판 4. 공시체 5. 멤브레인 6. 바닥판 7. 배수관
8. 메스실린더 9. 수압측정기 10. 뷰렛 11. 압력탱크 12. 급수 13. 셀내 급수 14. 밸브

**그림 6.8 등방압 상태의 투수시험**

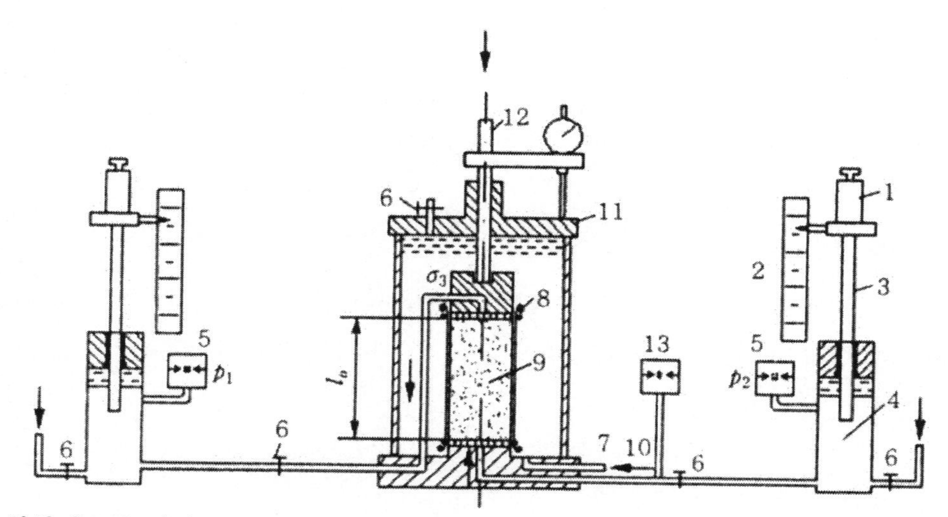


1. 항압피스톤 가압 2. 항압피스톤 유동거리 측정 3. 항압피스톤 4. 항압장치 급수
5. 수압측정 6. 밸브 7. 바닥판 8. 다공석 9. 공시체 10. 셀내 급수 및 가압
11. 셀뚜껑 12. 축력가압 13. 수압측정

**그림 6.9 이방압 상태의 투수계수시험**

# 정수두 투수시험

과 업 명 5조 토질역학실험 시 험 날 짜 1995 년 3 월 16 일
조사위치 아주대학교 성호관 온도 20 [℃] 습 도 65 [%]
시료번호 BH-2 시료심도 0.3 [m] ~ 1.0 [m] 시험자 이 용 준

| 몰드 | 직경 $D$ 9.95[cm] | 단면적 $A$ 7.76[cm²] | 높이 $L$ 6.91[cm] | 체적 $V$ 537.32[cm³] | 무게 $W_c$ 14.40 [gf] |
|---|---|---|---|---|---|

| 시료상태 | | | |
|---|---|---|---|
| 지반분류 USCS SP | 시료상태 (**교란** 비교란) | 최대입경 2.00 [mm] | 흙입자 비중 2.63 |
| 공시체제작법 다짐봉 | 공시체포화방법 수침 | 사용한 물 증류수 | 함수비 10.07 [%] |

| 함수비 | 시험번호 | 1 | 2 | 3 | 평균 |
|---|---|---|---|---|---|
| | 시험전 | 용기 가 $w$ 10.2%<br>$W_t$ 47.2 $W_t$ 46.0<br>$W_t$ 46.0 $W_t$ 34.2<br>$W_t$ 1.2 $W_t$ 11.8 | 용기 나 $w$ 8.8%<br>$W_t$ 46.2 $W_t$ 45.4<br>$W_t$ 45.4 $W_t$ 36.3<br>$W_t$ 0.8 $W_t$ 9.1 | 용기 다 $w$ 11.2%<br>$W_t$ 49.4 $W_t$ 48.0<br>$W_t$ 48.0 $W_t$ 35.5<br>$W_t$ 1.4 $W_t$ 12.5 | $w$= 10.07 [%] |
| | 시험후 | 용기 가 $w$ 14.1%<br>$W_t$ 43.1 $W_t$ 42.0<br>$W_t$ 42.0 $W_t$ 34.2<br>$W_t$ 11.1 $W_t$ 7.8 | 용기 나 $w$ 11.3%<br>$W_t$ 49.1 $W_t$ 47.8<br>$W_t$ 47.8 $W_t$ 36.3<br>$W_t$ 1.3 $W_t$ 11.5 | 용기 다 $w$ 13.9%<br>$W_t$ 57.8 $W_t$ 56.3<br>$W_t$ 56.3 $W_t$ 35.5<br>$W_t$ 1.5 $W_t$ 10.8 | $w$= 3.10 [%] |

| 측 정 내 용 | 단 위 | 시 험 전 | 시 험 후 |
|---|---|---|---|
| (공시체+용기)무게 $W_t$ | gf | 2434 | 2451 |
| 시 료 무 게 ※1 $W$ | gf] | 994 | 1011 |
| 습 윤 단 위 중 량 $\gamma_t$ | gf/cm³ | 1.85 | 1.88 |
| 함 수 비 $w$ | % | 10.07 | 13.10 |
| 건조 단위 중량 ※2 $\gamma_d$ | gf/cm³ | 1.68 | 1.66 |
| 간 극 비 ※3 $e$ | | 0.57 | 0.58 |

| | 측 정 내 용 | 단위 | 측 정 값 | 결 과 |
|---|---|---|---|---|
| 투수계수 | 측 정 시 작 시 간 $t_1$ | min | 10시 30분 10초 | $k$ = ____ |
| | 측 정 종 료 시 간 $t_2$ | min | 10시 30분 20초 | |
| | 측정시간 $\Delta t = t_2 - t_1$ | min | 2분 10초 | |
| | 측 정 길 이 $l$ | cm | 6.91 | |
| | 수 두 차 $h$ | cm | 16.91 | |
| | 동 수 경 사 $i$ | | 2.43 | |
| | 투 수 유 량 $Q$ | cm³ | 22.7 | |
| | 시 료 단 면 적 $A$ | cm² | 77.76 | |
| | 유 속 $V = Q/A$ | cm/s | 0.292 | |
| | 투 수 계 수 $k = V/i$ | cm/s | 0.12 | |
| 온도보정 | 측 정 온 도 $T$ | ℃ | 12 | $k_{15}$ = ____ |
| | 15℃온도보정계수 $\eta_T/\eta_{15}$ | | 1.082 | |
| | 15℃ 투 수 계 수 $k_{15}$ | cm/s | 0.13 | |

참고 ※1 : $W = W_t - W_c$ ※2 : $\gamma_d = \dfrac{\gamma_t}{1 + w/100}$ [gf/cm³] ※3 : $e = \dfrac{G_s \cdot \gamma_w - \gamma_d}{\gamma_d}$

$W_t$ : (습윤시료+용기)무게 $W_d$ : (건조시료+용기)무게 $W_c$ : 용기무게
$W_w$ : 물의 무게 $W_s$ : 건조시료무게 $w = (W_w / W_s) \times 100$ [%]

| 확 인 | 이 용 준 ( 인 ) |
|---|---|

# 변수두 투수시험

과 업 명 지반개량공사　　시 험 날 짜 1990 년 6 월 9 일
조사위치 제 부 도　　온도 20 [℃]　습 도 65 [%]
시료번호 BH-2　　시료위치 0.3 [m] ~ 1.0 [m]　시험자 이 용 준

| 몰드 | 직경 $D$ 9.86 [cm] | 단면적 $A$ 76.36 [cm²] | 높이 $L$ 12.26 [cm] | 체적 $V$ 936.16 [cm³] | 무게 $W_c$ 1440 [gf] |
|---|---|---|---|---|---|

| 시료상태 | | | | | |
|---|---|---|---|---|---|
| 지반분류USCS CH | 시료상태(교란, **비교란**) | 최대입경 0.42 [mm] | 흙입자 비중 2.68 | | |
| 공시체제작법 성형 | 공시체포화방법 수침 | 사용한 물 증류 | 함수비 40.3 [%] | | |
| 함수비 | 시험번호 | 1 | 2 | 3 | 평 균 |
| | 시험전 | 용기번호 가 $w$ = 38.4%<br>$W_t$ 62.9 [gf] $W_d$ 54.6 [gf]<br>$W_d$ 54.6 [gf] $W_c$ 33.0 [gf]<br>$W_w$ 8.3 [gf] $W_s$ 21.6 [gf] | 용기번호 나 $w$ = 39.2%<br>$W_t$ 54.3 [gf] $W_d$ 49.2 [gf]<br>$W_d$ 49.2 [gf] $W_c$ 36.2 [gf]<br>$W_w$ 5.1 [gf] $W_s$ 13.0 [gf] | 용기번호 다 $w$ = 43.3%<br>$W_t$ 49.7 [gf] $W_d$ 45.5 [gf]<br>$W_d$ 45.5 [gf] $W_c$ 35.8 [gf]<br>$W_w$ 4.2 [gf] $W_s$ 9.7 [gf] | $w$ = 40.3 [%] |
| | 시험후 | 용기번호 가 $w$ = 41.0%<br>$W_t$ 42.3 [gf] $W_d$ 39.6 [gf]<br>$W_d$ 39.6 [gf] $W_c$ 33.0 [gf]<br>$W_w$ 2.7 [gf] $W_s$ 6.6 [gf] | 용기번호 나 $w$ = 41.0%<br>$W_t$ 47.2 [gf] $W_d$ 44.0 [gf]<br>$W_d$ 44.0 [gf] $W_c$ 36.2 [gf]<br>$W_w$ 3.2 [gf] $W_s$ 7.8 [gf] | 용기번호 다 $w$ = 45.2%<br>$W_t$ 49.3 [gf] $W_d$ 45.1 [gf]<br>$W_d$ 45.1 [gf] $W_c$ 35.8 [gf]<br>$W_w$ 4.2 [gf] $W_s$ 9.3 [gf] | $w$ = 42.4 [%] |

| 측 정 내 용 | 단 위 | 시 험 전 | 시 험 후 |
|---|---|---|---|
| (공시체+용기)무게 $W_t$ | gf | 3209.3 | 3237.4 |
| 시 료 무 게 ※1 $W$ | gf | 1769.3 | 1797.4 |
| 습 윤 단 위 중 량 $\gamma_t$ | gf/cm³ | 1.89 | 1.92 |
| 함 수 비 $w$ | % | 40.3 | 42.4 |
| 건조 단위 중량 ※2 $\gamma_d$ | gf/cm³ | 1.35 | 1.35 |
| 간 극 비 ※3 $e$ | | 0.98 | 0.98 |
| 파 이 프 단 면 적 $a$ | [cm²] | 1.13 | |

| | 측 정 내 용 | | 측 정 값 | 결 과 |
|---|---|---|---|---|
| 투수계수 | 측정시작시간 $t_1$ | min | 14시 00분 | $k$ = 1.19×10⁻⁶ |
| | 측정종료시간 $t_2$ | min | 16시 00분 | |
| | 측정시간 $\Delta t = t_2 - t_1$ | min | 7200 | |
| | 시간 $t_1$ 의 수두 $h_1$ | cm | 127.0 | |
| | 시간 $t_2$ 의 수두 $h_2$ | cm | 121.1 | |
| | 투 수 계 수 ※4 $k$ | cm/s | $1.19 \times 10^{-6}$ | |
| 온도보정 | 측 정 온 도 : $T$ | ℃ | 20 | $k_{15}$ = 1.048×10⁻⁶ |
| | 15℃온도보정계수 $\eta_T/\eta_{15}$ | | 0.881 | |
| | 15℃ 투 수 계 수 $k_{15}$ | cm/s | $1.048 \times 10^{-6}$ | |

참고 ※1 : $W = W_t - W_c$　　※2 : $\gamma_d = \dfrac{\gamma_t}{1 + w/100}$ [gf/cm³]

※3 : $e = \dfrac{G_s \cdot \gamma_w - \gamma_d}{\gamma_d}$　　※4 $k = \dfrac{1}{\Delta t} \cdot 2.30 \dfrac{aL}{A} \cdot \log_{10}\left(\dfrac{h_1}{h_2}\right)$

$W_t$ : (습윤시료+용기)무게　$W_d$ : (건조시료+용기)무게　$W_c$ : 용기무게
$W_w$ : 물의 무게　$W_s$ : 건조시료무게　$w = (W_w / W_s) \times 100$ [%]

| 확 인 | 이 용 준 ( 인 ) |
|---|---|

# 6.3 현장투수시험

## 6.3.1 개 요

지반의 투수특성은 흙의 구조골격에 의하여 큰 영향을 받는다. 그러나 시료를 교란 안 된 상태로 채취하기가 거의 불가능하고 취급 및 시험 중에 어느 정도의 교란이 불가피하기 때문에 실내투수시험으로는 현장지반의 실제 투수계수를 구하기가 매우 어렵다.

특히 사질토는 비교란 상태로 시료를 채취하기가 거의 불가능하여 실내시험으로는 현장 투수계수를 구할 수 없고 현장시험을 통해서만 신뢰성 있는 투수계수를 구할 수 있다. 그러나 현장투수시험은 많은 시간과 비용이 소요되므로 현장여건과 지반상태 및 시험방법을 숙지한 후에 실시해야 한다.

현장투수시험은 지하수위가 높은 곳에서는 양수시험이 그리고 지하수위가 낮은 곳에서는 주수시험이 적합하고 지하수위의 흐름상태에 따라 정상상태투수시험과 비정상상태투수시험으로 구분한다.

## 6.3.2 양수시험

### (1) 개 요

양수시험은 대수층에 시험우물을 설치하고 지하수를 양수하면서 수량과 시험우물 및 주변에 있는 관측정의 수위를 측정하여, 현장지반의 투수특성을 파악하는 시험이다. 양수량을 조절하여 시험우물 수위가 일정한 정상상태를 유지하면서 유량 및 시험우물과 관측정의 수위를 측정하여 지반의 투수계수를 결정하는 정상상태 시험과 일정한 수량을 양수하면서 시간에 따른 시험우물과 관측정의 수위변화를 측정하여 지반의 투수계수를 결정하는 비정상상태 시험이 있다(그림 6.10).

### (2) 시험장비

① 시험우물 : 대수층의 전체두께를 관통하여 설치하며 필터층을 부설하여 지하수의 유입이 자유롭도록 해야 한다. 직경 150 ~ 400mm 정도이면 충분하다.

② 관측정 : 대수층에 설치하여 지하수위를 측정할 수 있게 설치한 우물이나 보링공 등으로 시험우물에 대해서 방사상으로 일직선상에 배치한다. 관측정의 수위는 대수층의 수위를 대표할 수 있는 것이어야 한다.

③ 펌프 : 대체로 수중펌프를 사용하며 양수량의 조절이 용이해야 하고 사전에 시험운행하여 작동특성을 알고 있어야 한다. 양수량은 부피를 알고 있는 용기에 물을 받아서 용기가 가득 차는 데에 걸리는 시간을 측정하여 결정할 수 있다.

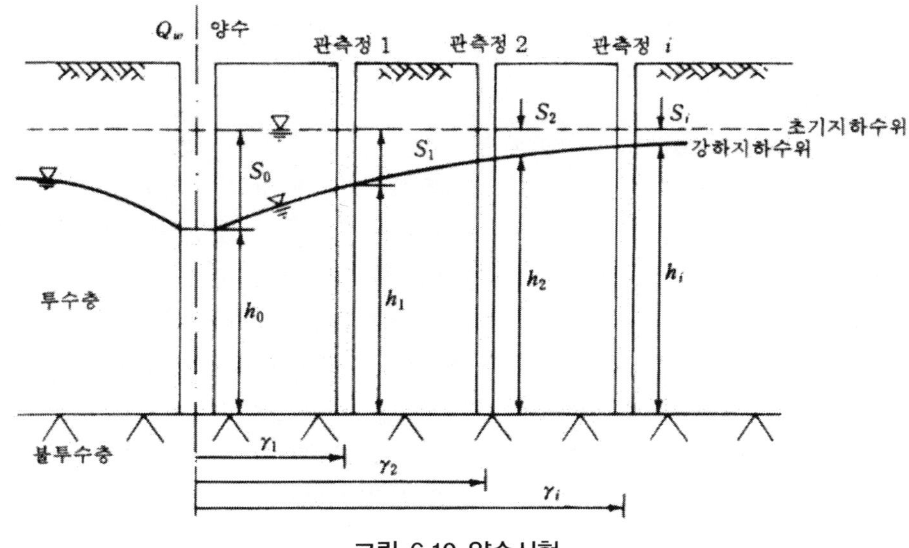


그림 6.10 양수시험

④ 수위측정기 :
시험우물이나 관측정은 좁고 깊기 때문에 수위를 측정하기가 쉽지 않다. 따라서 수위를 정확하게 측정하기 위해서는 전기식으로 작동하는 수위계를 사용하는게 편리하다.

⑤ 수량측정용기:
양수한 물을 받아서 단위시간당 수량을 측정할 수 있도록 부피를 정확히 알고 있는 용기가 필요하다.

⑥ 스톱워치

⑦ 온도계

⑧ 레벨

## (3) 시험방법

**1) 정상상태양수시험**

① 대수층을 관통하여 시험우물과 관측정을 굴착한다.

② 시험우물과 관측정의 직경과 간격 $r$과 고저차 및 수위 $h$를 정확히 측정한다. 관측정이 막히지 않도록 수시로 점검해야 한다.

③ 펌프를 설치하고 시험가동한다. 부피가 일정한 용기에 물을 받아서 용기가 가득 차는 데 걸리는 시간을 측정하여 펌프의 양수량 $Q$를 결정한다.

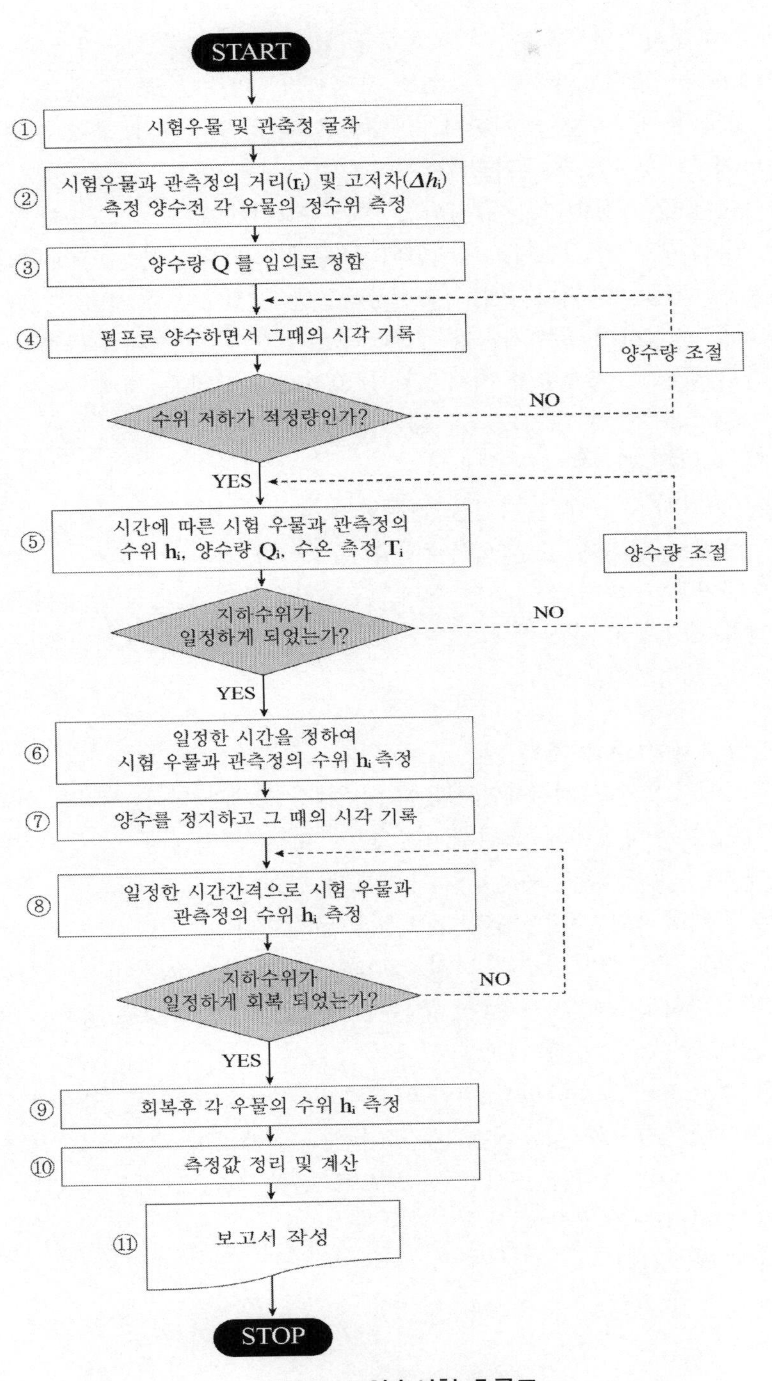


**그림 6.11 양수시험 흐름도**

④ 유량을 조절하면서 양수하여 시험우물과 관측정의 수위를 일정하게 유지하면서 시간에 따른 수위, 양수량, 수온을 측정한다. 양수한 물이 대수층에 재침입되는 일이 없도록 배수로를 설치한다. 양수량은 항상 일정해야 하며 시험중에 몇 차례 측정하여 그 평균값을 구한다.
⑤ 시험우물에서 일정수위가 유지되면 즉, 정상상태가 되면 양수량과 각 관측정의 수위 및 수온을 측정한다. 대수층의 투수계수가 작아서 정상상태를 유지하기가 어려운 경우에는 수위대신에 수위강하속도를 일정하게 유지하고 그때의 양수량과 수위 $h$를 측정하여 투수계수를 구할 수 있다. 이러한 상태를 준정상상태라 한다.
⑥ 일정한 유량으로 양수하여 지하수위가 일정해지면 양수 개시 후 시간간격을 점점 늘려가(예 : 30초, 1', 2', 3', 5', 10', 20', 40', 1시간, 2시간, …) 시험우물과 관측우물의 수위를 관측한다.
⑦ 양수를 중단하고 그때의 시간을 기록한다.
⑧ 시험우물에서 시간에 따른 회복수위를 측정한다.
⑨ 지하수위가 일정하게 회복되면 회복 후 시험우물과 관측정의 수위를 측정한다.
⑩ 측정치를 정리하고 계산한다.
⑪ 보고서를 작성한다.

**2) 비정상상태시험(수위 저하 시)**

시험우물에서 양수를 개시하면 처음에는 비정상 상태가 되며, 시간을 두고서 양수량을 조절하여야 정상상태에 도달할 수 있다. 따라서 비정상 상태 양수시험은 정상 상태에 이르기 전의 양수시험으로 대체할 수 있다.

① 대수층을 관통하여 시험우물과 관측정을 굴착한다.
② 시험우물과 관측정의 직경과 간격, 고저차 및 수위를 정확히 측정한다.
③ 펌프를 설치하고 시험가동한다. 부피가 일정한 수량 측정용 용기에 물을 받아서 단위시간당 수량을 측정한다.
④ 일정한 수량으로 양수하면서 시간과 그때의 관측정의 수위, 양수량, 수온을 측정한다. 양수를 시작한 직후에는 시간 간격을 짧게하여 측정하고 30초 1', 2', 3', 5', 10', 20', 40', 1시간, 2시간, … 등으로 점차 시간 간격을 늘린다.
⑤ 측정치를 정리하고 계산한다.
⑥ 보고서를 작성한다.

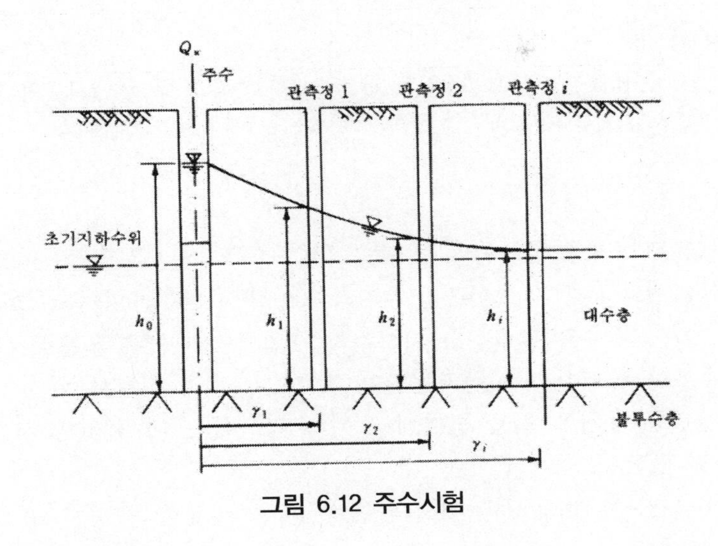


그림 6.12 주수시험

## 6.3.3 주수시험

### (1) 개 요

지하수위가 낮은 경우에는 보링공이나 우물에서 양수하는 대신 물을 주입하여 일정한 수두를 유지하면서 그 수두와 주수량을 측정하여 지반의 투수계수를 결정하는 주수시험을 시행한다(그림 6.12).

### (2) 시험장비

① 시험우물 :

대수층 전두께를 관통하여 설치하며 필터층을 설치하여 지하수의 유입이 자유롭도록 해야 한다.

② 관측정 :

대수층에 설치하여 지하수위를 측정할 수 있게 설치한 우물이나 보링공 등이며 시험우물에 대해서 방사상으로 일직선상에 배치한다. 관측정의 수위는 대수층의 수위를 대변할 수 있는 것이어야 한다.

③ 펌프 :

대체로 수중펌프를 사용하며 양수량의 조절이 용이해야 하고 사전에 시험운행하여 작동특성을 알고 있어야 한다. 양수유량은 부피를 알고 있는 용기에 물을 받아서 용기가 가득 차는 데에 걸리는 시간을 측정하여 결정할 수 있다.

④ 수위계 :

깊고 좁은 시험우물이나 관측정에서 수위를 측정하는 장비이며, 정확하게 측정하기 위해 전기식으로 작동하는 것을 사용한다.

⑤ 수량측정 용기 :
단위시간당 수량을 측정할 수 있도록 부피를 정확히 알고 있는 용기가 필요하다.
⑥ 온도계 ⑦ 온도계 ⑧ 레벨

### (3) 시험방법

① 시험우물과 관측정을 굴착한다.
② 시험우물과 관측정의 거리 $r$과 고저차 $z$ 및 각 시험우물의 수위 $h_0$를 측정한다.
③ 충분한 크기의 수조를 준비하고 지하수를 오염시키지 않을 깨끗한 물을 준비한다.
④ 펌프를 수조에 설치하고 시험가동한다.
⑤ 부피가 일정한 용기에 물을 받아서 용기가 가득차는 데 걸리는 시간을 측정하여 유량 $Q_0$를 구한다.
⑥ 펌프가 정상적으로 가동되면 펌프의 용량 $Q_1$을 결정한다.
⑦ 시험우물에 펌프를 연결하여 시험우물 수위가 일정하게 유지되도록 수량을 조절하면서 주수한다.
⑧ 시험우물의 수위가 일정하게 유지되면 시험우물과 관측정의 수위 $h_1$ 및 수온 $T_1$을 측정한다.
⑨ 주수를 중단하고 그때의 시간을 기록한다.
⑩ 시간에 따른 수위변화를 시험우물과 관측정에서 측정한다.
⑪ 지하수위가 일정하게 유지되면 그때의 시간과 시험우물과 관측정의 수위 $h_2$ 및 수온 $T_2$을 측정한다.
⑫ 측정치를 정리하고 계산한다.
⑬ 보고서를 작성한다.

## 6.3.4 계산 및 결과정리

### (1) 정상상태의 시험

관측정의 지하수위가 일정하거나(정상상태) 관측정의 수위저하속도가 일정하게 되었을 때(준정상상태)의 시험우물의 양수량과 수위 및 관측정의 거리 $r$과 수위 $s$를 측정하여 반대수지에 $s-\log r$ 로 표시한다. $s-\log r$ 관계곡선은 대체로 직선이 된다(그림 6.14)

1) 지하수가 피압상태인 경우
관측정의 수위-거리 관계 즉, $s-\log r$ 관계직선에서 하나의 대수싸이클에 대한 지하수위 저하높이 $\Delta S_0$를 구하여 다음과 같이 투수계수를 구한다(그림 6.14).

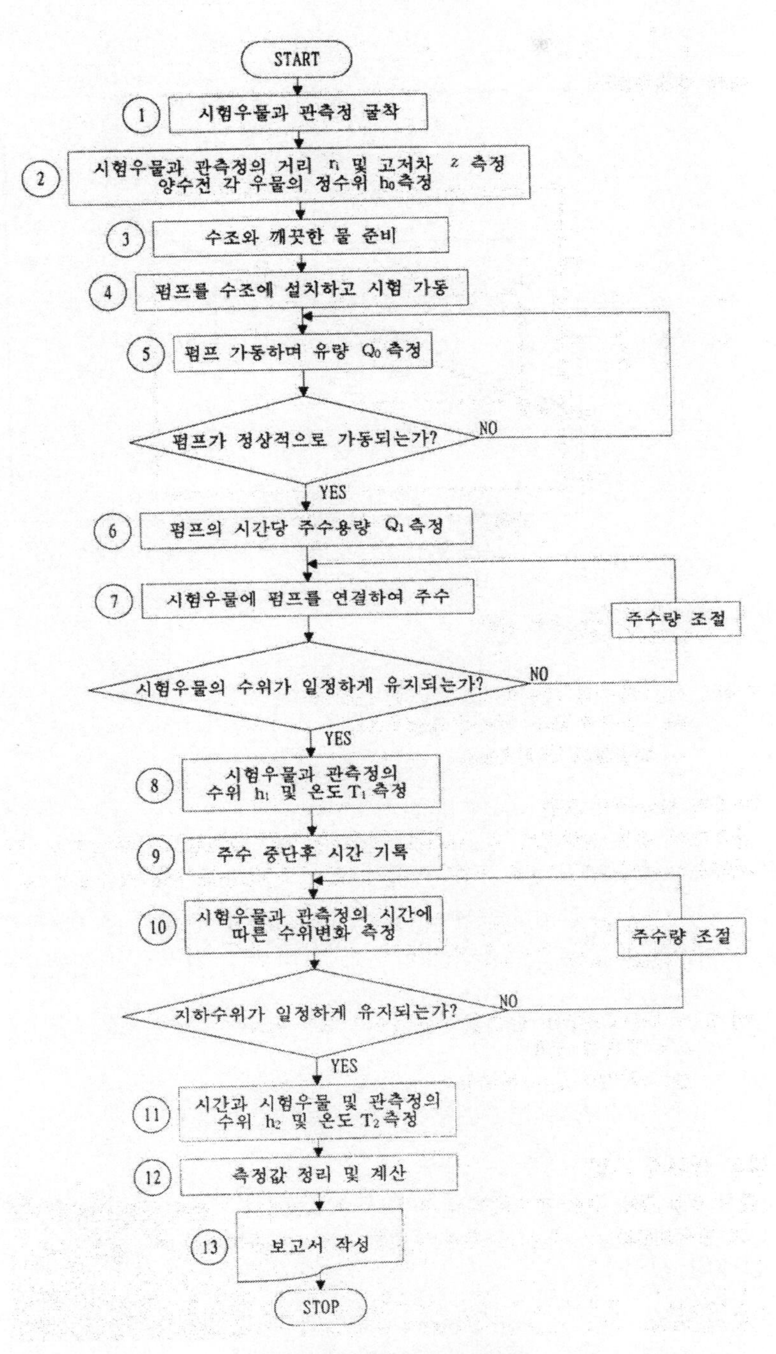


그림 6.13 주수시험 흐름도

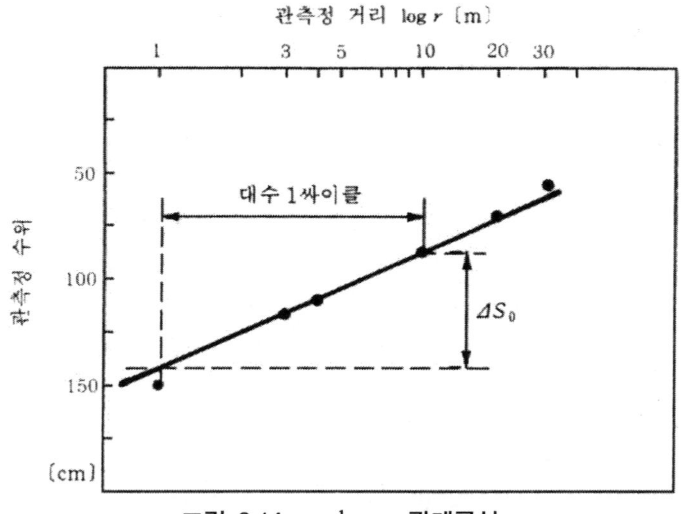


그림 6.14 $s-\log r$ 관계곡선

$$k=\frac{2.30\,Q_w}{2\pi\triangle s_0 D}\quad [\text{cm/sec}]$$

여기서, $\triangle s_0$ : 하나의 대수싸이클에 대한 $s$의 차이 [cm²/sec]

$Q_w$ : 주수량 또는 양수량 [cm³/sec]

$D$ : 대수층의 두께 [cm]

2) 지하수가 자유수인 경우

관측정의 수위-거리 관계, 즉 $s-\log r$ 관계직선에서 하나의 대수싸이클에 대한 지하수위 저하높이 $\triangle S_0$를 구하여 다음과 같이 투수계수를 구한다(그림 6.14).

$$k=\frac{2.30\,Q_w}{\pi\left(h_i^2-h_j^2\right)}\log\frac{r_i}{r_j}\quad [\text{cm/sec}]$$

여기서, $h$ : 자유수면부터 대수층 저면까지의 깊이 [cm]

$i,\ j$ : 관측정 번호

$Q_w$ : 주수량 또는 양수량 [cm³/sec]

## (2) 비정상 상태의 시험

일정한 수량을 양수 또는 주수하면서 시험우물과 관측정의 시간에 따른 수위를 측정하고 그 결과로부터 $s-\log\,(t/r^2)$의 관계를 구하여 투수계수를 결정한다.

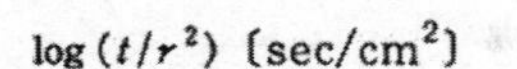


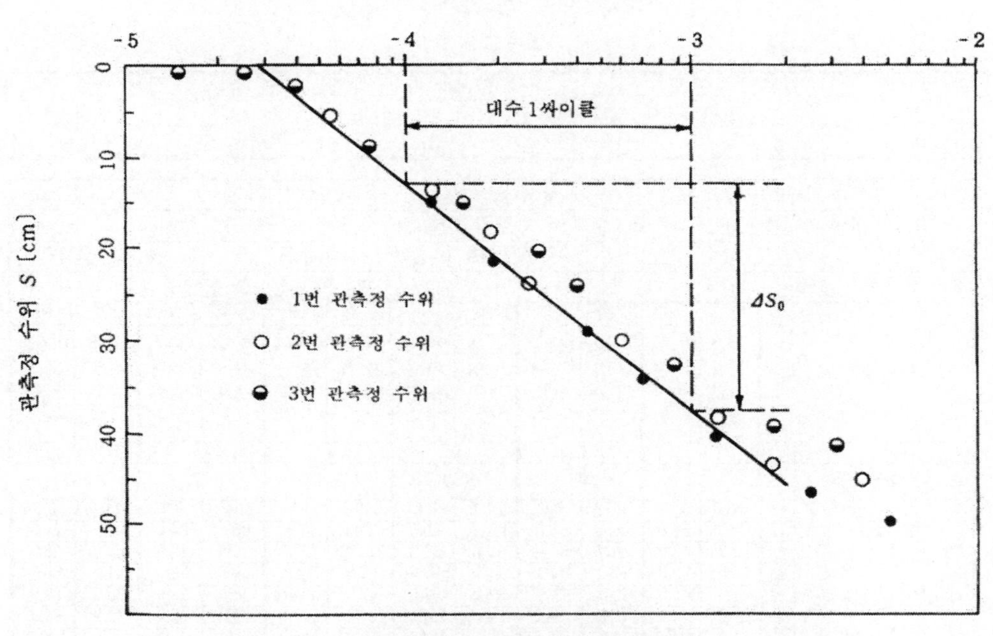


**그림 6.15 $s-\log(t/r^2)$ 관계곡선**

① 수위강하량 $s$와 $t/r^2$를 구한다.

여기서, $s$ : 수위강하량 [cm]

$t$ : 양수 개시후부터 경과시간 [sec]

$r$ : 양수정 중심으로부터의 거리[cm]

② $s-\log\,(t/r^2)$의 관계를 반대수지에 표시하고 이들을 연결하면 거의 직선이 된다(그림 6.15). 직선의 기울기로부터 투수계수 $k$를 구한다.

$$k=\frac{2.30\,Q_w}{4\pi\Delta s_0 D} \quad \text{[cm/sec]}$$

여기서, $\Delta s_0$ : 하나의 대수싸이클에 대한 $s$의 차이 [cm²/sec]

$Q_w$ : 주수량 또는 양수량 [cm³/sec]

$D$ : 대수층의 두께 [cm]

# 현장 투수시험

과 업 명 경부고속철도 시 험 날 짜 1991 년 5 월 13 일

조사위치 2-1공구 온도 20 [℃] 습 도 65 [%]

시료번호 A-8 양수정 심도 20 [m] 시험자 송 영 두

| 지 반 | 대수층 지반분류USCS SC | 대 수 층 심 도: 2,0 [m] ~ 8,0 [m] | 대 수 층 두 께 515,0 [m] |
|---|---|---|---|
| 시 험 | 시 험 상 태 (**양수시험**, 주수시험) | 양수상태 ( **정상 상태**, 비정상 상태 ) | 관 측 정 갯 수 5 개 |
| 양수기 | 모 델 AM-3 | 최 대 양 수 용 량 300 [ℓ/min] | 모 터 용 량 5 [**HP**, W] |
| 양 수 량 1800 [$cm^3$/sec] | 양 수 개 시 시 간 : 1991 년 5 월 13 일 13 시 40 분 | | |

| 관 측 정 번 호 | | | 양 수 정 | | 관 측 정 No.1 | | 관 측 정 No.2 | | 관 측 정 No.3 | | 관 측 정 No.4 | | 관 측 정 No.5 | |
|---|---|---|---|---|---|---|---|---|---|---|---|---|---|---|
| | | | 측정 수위 지표하 | 대수층 저면부터 수위 | 측정 수위 지표하 | 대수층 저면부터 수위 | 측정 수위 지표하 | 대수층 저면부터 수위 | 측정 수위 지표하 | 대수층 저면부터 수위 | 측정 수위 지표하 | 대수층 저면부터 수위 | 측정 수위 지표하 | 대수층 저면부터 수위 |
| 직 경 | | cm | 6 | | 6 | | 6 | | 6 | | 6 | | 6 | |
| 양수정 중심부터거리 $r_i$ | | m | 0 | | 100 | | 150 | | 200 | | 300 | | 350 | |
| 양수시 수위 | 양 수 개 시 전 | m | 130,0 | 0,0 | 180,0 | 0,0 | 130,0 | 0,0 | 140,0 | 0,0 | 110,0 | 0,0 | 110,0 | 0,0 |
| | 개 시 후 30 초 | m | 105,0 | 25,0 | 144,0 | 36,0 | 110,0 | 20,0 | 119,0 | 21,0 | 86,0 | 24,0 | 86,0 | 24,0 |
| | 1 분 | m | 88,0 | 42,0 | 115,0 | 65,0 | 96,0 | 34,0 | 105,0 | 35,0 | 68,0 | 42,0 | 68,0 | 42,0 |
| | 2 분 | m | 60,0 | 70,0 | 77,0 | 103,0 | 57,0 | 73,0 | 66,0 | 74,0 | 44,0 | 66,0 | 44,0 | 66,0 |
| | 4 분 | m | 42,0 | 88,0 | 52,0 | 128,0 | 33,0 | 97,0 | 42,0 | 98,0 | 30,0 | 80,0 | 30,0 | 80,0 |
| | 5 분 | m | 22,0 | 108,0 | 26,0 | 154,0 | 20,0 | 110,0 | 29,0 | 111,0 | 15,0 | 95,0 | 15,0 | 95,0 |
| | 10 분 | m | 11,0 | 119,0 | 14,0 | 166,0 | 9,0 | 121,0 | 18,0 | 122,0 | 8,0 | 102,0 | 8,0 | 102,0 |
| | 20 분 | m | 11,0 | 123,0 | 10,0 | 170,0 | 6,0 | 124,0 | 8,0 | 132,0 | 6,0 | 104,0 | 6,0 | 104,0 |
| | 40 분 | m | 3,0 | 127,0 | 5,0 | 175,0 | 3,0 | 127,0 | 2,0 | 138,0 | 3,0 | 107,0 | 3,0 | 107,0 |
| | 1 시간 | m | | | | | | | | | | | | |
| | 2 시간 | m | | | | | | | | | | | | |
| | 4 시간 | m | | | | | | | | | | | | |
| | 8 시간 | m | | | | | | | | | | | | |
| | 16 시간 | m | | | | | | | | | | | | |
| | …… | m | | | | | | | | | | | | |
| 수위회복시수위 | 개시후 30 초 | m | 3,5 | 126,5 | 5,2 | 174,8 | 3,2 | 126,8 | 2,1 | 137,9 | 3,3 | 106,7 | 3,1 | 106,9 |
| | 1 분 | m | 7,2 | 122,8 | 10,3 | 169,7 | 6,2 | 123,8 | 8,2 | 131,8 | 6,2 | 103,8 | 6,2 | 103,8 |
| | 2 분 | m | 11,3 | 118,7 | 14,4 | 165,6 | 9,1 | 120,9 | 18,4 | 121,6 | 8,1 | 101,9 | 8,2 | 101,8 |
| | 4 분 | m | 22,1 | 107,9 | 26,2 | 153,8 | 20,3 | 109,7 | 29,1 | 110,9 | 15,3 | 94,7 | 15,1 | 94,9 |
| | 5 분 | m | 42,3 | 87,7 | 52,3 | 127,7 | 33,5 | 96,5 | 42,4 | 97,6 | 30,1 | 79,9 | 30,2 | 79,8 |
| | 10 분 | m | 60,2 | 69,8 | 77,1 | 102,9 | 37,2 | 72,8 | 66,3 | 73,7 | 44,4 | 65,6 | 44,3 | 65,7 |
| | 20 분 | m | 88,3 | 41,7 | 115,2 | 64,8 | 96,3 | 33,7 | 105,2 | 34,8 | 68,2 | 41,8 | 68,2 | 41,8 |
| | 40 분 | m | 105,7 | 24,3 | 144,3 | 35,7 | 110,2 | 19,8 | 119,1 | 20,9 | 86,3 | 23,7 | 86,1 | 23,9 |
| | 1 시간 | m | | | | | | | | | | | | |
| | 2 시간 | m | | | | | | | | | | | | |
| | 4 시간 | m | | | | | | | | | | | | |
| | 8 시간 | m | | | | | | | | | | | | |
| | 16 시간 | m | | | | | | | | | | | | |
| | …… | m | | | | | | | | | | | | |
| 투수계수 ※1 $k$ [cm/s] | | | $1.008\times10^{-3}$ | | $9.957\times10^{-3}$ | | $5.865\times10^{-4}$ | | $5.35\times10^{-4}$ | | $1.011\times10^{-3}$ | | $1.011\times10^{-3}$ | |

참고 : ※1 정 상 상 태 : $k = \dfrac{2.30Q}{\pi(H_i^2 - H_j^2)} \log \dfrac{r_j}{r_i}$ 비정상 상태 : $k = \dfrac{2.30Q_v}{4\pi d_{s0} D}$

| 확 인 | 이 용 준 ( 인 ) |
|---|---|

# ◈ 참고문헌 ◈

KS F 2322.

ASTM D 2434.

AASHTO T 215.

DIN 18130 T1.

JIS A 1218T.

Ahmed, S., Lacroix, Y. and Steinbach, J. (1975). 'Pumping tests in an unconfined aquifer'. Proc. Am. Soc. Civ. Eng. Speciality Conf. on In-situ Measurement of Soil Properties, Raleigh, N.C. Vol. 1

Anandakrishnan, M. and Varadarajulu, G. H. (1963). 'Laminar and Turbulent flow of water through sand, Proc. Am. Soc. Civ. Eng. Soil Mech. Found. Div. Vol. 89.

Bowles, j. e., (1973), Permeability Coefficient Using a New Plastic Device, Highway Research Record no. 431, pp. 55-61.

Hamilton, J. M., Daniel, D. E. and Olson, R. E. (1981) 'Measurement of hydraulic conductivity of partially saturated soils', Permeability and ground water contaminant transport, Am. Soc. Test. Mater., Spec. Tech. Publ., 746.

Hubbert, M. K., (1956). 'Darcy's law and the field equations of the flow of underground fluids'. Trans. Am. Inst. Min. Metall. Eng. 207.

Kelly, W. P., Jenny, H., and Brown, S. M. (1936). 'Hydration of minerals and soil colloids in relation to crystal structure', Soil Science, Vol. 41.

Mitchell, j. K., and K. S. Younger, (1967), Abnomalities in Hydraulic Flow Through Fine-Grained Soil, ASTM STP no, 417, pp. 106-141

Schulze E./Muhs H.(1967). Bodenunterschungen fur Ingenjeurbauten 2. Auf. Springer Verlag, Berlin/Heidelberg/New York.

Terzaghi, K. (1943) Theoretical Soil Mechanics, Wiley, New York.

Terzaghi, K. and Peck, R. W. (1948). Soil Mechanics in Engineering Practice, (2nd edn, 1967). Wiley, New York.

# 제7장 흙의 압축성과 팽창성

## 7.1 지반의 압축성

### 7.1.1 개 요

흙지반의 전체 부피는 흙입자 부피와 간극 부피의 합이며, 고체인 흙입자는 비압축성이기 때문에 그 부피가 변하지 않는다. 따라서 지반의 부피변화는 곧 간극의 부피가 변화하여 발생된다.

흙지반의 간극은 액체인 물과 기체인 공기로 채워져 있는데 물은 유동성이고 비압축성인 반면에 공기는 유동성이고 압축성이고 물에 용해되어서 간극의 부피변화는 곧 물이 유출되거나 공기가 유출되거나 압축 또는 용해되어서 일어난다. 따라서 (간극이 물로 가득 차 있는) 포화지반과 (간극이 물과 공기로 채워진) 불포화 지반의 압축특성은 서로 다르다. 불포화 지반의 부피감소는 간극 내의 공기가 압축되거나 물에 용해되어서 또는 유동체인 공기나 물이 유출되어서 발생한다. 그러나 포화지반의 부피감소는 간극을 가득 채우고 있는 비압축성 유동체인 물이 빠져나가서, 즉 압밀이 일어나서 발생된다.

외력에 의한 포화지반의 압축특성은 압밀이론으로 상당히 파악되고 있으나 불포화 지반의 압축특성은 아직까지 잘 알려져 있지 않다. 따라서 지금까지의 흙의 압축성에 대한 이론은 거의 포화지반에 대한 것이다.

점성토는 외력이 작용하지 않아도 함수비에 따라 그 부피와 컨시스턴시가 달라진다. 즉, 건조되어 함수비가 작아지면 부피가 감소하며, 어느 한계(수축한계 $w_s$)부터는 부피가 변하지 않는 고체상태가 된다.

그밖에도 지반의 구조골격의 특성에 따라 지반의 부피가 급격히 변하는 경우(지반함침)가 있다.

따라서 지반의 압축특성은 다음의 내용으로 검토해야 한다.

- 외력에 대한 지반의 압축특성(7.1.2)
- 지반의 구조적 압축 및 팽창특성(7.1.3)
- 지반함침(7.1.4)

## 7.1.2 외력에 의한 지반의 압축특성

자중에 의한 응력 $p_0$가 작용하여 안정상태인 두께 $H$의 포화점성토 지반에 외력이 작용하면 지중응력이 $\triangle q$ 만큼 증가되고 압밀이 일어나서 침하가 발생되며 압밀침하량 $\triangle H$는 압축지수 $C_c$와 초기 간극비 $e_0$로부터 다음의 식으로 구할 수 있다.

$$\triangle H = \frac{C_c}{1+e_0} H \log \frac{p_0 + \triangle q}{p_0}$$

압축지수 $C_c$는 압밀시험에서 구하거나 액성한계로부터 경험적으로 구할 수 있다.

또한 90% 압밀되는 데 걸리는 시간 $t_{90}$은 압밀시험에서 구한 지반의 압밀계수 $C_v$로부터 다음과 같이 구할 수 있다.

$$t_{90} = \frac{0.848 H^2}{C_v} \quad [\text{min}]$$

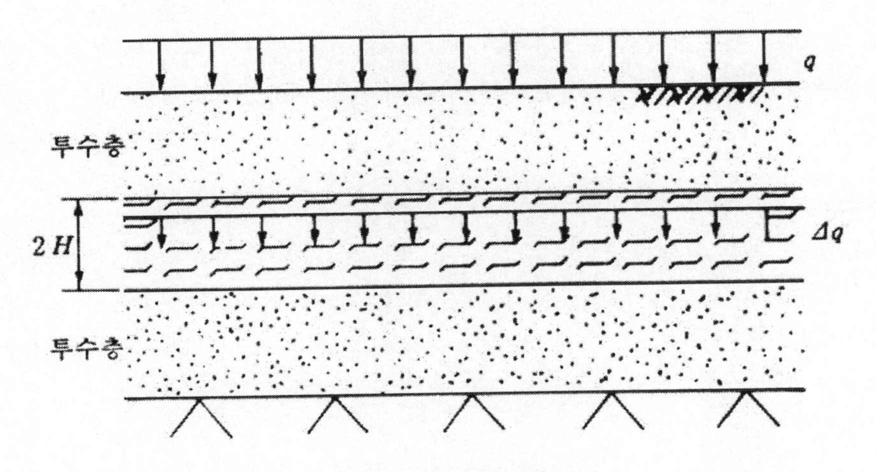


그림 7.1 압밀 발생지층

### (1) 외력에 의한 지반의 압축특성

사질토는 투수성이 커서 외력이 작용하는 순간에 물이 배수되어 지반이 압축된다.

반면에 점성토는 투수성이 매우 낮아서 오랜 시간에 걸쳐서 물이 배수되어, 즉 압밀되어 지반이 압축된다. 압밀종료 후의 침하량 및 일정한 정도(압밀도)로 압밀되는데 소요되는 시간은 Terzaghi의 압밀이론으로부터 구할 수 있다.

### (2) 외력에 의한 지반의 압축성 시험

#### 1) 압축성 시험

외력에 의한 포화 점성토의 압축 또는 팽창특성은 Terzaghi(1925)가 고안한 압밀 시험기를 이용하여 측정한다.

압밀시험은 직경 6~10 cm, 높이 1.4~2.0 cm의 원형판 시료를 사용하며, 시료상하의 표면에 다공석판으로 된 배수층을 설치하고, 응력제어방식으로 단계별로 하중을 가한다. 이때 압밀링벽에서의 마찰, 시료표면의 요철, 시료 장착 불량 등에 의한 오차가 생기지 않도록 유의해야 한다.

각 재하단계별로 재하후 시간에 따른 압축량을 측정하여 구한 시간 - 압축량 관계로부터 압밀침하와 2차 압축침하등 지반의 압축침하특성을 알 수 있고 하중단계에 따른 최종 압축침하량을 구하여 응력-침하 곡선(또는 응력-비침하 곡선)을 그려서 지반의 압축특성과 선행하중을 구한다.

압축성 시험은 변형률 제어방식으로도 수행할 수 있다. 이때에는 일정한 변형률로 공시체를 압축하면서 간극수압 변화를 측정하여 지반의 압축특성을 구하며, 이 방법은 Terzaghi에 의해 제안되었으나 최근에 이르러서야 본격적인 연구가 진행되고 있다. 기존의 응력제어 방식에 비하여 시험시간을 대폭 줄일 수 있으므로 조만간에 일반화될 전망이다.

#### 2) 압축지수 $C_c$, 팽창지수 $C_s$

하중에 따라 포화지반이 압축되거나 팽창되는 특성(즉 응력 - 지반압축량의 관계)은 하중 - 간극비 곡선($\log P - e$곡선)에서 뚜렷한 경향을 나타내며, 초기압축재하단계에서 곡선의 기울기를 압축지수 $C_c$ 로 제하단계(unloading)에서 곡선의 기울기를 팽창지수 $C_s$ 로 정의한다.

$$\Delta e = C_c \log \frac{p_0 + \Delta p}{p_0}$$

압축지수 $C_c$는 압밀에 의한 침하량을 구할 때에 적용하며 Skempton(1944) 등에 의하면 압밀시험을 실시하지 않고도 액성한계 $w_L$로부터 경험적으로 구할 수 있다.

비교란시료 : $C_c = 0.009(w_L - 10)$

교란시료 : $C_c = 0.007(w_L - 10)$

**3) 변형계수 $E_s$**

압밀시험결과를 응력－변형률( $\sigma - \epsilon$ )관계곡선으로 표시하면 직선이 아닌 곡선형태이며 이 곡선의 할선계수(Secant Modulus)를 변형계수 $E_s$ 라고 한다. 압밀시험은 측면변형이 억제되는 조건에서 실시하므로 압밀시험에서 구한 변형계수 $E_s$는 측면변형이 허용되는 조건에서 구한 영률(Young's Modulus) $E$와 다르다. 변형계수 $E_s$와 영률 $E$ 는 다음과 같은 관계이다.

$$E_s = E\frac{1-\nu}{(1+\nu)(1-2\nu)} = 3K\frac{1-\nu}{1+\nu}$$

여기서 $K$ 는 압축계수이고 $\nu$는 포아송의 비이다.

## 7.1.3 지반의 구조적 팽창성

지반은 대체로 함수비가 커지면서 그 부피가 팽창하며 지반의 구조골격에 따라 팽창거동이 다르다. 특히 점성토는 구조적인 팽창성을 갖고 있으며, 이로 인하여 발생되는 압력, 즉 팽창압은 제거된 하중이 클수록 커진다. 점성토의 팽창원인은 모세관 현상이 아니다. 점성토는 대기압하에서 가장 크게 팽창되고 대기압하에서 팽창된 부피를 지반의 친수성이라고 한다.

## 7.1.4 지반함침

입자배열(구조골격)이 불안정한 상태인 지반에서는 외력이 작용하면 입자가 촘촘한 상태로 재배열되면서 갑작스럽게 체적이 감소되어 지반이 함몰되는 데 이를 지반함침이라고 한다. 이러한 불안정한 입자배열상태는 모래의 겉보기 점착력에 의해 지반 내에 골격이 형성되었다가 동적 하중이 가해지거나 건조되거나 또는 포화되어 갑자기 겉보기 점착력이 소멸될 때에 발생된다 그밖에 여러 가지 원인으로 화학적 점성결합이 소멸될 경우에도 발생된다. 따라서 모래는 물을 뿌리면 지반함침을 방지할 수가 있다. 지반함침은 대개 갑자기 일어나며 지반 내에 작은 공동이 많이 있는 지반일수록 지반함침 가능성이 크다. 이러한 지반의 현장건조단위중량은 실험실에서 구한 최소 건조단위중량보다 작기 때문에 현장건조단위중량을 측정하여 지반함침 가능성을 간단히 확인할 수 있다.

# 7.2 흙의 압밀시험(KS F 2316)

## 7.2.1 개 요

모든 흙은 압축성이 있다. 즉, 흙이 하중을 받으면 부피가 감소한다. 이때에 토체를 이루고 있는 세 가지 요소, 즉 흙입자, 물, 공기 중에서 흙 입자와 물은 비압축성이므로 결국 토체 부피감소는 간극의 부피감소로 인하여 발생된다. 그런데 간극은 물과 공기로 채워져 있기 때문에 간극의 부피감소는 흙 입자 사이의 간극을 채우고 있는 공기가 유출되거나 압축되거나 물에 용해되어 부피가 감소하든지 또는 간극 속에서 물이 유출되기 때문에 일어난다. 만약에 흙이 완전히 포화되어 있다면 압축은 유동성인 물이 유출되어서 발생한다. 이때의 압축속도는 간극 속 물이 유출되는 속도에 의존하며, 점성토는 투수계수가 작으므로 물이 유출되는 데 많은 시간이 소요된다. 흙 속으로부터 물이 유출되면서 지반이 압축되는 현상을 압밀이라고 한다. 이러한 압밀현상을 실내에서 실험적으로 구하는 시험을 압밀시험이라 하며 Terzaghi 1차 압밀 이론에 근거를 두고 있다. 압밀시험을 통하여 압밀정수(압축지수, 선행압밀하중, 체적압축계수, 압밀계수)를 구할 수 있으며, 압밀정수를 이용하여 점성토지반이 하중을 받아서 지반전체가 1차원적으로 압축되는 경우에 발생되는 침하특성(침하량, 침하속도)을 밝힐 수 있다. 압밀시험방법은 한국산업규격 KS F 2316에 규정되어 있다.

연약지반 위에 도로제방 등의 구조물을 축조할 때에는 압밀로 인한 최종 침하량과 그 침하가 어느 비율, 예를 들면 50% 또는 90%까지 일어나는 데 소요되는 시간을 추정해야 할 필요가 있다. 이런 계산은 성토높이를 결정하거나 공사기간을 정하는 경우에 반드시 필요하다. 흙의 압밀특성을 응용한 프리로오딩(Preloading)공법, 샌드 드레인(Sand Drain)공법 또는 페이퍼 드레인(Paper Drain)공법 등을 잘 적용하여 연약지반을 개량할 수 있다.

## 7.2.2 시험장비

### (1) 압밀 상자

압밀 상자는 고정링형 또는 부동링형을 사용한다.

**1) 고정링형 압밀 상자(그림 7.2(a))**

① 압밀링 : 시료를 넣는 금속제 링으로서 안지름 60 mm, 높이 20 mm, 두께 2.5mm를 원칙으로 한다. 링 내면은 기계 마무리하여야 한다.

② 가압판 : 시료에 하중을 가하는 가압판이며, 압밀링의 내면에서 기울어지지 않고 원활하게 움직이며, 시료에서 나오는 물을 다공석판을 통하여 밖으로 배출할 수 있어야 한다. 이 다공석판은 분리할 수 있어야 한다.
③ 밑판 : 압밀링을 고정시키는 장치로서 아래에 놓인 다공 석판을 통하여 물을 배출시킬 수 있어야 한다.
④ 수침 상자 : 압밀링, 가압판 및 밑판을 넣는 용기로서 그 안에 물을 넣어 가압판의 다공석판까지 침수시킬 수 있는 것이라야 한다.
⑤ 변형 측정장치 : 시료의 변형량을 0.01 mm 의 정밀도로 측정할 수 있는 것이어야 한다.
⑥ 다공석판

**2) 부동링형 압밀 상자(그림 7.2(b))**

① 압밀링 및 칼라 : 시료를 넣는 금속제 링으로 안지름 60 mm, 높이 20 mm, 두께 2.5 mm를 원칙으로 하고 그 양끝으로 가압판과 밑판을 유도하게 되며, 이 유도하는 부분의 높이는 약 2 mm 로서 링과 같은 안지름의 칼라를 붙인다. 링 및 칼라의 내면은 기계 마무리하여야 한다.
② 가압판 : 시료에 하중을 가하는 판으로서, 압밀링 내면에서 기울어지지 않고 원활하게 움직이며, 시료에서 물은 다공석판을 통해 밖으로 배출할 수 있어야 한다. 이 다공석판은 분리할 수 있어야 한다.
③ 밑판 : 압밀링의 가이드 장치로서, 압밀링이 이것을 따라서 경사지지 않고 원활하게 움직이며 시료에서 나오는 물은 다공석판을 통하여 밖으로 배출할 수 있어야 한다. 이 다공석판은 분리할 수 있어야 한다.
④ 수침 상자 : 압밀링, 기압판 및 밑판을 넣는 용기로서 그 안에 물을 넣어 가압판의 다공석판까지 침수시킬 수 있는 것이라야 한다.
⑤ 변형 측정장치 : 시료의 변형량을 0.01 mm의 정밀도로 측정할 수 있어야 한다.
⑥ 다공석판

### (2) 재하장치

공시체에 하중을 가하기 위하여 다음과 같은 성능의 장치와 기구를 갖추어야 한다.
① 압밀상자 지지대 : 주변의 영향없이 압밀시험을 실시할 수 있도록 안정된 것이어야 한다.
② 재하장치 : 공시체에 편심이 일어나지 않고 0.05～15 kgf/cm$^2$ 압축압력을 가할 수 있는 장치로 안정된 것이어야 한다.
③ 시험추 : 0.05～12.8 kgf/cm$^2$ 의 평균압축압력을 가할 수 있는 크기의 추(0.05, 0.10, 0.20, 0.40, 0.80, 1.60, 3.20, 6.40, 12.80).

### (3) 시료 조재용 기구(그림 7.3)

① 트리밍링 : KS F 2314(흙의 일축압축 시험 방법)에 따른다.

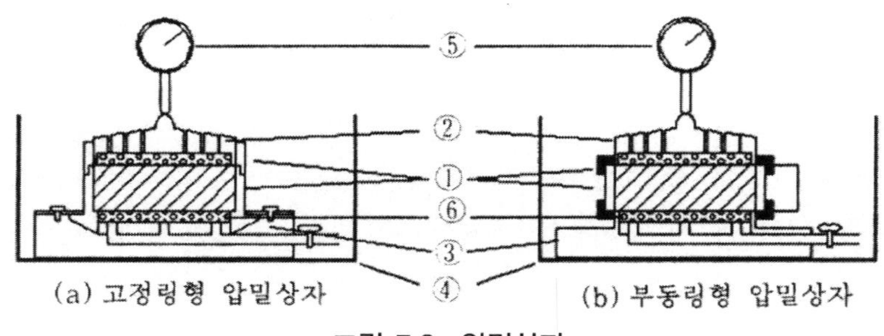


그림 7.2 압밀상자

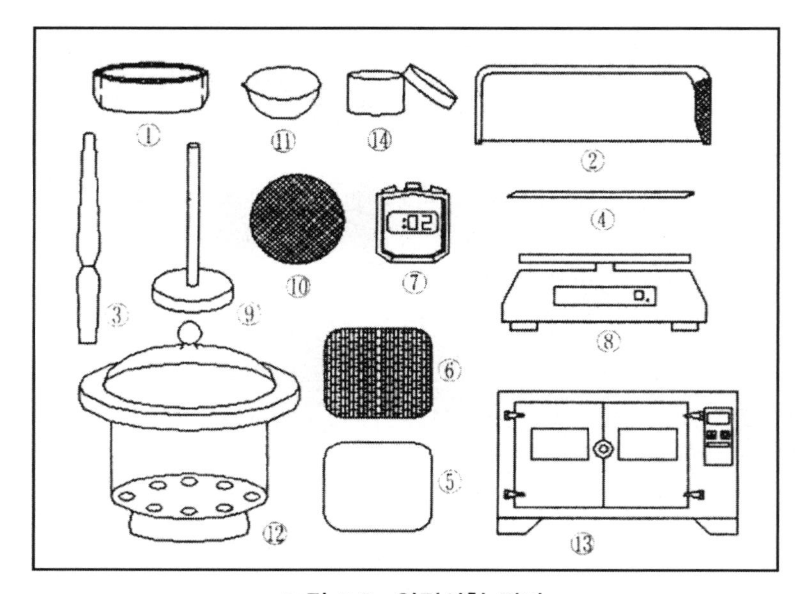


그림 7.3 압밀시험 장비

② 줄톱
③ 스패츌러
④ 시료칼 및 주걱
⑤ 비닐 시트
⑥ 젖은 수건
⑦ 스톱워치 또는 시계

⑧ 저울 : 감도 0.1 gf 의 저울이어야 한다.
⑨ 시료를 밀어넣은 용구
⑩ 거름종이
⑪ 증발접시
⑫ 데시케이터
⑬ 함수량 측정용 기구 : KS F 2306(흙의 함수량 시험 방법)에 따른다.
⑭ 흙입자의 비중 측정기구 : KS F 2308(흙의 비중 시험 방법)에 따른다.

## 7.2.3 시험방법

### (1) 공시체의 조제

공시체는 될 수 있는대로 흙의 함수량이 변화되지 않도록 습도가 높고 일정한 실내에서 제작한다.

**1) 비교란 시료**

① 시료 추출기에서 시료를 꺼내어서 압밀링의 안지름 및 높이보다 각각 10 mm 정도 크게 절단한 후에 이것을 트리머에 올려놓고, 지름이 압밀링의 안지름보다 2～3 mm 큰 원판형으로 깎는다. 깎아낸 시료는 함수비 $w$와 흙입자 비중 $G$를 결정하기 위하여 별도로 보존한다.
② 압밀링의 무게 $W$와 높이 $H_c$ 및 안지름 $D$을 측정한다. 링의 안쪽벽에는 마찰을 없애기 위하여 실리콘그리스 등을 얇게 바른다.
③ 압밀링을 성형한 시료 위에 올려놓고 줄톱이나 곧은 날로 그 주변을 깎으면서 링 속으로 조심해서 밀어 넣는다. 이때 링과 시료 사이에 공간이 생기지 않게 주의하여야 한다.
④ 시료를 완전히 밀어 넣은 다음에 줄톱이나 시료칼로 압밀링 위·아래면에 나와 있는 부분의 시료를 링의 끝면에 따라 조금씩 잘라낸다.
⑤ 성형이 완료된(공시체 + 압밀링)의 무게 $W_s$를 측정한다. 부동링인 경우에는 무게를 측정한 후 칼라를 붙인다.
⑥ 별도로 보존한 시료로 흙의 함수비 $w$와 흙입자의 비중 $G_s$을 구한다.

**2) 교란 시료**

①' 흐트러진 시료를 비닐 쉬트로 싸서 시험대 위에 놓고 조금씩 굴리면서 손으로 눌러 이긴다. 시료 일부분은 함수비 $w$ 및 흙입자 비중 $G_s$를 측정하기 위해 보존한다.

②' 압밀링의 무게 $W$와 높이 $H_c$ 및 안지름 $D$을 측정한다. 링의 안쪽 벽에는 마찰을 없애기 위하여 실리콘 그리스 등을 바른다.

③' 다시 이긴 시료를 적당한 크기의 덩어리로 만든 후에 압밀링을 밀어 넣고, 링 위·아래면으로 나온 부분을 줄톱이나 시료칼로 링의 끝면에 따라 조금씩 자른다. 이때에 링과 시료 사이에 공간이 생기지 않도록 주의한다.

④' 시료를 완전히 밀어 넣은 후에 줄톱이나 시료칼로 압밀링 위·아래면에 나와 있는 부분을 링의 끝면을 따라 조금씩 잘라낸다.

⑤' 성형이 완료되면 (공시체+링) 무게 $W_s$를 측정한다. 부동링인 경우에는 무게를 측정한 후 칼라를 붙인다.

⑥' 별도로 보존한 시료로 흙의 함수비 $w$와 흙 입자의 비중 $G_s$를 구한다.

## (2) 시험 준비

**1) 압밀 상자의 조립**

⑦ 가압판과 밑판의 다공석판은 기포를 제거하고 미리 물 속에 수침시켜 두었다가 사용해야 한다.

⑧ 포화된 시료일 때는 압밀상자는 내부에 공기가 남지 않게 주의하여 조립하며, 필요하다면 수중에서 조립한다. 불포화 시료일 때에는 공기 중에서 압밀상자를 조립한다. 이때에 가압판과 밑판의 다공석판은 시료의 함수비에 맞추어 적당히 물에 적셔야 한다.

⑨ 거름종이를 공시체의 단면크기로 자르고 물에 적신 후에 공시체의 상하면에 붙이고, 이것을 밑판의 다공석판 위에 올려놓는다.

⑩ 가압판을 공시체 위에 올려놓는다.

⑪ 포화된 시료일 때는 가압판의 다공석판이 침수될 정도로 수침상자의 수위를 높인다. 경질점토 등 흡수팽창의 우려가 있는 시료는 먼저 하중을 가하고 난 후에 수침상자에 물을 가한다. 흡수성이 있는 불포화 시료를 사용할 때는 수침상자에 물을 넣지는 않으나, 적당한 기구로 덮어서 수분의 증발을 방지한다.

**2) 재하장치의 설치**

⑫ 조립이 끝난 압밀 상자를 지지대 위에 올려놓고 재하장치를 편심이 일어나지 않도록 주의하여 설치한다.

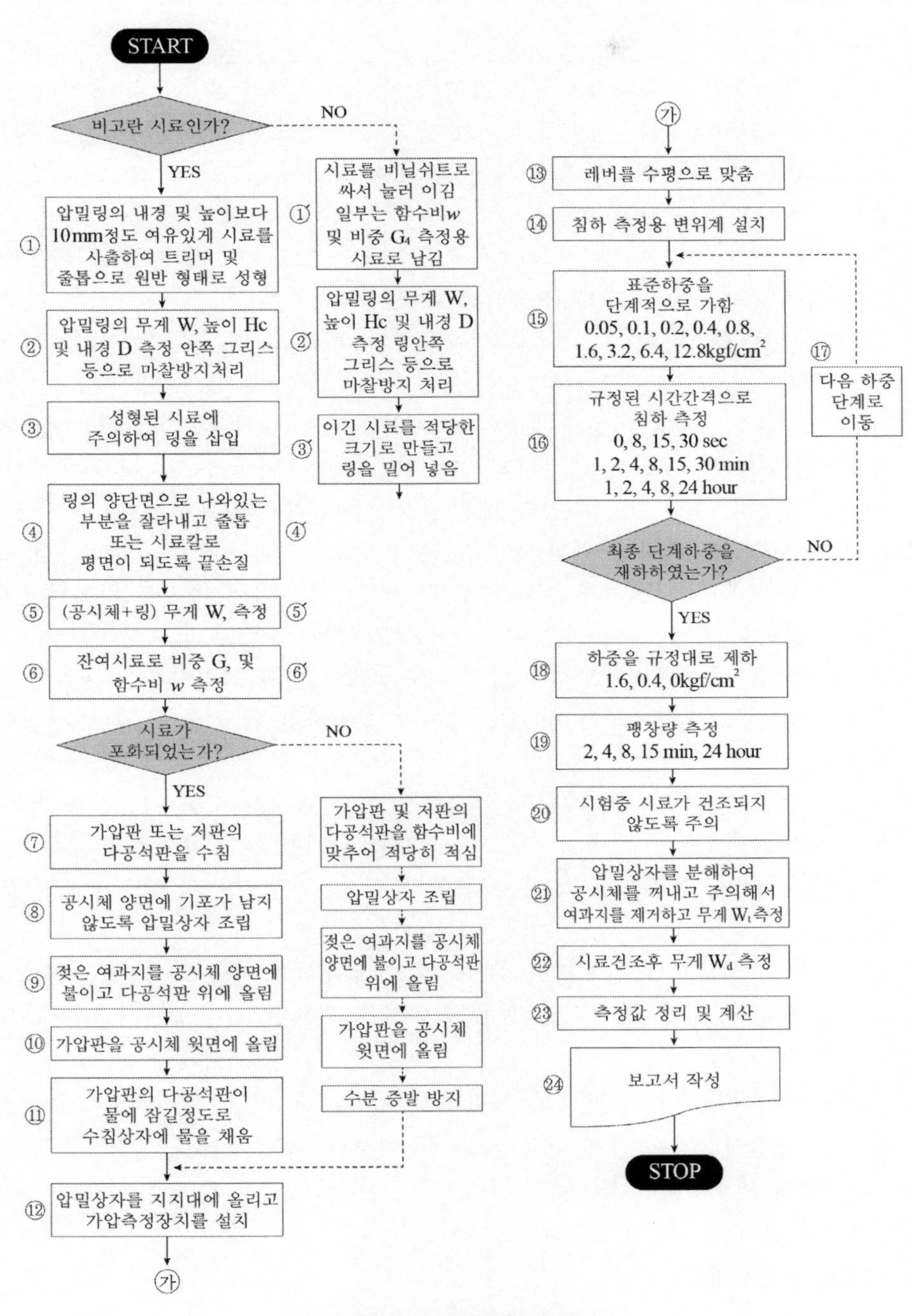


**그림 7.4 압밀시험 흐름도**

## (3) 시험 방법

⑬ 조립한 압밀상자를 재하장치에 놓고 재하레버를 최대한 수평으로 유지한다.

⑭ 다이얼게이지 호울더를 상하로 조정하여 침하량 측정용 다이얼게이지를 설치하고 0으로 맞춘다. 다이얼게이지는 예상 변위량 이내에서 충분히 기능을 발휘할 수 있도록 상하위치를 잡아 설치한다.

⑮ 규정 (KS F 2316)에 맞추어서 표준하중을 단계적으로 재하한다. 추를 이용할 때에는 충격이 가해지지 않도록 조심해서 추를 올려놓는다.

⑯ KS F 2316에 의거하여 초기치를 읽은 후에 재하후 3", 6", 9", 12", 18", 30", 42", 1', 1.5', 2', 3', 5', 7', 10', 15', 20', 30', 40', 1, 1.5, 2, 3, 6, 12, 24시간으로 규정되어 있다. 시간이 너무 세분화 되어 자동 계측에 적합하다. 육안 계측시에는 측정방법인 8", 15", 30", 1', 2', 4', 8', 15', 30', 1, 2, 4, 8, 24시간 마다 측정하여도 가능하다. 육안으로 측정할 때는 다이얼게이지를 사용한다.

⑰ 24시간이 지나면 경과 시간과 침하량을 읽고 그 다음 단계의 표준하중을 순차적으로 가하면서 경과 시간과 침하량을 측정하는 ⑮→⑯의 과정을 반복한다.(0.05, 0.1, 0.2, 0.4, 0.8, 1.6, 3.2, 6.4, 12.8 $kgf/cm^2$)

⑱ 최종단계 하중을 가하여 24시간 압밀시킨 후에 시간과 침하량을 기록하고 하중을 제하한다. 하중제하는 모든 하중에 대하여 실시하지 않고 1.6, 0.4, 0 $kgf/cm^2$로 감소시킨다.

⑲ 하중을 1.6 $kgf/cm^2$로 감소시키고 약 4시간 동안 방치한 다음 팽창량을 기록하고, 다시 압력을 0.4 $kgf/cm^2$까지 감소시켜 4시간 방치한 후에 융기량을 기록한다. 팽창량 측정 시는 통과경과시간은 기록하지 않으나 일정한 간격으로 측정할 수도 있다.

⑳ 압밀 시험은 착수부터 완료까지 약 1주일 이상이 소요되므로 시험중 시료가 건조되지 않도록 시험 중에 수시로 물을 확인하고 필요한 경우에는 추가로 주입하여야 한다.

㉑ 시험이 완료되면 시료를 꺼내서 여과지를 제거한 후 무게 $W_t$를 재고 건조로에서 말린다. 압밀시험기는 해체하여 물로 깨끗이 닦아내고 무게를 잰다.

㉒ 건조로에서 건조한 시료의 무게 $W_d$를 측정한다.

㉓ 측정결과를 계산하고 정리한다.

㉔ 보고서를 작성한다.

## 7.2.4 계산 및 결과정리

시험 결과는 각 하중 단계에 대한 것과 전압력단계에 대한 것으로 나누어 정리한다. 각 압력에 대해서 변형량 – 시간 곡선 ($s-\log t$, $s-\sqrt{t}$)을 그리며, 포화된 시료일 때는 이것을 정리하여 소정의 압밀도(50%, 90%)에 이르는 데 요하는 시간을 구하고, 이론식을 사용하여 압밀 계수 $C_v$를 계산한다. 또한, 전체 압력 단계에 대한 압밀압력과 간극비의 관계($p-e$)에서 체적 압축계수 $a_v$를 구하고, 압축계수 $Q_v$로부터 투수계수 $k$를 계산한다. 전체압력 단계에 대한 압밀압력과 간극비와의 관계 ($\log p-e$)에서 압축 지수 $C_c$ 및 압밀 선행압밀압력 $p_c$를 구한다.

### (1) 데이터 쉬트를 정리한다.

### (2) 공시체의 높이계산

① 공시체의 높이 $h_i$ 는 각 하중단계에서 시료의 평균높이로 한다.

② 임의의 $i$ 번째의 하중에 의한 압밀 종료 시 공시체의 높이 $h_i$는 전단계인 $i-1$ 단계의 최종공시체 높이 $h_{i-1}$에서 $i$ 단계에서 발생된 압밀량 $\Delta s_i$를 빼면 된다. 즉,

$h_i = h_{i-1} - \Delta s_i$

③ 따라서 $i$ 번째 하중단계에서 공시체의 평균높이 $h_{im}$는 다음과 같다.

$h_{im} = (h_{i-1} + h_i)/2$ [cm]

### (3) 압밀 계수( $C_v$ : Coefficient of Consolidation)

압밀 계수 $C_v$는 지반의 압밀침하에 소요되는 시간을 추정하는 데 쓰이며 시료의 시간 – 압축침하량 관계로부터 구한다. 시간을 표현하는 방법에 따라 $\sqrt{t}$ 방법과 $\log_{10} t$ 방법의 두 가지가 있으나 $\log_{10} t$ 방법으로 구한 압밀계수 값이 실제와 더 잘 부합된다고 알려져 있다. 압축량의 초기보정치인 수정염정 $d_s$는 공시체 내에 있는 기포나 여과지가 압축되는 등 공시체와 가압판 사이의 밀착성으로 인해 발생되는 문제에 대한 보정치이다.

#### 1) $\sqrt{t}$ 방법

① 세로축에 변형량 $d$를 가로축에 소요시간(분)의 제곱 $\sqrt{t}$ 를 취하여 측정결과를 표시한다.

② 먼저 이 곡선의 직선 부분을 연장하여 세로축과 만나는 점을 수정영점 $d_0$라 하고, 이 점으로부터 실측직선부 기울기의 1/1.15배 되는 기울기로 선을 그려서 실측곡선과 만나는 점을 90 % 압밀이 일어난 $d_{90}$ 으로 한다.

③ $d_{90}$에 해당하는 시간 $t_{90}$을 구한다.

④ 압밀계수 $C_v$는 다음 식으로 구한다.

$$C_v = T_{90}\frac{H^2}{t_{90}} = 0.848\frac{H^2}{t_{90}}$$

여기서, $T_{90}$ : 90 % 압밀도에 해당하는 시간계수

$H$ : 배수거리로 나타내며 일면배수일 때에는 시료의 전체 두께 $h_0$를 취하고, 양면배수일 때에는 시료의 절반두께 $0.5h_0$이다.

⑤ 일차압밀량 $\Delta d'$는 다음과 같이 구한다.

$$\Delta d' = \frac{10}{9}(d_{90} - d_0)$$

**2) $\log_{10}t$ 방법**

① 세로축에 침하량 $d$를 가로축에 시간(대수 눈금) $\log_{10}t$를 적어서 측정결과를 표시한다.

② 이 곡선의 중간 부분과 마지막 부분은 대략 직선이 되는데, 이 직선의 연장선의 교점을 $d_{100}$으로 정한다.

③ 대수눈금에서는 $t = 0$인 점을 나타낼 수 없으므로 곡선의 처음 부분은 포물선이 된다고 가정하여 $t = 0$에서의 다이얼게이지 수정영점 읽음 $d_0$를 결정한다. 즉, 그 곡선에서 시간 $t_1$분의 다이얼게이지 읽음 $d_{t1}$과 이 시간의 4배 되는 시간 $t_4 = 4t_1$ 다이얼 읽음 $d_{t4}$차 $\Delta d_s = d_{t4} - d_{t1}$ 만큼 시간 $t_1$의 읽음 $d_{t1}$ 위로 점 찍어서 수정 영점 $d_0 = d_{t1} - \Delta d_s$로 한다. 그러나 $t_1$을 정하기가 어려우므로 보통 $t_1 = 1$분으로 한다. $d_0$와 $d_{100}$ 사이 중간 값이 $d_{50} = (d_0 + d_{100})/2$ 이므로, 이에 대응하는 시간 $t_{50}$과 시간계수 $T_{50}$을 이용하여 압밀계수 $C_v$를 계산한다.

$$C_v = T_{50}\frac{H^2}{t_{50}} = 0.197\frac{H^2}{t_{50}}$$

④ 일차압밀량 $\Delta d'$는 다음과 같이 구한다.

$$\Delta d' = d_{100} - d_0$$

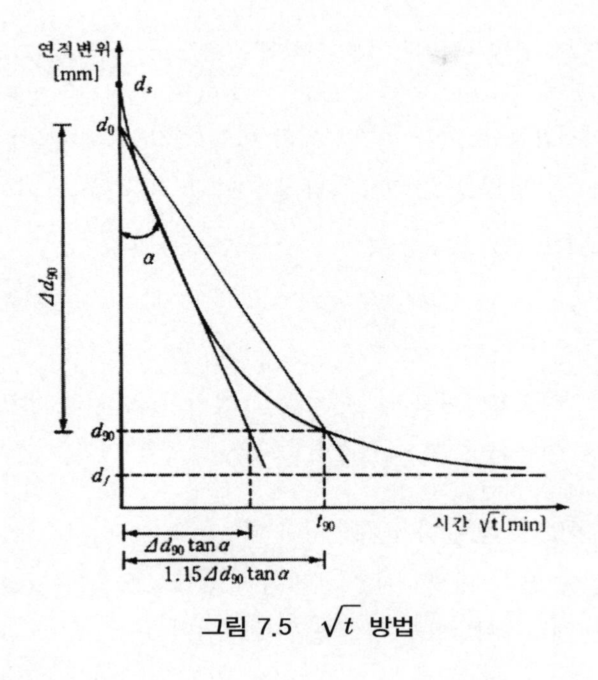


그림 7.5 $\sqrt{t}$ 방법

## (4) 1차 압밀비

시료가 외부하중을 받아 발생하는 압축량은 과잉간극수압이 소산되어 발생되는 일차 압밀량과 과잉간극수압이 완전히 소산된 후 발생되는 이차 압축량의 합이다.

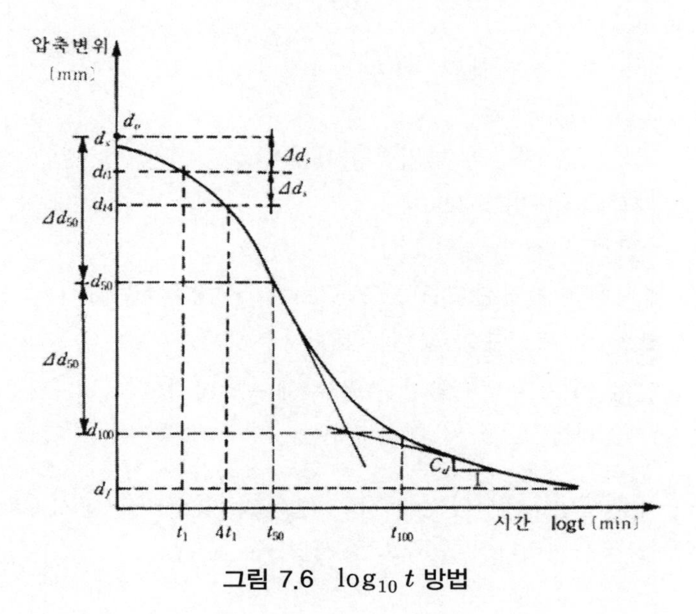


그림 7.6 $\log_{10} t$ 방법

전자는 Terzaghi의 압밀 이론에 따른 일차압밀(Primary Consolidation)이라 하고, 후자는 이차압축(Secondary Compression)이라고 하고, Terzaghi 압밀이론을 따르지 않는다. 일차압밀에 의한 압축량과 전체압축량 $|d_s - d_f|$에 대한 비를 일차압밀비 $r_p$라고 하며, 시간-침하량 곡선을 이용하여 $\sqrt{t}$ 방법 또는 $\log_{10}t$ 방법에 따라 다음 식을 이용하여 구한다.

$$r_p = \frac{10|d_0 - d_{90}|}{9|d_s - d_f|} \quad (\sqrt{t}\text{ 방법})$$

$$r_p = \frac{|d_0 - d_{100}|}{|d_s - d_f|} \quad (\log_{10}t\text{ 방법})$$

여기서 $d_s$는 초기 측정치이고 $d_f$는 최종 측정치이다. 일차 압밀비가 클수록 실험실에서 측정한 값을 이용하여 계산한 침하속도가 실제와 더 일치한다.

### (5) 간극비 $e$, 포화도 $S$, 함수비 $w$ 계산

간극비 $e$, 포화도 $S_r$는 압밀시험을 시작하기 전($e_0$, $S_{r0}$)과 압밀시험이 끝난 후 상태($e_f$, $S_{rf}$)에 대해 계산하나, 함수비 $w$는 압밀시험이 끝난 후 ($w_f$)에 대해서 계산한다.

#### 1) 간극비 $e$의 계산

압밀시험 시작 전 초기간극비 $e_0$는 다음 식으로 계산한다.

$$e_0 = \frac{\gamma_s}{\gamma_t}(1 + w) - 1 = \frac{\gamma_w G_s A h_0}{W_0}\frac{100 + w_0}{100} - 1$$

여기서, $\gamma_w$ : 물의 단위중량 [kgf/cm$^3$]

$G_s$ : 흙 입자의 비중

$\gamma_s = G_s \gamma_w$ : 흙 입자의 단위중량 [kgf/cm$^3$]

$A$ : 공시체의 단면적 [cm$^2$]

$h_0$ : 공시체의 초기 높이 [cm]

$\gamma_t$ : 공시체의 습윤단위중량 [kgf/cm$^3$]

$W_0$ : 압밀 전 공시체의 무게 [kgf]

압밀 전(공시체 + 압밀링)의 무게 - 압밀링의 무게 [kgf]

$w_0$ : 압밀 시작 전 흙의 함수비 [%]

단계별 제하중에는 공시체의 단면적 $A$는 변하지 않으므로 공시체의 부피변화, 즉 간극비의 감소량은 공시체의 높이변화로 표시할 수 있다.

$$\Delta e = (1 + e_0) \cdot \Delta h / h_0$$

만일 어떤 압력 $p$가 작용하여 압밀이 완료되었을 때 두께를 $2h_1$이라 하고 흙입자만의 가상높이를 $2h_0$라고 하면 그때의 간극비 $e$는 다음과 같다.

$$2h_s = W_s/(A G_s \gamma_w)$$

$$e = \frac{V_v}{V_s} = \frac{V - V_s}{V_s} = \frac{A(2h_1 - 2h_s)}{A(2h_s)} = \frac{h_1 - h_s}{h_s}$$

여기에서 $W_s$ : 흙의 건조무게 [kgf/cm$^3$]

윗 식을 이용하면 간극비 $e$와 압밀압력 $p$와의 관계곡선 $(p-e)$을 얻을 수 있다.

**2) 함수비 $w$의 계산**

압밀이 완료되었을 때의 함수비 $w_f$는 공시체를 노건조하여 측정할 수 있다.

$$w_f = \frac{W_2 - W_3}{W_3} \times 100 \ [\%]$$

여기서, $W_2$ : 압밀이 완료된 공시체 무게 [kgf]

$W_3$ : $W_2$압밀이 완료된 공시체 $W_2$를 건조시킨 후의 무게 [kgf]

**3) 포화도 $S$의 계산**

포화도 $S$는 압밀이 시작되기 전의 초기 포화도 $S_{r0}$와 압밀 완료된 포화도 $S_{rf}$로 구분하여 압밀 시작 전의 함수비 $w_0$와 압밀 완료된 후의 함수비 $w_f$로부터 계산한다.

$$S_{r0} = (w_0 G_s)/e_0 \quad [\%]$$

$$S_{rf} = (w_f G_s)/e_f \quad [\%]$$

여기서, $S_{r0}$는 초기 포화도이고, $S_{rf}$는 압밀이 끝난 후의 포화도

## (6) 압밀 압력 $p$와 간극비 $e$의 관계

압밀 압력 $p$와 간극비 $e$의 관계를 나타내기 위하여 세로축에 간극비 $e$, 가로축에 압밀압력 $p$를 반대수로 그리면 $\log p - e$ 곡선이 되고 이 곡선의 처음 부분은 기울기가 완만하게 나타나지만, 어느 압력 이상이 되면 갑자기 급해져서 거의 직선상을 보이는데 그 경계가 되는 압력을 선행압밀압력 $p_0$(Preconsolidation Pressure)이라 한다. 선행압밀압력은 지반이 과거에 받았던 하중을 나타내며, 그 크기는 그 흙의 응력경로에 의존한다.

**1) 선행압밀압력(Preconsolidation Pressure, $p_0$)**

Casagrande(1936)는 선행압밀압력 $p_0$를 결정하는 방법을 다음과 같이 제시하고 있다(그림 7.7).

① 압력 – 간극비 곡선($\log p - e$) 에서 곡률이 가장 큰 점 $p$를 선택하여 그 점을 통과하는 수평선과 접선을 긋는다.

② 이 두 선분으로 이루어지는 각도를 2등분한 선이 이 곡선의 직선 부분의 연장선과 만나는 점 $T$에 대응하는 압력이 선행압밀압력 $p_0$가 된다.

선행압밀압력 $p_0$는 점토의 지반특성을 아는데 있어서 대단히 중요하다. 만일 압밀시험한 흙지반이 과거 어떤 시기에 현재보다 더 큰 압력을 받은 적이 있었다면, 압밀곡선으로부터 구한 선행압밀하중의 값은 그 지반은 현재 받고 있는 연직압력보다 더 큰 값을 보인다. 이런 경우 그 시료는 과압밀되었다고 하며, 선행압밀압력의 현재 받고 있는 연직압력에 대한 비를 과압밀비(Over – Consolidation Ratio, OCR)라고 한다. 전자와 후자가 동일하면 그 흙은 정규압밀상태(Normal Consolidated State)에 있다 말한다.

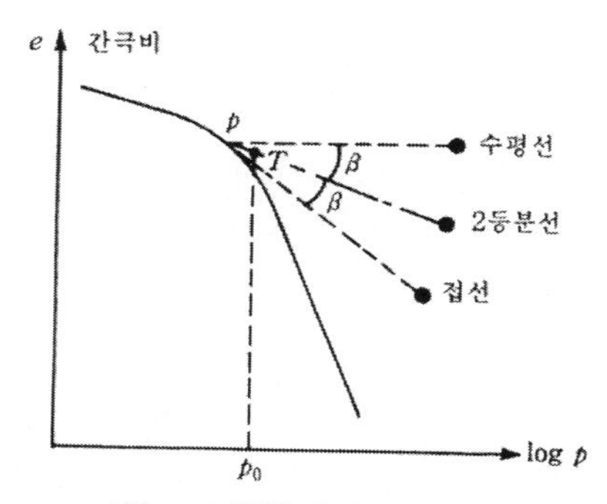


그림 7.7 선행압밀압력의 결정

**2) 압축계수($a_v$ : coefficient of compressibilify), 압축지수(compression index, $C_c$)**

압밀시험에서 구한 압밀압력-간극비 관계는 압축계수 $a_v$와 압축지수 $C_c$로 나타낸다. 압축계수 $a_v$는 압밀압력-간극비($p-e$)곡선의 기울기이며 다음 식으로 표현된다(그림 7.8a).

$$a_v = -\frac{\Delta e}{\Delta p} = -\left(\frac{e_2 - e_1}{p_2 - p_1}\right)$$

압축지수(Compression Index) $C_c$는 $\log p - e$ 곡선에서 직선 부분의 기울기로 정의한다(그림 7.8b).

$$C_c = \frac{e_1 - e_2}{\log_{10}(p_1/p_2)} = \frac{\Delta e}{\Delta \log_{10} p}$$

압축계수 $a_v$와 압축지수 $C_c$는 지반이 연약할수록 크고, 견고할수록 작으며, 압밀침하량을 계산하는 데 쓰이는 중요한 값이다. 압력이 증가하면 부피가 감소하므로 음(–)의 기호를 붙이면 압축계수 $a_v$와 압축지수 $C_c$는 결국 양(+)의 값을 가진다.

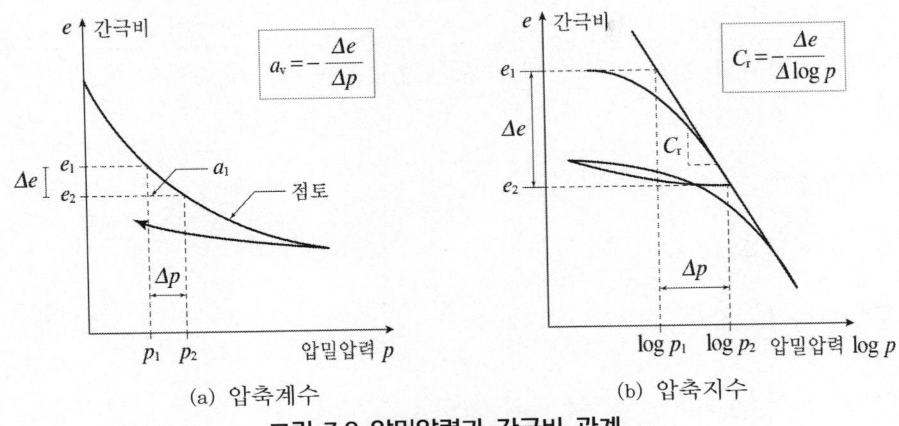


(a) 압축계수 (b) 압축지수

**그림 7.8 압밀압력과 간극비 관계**

**3) 체적변화계수(Coefficient of Volume Change, $m_v$)**

체적변화계수 $m_v$는 유효 응력의 증가에 대한 부피 변화율로 정의하며, 그 단위는 압력의 역수이다. 이것을 식으로 표시하면, 다음이 된다.

$$m_v = \frac{1}{1+e_1}\left(\frac{e_1 - e_2}{p_2 - p_1}\right) = \frac{a_v}{1+e_1}$$

어떤 흙에 대한 체적변화계수 $m_v$ 의 값은 상수가 아니며, 계산하고자 하는 압력의 범위에 따라 달라진다.

**4) 투수계수 $k$**

투수계수 $k$도 압밀시험하여 구할 수 있다. 즉, 각 압밀압력단계에 대한 압밀계수 $C_v$와 압축계수 $a_v$ 및 체적변화계수 $m_v$를 이용하여 계산할 수 있다.

$$k = \frac{a_v C_v \gamma_w}{1+e} = m_v B C_v \gamma_w \quad [\text{cm/sec}]$$

## 7.2.5 결과의 이용

압밀시험 결과로부터 재하에 의한 압밀침하량과 압밀침하 시간에 따른 변화를 계산할 수 있다.

### (1) 압밀침하량의 계산

두께 $h_0$인 지반의 압밀침하량 $\Delta h$는 체적압축계수 $m_v$, 압축지수 $C_c$, $\log p - e$곡선을 이용하여 구할 수 있다.

#### 1) 체적압축계수 $m_v$ 이용

$$\Delta h = m_v h_0 \Delta p \ [\mathrm{cm}]$$

#### 2) 압축지수 $C_c$ 이용

$$\Delta h = \frac{C_c}{1+e_0} h_o \log \frac{p_0 + \Delta p}{p_0}$$

여기서, $e_0$ : 재하 전 간극비
$p_0$ : 재하 전 지중 연직응력이다.

#### 3) $\log p - e$ 곡선 이용($e$는 재하 후 간극비)

$$\Delta h = \frac{e_0 - e}{1+e_0} h_o$$

### (2) 압밀침하의 시간에 따른 변화

재하 후 시간 $t$가 경과되었을 때의 압밀침하량 $\Delta h_t$는 압밀도 $U$를 이용하여 다음과 같이 계산할 수 있다.

$$\Delta h_t = \Delta h \times U$$

여기서, $\Delta h_t$ : 압밀이 완료된 후의 총압밀침하량
$U$ : 압밀도

압밀도 $U$는 시간계수 $T_v$를 다음의 식으로 구하여 시간계수 – 압밀도($T_v - U$) 관계곡선(그림 7.9)에서 다음과 같이 구한다. 여기에서 시간계수 $T_v$는 압밀계수 $C_v$와 배수거리 $H$로부터 다음과 같이 계산한다.

$$T_v = \frac{C_v t}{H^2}$$

### (3) 2차 압축침하량

과잉간극수압이 완전 소산된 후, 즉 일차압밀이 완료된 시간 $t_{100}$후 시간 $t$에 일어나는 침하를 2차압축침하 $\Delta h_s$라고 하며, 일차압밀이 완료된 상태의 공시체 두께 $h_p$와 시간-침하곡선($\log_{10} t - d$)의 기울기 $C_a$로부터 다음과 같이 구할 수 있다(그림 7.6).

$$\Delta h_s = C_a h_p \log_{10}\left(\frac{t}{t_{100}}\right)$$

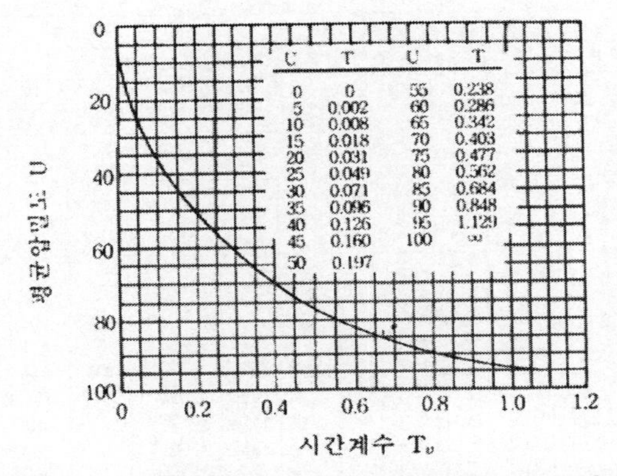


**그림 7. 9 시간계수 $T_v$와 평균압밀도 $U$의 관계**

# 압밀시험(측정 데이타)

과 업 명 지반개량공사 시 험 날 짜 1995 년 3 월 6 일
조사위치 시화매립지 온도 ____ [℃] 습도 ____ [%]
시료번호 BH-3 시료심도 0.4 [m] ~ 1.2 [m] 시험자 남 순 기

| 시료 | | | | | |
|---|---|---|---|---|---|
| 일반성질 | | 지반분류 USCS CL | 시료상태 (교란, 비교란) | | 흙입자 비중 $G_s$ 2.68 |
| | | 함수비 36.65 [%] | 액성한계 $w_L$ 42.1 [%] | | 소성한계 $w_P$ 19.5 [%] |
| | | 직경 $D$ 6.02 [cm] | 단면적 $A$ 28.46 [cm²] | 높이 $h_o$ 1.97 [cm] | 체적 $V$ 56.07 [cm³] |
| | | 간극비 $e_o$ 0.992 | | 포화도 $S_o$ 98.98 [%] | |
| 단위중량 | 시험전 | 링무게 $W_r$ 76.79[gf] | (공시체+링)무게 $W_t$ 180.07 [gf] | 공시체무게 $W$ 103.28[gf] | 습윤단위중량 $\gamma_t$ 1.84[g/cm³] |
| | 시험후 | 용기 번호 가 | (건조공시체+용기)무게 $W_2$ 66.89[gf] | 용기 무게 $W_3$ 28.4[gf] | 건조공시체무게 $W_s$ 38.49[gf] |

압밀압력 0.05 [kgf/cm²], 재하날짜 3 월 6 일, 온도 17 [℃]

| 측정시각 | 경과시간 | 다이얼게이지 | 압축량 [mm] |
|---|---|---|---|
| 9시00분 | 0 | 0 | -0 |
| 9시00분 | 8" | 15 | -0.15 |
| 9시00분 | 15" | 16 | -0.16 |
| 9시00분 | 30" | 17.1 | -0.171 |
| 9시01분 | 1' | 18.6 | -0.186 |
| 9시02분 | 2' | 20.9 | -0.209 |
| 9시04분 | 4' | 22.9 | -0.229 |
| 9시08분 | 8' | 24.6 | -0.246 |
| 9시15분 | 15' | 25.8 | -0.258 |
| 9시30분 | 30' | 26.5 | -0.265 |
| 10시00분 | 1 h | 26.9 | -0.269 |
| 11시00분 | 2 h | 27.4 | -0.274 |
| 13시00분 | 4 h | 27.8 | -0.278 |
| 17시00분 | 8 h | 28 | -0.280 |
| 9시00분 | 24 h | 28.2 | -0.282 |

압밀압력 0.10 [kgf/cm²], 재하날짜 3 월 7 일, 온도 15 [℃]

| 측정시각 | 경과시간 | 다이얼게이지 | 압축량 [mm] |
|---|---|---|---|
| 9시00분 | 0 | 28.2 | -0.282 |
| 9시00분 | 8" | 36 | -0.36 |
| 9시00분 | 15" | 37.2 | -0.372 |
| 9시00분 | 30" | 38.7 | -0.387 |
| 9시01분 | 1' | 41 | -0.41 |
| 9시02분 | 2' | 44.1 | -0.441 |
| 9시04분 | 4' | 45.5 | -0.455 |
| 9시08분 | 8' | 48 | -0.48 |
| 9시15분 | 15 | 48.9 | -0.489 |
| 9시30분 | 30 | 49.5 | -0.495 |
| 10시00분 | 1 h | 49.9 | -0.499 |
| 11시00분 | 2 h | 50.2 | -0.502 |
| 13시00분 | 4 h | 50.5 | -0.505 |
| 17시00분 | 8 h | 50.7 | -0.507 |
| 9시00분 | 24 h | 51 | -0.51 |

압밀압력 0.20 [kgf/cm²], 재하날짜 3 월 8 일, 온도 16 [℃]

| 측정시각 | 경과시간 | 다이얼게이지 | 압축량 [mm] |
|---|---|---|---|
| 9시00분 | 0 | 51 | -0.51 |
| 9시00분 | 8" | 60.8 | -0.608 |
| 9시00분 | 15" | 61.1 | -0.611 |
| 9시00분 | 30" | 62.3 | -0.623 |
| 9시01분 | 1' | 63.8 | -0.638 |
| 9시02분 | 2' | 65.8 | -0.658 |
| 9시04분 | 4' | 68 | -0.68 |
| 9시08분 | 8' | 70.7 | -0.707 |
| 9시15분 | 15' | 72.9 | -0.729 |
| 9시30분 | 30' | 74.9 | -0.749 |
| 10시00분 | 1 h | 76.7 | -0.767 |
| 11시00분 | 2 h | 78 | -0.78 |
| 13시00분 | 4 h | 79 | -0.79 |
| 17시00분 | 8 h | 79.5 | -0.795 |
| 9시00분 | 24 h | 79.8 | -0.798 |

압밀압력 0.40 [kgf/cm²], 재하날짜 3 월 9 일, 온도 17 [℃]

| 측정시각 | 경과시간 | 다이얼게이지 | 압축량 [mm] |
|---|---|---|---|
| 9시00분 | 0 | 79.8 | -0.798 |
| 9시00분 | 8" | 89.9 | -0.899 |
| 9시00분 | 15" | 91.3 | -0.913 |
| 9시00분 | 30" | 93.4 | -0.934 |
| 9시01분 | 1' | 95 | -0.95 |
| 9시02분 | 2' | 93.4 | -0.934 |
| 9시04분 | 4' | 108.2 | -1.082 |
| 9시08분 | 8' | 105.6 | -1.056 |
| 9시15분 | 15' | 109.9 | -1.099 |
| 9시30분 | 30' | 113.5 | -1.135 |
| 10시00분 | 1 h | 115.7 | -1.157 |
| 11시00분 | 2 h | 117.3 | -1.173 |
| 13시00분 | 4 h | 118.2 | -1.182 |
| 17시00분 | 8 h | 118.8 | -1.188 |
| 9시00분 | 24 h | 119.2 | -1.192 |

압밀압력 0.80 [kgf/cm²], 재하날짜 3 월 10 일, 온도 16 [℃]

| 측정시각 | 경과시간 | 다이얼게이지 | 압축량 [mm] |
|---|---|---|---|
| 9시00분 | 0 | 119.2 | -1.192 |
| 9시00분 | 8" | 130.3 | -1.303 |
| 9시00분 | 15" | 132.2 | -1.322 |
| 9시00분 | 30" | 134.4 | -1.344 |
| 9시01분 | 1' | 138.1 | -1.381 |
| 9시02분 | 2' | 142.9 | -1.429 |
| 9시04분 | 4' | 148.3 | -1.483 |
| 9시08분 | 8' | 153.4 | -1.534 |
| 9시15분 | 15' | 157.6 | -1.576 |
| 9시30분 | 30' | 161.9 | -1.619 |
| 10시00분 | 1 h | 165 | -1.65 |
| 11시00분 | 2 h | 167.9 | -1.679 |
| 13시00분 | 4 h | 169.5 | -1.695 |
| 17시00분 | 8 h | 170.6 | -1.706 |
| 9시00분 | 24 h | 171.3 | -1.713 |

압밀압력 1.60 [kgf/cm²], 재하날짜 3 월 11 일, 온도 17 [℃]

| 측정시각 | 경과시간 | 다이얼게이지 | 압축량 [mm] |
|---|---|---|---|
| 9시00분 | 0 | 171.3 | -1.713 |
| 9시00분 | 8" | 186.2 | -1.862 |
| 9시00분 | 15" | 188.8 | -1.888 |
| 9시00분 | 30" | 193 | -1.93 |
| 9시01분 | 1' | 198.6 | -1.986 |
| 9시02분 | 2' | 205 | -2.05 |
| 9시04분 | 4' | 211.3 | -2.113 |
| 9시08분 | 8' | 217.5 | -2.175 |
| 9시15분 | 15 | 221.8 | -2.218 |
| 9시30분 | 30 | 225.8 | -2.258 |
| 10시00분 | 1 h | 229.1 | -2.291 |
| 11시00분 | 2 h | 231.5 | -2.315 |
| 13시00분 | 4 h | 232.8 | -2.328 |
| 17시00분 | 8 h | 233.8 | -2.338 |
| 9시00분 | 24 h | 234.1 | -2.341 |

압밀압력 3.20 [kgf/cm²], 재하날짜 3 월 12 일, 온도 15 [℃]

| 측정시각 | 경과시간 | 다이얼게이지 | 압축량 [mm] |
|---|---|---|---|
| 9시00분 | 0 | 234.1 | -2.341 |
| 9시00분 | 8" | 252.1 | -2.521 |
| 9시00분 | 15" | 254.6 | -2.546 |
| 9시00분 | 30" | 258.1 | -2.581 |
| 9시01분 | 1' | 265 | -2.65 |
| 9시02분 | 2' | 272.2 | -2.722 |
| 9시04분 | 4' | 279.1 | -2.791 |
| 9시08분 | 8' | 284.5 | -2.845 |
| 9시15분 | 15' | 288.6 | -2.886 |
| 9시30분 | 30' | 291.6 | -2.916 |
| 10시00분 | 1 h | 294.4 | -2.944 |
| 11시00분 | 2 h | 295.5 | -2.955 |
| 13시00분 | 4 h | 298.3 | -2.983 |
| 17시00분 | 8 h | 299.2 | -2.992 |
| 9시00분 | 24 h | 300 | -3.00 |

압밀압력 6.40 [kgf/cm²], 재하날짜 3 월 13 일, 온도 18 [℃]

| 측정시각 | 경과시간 | 다이얼게이지 | 압축량 [mm] |
|---|---|---|---|
| 9시00분 | 0 | 300 | -3.00 |
| 9시00분 | 8" | 323 | -3.23 |
| 9시00분 | 15" | 325 | -3.25 |
| 9시00분 | 30" | 330.8 | -3.308 |
| 9시01분 | 1' | 339.9 | -3.399 |
| 9시02분 | 2' | 348.9 | -3.489 |
| 9시04분 | 4' | 355 | -3.55 |
| 9시08분 | 8' | 361 | -3.61 |
| 9시15분 | 15' | 364.8 | -3.648 |
| 9시30분 | 30' | 368 | -3.68 |
| 10시00분 | 1 h | 370.1 | -3.701 |
| 11시00분 | 2 h | 371.9 | -3.719 |
| 13시00분 | 4 h | 372.8 | -3.728 |
| 17시00분 | 8 h | 374 | -3.74 |
| 9시00분 | 24 h | 375.2 | -3.752 |

확인 이 용 준 (인)

# 압밀시험(측정 데이타)

과 업 명 지반개량공사　　시 험 날 짜 1995 년 3 월 6 일

조사위치 시화매립지　　온도 ____ [℃]　　습도 ____ [%]

시료번호 BH-3　　시료심도 0.4 [m] ~ 1.2 [m]　　시험자 남 순 기

| 시료 | | | | | |
|---|---|---|---|---|---|
| 일반성질 | | 지반분류 USCS CL | 시료상태 (교란, 비교란) | | 흙입자 비중 $G_s$ 2.68 |
| | | 함수비 36.65 [%] | 액성한계 $w_L$ 42.1 [%] | | 소성한계 $w_P$ 19.5 [%] |
| | | 직경 $D$ 6.02 [cm] | 단면적 $A$ 28.46 [cm²] | 높이 $h_o$ 1.97 [cm] | 체적 $V$ 56.07 [cm³] |
| | | 간극비 $e_o$ 0.982 | | 포화도 $S_o$ 98.98 [%] | |
| 단위중량 | 시험 전 | 링무게 $W_r$ 76.79[gf] | (공시체+링)무게 $W_t$ 180.07 [gf] | 공시체무게 $W$ 103.28[gf] | 습윤단위중량 $\gamma_t$ 1.84[g/cm³] |
| | 시험 후 | 용기 번호 가 | (건조공시체+용기)무게 $W_2$ 66.89[gf] | 용기 무게 $W_3$ 28.4[gf] | 건조공시체무게 $W_s$ 38.49[gf] |

| 압밀압력 | 0.05 [kgf/cm²] | | | | 0.10 [kgf/cm²] | | | | 0.20 [kgf/cm²] | | | | 0.40 [kgf/cm²] | | | |
|---|---|---|---|---|---|---|---|---|---|---|---|---|---|---|---|---|
| 재하날짜 | 3 월 6 일 | | | | 3 월 7 일 | | | | 3 월 8 일 | | | | 3 월 9 일 | | | |
| 온도 | 17 [℃] | | | | 15 [℃] | | | | 16 [℃] | | | | 17 [℃] | | | |
| 측정치 | 측정 시각 | 경과 시간 | 다이얼게이지 | 압축량 [mm] | 측정 시각 | 경과 시간 | 다이얼게이지 | 압축량 [mm] | 측정 시각 | 경과 시간 | 다이얼게이지 | 압축량 [mm] | 측정 시각 | 경과 시간 | 다이얼게이지 | 압축량 [mm] |
| | 9시00분 | 0 | 3752 | -3752 | _시_분 | 0 | | | _시_분 | 0 | | | _시_분 | 0 | | |
| | 9시00분 | 8" | 3985 | -3985 | _시_분 | 8" | | | _시_분 | 8" | | | _시_분 | 8" | | |
| | 9시00분 | 15" | 4015 | -4015 | _시_분 | 15" | | | _시_분 | 15" | | | _시_분 | 15" | | |
| | 9시00분 | 30" | 407 | -4.07 | _시_분 | 30" | | | _시_분 | 30" | | | _시_분 | 30" | | |
| | 9시01분 | 1' | 415 | -4.15 | _시_분 | 1' | | | _시_분 | 1' | | | _시_분 | 1' | | |
| | 9시02분 | 2 | 4235 | -4235 | _시_분 | 2 | | | _시_분 | 2' | | | _시_분 | 2' | | |
| | 9시04분 | 4 | 430 | -4.30 | _시_분 | 4 | | | _시_분 | 4' | | | _시_분 | 4' | | |
| | 9시08분 | 8 | 435 | -4.35 | _시_분 | 8 | | | _시_분 | 8' | | | _시_분 | 8' | | |
| | 9시15분 | 15' | 4385 | -4385 | _시_분 | 15 | | | _시_분 | 15' | | | _시_분 | 15' | | |
| | 9시30분 | 30' | 441 | -4.41 | _시_분 | 30 | | | _시_분 | 30' | | | _시_분 | 30' | | |
| | 10시00분 | 1 h | 4429 | -4429 | _시_분 | 1 h | | | _시_분 | 1 h | | | _시_분 | 1 h | | |
| | 11시00분 | 2 h | 4411 | -4411 | _시_분 | 2 h | | | _시_분 | 2 h | | | _시_분 | 2 h | | |
| | 13시00분 | 4 h | 4451 | -4451 | _시_분 | 4 h | | | _시_분 | 4 h | | | _시_분 | 4 h | | |
| | 17시00분 | 8 h | 446 | -4.46 | _시_분 | 8 h | | | _시_분 | 8 h | | | _시_분 | 8 h | | |
| | 9시00분 | 24 h | 4468 | -4468 | _시_분 | 24 h | | | _시_분 | 24 h | | | _시_분 | 24 h | | |

| 압밀압력 | 0.80 [kgf/cm²] | | | | 1.60 [kgf/cm²] | | | | 3.20 [kgf/cm²] | | | | 6.40 [kgf/cm²] | | | |
|---|---|---|---|---|---|---|---|---|---|---|---|---|---|---|---|---|
| 재하날짜 | 3 월 10 일 | | | | 3 월 11 일 | | | | 3 월 12 일 | | | | 3 월 13 일 | | | |
| 온도 | 16 [℃] | | | | 17 [℃] | | | | 15 [℃] | | | | 18 [℃] | | | |
| 측정치 | 측정 시각 | 경과 시간 | 다이얼게이지 | 압축량 [mm] | 측정 시각 | 경과 시간 | 다이얼게이지 | 압축량 [mm] | 측정 시각 | 경과 시간 | 다이얼게이지 | 압축량 [mm] | 측정 시각 | 경과 시간 | 다이얼게이지 | 압축량 [mm] |
| | _시_분 | 0 | | | _시_분 | 0 | | | _시_분 | 0 | | | _시_분 | 0 | | |
| | _시_분 | 8" | | | _시_분 | 8" | | | _시_분 | 8" | | | _시_분 | 8" | | |
| | _시_분 | 15" | | | _시_분 | 15" | | | _시_분 | 15" | | | _시_분 | 15" | | |
| | _시_분 | 30" | | | _시_분 | 30" | | | _시_분 | 30" | | | _시_분 | 30" | | |
| | _시_분 | 1' | | | _시_분 | 1' | | | _시_분 | 1' | | | _시_분 | 1' | | |
| | _시_분 | 2' | | | _시_분 | 2' | | | _시_분 | 2' | | | _시_분 | 2' | | |
| | _시_분 | 4' | | | _시_분 | 4' | | | _시_분 | 4' | | | _시_분 | 4' | | |
| | _시_분 | 8' | | | _시_분 | 8' | | | _시_분 | 8' | | | _시_분 | 8' | | |
| | _시_분 | 15' | | | _시_분 | 15' | | | _시_분 | 15' | | | _시_분 | 15' | | |
| | _시_분 | 30' | | | _시_분 | 30' | | | _시_분 | 30' | | | _시_분 | 30' | | |
| | _시_분 | 1 h | | | _시_분 | 1 h | | | _시_분 | 1 h | | | _시_분 | 1 h | | |
| | _시_분 | 2 h | | | _시_분 | 2 h | | | _시_분 | 2 h | | | _시_분 | 2 h | | |
| | _시_분 | 4 h | | | _시_분 | 4 h | | | _시_분 | 4 h | | | _시_분 | 4 h | | |
| | _시_분 | 8 h | | | _시_분 | 8 h | | | _시_분 | 8 h | | | _시_분 | 8 h | | |
| | _시_분 | 24 h | | | _시_분 | 24 h | | | _시_분 | 24 h | | | _시_분 | 24 h | | |

| 확인 | 이 용 준 (인) |
|---|---|

# 압밀시험

과 업 명 지반개량공사 시 험 날 짜 1995 년 3 월 15 일
조사위치 시화매립지 온도 17 [℃] 습도 68 [%]
시료번호 BH-1 시료심도 0.4 [m] ~ 1.2 [m] 시험자 남 순 기

| 흙입자 비중 $G_s$ 2.68 | 단면적 $A$ 28.463 [cm²] | 건조중량 $m_s$ 38.49 [gf] | 간극비 $e_0$ 0.993 |
|---|---|---|---|

| 하중 단계 | 압력 $P$ [kgf/cm²] | 압력 증가량 $\Delta P$ [kgf/cm²] | 초기치 $d_i$ | 최종치 $d_f$ | 압밀량 ※1 $\Delta d$ [×10⁻³ cm] | 초기 시료높이 ※2 $h_i$ [cm] | 최종 시료높이 $h_f$ [cm] | 평균 시료높이 ※3 $\bar{h}$ [cm] | 압축 변형률 ※4 $\epsilon$ [%] | 체적 압축계수 ※5 $m_v$ [cm²/kgf] | 간극비 ※6 $e$ |
|---|---|---|---|---|---|---|---|---|---|---|---|
| 1 | 0.05 | 0.05 | 0 | 28.2 | 28.2 | 1.9740 | 1.9458 | 1.9599 | 1.4388 | 0.2878 | 0.964 |
| 2 | 0.1 | 0.05 | 28.2 | 51.0 | 22.8 | 1.9458 | 1.9230 | 1.9344 | 1.1787 | 0.2357 | 0.941 |
| 3 | 0.2 | 0.1 | 51.0 | 79.8 | 28.8 | 1.9230 | 1.8942 | 1.9086 | 1.5090 | 0.1509 | 0.912 |
| 4 | 0.4 | 0.2 | 79.8 | 119.2 | 39.4 | 1.8942 | 1.8548 | 1.8745 | 2.1019 | 0.1051 | 0.872 |
| 5 | 0.8 | 0.4 | 119.2 | 171.3 | 52.1 | 1.8548 | 1.8027 | 1.8288 | 2.8489 | 0.0712 | 0.819 |
| 6 | 1.6 | 0.8 | 171.3 | 234.1 | 62.8 | 1.8027 | 1.7399 | 1.7713 | 3.5454 | 0.0443 | 0.756 |
| 7 | 3.2 | 1.6 | 234.1 | 300.0 | 65.9 | 1.7399 | 1.6740 | 1.7070 | 3.8607 | 0.0241 | 0.690 |
| 8 | 6.4 | 3.2 | 300.0 | 375.2 | 75.2 | 1.6740 | 1.5988 | 1.6364 | 4.5955 | 0.0144 | 0.614 |
| 9 | 12.8 | 6.4 | 375.2 | 446.8 | 71.6 | 1.5988 | 1.5272 | 1.5630 | 4.5809 | 0.0072 | 0.541 |

참고 : ※1 $\Delta d = |d_i - d_f|$ ※2 $h_f = h_i - \Delta d$ ※3 $\bar{h} = \dfrac{(h_i + h_f)}{2}$

※4 $\epsilon = \dfrac{100 \times \Delta d}{\bar{h}}$ ※5 $m_v = \dfrac{\epsilon}{\Delta p} \times \dfrac{1}{100}$ ※6 $e = \dfrac{G_s \cdot A \cdot h_f}{m_s} - 1$

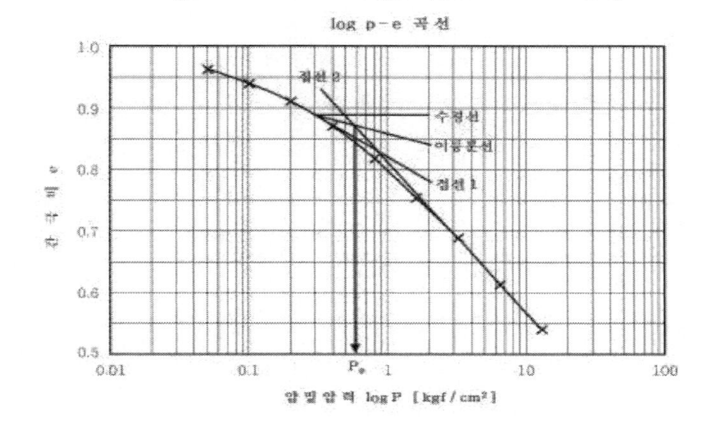


확 인 이 용 준 (인)

# 압밀시험($\sqrt{T}$)

하중 1 단계 압밀압력 0.05 kgf/cm² KS F2316

과 업 명 지반개량공사 시험날짜 1995 년 3 월 6 일

조사위치 시화매립지 온도 17 [℃] 습도 68 [%]

시료번호 H-1 시료심도 0.4 [m] ~ 1.2 [m] 시험자 남 수 기

공시체 치수 및 지반물성

| 공시체 | | | | | 함수비 | | | 습윤 단위중량 | 흙입자 비중 | 물 단위중량 | 흙입자 단위중량 | 간극비 |
|---|---|---|---|---|---|---|---|---|---|---|---|---|
| 직경 $D_o$ [cm] | 높이 $h_o$ [cm] | 단면적 $A_o=\pi D_o^2/4$ [cm²] | 체적 $V_o=h_oA_o$ [cm³] | 무게 $W_o$ [kgf] | 습윤 무게 $W_t$ [kgf] | 건조 무게 $W_d$ [kgf] | 함수비 $w_o=\frac{W_t-W_d}{W_d}\times100$ [%] | $\gamma_t=W_o/V_o$ [kgf/cm³] | $G_s$ | $\gamma_w$ [kgf/cm³] | $\gamma_s=G_s\gamma_w$ [kgf/cm³] | $e=\frac{\gamma_s}{\gamma_t}\frac{100+w_o}{100}-1$ |
| 6.0 | 1.960 | 28.26 | 55.390 | | | | | | 2.65 | 1.0 | 2.65 | |

압밀시험

| 하중 단계 | 압밀 압력 $P$ [kgf/cm²] | 단계별 증가압 $\Delta P$ [kgf/cm²] | 공시체 초기높이 $h_o$ [cm] | 변형 초기 읽음 $d_i$ | 변형 최종 읽음 $d_f$ | *1 압밀량 $\Delta d$ [×10⁻³cm] | 보정 초기치 읽음 $d_o$ | 압밀 90% 변형량 읽음 $d_{90}$ | 압밀 90% 시간 $t_{90}$ [min] | *2 1차 압밀량 $\Delta d'$ [×10⁻³cm] | *3 1차 압밀비 $r_p$ | *4 간극비 변화 $\Delta e$ | *5 체적 변화 계수 $m_v$ [cm²/kgf] | *6 압밀 계수 $C_v$ [×10⁻³cm²/sec] | *7 보정 압밀계수 $C_v'$ [×10⁻³cm²/sec] | *8 투수 계수 $k$ [×10⁻⁷cm/sec] |
|---|---|---|---|---|---|---|---|---|---|---|---|---|---|---|---|---|
| 1 | 0.05 | 0.05 | 1.9599 | 0 | 28.2 | 28.2 | 12.5 | 22.9 | 4 | 11.5556 | 0.4098 | 0.0280 | 0.2878 | 3.3931 | 1.3904 | 4.0011 |

| 시간 | | 0 sec | 8 sec | 15 sec | 30 sec | 1 min | 2 min | 4 min | 8 min | 15 min | 30 min | 1h | 2h | 4h | 8h | 24h |
|---|---|---|---|---|---|---|---|---|---|---|---|---|---|---|---|---|
| 변위계 | 읽음 | 0 | 15 | 16 | 17.1 | 18.6 | 20.9 | 22.9 | 24.6 | 25.8 | 26.5 | 26.9 | 27.4 | 27.8 | 28 | 28.2 |
| | 변화량 | 0 | 15 | 1 | 1.1 | 1.5 | 2.3 | 2 | 1.7 | 1.2 | 0.7 | 0.4 | 0.5 | 0.4 | 0.2 | 0.2 |
| 압축량 [mm] | | 0 | 0.150 | 0.160 | 0.171 | 0.186 | 0.209 | 0.229 | 0.246 | 0.258 | 0.265 | 0.269 | 0.274 | 0.278 | 0.280 | 0.282 |

*1 $\Delta d=|d_i-d_f|$ *2 $\Delta d'=\frac{10}{9}\cdot|d_0-d_{90}|$ *3 $\gamma_p=\frac{\Delta d'}{\Delta d}$ *4 $\Delta e=(1+e_0)\frac{\Delta d}{h_0}$

*5 $m_v=\frac{a_v}{1+e_o}=\frac{1}{1+e_0}\frac{\Delta e}{\Delta p}$ *6 $C_v=\frac{0.848H^2}{t_{90}}\cdot\frac{1}{60}$ *7 $C_v'=r_pC_v$ *8 $k=C_v'm_v\gamma_w$

압밀압력 0.05 $kgf/cm^2$

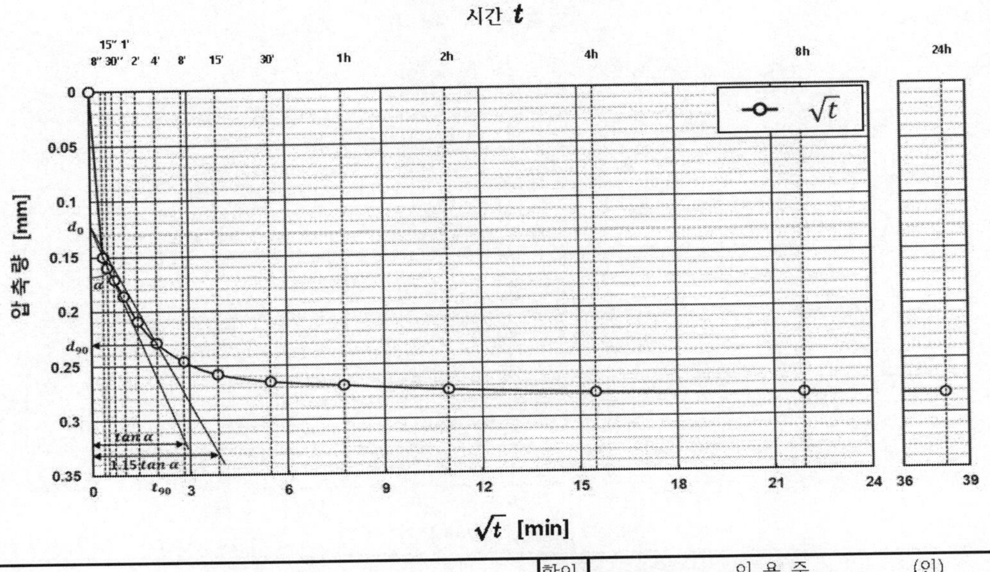

시간 $t$

15″ 1′ 8″ 30″ 2′ 4′ 8′ 15′ 30′ 1h 2h 4h 8h 24h

압축량 [mm]: 0, 0.05, 0.1, $d_0$, 0.15, 0.2, $d_{90}$, 0.25, 0.3, 0.35

$\sqrt{t}$

$\alpha$, $\tan\alpha$, $1.15\tan\alpha$, $t_{90}$

0 3 6 9 12 15 18 21 24 36 39

$\sqrt{t}$ [min]

확인 이 용 준 (인)

# 압밀시험($\sqrt{T}$)

하중 2 단계　압밀압력 0.10 kgf/cm$^2$　KS F2316

과 업 명 지반개량공사　시험날짜 1995 년 3 월 6 일

조사위치 시화매립지　온도 17 [℃]　습도 68 [%]

시료번호 H-1　시료심도 0.4 [m] ~ 1.2 [m]　시험자 남 순 기

공시체 치수 및 지반물성

| 공시체 | | | | | 함수비 | | | 습윤 단위중량 | 흙입자 비중 | 물 단위중량 | 흙입자 단위중량 | 간극비 |
|---|---|---|---|---|---|---|---|---|---|---|---|---|
| 직경 $D_o$ $[cm]$ | 높이 $h_o$ $[cm]$ | 단면적 $A_o=\pi D_o^2/4$ $[cm^2]$ | 체적 $V_o=h_oA_o$ $[cm^3]$ | 무게 $W_o$ $[kgf]$ | 습윤 무게 $W_t$ $[kgf]$ | 건조 무게 $W_d$ $[kgf]$ | 함수비 $w_o=\frac{W_t-W_d}{W_d}\times 100$ [%] | $\gamma_t=W_o/V_o$ $[kgf/cm^3]$ | $G_s$ | $\gamma_w$ $[kgf/cm^3]$ | $\gamma_s=G_s\gamma_w$ $[kgf/cm^3]$ | $e=\frac{\gamma_s}{\gamma_t}\frac{100+w_o}{100}-1$ |
| 6.0 | 1.9344 | 28.26 | 54.666 | | | | | | 2.65 | 1.0 | 2.65 | |

압밀시험

| 하중 단계 | 압밀 압력 $P$ [kgf/cm$^2$] | 단계별 증가압 $\Delta P$ [kgf/cm$^2$] | 공시체 초기높이 $h_0$ [cm] | 변형 초기 읽음 $d_i$ | 변형 최종 읽음 $d_f$ | *1 압밀량 $\Delta d$ [×10$^{-3}$cm] | 보정 초기치 읽음 $d_0$ | 압밀 90% 변형량 읽음 $d_{90}$ | 압밀 90% 시간 $t_{90}$ [min] | *2 1차 압밀량 $\Delta d'$ [×10$^{-3}$cm] | *3 1차 압밀비 $r_p$ | *4 간극비 변화 $\Delta e$ | *5 체적 변화 계수 $m_v$ [cm$^2$/kgf] | *6 압밀 계수 $C_v$ [×10$^{-3}$cm$^2$/sec] | *7 보정 압밀계수 $C_v'$ [×10$^{-3}$cm$^2$/sec] | *8 투수 계수 $k$ [×10$^{-6}$cm/sec] |
|---|---|---|---|---|---|---|---|---|---|---|---|---|---|---|---|---|
| 2 | 0.1 | 0.05 | 1.9344 | 28.2 | 51.0 | 22.8 | 33 | 46.5 | 4 | 15 | 0.6579 | 0.0507 | 0.5273 | 3.3053 | 2.1746 | 1.1466 |

| 시간 | | 0 sec | 8 sec | 15 sec | 30 sec | 1 min | 2 min | 4 min | 8 min | 15 min | 30 min | 1h | 2h | 4h | 8h | 24h |
|---|---|---|---|---|---|---|---|---|---|---|---|---|---|---|---|---|
| 변위계 | 읽음 | 28.2 | 36 | 37.2 | 38.7 | 41 | 44.1 | 46.5 | 48 | 48.9 | 49.5 | 49.9 | 50.2 | 50.5 | 50.7 | 51 |
| | 변화량 | 0 | 7.8 | 1.2 | 1.5 | 2.3 | 3.1 | 2.4 | 1.5 | 0.9 | 0.6 | 0.4 | 0.3 | 0.3 | 0.2 | 0.3 |
| 압축량 [mm] | | 0.282 | 0.360 | 0.372 | 0.387 | 0.410 | 0.441 | 0.465 | 0.480 | 0.489 | 0.495 | 0.499 | 0.502 | 0.505 | 0.507 | 0.510 |

*1 $\Delta d=|d_i-d_f|$　*2 $\Delta d'=\frac{10}{9}\cdot|d_0-d_{90}|$　*3 $r_p=\frac{\Delta d'}{\Delta d}$　*4 $\Delta e=(1+e_0)\frac{\Delta d}{h_0}$

*5 $m_v=\frac{a_v}{1+e_o}=\frac{1}{1+e_0}\frac{\Delta e}{\Delta p}$　*6 $C_v=\frac{0.848H^2}{t_{90}}\cdot\frac{1}{60}$　*7 $C_v'=r_pC_v$　*8 $k=C_v'm_v\gamma_w$

**압밀압력** 0.10 $kgf/cm^2$

시간 $t$

8″ 15″ 30″ 1′ 2′ 4′ 8′ 15′ 30′ 1h 2h 4h 8h 24h

$\sqrt{t}$

압축량 [mm]

0.27 0.32 $d_0$ 0.37 $\alpha$ 0.42 $d_{90}$ 0.47 0.52

$\tan\alpha$　1.15 $\tan\alpha$

0 $t_{90}$ 3 6 9 12 15 18 21 24 36 39

$\sqrt{t}$ [min]

확인　이 용 주 (인)

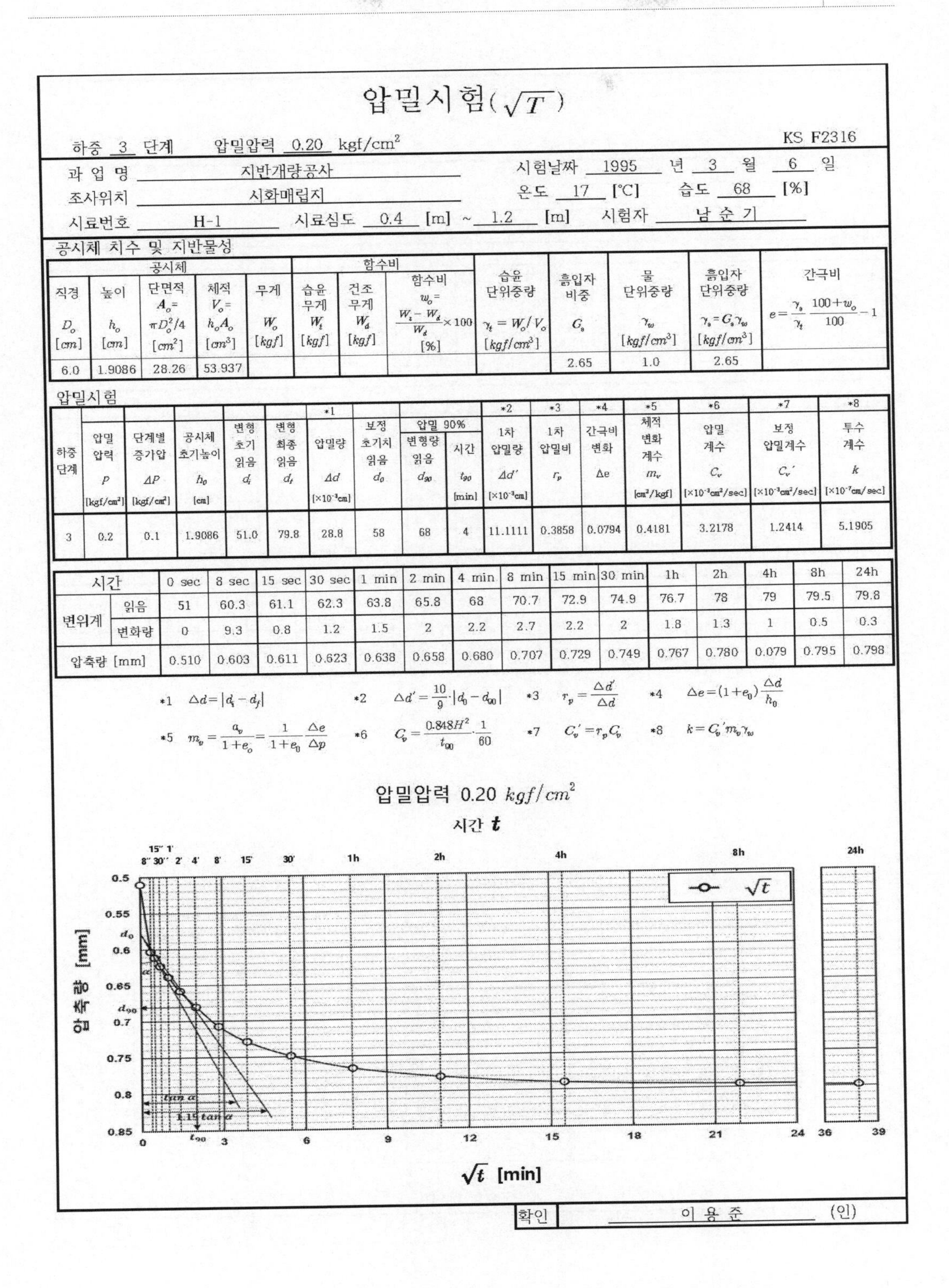

# 압밀시험( $\sqrt{T}$ )

하중 3 단계 압밀압력 0.20 kgf/cm$^2$ KS F2316

과 업 명 지반개량공사 시험날짜 1995 년 3 월 6 일

조사위치 시화매립지 온도 17 [℃] 습도 68 [%]

시료번호 H-1 시료심도 0.4 [m] ~ 1.2 [m] 시험자 남 순 기

공시체 치수 및 지반물성

| 공시체 | | | | | 함수비 | | | | | | | |
|---|---|---|---|---|---|---|---|---|---|---|---|---|
| 직경 $D_o$ [cm] | 높이 $h_o$ [cm] | 단면적 $A_o=\pi D_o^2/4$ [cm$^2$] | 체적 $V_o=h_oA_o$ [cm$^3$] | 무게 $W_o$ [kgf] | 습윤 무게 $W_t$ [kgf] | 건조 무게 $W_d$ [kgf] | 함수비 $w_o=\frac{W_t-W_d}{W_d}\times 100$ [%] | 습윤 단위중량 $\gamma_t=W_o/V_o$ [kgf/cm$^3$] | 흙입자 비중 $G_s$ | 물 단위중량 $\gamma_w$ [kgf/cm$^3$] | 흙입자 단위중량 $\gamma_s=G_s\gamma_w$ [kgf/cm$^3$] | 간극비 $e=\frac{\gamma_s}{\gamma_t}\frac{100+w_o}{100}-1$ |
| 6.0 | 1.9086 | 28.26 | 53.937 | | | | | | 2.65 | 1.0 | 2.65 | |

압밀시험

| 하중 단계 | 압밀 압력 $P$ [kgf/cm$^2$] | 단계별 증가압 $\Delta P$ [kgf/cm$^2$] | 공시체 초기높이 $h_0$ [cm] | 변형 초기 읽음 $d_i$ | 변형 최종 읽음 $d_f$ | *1 압밀량 $\Delta d$ [×10$^{-3}$cm] | 보정 초기치 읽음 $d_0$ | 압밀 90% 변형량 읽음 $d_{90}$ | 압밀 90% 시간 $t_{90}$ [min] | *2 1차 압밀량 $\Delta d'$ [×10$^{-3}$cm] | *3 1차 압밀비 $r_p$ | *4 간극비 변화 Δe | *5 체적 변화 계수 $m_v$ [cm$^2$/kgf] | *6 압밀 계수 $C_v$ [×10$^{-3}$cm$^2$/sec] | *7 보정 압밀계수 $C_v'$ [×10$^{-3}$cm$^2$/sec] | *8 투수 계수 $k$ [×10$^{-7}$cm/sec] |
|---|---|---|---|---|---|---|---|---|---|---|---|---|---|---|---|---|
| 3 | 0.2 | 0.1 | 1.9086 | 51.0 | 79.8 | 28.8 | 58 | 68 | 4 | 11.1111 | 0.3858 | 0.0794 | 0.4181 | 3.2178 | 1.2414 | 5.1905 |

| 시간 | | 0 sec | 8 sec | 15 sec | 30 sec | 1 min | 2 min | 4 min | 8 min | 15 min | 30 min | 1h | 2h | 4h | 8h | 24h |
|---|---|---|---|---|---|---|---|---|---|---|---|---|---|---|---|---|
| 변위계 | 읽음 | 51 | 60.3 | 61.1 | 62.3 | 63.8 | 65.8 | 68 | 70.7 | 72.9 | 74.9 | 76.7 | 78 | 79 | 79.5 | 79.8 |
| | 변화량 | 0 | 9.3 | 0.8 | 1.2 | 1.5 | 2 | 2.2 | 2.7 | 2.2 | 2 | 1.8 | 1.3 | 1 | 0.5 | 0.3 |
| 압축량 [mm] | | 0.510 | 0.603 | 0.611 | 0.623 | 0.638 | 0.658 | 0.680 | 0.707 | 0.729 | 0.749 | 0.767 | 0.780 | 0.079 | 0.795 | 0.798 |

*1 $\Delta d=|d_i-d_f|$  *2 $\Delta d'=\frac{10}{9}\cdot|d_0-d_{90}|$  *3 $r_p=\frac{\Delta d'}{\Delta d}$  *4 $\Delta e=(1+e_0)\frac{\Delta d}{h_0}$

*5 $m_v=\frac{a_v}{1+e_o}=\frac{1}{1+e_0}\frac{\Delta e}{\Delta p}$  *6 $C_v=\frac{0.848H^2}{t_{90}}\cdot\frac{1}{60}$  *7 $C_v'=r_pC_v$  *8 $k=C_v'm_v\gamma_w$

압밀압력 0.20 $kgf/cm^2$



확인 이 용 준 (인)

# 압밀시험( $\sqrt{T}$ )

하중 4 단계 압밀압력 0.40 kgf/cm² KS F2316

| 과 업 명 | 지반개량공사 | 시험날짜 | 1995 년 3 월 6 일 |
|---|---|---|---|
| 조사위치 | 시화매립지 | 온도 | 17 [°C] 습도 68 [%] |
| 시료번호 | H-1 | 시료심도 | 0.4 [m] ~ 1.2 [m] 시험자 남 순 기 |

공시체 치수 및 지반물성

| 공시체 | | | | | 함수비 | | | 습윤 단위중량 | 흙입자 비중 | 물 단위중량 | 흙입자 단위중량 | 간극비 |
|---|---|---|---|---|---|---|---|---|---|---|---|---|
| 직경 $D_o$ [cm] | 높이 $h_o$ [cm] | 단면적 $A_o=\pi D_o^2/4$ [cm²] | 체적 $V_o=h_oA_o$ [cm³] | 무게 $W_o$ [kgf] | 습윤 무게 $W_t$ [kgf] | 건조 무게 $W_d$ [kgf] | 함수비 $w_o=\frac{W_t-W_d}{W_d}\times 100$ [%] | $\gamma_t=W_o/V_o$ [kgf/cm³] | $G_s$ | $\gamma_w$ [kgf/cm³] | $\gamma_s=G_s\gamma_w$ [kgf/cm³] | $e=\frac{\gamma_s}{\gamma_t}\frac{100+w_o}{100}-1$ |
| 6.0 | 1.8745 | 28.26 | 52.973 | | | | | | 2.65 | 1.0 | 2.65 | |

압밀시험

| 하중 단계 | 압밀 압력 $P$ [kgf/cm²] | 단계별 증가압 $\Delta P$ [kgf/cm²] | 공시체 초기높이 $h_0$ [cm] | 변형 초기 읽음 $d_i$ | 변형 최종 읽음 $d_f$ | *1 압밀량 $\Delta d$ [×10⁻³cm] | 보정 초기치 읽음 $d_0$ | 압밀 90% 변형량 읽음 $d_{90}$ | 압밀 90% 시간 $t_{90}$ [min] | *2 1차 압밀량 $\Delta d'$ [×10⁻³cm] | *3 1차 압밀비 $r_p$ | *4 간극비 변화 $\Delta e$ | *5 체적 변화 계수 $m_v$ [cm²/kgf] | *6 압밀 계수 $C_v$ [×10⁻³cm²/sec] | *7 보정 압밀계수 $C_v'$ [×10⁻³cm²/sec] | *8 투수 계수 $k$ [×10⁻⁷cm/sec] |
|---|---|---|---|---|---|---|---|---|---|---|---|---|---|---|---|---|
| 4 | 0.4 | 0.2 | 1.8745 | 79.8 | 119.2 | 39.4 | 85 | 103.2 | 4 | 20.2222 | 0.5133 | 0.1185 | 0.3180 | 3.1038 | 1.5930 | 5.0651 |

| 시간 | | 0 sec | 8 sec | 15 sec | 30 sec | 1 min | 2 min | 4 min | 8 min | 15 min | 30 min | 1h | 2h | 4h | 8h | 24h |
|---|---|---|---|---|---|---|---|---|---|---|---|---|---|---|---|---|
| 변위계 | 읽음 | 79.8 | 89.9 | 91.3 | 93.4 | 96.0 | 99.4 | 103.2 | 106.6 | 109.9 | 113.5 | 115.7 | 117.3 | 118.2 | 118.8 | 119.2 |
| | 변화량 | 0 | 10.1 | 1.4 | 2.1 | 2.6 | 3.4 | 3.8 | 3.4 | 3.3 | 3.6 | 2.2 | 1.6 | 0.9 | 0.6 | 0.4 |
| 압축량 [mm] | | 0.798 | 0.899 | 0.913 | 0.934 | 0.960 | 0.994 | 1.032 | 1.066 | 1.099 | 1.135 | 1.157 | 1.173 | 1.182 | 1.188 | 1.192 |

*1 $\Delta d=|d_i-d_f|$ *2 $\Delta d'=\frac{10}{9}\cdot|d_0-d_{90}|$ *3 $r_p=\frac{\Delta d'}{\Delta d}$ *4 $\Delta e=(1+e_0)\frac{\Delta d}{h_0}$

*5 $m_v=\frac{a_v}{1+e_o}=\frac{1}{1+e_0}\frac{\Delta e}{\Delta p}$ *6 $C_v=\frac{0.848H^2}{t_{90}}\cdot\frac{1}{60}$ *7 $C_v'=r_pC_v$ *8 $k=C_v'm_v\gamma_w$

압밀압력 0.40 $kgf/cm^2$

시간 $t$

15'' 1' 8'' 30'' 2' 4' 8' 15' 30' 1h 2h 4h 8h 24h

압축량 [mm]: 0.75 0.8 0.85 ($d_0$) 0.9 0.95 1 $d_{90}$ 1.05 1.1 1.15 1.2 1.25

$\alpha$ $\tan\alpha$ $1.15\tan\alpha$ $t_{90}$

0 3 6 9 12 15 18 21 24 36 39

$\sqrt{t}$ [min]

범례: $\sqrt{t}$

| 확인 | 이 용 준 (인) |
|---|---|

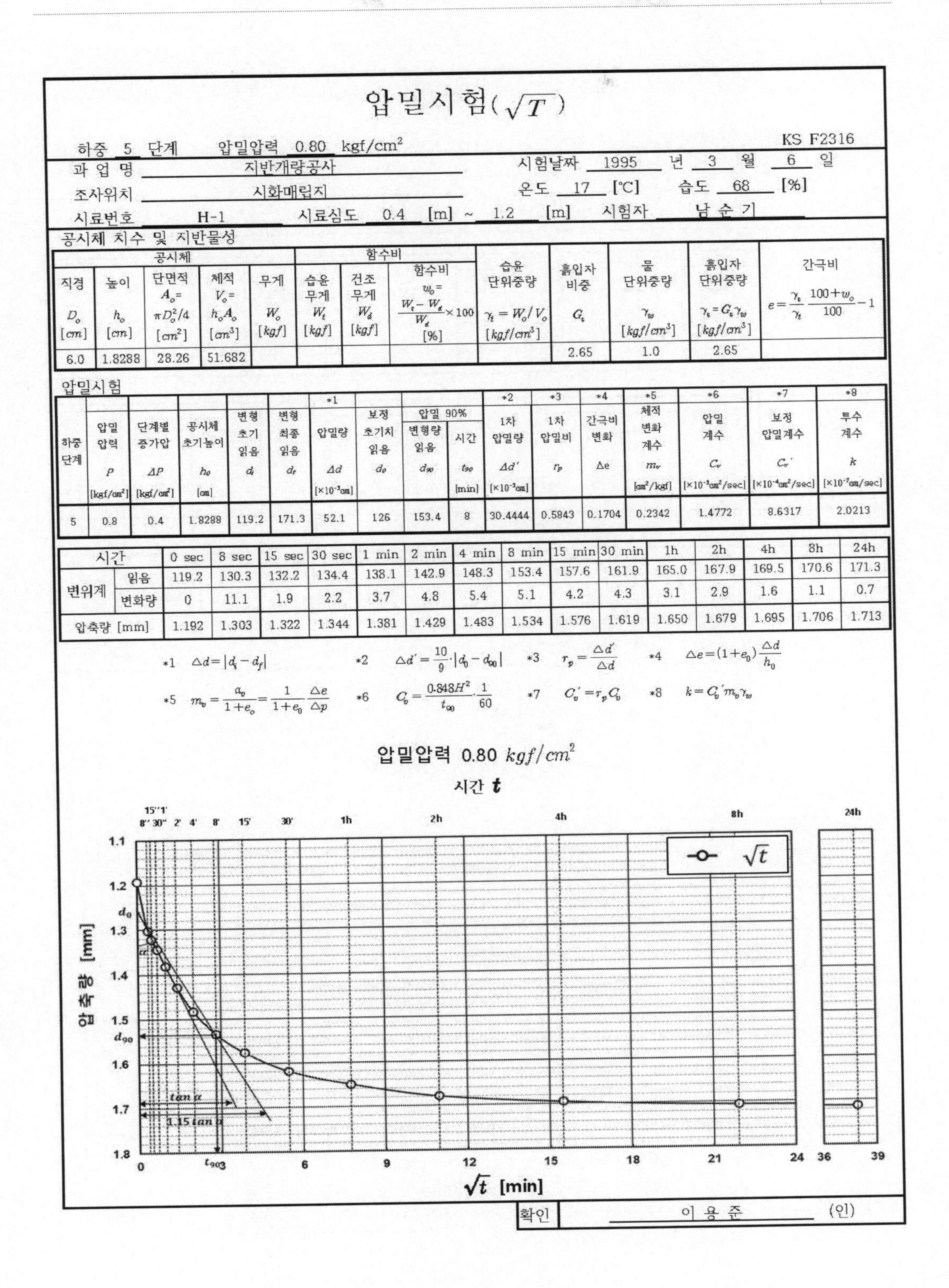

# 압밀시험($\sqrt{T}$)

하중 5 단계 압밀압력 0.80 kgf/cm² KS F2316

과 업 명 지반개량공사 시험날짜 1995 년 3 월 6 일

조사위치 시화매립지 온도 17 [℃] 습도 68 [%]

시료번호 H-1 시료심도 0.4 [m] ~ 1.2 [m] 시험자 남 순 기

공시체 치수 및 지반물성

| 공시체 | | | | | 함수비 | | | | | | | |
|---|---|---|---|---|---|---|---|---|---|---|---|---|
| 직경 $D_o$ [cm] | 높이 $h_o$ [cm] | 단면적 $A_o=\pi D_o^2/4$ [cm²] | 체적 $V_o=h_oA_o$ [cm³] | 무게 $W_o$ [kgf] | 습윤 무게 $W_t$ [kgf] | 건조 무게 $W_d$ [kgf] | 함수비 $w_o=\frac{W_t-W_d}{W_d}\times 100$ [%] | 습윤 단위중량 $\gamma_t=W_o/V_o$ [kgf/cm³] | 흙입자 비중 $G_s$ | 물 단위중량 $\gamma_w$ [kgf/cm³] | 흙입자 단위중량 $\gamma_s=G_s\gamma_w$ [kgf/cm³] | 간극비 $e=\frac{\gamma_s}{\gamma_t}\frac{100+w_o}{100}-1$ |
| 6.0 | 1.8288 | 28.26 | 51.682 | | | | | | 2.65 | 1.0 | 2.65 | |

압밀시험

| 하중 단계 | 압밀 압력 $P$ [kgf/cm²] | 단계별 증가압 $\Delta P$ [kgf/cm²] | 공시체 초기높이 $h_0$ [cm] | 변형 초기 읽음 $d_i$ | 변형 최종 읽음 $d_f$ | *1 압밀량 $\Delta d$ [×10⁻³cm] | 보정 초기치 읽음 $d_0$ | 압밀 90% 변형량 읽음 $d_{90}$ | 압밀 90% 시간 $t_{90}$ [min] | *2 1차 압밀량 $\Delta d'$ [×10⁻³cm] | *3 1차 압밀비 $r_p$ | *4 간극비 변화 $\Delta e$ | *5 체적 변화 계수 $m_v$ [cm²/kgf] | *6 압밀 계수 $C_v$ [×10⁻³cm²/sec] | *7 보정 압밀계수 $C_v'$ [×10⁻⁴cm²/sec] | *8 투수 계수 $k$ [×10⁻⁷cm/sec] |
|---|---|---|---|---|---|---|---|---|---|---|---|---|---|---|---|---|
| 5 | 0.8 | 0.4 | 1.8288 | 119.2 | 171.3 | 52.1 | 126 | 153.4 | 8 | 30.4444 | 0.5843 | 0.1704 | 0.2342 | 1.4772 | 8.6317 | 2.0213 |

| 시간 | | 0 sec | 8 sec | 15 sec | 30 sec | 1 min | 2 min | 4 min | 8 min | 15 min | 30 min | 1h | 2h | 4h | 8h | 24h |
|---|---|---|---|---|---|---|---|---|---|---|---|---|---|---|---|---|
| 변위계 | 읽음 | 119.2 | 130.3 | 132.2 | 134.4 | 138.1 | 142.9 | 148.3 | 153.4 | 157.6 | 161.9 | 165.0 | 167.9 | 169.5 | 170.6 | 171.3 |
| | 변화량 | 0 | 11.1 | 1.9 | 2.2 | 3.7 | 4.8 | 5.4 | 5.1 | 4.2 | 4.3 | 3.1 | 2.9 | 1.6 | 1.1 | 0.7 |
| 압축량 [mm] | | 1.192 | 1.303 | 1.322 | 1.344 | 1.381 | 1.429 | 1.483 | 1.534 | 1.576 | 1.619 | 1.650 | 1.679 | 1.695 | 1.706 | 1.713 |

*1 $\Delta d=|d_i-d_f|$ *2 $\Delta d'=\frac{10}{9}\cdot|d_0-d_{90}|$ *3 $r_p=\frac{\Delta d'}{\Delta d}$ *4 $\Delta e=(1+e_0)\frac{\Delta d}{h_0}$

*5 $m_v=\frac{a_v}{1+e_o}=\frac{1}{1+e_0}\frac{\Delta e}{\Delta p}$ *6 $C_v=\frac{0.848H^2}{t_{90}}\cdot\frac{1}{60}$ *7 $C_v'=r_pC_v$ *8 $k=C_v'm_v\gamma_w$

압밀압력 0.80 $kgf/cm^2$



확인 이 용 준 (인)

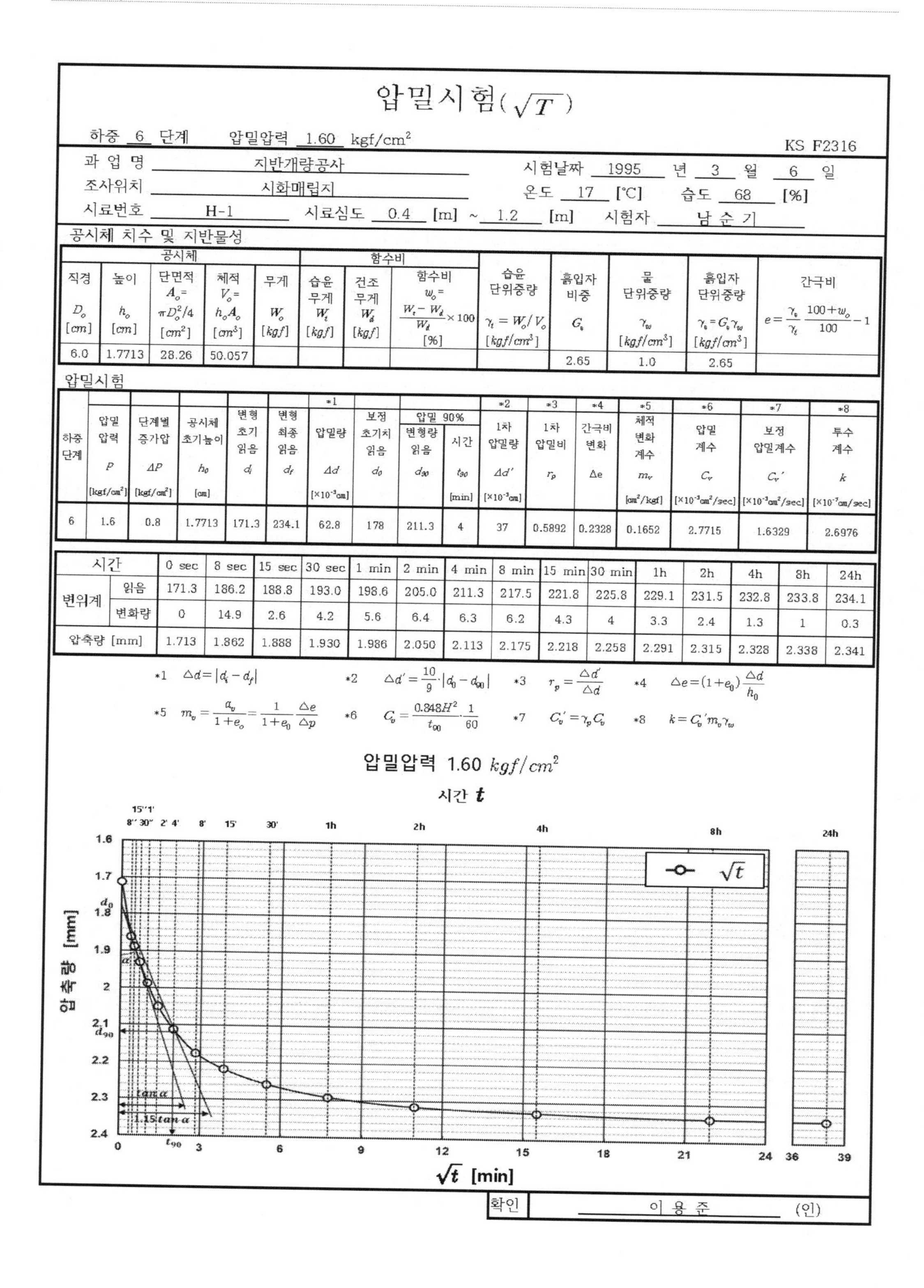

# 압밀시험($\sqrt{T}$)

하중 6 단계 압밀압력 1.60 kgf/cm² KS F2316

과 업 명 지반개량공사 시험날짜 1995 년 3 월 6 일

조사위치 시화매립지 온도 17 [℃] 습도 68 [%]

시료번호 H-1 시료심도 0.4 [m] ~ 1.2 [m] 시험자 남 순 기

공시체 치수 및 지반물성

| 공시체 | | | | | 함수비 | | | 습윤 단위중량 | 흙입자 비중 | 물 단위중량 | 흙입자 단위중량 | 간극비 |
|---|---|---|---|---|---|---|---|---|---|---|---|---|
| 직경 $D_o$ [cm] | 높이 $h_o$ [cm] | 단면적 $A_o=\pi D_o^2/4$ [cm²] | 체적 $V_o=h_oA_o$ [cm³] | 무게 $W_o$ [kgf] | 습윤 무게 $W_t$ [kgf] | 건조 무게 $W_d$ [kgf] | 함수비 $w_o=\frac{W_t-W_d}{W_d}\times 100$ [%] | $\gamma_t=W_o/V_o$ [kgf/cm³] | $G_s$ | $\gamma_w$ [kgf/cm³] | $\gamma_s=G_s\gamma_w$ [kgf/cm³] | $e=\frac{\gamma_s}{\gamma_t}\frac{100+w_o}{100}-1$ |
| 6.0 | 1.7713 | 28.26 | 50.057 | | | | | | 2.65 | 1.0 | 2.65 | |

압밀시험

| 하중 단계 | 압밀 압력 $P$ [kgf/cm²] | 단계별 증가압 $\Delta P$ [kgf/cm²] | 공시체 초기높이 $h_0$ [cm] | 변형 초기 읽음 $d_i$ | 변형 최종 읽음 $d_f$ | *1 압밀량 $\Delta d$ [×10⁻³cm] | 보정 초기치 읽음 $d_0$ | 압밀 90% 변형량 읽음 $d_{90}$ | 압밀 90% 시간 $t_{90}$ [min] |
|---|---|---|---|---|---|---|---|---|---|
| 6 | 1.6 | 0.8 | 1.7713 | 171.3 | 234.1 | 62.8 | 178 | 211.3 | 4 |

| 하중 단계 | *2 1차 압밀량 $\Delta d'$ [×10⁻³cm] | *3 1차 압밀비 $r_p$ | *4 간극비 변화 $\Delta e$ | *5 체적 변화 계수 $m_v$ [cm²/kgf] | *6 압밀 계수 $C_v$ [×10⁻³cm²/sec] | *7 보정 압밀계수 $C_v'$ [×10⁻³cm²/sec] | *8 투수 계수 $k$ [×10⁻⁷cm/sec] |
|---|---|---|---|---|---|---|---|
| 6 | 37 | 0.5892 | 0.2328 | 0.1652 | 2.7715 | 1.6329 | 2.6976 |

| 시간 | | 0 sec | 8 sec | 15 sec | 30 sec | 1 min | 2 min | 4 min | 8 min | 15 min | 30 min | 1h | 2h | 4h | 8h | 24h |
|---|---|---|---|---|---|---|---|---|---|---|---|---|---|---|---|---|
| 변위계 | 읽음 | 171.3 | 186.2 | 188.8 | 193.0 | 198.6 | 205.0 | 211.3 | 217.5 | 221.8 | 225.8 | 229.1 | 231.5 | 232.8 | 233.8 | 234.1 |
| | 변화량 | 0 | 14.9 | 2.6 | 4.2 | 5.6 | 6.4 | 6.3 | 6.2 | 4.3 | 4 | 3.3 | 2.4 | 1.3 | 1 | 0.3 |
| 압축량 [mm] | | 1.713 | 1.862 | 1.888 | 1.930 | 1.986 | 2.050 | 2.113 | 2.175 | 2.218 | 2.258 | 2.291 | 2.315 | 2.328 | 2.338 | 2.341 |

*1 $\Delta d=|d_i-d_f|$ *2 $\Delta d'=\frac{10}{9}\cdot|d_0-d_{90}|$ *3 $r_p=\frac{\Delta d'}{\Delta d}$ *4 $\Delta e=(1+e_0)\frac{\Delta d}{h_0}$

*5 $m_v=\frac{a_v}{1+e_o}=\frac{1}{1+e_0}\frac{\Delta e}{\Delta p}$ *6 $C_v=\frac{0.848H^2}{t_{90}}\cdot\frac{1}{60}$ *7 $C_v'=r_pC_v$ *8 $k=C_v'm_v\gamma_w$



확인 이 용 준 (인)

# 압밀시험($\sqrt{T}$)

하중 7 단계　압밀압력 3.20 kgf/cm²　KS F2316

과 업 명 지반개량공사　시험날짜 1995 년 3 월 6 일

조사위치 시화매립지　온도 17 [℃]　습도 68 [%]

시료번호 H-1　시료심도 0.4 [m] ~ 1.2 [m]　시험자 남 순 기

공시체 치수 및 지반물성

| 공시체 | | | | | 함수비 | | | | | | | |
|---|---|---|---|---|---|---|---|---|---|---|---|---|
| 직경 $D_o$ [cm] | 높이 $h_o$ [cm] | 단면적 $A_o = \pi D_o^2/4$ [cm²] | 체적 $V_o = h_o A_o$ [cm³] | 무게 $W_o$ [kgf] | 습윤 무게 $W_t$ [kgf] | 건조 무게 $W_d$ [kgf] | 함수비 $w_o = \frac{W_t - W_d}{W_d} \times 100$ [%] | 습윤 단위중량 $\gamma_t = W_o / V_o$ [kgf/cm³] | 흙입자 비중 $G_s$ | 물 단위중량 $\gamma_w$ [kgf/cm³] | 흙입자 단위중량 $\gamma_s = G_s \gamma_w$ [kgf/cm³] | 간극비 $e = \frac{\gamma_s}{\gamma_t} \frac{100 + w_o}{100} - 1$ |
| 6.0 | 1.7070 | 28.26 | 48.240 | | | | | | 2.65 | 1.0 | 2.65 | |

압밀시험

| 하중 단계 | 압밀 압력 $P$ [kgf/cm²] | 단계별 증가압 $\Delta P$ [kgf/cm²] | 공시체 초기높이 $h_0$ [cm] | 변형 초기 읽음 $d_i$ | 변형 최종 읽음 $d_f$ | *1 압밀량 $\Delta d$ [×10⁻³cm] | 보정 초기치 읽음 $d_0$ | 압밀 90% 변형량 읽음 $d_{90}$ | 압밀 90% 시간 $t_{90}$ [min] | *2 1차 압밀량 $\Delta d'$ [×10⁻³cm] | *3 1차 압밀비 $r_p$ | *4 간극비 변화 $\Delta e$ | *5 체적 변화 계수 $m_v$ [cm²/kgf] | *6 압밀 계수 $C_v$ [×10⁻³cm²/sec] | *7 보정 압밀계수 $C_v'$ [×10⁻³cm²/sec] | *8 투수 계수 $k$ [×10⁻⁷cm/sec] |
|---|---|---|---|---|---|---|---|---|---|---|---|---|---|---|---|---|
| 7 | 3.2 | 1.6 | 1.7070 | 234.1 | 300.0 | 65.9 | 244 | 279.1 | 4 | 39 | 0.5918 | 0.2984 | 0.1098 | 2.5739 | 1.5232 | 1.6732 |

| 시간 | | 0 sec | 8 sec | 15 sec | 30 sec | 1 min | 2 min | 4 min | 8 min | 15 min | 30 min | 1h | 2h | 4h | 8h | 24h |
|---|---|---|---|---|---|---|---|---|---|---|---|---|---|---|---|---|
| 변위계 | 읽음 | 234.1 | 252.1 | 254.6 | 258.1 | 265 | 272.2 | 279.1 | 284.5 | 288.6 | 291.6 | 294.4 | 296.5 | 298.3 | 299.2 | 300.0 |
| | 변화량 | 0 | 18 | 2.5 | 3.5 | 6.9 | 7.2 | 6.9 | 5.4 | 4.1 | 3 | 2.8 | 2.1 | 1.8 | 0.9 | 0.8 |
| 압축량 [mm] | | 2.341 | 2.521 | 2.546 | 2.581 | 2.650 | 2.722 | 2.791 | 2.845 | 2.886 | 2.916 | 2.944 | 2.965 | 2.983 | 2.992 | 3.000 |

*1 $\Delta d = |d_i - d_f|$　*2 $\Delta d' = \frac{10}{9} \cdot |d_0 - d_{90}|$　*3 $r_p = \frac{\Delta d'}{\Delta d}$　*4 $\Delta e = (1 + e_0)\frac{\Delta d}{h_0}$

*5 $m_v = \frac{a_v}{1 + e_o} = \frac{1}{1 + e_0}\frac{\Delta e}{\Delta p}$　*6 $C_v = \frac{0.848 H^2}{t_{90}} \cdot \frac{1}{60}$　*7 $C_v' = r_p C_v$　*8 $k = C_v' m_v \gamma_w$

압밀압력 3.20 $kgf/cm^2$

시간 $t$

8" 30" 2' 4' 8' 15' 30' 1h 2h 4h 8h 24h

15" 1'

$\sqrt{t}$

$d_0$

$d_{90}$

tan α

1.15 tan α

$t_{90}$

압축량 [mm]

2.3 2.4 2.5 2.6 2.7 2.8 2.9 3 3.1

0 3 6 9 12 15 18 21 24 36 39

$\sqrt{t}$ [min]

확인 이 용 준 (인)

# 압밀시험($\sqrt{T}$)

하중 8 단계 압밀압력 6.40 kgf/cm$^2$ KS F2316

과 업 명 지반개량공사 시험날짜 1995 년 3 월 6 일

조사위치 시화매립지 온도 17 [℃] 습도 68 [%]

시료번호 H-1 시료심도 0.4 [m] ~ 1.2 [m] 시험자 남 순 기

공시체 치수 및 지반물성

| 공시체 | | | | | 함수비 | | | | | | | |
|---|---|---|---|---|---|---|---|---|---|---|---|---|
| 직경 $D_o$ [cm] | 높이 $h_o$ [cm] | 단면적 $A_o=\pi D_o^2/4$ [cm$^2$] | 체적 $V_o=h_oA_o$ [cm$^3$] | 무게 $W_o$ [kgf] | 습윤 무게 $W_t$ [kgf] | 건조 무게 $W_d$ [kgf] | 함수비 $w_o=\frac{W_t-W_d}{W_d}\times 100$ [%] | 습윤 단위중량 $\gamma_t=W_o/V_o$ [kgf/cm$^3$] | 흙입자 비중 $G_s$ | 물 단위중량 $\gamma_w$ [kgf/cm$^3$] | 흙입자 단위중량 $\gamma_s=G_s\gamma_w$ [kgf/cm$^3$] | 간극비 $e=\frac{\gamma_s}{\gamma_t}\frac{100+w_o}{100}-1$ |
| 6.0 | 1.6364 | 28.26 | 46.245 | | | | | | 2.65 | 1.0 | 2.65 | |

압밀시험

| 하중 단계 | 압밀 압력 $P$ [kgf/cm$^2$] | 단계별 증가압 $\Delta P$ [kgf/cm$^2$] | 초기 시료높이 $h_0$ [cm] | 변형 초기 읽음 $d_i$ | 변형 최종 읽음 $d_f$ | *1 압밀량 $\Delta d$ [×10$^{-3}$cm] | 보정 초기치 읽음 $d_0$ | 압밀 90% 변형량 읽음 $d_{90}$ | 압밀 90% 시간 $t_{90}$ [min] | *2 1차 압밀량 $\Delta d'$ [×10$^{-3}$cm] | *3 1차 압밀비 $r_p$ | *4 간극비 변화 $\Delta e$ | *5 체적 변화 계수 $m_v$ [cm$^2$/kgf] | *6 압밀 계수 $C_v$ [×10$^{-3}$cm$^2$/sec] | *7 보정 압밀계수 $C_v'$ [×10$^{-3}$cm$^2$/sec] | *8 투수 계수 $k$ [×10$^{-7}$cm/sec] |
|---|---|---|---|---|---|---|---|---|---|---|---|---|---|---|---|---|
| 8 | 6.4 | 3.2 | 1.6364 | 300.0 | 375.2 | 75.2 | 314 | 356 | 4 | 46.6667 | 0.6206 | 0.3731 | 0.0717 | 2.3654 | 1.4679 | 1.0518 |

| 시간 | | 0 sec | 8 sec | 15 sec | 30 sec | 1 min | 2 min | 4 min | 8 min | 15 min | 30 min | 1h | 2h | 4h | 8h | 24h |
|---|---|---|---|---|---|---|---|---|---|---|---|---|---|---|---|---|
| 변위계 | 읽음 | 300.0 | 323.0 | 326.0 | 330.8 | 339.9 | 348.9 | 356.0 | 361.0 | 364.8 | 368.0 | 370.1 | 371.9 | 372.8 | 374.0 | 375.2 |
| | 변화량 | 0 | 23 | 3 | 4.8 | 9.1 | 9 | 7.1 | 5 | 3.8 | 3.2 | 2.1 | 1.8 | 0.9 | 1.2 | 1.2 |
| 압축량 [mm] | | 3.000 | 3.230 | 3.260 | 3.308 | 3.399 | 3.489 | 3.560 | 3.610 | 3.648 | 3.680 | 3.701 | 3.719 | 3.728 | 3.740 | 3.752 |

*1 $\Delta d=|d_i-d_f|$ *2 $\Delta d'=\frac{10}{9}\cdot|d_0-d_{90}|$ *3 $r_p=\frac{\Delta d'}{\Delta d}$ *4 $\Delta e=(1+e_0)\frac{\Delta d}{h_0}$

*5 $m_v=\frac{a_v}{1+e_o}=\frac{1}{1+e_0}\frac{\Delta e}{\Delta p}$ *6 $C_v=\frac{0.848H^2}{t_{90}}\cdot\frac{1}{60}$ *7 $C_v'=r_pC_v$ *8 $k=C_v'm_v\gamma_w$

**압밀압력 6.40 $kgf/cm^2$**

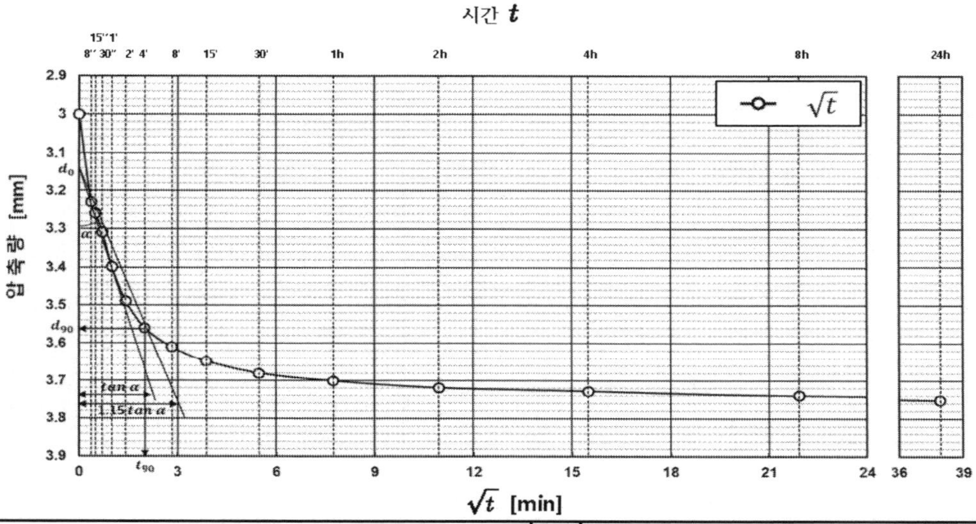


확인 이 용 준 (인)

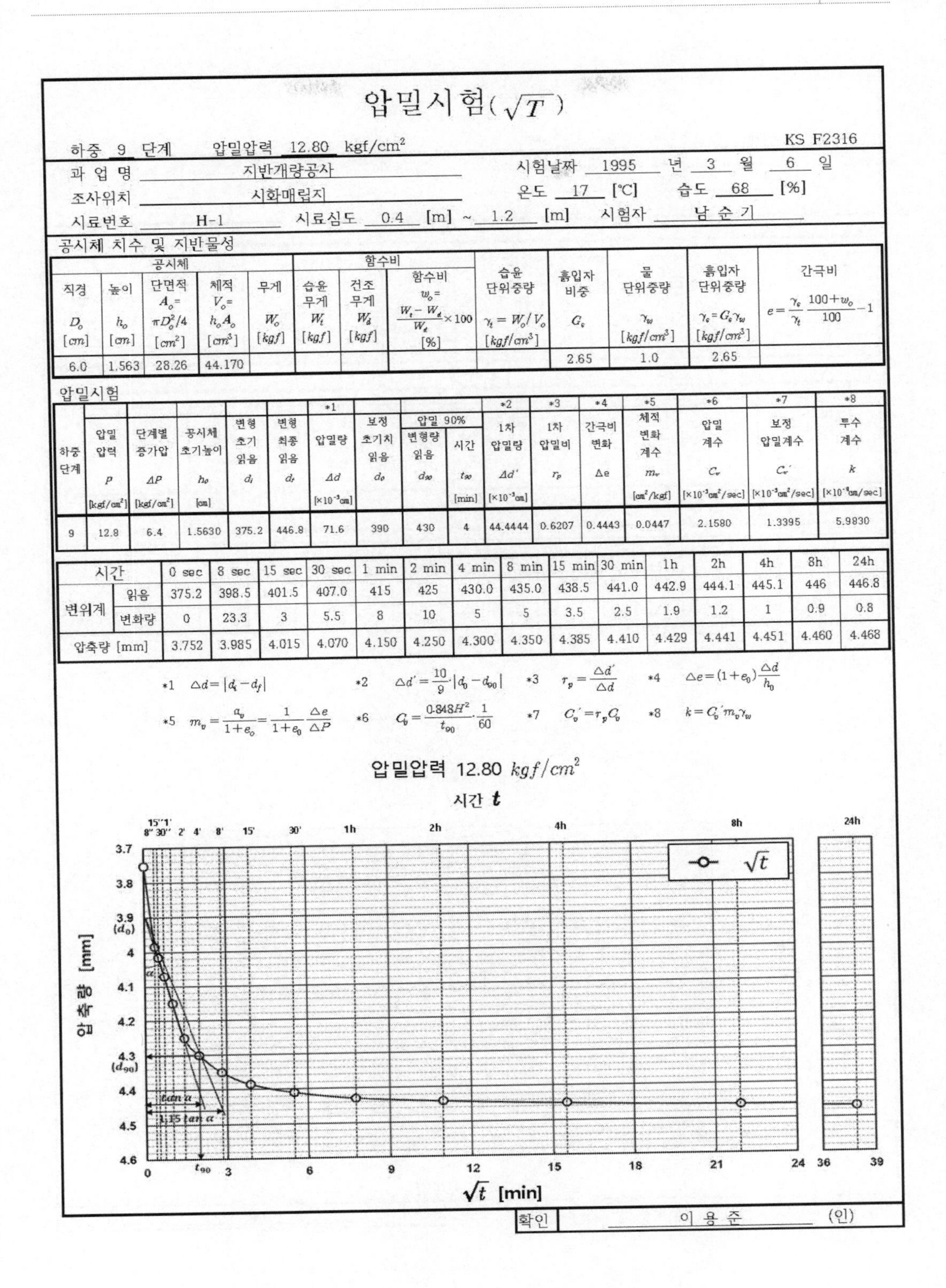

# 압밀시험($\sqrt{T}$)

하중 9 단계　압밀압력 12.80 $kgf/cm^2$　　KS F2316

과 업 명 지반개량공사　　시험날짜 1995 년 3 월 6 일

조사위치 시화매립지　　온도 17 [℃]　습도 68 [%]

시료번호 H-1　시료심도 0.4 [m] ~ 1.2 [m]　시험자 남 순 기

공시체 치수 및 지반물성

| 공시체 | | | | | 함수비 | | | | | | | |
|---|---|---|---|---|---|---|---|---|---|---|---|---|
| 직경 $D_o$ [cm] | 높이 $h_o$ [cm] | 단면적 $A_o=\pi D_o^2/4$ [$cm^2$] | 체적 $V_o=h_oA_o$ [$cm^3$] | 무게 $W_o$ [kgf] | 습윤 무게 $W_t$ [kgf] | 건조 무게 $W_d$ [kgf] | 함수비 $w_o=\frac{W_t-W_d}{W_d}\times 100$ [%] | 습윤 단위중량 $\gamma_t=W_o/V_o$ [$kgf/cm^3$] | 흙입자 비중 $G_s$ | 물 단위중량 $\gamma_w$ [$kgf/cm^3$] | 흙입자 단위중량 $\gamma_s=G_s\gamma_w$ [$kgf/cm^3$] | 간극비 $e=\frac{\gamma_s}{\gamma_t}\frac{100+w_o}{100}-1$ |
| 6.0 | 1.563 | 28.26 | 44.170 | | | | | | 2.65 | 1.0 | 2.65 | |

압밀시험

| 하중 단계 | 압밀 압력 $P$ [kgf/cm²] | 단계별 증가압 $\Delta P$ [kgf/cm²] | 공시체 초기높이 $h_o$ [cm] | 변형 초기 읽음 $d_i$ | 변형 최종 읽음 $d_f$ | *1 압밀량 $\Delta d$ [×10⁻³cm] | 보정 초기치 읽음 $d_o$ | 압밀 90% 변형량 읽음 $d_{90}$ | 압밀 90% 시간 $t_{90}$ [min] | *2 1차 압밀량 $\Delta d'$ [×10⁻³cm] | *3 1차 압밀비 $r_p$ | *4 간극비 변화 $\Delta e$ | *5 체적 변화 계수 $m_v$ [cm²/kgf] | *6 압밀 계수 $C_v$ [×10⁻³cm²/sec] | *7 보정 압밀계수 $C_v'$ [×10⁻³cm²/sec] | *8 투수 계수 $k$ [×10⁻⁸cm/sec] |
|---|---|---|---|---|---|---|---|---|---|---|---|---|---|---|---|---|
| 9 | 12.8 | 6.4 | 1.5630 | 375.2 | 446.8 | 71.6 | 390 | 430 | 4 | 44.4444 | 0.6207 | 0.4443 | 0.0447 | 2.1580 | 1.3395 | 5.9830 |

| 시간 | | 0 sec | 8 sec | 15 sec | 30 sec | 1 min | 2 min | 4 min | 8 min | 15 min | 30 min | 1h | 2h | 4h | 8h | 24h |
|---|---|---|---|---|---|---|---|---|---|---|---|---|---|---|---|---|
| 변위계 | 읽음 | 375.2 | 398.5 | 401.5 | 407.0 | 415 | 425 | 430.0 | 435.0 | 438.5 | 441.0 | 442.9 | 444.1 | 445.1 | 446 | 446.8 |
| | 변화량 | 0 | 23.3 | 3 | 5.5 | 8 | 10 | 5 | 5 | 3.5 | 2.5 | 1.9 | 1.2 | 1 | 0.9 | 0.8 |
| 압축량 [mm] | | 3.752 | 3.985 | 4.015 | 4.070 | 4.150 | 4.250 | 4.300 | 4.350 | 4.385 | 4.410 | 4.429 | 4.441 | 4.451 | 4.460 | 4.468 |

*1 $\triangle d=|d_i-d_f|$　*2 $\triangle d'=\frac{10}{9}\cdot|d_0-d_{90}|$　*3 $r_p=\frac{\triangle d'}{\triangle d}$　*4 $\triangle e=(1+e_0)\frac{\triangle d}{h_0}$

*5 $m_v=\frac{a_v}{1+e_o}=\frac{1}{1+e_0}\frac{\triangle e}{\triangle P}$　*6 $C_v=\frac{0.848H^2}{t_{90}}\cdot\frac{1}{60}$　*7 $C_v'=r_pC_v$　*8 $k=C_v'm_v\gamma_w$

압밀압력 12.80 $kgf/cm^2$



확인 이 용 준 (인)

# 압밀시험$(\log t)$

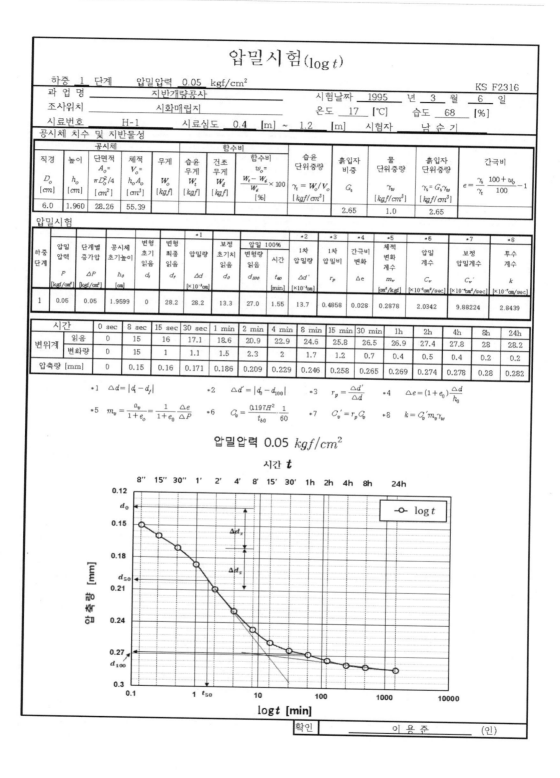

하중 1 단계 압밀압력 0.05 kgf/cm$^2$ KS F2316

과 업 명 지반개량공사 시험날짜 1995 년 3 월 6 일

조사위치 시화매립지 온도 17 [℃] 습도 68 [%]

시료번호 H-1 시료심도 0.4 [m] ~ 1.2 [m] 시험자 남 순 기

공시체 치수 및 지반물성

| 공시체 | | | | | 함수비 | | | | | | | |
|---|---|---|---|---|---|---|---|---|---|---|---|---|
| 직경 $D_o$ [cm] | 높이 $h_o$ [cm] | 단면적 $A_o=\pi D_o^2/4$ [cm$^2$] | 체적 $V_o=h_oA_o$ [cm$^3$] | 무게 $W_o$ [kgf] | 습윤 무게 $W_t$ [kgf] | 건조 무게 $W_d$ [kgf] | 함수비 $w_o=\frac{W_t-W_d}{W_d}\times 100$ [%] | 습윤 단위중량 $\gamma_t=W_o/V_o$ [kgf/cm$^3$] | 흙입자 비중 $G_s$ | 물 단위중량 $\gamma_w$ [kgf/cm$^3$] | 흙입자 단위중량 $\gamma_s=G_s\gamma_w$ [kgf/cm$^3$] | 간극비 $e=\frac{\gamma_s}{\gamma_t}\frac{100+w_o}{100}-1$ |
| 6.0 | 1.960 | 28.26 | 55.39 | | | | | | 2.65 | 1.0 | 2.65 | |

압밀시험

| 하중 단계 | 압밀 압력 $P$ [kgf/cm$^2$] | 단계별 증가압 $\Delta P$ [kgf/cm$^2$] | 공시체 초기높이 $h_0$ [cm] | 변형 초기 읽음 $d_i$ | 변형 최종 읽음 $d_f$ | *1 압밀량 $\Delta d$ [×10$^{-3}$cm] | 보정 초기치 읽음 $d_0$ | 압밀 100% 변형량 읽음 $d_{100}$ | 압밀 100% 시간 $t_{50}$ [min] | *2 1차 압밀량 $\Delta d'$ [×10$^{-3}$cm] | *3 1차 압밀비 $r_p$ | *4 간극비 변화 $\Delta e$ | *5 체적 변화 계수 $m_v$ [cm$^2$/kgf] | *6 압밀 계수 $C_v$ [×10$^{-3}$cm$^2$/sec] | *7 보정 압밀계수 $C_v'$ [×10$^{-4}$cm$^2$/sec] | *8 투수 계수 $k$ [×10$^{-7}$cm/sec] |
|---|---|---|---|---|---|---|---|---|---|---|---|---|---|---|---|---|
| 1 | 0.05 | 0.05 | 1.9599 | 0 | 28.2 | 28.2 | 13.3 | 27.0 | 1.55 | 13.7 | 0.4858 | 0.028 | 0.2878 | 2.0342 | 9.88224 | 2.8439 |

| 시간 | | 0 sec | 8 sec | 15 sec | 30 sec | 1 min | 2 min | 4 min | 8 min | 15 min | 30 min | 1h | 2h | 4h | 8h | 24h |
|---|---|---|---|---|---|---|---|---|---|---|---|---|---|---|---|---|
| 변위계 | 읽음 | 0 | 15 | 16 | 17.1 | 18.6 | 20.9 | 22.9 | 24.6 | 25.8 | 26.5 | 26.9 | 27.4 | 27.8 | 28 | 28.2 |
| | 변화량 | 0 | 15 | 1 | 1.1 | 1.5 | 2.3 | 2 | 1.7 | 1.2 | 0.7 | 0.4 | 0.5 | 0.4 | 0.2 | 0.2 |
| 압축량 [mm] | | 0 | 0.15 | 0.16 | 0.171 | 0.186 | 0.209 | 0.229 | 0.246 | 0.258 | 0.265 | 0.269 | 0.274 | 0.278 | 0.28 | 0.282 |

*1 $\Delta d=|d_i-d_f|$ *2 $\Delta d'=|d_0-d_{100}|$ *3 $r_p=\frac{\Delta d'}{\Delta d}$ *4 $\Delta e=(1+e_0)\frac{\Delta d}{h_0}$

*5 $m_v=\frac{a_v}{1+e_o}=\frac{1}{1+e_0}\frac{\Delta e}{\Delta P}$ *6 $C_v=\frac{0.197H^2}{t_{50}}\cdot\frac{1}{60}$ *7 $C_v'=r_pC_v$ *8 $k=C_v'm_v\gamma_w$

압밀압력 0.05 $kgf/cm^2$

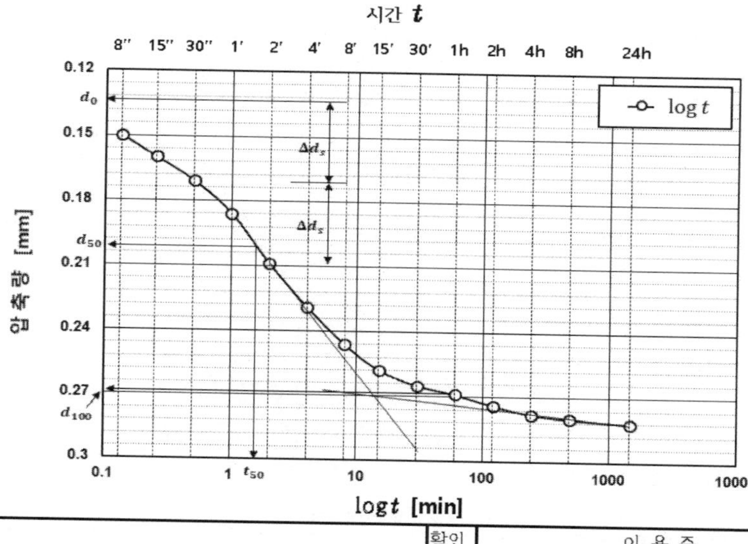


확인 이 용 준 (인)

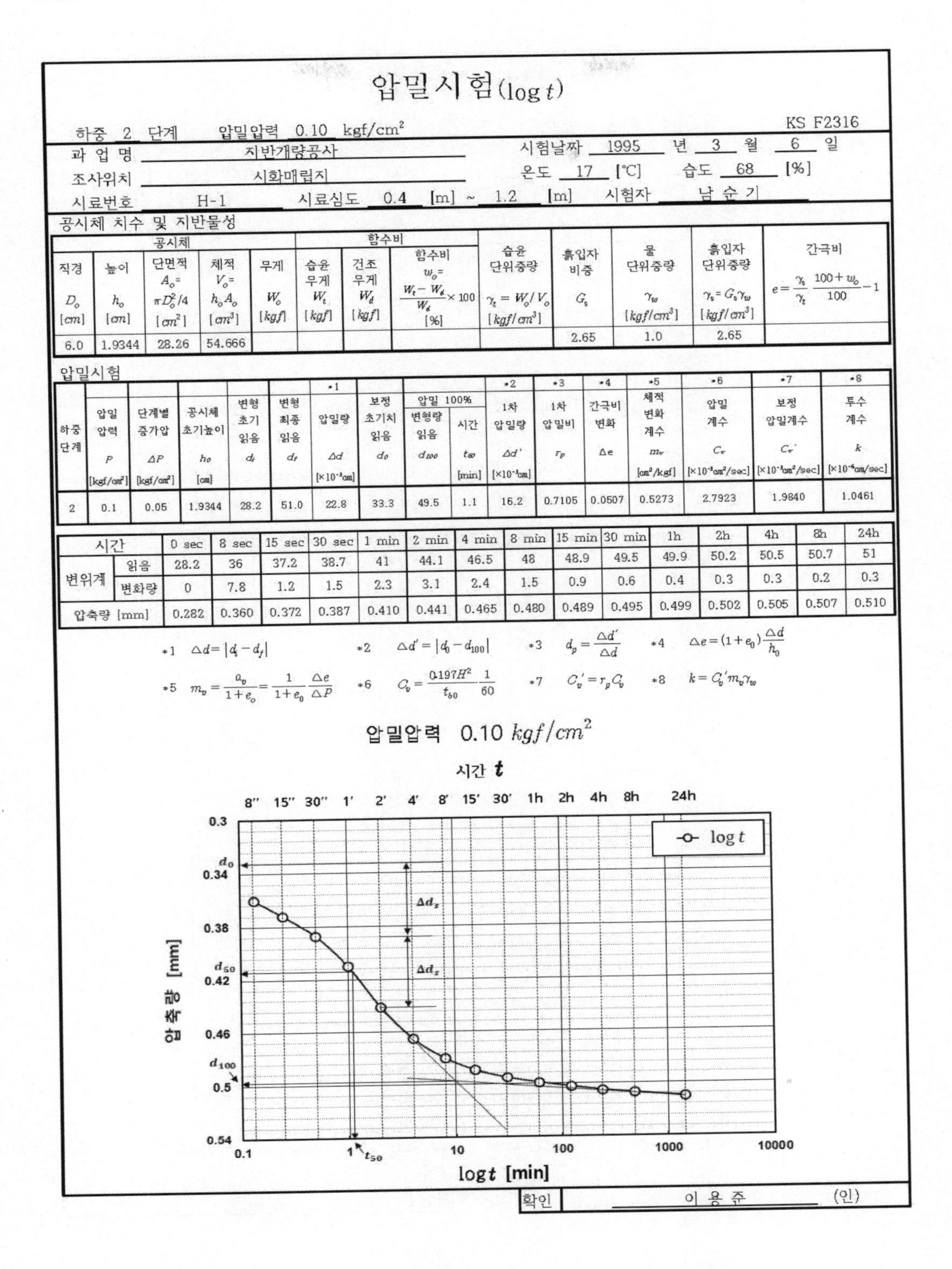

# 압밀시험($\log t$)

하중 2 단계 압밀압력 0.10 kgf/cm² KS F2316

과 업 명 지반개량공사 시험날짜 1995 년 3 월 6 일

조사위치 시화매립지 온도 17 [℃] 습도 68 [%]

시료번호 H-1 시료심도 0.4 [m] ~ 1.2 [m] 시험자 남 순 기

공시체 치수 및 지반물성

| 공시체 | | | | | 함수비 | | | 습윤 단위중량 | 흙입자 비중 | 물 단위중량 | 흙입자 단위중량 | 간극비 |
|---|---|---|---|---|---|---|---|---|---|---|---|---|
| 직경 $D_o$ [cm] | 높이 $h_o$ [cm] | 단면적 $A_o=\pi D_o^2/4$ [cm²] | 체적 $V_o=h_oA_o$ [cm³] | 무게 $W_o$ [kgf] | 습윤 무게 $W_t$ [kgf] | 건조 무게 $W_d$ [kgf] | 함수비 $w_o=\frac{W_t-W_d}{W_d}\times 100$ [%] | $\gamma_t=W_o/V_o$ [kgf/cm³] | $G_s$ | $\gamma_w$ [kgf/cm³] | $\gamma_s=G_s\gamma_w$ [kgf/cm³] | $e=\frac{\gamma_s}{\gamma_t}\frac{100+w_o}{100}-1$ |
| 6.0 | 1.9344 | 28.26 | 54.666 | | | | | | 2.65 | 1.0 | 2.65 | |

압밀시험

| 하중 단계 | 압밀 압력 $P$ [kgf/cm²] | 단계별 증가압 $\Delta P$ [kgf/cm²] | 공시체 초기높이 $h_0$ [cm] | 변형 초기 읽음 $d_i$ | 변형 최종 읽음 $d_f$ | *1 압밀량 $\Delta d$ [×10⁻³cm] | 보정 초기치 읽음 $d_0$ | 압밀 100% 변형량 읽음 $d_{100}$ | 압밀 100% 시간 $t_{50}$ [min] | *2 1차 압밀량 $\Delta d'$ [×10⁻³cm] | *3 1차 압밀비 $r_p$ | *4 간극비 변화 $\Delta e$ | *5 체적 변화 계수 $m_v$ [cm²/kgf] | *6 압밀 계수 $C_v$ [×10⁻³cm²/sec] | *7 보정 압밀계수 $C_v'$ [×10⁻³cm²/sec] | *8 투수 계수 $k$ [×10⁻⁶cm/sec] |
|---|---|---|---|---|---|---|---|---|---|---|---|---|---|---|---|---|
| 2 | 0.1 | 0.05 | 1.9344 | 28.2 | 51.0 | 22.8 | 33.3 | 49.5 | 1.1 | 16.2 | 0.7105 | 0.0507 | 0.5273 | 2.7923 | 1.9840 | 1.0461 |

| 시간 | | 0 sec | 8 sec | 15 sec | 30 sec | 1 min | 2 min | 4 min | 8 min | 15 min | 30 min | 1h | 2h | 4h | 8h | 24h |
|---|---|---|---|---|---|---|---|---|---|---|---|---|---|---|---|---|
| 변위계 | 읽음 | 28.2 | 36 | 37.2 | 38.7 | 41 | 44.1 | 46.5 | 48 | 48.9 | 49.5 | 49.9 | 50.2 | 50.5 | 50.7 | 51 |
| | 변화량 | 0 | 7.8 | 1.2 | 1.5 | 2.3 | 3.1 | 2.4 | 1.5 | 0.9 | 0.6 | 0.4 | 0.3 | 0.3 | 0.2 | 0.3 |
| 압축량 [mm] | | 0.282 | 0.360 | 0.372 | 0.387 | 0.410 | 0.441 | 0.465 | 0.480 | 0.489 | 0.495 | 0.499 | 0.502 | 0.505 | 0.507 | 0.510 |

*1 $\Delta d=|d_i-d_f|$ *2 $\Delta d'=|d_0-d_{100}|$ *3 $r_p=\frac{\Delta d'}{\Delta d}$ *4 $\Delta e=(1+e_0)\frac{\Delta d}{h_0}$

*5 $m_v=\frac{a_v}{1+e_o}=\frac{1}{1+e_0}\frac{\Delta e}{\Delta P}$ *6 $C_v=\frac{0.197H^2}{t_{50}}\frac{1}{60}$ *7 $C_v'=r_pC_v$ *8 $k=C_v'm_v\gamma_w$

압밀압력 0.10 $kgf/cm^2$



확인 이 용 준 (인)

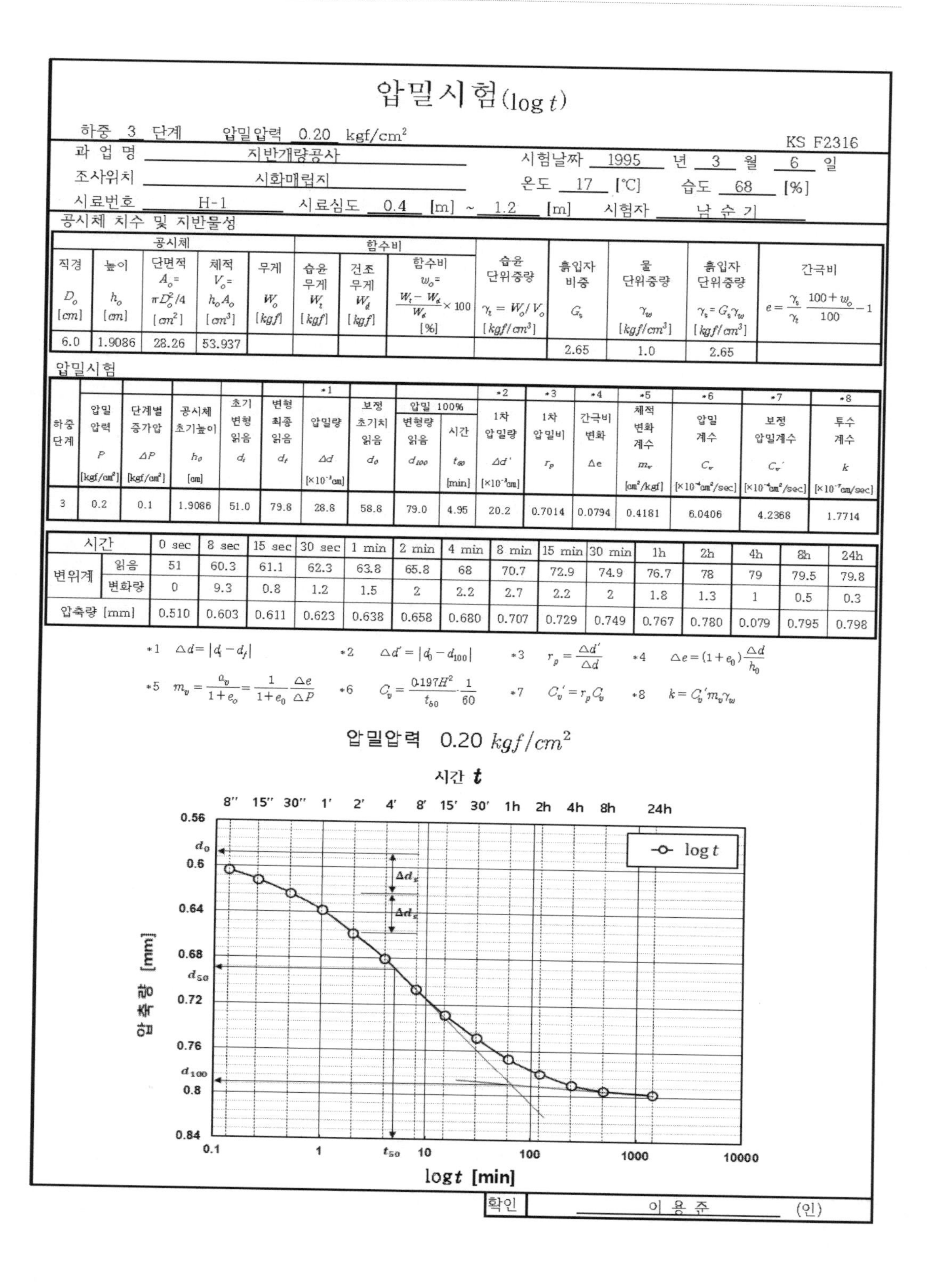

# 압밀시험(log $t$)

하중 3 단계 압밀압력 0.20 kgf/cm² KS F2316

과 업 명 지반개량공사 시험날짜 1995 년 3 월 6 일

조사위치 시화매립지 온도 17 [℃] 습도 68 [%]

시료번호 H-1 시료심도 0.4 [m] ~ 1.2 [m] 시험자 남 순 기

공시체 치수 및 지반물성

| 공시체 | | | | | 함수비 | | | | | | |
|---|---|---|---|---|---|---|---|---|---|---|---|
| 직경 $D_o$ [cm] | 높이 $h_o$ [cm] | 단면적 $A_o = \pi D_o^2/4$ [cm²] | 체적 $V_o = h_o A_o$ [cm³] | 무게 $W_o$ [kgf] | 습윤 무게 $W_t$ [kgf] | 건조 무게 $W_d$ [kgf] | 함수비 $w_o = \frac{W_t - W_d}{W_d} \times 100$ [%] | 습윤 단위중량 $\gamma_t = W_o/V_o$ [kgf/cm³] | 흙입자 비중 $G_s$ | 물 단위중량 $\gamma_w$ [kgf/cm³] | 흙입자 단위중량 $\gamma_s = G_s \gamma_w$ [kgf/cm³] | 간극비 $e = \frac{\gamma_s}{\gamma_t}\frac{100+w_o}{100} - 1$ |
| 6.0 | 1.9086 | 28.26 | 53.937 | | | | | | 2.65 | 1.0 | 2.65 | |

압밀시험

| 하중 단계 | 압밀 압력 $P$ [kgf/cm²] | 단계별 증가압 $\Delta P$ [kgf/cm²] | 공시체 초기높이 $h_o$ [cm] | 초기 변형 읽음 $d_i$ | 변형 최종 읽음 $d_f$ | *1 압밀량 $\Delta d$ [×10⁻³cm] | 보정 초기치 읽음 $d_o$ | 압밀 100% 변형량 읽음 $d_{100}$ | 압밀 100% 시간 $t_{50}$ [min] | *2 1차 압밀량 $\Delta d'$ [×10⁻³cm] | *3 1차 압밀비 $r_p$ | *4 간극비 변화 $\Delta e$ | *5 체적 변화 계수 $m_v$ [cm²/kgf] | *6 압밀 계수 $C_v$ [×10⁻⁴cm²/sec] | *7 보정 압밀계수 $C_v'$ [×10⁻⁴cm²/sec] | *8 투수 계수 $k$ [×10⁻⁷cm/sec] |
|---|---|---|---|---|---|---|---|---|---|---|---|---|---|---|---|---|
| 3 | 0.2 | 0.1 | 1.9086 | 51.0 | 79.8 | 28.8 | 58.8 | 79.0 | 4.95 | 20.2 | 0.7014 | 0.0794 | 0.4181 | 6.0406 | 4.2368 | 1.7714 |

| 시간 | | 0 sec | 8 sec | 15 sec | 30 sec | 1 min | 2 min | 4 min | 8 min | 15 min | 30 min | 1h | 2h | 4h | 8h | 24h |
|---|---|---|---|---|---|---|---|---|---|---|---|---|---|---|---|---|
| 변위계 | 읽음 | 51 | 60.3 | 61.1 | 62.3 | 63.8 | 65.8 | 68 | 70.7 | 72.9 | 74.9 | 76.7 | 78 | 79 | 79.5 | 79.8 |
| | 변화량 | 0 | 9.3 | 0.8 | 1.2 | 1.5 | 2 | 2.2 | 2.7 | 2.2 | 2 | 1.8 | 1.3 | 1 | 0.5 | 0.3 |
| 압축량 [mm] | | 0.510 | 0.603 | 0.611 | 0.623 | 0.638 | 0.658 | 0.680 | 0.707 | 0.729 | 0.749 | 0.767 | 0.780 | 0.079 | 0.795 | 0.798 |

*1 $\Delta d = |d_i - d_f|$ *2 $\Delta d' = |d_0 - d_{100}|$ *3 $r_p = \frac{\Delta d'}{\Delta d}$ *4 $\Delta e = (1+e_0)\frac{\Delta d}{h_0}$

*5 $m_v = \frac{a_v}{1+e_o} = \frac{1}{1+e_0}\frac{\Delta e}{\Delta P}$ *6 $C_v = \frac{0.197H^2}{t_{50}} \cdot \frac{1}{60}$ *7 $C_v' = r_p C_v$ *8 $k = C_v' m_v \gamma_w$



확인 이 용 주 (인)

# 압밀시험($\log t$)

하중 4 단계　압밀압력 0.40 kgf/cm²　KS F2316

과 업 명 지반개량공사　시험날짜 1995 년 3 월 6 일

조사위치 시화매립지　온도 17 [℃]　습도 68 [%]

시료번호 H-1　시료심도 0.4 [m] ~ 1.2 [m]　시험자 남 순 기

공시체 치수 및 지반물성

| 공시체 | | | | | 함수비 | | | 습윤 단위중량 | 흙입자 비중 | 물 단위중량 | 흙입자 단위중량 | 간극비 |
|---|---|---|---|---|---|---|---|---|---|---|---|---|
| 직경 $D_o$ [cm] | 높이 $h_o$ [cm] | 단면적 $A_o=\pi D_o^2/4$ [cm²] | 체적 $V_o=h_oA_o$ [cm³] | 무게 $W_o$ [kgf] | 습윤 무게 $W_t$ [kgf] | 건조 무게 $W_d$ [kgf] | 함수비 $w_o=\frac{W_t-W_d}{W_d}\times 100$ [%] | $\gamma_t=W_o/V_o$ [kgf/cm³] | $G_s$ | $\gamma_w$ [kgf/cm³] | $\gamma_s=G_s\gamma_w$ [kgf/cm³] | $e=\frac{\gamma_s}{\gamma_t}\frac{100+w_o}{100}-1$ |
| 6.0 | 1.8745 | 28.26 | 52.889 | | | | | | 2.65 | 1.0 | 2.65 | |

압밀시험

| 하중 단계 | 압밀 압력 $P$ [kgf/cm²] | 단계별 증가압 $\Delta P$ [kgf/cm²] | 공시체 초기높이 $h_0$ [cm] | 변형 초기 읽음 $d_i$ | 변형 최종 읽음 $d_f$ | *1 압밀량 $\Delta d$ [×10⁻³cm] | 보정 초기치 읽음 $d_0$ | 압밀 100% 변형량 읽음 $d_{100}$ | 압밀 100% 시간 $t_{50}$ [min] | *2 1차 압밀량 $\Delta d'$ [×10⁻³cm] | *3 1차 압밀비 $r_p$ | *4 간극비 변화 $\Delta e$ | *5 체적 변화 계수 $m_v$ [cm²/kgf] | *6 압밀 계수 $C_v$ [×10⁻⁴cm²/sec] | *7 보정 압밀계수 $C_v'$ [×10⁻⁴cm²/sec] | *8 투수 계수 $k$ [×10⁻⁷cm/sec] |
|---|---|---|---|---|---|---|---|---|---|---|---|---|---|---|---|---|
| 4 | 0.4 | 0.2 | 1.8745 | 79.8 | 119.2 | 39.4 | 87.2 | 118.0 | 3.5 | 30.8 | 0.7817 | 0.1185 | 0.3180 | 8.2406 | 6.4419 | 2.0482 |

| 시간 | | 0 sec | 8 sec | 15 sec | 30 sec | 1 min | 2 min | 4 min | 8 min | 15 min | 30 min | 1h | 2h | 4h | 8h | 24h |
|---|---|---|---|---|---|---|---|---|---|---|---|---|---|---|---|---|
| 변위계 | 읽음 | 79.8 | 89.9 | 91.3 | 93.4 | 96.0 | 99.4 | 103.2 | 106.6 | 109.9 | 113.5 | 115.7 | 117.3 | 118.2 | 118.8 | 119.2 |
| | 변화량 | 0 | 10.1 | 1.4 | 2.1 | 2.6 | 3.4 | 3.8 | 3.4 | 3.3 | 3.6 | 2.2 | 1.6 | 0.9 | 0.6 | 0.4 |
| 압축량 [mm] | | 0.798 | 0.899 | 0.913 | 0.934 | 0.960 | 0.994 | 1.032 | 1.066 | 1.099 | 1.135 | 1.157 | 1.173 | 1.182 | 1.188 | 1.192 |

*1 $\Delta d=|d_i-d_f|$　*2 $\Delta d'=|d_0-d_{100}|$　*3 $r_p=\frac{\Delta d'}{\Delta d}$　*4 $\Delta e=(1+e_0)\frac{\Delta d}{h_0}$

*5 $m_v=\frac{a_v}{1+e_o}=\frac{1}{1+e_0}\frac{\Delta e}{\Delta P}$　*6 $C_v=\frac{0.197H^2}{t_{50}}\cdot\frac{1}{60}$　*7 $C_v'=r_pC_v$　*8 $k=C_v'm_v\gamma_w$

압밀압력 0.40 $kgf/cm^2$

시간 $t$

8″ 15″ 30″ 1′ 2′ 4′ 8′ 15′ 30′ 1h 2h 4h 8h 24h

-o- $\log t$

$d_0$　$\Delta d_s$　$\Delta d_s$　$d_{50}$　$d_{100}$　$t_{50}$

압축량 [mm]: 0.84 0.88 0.92 0.96 1 1.04 1.08 1.12 1.16 1.2 1.24

0.1 1 10 100 1000 10000

$\log t$ [min]

확인 이 용 준 (인)

# 압밀시험(log $t$)

하중 5 단계　압밀압력 0.80 kgf/cm$^2$　KS F2316

과 업 명 지반개량공사　시험날짜 1995 년 3 월 6 일

조사위치 시화매립지　온도 17 [℃]　습도 68 [%]

시료번호 H-1　시료심도 0.4 [m] ~ 1.2 [m]　시험자 남 순 기

공시체 치수 및 지반물성

| 공시체 | | | | | 함수비 | | | 습윤 단위중량 | 흙입자 비중 | 물 단위중량 | 흙입자 단위중량 | 간극비 |
|---|---|---|---|---|---|---|---|---|---|---|---|---|
| 직경 $D_o$ [cm] | 높이 $h_o$ [cm] | 단면적 $A_o=\pi D_o^2/4$ [cm$^2$] | 체적 $V_o=h_oA_o$ [cm$^3$] | 무게 $W_o$ [kgf] | 습윤 무게 $W_t$ [kgf] | 건조 무게 $W_d$ [kgf] | 함수비 $w_o=\frac{W_t-W_d}{W_d}\times 100$ [%] | $\gamma_t=W_o/V_o$ [kgf/cm$^3$] | $G_s$ | $\gamma_w$ [kgf/cm$^3$] | $\gamma_s=G_s\gamma_w$ [kgf/cm$^3$] | $e=\frac{\gamma_s}{\gamma_t}\frac{100+w_o}{100}-1$ |
| 6.0 | 1.8288 | 28.26 | 51.682 | | | | | | 2.65 | 1.0 | 2.65 | |

압밀시험

| 하중 단계 | 압밀 압력 $P$ [kgf/cm$^2$] | 단계별 증가압 $\Delta P$ [kgf/cm$^2$] | 공시체 초기높이 $h_0$ [cm] | 변형 초기 읽음 $d_i$ | 변형 최종 읽음 $d_f$ | *1 압밀량 $\Delta d$ [×10$^{-3}$cm] | 보정 초기치 읽음 $d_0$ | 압밀 100% 변형량 읽음 $d_{100}$ | 압밀 100% 시간 $t_{50}$ [min] | *2 1차 압밀량 $\Delta d'$ [×10$^{-3}$cm] | *3 1차 압밀비 $r_p$ | *4 간극비 변화 $\Delta e$ | *5 체적 변화 계수 $m_v$ [cm$^2$/kgf] | *6 압밀 계수 $C_v$ [×10$^{-4}$cm$^2$/sec] | *7 보정 압밀계수 $C_v'$ [×10$^{-4}$cm$^2$/sec] | *8 투수 계수 $k$ [×10$^{-7}$cm/sec] |
|---|---|---|---|---|---|---|---|---|---|---|---|---|---|---|---|---|
| 5 | 0.8 | 0.4 | 1.8288 | 119.2 | 171.3 | 52.1 | 126 | 169.2 | 3.6 | 43.2 | 0.8292 | 0.1704 | 0.2342 | 7.6258 | 6.3231 | 1.4807 |

| 시간 | | 0 sec | 8 sec | 15 sec | 30 sec | 1 min | 2 min | 4 min | 8 min | 15 min | 30 min | 1h | 2h | 4h | 8h | 24h |
|---|---|---|---|---|---|---|---|---|---|---|---|---|---|---|---|---|
| 변위계 | 읽음 | 119.2 | 130.3 | 132.2 | 134.4 | 138.1 | 142.9 | 148.3 | 153.4 | 157.6 | 161.9 | 165.0 | 167.9 | 169.5 | 170.6 | 171.3 |
| | 변화량 | 0 | 11.1 | 1.9 | 2.2 | 3.7 | 4.8 | 5.4 | 5.1 | 4.2 | 4.3 | 3.1 | 2.9 | 1.6 | 1.1 | 0.7 |
| 압축량 [mm] | | 1.192 | 1.303 | 1.322 | 1.344 | 1.381 | 1.429 | 1.483 | 1.534 | 1.576 | 1.619 | 1.650 | 1.679 | 1.695 | 1.706 | 1.713 |

*1 $\Delta d=|d_i-d_f|$　*2 $\Delta d'=|d_0-d_{100}|$　*3 $r_p=\frac{\Delta d'}{\Delta d}$　*4 $\Delta e=(1+e_0)\frac{\Delta d}{h_0}$

*5 $m_v=\frac{a_v}{1+e_o}=\frac{1}{1+e_0}\frac{\Delta e}{\Delta P}$　*6 $C_v=\frac{0.197H^2}{t_{50}}\cdot\frac{1}{60}$　*7 $C_v'=r_pC_v$　*8 $k=C_v'm_v\gamma_w$

압밀압력 0.80 $kgf/cm^2$

시간 $t$

8″ 15″ 30″ 1′ 2′ 4′ 8′ 15′ 30′ 1h 2h 4h 8h 24h

1.22
$d_0$
1.31
1.4
$d_{50}$
1.49
1.58
1.67
$d_{100}$
1.76

$\Delta d_s$
$\Delta d_s$

-o- log $t$

압축량 [mm]

0.1 1 $t_{50}$ 10 100 1000 10000

log$t$ [min]

확인 이 용 준 (인)

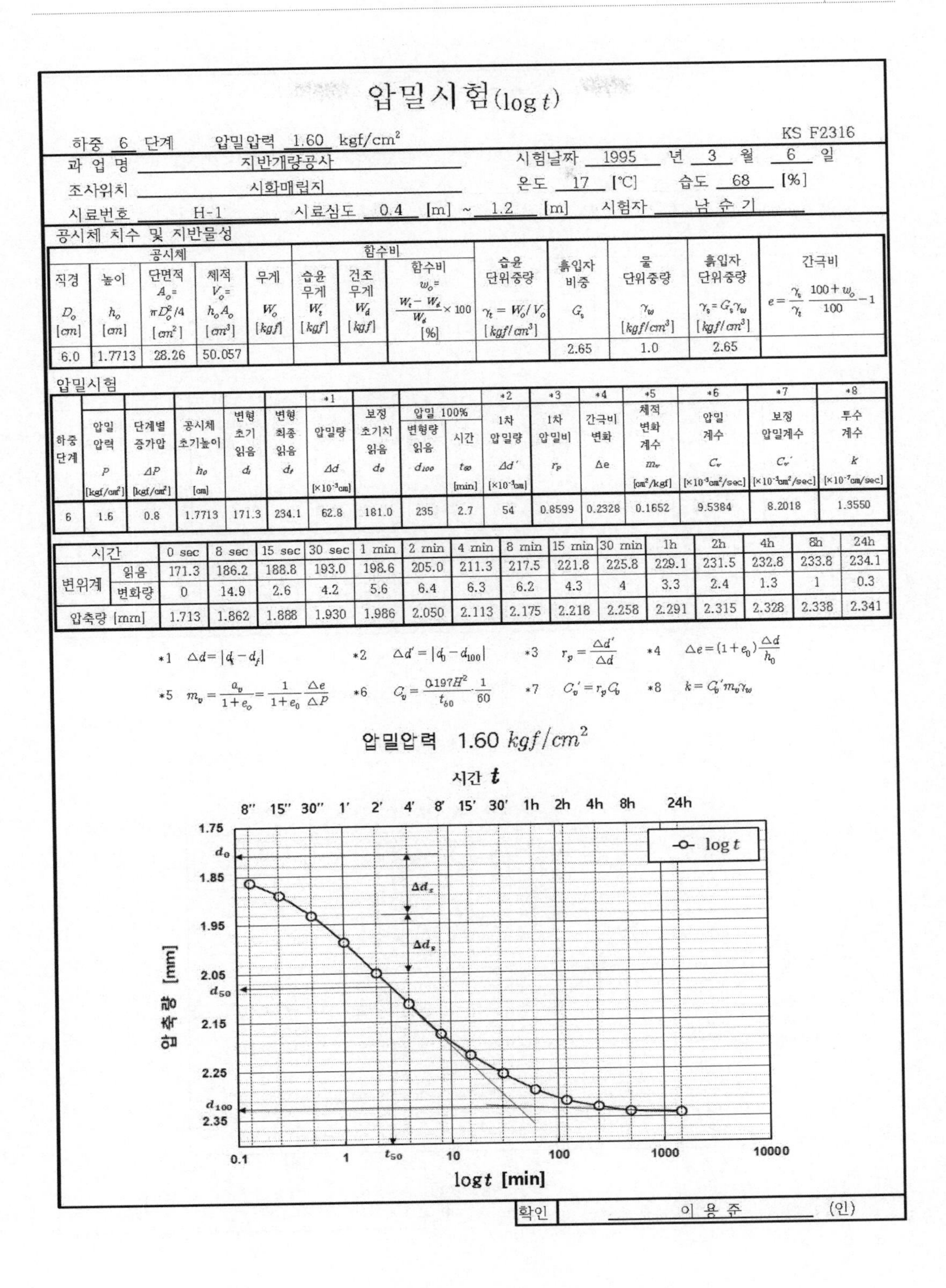

# 압밀시험(log $t$)

하중 6 단계 압밀압력 1.60 kgf/cm² KS F2316

과 업 명 지반개량공사 시험날짜 1995 년 3 월 6 일

조사위치 시화매립지 온도 17 [℃] 습도 68 [%]

시료번호 H-1 시료심도 0.4 [m] ~ 1.2 [m] 시험자 남 순 기

공시체 치수 및 지반물성

| 공시체 | | | | | 함수비 | | | | | | | |
|---|---|---|---|---|---|---|---|---|---|---|---|---|
| 직경 $D_o$ [cm] | 높이 $h_o$ [cm] | 단면적 $A_o=\pi D_o^2/4$ [cm²] | 체적 $V_o=h_oA_o$ [cm³] | 무게 $W_o$ [kgf] | 습윤 무게 $W_t$ [kgf] | 건조 무게 $W_d$ [kgf] | 함수비 $w_o=\frac{W_t-W_d}{W_d}\times 100$ [%] | 습윤 단위중량 $\gamma_t=W_o/V_o$ [kgf/cm³] | 흙입자 비중 $G_s$ | 물 단위중량 $\gamma_w$ [kgf/cm³] | 흙입자 단위중량 $\gamma_s=G_s\gamma_w$ [kgf/cm³] | 간극비 $e=\frac{\gamma_s}{\gamma_t}\frac{100+w_o}{100}-1$ |
| 6.0 | 1.7713 | 28.26 | 50.057 | | | | | | 2.65 | 1.0 | 2.65 | |

압밀시험

| 하중 단계 | 압밀 압력 $P$ [kgf/cm²] | 단계별 증가압 $\Delta P$ [kgf/cm²] | 공시체 초기높이 $h_0$ [cm] | 변형 초기 읽음 $d_i$ | 변형 최종 읽음 $d_f$ | *1 압밀량 $\Delta d$ [×10⁻³cm] | 보정 초기치 읽음 $d_0$ | 압밀 100% 변형량 읽음 $d_{100}$ | 압밀 100% 시간 $t_{50}$ [min] | *2 1차 압밀량 $\Delta d'$ [×10⁻³cm] | *3 1차 압밀비 $r_p$ | *4 간극비 변화 $\Delta e$ | *5 체적 변화 계수 $m_v$ [cm²/kgf] | *6 압밀 계수 $C_v$ [×10⁻³cm²/sec] | *7 보정 압밀계수 $C_v'$ [×10⁻³cm²/sec] | *8 투수 계수 $k$ [×10⁻⁷cm/sec] |
|---|---|---|---|---|---|---|---|---|---|---|---|---|---|---|---|---|
| 6 | 1.6 | 0.8 | 1.7713 | 171.3 | 234.1 | 62.8 | 181.0 | 235 | 2.7 | 54 | 0.8599 | 0.2328 | 0.1652 | 9.5384 | 8.2018 | 1.3550 |

| 시간 | | 0 sec | 8 sec | 15 sec | 30 sec | 1 min | 2 min | 4 min | 8 min | 15 min | 30 min | 1h | 2h | 4h | 8h | 24h |
|---|---|---|---|---|---|---|---|---|---|---|---|---|---|---|---|---|
| 변위계 | 읽음 | 171.3 | 186.2 | 188.8 | 193.0 | 198.6 | 205.0 | 211.3 | 217.5 | 221.8 | 225.8 | 229.1 | 231.5 | 232.8 | 233.8 | 234.1 |
| | 변화량 | 0 | 14.9 | 2.6 | 4.2 | 5.6 | 6.4 | 6.3 | 6.2 | 4.3 | 4 | 3.3 | 2.4 | 1.3 | 1 | 0.3 |
| 압축량 [mm] | | 1.713 | 1.862 | 1.888 | 1.930 | 1.986 | 2.050 | 2.113 | 2.175 | 2.218 | 2.258 | 2.291 | 2.315 | 2.328 | 2.338 | 2.341 |

*1 $\Delta d=|d_i-d_f|$　*2 $\Delta d'=|d_0-d_{100}|$　*3 $r_p=\frac{\Delta d'}{\Delta d}$　*4 $\Delta e=(1+e_0)\frac{\Delta d}{h_0}$

*5 $m_v=\frac{a_v}{1+e_o}=\frac{1}{1+e_0}\frac{\Delta e}{\Delta P}$　*6 $C_v=\frac{0.197H^2}{t_{50}}\cdot\frac{1}{60}$　*7 $C_v'=r_pC_v$　*8 $k=C_v'm_v\gamma_w$



확인 이 용 준 (인)

# 압밀시험($\log t$)

하중 7 단계 압밀압력 3.20 kgf/cm² KS F2316

과 업 명 지반개량공사 시험날짜 1995 년 3 월 6 일

조사위치 시화매립지 온도 17 [℃] 습도 68 [%]

시료번호 H-1 시료심도 0.4 [m] ~ 1.2 [m] 시험자 남 순 기

공시체 치수 및 지반물성

| 공시체 | | | | | 함수비 | | | 습윤 단위중량 | 흙입자 비중 | 물 단위중량 | 흙입자 단위중량 | 간극비 |
|---|---|---|---|---|---|---|---|---|---|---|---|---|
| 직경 $D_o$ [cm] | 높이 $h_o$ [cm] | 단면적 $A_o=\pi D_o^2/4$ [cm²] | 체적 $V_o=h_oA_o$ [cm³] | 무게 $W_o$ [kgf] | 습윤 무게 $W_t$ [kgf] | 건조 무게 $W_d$ [kgf] | 함수비 $w_o=\frac{W_t-W_d}{W_d}\times 100$ [%] | $\gamma_t=W_o/V_o$ [kgf/cm³] | $G_s$ | $\gamma_w$ [kgf/cm³] | $\gamma_s=G_s\gamma_w$ [kgf/cm³] | $e=\frac{\gamma_s}{\gamma_t}\frac{100+w_o}{100}-1$ |
| 6.0 | 1.707 | 28.26 | 48.240 | | | | | | 2.65 | 1.0 | 2.65 | |

압밀시험

| 하중단계 | 압밀압력 $P$ [kgf/cm²] | 단계별 증가압 $\Delta P$ [kgf/cm²] | 공시체 초기높이 $h_0$ [cm] | 변형 초기 읽음 $d_i$ | 변형 최종 읽음 $d_f$ | *1 압밀량 $\Delta d$ [×10⁻³cm] | 보정 초기치 읽음 $d_0$ | 압밀 100% 변형량 읽음 $d_{100}$ | 압밀 100% 시간 $t_{50}$ [min] | *2 1차 압밀량 $\Delta d'$ [×10⁻³cm] | *3 1차 압밀비 $r_p$ | *4 간극비 변화 $\Delta e$ | *5 체적 변화 계수 $m_v$ [cm²/kgf] | *6 압밀 계수 $C_v$ [×10⁻³cm²/sec] | *7 보정 압밀계수 $C_v'$ [×10⁻³cm²/sec] | *8 투수 계수 $k$ [×10⁻⁷cm/sec] |
|---|---|---|---|---|---|---|---|---|---|---|---|---|---|---|---|---|
| 7 | 3.2 | 1.6 | 1.7070 | 234.1 | 300.0 | 65.9 | 243.5 | 295.8 | 1.5 | 52.3 | 0.7936 | 0.2984 | 0.1098 | 1.5945 | 1.2655 | 1.3900 |

| 시간 | | 0 sec | 8 sec | 15 sec | 30 sec | 1 min | 2 min | 4 min | 8 min | 15 min | 30 min | 1h | 2h | 4h | 8h | 24h |
|---|---|---|---|---|---|---|---|---|---|---|---|---|---|---|---|---|
| 변위계 | 읽음 | 234.1 | 252.1 | 254.6 | 258.1 | 265 | 272.2 | 279.1 | 284.5 | 288.6 | 291.6 | 294.4 | 296.5 | 298.3 | 299.2 | 300.0 |
| | 변화량 | 0 | 18 | 2.5 | 3.5 | 6.9 | 7.2 | 6.9 | 5.4 | 4.1 | 3 | 2.8 | 2.1 | 1.8 | 0.9 | 0.8 |
| 압축량 [mm] | | 2.341 | 2.521 | 2.546 | 2.581 | 2.650 | 2.722 | 2.791 | 2.845 | 2.886 | 2.916 | 2.944 | 2.965 | 2.983 | 2.992 | 3.000 |

*1 $\Delta d=|d_i-d_f|$ *2 $\Delta d'=|d_0-d_{100}|$ *3 $r_p=\frac{\Delta d'}{\Delta d}$ *4 $\Delta e=(1+e_0)\frac{\Delta d}{h_0}$

*5 $m_v=\frac{a_v}{1+e_o}=\frac{1}{1+e_0}\frac{\Delta e}{\Delta P}$ *6 $C_v=\frac{0.197H^2}{t_{50}}\cdot\frac{1}{60}$ *7 $C_v'=r_pC_v$ *8 $k=C_v'm_v\gamma_w$

압밀압력 3.20 $kgf/cm^2$

시간 $t$

8″ 15″ 30″ 1′ 2′ 4′ 8′ 15′ 30′ 1h 2h 4h 8h 24h

$d_0$, $\Delta d_s$, $\Delta d_s$, $d_{50}$, $d_{100}$, $t_{50}$

압축량 [mm]

$\log t$ [min]

확인 이 용 주 (인)

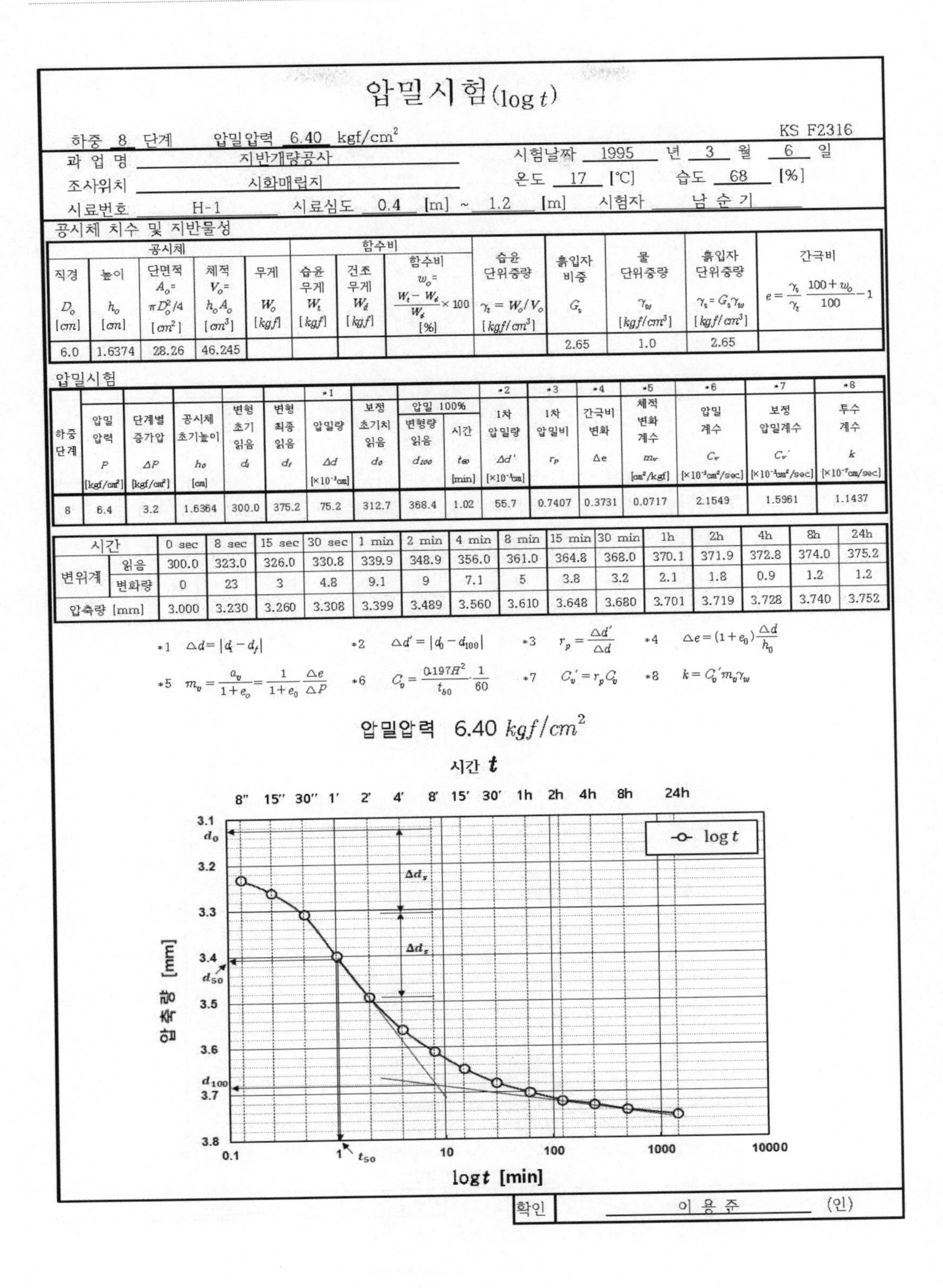

# 압밀시험(log *t*)

하중 8 단계　압밀압력 6.40 kgf/cm²　KS F2316

과 업 명 지반개량공사　시험날짜 1995 년 3 월 6 일

조사위치 시화매립지　온도 17 [℃]　습도 68 [%]

시료번호 H-1　시료심도 0.4 [m] ~ 1.2 [m]　시험자 남 순 기

공시체 치수 및 지반물성

| 공시체 | | | | | 함수비 | | | 습윤 단위중량 | 흙입자 비중 | 물 단위중량 | 흙입자 단위중량 | 간극비 |
|---|---|---|---|---|---|---|---|---|---|---|---|---|
| 직경 $D_o$ [cm] | 높이 $h_o$ [cm] | 단면적 $A_o=\pi D_o^2/4$ [cm²] | 체적 $V_o=h_oA_o$ [cm³] | 무게 $W_o$ [kgf] | 습윤 무게 $W_t$ [kgf] | 건조 무게 $W_d$ [kgf] | 함수비 $w_o=\frac{W_t-W_d}{W_d}\times 100$ [%] | $\gamma_t=W_o/V_o$ [kgf/cm³] | $G_s$ | $\gamma_w$ [kgf/cm³] | $\gamma_s=G_s\gamma_w$ [kgf/cm³] | $e=\frac{\gamma_s}{\gamma_t}\frac{100+w_o}{100}-1$ |
| 6.0 | 1.6374 | 28.26 | 46.245 | | | | | | 2.65 | 1.0 | 2.65 | |

압밀시험

| 하중 단계 | 압밀 압력 $P$ [kgf/cm²] | 단계별 증가압 $\Delta P$ [kgf/cm²] | 공시체 초기높이 $h_0$ [cm] | 변형 초기 읽음 $d_i$ | 변형 최종 읽음 $d_f$ | *1 압밀량 $\Delta d$ [×10⁻³cm] | 보정 초기치 읽음 $d_0$ | 압밀 100% 변형량 읽음 $d_{100}$ | 압밀 100% 시간 $t_{50}$ [min] | *2 1차 압밀량 $\Delta d'$ [×10⁻³cm] | *3 1차 압밀비 $r_p$ | *4 간극비 변화 $\Delta e$ | *5 체적 변화 계수 $m_v$ [cm²/kgf] | *6 압밀 계수 $C_v$ [×10⁻³cm²/sec] | *7 보정 압밀계수 $C_v'$ [×10⁻³cm²/sec] | *8 투수 계수 $k$ [×10⁻⁷cm/sec] |
|---|---|---|---|---|---|---|---|---|---|---|---|---|---|---|---|---|
| 8 | 6.4 | 3.2 | 1.6364 | 300.0 | 375.2 | 75.2 | 312.7 | 368.4 | 1.02 | 55.7 | 0.7407 | 0.3731 | 0.0717 | 2.1549 | 1.5961 | 1.1437 |

| 시간 | | 0 sec | 8 sec | 15 sec | 30 sec | 1 min | 2 min | 4 min | 8 min | 15 min | 30 min | 1h | 2h | 4h | 8h | 24h |
|---|---|---|---|---|---|---|---|---|---|---|---|---|---|---|---|---|
| 변위계 | 읽음 | 300.0 | 323.0 | 326.0 | 330.8 | 339.9 | 348.9 | 356.0 | 361.0 | 364.8 | 368.0 | 370.1 | 371.9 | 372.8 | 374.0 | 375.2 |
| | 변화량 | 0 | 23 | 3 | 4.8 | 9.1 | 9 | 7.1 | 5 | 3.8 | 3.2 | 2.1 | 1.8 | 0.9 | 1.2 | 1.2 |
| 압축량 [mm] | | 3.000 | 3.230 | 3.260 | 3.308 | 3.399 | 3.489 | 3.560 | 3.610 | 3.648 | 3.680 | 3.701 | 3.719 | 3.728 | 3.740 | 3.752 |

*1 $\Delta d=|d_i-d_f|$　*2 $\Delta d'=|d_0-d_{100}|$　*3 $r_p=\frac{\Delta d'}{\Delta d}$　*4 $\Delta e=(1+e_0)\frac{\Delta d}{h_0}$

*5 $m_v=\frac{a_v}{1+e_o}=\frac{1}{1+e_0}\frac{\Delta e}{\Delta P}$　*6 $C_v=\frac{0.197H^2}{t_{50}}\cdot\frac{1}{60}$　*7 $C_v'=r_pC_v$　*8 $k=C_v'm_v\gamma_w$

압밀압력 6.40 $kgf/cm^2$

시간 $t$

8″ 15″ 30″ 1′ 2′ 4′ 8′ 15′ 30′ 1h 2h 4h 8h 24h

-o- log $t$

$d_0$　$\Delta d_s$　$\Delta d_s$　$d_{50}$　$d_{100}$　$t_{50}$

압축량 [mm]: 3.1 3.2 3.3 3.4 3.5 3.6 3.7 3.8

0.1 1 10 100 1000 10000

log$t$ [min]

확인 이 용 준 (인)

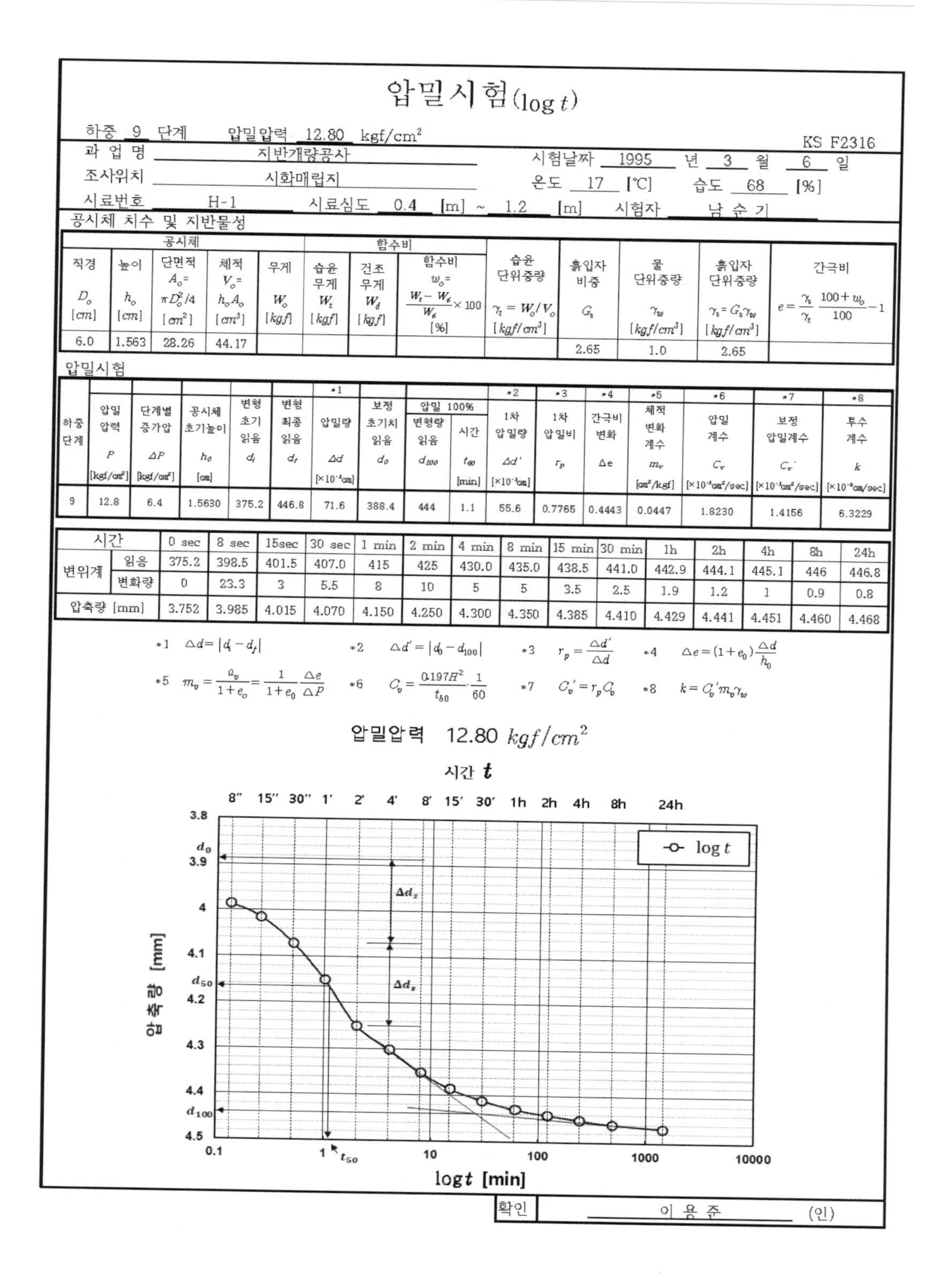

# 압밀시험(log $t$)

하중 9 단계 압밀압력 12.80 kgf/cm²

KS F2316

과 업 명 지반개량공사 시험날짜 1995 년 3 월 6 일

조사위치 시화매립지 온도 17 [℃] 습도 68 [%]

시료번호 H-1 시료심도 0.4 [m] ~ 1.2 [m] 시험자 남 순 기

공시체 치수 및 지반물성

| 공시체 | | | | | 함수비 | | | | | | | |
|---|---|---|---|---|---|---|---|---|---|---|---|---|
| 직경 $D_o$ [cm] | 높이 $h_o$ [cm] | 단면적 $A_o=\pi D_o^2/4$ [cm²] | 체적 $V_o=h_oA_o$ [cm³] | 무게 $W_o$ [kgf] | 습윤 무게 $W_t$ [kgf] | 건조 무게 $W_d$ [kgf] | 함수비 $w_o=\frac{W_t-W_d}{W_d}\times 100$ [%] | 습윤 단위중량 $\gamma_t=W_o/V_o$ [kgf/cm³] | 흙입자 비중 $G_s$ | 물 단위중량 $\gamma_w$ [kgf/cm³] | 흙입자 단위중량 $\gamma_s=G_s\gamma_w$ [kgf/cm³] | 간극비 $e=\frac{\gamma_s}{\gamma_t}\frac{100+w_o}{100}-1$ |
| 6.0 | 1.563 | 28.26 | 44.17 | | | | | | 2.65 | 1.0 | 2.65 | |

압밀시험

| 하중 단계 | 압밀 압력 $P$ [kgf/cm²] | 단계별 증가압 $\Delta P$ [kgf/cm²] | 공시체 초기높이 $h_0$ [cm] | 변형 초기 읽음 $d_i$ | 변형 최종 읽음 $d_f$ | *1 압밀량 $\Delta d$ [×10⁻³cm] | 보정 초기치 읽음 $d_0$ | 압밀 100% 변형량 읽음 $d_{100}$ | 압밀 100% 시간 $t_{60}$ [min] | *2 1차 압밀량 $\Delta d'$ [×10⁻³cm] | *3 1차 압밀비 $r_p$ | *4 간극비 변화 $\Delta e$ | *5 체적 변화 계수 $m_v$ [cm²/kgf] | *6 압밀 계수 $C_v$ [×10⁻³cm²/sec] | *7 보정 압밀계수 $C_v'$ [×10⁻³cm²/sec] | *8 투수 계수 $k$ [×10⁻⁸cm/sec] |
|---|---|---|---|---|---|---|---|---|---|---|---|---|---|---|---|---|
| 9 | 12.8 | 6.4 | 1.5630 | 375.2 | 446.8 | 71.6 | 388.4 | 444 | 1.1 | 55.6 | 0.7765 | 0.4443 | 0.0447 | 1.8230 | 1.4156 | 6.3229 |

| 시간 | | 0 sec | 8 sec | 15sec | 30 sec | 1 min | 2 min | 4 min | 8 min | 15 min | 30 min | 1h | 2h | 4h | 8h | 24h |
|---|---|---|---|---|---|---|---|---|---|---|---|---|---|---|---|---|
| 변위계 | 읽음 | 375.2 | 398.5 | 401.5 | 407.0 | 415 | 425 | 430.0 | 435.0 | 438.5 | 441.0 | 442.9 | 444.1 | 445.1 | 446 | 446.8 |
| | 변화량 | 0 | 23.3 | 3 | 5.5 | 8 | 10 | 5 | 5 | 3.5 | 2.5 | 1.9 | 1.2 | 1 | 0.9 | 0.8 |
| 압축량 [mm] | | 3.752 | 3.985 | 4.015 | 4.070 | 4.150 | 4.250 | 4.300 | 4.350 | 4.385 | 4.410 | 4.429 | 4.441 | 4.451 | 4.460 | 4.468 |

*1 $\Delta d=|d_i-d_f|$ *2 $\Delta d'=|d_0-d_{100}|$ *3 $r_p=\frac{\Delta d'}{\Delta d}$ *4 $\Delta e=(1+e_0)\frac{\Delta d}{h_0}$

*5 $m_v=\frac{a_v}{1+e_o}=\frac{1}{1+e_0}\frac{\Delta e}{\Delta P}$ *6 $C_v=\frac{0.197H^2}{t_{50}}\cdot\frac{1}{60}$ *7 $C_v'=r_pC_v$ *8 $k=C_v'm_v\gamma_w$

압밀압력 12.80 $kgf/cm^2$



확인 이 용 준 (인)

# ◘ 참고문헌 ◘

AASHTO T 216.

ASTM D 2435, D 4186.

BS 1377 Test 17

JIS A 1217

KS F 2316

AASHTO(1976), Estimation of Consolidation Settlerment, Transportation Resrarch Board, special Report no. 163(with several reference).

American Society for Testing and Materials Part 11, Test Designation D2435-70. 'One-dimensional consolidation properties of soils'. ASTM, Philadelphia.

Barden, L. (1965). 'Consolidation of compacted and unsaturated clays', Geotechnique, Vol. 15, No. 3.

Casagrande, A. (1936). 'The determination of the pre-consolidation load and its practical significance'. Proc. 1st. Int. Conf. Soil Mech., Cambridge, Mass., Vol. 3.

Crawford, C. B. (1964), Interpretation of the Consolidation Test Journ of Soil Mech. Found. DIv., ASCE, SM 5, September, pp. 87-102

Lambe, T. W. (1951). Soil Testing for Engineers, Wiley, New York

Lambe, T. W. and Whitman, R. V. (1979). Soil Mechanics, SI Versoin. Wiley, New York.

Schultze E./Muhs H.(1967). Bodenunterschungen fur Ingenjeurbauten 2.Auf. Springer Verlag, Berlin/Heidelberg/New York

Scott, C. R. (1974) An Introduction to Soil Mechanics, Applied Science Publishers.

Skempton, A. W. and Bjerum, L. (1957). 'A contribution to the settlement analysis of foundations on clay'. Geotechnique, Vol. 7, p. 168.

Taylor, D. W. (1948). Fundamentals of Soil Mechanics, Wiley, New York.

Terzaghi, K. (1925). Erdbaumechanik auf bodenohisikalischer Grundlage. Deuticke, Wien.

Terzaghi, K. (1943) Theoretical Soil Mechanics, Wiley, New York.

Terzaghi, K. and Peck, R. W. (1948). Soil Mechanics in Engineering Practice, (2nd edn, 1967). Wiley, New York.

# 제 8 장 흙의 전단강도

## 8.1 흙의 전단강도

### 8.1.1 흙의 전단강도

흙지반은 보통의 고체재료와 같이 인장이나 전단에 의하여 파괴된다. 그런데 지반은 입자들이 결합력 없이 쌓여서 이루어진 입적체이므로 인장저항력은 무시할 수 있을 만큼 작다. 따라서 지반은 인장저항력이 없다고 간주해도 무방하다. 지반에서는 대개 전단저항력만이 문제가 되며 흙이 최대로 발휘할 수 있는 전단저항력을 전단강도(shear strength)라고 한다.

흙의 전단파괴 시의 응력상태를 나타내는 3개 이상의 모어 응력원을 그리면 그 외접선이 대개 완만한 곡선이 되는데 이를 Mohr – Coulomb 파괴포락선(Mohr – Coulomb failure envelope)이라고 한다.

그런데 흙의 응력수준이 낮고 Mohr – Coulomb 파괴포락선은 낮은 응력상태에서는 직선으로 가정할 수 있으며 그 직선의 절편을 점착력(coheion) $c$, 경사각을 내부마찰각(internal friction angle) $\phi$라고 정의하면 임의의 응력상태에서 흙의 전단강도를 다음과 같이 직선식으로 표현할 수 있다(그림 8.1).

$$\tau_f = c + \sigma \tan\phi$$

지반의 점착력 $c$와 내부마찰각 $\phi$는 지반의 고유한 값이며 이들을 알고 있으면 임의의 응력상태에서 그 지반의 전단강도를 구할 수 있다. 따라서 이들을 강도정수라고 한다. 흙지반의 전단강도는 다음의 시험으로 구할 수 있다.

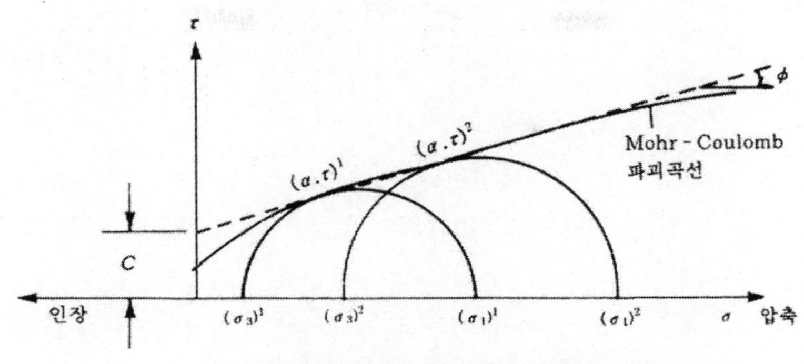


그림 8.1 Mohr – Coulomb 파괴포락선

- 현장시험 : 표준관입시험(SPT), 콘관입시험(CPT), 현장베인시험(FV), 공내재하시험(PMT)
- 실내시험 : 일축압축시험(UCT), 삼축압축시험(TCT), 직접전단시험(DST), 실내베인시험(LV)

## 8.1.2 강도정수

### (1) 강도정수의 정의

Mohr – Coulomb 파괴포락선에서 결정되는 강도정수인 점착력 $c$와 내부마찰각 $\phi$는 다시 응력상태에 따라 유효강도정수 $c'$, $\phi'$와 비배수강도정수 $c_u$, $\phi_u$로 구분한다.

**1) 유효강도정수** $c'$, $\phi_u$

유효강도정수는 압밀비배수전단시험에서 간극수압을 측정하여 전응력에서 간극수압을 뺀 유효 응력을 구하거나, 압밀배수 전단시험에서 유효응력을 직접 측정하여 결정하며, 압밀완료 후의 장기 안정문제를 계산할 때에 적용한다.

**2) 비배수강도정수** $c_u$, $\phi_u$

비배수강도정수는 비배수비압밀시험에서 결정하며 재하도중의 안정문제나 제방이나 구조물의 건설 직후의 초기안정계산에 적용한다.

**3) 보정강도정수** $c_c'$, $c_{uc}$, $\phi_c'$, $\phi_{uc}$

실험실에서 구한 강도정수는 크기가 작은 시료로 어느 정도의 교란이 불가피한 상태에서 시험한 결과이므로 상태가 다양한 현장에 그대로 적용하기가 불안하다. 따라서 실험실에서 구한 강도정수를 보정해서(보정강도정수 $c_c$, $\phi_c$) 적용하는 것이 안전하다.

참고로 DIN 1055에서는 다음과 같이 보정하고 있다.

$c_c{}' = c'/1.3$, $c_{uc} = c_u/1.3$, $\phi_c{}' = \arctan(\tan\phi'/1.1)$, $\phi_{uc} = \arctan(\tan\phi_u/1.1)$

### (2) 점착력 $c$

점착력은 수직응력이 영, 즉 $\sigma = 0$일때 지반의 전단강도로 정의하며, 이는 지반을 연직으로 굴착할 수 있는 능력으로 이해할 수 있다. 즉, 연직으로 굴착할 수 있는 지반은 점착력을 갖고 있다.

점착력은 지하수에 무관하여 지하수위 위나 아래에서 같은 값을 갖고 여러가지 요인들에 의하여 영향을 받으며 이들에 의한 영향은 아직까지 완전히 규명되지 않고 있다.

점착력은 흙입자의 주위를 둘러싸고 있는 물의 표면장력에 의해 발생되며 그 크기는 점토광물의 함량과 선행하중에 의해 결정된다. 따라서 점착력은 지반의 함수비가 증가할수록 작아지며 액체상태에서는 흡착수에 의하여 둘러 싸여진 입자 간의 거리가 멀어져서 더 이상 인력이 작용하지 않기 때문에 실제로 영이 된다.

점착력은 전단시험을 수행하지 않고도 현장에서 구할 수 있다. 즉, 연직으로 $h$만큼 굴착할 수 있는 지반의 점착력 $c$는 지반의 단위중량 $\gamma$와 주동토압계수 $K_a$로부터 다음과 같이 구할 수 있다.

$$c = \frac{\gamma h}{4}\sqrt{K_a}$$

사질토에서 모세관현상 등에 의하여 지하수위보다 상부에 있는 흙의 간극 속에 남아있는 물은 부압상태이며, 이로 인해서 점착력이 발생되는데 이를 겉보기 점착력이라 한다. 겉보기 점착력은 지반이 완전히 건조되거나 포화되어 모관수가 없어지면 소멸되므로 일상적인 지반안정 계산에서는 고려하지 않는다.

### (3) 마찰저항

지반의 내부마찰각은 지하수에 무관하여 지하수위의 위나 아래에서 같은 값을 갖고 대체로 지반의 안식각과 거의 일치하므로 현장에서 건조한 상태로 안식각을 측정하여 대신할 수도 있다. 그러나 정확한 값은 전단시험을 실시하여 결정해야 한다.

흙지반은 흙입자와 물 및 공기로 구성되어 있어서 전단에 대해서 민감하다. 일반적으로 소성파괴를 일으키지 않고 지지할 수 있는 최대 전단 또는 인장응력을 전단강도 또는 인장강도라고 하며, 그밖에도 입자가 파쇄되거나 입자 간 결합이 떨어지는 한계응력을 강도라고도 한다.

흙지반에서는 외력에 의해 흙입자 배열이 흐트러지는 상태를 파괴되었다고 말한다.

균질한 흙에서는 구속압력이 크면 입자 간의 상대변위가 억제되기 때문에 전단강도가 증가한다. 축차응력이 클수록 흙입자 사이의 마찰력의 크기는 흙입자의 배열에 의한 영향을 크게 받는다. 흙입자의 전단변위에 저항하는 힘은 입자 간의 마찰과 형상저항에 의해 발생되며 이를 포괄적으로 내부마찰이라고 한다.

흙입자 간의 마찰저항은 주로 다음과 같은 원인에 의하여 발생된다.

- 건조마찰
- 회전마찰
- 형상마찰

**1) 건조마찰(맞물림 마찰 + 미끄럼 마찰)**

두 개의 고체가 접촉한 상태에서 상대적인 운동을 하면 두 물체의 형상에 상관없이 접촉면에 마찰력이 작용하며 수직력이 클수록 그 크기도 커진다. 이것은 흙입자 간의 접촉면이 완전한 평면이 아니고 몇 개 접점에서만 접촉되어 있기 때문이다. 접촉점은 서로 맞물림 역할을 하며 수직력이 클수록 그 역할이 커진다(맞물림 마찰). 이러한 상태에서는 접촉점이 부스러져야 활동이 일어나며 이를 위해서는 매우 큰 힘(석영에서 $110 \times 10^4\ MN/m^2$ 정도)이 필요하다(Brace, 1963).

일반적으로 흙입자 간 접촉점에서는 응력이 집중되어 흙입자가 파괴되고 접면에서는 소성변위가 일어나고 그 결과 새로운 위치에 새로운 접촉점과 접면이 생긴다. 따라서 입자의 표면조도는 입자표면에 있는 중간 크기 요철의 빈도와 볼록한 부분에서의 조도로 분리해서 설명할 수 있다. 접촉점이 부스러지면 미끄러지면서(미끄럼 마찰) 다음의 평형상태로 옮아가며, 접촉면에서의 파괴강도 외에도 접촉면에 묻어 있는 석회 등의 이물질에 의해서도 마찰저항이 달라진다.

**2) 회전마찰**

전단면에 있는 흙입자가 회전하면, 회전에 의해 에너지가 소모되어 마찰거동이 달라진다. 회전마찰은 수직력과는 무관하나 입경에 의해서는 영향을 받는다. 입경이 클수록 흙입자 돌출부의 입경에 대한 상대적인 크기가 작아지므로 모멘트 효과가 커져서 입자가 회전하게 된다.

**3) 형상저항**

전단되어 발생되는 흙입자의 상대적인 위치 바꿈은 건조마찰과 회전마찰 이외에도 흙입자의 쐐기효과에 의해서도 영향을 받으며 이러한 쐐기효과는 입자의 형상에 의해 결정된다.

### 8.1.3 유효응력

보통 지반공학에서 전응력은 작용하는 전체하중을 작용면적으로 나눈 값이다. 또한 유효응력은 전응력에서 간극수압을 뺀, 즉 실제로 흙의 구조골격이 받는 응력을 나타낸다. 따라서 압밀이 완료되어서 간극수압이 소멸된 지반에서는 유효응력은 전응력과 같다. 간극수압이 부압력 상태이면 유효응력은 오히려 전응력보다 커진다.

간극수압은 지반의 간극을 채우고 있는 간극수의 압력을 말한다. 불포화지반에서는 간극이 물과 공기로 채워져 있으므로 간극수압과 간극공기압으로 구분하여 설명하며 일반적으로 간극수압은 피에조미터로 측정할 수 있다. 현장에서 지하수면 아래에 있고 압밀이 완료된 지반의 간극수압은 그 지점에서의 정수압과 같다.

지반에 상재하중이 작용하면 간극의 부피가 감소하고 유동체인 물은 실질적으로 비압축성이므로 밖으로 흘러나간다. 만일에 간극수가 흘러 나갈 수 없거나 흘러 나가는 속도가 느리면 간극수의 압력이 높아지는데, 이를 과잉간극수압이라고 한다.

투수계수가 작은 점성토에서 재하직후에는 간극수가 배수되지 않아서 과잉 간극수압이 발생되고 그 크기가 재하중의 크기에 상당하는 응력과 같아져서 유효응력은 영이 된다. 하중이 제거되거나 사질토가 느슨해지는 등 여러 가지 요인으로 지반의 간극이 커지면 간극수압이 감소되어 부의 간극수압이 되며 이로 인하여 유효응력이 증가된다.

### 8.1.4 사질토의 전단강도

사질토의 점착력은 영이므로 Mohr Coulomb 파괴식은 원점을 지나는 직선이 된다.

$\tau_f = \sigma \tan\phi$

사질토는 시료의 조밀한 정도에 따라서 전단거동이 달라진다. 즉, 전단변형이 일어나는 경우에 느슨한 사질토에서 초기에는 입자가 미끄러지고 재배열 되어서 간극이 줄어들고 전체부피가 감소하며 압축이 일어나고 전단저항이 증가한다. 그러나 전단변형이 계속 커지면 간극은 더 이상 줄어들지 않고 입자들이 회전하거나 접촉점에서 미끄러짐에 대한 마찰저항 때문에 전단저항력이 최대가 되면서 일정한 값을 유지한다.

조밀한 사질토는 입자들이 서로 치밀하게 맞물려 있기 때문에(Interlocking) 전단변형이 일어나면 처음에는 맞물림이 더욱 치밀해지면서 간극이 약간 줄어 들어서 전체부피가 약간 감소한다. 그러나 전단변형이 커지면 입자가 인접한 다른 입자를 타넘기 때문에(Dilatancy) 전단저항력이 최대치에 도달되고 체적이 팽창하게 된다. 계속해서 전단변형이 진행되면 입자 간 맞물림이 흐트러지고 입자들이 미끄러지고 회전하여 전단저항력이 일정한 값을 유지하게 된다.

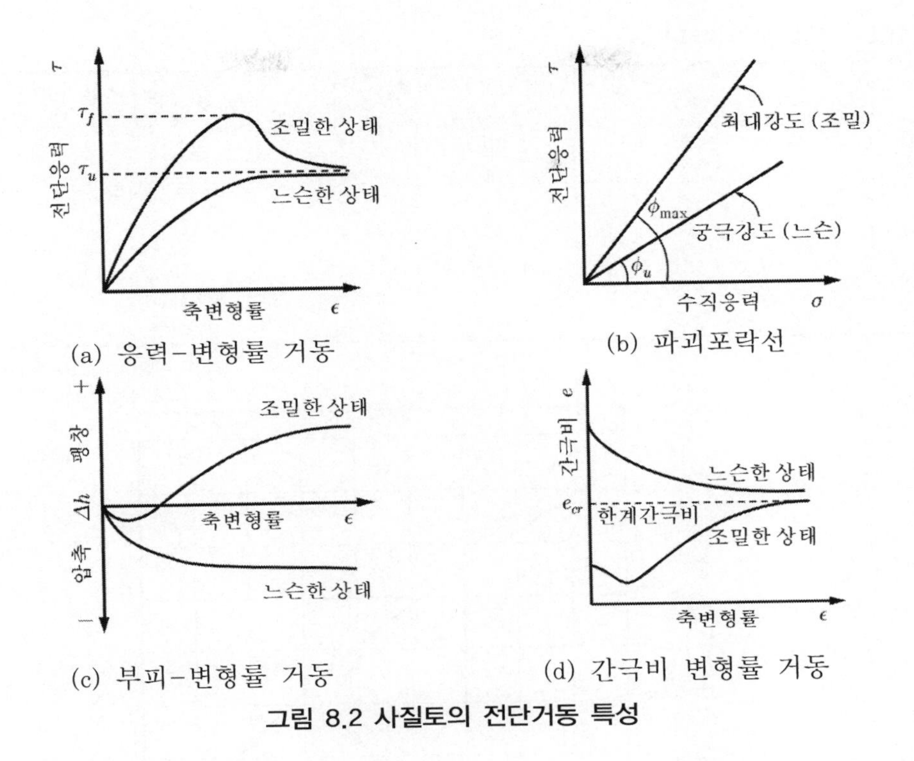


**그림 8.2 사질토의 전단거동 특성**

따라서 입자 간의 맞물림 해소에 대한 저항력으로 인하여 전단응력곡선은 초기에는 급격한 경사로 증가하다 최대치(최대전단강도)에 도달된다. 그 후에 전단변형이 계속되어서 입자 간의 맞물림이 풀리면 전단저항력이 급격히 떨어져서 일정한 값(궁극전단강도)에 수렴하게 된다.

느슨한 사질토의 전단강도는 입자 간의 회전이나 미끄러짐에 대한 마찰저항력(궁극전단강도, ultimate shear strength)이다. 그러나 조밀한 사질토의 전단강도는 입자 간의 회전이나 미끄러짐에 대한 마찰저항력에 입자의 맞물림 해소에 대한 저항력을 합한 값이기 때문에 최대치 $\tau_f$ (최대전단강도, maximum shear strength)에 도달되었다가 전단변형이 계속되면 입자의 맞물림이 해소되면서 마찰저항력만 남게 되어 궁극전단강도 $\tau_u$로 떨어져서 일정한 크기를 유지한다.

따라서 사질토는 전단변형이 커지면 조밀한 정도에 상관없이 일정한 크기의 궁극전단강도에 도달되어 전단저항력과 부피가 변하지 않는다. 이와 같이 사질토에서 궁극전단강도에 도달되어 부피가 일정하게 되었을 때의 전단면에서의 간극비를 한계간극비(critical void ratio) $e_{cr}$이라고 한다. 이상에서 설명한 바와 같이 전단변형에 따른 전단응력과 부피 및 간극비의 변화는 그림 8.2와 같다.

**표 8.1 사질토의 내부마찰각**

| 입자의 형상 | Sower/Sower(1951) | | Terzaghi/Peck (1967) | |
|---|---|---|---|---|
| | 느슨한 | 조밀한 | 느슨한 | 조밀한 |
| 둥글고 입도분포 균질 | 30 | 37 | 27.5 | 34 |
| 둥글고 입도분포 양호 | 34 | 40 | — | — |
| 모나고 입도분포 균질 | 35 | 43 | — | — |
| 모나고 입도분포 양호 | 39 | 45 | 33 | 45 |
| 모래질 자갈 | — | — | 35 | 50 |
| 실트질 모래 | — | — | 27~30 | 30~34 |
| 비유기질 실트 | — | — | 27~37 | 30~35 |

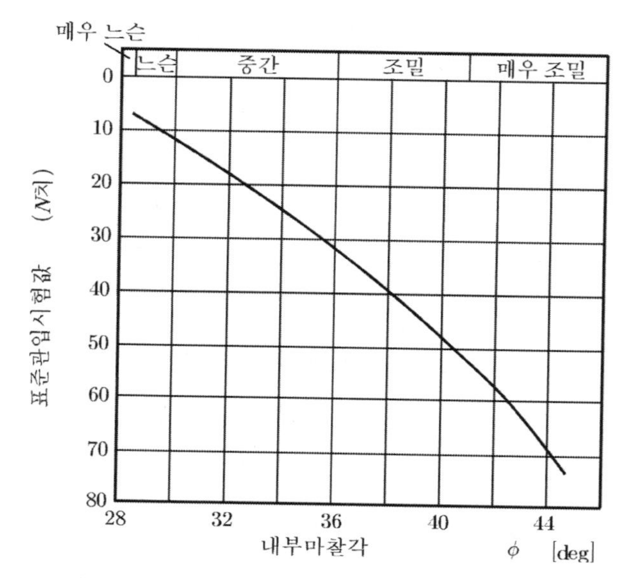


**그림 8.3 표준관입시험에 의한 사질토의 전단강도**

사질토 안정해석에서 전단변형이 작게 일어나는 경우에는 보통 최대전단강도를 사용한다. 그러나 전단변형이 비교적 큰 상태에 대한 안정해석하거나 구조물과 사질토 간의 마찰저항을 산정하는 경우에는 궁극전단강도를 사용한다.

사질토의 전단강도는 상대밀도 외에도 입도분포나 입자의 형상에 의해서도 영향을 받는다. 즉, 전단강도는 입도분포가 균등하거나 입자 모양이 둥글수록 작고 입도분포가 양호하거나 입자의 모양이 모날수록 커진다.

사질토는 비교란 상태로 시료채취가 거의 불가능하기 때문에 자연상태 전단강도는 현장에서 표준관입시험 등의 간접적 방법(그림 8.3)으로 추정할 수밖에 없다. 사질토의 내부마찰각은 표 8.1과 같다.

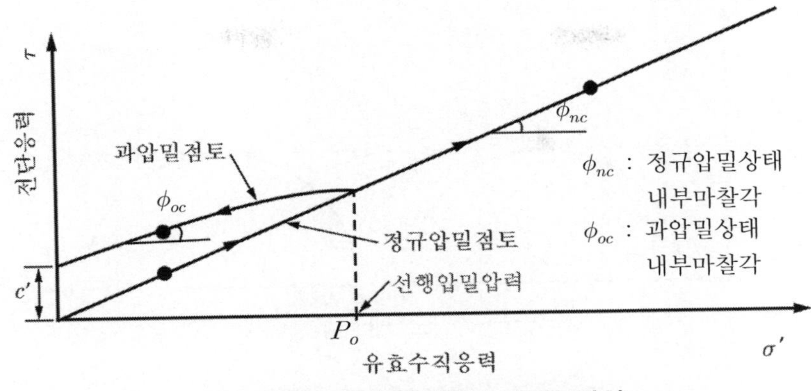


그림 8.4 과압밀 점토의 파괴포락선

## 8.1.5 점성토의 전단강도

점성토는 입자 크기가 작고 흡착수가 입자들을 둘러싸고 있어서 입자들이 서로 직접 접촉되어 있지 않으므로 사질토와는 전단거동이 다르다. 점성토의 거동특성은 과거의 응력이력(stress history)과 배수특성에 의하여 영향을 받는다.

### (1) 응력이력

점성토는 과거 응력이력에 따라 전단거동이 달라지며 정규압밀점토와 과압밀점토로 구분할 수 있다.

정규압밀점토의 전단거동특성은 느슨한 사질토와 유사하다. 즉, 전단변형이 일어나면 초기에는 전단저항이 완만하게 증가하다가 전단변형이 더 진행되면 일정한 크기의 궁극 전단강도에 도달된다. 간극비는 전단변형에 따라 서서히 감소하여 일정 값에 수렴한다.

과압밀점토는 과압밀비(OCR, Over Consolidated Ratio 과거에 경험한 최대연직압력/현 상태의 연직압력)가 클수록, 즉 과거에 경험한 압력이 현재 압력보다 클수록 작은 전단변형에서 전단저항이 급격하게 증가하여 극대값에 도달했다 전단변형이 커지면 조밀한 모래의 경우와 같이 전단저항력이 떨어져서 궁극전단강도에 도달된다. 과압밀점토의 파괴포락선은 단일 직선이 안 되며 그림 8.4와 같이 선행압밀압력 $P_o$을 기준으로 전후의 기울기가 달라진다.

### (2) 배수특성

점성토는 배수상태에 따라서 역학적 거동 특성이 달라지며, 투수계수가 작아서 과잉 간극수압이 소산되는데 많은 시간이 소요되기 때문에 구조물을 축조한 직후에는 거의 비배수상태로 거동한다.

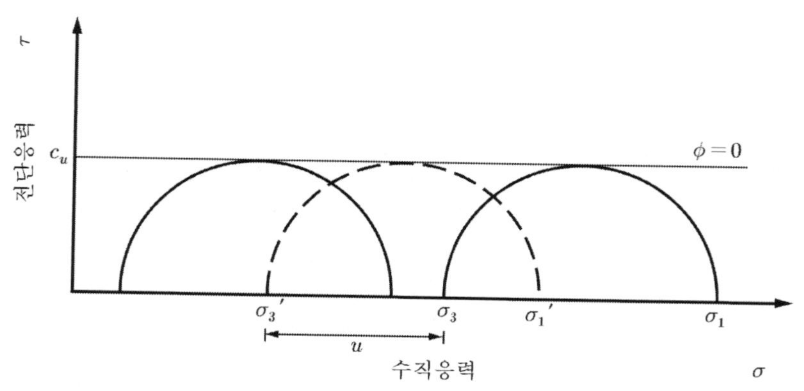


그림 8.5 포화점성토의 비배수 거동

**표 8.2 점성토의 비배수 전단강도**

| 점 성 토 상 태 | 비배수 전단강도 [$KN/m^2$] |
|---|---|
| 매 우 단 단 한 | > 150 |
| 단 단 한 | 150 ~ 100 |
| 매 우 견 고 한 | 100 ~ 75 |
| 견 고 한 | 75 ~ 50 |
| 약 간 견 고 한 | 50 ~ 40 |
| 연 약 한 | 40 ~ 20 |
| 매 우 연 약 한 | 20 > |

그러나 시간이 지남에 따라서 압밀이 진행되고 압밀완료 후에는 비배수거동을 하기 때문에 재하 직후의 안정은 비배수강도를 적용하고 장기적인 안정은 배수강도를 적용하여 해석한다.

따라서 점성토에 대한 전단시험은 배수조건에 따라 다음 형태로 실시한다.
- 비압밀비배수 (UU : Unconsolidated Undrained) 시험
- 압밀비배수 (CU : Consolidated Undrained) 시험
- 압밀배수 (CD : Consolidated Drained) 시험

### (3) 포화점성토의 거동

포화점성토에 외력이 작용하면 순간적으로 외력의 크기 만큼 과잉간극수압이 발생된다(그림 8.5). 그러나 점성토는 투수성이 낮기 때문에 간극수가 쉽게 빠져나가지 못하므로 재하직후에는 비배수상태가 되어 부피가 변화되지 않는다. 따라서 포화된 흙의 전단저항력은 구속응력의 크기와는 무관하게 일정하다.

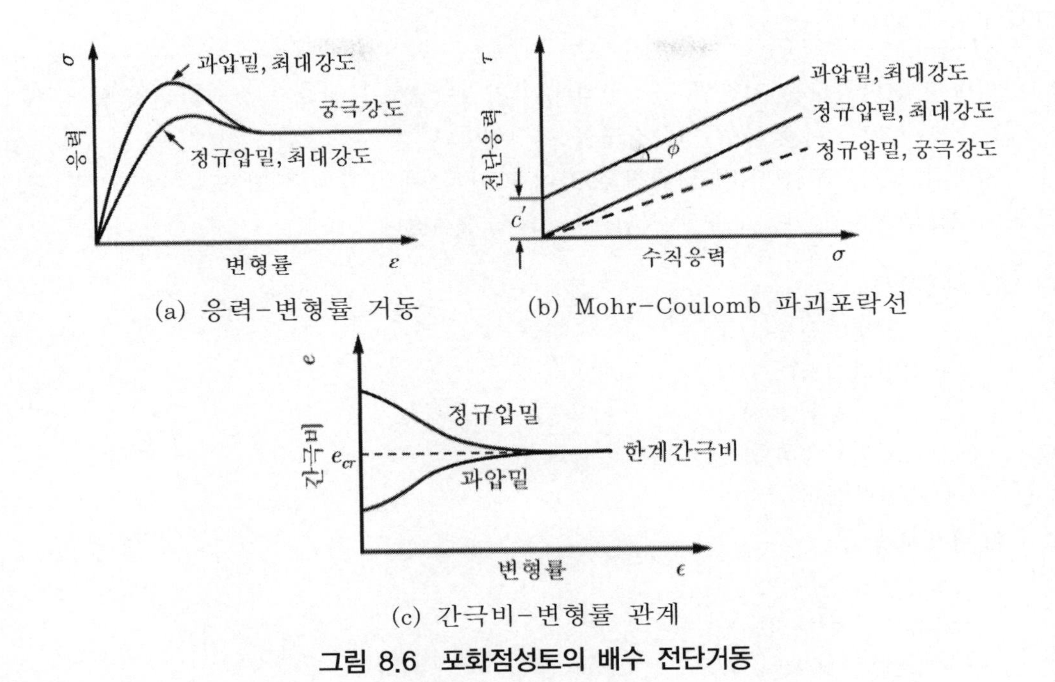


**그림 8.6 포화점성토의 배수 전단거동**

그러나 시간이 지남에 따라 간극수가 서서히 빠져나가면 과잉간극수압이 점차 소산되면서 압밀이 진행되어 체적이 감소한다. 이때에 전응력은 변하지 않으므로 소산된 과잉간극수압만큼 흙의 구조골격이 부담하는 유효응력이 증가된다.

많은 시간이 경과한 후에 압밀이 완료되면 과잉간극수압이 소멸되어서 유효응력의 크기가 외력과 같아지고 흙의 구조골격이 외력을 전부 받게 된다. 점성토의 전단강도는 배수조건에 따라 다음과 같이 구분된다.

- 비배수 전단강도 : 비배수상태의 전단강도를 나타내며 비압밀비배수(UU)시험을 실시하여 결정한다.
- 유효전단강도 : 압밀비배수시험에서 간극수압을 측정하여 유효응력을 구하거나 (CUB 시험) 압밀배수시험(CD 시험)에서 직접 구한다.

포화점성토의 배수전단 거동특성은 그림 8.6과 같으며 일반적인 점성토의 비배수 전단강도는 표 8.2와 같다.

### 8.1.6 전단강도시험

지반의 전단강도는 지반의 구조골격에 따라 큰 영향을 받으므로 교란되지 않은 원래 지반으로 시험을 수행하여 전단강도를 결정해야 한다.

지반의 전단강도를 구하기 위해 여건에 따라서 여러 가지 실내 또는 현장시험 방법들이 제시되어 있으나 다음의 시험들이 주로 행해진다.

**1) 실내시험**

- 삼축압축시험(8.2)
- 직접전단시험(8.3)
- 일축압축시험(8.4)
- 실내베인시험(8.5)
- 단순전단시험

**2) 현장시험**

- 표준관입시험(12.2)
- 콘관입시험(12.3)
- 현장베인시험(9.4.4)

## 8.2 삼축압축시험

### 8.2.1 개 요

삼축시험은 흙의 전단강도를 구하는 시험으로 응력조건과 배수조건을 임의로 조절할 수 있어서 현장지반의 응력이력이나 구속압력 및 압밀압력을 재현하여 시험할 수 있기 때문에 신뢰도가 큰 시험결과를 얻을 수 있다. 시료를 고무막으로 싸서 압력실 안에 설치하여 구속압력을 가할 수가 있으며 시료와 셀의 압력을 다르게 하여 시료를 전단시키고, 간극수를 배수할 수 있어서 재하중에 부피변화뿐만 아니라 간극수압을 측정할 수도 있다. 또한 백 프레셔(back pressure)를 가하여 시료를 완전히 포화시킨 상태에서 시험할 수도 있다.

고전적인 삼축압축시험은 실린더형의 시료에 측압을 가하므로 중간주응력 $\sigma_2$와 최소주응력 $\sigma_3$가 같은 응력상태, 즉 $\sigma_2 = \sigma_3$이므로 엄밀한 의미의 삼축압축시험이 아니고 축대칭 시험이다. 최근에는 정육면체형 시료에 3방향 주응력을 다르게($\sigma_1 \neq \sigma_2 \neq \sigma_3$) 가할 수 있는 진삼축압축시험(true triaxial compression test)장치가 개발되어 엄밀한 의미의 삼축시험을 할 수 있게 되었다.

삼축시험은 측압과 축력의 크기를 조절하면 인장시험도 할 수 있으며 시료를 등방 및 이방압밀시킬 수 있고 응력이력을 재현할 수 있어서 토질역학시험의 정수라고 할 만하다. 삼축압축시험에서는 측압 $\sigma_3$을 일정하게 가한 상태에서 축차응력 $\Delta\sigma$를 가해 전단파괴시키므로 최대주응력 $\sigma_1$은 측압 $\sigma_3$ 에 축차응력 $\Delta\sigma$를 합한 값 $\sigma_1 = \sigma_3 + \Delta\sigma$ 가 된다. 따라서 파괴 시의 응력상태를 모어 응력원(Mohr Circle)으로 표시하여 접선을 그어서 파괴포락선을 결정하며 강도정수 $c, \phi$를 구할 수 있다.

삼축압축시험의 결과를 $p-q$평면에 표시하여 파괴선 $K_f$곡선을 구할 수 있으며 여기에서 $p=(\sigma_{1f}+\sigma_3)/2$ 는 Mohr 응력원의 중심이 $q=(\sigma_{1f}-\sigma_3)/2$는 Mohr 응력원 반경을 나타내는 값이다.

토질정수 $c, \phi$는 $K_f$곡선의 절편 $a$와 기울기 $\alpha$로부터 다음과 같이 구할 수 있다.

$$\phi = \arcsin(\tan\alpha)$$
$$c = a/\cos\phi$$

$p-q$ 평면에서는 응력상태를 점으로 간단하게 표시할 수 있기 때문에 $K_f$곡선을 찾기가 쉬운 장점이 있다.

점성토는 사질토에 비하여 응력이력(stress - history)에 의하여 큰 영향을 받으며, 투수성이 작기 때문에 재하속도를 충분히 작게 하여야 시료내 응력이 균등해지고 과잉간극수압이 발생되지 않는다.

## 8.2.2 삼축시험 이론

### (1) 시험원리

지반공학에서 삼축시험은 지반의 토질역학적 거동을 예측하기 위하여 기본적으로 알아야 할 지반의 전단강도를 구하는 시험으로 주응력만 작용하는 상태에서 시료를 전단시킬 수 있다. 이때에 주응력은 임의로 가할 수 있고 전단파괴면은 아무런 구속없이 형성된다. 삼축시험은 흙시료의 압축강도를 측정할 때에 공시체 내의 응력과 변형률의 분포를 균등하게 할 수 있고 배수조건을 현장조건에 맞게 제어할 수 있어서 활용도가 높은 시험이다.

삼축시험에서는 공시체를 모든 방향에서 재하하며 축력은 최대주응력 $\sigma_1$으로 하고, 중간주응력 $\sigma_2$ 와 최소주응력 $\sigma_3$ 가 같게, 즉 $\sigma_2 = \sigma_3$ 되게 측압을 가한다. 삼축압축시험에서는 압축실린더 내에 원주형 공시체를 위치시키고 공시체를 멤브레인으로 밀폐시킨 채로 재하봉을 통해서 축차응력을 가하여 파괴시킨다.

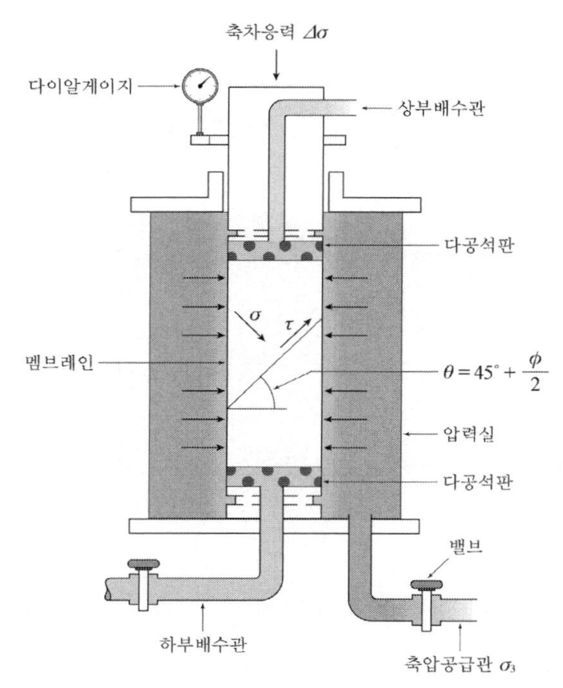


**그림 8.7 삼축압축시험 압력실**

공시체는 상하에 설치한 다공석판을 통하여 외부로 연결되어서 재하중에 발생되는 부피변화나 간극수압을 측정할 수 있다. 공시체 내에서 임의 평면상에 작용하는 응력은 Mohr 의 응력원으로부터 구할 수 있다.

수평면에 대한 각도 $\alpha$인 임의면상에서 수직응력 $\sigma$와 전단응력 $\tau$는 다음과 같고,

$$\sigma = \sigma_1 \cos^2\alpha + \sigma_3 \sin^2\alpha = \frac{\sigma_1 + \sigma_3}{2} + \frac{\sigma_1 - \sigma_3}{2}\cos 2\alpha$$

$$\tau = \frac{\sigma_1 - \sigma_3}{2}\sin 2\alpha$$

위의 식을 정리하면 다음과 같이 원의 방정식이 된다.

$$\left(\sigma - \frac{\sigma_1 + \sigma_3}{2}\right)^2 + \tau^2 = \left(\frac{\sigma_1 - \sigma_3}{2}\right)^2$$

압력실 압력 $\sigma_3$를 다르게 하여 수행한 최소 3개의 시험결과를 Mohr 응력원으로 표시하고 이 원들의 공통접선으로부터 파괴포락선을 구하여 그 기울기인 내부마찰각 $\phi$와, 그 절편인 점착력 $c$를 구할 수 있다. 실제로 Mohr 응력원의 파괴포락선과 Coulomb 의 파괴포락선은 약간 차이가 있으나 무시할 정도이다. 파괴포락선은 사질토에서는 거의 완전한 직선이지만 구속압력이 클 경우나 점성토에서는 완만한 곡선이 된다.

## (2) 강도정수의 결정

**1) 시험 개수**

지반시료의 역학적 거동특성과 강도정수를 구하기 위해서는 최소 3개 이상 공시체를 제작하여 측압을 변화시키면서 시험하며, 측압은 현장조건과 일치하는 크기로 가한다. 비교란시료에 대한 CU 시험에서는 강도정수가 과압밀영역과 정규압밀영역에서 다를 수 있으므로 더 많은 시험이 필요하다. 즉, 과압밀 영역에서 최소한 2개, 정규압밀 영역에서 최소한 2개의 시험이 필요하다. 포화도가 낮은 점성토는 파괴포락선이 곡선으로 되므로 이 경우에도 시험 개수를 늘리는 것이 좋다.

**2) 강도정수 결정**

삼축시험에서 파괴상태는 축차응력이 최대가 되는 상태 $(\sigma_1 - \sigma_3)_{\max}$ 또는 주응력비가 최대가 되는 상태 $(\sigma_1/\sigma_3)_{\max}$로부터 구하며 일반적으로 주응력비로 구하는 편이 안전측이다. CU 시험에서는 안전측인 주응력비 $(\sigma_1/\sigma_3)_{\max}$를 택하는 것이 좋다.

삼축시험에서 지반의 강도정수는 다음의 3가지 방법으로 구할 수 있다.

- $\tau - \sigma$ 관계
- $p - q$ 관계
- 축차응력 – 측압관계

## (3) 시험조건

삼축압축시험에서는 압력실의 압력 $\sigma_3$ 를 일정하게 유지하고 재하봉을 서서히 가압하여 공시체를 압축파괴시킨다. 압력실내 과잉간극수압을 소산시키기 위하여 배수상태로 시행하는 배수시험과 배수를 방지한 상태에서 수행하는 비배수시험이 있다.

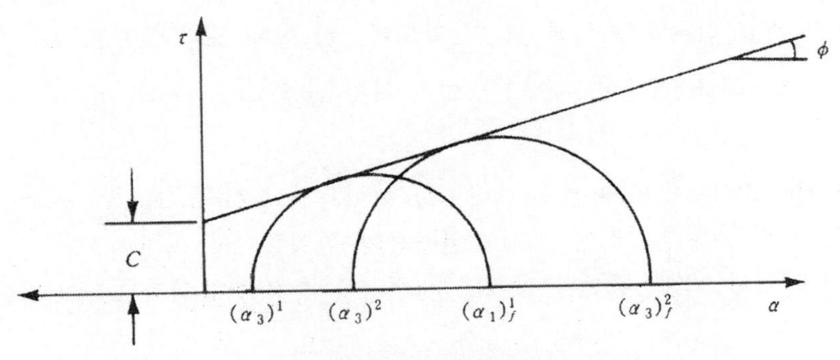


그림 8.8 삼축압축시험의 강도정수 결정

시료를 압축파괴시키기 전에 압밀시킬 수가 있으며 압밀압력을 등방 또는 비등방으로 가할 수 있다. 삼축시험은 압밀방법과 배수방법에 따라 다음의 3가지 조건으로 시험한다.

- UU 시험(비압밀비배수)
- CU 시험(압밀비배수, 간극수압 측정 안 함)
- CUB 시험(압밀비배수, 간극수압 측정)
- CD 시험(압밀배수)

**1) 비압밀비배수 시험(UU - 시험)**

포화공시체를 멤브레인으로 싼 후 압밀시키지 않고 비배수 상태에서 측압을 가하고 축방향으로 재하하여 시료를 전단파괴시킨다. 이 시험은 시공 중인 점성토지반의 안정과 지지력 등을 구하는 단기적인 설계에 적용된다.

시험방법이 간단하고 빨리 끝낼 수 있기 때문에 급속시험(quick test) 라고도 한다. 재하중에 주응력과 공시체의 압축량을 측정하고, 그 결과로 비배수전단강도정수 $c_u$, $\phi_u$ 가 구해진다.

**2) 압밀비배수 시험(CU - 시험)**

시료를 우선 압밀시킨 후에, 비배수상태에서 압축파괴시키는 시험으로 시료 내부에서 과잉간극수압이 등압이 되도록 충분히 느린 속도로 재하한다. 재하중에 주응력과 시료의 압축량을 측정하며 그밖에 간극수압을 측정하면(CUB 시험) 유효전단강도정수 $C'$, $\phi'$를 구할 수 있고 그 결과로부터 샌드드레인 공법 등에서 압밀 후 지반강도를 예측할 수 있으며 간극수압을 측정하여 유효응력을 구할 수 있다.

**3) 압밀배수 시험(CD - 시험)**

시료를 먼저 압밀시킨 후에 배수상태로 축방향 재하하여 공시체를 전단 파괴시킨다. 시료는 주로 등방압밀시키며, 시험목적에 따라서 비등방압밀 시킬 수 있다. 재하중에 시료 내에서 과잉 간극수압이 발생되지 않도록 충분하게 느린 속도로 재하해야 한다.

사질토의 지지력과 안정 또는 점성토의 장기적 안정 등을 알 수 있으나 시험에 너무 긴 시간이 소요된다.

특히 점성토에서는 너무 많은 시간이 소요되어서 실용성이 적다. 또한 CUB시험에서 간극수압을 측정하면 그 결과가 CD 시험결과와 일치하므로 일반적으로 CUB시험으로 대체하여 수행한다. 전단 중에 주응력과 축변형을 측정하며 결과로 유효전단강도정수 $c'$, $\phi'$가 구해진다.

## (4) 공시체 준비

### 1) 공시체

삼축압축시험에서 공시체의 형상과 치수는 시험에서 중요한 역할을 하므로 다음과 같은 영향에 유의하여 공시체를 제작한다.

- 공시체의 형상·치수의 영향
- 공시체 상하단면 마찰의 영향
- 조립토에서 공시체 표면의 영향

① 공시체의 형상·치수의 영향

공시체는 보통 원주형을 사용하며 단면의 형상에 따라 강도가 다르게 측정된다. 공시체 높이가 낮으면 공시체의 상하 단면에서 마찰의 영향을 받아서 실제보다 큰 전단강도가 구해진다. 그러나 공시체 상하면의 마찰을 제거하면 시료높이의 영향이 없어진다. 공시체 직경은 비교란시료 채취기의 크기가 한정되므로 대개 35mm, 50mm로 하며, 드물게 100mm 공시체를 사용한다. 보통 공시체의 높이는 직경의 2～2.5배로 한다.

② 공시체 단면마찰

공시체가 재하중에 항아리형으로 압축되는 것은 상하단면의 마찰 때문이다. 즉, 시료 중에서는 휨 변형이 자유스러우나 상하단면에서는 단면부의 마찰에 의해서 휨 변형이 억제되어 시료가 항아리형으로 변형된다. 따라서 공시체 내에서 간극수압이나 변형률은 위치에 따라 다르고, 측정치는 다만 평균값일 뿐이다(그림 8.15). 시료측면 배수를 위해 설치하는 드레인 페이퍼의 영향은 아직 불명확하다. 상하단면 마찰은 윤활처리한 얇은 고무막을 상하면에 설치하여 제거할 수 있다.

③ 조립토에서 공시체 표면의 영향

조립토에서는 공시체 표면의 요철이 심하여 단면의 크기가 변하고 움푹한 부분으로 멤브레인이 밀려들어가서, 그 양이 부피압축량으로 측정된다. 표면요철의 영향은 시료 중앙에 금속공시체를 넣어 측정한 값과 비교하여 구할 수 있다.

### 2) 멤브레인

멤브레인은 대개 두께 0.2mm 고무막을 사용하며, 사용하기 전에 반드시 예비시험을 실시하여 수밀성과 인장강도 등을 확인하여야 한다. 멤브레인은 반드시 규격품을 사용하여 시료 변형거동에 멤브레인의 영향이 없도록 한다. 특히 시료의 직경에 적합한 멤브레인을 사용해야 한다.

① 멤브레인의 인장강도는 Bishop/Henkel(1962)의 방법으로 확인한다.
② 멤브레인의 수밀성은 Bishop/Henkel(1962)의 방법으로 확인한다.
③ 압밀에 긴 시간이 소요되는 점성토시료나 직경이 큰 시료에서는 멤브레인을 이중으로 하여 확실한 수밀성을 확보하며, 이때에는 멤브레인 사이에 마찰을 없애기 위하여 실리콘 그리스 등을 바른다.
④ 입자 모양이 모가 나고 날카로운 사질토에서는 전단 중에 멤브레인 찢어질 가능성이 있으므로 멤브레인을 이중으로 하는 것이 좋다. 이때에도 멤브레인 사이에 실리콘 그리스 등을 바른다.

**3) 측액**

공시체를 압력실 내 시료대에 설치하고 압력실의 외벽을 씌운 후에는 압력실을 측액으로 채우고 소정의 측압을 가한다.

ⓐ 측액 채우기 :

측압은 물, 기름, 글리세린 등의 액체를 이용하여 가하며 시료의 부피가 변하여도 항상 일정한 압력을 유지할 수 있어야 한다. 압력실을 액체로 채울 때에는 일시에 큰 압력이 가해지지 않도록 다음과 같이 주의해야 한다.

① 압력실에서 물이 새어 나오지 않도록 외벽이 정확하고 안전하게 설치되었는지 확인한다. 높은 측압에서 시험하는 경우 특히 주의하여야 한다.
② 측액을 공급하기 전에 반드시 압력실 배기밸브를 열어야 한다. 배기밸브가 잠긴 상태에서 측액을 공급하면 시료가 압력을 받게 된다.
③ 측액공급 중에는 공시체 부피가 변화되지 않게 상하 배수시스템을 잠근다.
④ 측액은 서서히 공급하여야 한다. 갑작스럽게 측액을 공급하면 압력실 내에 와류가 발생되어 요동으로 공시체가 움직일 수도 있다.
⑤ 측액이 완전히 채워지면 가압하지 않고 측액공급 밸브와 배기밸브를 잠근다.
⑥ 압력실 측액의 압력이 부의 압력이 되면 공시체 부피가 변할 가능성이 있으므로 유의하여야 한다.

ⓑ 측압 가압 :

측압은 일시에 큰압력이 가해지지 않게 서서히 가압하며 다음 주의가 필요하다.

① 공시체가 정위치에 설치되어 있는지 확인한다.
② 재하봉을 캡에 정확히 접촉시킨 후에 재하봉이 측압에 의하여 이탈되지 않도록 단단히 조인다.
③ 가압상태에서 누수 여부를 확인하고 누수되면 배수시키고 압력실 외벽을 풀어서 확인한 후에 다시 가압을 시도한다.

#### 4) 백프레셔(back pressure)

지하수위 이하에서 채취한 시료는 채취 전에는 정수압 상태 간극수압을 받고 있으나 채취 후 압밀 과정에서는 간극수압이 대기압으로 떨어진다. 따라서 현장에서는 간극수에 녹아 있던 기포가 시험 중에는 기화되어서 시료 내에 존재하는 경우가 있다. 따라서 현장과 같은 크기의 백프레셔를 가하여 기포를 다시 간극수에 용해시켜서 시료 포화도를 현장상태로 높여서 실험하는 것이 원칙이다. 백프레셔를 가한 후 한 시간 정도 방치하여 시료 내부가 등압상태가 되게 한다. 백프레셔는 대개 편의상 1kgf/cm$^2$ 정도로 한다.

### (5) 공시체 압밀

공시체를 먼저 압밀시켜서 재하하는 삼축시험에서는 압밀 중에 발생 가능한 다음과 같은 문제점들을 예상하고 이에 대비하여야 한다.

-등방압밀
-압밀시간
-압밀 후 공시체 치수

#### 1) 등방압밀

수평압밀하중과 연직압밀하중이 같지 않은 비등방 상태인 실제 지반은 등방으로 압밀하면 실제와 압밀상태가 다른다. 또한 배수를 촉진하기 위하여 사용하는 측면배수용 드레인 페이퍼의 영향 등으로 오히려 수평방향 압밀하중이 커지는 경우가 많으므로, 등방압밀하면 공시체가 현장과 다른 구조를 갖게 될 가능성도 있다.

#### 2) 압밀시간

압밀이 완료되기까지는 많은 시간이 소요되므로 시험중에 압밀이 완료되기를 기대하기는 어렵다. 그리고 배수가 완전히 일어나도록 느린 속도로 재하해도 공시체내에서 과잉간극수압이 발생되어 결과적으로 작은 압축강도가 구해진다. 따라서 압밀하중이 선행압밀하중보다 큰 경우에는 충분히 긴 시간동안 압밀시켜야 한다. 압밀소요시간은 일반적으로 배수량-시간 곡선으로부터 경험적으로 결정한다. 작은 축방향 압축에서 파괴되는 시료일 수록 단기간에 압밀이 종료된다.

① CU시험에서는 반대수 용지에 부피변화량-시간 관계곡선($\Delta V - \log t$)을 그리고 곡선의 기울기가 증가하는 점을 구하여 그 시간의 5～6배를 압밀시간으로 하는 것이 좋다.
② CU시험에서 드레인 페이퍼로 수평배수시킨 경우에는 직경 35mm에서는 24시간 직경 50mm에서는 48시간 정도가 적합하다.
③ CD시험에서는 24시간 이상 압밀시켜야 한다.

**3) 압밀 후 공시체의 치수**

압밀 후 공시체의 치수를 측정해야 한다. 함수비가 크면 수평배수용 드레인 페이퍼의 영향으로 수평방향 압축량이 연직방향 압축량보다 커지는 경우가 많다. 따라서 되도록 압밀 중에 공시체 치수를 실측하는 것이 좋다. 그러나 시험기에 따라 압밀 중에 공시체의 치수를 실측할 수 없는 경우가 있으므로 시험 전에 시험장비의 기능과 치수에 대해 숙지할 필요가 있다. 시험이 완료된 후에는 공시체의 치수를 측정하여 역으로 압밀 중의 치수를 추정할 수도 있다.

### (6) 공시체 재하

**1) 축방향 재하방식**

축방향으로 재하하는 방식에는 변형률 제어방식과 응력 제어방식이 있다.

① 변형률 제어법(strain control):
축방향으로 일정한 속도로 압축을 가하는 방법으로 파괴 후의 응력 - 변형거동을 알 수 있다. 재하속도의 영향이 크므로 시료에 적당한 시험속도를 알아야 한다.

② 응력 제어법(stress control):
축방향하중을 일정한 속도로 증가시키든지 일정한 시간간격으로 일정한 크기의 하중을 가하는 방법으로 현장조건에 맞추어 재하할 수 있고 항복하중을 구하기가 쉬운 장점이 있으나 파괴 후의 응력-변형거동을 알 수 없는 단점이 있다.

**2) 축방향 재하속도**

삼축시험에서 축재하하는 경우에는 재하속도에 의한 영향이 매우 크므로 시험방법과 시료에 따라 재하속도를 조절해야 한다. 재하속도는 시험목적과 중요도에 따라 개략적 또는 정밀한 방법으로 결정한다.

ⓐ 개략적인 재하속도의 결정
삼축시험의 변형률 제어방식에서 자주 적용하는 개략적인 재하속도는 다음과 같다.

① UU시험
축압축량과 하중측정계를 정확히 읽을 수 있는 만큼 느린 속도로 실시하면 좋다. 대개 재하속도는 공시체의 높이를 기준으로 분당 압축량을 공시체 높이의 1%로 하면 적당하다.

② CU시험
재하중에 간극수압을 측정하지 않을 때는 UU시험과 같이 분당 압축량은 공시체 높이의 1% 정도로 하는 것이 적당하다.

③ CUB시험

시료 내의 과잉간극수압이 평형이 되도록 충분히 느린 속도로 재하한다.

정규압밀점토 또는 약간 과압밀된 점토에서는 비배수상태에서 양의 간극수압이 발생하고 그 크기는 압축속도가 빠를 수록 커진다. 연결관내가 완전히 포화되어 있지 않거나, 연결관 자체가 팽창되면 공시체 내의 간극수가 유동되어 공시체 부피가 변화된다. 압축속도가 크면 공시체 내에서 과잉간극수압이 균등하게 발생되지 않고 공시체 중앙에서는 크고 상하양단에서는 작으며, 압축속도가 커질 수록 그 차가 커진다. 보통 예비시험 등으로 속도를 정할 수 있다.

④ CD시험

사질토에서는 분당 공시체 높이의 0.1~1%가 압축되는 속도로 재하하고 점성토에서는 그보다 훨씬 작은 속도로 재하해야 한다. 직경이 절반 정도 작은 공시체로 예비시험을 수행하여 상하단의 간극수압을 측정하면서 과잉간극수압이 발생하지 않는 속도를 구하여 적용한다.

ⓑ 정밀한 재하속도

삼축압축시험에서 재하속도는 현장의 재하속도에 맞추어야 하나 현장재하 속도를 구하고 재현하는 것이 어려우므로 대개 시료의 크기나 지반 및 시험조건에 재하한다. 변형률 제어방식인 경우 축방향 재하속도는 시료의 높이 $h$를 기준으로 하여 (0.000005~0.02)h/min으로 한다. 재하속도는 시험 중에 일정해야 하며 0.1mm/min 속도에서는 최고 10%, 0.005mm/min의 속도에서는 최고 20%의 편차만 허용된다.

재하속도는 시험조건에 따라 다음과 같이 다르게 한다.

**표 8.3 소성지수에 따른 CD 시험의 재하속도**

| 소 성 지 수 $I_p$ | $0 < I_p < 10$ | $10 < I_p < 25$ | $25 < I_p < 50$ | $50 < I_p$ |
|---|---|---|---|---|
| $v_{max}$ [mm/min] | 0.010 | 0.005 | 0.002 | 0.001 |

**표 8.4 소성지수에 따른 CU 시험의 재하속도**

| 소 성 지 수 $I_p$ | $0 < I_p < 10$ | $10 < I_p < 25$ | $25 < I_p < 50$ | $50 < I_p$ |
|---|---|---|---|---|
| $v_{max}$ [mm/min] | 0.10 | 0.05 | 0.02 | 0.01 |

① CD시험

CD시험에서는 재하에 의해 공시체 내에 발생된 과잉간극수압이 소산될 수 있도록 충분히 낮은 속도로 재하해야 하며, 재하속도는 지반의 종류, 공시체의 크기 및 배수조건에 따라 결정된다.

최대재하속도 $v_{\max}$는 예상 파괴변형률 $\epsilon_{1f}$와 시료 높이 $h$ 및 압밀 100% 완료시간 $t_{100}$[min]으로부터 다음과 같이 결정할 수 있다.

$$v_{\max} = \frac{h\epsilon_{1f}}{15t_{100}}$$

공시체의 상하 양단에 시료에 적합한 다공석판(표 8.5)을 설치한 경우에는 단면적 $10cm^2$, 높이 $h_0$=7.2cm인 공시체를 기준으로 하여 사질토에서는 $v_{\max} \le 0.002$ h/min, 점성토에서는 시료의 소성지수 $I_p$에 따라서 표 8.3의 최고재하속도를 유지해야 한다(DIN 18137, T2).

② CU시험

재하중에 공시체 내에 발생된 과잉간극수압이 평형이 되도록 충분히 느리게 재하해야 한다. 일반적으로 재하속도는 CD-시험재하속도의 약 10배로 하면 된다. 즉, 단면적이 $10cm^2$이고 높이가 $h_0$=7.2cm인 시료를 기준으로 하여 사질토에서는 $v_{\max} \le 0.02$h/min, 점성토에서는 시료의 소성지수 $I_p$에 따라 표 8.4의 최고재하속도로 재하해야 한다(DIN 18137).

③ UU시험

재하에 의해서 공시체 내에 발생된 과잉간극수압이 평형이 되도록 충분히 느리게 재하해야 한다. 최고재하속도는 $v_{\max} \le 0.01$h/min을 유지하되, 최대변위는 $0.2h$ 정도로 한다. 하중이 최대(peak)점을 나타내고 파괴되거나 변형률이 $0.15h$를 넘을 때까지 압축한다.

**표 8.5 흙의 종류에 따른 다공석판의 투수계수**

| 흙 의 종 류 | 투 수 계 수 $k$ [cm/sec] |
|---|---|
| 조 립 토 | $(1\sim10) \times 10^{-2}$ |
| 혼 합 토 | $(1\sim10) \times 10^{-4}$ |
| 세 립 토 | $(1\sim10) \times 10^{-5}$ |

ⓒ 다공석판의 조건

시료의 상하양단에 접속시키는 배수용 다공석판은 미세 흙입자의 유실을 막고 배수가 용이하도록 흙의 종류에 따라 표 8.5의 투수계수를 갖는 것을 사용해야 한다.

## 8.2.3 삼축압축 시험장치

### (1) 삼축압축시험

삼축압축 시험기는 다음과 같은 장치들로 구성되어 있다.

- 압력실
- 항압장치
- 축재하장치
- 축력 측정장치
- 간극수압 측정장치
- 체적변화 측정장치
- 압력조절장치
- 공시체 준비기구 및 기타 보조장비

① 압력실

공시체를 설치하고 측압을 가하여 압밀시키고 전단시키는 가장 중요한 부분이다. 시료와 압력실 유체는 고무 멤브레인으로 서로 분리된다. 대개 외벽은 압력실내 시료 상태를 관찰할 수가 있도록 투명한 유리나 보강 플라스틱으로 제작한다. 재하장치가 상부에 있는 것과 하부에 있는 것이 있고 간극수는 공시체의 상부 캡과 시료대에 설치된 다공석판을 통해서 외부의 부피변화 측정장치나 간극수압 측정장치와 연결된다.

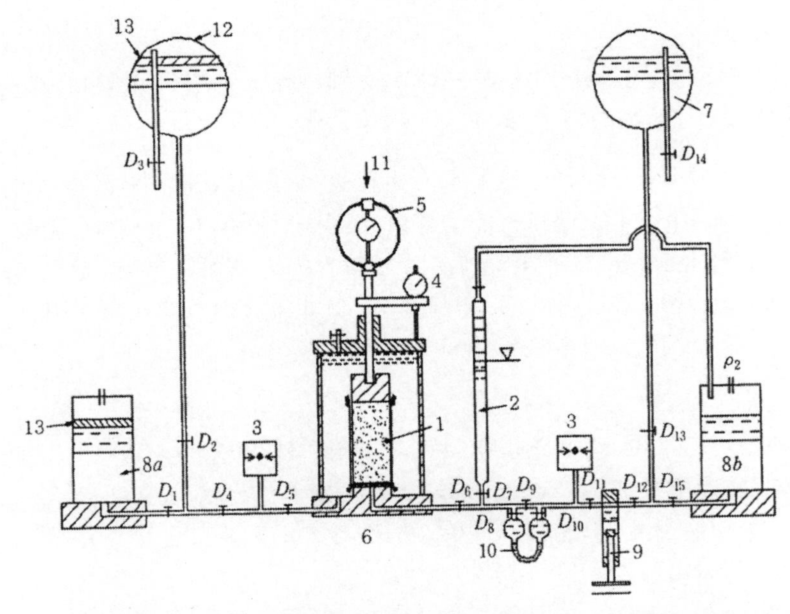


1. 공시체 2. 부피변화 3. 간극수압 측정 압력계 4. 축 변위계 5. 축력 측정용 검력계 6. 시험대 7. 저수조 8a. 압력실 8b. 측액공급수조 9. 수동 가압계 10. 간극수압 측정용 수은주 11. 축압축 12. 저수탱크 13. 기름막 $D_1 \sim D_{15}$ : 조절밸브

**그림 8.9 삼축압축 시험장치 개념도**

배수상태로 축재하하는 경우에는 배수량을 측정할 수 있는 부피변화 측정장치에 연결하며, 재하중에 간극수압을 측정할 경우에는 간극수압 측정장치에 연결한다.

공시체의 체적이 변화하여도 압력실 내에서는 항상 일정한 압력이 유지되도록 되어 있다. 축하중장치는 재하봉을 통해서 축력측정장치에 연결한다. 재하봉 마찰을 없애기 위하여 유압장치나 기계적으로 요동장치를 설치한다.

② 항압장치

항압장치는 압력실내의 압력을 일정한 크기로 유지하는 장치로 시료의 부피가 변화하여도 일정한 측압을 유지시킬 수 있어야 한다. 컴프레서로 가압하는 경우에는 컴프레서와 압력수조의 사이에 압력조절 밸브를 설치하는데, 이 장치는 비교적 단순하고 조작이 간편한 장점이 있다. 피스톤형 항압장치의 셀 하부는 압력실과 같은 액체를 채우고 상부는 윤활유 등으로 채워서 피스톤 마찰을 최소화한다. 그 밖에 수은을 이용하여 항압을 유지하는 영국형 항압장치가 있으며 이 장치는 수은의 수두를 항상 일정하게 유지하여 항압을 유지하도록 되어 있다. 그러나 높은 압력에서는 매우 큰 수두를 유지해야 하기 때문에 큰 공간이 필요하다.

③ 축재하 장치

압력실 내의 시료에 연결된 재하봉에 하중을 재하하는 장치이며 응력제어방식과 변형률 제어방식 또는 두 가지를 병용하는 방식이 있다.

[응력 제어방식]에서는 대체로 지렛대 형식으로 하중을 가할 수 있게 되어 있으며, 하중을 연속적으로 작용시킬 때에는 산탄알이나 물을 사용한다. 단순히 추를 올려놓는 방식의 것도 있다. [변형률 제어방식]에서는 재하속도를 변화할 수가 있고 치차식이나 유압식으로 일정한 속도를 유지할 수 있게 되어 있다. CD 시험하기 위해서는 회전수가 일정한 정밀한 서보모터를 사용해야 한다.

④ 축력측정장치

축재하된 하중의 크기를 측정하는 장치로 재하장치와 연결되어 있다. 과거에는 선형탄성거동을 하는 푸루빙 링(proving ring)으로 하중을 측정하였으나 현재 대개 로드셀(Load Cell)을 이용하여 전기적으로 자동으로 측정한다.

⑤ 간극수압 측정장치

측압 또는 축차하중을 가할 때에 공시체 내에서 발생되는 간극수압을 측정하는 장치이다. 과거에는 V 형관의 수은의 수위를 같게 유지하는 데 필요한 압력을 재어서 간극수압을 측정하였으나 숙련된 조작이 필요하고 간극수가 유출되면 간극수압이 급격히 저하되는 등 매우 불편하였다.

최근에는 간극수압계를 간극수의 배수구에 직접 연결하여 전기적으로 자동 측정하는 것이 보통이다. 또한 현재에는 성능이 우수한 간극수압계가 개발되어 쓰이고 있다.

⑥ 체적변화 측정장치

압밀 중 또는 CD 시험의 축재하중에 공시체 부피변화를 측정하는 장치이다. 공시체가 완전히 포화되어 있으면 배수량이 곧 부피변화량이 되지만 불포화토에서는 공시체 내의 기포가 압축되거나 물에 용해되므로 배수량과 부피변화량이 다를 수 있다. 따라서 이런 경우에는 공시체의 치수를 측정하여 부피변화량을 구해야 한다.

백프레셔(back pressure)를 가하면 기포가 물에 용해되므로 포화도를 높일 수 있다. 이때 부피변화는 외부셀과 부피변화 측정용 눈금이 새겨진 내부셀로 이루어진 특수한 장치로 측정한다. 즉, 내부셀은 공시체 배수구에 연결되며 외부셀은 가압탱크에 연결되어 있어서 백프레셔를 가한 상태에서 공시체 부피변화를 측정할 수 있다.

최근에는 전기적 측정이 가능한 부피변화측정 센서가 개발되어 사용되고 있다.

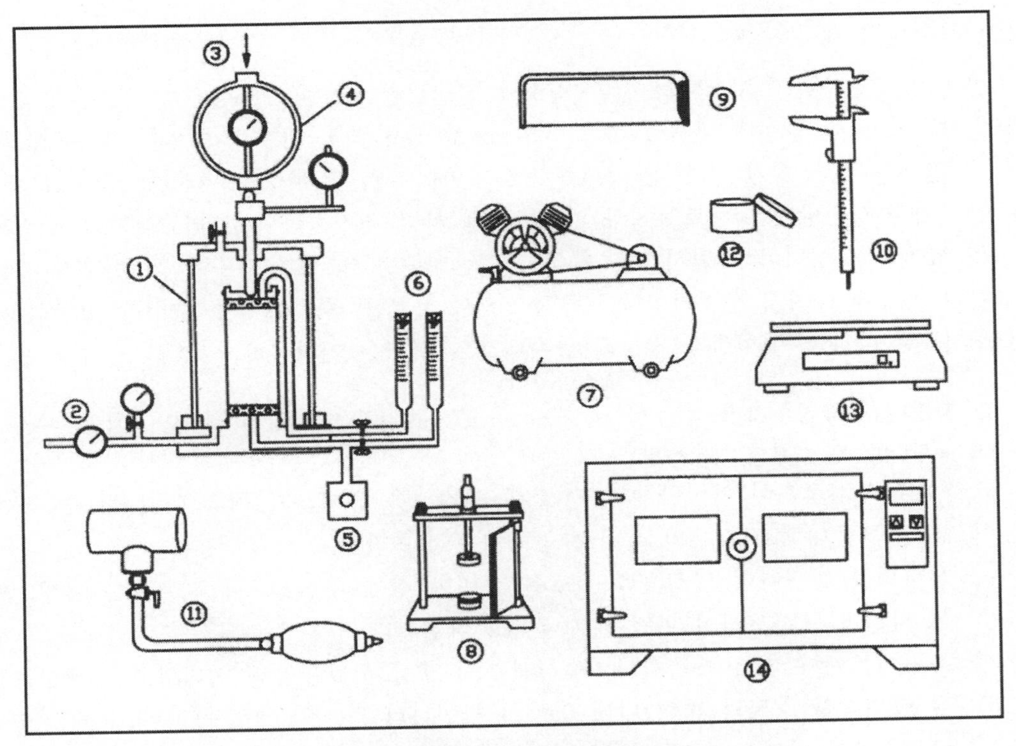


그림 8.10 삼축압축 시험장비

⑦ 공기압 – 수압탱크

공시체의 부피가 변화하여도 압력실에 가해진 측압을 일정하게 유지하여야 하므로 압력탱크가 필요하다. 즉, 컴프레셔 – 항압장치 – 공기압·수압탱크 – 압력계 – 압력실의 압력전달 루트를 형성한다. 압력탱크의 물은 2/3 정도 유지하는 것이 좋으며 각 압력실별로 각각 설치한다.

⑧ 공시체 준비기구 및 기타 보조장비(그림8.10)

공시체 준비기구로 트리머, 줄톱, 버니어캘리퍼스, 멤브레인 확대기 등과 함수비의 측정장비로 캔, 저울, 전기오븐 등이 필요하다.

## 8.2.4 공시체 준비

삼축압축시험은 교란 또는 비교란시료에 대하야 실시하며 이를 위하여 일정한 크기의 공시체를 준비한다.

### (1) 공시체의 제작

공시체는 압력실의 시료대와 같은 직경의 실린더형으로 제작하며, 그 직경은 $d$=35, 50, 100mm 등이 있는데 대체로 직경 d=35mm를 사용한다. 전단 부분에서 상하단의 마찰영향을 받지 않게 하기 위해서는 높이를 직경의 2배 이상, 즉 $h$=2.0～2.5$d$로 해야 한다.

공시체의 성형방법은 시료상태와 시험방법에 따라 결정한다. 즉, 비교란시료는 줄톱으로 깎아서 성형하나 교란시료는 함수비와 단위중량 및 포화도를 맞춘 후에 일정한 크기의 몰드에 다져서 성형하거나, 큰 몰드에서 성형한 후 줄톱으로 깎아서 성형한다. 교란시료는 대체로 액성한계 정도의 함수비로 공시체를 제작한다.

#### 1) 자립성(점착성) 지반

**(1) 교란 점성토 시료의 다짐성형**

교란시료를 성형하여 시험할 때는 시료의 균질성을 유지하기 매우 어려우므로 숙련이 필요하다. 대체로 다음의 순서로 공시체를 성형한다.

① 함수비를 조절하여 일정량의 시료를 준비한 후에 다짐몰드에 시료를 적당량 넣고 다짐봉을 사용하여 일정한 에너지로 다짐한다.

② 공시체를 몰드에서 추출하고, 공시체를 취해서 시료표면을 정리하고 무게를 재어 단위중량 소정의 범위 내에 있는지 확인하다.

③ 단위중량이 맞지 않으면 다시 다짐 성형한다.

④ 공시체를 일정한 치수로 잘라서 공시체를 성형한다.

**(2) 비교란 점성토 시료의 성형**

①′ 샘플러에서 비교란 시료를 추출한다.
②′ 시료를 일정 크기를 잘라낸다.
③′ 시료를 소량 취하여 함수비를 측정한다.
④′ 시료를 일정한 치수로 잘라서 공시체를 성형한다.

**(3) 점성토 공시체 설치**

공시체가 준비되면 압력실에 설치한다. 준비된 공시체는 설치하기 전에 함수비가 변화되지 않도록 덮개를 씌워서 보관해야 한다.

⑤ 공시체 단면과 같은 크기로 드레인 페어퍼를 오려서 상하단면에 붙인다. 공시체 측면배수를 유도할 경우에는 드레인 페이퍼를 띠모양으로 오려서 측면에 붙인다.
⑥ 공시체를 시료대 위에 올린다. 공시체는 가능한 한 손으로 직접 만지지 않는다. 멤브레인이 공시체 치수에 비해 작을 때에는 멤브레인을 씌우는 동안에 멤브레인이 튀면서 강한 힘이 공시체에 가해질 수 있으므로 유의해야 한다.

**2) 사질토(비점착성 지반)의 성형**

세립토 없는 깨끗한 사질토는  사질토 성형용 몰드를 이용해서 성형한다.

① 일정량의 깨끗한 시료를 준비한다.
② 사질토 성형용 몰드의 내부에 멤브레인을 씌운다. 멤브레인을 씌운 채로 몰드를 압력실의 시료대에 설치한다.
③ 시료대에 배수구와 부렛을 연결한다. 포화 시료를 성형하는 경우 몰드에 물을 채우고 뷰렛에도 다공석판 높이까지 물을 채운다.
④ 몰드에 시료를 넣고 다짐봉을 이용하여 소정의 다짐도로 다진다.
⑤ 시료가 다 채워지면 캡을 씌우고 멤브레인으로 덮은 후 고무링으로 조인다.
⑥ 뷰렛의 상단을 가볍게 흡입하고 밸브를 잠근다. 이렇게 하면 시료내 간극수압이 대기압보다 작아져서 공시체가 자립한다. 몰드를 제거하고 공시체 상태를 확인한다.
⑦ 공시체의 치수를 잰다.

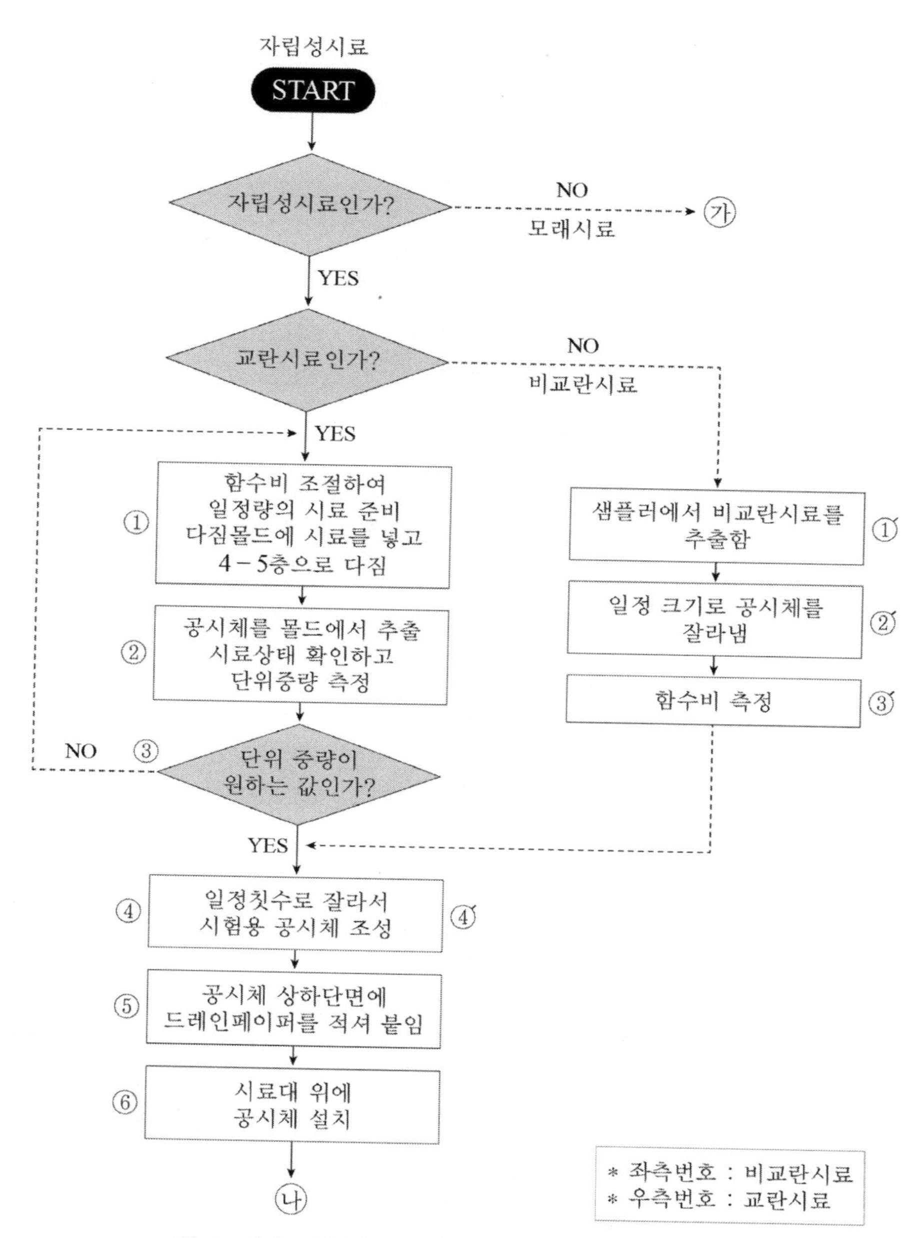


**그림 8.11(a) 삼축압착시험 흐름도(자립성 공시체 성형)**

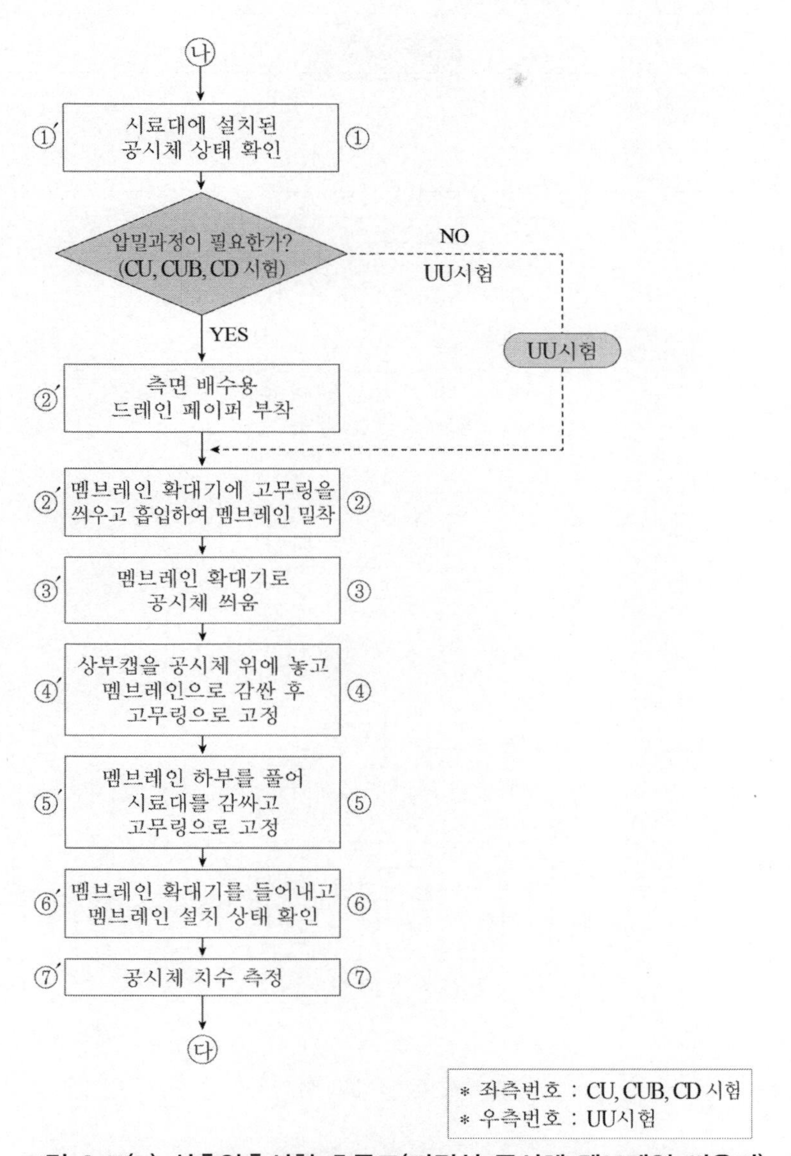


**그림 8.11(b) 삼축압축시험 흐름도(자립성 공시체 멤브레인 씌우기)**

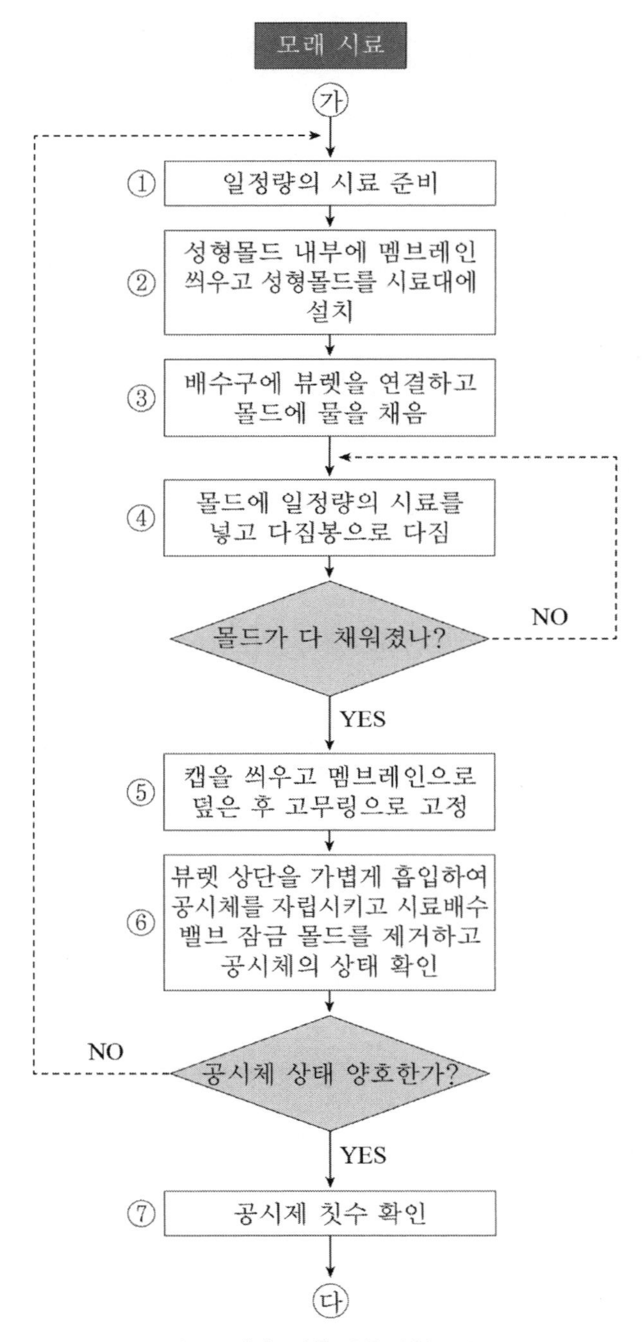


**그림 8.11(c) 삼축압축시험 흐름도 (모래(비자립) 공시체 설치)**

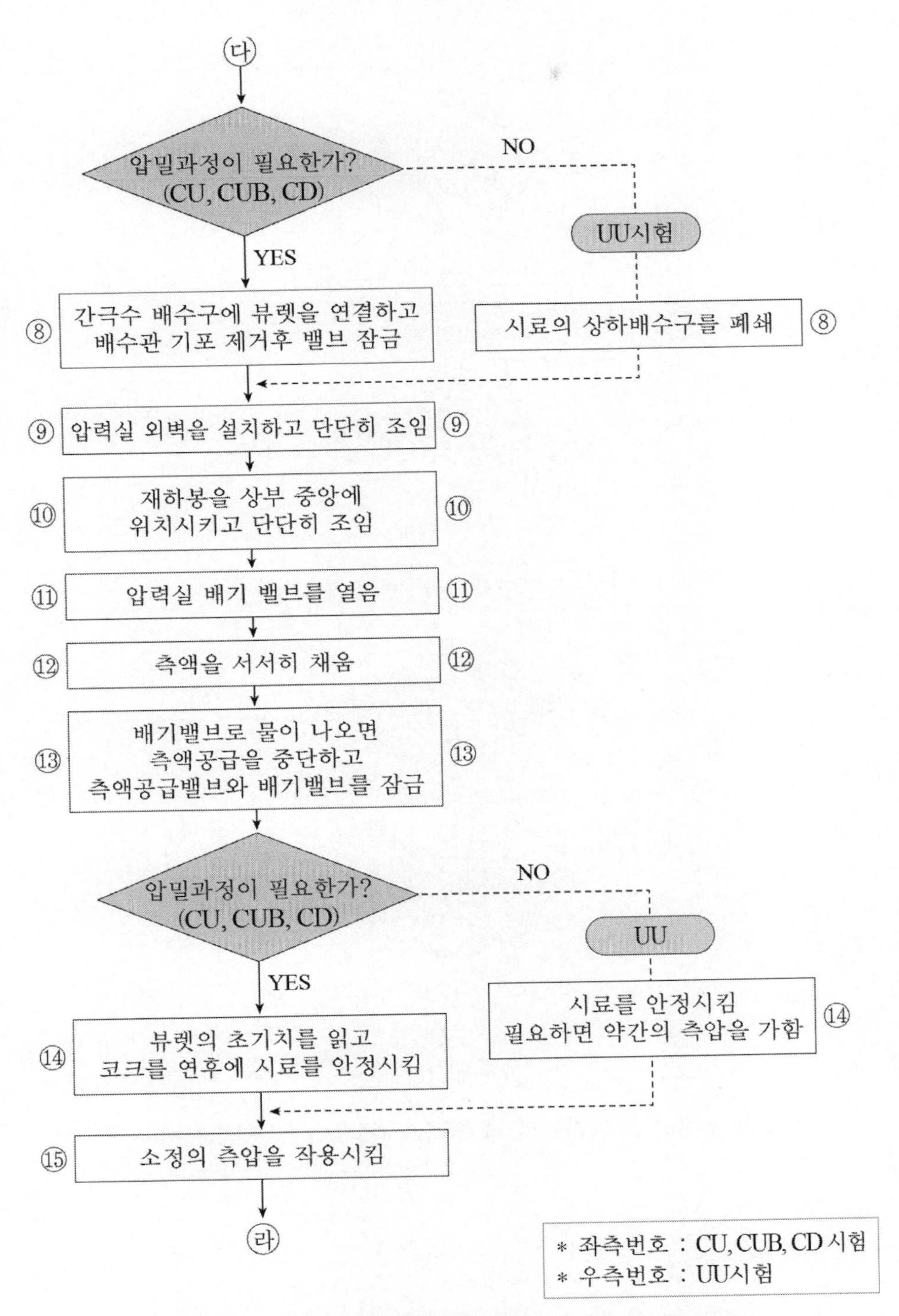


그림 8.11(d) 삼축압축시험 흐름도(공시체 축압재하)

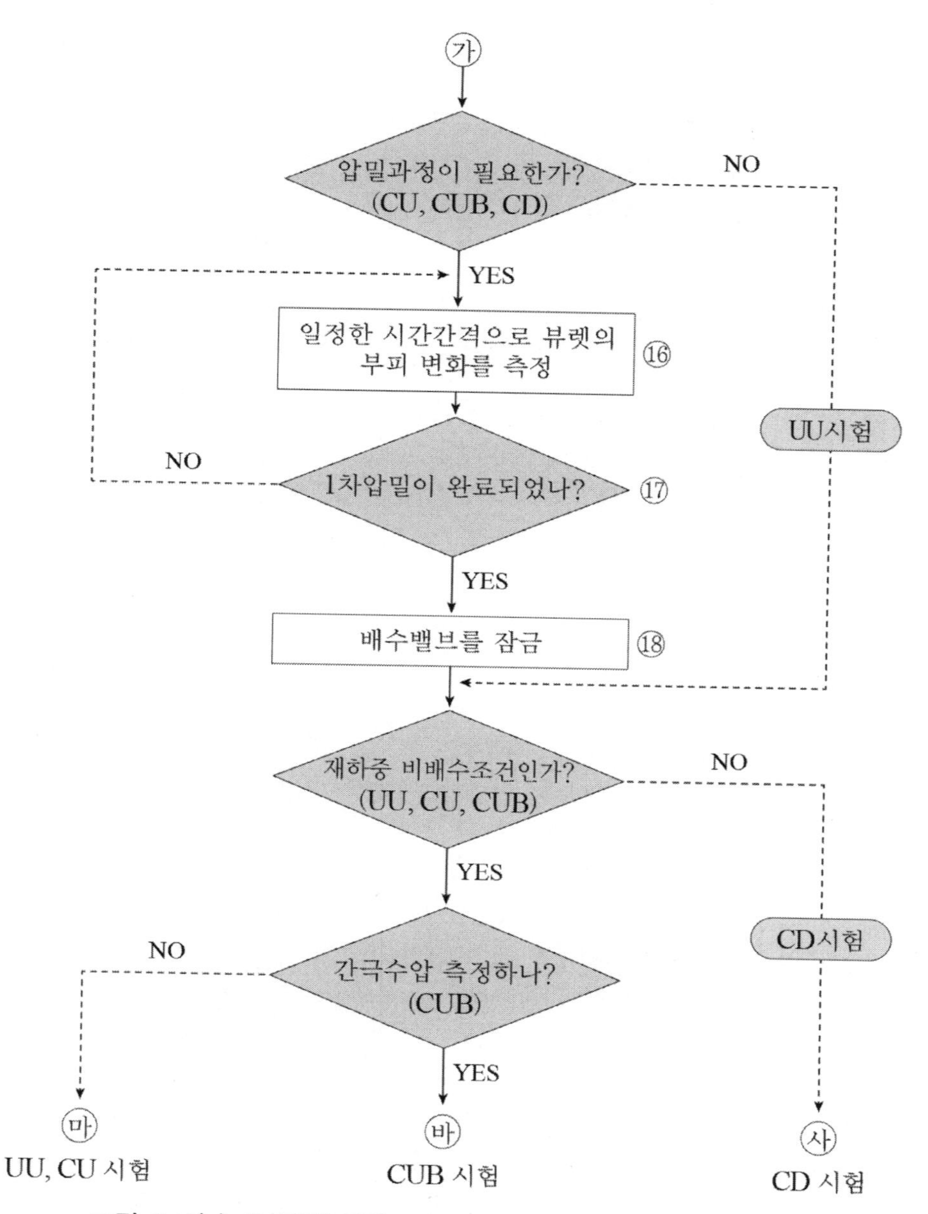


그림 8.11(e) 삼축압축시험 흐름도(공시체 압밀 및 재하중 배수)

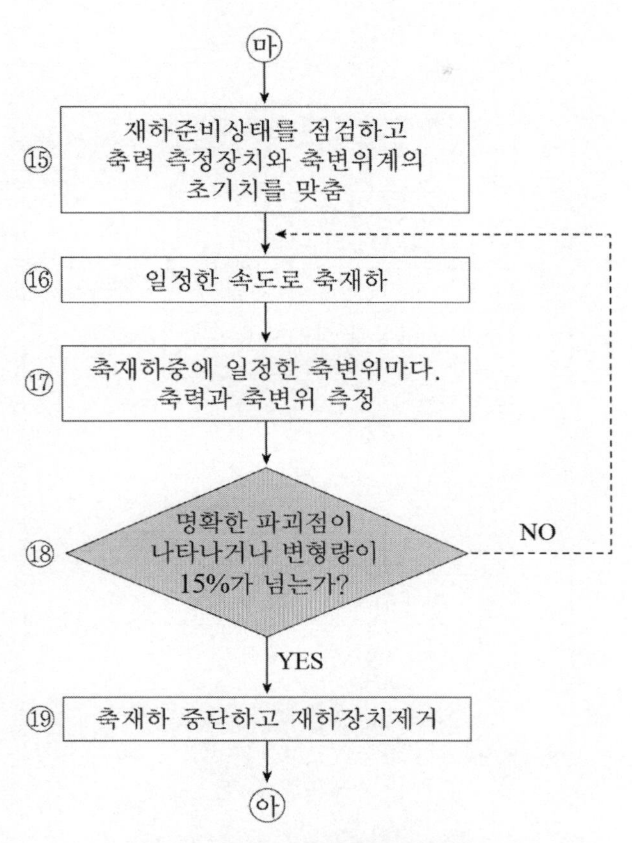


**그림 8.11(f) 삼축압축시험 흐름도 (비배수 재하: UU,CU시험)**

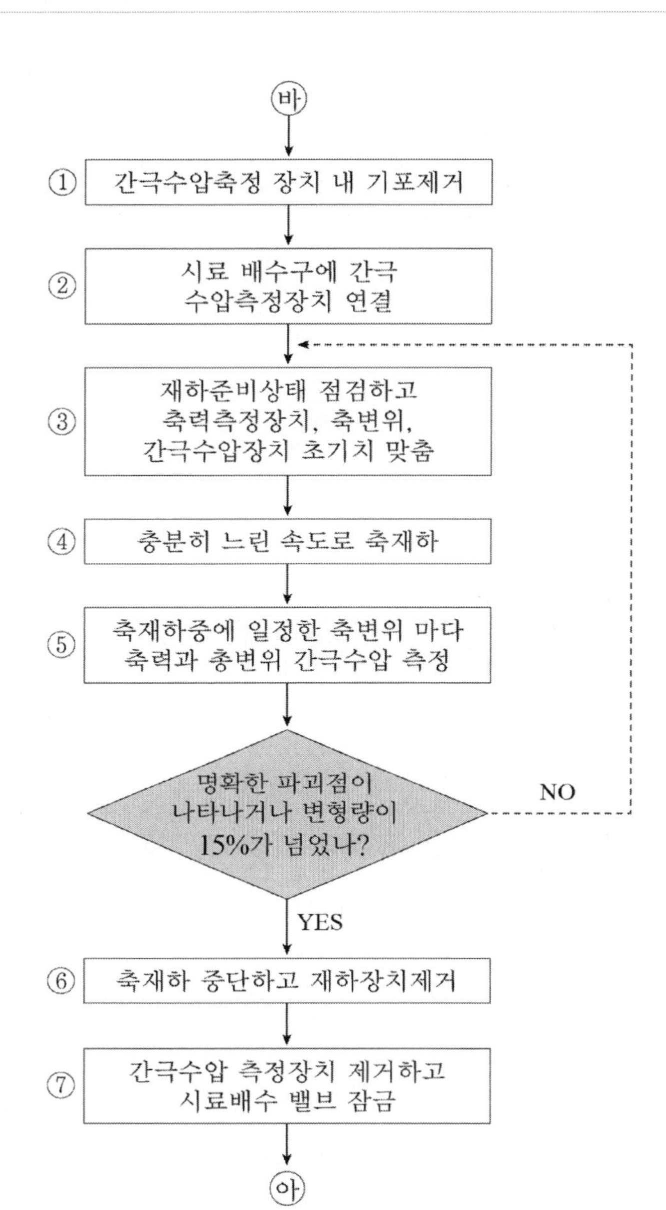


그림 8.11(g) 삼축압축시험 흐름도
(비배수 재하: 간극수압측정: CUB시험)

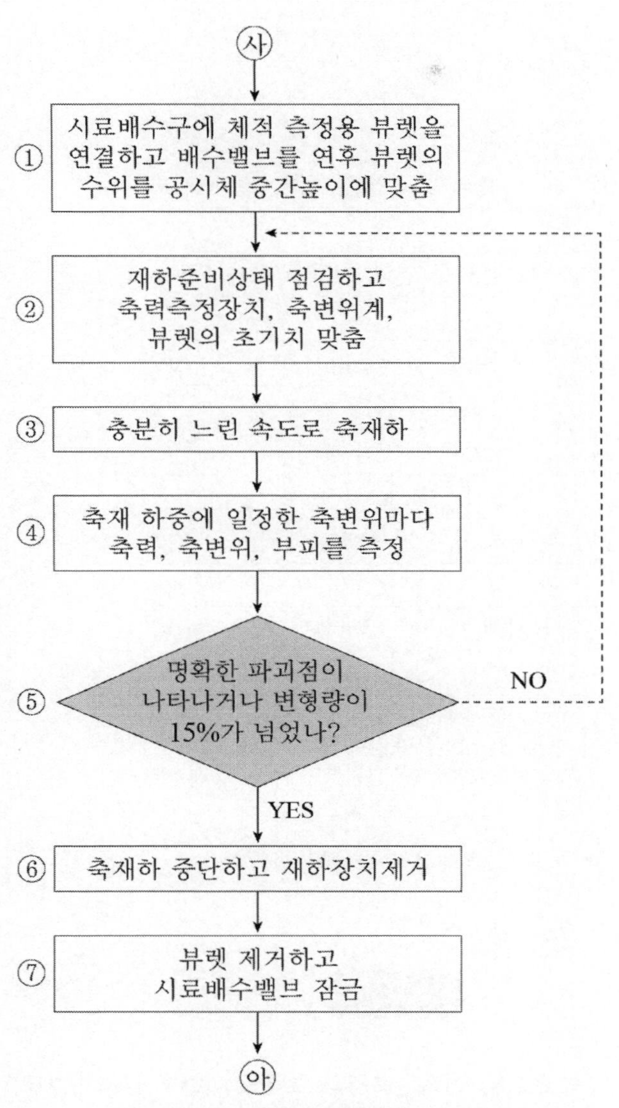


**그림 8.11(h) 삼축압축시험 흐름도**
**(배수 재하: CD시험)**

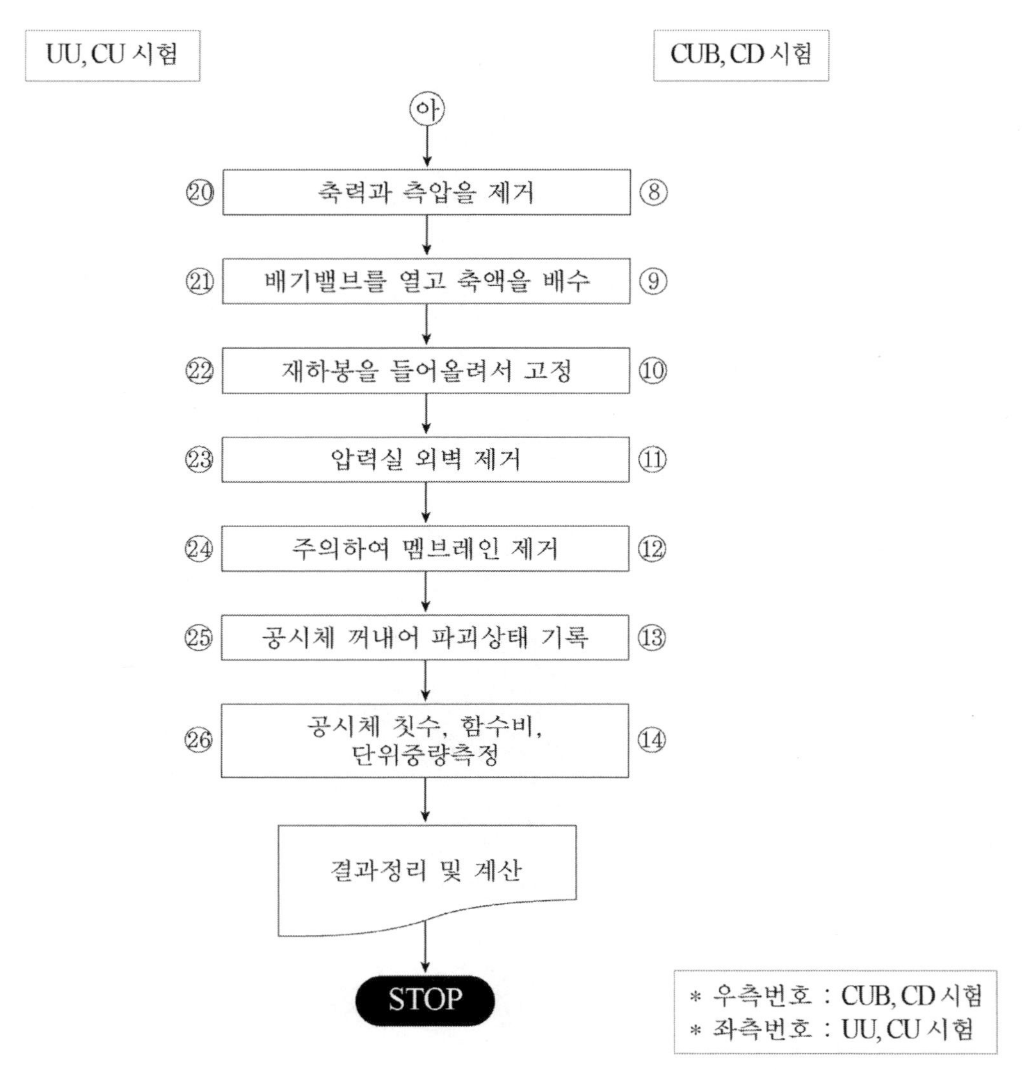


그림 8.11(i) 삼축압축시험 흐름도(재하후 공시체 처리)

## 8.2.5 공시체 설치

### (1) UU 시험

UU 시험에서는 공시체를 설치하고 측압을 가한 상태에서 비배수 조건으로 시료를 전단시킨다.

**1) 공시체 설치 및 측압재하**

① 시료대 위에 설치된 공시체 상태를 확인한다.
② 멤브레인 확대기에 멤브레인을 씌우고 흡입하여 멤브레인을 확대기에 밀착시킨다. 고무링을 미리 막대기에 씌워 놓는다. 멤브레인이 접히지 않도록 유의한다.
③ 확대기를 써서 멤브레인으로 공시체를 씌운다. 이때에 공시체를 건드리지 않도록 주의 한다.
④ 캡을 공시체 상단에 정확히 놓고 멤브레인 상단을 확대기에서 벗겨서 캡을 감싼후 고무링으로 고정시킨다. 이때에 공시체에 무리한 힘이 가해지지 않고 멤브레인과 공시체사이에서 기포가 남지 않도록 유의한다.
⑤ 멤브레인 하단을 확대기에서 벗겨내어 압력실 시료대를 감싸고 고무링으로 고정시킨다. 시료대 주변에 실리콘 그리스 등을 칠하여 시료대와 멤브레인 사이에 수밀성을 높인다.
⑥ 멤브레인 확대기를 들어내고 멤브레인 설치상태를 확인한다. 이때 멤브레인은 뒤틀리거나 주름이 잡히지 않아야 한다.
⑦ 공시체의 치수를 측정한다. 직경은 상중하를 모두 측정하여 평균값을 사용한다.
⑧ 시료의 상하 배수구를 폐쇄하여 간극수의 유출을 방지한다.
⑨ 압력실 외벽을 설치하고 단단히 조인다.
⑩ 재하봉을 시료의 상부캡에 정확히 위치시키고 측액에 의해 밀려나오지 않게 단단히 조인다.
⑪ 압력실 배기 밸브를 열어서 측액 공급 중에 시료가 가압되지 않도록 한다.
⑫ 측액을 서서히 채운다.
⑬ 배기밸브를 통해서 물이 나오면 측액 공급을 중단하고 측액 공급밸브를 먼저 잠그고 나서 배기 밸브를 잠근다.
⑭ 소정의 측압을 가해 시료를 안정시킨다. 불포화 지반은 측압에 의한 공시체의 부피변형이 멎을 때까지 방치한다.

**3) 축방향 재하**

⑮ 축력 측정장치와 축변형 측정장치의 초기치를 맞추고 축재하 준비상태 이상 여부를 확인한다.

⑯ 축재하 장치를 이용하여 매 분당 공시체 높이의 1% 변형이 되도록 일정한 속도, 즉 $v = 0.01h/\mathrm{min}$로 재하한다.

⑰ 축재하중에 축력과 압축량을 측정한다

⑱ 명확한 파괴점이 나타날 때까지 재하를 계속한다. 명확한 파괴점이 보이지 않으면 초기시료높이의 15%, 즉 $0.15h$를 넘을 때까지 계속 재하한다.

⑲ 재하를 중단하고 재하장치를 제거한다.

**4) 파괴후**

⑳ 압력실 내 측압을 제거한다.

㉑ 배기밸브를 열고 측액을 배수한다.

㉒ 재하봉을 들어올리고 고정시킨다.

㉓ 압력실 외벽을 제거한다.

㉔ 공시체 시험상태를 확인하고 주의하여 멤브레인을 제거한다.

㉕ 공시체를 꺼내어 파괴상태를 기록한다. 이때 전단파괴면은 수평에 대해서 $45 + \phi/2$ 각을 이룬다.

㉖ 공시체의 치수와 함수비 및 단위중량을 측정한다.

**5) 시험 결과 정리**

① 공시체 초기단면적 $A_0[\mathrm{cm}^2]$, 부피 $V_0[\mathrm{cm}^3]$, 단위중량 $\gamma[\mathrm{gf/cm}^3]$을 계산한다.

② 각 측정치에 대해서 공시체의 압축변형률 $\epsilon[\%]$를 계산한다.

③ 공시체의 압축변형률에 대한 축차응력 $\sigma_1 - \sigma_3[\mathrm{kgf/cm}^2]$을 계산한다.

④ 축차응력 - 축변형률 관계, 즉 $(\sigma_1 - \sigma_3) - \epsilon$ 곡선을 그린다.

⑤ $0 \le \epsilon \le 15\%$ 범위 내의 최대축차응력 $(\sigma_1 - \sigma_3)_{\max}$을 구한다.

⑥ 최대축차응력 $(\sigma_1 - \sigma_3)_{\max}$의 절반크기, 즉 $(\sigma_1 - \sigma_3)_{\max}/2$에 대한 할선변형률(secant modulus) $E_{50}[\mathrm{kgf/cm}^2]$을 구한다.

$$E_{50} = \frac{(\sigma_1 - \sigma_3)_{\max}/2}{\epsilon/100}$$

⑦ Mohr응력원에서 각각의 포락선을 구한다. 최대주응력 $\sigma_!$은 최대축차응력 $(\sigma_1 - \sigma_3)_{\max}$와 측압$\sigma_3$의 합$\sigma_1 = (\sigma_1 - \sigma_3)_{\max} + \sigma_3$이고 최소주응력 $\sigma_3$는 측압이다.

⑧ 파괴포락선의 기울기는 내부마찰각$(\phi_u)$이고 절편은 점착력 $c_u[\mathrm{kgf/cm}^2]$이다.

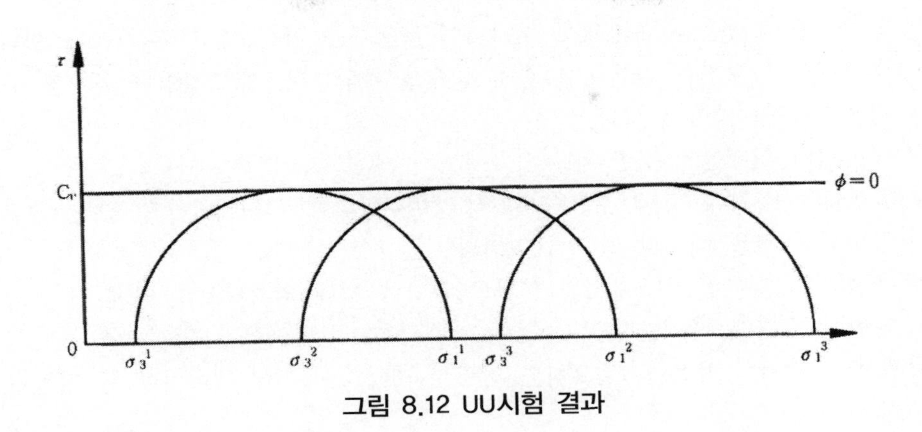


그림 8.12 UU시험 결과

**6) 보고서 작성**

UU시험 보고서에서 다음의 내용이 포함되어야 한다.

- 공시체 치수, 시료의 함수비 $w_0$, 단위중량 $\gamma_0$, 간극비 $e_0$, 포화도 $S_0$
- 제어방식(응력제어, 변형률 제어), 재하속도
- 측압
- 공시체의 파괴형상
- 축차응력 - 변형률 곡선 $(\sigma_1 - \sigma_3) - \epsilon$
- 변형계수 $E_{50}$
- Mohr 응력원 및 파괴포락선
- 시료의 강도정수 $c_u$, $\phi_u$

## (2) CU 시험(간극수압 불측정)

CU 시험은 공시체를 먼저 압밀시킨 후 비배수 상태에서 축재하하여 공시체를 전단 파괴시키는 시험이다. 축재하중에 간극수압을 측정할 수 있으며(CUB시험), 이때에는 CU 시험과 같은 방법으로 수행하되, 간극수압측정과정과 결과정리 및 보고서 작성시에 간극수압 측정결과를 추가해야 한다.

**1) 공시체 설치 및 측압재하**

① 압력실 내 시료대에 설치된 공시체의 상태를 확인한다.
②′ 공시체 측면에 측면배수용 드레인 페이퍼를 물에 적신 후에 부착한다.
② 확대기에 멤브레인을 씌우고 흡입하여 멤브레인을 확대기에 밀착시킨다.
③ 확대기를 공시체를 씌운다.
④ 캡을 공시체 상단에 정확히 놓고 멤브레인 상단을 확대기에서 벗겨내어 캡을 감싸고 고무링을 조인다.

⑤ 멤브레인 하단을 확대기에서 벗겨내어 시료대를 감싸고 고무링으로 조인다.
⑥ 멤브레인 확대기를 들어내고 설치 상태를 확인한다. 멤브레인과 공시체 사이에 기포가 남지 않아야 한다.
⑦ 공시체의 횟수를 측정한다.
⑧ 압력실의 시료 배수구에 뷰렛을 연결하고 배수관의 기포를 제거하고 밸브를 잠근다.
⑨ 압력실 외벽을 씌우고 단단히 조인다.
⑩ 재하봉을 상부캡 상단에 위치시키고 축압에 의해 밀려나오지 않게 잘 조인다.
⑪ 압력실 배기밸브를 연다.
⑫ 측액을 서서히 채운다. 필요하면 압력실 액체의 상부에 피마자유 등 식물기름을 채운다.
⑬ 배기밸브로 물이 나오면 측액공급을 중단하고 측액공급밸브를 먼저 잠그고 나서 배기밸브를 찾는다.

**2) 압밀(등방)**

⑭ 뷰렛의 초기치를 읽은 후에 코크를 열고 시료를 안정시킨다.
⑮ 압력실에 소정의 측압을 작용시킨다.
⑯ 뷰렛에서 일정한 시간 간격으로 부피변화량을 측정한다.
⑰ 보통 1차압밀이 완료될 때까지 압밀시키며, 1차압밀완료는 반대수용지에 부피변화량 - 시간 관계, 즉 $\Delta V - \log t$ 곡선을 그려서 확인할 수 있다. 소성성이 큰 점토는 직경 35mm 시료에서 24시간 정도, 직경 50mm인 공시체에서는 약 48시간 정도가 소요된다. 압밀하중을 비등방으로 가하여 비등방 압밀시킬 수 있다. 시험기에 따라 비등방압밀을 수행할 수 없는 것도 있다.
⑱ 압밀이 완료되면 배수구의 밸브를 잠그고 재하 준비를 한다.

**3) 축방향 재하**

UU 시험에서와 같은 방법으로 축방향 재하한다.

**4) 파괴 후**

UU 시험에서와 같은 과정으로 시험을 마무리한다.

**5) 시험결과 정리**

① 공시체 초기부피 $V_0$, 초기단위중량 $\gamma_0$, 초기함수비 $w_0$, 초기간극비 $e_0$, 초기포화도 $S_0$를 계산한다.
② 압밀에 의한 부피압축량 $\Delta V$를 계산한다. 포화공시체의 부피압축량은 곧 뷰렛에서 읽은 부피변화량이다.

③ 압밀에 의한 높이 변화량 $\Delta H$를 재하봉의 변위로부터 계산한다. 재하봉 변위를 측정하지 않은 경우에는 다음 식으로 압밀 후의 높이 $H_c$를 구한다.

$$H_c = \left(1 - \frac{\Delta V}{3V_0}\right) \times H_0$$

④ 압밀 후의 공시체의 단면적 $A_c$를 구한다.

$$A_c = \frac{V_c}{H_c} = \frac{V_0 - \Delta V}{H_0 - \Delta H}$$

⑤ 각 측정치에 대해서 공시체의 압축변형률 $\epsilon$[%]을 계산한다.

⑥ 공시체의 압축변형률 $\epsilon$에 대한 축차응력 $\sigma_1 - \sigma_3$[kgf/cm$^2$]을 계산한다

⑦ 축차응력 - 변형률 관계 $(\sigma_1 - \sigma_3) - \epsilon$ 곡선을 그린다

⑧ $0 \le \epsilon \le 15\%$ 범위 내의 최대축차응력 $(\sigma_1 - \sigma_3)_{\max}$을 구한다.

⑨ $(\sigma_1 - \sigma_3)_{\max}/2$에 대한 할선변형계수 $E_{50}$을 구한다.

$$E_{50} = \frac{0.5(\sigma_1 - \sigma_3)_{\max}}{\epsilon/100}$$

⑩ Mohr응력원을 그리고 포락선을 구한다.
이때 최대주응력은 $\sigma_1 = (\sigma_1 - \sigma_3)_{\max} + \sigma_3$이고 최소주응력 $\sigma_3$는 측압이다.

⑪ 파괴포락선의 기울기는 내부마찰각 $\phi$이고 절편은 점착력 $c$이다.

### 6) 보고서 작성

CU 시험 보고서에는 다음의 내용이 포함되어야 한다.

- 초기상태의 공시체의 치수(직경 $D_0$, 높이 $H_0$), 시료의 함수비 $w_0$, 단위중량 $\gamma_0$, 간극비 $e_0$, 포화도 $S_0$
- 측압 $\sigma_3$
- 압밀압력 - 시험 후 함수비의 관계
- 압밀중 압축량 - 시간관계
- 제어방식(변형률 제어, 응력제어), 재하속도
- 공시체의 파괴형상
- 축차응력 - 축변형률 관계, $(\sigma_1 - \sigma_3) - \epsilon$
- 변형계수 $E_{50}$
- Mohr 응력원과 파괴 포락선
- 강도정수 $c_u$, $\phi_u$

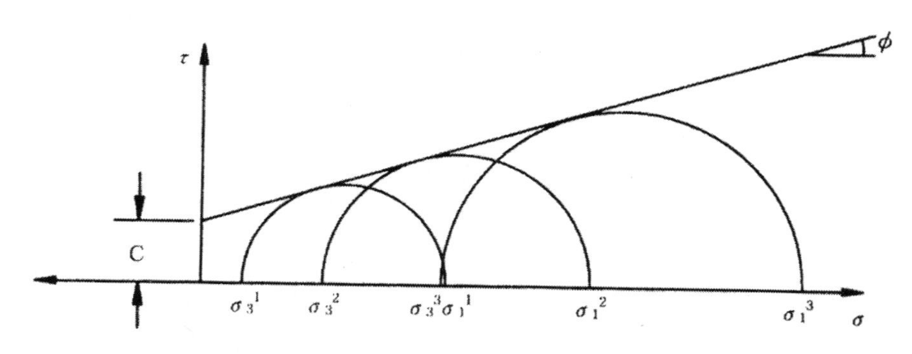


그림 8.13 CU 시험결과

### (3) CUB시험(간극수압 측정)

비배수 상태에서 재하중에 간극수압을 측정하여 시료 내의 유효응력을 구할 수 있다.

#### 1) 공시체 설치

CU시험과 동일한 방법으로 시험을 준비한다.

#### 2) 압밀

CU시험과 동일한 방법으로 시료를 압밀시킨다.

#### 3) 축재하

시험준비와 압밀과정은 CU시험과 동일하며 CU시험에 비하여 다음과 같은 차이점이 있다.

① 간극수압 측정 장치 내 기포를 제거하고 상태를 확인한다.

② 시료의 압밀이 끝나면 배수구에 간극수압 측정장치를 연결한다. 포화 공시체에서는 축재하 전에 백프레셔를 가하면 간극수압을 정확히 측정할 수 있다.

③ 축력측정장치, 축변위계, 간극수압 측정장치의 초기치를 맞춘다.

④ 공시체 내에서 과잉간극수압이 균등해지도록 충분하게 느린 속도를 유지하고 측방향 압축재하한다. 재하속도는 시료의 종류와 공시체의 크기에 따라 결정된다. 실트질 점토는 시료높이의 0.5~1.0%, $(0.005 \sim 0.01h/\text{min})$, 점토 성분이 많은 점성토는 시료높이의 0.2~0.05%, $(0.002 \sim 0.0005h/\text{min})$가 적합하다. 한 시료에 대해서는 같은 속도로 재하하여야 한다.

⑤ 재하중에 축방향 변위와 축하중 및 간극수압을 동시에 측정한다.

⑥ 명확한 파괴점이 나타나거나 축변형량이 15%를 초과하면 재하를 중단하고, 재하장치를 제거한다.

⑦ 간극수압 측정장치를 제거하고 시료배수밸브를 잠근다.

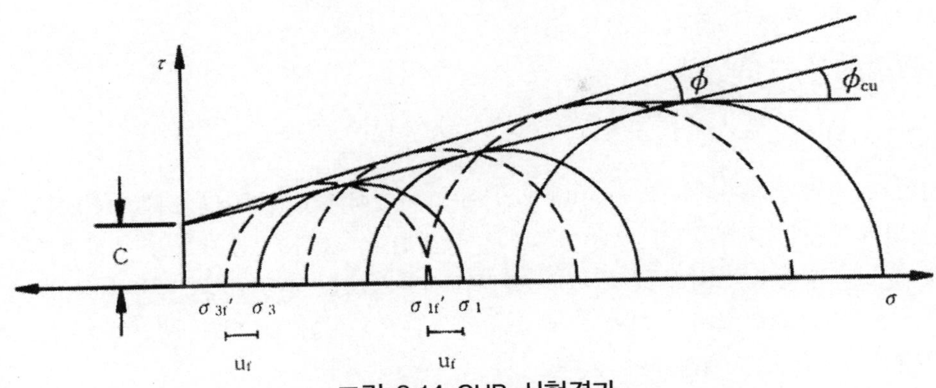


그림 8.14 CUB 시험결과

**4) 파괴 후**

CU시험과 동일한 과정으로 시험을 마무리한다.

**5)결과정리**

CUB 시험은 간극수압을 측정하는 점만이 CU시험과 다르다. 따라서 시험결과 정리에서도 CU시험과 같으며, 다만 간극수압을 고려하여 다음의 내용을 추가한다.

① 축차응력 - 축변형률 관계, 즉 $(\sigma_1 - \sigma_3) - \epsilon$ 곡선에 겹쳐서 간극수압 - 축변형률 관계, 즉 $(u - \epsilon)$ 곡선을 그린다.

② 파괴 시의 축차응력 $(\sigma_1 - \sigma_3)_f$와 측압 $\sigma_3$ 및 간극수압 $u_f$로부터 다음과 같이 유효최대주응력 $\sigma_{1f}'$과 유효최소주응력 $\sigma_{3f}'$을 계산하여 Mohr응력원을 그린다.

$$\sigma_{1f}' = (\sigma_1 - \sigma_3)_f + \sigma_3 - u_f$$

$$\sigma_{3f}' = \sigma_3 - u_f$$

③ Mohr응력원 파괴포락선의 기울기 $\phi'$와 절편 $c'$[kgf/cm$^2$]를 구한다.

④ 파괴 시 축차응력$(\sigma_1 - \sigma_3)_f$와 간극수압$u_f$로부터 파괴 시 간극수압계수 $A_f$를 구한다.

$$A_f = \frac{u_f}{(\sigma_1 - \sigma_3)_f}$$

**3) 보고서 작성**

CUB시험의 보고서는 CU시험의 보고서와 같으나 다음의 내용이 추가되어야 한다.

- 간극수압 - 축변형률$(u - \epsilon)$관계
- 유효응력으로 그린 Mohr응력원과 파괴포락선
- 유효응력 표시 강도정수 $c'$[kgf/cm$^2$], $\phi'$[°]

- 파괴 시 간극수압계수 $A_f$
- 백프레셔 적용 여부

## (4) CD 시험(사질토)

사질토는 투수계수가 크므로 대개 배수상태에서 전단시킨다. 그러나 지진하중에 의한 파괴거동은 비배수 상태에서 그대로 측정한다. 재하중 공시체의 부피변화는 포화시료에서는 뷰렛으로 직접 측정하고, 불포화시료에서는 부피변화측정장치를 써서 측정한다. 배수상태시험에서는 재하중에 공시체 내에 과잉간극수압이 발생하지 않도록 충분하게 느린 속도로 재하해야 한다.

점성토에서 배수상태를 한결 같이 유지하기 위해서는 연속 증가하중으로 응력재하하는 편이 유리하다.

### 1) 공시체 설치

CU시험과 동일한 방법으로 시험을 준비한다. 시험준비와 압밀과정은 CU시험과 동일하며, 다만 재하중 부피변화를 측정하는 것만이 다르다.

### 2) 압 밀

CU시험과 동일한 방법으로 시료를 압밀시킨다.

### 3) 축재하

① 시료배수구에 부피측정용 뷰렛을 연결하고 배수밸브를 연 후 부피변화량 측정용 뷰렛의 수위를 공시체 중간 높이 맞춘다.
② 재하준비 상태를 점검하고 축력측정장치와 축변위계의 초기치를 맞춘다.
③ 표 8.3에 따른 속도로 축방향 재하한다.
④ 일정한 축압축량마다 축력과 부피변화량을 측정한다.
⑤ 명확한 파괴점이 나타나거나 변형량이 15%를 넘을 때까지 축재하한다.
⑥ 축재하를 중단하고 축재하 장치를 잠근다.
⑦ 뷰렛을 제거하고 시료배수밸브를 잠근다.

### 4) 파괴 후

CU시험과 동일한 과정으로 시험을 마무리한다.

**5) 결과정리**

① 공시체의 압밀 전 초기부피 $V_0$, 초기단위중량 $\gamma_0$, 초기함수비 $w_0$, 초기간극비 $e_0$, 초기포화도 $S_{r0}$를 구한다.

② 압밀 후 축재하 직전 부피 $V_c$, 시료높이 $H_c$를 초기시료높이 $H_0$와 부피변화량 $\Delta V$로부터 계산한다.

$$V_c = V_0 - \Delta V$$

$$H_c = \left(1 - \frac{\Delta V}{3V_0}\right)H_0$$

③ 축변형률 $\epsilon$%를 계산한다.

④ 각각의 축변형률 $\epsilon$에 대한 부피변화율을 구한다.

$$\text{부피변화율} = \frac{\Delta V}{V_c}$$

⑤ 각각의 축변형률 $\epsilon$[%]에 대한 축차응력 $(\sigma_1 - \sigma_3)$과 단면적 A를 구한다. 이때 시료가 균일한 단면으로 변형된다고 가정한다(그림 8.15).

$$(\sigma_1 - \sigma_3) = \frac{Q}{A}\,[\text{kgf/cm}^2]$$

$$A = A_c \frac{1 - \Delta V / V_c}{1 - \epsilon/100}$$

⑥ 축차응력 - 축변형률 관계 $(\sigma_1 - \sigma_3) - \epsilon$와 부피변화율 - 축변형율 $\Delta V / V_c - \epsilon$관계를 구한다. 축차응력이 최대인 $(\sigma_1 - \sigma_3)_{\max}$점을 파괴점으로 한다.

⑦ 파괴점에 대한 Mohr응력원을 그리고, 파괴포락선을 그린다. 건조시료나 포화시료에서는 파괴포락선이 원점을 지나는 직선이 된다.

⑧ 강도정수 $\phi_d$[°], $c_d$[kgf/cm$^2$]를 구한다.

⑨ 변형계수 $E_{50}$[kgf/cm$^2$]를 구한다 (UU시험 참조).

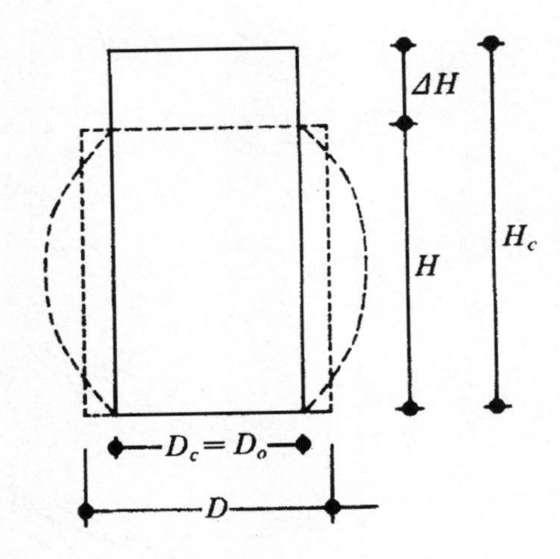


그림 8.15 축재하중 시료의 변형

**6) 보고서 작성**

CD 시험의 보고서에는 다음의 내용이 포함되어야 한다.

- 초기상태의 공시체 치수(직경 $D_0$, 높이 $H_0$) 단위중량 $\gamma_0$, 함수비 $w_0$, 간극비 $e_0$, 포화도 $S_0$
- 압밀 후 축재하 직전의 부피 $V_c$, 시료높이 $H_c$
- 측압 $\sigma$
- 재하방식(응력제어, 변형률 제어), 재하속도
- 동시체의 파괴형상
- 축차응력-축변형률$(\sigma_1-\sigma_3)-\epsilon$곡선, 부피변화율-축변형률 $\Delta V/V_c-\epsilon$ 곡선
- 변형계수 $E_{50}$
- Mohr응력원 및 파괴포락선
- 강도정수 $c_d$, $\phi_d$

## 8.2.6 결과정리

**1) data sheet 정리**

**2) 공시체 초기상태(높이 $H_0$ 직경 $D_0$, 부피 $V_o$, 무게 $W_o$, 간극비 $e_0$, 포화도 $S_0$, 함수비 $w_0$, 단위중량 $\gamma_0$, 건조무게 $W_d$)**

압밀 전 부피 $V_0 = H_0 \cdot \pi D_0^2/4$ [cm³]

단위중량 $\gamma_0 = W_o / V_o$ [gf/cm²]

함수비 $w = \dfrac{W_0 - W_d}{W_d} \times 100$ [%]

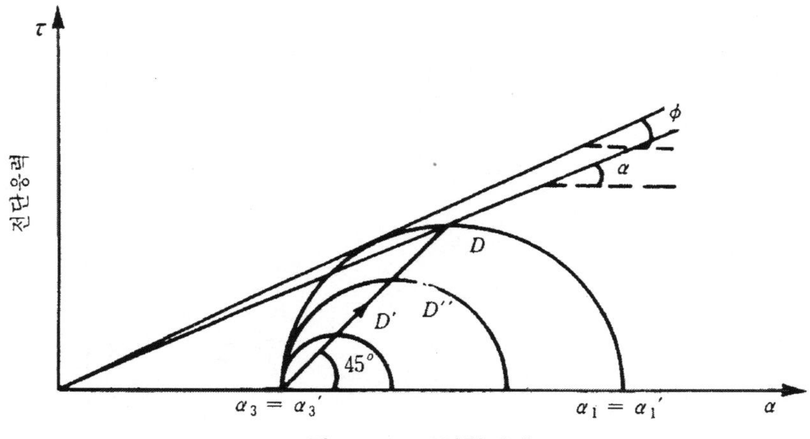


그림 8.16 CD시험결과

간극비 $e_0 = V_v / V_s$

포화도 $S_0 = \frac{V_w}{V_v} \times 100$ [%]

**3) 공시체 재하상태**

ⓐ 압밀 후 축재하 직전 :

부피 $V_c = V_0 - \Delta V$

높이 $H_c = \left(1 - \frac{\Delta V}{3V_0}\right) H_0$

단면적 $A_c = V_c / H_c$

ⓑ 재하중 :

- CU시험

높이 $H = H_c - \Delta H$ [cm]

단면적 $A = \frac{V_c}{H}$ [cm$^2$]

축변형률 $\epsilon = \frac{\Delta H}{H} \times 100$ [%]

- CD시험

높이 $H = \left(1 - \frac{\Delta V}{3V_c}\right)$ [cm]

단면적 $A = \frac{V_c - \Delta V}{H}$ [cm$^2$]

축변형률 $\epsilon = \frac{\Delta H}{H} \times 100$ [%]

ⓒ 축차응력 :

- CU시험

$$\Delta \sigma = \sigma_1 - \sigma_3 = \frac{Q}{A}$$

- CD시험

$$\Delta \sigma = \sigma_1 - \sigma_3 = \frac{Q}{A}$$

여기서, $Q$ : 축력

**4) 파괴상태의 Mohr 응력원 및 강도정수**

- 최대축차응력 $(\sigma_1 - \sigma_3)_{\max}$로부터 $\sigma_{1f}$와 $\sigma_{3f}$를 구하여 반경 $(\sigma_{1f} - \sigma_{3f})/2$, 중심 $(\sigma_{1f} + \sigma_{3f})/2$인 응력원을 그린다.
- 파괴 포락선을 그리고 점착력 c($\tau$절편)와 내부마찰각 $\phi$(기울기)를 구한다.
- UU시험 $c_u$, $\phi_u$
- CU시험 $c_{cu}$, $\phi_{cu}$
- CUB시험 $c'$, $\phi'$
- CD시험 $c_d$, $\phi_d(c', \phi')$

**5) 간극수압계수**

$$A_f = \frac{u_f}{(\sigma_1 - \sigma_3)_f}$$

**6) $p-q$ Diagram**

- 각 측점의 $p = (\sigma_1 + \sigma_3)/2$, $q = (\sigma_1 - \sigma_3)/2$를 구하여 $p-q$ 그림을 그린다.
- 최외부접선으 그리면 절편 $m$, 기울기 $\alpha$인 파괴 포락선이 구해지며 이로부터 강도정수인 점착력 $c$와 내부마찰각 $\phi$를 구할 수 있다.

$$\phi = \arcsin(\tan\alpha)$$

$$c = \frac{m}{\sqrt{1 - \tan^2\alpha}}$$

# 삼축압축시험 (축재하)

과 업 명 : A 공장 신축 | 시험날짜 1996 년 11 월 16 일
조사위치 : 시화매립지 | 온도 19 [℃] 습도 68 [%]
시료번호 : BH-1 시료위치 : 4.0 [m] ~ 5.0 [m] | 시험자 : 김 은 섭

| 구분 | | | | |
|---|---|---|---|---|
| 시험 | 시험조건 (**UU**,CU,CD,CUB) | 시료상태 ( 교란, **비교란** ) | 배수조건 ( **비배수**, 상부, 하부, 상하부 ) | |
| | 축재하방식 ( 응력, **변형률**, 병용 ) 제어 | 재하속도 0.027 [mm/min], | [km/cm²/min] | |
| | 시료직경 $D_0$ 3.51 [cm] | 단면적 $A_0$ 9.6 [cm²] | 시료높이 $H_0$ 7.62 [cm] | 체적 $V_0$ 74.98 [cm³] |
| | 입력실 번호 : No. 1 | 측압 $\sigma_3$ 1.0 [kgf/cm²] | 사용 측액 ( **물**, 글리세린, 기타 ) | |
| | 시험기모델 DA-490 | 축력측정 ( 프르빙링, **로드셀** ) | 축력계비례상수 $K_1$ 0.3367 | |
| 압밀 | 압밀조건 ( **등방**, 비등방 ) 압밀 | 체적압축량 ΔV [cm³] | 압밀후 공시체 높이 $H_{c0}$ [cm] | |
| | 시험 전 습윤단위중량 | ( 습윤 공시체 + 용기 ) 무게 $W_{tc}$ [gf]<br>습윤 공시체 무게 $W_t$ [gf] | 용기 무게 $W_c$ [gf]<br>습윤단위중량 $\gamma_t$ [gf/cm²] | |
| | 시험 후 함수비 | ( 습윤 공시체 + 용기 ) 무게 $W_{tc1}$ [gf]<br>( 건조 공시체 + 용기 ) 무게 $W_{dc}$ [gf]<br>증발 물무게 $W_w$ [gf] | 용기 무게 $W_c$ [gf]<br>건조공시체 무게 $W_d$ [gf],<br>함수비 ω※1 [%] | |

| ① | ② | ③ | ④ | ⑤ | ⑥ | ⑦ | ⑧ | ⑨ | ⑩ |
|---|---|---|---|---|---|---|---|---|---|
| 측정 시간 | 축 압 축 량 | | | 단면적 | 축차응력 | | 최대 주응력 | p※6 | q※7 |
| [min] | 축 압축량 읽음 | 축 압축량 ΔH [mm] | 축 변형률 ε※2 | A'※3 [cm²] | 축차응력 읽음 R | 축차응력 Δσ※4 [kgf/cm²] | $\sigma_1$※5 [kgf/cm²] | [kgf/cm²] | [kgf/cm²] |
| 0 | 0.0 | 0.00 | 0.00 | 9.60 | 0.00 | 0.00 | 1.00 | 1.000 | 0.000 |
| 1 | 76.4 | 0.76 | 0.99 | 9.69 | 7.20 | 0.25 | 1.25 | 1.125 | 0.125 |
| 2 | 151.3 | 1.51 | 1.94 | 9.79 | 14.54 | 0.50 | 1.50 | 1.250 | 0.250 |
| 3 | 222.3 | 2.22 | 2.91 | 9.88 | 19.96 | 0.68 | 1.68 | 1.340 | 0.340 |
| 4 | 292.5 | 2.93 | 3.84 | 9.97 | 24.91 | 0.84 | 1.84 | 1.420 | 0.420 |
| 5 | 386.1 | 3.86 | 5.06 | 10.10 | 29.70 | 0.99 | 1.99 | 1.495 | 0.495 |
| 6 | 456.3 | 4.56 | 5.98 | 10.20 | 33.92 | 1.12 | 2.12 | 1.560 | 0.560 |
| 7 | 529.6 | 5.30 | 6.96 | 10.30 | 37.32 | 1.22 | 2.22 | 1.610 | 0.610 |
| 8 | 617.7 | 6.18 | 7.99 | 10.43 | 40.87 | 1.32 | 2.32 | 1.660 | 0.660 |
| 9 | 686.4 | 6.86 | 8.99 | 10.53 | 44.08 | 1.41 | 2.41 | 1.705 | 0.705 |
| 10 | 756.6 | 7.57 | 9.93 | 10.63 | 47.05 | 1.49 | 2.49 | 1.745 | 0.745 |
| 11 | 823.6 | 8.24 | 10.81 | 10.73 | 49.09 | 1.54 | 2.54 | 1.770 | 0.770 |
| 12 | 889.2 | 8.89 | 11.67 | 10.84 | 50.85 | 1.58 | 2.58 | 1.790 | 0.790 |
| 13 | 983.5 | 9.84 | 12.91 | 10.99 | 52.20 | 1.60 | 2.60 | 1.800 | 0.800 |
| 14 | 1081.0 | 10.81 | 14.19 | 11.14 | 53.95 | 1.63 | 2.63 | 1.815 | 0.815 |
| 15 | 1134.9 | 11.35 | 14.90 | 11.23 | 55.39 | 1.66 | 2.66 | 1.830 | 0.830 |
| 16 | 1185.6 | 11.86 | 15.56 | 11.32 | 55.81 | 1.66 | 2.66 | 1.830 | 0.830 |
| 17 | 1259.7 | 12.60 | 16.54 | 11.45 | 56.11 | 1.65 | 2.65 | 1.825 | 0.825 |
| 18 | 1361.8 | 13.62 | 17.87 | 11.63 | 56.31 | 1.63 | 2.63 | 1.815 | 0.815 |
| 19 | 1422.7 | 14.23 | 18.67 | 11.74 | 56.15 | 1.61 | 2.61 | 1.805 | 0.805 |
| 20 | 1466.4 | 14.66 | 19.24 | 11.82 | 55.83 | 1.59 | 2.59 | 1.795 | 0.795 |
| | | | | | | | | | |

참고 : ※1 $\omega = W_w/Ws \times 100$ ※2 $\varepsilon = \Delta H/H_0 \times 100[\%]$ ※3 $A' = \frac{A_0}{1-\varepsilon/100}$ ※4 $\Delta\sigma = \frac{R \times K_1}{A'}$ [%] ※5 $\sigma_1 = \Delta\sigma + \sigma_3$

※6 $p = (\sigma'_1 + \sigma'_3)/2$ ※7 $q = (\sigma'_1 - \sigma'_3)/2$

확인 이 용 준 (인)

# 삼축압축시험 (축재하)

과 업 명 : A 공장 신축
조사위치 : 시화매립지
시료번호 : BH-1　　시료위치 : 4.0 [m] ~ 5.0 [m]

시험날짜 1996 년 11 월 16 일
온도 19 [℃]　습도 68 [%]
시험자 : 김 은 섭

**시험**

시험조건 (**UU**, CU, CD, CUB) | 시료상태 ( 교란, **비교란** ) | 배수조건 ( **비배수**, 상부, 하부, 상하부 )

축재하방식( 응력, **변형률**, 병용 ) 제어 | 재하속도 0.027 [mm/min], [km/cm²/min]

시료직경 $D_0$ 3.50 [cm] | 단면적 $A_0$ 9.6 [cm²] | 시료높이 $H_0$ 7.65 [cm] | 체적 $V_0$ 74.88 [cm³]

입력실 번호 : No.2 | 측압 $\sigma_3$ 2.0 [kgf/cm²] | 사용 측액 ( **물**, 글리세린, 기타 )

시험기모델 : DA-490 | 축력측정 ( 프르빙링, **로드셀** ) | 축력계 비례상수 $K_1$ 0.3367

**압밀**

압밀조건 ( **등방**, 비등방 ) 압밀 | 체적압축량 $\Delta V$ [cm³] | 압밀후 시료높이 $H_{c0}$ [cm]

시험 전 습윤단위중량
( 습윤공시체 + 용기 ) 무게 $W_{tc}$ [gf]　용기무게 $W_c$ [gf]
습윤공시체 무게 $W_t$ [gf]　습윤단위중량 $\gamma_t$ [gf/cm²]

시험 후 함수비
( 습윤공시체 + 용기 ) 무게 $W_{tc1}$ [gf]　용기 무게 $W_c$ [gf]
( 건조공시체 + 용기 ) 무게 $W_{dc}$ [gf]　건조공시체 무게 $W_d$ [gf]
증발 물무게 $W_w$ [gf]　함수비 $\omega$※1 [%]

| ① | ② | ③ | ④ | ⑤ | ⑥ | ⑦ | ⑧ | ⑨ | ⑩ |
|---|---|---|---|---|---|---|---|---|---|
| 측정 시간 [min] | 측 압 축 량 | | | 단면적 $A'$※3 [cm²] | 축차응력 | | 최대 주응력 $\sigma_1$※5 [kgf/cm²] | $p$※6 [kgf/cm²] | $q$※7 [kgf/cm²] |
| | 축 압축량 읽음 | 축 압축량 $\Delta H$ [mm] | 축 변형률 $\varepsilon$※2 | | 축력 읽음 R | 축차응력 $\Delta\sigma$※4 [kgf/cm²] | | | |
| 0 | 0.0 | 0.00 | 0.00 | 9.60 | 0.00 | 0.00 | 2.00 | 2.000 | 0.000 |
| 1 | 76.4 | 0.76 | 0.99 | 9.69 | 11.52 | 0.40 | 2.40 | 2.200 | 0.200 |
| 2 | 151.3 | 1.51 | 1.97 | 9.79 | 18.61 | 0.64 | 2.64 | 2.320 | 0.320 |
| 3 | 222.3 | 2.22 | 2.90 | 9.88 | 24.65 | 0.84 | 2.84 | 2.420 | 0.420 |
| 4 | 292.5 | 2.93 | 3.83 | 9.97 | 31.40 | 1.06 | 3.06 | 2.530 | 0.530 |
| 5 | 386.1 | 3.86 | 5.05 | 10.10 | 36.00 | 1.20 | 3.20 | 2.600 | 0.600 |
| 6 | 456.3 | 4.56 | 5.96 | 10.20 | 38.76 | 1.28 | 3.28 | 2.640 | 0.640 |
| 7 | 529.6 | 5.30 | 6.93 | 10.30 | 41.60 | 1.36 | 3.36 | 2.680 | 0.680 |
| 8 | 617.7 | 6.18 | 8.08 | 10.43 | 44.28 | 1.43 | 3.43 | 2.715 | 0.715 |
| 9 | 686.4 | 6.86 | 8.97 | 10.53 | 47.21 | 1.51 | 3.51 | 2.755 | 0.755 |
| 10 | 756.6 | 7.57 | 9.90 | 10.63 | 48.94 | 1.55 | 3.55 | 2.775 | 0.775 |
| 11 | 823.6 | 8.24 | 10.77 | 10.73 | 51.00 | 1.60 | 3.60 | 2.800 | 0.800 |
| 12 | 889.2 | 8.89 | 11.62 | 10.84 | 52.45 | 1.63 | 3.63 | 2.815 | 0.815 |
| 13 | 983.5 | 9.84 | 12.86 | 10.99 | 54.16 | 1.66 | 3.66 | 2.830 | 0.830 |
| 14 | 1081.0 | 10.81 | 14.13 | 11.14 | 54.28 | 1.64 | 3.64 | 2.820 | 0.820 |
| 15 | 1134.9 | 11.35 | 14.84 | 11.23 | 54.05 | 1.62 | 3.62 | 2.810 | 0.810 |
| 16 | 1185.6 | 11.86 | 15.50 | 11.32 | 53.80 | 1.60 | 3.60 | 2.800 | 0.800 |
| 17 | 1259.7 | 12.60 | 16.47 | 11.45 | 53.39 | 1.57 | 3.57 | 2.785 | 0.785 |
| 18 | 1361.8 | 13.62 | 17.80 | 11.63 | 53.54 | 1.55 | 3.55 | 2.775 | 0.775 |
| 19 | 1422.7 | 14.23 | 18.60 | 11.74 | 53.01 | 1.52 | 3.52 | 2.760 | 0.760 |
| 20 | 1466.4 | 14.66 | 19.16 | 11.82 | 52.67 | 1.50 | 3.50 | 2.750 | 0.750 |
| | | | | | | | | | |

참고 :
※1 $\omega = W_w/Ws \times 100$　※2 $\varepsilon = \Delta H/H_0 \times 100[\%]$　※3 $A' = \frac{A_0}{1-\varepsilon/100}$　※4 $\Delta\sigma = \frac{R \times K_1}{A'}$ [%]　※5 $\sigma_1 = \Delta\sigma + \sigma_3$
※6 $p = (\sigma'_1 + \sigma'_3)/2$　※7 $q = (\sigma'_1 - \sigma'_3)/2$

확인 이 용 준 (인)

# 삼축압축시험 (축재하)

과 업 명 : A 공장 신축　　　　　　시험날짜 1996 년　11 월　16 일
조사위치 : 시화매립지　　　　　　온도　19　[℃]　　습도　68 [%]
시료번호 : BH-1　　시료위치 :　4.0 [m] ~　6.0 [m]　　　시험자 :　김 은 섭

| | | | |
|---|---|---|---|
| 시험 | 시험조건 (**UU**, CU, CD, CUB ) | 시료상태 ( 교란, **비교란** ) | 배수조건 ( **비배수**, 상부, 하부, 상하부 ) |
| | 축재하방식 ( 응력, **변형률**, 병용 ) 제어 | 재하속도 0.027 [mm/min], | [km/cm$^2$/min] |
| | 시료직경 $D_0$ 3.51 [cm] | 단면적 $A_0$ 9.6 [cm$^2$] | 시료높이 $H_0$ 7.67 [cm] / 체적 $V_0$ 75.07 [cm$^3$] |
| | 입력실번호 : No.3 | 측압 $\sigma_3$ 3.0 [kgf/cm$^2$] | 사용 측액 ( **물**, 글리세린, 기타 ) |
| | 시험기모델 : DA-490 | 축력측정 ( 프르빙링, **로드셀** ) | 축력계 비례상수 $K_1$ 0.3367 |
| 압밀 | 압밀조건 ( **등방,** 비등방 ) 압밀 | 체적압축량 ΔV [cm$^3$] | 압밀후 시료높이 $H_{co}$ [cm] |
| | 시험 전 습윤단위중량 | ( 습윤공시체 + 용기 ) 무게 $W_{tc}$ [gf]<br>습윤공시체무게 $W_t$ [gf] | 용기 무게 $W_c$ [gf]<br>습윤단위중량 $\gamma_t$ [gf/cm$^2$] |
| | 시험 후 함수비 | ( 습윤공시체 + 용기 ) 무게 $W_{tc1}$ [gf]<br>( 건조공시체 + 용기 ) 무게 $W_{dc}$ [gf]<br>증발 물무게 $W_w$ [gf] | 용기무게 $W_c$ [gf]<br>건조공시체무게 $W_d$ [gf]<br>함수비 ω[※1] [%] |

| ① | ② | ③ | ④ | ⑤ | ⑥ | ⑦ | ⑧ | ⑨ | ⑩ |
|---|---|---|---|---|---|---|---|---|---|
| 측정 시간 | 축 압 축 량 | | | 단면적 | 축차응력 | | 최대 주응력 | | |
| [min] | 축 압축량 읽음 | 축 압축량 ΔH [mm] | 축 변형율 ε[※2] | A'[※3] [cm$^2$] | 축력 읽음 R | 축차응력 Δσ[※4] [kgf/cm$^2$] | $\sigma_1$[※5] [kgf/cm$^2$] | p[※6] [kgf/cm$^2$] | q[※7] [kgf/cm$^2$] |
| 0 | 0.0 | 0.00 | 0.00 | 9.60 | 0.00 | 0.00 | 3.00 | 3.000 | 0.000 |
| 1 | 76.4 | 0.76 | 0.99 | 9.69 | 15.84 | 0.55 | 3.55 | 3.275 | 0.275 |
| 2 | 151.3 | 1.51 | 1.97 | 9.79 | 26.75 | 0.92 | 3.92 | 3.460 | 0.460 |
| 3 | 222.3 | 2.22 | 2.89 | 9.88 | 34.34 | 1.17 | 4.17 | 3.585 | 0.585 |
| 4 | 292.5 | 2.93 | 3.82 | 9.97 | 38.51 | 1.30 | 4.30 | 3.650 | 0.650 |
| 5 | 386.1 | 3.86 | 4.99 | 10.10 | 42.00 | 1.40 | 4.40 | 3.700 | 0.700 |
| 6 | 456.3 | 4.56 | 5.95 | 10.20 | 45.12 | 1.49 | 4.49 | 3.745 | 0.745 |
| 7 | 529.6 | 5.30 | 6.91 | 10.30 | 47.41 | 1.55 | 4.55 | 3.775 | 0.775 |
| 8 | 617.7 | 6.18 | 7.99 | 10.43 | 50.78 | 1.64 | 4.64 | 3.820 | 0.820 |
| 9 | 686.4 | 6.86 | 8.94 | 10.53 | 51.90 | 1.66 | 4.66 | 3.830 | 0.830 |
| 10 | 756.6 | 7.57 | 9.87 | 10.63 | 53.05 | 1.68 | 4.68 | 3.840 | 0.840 |
| 11 | 823.6 | 8.24 | 10.74 | 10.73 | 52.60 | 1.65 | 4.65 | 3.825 | 0.825 |
| 12 | 889.2 | 8.89 | 11.59 | 10.84 | 52.45 | 1.63 | 4.63 | 3.815 | 0.815 |
| 13 | 983.5 | 9.84 | 12.83 | 10.99 | 52.20 | 1.60 | 4.60 | 3.800 | 0.800 |
| 14 | 1081.0 | 10.81 | 13.99 | 11.14 | 51.97 | 1.57 | 4.57 | 3.785 | 0.785 |
| 15 | 1134.9 | 11.35 | 14.80 | 11.23 | 51.72 | 1.55 | 4.55 | 3.775 | 0.775 |
| 16 | 1185.6 | 11.86 | 15.46 | 11.32 | 51.44 | 1.53 | 4.53 | 3.765 | 0.765 |
| 17 | 1259.7 | 12.60 | 16.43 | 11.45 | 51.01 | 1.50 | 4.50 | 3.750 | 0.750 |
| 18 | 1361.8 | 13.62 | 17.76 | 11.63 | 50.78 | 1.47 | 4.47 | 3.735 | 0.735 |
| 19 | 1422.7 | 14.23 | 18.55 | 11.74 | 49.87 | 1.43 | 4.43 | 3.715 | 0.715 |
| 20 | 1466.4 | 14.66 | 19.11 | 11.82 | 48.46 | 1.38 | 4.38 | 3.690 | 0.690 |
| | | | | | | | | | |

참고 : ※1 $\omega = W_w/Ws \times 100$　※2 $\varepsilon = \Delta H/H_0 \times 100[\%]$　※3 $A' = \frac{A_0}{1-\varepsilon/100}$　※4 $\Delta\sigma = \frac{R \times K_1}{A'}$ [%]　※5 $\sigma_1 = \Delta\sigma + \sigma_3$
※6 $p = (\sigma'_1 + \sigma'_3)/2$　※7 $q = (\sigma'_1 - \sigma'_3)/2$

확인　이 용 준　(인)

<table>
<tr><td colspan="3">삼축압축시험 (축재하)</td></tr>
<tr><td colspan="2">과 업 명 : A 공장 신축</td><td>시험날짜 : 1996 년 11 월 16 일</td></tr>
<tr><td colspan="2">조사위치 : 시화매립지</td><td>온도 : 19.0 [℃] 습도 : 68 [%]</td></tr>
<tr><td colspan="2">시료번호 : BH-1 시료위치 : 5.0 [m] ~ 6.0 [m]</td><td>시험자 : 김 은 섭</td></tr>
<tr><td>시</td><td>시험조건 ( UU, CU, CD, CUB )</td><td>시료상태 ( 교란, 비교란 ) 배수조건( 비배수, 상부, 하부, 상하부 )</td></tr>
<tr><td>험</td><td colspan="2">축재하방식 ( 응력, 변형률, 병용 ) 제어 재하속도 : 0.0027 [mm/min], [km/cm²/min]</td></tr>
</table>

| 측 정 내 용 | | 단위 | 공시체 1 | 공시체 2 | 공시체 3 | 공시체 4 |
|---|---|---|---|---|---|---|
| 측 압 $\sigma_3$ | | kgf/cm² | 1.00 | 2.00 | 3.00 | |
| 파 | 축 차 응 력 Δσ | kgf/cm² | 1.66 | 1.66 | 1.57 | |
| 괴 | 축 변 형 률 ε | % | 14.55 | 12.61 | 9.70 | |
| 시 | 최 대 주 응 력 $\sigma_1$ | kgf/cm² | 2.66 | 3.66 | 4.66 | |

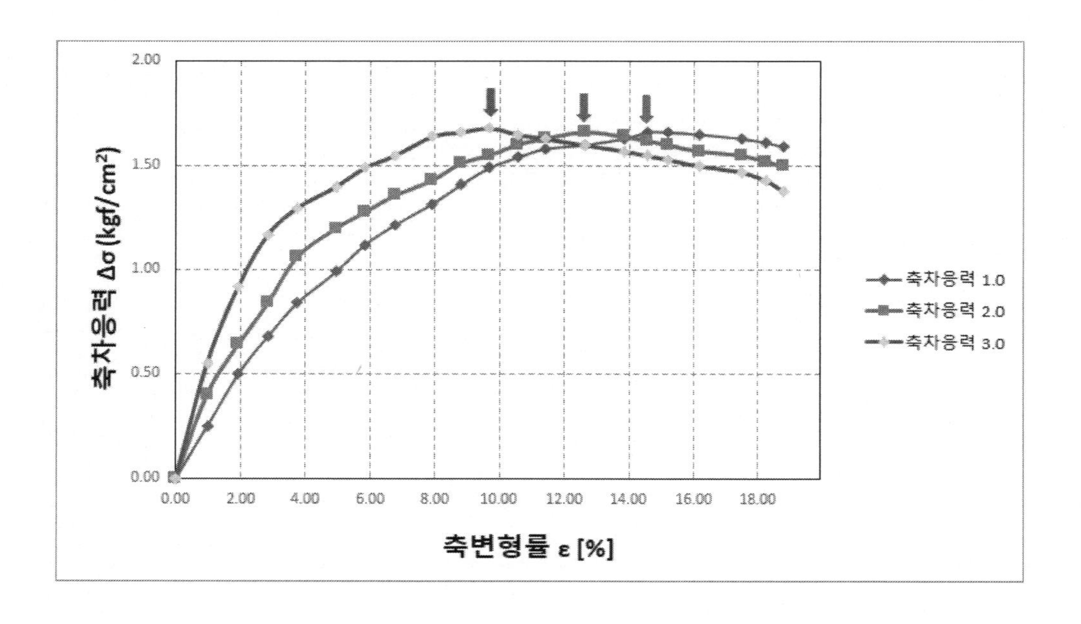

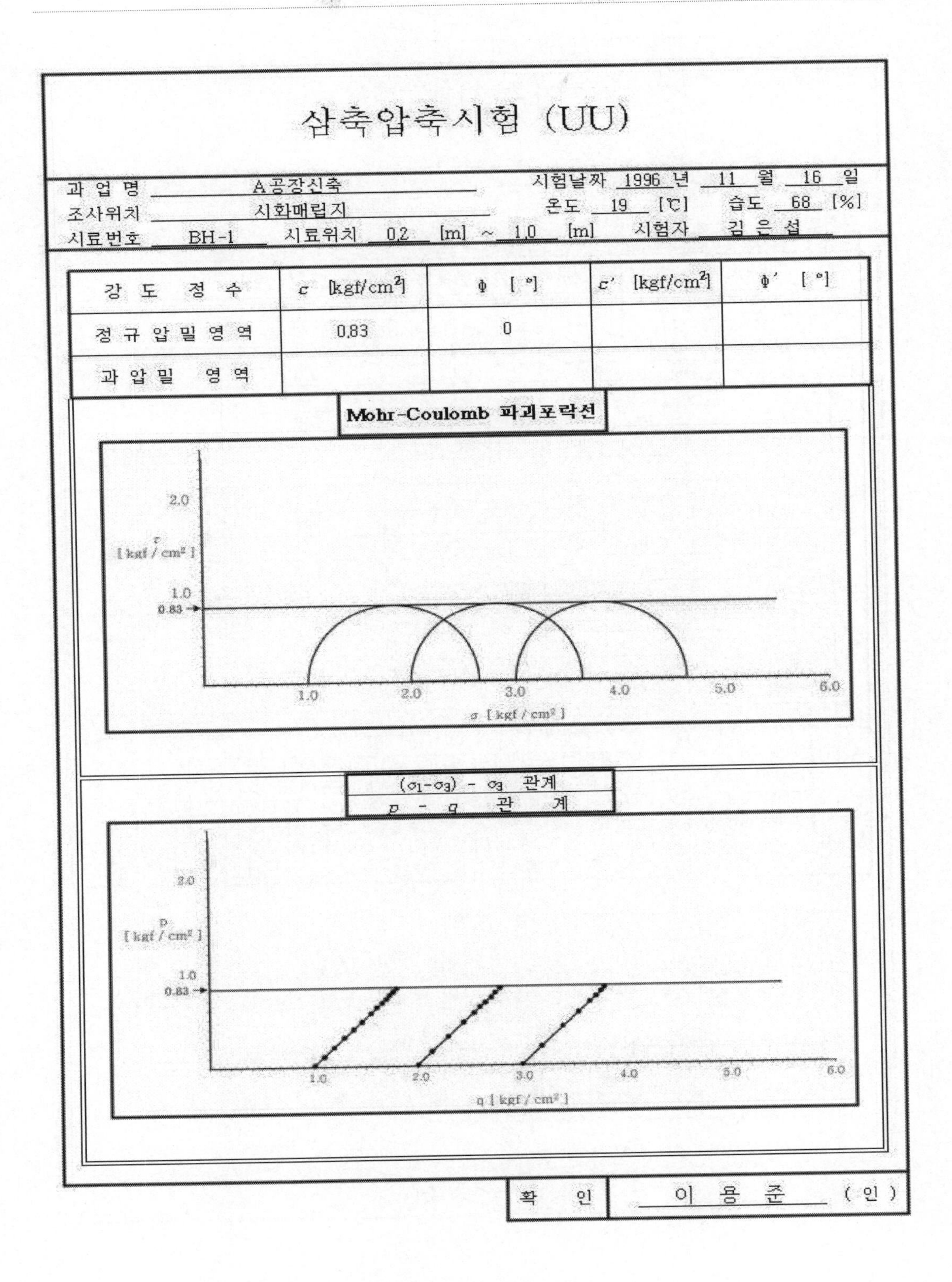

# 삼축압축시험 (UU)

과 업 명 A공장신축 시험날짜 1996 년 11 월 16 일
조사위치 시화매립지 온도 19 [℃] 습도 68 [%]
시료번호 BH-1 시료위치 0.2 [m] ~ 1.0 [m] 시험자 김 은 섭

| 강 도 정 수 | $c$ [kgf/cm²] | φ [°] | $c'$ [kgf/cm²] | φ' [°] |
|---|---|---|---|---|
| 정 규 압 밀 영 역 | 0.83 | 0 | | |
| 과 압 밀 영 역 | | | | |

**Mohr-Coulomb 파괴포락선**



(σ1-σ3) - σ3 관계
p - q 관 계



확 인 이 용 준 ( 인 )

# 삼축압축시험(압밀과정)

과 업 명 A상가신축 시험날짜 1996 년 11 월 20 일

조사위치 우만아파트 온도 19 [℃] 습도 68 [%]

시료번호 BH-4 시료위치 0.2 [m] ~ 1.0 [m] 시험자 김 은 섭

| 시험 | 시험조건 (**CU**, CUB, CD) | 시료 상태 (교란, **비교란**) | 압밀배수조건 (**비배수**, 상부, 하부, 상하부) |
|---|---|---|---|
| 지반 | 지반분류USCS SC | 액성한계 $w_L$ 46.0 [%] | 소성한계 $w_P$ 17.2 [%] / 비중 $G_s$ 2.63 |
| 함수비 | (습윤시료+용기) 무게 $W_t$ 91.76 [gf] | 용기 무게 $W_c$ 35.70 [gf] | (건조시료+용기) 무게 $W_d$ 82.89 [gf] / 함수비 $w_0$ 18.8 [%] |

| 측정 내용 | | | 단위 | 공시체 1 | 공시체 2 | 공시체 3 |
|---|---|---|---|---|---|---|
| 측압 | | | kgf/cm² | 1.0 | 2.0 | 3.0 |
| 압밀전 | 시료직경 | $D_0$ | cm | 3.5 | 3.5 | 3.5 |
| | 시료높이 | $H_0$ | cm | 7.8 | 7.8 | 7.8 |
| | 시료단면적 | ※1 $A_0$ | cm² | 9.6 | 9.6 | 9.6 |
| | 시료체적 | ※2 $V_0$ | cm³ | 74.9 | 74.9 | 74.9 |
| | 시료무게 | $W_t$ | gf | 143.81 | 141.56 | 143.06 |
| | 시료습윤단위중량 | ※3 $\gamma_t$ | gf/cm³ | 1.92 | 1.89 | 1.91 |
| | 건조시료무게 | $W_d$ | gf | 121.05 | 119.16 | 120.42 |
| | 함수비 | ※4 $w_0$ | % | 18.8 | 18.8 | 18.8 |
| | 간극비 | ※5 $e_0$ | | 0.62 | 0.65 | 0.63 |
| | 포화도 | ※6 $S_0$ | % | 79.75 | 76.07 | 78.48 |
| 압밀후 | 체적변화 | $\Delta V$ | cm³ | 8.15 | 12.14 | 15.50 |
| | 압밀시간 | $t$ | min | 1440 | 1440 | 1440 |
| | 간극비 | ※7 $e_c$ | | 0.51 | 0.49 | 0.42 |
| | 온도 | | ℃ | 18 | 19 | 19 |

| | 경과시간 | 0" | 8" | 15" | 30" | 1' | 2' | 4' | 8' | 15' | 30' | 1 | 2 | 4 | 8 | 16 | 24 |
|---|---|---|---|---|---|---|---|---|---|---|---|---|---|---|---|---|---|
| 공시체 1 | 체적읽음 | 19.1 | 19.5 | 20.4 | 21.2 | 22.5 | 23.9 | 24.9 | 25.6 | 25.9 | 26.4 | 26.7 | 26.8 | 27.0 | 27.3 | 27.3 | 27.3 |
| | 배수량[cm³] | 0 | 0.4 | 1.3 | 2.1 | 3.4 | 4.8 | 5.8 | 6.5 | 6.8 | 7.3 | 7.6 | 7.7 | 7.9 | 8.2 | 8.2 | 8.2 |
| 공시체 2 | 체적읽음 | 17.8 | 18.5 | 19.4 | 20.6 | 22.0 | 24.1 | 25.7 | 27.0 | 27.9 | 28.7 | 29.1 | 29.4 | 29.6 | 29.8 | 29.9 | 29.9 |
| | 배수량[cm³] | 0 | 0.7 | 1.6 | 2.8 | 4.2 | 6.3 | 7.9 | 9.2 | 10.1 | 10.9 | 11.3 | 11.6 | 11.8 | 12.0 | 12.1 | 12.1 |
| 공시체 3 | 체적읽음 | 17.1 | 18.0 | 19.1 | 21.2 | 23.1 | 26.3 | 28.8 | 29.9 | 30.6 | 31.4 | 31.8 | 31.9 | 32.2 | 32.4 | 32.7 | 32.7 |
| | 배수량[cm³] | 0 | 0.9 | 2.0 | 4.1 | 6.0 | 9.2 | 11.7 | 12.8 | 13.5 | 14.3 | 14.7 | 14.8 | 15.1 | 15.3 | 15.6 | 15.6 |

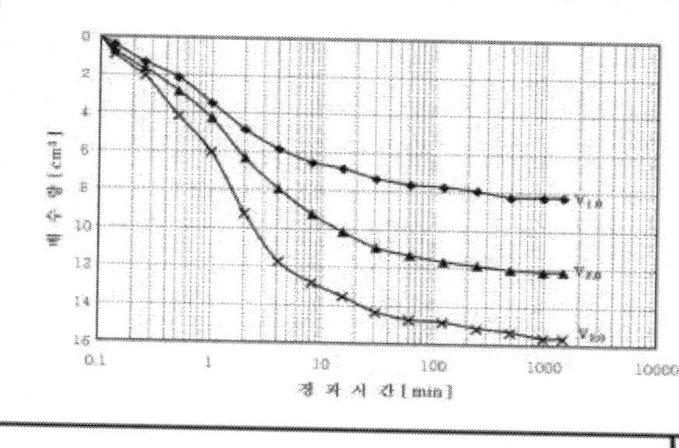


※1 $A_0 = \pi \dfrac{D_0^2}{4}$ ※2 $V_0 = A_0 \cdot H_0$

※3 $\gamma_t = \dfrac{(W_t - W_c)}{V_0}$ ※4 $w_0 = \dfrac{W_t - W_d}{W_d - W_c} \times 100$

※5 $e_0 = \dfrac{V_0}{V_s} - 1$ $V_s = \dfrac{W_d}{G_s \cdot \gamma_w}$

※6 $S_0 = \dfrac{G_s}{e_0} \cdot w_0$ ※7 $e_c = e_0 - \dfrac{\Delta V}{V_s}$

확인 이 용 준 (인)

# 삼축압축시험 (축재하)

과 업 명 : B 상가 신축
조사위치 : 수원 우만아파트
시료번호 : BH-3 시료위치 : 5.0 [m] ~ 6.0 [m]

시험날짜 : 1996 년 11 월 20 일
온도 : 20 [℃] 습도 : 66 [%]
시험자 : 김 은 섭

| 구분 | | | |
|---|---|---|---|
| 시험 | 시험조건 (UU, **CU**, CD, CUB) | 시료상태 ( 교란, **비교란** ) | 배수조건 ( **비배수**, 상부, 하부, 상하부 ) |
| | 축재하방식 ( 응력, **변형률**, 병용 ) 제어 | 재하속도 0.027 [mm/min], [km/cm²/min] | |
| | 시료직경 $D_0$ 3.50 [cm] | 단면적 $A_0$ 9.61 [cm²] / 시료높이 $H_0$ 8.01 [cm] | 체적 $V_0$ 76.976 [cm³] |
| | 압력실 번호 : No.1 | 측압 $\sigma_3$ 1.0 [kgf/cm²] | 사용 측액 ( **물**, 글리세린, 기타 ) |
| | 시험기 모델 : DA-490 | 축력측정 ( 프르빙링, **로드셀** ) | 축력계 비례상수 $K_1$ 0.3367 |
| 압밀 | 압밀조건 ( **등방**, 비등방 ) 압밀 | 체적 압축량 ΔV 10.56 [cm³] | 압밀후 시료높이 $H_{co}$ 7.64 [cm] |
| | 시험 전 습윤단위중량 | ( 습윤공시체 + 용기 ) 무게 $W_{tc}$ [gf]<br>습윤공시체 무게 $W_t$ [gf] | 용기 무게 $W_c$ [gf]<br>습윤단위중량 $\gamma_t$ [gf/cm²] |
| | 시험 후 함수비 | ( 습윤 공시체 + 용기) 무게 $W_{tc1}$ [gf]<br>( 건조 공시체 + 용기) 무게 $W_{dc}$ [gf]<br>증발 물무게 $W_w$ [gf] | 용기 무게 $W_c$ [gf]<br>건조공시체 무게 $W_d$ [gf]<br>함수비 ω※1 [%] |

| ① | ② | ③ | ④ | ⑤ | ⑥ | ⑦ | ⑧ | ⑨ | ⑩ |
|---|---|---|---|---|---|---|---|---|---|
| 측정 시간 [min] | 측 압 축 량 | | | 단면적 | 축차응력 | | 최대 주응력 | | |
| | 축 압축량 읽음 | 축 압축량 ΔH [mm] | 축 변형률 ε※2 | A'※3 [cm²] | 축력 읽음 R | 축차응력 Δσ※4 [kgf/cm²] | $\sigma_1$※5 [kgf/cm²] | p※6 [kgf/cm²] | q※7 [kgf/cm²] |
| 0 | 0.0 | 0.00 | 0.00 | 9.60 | 0.00 | 0.00 | 0.50 | 0.500 | 0.000 |
| 15 | 39.0 | 0.39 | 0.49 | 9.65 | 10.32 | 0.36 | 0.86 | 0.680 | 0.180 |
| 30 | 78.0 | 0.78 | 0.99 | 9.70 | 18.72 | 0.65 | 1.15 | 0.825 | 0.325 |
| 45 | 117.0 | 1.17 | 1.48 | 9.75 | 24.60 | 0.85 | 1.35 | 0.925 | 0.425 |
| 60 | 156.0 | 1.56 | 1.98 | 9.80 | 28.51 | 0.98 | 1.48 | 0.990 | 0.490 |
| 75 | 199.8 | 2.00 | 2.53 | 9.85 | 32.77 | 1.12 | 1.62 | 1.060 | 0.560 |
| 90 | 240.3 | 2.40 | 3.04 | 9.91 | 35.32 | 1.20 | 1.70 | 1.100 | 0.600 |
| 105 | 273.0 | 2.73 | 3.46 | 9.95 | 36.93 | 1.25 | 1.75 | 1.125 | 0.625 |
| 120 | 321.7 | 3.22 | 4.07 | 10.01 | 37.77 | 1.27 | 1.77 | 1.135 | 0.635 |
| 135 | 360.7 | 3.61 | 4.56 | 10.07 | 39.76 | 1.33 | 1.83 | 1.165 | 0.665 |
| 150 | 399.7 | 4.00 | 5.06 | 10.12 | 39.07 | 1.30 | 1.80 | 1.150 | 0.650 |
| 165 | 436.8 | 4.37 | 5.53 | 10.17 | 38.36 | 1.27 | 1.77 | 1.135 | 0.635 |
| 180 | 477.7 | 4.78 | 6.05 | 10.23 | 37.97 | 1.25 | 1.75 | 1.125 | 0.625 |
| 195 | 516.7 | 5.17 | 6.54 | 10.28 | 36.64 | 1.20 | 1.70 | 1.100 | 0.600 |
| 210 | 558.6 | 5.59 | 7.07 | 10.34 | 35.63 | 1.16 | 1.66 | 1.080 | 0.580 |
| 225 | 594.7 | 5.95 | 7.50 | 10.39 | 35.50 | 1.15 | 1.65 | 1.075 | 0.575 |
| 240 | 633.7 | 6.34 | 8.02 | 10.45 | 35.07 | 1.13 | 1.63 | 1.065 | 0.565 |
| 255 | 672.7 | 6.73 | 8.52 | 10.51 | 34.32 | 1.10 | 1.60 | 1.050 | 0.550 |
| 270 | 721.5 | 7.22 | 9.14 | 10.58 | 34.56 | 1.10 | 1.60 | 1.050 | 0.550 |
| 285 | 764.0 | 7.64 | 9.67 | 10.64 | 34.14 | 1.08 | 1.58 | 1.040 | 0.540 |
| 300 | 809.2 | 8.09 | 10.25 | 10.71 | 34.36 | 1.08 | 1.58 | 1.040 | 0.540 |
| 315 | 851.1 | 8.51 | 10.78 | 10.78 | 33.93 | 1.06 | 1.56 | 1.030 | 0.530 |
| 330 | 895.0 | 8.95 | 11.33 | 10.84 | 34.14 | 1.06 | 1.56 | 1.030 | 0.530 |
| 345 | 945.7 | 9.46 | 11.92 | 10.92 | 34.39 | 1.06 | 1.56 | 1.030 | 0.530 |
| 360 | 994.5 | 9.95 | 12.60 | 11.00 | 34.31 | 1.05 | 1.55 | 1.025 | 0.525 |
| 375 | 1039.3 | 10.39 | 13.16 | 11.08 | 33.88 | 1.03 | 1.53 | 1.015 | 0.515 |
| 390 | 1080.3 | 10.80 | 13.18 | 11.14 | 33.43 | 1.01 | 1.51 | 1.005 | 0.505 |
| 405 | 1118.0 | 11.18 | 14.16 | 11.21 | 33.28 | 1.00 | 1.50 | 1.000 | 0.500 |
| | | | | | | | | | |

참고 :
※1 $\omega = W_w/Ws \times 100$ ※2 $\varepsilon = \Delta H/H_0 \times 100[\%]$ ※3 $A' = \frac{A_0}{1-\varepsilon/100}$ ※4 $\Delta\sigma = \frac{R \times K_1}{A'}$ [%] ※5 $\sigma_1 = \Delta\sigma + \sigma_3$

※6 $p = (\sigma'_1 + \sigma'_3)/2$ ※7 $q = (\sigma'_1 - \sigma'_3)/2$

확인 | 이 용 준 (인)

# 삼축압축시험 (축재하)

과 업 명 : B 상가 신축
조사위치 : 수원 우만아파트
시료번호 : BH-3 시료위치 : 5.0 [m] ~ 6.0 [m]

시험날짜 1996 년 11 월 20 일
온도 20 [℃] 습도 66 [%]
시험자 : 김 은 섭

| | | | |
|---|---|---|---|
| 시험 | 시험조건 ( UU, **CU**, CD, CUB ) | 시료상태 ( 교란, **비교란** ) | 배수조건 ( **비배수**, 상부, 하부, 상하부 ) |
| | 축재하 방식 ( 응력, **변형률**, 병용 ) 제어 | 재하속도 0.027 [mm/min], [km/cm²/min] | |
| | 시료직경 $D_0$ 3.50 [cm] | 단면적 $A_0$ 9.60 [cm²] | 시료높이 $H_0$ 8.00 [cm] / 체적 $V_0$ 76.8 [cm³] |
| | 입력실번호 : No.2 | 측압 $\sigma_3$ 2.0 [kgf/cm²] | 사용 측액 ( **물**, 글리세린, 기타 ) |
| | 시험기모델 : DA-490 | 축력측정 : ( 프르빙링, **로드셀** ) | 축력계 비례상수 $K_1$ 0.3367 |
| 압밀 | 압밀조건 ( **등방**, 비등방 ) 압밀 | 체적 압축량 $\Delta V$ 12.35 [cm³] | 압밀후 시료높이 $H_{c0}$ 7.55 [cm] |
| | 시험 전 습윤단위중량 | ( 습윤공시체 + 용기 ) 무게 $W_{tc}$ [gf]<br>습윤공시체 무게 $W_t$ [gf] | 용기 무게 $W_c$ [gf]<br>습윤단위중량 $\gamma_t$ [gf/cm²] |
| | 시험 후 함수비 | ( 습윤 공시체 + 용기) 무게 $W_{tc1}$ [gf]<br>( 건조 공시체 + 용기) 무게 $W_{dc}$ [gf]<br>증발 물무게 $W_w$ [gf] | 용기 무게 $W_c$ [gf]<br>건조공시체 무게 $W_d$ [gf]<br>함수비 $\omega$ ※1 [%] |

| ① | ② | ③ | ④ | ⑤ | ⑥ | ⑦ | ⑧ | ⑨ | ⑩ |
|---|---|---|---|---|---|---|---|---|---|
| 측정 시간 [min] | 축 압 축 량 | | | 단면적 | 축차응력 | | 최대 주응력 $\sigma_1$ ※5 [kgf/cm²] | $p$ ※6 [kgf/cm²] | $q$ ※7 [kgf/cm²] |
| | 축 압축량 읽음 | 축 압축량 $\Delta H$ [mm] | 축 변형률 $\varepsilon$ ※2 | $A'$ ※3 [cm²] | 축력 읽음 R | 축차응력 $\Delta\sigma$ ※4 [kgf/cm²] | | | |
| 0 | 0.0 | 0.00 | 0.00 | 9.60 | 0.00 | 0.00 | 2.00 | 2.000 | 0.000 |
| 15 | 39.0 | 0.39 | 0.50 | 9.65 | 15.76 | 0.55 | 2.55 | 2.275 | 0.275 |
| 30 | 78.0 | 0.78 | 1.00 | 9.70 | 25.92 | 0.90 | 2.90 | 2.450 | 0.450 |
| 45 | 117.0 | 1.17 | 1.50 | 9.75 | 31.84 | 1.10 | 3.10 | 2.550 | 0.550 |
| 60 | 156.0 | 1.56 | 2.00 | 9.80 | 37.82 | 1.30 | 3.30 | 2.650 | 0.650 |
| 75 | 199.8 | 2.00 | 2.56 | 9.85 | 42.43 | 1.45 | 3.45 | 2.725 | 0.725 |
| 90 | 240.3 | 2.40 | 3.08 | 9.91 | 45.60 | 1.55 | 3.55 | 2.775 | 0.775 |
| 105 | 273.0 | 2.73 | 3.50 | 9.95 | 50.23 | 1.70 | 3.70 | 2.850 | 0.850 |
| 120 | 321.7 | 3.22 | 4.12 | 10.01 | 53.53 | 1.80 | 3.80 | 2.900 | 0.900 |
| 135 | 360.7 | 3.61 | 4.62 | 10.07 | 56.80 | 1.90 | 3.90 | 2.950 | 0.950 |
| 150 | 399.7 | 4.00 | 5.12 | 10.12 | 60.10 | 2.00 | 4.00 | 3.000 | 1.000 |
| 165 | 436.8 | 4.37 | 5.60 | 10.17 | 61.92 | 2.05 | 4.05 | 3.025 | 1.025 |
| 180 | 477.7 | 4.78 | 6.12 | 10.23 | 63.78 | 2.10 | 4.10 | 3.050 | 1.050 |
| 195 | 516.7 | 5.17 | 6.62 | 10.28 | 65.96 | 2.16 | 4.16 | 3.080 | 1.080 |
| 210 | 558.6 | 5.59 | 7.16 | 10.34 | 64.49 | 2.10 | 4.10 | 3.050 | 1.050 |
| 225 | 594.7 | 5.95 | 7.62 | 10.39 | 63.27 | 2.05 | 4.05 | 3.025 | 1.025 |
| 240 | 633.7 | 6.34 | 8.12 | 10.45 | 60.51 | 1.95 | 3.95 | 2.975 | 0.975 |
| 255 | 672.7 | 6.73 | 8.62 | 10.51 | 56.17 | 1.80 | 3.80 | 2.900 | 0.900 |
| 270 | 721.5 | 7.22 | 9.25 | 10.58 | 54.98 | 1.75 | 3.75 | 2.875 | 0.875 |
| 285 | 764.0 | 7.64 | 9.79 | 10.64 | 53.73 | 1.70 | 3.70 | 2.850 | 0.850 |
| 300 | 809.2 | 8.09 | 10.37 | 10.71 | 52.49 | 1.65 | 3.65 | 2.825 | 0.825 |
| 315 | 851.1 | 8.51 | 10.91 | 10.78 | 51.21 | 1.60 | 3.60 | 2.800 | 0.800 |
| 330 | 895.0 | 8.95 | 11.47 | 10.84 | 51.53 | 1.60 | 3.60 | 2.800 | 0.800 |
| 345 | 945.7 | 9.46 | 12.12 | 10.92 | 50.29 | 1.55 | 3.55 | 2.775 | 0.775 |
| 360 | 994.5 | 9.95 | 12.75 | 11.00 | 50.32 | 1.54 | 3.54 | 2.770 | 0.770 |
| 375 | 1039.3 | 10.39 | 13.32 | 11.08 | 50.33 | 1.53 | 3.53 | 2.765 | 0.765 |
| 390 | 1080.3 | 10.80 | 13.85 | 11.14 | 50.64 | 1.53 | 3.53 | 2.765 | 0.765 |
| 405 | 1118.0 | 11.18 | 14.33 | 11.21 | 49.92 | 1.50 | 3.50 | 2.750 | 0.750 |

참고 :

※1 $\omega = W_w/Ws \times 100$ ※2 $\varepsilon = \Delta H/H_0 \times 100[\%]$ ※3 $A' = \frac{A_0}{1\ \varepsilon/100}$ ※4 $\Delta\sigma = \frac{R \times K_1}{A'}$ [%] ※5 $\sigma_1 = \Delta\sigma + \sigma_3$

※6 $p = (\sigma'_1 + \sigma'_3)/2$ ※7 $q = (\sigma'_1 - \sigma'_3)/2$

| 확인 | 이 용 준 (인) |
|---|---|

# 삼축압축시험 (축재하)

과 업 명 : B 상가 신축
조사위치 : 수원 우만아파트
시료번호 : BH-3 시료위치 : 5.0 [m] ~ 6.0 [m]

시험날짜 : 1996 년 11 월 20 일
온도 20 [℃] 습도 66 [%]
시험자 : 김 은 섭

**시험**

| | | |
|---|---|---|
| 시험조건 (UU, **CU**, CD, CUB) | 시료상태 ( 교란, **비교란** ) | 배수조건 ( **비배수**, 상부, 하부, 상하부 ) |
| 축재하 방식 ( 응력, **변형률**, 병용 ) 제어 | 재하속도 0.027 [mm/min], | [km/cm²/min] |
| 시료직경 $D_0$ 3.50 [cm] | 단면적 $A_0$ 9.61 [cm²] / 시료높이 $H_0$ 8.0 [cm] | 체적 $V_0$ 76.98 [cm³] |
| 입력실 번호 : No.3 | 측압 $\sigma_3$ 3.0 [kgf/cm²] | 사용 측액 ( **물**, 글리세린, 기타 ) |
| 시험기 모델 : DA-490 | 축력측정 ( 프르빙링, **로드셀** ) | 축력계 비례상수 $K_1$ 0.3367 |

**압밀**

| | | |
|---|---|---|
| 압밀조건 ( **등방**, 비등방 ) 압밀 | 체적압축량 ΔV 16.50 [cm³] | 압밀후 시료높이 $H_{co}$ 7.41 [cm] |
| 시험 전 습윤단위중량 | ( 습윤공시체 + 용기 ) 무게 $W_{tc}$ [gf]<br>습윤공시체 무게 $W_t$ [gf] | 용기 무게 $W_c$ [gf]<br>습윤단위중량 $\gamma_t$ [gf/cm²] |
| 시험 후 함수비 | ( 습윤공시체 + 용기 ) 무게 $W_{tc1}$ [gf]<br>( 건조공시체 + 용기 ) 무게 $W_{dc}$ [gf]<br>증발 물무게 $W_w$ [gf] | 용기 무게 $W_c$ [gf]<br>건조공시체 무게 $W_d$ [gf]<br>함수비 ω※1 [%] |

| ① | ② | ③ | ④ | ⑤ | ⑥ | ⑦ | ⑧ | ⑨ | ⑩ |
|---|---|---|---|---|---|---|---|---|---|
| 측정 시간 [min] | 축 압 축 량 | | | 단면적 A'※3 [cm²] | 축차응력 | | 최대 주응력 $\sigma_1$※5 [kgf/cm²] | p※6 [kgf/cm²] | q※7 [kgf/cm²] |
| | 축 압축량 읽음 | 축압축량 ΔH [mm] | 축 변형률 ε※2 | | 축력 읽음 R | 축차응력 Δσ※4 [kgf/cm²] | | | |
| 0 | 0.0 | 0.00 | 0.00 | 9.60 | 0.00 | 0.00 | 3.00 | 3.000 | 0.000 |
| 15 | 39.0 | 0.39 | 0.51 | 9.65 | 28.08 | 0.98 | 3.98 | 3.490 | 0.490 |
| 30 | 78.0 | 0.78 | 1.02 | 9.70 | 44.64 | 1.55 | 4.55 | 3.775 | 0.775 |
| 45 | 117.0 | 1.17 | 1.53 | 9.75 | 55.00 | 1.90 | 4.90 | 3.950 | 0.950 |
| 60 | 156.0 | 1.56 | 2.04 | 9.80 | 64.01 | 2.20 | 5.20 | 4.100 | 1.100 |
| 75 | 199.8 | 2.00 | 2.61 | 9.85 | 75.20 | 2.57 | 5.57 | 4.285 | 1.285 |
| 90 | 240.3 | 2.40 | 3.14 | 9.91 | 83.84 | 2.85 | 5.85 | 4.425 | 1.425 |
| 105 | 273.0 | 2.73 | 3.57 | 9.95 | 87.75 | 2.97 | 5.97 | 4.485 | 1.485 |
| 120 | 321.7 | 3.22 | 4.19 | 10.01 | 96.65 | 3.25 | 6.25 | 4.625 | 1.625 |
| 135 | 360.7 | 3.61 | 4.71 | 10.07 | 99.55 | 3.33 | 6.33 | 4.665 | 1.665 |
| 150 | 399.7 | 4.00 | 5.22 | 10.12 | 103.68 | 3.45 | 6.45 | 4.725 | 1.725 |
| 165 | 436.8 | 4.37 | 5.71 | 10.17 | 108.73 | 3.60 | 6.60 | 4.800 | 1.800 |
| 180 | 477.7 | 4.78 | 6.24 | 10.23 | 111.77 | 3.68 | 6.68 | 4.840 | 1.840 |
| 195 | 516.7 | 5.17 | 6.75 | 10.28 | 111.45 | 3.65 | 6.65 | 4.825 | 1.825 |
| 210 | 558.6 | 5.59 | 7.29 | 10.34 | 110.56 | 3.60 | 6.60 | 4.800 | 1.800 |
| 225 | 594.7 | 5.95 | 7.76 | 10.39 | 108.03 | 3.50 | 6.50 | 4.750 | 1.750 |
| 240 | 633.7 | 6.34 | 8.27 | 10.45 | 105.51 | 3.40 | 6.40 | 4.700 | 1.700 |
| 255 | 672.7 | 6.73 | 8.78 | 10.51 | 104.53 | 3.35 | 6.35 | 4.675 | 1.675 |
| 270 | 721.5 | 7.22 | 9.43 | 10.58 | 100.54 | 3.20 | 6.20 | 4.600 | 1.600 |
| 285 | 764.0 | 7.64 | 9.98 | 10.64 | 96.40 | 3.05 | 6.05 | 4.525 | 1.525 |
| 300 | 809.2 | 8.09 | 10.56 | 10.71 | 95.44 | 3.00 | 6.00 | 4.500 | 1.500 |
| 315 | 851.1 | 8.51 | 11.12 | 10.78 | 94.41 | 2.95 | 5.95 | 4.475 | 1.475 |
| 330 | 895.0 | 8.95 | 11.69 | 10.84 | 88.57 | 2.75 | 5.75 | 4.375 | 1.375 |
| 345 | 945.7 | 9.46 | 12.35 | 10.92 | 85.98 | 2.65 | 5.65 | 4.325 | 1.325 |
| 360 | 994.5 | 9.95 | 12.99 | 11.00 | 81.70 | 2.50 | 5.50 | 4.250 | 1.250 |
| 375 | 1039.3 | 10.39 | 13.57 | 11.08 | 82.24 | 2.50 | 5.50 | 4.250 | 1.250 |
| 390 | 1080.3 | 10.80 | 14.11 | 11.14 | 81.08 | 2.45 | 5.45 | 4.225 | 1.225 |
| 405 | 1118.0 | 11.18 | 14.60 | 11.21 | 80.88 | 2.43 | 5.43 | 4.215 | 1.215 |

참고 : ※1 $\omega = W_w/Ws \times 100$ ※2 $\varepsilon = \Delta H/H_0 \times 100[\%]$ ※3 $A' = \frac{A_0}{1-\varepsilon/100}$ ※4 $\Delta\sigma = \frac{R \times K_1}{A'}$ [%] ※5 $\sigma_1 = \Delta\sigma + \sigma_3$
※6 $p = (\sigma'_1 + \sigma'_3)/2$ ※7 $q = (\sigma'_1 - \sigma'_3)/2$

| 확인 | 이 용 준 (인) |
|---|---|

| 삼축압축시험 (축재하) | | | |
|---|---|---|---|
| 과 업 명 : B 상가 신축 | | 시험날짜 : 1996 년 11 월 20 일 | |
| 조사위치 : 수원 우만아파트 | | 온도 : 20 [℃] 습도 : 66 [%] | |
| 시료번호 : BH-3 시료위치 : 5.0 [m] ~ 6.0 [m] | | 시험자 : 김 은 섭 | |
| 시험 | 시험조건 (UU, **CU,** CD, CUB) | 시료상태 ( 교란, **비교란** ) | 배수조건 ( **비배수**, 상부, 하부, 상하부 ) |
| | 축재하 방식 ( 응력, **변형률**, 병용 ) 제어 | 재하속도 : 0.027 [mm/min], | [km/cm$^2$/min] |

| 측 정 내 용 | | 단위 | 공시체 1 | 공시체 2 | 공시체 3 | 공시체 4 |
|---|---|---|---|---|---|---|
| 측압 $\sigma_3$ | | [kgf/cm$^2$] | 1.00 | 2.00 | 3.00 | |
| 파괴시 | 축 차 응 력 $\Delta\sigma_f$ | [kgf/cm$^2$] | 1.09 | 1.78 | 2.43 | |
| | 축 변 형 률 $\epsilon_f$ | [%] | 11.25 | 8.75 | 8.13 | |
| | 최 대 주 응 력 $\sigma_{1f}$ | [kgf/cm$^2$] | 2.09 | 3.78 | 5.43 | |

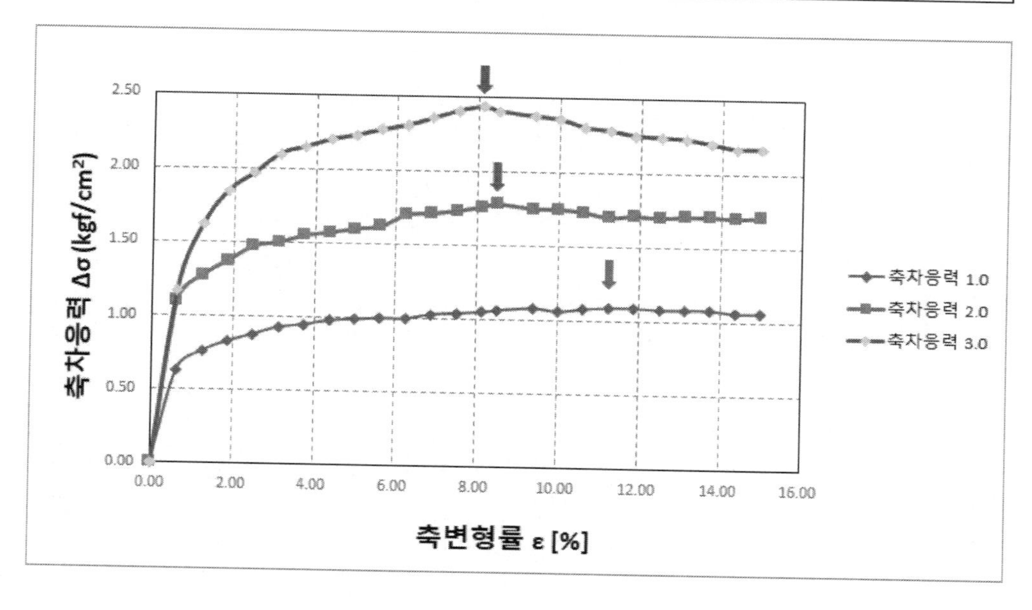

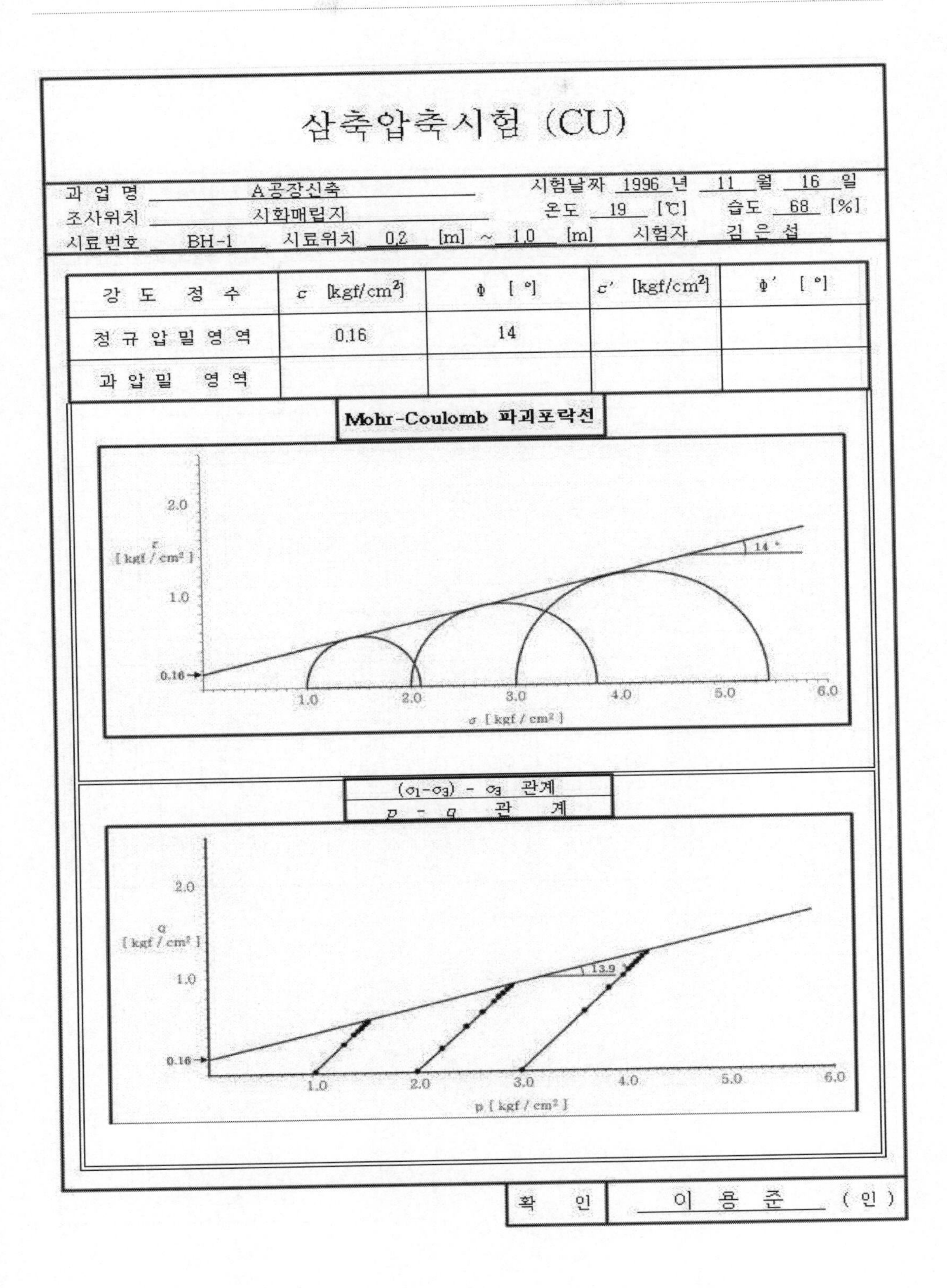

# 삼축압축시험 (CU)

과 업 명 A공장신축  시험날짜 1996 년 11 월 16 일
조사위치 시화매립지  온도 19 [℃]  습도 68 [%]
시료번호 BH-1  시료위치 0.2 [m] ~ 1.0 [m]  시험자 김 은 섭

| 강 도 정 수 | $c$ [kgf/cm$^2$] | $\phi$ [ °] | $c'$ [kgf/cm$^2$] | $\phi'$ [ °] |
|---|---|---|---|---|
| 정 규 압 밀 영 역 | 0.16 | 14 | | |
| 과 압 밀 영 역 | | | | |

**Mohr-Coulomb 파괴포락선**



($\sigma_1-\sigma_3$) - $\sigma_3$ 관계
$p$ - $q$ 관 계



확 인 이 용 준 ( 인 )

# 삼축압축시험(압밀과정)

과 업 명 A상가신축 　　시험날짜 1996 년 11 월 20 일

조사위치 우만아파트 　　온도 19 [℃] 　　습도 68 [%]

시료번호 BH-4 　　시료위치 0.2 [m] ~ 1.0 [m] 　　시험자 김 은 섭

| 시험 | 시험조건 (CU, **CUB**, CD) | | 시료 상태 ( 교란 **비교란**) | 압밀 배수조건 (비배수, **상부**, 하부, 상하부) |
|---|---|---|---|---|
| 지반 | 지반분류USCS SC | 액성한계 $w_L$ 46.0 [%] | 소성한계 $w_P$ 17.2 [%] | 비중 $G_s$ 2.63 |
| 함수비 | (습윤시료+용기) 무게 $W_t$ 91.76 [gf] | 용기 무게 $W_c$ 35.70 [gf] | (건조시료+용기) 무게 $W_d$ 82.89 [gf] | 함수비 $w_0$ 18.8 [%] |

| 측정 내용 | | | 단위 | 공시체 1 | 공시체 2 | 공시체 3 |
|---|---|---|---|---|---|---|
| 측압 | | | kgf/cm² | 1.0 | 2.0 | 3.0 |
| 압밀전 | 시료직경 | $D_o$ | cm | 3.5 | 3.5 | 3.5 |
| | 시료높이 | $H_o$ | cm | 7.8 | 7.8 | 7.8 |
| | 시료단면적 | ※1 $A_o$ | cm² | 9.6 | 9.6 | 9.6 |
| | 시료체적 | ※2 $V_o$ | cm³ | 74.9 | 74.9 | 74.9 |
| | 시료무게 | $W_t$ | gf | 143.81 | 141.56 | 143.06 |
| | 시료습윤단위중량 | ※3 $\gamma_t$ | gf/cm³ | 1.92 | 1.89 | 1.91 |
| | 건조시료무게 | $W_d$ | gf | 121.05 | 119.16 | 120.42 |
| | 함수비 | ※4 $w_o$ | % | 18.8 | 18.8 | 18.8 |
| | 간극비 | ※5 $e_o$ | | 0.62 | 0.65 | 0.63 |
| | 포화도 | ※6 $S_o$ | % | 79.75 | 76.07 | 78.48 |
| 압밀후 | 체적변화 | $\Delta V$ | cm³ | 8.15 | 12.14 | 15.50 |
| | 압밀시간 | $t$ | min | 1440 | 1440 | 1440 |
| | 간극비 | ※7 $e_c$ | | 0.51 | 0.49 | 0.42 |
| | 온도 | | ℃ | 18 | 19 | 19 |

| | 경과시간 | 0″ | 8″ | 15″ | 30″ | 1′ | 2′ | 4′ | 8′ | 15′ | 30′ | 1 | 2 | 4 | 8 | 16 | 24 |
|---|---|---|---|---|---|---|---|---|---|---|---|---|---|---|---|---|---|
| 공시체 1 | 체적읽음 | 19.1 | 19.5 | 20.4 | 21.2 | 22.5 | 23.9 | 24.9 | 25.6 | 25.9 | 26.4 | 26.7 | 26.8 | 27.0 | 27.3 | 27.3 | 27.3 |
| | 배수량[cm³] | 0 | 0.4 | 1.3 | 2.1 | 3.4 | 4.8 | 5.8 | 6.5 | 6.8 | 7.3 | 7.6 | 7.7 | 7.9 | 8.2 | 8.2 | 8.2 |
| 공시체 2 | 체적읽음 | 17.8 | 18.5 | 19.4 | 20.6 | 22.0 | 24.1 | 25.7 | 27.0 | 27.9 | 28.7 | 29.1 | 29.4 | 29.6 | 29.8 | 29.9 | 29.9 |
| | 배수량[cm³] | 0 | 0.7 | 1.6 | 2.8 | 4.2 | 6.3 | 7.9 | 9.2 | 10.1 | 10.9 | 11.3 | 11.6 | 11.8 | 12.0 | 12.1 | 12.1 |
| 공시체 3 | 체적읽음 | 17.1 | 18.0 | 19.1 | 21.2 | 23.1 | 26.3 | 28.8 | 29.9 | 30.6 | 31.4 | 31.8 | 31.9 | 32.2 | 32.4 | 32.7 | 32.7 |
| | 배수량[cm³] | 0 | 0.9 | 2.0 | 4.1 | 6.0 | 9.2 | 11.7 | 12.8 | 13.5 | 14.3 | 14.7 | 14.8 | 15.1 | 15.3 | 15.6 | 15.6 |

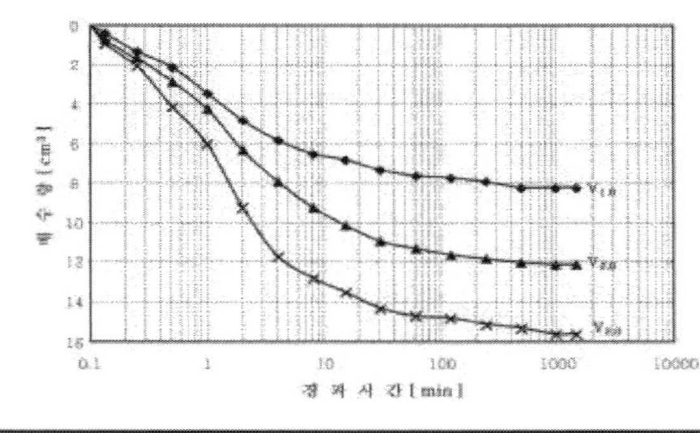


※1 $A_o = \pi \dfrac{D_o^2}{4}$ 　　※2 $V_o = A_o \cdot H_o$

※3 $\gamma_t = \dfrac{(W_t - W_c)}{V_o}$ 　　※4 $w_o = \dfrac{W_t - W_d}{W_d - W_c} \times 100$

※5 $e_o = \dfrac{V_o}{V_s} - 1$ 　　$V_s = \dfrac{W_d}{G_s \cdot \gamma_w}$

※6 $S_o = \dfrac{G_s}{e_o} \cdot w_o$ 　　※7 $e_c = e_o - \dfrac{\Delta V}{V_s}$

확인 이 용 준 (인)

# 삼축압축시험 (축재하)

과 업 명 : A 상가 신축 | 시험날짜 : 1996 년 11 월 24 일

조사위치 : 우만 아파트 | 온도 : 19 [℃] 습도 : 69 [%]

시료번호 : BH-4 시료위치 : 5.0 [m] ~ 6.0 [m] | 시험자 : 김 은 섭

| | | | | |
|---|---|---|---|---|
| 시험 | 시험조건 (UU, CU, CD, **CUB**) | 시료상태 ( 교란, **비교란** ) | 배수조건 ( **비배수**, 상부, 하부, 상하부 ) | |
| | 축재하방식 ( 응력, **변형률**, 병용 ) 제어 | 재하속도 : 0.027 [mm/min], | [km/cm²/min] | |
| | 시료직경 $D_0$ 3.52 [cm] | 단면적 $A_0$ 9.60 [cm²] | 시료높이 $H_0$ 7.82 [cm] | 체적 $V_0$ 75.072 [cm³] |
| | 입력실 번호 : No.1 | 측압 $\sigma_3$ 1.0 [kgf/cm²] | 사용 측액 ( **물**, 글리세린, 기타 ) | |
| | 시험기 : DA-490 | 축력측정 (프르빙링,**로드셀**) | 축력계 비례상수 $K_1$ 0.3367 | 축력계 비례상수 $K_2$ 0.3367 |
| 압밀 | 압밀조건 ( **등방**, 비등방 ) 압밀 | 체적압축량 $\Delta V$ 7.58 [cm³] | 압밀후 시료높이 $H_{co}$ 7.62 [cm] | |
| | 시험 전 습윤단위중량 | ( 습윤 공시체 + 용기 ) 무게 $W_{t0}$ [gf] | 용기 무게 $W_c$ [gf] | |
| | | 습윤 공시체 무게 $W_t$ [gf] | 습윤 단위중량 $\gamma_t$ [gf/cm²] | |
| | 시험 후 함수비 | ( 습윤공시체 + 용기 ) 무게 $W_{t1}$ [gf] | 용기 무게 $W_c$ [gf] | |
| | | ( 건조공시체 + 용기 ) 무게 $W_d$ [gf] | 건조 공시체 무게 $W_s$ [gf] | |
| | | 증발 물무게 $W_W$ [gf] | 함수비 $\omega$※1 [%] | |

| 측정 시간 [min] | 축 압축량 (축 압축량 읽음) | 축 압축량 (축 압축량 ΔH [mm]) | 축 압축량 (축 변형률 ε※2) | 단면 면적 A'※3 [cm²] | 축차응력 (축력 읽음 R) | 축차응력 (축차 응력 Δσ※4 [kgf/cm²]) | 최대 주응력 $\sigma_1$※5 [kgf/cm²] | 간극수압 (간극 수압 읽음 P) | 간극수압 (간극 수압 u※6 [kgf/cm²]) | 유효 최대 주응력 σ'※7 [kgf/cm²] | p※8 [kgf/cm²] | q※9 [kgf/cm²] |
|---|---|---|---|---|---|---|---|---|---|---|---|---|
| 1 | 0.0 | 0.00 | 0.00 | 9.60 | 0.00 | 0.00 | 1.00 | 0.00 | 0.00 | 1.00 | 1.00 | 0.00 |
| 2 | 48.7 | 0.49 | 0.64 | 9.66 | 18.08 | 0.63 | 1.63 | 0.89 | 0.30 | 1.33 | 1.17 | 0.17 |
| 3 | 97.5 | 0.98 | 1.29 | 9.72 | 21.94 | 0.76 | 1.76 | 1.49 | 0.50 | 1.26 | 1.13 | 0.13 |
| 4 | 146.2 | 1.46 | 1.92 | 9.78 | 24.12 | 0.83 | 1.83 | 1.69 | 0.57 | 1.26 | 1.13 | 0.13 |
| 5 | 195.0 | 1.95 | 2.56 | 9.85 | 25.73 | 0.88 | 1.88 | 1.78 | 0.60 | 1.28 | 1.14 | 0.14 |
| 6 | 243.7 | 2.44 | 3.20 | 9.91 | 27.37 | 0.93 | 1.93 | 1.87 | 0.63 | 1.30 | 1.15 | 0.15 |
| 7 | 292.5 | 2.93 | 3.85 | 9.97 | 28.14 | 0.95 | 1.95 | 1.96 | 0.66 | 1.29 | 1.14 | 0.14 |
| 8 | 341.2 | 3.41 | 4.48 | 10.04 | 29.22 | 0.98 | 1.98 | 2.11 | 0.71 | 1.27 | 1.14 | 0.14 |
| 9 | 390.0 | 3.90 | 5.11 | 10.11 | 29.71 | 0.99 | 1.99 | 2.17 | 0.73 | 1.26 | 1.13 | 0.13 |
| 10 | 438.7 | 4.39 | 5.76 | 10.17 | 30.21 | 1.00 | 2.00 | 2.23 | 0.75 | 1.25 | 1.12 | 0.12 |
| 11 | 487.5 | 4.88 | 6.40 | 10.24 | 30.41 | 1.00 | 2.00 | 2.26 | 0.76 | 1.24 | 1.12 | 0.12 |
| 12 | 536.2 | 5.36 | 7.03 | 10.31 | 31.54 | 1.03 | 2.03 | 2.32 | 0.78 | 1.25 | 1.13 | 0.13 |
| 13 | 585.0 | 5.85 | 7.68 | 10.38 | 32.06 | 1.04 | 2.04 | 2.32 | 0.78 | 1.26 | 1.13 | 0.13 |
| 14 | 633.7 | 6.34 | 8.32 | 10.45 | 32.59 | 1.05 | 2.05 | 2.35 | 0.79 | 1.26 | 1.13 | 0.13 |
| 15 | 682.5 | 6.83 | 8.96 | 10.52 | 33.12 | 1.06 | 2.06 | 2.35 | 0.79 | 1.27 | 1.13 | 0.13 |
| 16 | 731.2 | 7.31 | 9.61 | 10.59 | 33.98 | 1.08 | 2.08 | 2.35 | 0.79 | 1.29 | 1.15 | 0.15 |
| 17 | 780.0 | 7.80 | 10.24 | 10.67 | 33.58 | 1.06 | 2.06 | 2.35 | 0.79 | 1.27 | 1.13 | 0.13 |
| 18 | 828.7 | 8.29 | 10.88 | 10.74 | 34.45 | 1.08 | 2.08 | 2.41 | 0.81 | 1.27 | 1.13 | 0.13 |
| 19 | 877.5 | 8.78 | 11.52 | 10.82 | 35.02 | 1.09 | 2.09 | 2.38 | 0.80 | 1.29 | 1.15 | 0.15 |
| 20 | 926.2 | 9.26 | 12.15 | 10.89 | 35.27 | 1.09 | 2.09 | 2.38 | 0.80 | 1.29 | 1.15 | 0.15 |
| 21 | 975.0 | 9.75 | 12.80 | 10.97 | 35.19 | 1.08 | 2.08 | 2.38 | 0.80 | 1.28 | 1.14 | 0.14 |
| 22 | 1023.7 | 10.24 | 13.44 | 11.05 | 35.45 | 1.08 | 2.08 | 2.35 | 0.79 | 1.29 | 1.15 | 0.15 |
| 23 | 1072.5 | 10.73 | 14.08 | 11.13 | 37.70 | 1.07 | 2.07 | 2.32 | 0.78 | 1.29 | 1.15 | 0.15 |
| 24 | 1121.2 | 11.21 | 14.57 | 11.21 | 35.30 | 1.06 | 2.06 | 2.29 | 0.77 | 1.29 | 1.15 | 0.15 |
| 25 | 1170.0 | 11.70 | 15.35 | 11.29 | 35.56 | 1.06 | 2.06 | 2.29 | 0.77 | 1.29 | 1.15 | 0.15 |
| | | | | | | | | | | | | |

참고 :

※1 $\omega = W_w/Ws \times 100$ ※2 $\varepsilon = \Delta H/H_0 \times 100[\%]$ ※3 $A' = \frac{A_0}{1-\varepsilon/100}$ ※4 $\Delta\sigma = \frac{R \times K_1}{A'}$ [%] ※5 $\sigma_1 = \Delta\sigma + \sigma_3$

※6 $p = (\sigma'_1 + \sigma'_3)/2$ ※7 $q = (\sigma'_1 - \sigma'_3)/2$

| 확인 | 이 용 준 (인) |
|---|---|

# 삼축압축시험 (축재하)

과 업 명 : A 상가 신축 시험날짜 1996 년 11 월 24 일

조사위치 : 우만 아파트 온도 : 19 [℃] 습도 : 69 [%]

시료번호 : BH-4 시료위치 : 5.0 [m] ~ 6.0 [m] 시험자 : 김 은 섭

| 구분 | | | | |
|---|---|---|---|---|
| 시험 | 시험조건 (UU, CU, CD, **CUB**) | 시료상태 ( 교란, **비교란** ) | 배수조건 ( **비배수**, 상부, 하부, 상하부 ) | |
| | 축재하 방식 ( 응력, **변형률**, 병용 ) 제어 | 재하속도 0.027 [mm/min], | [km/cm²/min] | |
| | 시료직경 $D_0$ 3.52 [cm] | 단면적 $A_0$ 9.6 [cm²] | 시료높이 $H_0$ 7.81 [cm] | 체적 $V_0$ 74.976 [cm³] |
| | 입력실번호 : No.3 | 측압 $\sigma_3$ 3.0 [kgf/cm²] | 사용 측액 ( **물**, 글리세린, 기타 ) | |
| | 사험기모델 : | 축력측정 (프르빙링, **로드셀**) | 축력계 비례상수 $K_1$ 0.3367 | 축력계 비례상수 $K_2$ 0.3367 |
| 압밀 | 압밀조건 ( **등방**, 비등방 ) 압밀 | 체적 압축량 ΔV 16.55 [cm³] | 압밀후 시료높이 $H_{co}$ 7.40 [cm] | |
| | 시험전 습윤단위중량 | ( 습윤공시체 + 용기 ) 무게 $W_{tc}$ [gf]<br>습윤공시체 무게 $W_t$ [gf] | 용기무게 $W_c$ [gf]<br>습윤단위중량 $\gamma_t$ [gf/cm²] | |
| | 시험후 함수비 | ( 습윤공시체 + 용기 ) 무게 $W_{tc1}$ [gf]<br>( 건조공시체 + 용기 ) 무게 $W_{dc}$ [gf]<br>증발 물무게 $W_w$ [gf] | 용기 무게 $W_c$ [gf]<br>건조공시체 무게 $W_d$ [gf]<br>함수비 $\omega$※1 [%] | |

| 측정 시간 | 축 압 축 량 | | | 단면 면적 | 축차응력 | | 최대 주응력 | 간극수압 | | 유효 최대 주응력 | | |
|---|---|---|---|---|---|---|---|---|---|---|---|---|
| [min] | 축 압축량 읽음 | 축 압축량 ΔH [mm] | 축 변형률 ε※2 | A'※3 [cm²] | 축력 읽음 R | 축차 응력 Δσ※4 [kgf/cm²] | $\sigma_1$※5 [kgf/cm²] | 간극 수압계 읽음 P | 간극 수압 u※6 [kgf/cm²] | σ'※7 [kgf/cm²] | p※8 [kgf/cm²] | q※9 [kgf/cm²] |
| 1 | 0.0 | 0.00 | 0.00 | 9.60 | 0.00 | 0.00 | 3.00 | 0.00 | 0.00 | 3.00 | 3.00 | 0.00 |
| 2 | 48.7 | 0.49 | 0.66 | 9.66 | 33.57 | 1.17 | 4.17 | 2.08 | 0.70 | 3.47 | 3.24 | 0.24 |
| 3 | 97.5 | 0.98 | 1.32 | 9.72 | 47.64 | 1.65 | 4.65 | 3.21 | 1.08 | 3.57 | 3.29 | 0.29 |
| 4 | 146.2 | 1.46 | 1.97 | 9.78 | 53.75 | 1.85 | 4.85 | 3.92 | 1.32 | 3.53 | 3.27 | 0.27 |
| 5 | 195.0 | 1.95 | 2.63 | 9.85 | 57.90 | 1.98 | 4.98 | 4.40 | 1.48 | 3.50 | 3.25 | 0.25 |
| 6 | 243.7 | 2.44 | 3.30 | 9.91 | 61.22 | 2.08 | 5.08 | 4.66 | 1.57 | 3.51 | 3.26 | 0.26 |
| 7 | 292.5 | 2.93 | 3.96 | 9.97 | 64.28 | 2.17 | 5.17 | 4.90 | 1.65 | 3.52 | 3.26 | 0.26 |
| 8 | 341.2 | 3.41 | 4.61 | 10.04 | 66.49 | 2.23 | 5.23 | 5.20 | 1.75 | 3.48 | 3.24 | 0.24 |
| 9 | 390.0 | 3.90 | 5.27 | 10.11 | 67.53 | 2.25 | 5.25 | 5.35 | 1.80 | 3.45 | 3.23 | 0.23 |
| 10 | 438.7 | 4.39 | 5.93 | 10.17 | 68.58 | 2.27 | 5.27 | 5.49 | 1.85 | 3.42 | 3.21 | 0.21 |
| 11 | 487.5 | 4.88 | 6.59 | 10.24 | 69.95 | 2.30 | 5.30 | 5.79 | 1.95 | 3.35 | 3.18 | 0.18 |
| 12 | 536.2 | 5.36 | 7.24 | 10.31 | 70.72 | 2.31 | 5.31 | 5.94 | 2.00 | 3.31 | 3.16 | 0.16 |
| 13 | 585.0 | 5.85 | 7.91 | 10.38 | 70.89 | 2.30 | 5.30 | 6.03 | 2.03 | 3.27 | 3.14 | 0.14 |
| 14 | 633.7 | 6.34 | 8.57 | 10.45 | 72.31 | 2.33 | 5.33 | 6.15 | 2.07 | 3.26 | 3.13 | 0.13 |
| 15 | 682.5 | 6.83 | 8.51 | 10.52 | 72.18 | 2.31 | 5.31 | 6.24 | 2.10 | 3.21 | 3.11 | 0.11 |
| 16 | 731.2 | 7.31 | 9.88 | 10.59 | 72.36 | 2.30 | 5.30 | 6.24 | 2.10 | 3.20 | 3.10 | 0.10 |
| 17 | 780.0 | 7.80 | 10.05 | 10.67 | 72.86 | 2.30 | 5.30 | 6.24 | 2.10 | 3.20 | 3.10 | 0.10 |
| 18 | 828.7 | 8.29 | 11.20 | 10.74 | 72.74 | 2.28 | 5.28 | 6.24 | 2.10 | 3.18 | 3.09 | 0.09 |
| 19 | 877.5 | 8.78 | 11.86 | 10.82 | 72.28 | 2.25 | 5.25 | 6.27 | 2.11 | 3.14 | 3.07 | 0.07 |
| 20 | 926.2 | 9.26 | 12.51 | 10.89 | 72.15 | 2.23 | 5.23 | 6.30 | 2.12 | 3.11 | 3.06 | 0.06 |
| 21 | 975.0 | 9.75 | 12.83 | 10.97 | 72.66 | 2.23 | 5.23 | 6.30 | 2.12 | 3.11 | 3.06 | 0.06 |
| 22 | 1023.7 | 10.24 | 13.84 | 11.05 | 72.20 | 2.20 | 5.20 | 6.30 | 2.12 | 3.08 | 3.04 | 0.04 |
| 23 | 1072.5 | 10.73 | 14.50 | 11.13 | 72.07 | 2.18 | 5.18 | 6.33 | 2.13 | 3.05 | 3.03 | 0.02 |
| 24 | 1121.2 | 11.21 | 15.15 | 11.21 | 71.59 | 2.15 | 5.15 | 6.33 | 2.13 | 3.02 | 3.01 | 0.01 |
| 25 | 1170.0 | 11.70 | 15.81 | 11.29 | 71.45 | 2.13 | 5.13 | 6.33 | 2.13 | 3.00 | 3.00 | 0.00 |
| | | | | | | | | | | | | |

참고 : ※1 $\omega = W_w/Ws \times 100$ ※2 $\varepsilon = \Delta H/H_0 \times 100[\%]$ ※3 $A' = \frac{A_0}{1-\varepsilon/100}$ ※4 $\Delta\sigma = \frac{R\times K_1}{A'}$ [%] ※5 $\sigma_1 = \Delta\sigma + \sigma_3$

※6 $p = (\sigma'_1 + \sigma'_3)/2$ ※7 $q = (\sigma'_1 - \sigma'_3)/2$

| 확인 | 이 용 준 (인) |
|---|---|

# 삼축압축시험 (축재하)

| 과 업 명 : A 상가 신축 | 시험날짜 : 1996 년 11 월 24 일 |
|---|---|
| 조사위치 : 우만 아파트 | 온도 19 [℃] 습도 69 [%] |
| 시료번호 : BH-4 시료위치 : 5.0 [m] ~ 6.0 [m] | 시험자 : 김 은 섭 |

| 시험 | 시험조건 (UU, CU, CD, **CUB**) | 시료상태 ( 교란, **비교란** ) | 배수조건 ( **비배수**, 상부, 하부, 상하부 ) |
|---|---|---|---|
| | 축재하방식 ( 응력, **변형률**, 병용 ) 제어 | 재하속도 0.027 [mm/min], | [km/cm$^2$/min] |

| 측 정 내 용 | | | 단위 | 공시체 1 | 공시체 2 | 공시체 3 | 공시체 4 |
|---|---|---|---|---|---|---|---|
| 측 압 $\sigma_3$ | | | kgf/cm$^2$ | 1.00 | 2.00 | 3.00 | |
| 파괴시 | 축 차 응 력 $\Delta\sigma_f$ | | kgf/cm$^2$ | 1.09 | 1.78 | 2.43 | |
| | 축 변 형 률 $\epsilon_f$ | | % | 11.56 | 8.36 | 8.57 | |
| | 최 대 주 응 력 $\sigma_{1f}$ | | kgf/cm$^2$ | 2.09 | 3.78 | 5.43 | |
| | 간극수압 | 간 극 수 압 $u_f$ | kgf/cm$^2$ | 0.80 | 1.45 | 2.13 | |
| | | 간 극 수 압 계 수 $A_f$ | | 0.73 | 0.81 | 0.88 | |
| | | 유효 최대 주응력 $\sigma_{1f}'$ | kgf/cm$^2$ | 1.29 | 2.33 | 3.30 | |

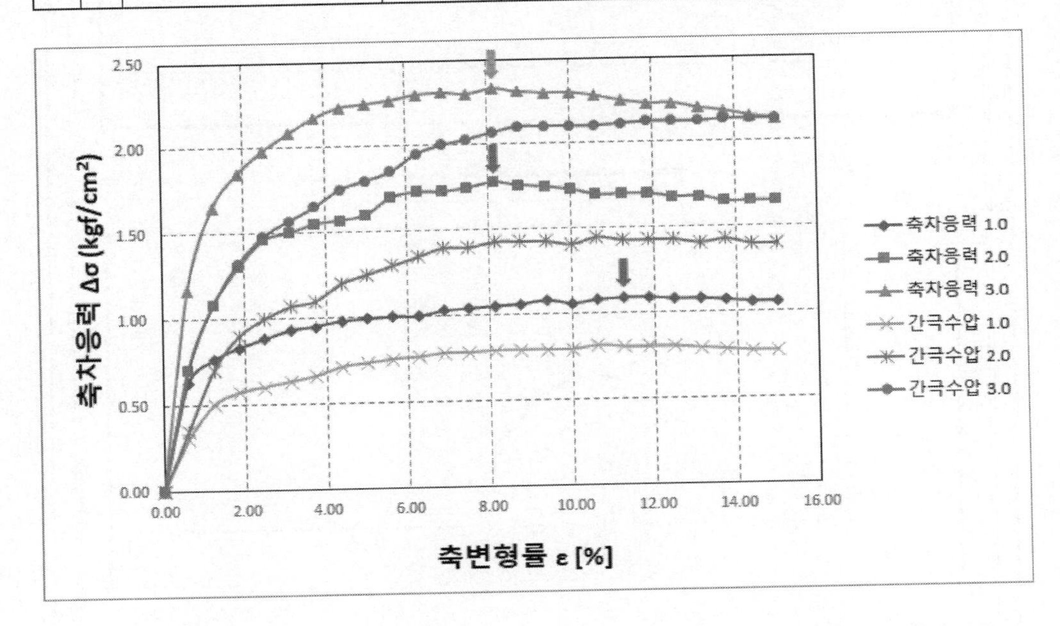

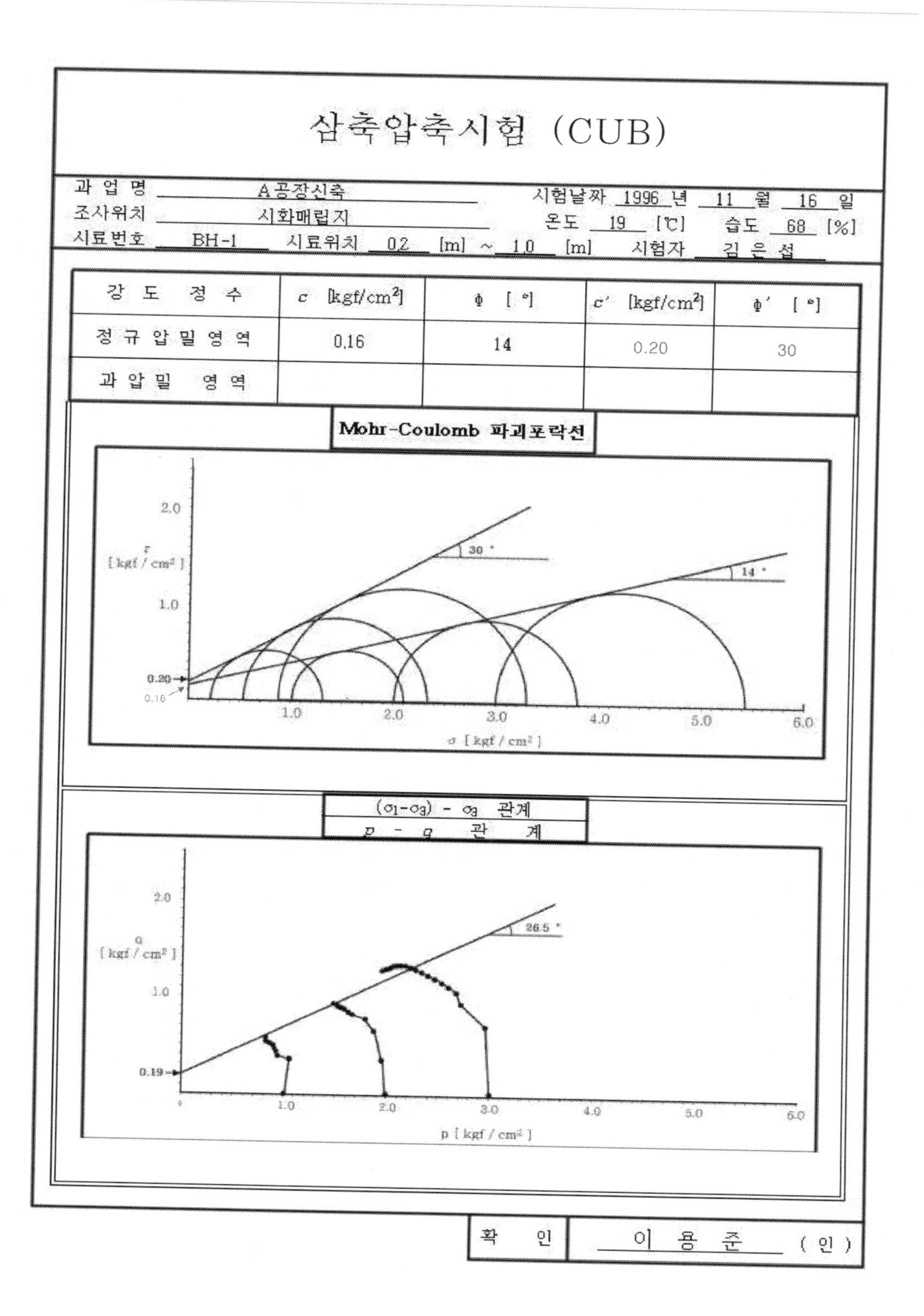

# 삼축압축시험 (CUB)

과 업 명 A공장신축 시험날짜 1996 년 11 월 16 일

조사위치 시화매립지 온도 19 [℃] 습도 68 [%]

시료번호 BH-1 시료위치 0.2 [m] ~ 1.0 [m] 시험자 김 은 섭

| 강 도 정 수 | $c$ [kgf/cm²] | $\phi$ [°] | $c'$ [kgf/cm²] | $\phi'$ [°] |
|---|---|---|---|---|
| 정 규 압 밀 영 역 | 0.16 | 14 | 0.20 | 30 |
| 과 압 밀 영 역 | | | | |

**Mohr-Coulomb 파괴포락선**



($\sigma_1-\sigma_3$) - $\sigma_3$ 관계

$p$ - $q$ 관 계



확 인 이 용 준 ( 인 )

# 삼축압축시험(압밀과정)

과 업 명 A상가신축 시험날짜 1996 년 11 월 20 일

조사위치 우만아파트 온도 19 [℃] 습도 68 [%]

시료번호 BH-4 시료위치 0.2 [m] ~ 1.0 [m] 시험자 김 은 섭

| 시험 | 시험조건(CU, CUB, **CD**) | 시료 상태 ( 교란 **비교란** ) | 압밀 배수조건(비배수, 상부, **하부**, 상하부) |
|---|---|---|---|
| 지반 | 지반분류USCS SC | 액성한계 $w_L$ 46.0 [%] | 소성한계 $w_P$ 17.2 [%] / 비중 $G_s$ 2.63 |
| 함수비 | ( 습윤시료+용기 ) 무게 $W_t$ [illegible] [gf] | 용기 무게 $W_c$ 35.70 [gf] | (건조시료+용기) 무게 $W_d$ 76.55 [gf] / 함 수 비 $w_0$ 18.3 [%] |

| | 측 정 내 용 | | 단위 | 공시체 1 | 공시체 2 | 공시체 3 |
|---|---|---|---|---|---|---|
| | 측 압 | | kgf/cm² | 0.5 | 1.0 | 2.0 |
| 압밀전 | 시료직경 | $D_o$ | cm | 3.5 | 3.5 | 3.5 |
| | 시료높이 | $H_o$ | cm | 7.8 | 7.8 | 7.8 |
| | 시료단면적 | ※1 $A_o$ | cm² | 9.6 | 9.6 | 9.6 |
| | 시료체적 | ※2 $V_o$ | cm³ | 74.9 | 74.9 | 74.9 |
| | 시료무게 | $W_t$ | gf | 142.27 | 139.92 | 140.04 |
| | 시료습윤단위중량 | ※3 $\gamma_t$ | gf/cm³ | 1.90 | 1.87 | 1.87 |
| | 건조시료무게 | $W_d$ | gf | 120.26 | 118.28 | 118.28 |
| | 함수비 | ※4 $w_o$ | % | 18.3 | 18.3 | 18.3 |
| | 간극비 | ※5 $e_o$ | | 0.64 | 0.66 | 0.66 |
| | 포화도 | ※6 $S_o$ | % | 75.2 | 72.92 | 72.92 |
| 압밀후 | 체적변화 | $\Delta V$ | cm³ | 5.18 | 7.87 | 12.07 |
| | 압밀시간 | $t$ | min | 1440 | 1440 | 1440 |
| | 간극비 | ※7 $e_c$ | | 0.57 | 0.55 | 0.50 |
| | 온도 | | ℃ | 17 | 18 | 18 |

| | 경과시간 | 0" | 8" | 15" | 30" | 1' | 2' | 4' | 8' | 15' | 30' | 1 | 2 | 4 | 8 | 16 | 24 |
|---|---|---|---|---|---|---|---|---|---|---|---|---|---|---|---|---|---|
| 공시체 1 | 체적읽음 | 5.3 | 5.5 | 6.1 | 6.6 | 7.4 | 8.3 | 8.9 | 9.3 | 9.6 | 9.9 | 10.0 | 10.1 | 10.3 | 10.4 | 10.4 | 10.4 |
| | 배수량[cm³] | 0 | 0.2 | 0.8 | 1.3 | 2.1 | 3.0 | 3.6 | 4.0 | 4.3 | 4.6 | 4.7 | 4.8 | 5.0 | 5.1 | 5.1 | 5.1 |
| 공시체 2 | 체적읽음 | 11.8 | 12.2 | 12.7 | 13.3 | 14.1 | 15.2 | 16.1 | 16.8 | 17.3 | 17.7 | 17.9 | 18.1 | 18.2 | 18.4 | 18.4 | 18.4 |
| | 배수량[cm³] | 0 | 0.4 | 0.9 | 1.5 | 2.2 | 3.4 | 4.2 | 5.0 | 5.5 | 5.9 | 6.1 | 6.3 | 6.4 | 6.6 | 6.6 | 6.6 |
| 공시체 3 | 체적읽음 | 10.8 | 11.3 | 12.0 | 13.3 | 14.5 | 16.6 | 18.1 | 18.8 | 19.3 | 19.8 | 20.0 | 20.1 | 20.3 | 20.4 | 20.6 | 20.6 |
| | 배수량[cm³] | 0 | 0.5 | 1.2 | 2.5 | 3.7 | 5.8 | 7.3 | 8.0 | 8.5 | 9.0 | 9.2 | 9.3 | 9.5 | 9.6 | 9.8 | 9.8 |

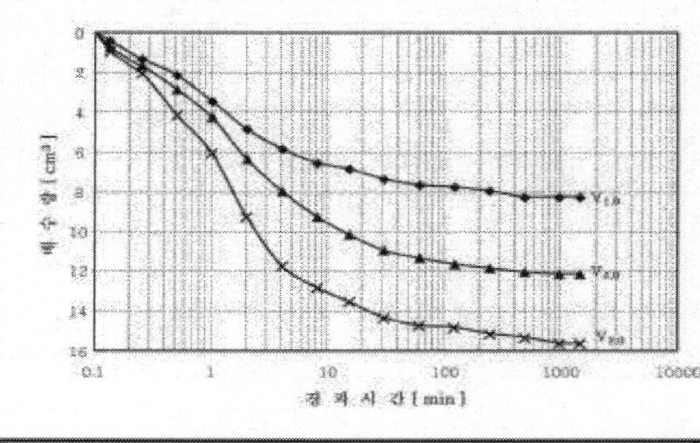


※1 $A_o = \pi \dfrac{D_o^2}{4}$ ※2 $V_o = A_o \cdot H_o$

※3 $\gamma_t = \dfrac{(W_t - W_c)}{V_o}$ ※4 $w_o = \dfrac{W_t - W_d}{W_d - W_c} \times 100$

※5 $e_o = \dfrac{V_o}{V_s} - 1$ $V_s = \dfrac{W_d}{G_s \cdot \gamma_w}$

※6 $S_o = \dfrac{G_s}{e_o} \cdot w_o$ ※7 $e_c = e_o - \dfrac{\Delta V}{V_s}$

| 확인 | 이 용 준 (인) |
|---|---|

# 삼축압축시험 (축재하)

과 업 명 : A 상가신축　　　　시험날짜 : 1996 년 11 월 28 일
조사위치 : 우만아파트　　　　온도 : 18 [℃]　　습도 : 68 [%]
시료번호 : BH-4　　시료위치 : 5.0 [m] ~ 6.0 [m]　　시험자 : 김 은 섭

| 시험 | | | |
|---|---|---|---|
| 시험조건 (UU, CU, **CD**, CUB) | 시료상태 ( 교란, **비교란** ) | 배수조건 ( 비배수, 상부, 하부, **상하부** ) | |
| 축재하방식 ( 응력, **변형률**, 병용 ) 제어 | 재하속도 0.027 [mm/min], [km/cm$^2$/min] | | |
| 시료직경 $D_0$ 3.51 [cm] | 단면적$A_0$ 9.61 [cm$^2$] | 시료높이 $H_0$ 8.01 [cm] | 체적 $V_0$ 76.976 [cm$^3$] |
| 입력실번호 : No.1 | 측압$\sigma_3$ 0.5 [kgf/cm$^2$] | 사용 측액 ( **물**, 글리세린, 기타 ) | |
| 시험기모델 | 축력측정( 프루빙링, **로드셀** ) | 축력계비례상수 $K_1$ 0.3367 | |

| 압밀 | | | |
|---|---|---|---|
| 압밀조건( **등방**, 비등방 ) 압밀 | 체적압축량ΔV [cm$^3$] | 압밀후시료높이$H_{c0}$ 7.64 [cm] | |
| 시험 전 습윤단위중량 | ( 습윤공시체 + 용기 ) 무게 $W_{tc}$ [gf]<br>습윤공시체 무게 $W_t$ [gf] | 용기 무게 $W_c$ [gf]<br>습윤단위중량 $\gamma_t$ [gf/cm$^2$] | |
| 시험 후 함수비 | ( 습윤공시체 + 용기 ) 무게 $W_{tc1}$ [gf]<br>( 건조공시체 + 용기 ) 무게 $W_{dc}$ [gf]<br>증발 물무게 $W_w$ [gf] | 용기 무게 $W_c$ [gf]<br>건조공시체 무게 $W_d$ [gf]<br>함수비 $\omega$※1 [%] | |

| ① | ② | ③ | ④ | ⑤ | ⑥ | ⑦ | ⑧ | ⑨ | ⑩ |
|---|---|---|---|---|---|---|---|---|---|
| 측정 시간 | 측 압 축 량 | | | 단면적 | 축차응력 | | 최대 주응력 | | |
| [min] | 축 압축량 읽음 | 축 압축량 ΔH [mm] | 축 변형률 ε※2 | A'※3 [cm$^2$] | 축력 읽음 R | 축차응력 Δσ※4 [kgf/cm$^2$] | $\sigma_1$※5 [kgf/cm$^2$] | p※6 [kgf/cm$^2$] | q※7 [kgf/cm$^2$] |
| 0 | 0.0 | 0.00 | 0.00 | 9.60 | 0.00 | 0.00 | 0.50 | 0.500 | 0.000 |
| 15 | 39.0 | 0.39 | 0.49 | 9.65 | 9.50 | 0.32 | 0.82 | 0.660 | 0.160 |
| 30 | 78.0 | 0.78 | 0.99 | 9.70 | 19.60 | 0.66 | 1.16 | 0.830 | 0.330 |
| 45 | 117.0 | 1.17 | 1.48 | 9.75 | 25.25 | 0.85 | 1.35 | 0.925 | 0.425 |
| 60 | 156.0 | 1.56 | 2.00 | 9.80 | 29.70 | 1.00 | 1.50 | 1.000 | 0.500 |
| 75 | 199.8 | 2.00 | 2.53 | 9.85 | 33.56 | 1.13 | 1.63 | 1.065 | 0.565 |
| 90 | 240.3 | 2.40 | 3.04 | 9.91 | 36.53 | 1.23 | 1.73 | 1.115 | 0.615 |
| 105 | 273.0 | 2.73 | 3.46 | 9.95 | 37.72 | 1.27 | 1.77 | 1.185 | 0.635 |
| 120 | 321.7 | 3.22 | 4.07 | 10.01 | 38.31 | 1.29 | 1.79 | 1.145 | 0.645 |
| 135 | 360.7 | 3.61 | 4.56 | 10.07 | 38.61 | 1.32 | 1.82 | 1.160 | 0.660 |
| 150 | 399.7 | 4.00 | 5.06 | 10.12 | 38.02 | 1.28 | 1.78 | 1.140 | 0.640 |
| 165 | 436.8 | 4.37 | 5.53 | 10.17 | 37.22 | 1.27 | 1.77 | 1.135 | 0.635 |
| 180 | 477.7 | 4.78 | 6.05 | 10.23 | 37.72 | 1.27 | 1.77 | 1.135 | 0.635 |
| 195 | 516.7 | 5.17 | 6.54 | 10.28 | 37.13 | 1.25 | 1.75 | 1.125 | 0.625 |
| 210 | 558.6 | 5.59 | 7.07 | 10.34 | 36.23 | 1.22 | 1.72 | 1.110 | 0.610 |
| 225 | 594.7 | 5.95 | 7.50 | 10.39 | 35.64 | 1.20 | 1.70 | 1.100 | 0.600 |
| 240 | 633.7 | 6.34 | 8.02 | 10.45 | 34.75 | 1.17 | 1.67 | 1.085 | 0.585 |
| 255 | 672.7 | 6.73 | 8.52 | 10.51 | 34.16 | 1.15 | 1.65 | 1.075 | 0.575 |
| 270 | 721.5 | 7.22 | 9.14 | 10.58 | 34.15 | 1.15 | 1.65 | 1.075 | 0.575 |
| 285 | 764.0 | 7.64 | 9.67 | 10.64 | 32.97 | 1.11 | 1.61 | 1.055 | 0.555 |
| 300 | 809.2 | 8.09 | 10.25 | 10.71 | 32.67 | 1.10 | 1.60 | 1.050 | 0.550 |
| 315 | 851.1 | 8.51 | 10.78 | 10.78 | 32.37 | 1.09 | 1.59 | 1.045 | 0.545 |
| 330 | 895.0 | 8.95 | 11.33 | 10.84 | 32.28 | 1.08 | 1.58 | 1.040 | 0.540 |
| 345 | 981.7 | 9.82 | 12.12 | 10.92 | 31.50 | 1.06 | 1.56 | 1.030 | 0.530 |
| 360 | 994.5 | 9.95 | 12.60 | 11.00 | 31.45 | 1.06 | 1.56 | 1.030 | 0.530 |
| | | | | | | | | | |

참고 : ※1 $\omega = W_w/Ws \times 100$　※2 $\varepsilon = \Delta H/H_0 \times 100[\%]$　※3 $A' = \frac{A_0}{1\ \varepsilon/100}$　※4 $\Delta\sigma = \frac{R \times K_1}{A'}$ [%]　※5 $\sigma_1 = \Delta\sigma + \sigma_3$
※6 $p = (\sigma'_1 + \sigma'_3)/2$　※7 $q = (\sigma'_1 - \sigma'_3)/2$

확인 이 용 준 (인)

# 삼축압축시험 (축재하)

과 업 명 : A 상가신축
조사위치 : 우만아파트
시료번호 : BH-4 시료위치 : 5.0 [m] ~ 6.0 [m]

시험날짜 1996 년 11 월 28 일
온도 : 19 [°C] 습도 : 68 [%]
시험자 : 김 은 섭

| | | | |
|---|---|---|---|
| 시험 | 시험조건 ( UU, CU, **CD**, CUB) | 시료상태 ( 교란, **비교란** ) | 배수조건 ( 비배수, 상부, 하부, **상하부** ) |
| | 축재하 방식 ( 응력, **변형률**, 병용 ) 제어 | 재하속도 : 0.027 [mm/min], [km/cm²/min] | |
| | 시료직경 $D_0$ 3.50 [cm] | 단면적 $A_0$ 9.61 [cm²] \| 시료높이 $H_0$ 8.00 [cm] | 체적 $V_0$ 76.88 [cm³] |
| | 입력실 번호 : No.2 | 측압 $\sigma_3$ 1.0 [kgf/cm²] | 사용 측액 ( **물**, 글리세린, 기타 ) |
| | 시험기 모델 : | 축력측정 ( 프르빙 링, **로드셀** ) | 축력계 비례상수 $K_1$ : 0.3367 |
| 압밀 | 압밀조건 ( **등방**, 비등방 ) 압밀 | 체적압축량 ΔV [cm³] | 압밀후 시료높이 $H_{c0}$ 7.55 [cm] |
| | 시험 전 습윤단위중량 | ( 습윤공시체 + 용기) 무게 $W_{tc}$ [gf]<br>습윤공시체 무게 $W_t$ [gf] | 용기 무게 $W_c$ [gf]<br>습윤단위중량 $\gamma_t$ [gf/cm²] |
| | 시험 후 함수비 | ( 습윤공시체 + 용기 ) 무게 $W_{tc1}$ [gf]<br>( 건조공시체 + 용기 ) 무게 $W_{dc}$ [gf]<br>증발 물무게 $W_w$ [gf] | 용기 무게 $W_c$ [gf]<br>건조공시체 무게 $W_d$ [gf]<br>함수비 ω※1 [%] |

| ① | ② | ③ | ④ | ⑤ | ⑥ | ⑦ | ⑧ | ⑨ | ⑩ |
|---|---|---|---|---|---|---|---|---|---|
| | 측 압 축 량 | | | 단면적 | 축차응력 | | 최대 | | |
| 측정 시간 [min] | 축 압축량 읽음 | 축압축량 ΔH [mm] | 축 변형률 ε※2 | A'※3 [cm²] | 축력 읽음 R | 축차응력 Δσ※4 [kgf/cm²] | 주응력 $\sigma_1$※5 [kgf/cm²] | p※6 [kgf/cm²] | q※7 [kgf/cm²] |
| 0 | 0.0 | 0.00 | 0.00 | 9.60 | 0.00 | 0.00 | 1.00 | 1.000 | 0.000 |
| 15 | 39.0 | 0.39 | 0.45 | 9.65 | 16.35 | 0.55 | 1.55 | 1.275 | 0.275 |
| 30 | 78.0 | 0.78 | 0.95 | 9.70 | 26.14 | 0.88 | 1.88 | 1.440 | 0.440 |
| 45 | 117.0 | 1.17 | 1.50 | 9.75 | 33.56 | 1.13 | 2.13 | 1.565 | 0.565 |
| 60 | 156.0 | 1.56 | 2.00 | 9.80 | 40.69 | 1.37 | 2.37 | 1.685 | 0.685 |
| 75 | 199.8 | 2.00 | 2.56 | 9.85 | 42.66 | 1.47 | 2.47 | 1.735 | 0.735 |
| 90 | 244.3 | 2.44 | 3.05 | 9.91 | 46.03 | 1.55 | 2.55 | 1.775 | 0.775 |
| 105 | 273.0 | 2.73 | 3.50 | 9.95 | 51.08 | 1.72 | 2.72 | 1.860 | 0.860 |
| 120 | 321.7 | 3.22 | 4.12 | 10.01 | 53.46 | 1.80 | 2.80 | 1.900 | 0.900 |
| 135 | 360.7 | 3.61 | 4.62 | 10.07 | 56.43 | 1.90 | 2.90 | 1.950 | 0.950 |
| 150 | 399.7 | 4.00 | 5.12 | 10.12 | 60.03 | 2.02 | 3.02 | 2.010 | 1.010 |
| 165 | 436.8 | 4.37 | 5.60 | 10.17 | 61.18 | 2.06 | 3.06 | 2.030 | 1.030 |
| 180 | 477.7 | 4.78 | 6.15 | 10.23 | 63.26 | 2.13 | 3.13 | 2.065 | 1.065 |
| 195 | 516.7 | 5.17 | 6.62 | 10.28 | 64.15 | 2.16 | 3.76 | 2.380 | 1.380 |
| 210 | 558.6 | 5.59 | 7.16 | 10.34 | 63.26 | 2.13 | 3.13 | 2.065 | 1.065 |
| 225 | 594.7 | 5.95 | 7.62 | 10.39 | 60.90 | 2.05 | 3.05 | 2.025 | 1.025 |
| 240 | 633.7 | 6.34 | 8.12 | 10.45 | 57.91 | 1.95 | 2.95 | 1.975 | 0.975 |
| 255 | 672.7 | 6.73 | 8.62 | 10.51 | 53.76 | 1.81 | 2.81 | 1.905 | 0.905 |
| 270 | 721.5 | 7.22 | 9.25 | 10.58 | 52.87 | 1.78 | 2.78 | 1.890 | 0.890 |
| 285 | 764.0 | 7.64 | 9.79 | 10.64 | 51.68 | 1.74 | 2.74 | 1.870 | 0.870 |
| 300 | 809.2 | 8.09 | 10.37 | 10.71 | 50.50 | 1.70 | 2.70 | 1.850 | 0.850 |
| 315 | 851.1 | 8.51 | 10.91 | 10.78 | 49.02 | 1.65 | 2.65 | 1.825 | 0.825 |
| 330 | 895.0 | 8.95 | 11.47 | 10.84 | 49.05 | 1.65 | 2.65 | 1.825 | 0.825 |
| 345 | 945.7 | 9.46 | 12.12 | 10.92 | 46.04 | 1.55 | 2.55 | 1.775 | 0.775 |
| 360 | 994.5 | 9.95 | 12.75 | 11.00 | 45.15 | 1.52 | 2.52 | 1.760 | 0.760 |

참고 : ※1 $\omega = W_w/Ws \times 100$ ※2 $\varepsilon = \Delta H/H_0 \times 100$[%] ※3 $A' = \frac{A_0}{1-\varepsilon/100}$ ※4 $\Delta\sigma = \frac{R \times K_1}{A'}$ [%] ※5 $\sigma_1 = \Delta\sigma + \sigma_3$
※6 $p = (\sigma'_1 + \sigma'_3)/2$ ※7 $q = (\sigma'_1 - \sigma'_3)/2$

확인 이 용 준 (인)

# 삼축압축시험(축재하)

과 업 명 : A 상가신축
조사위치 : 우만아파트
시료번호 : BH-4 시료위치 : 5.0 [m] ~ 6.0 [m]

시험날짜 : 1996 년 11 월 28 일
온도 : 19 [℃] 습도 : 68 [%]
시험자 : 김 은 섭

| | | | |
|---|---|---|---|
| 시험 | 시험조건 (UU, CU, **CD**, CUB) | 시료상태 ( 교란, **비교란** ) | 배수조건 ( 비배수, 상부, 하부, **상하부** ) |
| | 축재하방식 ( 응력, 변형률, 병용 ) 제어 | 재하속도 : 0.027 [mm/min], [km/cm²/min] | |
| | 시료직경 $D_0$ 3.50 [cm] | 단면적 $A_0$ 9.60 [cm²] / 시료높이 $H_0$ 8.01 [cm] | 체적 $V_0$ 76.896 [cm³] |
| | 입력실번호 : No.3 | 측압 $\sigma_3$ 2.0 [kgf/cm²] | 사용 측액 ( **물**, 글리세린, 기타 ) |
| | 시험기모델 : | 축력측정 ( 프르빙링, **로드셀** ) | 축력계 비례상수 $K_1$ 0.3367 |
| 압밀 | 압밀조건 ( **등방**, 비등방 ) 압밀 | 체적 압축량 ΔV 16.50 [cm³] | 압밀후 시료높이 $H_{c0}$ 7.41 [cm] |
| | 시험 전 습윤단위중량 | ( 습윤 공시체 + 용기 ) 무게 $W_{tc}$ [gf]<br>습윤 공시체 무게 $W_t$ [gf] | 용기무게 $W_c$ [gf]<br>습윤 단위중량 $\gamma_t$ [gf/cm²] |
| | 시험 후 함수비 | ( 습윤 공시체 + 용기 ) 무게 $W_{tc1}$ [gf]<br>( 건조 공시체 + 용기 ) 무게 $W_{dc}$ [gf]<br>증발 물무게 $W_w$ [gf] | 용기 무게 $W_c$ [gf]<br>건조 공시체 무게 $W_d$ [gf]<br>함수비 ω※1 [%] |

| ① | ② | ③ | ④ | ⑤ | ⑥ | ⑦ | ⑧ | ⑨ | ⑩ |
|---|---|---|---|---|---|---|---|---|---|
| 측정 시간 | 측 압 축 량 | | | 단면적 | 축차응력 | | 최대 주응력 | | |
| [min] | 축 압축량 읽음 | 축압축량 ΔH [mm] | 축 변형율 ε※2 | A'※3 [cm²] | 축력 읽음 R | 축차응력 Δσ※4 [kgf/cm²] | $\sigma_1$※5 [kgf/cm²] | p※6 [kgf/cm²] | q※7 [kgf/cm²] |
| 0 | 0.0 | 0.00 | 0.00 | 9.60 | 0.00 | 0.00 | 2.00 | 2.000 | 0.000 |
| 15 | 39.0 | 0.39 | 0.50 | 9.65 | 28.15 | 0.95 | 2.95 | 1.475 | 0.475 |
| 30 | 78.0 | 0.78 | 1.00 | 9.70 | 45.45 | 1.53 | 3.53 | 2.765 | 0.765 |
| 45 | 117.0 | 1.17 | 1.50 | 9.75 | 54.95 | 1.85 | 3.85 | 2.925 | 0.925 |
| 60 | 156.0 | 1.56 | 2.00 | 9.80 | 65.34 | 2.20 | 4.20 | 3.100 | 1.100 |
| 75 | 199.8 | 2.00 | 2.56 | 9.85 | 76.63 | 2.58 | 4.58 | 3.290 | 1.290 |
| 90 | 240.3 | 2.40 | 3.08 | 9.91 | 83.16 | 2.80 | 4.80 | 3.400 | 1.290 |
| 105 | 276.0 | 2.76 | 3.45 | 9.95 | 88.22 | 2.97 | 4.97 | 3.485 | 1.485 |
| 120 | 321.7 | 3.22 | 4.12 | 10.01 | 96.53 | 3.25 | 5.25 | 3.625 | 1.625 |
| 135 | 360.7 | 3.61 | 4.62 | 10.07 | 98.01 | 3.30 | 5.30 | 3.650 | 1.650 |
| 150 | 399.7 | 4.00 | 5.12 | 10.12 | 102.48 | 3.45 | 5.45 | 3.725 | 1.725 |
| 165 | 436.8 | 4.37 | 5.60 | 10.17 | 106.33 | 3.58 | 5.58 | 3.790 | 1.790 |
| 180 | 477.7 | 4.78 | 6.12 | 10.23 | 109.30 | 3.68 | 5.68 | 3.840 | 1.840 |
| 195 | 516.7 | 5.17 | 6.62 | 10.28 | 107.81 | 3.63 | 5.63 | 3.815 | 1.815 |
| 210 | 558.6 | 5.59 | 7.16 | 10.34 | 106.92 | 3.60 | 5.60 | 3.800 | 1.800 |
| 225 | 594.7 | 5.95 | 7.62 | 10.39 | 103.95 | 3.50 | 5.50 | 3.750 | 1.750 |
| 240 | 633.7 | 6.34 | 8.12 | 10.45 | 101.55 | 3.42 | 5.42 | 3.710 | 1.710 |
| 255 | 672.7 | 6.73 | 8.62 | 10.51 | 99.50 | 3.35 | 5.35 | 3.675 | 1.675 |
| 270 | 721.5 | 7.22 | 9.25 | 10.58 | 95.05 | 3.20 | 5.20 | 3.600 | 1.600 |
| 285 | 764.0 | 7.64 | 9.79 | 10.64 | 90.58 | 3.05 | 5.05 | 3.525 | 1.525 |
| 300 | 809.2 | 8.09 | 10.37 | 10.71 | 89.10 | 3.00 | 5.00 | 3.500 | 1.500 |
| 315 | 851.1 | 8.51 | 10.91 | 10.78 | 86.72 | 2.92 | 4.92 | 3.460 | 1.460 |
| 330 | 895.0 | 8.95 | 11.47 | 10.84 | 80.78 | 2.72 | 4.72 | 3.360 | 1.360 |
| 345 | 945.7 | 9.46 | 12.12 | 10.92 | 80.22 | 2.70 | 4.70 | 3.350 | 1.350 |
| 360 | 994.5 | 9.95 | 12.75 | 11.00 | 74.25 | 2.50 | 4.50 | 3.250 | 1.250 |

참고 : ※1 $\omega = W_w/Ws \times 100$ ※2 $\varepsilon = \Delta H/H_0 \times 100[\%]$ ※3 $A' = \frac{A_0}{1-\varepsilon/100}$ ※4 $\Delta\sigma = \frac{R \times K_1}{A'}$ [%] ※5 $\sigma_1 = \Delta\sigma + \sigma_3$
※6 $p = (\sigma'_1 + \sigma'_3)/2$ ※7 $q = (\sigma'_1 - \sigma'_3)/2$

확인 이 용 준 (인)

# 삼축압축시험(축재하)

<table>
<tr><td colspan="3">과 업 명 : A 상가신축</td><td colspan="2">시험날짜 : 1996 년 11 월 28 일</td></tr>
<tr><td colspan="3">조사위치 : 우만아파트</td><td colspan="2">온도 : 19 [℃] 습도 : 68 [%]</td></tr>
<tr><td colspan="3">시료번호 : BH-4 시료위치 : 5.0 [m] ~ 6.0 [m]</td><td colspan="2">시험자 : 김 은 섭</td></tr>
<tr><td rowspan="2">시<br>험</td><td>시험조건 (UU, CU, CD, CUB)</td><td>시료상태 ( 교란, 비교란 )</td><td colspan="2">배수조건 ( 비배수, 상부, 하부, 상하부 )</td></tr>
<tr><td colspan="2">축재하 방식 ( 응력, 변형률, 병용 ) 제어</td><td colspan="2">재하속도 : 0.027 [mm/min], [km/cm$^2$/min]</td></tr>
</table>

<table>
<tr><td colspan="2">측 정 내 용</td><td>단위</td><td>공시체 1</td><td>공시체 2</td><td>공시체 3</td><td>공시체 4</td></tr>
<tr><td colspan="2">측압 $\sigma_3$</td><td>[kgf/cm$^2$]</td><td>0.50</td><td>1.00</td><td>2.00</td><td></td></tr>
<tr><td rowspan="3">파<br>괴<br>시</td><td>축 차 응 력 $\Delta\sigma_f$</td><td>[kgf/cm$^2$]</td><td>1.32</td><td>2.16</td><td>3.68</td><td></td></tr>
<tr><td>축 변 형 률 $\epsilon_f$</td><td>[%]</td><td>4.36</td><td>6.62</td><td>6.12</td><td></td></tr>
<tr><td>최 대 주 응 력 $\sigma_{1f}$</td><td>[kgf/cm$^2$]</td><td>1.82</td><td>3.76</td><td>5.68</td><td></td></tr>
</table>

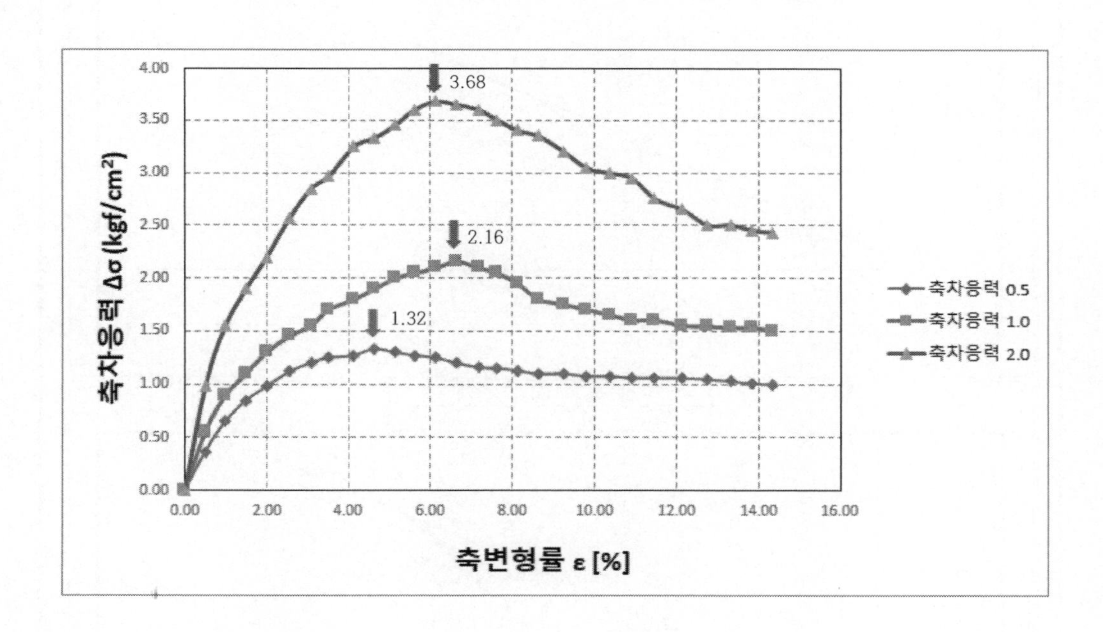

# 삼축압축시험 (CD)

과 업 명 A공장신축 시험날짜 1996 년 11 월 16 일
조사위치 시화매립지 온도 19 [℃] 습도 68 [%]
시료번호 BH-1 시료위치 0.2 [m] ~ 1.0 [m] 시험자 김 은 섭

| 강 도 정 수 | $c$ [kgf/cm²] | ϕ [ °] | $c'$ [kgf/cm²] | ϕ' [ °] |
|---|---|---|---|---|
| 정 규 압 밀 영 역 | 0.15 | 27 | | |
| 과 압 밀 영 역 | | | | |

**Mohr-Coulomb 파괴포락선**



($\sigma_1$-$\sigma_3$) - $\sigma_3$ 관계
$p$ - $q$ 관 계



| 확 인 | 이 용 준 ( 인 ) |
|---|---|

# 8.3 흙의 직접전단시험(KS F 2343)

## 8.3.1 개 요

직접전단시험은 상하로 분리된 전단상자 속에 시료를 넣고 수직하중을 가한 상태로 수평력을 가하여 전단상자 상하단부의 분리면을 따라 강제로 파괴를 일으켜서 지반의 강도정수를 결정할 수 있는 간편한 시험이다. 그 결과는 토압, 사면의 안정, 구조물 기초의 지지력 등의 계산에 이용하며 한국산업규격 KS F 2343에 규정되어 있다.

직접전단시험에서는 수직응력이 전체 전단면에서 등분포된다고 가정한다. 공시체가 너무 두꺼우면 수직응력의 분포가 부등할 수 있으며 전단 중에 시료가 휘어지기 때문에 전단상자벽과 공시체가 밀착하지 않을 수 있다. 따라서 큰 단면의 특수 전단시험에서도 공시체의 두께는 수 cm 정도로 작아야 한다. 공시체의 단면은 원형 또는 정사각형이며 대개 원형단면을 많이 사용한다.

수직응력 $\sigma$은 수직하중 $P$를 시료의 단면적 $A$로 나누어 구하고 전단응력 $\tau$는 수직응력 $S$를 시료의 단면적 $A$로 나누어 계산한다.

$$\sigma = P/A$$

$$\tau = S/A$$

이렇게 하여 수직하중을 다른 크기로 3, 4회 변화시키면서 시험하여 각 수직응력에 대한 최대 전단응력의 값을 구하며 Coulomb 파괴식으로부터 점착력 c와 전단저항각 $\phi$를 결정할 수 있다.

$$\tau = c + \sigma \tan\phi$$

직접전단 시험은 배수조건에 따라 다음과 같이 분류한다.

### 1) 급속시험(Quick Test, $Q$ 시험)

수직하중을 가하고 압밀이 되기 전에 전단시킨다. 만약 시료가 점착력이 있고 포화상태이면 과잉간극수압이 발생한다. 이 시험은 삼축시험의 UU(비압밀 비배수)시험과 유사하나, 전단 시 배수되는 점이 다르다.

### 2) 압밀급속시험(Consolidated - Quick Test, $Q_c$ 시험)

수직하중을 가하고 수직 변위가 정지할 때까지 관찰한 다음 전단력을 가하여 급속히 전단시킨다. 이 시험은 삼축시험의 CU(압밀 배수)시험과 CD(압밀 비배수)시험의 중간이라고 볼 수 있다. 전단 중에 어느 정도의 과잉간극수압이 발생된다.

**3) 압밀 완속시험(Consolidated-Slow Test, $S$ 시험)**

수직하중을 가하고 수직변위가 정지할 때까지 기다렸다가 간극수압이 발생하지 않도록 천천히 시료에 전단력을 가한다. 이 시험은 삼축시험의 CD(압밀 배수)시험과 유사하다.

사질토에서는 시료의 포화 정도에 무관하게 위 세 가지 시험법의 결과가 거의 같지만, 점성토에 있어서는 시험법과 포화도에 따라 토질정수가 현저히 달라진다. 직접전단시험은 삼축시험보다 간편하지만 배수조건을 철저히 조절할 수가 없다. 배수 시에는 유공판을 상하단에 놓고 시험을 실시한다. 구조물의 장기안정을 검토하는 경우에는 구조물의 하부에 있는 점성토 지반이 장기간 동안에 압밀된 상태이므로 이에 맞추어 완전 배수상태에서 시험한다. 그리고 구조물 건설 직후 또는 흙댐에서 수위 급강하 시에는 대한 안정을 검토할 경우에는 비배수 상태에서 지반의 전단강도를 구해야 한다. 배수 및 비배수 전단시험은 시험실에서는 가능하지만, 실제로 현장에서는 대부분 이 두 시험조건 사이에 있다.

기술자는 실제의 각 경우에 대하여 전단파괴가 배수 또는 비배수 상태로 일어나는지 또는 그 중간의 어느 정도인지를 잘 판단하여 시험을 수행해야 할 것이다. 흙이 교란되면 강도가 저하되는 것은 교란으로 인하여 흙이 면모구조로부터 이산구조로 바꾸어지기 때문이다.

## 8.3.2 시험장비

① 직접전단 시험기 :

직접전단 시험기는 전단상자와 재하장치로 구성된다. 전단상자는 상하로 분리되어 있고, 아랫부분은 수침함에 고정되어 있다.

수직하중은 가압판의 중심에 있는 볼을 통해 전달되며, 윗부분은 검력계(Proving Ring)와 수평으로 연결되어 있어 흙이 전단될 때의 힘을 읽을 수 있다. 전단상자 속에 들어 있는 공시체는 대개 아랫상자가 이동하여 전단된다. 전단상자의 크기는 사질토에서 시료의 입경에 따라 토질정수의 결정에 상당한 영향을 끼친다. 흙 입자의 최대치수가 크면 전단상자도 커야 한다.

② 재하장치 :

재하장치는 수직력을 작용시키기 위한 것과 수평력을 작용시키는 것의 두 가지가 있다. 일반적으로 수직방향은 응력제어, 수평방향은 변형률 제어 방식으로 힘을 가한다. 이때에 수평 방향으로는 분당 0.0002~2.0 mm 의 속도를 가할 수 있어야 한다.

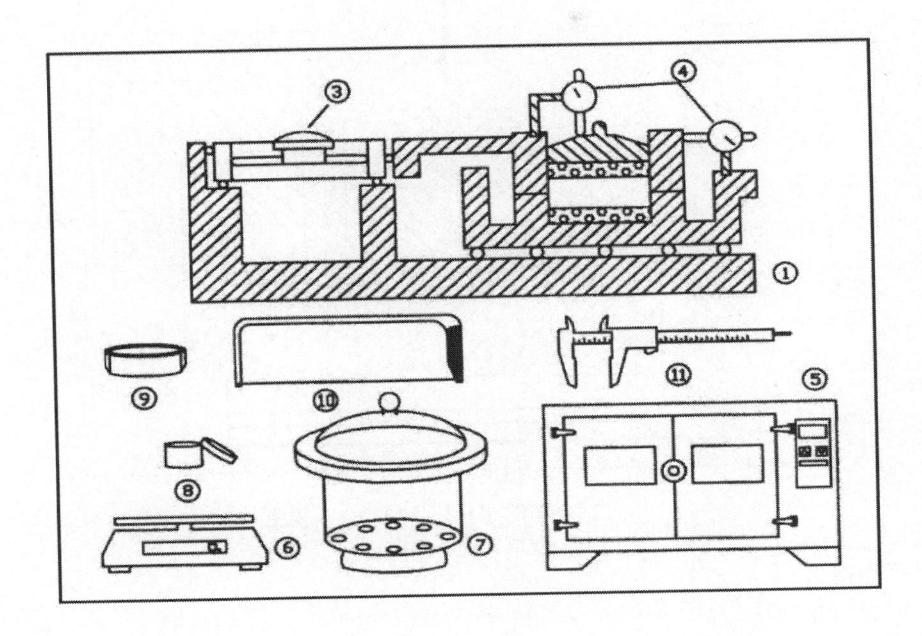


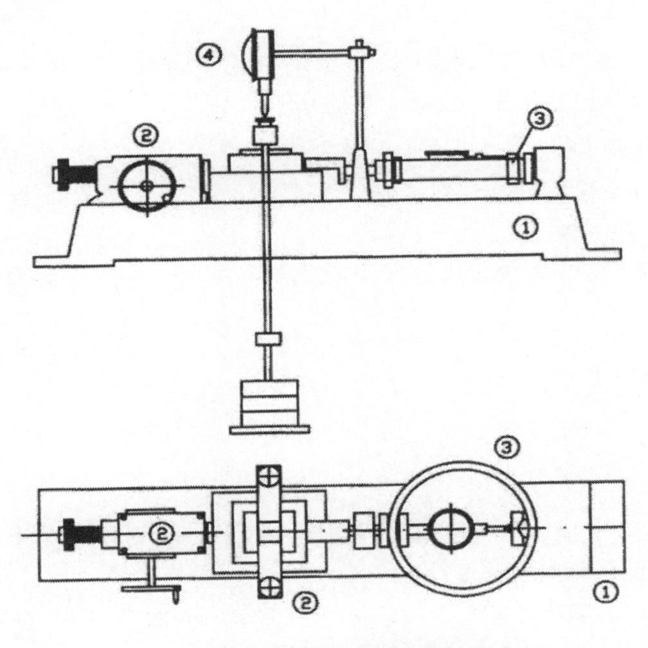


그림 8.17 직접전단시험 장비

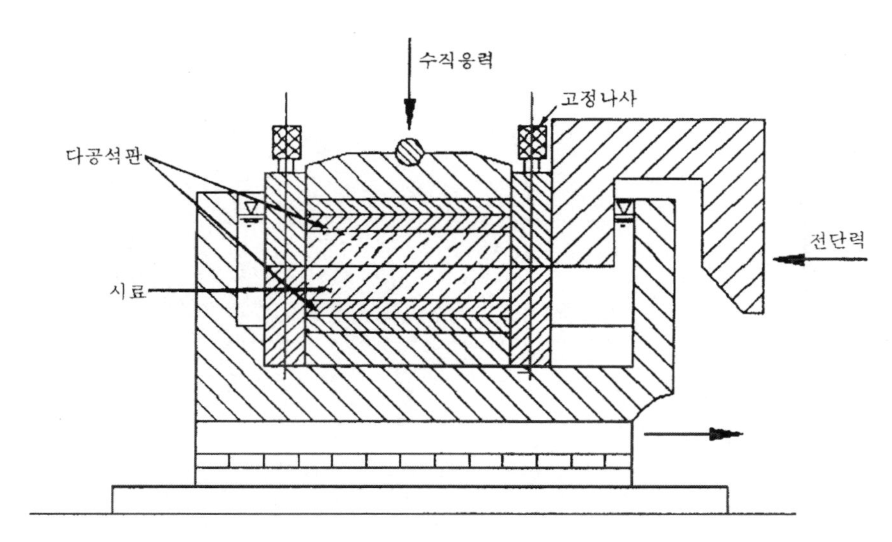


그림 8.18 직접전단시험 개념도

③ 검력계 :

용량 100~300 kgf, 감량은 용량의 1/200 이하인 것으로 수평력을 측정하는 데 이용된다.

④ 변위계 :

연직변위(스트로크가 10 mm 이상)와 수평변위(스트로크가 20 mm 이상)의 측정을 위하여 사용되며 정밀도 0.01mm 이상이어야 한다.

⑤ ~ ⑧ 함수량 측정용구 :

건조로, 데시케이터, 저울, 캔

⑨ ~ ⑩ 공시체 제작기구 :

트리머, 쇠톱, 버니어 캘리퍼스

## 8.3.3 시험방법

### (1) 사질토

#### 1) 공시체 설치

① 3~4회 시험할 수 있는 충분한 양의 시료를 준비하고 시료 전체의 무게를 측정한다.

② 전단 상자의 크기를 측정한다.

③ 두 부분으로 분리된 전단상자를 결합하고 전단시험기 위에 설치한다.

④ 시료를 전단상자에 소정의 밀도가 되도록 다짐봉으로 다져 넣고 시료의 표면을 평평하게 고른다. 이때 시료의 두께는 약 2 cm 정도 되게 한다.

**2) 공시체 재하**

⑤ 남은 시료의 무게를 측정하여 전단상자에 들어간 시료의 무게를 계산한다. 시료의 함수비를 측정한다.

⑥ 재하판을 공시체의 위에 올려놓고 수직 및 수평변위측정용 다이얼게이지를 설치한다.

⑦ 쇼크가 가해지지 않도록 주의하여 소요 수직하중을 가한다. 이때 수직하중에는 재하판과 재하장치 무게를 포함시킨다.

⑧ 상부와 하부 전단상자의 수직간격을 0.2～0.5mm 정도로 조정하여 접촉면에서 마찰이 없게 한다. 이 간격은 시료의 최대 입경보다 조금 커야 입자가 부서지는 것을 방지할 수 있다.

⑨ 전단력 전달장치의 속도를 맞추고 전단상자에 연결한다.

⑩ 수평 및 수직 변위를 측정할 다이얼 게이지의 영점을 맞춘다.

⑪ 고정못을 제거한다.

⑫ 수평 하중을 분당 0.25～1.9mm의 속도로 가하기 시작한다. 측정시간, 전단력, 수직변위, 수평변위를 동시에 측정한다. 처음 2분 동안은 15초마다 측정하고 그 이후는 수평변위 1 mm마다 측정한다. 측정은 전단응력이 피크점을 지나 일정한 값으로 떨어지거나 수평변위가 시료직경의 15 %가 될 때까지 계속한다.

⑬ 시험이 끝나면 수직 및 수평변위 측정용 다이알 게이지를 제거하고 전단상자를 분해한 후에 시료의 함수비를 측정한다. 남은 시료에서 처음 시험할 때와 비슷한 분량을 취하여 ④～⑭을 3～4회 반복한다. 이때 수직하중은 현장의 예상응력 상태에 적합하게 여러 단계로 변화시킨다.

⑭ 전단상자에서 제거한 시료의 전단면을 관찰한다.

⑮ 측정치를 정리하고 계산한다.

⑯ 보고서를 작성한다.

## (2) 점성토

1) 공시체 설치

①′ 비교란 상태나 덩어리 상태 또는 다짐시료를 준비한다.

②′ 교란되지 않도록 트리밍하여 공시체 준비한다.

③′ (공시체+링)의 무게 $W_{tr}$를 측정한다.

④′ 공시체는 전단상자에 올려놓고 시료압출기로 기울어지지 않도록 신중히 전단상자에 밀어넣는다.

**2) 공시체 전단**

⑤ 남은 시료로 함수비를 측정한다.

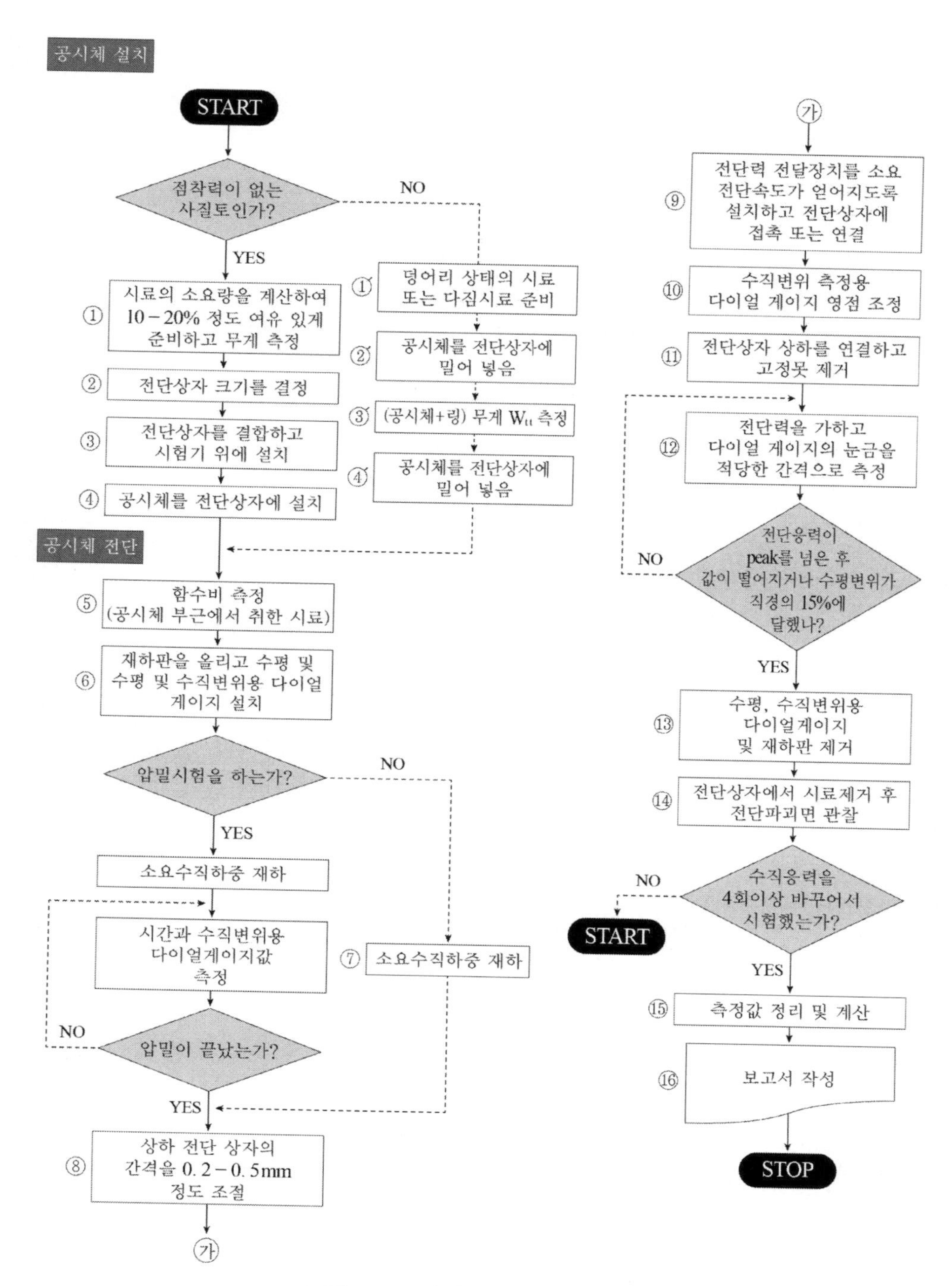


그림 8.19 직접전단시험 흐름도

⑥ 재하판을 설치하고 수평 및 연직변위측정용 다이알게이지 설치한다. 급속시험(Q 시험)인 경우는 배수가 안 되는 재하판, 압밀 급속시험($Q_c$시험) 및 압밀 완속시험($S$시험)인 경우는 다공석판이 부착된 재하판을 올려놓는다. 시료를 압밀시키는 경우에는 증발을 막기 위해 전단상자를 물로 채운다.
⑦ 쇼크가 가해지지 않도록 주의하여 소요 수직하중을 가한다. $Q_c$시험 및 $S$시험인 경우 압밀을 시키기 위해 일정 시간 방치한다. 시료의 두께가 13mm 정도일 때 15~25분 정도 방치한다.
⑧ 상부와 하부 전단상자의 수직간격을 조정하여 접촉면에서 마찰이 없게 한다.
⑨ 전단력 전달장치의 속도를 맞추고 전단상자에 연결한다.
⑩ 수평 및 수직 변위계측용 다이얼 게이지의 영점을 맞춘다.
⑪ 고정못을 제거하여 상하전단상자를 분리한다. 고정못을 제거하지 않으면 검력계에 무리한 힘이 가해져서 검력계가 손상될 수 있으므로 유의해야 한다.
⑫ 수평하중을 가한다. 일반적으로 시료 내의 응력상태가 균등할 수 있는 속도로 재하하며 시료의 상태에 따라서 결정한다. 그 속도는 완속시험에서는 0.05[mm/min] 이하 급속시험에서는 1[mm/min] 이상으로 한다. 재하중에 일정한 시간 간격으로 연직 및 수평변위와 검력계의 값을 측정한다.
$Q$ 및 $Q_c$시험에서는 처음 2분간은 15초 간격으로 측정하고 그 이후는 수평변위 0.5mm마다 측정 전단력이 거의 일정하게 되거나 수평변위가 13mm 정도 될 때까지 측정한다. $S$시험에서는 전단속도를 0.005 ~ 0.0075[mm/min] 정도 되게 한다. 전단력이 일정하게 되거나 수평변위가 13mm정도 될 때까지 측정한다.
⑬ 전단시간은 대체로 압밀이 50% 일어나는 시간의 50배 정도로 한다. 전단이 끝나면 전단력과 수직하중을 제거하고 다이알게이지와 재하판을 제거한 후에 시료의 함수비를 측정한다.
⑭ 수직하중을 시료의 채취장소의 예상 응력상태에 적합하게 여러 단계로 변화시켜 위의 시험을 3회 이상 반복한다. 포화시료에 대한 $Q$시험에서는 수직하중의 크기는 별로 중요하지 않다. 즉, 수직하중이 다르더라도 최대 전단응력은 거의 같다.
그러나 하중이 클수록 배수성은 점점 더 커지기 때문에 0.3 ~ 0.5kgf/cm$^2$ 정도면 충분하다. 실제적으로 현장에 대응하는 수직하중으로 시험하기 위하여 $Q$시험에서는 현장상재하중과 같은 크기를 사용하고 $Q_c$시험에서는 유효 상재하중과 같은 값을 사용하는 것이 좋다.
⑮ 측정값을 정리하고 계산한다.
⑯ 보고서를 작성한다.

### (3) 계산방법

① 전단응력과 수직응력을 계산한다.

$\tau = S/A$

$\sigma = P/A$

여기서, $S$ : 가해진 수평력 [kgf]

$P$ : 가해진 수직하중 [kgf]

$A$ : 시료의 단면적 [$cm^2$]

② 각 하중에 대한 수평변위 $\epsilon_h$ 수직변위 $\epsilon_v$을 계산한다.

③ $\tau$와 $\epsilon_h$의 관계를 그려서 $\tau$의 최댓값($\tau_{\max}$)을 얻는다(그림 8.20a).

④ $\epsilon_v$와 $\epsilon_h$의 관계를 그린다(그림 8.20b).

⑤ $\tau_{\max}$와 $\sigma_h$의 관계를 그려서 $\phi$와 $c$를 얻는다(그림 8.21).

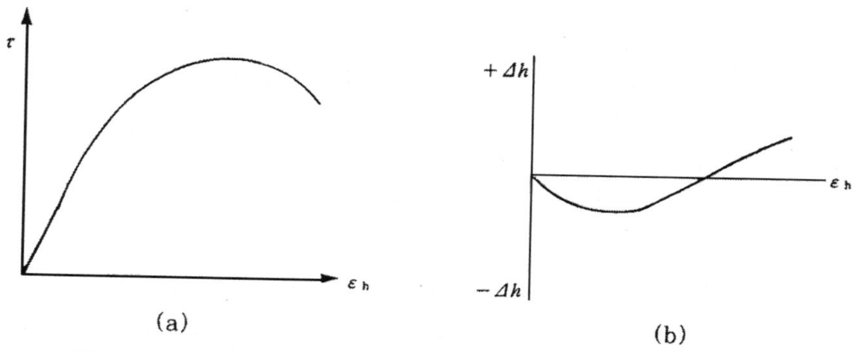


그림 8.20 직접전단시험 결과 (a) 전단응력 – 수평변위($\tau - \epsilon$)곡선
(b) 연직변위 – 수평변위($\Delta h - \epsilon$)곡선

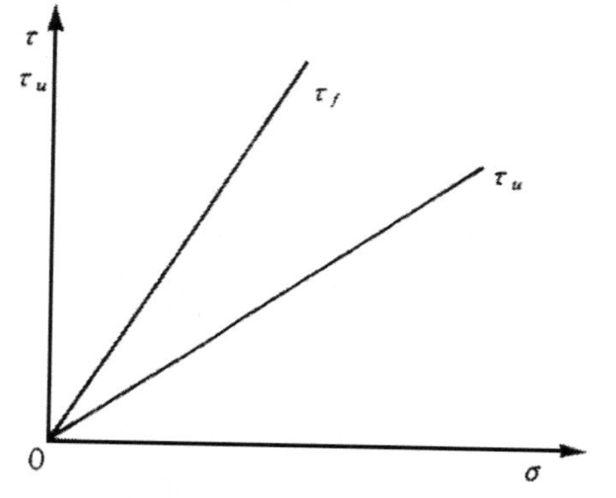


그림 8. 21 궁극전단응력 – 수직응력의 관계($\tau_u - \sigma$)

### 8.3.4 계산 및 결과정리

① 데이타 쉬트를 정리한다.

② 데이타에는 다음의 값을 기록해야 한다.

- 시험기, 검력계, 시험방법, 시험 전 공시체의 치수, 무게, 함수비
- 압밀과정의 시간 - 압밀량 관계 - 전단과정의 측정치

③ 초기조건 및 압밀과정 정리

- 공시체의 초기상태 : 치수(직경 $D_0$, 높이 $H_0$), 함수비 $w_0$, 간극비 $e_0$, 포화도 $S_0$
- 압밀과정의 시간 - 압밀량관계 $\log t - \Delta H$를 반대수 그래프에 그린다.

④ 전단과정 정리

- 배수조건, 전단방법, 전단속도 등 시험조건을 기록한다.
- 전단응력 - 수평변위($\tau - \epsilon$), 연직변위 - 수평변위($\epsilon_v - \epsilon_h$) 곡선을 그린다.
- 각각의 시험에서 구한 최대전단응력 - 수직응력의 관계($\tau_f - \sigma$)를 그려서 파괴 포락선을 정한다. 같은 그래프에 최대전단응력 $\tau_f$ 을 지나서 일정한 값에 수렴하는 궁극전단응력 $\tau_u$ 를 구해 궁극전단응력 - 수직응력의 관계($\tau_u - \sigma$)를 표시한다.
- 강도정수 $c$, $\phi$ 를 구한다.

⑤ 강도정수($c$, $\phi$)의 결정

수직응력 $\sigma$ 와 전단응력 $\tau$은 앞의 개요에서 설명한 식으로 구하고, 각 수직응력에 대하여 전단응력-수평변위($\tau - \epsilon$) 관계곡선을 그린다. 이 곡선으로부터 최대 전단응력을 구하고, 그래프상에 수직응력에 대한 전단응력을 표시하는 점을 찍는다. 수직응력을 바꾸어 시험한 결과를 몇 개 더 점찍어 연결하면 직선이 얻어지는데, 이 직선의 경사각이 전단저항각 $\phi$ 가 되고, 세로축에서의 절편이 점착력 $c$가 된다. 궁극 전단응력을 기준으로 한 $c$와 $\phi$를 구하려면 수평변위 - 전단응력 관계곡선에서 궁극 전단응력의 값을 취하면 된다. 점성토에서는 배수조건을 명시해야 한다.

⑥ 전단 시 공시체의 체적변화

각 수직응력에 대해 수직변위와 전단변위의 관계곡선을 그리면 공시체가 전단되는 동안에 체적이 어떻게 변화되는지 알 수 있다. 느슨한 흙은 부피가 감소하고 촘촘한 흙은 부피가 증가한다. 그러나 극한상태 가까이 이르면 어느 경우에나 부피가 일정해진다.

### 8.3.5 결과의 이용

직접전단시험의 결과는 토류구조물의 토압 및 안정, 점성토사면 안정, 연약지반상에 시공한 성토나 구조물의 기초파괴에 대한 안정, 기초지지력 등의 계산에 이용한다.

# 직접전단시험

과 업 명 토질역학실험 3조 시험날짜 1997 년 3 월 30 일
조사위치 아주대학교 다산관 온도 17 [℃] 습도 65 [%]
시료번호 B-4 시료위치 0.3 [m] ~ 0.7 [m] 시험자 김 용 설

| 재하 | 재하방법 (응력, **변형율**, 병용) 제어 | 재하속도 (0.66 [mm/min] ___[kgf/cm²/min]) |
|---|---|---|
| 시료 | 분류 USCS SP | 시료상태 (**교란** 불교란) |
| 시험기 | 모델 DA 492A | 전단력계 비례상수 $K_1$ 0.3369 |

| 시험내용 | | 단위 | 공시체 No.1 | 공시체 No.2 | 공시체 No.3 |
|---|---|---|---|---|---|
| 칫수 직경 $D_o$ / 높이 $H_o$ | | [cm] | 6.0/2.0 | 6.0/2.0 | 6.0/2.0 |
| 시험전 | 용기번호/무게 | [gf] | 가/74.98 | 나/74.98 | 다/76.94 |
| | (공시체+용기) 무게 | [gf] | 186.78 | 186.92 | 189.29 |
| | 공시체 무게 $W_t$ | [gf] | 111.80 | 111.94 | 112.35 |
| | 습윤단위중량 $\gamma_t$ | [gf/cm³] | 1.98 | 1.98 | 1.99 |
| 시험후 | 용기번호 / 무게 | [gf] | 가/74.98 | 나/74.98 | 다/76.94 |
| | (건조 공시체+용기) 무게 | [gf] | 169.25 | 169.68 | 171.91 |
| | 공시체 건조 무게 $W_d$ | [gf] | 94.27 | 94.70 | 94.97 |
| | 공시체 건조단위중량 $\gamma_d$ | [gf/cm³] | 1.67 | 1.68 | 1.68 |
| 공시체함수비 $W_o=(W_t-W_d)/W_d$ | | % | 18.60 | 18.20 | 18.30 |
| 수직압력 $\sigma$ | | [kgf/cm²] | 0.50 | 1.00 | 2.00 |

| 공시체 No. 1 | | | | 공시체 No. 2 | | | | 공시체 No. 3 | | | |
|---|---|---|---|---|---|---|---|---|---|---|---|
| 수평변위 $D\times\frac{1}{100}$ [mm] | 연직변위 $V\times\frac{1}{100}$ [mm] | 전단력 읽음 | 전단응력 $\tau$ [kgf/cm²] | 수평변위 $D\times\frac{1}{100}$ [mm] | 연직변위 $V\times\frac{1}{100}$ [mm] | 전단력 읽음 | 전단응력 $\tau$ [kgf/cm²] | 수평변위 $D\times\frac{1}{100}$ [mm] | 연직변위 $V\times\frac{1}{100}$ [mm] | 전단력 읽음 | 전단응력 $\tau$ [kgf/cm²] |
| 0 | 0 | 0 | 0 | 0 | 0 | 0 | 0 | 0 | 0 | 0 | 0 |
| 20 | -10 | 4.2 | 0.05 | 20 | -15 | 9.2 | 0.11 | 20 | -26 | 16.8 | 0.20 |
| 40 | -19 | 9.2 | 0.11 | 40 | -28 | 18.5 | 0.22 | 40 | -40 | 36.1 | 0.43 |
| 60 | -21 | 13.4 | 0.16 | 60 | -38 | 26.9 | 0.32 | 60 | -55 | 52.1 | 0.62 |
| 80 | -20 | 17.6 | 0.21 | 80 | -40 | 35.3 | 0.42 | 80 | -60 | 67.2 | 0.80 |
| 100 | -18 | 21.0 | 0.25 | 100 | -40 | 43.7 | 0.52 | 100 | -67 | 80.6 | 0.96 |
| 120 | -14 | 25.1 | 0.30 | 120 | -39 | 50.4 | 0.60 | 120 | -69 | 90.7 | 1.08 |
| 140 | -10 | 28.5 | 0.34 | 140 | -33 | 57.1 | 0.68 | 140 | -65 | 99.9 | 1.19 |
| 160 | 0 | 31.1 | 0.37 | 160 | -20 | 60.5 | 0.72 | 160 | -60 | 108.3 | 1.29 |
| 180 | 34 | 27.7 | 0.33 | 180 | -12 | 64.7 | 0.77 | 180 | -50 | 112.5 | 1.34 |
| 200 | 65 | 25.2 | 0.30 | 200 | 0 | 65.5 | 0.78 | 200 | -40 | 117.5 | 1.40 |
| 220 | 100 | 23.5 | 0.28 | 220 | 20 | 64.7 | 0.77 | 220 | -20 | 119.2 | 1.42 |
| 240 | 129 | 22.7 | 0.27 | 240 | 40 | 61.3 | 0.73 | 240 | 0 | 120.9 | 1.44 |
| 260 | 140 | 21.8 | 0.26 | 260 | 60 | 57.1 | 0.68 | 260 | 17 | 118.4 | 1.41 |
| 280 | 142 | 22.7 | 0.27 | 280 | 78 | 53.7 | 0.64 | 280 | 23 | 115.9 | 1.38 |
| 300 | 142 | 22.7 | 0.27 | 300 | 80 | 52.9 | 0.63 | 300 | 35 | 110.8 | 1.32 |
| | | | | 320 | 80 | 52.9 | 0.63 | 340 | 39 | 107.5 | 1.28 |
| | | | | 340 | 80 | 53.7 | 0.64 | 380 | 40 | 106.6 | 1.27 |

확인 이 용 준 (인)

# 직접전단시험

과 업 명 토질역학실험 3조 시험날짜 1997 년 3 월 30 일
조사위치 아주대학교 다산관 온도 17 [℃] 습도 65 [%]
시료번호 B-4 시료위치 0.3 [m] ~ 0.7 [m] 시험자 김 용 설

| 재 하 | 재하방법 ( 응력, **변형율**, 병용 ) 제어 | 재하속도 ( 0.66 [mm/min], ____ [kgf/cm²/min]) |
|---|---|---|
| 시 료 | 지반분류 USCS SP | 시료상태 (**교란**, 비교란) |

| 공 시 체 번 호 | | | No. 1 | No. 2 | No. 3 |
|---|---|---|---|---|---|
| 수직응력 | $\sigma$ | kgf/cm² | 0.51 | 1.01 | 2.01 |
| 파괴상태 | 전단응력 $\tau_f$ | kgf/cm² | 0.37 | 0.78 | 1.44 |
| | 수평변위 $D_{hf}$ | mm | 1.6 | 2.05 | 2.4 |
| | 수직변위 $D_{vf}$ | mm | 1.42 | 0.8 | 0.4 |
| | 간극비 | $e_f$ | 0.59 | 0.59 | 0.59 |

$D_{hf} - D_h$ , $\tau - D_h$ 관계

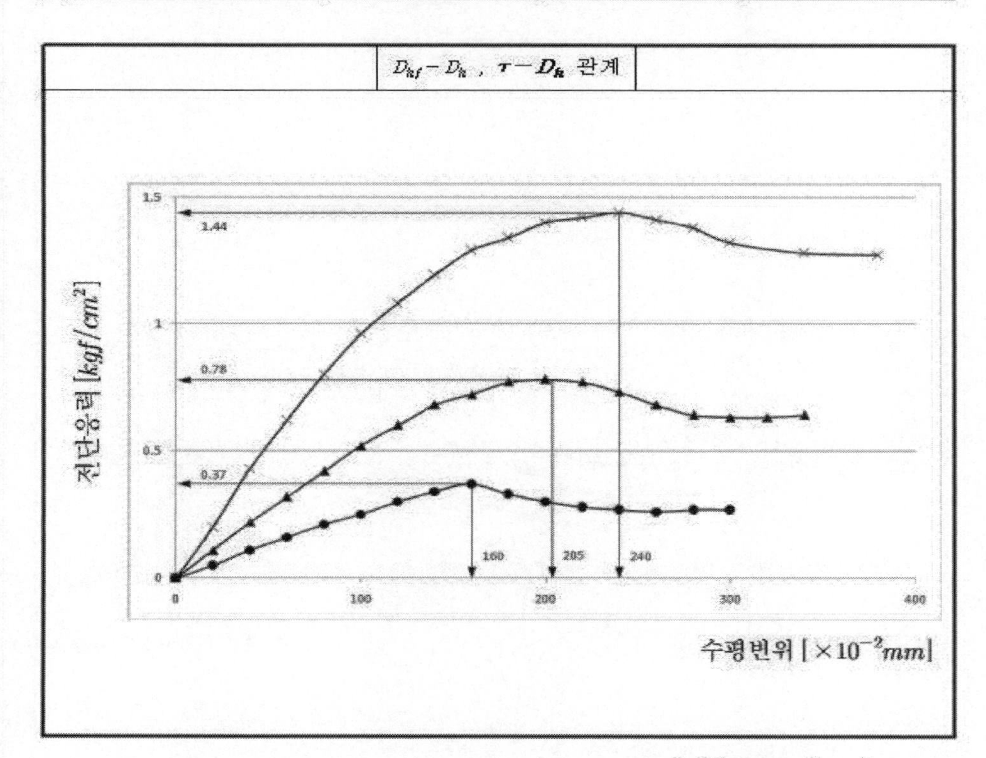


수평변위 $D_h$ 1.2 [mm]

확인 이 용 준 (인)

# 직접전단시험

과 업 명: 토질역학실험 3조 시험날짜: 1997 년 3 월 30 일
조사위치: 아주대학교 다산관 온도: 17 [℃] 습도: 65 [%]
시료번호: B-4 시료위치: 0.3 [m] ~ 0.7 [m] 시험자: 김 용 설

| 재 하 | 재하방법 ( 응력, **변형율**, 병용 ) 제어 | 재하속도 ( 0.66 [mm/min], ____ [kgf/cm²/min]) |
|---|---|---|
| 시 료 | 지반분류 USCS SP | 시료상태 (**교란**, 비교란) |

| 공 시 체 번 호 | | | No. 1 | No. 2 | No. 3 |
|---|---|---|---|---|---|
| 수직응력 | $\sigma$ | kgf/cm² | 0.51 | 1.01 | 2.01 |
| 파괴상태 | 전단응력 $\tau_f$ | kgf/cm² | 0.37 | 0.78 | 1.44 |
| | 수평변위 $D_{hf}$ | mm | 1.6 | 2.05 | 2.4 |
| | 수직변위 $D_{vf}$ | mm | 1.42 | 0.8 | 0.4 |
| | 간극비 | $e_f$ | 0.59 | 0.59 | 0.59 |

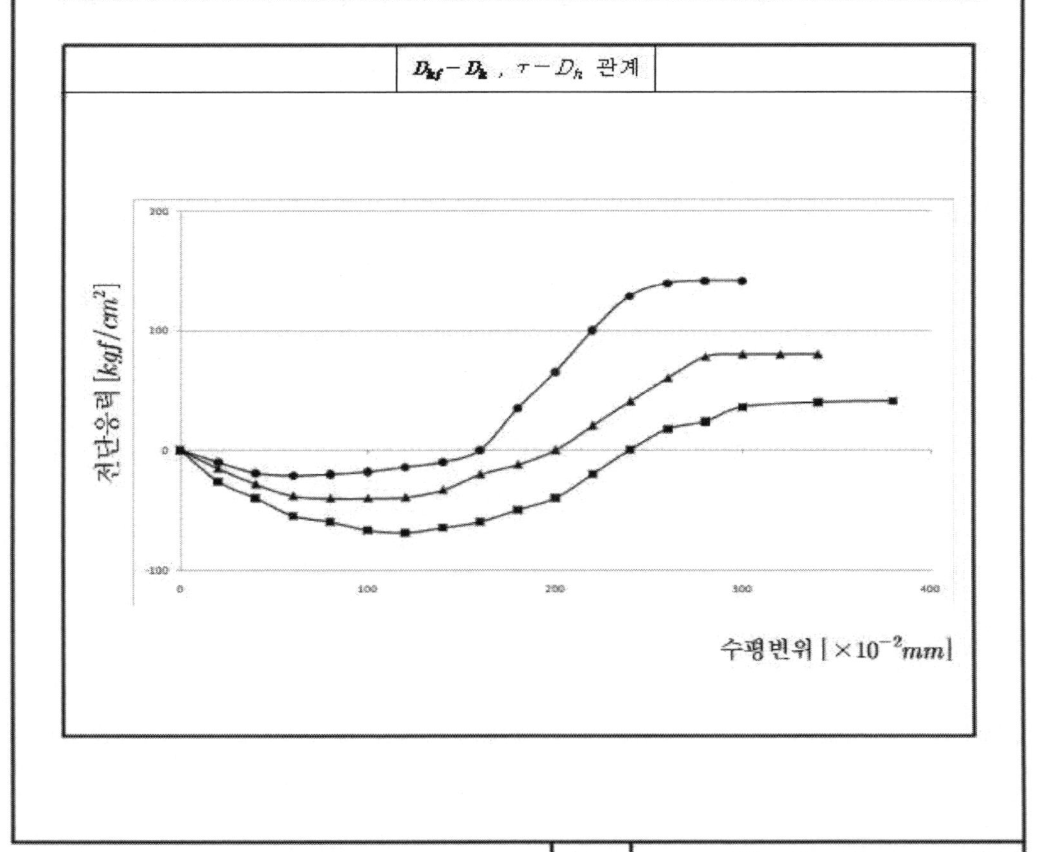


| 확인 | 이 용 준 (인) |
|---|---|

# 직접전단시험

과 업 명 토질역학실험 3조 시험날짜 1997 년 3 월 30 일
조사위치 아주대학교 다산관 온도 17 [℃] 습도 65 [%]
시료번호 B-4 시료위치 0.3 [m] ~ 0.5 [m] 시험자 김 용 설

| 재 하 | 재하방법 ( 응력, **변형율**, 병용 ) 제어 | 재하속도 ( 0.66 [mm/min], ____ [kgf/cm²/min]) |
|---|---|---|
| 시 료 | 지반분류 USCS SP | 시료상태 (**교란**, 비교란) |

| 강도정수 | C [kgf/cm²] | Φ [ °] | C ′ [kgf/cm²] | Φ ′ [ °] |
|---|---|---|---|---|
| 정규압밀영역 | 0.02 | 34 | | |
| 과압밀영역 | | | | |

***(τ-σ)***, ε-σ 관계

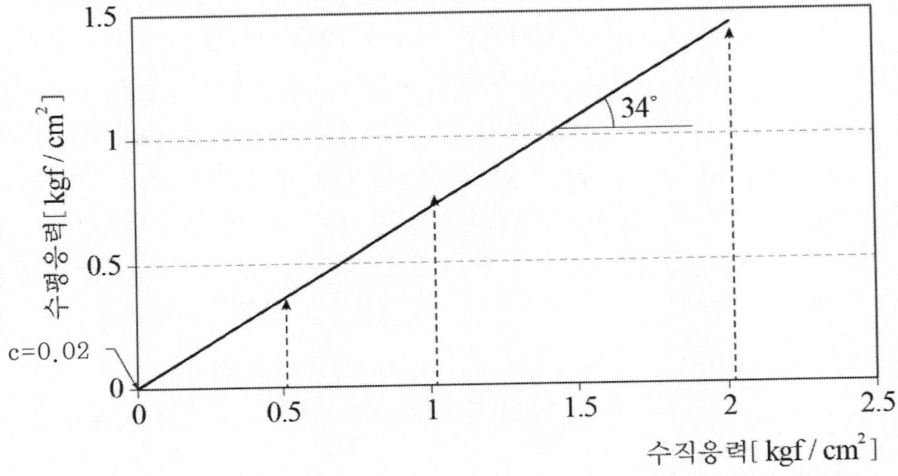

확인 이 용 준 (인)

# 8.4 흙의 일축압축시험(KS F 2314)

## 8.4.1 개 요

일축압축시험은 점착력이 있는 시료를 원추형 공시체로 만들어 측압을 받지 않는 상태에서 축하중을 가하여 전단파괴시켜서 시료의 전단강도를 결정하는 방법이며 한국산업규격 KSF2314에 규정되어 있다. 점착력이 없는 흙은 성형이 되지 않으므로 일축압축시험을 수행할 수 없다. 물체가 전단파괴될 때에는 파괴면은 주응력면과 $45+\phi/2$ 각도를 이루므로 일축압축시험을 하여 주응력면과 파괴면 각도를 측정하면 전단저항각을 결정할 수 있다. 흙의 점착력은 파괴면의 형태에 영향을 미치지 않으므로 파괴면의 각도를 측정하여 흙의 전단저항각을 결정할 수 있다.

전단저항각이 $\phi_u$이라면 Mohr - Coulomb 파괴포락선은 가로축과 나란한 수평선을 이루고 점착력은 다음과 같다.

$$c_u = \frac{q_u}{2}\tan\left(45° - \frac{\phi}{2}\right)$$

그러나 비교적 단단한 점토를 제외하고는 파괴면이 명확히 나타나지 않으므로 전단저항각의 측정이 어렵다. 전단저항각이 영이어서 Mohr - Coulomb의 파괴포락선은 가로축과 나란한 수평선을 이루고 점착력은, $c_u = q_u/2$로 나타낼 수 있다. 이때 $q_u$를 일축압축강도 또는 비배수압축강도라고 한다. 대체로 소성지수가 $I_p \geq 30$인 흙에서도 일축압축시험결과를 $\phi_u = 0$해석에 적용할 수 있고 $I_p < 10$인 경우에는 적용이 불가능하다. 결국 이 시험법은 전단저항각이 영에 가깝고 균열이 없으며 거의 포화된 점성토에서 좋은 결과를 얻을 수 있다. 일축압축시험은 실제 현장조건과 부합하지는 않지만, 시험방법이 간단하고 결과를 빨리 알 수가 있는 장점이 있다. 이 시험으로 얻은 전단강도는 사면이나 시공 직후 하부구조물의 안정계산이나 비배수 조건으로 기초 지지력을 계산하는 경우에 사용된다.

비교란 시료의 일축압축강도와 같은 함수비로 반죽한 교란시료의 일축압축강도의 비를 예민비라고 한다.

시험 중에 시료의 교란이 불가피하므로 실제보다 약간 작은 안전측의 일축압축강도가 구해지며, 특히 대단히 견고한 지반이나 불포화 지반에서는 일축압축강도가 과소평가되는 경우가 많다. 정확한 흙의 전단강도는 삼축시험을 실시하여 구해야 한다.

**표 8.6 점토의 컨시스턴시와 일축압축 강도와의 관계**

| 컨 시 스 턴 시 | $N$ 치 | 일축압축강도, $q_u$[kgf/cm$^2$] |
|---|---|---|
| 대단히 연약 | < 2 | < 0.25 |
| 연약 | 2~4 | 0.25~0.5 |
| 중간 | 4~8 | 0.5~1.0 |
| 견고 | 8~15 | 1.0~2.0 |
| 대단히 견고 | 15~30 | 2.0~4.0 |
| 고결 | > 30 | > 4.0 |

$\phi_u \neq 0$인 흙에서는 일축시험결과를 이용하여 다음과 같이 비배수전단강도와 점착력을 구할 수 있다.

$$S_u = \frac{1}{2} q_u \cdot \cos \phi_u$$

$$c_u = \frac{1}{2} q_u \cdot \tan\left(45° - \frac{\phi_u}{2}\right)$$

점토에서 일축압축강도는 점토의 컨시스턴시(consistency)를 결정하는 하나의 지표로 삼을 수 있다. 컨시스턴시와 일축압축강도와의 관계는 표 8.6과 같다.

## 8.4.2 시험장비

① 일축압축 시험기

일축압축 시험기는 압축장치, 검력계 및 다이얼 게이지로 구성된다.

압축장치 : 공시체 높이의 15 % 이상 계속 압축변형을 가할 수 있는 것이라야 한다.

검력계 : 공시체의 강도에 따라 30~100 kgf 의 용량의 것이라야 한다.

다이얼 게이지 : 공시체 높이의 20 %까지 잴 수 있는 것이라야 한다.

② 마이터 박스(Miter Box)

박스를 분리할 수 있고 그 안지름이 공시체의 지름보다 0.4 mm 정도 크며 양끝이 축방향에 직각이어야 한다.

③~⑥ 공시체 제작용구 :

트리머(Trimmer), 줄톱 및 곧은날, 버니어 캘리퍼스, 스패츌라

⑦ 각도기

⑧ 비닐시트

⑨ 셀룰로이드판(두께 0.2 mm)

⑩~⑬ 함수비 측정기구 : 캔, 저울, 데시케이터, 건조로

## 8.4.3 시험방법

### (1) 공시체의 제작

**1) 비교란 시료**

① 시료튜브로부터 시료를 빼내어 흐트러진 부분을 제거하고 공시체 지름 및 높이보다 약 20% 크게 잘라낸다.

② 시료를 트리머 위에 세우고 줄톱으로 주변을 깎아서 원주형 공시체를 만든다. 흙을 잘라낼 때는 공시체가 교란될 염려가 있으므로 한번에 자르지 않고 여러 번으로 나누어 잘라낸다. 공시체의 직경은 35 또는 50[mm], 높이는 직경의 1.8~2.5배로 한다.

③ 잔여 흙시료 중에서 대표되는 흙 시료를 3개 채취하여 함수비 $w$를 측정한다.

④ 원주로 깎은 시료를 마이터 박스에 넣어 옆으로 눕혀 놓고 줄톱 또는 시료칼로 마이터 박스의 단면을 따라 잘라낸다.

⑤ 잘라낸 시료는 교란시료시험에 사용해야 하므로 마르지 않도록 잘 보관한다.

⑥ 공시체의 무게를 달고 직경과 높이를 측정하여 부피를 계산하고 습윤단위중량을 구한다. 직경은 공시체의 상중하에서 측정하여 평균한 값을 사용한다.

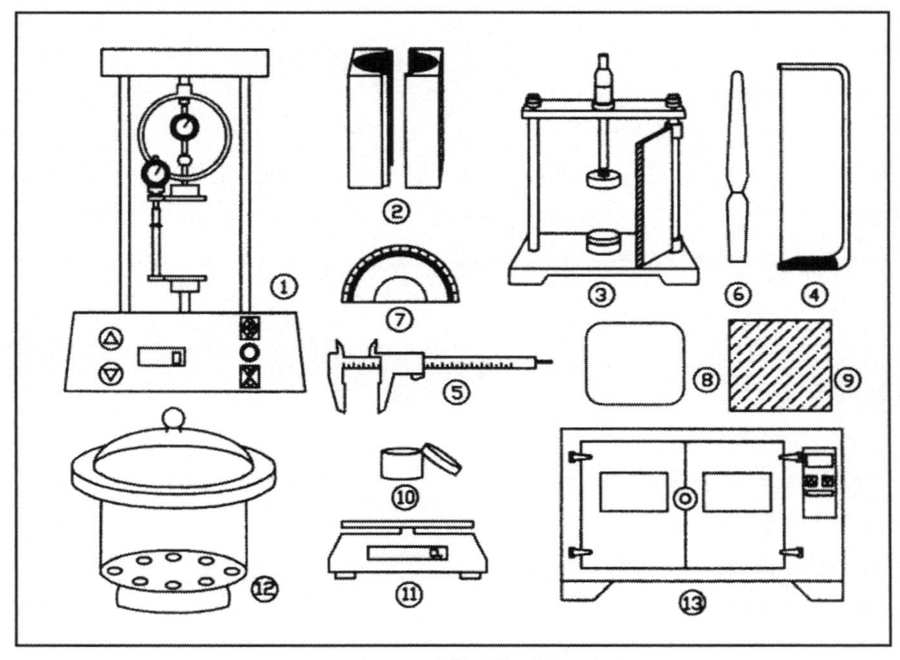


그림 8.22 일축압축시험 장비

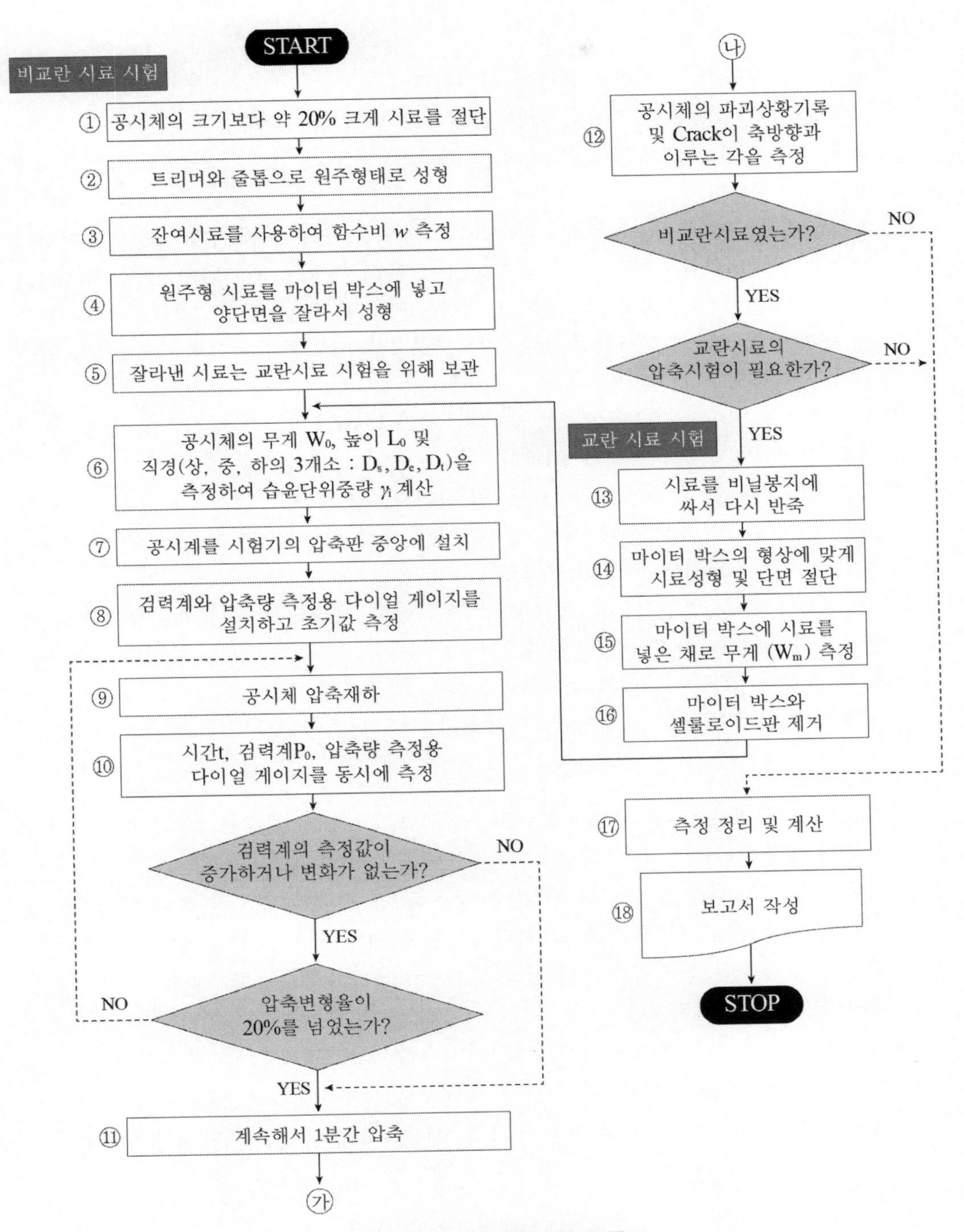


그림 8.23 일축압축시험 흐름도

## (2) 시험방법

⑦ 공시체를 시험기 압축판의 중앙에 설치한다.

⑧ 그 상면과 가압판을 접촉시킨 다음 검력계를 점검하고 검력계 다이얼게이지의 바늘을 0에 맞추고 기록한다. 압축량 측정용 다이얼 게이지를 붙이고 바늘을 0에 맞춘다.

⑨ 공시체를 압축한다. 공시체를 압축시키는 방법은 변형률 제어법과 응력제어법이 있으며 일반적으로 기계조작이 용이하고 간편한 변형률 제어법이 많이 사용되고 있다. 변형률 제어법으로 재하할 때 재하속도가 시험결과에 큰 영향을 끼치므로, 즉 속도를 빨리 할수록 더 큰 값을 얻으므로 1분간 공시체 높이의 0.5~2%의 압축 일어나는 속도가 적절하다.

⑩ 압축량이 일정한 양으로 증가할 때마다 시간과 검력계의 다이얼게이지 및 변위 측정 다이얼게이지를 동시에 읽는다.

⑪ 검력계의 다이얼 읽음이 감소하기 시작하거나, 압축력이 최대가 되고 나서 계속해서 변형이 2% 이상 생기거나, 압축력이 최댓값의 2/3 정도로 감소하거나 변형률이 15%에 도달하면 압축을 종료한다.

일축압축시험은 일반적으로 건조한 실험실에서 행해지므로 재하중에 공시체의 함수비가 변하고 시험시간이 길면 강도에 영향을 끼칠 수 있다. 따라서 약 10분 내에 파괴에 이르도록 해야 한다.

⑫ 공시체의 파괴 상태를 기록하고, 파괴면과 공시체 전면의 각도를 측정한다.

2) 교란시료 시험

⑬ 시료를 함수비가 변하지 않도록 비닐로 싸서 조금씩 회전시키면서 10분 이상 충분히 반죽한다.

⑭ 마이터 박스의 내면에 셀룰로이드판을 두르고 그 속에 교란시킨 흙을 넣고 잘 다져서 단위중량이 고르게 되도록 한다. 시료는 여러 층으로 나누어 넣고 각 층이 충분히 밀착하여 전체가 균질해지도록 다짐봉으로 채워 넣고 마이터 박스 양끝에 나온 시료를 잘라낸다.

⑮ 마이터 박스에 시료를 넣은채로 (마이터박스+시료)무게 $W_{mf}$를 측정한다.

⑯ 마이터박스와 셀룰로이드판을 제거한다. 공시체의 성형이 끝나면 무게 $W_t$를 측정하고 직경 $D$와 높이 $H$를 측정하여 부피 $V$를 계산하고 습윤단위중량 $\gamma_t$를 구한다. 직경은 공시체의 상중하 3곳에서 측정하여 평균한 값을 사용한다.

## 8.4.4 계산 및 결과정리

① 데이타 쉬트를 작성한다.

② 공시체의 압축전상태를 정리한다.

직경(평균) $D = (D_t + 2D_c + D_b)/4$

여기서, $D_t$, $D_c$, $D_b$ : (상부, 중부, 하부) 직경

단면적 $A_0 = \dfrac{\pi D^2}{4}$

습윤단위중량 $\gamma_t = \dfrac{W}{L_0 A_0}$

여기서, $W$ : 공시체무게 = (공시체 + 셀룰로이드 + 마이터박스)무게 - 마이터박스.
무게 - 셀룰로이드무게

$L_0$ : 공시체 높이

③ 공시체의 압축상태

ⓐ 압축변형률 $\epsilon$ :

압축변형률 $\epsilon$은 시험전 공시체의 길이가 $L_0$이고, 하중을 받아 공시체의 길이가 $\triangle L$만큼 변화했다면 그 공시체의 변형량 $\triangle L$을 원래길이 $L_0$로 나누어 구한다.

$$\epsilon = \frac{\triangle L}{L_0} \times 100 \ [\%]$$

ⓑ 단면적(압축변형률 $\epsilon$에 대한) $A$ :

공시체에 하중을 가하면 압축변형이 커질수록 원래의 단면적은 그대로 있지 않고 증가한다. 실제로는 공시체의 상, 하단은 판과의 마찰 때문에 거의 변하지 않고, 중앙 부분의 단면적은 커져서 항아리 모양이 된다. 그러나 공시체 전 부피는 시험 중 변화가 없다고 가정하여 하중증가에 대응하는 공시체의 전 면적을 수정한다(그림 8.15) 시험 전 전부피를 $V$라고 하면, $V = A_0 \times L_0$이고, 하중을 받아 공시체의 길이가$\triangle L$만큼 변화했다면 그때의 부피 $V$는 $V = A \times (L_0 - \triangle L)$이다. 공시체의 부피는 시험 중 변화가 없다고 가정하면 $A_0 \times L_0 = A \times (L_0 - \triangle L)$이 된다.

따라서 이 식을 풀면 압축변형률 $\epsilon$[%]에 대한 공시체 단면적은 다음이 된다.

$$A = \frac{A_0}{1 - \epsilon/100} \ [\text{cm}^2]$$

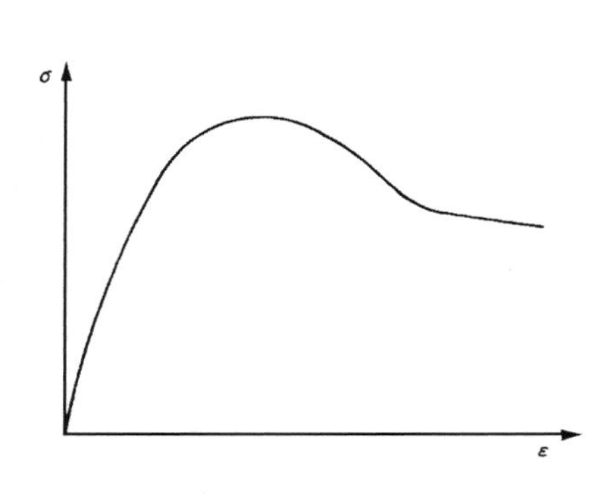


그림 8.24 일축압축시험 결과 $\sigma-\epsilon$

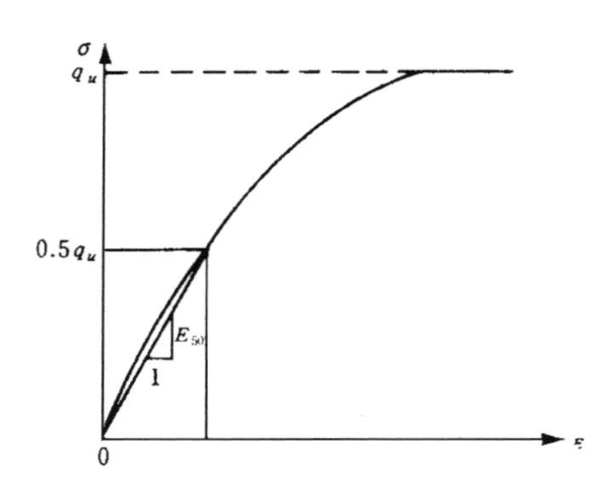


그림 8.25 변형계수 $E_{50}$ 결정

ⓒ 압축응력(압축변형률 $\epsilon$에 대한) $\sigma$:

압축응력 $\sigma$는 압축변형률 $\epsilon$일 때에 공시체에 작용하는 압축하중 $P$를 수평단면적 $A$로 나눈 값이다.

$$\sigma=\frac{P}{A}\ \ [\mathrm{kgf/cm^2}]$$

④ 압축변형률(가로축) - 압축응력(세로축) 관계 $\sigma-\epsilon$곡선을 그린다.

⑤ 일축압축시험에서 최대압축응력 $\sigma_{\max}$을 일축압축강도 $q_u$라고 정의한다. 교란시료에 대한 압축시험을 실시하면 변형률의 증가에 따라 압축력도 계속해서 증가하여 최댓값이 뚜렷하지 않을 때가 있다. 이 경우에는 변형률 15 % 에 대응하는 압축응력 $\sigma_{15}$을 일축압축강도 $q_u$로 정한다.

⑥ 변형계수 $E_{50}$:

흙의 응력-변형률 $\sigma-\epsilon$ 곡선은 일반적으로 위로 볼록한 곡선으로 나타나며, 다만 초기의 곡선 부분에서는 거의 직선상이다. 따라서 $0.5q_u$되는 응력까지는 직선이라고 가정하고 할선계수(Secant modulus) 개념의 변형계수 $E_{50}$을 다음과 같이 구한다.

$$E_{50}=\frac{0.5q_u}{0.5q_u\text{에 대응하는 변형률}/100}$$

⑦ 예민비 :

예민비 $S$는 여러 가지 방법으로 구할 수 있으나 대개 Terzaghi 방법이 사용되며, 비교란 상태 일축압축강도 $q_u$를 교란상태 일축압축강도 $q_{ur}$로 나눈 값이다.

$$S=\frac{q_u}{q_{ur}}$$

## 8.4.5 결과의 이용

일축압축강도는 점성토지반의 컨시스턴시를 판별하거나 예민비를 응용하여 점성토 지반의 안전율을 정하는 데에 이용한다.

**1) 일축압축강도와 점성토의 컨시스턴시**

점성토에서 컨시스턴시는 일축압축강도와 다음의 관계가 있다.

| 컨 시 스 턴 시 | 일 축 압 축 강 도<br>$q_u$ [kgf/cm$^2$] | 점 착 력<br>$c$ [kgf/cm$^2$] |
|---|---|---|
| 대 단 히 연 약 | $q_u < 0.3$ | $c < 0.15$ |
| 연 약 | 0.3~0.6 | 0.15~0.30 |
| 중 간 | 0.6~1.2 | 0.30~0.60 |
| 약 간 굳 음 | 1.2~2.4 | 0.60~1.20 |
| 대 단 히 굳 음 | $2.4 < q_u$ | $1.20 < c$ |

**2) 예민비에 따른 점성토 지반의 안전율**

점성토지반에 설치되는 기초의 안전율은 지반의 예민비를 고려하여 다음의 값을 적용해야 한다.

| 예 민 비 | 안 전 율 |
|---|---|
| 10 이하 | 3 |
| 10~15 | $1 \sim S/5$ |
| 10 이상 | 4 |

# 일축압축시험

과 업 명 ___4조 토질역학실험___ 시험날짜 ___1996___ 년 ___5___ 월 ___22___ 일

조사위치 ___아주대학교 팔달관___ 온도 ___17___ [℃] 습도 ___68___ [%]

시료번호 ___B-4___ 시료위치 ___0,3___ [m] ~ ___1,0___ [m] 시험자 ___변 혁 희___

| 시험 조건 | 지반분류 USCS ___SC___ | 시료상태 ( **교란**, 비교란 ) |
|---|---|---|
| | 재하방법 ( 응력, **변형율**, 병용 ) 제어 | 재하속도 ( ___0,86___ [mm/min], ______ [kgf/cm²/min] ) |
| | 축력계 ( Proving Ring No. 13256 Load Cell No. ) | 축력보정계수 $K$ 0,3367 |

|  |  | | |
|---|---|---|---|
| 공시체 직경 $D$ | 상 3,50 [cm] / 중 3,51 [cm] / 하 3,50 [cm] / 평균 3,50 [cm] | | |
| 재하전 칫수 | 높이 $H$ 8,8 [cm] / 단면적 $A$ 9,62 [cm²] / 체적 $V$ 84,66 [cm³] | | |
| 무게/단위중량 | 습윤상태무게 $W_t$ 170,37 [gf] / 습윤단위중량 $\gamma_t$ 2,01 [gf/cm³] | | |
| 함수비 $w$ [%] | 용기번호 가 $w$ = 18,8 % | 용기번호 나 $w$ = 19,2 % | 용기번호 다 $w$ = 18,4 % |
| $W_t$ : (습윤시료 + 용기)무게 [gf] | $W_t$ 155,51 [gf] $W_d$ 148,88 [gf] | $W_t$ 141,19 [gf] $W_d$ 135,28 [gf] | $W_t$ 201,45 [gf] $W_d$ 186,87 [gf] |
| $W_d$ : (노건조시료 + 용기)무게 [gf] | $W_d$ 148,88 [gf] $W_c$ 113,62 [gf] | $W_d$ 135,28 [gf] $W_c$ 104,51 [gf] | $W_d$ 186,87 [gf] $W_c$ 107,65 [gf] |
| $W_c$ : 용기무게 [gf] $W_w$ : 물의무게 [gf] | $W_w$ 6,63 [gf] $W_s$ 35,26 [gf] | $W_w$ 5,91 [gf] $W_s$ 30,77 [gf] | $W_w$ 14,58 [gf] $W_s$ 79,22 [gf] |
| $W_s$ : 노건조시료 무게 [gf]<br>$w = W_w / W_s \times 100$ [%] | 평균 함수비 $w$ = 18,8 % | | |

| 축압축량 읽음 | 축압축량 $\Delta H$ [mm] | 압축변형률 ※1 $\epsilon$ [%] | 축력 읽음 $R$ | 축력 ※2 $P$ [kgf] | 단면보정 $1-\frac{\epsilon}{100}$ | 압축응력 ※3 $\sigma$ [kgf/cm²] |
|---|---|---|---|---|---|---|
| 0 | 0 | 0 | 0 | 0 | 1 | 0 |
| 60 | 0,6 | 0,682 | 13,9 | 4,68 | 0,9932 | 0,4832 |
| 120 | 1,2 | 1,36 | 22,1 | 7,44 | 0,9864 | 0,7630 |
| 180 | 1,8 | 2,05 | 29,0 | 9,76 | 0,9795 | 0,9942 |
| 240 | 2,4 | 2,73 | 35,0 | 11,78 | 0,9727 | 1,1916 |
| 300 | 3,0 | 3,41 | 39,9 | 13,43 | 0,9659 | 1,3489 |
| 360 | 3,6 | 4,09 | 43,2 | 14,55 | 0,9591 | 1,4502 |
| 420 | 4,2 | 4,77 | 47,0 | 15,82 | 0,9523 | 1,5665 |
| 480 | 4,8 | 5,45 | 49,1 | 16,53 | 0,9545 | 1,6248 |
| 540 | 5,4 | 6,14 | 51,3 | 17,27 | 0,9386 | 1,6853 |
| 600 | 6,0 | 6,82 | 53,2 | 17,91 | 0,9318 | 1,7350 |
| 660 | 6,6 | 7,50 | 54,5 | 18,35 | 0,9250 | 1,7644 |
| 720 | 7,2 | 8,18 | 55,7 | 18,75 | 0,9182 | 1,7900 |
| 780 | 7,8 | 8,86 | 56,2 | 18,92 | 0,9114 | 1,7927 |
| 840 | 8,4 | 9,55 | 56,3 | 18,96 | 0,9045 | 1,7830 |
| 900 | 9,0 | 10,23 | 55,0 | 18,51 | 0,8977 | 1,7281 |
| 960 | 9,6 | 10,91 | 53,9 | 18,15 | 0,8909 | 1,6807 |
| 1020 | 10,2 | 11,59 | 50,8 | 17,10 | 0,8841 | 1,5719 |
| 1080 | 10,8 | 12,27 | 47,7 | 16,06 | 0,8773 | 1,4647 |
| 1140 | 11,4 | 12,95 | 45,0 | 15,15 | 0,8705 | 1,3710 |
| 1200 | 12,0 | 13,64 | 40,2 | 13,54 | 0,8682 | 1,2151 |

참 고 : ※1 $\epsilon = \frac{\Delta H}{H} \times 100$ [%], ※2 $P = R \cdot K$, ※3 $\sigma = \frac{P}{A}\left(1-\frac{\epsilon}{100}\right)$

확인 ___이 용 준___ (인)

# 일축압축시험

과 업 명 4조 토질역학실험 시험날짜 1996 년 5 월 22 일
조사위치 아주대학교 팔달관 온도 17 [℃] 습도 68 [%]
시료번호 B-4 시료위치 0.3 [m] ~ 1.0 [m] 시험자 변 혁 희

| 시험 조건 | 지반분류 USCS SC | | | 시료상태 ( **교란** 비교란 ) | | |
|---|---|---|---|---|---|---|
| | 재하방법 ( 응력, **변형율**, 병용 ) 제어 | | 재하상태 [mm/min], [kgf/cm²/min] | | | |
| | 액성한계 $w_L$ 46.0 [%] | | 소성한계 $w_P$ 17.2 [%] | 소성지수 $I_P$ 28.8 [%] | | 비중 $G_s$ 2.63 |
| 공시체 | 번 호 | | 1 | 2 | 3 | 4 |
| | 직경 $D_o$ / 높이 $H_o$ | cm | $D_o$ 3.5 / $H_o$ 8.8 | $D_o$ / $H_o$ | $D_o$ / $H_o$ | $D_o$ / $H_o$ |
| | 습윤단위중량 $\gamma_t$ | gf/cm³ | 2.01 | | | |
| | 함 수 비 $w$ | % | 18.8 | | | |
| | 간 극 비 $e$ | | 0.55 | | | |
| | 포 화 도 $S_r$ | % | 89.9 | | | |
| 일축압축강도 $q_u$ | | kgf/cm² | 1.79 | | | |
| 파괴시 변형률 $\epsilon_f$ | | % | 8.86 | | | |
| 예 민 비 $S_t$ | | | | | | |

응력 - 변형율 곡선

압축응력 (kgf/cm²)
2.0
1.5
1.0
0.5
0 2 4 6 8 10 12 14
압축변형률 [%]

공시체 파괴형상
No.1
No.2
No.3
No.4

확인 이 용 준 (인)

# 8.5 베인시험(KS F 2342)

## 8.5.1 개 요

일반적으로 점성토의 전단강도는 원위치에서 교란되지 않은 상태로 채취한 비교란 시료에 대하여 실내에서 전단시험을 실시하여 구한다. 그러나 특히 연약한 점성토는 샘플링이나 공시체 성형시에 쉽게 교란되므로 실내시험으로는 원위치에서 점성토가 갖고 있는 전단강도를 정확히 구할 수 없는 경우가 많다. 베인시험은 이와 같은 문제를 해결하기 위하여 고안되었으며 샘플링에서 공시체 성형에 이르기까지 시험과정에서의 시료교란과 시험오차를 제거할 수 있다는 이점이 있다.

베인시험은 시료를 채취하지 않고 십자형의 날개가 달린 베인을 흙 속에 관입하여 회전시키면서 저항체(날개)에 의하여 원통형의 전단면이 형성되는 데에 필요한 힘, 즉 전단저항력(점착력)을 측정하여 연약한 점성토의 원위치 전단강도를 현장에서 측정하는 시험이다.

베인시험은 비배수조건의 사면안정이나 구조물의 지지력을 산정하는 데 필요한 자료를 얻을 수 있는 비배수 강도시험이다.

**1) 측정방법에 따른 분류**

측정방법에 따라 변형률제어형(Strain - Control)과 응력제어형(Stress - Control)으로 분리된다.

ⓐ 변형률 제어(Strain - Control)형 :

회전각 속도를 일정하게 유지하면서 지반을 전단시켜서 이에 대응하는 저항력을 측정하는 방식이다. 현재 사용하고 있는 대부분의 장치는 이 형식에 속하며 기어식, 수동레버식, 토크렌치식 등이 있다.

ⓑ 응력제어(Stress - Control)형 :

일정한 회전력을 단계적으로 베인에 가하고 이에 대응하는 회전각을 측정하는 방식이다. 분동재하식이 주가 된다.

**2) 압입방식에 따른 분류**

베인시험은 먼저 보링을 실시하고 보링공 내에서 베인을 압입하여 시험하거나 지반을 보링하지 않고 지표에서 베인에 압력을 가해서 지반에 직접 관입하여 시험하는 방법으로 구분한다.

ⓐ 보링공을 이용하는 방식 :
먼저 보링하고 케이싱을 설치한 후에 보링공 바닥을 청소한 후에 로드(단관)의 선단에 장치한 베인을 내려 교란되지 않은 보링공 바닥의 흙 중에 압입하여 시험한다. 따라서 소요깊이까지 보링과 병행하면서 측정하게 되면 지층의 형상과 공학적 특성자료가 동시에 얻어진다는 이점이 있다.

ⓑ 직접 관입하는 방식 :
2중 구조로 된 로드를 가지고 외관로드선단의 보호 슈의 속에 베인을 넣은 채 지표면으로부터 직접 소요깊이까지 관입시킨다. 보링하지 않고 측정할 때에만 베인을 슈로부터 지반 내에 압입하며, 그 후는 다시 슈에 회수되어 다음 측정 깊이까지 관입시킬 수 있기 때문에 능률적 측정이 가능하다. 한편 견고한 지층에서는 관입이 불가능하며, 또한 토층의 판별이 어려운 단점도 있다.

**3) 베인날개 치수**

베인날개 치수의 적합성은 보통 날개와 축의 단면적비로 나타내며 단면적비가 12% 이하이면 된다.

$$\text{단면적비} = \frac{8T(D-d)+\pi d^2}{\pi D^2} \times 100 \leq 12 \ [\%]$$

여기서, $D$ : 베인의 직경
$T$ : 베인날개 두께
$d$ : 축의 직경

## 8.5.2 시험장비

**1) 현장베인 시험**

보링 후에 실시하는 변형률 제어형 베인시험장치는 다음과 같이 구성된다.

① 베인 및 베인샤프트 :
$D$=5cm, $H$=10cm 의 표준십자형 베인으로, 베인샤프트는 회전마찰을 경감시키는 슬리브가 부착되어 있다. 베인은 교란을 최소로하기 위하여 재료의 강도가 허락하는 한 얇아야 하며 날개하단에는 관입이 용이하도록 날이 있어야 한다. 베인날개의 축은 흙의 교란을 줄일 수 있도록 가늘게(보통 직경 12 mm) 한다.

② 로드 : 보링공을 이용하는 방식에서는 직경 40.5 mm인 것을 사용한다.

③ 베어링 가이드 : 케이싱 파이프의 직경에 맞추어서, 로드 커플링에 장치한 래디얼 볼베어링식이어야 한다.

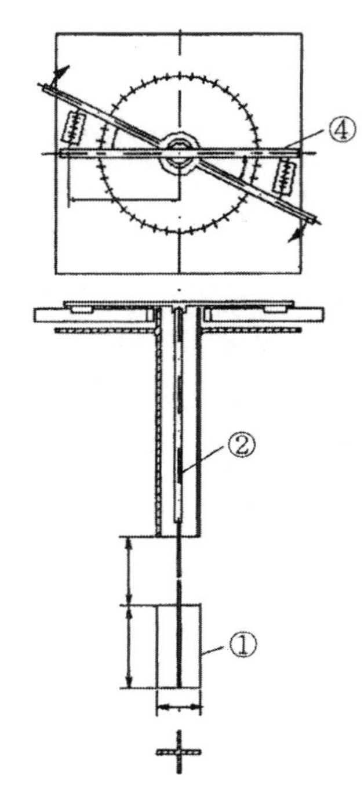


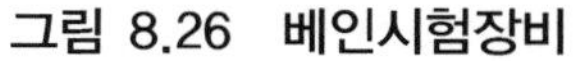

그림 8.26 베인시험장비

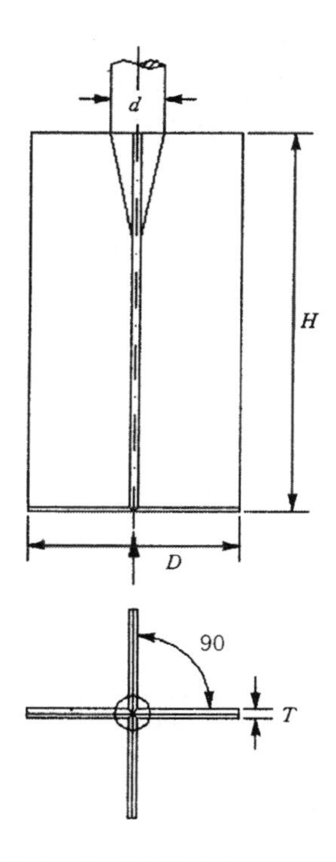


그림 8.27 베인날개

④ 측정장치 :

웜기어 핸들에 의하여 회전눈금원판에 걸친 와이어를 검력계(Proving Ring)를 통하여 감아서 회전모멘트를 주는 변형률 제어형식이 자주 사용한다.

⑤ 가대 :

측정장치를 보링구멍의 바로 위에 설치하고 지면에 앵커시키기 위해서 필요하다.

⑥ 케이싱 인발기 :

시험이 끝난 후 케이싱을 인발하기 위한 장비이다. 보통삼각대가 자주 이용된다.

## 8.5.3 시험방법

① 소요깊이까지 보링공을 굴착한다. 보링공의 직겨은 베인직경보다 충분히 커야 한다.

② 베인을 로드에 연결하여 보링공 밑바닥까지 조심해서 내리고 로드상단에 측정장치를 설치한다. 풀림으로 인한 로드의 분실을 방지하기 위하여 보링공에 내리기 전에 연결상태를 확인한다.

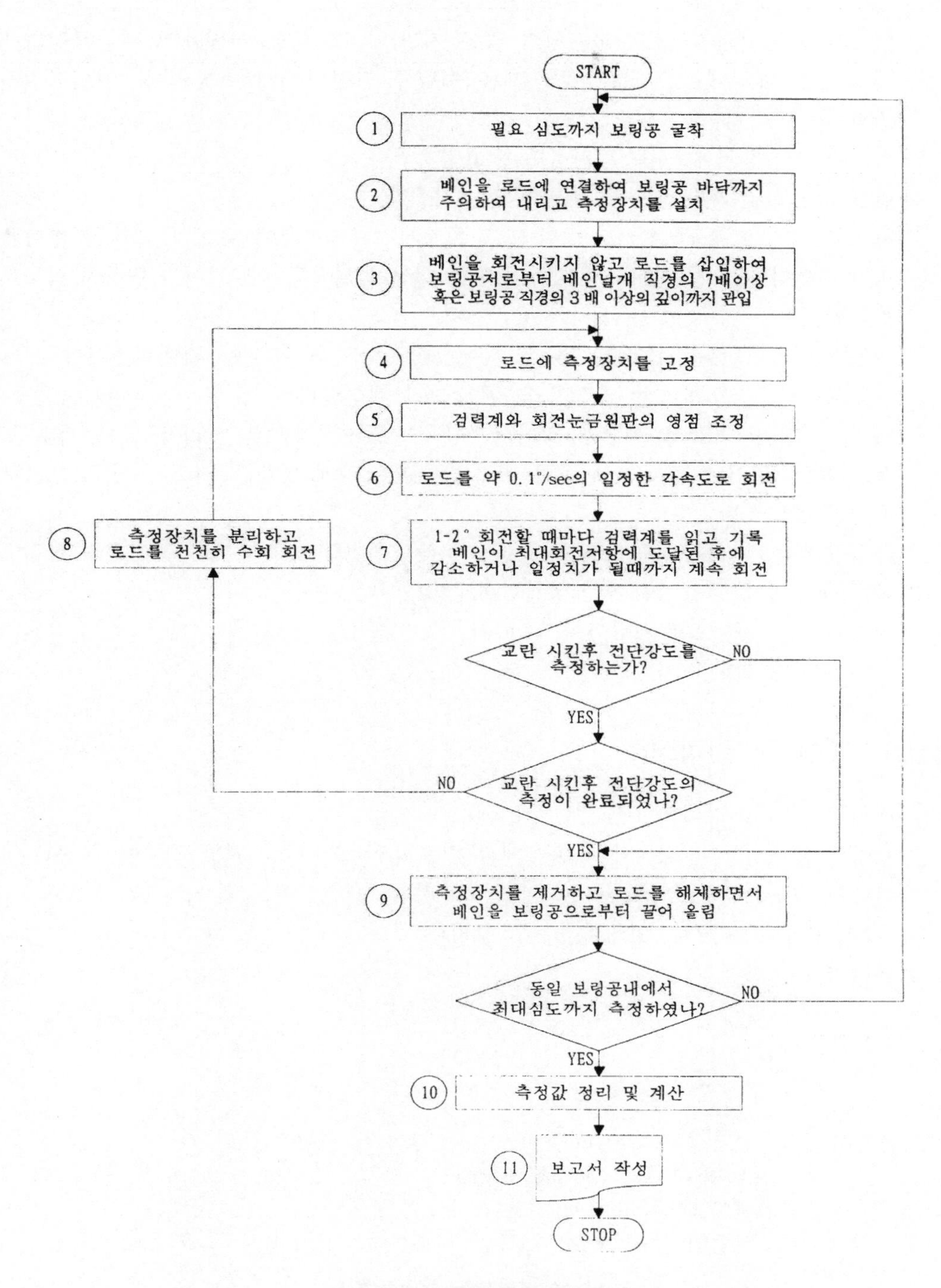


그림 8.28 베인시험의 흐름도

③ 베인을 회전시키지 않고 교란되지 않은 지반, 즉 보링공 저면에서 베인직경의 5배(표준형 베인에서 25cm) 이상 혹은 보링공 직경의 3배 이상 되는 깊이까지를 관입시킨다.
④ 로드가 측정장치에 의해 회전하도록 고정시킨다.
⑤ 검력계와 회전눈금 원판을 영(0)에 일치시킨다.
⑥ 로드를 약 0.1°/sec(6°/min)의 속도로 회전시킨다. 이때에 로드가 풀리는 방향을 미리 확인하여 회전방향을 정한다. 베인을 회전시키는 동안에 깊이가 변하지 않도록 주의한다.
⑦ 회전각 1°～2°마다 검력계를 읽고 기록하여 흙 속의 베인이 최대회전저항을 나타내고 다시 감소하거나 일정치가 될 때까지 계속한다.
⑧ 베인시험하는 동안에 배수가 일어나거나 보링공이 넓혀질 염려가 있는 사질토, 실트 또는 돌이나 조개껍질 등이 있으면 시험결과에 영향을 미칠 수가 있으므로 시험을 중단한다.
⑨ 측정장치를 제거하고 로드를 떼어내면서 베인을 보링공으로부터 끌어올린다.
⑩ 동일 보링공에서 깊이를 변화시키면서 측정한다.
⑪ 측정결과를 정리하고 계산한다.
⑫ 보고서를 작성한다.

## 8.5.4 계산 및 결과정리

① 데이타 쉬트를 정리한다.
② 기록한 회전각도와 검력계의 읽음에서 회전각도 $\alpha$와 하중 $P$를 구하여 $P-\alpha$ 곡선을 그린다(그림 8.29). 이 곡선으로부터 최대하중 $P_{\max}$을 구한다.
③ 측정심도별 회전각도-최대하중값을 구한다.
④ 전단강도를 산출한다.

$$\tau_f = \frac{M_{\max}}{\pi\left(\frac{D^2H}{2}+\frac{D^3}{6}\right)} = \frac{6}{7}\frac{M_{\max}}{\pi D^3}$$

여기서, $\tau_f$ : 전단강도 [kgf/cm$^2$]
$M_{\max}$ : 최대 회전 모멘트 [kgf·cm]
$D$ : 베인의 폭 [cm]
$H$ : 베인의 높이 [cm] = $2D$

⑤ 측정심도 - 전단강도 관계를 그린다(그림 8.29).

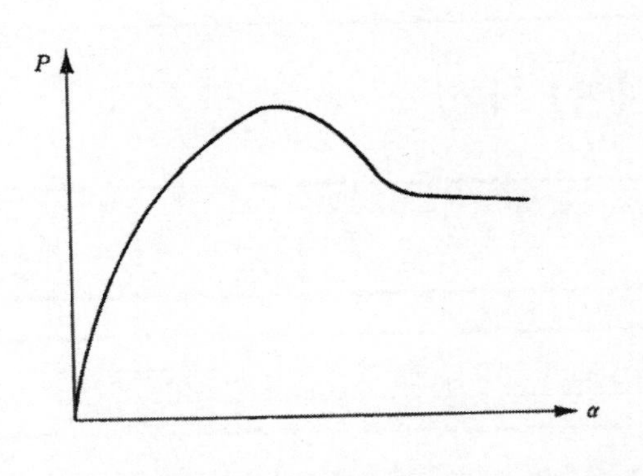


그림 8.29 베인시험 결과정리 $P-\alpha$ 관계곡선

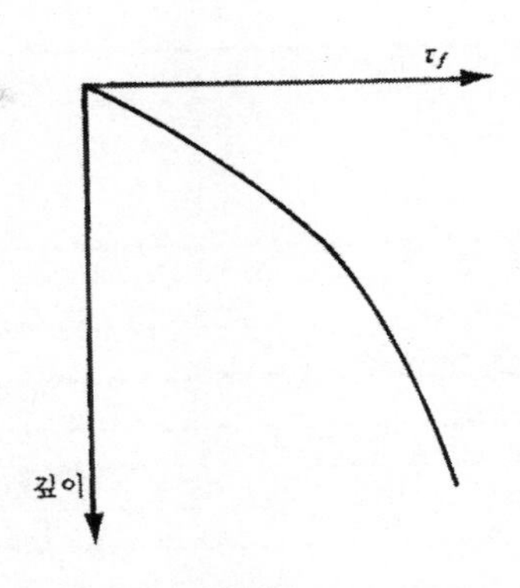


그림 8.30 심도 – 전단강도 관계

## 8.5.5 결과의 이용

베인시험은 원위치에서 실시하는 일종의 비압밀 비배수 급속전단시험이며 얻어진 점토의 전단강도는 다른 강도시험과 같이 각종 안정해석이나 지지력의 계산에 사용된다.

일반적으로 베인시험에 의한 전단시험은 토피하중영향을 받으므로 깊이와 더불어 강도가 증대한다. 따라서 일축압축강도와 비교할 경우 깊이가 크면 클수록 양자의 강도차가 크게 된다.

유효토피하중을 가하여 재압밀한 후 전단시험을 하는 삼축시험결과와 일면전단강도와 비교하여 보면 베인시험에 의한 값이 작게 구해짐을 알 수 있다.

현장에서 발생한 활동파괴에 대하여 여러 시험 결과를 조합하여 보면, 점토(예민비가 5~12인 이탄점토를 포함한다)에 관해서는 베인시험에 의한 강도가 역산한 점착력에 가장 가까운 값을 나타낸다.

# 베인시험

과 업 명 ______ 시험날짜 1999 년 5 월 23 일
조사위치 궁평리 간척지 매립장 온도 21 [℃] 습도 65 [%]
시료위치 BH-1 시료심도 0.25 [m] 시험자 주 영 훈

| 지 반 | 지반분류 USCS ______ | | |
|---|---|---|---|
| 베인기 | 형식 ( 강봉 이중관 ) ( 보링공이용, 직접관입 ) | 날개폭 $D$ 5 [cm] | 날개길이 $H$ 10 [cm] |
| | 변형각속도 0.1 [° /sec] | 모멘트 팔길이 a 14 [cm] | |

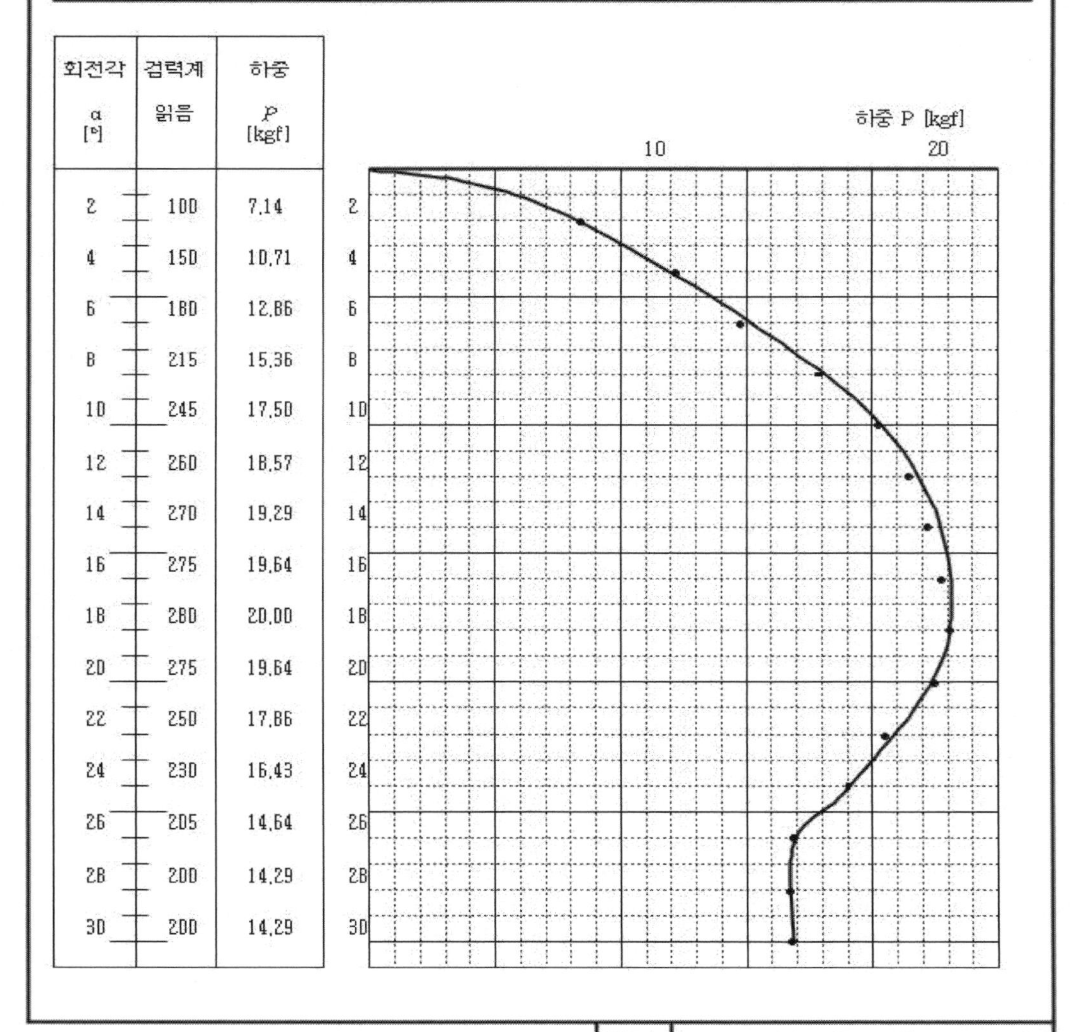

| 회전각 α [°] | 검력계 읽음 | 하중 $P$ [kgf] |
|---|---|---|
| 2 | 100 | 7.14 |
| 4 | 150 | 10.71 |
| 6 | 180 | 12.86 |
| 8 | 215 | 15.36 |
| 10 | 245 | 17.50 |
| 12 | 260 | 18.57 |
| 14 | 270 | 19.29 |
| 16 | 275 | 19.64 |
| 18 | 280 | 20.00 |
| 20 | 275 | 19.64 |
| 22 | 250 | 17.86 |
| 24 | 230 | 16.43 |
| 26 | 205 | 14.64 |
| 28 | 200 | 14.29 |
| 30 | 200 | 14.29 |



확인 조 재 경 (인)

# 베인시험

과 업 명 ____________________ 시험날짜 1999 년 5 월 23 일
조사위치 궁평리 간척지 매립장 온도 21 [℃] 습도 65 [%]
시료위치 ________ 시료심도 0.25 [m] ~ 2.75 [m] 시험자 주 영 훈

| 지 반 | 지반분류 USCS SC 표고 ________ |
|---|---|
| 베 인기 | 형식 ( 강봉, 이중관 ) ( 보링공이용, 직접관입 ) |
| | 날개폭 $D$ 5 [cm] 날개길이 $H$ 10 [cm] 변형각속도 0.1 [° /sec] |
| | 베인정수 ※1 $\beta$ = 4.58 [$cm^3$] ( $D$ = 5cm, $H$ = 10cm인 경우 $\beta$ = 458 $cm^3$ ) |

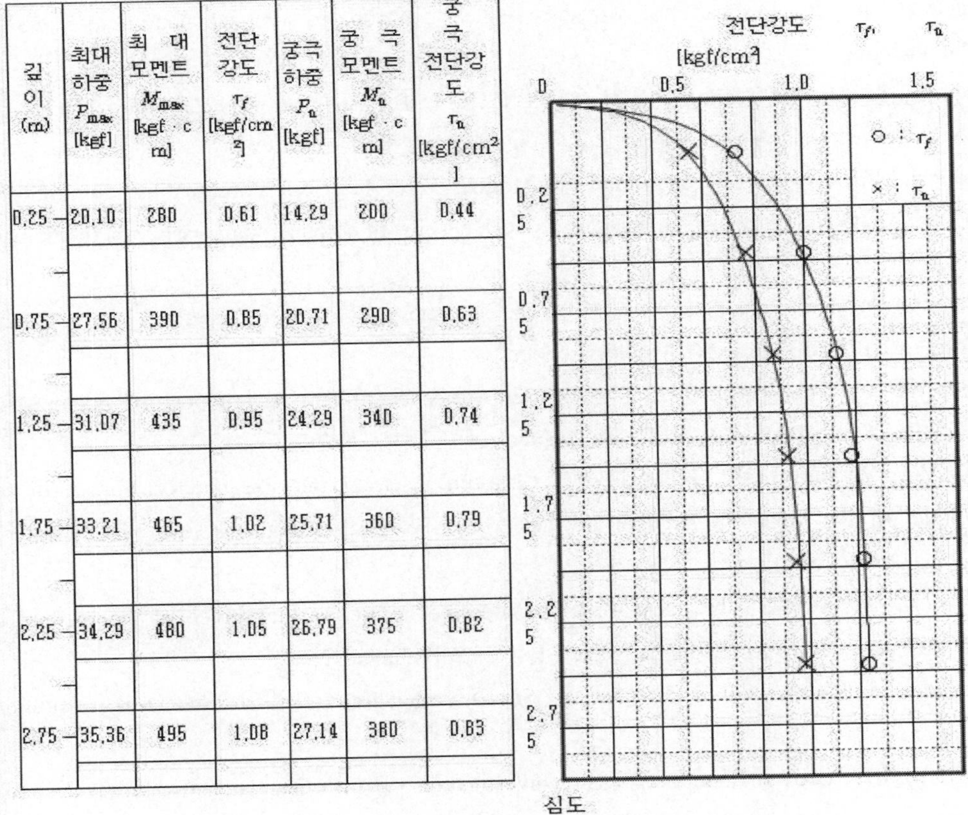

| 깊이 (m) | 최대하중 $P_{max}$ [kgf] | 최 대 모멘트 $M_{max}$ [kgf · cm] | 전단강도 $\tau_f$ [kgf/cm²] | 궁극하중 $P_u$ [kgf] | 궁 극 모멘트 $M_u$ [kgf · cm] | 궁극 전단강도 $\tau_u$ [kgf/cm²] |
|---|---|---|---|---|---|---|
| 0.25 | 20.10 | 280 | 0.61 | 14.29 | 200 | 0.44 |
| 0.75 | 27.56 | 390 | 0.85 | 20.71 | 290 | 0.63 |
| 1.25 | 31.07 | 435 | 0.95 | 24.29 | 340 | 0.74 |
| 1.75 | 33.21 | 465 | 1.02 | 25.71 | 360 | 0.79 |
| 2.25 | 34.29 | 480 | 1.05 | 26.79 | 375 | 0.82 |
| 2.75 | 35.36 | 495 | 1.08 | 27.14 | 380 | 0.83 |



$M_{max} = P_{max} \cdot a$  $\tau_f = M_{max} \cdot \beta$

참 고 ※1 $\beta = \frac{6}{7\pi D^3}$  ( $a$ : 모멘트 팔길이 )

$M_u = P_u \cdot a$  $\tau_u = M_u \cdot \beta$

확인 조 재 경 (인)

# ◈ 참고문헌 ◈

KS F 2346, 2343, 2314, 2342.

BS 1377, 1377 Test 18, 1377 Test20, 1377 Test21.

ASTM D 1266, D 2166, D 2573, D 2850, D 3080.

AASHTO T 208, T 223, T 226, T 234, T 236.

DIN 18137 T1, 18137 T2, 18136, 4096.

JIS A1216T.

American Society for Testing and Materials (1979). Test Designation D 3080. 'Standard method for direct shear test of soils under consolidated drained conditions'. ASTM, Philadelphia, USA.

American Society for Testing and Materials, Part 11. Tes designation D 2166-66, 'Unconfined compressive strength of cohesive soil'. Philadelphia, USA.

American Society for Testing and Materials, Part 11. Test designation D 2850-70, 'Unconsolidated undrained strength of cohesive soils in triaxial compression'. Philadelphia, USA.

Bishop, A. W. and Henkel, D. J. (1962). The Measurement of Soil Properties in the Triaxial Test.. (2nd. Edn.). Edward Arnold, London.

Bishop, A. W. and Green, G. E. (1965). 'The influence of end restraint on the compression strength of a cohesionless soil'. Geotechnique, Vol. 15, No. 3.

Bishop, A. W. and Little, A. L. (1967). 'The influence of the size and orientation of the sample on thw apparent strength of the London clay at Maldon, Essex. Proc. Geotech. Conf., Oslo, Vol. 1.

Bishop, A. W. (1971). 'The influence of progressive failure on the choice of the method of stability analysis'. Geotechnique, Vol. 21, No. 2(Technical Note).

BS Code of Practice CP 2001 (1957). 'Site investigations'. British Standards Institution, London.

BS 5930:1981. 'Code of Practice for Site Investigation'. British Standards Institution, London.

Cooling, L. F. and Smith, D. B. (1936). 'The shearing resistance of soils'. Proc. 1st Int. Conf. Soil Mech. and Found. Eng., Vol. 1. Havard, Mass.

Gibson, R. E. and Henkel, D. J. (1954). 'Influence of duration of tests on "drained" strength'. Geotechnique, Vol. 4, No. 1.

Henkel, D. J. and Gilbert, G. D. (1952). 'The effect of the rubber membrane on the measured triaxial compression strength of clay samples'. Geotechnique, Vol. 3, No. 1.

Lambe, T. W. and Whitman, R. V. (1979). Soil Mechanics, S.I. Version, Wiley, New York.

Rowe, P. W. and Barden, L. (1964). 'Importance of free ends in triaxial testing'. J. Soil Mech.. Found. Div. ASCE, Vol. 90, SMI, Jan. 1964.

Scott, C. R. (1974). An Introduction to Soil Mechanics, Applied Science Publishers.

Skempton, A. W. (1948). 'Vane tests in the alluvial plain of the River Forth near Grangemouth'. Geotechnique, Vol. 1. No. 1.

Skempton, A. W. (1958). 'Arthur Langtry Bell (1874-1956) and his contribution to soil mechanics'. Geotechnique, Vol. 8, No. 4.

Skempton, A. W. (1964). 'Long term stability of clay slopes'. Fourth Rankine Lecture, Geotechnique, Vol. 14, No. 2.

Skempton, A. W. and La Rochelle, P. (1965). 'The Bradwell slip; A short-term failure in London Clay'. Geotechnique, Vol. 15, No. 3.

Symons, I. F. (1968). 'The application of residual shear strength to the design of cutting in overconsolidated fissured clays', Report No. LR 227, Transport and Road Research Laboratory, Crowthorne, Berks.

Terzaghi, K. and Peck, R. B. (1967). Soil Mechanics in Engineering Practice, Wiley, New York.

Townsend, F. C. ans Gilbert, P. A. (1973). 'Tests to measure residual strength of some clay shales'. Geotechnique, Vol. 23, No. 2 (Technical Note).

Transport and Road Research Laboratory (1952). Soil Mechanics for Road Engineers, Chapter 19, 22, HMSO, London.

# 제9장 현장 지반조사

## 9.1 현장 지반조사(Site Investigation)

### 9.1.1 개 요

현장 지반조사는 구조물 기초지반의 특성을 파악하고 구조물을 건립한 후의 거동을 예측하는 데에 필요한 제반 지반정보를 얻기 위하여 현장에서 실시하는 지반조사를 총칭한다. 철저한 지반조사를 실시하여야만 안전하고 경제적인 구조물을 건설할 수 있으며 시공 중에 발생되는 제반 문제들을 예측할 수 있다.

현장 지반조사에서는 다음의 내용을 중점적으로 조사하고 확인해야 한다.

- 지층의 두께, 연속성, 횡방향 분포현황, 암반의 위치
- 지반의 종류
- 지반의 물성 및 역학적 성질
- 현장의 지하수 상태
- 주변환경 및 기존 구조물의 상태

다음과 같은 경우에는 반드시 지반조사를 실시해야 한다.

- 현장 지반의 종류, 성상, 분포, 지반특성 등에 대한 자료 및 경험이 불충분한 경우
- 지층이 수평이 아닌 경우
- 구조물의 시공 중에 문제가 발생된 경험이 있는 지역인 경우
- 지반의 허용지내력이 충분하지 못한 경우
- 지반을 지하수면 이하로 굴착해야 하는 경우

### 9.1.2 현장 지반조사의 종류

현장 지반조사에는 많은 시간과 비용이 소요되므로 공사규모와 지층 종류 및 구조물의 중요도에 맞추어 조사의 규모와 내용을 결정해야 한다. 그러나 재정적 이유로 필요한 조사를 생략하는 일은 절대로 없어야 한다. 지반조사의 종류와 방법은 주로 현장 경험과 조달 가능한 장비, 구조물의 종류와 크기 및 시공법, 현장 추정지층 등을 고려하여 결정한다.

현장 지반조사는 「예비조사 → 본조사 → 시공 중 조사」의 순서로 경험이 풍부한 기술자의 책임하에 진행해야 한다. 여기에서는 본조사의 현장정밀조사에서 실시하는 시험을 주로 다룬다.

#### (1) 예비조사

예비조사는 지반조사의 예비단계로 현장지반에 관한 「자료조사 → 현장답사 → 개략조사」의 순서로 실시한다. 예비조사를 통하여 예정부지를 선정하고 기초의 형식을 결정하며 본조사의 계획을 수립하고 시공 중 및 준공 후에 발생될 문제점을 예견할 수 있다.

**1) 자료조사 :**
자료조사에서는 현장지반에 관한 기존 자료를 모집, 검토하고 지형 및 지질조건의 개요를 파악하며 그 결과를 활용하여 공사위치를 선정한다. 자료조사를 통해 구조물의 형태나 용도에 관한 정보, 기초의 요구조건, 각종 법규, 건설부지의 지형 및 지질에 관한 자료를 취득한다.

**2) 현장답사 :**
현장답사는 현장을 개략적으로 답사하여 자료조사결과를 확인하고 본조사에서 필요한 자료를 구하는 단계이다. 주로 현장의 지형, 지질, 식생, 지하수상태 및 인접구조물의 상태를 조사한다.

**3) 개략조사 :**
개략조사에서는 사운딩 등의 현장시험을 실시하여 현장의 지반상태를 개략적으로 조사하고 현장시료를 채취한다.

#### (2) 본조사(정밀조사)

본조사에서는 예비조사의 결과를 토대로 예정부지를 조사하고 현장시료를 채취하여 실내시험을 실시한다.

본조사를 통하여 현장의 지반조건 및 지질구조를 분석하고 시공심도와 방법을 결정하며 설계 및 시공 시에 주의해야 할 지형이나 지반조건을 밝히고 그에 대한 특별대책을 결정한다.

본조사에는 시공부지 및 주변의 정밀답사, 수문조사, 공사자료조사, 지반의 구조 및 상태를 알기 위한 보링이나 검층조사 및 채취시료에 대한 시험 등이 포함된다. 본조사는 현장정밀답사와 정밀조사 및 보충조사로 구분하여 실시한다.

**1) 현장정밀답사:**
현장정밀답사에서는 현장을 정밀하게 답사하여 예비조사결과 나타난 문제점과 기타사항을 현장에서 확인한다.

**2) 정밀조사 :**
정밀조사단계에서는 기초의 설계 및 시공에 필요한 지반의 구성과 특성, 기초의 지지력과 침하 등에 관한 정밀한 자료를 얻기 위해 보링조사와 사운딩 조사를 실시하고 기타 현장 및 실내시험을 실시한다.

정밀조사에서는 대체로 다음의 조사가 주축을 이루고 있다.
- 시험굴 조사(9.2)
- 보링조사(9.3)
- 사운딩조사(9.4)
- 지구물리학적 조사(9.5)
- 지하수 조사(9.6)

**3) 보충조사:**
이상의 지반조사에서 누락되었거나 추가로 필요한 사항이 발견되어 보충적으로 시행하는 조사를 보충조사라 한다.

### (3) 시공 중 조사

시공 중에 지반조사에서는 시공 중에 지반 굴착작업에 의해서 노출되는 지반을 조사하며 예비조사와 본조사에서 얻은 결과를 실제의 조건에 관련시켜 분석한다. 조사자는 시공 중에 야기되는 긴급사태를 예측하고 현장계측 등을 통해서 이를 확인한다.

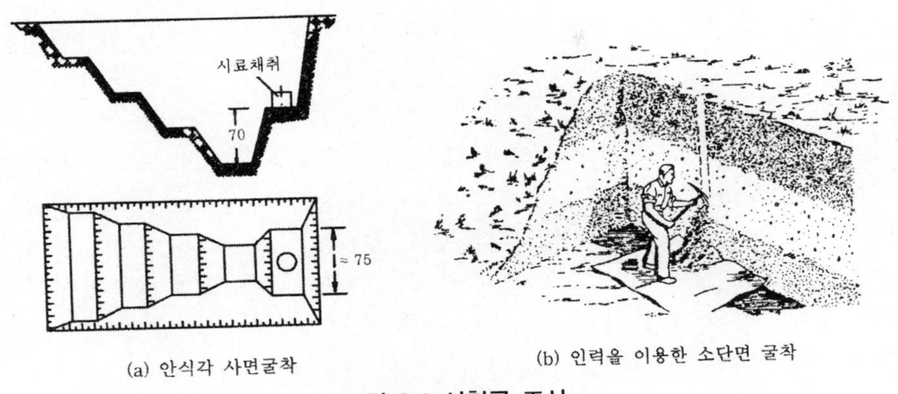


(a) 안식각 사면굴착

(b) 인력을 이용한 소단면 굴착

**그림 9.1 시험굴 조사**

## 9.2 시험굴 조사

시험굴 조사는 현장에서 지반을 굴착하여 지표부근 지층의 구성과 경계등 지반상태를 직접 확인할 수 있는 간단하면서도 확실한 지반조사 방법이다. 보통 2~3 m 정도의 깊이에는 가장 경제적인 방법이기도 하다. 그러나 일반적인 구조물의 기초지반조사에서는 2~3 m 깊이의 시험굴 조사로는 충분하지 않다. 시험굴은 최고 4~5 m까지 인력이나 장비를 이용하여 굴착이 가능하다. 시험굴은 인력이나 장비를 이용하여 최고 4~5m까지 굴착이 가능하다.

시험굴은 안전하게 안식각으로 사면 굴착하거나(그림 9.1(a))굴착하거나(그림 9.1(a)) 토류벽을 설치하여 연직으로 굴착할 수 있다. 시험굴의 굴착벽은 굴착 중에 교란되어 지층의 경계 등이 불분명할 수 있다. 따라서 지층의 성상을 정확하게 보기 위해서는 인력으로 소단면을 굴착하면서 관찰하여야 한다(그림 9.1(b)). 굴착한 흙은 되도록 시험굴에서 멀리 쌓아서 그 무게가 시험굴 굴착벽에 외력으로 작용하지 않도록 해야 한다.

시험굴 조사는 도로공사를 위한 지반조사에 적합하며, 시험굴의 바닥에서 사운딩을 하여 깊은 지반의 상태를 조사할 수 있다. 시험굴이 깊으면 토류벽을 가설해야 하며 지하수가 있을 때에는 널말뚝을 시설해야 하므로 조사비용이 증가한다. 그러나 시험굴을 굴착하면 깊지 않은 지반에서 확실한 지반판정을 할 수 있고 시험굴에서 교란시료 또는 비교란 특별시료를 채취할 수 있다. 시험굴 조사는 지반의 종류에 상관없이 적용할 수 있다. 그러나 지하수면 아래를 굴착할 때에는 지하수 배제방법을 강구해야 하고 굴착 중에 발생할 수 있는 안전사고에 대비하여야 한다. 안전사고위험은 굴착단면의 모양이 원형과 다른 모양일수록, 굴착단면이 클수록, 지반이 불규질 할수록, 점토함유율이 낮을수록 커진다.

# 9.3 보링 조사

## 9.3.1 개 요

보링조사는 지표로부터 지반에 구멍을 뚫어 지반상태를 조사하는 방법이며, 지반의 지질구성과 지하수위를 파악할 수 있으며 비교란시료를 채취할 수 있고 보링공 내에서 표준관입시험 등의 현장시험을 수행할 수 있다. 보링조사는 신속하고 안전하며 지하수 영향을 받지 않고도 깊은 심도까지 굴착이 가능하므로 가장 자주 활용되는 지반조사 방법이다. 보링방법에 따라 시료의 회수량이 다르다. 물을 공급하면서 보링하면 작업은 쉬워지나 함수비가 변하여 물성이 달라지므로 가능한 한 물을 가하지 않고 보링하는 편이 좋다. 보링목적과 지반상태를 고려해서 굴착 깊이를 결정하며 구조물이 위치할 장소를 중심으로 시행한다.

암반에 도달되더라도 단순한 암석덩어리가 아닌지 확인하기 위해 일정한 깊이(보통 3 m) 이상 굴착해야 한다. 보링공은 조사 후에 점토질 흙이나 시멘트 등으로 반드시 메워서 지하수오염 등의 문제가 발생되지 않도록 해야 한다.

최근에는 여러가지 보링장비의 발달로 매우 다양한 보링방법들이 현장에 적용되고 있으나 대개 다음 방법들에 속하거나 또는 그 변형들이다.

- 충격식 보링(9.3.2)
- 오거 보링(9.3.3)
- 세척식 보링(9.3.4)
- 회전식 보링(9.3.5)

## 9.3.2 충격식 보링(percussion boring)

충격식 보링은 무거운 끌(Chisel)을 로드 끝에 달아서 윈치(Winch)로 당겨올렸다가 낙하시키면서 지반을 굴착하는 방법이다. 기중장치(Derrick), 동력장치, 윈치 등의 장치가 필요하다. 지하수면 아래에서는 느슨한 흙이 지하수와 섞여서 슬러리가 형성된다. 이때에는 로드를 들어올리고 베일러(Baler)나 셸(Shell)을 이용하여 느슨해진 흙을 퍼올린 후에 계속 작업한다. 지하수가 없는 경우에는 외부에서 물을 주입하여 굴착효과를 높일 수 있다.

붕괴성 지반에서는 케이싱(Casing)을 지반에 삽입하고 작업하며 케이싱은 보링조사 후에 회수한다. 점토에서는 점토절단기(Clay Cutter)를 이용하여 흙을 퍼낸다. 대체로 직경을 150~300 mm 로 하고 깊이 50 m 까지 굴착이 가능하다. 충격식 보링에서는 보링공 저면의 지반이 교란되어 이완되는 단점이 있다.

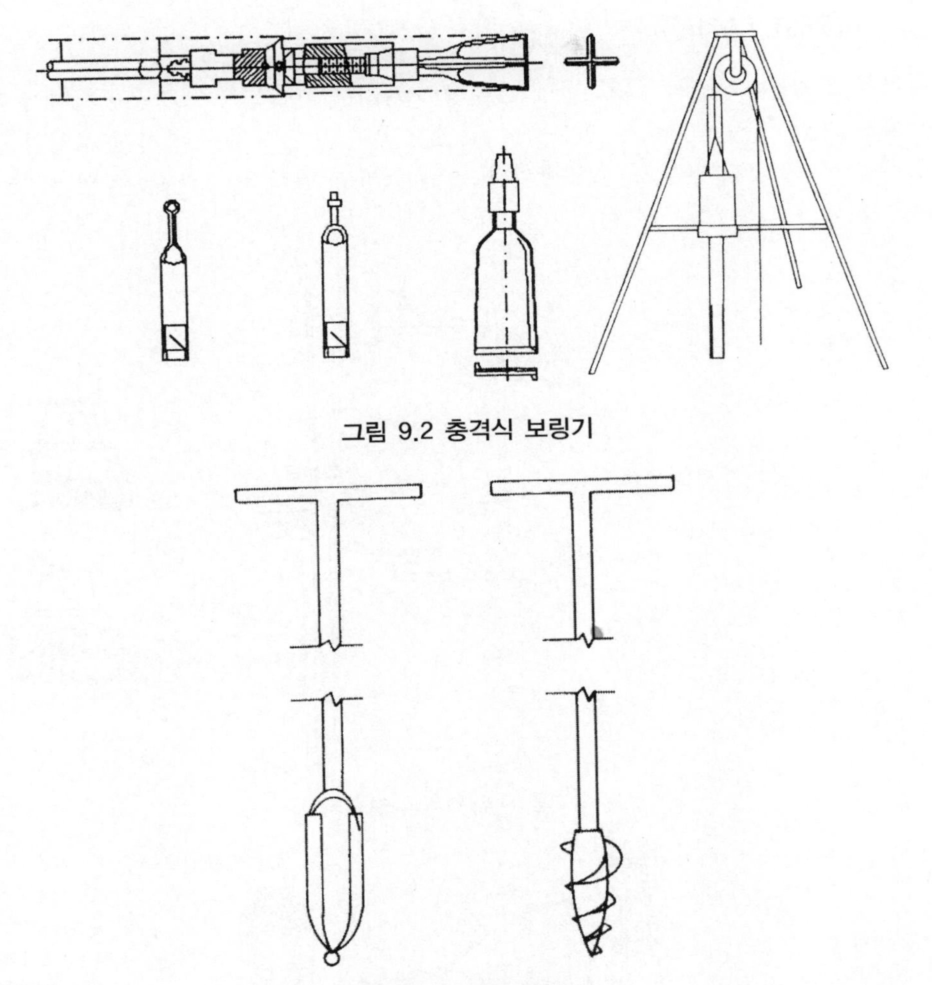

그림 9.2 충격식 보링기

그림 9.3 오거 보링기

## 9.3.3 오거보링(auger boring)

오거보링은 나사송곳식 또는 이완(iwan) 식의 오거(auger)를 회전시키면서 지반을 굴착하는 방법이다. 누르면서 회전시키면 굴착효율을 높일 수 있으며 수동식 또는 동력식이 가능하다. 오거에 흙이 가득차면 오거를 지상으로 꺼내서 흙을 제거한 후 계속 작업한다. 보링공 하부에서 교란시료를 채취하여 지반을 확인하고 분류한다. 보링비용이 저렴하고 소요 작업공간이 작고 기동성이 있으며 작업이 신속하여 도로, 철도, 비행장 등의 지반조사에 적합하다. 보링공 벽이 붕괴되지 않는 지하수면 위의 지반조사에 주로 적용한다.

## 9.3.4 세척식 보링(wash boring)

세척식 보링은 속이 빈 로드 끝에 끌(Chisel)을 부착하고 상하로 운동시켜서 지반을 굴착하는 방법이다. 압력수를 이용하여 선단의 흙을 이완시키고 부서진 흙입자를 지상으로 운반한다. 모터가 달린 기중장비와 윈치 그리고 압력수를 가할 수 있는 압력펌프가 필요하다.

1. 침전지
2. 세척펌프
3. 상향관
4. 세척관
5. 세척상부
6. 켈리
7. 보링로드
8. 중량로드
9. 보링기
10. 보호장치
11. 회전보호장치
12. 진동체
13. 회전데스크
14. 콤프레셔
15. 역류밸브

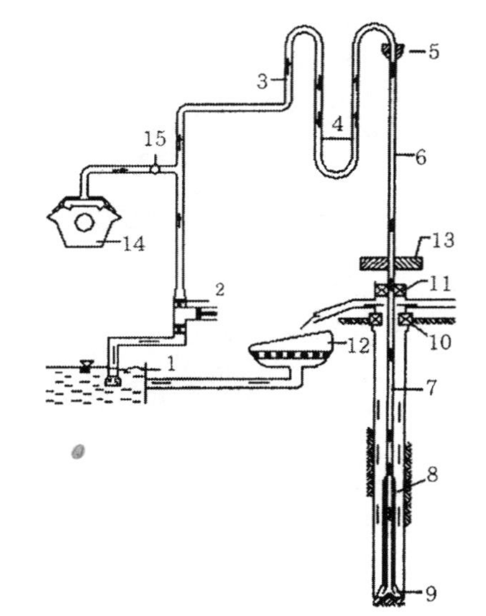

그림 9.4 세척식 보링기

1. 세척펌프
2. 세척호스
3. 침전탱크
4. 회전반
5. 보링로드
6. 유압식 압입장치
7. 케이싱
8. 시료튜부 및 중앙파이프

1. 보링비트
2. 코아채상기
3. 내부 코아튜브
4. 외부 코아튜브
5. 역류 밸브
6. 세척액 통과호스
7. 보링로드에 연결

그림 9.5 회전식 보링기

**표 9.1 표준 보링기 규격(미국)**

| 표시 | | 케이싱의 외경 [mm] | 케이싱의 연결부 | | 비트 직경 [mm] | 로드 직경 [mm] | 보링공 직경 [mm] | 코어 직경 [mm] |
|---|---|---|---|---|---|---|---|---|
| 케이싱 | 로드 | | 내경 [mm] | 외경 [mm] | | | | |
| EX | E | 46.0 | 38.1 | 46.0 | 36.5 | 33.3 | 38.1 | 22.2 |
| AX | A | 57.2 | 48.4 | 57.2 | 46.8 | 41.3 | 47.6 | 28.6 |
| BX | B | 73.0 | 60.3 | 73.0 | 58.7 | 48.4 | 60.3 | 41.3 |
| NX | N | 88.9 | 76.2 | 88.9 | 74.6 | 60.3 | 76.2 | 54.0 |

거의 모든 종류의 흙에 적용할 수 있으나 입자가 큰 자갈이나 골재가 있는 흙에서는 굴착속도가 느리다. 굴착된 흙이 물과 섞여서 배출되므로 흙의 종류를 정확히 파악할 수는 없으나 지층의 변화를 대강 짐작할 수는 있다. 보링공 바닥의 비교적 적게 교란되기 때문에 보링공을 굴착하여 깊게 위치한 지반의 시료를 채취하거나 비교란상태로 현장시험을 실시할 때에 적용할 수 있다.

## 9.3.5 회전식 보링(rotary boring)

회전식 보링은 처음에는 암반에 적용하기 위해서 개발되었으나 흙지반에도 적용할 수 있게 개선되었다. 속이 빈 로드 끝에 절단용 끌(cutting bit)이나 코어채취용 끌(coring bit)을 부착하고 모터로 회전시켜 지반을 굴착하는 방법이다. 물이나 굴착용 슬러리를 로드의 내부를 통해 흘려 보내서 굴착날의 열을 식히고 굴착날이 회전할 때에 윤활역할을 도모하며 부스러기를 지표로 운반하고 공벽을 지지하는 역할을 하게 한다. 기중장비, 모터, 윈치, 유압펌프 등이 필요하다. 흙이나 연암층에서는 절단끌을 사용하여 보링공 내의 지반을 부수고 암석이나 단단한 점토 등에서는 속이 빈 원형관 형태의 샘플러 등을 이용하여 교란되지 않은 시료를 채취할 수 있다. 그러나 채취된 시료는 구조골격은 유지하고 있으나 물이나 슬러리에 접한 상태이므로 원래의 함수비는 유지할 수 없다. 굴착속도가 빠르며 보링공 하부의 지반교란이 적은 장점이 있으나 자갈크기 이상의 큰 입자가 많은 지반에서는 적합하지 않다.

일반적으로 회전식 보링기와 케이싱의 치수는 대체로 표 9.1의 미국 규격을 따른다.

## 9.3.6 시험장비

① 보링케이싱

보링공벽이 견고하지 않은 보통 지반에서는 케이싱을 한다. 보링공벽을 안정액으로 지지하는 경우에는 케이싱을 하지 않아도 된다.

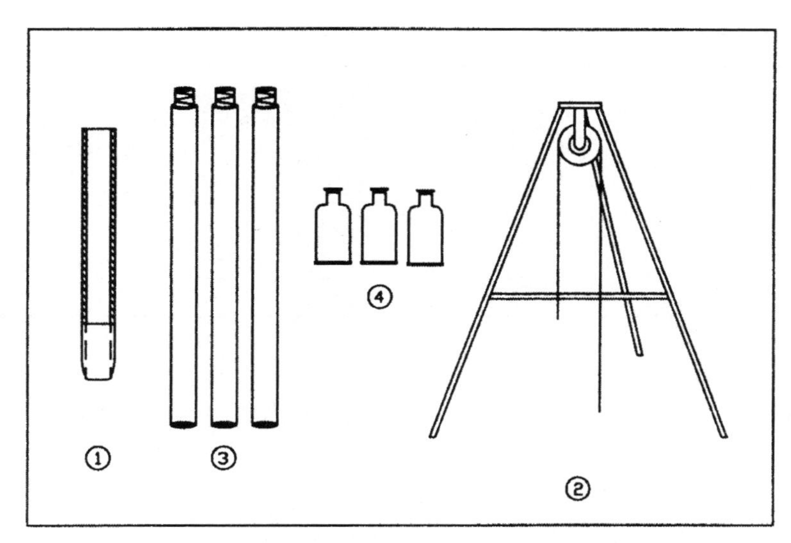


그림 9.6 보링장비

케이싱은 외경이 159 mm 이상, 내경이 147 mm 이상이고, 이음이 없는 강재 파이프를 사용해야 교란되지 않은 시료를 채취할 수 있다. 케이싱은 하중을 가하여 관입시키며, 케이싱 슈를 달면 관입이 쉬워진다. 케이싱은 타입하면 지반을 교란시킬 염려가 있으므로 정적하중을 가하거나 좌우로 회전시키면서 정적하중을 가하여 관입시킨다.

깊게 보링할 경우에는 케이싱의 직경을 변화시키면 마찰을 줄일 수 있다. 이때 처음에는 큰 직경으로 시작하여 차차 직경을 줄여나간다. 조사가 끝나면 케이싱은 회수한다. 보링공은 지하수의 오염통로가 되거나 지반 안정을 해칠 염려가 있으므로 보링조사 후에는 반드시 점토나 콘크리트 등으로 되메우고 밀폐시켜야 한다.

② 삼각대 및 도르래

케이싱이나 보링장비를 설치하거나 회수할 때에 로프를 사용하며, 로프를 매달기 위한 삼각대와 도르래가 필요하다. 기계화된 경우에는 필요하지 않을 수도 있다.

③ 로 드

길이가 1~5 m 되고 직경이 24~40 mm 되는 강재봉으로 서로 연결 가능하다.

④ 시료수집장비

시료나 기타 보링공 내의 물질을 보관하는 데 쓰이며 여러 가지 형태가 있다.

# 9.4 사운딩조사

## 9.4.1 개 요

사운딩이란 로드 선단에 지중저항체를 설치한 채로 지반에 관입, 압입, 회전, 인발하여 그 저항치로부터 지반의 특성을 파악하는 지반조사방법을 말한다. 사운딩장비는 선단부를 포함하여 사운딩로드와 이를 관입시키는 장치로 구성된다. 사운딩은 정적사운딩과 동적사운딩으로 분류하며 점성토에서는 정적사운딩을 주로 사용하고 사질토에서는 동적사운딩을 주로 사용한다.

사운딩은 지반의 형태를 알기 위한 보조수단이며 비점성토의 상대밀도, 점성토의 상태, 지반의 압축특성 및 전단강도 등을 구할 수 있다. 사운딩은 특히 지층의 경계나 암반 혹은 지지력이 큰 지반의 경계 및 지중공동을 감지하는 데 특히 효과가 있다. 또한 보링공과 보링공의 중간 위치에서 사운딩으로 지반상태를 확인하여 보링조사의 개수를 줄이고 지반조사의 신뢰성을 증진시킬 수 있다.

자주 행해지는 사운딩으로는 다음과 같은 종류가 있다.

- 타입식 사운딩(9.4.2)
- 압입식 사운딩(9.4.3)
- 베인시험(9.4.4)
- 측압사운딩(9.4.5)
- 방사선 사운딩(9.4.6)

## 9.4.2 타입식 사운딩

타입식 사운딩은 타입장치를 이용하여 일정한 에너지로 사운딩 로드를 지반에 삽입하는 동적인 방법이다. 일정한 관입량에 도달하기 위한 타격수 또는 일정한 타격수에 의한 관입량을 구한다. 타입장치는 수동식과 기계식이 있다. 가장 널리 이용하는 표준사운딩 장치는 DIN 4094와 ASTM, D 1586 – 58 T 이며, ASTM 표준사운딩(표준관입시험, SPT)이 잘 알려져 있다.

미국재료시험협회(ASTM : American Society for Testing Materials)에서 정한 표준사운딩을 표준관입시험(SPT : Standard Penetration Test)이라고 하며 내공형의 사운딩 선단부(단관 Split Spoon Sampler)를 지반에 타입하여 지반상태를 조사하는 방법이다.

내공형의 Split Spoon Sampler는 외경/내경/길이가 5.1 cm/3.5 cm/81.0 cm의 치수를

가지며, 교란되지 않은 지반에 63.5 kgf 의 추를 75 cm 의 낙하고로 타격하며 30 cm 관입시키는 데 필요한 타격수를 측정한다. 시료 채취기는 3부분으로 조립되어 있고 샘플러를 회수하여 분해하면 가운데 부분은 다시 2개로 분리되어 그 안에 채취된 지반을 보고 지반을 판정할 수 있다.

지표 부분 45.7cm(1.5ft)에서는 교란 정도가 심해 주변마찰의 영향은 무의미하므로 표준관입시험을 하지 않는다. 그리고 지반교란의 영향을 받지 않도록 하기 위해 우선 타격하여 15.2cm(0.5ft)를 관입시킨 후에 추가로 30cm 관입시키는 데 필요한 타격수 N30(N값)을 측정한다. 사운딩의 선단부를 회수하면 곧 특별시료를 얻을 수 있다. 큰 자갈 지반을 제외한 대부분 흙에 적합하고, 심도가 깊지 않으면 보링등을 병행해야만 한다.

점성토에서 $N = 8 \sim 15$이면 $I_c < 0.75$이며, 사질토에서 $N = 10 \sim 30$이면 중간 정도의 조밀한 지반이다.

표준관입시험은 전 세계적으로 가장 많이 사용되는 사운딩 방법이며 우리나라에서도 한국산업규격(KS F 2307)에 규정되어 있으며 제12장 12.2에 상세히 설명되어 있다.

표준관입시험에서 스플릿 샘플러 내에 채취되는 시료는 교란된 상태이고, 시추주상도를 작성하기 위해 토질의 종류 및 지층의 변화를 판독하는데 사용되며 또한 지반분류를 위한 실내시험에 사용한다.

표준관입시험은 통상적으로 매 1.5m ~ 2.0m 깊이마다 시행하며 분포지층의 균질성 혹은 변화 정도에 따라 횟수를 증감시킬 수 있다. 표준관입시험의 결과인 N값은 토층의 밀도나 컨시스턴시(Consistency)를 표시하는 데 가장 근본적인 자료가 되며 또한 기초나 말뚝의 지지력 추정에도 유용된다. 표준관입시험은 제12장 12.2에 상세히 설명되어 있다.

### 9.4.3 압입식 사운딩(Cone Penetration Test)

콘관입시험(CPT : Cone Penetration Test)이라 하며, 사운딩 로드를 정적 힘(유압식 또는 나사봉식)을 가하여 일정한 관입속도 0.2~0.4 mm/min 관입시키면서 관입저항치를 측정하여 지반상태를 판정하는 방법이다. 콘관입시험은 12장 12.3에 상세히 설명되어 있다. 단면 $A$=10 cm$^2$ 인 사운딩 로드를 사용하며, 압입시 평형력을 얻기 위하여 앵커 등 지지구조가 필요하다. 선단지지력과 총지지력을 측정한다. 연약점성토나 이탄지역에 적용된다.

덧치콘시험기(Dutch Cone Penetrometer)는 이중관으로 되어 있어서 선단저항력과 (사운딩로드의) 주변마찰을 분리하여 측정할 수 있고 능률이 좋다.

큰 자갈을 제외한 대부분의 지반에 적용되며 유럽에서 보편적으로 사용된다. 표준관입시험의 $N$ 치와는 대개 다음 관계가 있다.

사질토 : $q_c = (400 \sim 600)N$ [kg/m²]

자갈질 퇴적층 : $q_c = (800 \sim 1000)N$ [kg/m²]

사운딩로드는 선단지지력을 측정할 수 있도록 특별한 모양을 가진다. 압입사운딩의 결과는 심도를 수직축에 표시하고 압입저항은 수평축에 표시하여 깊이에 따른 압입 저항을 나타낸다. 압입사운딩의 결과는 지반의 강성도를 잘 나타낸다. 그러나 깊은 심도에서는 수행하기가 어렵고 비용이 많이 든다. 점성토에서 대략 25 m까지 가능하다.

## 9.4.4 베인시험

베인시험은 균열이 없는 연약한 점성지반의 전단강도를 지반내 원위치에서 직접 측정하는 방법이다. 베인은 직사각형 금속판을 회전축에 십자형으로 고정시켜 만들며, 베인을 회전하면 날개 둘레에서 지반이 원통형으로 전단되므로 회전전단측정치로부터 원통형 파괴체 표면에 작용하는 전단응력을 역으로 계산하여 지반 전단강도를 구할 수 있다. 베인시험은 제8장 8.5(베인시험)에 상세히 설명되어 있다.

## 9.4.5 측압사운딩

측압사운딩은 보링공에서 수행하는 시험으로 수평방향 공내재하시험 또는 보링공 확장시험이라고 하며, 1930년대에 Kögler가 개발하였고 Menard가 일반적인 지반조사에 적용하였다. 암반지반의 조사에도 이용된다.

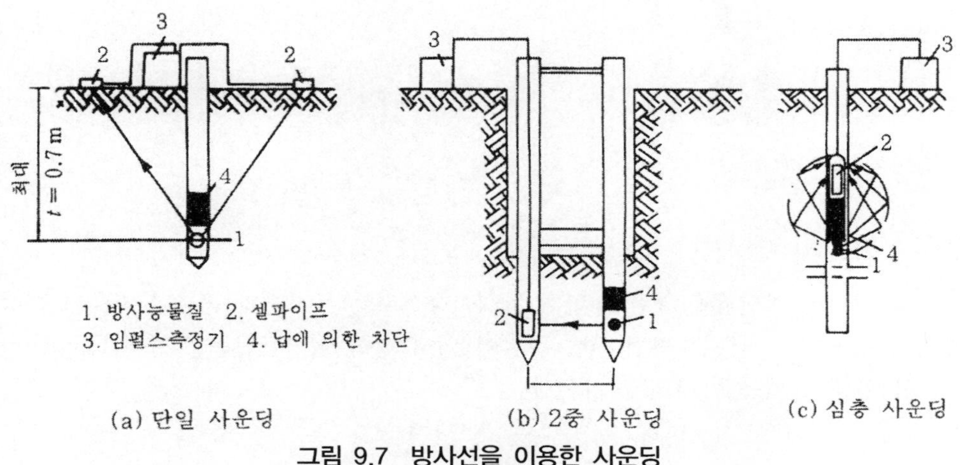


**그림 9.7 방사선을 이용한 사운딩**

측압사운딩 결과는 얕은기초, 포장, 말뚝, 철탑구조 등의 기초설계에 필요한 자료를 구하는 데에 적용하며 다음의 값을 구할 수 있다.

- 정지토압계수
- 기초의 지지력
- 횡력을 받는 말뚝이나 널말뚝의 변위
- 앵커의 저항력

### 9.4.6 방사능 사운딩

방사능 사운딩은 지구물리학적 탐사의 동위원소탐사에 해당되며 동위원소 사운딩이라고도 하고 재질이 두꺼울수록 방사선이 많이 흡수되는 원리를 이용하여 지반상태를 조사하는 방법이다. 대개 중성자선을 이용하여 함수비를 측정하나 결과는 신뢰성이 떨어진다. 시험 중에 기술자가 방사선에 노출되지 않도록 유의해야 한다.

## 9.5 지구물리 탐사

### 9.5.1 개 요

지구물리 탐사는 지반시료를 채취하지 않고 지구물리학적 원리를 이용하여 넓은 지역에서 지층의 종류와 두께를 정하는 방법이다. 토질공학적 자료는 구할 수 없으나 광역조사에서는 보링과 병행하면 보다 확실한 자료를 얻을 수 있다. 특히 지반 내의 불연속면을 감지할 수 있으므로 댐건설 등에 매우 유효하다. 주로 시행하는 지구물리 탐사는 다음과 같다.

- 지진파 탐사(9.5.2)
- 동역학적 탐사(9.5.3)
- 전기저항 탐사(9.5.4)
- 방사능 동위원소 탐사(9.5.5)

### 9.5.2 지진파 탐사

지진파 탐사는 지진파에 대한 지반의 탄성거동으로부터 지반의 종류나 지층의 성상 및 지반의 강성도를 알아내는 방법이다. 폭발에 의해 생성된 지반진동은 종파(longitudinal wave)의 형태로 지층을 따라 전파된다.

지표를 따라 전파되는 표면파가 최초로 지진계에 도착되고 이때까지 걸린 시간 $t_1$은 진원에서 지진계까지의 거리 $s$를 파의 전파속도 $v_1$으로 나누어 다음과 같이 구한다.

$$t_1 = \frac{s}{v_1}$$

또 다른 지진파는 지표 지층 1을 관통하고, 그 하부에 있는 지층 2의 상부표면에서 굴절되어 표면을 따라 진행하다가 간접적인 경로를 통해 지진계에 도달되며, 이때에 걸린시간 $t_2$은 다음과 같이 계산한다.

$$t_2 = \frac{v_2}{v_1 \cos i} + \frac{2s \tan i}{v_2}$$

$$\sin i = \frac{v_1}{v_2}$$

위의 식으로부터 지층 1의 두께 $H$가 다음과 같이 계산되며 전파속도가 정확하게 측정되지 않을 경우에는 측점을 변경해가면서 측정하여 결정한다. 지층이 두꺼운 경우에 적용된다.

$$H = \frac{L}{2}\sqrt{\frac{v_2 - v_1}{v_2 + v_1}}$$

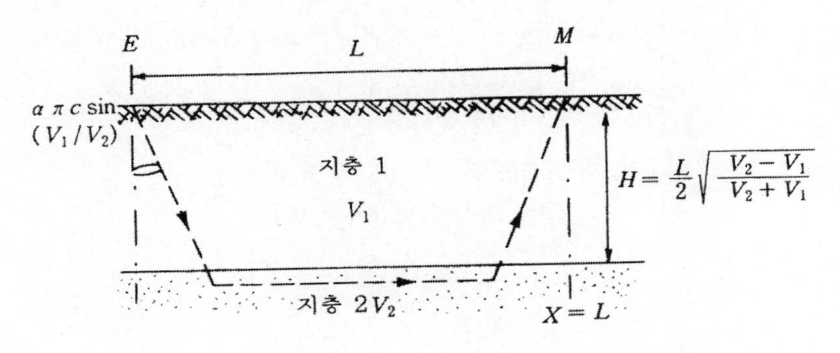


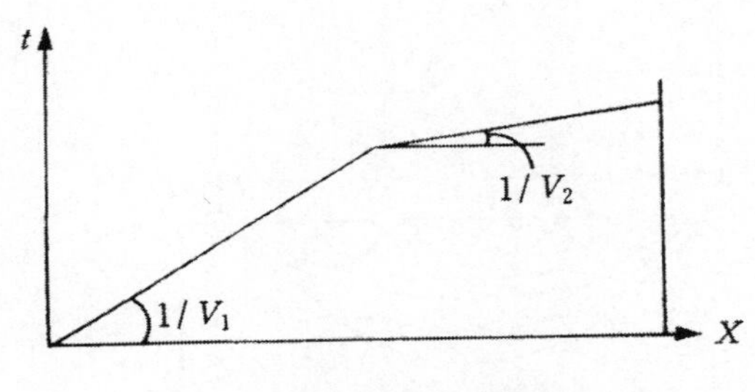


그림 9.8 지진파 탐사 개요

### 9.5.3 동역학적 탐사

동역학적 탐사는 지진파 탐사에서와 마찬가지로 지반의 탄성거동으로부터 지반의 종류와 지층 및 지반의 강도를 구하는 방법이다. 발진기를 이용하여 보링공 내 지중에서 진폭과 진동수가 일정한 Sine파가 발진되면 지반 종류에 따라 전파속도가 달라지며 인접한 보링공이나(그림 9.9(a)) 지표에서(그림 9.9(b)) 측정한 전파속도의 변화로부터 지반구성 및 상태를 파악할 수 있다. 그러나 지층경계면의 깊이와 지층의 두께는 결정하기가 어렵다. 따라서 지층두께가 20 m 이하에서만 수행한다.

지진파시험에 사용하는 파가 종파인데 비해 동역학적 탐사에 이용하는 파는 횡파(Sine)이며, 횡파의 전파속도는 종파에 비해 작고 대개 이탄에서 80 m/s, 사암에서 700 m/s이다. 그 전파속도는 지반의 강성도가 증가할수록 커진다.

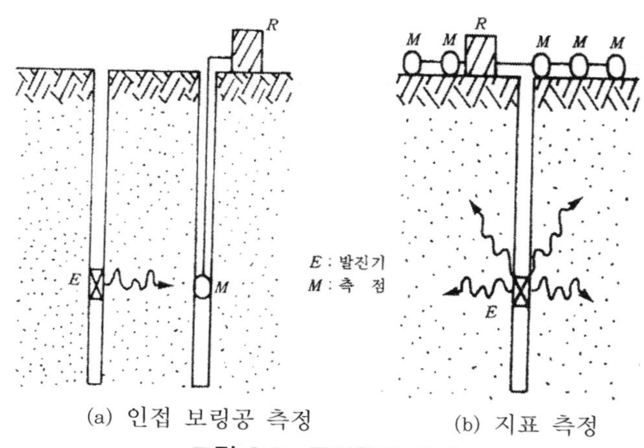


(a) 인접 보링공 측정 (b) 지표 측정

**그림 9.9 동역학적 탐사**

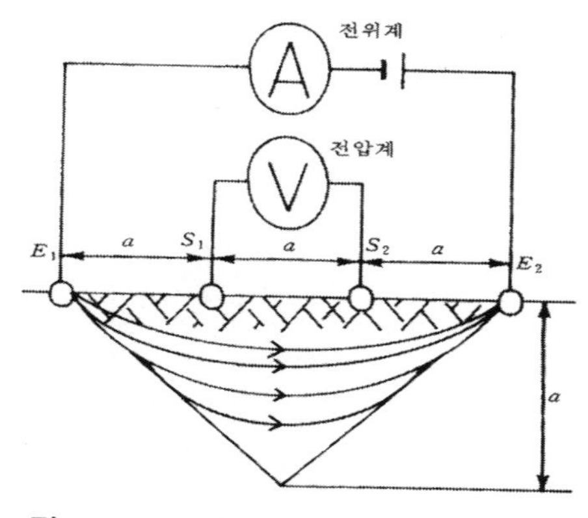


**그림 9.10 전기저항 탐사**

### 9.5.4 전기저항 탐사

전기저항탐사는 전기저항법이라고도 하며 지반의 상태에 따라 전기전도성이 다른 점을 이용하여 지반의 상태를 파악하는 시험이다. 지반의 함수비가 달라지면 전도성도 달라지며 건조한 사질토 지반보다 젖은 사질토 지반의 전기저항이 크다.

두 개의 전극 $E_1$과 $E_2$를 통하여 지반에 직류전류를 흘려 보내고 두 지점 $S_1$과 $S_2$을 설치하여 휘스턴 브릿지(Wheatston Bridge)를 통해 저항을 측정한다. $E_1$과 $E_2$, $S_1$과 $S_2$의 거리를 2~35 m까지 늘려가면 깊이 $a$의 영향이 커진다. $E_1$과 $E_2$의 거리를 일정하게 유지한 채 $E_1$을 중심으로 $E_2$를 회전하면 보다 더 넓은 지역을 탐사할 수가 있다. 특히 지하수위와 암반경계면의 위치를 정하는 데 효과적이다.

### 9.5.5 방사능 동위원소 탐사

원자의 중량은 양자와 중성자의 합이며, 원자분열로 인하여 양자수는 같으나 중성자수가 다른 원소가 발생된다. 양성자수가 같은 원소는 위상이 같으므로 이를 동위원소라 한다. 서로 다른 방사선을 방출하는 동위원소는 매우 많다. 지반공학 분야에서는 다른 동위원소에 비하여 투과성이 좋은 감마($\gamma$)선이 사용된다. 장시간에 걸쳐서 수행되는 시험에서는 반감기가 긴 동위원소를 사용해야 한다. 동위원소의 방사선이 물체를 투과할 때 물체의 종류, 밀도 및 두께에 따라 다르게 흡수되며 흡수량은 지수법칙이 적용되고 이로부터 원하는 값을 풀어낼 수 있다. 방사능 동위원소탐사법에서는 사운딩봉을 통해 동위원소를 지반에 주입하고 가이거 뮐러계수기(Geiger – Müller)로 지반을 투과한 방사선을 측정할 수 있으며 방출량과 접수양의 차이로부터 지반의 상대밀도를 구할 수 있다.

감마($\gamma$)선 사운딩에서는 파이프를 20 m 이내의 깊이로 타입한 후에 파이프를 통하여 사운딩을 삽입한다. 사운딩의 하부에 방사능 원소를 설치하고 원소 상부를 납으로 차폐한다. 방사능 원소에서 방출된 방사선은 지반에서 반사되어 차폐부의 윗쪽에 있는 계수기에서 검출되며 지반에 따라서 검출량에 차이가 있다. 함수비를 측정할 때는 감마($\gamma$)선 원소(코발트) 대신에 중성자선 원소인 라듐–베리리움을 사용한다.

방사능 동위원소 탐사는 그림 9.7과 같이 1개 또는 2개의 보링공에 다양한 형태로 설치하여 수행할 수 있다.

## 9.6 지하수조사

지하수면 이하로 지반을 굴착하는 경우에는 지하수에 대한 면밀한 조사가 필요하다. 지하수에 대한 사항은 구조물의 형태 및 지반굴착공법을 선택하는 데에 결정적인 역할을 하므로 세심하게 실시해야 한다. 그러나 지하수조사에는 많은 시간과 비용이 소요되므로 시험방법과 빈도, 시험범위 및 사용장비 등은 경험이 풍부한 기술자가 결정해야 한다.

지반조사 시에 지하수조사는 다음의 사항을 알아보기 위하여 실시한다.

- 지하수면의 위치
- 용수압의 유무 및 시간에 따른 변화
- 지하수 함유물질조사
- 투수계수 조사

지하수면의 위치는 보링후에 보링공 내의 수면높이를 측정하여 결정한다. 점성토에서는 수면회복에 많은 시간이 소요되므로 지하수면의 높이를 결정하기가 어렵다. 특히 보링 시에 세척수를 사용한 경우에는 보링공 내의 수면이 실제 지하수면보다 높을 수 있다.

특정한 지층에서의 수압은 보통 수압계를 이용하여 측정한다. 수압계는 투수재료를 부착하여 지반의 물이 자연스럽게 수압계로 흘러들어와서 그 수위를 측정하여 수압을 구하는 형태와 유압식으로 되어 지반 내 물의 이동을 극소량으로 하여 수압을 직접 측정할 수 있도록 고안된 형태가 있다.

지하수에는 각종 오염물질과 황산염 등의 콘크리트 유해물질이 섞여 있는 경우가 있다. 또한 지반의 모암이 특정한 화학성분을 포함하는지 조사할 필요가 있는 경우도 있다. 이때는 지반보링 즉시 지하수 시료를 채취하고 채취된 시료가 다른 물질로 오염되거나 희석되지 않도록 유의하여 화학분석한다.

지반조사 시에 현장에서 투수시험을 수행할 수 있다. 현장투수시험으로는 양수시험, 주수시험, 등수두 보링공 시험(Constant head borehole test), 변수두 보링공 시험(Falling head borehole test), 패커시험(Packer test) 등이 있다.

지하수 조사에 대한 내용은 제 6 장에 상세히 설명되어 있다.

# 참고문헌

DIN 4021, 4094 B1.

US Department of the Interior, Bureau of Reclamation (1974), Earth Manual, 2nd edition, US Government Printing Office, Washington D.C.

BS 1377:1967, 'Methods of testing soils for civil engineering purposes'. British Standards Institution, London.

BS 1377:1975, 'Methods of test for soils for civil engineering purposes'. British Standards Institution, London.

BS Code of Practice CP2001 (1957), 'Site investigations' (British Standards Institution, London); and draft revision document No. 76/11937

# 제10장 토질시료 채취

## 10.1 개 요

토질시험은 교란시료(Disturbed Sample)를 사용하여 흙의 구조골격과 무관한 물성을 구하는 시험과 비교란시료(Undisturbed Sample)를 사용하여 흙의 구조골격에 의해 큰 영향을 받는 투수성, 전단강도, 압축특성 등을 구하는 시험이 있다. 교란시료는 현장 지반을 대표할 수 있는 시료를 여러가지 방법으로 채취하면 되므로 시료취급에 특별한 어려움이 없다. 그러나 비교란 시료는 채취하고 취급하기가 용이하지 않으며 시간과 비용이 많이 든다.

일반적으로 비교란시료는 지반의 구조골격과 함수비가 현장상태를 유지하는 시료를 말한다.

지반시료는 채취 및 취급 중에 여러 가지 불가피한 교란요인이 발생될 수 있으므로 비교란 상태로 시료를 채취하기가 매우 어렵다. 즉, 시료는 채취하는 순간에 응력이 이완되고 외기에 노출되면서 온도와 습도가 변하여 체적이 달라지며 이에 따라서 구조골격이 교란된다. 또한 시료채취용 튜브가 아무리 얇다고 하더라도 시료가 샘플러 내부로 밀려 들어올 때에 시료와 샘플러 내벽 사이의 마찰에 의해서 항상 어느 정도의 교란이 일어난다. 따라서 엄밀한 의미의 비교란 시료는 있을 수가 없다고 할 수 있다. 그러나 최근에는 각종장비의 발달로 시료의 교란을 극소화할 수 있어서 대체로 비교란 시료로 간주할 수 있는 경우가 많다. 따라서 흙시료는 토질시험의 목적에 따라 교란시료와 비교란 시료로 구분하여 채취해야 한다. 시료의 교란 정도에 따라 수행가능한 시험이 다르며 그 내용은 표 10.1과 같다.

**표 10.1 시료의 교란 정도에 따라 취득이 가능한 지반의 물성**

| 시료 등급 | 비교란상태 | 취득가능한 지반의 물성 |
|---|---|---|
| 1 | 흙의 구조골격<br>함수비<br>습윤단위중량<br>투수계수<br>변형률<br>전단강도 | 세립토 지층경계<br>침하<br>아터버그한계<br>컨시스터시 지수<br>상대밀도<br>입자의 밀도<br>유기질 함량<br>함수비<br>습윤단위중량<br>간극비<br>투수계수<br>변형률<br>전단강도 |
| 2 | 흙의 구조골격<br>함수비<br>습윤단위중량<br>투수계수 | 세립토 지층경계<br>침하<br>아터버그한계<br>컨시스터시 지수<br>상대밀도<br>입자의 밀도<br>유기질 함량<br>함수비<br>습윤단위중량<br>간극비<br>투수계수 |
| 3 | 흙의 구조골격<br>함수비 | 지층경계<br>침하<br>아터버그한계<br>컨시스터시 지수<br>상대밀도<br>입자의 밀도<br>유기질 함량<br>함수비 |
| 4 | 흙의 구조골격 | 지층경계<br>침하<br>아터버그한계<br>컨시스터시 지수<br>상대밀도<br>입자의 밀도<br>유기질 함량 |
| 5 | | 지층구성 |

시험목적에 적합한 시료를 채취하는 일도 토질시험의 연장이므로 세심한 주의가 필요하며 시료의 교란정도에 따라 다음과 같은 시료채취 방법들이 적용되고 있다.

**1) 교란시료 채취(10.2절)**

- 얕은 곳
  - 삽 등을 이용한 시료채취
- 깊은 곳
  - 오거를 이용한 시료채취
  - 원통분리형 시료 채취기 이용(10.2.2)

**2) 비교란시료 채취(10.3절)**

- 얕은 곳 : 노두, 시험굴
  - 블록시료채취(10.3.2)
  - 코어 커터채취(10.3.3)
- 깊은 곳 : 보링공
  - 박관 시료 채취기 이용(10.3.4)
  - 박관 피스톤 시료 채취기 이용(10.3.5)

# 10.2 교란 시료채취

## 10.2.1 개 요

교란시료는 흙의 구조골격(soil skeleton)이 교란되어서 입도분포나 함수비와 같은 물리적 성질은 현장값과 동일하지만 역학적 성질, 즉 전단강도, 투수성 및 압축성 등은 현장의 지반을 대표할 수 없는 시료를 말한다. 교란시료는 흙의 구조골격에 무관한 성질, 즉 지반분류나 입도분포, 아터버그 한계, 자연함수비, 비중 및 다짐 시험 등에 사용된다. 오거보링(auger boring) 시 보링공 밖으로 나오는 흙시료 등이 대표적인 교란시료이다. 원통분리형 시료채취기를 이용하여도 교란된 흙시료를 얻을 수 있다.

## 10.2.2 원통 분리형 시료 채취기

원통 분리형 시료 채취기는 튜브 분리형 또는 스푼 분리형 등으로도 불리며 시료를 채취하는 기기 중에서 가장 널리 사용되는 종류이다. 원통 분리형 시료채취기는 그림 10.1과 같이 분리가 가능한 원통형 시료 저장부와 선단부 컷터 부분으로 이루어진다.

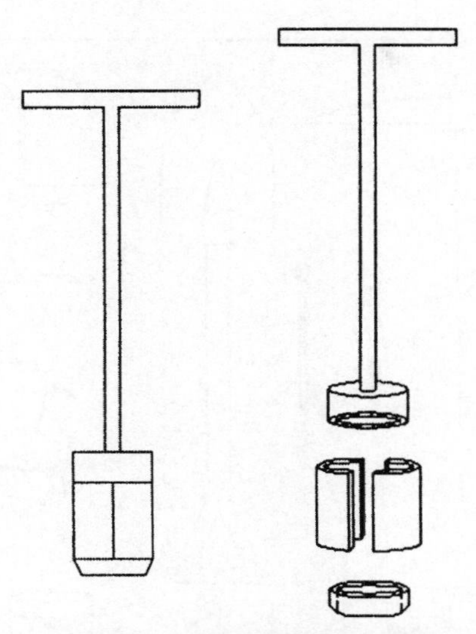

그림 10.1 원통분리형 시료채취기

채취가 끝나서 시료 채취기를 위로 들어 올릴 때에는 이 밸브가 닫혀서 원통의 상부에 진공상태를 유발하여 원통 속에 있는 시료 유출을 억제하는 작용을 한다. 이 시료 채취기를 이용하면 간편하면서 단시간에 경제적으로 시료를 채취할 수 있는 장점이 있다. 또한 표준관입시험의 선단부도 원통분리형 시료채취기(스플릿 샘플러)도 있다.

## 10.3 비교란 시료채취

### 10.3.1 개 요

비교란 시료는 흙입자의 배열과 구조가 자연상태를 유지하고 함수비의 변화가 없는 상태의 시료를 의미한다. 이러한 시료는 전단시험, 압밀시험 및 투수시험 등을 수행하는 데 적합하다. 흔히 사용되는 비교란 시료 채취기로는 다음과 같은 것들이 있다.

**1) 얕은 곳 : 노두, 시험굴**

- 블록 시료채취(10.3.2)
- 코어 커터(10.3.3)

**2) 깊은 곳 : 보링공**

- 박관 시료채취기(10.3.4)
- 박관 피스톤 시료채취기(10.3.5)

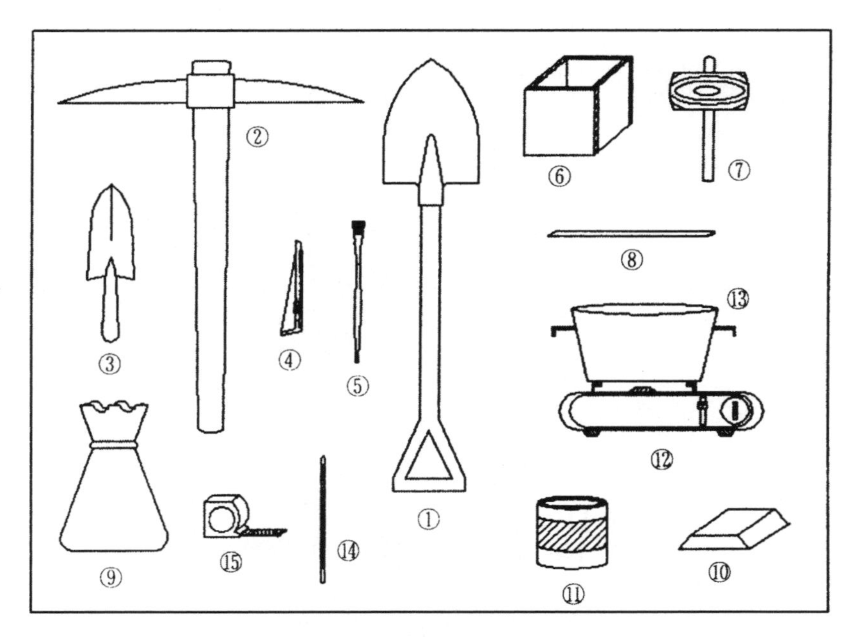


그림 10.2 블록 시료채취 장비

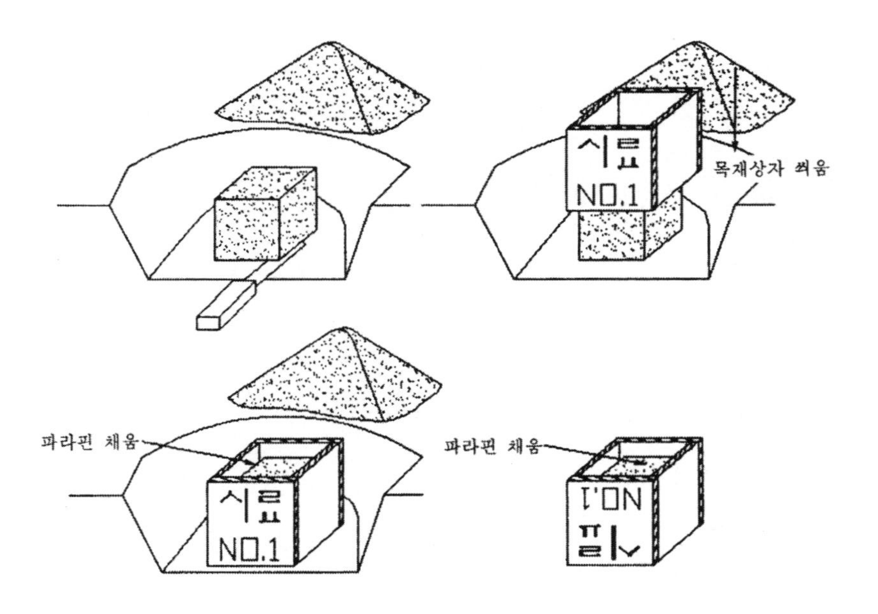


그림 10.3 블록시료 채취과정

## 10.3.2 블록시료 채취

### (1) 개 요

현장의 노두나 시험굴에서 흐트러지지 않은 상태로 흙의 단위중량이나 함수비 등을 구하거나 공시체를 만들어 전단시험을 수행하기 위해 현장에서 블록시료를 채취한다. 원위치에 쉽게 접근할 수 있는 장점이 있으나 지표에 가까운 지반은 기후 변화나 외부 하중 등의 영향을 받은 이력이 있을 수 있기 때문에 각별한 주의가 필요하다.

### (2) 시험장비

①~⑤ 삽, 곡괭이, 손삽, 칼, 솔
⑥, ⑦ 목재상자, 나무망치
⑧ 시료칼(곧은 날)
⑨ 비닐주머니
⑩~⑬ 파라핀, 송진, 전열기, 파라핀 용해용기
⑭, ⑮ 온도계, 자

### (3) 시험방법

**1) 블록시료 채취 준비**

① 현장에서 가장 대표적인 지반상태를 나타내는 위치를 선택하고 채취할 장소와 깊이 및 현장 특기사항을 기록한다.
② 각주 모양의 블록으로 자른다. 이때에 한번에 자르지 않고 조금씩 떼어 내어 블록지반이 교란되지 않도록 한다.

**2) 점성이 낮은 흙은 부스러지기 쉬우므로 다음과 같이 한다.**

③ 흙시료 덩어리보다 약간 큰 나무상자를 씌운다.
④ 나무상자와 흙시료 덩어리 사이의 빈 공간은 용해된 파라핀으로 채운다. 파라핀은 수축비가 커서 굳을 때 수축하여 균열이 발생되므로 이를 방지하기 위하여 송진을 2~3% 혼합하여 사용한다.
⑤ 파라핀이 굳으면 시료칼을 이용하여 바닥면 흙을 잘라낸다.
⑥ 흙시료 덩어리의 상부면을 1cm 정도 잘라내고 파라핀으로 채운다.
⑦ 나무상자를 거꾸로 하여 바닥면을 1cm 정도 잘라내고 파라핀으로 채운다.

**3) 점성이 큰 흙에서는 다음과 같이 블록시료를 채취한다.**

⑧ 시료칼을 이용하여 흙시료 덩어리의 바닥면을 자른다.
⑨ 절취한 흙시료 덩어리의 표면을 노출부가 없도록 파라핀으로 도포한다.
⑩ 측정상황을 정리한다.
⑪ 보고서를 작성한다.

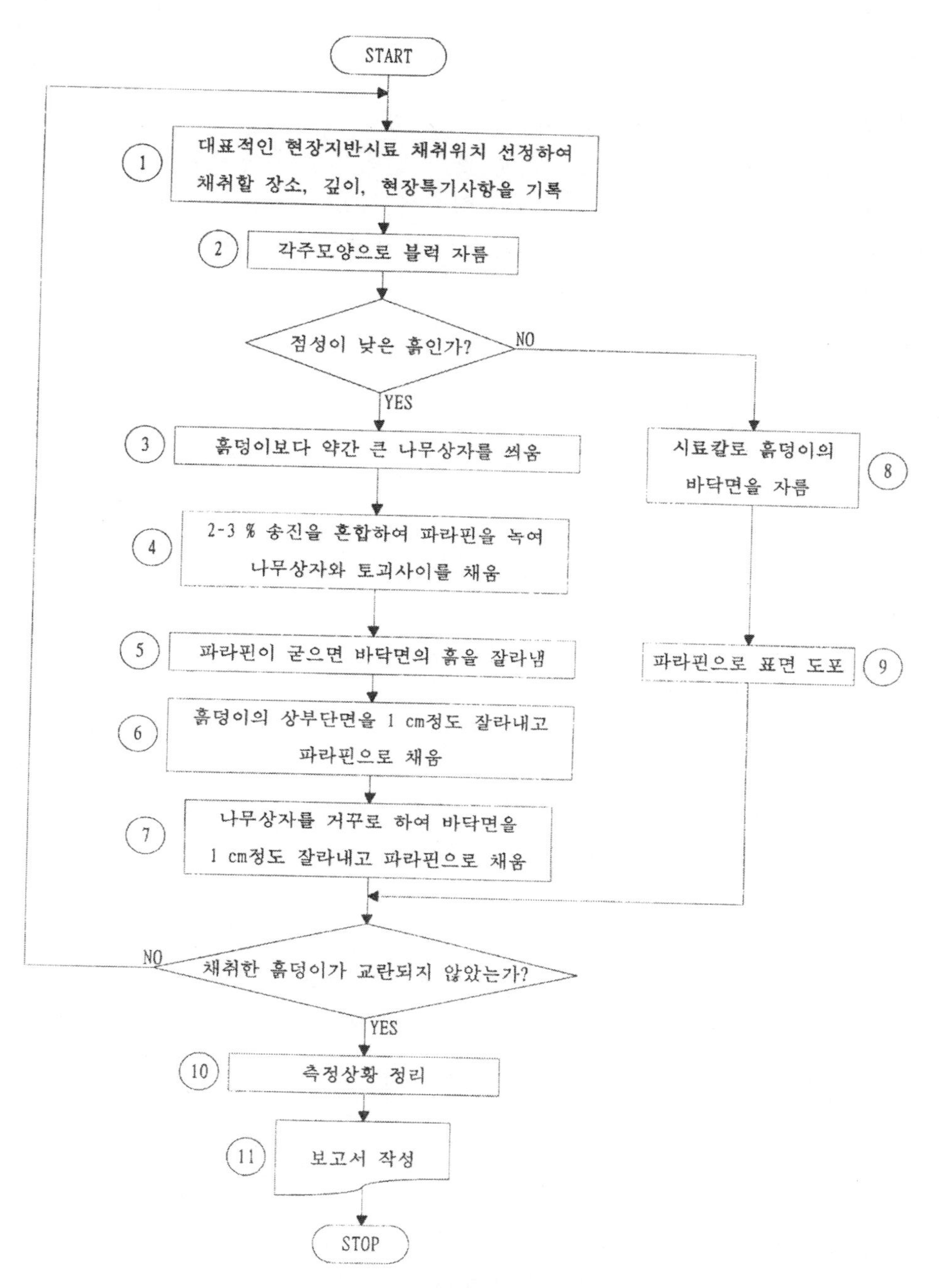


그림 10.4 블록시료 채취 흐름도

(4) 결과정리

① 채취한 시료는 함수비가 변하지 않을만큼 표면이 파라핀으로 잘 도포되었는지 확인한다.

② 채취한 장소, 깊이, 현장 특기사항 등을 기록한다.

③ 깊은 시험공에서 채취할 경우는 굴착 흙벽의 붕괴로 인한 안전사고에 유의한다.

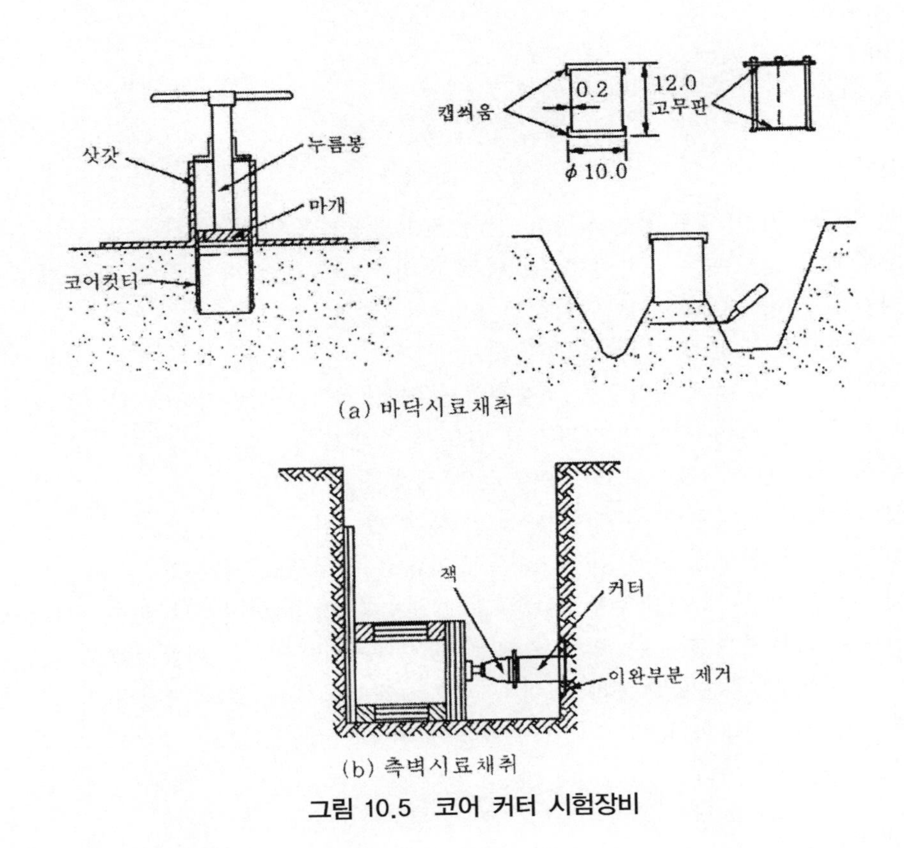


**그림 10.5 코어 커터 시험장비**

## 10.3.3 코어 커터

(1) 개 요

현장지반의 단위중량이나 함수비등을 구하기 위하여 현장의 노두나 시험굴에서 코어 커터를 이용하여 흐트러지지 않은 상태로 흙시료를 간단하게 채취할 수 있다. 코어커터를 지반에 압입할 때에 요동이 일어나지 않도록 주의해야 한다. 여러 가지 형태의 코어 커터가 있으나 최대입경이 5mm 이하인 경우에는 DIN 4021형이 적합하다.

### (2) 시험장비

①~② 코어커터 시험기 : 삿갓과 누름판이 있어야 한다.
③ 코어 커터 : 채취후 밀폐할 수 있는 뚜껑이 있어야 한다.
④ 망치
⑤~⑨ 삽, 손삽, 칼, 솔, 흙손
⑩ 시료칼
⑪ 비닐주머니
⑫ 자
⑬ 테이프

### (3) 시험방법

① 현장에서 가장 대표적인 지반을 찾아서 현장상황을 기록한다.
② 교란되지 않도록 주의하여 50cm 범위 내의 지표지반을 평평하게 깎아 고른다.
③ 삿갓을 코어 채취장소에 위치시킨다.
④ 코어커터를 삿갓에 삽입한다.
⑤ 코어커터 상부를 누름판으로 조심해서 눌러서 코어커터를 지반에 압입한다. 이때에 누름판에 의하여 지반이 다져지지 않도록 주의한다.
⑥ 누름판과 삿갓을 제거하고 코어커터의 상태를 확인한다.
⑦ 압입상태가 정상이면 주변지반을 조심해서 파낸다.
⑧ 코어커터의 상부에 묻은 흙을 솔로 털어내고 윗뚜껑을 덮는다.
⑨ 윗뚜껑을 덮은 채로 하부를 시료칼로 절단하고 상하를 거꾸로 하여 뒤집는다.
⑩ 절단된 하부면을 다듬은 후에 커터에 묻은 흙을 털어내고 아랫뚜껑을 덮는다.
⑪ 뚜껑 주위를 테이프로 봉하고 위치, 심도, 채취날짜 등을 기록한다.
⑫ 측정상황을 정리한다.
⑬ 보고서를 작성한다.

### (4) 결과정리

① 채취시료의 함수비가 변하지 않도록 뚜껑 주위를 테이프로 봉한다.
② 채취한 장소, 깊이, 현장 특기사항 등을 기록한다.
③ 깊은 시험굴에서 채취할 경우에는 안전사고에 유의한다.

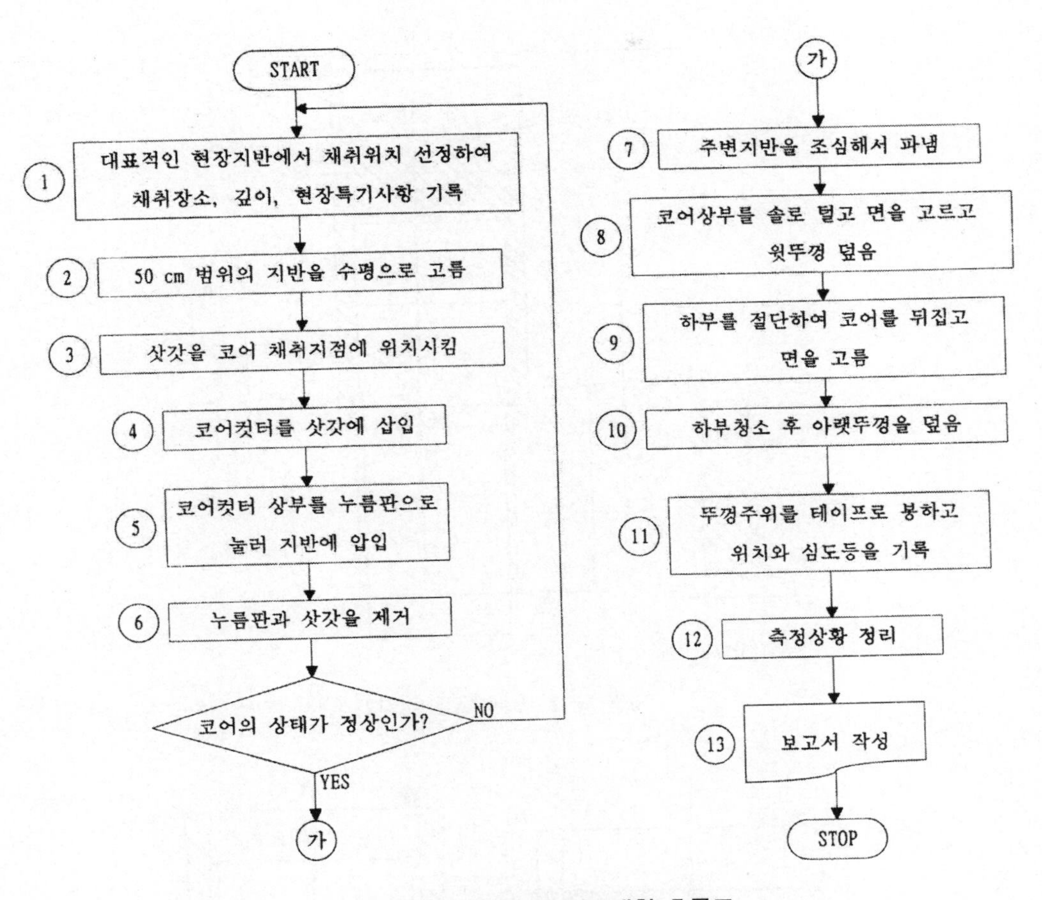


그림 10.6 코어커터 시료채취 흐름도

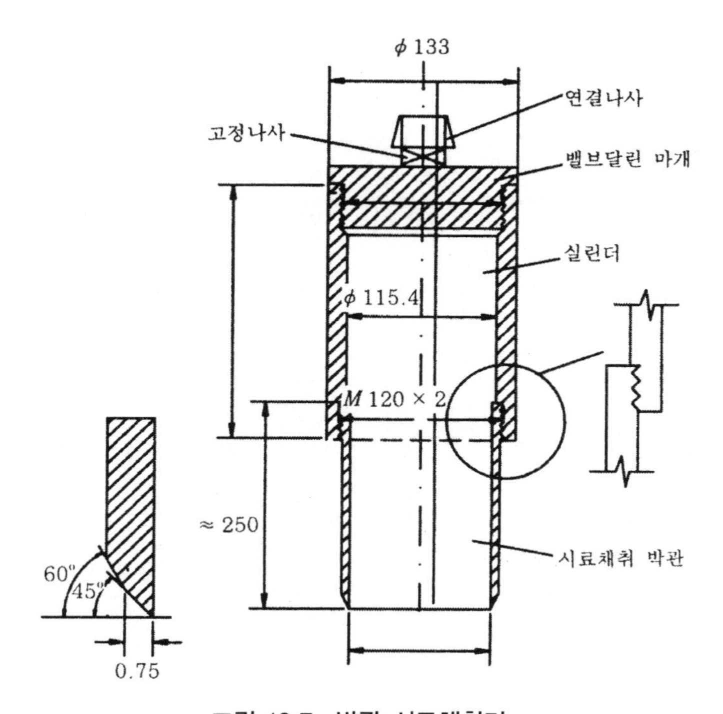


그림 10.7 박관 시료채취기

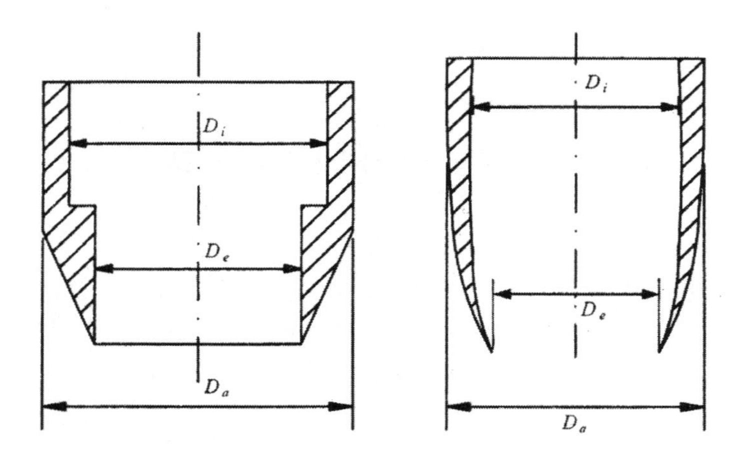


그림 10.8 박관 시료채취기 선단

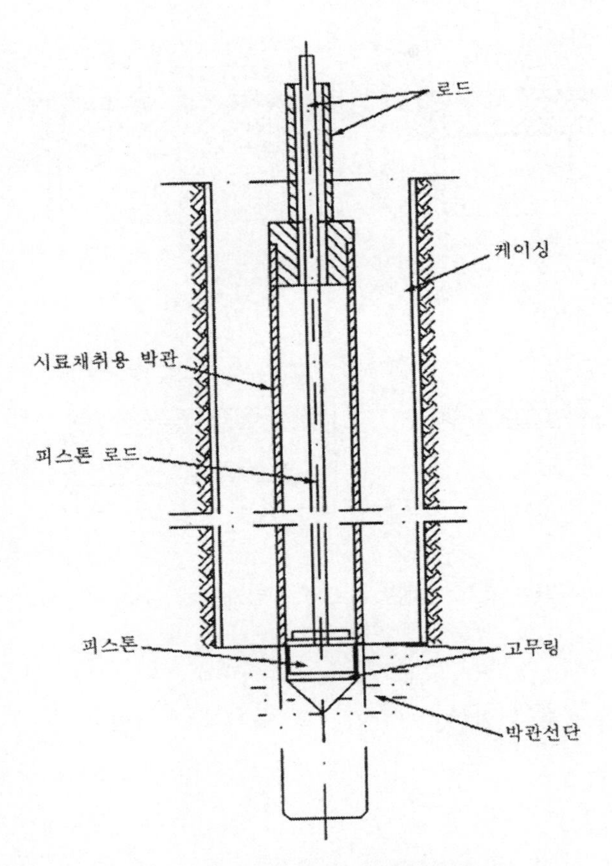


**그림 10.9 박관 피스톤 시료채취기**

### 10.3.4 박관 시료채취기

깊은 지반의 시료를 비교란 상태로 채취할 때에 흔히 사용되는 비교란 시료채취기로는 박관 시료채취기와 박관 피스톤 시료채취기가 있다.

박관 시료채취기는 가장 빈번히 사용되는 비교란 시료채취기이며, 그림 10.7과 같이 시료채취기 내부에 들어온 시료를 고정시키는 장치나 토층을 관입하는 특수한 장치가 없다. 박관 시료채취기의 선단에는 그림 10.7과 같이 일정한 각을 이루는 예리한 날이 있으며 보통 0.16~0.32cm 두께의 황동이나 스테인레스강으로 만들어져 있다. 선단의 안지름은 윗부분보다 0.5~1.5%가량 작게 되어 있어서 시료가 채취관 내부로 밀려 올라가면서 발생하는 벽과의 마찰에 의한 교란 정도를 줄이고, 일단 채취된 시료가 빠져나가지 않게 저항하는 역할을 한다.

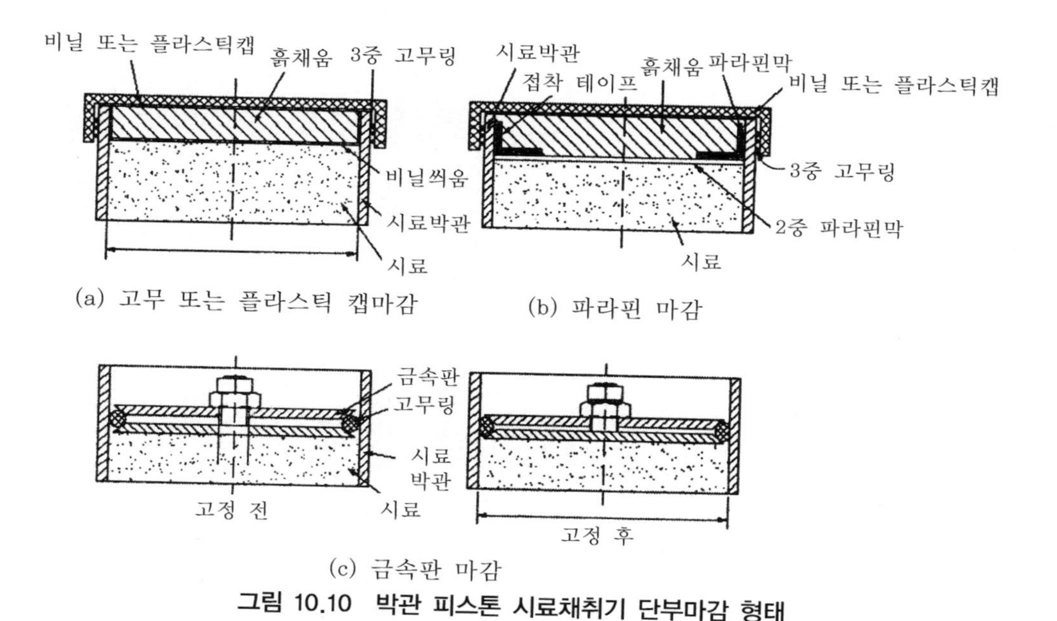


**그림 10.10 박관 피스톤 시료채취기 단부마감 형태**

채취한 시료의 교란 정도는 박관의 치수에 의하여 큰 영향을 받는다. 시료의 교란을 최소화할 수 있는 박관의 치수는 대개 다음 값으로 관리한다.

- 면적비
- 내경비
- 장경비

**1) 면적비 $R_A$**

박관 시료채취기의 면적비 $R_A$는 다음과 같이 정의하며 이 값은 관이 두꺼워질수록 커진다.

$$R_A = \frac{\text{박관외경}^2 - \text{선단내경}^2}{\text{선단내경}^2} \times 100[\%] = \frac{D_a^2 - D_e^2}{D_e^2} \times 100$$

비료란 시료채취기는 일반적으로 면적비 $R_A$가 10 % 이내이어야 하며 어떤 경우에도 13 %를 초과하지 말아야 한다.

**2) 내경비 $R_i$**

박관의 내경비 $R_i$ 는 다음과 같이 정의하며 박관내경 $D_i$ 와 박관선단내경 $D_e$ 의 차이를 나타낸다. 내경비가 클수록 박관의 내경과 선단의 내경 차가 크다.

$$R_i = \frac{\text{박관내경} - \text{선단내경}}{\text{선단내경}} \times 100 = \frac{D_i - D_e}{D_e} [\%]$$

내경비 $R_i$ 는 긴 채취기(샘플러)에서는 0.75~1.5, 짧은 채취기에서는 0~0.5이어야 한다.

**3) 장경비** $R_L$

박관의 장경비 $R_L$ 은 시료채취기 길이 $L$ 과 내경 $D_i$ 의 비로 정의하며 그 값이 클수록 박관의 길이가 길다. 보통 장경비가 10이 되도록 박관의 치수를 정한다.

$$R_L = \frac{\text{박관길이}}{\text{박관내경}} = \frac{L}{D_i} > 10$$

## 10.3.5 박관 피스톤 시료채취기

박관 피스톤 시료채취기는 10.3.4에서 설명한 박관 시료채취기에 고정 피스톤장치가 추가된 형태의 시료채취기이다. 그림 10.9에서 보는 바와 같이 고정 피스톤은 시료채취기를 일정한 깊이까지 진입시키는 데 필요한 피스톤 로드와 연결되어 있으며 시료채취 박관의 하단부에 고정되어 있다. 피스톤(그림 10.10)은 느슨한 흙이나 물 등이 박관의 내부로 들어오는 것을 막는 역할을 한다.

일단 시료채취가 시작되면 피스톤은 그 자리에 고정되고 시료채취관만이 지반으로 밀려 내려가서 시료를 채취하게 된다. 시료가 진입하면서 피스톤과 시료 사이가 진공상태가 되는데, 이 진공상태는 박관 내에 진입된 시료를 외부로 들어올릴 때에 시료의 낙하를 방지한다. 이 박관 피스톤 시료채취기는 항상 유압 또는 기계적인 방법으로 밀어서 지반에 삽입시키며 절대로 타입하면 안 된다. 박관 피스톤 시료채취기로 채취한 시료는 마르거나 교란되지 않도록 그림 10.10과 같이 캡을 씌우거나 파라핀 또는 금속판으로 단부를 마감한다.

# ◘ 참고문헌 ◘

BS 1377:1967, 'Methods of testing soils for civil engineering purposes'. British Standards Institution, London.

BS 1377:1975, 'Methods of test for soils for civil engineering purposes'. British Standards Institution, London.

BS Code of Practice CP2001 (1957), 'Site investigations' (British Standards Institution, London); and draft revision document No. 76/11937

DIN 4021

Schulze E./ Muhs H.(1967). Bodenunterschungen für Ingenieurbauten 2.Auf. Springer Verlag, Berlin/Heidelberg/New York

US Department of the Interior, Bureau of Reclamation (1974), Earth Manual, 2nd edition, US Government Printing Office, Washington D.C.

# 제11장 노상토 지지력 시험(CBR)

## 11.1 개 요

### 11.1.1 노상토의 지지력

도로나 활주로 같은 가요성 포장의 하부에 있는 노상 또는 노반의 지지력은 포장의 두께를 결정하는 근거가 되며, 다음과 같은 방법으로 판정한다. 본 장에서는 도로나 비행장 활주로에서 가장 널리 사용하는 실내 또는 현장 노상토 지지력 시험(CBR)에 관하여 설명한다.

- 실내 또는 현장 노상토지지력 CBR 시험
- 평판 재하 시험
- 동적 관입 시험 : 표준 관입 시험 등
- 정적 관입 시험 : 콘 관입 시험(Cone Penetration Test) 등

### 11.1.2 노상토 지지력시험

노상토 지지력 시험(CBR시험 : California Bearing Ratio 시험)은 포장을 지지하는 노상토의 강도, 압축성, 팽창성, 수축성 등을 결정하는 시험으로 미국 캘리포니아 도로국에서 개발하여 세계적으로 널리 전파된 시험법이며 우리나라에서도 KS F 2320(노상토 지지력비 시험)에 규정되어 있다.

CBR시험에서는 직경 50mm 인 관입피스톤을 일정한 속도 1.0mm/min로 총 12.5mm 까지 관입시키면서 0.5mm 관입될 때마다 하중과 관입피스톤에 걸리는 힘을 측정하고 표준하중과 비교하여 지반의 지지력을 판정한다.

**표 11.1 표준단위하중**

| 관입량 (mm) | 2.5 | 5.0 | 7.5 | 10.0 | 12.5 |
|---|---|---|---|---|---|
| 단위하중 ($kgf/cm^2$) | 70 | 105 | 134 | 162 | 183 |
| 전하중 (kgf) | 1370 | 2030 | 2630 | 3180 | 3600 |

관입피스톤의 주변 지반은 포장부에 작용할 하중에 해당하는 크기의 하중만큼 납으로 된 하중판을 쌓아서 재하한다. CBR 값은 관입피스톤에 걸리는 시험단위하중의 표준단위하중에 대한 백분율인 지지력비로 정의한다. 이때에 표준단위하중으로 2.5mm 관입에 대한 하중($\rho_{\mathrm{I}}$ = 70 kgf/cm$^2$)이나 5.0mm 관입에 대한 하중($\rho_{\mathrm{II}}$ = 105kgf/cm$^2$)을 적용한다. 보통 2.5 mm 관입에 대한 지지력비를 CBR 치로 택하며 5mm관입에 대한 지지력비와 비교하여 작으면 재시험을 실시한다. 그래도 같은 결과가 반복되면 5mm에 대한 값을 택한다.

표준단위하중은 표준쇄석에 대해 실험한 결과이며 여러 가지 관입량에 대한 표준단위하중은 표 11.1과 같다.

CBR 시험에서 사용한 관입피스톤 등 시험기기의 치수가 표준단위하중에서 요구하는 치수와 일치하는지 반드시 확인한 후에 표준단위하중을 적용해야 한다.

CBR 값은 도로나 비행장과 같은 가요성 포장의 설계나 지반의 지지력을 판정하는 데에 이용하며 포장 아래에 있는 기층이나 보조기층 또는 노상재료의 강도, 압축성, 팽창성 및 포화로 인한 강도손실 등과 같은 특성을 표시하는 반경험적 수치이므로 예상되는 차륜하중과 관련시켜서 각 재료의 두께를 결정하는 자료가 된다. 또한 CBR 값은 노상, 성토, 철도노선의 다짐관리 또는 성토시공 중의 중장비 주행성 등의 판정기준으로도 이용된다. 도로교 표준시방서에서는 기층이나 보조기층에 대한 CBR의 최소값을 규정하고 있으며, 재료에 따라 그 값을 얻을 수 있는 대략범위가 있다. 표 11.2는 CBR값과 공학적 분류법으로 분류한 흙지반 대비로 포장하부 재료를 선택하는 데 적용한다.

**표 11.2 CBR 값과 흙의 분류**

| CBR | 용도 | 통일분류법 |
|---|---|---|
| 0~3 | 노상 | OH, CH, MH, OL |
| 3~7 | 노상 | OH, CH, MH, OL |
| 7~20 | 보조기층 | OL, CL, ML, SC, SM, SP |
| 20~50 | 보조기층, 기층 | GM, GC, SW, SM, SP, GP |
| > 50 | 기층 | GW, GM |

# 11.2 실내 CBR 시험

## 11.2.1 개 요

실내CBR 시험은 실제조건과 합치되도록 실내에서 CBR 몰드 내에 조성한 공시체에서 실시하며 우리나라에서는 KS F 2320에 규정되어 있다.

## 11.2.2 시험장비

① CBR 몰드 : CBR 몰드는 안지름 150 mm, 높이 175 mm 의 금속제로 원통 형이며 분리될 수 있는 높이 50mm의 칼라, 스페이서 디스크 및 몰드를 고정할 수 있는 밑판으로 이루어진 것이 3조각 있어야 한다.

② 램머 : 지름 50 mm, 무게 4.5 kgf 의 금속제 다짐용 램머이며, 자유낙하고는 450 mm이어야 한다.

③ 관입피스톤 : 지름 50mm, 길이 200mm의 원주형 강재라야 한다.

④ 재하장치 : 용량 약 5 tf, 관입속도를 1분간 1mm로 조절할 수 있어야 한다. 연약한 시료에서는 용량 2 tf, 감도 5kgf의 프로우빙 링을 겸용하는 것이 좋다.

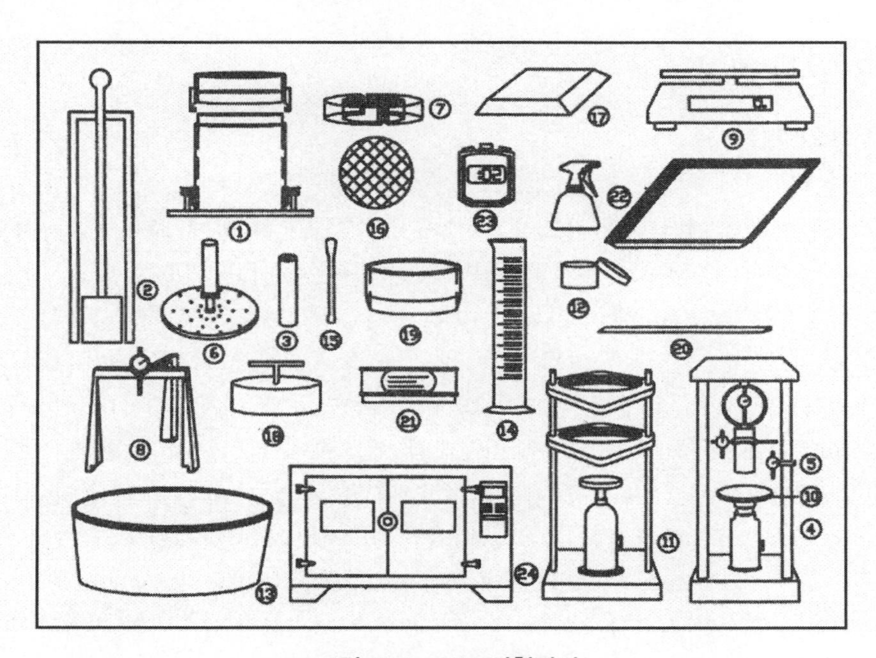

그림 11.1 CBR 시험장비

⑤ 관입량 측정용 변위계 및 부착기구 : 1/100mm 읽음, 작용길이 20mm 이상의 변위계와 부착기구가 2조 있어야 한다. 과거에는 다이얼게이지를 이용하여 변위를 수동계측하였으나 최근에는 LVDT 등으로 자동계측 한다.

⑥ 축이 붙은 유공판 : 흡수, 팽창측정에 사용하며 황동제이고 판의 구멍지름은 2 mm 이어야 한다.

⑦ 하중판 : 하중판은 무게 1.25 kgf 의 납으로 된 것으로 18개가 있어야 한다.

⑧ 팽창 측정용 변위계 및 삼각지지대 : 0.01mm 읽음이 가능한 변위계와 삼각형 지지대가 3조 있어야 한다.

⑨ 저울 : 용량 20kgf, 감도 10gf 및 용량 1kgf, 감도 0.5gf의 것이라야 한다.

⑩ 슬리이브(Sleeve) : 다진 시료를 몰드로부터 떼어내는데 사용하며, 지름 150 mm보다 큰 원통형의 것이라야 한다.

⑪ 시료추출기 : 시험 후에 시료를 몰드로부터 분리하는데에 시용하며, 지름 150mm 보다 큰 원통형의 것이라야 한다.

⑫~㉔ 기타 : 함수비 측정용기, 수조, 메스실린더(500ml), 흙스푼, 여과지, 파라핀, 스페이서 디스크, 커터, 시료칼, 체(19.1mm, No.4), 시료 혼합용구, 스톱워치, 건조로 등이 필요하다.

## 11.2.3 시험방법

### (1) 공시체의 제작

#### 1) 시료준비

① 시료는 그늘에서 공기건조하고 잘게 부수어 여유 있게 준비한다. 시료 중에서 소요량(A 시료)을 취하고 나머지는 여유분(B 시료)으로 둔다.

② A 시료를 19.1 mm체로 치고 통과한 시료(C 시료)는 보관하고 체에 남은 시료는 무게 $W_4$ 를 재고 버린다.

③ B 시료 중에서 일부를 취하여 19.1mm와 No.4체로 쳐서 19.1mm를 통과하고 No.4체에 남은 시료를 무게 $W_4$ 만큼 확보하여 D 시료라고 한다.

④ C시료와 D 시료를 잘 혼합하여 CBR 시험 시료로 사용한다. CBR 시험 개수(보통 3개)와 다짐시험(보통 8개) 개수를 정하여 시험개당 시료량을 약 5kgf으로 하여 총소요 시료량(5 × 11개 = 55 kgf)을 준비한다.

⑤ 이렇게 조제한 시료를 밀폐된 상자에 넣어서 보관하여 함수비의 변화를 방지한다.

#### 2) 다짐시험

⑥ 다짐 방법으로 시료의 최적 함수비 $W_{opt}$ 와 최대건조단위중량 $\gamma_{dmax}$ 을 결정한다.

⑦ 다짐시험을 하고 남은 시료는 그 함수비가 최적 함수비와의 차가 1% 이내가 되도록 시료에 물을 가하여 잘 혼합하고 밀폐된 시료상자에 넣어 함수비의 변화를 방지한다.

⑧ 함수비를 측정한다. 최적함수비와 1% 이상 차이가 나면 함수비를 조절한다.

**3) 교란시료의 공시체 제작**

⑨ 몰드 3개를 준비하여 무게 $W_m$를 측정한 후에 유공 밑판 및 칼라를 결합하고 밑면에 스페이서 디스크를 넣고 그 위에 여과지를 깐다.

⑩ 시료를 몰드에 넣어 각층마다 55, 25, 10회 다짐에 의한 공시체를 3개 만든다. 만일 함수비의 차이가 1% 이상이 되면 재차 함수비를 조절해서 3개 공시체를 다시 만든다.

⑪ 칼라를 제거하고 몰드상부로 돌출된 여분의 흙을 깎아낸다.

⑫ 유공밑판 및 스페이서 디스크를 제거한다.

⑬ 외부에 묻은 흙은 잘 닦고 여과지를 남긴 채로(몰드+습윤시료) 무게 $W_{mt}$를 측정한다.

**4) 비교란시료의 공시체 제작**

⑦′ 몰드의 무게 $W_m$를 측정한다. 후에 유공 밑판 및 칼라를 결합하고 밑면에 스페이서 디스크를 넣고 그 위에 여과지를 깐다.

⑧′ 비교란시료를 사용하는 경우에는 몰드 크기로 공시체를 깎아서 시험한다. 공시체를 깎을 때 표면에서 굵은 입자가 이탈되어 생기는 공간은 작은 입자로 메운다. 공시체를 몰드에 넣은 후에 몰드와 공시체 사이의 공간은 용해상태의 파라핀 등으로 채운다. 이때에 분리형 몰드를 사용하면 편리하다.

⑨′ 컷터를 부착한 몰드를 압입하여 비교란 공시체를 채취한다. 주변을 깎아서 직경 15cm의 원주를 만든후에 몰드를 씌워서 채취할 수 있다.

⑩′ 스페이서 디스크가 들어갈 공간을 확보한다.

⑪′ 여분의 시료로 함수비 $w$를 측정한다.

⑫′ (공시체+몰드)의 무게 $W_{mt}$를 측정한다.

## (2) 흡수팽창 시험

⑭ 공시체 위에 여과지($\phi$ = 15 cm)를 놓고 거꾸로 해서 유공밑판을 조여 붙인다.

⑮ 축이 달린 유공판을 놓고 그 위에 설계하중 또는 실제하중 ±2 kgf 에 상당하는 하중판을 얹는다. 단, 이 하중은 최소 5 kgf 으로 한다.

⑯ 공시체가 담긴 몰드를 수침시킨 후에 몰드의 모서리에 지반의 흡수팽창 측정용 삼각지지대를 똑바로 놓고 변위계를 설치 후 초기치를 기록한다.

⑰ 수침 시작 후 1, 2, 4, 8, 24, 48, 72, 96시간마다 변위계 측정치와 시간을 기록한다. 4일 이내에 팽창이 정지되었다고 인정될 경우에는 그때까지의 읽음만으로도 충분하다. 시료에 따라 수침시간을 짧게 해도 좋다.

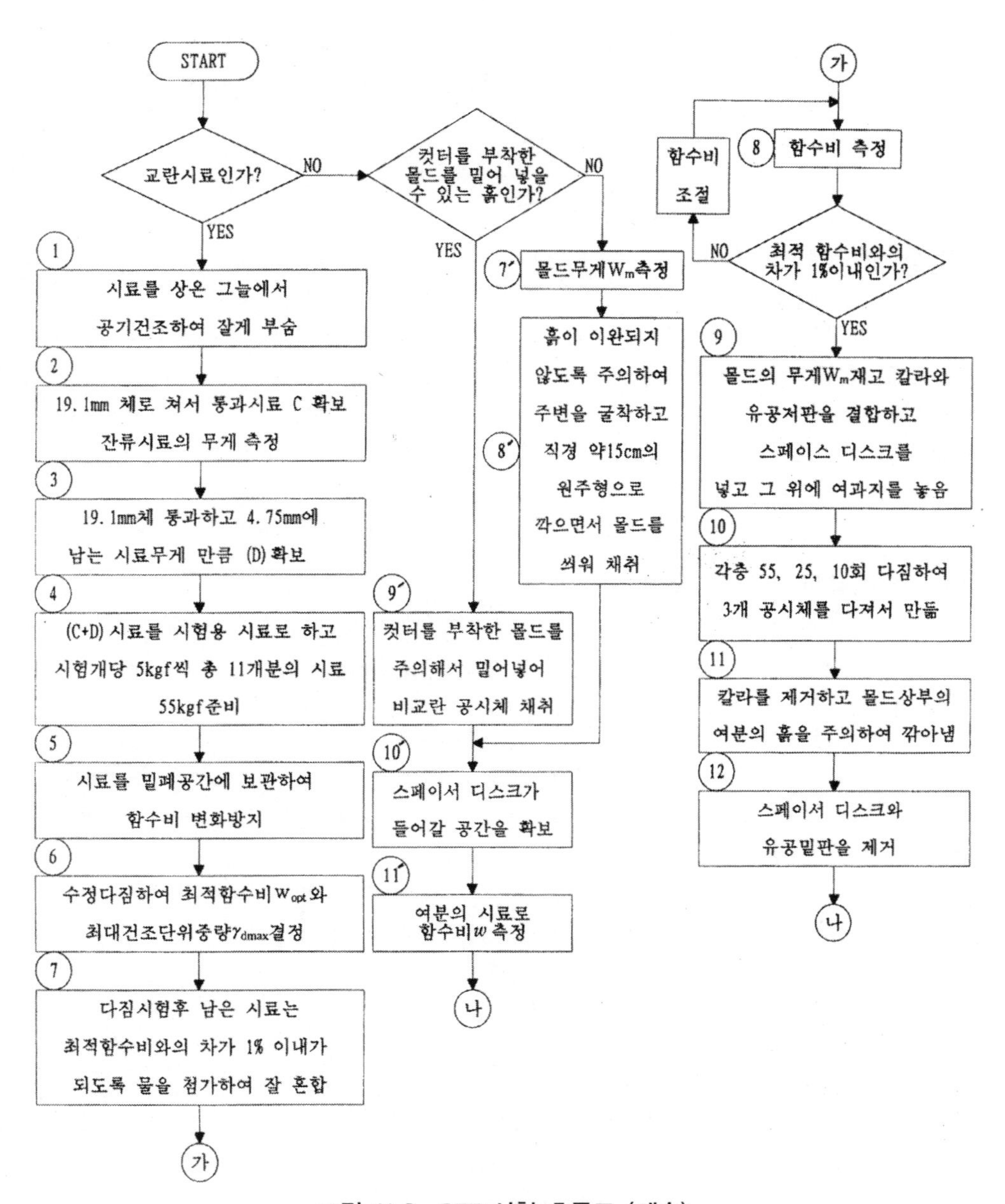


그림 11.2 CBR 시험 흐름도 (계속)

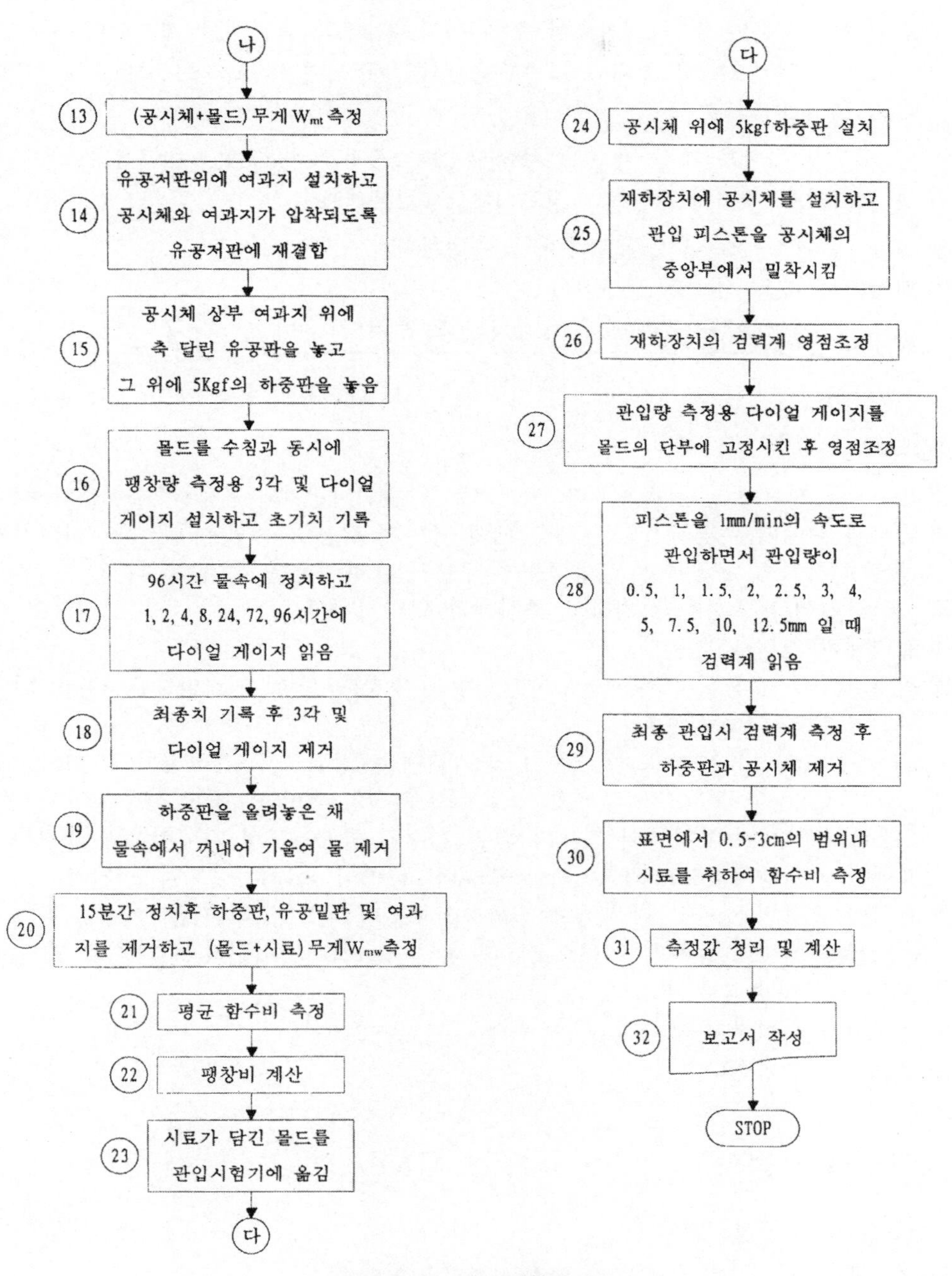


그림 11.2 CBR 시험 흐름도

⑱ 변위계의 최종의 읽음을 기록한 후에 삼각지지대와 변위계를 제거한다.

⑲ 몰드를 물통으로부터 꺼내어 하중판을 얹은 채로 기울여서 몰드 내에 고여 있는 물을 버린다.

⑳ 약 15분간 똑바로 세운 채로 방치한 후에 하중판, 유공밑판, 축이 붙은 유공판 및 여과지를 제거하고(몰드 + 시료) $W_{mw}$ 의 무게를 단다.

㉑ 물을 흡수한 시료의 평균 함수비를 측정한다.

㉒ 팽창비는 다음 식으로 계산한다.

$$\text{팽창비} = \frac{\text{팽창량(변위계의 초기치와 최종치의 차이)}}{\text{공시체의 초기높이}} \times 100 \ [\%]$$

(3) 관입시험

㉓ 흡수팽창 시험이 끝난 공시체가 담긴 몰드를 관입시험기의 재하판의 중앙에 놓는다.

㉔ 공시체 위에 흡수팽창시험을 행할 때와 중량이 같은 하중판을 얹는다. 침수시키지 않은 공시체에 대해서는 실제하중에 대응하는 하중판을 올려놓는다.

㉕ 재하장치에 피스톤을 설치하고 공시체와 밀착시킨다.

㉖ 검력계의 영점을 맞춘다.

㉗ 변위계를 몰드의 모서리에 고정하고 영점을 맞춘다. 이때 밀착하중은 5 kgf 이내로 하고 영(0)하중으로 한다.

㉘ 1분간에 1mm의 속도로 피스톤이 공시체에 관입되도록 재하한다. 관입량이 0, 0.5, 1.0, 1.5, 2.0, 2.5, 5.0, 7.5, 10.0, 12.5mm인 때의 하중을 측정한다. 12.5mm 관입 전에 하중이 최대가 되면 그때의 하중강도와 관입량을 측정한다. 이 때에는 관입량 10.0mm와 12.5mm에 대한 하중의 측정은 생략해도 된다.

㉙ 관입이 끝나면 하중을 제거하고 재하장치로부터 몰드를 꺼낸다.

㉚ 몰드를 해체하고 공시체 표면으로부터 0.5~3cm의 깊이에서 시료를 약 20~50gf 채취하여 함수비를 측정한다.

㉛ 측정치를 정리하고 계산한다.

㉜ 보고서를 작성한다.

## 11.2.4 결과 정리

**1) Data sheet 작성**

**2) 팽창비 결정**

① 팽창비

$$r_e = \frac{\text{최종변위} - \text{최초변위}}{\text{공시체초기높이}} \times 100 \ [\%]$$

② 습윤단위중량 $\gamma_t{}'$

$$\gamma_d{}' = \frac{W_{m\,w}}{V_m} \ [\mathrm{gf/cm^3}]$$

③ 건조단위중량 $\gamma_d{}'$

$$\gamma_d{}' = \frac{100\gamma_d}{100 + r_e} \ [\mathrm{gf/cm^3}]$$

④ 함수비

$$w = \left(\frac{\gamma_t{}'}{\gamma_d{}'} - 1\right) \ [\%]$$

**3) 하중강도 - 관입량곡선**

가로축에 관입량 세로축에 하중강도를 그린다. 초기곡선이 아래로 볼록하면 중간변곡점에서 접선을 그어서 가로축과의 교점을 보정관입곡선의 원점으로 한다(그림 11.3).

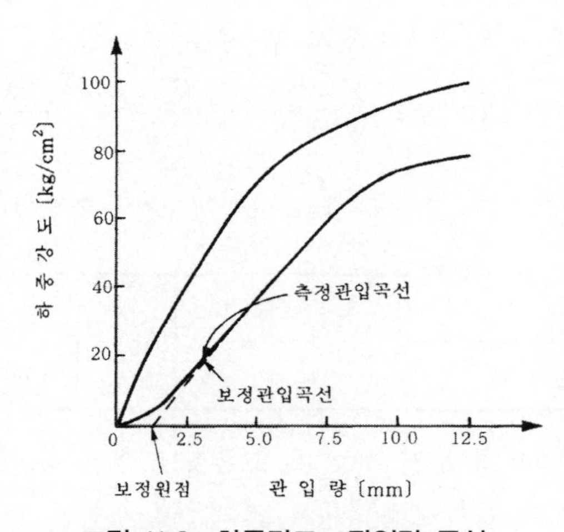


**그림 11.3 하중강도 - 관입량 곡선**

**4) CBR 값 결정**

보정관입곡선에서 2.5 mm와 5 mm 관입량에 대한 각각의 하중강도를 구하여 다음과 같이 CBR2.5와 CBR5.0을 구한다.

① $\mathrm{CBR2.5} = \dfrac{\text{시험하중강도}}{\text{표준하중강도}} \times 100$

② $\text{CBR5.0} = \dfrac{\text{시험하중강도}}{\text{표준하중강도}} \times 100$

③ CBR2.5 > CBR5.0이면 CBR2.5를 CBR 값으로 한다.

④ 만일 CBR2.5 < CBR5.0이면 재시험한다. 그러나 재시험해도 결과가 같으면 (CBR2.5 < CBR5.0) CBR5.0을 CBR 값으로 한다.

⑤ 두께 $H$ 인 노상이 여러 개의 수평층으로 구성된 경우에는 각층에 대한 CBR 값의 평균치를 구하여 대표 CBR 값으로 사용한다.

임의의 $n$개 지층의 평균 $\text{CBR}_m$은 각 지층의 두께 $h_i$와 CBR값 $\text{CBR}_\text{i}$로부터 다음과 같이 계산한다.

$$\text{CBR}_m = \left( \sum_{i=1}^{n} h_i \, \text{CBR}_i \right) \frac{1}{H} \quad [\%]$$

여기서, $h_i = i$ 번째층의 두께[m]

$\text{CBR}_i = i$ 번째층의 CBR 값

⑥ 노상이 위치에 따라 다른 토질로 된 경우

$$\text{설계CBR} = \text{각점의 CBR 평균} - \frac{\text{CBR 최댓값} - \text{CBR 최솟값}}{d_2} [\%]$$

여기서 $d_2$는 이질토층의 개수에 따라 다음과 같이 결정된다.

| 개 수 | 2 | 3 | 4 | 5 | 6 | 7 | 8 | 9 | 10 이상 |
|---|---|---|---|---|---|---|---|---|---|
| $d_2$ | 1.41 | 1.91 | 2.24 | 2.48 | 2.67 | 2.83 | 2.96 | 3.08 | 3.18 |

⑦ 도로 포장은 노상토의 수정 CBR 값, 교통량에 의한 포장두께, 포장을 구성하는 각층의 재료강도를 고려하여 구조를 결정한다.

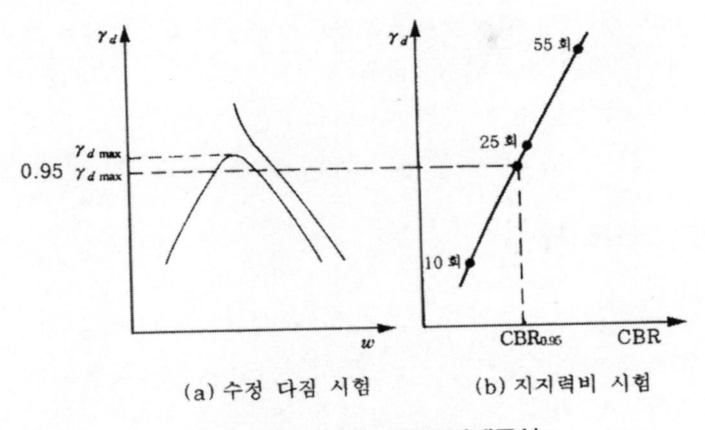


그림 11.4 다짐-CBR 관계곡선

## 11.2.5 지지력비 결정

한국산업규격(KS F 2320)에서는 현장다짐의 단위중량에 대응하는 지지력비를 결정하는 방법을 별도로 규정하고 있다.

① 다짐시험하여 함수비-건조단위중량 곡선을 그린다(그림 11.4(a)).

② 각층 55, 25, 10회 다진 3개의 공시체를 수침하는 경우의 CBR 값을 구한다.

③ 그림 11.4(b)와 같이 다짐곡선의 오른쪽에 각 공시체의 지지력비에 대한 건조단위중량을 표시하고 이 점들을 연결한다.

④ 만일 시방서에서 95% 밀도(단위중량)를 요구한다면 최대건조단위중량 $\gamma_{dmax}$의 95%가 되는 단위중량에서 수평선을 긋고, 건조단위중량과 CBR 값이 만나는 점을 구하여 그 교점으로부터 수선을 내리면 가로축과 만나는 점이 구하고자 하는 CBR 값이다.

## 11.2.6 결과의 이용

**1) 설계 CBR**

아스팔트포장의 두께와 구성을 결정할 때 이용하는 노상토의 CBR 값을 설계 CBR이라고 한다.

**2) 수정 CBR**

현장에서 기대할 수 있는 노반재료의 강도를 나타내는 CBR 값을 수정 CBR 값이라고 하며 5층 55회 다짐으로 구한 최대건조단위중량 $\gamma_{d\max}$ 에 소요 다짐도(예 : 98%)를 곱한 크기의 건조단위중량(예 : 0.98 $\gamma_{d\max}$)에 대응하는 시료에서 4일

수침 후의 CBR 값이다. 최적함수비로 5층 10회, 25회, 55회로 다진 공시체 3개를 제작하여 이들의 건조단위중량과 4일 수침 후의 CBR을 측정하여 그림 11.4(a)와 같이 수정 CBR 을 구한다.

## 11.3 현장 CBR 시험

### 11.3.1 개 요

실내 CBR 시험과 같이 지지력비를 얻는 방법으로 실내 CBR 시험은 다짐시료에 대한 지지력을 파악하지만 현장 CBR 시험은 자연 노상토의 지지력비를 구하는 방법 이다. 현장 CBR 시험은 한국공업규격 KS F 2320에 규정되어 있다.

CBR 값은 입도, 함수비, 단위중량 등에 의해 영향을 받으며 실내에서는 몰드의 치수가 제한되기 때문에 실내에서 구한 CBR 값이 현장과 일치하지 않을 수가 있다. 또한 재료에 따라 실내 CBR값과 현장 CBR 값을 단순 비교할 수 없을 수도 있다.

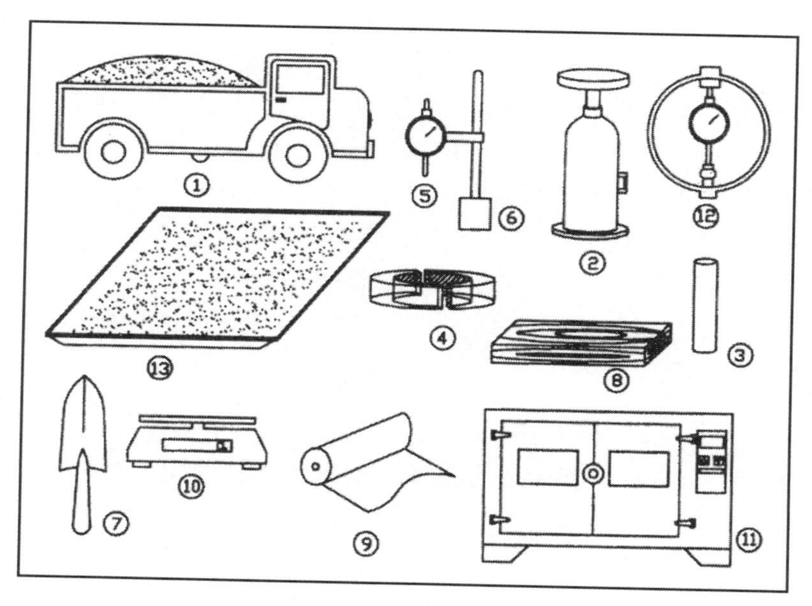


그림 11.5 현장 CBR 시험장비

## 11.3.2 시험장비

① 하중 장치 : 5 tf 이상의 무게를 가진 물체(화물자동차, 하중트러스(Truss) 등)
② 재하 장치 : 용량 5 tf, 관입속도 1 mm/분으로 조절할 수 있는 스크류나 오일 등을 사용한다.
③ 관입 피스톤 : 지름 50 mm, 길이 200 mm 인 철제봉이라야 한다.
④ 하중판 : 무게 1.25 kgf 인 납으로 된 반원형판 18조가 필요하다.
⑤ 변위계 및 부착장치 : 작용길이 20 mm 이상, 감도가 0.01 mm인 변위계와 그 부착장치로 2조가 필요하다. 변위계는 과거에는 다이얼 게이지를 사용하여 수동 계측했으나 최근에는 LVDT 를 사용하여 자동 계측한다.
⑥ 변위계 지지대
⑦ 작은 삽(Hand Shovel)
⑧ 받침대용 각재
⑨ 비닐시트(1 m × 1 m, 두께 0.2 mm)
⑩ 저울 : 용량 10 kgf 에 감도 5 gf 인 것과 용량 200 gf 에 감도 0.01 gf 인 것 2조가 필요하다.
⑪ 항온건조로 : 온도를 110 ± 5°C로 유지할 수 있는 것
⑫ 하중계 : 관입피스톤에 걸리는 하중을 측정하는데 필요하며, 과거에는 프루빙 링 등을 사용하였으나 최근에는 로드셀(Load Cell)을 이용하여 자동계측 한다.
⑬ 건조한 모래

## 11.3.3 시험방법

① 대표적인 장소를 택하여 물을 부어서 충분히 침투시킨 후 표면의 느슨해진 흙을 제거하고 직경 약 30cm 범위의 지표면을 평평하게 고른다. 평평한 면으로 고를 수 없는 장소에서는 깨끗하고 건조된 모래를 얇게 깔아 평평한 면으로 만든다. 단, 피스톤이 관입될 위치에는 모래를 깔지 않는다.
② 재하장치 및 측정장치를 조립한다. 관입 피스톤 주위의 하중판은 설계하중이나 설계하중 ±2kgf에 상당하는 하중만큼 얹어 놓되 대개 총중량이 5kgf 정도 되도록 한다.
③ 재하장치의 하중계 및 변위계의 최초의 읽음을 기록하거나 영(0)에 맞춘다.
④ 실내 CBR 시험에 준하여 관입피스톤이 1mm/min의 속도로 지반에 관입하도록 재하한다. 관입량이 0, 0.5, 1.0, 1.5, 2.0, 2.5, 5.0, 7.5, 10.0, 12.5mm일 때 각각에 대한 하중을 기록한다. 하중을 재하하고 있는 사이에 하중장치가 벗겨지면 사고가 일어날 우려가 있으므로 충분히 주의하면서 시험한다.
⑤ 최종 관입량에 도달되면 하중을 읽은 후 하중을 제거하고 측정장치를 해체한다.

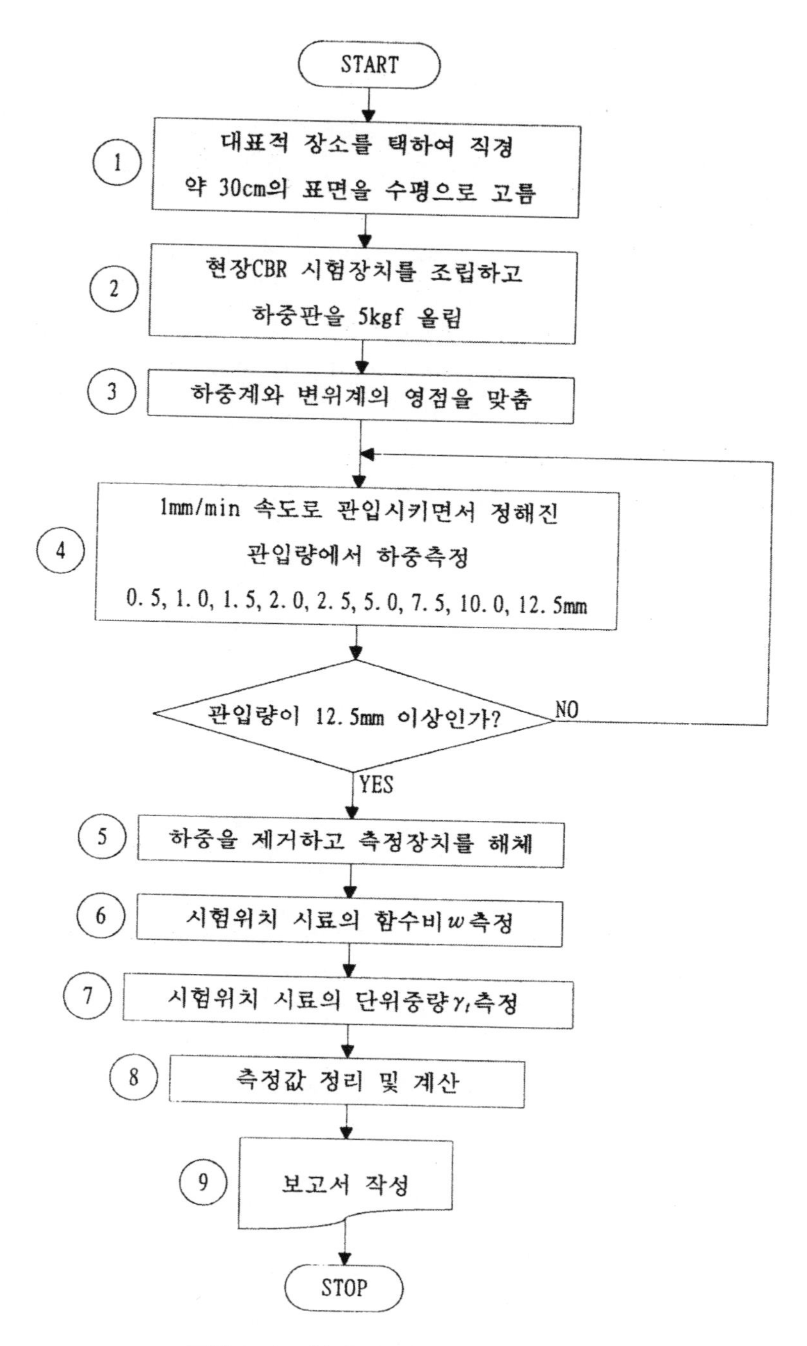


그림 11.6 현장 CBR 측정 흐름도

⑥ 관입시험이 끝난 후에 시험장소에서 20~50 gf 의 시료를 취하여 함수비 $w$ 를 구한다.

⑦ 그 지점의 표적이 되는 곳에서 시료를 채취해서 현장 습윤 단위중량을 구한다. 또한 제3장 3.6.3에 의하여 현장 건조단위중량을 산출한다. 액체치환법을 이용 하여 현장 습윤단위중량 $\gamma_t$ 를 구할 때에는 지표면의 느슨한 흙, 먼지 등을 제거하고 직경 약 50cm의 넓이로 평평하게 고른 후에 지표에 지름 20~25 cm 의 원을 그리고 깊이 약 20cm의 구덩이를 파고 그 파낸 흙을 전부 취해 용기에 넣고 습윤무게 $W$를 측정한다. 파낸 구덩이의 내부에 비닐 시트를 밀착시켜 그 안에 물 등의 액체를 부어 지표까지 채우고 그 부피 $V$를 측정한다. 현장 습윤단위중량 $\gamma_t$ 및 현장 건조단위중량 $\gamma_d$ 는 다음과 같이 계산한다.

$$\gamma_t = \frac{W}{V} \ [\text{g/cm}^3] \quad \gamma_d = \gamma_t \times \frac{\gamma_t}{1 + w/100} \ [\text{g/cm}^3]$$

⑧ 측정치를 정리하고 계산한다.

⑨ 보고서를 작성한다.

## 11.3.4 결과정리

시험결과로부터 관입량 - 하중곡선 및 CBR 을 계산하는 과정은 실내 CBR 의 경우와 같다. 일반적으로 건조단위중량이 같은 경우에 실내 CBR 값보다 현장 CBR 값이 크게 나타나는 경향이 있다. 아스팔트 포장을 하는 경우에서 현장 CBR 측정에서는 노반에 있는 입상 재료를 충분히 제거하고 다시 10 cm 이하의 흙을 노출시켜 시험하는 것이 이상적이다.

CBR 시험은 실내와 현장시험으로 나누어지나, 보통 "CBR 시험"이란 실내실험을 말하며 실내CBR시험의 응용범위가 넓어 일반적으로 실내 CBR을 사용하기 때문이다.

## 11.3.5 결과의 이용

현장 CBR 시험은 현장에서 노상이나 노반의 현재의 지지력의 적부를 판정하기 위해서 실시한다. 그러나 기상이나 시공년도에 따른 시공변화는 알 수 없다. 현장 CBR시험의 결과는 다음과 같이 이용된다.

- 아스팔트 포장의 두께나 구성을 결정하기 위한 노상의 설계 CBR 결정
- 노상, 성토, 철도노체의 다짐관리 및 성토시공에 사용되는 건설중기의 주행성판정

# CBR 시험

과 업 명 1조 토질역학실험 시험날짜 1995 년 9 월 5 일
조사위치 아주대학교 율곡관 온도 19 [℃] 습도 69 [%]
시료위치 A-1 시료위치 0.2 [m] ~ 0.7 [m] 시험자 송 영 두

| 시료 | 준 비 상 태 ( 노건조, 공기건조, 자연상태 ) | 함수비 ( 자연상태 21.5 [%] 시험개시전 17.2 [%] ) |
|---|---|---|
| | 최적함수비 $w_{opt}$ = 18.81 [%] | 최대건조단위중량 $\gamma_{d\,max}$ = 1.66 [g/cm³] |

| 측정내용 | 단위 | 55회 다짐시료 | 25회 다짐시료 | 10회 다짐시료 |
|---|---|---|---|---|
| 몰드무게 | gf | 7054 | 7051 | 7057 |
| 몰드지름 | cm | 14.97 | 15.01 | 15.01 |
| 몰드높이 | cm | 17.51 | 17.52 | 17.48 |
| 몰드부피 | cm³ | 3081.91 | 3100.17 | 3093.09 |
| 총시료무게 | gf | 7000 | 5276.9 | 5736.9 |
| 최적함수비에 맞춘 물의 무게 | gf | 1316.70 | 992.58 | 1079.11 |
| 몰드+시료무게 (다짐 후) | gf | 11497 | 11300 | 11227 |
| 시료무게 | gf | 443 | 4249 | 4170 |
| 스페이서 디스크의 부피를 뺀 몰드의 부피 | cm³ | 2198.35 | 2211.88 | 2204.80 |
| 유공밑판무게 | gf | 1256 | 1256 | 1256 |
| 하중판무게 | gf | 5002 | 5002 | 5002 |
| 함수비 ※1 $w$ | % | 용기 가 $w$ 18.63<br>$W_t$ 111.17 $W_d$ 98.19<br>$W_d$ 98.19 $W_c$ 28.52<br>$W_w$ 12.98 $W_s$ 69.67 | 용기 나 $w$ 18.91<br>$W_t$ 32.93 $W_d$ 30.56<br>$W_d$ 30.56 $W_c$ 18.03<br>$W_w$ 2.37 $W_s$ 12.56 | 용기 다 $w$ 18.51<br>$W_t$ 101.98 $W_d$ 89.67<br>$W_d$ 89.67 $W_c$ 28.02<br>$W_w$ 11.41 $W_s$ 61.65 |
| 건조 단위중량 ※2 $\gamma_d$ | gf/cm³ | 1.70 | 1.62 | 1.59 |

*흡수팽창성시험

| 시간(hour) | 단위 | 55회 다짐시료 변위량 | 25회 다짐시료 변위량 | 10회 다짐시료 변위량 |
|---|---|---|---|---|
| 1 | mm | -0.020 | 0 | 0.03 |
| 2 | mm | -0.011 | 0.009 | 0.039 |
| 4 | mm | -0.005 | 0.019 | 0.054 |
| 8 | mm | -0.008 | 0.020 | 0.063 |
| 24 | mm | -0.009 | 0.020 | 0.072 |
| 48 | mm | -0.004 | 0.024 | 0.082 |
| 72 | mm | -0.001 | 0.029 | 0.089 |
| 96 | mm | -0.001 | 0.030 | 0.091 |
| 최종치 | mm | -0.001 | 0.030 | 0.091 |
| ※3팽창비 | % | -0.015 | 0.024 | 0.048 |

참고: $W_t$ : (습윤시료+용기)무게 [gf] $W_d$ : (노건조시료+용기)무게 [gf] $W_c$ : 용기무게 [gf]

$W_s$ : 노건조시료무게 [gf] $W_w$ : 물무게 [gf] ※1 $w = W_w / W_s \times 100$ [%] ※2 $\gamma_d = \dfrac{\gamma_t}{w+100} \times 100$ [gf/cm³]

※3팽창비 : $\dfrac{|\text{변위계의 최종치} - \text{변위계의 초기치}|}{\text{공시체의 초기 높이}} \times 100$ [%]

확인 이 용 준 (인)

# CBR시험

과 업 명 1조 토질역학실험 시험날짜 1995 년 9 월 5 일

조사위치 아주대학교 율곡관 온도 19 [℃] 습도 69 [%]

시료위치 A-1 시료심도 0.2 [m] ~ 0.7 [m] 시험자 송 영 두

* 수침후의 함수비 측정

| 측 정 내 용 | 단위 | 55회 다짐시료 | 25회 다짐시료 | 10회 다짐시료 |
|---|---|---|---|---|
| 수침후의 몰드+시료+몰드밑판 | gf | 15066.7 | 14838.2 | 14489.4 |
| 몰드무게 | gf | 7054 | 7051 | 7057 |
| 몰드밑판의 무게 | gf | 3355 | 3352 | 3349 |
| ※1습윤단위중량 | gf/cm³ | 2.12 | 2.01 | 1.86 |
| ※2건조단위중량 | gf/cm³ | 1.69 | 1.61 | 1.53 |
| ※3함수비 | gf/cm³ | 25.4 | 24.9 | 21.5 |

* 관입시험

| 관입량 [mm] | 55회 다짐시료 하중강도 [gf/cm²] | 25회 다짐시료 하중강도 [gf/cm²] | 10회 다짐시료 하중강도 [gf/cm²] |
|---|---|---|---|
| | 0 | 0 | 0 |
| 0.5 | 2.13 | 1.53 | 1.27 |
| 1.0 | 3.09 | 2.55 | 1.83 |
| 1.5 | 3.59 | 3.14 | 2.47 |
| 2.0 | 4.15 | 3.51 | 3.08 |
| 2.5 | 4.42 | 3.79 | 3.41 |
| 5.0 | 5.76 | 4.85 | 4.35 |
| 7.5 | 6.38 | 5.58 | 4.87 |
| 10.0 | 7.04 | 6.04 | 5.36 |
| 12.5 | 7.64 | 5.23 | 5.60 |

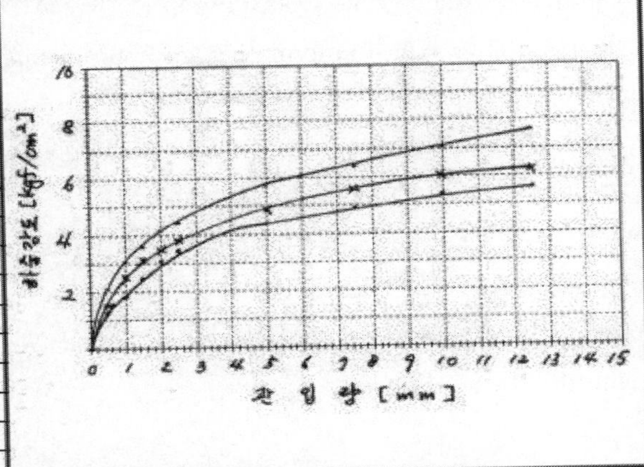


* CBR값 결정

| | 단위 | 55회 다짐시료 | 25회 다짐시료 | 10회 다짐시료 |
|---|---|---|---|---|
| ※4 $CBR_{2.5}$ | % | 6.31 | 5.41 | 4.87 |
| ※5 $CBR_{5.0}$ | % | 5.49 | 4.62 | 4.14 |

| | | | | |
|---|---|---|---|---|
| ※6 함수비 $w$ | % | 용기 가 $w$ 18.63<br>$W_t$ 111.17 $W_d$ 98.19<br>$W_d$ 98.19 $W_c$ 28.52<br>$W_w$ 12.98 $W_s$ 69.67 | 용기 나 $w$ 18.91<br>$W_t$ 32.93 $W_d$ 30.56<br>$W_d$ 30.56 $W_c$ 18.03<br>$W_w$ 2.37 $W_s$ 12.56 | 용기 다 $w$ 18.51<br>$W_t$ 101.98 $W_d$ 89.67<br>$W_d$ 89.67 $W_c$ 28.02<br>$W_w$ 11.41 $W_s$ 61.65 |

참고 :

※1습윤단위중량 $\gamma_t' = \frac{W_{mw}}{V_m}$ [gf/cm³]

※2건조단위중량 $\gamma_d' = \frac{100\gamma_d}{100+\gamma_d}$ [gf/cm³]

※3함수비 $w = \left(\frac{\gamma_t'}{\gamma_d'} - 1\right)$ [%]

※4 $CBR_{2.5} = \frac{\text{시험하중강도}}{\text{표준하중강도}} \times 100$

※5 $CBR_{5.0} = \frac{\text{시험하중강도}}{\text{표준하중강도}} \times 100$

※6함수비 $w = W_w / W_s \times 100$ [%]

확인 이 용 준 (인)

# ◘ 참고문헌 ◘

KS F 2320.

ASTM D1883.

AASHTO T 193.

JIS A1211.

American Society Testing and Materials (1973), Test Designation D 1883, 'Standard Method of Test for Bearing Ratio of Laboratory Compacted Soils', ASTM, Philadelphia, USA.

Black, W.P.M. (1961). 'A Calculation of laboratory and in-situ values of California bearing ratio from bearing capacity date', Geotechnique, Vol 1. pp 14-21.

Black, W.P.M. (1964). 'A Method of estimating the California bearing ratio of cohesive soils from plasticity data'. Geotechnique, Vol. 12, No. 4.

Davis, E. H. (1949). 'The California bearing ratio method for the design of flexible roads and runaway'. Geotechnique, Vol. 1, No. 4.

Porter, O. J. (1949). 'Development of CBR flexible pavement design for airfields. Development of the original method for highway design'. Proc. ASCE, 75.

Stanton, T. E. (1944). 'Suggested method of test for the California bearing ratio procedures for testing soils' ASTM, Philadelphia.

Transport & Road Research Laboratory (1952). Soil Mechanics for Road Engineers, Chapter 19 and 20. HMSO London.

# 제12장 얕은기초의 지지력시험

## 12.1 개 요

### 12.1.1 구조물의 기초

기초는 상부구조에서 오는 하중을 지반에 전달하는 부분을 총칭한다. 기초는 확대기초나 전면기초와 같이 상부구조와 일체를 이루는 기초 슬래브 부분과 그 아래 지반 내에 설치하는 말뚝이나 케이슨과 같은 부분이 있으며 두 부분을 모두 기초라 한다.

기초는 하중에 대해 충분한 지지력을 가져야 하며, 상부구조에 유해한 부등침하가 없어야 하고, 시공이 가능해야 하며, 경제적이어야 한다.

### 12.1.2 기초의 정의, 조건 및 형식

#### (1) 얕은 기초의 정의

구조물의 기초는 얕은기초와 깊은기초로 구별하나 엄밀하게 구별하기는 쉽지 않다. 대개 얕은기초란 상부구조의 하중을 기초슬래브에서 지반에 직접 전달시키는 형태의 기초를 말하며 구조물 하중이 비교적 작고 지표지반 상태가 양호한 경우에 선택한다. 얕은기초는 구조물하중을 소위 접지압으로 지지하는 반면에 깊은기초는 선단지지력과 주변마찰력으로 지지한다.

얕은기초는 상부구조의 하중을 직접 지반에 전달한다 하여 직접기초(direct foundation)라고도 하며, 기둥의 하단을 확대시킨 형태이므로 확대기초(spread foundation)라고도 한다. 또한 단순히 근입깊이 $D_f$와 기초의 최소폭 $B$의 비가 1보다 작은 경우, 즉 근입깊이가 기초의 폭보다 작은($D_f < B$) 경우를 말하기도 한다.

### (2) 얕은 기초의 조건

얕은기초는 가장 자주 적용되는 기초 형태이며 다음 조건을 만족해야 한다.
- 구조물하중에 대해서 지반의 지지력이 충분해야 한다.
- 구조물에 의한 수평하중을 기초에서 지반으로 전달할 수 있어야 한다.
- 기초는 지반의 역학적으로 안정해야 한다.
- 기초는 지반의 습윤, 건조, 팽창, 동결, 지하수 변동, 파이핑, 인접공사 등에 의한 영향을 받지 않을 만큼 최소 근입깊이를 확보해야 한다.
- 침하, 부등침하, 회전 등 기초의 변형이 전체 구조물과 그 기능에 대해서 허용한계 이내이어야 한다.
- 기초는 기술적으로 시공이 가능하여야 하고 경제적이어야 하며 인접한 구조물에 피해가 없어야 한다.
- 다음의 사항에 대해서 충분한 안전율을 유지해야 한다.
  - •지반의 지지력
  - •기초 바닥면의 활동
  - •전도
  - •구조물 - 지반 시스템의 안정

### (3) 얕은기초의 형식

얕은기초는 여러가지 형식이 있으며 다음 내용을 고려하여 결정한다.
- 상부구조의 하중조건 및 구조물에 따른 허용침하량
- 충분한 지반조사를 바탕으로 한 기초의 형식에 대한 개략적인 계획
- 비교란 시료로 시험하여 구한 강도, 압축성 등 지반의 역학적 특성
- 공사비 및 상부구조와의 조화

얕은기초는 기초 슬래브에 접속되어 있는 기둥과 벽의 관계에 따라 다시 독립기초, 복합기초, 연속기초, 캔틸레버기초, 전면기초로 구분한다.
- 독립기초 : 한 기초가 하나의 기둥을 지지하는 형태의 기초이다. 정사각형 및 원형 기둥에는 정사각형 및 원형독립기초가 가장 경제적이며, 벽체와 직사각형 기둥의 기초로는 직사각형 독립기초가 적합하다.
- 연속기초 : 하나의 기초판으로 벽이나 두개 이상의 촘촘한 기둥을 지지하는 띠모양으로 긴 형태의 기초이며 줄기초 또는 띠기초라고도 한다.
- 복합기초 : 두 개 이상의 기둥이 근접하여 기초를 각각 설치하기가 곤란 하거나 편심의 우려가 있는 경우에 적용하며 하나 기초슬래브가 두 개 이상의 기둥을 지지하는 형식의 기초이다.

지지력이 큰 지반에서는 캔틸레버 기초가 경제적이나, 연결보가 크고 깊은위치에 시공할 경우에는 복합기초가 경제적이다. 복합기초는 직사각형, 사다리꼴 등의 형식이 있다

- 캔틸레버 기초 : 복합기초의 일종이며 두 개의 독립기초를 보로 연결한 형태의 기초를 말한다. 기초의 설치높이가 다를 경우에 자주 적용된다.
- 전면기초 : 기초지반의 지지력이 작아서 개개의 기초를 하나의 큰 슬래브로 연결하여 단위면적당 작용하중을 감소시킨 형태의 기초이다. 기초 슬래브에 작용하는 평균압력은 감소하나 절대침하량이 커지는 문제가 있다. 기초면적의 합이 시공면적의 2/3이상 되는 경우는 전면기초가 경제적이다. 사일로나 굴뚝기초는 대개 전면기초이다.

기초 슬래브의 두께가 전체면적을 통해 일정한 경우도 있으나, 대개 기둥에 가해진 하중이 큰 경우에는 기둥 아래의 슬래브에 부모멘트와 큰 전단력이 발생하므로 기둥 밑에 대좌를 설치하는 경우도 있다. 기둥간격이 크고 하중이 불균일하여 휨응력이 커지면 띠모양으로 보강하기도 한다.

### (4) 얕은기초의 근입깊이

얕은기초는 동해 또는 침하를 방지하기 위해 지반에 근입시키며 그 근입깊이는 다음 원칙하에 결정한다.

- 지지력이 불충분한 지반 제거 :
  기초와 같은 크기 또는 기초하중을 지반에 균등하게 분포시킬 수 있는 만큼 큰 면적으로 지반을 굴착하여 빈배합의 콘크리트를 타설하거나, 모래나 자갈을 넣고 다져서 치환한다.
- 동결선 아래까지 굴착(건조수축, 습윤팽창 방지) :
  건조수축이나 습윤 팽창의 영향을 받지않고 동결되지 않는 안전한 깊이까지 굴착한다. 세립토 함유율이 3 % 미만인 굵은 모래, 자갈 등의 지반은 지하수면의 상부에서는 물을 보유할 수가 없어서 동결 작용이 일어나지 않는다.
- 지반의 풍화영향 제거 :
  지반이 풍화에 의해 역학적 거동 특성이 변할 수 있기 때문에 기초는 1.2 m 이상 굴착하여 설치한다. 경사지에서도 0.6~1.0 m 굴착하여 지반풍화의 영향을 없앤다.
- 응력의 중복영향 제거 :
  인접한 기초 간에는 응력의 중복이 일어나지 않도록 고저차를 제한한다.

## 12.1.3 얕은기초의 지지력

얕은기초의 지지력은 지반의 지지력과 허용침하량을 고려하여 결정하며 이렇게 정한 지지력을 지내력이라 한다. 특히 최근에는 구조물 기능이 정밀해지고 구조물이 대형화되고 입체화됨에 따라 침하의 예측과 관리문제가 부각되고 있다. 기초의 침하는 현장시험에서 구한 지반의 압축특성을 고려한 이론을 이용하여 구할 수가 있으나 세심한 주의가 필요하다. 기초의 침하는 재하시험 결과가 재하판의 크기에 의해 큰 영향을 받으므로 지반의 압축특성을 정밀하게 파악하여 이론적으로 구할 수밖에 없다.

얕은기초의 지지력은 대체로 다음의 방법을 이용하여 경험이나 이론 또는 시험에 의하여 결정할 수 있으며 여기에서는 시험에 의한 방법만을 다룬다.

- 표준 지지력표
- 지지력 이론
- 표준관입시험(12.2)
- 콘관입시험(12.3)
- 평판 재하시험(12.4)

### (1) 표준 지지력표

규모가 작거나 중요성이 떨어지는 구조물기초의 지지력은 현장지반의 정확한 역학적 거동을 잘 모르더라도 유사한 지반에 대한 경험적인 지지력으로부터 추정할 수 있다. 즉, 주변의 대표적인 표준지반에 대한 경험을 바탕으로 작성한 표준 지지력표를 이용하며 다만 표준지반이 현장지반을 대신할 수 있다는 확신이 있어야 한다. 표준지지력표를 이용하기 위해서는 먼저 지반을 분류해야 한다.

### (2) 지지력이론

여러 가지 이론에 바탕을 둔 지지력이론을 적용하여 지지력을 산정할 수 있으며 이를 위하여 비교란 시료에 대해 실시한 실험결과로부터 판정한 지반의 역학적 특성을 알고 있어야 한다.

### (3) 표준관입시험

현장의 비교란 지반에 대해서 실시한 표준관입시험의 결과인 $N$값을 이용하여 다음과 같이 기초의 지지력을 추정할 수 있다.

- 사질토에 대한 "$N$값 - 지지력" 관계에서 지지력을 직접 구하는 방법
- "$N$값 - 강도정수" 관계로부터 강도정수를 구하여 이론식에 적용하는 방법

### (4) 콘관입시험

현장의 비교란 지반에 대해 실시한 콘관입시험의 결과를 이용하여 기초의 지지력을 추정할 수 있으며 주로 점성토 지반에 적용한다. 콘관입시험으로부터 콘저항치 $q_c$를 구하고 이로부터 다음과 같이 지지력을 구한다.

- 점성토에 대한 "$q_c$ - 지지력" 관계에서 지지력을 직접 구하는 방법
- "$q_c$ - 강도정수" 관계로부터 강도정수를 구하여 이론식에 적용하는 방법

### (5) 평판 재하시험

현장에서 일정한 크기의 재하판으로 기초를 대신하여 재하시험을 실시하여 하중-침하관계를 구하고 이로부터 직접 지지력을 추정하는 방법으로 재하판의 크기에 의한 영향이 큰 단점이 있으나 여러 문헌을 참조하여 환산할 수 있다. 지지력은 어느 정도 유사한 값을 구할 수 있으나 침하크기는 실제와 많이 다를 수 있다.

# 12.2 표준관입시험(SPT : Standard Penetration Test)

## 12.2.1 개 요

표준관입시험은 보링공(직경 65~150 mm)에서 표준화된 원통분리형 시료채취기에 일정한 크기 에너지를 가하여 지반에 일정한 깊이 만큼 관입시키는 데 필요한 타격수를 구하여 지반의 종류와 분포 및 특성을 알아내는 시험으로 사운딩시험의 일종이다. 우리나라에서는 KS F 2307(2017)로 규정되어 있으며 무게 63.5±0.5 kgf 인 햄머를 760±10 mm 높이에서(ICSMFE 에서는 63.5±0.5kg, 76±2cm로 규정) 자유낙하시켜서 외경 5.8 cm, 내경 3.49 cm, 길이 61 cm의 원통분리형 시료채취기를 30cm 관입시키는 데 필요한 타격수를 $N$ 값으로 정의한다(표 12.1).

표준관입시험결과 구해진 $N$ 값으로부터 사질토의 상대밀도, 점성토의 전단강도 등 여러 가지 지반특성을 구할 수 있는 경험식들이 제시되어 있다.

표준관입시험은 기초지반의 조사방법으로 이용가치가 크다. 그러나 조사심도가 깊어져서 로드의 길이가 길어지면 로드 중량이 증가하여 타격효율의 저하되고 로드의 탄성압축, 로드와 공벽의 마찰, 로드의 진동과 버클링 등의 이유로 측정한 $N$ 값이 과다할 수 있다. 보통 30m가 한계심도이나 50m에서도 좋은 결과를 얻을 수 있다. 또한 원통분리형 시료채취기의 내경이 35 mm이기 때문에 직경 10 mm 이상의 자갈이 있는 지층에서는 정확한 판정을 내리기가 어렵다. 따라서 표준관입시험결과 암반층으로 판정되더라도 사운딩 등을 실시하여 암반인지 암괴 또는 자갈인지 확인해야 한다.

| 비교한 규정 항목 | | | KS F 2318 (2017) | ASTM D - 1586 - 67 (1967) | JIS A - 1219 (1967) | BS 1377 test 19 (1975) | ISSMFE Technical Committee on Penetration Testing (1983) |
|---|---|---|---|---|---|---|---|
| 시험장치 | 로드 | 15 m 이내 | A 로드<br>OD 41.2 ID 28.5 | A 로드<br>OD 41.2 ID 28.5 | JIS M 1409<br>OD 40.5/42 | AW 로드<br>OD 41.3 5.7 kgf/m | OD 40.5 mm, 4.33 kgf/m<br>OD 50 mm, 7.23 kgf/m<br>OD 60 mm, 10.3 kgf/m<br>10.33 kgf/m 보다 무거운 로드는 사용하지 않음 |
| 시험장치 | 로드 | 15 m 이상 | 강성이 큰 로드 사용 | 보다 강성이 큰 로드 사용 권유 | JIS M 1409<br>OD 40.5/42 | BW 에 해당하는 로드 또는 3 m 마다 진동장치 | |
| 시험장치 | 로드 | 구부러진 모양 | — | — | — | — | 1/1000 이상의 것은 사용 안함 |
| 시험장치 | 샘플러 | 외경 | 50.8 mm | 50.8 mm | 51 mm | 50 mm | 51 mm ± 1 mm |
| 시험장치 | 샘플러 | 내경 | 34.93 mm | 34.9 mm | 35 mm | 35 mm | 35 mm ± 1 mm |
| 시험장치 | 샘플러 | 전길이 | 610 mm 이상 | 609.6 mm | 810 mm | 680 + mm | 685 + mm |
| 시험장치 | 샘플러 | Shoe 각도 | 18.43° | 19.47° | 19.78° | 17° 15′ | 18.62° |
| 시험장치 | 샘플러 | Shoe 날두께 | 1.588 mm | 1.6 mm | — | 1.6 mm | 1.6 mm |
| 시험장치 | 샘플러 | 연경두부 구멍 | $\phi$ 13 × 4 공 | $\phi$ 12.7 × 4 공 | 4 공 | $\phi$ 13.0 × 4 공 | 있음 |
| 시험장치 | 샘플러 | Ball valve | — | $\phi$ 22.2 구멍의 직경 25의 ball | — | $\phi$ 22.3 구멍의 직경 25의 ball | $\phi$ 22의 구멍에 강제 ball |
| 시험장치 | 해머 | 중량 | 63.5±0.5 kgf | | 63.5 kgf | 65 kgf | 63.5 ± 0.5 kgf |
| 시험장치 | 해머 | 낙하높이 | 760±10 mm | 76.2 | 75 cm | 76 cm | 76 cm |
| 시험장치 | Knocking head | | 152 mm | 152.4 mm | 75 mm | — | 152 mm |
| 시험공의 비교 | 적용 보링 구경 | | 65~150 mm | 57.2~152 mm | 65~150 mm | — | 63.5~150 mm |
| 시험공의 비교 | 보링 구멍의 공내 수위 | | ASTM 과 동일 | 지하수위 이하에서는 공내수위를 지하수위 이상으로 유지할 것. | | 지하수위 이하에서는 공내수위를 지하수위 이상으로 유지할 것. | 공내수위 또는 이 수위는 지하수위보다 약간 위로 된 것과 같이 유지할 것. |
| 시험공의 비교 | 굴착에 이용하는 비트 형식 | | ASTM 과 동일 | 아랫방향 분출 제트형의 비트는 이용하지 않는다. | 구멍 및 이하의 흙이 교란되지 않도록 주위한다. | 아랫방향 분출 제트형의 비트는 이용하지 않는다. | 아랫방향 분출 제트형의 비트는 이용하지 않는다. |
| 시험공의 비교 | 베내 샘플러-시험공의 굴착 여부 | | ASTM 과 동일 | 샘플러를 이용하여 Water Jet 로 천공하지 말것. | | 아랫방향 분출 제트형의 비트는 이용하지 않는다. | 아랫방향 분출 제트형의 비트는 이용하지 않는다. |

표 12.1 각국의 표준관입시험기구 형상과 규격

특히 KS F 2307에서 규정한 시험규격이 외국의 것과 다르다는 점에 유의하여(표 12.1) 외국문헌에서 각종 경험식을 인용할 때에 신중해야 한다.

표준관입시험을 수행함에 있어서 다음의 사항에 특히 주의해야 한다.

### (1) $N$ 값의 측정상 문제점

① 사용하는 시험기구의 치수를 확인하고 숙지해야 한다.
② 햄머의 낙하고와 타격 시간간격 등에 유의한다.
③ 시험자의 숙련도에 따라 개인차가 있으므로 시험에 대한 인식과 시험에 임하는 자세에 대한 철저한 교육이 필요하다.
④ 로드의 길이와 상재하중의 영향에 대해 보정해야 한다.
⑤ $N$ 값을 이용한 경험식의 조건을 확실히 알아야 한다.
⑥ 시험 중에 불필요하게 에너지가 소모되지 않도록 수직도 등 시험조건을 정확히 유지해야 한다.
⑦ 손상된 슈를 사용하면 안 된다.
⑧ 샘플러가 부식되면 영향이 크다.
⑨ 보링 후 즉시 타격시험을 실시해야 한다.
⑩ 타격수를 정확하게 세고, 관입량을 정확히 측정한다.
⑪ 햄머와 로드 사이의 마찰이 크지 않아야 한다.

### (2) 지층상태에 따른 $N$ 값의 변화

① 지반의 상태(지하수, 함수량, 피압지하수, 최대입경)에 따라 $N$ 값이 변한다.
② 자중만으로 관입되는 연약한 지반에서는 로드의 지지상태의 영향이 크다.

### (3) 보링공에서 발생되는 문제점

① 보링공이 경사지거나 바닥에 슬라임이 있거나 보링공 내의 지하수위가 저하되면 $N$ 값에 오차가 발생된다.
② 굴착장비를 들어올릴 때 일시적으로 진공상태가 되어 지반이 이완되지 않도록 주의한다.
③ 보링깊이 측량에 착오가 생기지 않도록 한다.

표준관입 시험을 통하여 지반에 따라 다음의 값을 구할 수 있다.
- 사질토 : 상대밀도, 지지력계수, 허용지지력, 탄성계수, 내부마찰각
- 점성토 : 컨시스턴시, 일축압축강도, 점착력, 극한지지력, 허용지지력

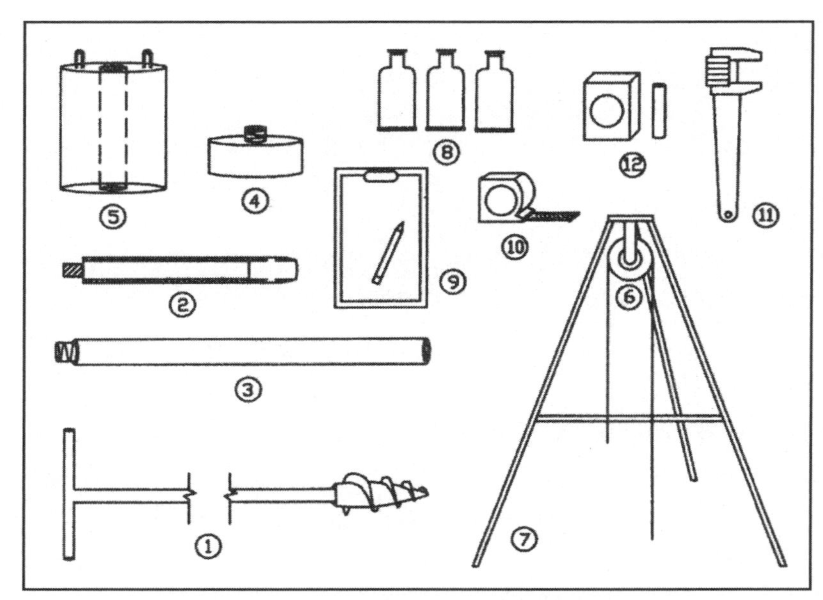


**그림 12.1 표준관입시험기 및 원통분리형 시료채취기**

## 12.2.2 시험장비

표준관입시험에는 다음의 장비가 필요하다.

① 시험공 굴착용구 : 소요크기의 보링기 1식이 필요해서 통상적으로 보링공은 직경 65~150mm 정도이어야 한다.

② 원통분리형 샘플러 :
표준관입시험용 강재 원통분리형 샘플러이며 슈와 분리 가능한 스플릿 바렐 및 커넥터 헤드로 구성된다.

③ 로드 :
일반 시추용 로드를 사용하며 호칭 직경이 40.5mm 또는 42mm이어야 하고 커플링이 있어야 한다.

④ 노킹헤드 :
햄머의 타격을 받도록 제작된 직경 7.5cm, 두께 6.4cm인 원형강판이다.

⑤ 햄머 :
체인 부분을 제외하여 무게가 63±0.5kgf 인 강철덩이로 중앙에 로드가 통과될 수 있도록 구멍이 있다.

⑥ 낙하용구 :
햄머를 76cm 들어 올렸다가 자유낙하시킬 수 있도록 체인과 도르래로 이루어진다.

⑦ 삼각대 :
햄머를 매달거나 로드의 수직을 유지시켜 주고 샘플러 등을 인발할 때에 지지대로 사용한다.

⑧ 시료병 및 시료상자 :
샘플러에 채취된 시료를 담은 투명한 시료병 및 상자

⑨ 야장

⑩~⑫ 기타공구 : 자, 파이프렌치, 분필 등

## 12.2.3 시험방법

표준관입시험은 다음의 순서로 수행하며 그림 12.2는 표준관입시험의 흐름도를 나타낸다.

### (1) 시험공 보링

① 표준관입시험을 위하여 보통 직경 65~150mm로 시험깊이까지 보링한다. 보링공 하부지반이 교란되지 않도록 주의한다. 워터제트로 보링하는 경우에는 선단제트하면 하부지반이 교란되므로 측면제트 해야 한다.

② 오거 등으로 보링공 저부의 슬라임을 처리한다.

### (2) 관입시험수행

③ 샘플러를 로드에 접속시키고 보링공 바닥에 가만히 내려 놓은 후에 보링심도를 확인한다.

④ 로드상부에 노킹헤드와 가이드용 로드를 설치한다.

⑤ 로드와 샘플러가 자중으로 관입되면 관입량을 기록한다.

⑥ 햄머를 노킹헤드에 올려 놓는다.

⑦ 햄머무게로 관입되면 관입량을 기록한다.

⑧ 보링공 바닥에서의 지반 교란에 의한 영향을 없애기 위하여 선타격을 가하여 15 cm 관입시킨다.

⑨ 본타격을 가해 30 cm 관입에 필요한 타격수를 측정하며 매회 타격할 때마다 누계관입량을 기록한다. 그러나 1회 타격에 대한 관입량이 2cm를 넘지 않으면 10cm관입마다 관입량을 기록한다. 보통 1.0~1.5m, 또는 지층이 변할 때마다 시험한다.

⑩ 경우에 따라 후타격을 가하여 5cm 관입시킨다.

⑪ 50회 타격하여도 30cm관입이 이루어지지 않으면 타격을 중단하고 50회 타격 시의 관입량을 기록한다. 예를 들어 50회 타격하여 24cm 관입되었다면 50/24로 표시한다. 필요에 따라 50회 타격으로 거의 관입이 안 될 정도까지 시험을 계속할 수 있다.

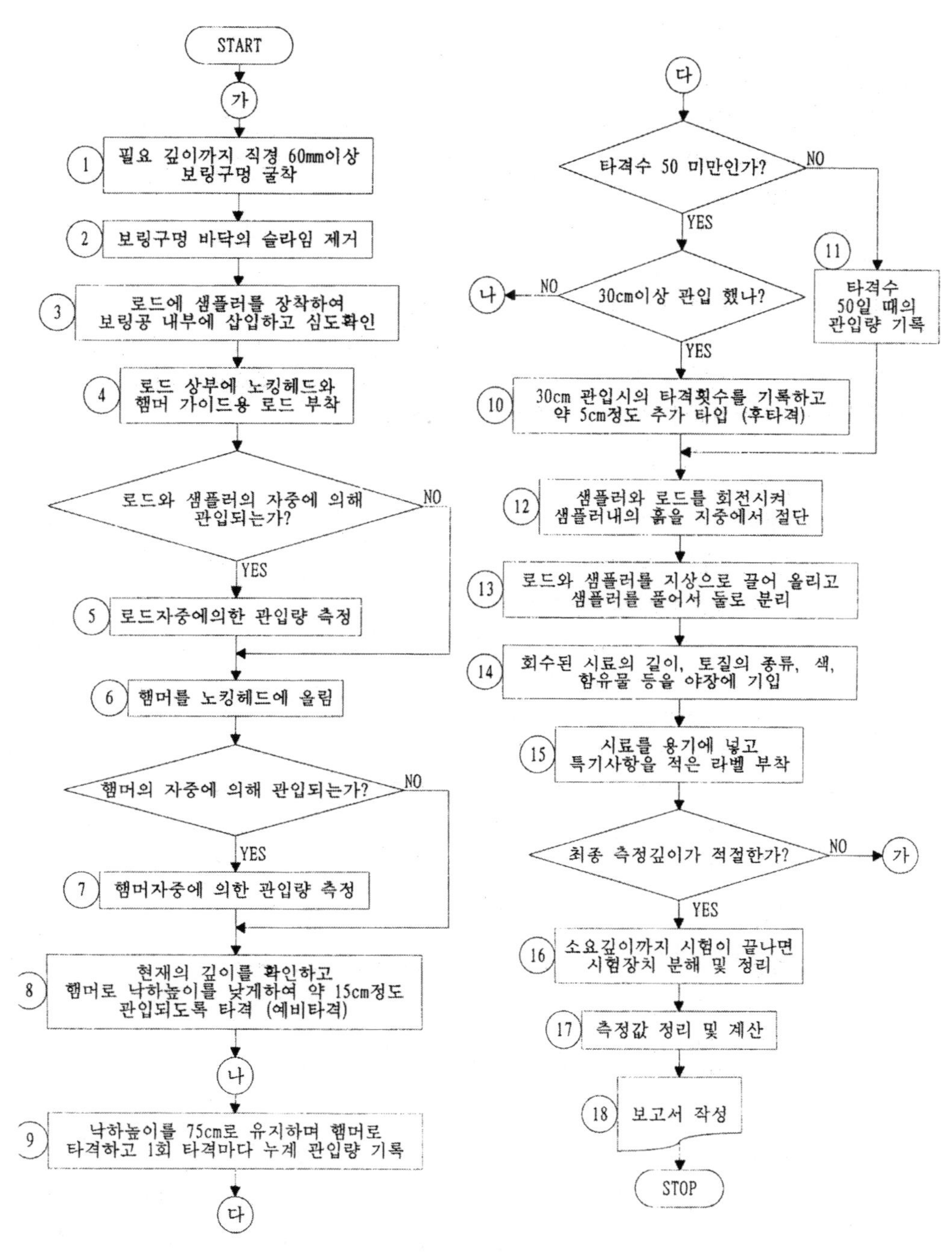


그림 12.2 표준관입시험 흐름도

### (3) 시료의 관찰 및 정리

⑫ 샘플러와 함께 로드를 회전시켜서 샘플러 내의 흙을 지반에서 잘라낸다.

⑬ 샘플러를 지표에 올린 후 슈 및 커넥터 헤드를 제거하고 원통분리형 시료채취기를 분리한다.

⑭ 채취시료 길이를 측정하고 흙의 종류, 구성, 컨시스턴시, 색, 함유물 등을 관찰하여 기록한다.

⑮ 대표적인 시료를 함수비 변화가 없도록 뚜껑이 달린 투명한 용기에 다져지지 않도록 담아서 밀봉하고 라벨을 붙이고 현장위치, 보링번호, 시료번호, 관입깊이, 채취시료 깊이 등 현장상황을 기록한다. 시료는 심한 온도변화를 받지 않게 보호한다.

⑯ 소요깊이까지 시험이 끝나면 시험장비를 철수한다.

⑰ 측정치를 정리하고 계산한다.

⑱ 보고서를 작성한다.

## 12.2.4 계산 및 결과 정리

① 본타격의 개시깊이와 종료깊이를 정확하게 기록한다.

② 타격 수와 누계관입량의 관계를 가로축에 타격수, 세로축에 누계관입량으로 표시한다.

③ 본 타격 시 30cm 관입에 대한 타격수에 가장 가까운 정수치를 읽어서 $N$치로 한다.

④ 채취한 시료의 관찰결과를 기록한다.

⑤ 보고서를 작성한다. 보고서에는 현장위치, 보링개시일과 종료일, 보링번호, 표고, 시료번호 및 길이, 굴착방법, 샘플러 형식과 크기, 흙의 분류, 지층의 두께, 굴착용수손실 위치, 기계형식, 케이싱 크기, 타격수, 시험일자, 날씨, 기타 참고사항을 기록한다.

## 12.2.5 $N$값의 수정

현장에서 측정한 $N$값은 다음의 내용에 대하여 적절히 수정해야 한다.

- 흙의 상태에 대한 수정
- 로드의 길이에 대한 수정
- 상재하중에 대한 수정

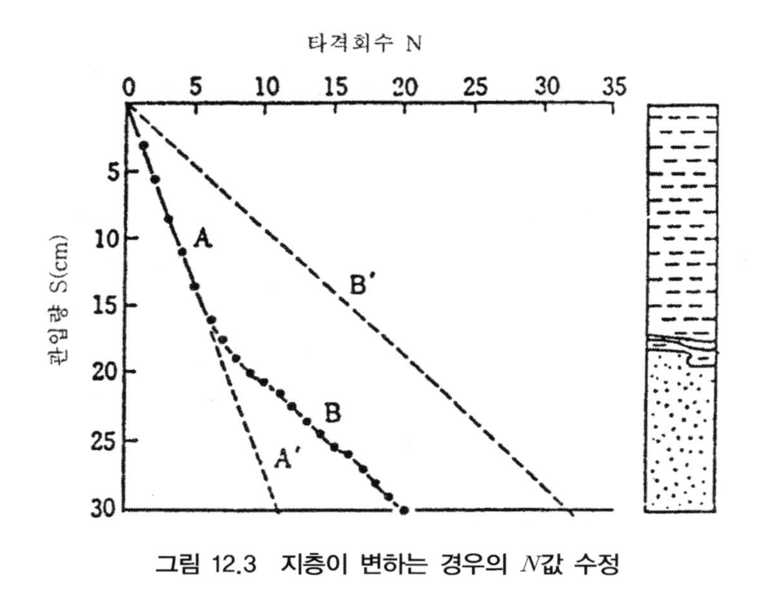


그림 12.3 지층이 변하는 경우의 $N$값 수정

### (1) 흙의 상태에 대한 수정

#### 1) 지층이 변할때

$N$값 측정 중에 자갈층을 만나거나 지층이 변하는 경우에는 Osaki(1958) 등의 방법으로 수정한다(그림 12.3).

#### 2) 포화 실트질 모래 또는 세립질 모래

유효입경이 $D_{10}$=0.05~0.1mm이고 $N>15$로 치밀한 포화상태의 실트질 또는 세립질 모래에서는 실제보다 과대한 값이 측정되기 때문에 이를 수정해야 한다 (Terzaghi/Peck, 1948).

$$N_{\text{수정}} = \begin{cases} 15 + (N-15)/2 & (N > 15) \\ N & (N \le 15) \end{cases}$$

### (2) 로드 길이에 대한 수정

로드가 길어지면 로드의 탄성변형과 유연성 및 햄머와 로드무게의 균형이 맞지 않아서 햄머의 타격효율이 저하되므로 이를 보정해야 한다(Yoshinaka, 1967).

$$N_{\text{수정}} = N(1 - L/200)$$

여기에서 $L$은 로드의 길이(m)이고 $N$은 실측치이다.

### (3) 상재하중에 대한 수정

사질토에서는 유효상재하중의 크기에 따라 $N$값이 현저하게 커진다. 상재하중에 대한 보정방법은 여러 가지가 있으나 상재하중 $p'$의 크기가 $p' > 0.25$kgf/cm2이면 다음과 같이 수정할 수 있다(Peck-Hansen-Thornborn, 1974).

$$N_{수정} = N \cdot C_u = 0.77\log\frac{20}{p'}$$

여기에서 $C_u$는 수정계수이고 $p'$는 유효상재하중(kgf/cm²)이다.

## 12.2.6 결과의 이용

$N$값의 측정치는 측정위치와 심도에 따라 큰 차이를 나타낸다. 따라서 기초 폭에 해당하는 길이만큼 기초저면 아래에 있는 평균 $N$값 중에서 가장 작은 값을 택하여 설계용 $N$값으로 하거나(Terzaghi-Peck, 1948), 한 지역에서 동일한 지층에 대한 평균 $N$값에서 표준편차를 뺀 값을 설계용 $N$값으로 한다(일본 건축기초이론, 1960).

표준관입시험 결과 구해진 $N$값으로부터 지반에 따라 다음 값을 구할 수 있다.
- 사질토 : 상대밀도, 내부마찰각, 지지력 계수, 탄성계수, 침하에 대한 허용지지력
- 점성토 : 컨시스턴시, 일축압축강도, 점착력, 극한지지력, 허용지지력

그밖에 다음의 값을 구할 수 있다.
- 말뚝의 연직지지력(Meyerhof, Dunham, Osaki)
- 횡방향 지반반력계수(久保, Reeseetal)
- 지진 시 지반의 액상화 가능성 판정(Seed – Idris, Iwasaki – Tasuoka, Chinese Buliding Code)

#### 1) 사질토 지반

① 사질토에서 $N$값과 상대밀도 및 내부마찰각의 관계(표 12.2)

② 내부마찰각(그림 12.4(a))

· Dunham(1954) : $\phi = \sqrt{(12N)} + 15$ : 입도 균등한 둥근 입자

$= \sqrt{(12N)} + 20$ : 입도 양호한 둥근 입자, 입도 균등한 모난 입자

$= \sqrt{(12N)} + 25$ : 입도 양호한 모난 입자

· Terzaghi/Peck(1948) : $\phi = 0.3N + 27$

· Osaki(大崎, 1959) : $\phi = \sqrt{(20N)} + 15$

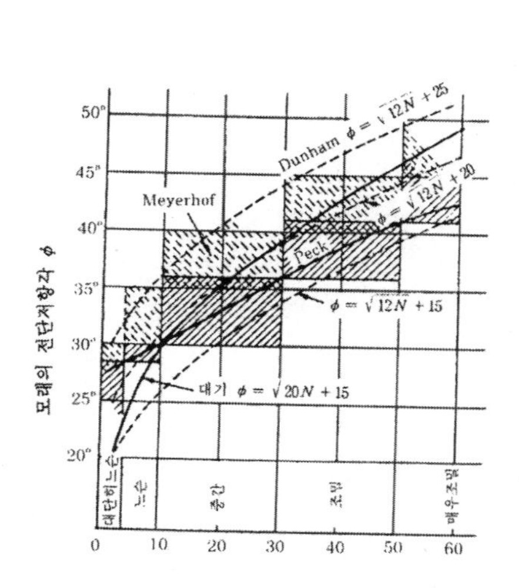


그림 12.4(a) $N$ 값과 내부마찰각

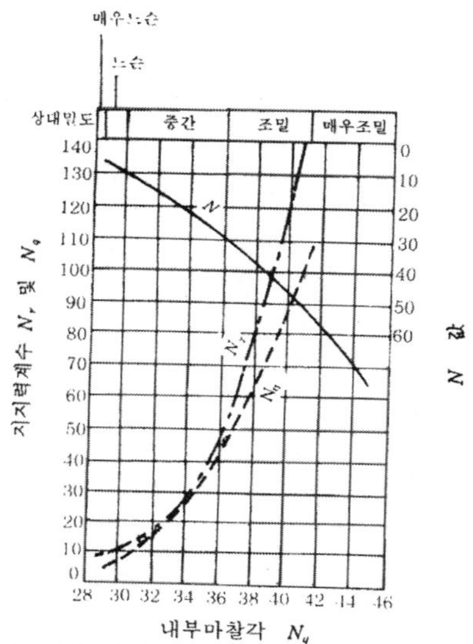


그림 12.4(b) 사질토지반의 지지력계수
(Peck–Hansen–THornburn, 1953)

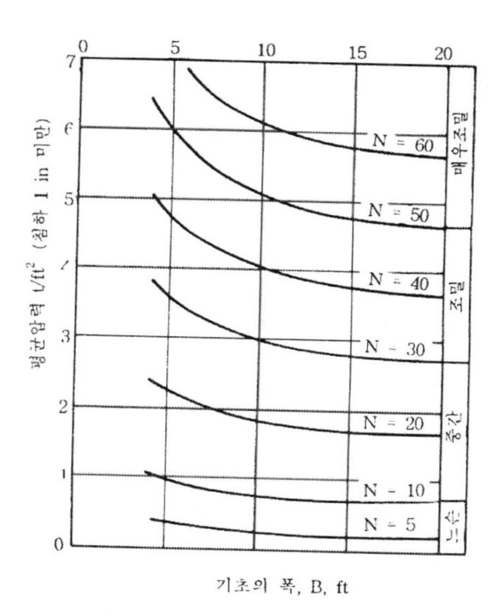


그림 12.5 기초지지력과 $N$값

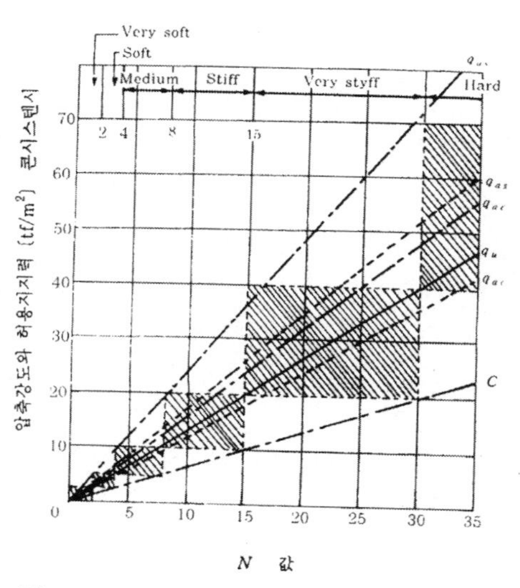


그림 12.6 점성토의 압축강도, 지지력과 $N$값

**표 12.2 사질토에서 $N$ 값과 상대밀도 및 내부마찰각**

| $N$ 값 | 상대밀도 | | 내부마찰각 | |
|---|---|---|---|---|
| | | | Peck | Meyerhof |
| 0~4 | 대단히 느슨(Very Loose) | 0.0~0.2 | $\phi \leq 28.5°$ | $\phi \leq 30°$ |
| 4~10 | 느슨(Loose) | 0.2~0.4 | $28.5 < \phi \leq 30$ | $30 < \phi \leq 35$ |
| 10~30 | 중간(Medium) | 0.4~0.6 | $30 < \phi \leq 36$ | $35 < \phi \leq 40$ |
| 30~50 | 조밀(Dense) | 0.6~0.8 | $36 < \phi \leq 41$ | $40 < \phi \leq 45$ |
| 50 이상 | 대단히 조밀(Very Dense) | 0.8~1.0 | $41 < \phi$ | $45 < \phi$ |

*입도가 균등하거나 실트질 모래는 작은쪽, 입도가 양호한 모래는 큰 값을 택한다.

**표 12.3 $N$ 값과 점성토의 컨시스턴시 및 일축압축강도(Terzaghi-Peck, 1948)**

| $N$ 값 | 컨시스턴시 | | 일축압축강도 [kgf/cm²] |
|---|---|---|---|
| $N \leq 2$ | 대단히 연약 | Very Soft | $q_u < 0.25$ |
| $2 < N \leq 4$ | 연약 | Soft | $0.25 < q_u < 0.5$ |
| $4 < N \leq 8$ | 중간 | Medium | $0.5 < q_u < 1.0$ |
| $8 < N \leq 15$ | 굳은 | Stiff | $1.0 < q_u < 2.0$ |
| $15 < N \leq 30$ | 대단히 굳음 | Very Stiff | $2.0 < q_u < 4.0$ |
| $30 < N$ | 고결상태 | Hard | $4.0 < q_u$ |

③ Terzaghi 지지력 계수(그림 12.4(b))

④ 변형계수 $E_s$(Schmertmann, 1978)(그림 12.5)

$E_s = 4N$ (실트, 모래질 실트)

$7N$ (세립내지 중립모래)

$10N$ (조립모래)

$12 \sim 15N$ (모래질 자갈, 자갈)

⑤ 극한 지지력

$$q_{ult} = 3.3N(1 + D_f/B) \text{ (Meyerhof, 1956)}$$
$$= 3N \text{ [tf/m}^2\text{] (Party, 1977) } (D < B)$$

($N$은 기초저면 아래 0.75B 깊이 평균값, $D_f$는 기초근입깊이, $B$는 기초폭).

⑥ 허용지지력

⑦ 얕은기초 침하량 $S$ (Meyerhof, 1965)

$$S = 4q/N \text{ (in)} \quad (B < 1.2\text{m})$$
$$= 6(q/N)\left(\frac{B}{B+1}\right)^2 \text{ (in)} \quad (B > 1.2\text{m})$$

단, $q$는 하중강도(kip/ft²), $B$는 기초폭(ft), $N$은 깊이 $B$까지 평균값

⑧ 말뚝의 지지력(Meyerhof, 1956)

$Q = 40N \cdot A_p + N_l \cdot A_s/5\,(\text{in})$ [kN]

여기서 $N$ : 선단부 $N$값, $N_l$ : 말뚝 전 길이에 대한 평균 $N$값

$A_p$ : 말뚝 선단면적[m²], $A_s$ : 말뚝 표면적[m²]

**표 12.4 점성토의 지지력**

| 기 초 형 상 | 형 상 계 수 $\alpha$ | 극 한 지 지 력 $q_u$[tf/m²]] | 허 용 지 지 력 $q_a$[tf/m²] |
|---|---|---|---|
| 연 속 기 초 | 1.0 | 3.6 $N$ | $\frac{3.6}{F}N$ |
| 원 형 기 초 | 1.3 | 4.5 $N$ | $\frac{4.5}{F}N$ |
| 정 사 각 형 기 초 | 1.3 | 4.7 $N$ | $\frac{4.7}{F}N$ |
| 직 사 각 형 기 초 | $1+0.8B/L$ | $3.6(1+0.3B/L)N$ | $\frac{3.6(1+0.3B/L)}{F}N$ |

**2) 점성토**

표준관입시험의 결과를 이용하여 점성토에서 다음의 값들을 결정할 수 있으나 사질토에 비하여 신뢰도가 낮고 편차도 큰 편이다.

① 컨시스턴시(그림 12.6), 일축압축강도(표 12.3)

② 일축압축강도 : $q_u = (0.12 \sim 0.13)N = \frac{1}{8}N$ [kgf/cm²]

③ 점착력 :

Terzaghi : $c = 0.0625N$ [kgf/cm²]

Dunham : $c = 0.066N$ [kgf/cm²]

일축압축강도로부터 점성토($\phi = 0$)의 점착력을 계산할 수 있다.

$c = 0.5q_u = 0.5(0.12 \sim 0.13)N = (0.060 \sim 0.065)N$ [kgf/cm²]

④ 극한지지력 $q_u$, 허용지지력 $q_a$

Terzaghi 식에서 내부마찰각을 $\phi = 0$으로 하면 지지력계수 $N_c = 5.7$이고 기초의 모양에 따른 형상계수 $\alpha$를 적용하면 극한지지력 $q_u$는 $q_u = \alpha \cdot c \cdot N_c = 5.7\alpha c$가 되므로 표 12.4에서와 같이 극한지지력 $q_u$와 허용지지력 $q_a$를 정할 수 있다. 그러나 이 값은 편차범위가 커서 실용성이 적다.

# 표준관입시험

과 업 명 ______ 시 험 날 짜 1995 년 4 월 30 일

조사위치 아주대 제 4 기숙사 온도 16 [℃] 습도 72 [%]

시료위치 28m 시료심도 0 [m] ~ 28 [m] 시험자 송영두

| 시 추 | 장 비 Rotary wash | 발 형 식 삼 발 | 시추 직경 0.15 [m] |
|---|---|---|---|
| 햄 머 | 햄머 무게 63.5 [kgf] | 햄 머 낙 하 고 76.2 [m] | |

| 깊이 [m] | 층두께 [m] | 케이싱 타입 | 지층표시 | 세 부 사 항 | 샘플링 타입 및 번호 | 타격수 N/30cm |
|---|---|---|---|---|---|---|
| 0.4 | | | | 표토층<br>실트질 모래, 황갈색 | | 23<br>38 |
| 7.5 | 7.1 | | | 풍화 잔류토층<br>심도 0.4~7.5m<br>실트 질 모래<br>황갈색 | | 50/29<br>50/20<br>50/10 |
| 10 | 11.5 | | | 풍화 암층<br>심도 74.5~19.0m<br>실트 모래로 파쇄<br>경연 중복 상태<br>황갈색 | | 50/9<br>50/6<br>50/6<br>50/5<br>50/3<br>50/2<br>50/2 |
| 20 | 7.0 | | | 편암층<br>심도 19.0~27.0m<br>편마암<br>파쇄대<br>중간중간 풍화암층 형성<br>절리간격 1~2cm<br>Core 회수율 저조<br>RQD=0%, 황갈색 | | |

표준관입시험 타격수 N (0, 10, 20, 30, 40, 50)

확 인 이 용 준 (인)

# 12.3 콘관입시험

## 12.3.1 개 요

콘관입시험은 로드에 콘 저항체를 부착하여 지반에 삽입한 상태에서 관입이나 인발 또는 회전시키면서 그 저항을 측정하여 지층의 분포나 지지력 등을 조사하는 사운딩(Sounding)시험으로 지반조사의 초기에 지반의 개황을 파악하기에 적합한 시험이다.

사운딩은 현장의 본래 위치(깊이)에 있는 지반에서 직접 측정하기 때문에 원위치 시험으로서의 신뢰성이 높다.

측정심도가 한정되지만, 보링을 하지 않으므로 시험작업이 간단하고 비용이 적게 든다. 깊이 방향으로 연속적으로 지층의 강성도, 성토의 다짐상태, 지층의 배열, 지반개량 효과, 압밀에 의한 강도증가 등을 판정할 때에 적용할 수 있다. 또한 지표 부근에서 실시하여 교통량하중의 영향에 의한 주행성(trafficability)을 판정할 수 있다.

콘관입시험의 결과는 콘의 치수와 표면상태 및 각도에 대해서 민감하므로 시험 전에 반드시 콘의 상태, 콘의 선단각과 표면상태를 확인해야 한다. 또한 콘은 흙입자 등에 의해 표면이 마모되거나 손상되지 않을 만큼 충분히 강성이 큰 재료로 된 정품만을 사용하여야 한다.

콘관입시험은 다음의 두 가지 방법으로 나누어진다.

- 정적 콘관입시험
- 동적 콘관입시험

정적 콘관입시험은 연약한 점토지반에 적합한 시험이며 원형 콘을 일정한 속도로 지반에 압입시키면서 관입저항을 측정하여 기초지반의 성상을 구하는 실험이다.

동적 콘관입시험은 모래나 굳은 점토지반에 적합한 시험이며 일정한 중량의 햄머를 자유낙하시켜서 콘을 일정한 깊이까지 관입시키는 데 필요한 타격수로부터 관입저항을 구하는 시험이다.

외력을 가하지 않아도 로드의 자중만으로도 콘의 관입이 일어나는 극히 연약한 지반에서는 측정이 불가능하다. 이런 경우에는 야장에 그 내용을 정확히 기록한다.

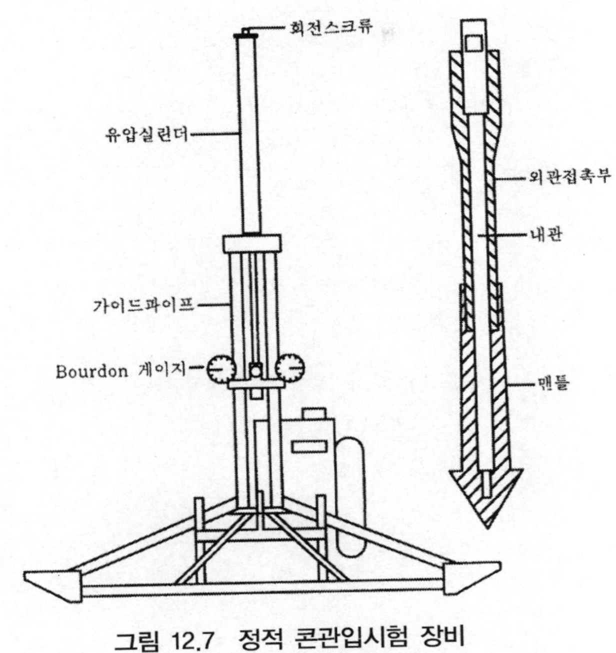

그림 12.7 정적 콘관입시험 장비

## 12.3.2 정적 콘관입시험(Static Cone Penetration Test)

### (1) 시험장비

정적 콘관입시험을 위하여 다음의 장비(그림 12.7)가 필요하다.

① 맨틀콘(delft mantle cone ; dutch mantle cone) :
각도와 길이가 일정한(저면적 10 $cm^2$, 각도 60°) 직경 35.6mm 정도의 강재로 된 콘으로 흙입자 등에 문드러지지 않을 만큼 강성이 큰 재질로 만든 것이어야 한다. 주변 마찰저항을 측정하는 슬리브콘을 겸한 것도 있다.

② 로드(Sounding Rods ; Pressure Rods) :
길이 1 m, 직경 14.0mm의 강봉으로 서로 연결할 수 있어야 한다.

③ 맨틀 튜브(mantle tubes ; sounding tubes) :
내경 16mm, 외경 35.6mm, 길이 1m 관으로 로드가 지반에 접촉되어 손상되거나 마찰이 발생하지 않도록 보호하고 로드가 휘어지지 않게 보강하는 역할을 한다.

④ 관입장치 :
로드를 지반에 관입시키는 장치이며 관입저항 2～3 tf 까지는 수동식, 10～20 tf까지는 엔진을 장착한 기계식을 사용한다.

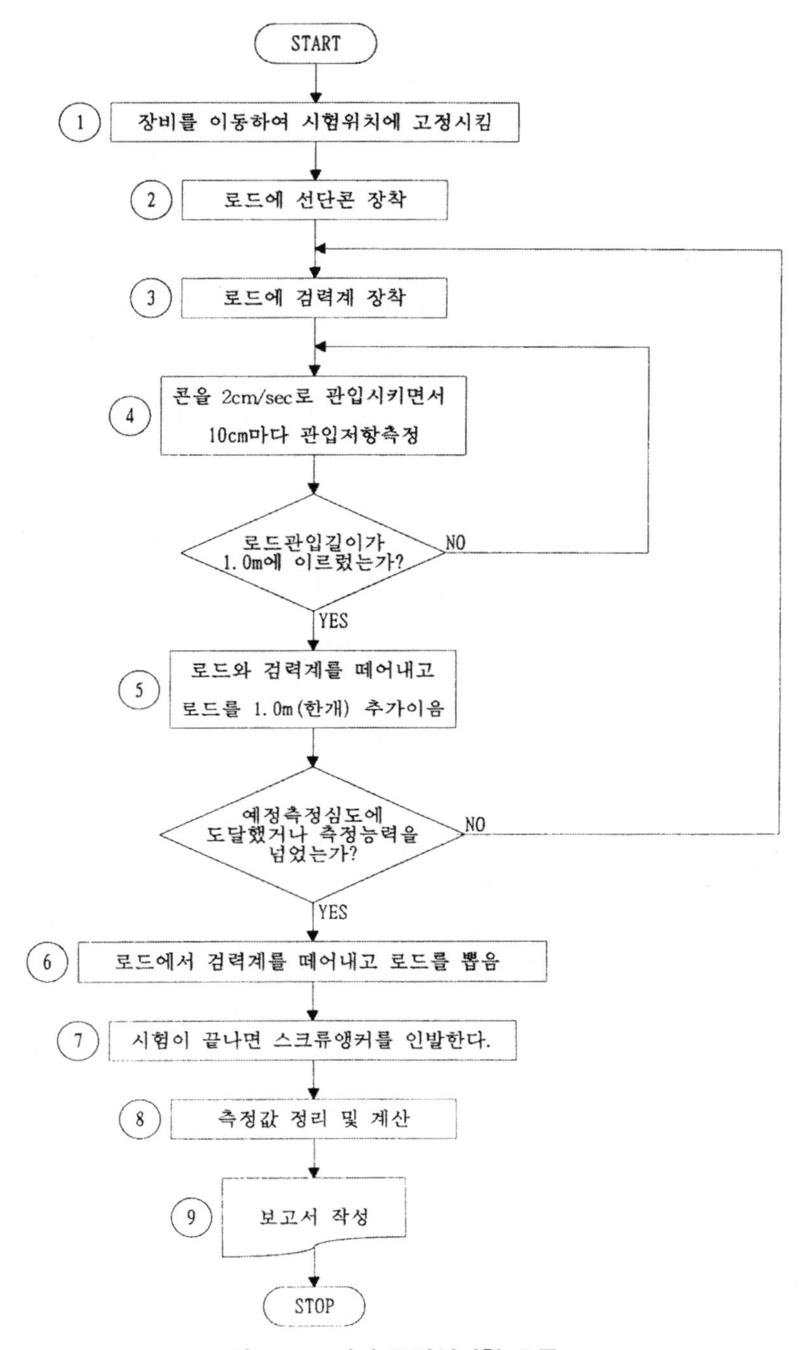


그림 12.8 정적 콘관입시험 흐름도

⑤ 측정장치 :
관입저항을 측정하는 장치이며 검력계 형식과 압력계 형식이 있다. 지반의 강도에 따라 2tf에서 검력계는 150kgf, 500kgf, 2,000kgf가 있으며, 압력계는 $50kgf/cm^2$, $200kgf/cm^2$가 있다.

⑥ 고정장치 :
시험장치가 편심되거나 솟아오르지 않게 고정시키는 장치이며 일반적으로 스크류 앵커가 사용된다.

### (2) 시험방법

정적 콘관입시험은 약 20m 깊이까지 적용이 가능하며 다음 방법으로 시험하고 사용하는 콘의 치수와 형상 및 압입속도에 유의하여야 한다.

① 시험 위치에 장비를 운반하여 스크류앵커로 고정시킨다.
② 맨틀 콘을 로드와 맨틀 튜브에 연결한다.
③ 로드에 검력계를 연결시킨다.
④ 콘과 로드가 수직이 되도록 시험지점에 세우고 처음 20cm 초기 관입한 후 관입시험을 시작한다. 맨틀튜브를 1.25m/min(ASTM에서는 2cm/sec, DIN 4094에서는 0.2～0.4m/min)의 속도로 지반에 압입하면서 20cm 관입때마다 발생되는 관입저항 $q_c$을 측정한다. 콘관입 시 지반에서 발생되는 소리는 기록하며 로드의 자중으로 관입되는 경우에도 이를 기록한다.
⑤ 1m 관입 때마다 로드를 연결하고 관입시험을 계속한다.
⑥ 경성지반에 도달되면 관입시험을 중지하고 검력계는 떼어낸 후에 1m씩 인발하고 최종적으로 콘을 인발한다.
⑦ 시험이 끝나면 스크류 앵커를 인발한다.
⑧ 측정결과를 정리하고 계산한다.
⑨ 보고서를 작성한다. 보고서에는 콘의 형태, 모델, 관입속도, 시험날짜, 현장위치 및 지명, 시험자 이름 및 소속을 기록한다.

### (3) 계산 및 결과의 정리

측정된 콘의 관입저항은 사용된 콘과 로드의 무게가 깊이에 따라 달라지므로 콘과 로드의 중량에 대한 보정을 해야 한다.

$$\text{보정치} = \frac{W_1 + nW_2}{10} \ [kgf/cm^2]$$

여기에서, $W_1$ 은 콘의 무게이고, $W_2$ 는 로드 1개의 무게이며, $n$은 사용한 로드의 개수를 나타낸다.

맨틀의 마찰저항은 다음과 같이 보정한다.

$$f_c = f_c' + W_f \cdot A_s$$

여기서, $A_s$ : 마찰맨틀의 표면적

$f_c$ : 맨틀의 마찰저항

$f_c'$ : 보정 안 된 마찰저항

$W_f$ : 마찰맨틀의 중량

맨틀의 마찰저항 $f_c$ 와 콘관입저항 $q_c$ 와의 비 $f_c/q_c$ 를 마찰비(FR)라 한다.

계산결과를 다음과 같이 나타낸다.

**1) 깊이에 따른 $q_c$ 변화**

**2) 깊이에 따른 $f_c$ 변화**

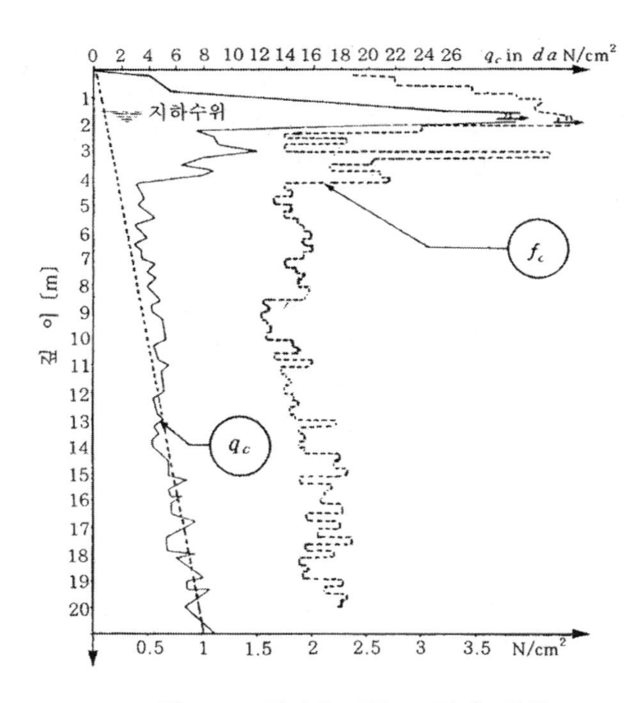


그림 12.9 깊이에 따른 $q_c$ 및 $f_c$ 변화

### 12.3.3 동적 콘관입시험(Dynamic Cone Penetration Test)

#### (1) 시험장비

동적 콘관입시험기는 다음(그림 12.10)의 장비로 구성된다.

① 강재콘(Steel Cone) :

강재로 된 콘으로 중형과 대형의 세 종류가 있다.

소형 : 직경 35.6mm, 단면적 $10cm^2$, 선단각 60°

중형 : 직경 35.6mm, 단면적 $10cm^2$, 선단각 60°

대형 : 직경 43.7mm, 단면적 $15cm^2$, 선단각 60°

DIN 4094에서는 대형의 선단각이 90°이다.

② 삼각대 :

콘체의 수직도를 유지하고 햄머를 지지하며 시험이 끝난 후에 콘체를 인발할 때에 지지대로 사용한다.

③ 햄머 :

소형에서는 10kgf, 중형은 30kgf, 대형은 50kgf의 햄머를 사용한다. 63.5 kgf 과 30kgf 의 두 가지를 사용하는 경우도 있다.

④ 로드(Drilled Rod) :

소형과 중형은 22mm, 대형은 32mm이다. 언제든지 관입깊이를 확인할 수 있도록 매 300mm마다 표시를 한다. 측정심도가 얕은 곳에서는 100mm마다 표시한다.

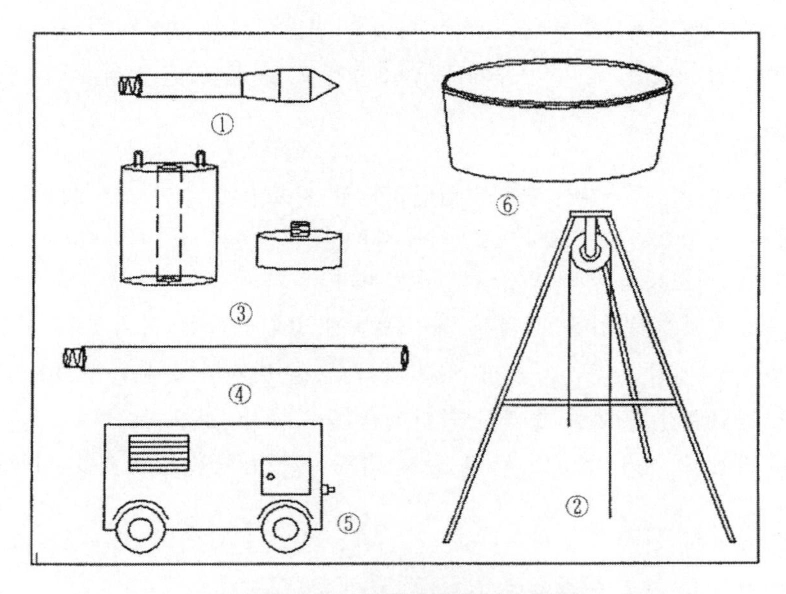


그림 12.10 동적콘관입시험 장비

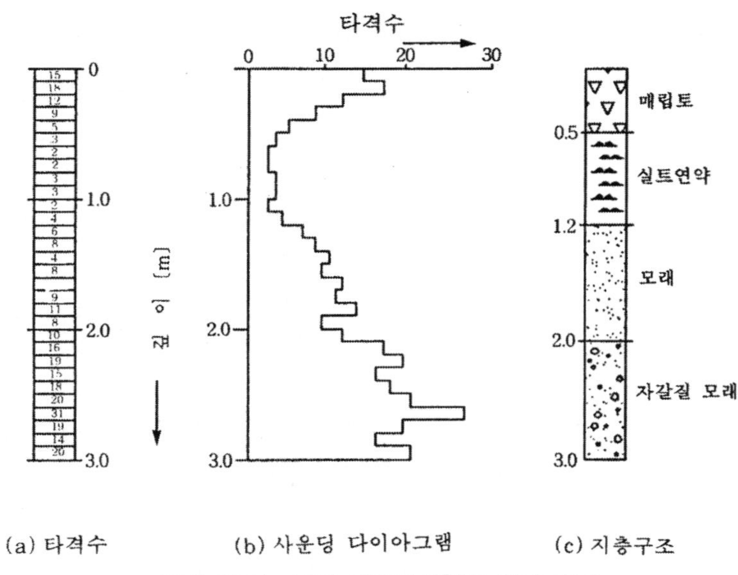


(a) 타격수 (b) 사운딩 다이아그램 (c) 지층구조

**그림 12.11 동적 콘관입시험기 결과 정리**

⑤ 유압펌프(Pumping Unit) :

용량 35～45L/분, 소요압력 7～8.5kgf/cm$^2$ 인 펌프를 사용하며 이에 필요한 부품을 포함한다.

⑥ 안정액(Bentonite Slurry) :

보링공의 붕괴를 방지하고 로드의 마찰력을 감소시키기 위하여 사용하는 안정액은 벤토나이트를 일정한 중량비(대체로 3～5% 정도)로 물과 혼합한 슬러리를 말한다.

## (2) 시험방법

① 로드의 끝에 콘을 부착시키고 시험위치에서 지표면에 수직으로 세운다.

② 햄머를 분당 30회 속도로 자유 낙하시켜서 콘이 20cm(DIN 4094에서는 10cm) 관입되는 데 소요되는 타격횟수를 측정한다.

③ 콘이 소요깊이에 관입될 때까지 매 20cm 관입에 필요한 타격횟수 $N_{20}$을 기록한다(DIN 4094에서는 $N_{10}$). 이때 장비의 손상을 방지하기 위하여 10cm 관입에 필요한 타격횟수가 20회를 초과하면 타격을 중지한다. 소요깊이가 6 m를 넘을 때는 로드의 마찰에 의한 영향이 크며 이를 방지하기 위하여 안정액을 이용한다.

## (3) 계산 및 결과의 정리

① 깊이에 따른 타격수를 표시한다.

② 콘저항 $q_c$는 다음과 같이 계산한다.

$$q_c = \frac{\text{콘관입 저항력}(Q_c)}{\text{콘 저면적}(A_s)} \ [\text{kgf/cm}^2]$$

## 12.3.4 휴대용 정적 콘관입 시험기(Portable Cone Penetrometer)

### (1) 개 요

정적 콘관입 시험기 중에서 가장 조작이 용이하고 응용 범위가 넓은 단관식 원추관입 시험기이다. 연약한 점토와 피트(Peat)층에서 점착력이나 연약층의 깊이를 개략적으로 신속히 파악하기에 편리하다. 구조는 핸들이 붙은 하중계, 로드와 선단 콘으로 되어 있고, 로드는 5 m 정도가 필요하다. 손으로 핸들을 잡고 연직을 유지하면서 지반에 압입하면서 관입깊이와 검력계를 읽는다.

### (2) 시험용구

휴대용 정적 콘관입 시험기는 다음(그림 12.12)의 장비로 구성된다.

① 선단콘 :

선단각도 30°이고, 저면적 6.45 cm²인 강재로 된 콘이다.

② 로드 :

$\phi$ = 16 mm, 길이 50cm로 서로 연결하도록 되어있다.

③ 하중계 :

용량 100 kgf 정도가 필요하며, 시험 전에 검정해야 한다.

④ 반사거울 :

시험 중 압입자세에서 검력계를 읽는데 사용한다.

⑤ 스패너

⑥ 저울 ⑦ 캔

### (3) 시험방법

① 로드 선단에 콘을 설치한다. 변형된 로드는 사용하면 절대로 안 된다.

② 로드에 하중계를 설치하며 하중계는 정기적으로 점검하고 교정해야 한다.

③ 측정위치의 지표를 정리하고 시험준비를 한다.

④ 1 cm/sec 의 관입속도로 편심이 걸리지 않도록 주의하며 관입하면서 매 10 cm 마다 관입저항을 측정한다.

⑤ 로드 관입깊이가 50 cm 되면 하중계를 분리하고 추가로 로드를 연장한 후 다시 관입한다. 로드는 시험 중에 풀어지지 않도록 확실히 조여서 연결한다.

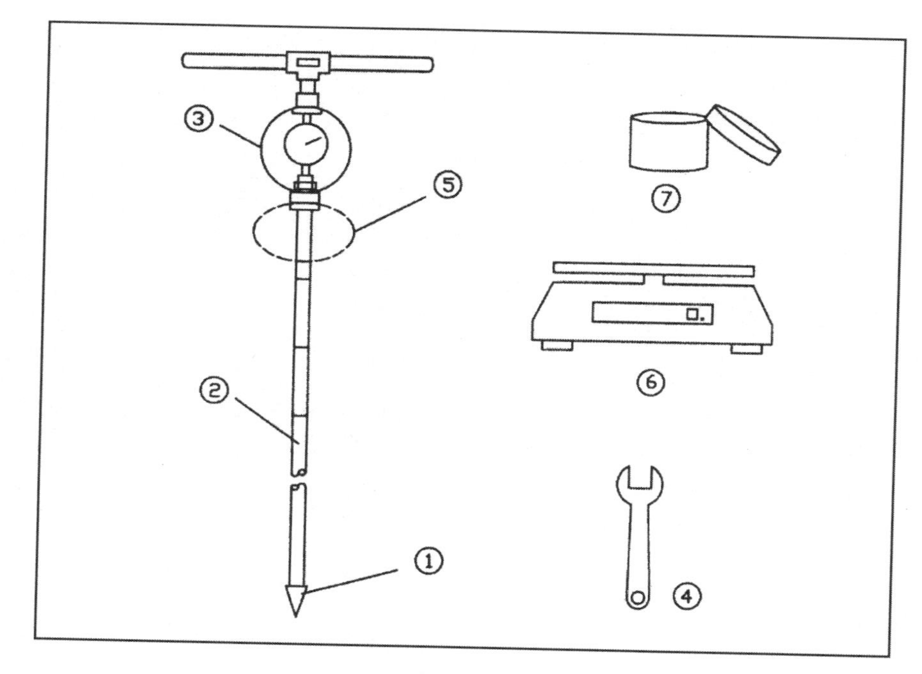


그림 12.12 휴대용 정적 콘관입 시험기

⑥ 시험이 소정의 깊이까지 완료되거나 장비의 측정능력(대개 100 kgf)을 초과하면 하중계를 분리하고 로드를 뽑아낸다.

### (4) 결과 정리

① 깊이에 따라 콘저항치를 기록한다.
② 콘저항치는 다음과 같이 계산한다.

$$q_c = \frac{\text{콘관입저항}}{\text{콘의 저면적}(6.45\,\mathrm{cm}^2)} \ [\mathrm{kgf/cm^2}]$$

## 12.3.5 결과의 이용

콘관입시험은 비교적 적은 비용과 노력으로 용이하게 수행할 수 있으므로 여러 개소에서 콘저항치$q_c$(보통 콘지수라고 함)를 측정하여 그림 12.13과 같은 지반강도 프로필을 작성하여 설계 및 시공에 활용할 수 있다. 또한 콘시험결과를 이용하여 다음과 같은 지반의 특성을 구할 수 있다.

- 지반의 강성도
  - 표준관입시험 $N$값
  - 일축압축강도
  - 점착력
  - 탄성계수(사질토)
- 지반의 허용지지력
- 말뚝의 지지력

## (1) 지반 강성도 판별

콘시험 결과인 콘지수 $q_c$로부터 표준관입시험 타격수 $N$값을 유추할 수 있다.

### 1) 표준관입시험 $N$값

연약 점토 : $N = q_c/2$

사질토 : $N = q_c/4$

### 2) 일축압축강도 $q_u$

$q_u = q_c/5$

### 3) 점착력 $c$ (단, $\phi = 0$인 경우)

$c = q_u/2 = q_c/10$

### 4) 탄성계수 $E$

$E = (2 \sim 8)q_c$

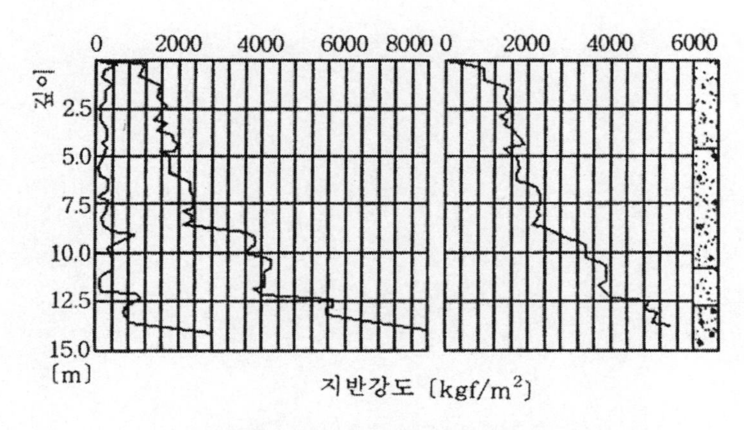


그림 12.13 지반의 강도 프로필

### (2) 지반의 허용지지력

콘지수 $q_c$로부터 일축압축강도 $q_u$를 구하면 지반의 점착력 $c$를 구할 수 있고 점성토에서는 내부마찰각이 $\phi = 0$이므로 Terzaghi 의 극한지지력공식을 이용하여 지반의 극한지지력 $q_{ult}$를 구할 수 있다.

$$q_{ult} = 5.7\,c$$

그런데 점성토 지반에서 연속기초의 형상계수 $\alpha = 1$이므로 지반의 안전율을 $F$ 라고 하면 허용지지력 $q_a$는 기초크기에 무관하여 다음과 같이 콘지수 $q_c$ 로부터 구할 수 있다.

$$q_a = \frac{q_{ult}}{F} = \frac{5.7\,c}{F} = \frac{0.57\,q_c}{F}$$

### (3) 말뚝의 지지력

연약한 점성토 지반에 설치한 말뚝의 지지력은 덧치콘 관입시험 결과로부터 구할 수 있다. Meyerhof 는 덧치콘 관입시험 결과를 이용하여 말뚝의 극한 지지력을 구하는 식을 다음과 같이 제시하였다. 말뚝의 허용지지력 $q_a$는 극한지지력 $q_u$를 안전율 $F$로 나누어 구할 수 있다.

$$q_{ult} = q_c\,A_p + \frac{1}{200}\,q_c\,A_s$$

$$q_a = \frac{q_u}{F}$$

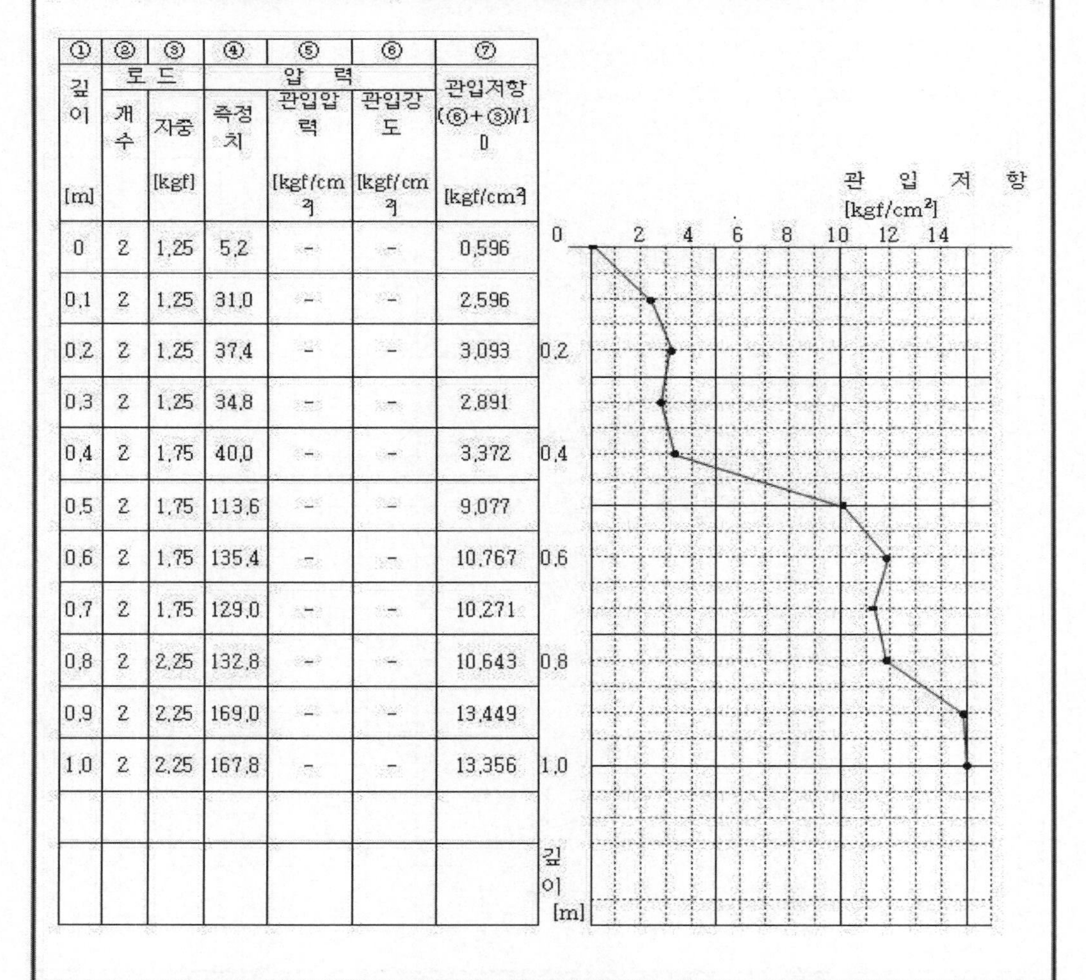

# 콘관입시험

과 업 명 공장신축부지조사 시험날짜 1996 년 4 월 28 일
조사위치 시화공단 온도 16 [℃] 습도 75 [%]
시료번호 No. 12 T1 시료위치 0 [m] ~ 1.0 [m] 시험자 김 은 섭

| 콘 | 지반분류 USCS CM | 검력계번호 7268 | 검력계용량 100 [kgf] | 검력계교정계수 눈금당 0.5 [kgf] |
|---|---|---|---|---|
| | 콘지수외경 28.65 [mm] | 선단각도 30 [°] | 콘길이 5.2 [cm] 표면적 6.45 [cm²] | 로드직경 1.6 [cm] |
| | 관입방식 ( **수동식**, 기계식 ) | 관입속도 1.0 [cm/sec ] | | |

| ① | ② | ③ | ④ | ⑤ | ⑥ | ⑦ |
|---|---|---|---|---|---|---|
| 깊이 | 로드 | | 압력 | | | 관입저항 |
| | 개수 | 자중 | 측정치 | 관입압력 | 관입강도 | (⑥+③)/10 |
| [m] | | [kgf] | | [kgf/cm²] | [kgf/cm²] | [kgf/cm²] |
| 0 | 2 | 1,25 | 5,2 | - | - | 0,596 |
| 0,1 | 2 | 1,25 | 31,0 | - | - | 2,596 |
| 0,2 | 2 | 1,25 | 37,4 | - | - | 3,093 |
| 0,3 | 2 | 1,25 | 34,8 | - | - | 2,891 |
| 0,4 | 2 | 1,75 | 40,0 | - | - | 3,372 |
| 0,5 | 2 | 1,75 | 113,6 | - | - | 9,077 |
| 0,6 | 2 | 1,75 | 135,4 | - | - | 10,767 |
| 0,7 | 2 | 1,75 | 129,0 | - | - | 10,271 |
| 0,8 | 2 | 2,25 | 132,8 | - | - | 10,643 |
| 0,9 | 2 | 2,25 | 169,0 | - | - | 13,449 |
| 1,0 | 2 | 2,25 | 167,8 | - | - | 13,356 |
| | | | | | | |
| | | | | | | |



확인 이 용 준 (인)

# 콘관입시험

과 업 명 공장신축부지조사 시험날짜 1996 년 4 월 28 일
조사위치 시화공단 온도 16 [℃] 습도 75 [%]
시료번호 No. 13 T1 No. 14 T1 시료위치 0 [m] ~1.0 [m] 시험자 김 은 섭

| 검력계 | 번호 7268 | 용량 100 [kgf] | 교정계수 눈금당 0.5 [kgf] | | |
|---|---|---|---|---|---|
| 관 입 | 관입방식 (**수동**, 기계식) | | 관입속도 1.0 [cm/sec] | | |
| 콘 | 두부직경 2.855[cm] | 길이 5.2 [cm] | 선단각도 30 [°] | 표면적 6.45 [cm²] | 로드직경 1.6 [cm] |

| 깊이 [m] | 시험번호 1 | | | 깊이 [m] | 시험번호 2 | | | 평균 |
|---|---|---|---|---|---|---|---|---|
| | 검력계읽음 | 하중 [kgf] | 콘지수 [kgf/cm²] | | 검력계읽음 | 하중 [kgf] | 콘지수 [kgf/cm²] | 콘지수 [kgf/cm²] |
| 0 | 5.2 | 2.6 | 0.4 | 0 | 5.2 | 2.6 | 0.4 | 0.4 |
| 0.1 | 28.4 | 14.2 | 2.2 | 0.1 | 31.0 | 15.5 | 2.4 | 2.3 |
| 0.2 | 40.0 | 20.0 | 3.1 | 0.2 | 37.4 | 18.7 | 2.9 | 3.0 |
| 0.3 | 29.6 | 14.8 | 2.3 | 0.3 | 34.8 | 17.4 | 2.7 | 2.5 |
| 0.4 | 40.4 | 20.0 | 3.1 | 0.4 | 40.0 | 20.0 | 3.1 | 3.1 |
| 0.5 | 108.4 | 54.2 | 8.4 | 0.5 | 113.6 | 56.8 | 8.8 | 8.6 |
| 0.6 | 127.8 | 63.9 | 9.9 | 0.6 | 135.4 | 67.7 | 10.5 | 10.2 |
| 0.7 | 123.8 | 61.9 | 9.6 | 0.7 | 129.0 | 64.5 | 10.0 | 9.8 |
| 0.8 | 135.4 | 67.7 | 10.5 | 0.8 | 132.8 | 66.4 | 10.3 | 10.4 |
| 0.9 | 171.6 | 85.8 | 13.3 | 0.9 | 169.0 | 84.5 | 12.1 | 13.2 |
| 1.0 | 172.8 | 86.4 | 13.4 | 1.0 | 167.8 | 83.9 | 13.0 | 13.2 |

콘 지 수 [kgf/cm²]
0 2 4 6 8 10 12 14 16
깊이 m]

확인 이 용 준 (인)

# 12.4 평판재하시험(Plate Bearing Test)

## 12.4.1 개 요

평판재하시험은 예상 기초위치까지 지반을 굴착한 다음에 규격화된 재하판을 설치하고 하중을 가하면서 하중과 침하량을 측정하여 기초지반의 지지력을 구하는 시험이다. 또한 실내시험 결과와 대비하여 지반의 강도정수를 추정하는 수단으로 현장에서 널리 활용되고 있다. 그러나 기초지반의 지지력은 기초의 근입깊이, 기초구조물의 강성과 크기, 지하수위 등의 여러 가지 조건에 따라 영향받기 때문에 평판재하시험의 결과만으로는 결정할 수 없고 실내시험 결과나 이론결과 등을 종합적으로 검토한 후에 지지력을 판정해야 한다. 평판재하시험은 대상 지반의 두께가 기초폭의 2배 이상이고 장기적 압밀침하의 영향을 받지 않을 균질한 지반에서 실시하는 것이 바람직하며 위치별로 지반의 상태가 심하게 변하고 지층구조가 불규칙한 경우에는 시험결과의 신뢰성이 떨어진다.

그밖에 평판재하시험을 통하여 기초지반이나 노상 및 노반의 지반반력계수를 구할 수 있다. 특히 도로에 관한 평판재하시험방법이 한국산업규격 KS F 2310(도로의 평판재하시험방법)에 규정되어 있다. 평판재하시험은 주로 연직방향으로 수행하지만 필요에 따라 수평방향 또는 보링공 내에서 심층재하시험도 수행할 수 있다.

평판재하시험은 다음과 같이 3가지로 분류할 수 있다.

① 건축구조물 기초지반의 지지력 시험
② 토목구조물 기초지반의 지지력 및 지반반력계수 시험
③ 도로의 노상이나 노반의 지반반력계수 시험

평판재하시험은 많은 비용과 시간 및 노력이 필요하지만 다음의 경우에는 반드시 실시해야 한다.

① 실내시험이나 사운딩 등으로는 지지력과 침하특성을 판정하기 어려울 때
② 지지력이나 침하량이 허용한계에 가까울 때
③ 경험적으로 얻을 수 있는 지지력보다 큰 값을 기대할 때
④ 개량지반의 지지력을 구할 때

평판재하시험의 결과로부터 다음과 같은 사항들을 결정할 수 있다.

① 극한지지력 및 허용지지력
② 허용침하량을 고려한 지지력(허용지지력)
③ 표준기초의 타당한 침하량

④ 휨성(Flexible) 포장과 노상층의 지지력
⑤ 점토의 비배수 전단강도
⑥ 지반의 변형계수(deformation modulus)
⑦ 지반반력계수(modulus of vertical subgrade reaction)

### 12.4.2 시험장비

평판재하 시험장비는 재하판, 반력하중, 반력보, 유압잭, 하중 측정장치, 변위계, 변위계 지지대, 변위계 홀더 등으로 구성되며 다음의 그림 12.14와 같이 설치한다.

① 재하판 :
재하 시 휘지 않을 정도의 두께(JIS 1215나 KS F 2310 에서는 22 mm 이상, ASTM에서는 25mm 이상)를 가진 원형이나 정사각형의 강재판으로 직경 또는 한 면의 길이가 각각 30cm, 40cm 및 75cm 인 것을 표준으로 한다. 원형판을 사용하면 편심하중에 의한 지반파괴를 최소한으로 줄일 수 있다. 보링공에서는 0.04~0.06$m^2$ 판, 개착 시험굴(open test pit)에서는 0.1~0.2 $m^2$의 판, 점토나 실트 혹은 중간의 상대밀도를 가진 모래($N$값 < 15)에서는 0.2 $m^2$ 혹은 0.5 $m^2$의 판을 사용하는 것이 좋다. 지하심층부 지반에 대한 심층 재하시험에서는 직경 10cm의 재하판을 사용한다. 이때에는 재하판 설치위치가 깊으므로 중간에 하중 전달용 연결 로드가 필요하다.

② 반력하중 :
모래가마니, 암버럭, 레일, 철근, 시멘트, 골재, 콘크리트 구조물이나 트레일러, 중장비 등 사하중을 직접 가하거나(사하중법) 앵커나 말뚝의 인발저항(인발저항법)을 이용한다.

③ 재하대(반력보) :
보통 강재빔을 사용하며 예상하중에 대하여 휨강성이 충분하도록 H 빔이나 I 빔을 보강하여 사용한다. 반력하중으로 트레일러나 중장비를 사용할 때에는 재하대가 필요하지 않을 수 있다.

④ 유압잭(Jack) :
유압식 또는 기계식으로 용량이 5~40 tf(49~392kN)이고 예상 최대하중의 1.5배 정도가 필요하다. 예상하중은 설계하중의 3배로 한다. 정밀도가 용량의 1/100 이하 압력계가 부착된 것이라야 한다.

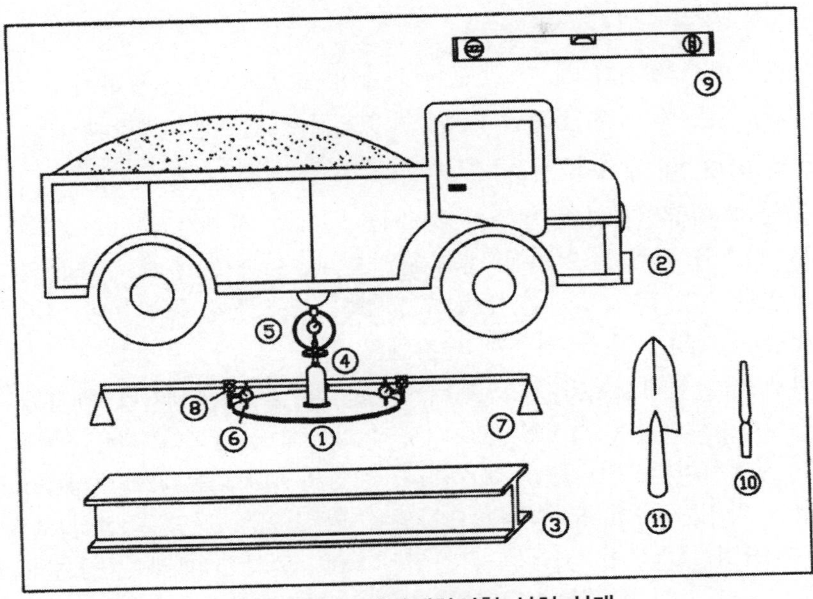

그림 12.14 평판재하시험 설치 상태

⑤ 하중측정장치 :
재하판에 가해진 하중은 프루빙링이나 로드셀을 사용하며 직접 측정하거나 정밀한 압력센서를 부착한 후에 유압을 측정하여 하중으로 환산할 수도 있다. 과거에는 하중을 수동으로 측정했으나 로드셀 또는 압력센서를 쓰면 자동측정할 수 있다.

⑥ 침하량 측정용 변위계 :
작용 스트로크 길이가 50mm 이상이고, 0.01mm의 정밀도를 가진 다이얼 게이지나 LVDT(Linear Variable Displacement Transformer)가 재하판 위 3점과 재하판에서 5cm 떨어진 곳 1점의 침하를 측정하기 위해 전부 4개가 필요하다. 도로용 평판재하시험에서는 재하판 주변(모서리부터 직경의 0.5, 1.0, 1.5배 거리) 지표 침하도 측정한다.

⑦ 변위계 지지대 :
재하판과 주변지반의 침하량을 측정하는 변위계를 지지하는 데 필요하며 내측단의 위치가 재하판의 중심으로부터 적어도 재하판 지름의 3.5배 이상 떨어질 수 있도록 지점 간격이 넓어야 한다.

⑧ 변위계 홀더 :
변위계를 고정시키는 데 필요하며 보통 마그네틱 스탠드가 사용된다.

⑨~⑪ 기타, 수준기, 스패출라, 손삽

## 12.4.3 시험방법

평판재하시험은 경비와 시간 및 노력이 많이 소요되므로 신중하게 시험계획을 세우고 최소 횟수로 최대 정보를 얻을 수 있도록 해야 하며 다음과 같이 실시한다.

**1) 시험위치 선정 및 재하대 설치**

① 구조물의 예상위치와 지반조사 결과를 토대로 시험지점을 선정한다. 시험을 실제 기초와 같은 깊이에서 실시해야 한다. 이때에 우선 구조물의 설계상의 필요성과 지반조사 결과를 검토하여 장차 구조물이 축조되는 위치의 지반과 동일한 상태의 지반을 선정하고 지반의 기본 물성을 측정한다.

② 시험위치는 상재하중의 영향을 받지 않도록 일정한 깊이와 범위로 시험굴을 굴착한다. 시험굴은 최소한 3개 시험이 가능한 크기로(ASTM, AASHTO) 굴착하고 시험위치 간 거리는 최대 재하판 직경의 5배 또는 4배 이상(Singh, 1981)이어야 하며 재하판 모서리에서 시험굴 벽 사이의 간격은 점성토(직경의 1.5배)와 사질토(느슨한 모래는 직경의 2.5배, 조밀한 모래는 직경의 4배)에서 서로 다르다. 이때 시험을 실시할 부분의 바닥이 교란되지 않도록 주의한다. 굴착 후에는 가능한 한 신속하게 시험을 실시한다. 불가피하게 시간이 지체되면 비닐 등으로 덮어 최소한 함수비의 변화를 줄여야 한다. 최종 25cm 바닥은 재하 직전에 굴착하는 것이 좋다(Singh, 1981). 지하수위가 높은 경우에는 재하면의 깊이를 지하수면과 일치시키는 것이 좋다.

③ 재하대는 현장조건에 따라서 적당한 방법으로 설치하며 예상시험 하중보다 충분히 커야 하고 재하도중 들어 올려지거나 지반의 침하에 의하여 재하대 자체가 기울여지거나 변형되지 않게 하여 현장사고를 미연에 방지해야 한다. 재하대 지지점은 재하판으로부터 2.4m 이상이 떨어져 있어야 한다.

**2) 재하판 설치**

④ 재하판의 종류를 선정하고 지표를 수평으로 고른다. 지반에 굵은 골재가 나타나 있지 않는 균일한 장소를 택해서 주걱이나 손삽 등으로 지반이 교란되지 않게 주의하여 수평으로 고르며 자갈 등이 있어서 요철이 있을 때에는 깨끗한 모래나 석고 페이스트 등을 5mm 이하로 얇게 깔고, 수준기로 수평을 확인한다.

⑤ 재하판을 설치한다. 이때 직경 30cm보다 큰 재하판을 사용할 때에는 시험에 사용할 재하판을 먼저 놓고 그 위에 보다 작은 판을 중심을 맞추어 놓는다. 재하판의 중심에서 적어도 재하판 지름의 3.5배 이내에는 다른 영향요인이없어야 한다.

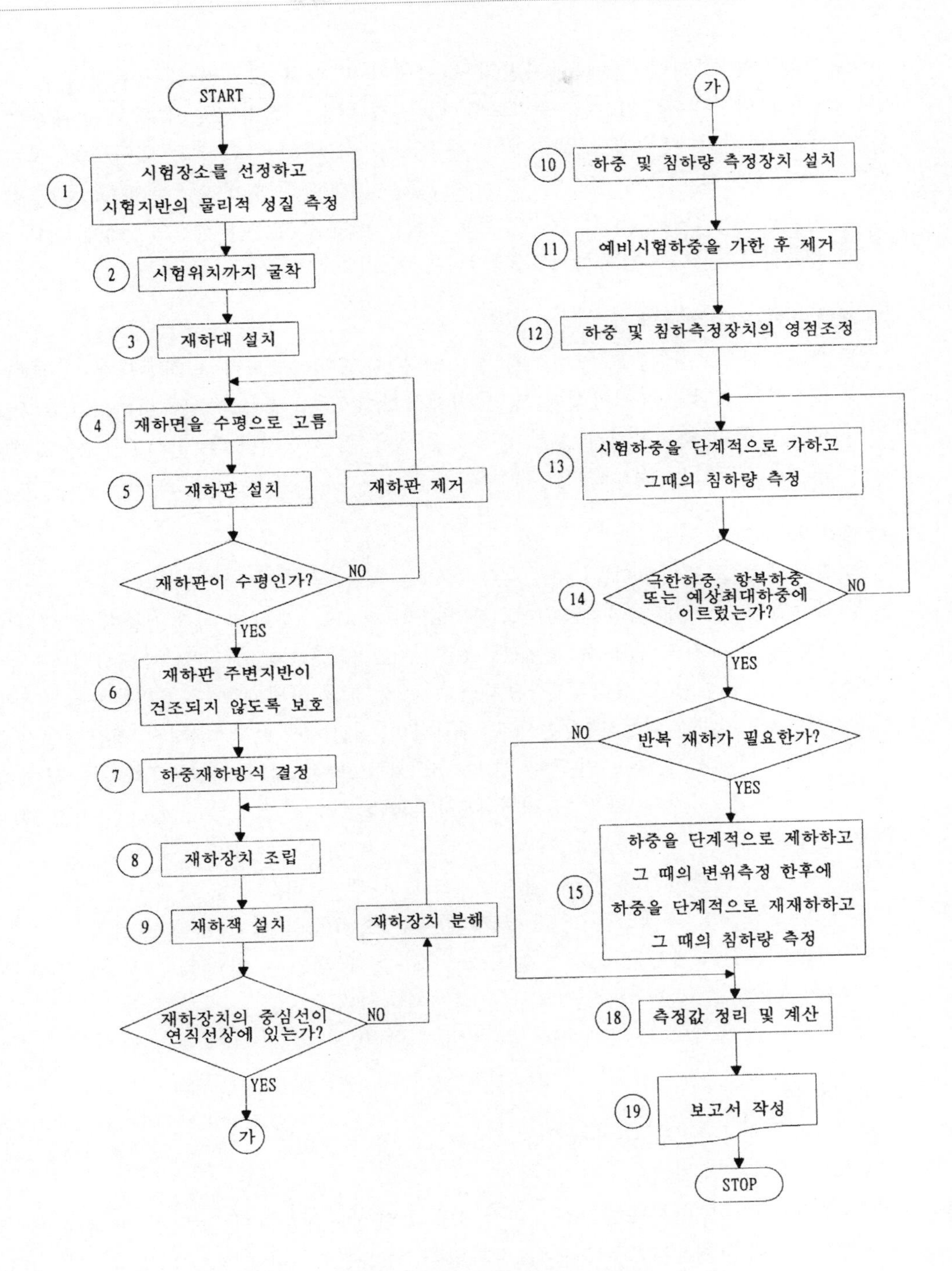


그림 12.15 평판재하시험 흐름도

⑥ 재하판을 설치한 후에는 지반의 함수비가 변하지 않도록 수 cm 두께로 흙을 덮어둔다. 재하면이 지하수면보다 깊을 경우에는 집수정을 설치하여 배수하고 용수가 심한 경우에는 용수에 의해 지반이 이완되지 않도록 재하판을 설치한 후에 흙으로 수 cm 덮고 배수하지 않은 상태로 시험한다. 장차 포화될 것이 예상되는 지점에서는 재하시작 전에 시험굴 바닥을 재하판 직경의 2배에 해당하는 깊이만큼 미리 수침하여 포화시킨다.

**3) 재하방법을 선택한다.**

⑦ 재하방법으로 하중을 일정하게 유지하는 응력제어방식과 침하속도를 일정하게 유지하는 변형률제어방식이 있고 실제상황에 맞는 방식을 선택한다. 보통 응력 제어 방식이 조작하기가 용이하여 자주 이용된다. 그러나 두 방식에 의한 결과는 큰 차이가 없는 것으로 알려져 있다.

**4) 재하준비**

⑧ 재하장치를 조립한다.

⑨ 재하판의 중심에 잭을 설치하고 재하대와 재하판 사이에 재하기중을 설치하며 하중이 경사지지 않도록 볼소켓 조인트(ball socket joint)를 사용한다.

⑩ 하중 및 침하량 측정장치를 설치하고 하중계와 변위계를 점검한다. 침하량을 2점에서 측정할 때는 대각선으로 배치하며, 3점에서 측정할 때는 정삼각형으로 재하판 끝에서 2.5cm 안쪽에 배치하고 가능한 한 각자 다른 지지대에 부착한다. 변위계 지지대 다리는 재하대 지지점과 재하판으로부터 2.4m 이상 떨어져야 한다.

⑪ 재하판을 안정시키기 위해 먼저 2～3 $tf/m^2$ 의 초기하중을 가한 후 이를 제거한다. KS F 2310에서는 0.35 $kgf/cm^2$ (34.3 kN)를 가한 상태를 초기치로 한다. ASTM D 1195에서는 0.25 ~ 0.5 mm 침하를 일으키는 압력을 재하 및 제하했다가 다시 그 절반하중을 다시 재하, 제하한다.

⑫ 하중측정 장치와 변위계(다이얼 게이지)의 영점을 맞춘다.

**5) 재 하**

⑬ 하중을 단계적으로 증가시킨다. KS F 2310에서는 0.35$kgf/cm^2$(34.3 kN)씩을 단계별로 증가시킨다.

⑭ 극한하중이나 항복하중 또는 현장지반의 예상최대하중에 도달할 때까지 단계적으로 하중을 가하고 그때의 침하량을 측정한다. 하중속도를 일정하게 유지하는 경우에는 계획최대하중을 5～7단계로 나누어 재하한다.

각 재하단계에서 2, 4, 8, 15, 30, 45, 60분, 그 후에는 15분마다 하중과 침하량을 측정한다. 침하량이 15분 간에 0.01 mm보다 작아지면 안정된 것으로 간주하고 다음단계의 하중을 재하한다. 사질토에서는 투수계수가 커서 간극수가 급속히 배수되므로 조기에 안정되지만 점성토에서는 안정되는 데에 긴 시간이 소요된다.

⑮ 시험목적에 따라 하중을 반복적으로 가할 수도 있다. 이때는 하중을 단계적으로 제하하면서 침하량을 측정한 후 다시 재재하하면서 침하량을 측정한다.

⑯ 아래와 같은 상태에 도달할 때까지 시험을 계속한다.
- 침하가 지속적으로 진행될 때
- 하중이나 침하율이 지지능력을 초과할 때
- 전체 침하량이 적어도 25 mm(KS F 2310에서는 15 mm) 도달할 때
- 적용하중이 허용하중의 3배를 초과할 때

⑰ 심층 재하시험은 강성이 큰 점성토 지반이나 조밀한 사질토 지반에 적용하며 직경 150 mm 이상으로 보링한 후에 케이싱을 관입하고 보링공의 바닥을 청소한 뒤에 실시한다. 반력하중은 대개 앵커를 설치하여 얻는다.

**6) 결과 정리**

⑱ 결과를 정리하고 계산한다.

⑲ 보고서를 작성한다.

## 12.4.4 재하방법

평판재하시험에서는 재하속도(하중증가율)를 일정하게 유지하는 응력제어법과 침하속도(변형증가율)를 일정하게 하는 변형률제어법으로 재하할 수 있다. 원칙적으로 실제상황에 맞는 방법을 택해야 하지만 대개 재하속도를 일정하게 유지하는 방법이 조작이 용이하므로 자주 적용된다.

다음의 재하방법이 자주 적용된다.
- 등침하율 재하법(12.4.4 (1))
- 등시차 재하법(12.4.4 (2))
- 반복 재하법(12.4.4 (3))
- 등속 관입법(12.4.4 (4))

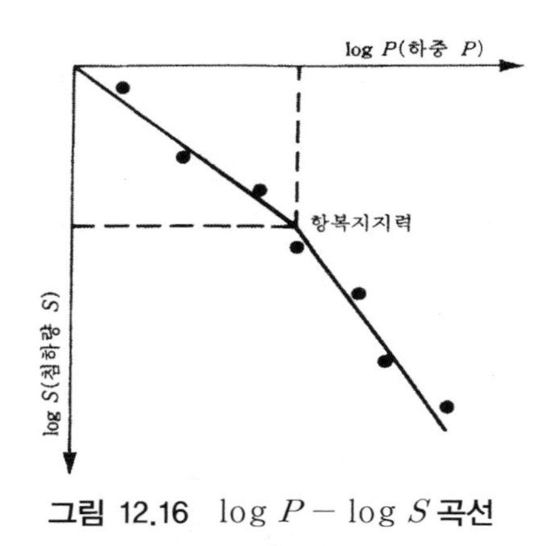


그림 12.16 $\log P - \log S$ 곡선

### (1) 등침하율 재하법(Constant Load and Settlement Rate Method)

#### 1) 재하방법

일정하중을 재하한 후에 침하율이 일정한 값에 도달되거나 거의 정지상태가 될 때까지 기다렸다가 다음 단계의 하중을 가하는 간편한 방법으로 점성토지반에 적절하다. 이 시험의 결과는 기초의 침하와 지지력 결정에 이용된다.

이 방법의 진행절차는 한국산업규격 KS F 2310과 같다.

① 단계별 재하하중은 10 tf/m$^2$보다 작아야 하고 예상되는 허용 지지력의 1/5보다 작아야 한다. 일반적으로 느슨한 흙에서는 2.5 tf/m$^2$ 씩 증가시키고, 조밀한 흙에서는 5 tf/m$^2$, 매우 조밀한 흙에서는 10 tf/m$^2$ 씩 증가시킨다.

② 하중지속시간은 2시간이며 그 이전에도 10분당 침하량이 0.05 mm/min(3mm/h) 미만이거나 건축기초에서는 15분간 침하량이 0.01 mm 이하이거나 토목기초는 1분 간 침하량이 현 하중단계에서 발생된 침하량의 1% 이하이면 침하가 정지된 것으로 보고 다음 단계의 하중을 가한다. 그러나 최소한 1시간은 지속시켜야 한다.

③ 침하측정시간은 등시간 간격으로 하지 않고 편리하게 조절하며 보통 5, 10, 15, 30, 60분, 2, 4, 8, 16, 24시간마다 측정하여 기록하고 시간-침하량 곡선을 그리기 위하여 적어도 6~10회 이상 측정한다.

#### 2) 계산 및 결과 정리

① 점성토에서 전단을 고려한 순극한지지력은 재하판이나 기초크기에 무관하고, 단단한 사질토에서는 순극한지지력이 기초나 재하판 크기에 따라 증가한다. 따라서 사질토에서 평판재하시험으로부터 구한 극한지지력을 보정해야 실제 기초에 맞는 극한지지력을 구할 수 있다. 조밀한 사질토에서 0.1 m$^2$이나 0.2 m$^2$ 재하판을 사용할 때 실제기초의 순극한지지력은 약 50%까지 증가한다.

② 허용지지력은 순극한지지력을 안전율로 나눈 값이다. 사질토의 허용지지력은 전단파괴보다는 침하량에 의해서 결정된다.

③ 순압력-최종침하량(Net Pressure - Final Settlement)곡선은 보통 두 개의 직선으로 나타나며 양 직선의 연장선이 만나는 점의 압력을 순극한지지(Net Ultimate Bearing Capacity)$q_{nf}$으로 한다.

④ 점성토나 조밀한 사질토에서는 뚜렷한 파괴점을 얻을 수가 있으나 혼합토나 느슨한 사질토에서는 파괴점을 찾기가 어렵다. 이때에는 $\log P - \log S$ 그래프를 그려서 파괴점을 얻을 수 있다.

⑤ 그림 12.16은 전형적인 압력-침하곡선을 보여주고 있다.

## (2) 등시차 재하법(Constant Load and Time Interval Method ASTM : D 1194 - 57)

### 1) 재하방법

등시차 재하법에서는 등침하율 재하법과는 달리 모든 하중증가분에 대하여 일정한 시간간격을 유지한다. 즉, 일정한 하중을 단계별로 가하고 일정한 시간이 지나면 다음 단계의 하중을 가한다. 이때에 시간 간격은 대개 한 시간 미만으로 한다.

① 재하판은 시험굴(Test Pit)의 중앙에 설치하며 시험굴은 재하판의 크기보다4배 이상 커야 한다.

② 매단계 하중은 일정해야 하며 10 tf/m$^2$ 보다 작고 지지력의 10% 이하이어야 한다. 확실한 하중 - 침하량 그래프를 얻기 위하여 충분히 많은 수의 압력 증가 단계를 정하여 시험한다. 급진적 침하나 지반파괴가 일어나기 전에 압력 - 침하곡선에 6개 이상의 측점이 나타나도록 사전에 하중 증가분을 조절한다. 단계별 하중으로는 지반상태에 따라서 느슨한 지반에서는 2.5 tf/m$^2$, 중간 내지 조밀한 지반에서는 5.0 tf/m$^2$, 아주 조밀한 지반에서는 10 tf/m$^2$ 정도가 적합하다(Singh, 1981). 하중은 충격이나 편심이 없이 정하중으로 작용해야 한다.

③ 각 재하 단계별 누적하중은 대체로 1시간 동안 유지시킨다. 하중의 지속시간은 침하가 멈추거나 침하속도가 일정해지는 데 충분한 시간이어야 하며 보통 15분 이상으로 일정해야 하나 최소지속시간으로 1시간이 적합하다(Singh, 1981).

④ 매 재하단계 재하하중이 적용되기 전후의 침하량을 일정한 시간 간격으로 측정한다. 각 단계의 하중에 대해 시간-침하량 곡선상에 적어도 6개 이상의 측점을 표시해야 한다.

⑤ 등시차 재하법으로 재하하는 경우에는 다음의 경우가 되면 재하시험을 종료한다.

- 파괴하중에 도달되거나 하중증분/침하량이 최소로 일정해질 때(ASTM D1194)
- 재하판 직경의 10% 침하가 발생했을 때(ASTM D1194)

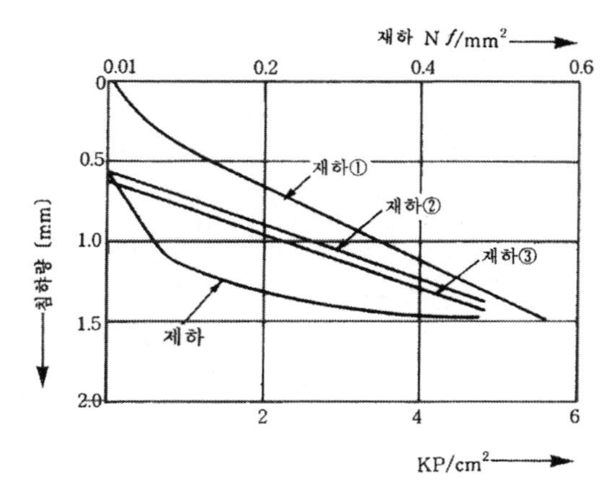


그림 12.17 압력 - 침하량 곡선

- 침하량이 25mm 이상일 때(Singh, 1981)
- 작용하중이 허용하중의 3배 이상이 되었을 때(Singh, 1981)

⑥ 필요한 경우 단계적으로 하중을 제거하면서 침하량을 측정한다.

#### 2) 계산 및 결과 정리

지지력은 평균압력 - 침하율 곡선 혹은 지지력 공식을 사용하여 얻을 수 있다. 평균압력 - 침하율 곡선을 구하기 위하여 시간-침하곡선을 각 단계의 압력에 대해서 60분 동안에 발생된 침하량을 표시한다

### (3) 반복재하법(Cyclic Load Test)

반복 재하법은 강성지반 또는 유연성(Flexible) 있는 고속도로나 공항 활주로 등의 설계평가 시에 적용한다. 주로 자연상태로 다진 기층의 유연성이 좋은 한 단면을 택하여 적용한다(ASTM : D1195 - 64).

#### 1) 재하방법

동역학적 기초설계에 사용되는 균등 탄성압축계수 $C_u$ 는 반복재하시험을 실시하여 구하며 대체로 Barkan(1962)에 의해 발표된 임의의 보정식을 이용한다.

$$C_u = (1.5 \sim 2.0)\, C_z$$
$$C_\phi = 3.46\, C_z$$

여기서, $C_u$ : 균등 탄성압축계수(Coefficient of elastic uniform compression)
$C_z$ : 균등 탄성전단계수(Coefficient of elastic uniform shear)
$C_\phi$ : 불균등탄성압축계수(Coefficient of elastic non - uniform compression)

결국 균등 탄성전단계수 $C_z$를 먼저 알면 균등 탄성압축계수 $C_u$와 불균등 탄성압축계수 $C_\phi$를 결정할 수 있고 균등 탄성전단계수 $C_z$는 다음과 같은 절차에 의해서 결정한다.

① 시험굴 속에서 원하는 위치에 재하중 없이 0.1~0.5 $m^2$의 강재 재하판을 설치한다.
② 하중 증가량은 지반에 따라 2.5 $tf/m^2$이나 5 $tf/m^2$으로 하여 재하한다.
③ 침하율이 0.05mm/10min 이하가 되거나 시험 시작 후로 2시간이 지나면 추가하중을 재하한다.
④ 하중을 재하한 후 최종 침하량을 기록한다. 재하하중을 제거하고 나서 회복량이 0.05 mm/min 이하가 되거나 시험 시작 후 2시간이 지날 때까지 침하량을 기록한다.
⑤ 이상의 단계를 일정횟수 반복하여 시험한다.

**2) 계산 및 결과정리**

① 압력 - 침하량과 압력 - 회복량에 대한 곡선(그림 12.17)의 각 루프(Loop)에서 최대 압력에 대한 탄성침하량(전체 회복량) $\rho_e$를 결정한다. 탄성침하량 $\rho_e$와 균등분포 하중 $q$는 대체로 직선적으로 변하며 다음 식으로 나타낼 수 있다.

$$q_a = C_u \cdot \rho_e$$

② 균등 탄성압축계수 $C_u$는 압력-침하량곡선(그림 12.17)의 기울기이며 기초의 모양과 면적에 따라 변한다. 균등탄성압축계수 $C_u$는 다음 식으로 구할 수 있다.

$$C_u = \frac{ac}{\sqrt{A}}$$

여기서, $c$ : $E/(1-\mu^2)$, 흙의 탄성성질의 함수
$A$ : 재하면적
$a$ : 강성재하판의 형상계수(표 12.5)

흙의 영률 $E$와 포아송 비 $\mu$가 깊이에 따라 일정하면 하중재하 면적에 따라 다음과 같이 나타낼 수 있다.

$$\frac{C_{u1}}{C_{u2}} = \frac{\sqrt{A_2}}{\sqrt{A_1}}$$

여기에서 $C_{u1}$과 $C_{u2}$는 각각 면적 $A_1$와 면적 $A_2$에 대한 $C_u$값이다.

**표 12.5 강성재하판에 대한 형상계수**

| $L$ / $B$ | Square | 2 | 3 | 4 | Circular |
|---|---|---|---|---|---|
| $a$ | 1.08 | 1.10 | 1.15 | 1.24 | 1.13 |

### (4) 등속 관입법(Constant Rate of Penetration Method)

점성토 지반의 극한 지지력은 일정한 관입속도로 평판 재하시험을 실시하여 결정할 수 있다. 이 시험은 깊이가 상당히 깊은 보링공 속에서나 깊이가 얕은 시험굴 속에서 수행한다(Singh, 1981 참조).

## 12.4.5 계산 및 결과 정리

평판재하시험의 결과를 이용하여 다음의 관계곡선(그림 12.18)을 얻을 수 있다.

- 하중 - 침하 곡선
- 시간 - 하중 곡선
- 시간 - 침하량 곡선

또한 이들 곡선으로부터 다음의 값을 구할 수 있다.

- 지지력 계수
- 평균압력 - 침하량곡선
- 극한하중 및 항복하중
- 허용지지력 또는 설계하중
- 기초의 규모에 따른 지지력 및 침하량
- 지반반력계수

### (1) 극한하중의 결정

원칙적으로 하중 - 침하곡선의 최대 곡률점에 대한 하중을 극한지지력으로 한다. 극한지지력에 도달되면 재하판에 인접한 지반에 설치한 변위계 측정치가 수렴하거나, 처음에는 침하하다가 융기되면서 초기치에 도달하게 된다. 그러나 대개의 시험에서는 최대곡률점이 쉽게 찾아지지 않으며 재하량이 부족하여 극한지지력이 구해지지 않는 경우가 있는데 이때에는 측정치를 침하-대수시간($S-\log t$), 하중 - 대수침하속도 ($P-\Delta S/\Delta(\log t)$), 대수하중-대수침하($\log P-\log S$), Housel법 등의 곡선으로 표현하여 이들 곡선의 꺾여지는 부분을 항복하중으로 하고 항복하중의 1.5배를 취하여 극한하중으로 하거나 재하판 직경의 10%, 즉 0.1D의 하중강도를 극한하중으로 한다(그림 12.18).

**1) 최대곡률법**

하중-침하관계 곡선의 초기부분과 후기부분이 직선경향이 뚜렷할 때는 초기 부분과 후기 부분의 접선의 교차점을 최대곡률점으로 간주하여 항복점으로 할 수 있다.

**2) $S-\log t$ 법**

가로축은 대수눈금으로 시간을 취하고 세로축은 침하량을 취해 시간에 따른 침하량을 표시하면 항복하중보다 큰 하중단계에서는 직선관계가 안 되고 꺾여진 곡선이 된다. 재하단계를 조밀하게 할수록 정확한 값에 가깝게 구해진다.

**3) $P-\Delta S/\Delta(\log\ t)$ 법**

가로축은 하중$P$를 세로축은 $\Delta S/\Delta(\log\ t)$로 하여 측정치를 표시하면 꺾여진 직선 형태가 되는 데 꺾여진 부분이 항복점이 된다. 시간 간격을 취하는 범위에 따라서 다소 차이가 날 수 있다. 초기침하와 압밀침하의 비에 따라 꺾여진 직선의 모양이 달라진다.

**4) $\log P-\log S$ 법**

가로축에 대수눈금으로 하중을 세로축에 대수눈금으로 침하를 표시하면 꺾인 직선형이 되는데 이 점을 항복점으로 간주하는 방법이다. 이 방법은 신뢰도가 높아서 자주 이용된다.

**5) Housel 법**

재하지속시간을 60분으로 하고 등시차재하한 후 후반 30분간 발생한 침하량을 구하여 압력-후반 30분 침하량을 그리면 직선이 구해지는데 그 압력절편을 극한지지력으로 간주하는 방법이다.

## (2) 허용지지력의 결정

기초의 허용지지력은 극한하중을 안전율로 나누어서 구하며 장기 허용지지력과 단기 허용지지력으로 구분한다. 일반적으로 단기 허용지지력은 항복하중강도로 하고 장기 허용지지력은 항복하중강도를 안전율 2로 나눈 값과 극한지지력을 안전율 3으로 나눈 값을 비교하여 작은 값을 취한다.

침하를 기준으로 장기허용지지력을 정하는 경우에는 침하량 20mm 또는 25mm 에 해당하는 하중의 절반 값으로 정한다. 또한, 앞에서 구한 장기 허용지지력과 침하량을 기준으로 정한 장기허용지지력을 비교하여 작은 값을 취하여 허용지지력(allowable bearing value)을 정한다. 설계하중은 허용지지력으로 한다.

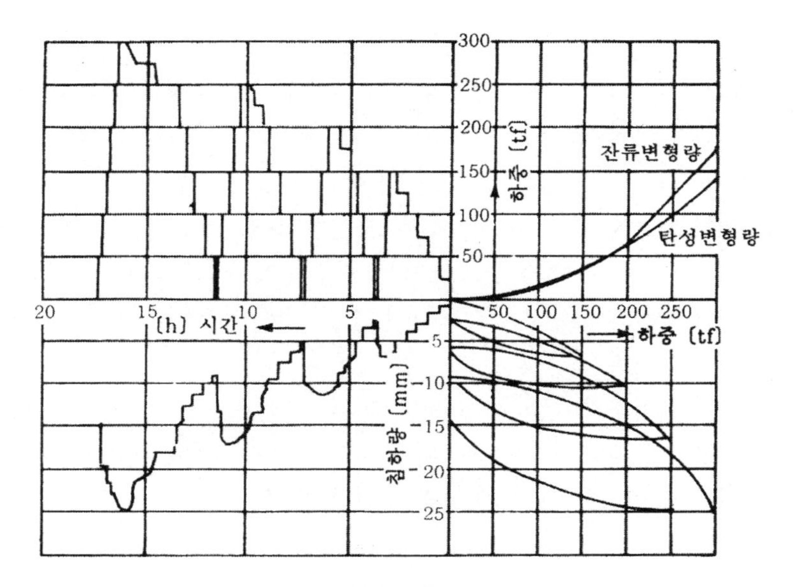


그림 12.18 평판재하시험의 결과

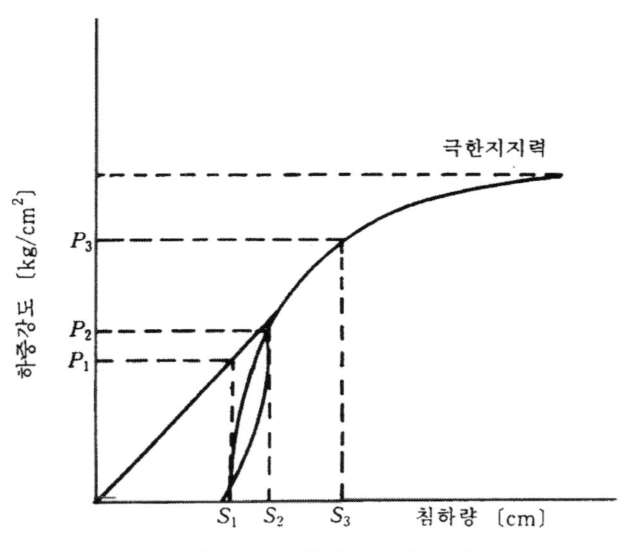


그림 12.19 항복하중의 결정방법

### (3) 지반반력계수의 결정

지반반력계수 $k$는 평판재하시험으로부터 구할 수 있으며, 재하판에 가해지는 평균 압력 – 침하량관계($p-s$)곡선을 그려서 그 기울기를 구하거나 하중 – 침하량곡선에서 초기 기울기를 재하판의 면적으로 나누어 결정한다.

$$k = \frac{p}{s} = \frac{P}{As} \ [\mathrm{kN/m^3}]$$

여기서, $s$ 는 침하량이며 시험목적에 따라 다른 값을 적용한다. 일반적으로 도로에 적용할 때에는 콘크리트포장의 경우 $s = 0.125\,\mathrm{cm}$, 아스팔트포장인 경우 $s = 0.25\,\mathrm{cm}$ 를 적용한다.

### (4) 실제치수의 영향(scale effect)

기초 구조에 의하여 지중응력이 증가되는 범위는 대체로 기초 폭의 2배 깊으므로 평판재하시험에서 구한 지지력은 재하판의 크기에 의한 영향을 크게 받는다. 따라서 지반조사를 통하여 기초폭의 2배 깊이의 지반성상을 파악하고 있어야 한다. 그런데 평판재하시험은 실제 기초보다 크기가 작은 재하판으로 실시하므로 실제기초의 지지력은 기초의 크기에 의한 영향을 고려하여 시험치를 보정해야 한다.

지지력에 대한 실제 기초폭의 영향은 Terzaghi 지지력공식으로부터 그리고 침하량에 대한 실제기초폭의 영향은 Boussinesq 의 탄성침하식으로부터 추정할 수 있다.

#### 1) 극한지지력

Terzaghi의 지지력공식을 이용해서 평판재하시험에서 구한 극한지지력 $q_{u,b}$를 보정하여 실제기초의 극한지지력 $q_{u,B}$을 구할 수 있다. 지표에 설치한 기초의 Terzaghi 지지력공식은 다음과 같다.

$$q_u = \alpha\, c\, N_c + \beta\, \gamma\, B\, N_\gamma$$

여기서, $\alpha$, $\beta$ : 형상계수

$B$ : 실제기초의 폭 [m]

$b$ : 재하판의 폭 [m]

$c$ : 지반의 점착력 [$\mathrm{kN/m^2}$]

$\gamma$ : 지반의 단위중량 [$\mathrm{kN/m^3}$]

$N_c$, $N_\gamma$ : 얕은기초의 지지력 계수

① 모래에서 보정 극한지지력

모래지반에서는 점착력이 $c = 0$이므로 위의 극한지지력 공식은 다음과 같이 간단해진다.

$$q_u = \beta \gamma B N_\gamma$$

그런데 재하시험을 수행한 지반과 실제기초가 설치될 지반이 같고 기초형상이 동일한 재하판으로 재하 했을 경우에는 지반의 단위중량 $\gamma$ 와 지지력계수 $N_\gamma$ 및 형상계수 $\beta$ 가 같게 되어 극한지지력은 기초폭에 비례한다.

따라서 실제기초의 극한지지력 $q_{u,B}$ 는 다음과 같다.

$$q_{u,B} = \frac{B}{b} q_{u,B}$$

② 점토에서 보정 극한지지력

점토지반에서는 내부마찰각 $\phi = 0$이므로 극한지지력공식은 다음과 같이 간단해진다.

$$q_u = \alpha c N_c$$

그런데 실제기초와 동일한 형상의 재하판으로 원위치에서 시험하는 경우에는 점착력 $c$ 와 지지력계수 $N_c = 5.7$ 및 형상계수 $\alpha$ 는 같게 된다. 즉, 점토지반에서는 재하판의 크기와 무관하게 극한지지력이 일정하게 된다. 따라서 실제기초의 지지력 $q_{u,B}$는 재하시험의 지지력$q_{u,b}$와 같다.

$$q_{u,B} = q_{u,a}$$

### 2) 침하량

다음과 같은 Boussinesq 의 탄성침하식을 이용하여 평판재하시험에서 구한 침하 $S_b$ 를 보정하여 실제기초의 침하량 $S_B$를 구할 수 있다.

$$S_b = \frac{1 - \nu^2}{E} q \cdot B \cdot I_s$$

여기서, $E$ : 지반의 탄성계수
$\nu$ : 지반의 Poisson's Ratio
$q$ : 실제기초의 하중강도
$I_s$ : 기초의 형상 및 강성에 따른 영향계수
$B$ : 실제 기초의 폭

위 식에서 동일 지반에서 재하시험을 행하면 지반의 탄성계수 $E$, 포아송비 $\nu$ 및 형상계수가 같아지므로 보정 침하량 $S_B$는 다음과 같다.

$$\text{모래} : S_B = \left(\frac{2B}{B+b}\right)^2 \cdot S_b$$

$$\text{점토} : S_B = \left(\frac{B}{b}\right) \cdot S_b$$

**3) 지반반력계수** $k$

지반반력계수는 재하판의 치수에 따라 달라지며 도로에서는 직경 30 cm 재하판의 지반반력계수 $k_{30}$을 표준으로 한다. 따라서 직경이 각각 40 cm, 75 cm 인 재하판으로 구한 지반반력계수 $k_{40}$, $k_{75}$는 다음과 같이 30 cm 재하판에 대한 지반반력계수 $k_{30}$ 으로 환산할 수 있다.

$$k_{30} = 1.3k_{40} = 2.2k_{75}$$

## 12.4.6 결과의 이용

평판재하시험 결과를 이용하여 다음을 구할 수 있다.

- 구조물기초의 지지력
- 침하량
- 변형계수
- 도로의 노반두께

### (1) 기초의 지지력 $q_a$

구조물 기초폭의 2배에 해당하는 깊이까지 균질한 지반인 경우에는 대상 구조물에 따라 다음과 같이 지지력을 구할 수 있다.

**1) 건물의 장기허용지지력**

건물의 장기허용지지력 $q_u$는 극한지지력의 1/3 또는 항복하중 중에서 작은 값 $P$를 이용하여 다음과 같이 구한다.

$$q_a = P + \frac{1}{3}N_q' \cdot \gamma \cdot D_f$$

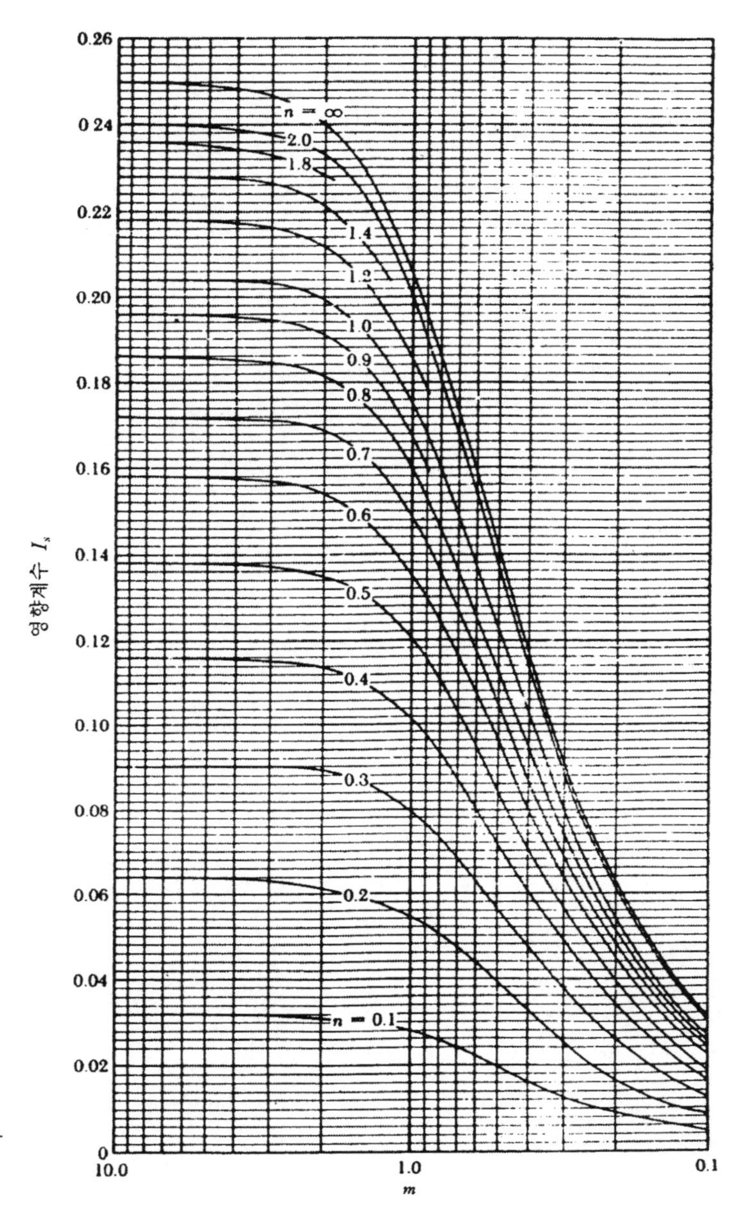


$m$ 과 $n$ 으로 계산된

영향계수 $I_s$ 의 변화

$$m = \frac{B}{z}$$

$$n = \frac{L}{z}$$

여기서, $B$ : 기초의 폭

$L$ : 기초의 길이

$z$ : 구하고자 하는 지점의 기초저면으로부터의 깊이

그림 12.20 영향계수

**2) 건물의 단기허용지지력**

건물의 단기허용지지력은 극한지지력의 2/3 또는 항복하중 중에서 작은 값 $P'$를 이용하여 다음과 같이 구한다.

$$q_a = P' + \frac{1}{3} N_q' \cdot \gamma \cdot D_f$$

**3) 토목 구조물의 허용지지력**

토목 구조물의 상시 허용지지력은 극한지지력의 1/3(단 수평력이 작을 경우)을 그리고 지진 시 허용지지력은 극한지지력의 1/2(단 수평력이 작을 경우)을 택한다.

## (2) 침하량 $S_B$의 추정

지반이 구조물 기초폭의 2배에 해당하는 깊이까지 균질한 경우에 폭이 $B$인 실제 기초의 침하량 $S_B$는 폭이 $b$인 재하판으로 평판재하시험하여 구한 침하량 $S_b$를 다음과 같이 보정하여 추정할 수 있다.

**1) 모 래**

$$S_B = S_b \cdot \left(\frac{B}{b}\right)^2 \cdot \left(\frac{b+30}{B+30}\right)^2 = S_b \cdot \left(\frac{2B}{B+b}\right)^2$$

**2) 점 토**

$$S_B = S_b B / b$$

## (3) 변형계수 $E$

지반이 균질하면 침하량에 대한 변형계수 $E$를 지반반력계수 $k$와 기초 구조의 형상을 고려하여 다음과 같이 구할 수 있다.

**1) 구조물 기초 지반에서**

$$E = (1-\nu) b \cdot I_p \cdot k \quad [\mathrm{kgf/cm^2}]$$

여기서, $\nu$ : 지반의 Poisson's Ratio, 보통흙에서 0.33
$b$ : 재하판의 직경 또는 1변의 길이 [cm]
$I_p$ : 재하판의 형상계수, 원형판 $I_p = 0.79$, 정사각형 $I_p = 0.80$

**2) 도 로**

$$E = 1.5 k b / 2$$

여기에서 단, 포아송 비 $\nu = 0.5$인 경우에 한하여 적용한다.

## (4) 도로 노반두께의 설계

### 1) 노반두께

평판재하시험에서 구한 지반반력계수 $k$를 이용하여 콘크리트 포장에 필요한 노반두께를 설계할 수 있다.

노상의 지반반력계수 $k_2$를 지반의 습윤조건에 따라 보정하고 노반의 지반반력계수 $k_1$을 구하여($k_1$은 보통 15 kgf/cm$^2$) $k_1/k_2$ 비를 구하고 이것으로부터 노반두께를 결정한다. 참고로 콘크리트 포장의 두께는 교통량에 따라 결정된다.

노반의 지반반력계수는 30cm 판에 대해 $k > 15$ kgf/cm$^3$ 이상이어야 한다. 노반재료에 따라 노반과 노상의 지반반력계수 비 $K_1 > K_2$ 에 따른 노반의 두께를 그림 12.21에서 구할 수 있다. 여기서 노상의 설계 지반반력계수 $k_2$는 실측치로부터 다음처럼 보정할 수 있다.

$$k_2 = \text{노상의 실측지반 반력계수 } k_2 \cdot \frac{\text{CBR 비교란시료 4일 침수}}{\text{CBR 비교란시료 자연함수비}}$$

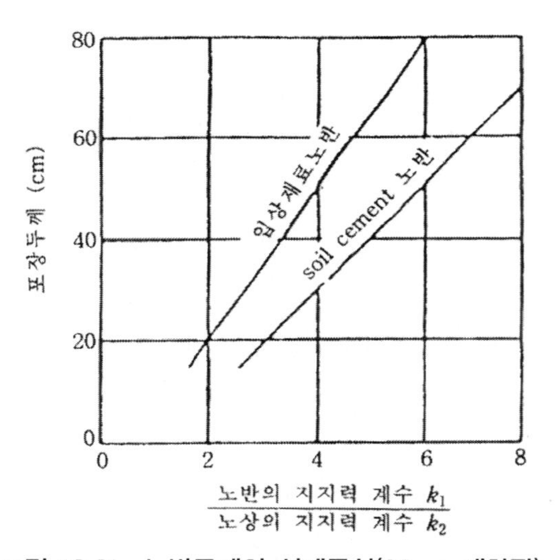


그림 12.21 노반두께의 설계곡선(30 cm 재하판)

# 평판재하시험

과 업 명 기초공학실험 시험날짜 1996 년 4 월 8 일

조사위치 아주대학교 토목실험동 온도 12 [℃] 습도 75 [%]

시료번호 A-1 시료위치 ____ [m] ~ ____ [m] 시험자 김 용 설

| | | |
|---|---|---|
| 재하 | 평판크기 | 직경 40 [cm] 재하판면적 1256.64 [cm²] 재하판두께 22 [mm] |
| | 재하방법 | ( 응력, 변형율 ) 제어 재하속도 ____ [mm/min], 0.04 [kgf/cm²/min] |
| | 반력시스템 | ( 사하중, 인장말뚝, 앵커 ) 잭형식 유압식 잭용량 200t |
| 지반 | 지반분류 USCS SC 함수비 21 [%] | |
| 하중계 | 번호 1 용량 10 [ton] 검정계수 눈금당 2 [kgf] | |
| 변위계 | 번호 2 최대스트로크 100 [mm] 검정계수 눈금당 0.01 [mm] | |

| 측정시간 | 하중 | | | 침하 | | | | | | |
|---|---|---|---|---|---|---|---|---|---|---|
| | 하중계 읽음 | 하중 [kgf] | 평균압력 [kgf/cm²] | 변위계 1 | | 변위계 2 | | 변위계 3 | | 평균 [mm] |
| | | | | 읽음 | 변위 [mm] | 읽음 | 변위 [mm] | 읽음 | 변위 [mm] | |
| 0 | | 0 | 0 | | 0 | | 0 | | 0 | 0 |
| 7분 39초 | | 500 | 0.40 | | 1.01 | | 1.03 | | 0.89 | 0.98 |
| 14분 50초 | | 1000 | 0.80 | | 2.08 | | 2.17 | | 1.86 | 2.04 |
| 20분 29초 | | 1500 | 1.19 | | 2.97 | | 3.04 | | 2.84 | 2.95 |
| 27분 29초 | | 2000 | 1.59 | | 4.11 | | 3.87 | | 3.97 | 3.98 |
| 32분 32초 | | 2500 | 1.99 | | 5.14 | | 4.77 | | 5.11 | 5.01 |
| 39분 42초 | | 3000 | 2.39 | | 6.08 | | 6.11 | | 5.98 | 6.05 |
| 43분 36초 | | 3500 | 2.79 | | 7.19 | | 7.05 | | 7.38 | 7.21 |
| 49분 44초 | | 4000 | 3.18 | | 9.21 | | 9.38 | | 8.86 | 9.15 |
| 52분 30초 | | 4500 | 3.58 | | 10.28 | | 11.96 | | 13.20 | 11.82 |
| 58분 43초 | | 5000 | 3.98 | | 14.98 | | 15.16 | | 17.08 | 15.74 |
| 1시간 1분 38초 | | 5500 | 4.38 | | 19.34 | | 21.13 | | 20.25 | 20.24 |
| 1시간 6분 40초 | | 6000 | 4.77 | | 26.34 | | 27.91 | | 29.42 | 27.89 |

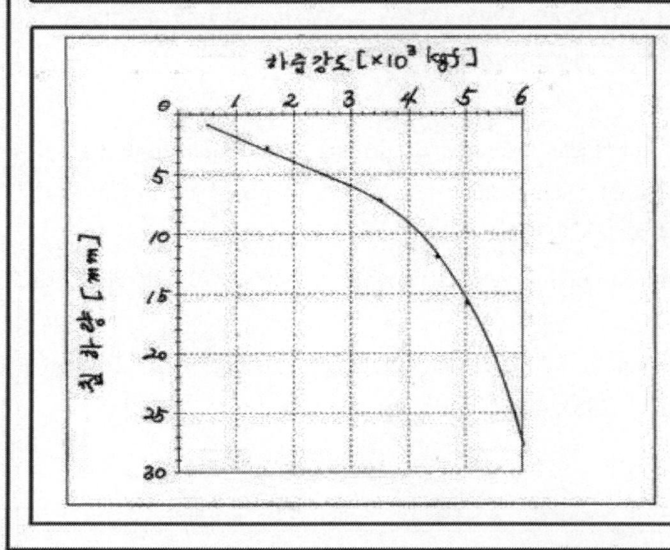


**극한지지력**

항복하중 $P_y$ = 3300 [kgf]

$P_y/2$ = 1650 [kgf]

극한하중 $P_u$ = 4790 [kgf]

$P_u/3$ = 1596.7 [kgf]

극한지지력 = 1.27 [kgf/cm²]

침 하 = 1.0 [cm]

**지반반력계수**

0.125cm 침하평균하중

$P_{125}$ = 63.78 [kgf]

0.250cm 침하평균하중

$P_{250}$ = 127.55 [kgf]

$$지반반력계수 = \frac{P_{250} - P_{125}}{0.125} \times \frac{1}{A}$$

= 0.41 [kgf/cm³]

확인 이 용 준 (인)

# ◘ 참고문헌 ◘

Alperstein, R. and Leifer, S. A. (1976). 'Site investigation with static cone penetrometer'. Proc. Am. Soc. Civ. Eng. Geotech. Eng. Div.

AASHTO T 221 : ASTM D 1195와 같음

AASHTO T 222 : ASTM D 1196과 같음

AASHTO T 235 : ASTM D 1194와 같음

ASTM D 1194 (72-77) : Standard Test Method for Bearing Capacity of Soil for static load on spread footings.

ASTM D 1195 (64-77) : Standard Method for Repetitive Static Plate Load Tests of Soils and Flexible Pavement Components, for Usein Evcluation and Design of Airport and Highway pavements.

ASTM D 1194 (64-77) : Standard Method for Nonrepetitive Static Plate Load Tests of Soils and Flexible Pavement Components, for Usein Evcluation and Design of Airport and Highway pavements.

ASTM D 3441, D 1194(72-77), D 1195 (64-77), D 1196(64-77).

Baldi, G., Bellotti, R., Ghionna, V., Jamiolkowski, M. and Pasqualini, E. (1982). Design parameters for sands from CPT. Proc. 2nd European Symp. on Penetration Testing, ESOPT-II, Amsterdam.

Baligh, M. M., Vivatrat, V. and Ladd, C. C. (1980). 'Cone penetration in soil profiling'. Proc. Am. Soc. Civ. Eng., Geotech. Eng. Div., Vol. 106, No. 4.

DIN 18134.

Hvorslev, M. J. (1953). 'Cone penetrometer operated by drilling rig'. Proc. 3rd Int. Conf. on Soil Mech. and Found. Eng., Zurich, Switzerland.

KS F 2310(65-77) : 도로의 평판재하시험방법.

Mclean, F. G. et al, (1975). 'Influence of mechanical variables on the SPT'. 6th PSC, ASCE, Vol. 1, New York.

Singh, A.(1981). "Soil Engineering in Theory and Practice", Geotechnical Testing and Instrumentation, APT Books INC, 1981, New York.

# 제13장 말뚝재하시험

## 13.1 개 요

지표지층이 연약하여 지지력이 부족하거나 압축성이 커서 상부구조물을 안정하게 지지할 수 없을 경우에는 지지력이 충분한 하부의 지반이 상부구조물의 하중을 담당할 수 있도록 말뚝과 같은 구조부재를 상부의 연약한 지층을 관통하여 하부의 강성 지지층까지 설치하는 데 이러한 형식의 기초를 깊은기초라고 한다.

따라서 깊은기초를 설치할 때는 깊은기초 하단이 위치한 하부지반의 강성도가 커서 지지력이 충분하고 침하가 허용치 이내인지 시험을 통하여 확인해야 한다.

깊은기초는 말뚝, 케이슨, 피어 등이 있으며 일반적으로 말뚝이 가장 많이 쓰인다. 말뚝기초의 지지력은 다음과 같은 방법으로 구하며 여기에서는 재하시험에 의한 방법만을 설명한다. 말뚝기초의 침하는 예측하기가 어려우며 대개 현장시험으로부터 추정한다.

- 토질공학의 이론에 의한 정역학적 방법
- 항타공식등의 동역학적 방법
- SPT, CPT 등의 원위치 시험결과에 의한 방법
- 과거의 경험식에 의한 방법
- 말뚝재하시험에 의한 방법
  - 정적재하시험(13.2)
  - 동적재하시험(13.4)

### 13.1.1 말뚝재하시험

현장의 지질변화가 심하고 시공오차가 커서 말뚝의 실제 지지력이 설계지지력과 다를 수 있으므로 말뚝을 현장에 설치한 후에 임의로 선발하고 현장 지지력시험을 수행하여 안정성을 확인해야 한다. 그러나 말뚝의 현장시험은 큰 하중이 필요하고 많은 시간과 비용이 소요되기 때문에 시험개수를 많이 할 수 없다. 따라서 최소의 시험으로 전체적인 내용을 파악해야 하므로 각각의 시험을 세심하게 수행하고 정확하게 분석해야 한다.

말뚝에서는 연직뿐만 아니라 수평방향 지지력도 시험해야 한다. 따라서 말뚝에 대해 일반적으로 수행하는 시험은 다음과 같으며 여기서는 정적재하시험만 다룬다.

- 정적 재하시험(13.2)
  - 연직 재하시험(13.2)
  - 수평 재하시험(13.3)
- 동적 재하시험(13.4)

깊은 기초에 대해서는 그 지지력과 침하거동에 영향을 미치는 여러 가지 요인들을 포괄하면서도 지지력과 침하 계산방법이 아직은 없는 실정이다. 그것은 아직까지 말뚝이나 케이슨 등 깊은기초의 지지력과 침하거동에 영향을 미치는 인자 등에 대한 연구가 충분하지 못하여 말뚝 지지력을 결정할 수 있는 완전한 이론이 없기 때문이다. 따라서 말뚝 재하시험을 통해 지지력과 침하거동을 확인해야 한다. 말뚝의 재하시험은 개개의 말뚝이나 말뚝그룹 또는 전체기초에 대해서 시행한다.

강재 폐관말뚝을 제외한 다른 말뚝들은 현장에 설치한 후에는 그 상태를 시각적으로 관찰할 수 없고 말뚝이 설치되는 지반의 상태가 부분적으로 밖에 알려져 있지 않으며 말뚝을 설치할 때에 지반이 교란되기 때문에 그 거동을 예측하기가 대단히 어렵다. 따라서 시험을 통하여 그 거동을 확인하는 수밖에 없다.

말뚝재하시험을 실시하는 이유는 다음과 같이 정리할 수 있다.

① 말뚝시험자체가 현장조사나 기초설계 작업이다. 말뚝시험을 통하여 말뚝의 형태와 지반에 대한 현장성 있는 정보를 취득할 수 있으므로 설계의 타당성과 다음의 내용들을 입증할 수 있다.

- 말뚝의 극한지지력
- 주변마찰력과 선단지지력의 분담비율
- 하중의 지반전달관계
- 설계 시 예상한 특별한 특성(하중에 의한 처짐 등)의 확인

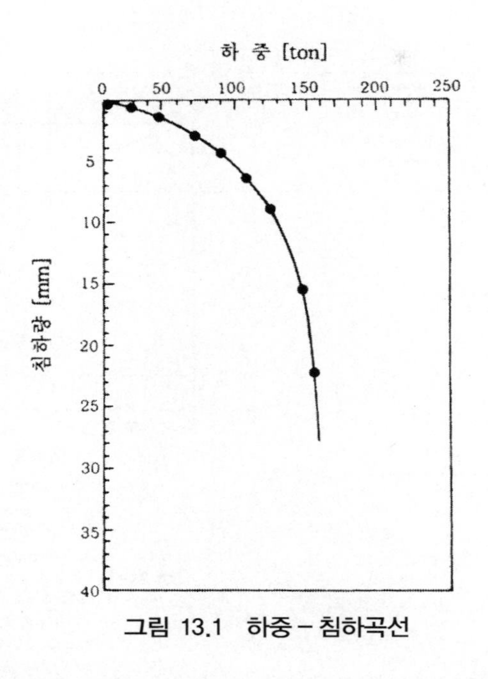


그림 13.1 하중 – 침하곡선

② 말뚝시험은 건설공정의 일부이다. 시험결과를 이용하여 재료의 최적 크기나 관입 효과 등을 결정할 수 있다.
③ 기초나 타설장비 등의 성능을 확인하고 적합성을 파악할 수 있다.
④ 기존 말뚝의 침하나 파괴 후의 거동을 조사할 수 있다.
⑤ 깊은기초와 지반간의 상호하중전달 메카니즘을 이해하는 데에 도움이 된다.
⑥ 현재 타입 중이거나 기타입된 말뚝을 검사할 수 있다.
⑦ 깊은 기초의 동적거동을 예측할 수 있다.

### 13.1.2 말뚝의 지지력 결정

말뚝의 재하시험에서 말뚝이 급격한 침하를 나타내기 시작하면 말뚝이 파괴되었다고 하고 이때의 하중을 파괴하중 $P_B$ 이라고 하며 일정한 하중 증가에 의한 침하증가량이 커지기 시작할 때의 하중을 극한하중 $P_L$ 이라고 한다. 그러나 하중 – 침하곡선에서 극한하중 $P_L$ 이 뚜렷하지 않은 경우가 많으며 대개 다음의 방법으로 극한하중을 결정한다.

- 하중 – 침하(전침하) 곡선의 형태
- 전침하량 기준
- 하중 – 침하곡선에 대한 지수함수 가정
- 잔류침하량 기준
- 탄성침하와 잔류침하 관계

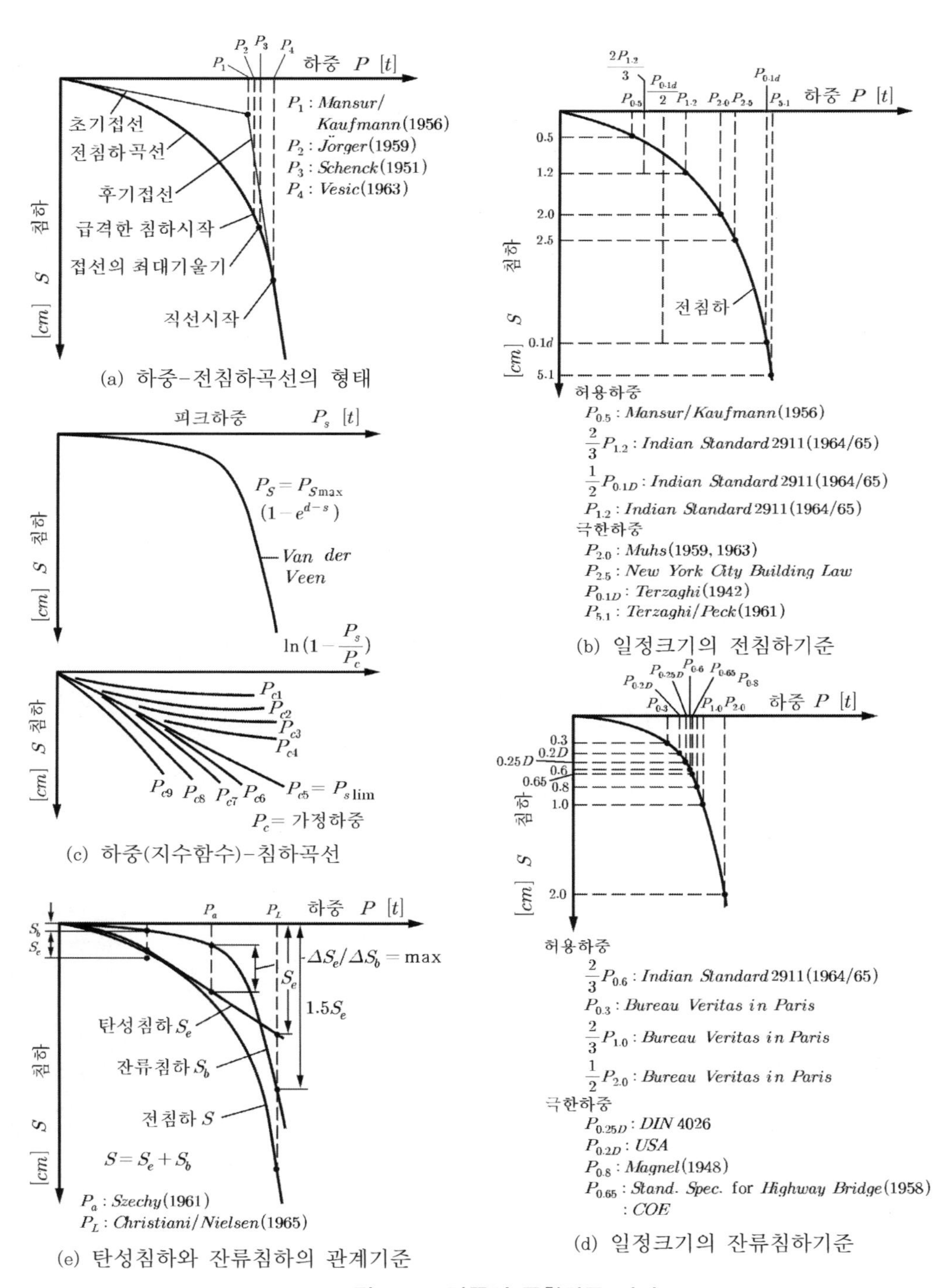


**그림 13.2 말뚝의 극한하중 결정**

### (1) 하중-전침하 관계곡선의 형태

하중-전침하곡선의 형태로부터 말뚝의 극한하중 $P_L$을 결정할 수가 있으며 다음과 같은 방법이 있다(그림 13.2a).

① Mansur/Kaufmann(1956) 방법
하중-전침하곡선의 초기곡선의 접선과 후기곡선의 접선을 그어서 만나는 점에 해당하는 하중을 극한하중 $P_L$로 한다.

② Schenck(1951)
하중-전침하곡선의 기울기가 급격히 변하기 시작하는 점에 해당하는 하중을 극한하중 $P_L$로 한다. 이러한 점은 하중-침하곡선의 후기곡선부분이 직선인 경우에 후기직선의 시작점이 된다.

③ Vesic (1963)
하중-전침하곡선의 접선기울기(침하증가)가 최대가 되는 점에 해당하는 하중을 극한하중 $P_L$로 한다.

④ Jörger (1959)
하중-전침하곡선의 기울기가 1/2~1/3인 점에 해당하는 하중을 극한하중 $P_L$로 한다.

### (2) 하중-전침하 관계곡선에서 전침하량 기준

말뚝의 하중-전침하곡선이 뚜렷한 파괴양상을 나타내지 않는 경우에는 침하량을 기준으로 허용하중이나 극한하중을 결정할 수 있으며, 말뚝의 직경이 커질수록 침하가 크기 때문에 이를 고려할 수 있다. 전침하량을 기준으로 극한하중 $P_L$을 결정하는 방법으로는 다음과 같은 방법들이 있다(그림 13.2b).

| 방 법 | | 기 준 전 침 하 량 | 구 분 |
|---|---|---|---|
| Mansur/Kaufmann | (1956) | 0.5 cm | 허용하중 |
| Muhs | (1959, 1963) | 2.0 cm | 극한하중 |
| New York City Building Law | | 2.5 cm | 극한하중 |
| Terzaghi/Pech | (1961) | 5.1 cm(2in) | 극한하중 |
| Terzighi | (1942) | $0.1\,d$ | 극한하중 |
| Indian Standard 2911 | (1964/65) | 1.2 cm 에 해당하는 하중의 2/3 | 허용하중 |
| | | $0.1\,d$ 에 해당하는 하중의 1/2 | 허용하중 |

(※ 단, $d$는 말뚝의 직경)

### (3) 지수함수 가정

선단지지말뚝에서 임의하중 $P_c$ 와 침하 $S$의 관계, 즉 $\ln(1-P_s/P_c)$ - 침하 $S$ 의 관계를 표시하면 가정하중 $P_c$가 극한하중 $P_L$보다 작은 재하초기($P_L > P_c$)에는 위로 오목한 형태의 곡선이 되다가 재하후기($P_L < P_c$)에는 위로 볼록한 형태의 곡선이 되며, 극한하중에서는 직선이 된다. 이러한 특성을 이용하여 극한하중 $P_L$을 찾을 수 있다(Van der Veen, 1953 그림 13.2c).

### (4) 잔류침하량 기준

말뚝재하시험에서 측정한 잔류침하량이 일정한 크기가 되었을 때의 하중을 극한하중 $P_L$ 또는 허용하중 $P_a$로 하는 방법이며, 이를 위하여 하중-잔류침하량 관계곡선이 필요하다(그림 13.2d).

| 방 법 | 침 하 량 | 구 분 |
|---|---|---|
| Indian Standard 2911 (1964/65) | 0.6 cm 에 해당하는 하중의 2/3 | 허용하중 |
| Bureau Veritas in Paris | 0.3 cm | 허용하중 |
| | 1.0 cm 에 해당하는 하중의 2/3 | 허용하중 |
| | 2.0 cm 에 해당하는 하중의 1/2 | 허용하중 |
| DIN 4026 | 0.025 $d$ | 극한하중 |
| USA | 0.020 $d$ | 극한하중 |
| Magnel (1948) | 0.8 cm | 극한하중 |
| Stand. Spec. for Highway Bridges (1958) | 0.65 cm(0.25 in) | 극한하중 |

### (5) 탄성침하와 잔류침하 관계

말뚝 재하시험에서 측정한 침하를 탄성침하와 잔류침하로 구분하여 하중 - 전침하 곡선, 하중 - 잔류침하 곡선, 하중 - 탄성침하 곡선을 중첩하여 그리고 그 관례로부터 극한하중 또는 허용하중을 구할 수 있으며 다음과 같은 방법들이 있다(그림 13.2e).

① Szechy(1961)

탄성침하 변화량 $\Delta S_e$와 잔류침하 변화량 $\Delta S_b$의 비 $\Delta S_e/\Delta S_b$ 가 최대가 되는 점에 해당하는 하중을 허용하중$P_a$로 한다.

② Christiani/Nielsen(1956)

잔류침하 $S_b$가 탄성침하 $S_e$의 1.5배, 즉 $S_b = 1.5 S_e$가 될 때의 하중을 극한하중 $P_L$로 한다.

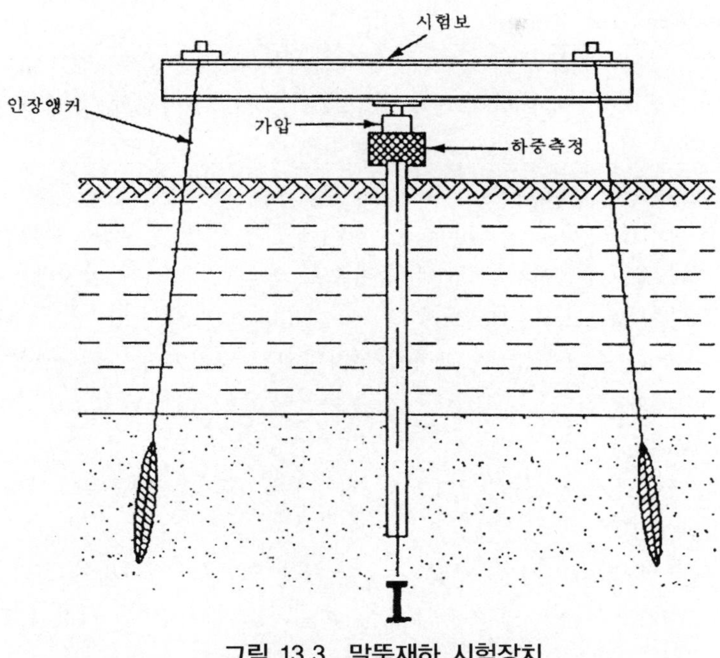


그림 13.3 말뚝재하 시험장치

# 13.2 말뚝의 연직재하시험

## 13.2.1 적용범위

말뚝이 구조물의 기초로 사용될 때에 말뚝정적재하시험을 실시하여 말뚝의 항복하중 $P_y$와 허용하중 $P_a$ 및 극한하중 $P_L$을 결정하고 말뚝이 과다한 침하를 일으키지 않고 하중을 지지할 수 있는 능력을 결정할 수 있다. 가장 일반적인 말뚝재하시험이다.

## 13.2.2 시험장비

① 유압잭(Hydraulic Jack) :
압력 게이지가 부착된 것이 좋고 시험 전 반드시 검정(Calibration)하여 주어진 하중하에서 5 % 이내의 정밀도를 유지할 수 있어야 한다.

② 변위계(Dial Gauge) :
말뚝의 침하량을 측정하는 기구이며 감도 0.01mm이고 적어도 50 mm 이상의 변위를 측정할 수 있어야 한다.

③ 재하판(Steel Bearing Plate) :
주어진 하중을 말뚝의 두부에 골고루 분포시키는 역할을 하며 말뚝의 직경은 물론 유압잭의 밑부분보다 커야 하며(군항 시 $2D$ 이상), 주어진 하중에 의하여 휘어지지 않을 정도의 적절한 두께를 가져야 한다(30～50 mm 정도).

④ 변위계 고정대(Reference Beam) :
변위계 부착장치(Magnetic Holder)를 지지해주는 역할을 하며 시험말뚝으로부터 적어도 2.5 mm 이상 떨어진 지점에 수평으로 흔들리지 않게 설치해야 한다.

⑤ 변위계 부착장치(Magnetic Holder) :
변위계(Dial Gauge)를 변위계 고정대에 부착시키는 장치이며, 2개 이상의 팔(Arm)이 있어야 측정에 편리하다.

⑥ 시험보(Test Beam) :
하중을 유압잭에 등분포시키는 역할을 하며 I 형강을 보강하여 많이 사용한다.

⑦ 하중계(Load Cell) :
유압잭에 의하여 말뚝머리에 전달되는 하중의 크기를 정확하게 측정할 수 있는 장치로서 시험전에 검정하여 2 % 이내의 정밀도를 가진 것을 사용해야 한다.

⑧ 재하대, 재하물 :
재하대는 재하물을 올려놓을 수 있는 틀로서 H 형강을 용접하여 만든다. 보통 H 형강, 철근, 말뚝, 콘크리트 블록 등을 재하물로 이용하며 현장에서 쉽게 구할 수 있는 물건을 시험하중보다 10% 정도 더 무겁게 가하여 사용한다.

⑨ 재하물 받침대(Cribing) :
재하된 하중을 충분히 지지할 수 있는 재질을 가진 침목, 콘크리트 블록 등을 사용하며 시험말뚝으로부터 1.5m 이상 떨어져서 설치해야 침하량 측정에 영향을 미치지 않는다.

⑩ 기타 : 유리조각(5 cm × 2 cm), Staff, Transit, Level

### 13.2.3 시험준비

말뚝의 재하시험에는 설계하중의 2～3배에 달하는 재하하중이 필요하다. 재하중으로 사하중을 말뚝머리에 직접 재하하는 수도 있지만 실제로 하중을 가하기가 어렵다. 대개 충분한 크기의 반력하중을 확보한 이후에 유압잭을 이용하여 목적하는 하중만을 말뚝에 전달시키는 방법을 택한다.

반력하중은 재하대의 위에 콘크리트 블록 또는 철근 등의 사하중을 설치하거나 반력말뚝이나 반력앵커를 설치하여 그 인발저항력을 이용한다.

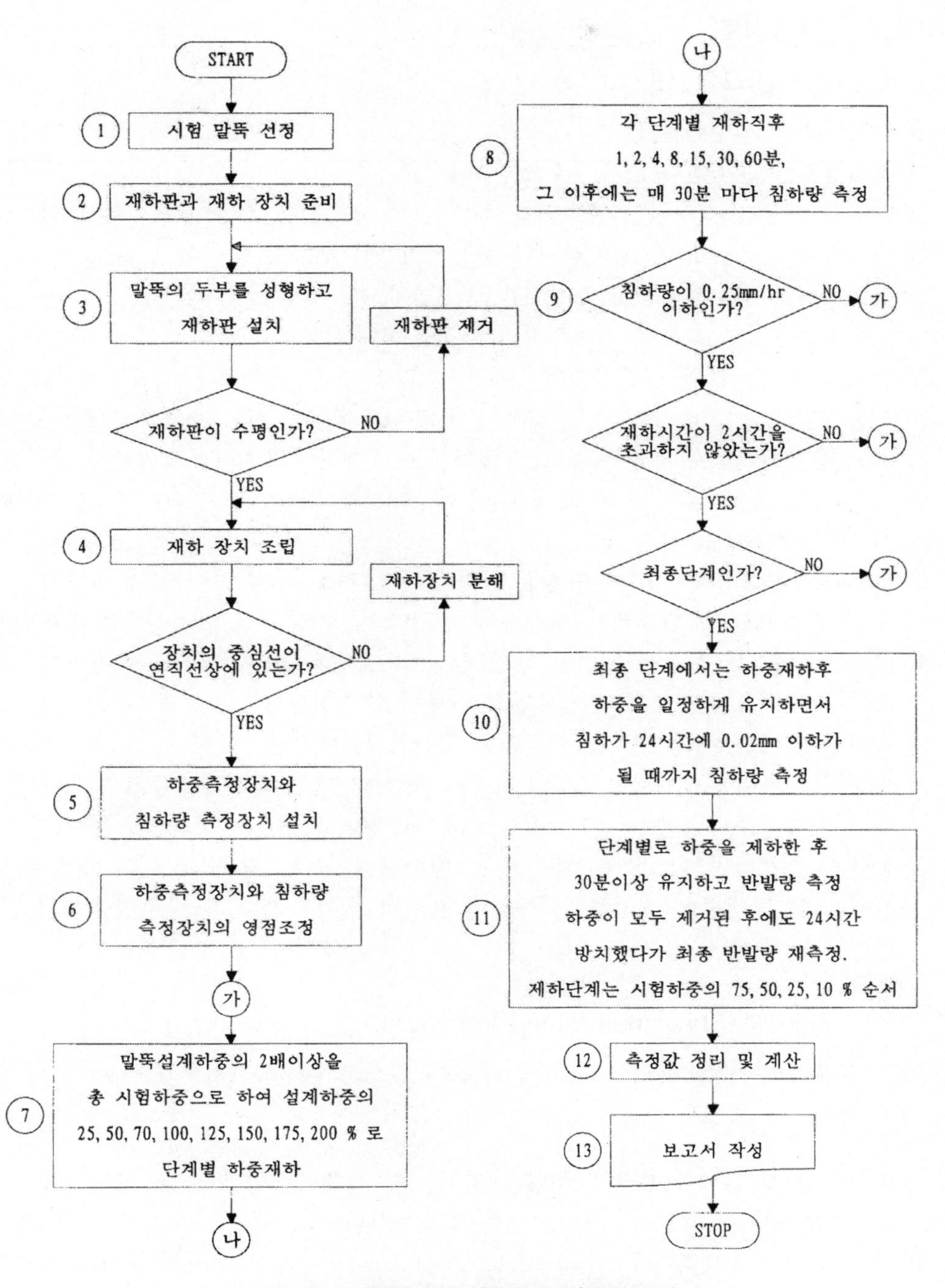


그림 13.4 말뚝재하시험 흐름도(표준재하)

### 13.2.4 시험방법

#### (1) 표준재하시험(그림 13.5a)

① 시험말뚝을 선정한다.
② 재하장치를 준비한다.
③ 말뚝의 두부를 성형하고 재하판을 설치한다. 재하판은 수평이 되어야 한다.
④ 재하장치를 조립한다. 재하장치의 중심선이 연직선상에 있어야 한다.
⑤ 하중측정장치와 침하량 측정장치를 조립한다.
⑥ 하중측정장치와 침하량 측정장치의 영점을 맞춘다.
⑦ 총시험하중은 말뚝 설계하중의 2배 이상으로 하며 재하는 단일말뚝에서는 설계하중의 25, 50, 75, 100, 125, 150, 175, 200 % 에 해당하는 하중으로(8단계) 단계별로 증가시키면서 재하하고, 군말뚝에서는 설계하중의 150 % 크기까지 재하한다.
⑧ 각 단계의 재하 직후 1, 2, 4, 8, 15, 30, 60분에 침하량을 측정하고 그 이후에는 매 30분마다 측정한다.
⑨ 이때 각 단계의 재하 후에 측정된 침하량이 0.25mm/hr 이하이거나, 재하시간이 2시간 경과되면 그 단계에서 침하가 끝난 것으로 보고 다음 단계하중을 재하한다.
⑩ 최종단계에서는 하중을 재하한 후에 침하가 24시간 동안에 0.02mm 이하가 될 때까지 재하중을 일정하게 유지하면서 침하량을 측정한다.
⑪ 최종단계 하중을 가한 후에는 하중을 제하한다. 제하단계에서는 총재하 하중을 4등분하여 25%씩 단계별로 제하한다. 즉, 총시험 하중이 설계하중의 200%인 경우에는 설계하중의 200 → 150 → 100 → 50 → 0%에 해당하는 하중으로 단계별로 하중을 감소시키며 반발량을 측정한다. 제하단계에서는 각 단계별로 30분 이상의 간격을 두고 하중을 제거하며, 하중이 제거된 후에도 24시간 방치했다가 최종 반발량을 다시 측정한다.

#### (2) 완속 재하시험 (Slow maintained load test)

ASTM 표준재하방법(standard loading procedure)으로 알려진 ASTM D 1143 - 81의 방법에 의한 재하시험 과정은 다음과 같다.

① 총시험 하중(설계하중)의 200%를 8단계, 즉 설계하중의 25, 50, 75, 100, 125, 150, 175 및 200 % 로 나누어 단계별로 재하한다.
② 각 재하단계에서 말뚝머리의 침하율(rate of settlement)이 0.01 inch/hr(0.25mm/hr) 이하가 될 때까지 재하중을 유지한다. 단 최대 2시간을 넘지 않도록 한다.

③ 최종 재하단계(설계하중의 200 %에 해당하는 하중)에서는 재하 후에 침하율이 0.01 inch/hr(0.25 mm/hr) 이하이면 12시간 그리고 0.01 inch/hr 이상이면 24시간 동안 재하상태를 유지한다.
④ 최종단계 하중(200%)을 가한 후에는 하중을 제하한다. 제하 단계에서는 총시험하중을 설계하중의 25%씩 단계별(200 → 175 → 150 → 125 → 100 → 75 → 50 → 25 → 0)로 1시간 간격으로 제하한다.
⑤ 시험 도중에 말뚝의 파괴가 발생되어도 총 침하량이 말뚝머리의 직경(원형단면) 또는 대각선(사각형)길이의 15 %(0.15d)에 달할 때까지 재하를 계속한다.

### (3) 급속 재하시험(quick maintained-load test, 그림 13.5c)

표준재하시험은 매우 긴 시간(보통 30 내지 70시간)이 소요되는 결점이 있다. 또한 안전침하율(zero settlement)의 기준으로 적용하는 0.01 inch/hr(0.25 mm/hr)를 환산하면 2.19 meter/year가 되므로 안전침하율 기준에 따라서 각 하중재하단계에서 경과시간을 조절하는 것은 별로 의미가 없는 것을 알 수 있다. 실제로 각 재하단계마다 동일한 시간간격을 유지토록 하는 것이 더 중요하다고 할 수 있으며 이러한 인식하에서 제안된 급속재하시험방법은 아래와 같다.

① 단계별로 재하중의 증가량을 설계하중의 10～15 %(7～10단계)로 정하고 재하간격을 2.5～5분으로 정하여 재하한다.
② 각 재하단계마다 2～4차례(예 : 재하간격 5분일 경우 0, 2.5, 4.0 및 5분 경과 시) 침하량을 읽어 기록한다.
③ 재하중을 계속 증가시켜서 말뚝의 극한하중에 이르거나 재하장치의 용량이 허용하는 최대하중까지 재하한다.
④ 최종 재하단계에서는 하중을 2.5～15분간 유지시켰다가 제하한다.
⑤ 이 방법을 사용하면 대략 2～5시간 이내에 전 시험 과정을 마칠 수 있다.

### (4) 하중증가 평형 시험방법(incremental equilibrium test)

표준재하시험을 개선한 방법으로 재하후에 하중-침하관계가 평형상태에 도달되면 다음 단계의 하중을 가하는 방법이다. 표준재하방법에 비해 총소요시간을 1/3가량 단축시킬 수 있고 그 결과는 표준재하방법에 의한 것과 잘 부합되는 것으로 알려져 있다.

① 단계별 하중 증가량을 설계하중의 15～25%(4～7단계)로 정한다.
② 각 재하단계에서 하중을 일정한 시간(5～15분) 동안 유지시킨 후 하중 - 침하 관계가 평형상태에 도달할 때까지 재하하중이 감소하도록 방치한다.
③ 하중 - 침하관계가 평형상태에 도달하면 다음 단계의 하중을 재하하기를 반복하여 재하하중이 총시험하중에 이를 때까지 시험을 계속한다.

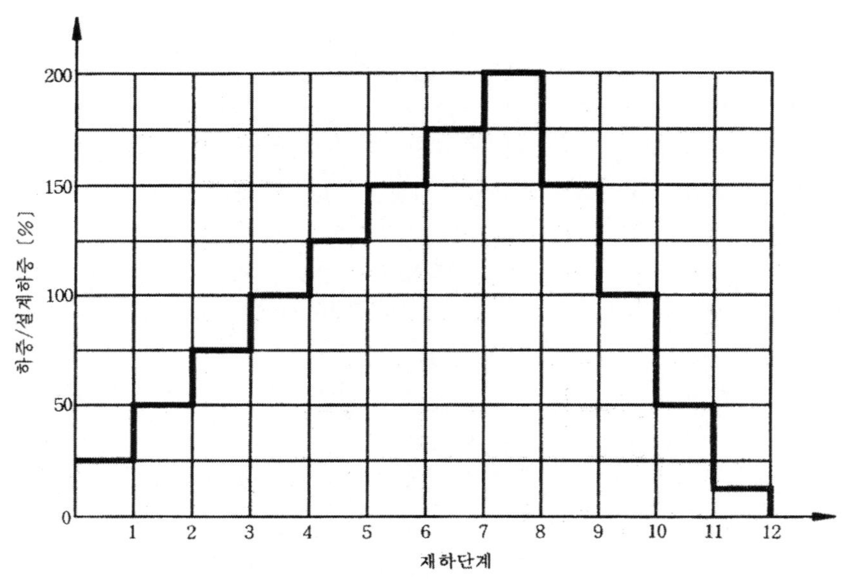


그림 13.5(a) 재하단계에 따른 하중(표준 재하시험)

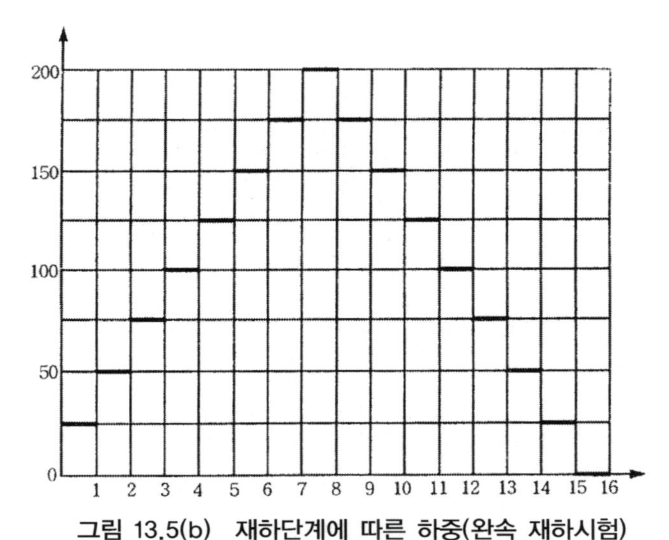


그림 13.5(b) 재하단계에 따른 하중(완속 재하시험)

## (5) 등속관입 시험(Constant Rate of Penetration Test)

이 방법은 흔히 CRP 시험이라고 불리우며 말뚝의 극한 하중을 신속히 결정하기 위한 목적으로 Whitaker 에 의해 개발되어서 스웨덴 말뚝위원회(Swedish Pile Commission), 뉴욕주 교통국(New York State Department of Transportation) 및 ASTM D 1143 – 81(Optional) 등에 의해 권장되고 있으며 그 시험방법은 다음과 같다.

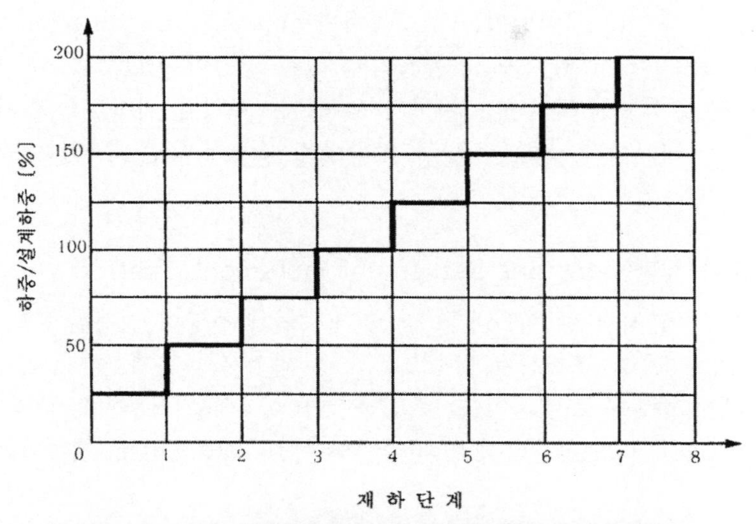


그림 13.5(c) 재하단계에 따른 하중(하중침하-평형시험)

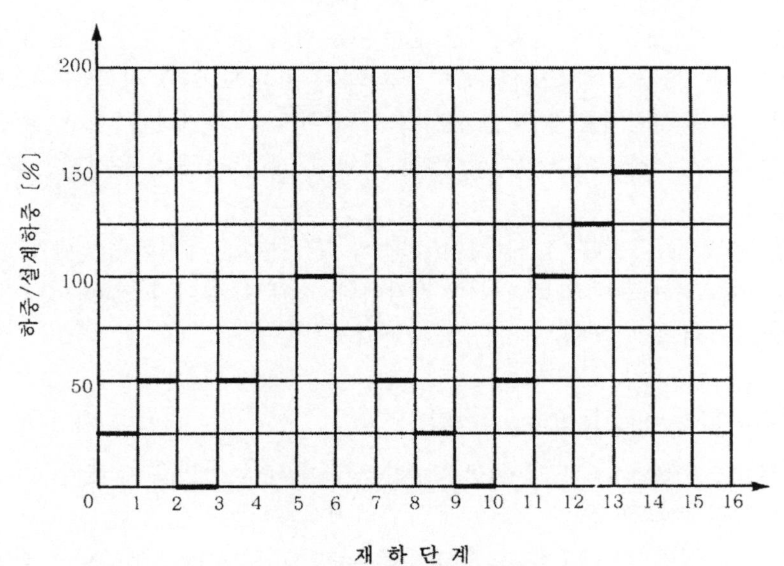


그림 13.5(d) 재하단계에 따른 하중

① 말뚝머리의 침하율이 대개 0.01~0.10 inch/min(0.25~2.50 mm/min)가 되도록 하중을 조절하면서 매 2분마다 하중과 침하량을 기록한다.

② 말뚝 총침하량이 2~3 inch/min(50~75 mm/min)에 도달할 때까지 또는 하중 크기가 총시험하중에 도달할 때까지 시험을 계속한 후 제하한다.

등속관입시험, 즉 CRP 시험방법은 급속재하방법(quick maintained - load test)에서보다 더 나은 하중-침하 관계곡선을 얻을 수 있는 장점이 있다.

CRP 시험에서 일정한 침하율을 유지하기 위해서는 유압을 지속적으로 가할 수 있는 특수 전동펌프가 필요하다. 또한 하중과 침하량을 동시에 읽을 수 있는 측정시스템과 훈련된 시험요원을 필요로 한다.

### (6) 등침하 증가 시험(Constant Settlement Increment Test)

이 방법 역시 CRP 시험 방법과 마찬가지로 말뚝의 침하량이 일정한 값만큼 증가 하도록 단계별 재하하중을 조절하는 방법으로서 그 과정은 다음과 같다.

① 단계별 재하 하중을 조절하여 말뚝 침하량이 소정의 침하량, 즉 대략 말뚝머리의 직경(원형단면) 또는 대각선 길이의(사각형단면) 1%(0.01d) 에 해당하는 크기가 되도록 한다.

② 각 단계에서 소정 침하량을 유지하기 위한 재하하중의 시간당 변화율이 그 단계 재하하중의 1% 미만이 되면 다음 재하 단계로 넘어 간다.

③ 이러한 과정을 계속하여 말뚝의 총 침하량이 말뚝 머리의 직경 또는 대각선 길이의 10%(0.1d)에 달할 때까지(또는 재하 장치의 용량 한도까지) 시험을 계속한다.

④ 재하하중이 총시험하중에 도달하면 소정 침하량을 유지하기 위한 하중의 시간당 변화율이 총시험하중의 1% 미만이 될 때까지 재하 하중을 유지시킨 후에 하중을 제하한다.

⑤ 제하는 총재하 하중을 4등분하여 25%씩 단계별로 제하한다. 단계별로 말뚝의 시간당 Rebound 율이 말뚝머리의 직경이나 대각선 길이의 0.3% 이내가 될때까지 기다렸다가 다음 단계의 제하를 실시한다.

### (7) 반복재하시험(cyclic loading test)

ASTM D 1143 - 81(Optional)에 의한 반복하중재하시험 방법은 아래와 같다.

① 단계별 재하 하중의 크기를 표준재하방법에서와 같이 정한다.

② 재하하중이 설계 하중의 50%, 100% 및 150%에 도달하는 재하단계에서는 재하하중을 각각 1시간 동안을 유지시킨 후에 표준재하방법의 제하 시와 같은 단계로 제하한다. 이때에 제하단계별로 20분 간격을 둔다.

③ 하중을 완전히 제하한 후에 설계하중의 50% 씩 단계적으로 다시 재하하고 표준시험 방법에 따라 다음 단계로 재하한다.

④ 재하하중이 총시험하중에 도달되면 12시간 또는 24시간 동안에 하중을 유지시킨 후에 표준재하방법과 같은 절차로 제하한다.

### (8) 스웨덴식 반복재하시험(swedish cyclic test)

이 방법은 스웨덴 말뚝위원회(Swedish Pile Commission)에 의하여 권장된 방법으로 다음 과정으로 말뚝을 재하한다.

① 말뚝 설계하중의 1/3을 재하하중으로 하여 초기재하한다.
② 설계하중의 1/6까지 제하했다가 설계하중의 1/3까지 재하하기를 20차례 반복한다.
③ 재하하중을 첫째 과정보다 50% 증가시켜 재하하고 둘째 과정에서와 같은 과정을 되풀이한다.
④ 상기 세 과정을 말뚝이 파괴에 이를 때까지 계속한다.

이 방법은 상당히 오랜시간이 소요되고 하중의 재하 - 제하가 빈번히 반복됨에 따라 말뚝상태도 최초상태와는 달라진다. 따라서 이 시험 방법은 특별한 경우에 한해 사용할 것을 권유하고 있다.

## 13.2.5 계산 및 결과정리

말뚝재하시험 결과로부터 말뚝의 허용하중(working load)을 결정하는 데에는 다음 두 가지 기본조건을 만족시켜야 한다.

① 어떠한 경우에도 상부구조물이 파괴(failure)되지 말아야 하므로 파괴를 유발하는 하중, 즉 극한하중(ultimate load)과 비교하여 충분한 안정성이 확보되어야 한다.
② 말뚝기초에 상부구조물의 사하중과 활하중이 재하되었을 때의 침하량이 설계조건에서 가정한 허용범위 이내이어야 한다.

침하량 기준 판정법에는 전침하량(total settlement)기준과 전침하량에서 탄성침하량(elastic settlement)을 제외한 순침하량(net settlement)기준이 있다. 그러나 침하량기준 판정법은 말뚝의 길이, 지반조건 등이 감안되지 않아 해석대상 구조물의 성격에 따라 설계개념에 적합하도록 조정하는 것이 필요하다. 특히 말뚝의 관입깊이가 큰 변화를 보이는 지반조건에서는 부등침하에 대한 별도의 고려가 있어야 한다.

**1) 항복하중 판정법**

지지력 기준과 침하량 기준 외에 말뚝에 하중이 재하되었을 때의 하중($P$) - 시간($t$) - 침하량($S$) 거동 특성에 의하여 소위 항복(yield) 하중을 구하여 판정하는 방법이 있다. 여기에는 다음과 같은 다양한 판정법들이 있으며, 13.1.2절에 상세하게 설명되어 있다.

- $P-S$ 곡선 분석
- $\log P - \log S$ 곡선 분석

- $S-\log t$ 분석
- $S-\log P$ 분석
- $P-\log S$ 분석
- $dS/d(\log t)-P$ 분석

「구조물 기초 설계 기준」 해설편에서는 「극한 하중이 확인되면 문제없으나」 그렇지 못할 경우 항복하중에 의하도록 하고 다음의 방법들을 권장하고 있다.

- $S-\log\ t$ 분석
- $dS/d(\log t)-P$ 분석
- $\log P-\log S$ 분석
- 잔류 침하량 측정에 의한 $\log P-\log S$ 방법

아울러 항복 하중의 1.5배를 극한하중으로 가정하지만 이 방법에 의한 극한하중이 실제 극한하중보다 크지 않도록 주석을 두고 있어 항복하중에 의한 분석이 안전측이 되도록 대비하고 있다.

**2) $S-\log t$ 분석법**

각 재하단계에 대해 경과시간을 대수눈금($\log t$)에, 말뚝머리의 침하량을 산술눈금($S$)에 표시할 때 각 하중단계의 시간 - 침하 관계($S-\log t$)가 직선적으로 되지 않는 점의 하중을 항복하중으로 한다.

**3) $dS/d(\log t)-P$ 분석법**

$S-\log t$ 그림에서 각 하중단계에서 일정시간(10분 이상) 후의 대수침하속도 $dS/d(\log t)$, 즉 $S-\log t$ 곡선의 경사를 구하고, 이것을 하중에 표시하여 연결한다. 이와 같이 하여 구한 $dS/d(\log t)-P$ 관계곡선이 급격하게 구부러지는 점의 하중을 항복하중으로 한다.

**4) $\log P-\log S$ 분석법**

하중 $P$와 말뚝머리의 침하량 $S$를 양대수 눈금으로 표시하고, 각 점을 연결하여 얻어지는 $\log P-\log S$ 관계곡선이 꺾어지는 점의 하중을 항복하중으로 한다.

**표 13.1 말뚝재하시험의 안전율**

| 말뚝지반의 종류 | 선단지지말뚝 | 마찰말뚝 | |
|---|---|---|---|
| | | 좋은 모래층 | 기 타 |
| 평 상 시 | 3 | 3 | 4 |
| 지 진 시 | 2 | 2 | 3 |

### 13.2.6 보고서 작성

#### (1) 항복하중과 허용지지력 결정

말뚝의 허용지지력은 항복하중을 표 13.1의 안전율로 나누어 구한다.

$$허용지지력 = \frac{항복하중}{안전율}$$

그러나 표 13.1의 안전율은 다음과 같은 경우에는 더 크게 하여야 한다.

- 큰 충격하중이 예상될 때
- 침하량에 제한이 있던가 또는 부등침하를 피하여야 할 때
- 흙의 성질이 시간과 더불어 약화될 우려가 있을 때
- 마찰말뚝의 군항으로 된 기초임에도 불구하고 단항에 대한 재하시험을 하였을 때
- 마찰말뚝이 가해지는 동하중의 재하시간이 정하중과 같은 정도로 길 때

#### (2) 보고서에는 다음 사항을 추가로 기록한다.

- 일반사항 : 지구설명, 위치, 소유자, 시설책임자, 토질자문, 위치와 명칭 등
- 말뚝타입기계에 관한 사항
- 시험과 앵커말뚝에 관한 사항
- 말뚝설치에 관한 사항
- 말뚝시험에 관한 사항

## 13.3 말뚝의 횡방향 재하시험

### 13.3.1 개 요

말뚝에 횡력이 작용하는 경우에 하중 – 침하관계를 결정하는 시험이다. 횡방향 힘을 지지할 수 있는 충분한 크기의 반력시스템(그림 13.7)이 필요하다.

횡력을 가하여 말뚝-지반 시스템의 반응을 측정하고 그 결과를 연구, 설계, 품질관리 등에 적용한다. 지반의 비선형 탄성해석결과와 실험결과를 적용하면 말뚝의 횡방향 저항에 필요한 토질정수를 결정할 수 있다.

미국 재료시험협회(American Society for Testing and Materials)에서는 말뚝의 횡방향 재하시험에 대해 ASTM D3996M-07에 규정하고 있다.

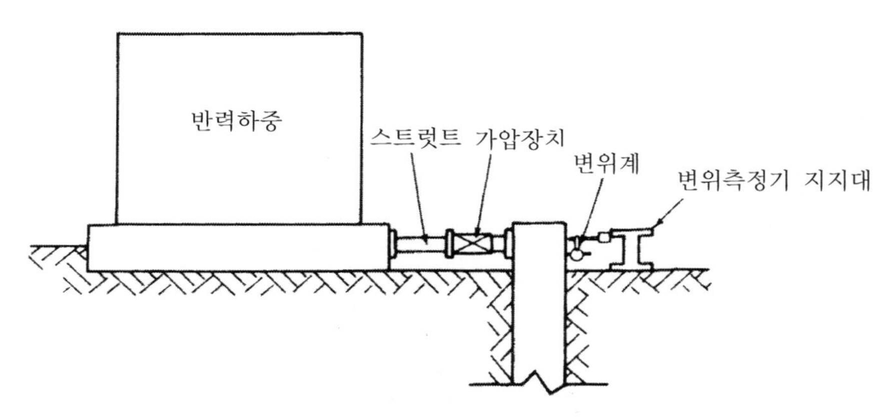


**그림 13.6 말뚝의 횡방향 재하시험**

## 13.3.2 시험장비

말뚝의 횡방향재하시험에는 다음 장비가 필요하며 설치상태는 그림 13.6과 같다.

① 재하판 :

재하판은 강재이어야 하고 크기가 충분히 커야 한다. 재하중에 의하여 휘어지지 않도록 두께가 50 mm 이상이어야 한다.

② 스트러트 :

스트러트는 강재로 만들며 재하중의 크기에 비하여 크기와 강성이 충분해야 한다.

③ 반력하중 :

유압잭과 반력시스템 사이에 작용하는 힘을 위해 반력은 충분히 크게 설치해야 한다.

④ 유압잭 :

횡력을 가하기 위하여 필요하다. 필요에 따라서 2개 이상을 사용할 수 있으나 이때는 동일 펌프에 연결해서 압력과 제어를 동일하게 할 수가 있는 것이어야 한다. 펌프는 수동 또는 전용 펌프를 이용한다.

⑤ 유압게이지 :

최소눈금이 재하중의 5% 이내인 것을 검정해서 사용한다.

⑥ 하중계 :

정밀도가 요구되는 곳에서는 하중계나 로드셀을 이용하여 2% 이내의 정밀도로 검정해서 사용하며, 반드시 베아링에 연결해서 사용한다.

⑦ 조절밸브 :

재하중을 일정하게 유지할 수 있도록 조절 밸브가 필요하다.

### 13.3.3 시험준비

말뚝의 횡방향재하 시험에는 횡력재하장치와 측정시스템이 필요하며 횡력은 수평으로 합력작용선이 말뚝의 축을 지나야 편심이 줄어들고 축방향힘이 발생되지 않는다.

① 시험말뚝을 선정한다.
② 주변의 반경 6m 이내 지반을 굴착하여 재하장치를 설치할 수 있을 만큼 말뚝을 노출시킨다.
③ 노출시킨 말뚝의 머리부분은 하중이 고르게 작용할 수 있도록 철근 콘크리트나 강재 실린더로 제작하여 캡을 씌운다. 말뚝의 캡은 실제 재하상태로 만든다.
④ 말뚝 캡 아래에서 지반 – 캡 사이에 마찰이 없도록 지반과 캡 사이에 공간을 두고 말뚝 캡 전면에 수동토압이 작용하지 않도록 지상에 노출시킨다.
⑤ 재하판과 유압잭을 설치한다. 재하판은 재하중에 휘어지지 않도록 강성이 커야 하며 두께는 최소 50mm 이상이어야 한다. 재하판은 말뚝측면, 말뚝캡, 강재프레임에 수직이어야 하고 합력 작용선에 수직이어야 한다. 재하판은 유압잭을 설치하기에 충분히 커야 하고 말뚝의 직경이나 측변의 절반(0.5d)보다는 크고 직경이나 측변보다는 작은 크기로 한다. 재하판과 말뚝의 접촉부에 공간이 생기지 않도록 다른 물질로 충진한다.

### 13.3.4 유압잭을 이용한 재하

말뚝을 횡방향 재하하는 반력시스템은 대체로 다음의 3가지가 있다.

- 압축형 반력시스템
- 인장형 반력시스템
- 축력과 횡력을 동시에 가하는 시스템

#### (1) 압축형 반력시스템

압축형 수평반력시스템은 시험말뚝에서 일정한 거리만큼 떨어져 설치하며 그 반력이 예상 횡방향 하중보다 크게 발휘될 수 있어야 한다. 대체로 압축형 수평반력시스템은 다음 3가지 형태가 적용된다.

- 반력 말뚝
- 데드맨
- 사하중

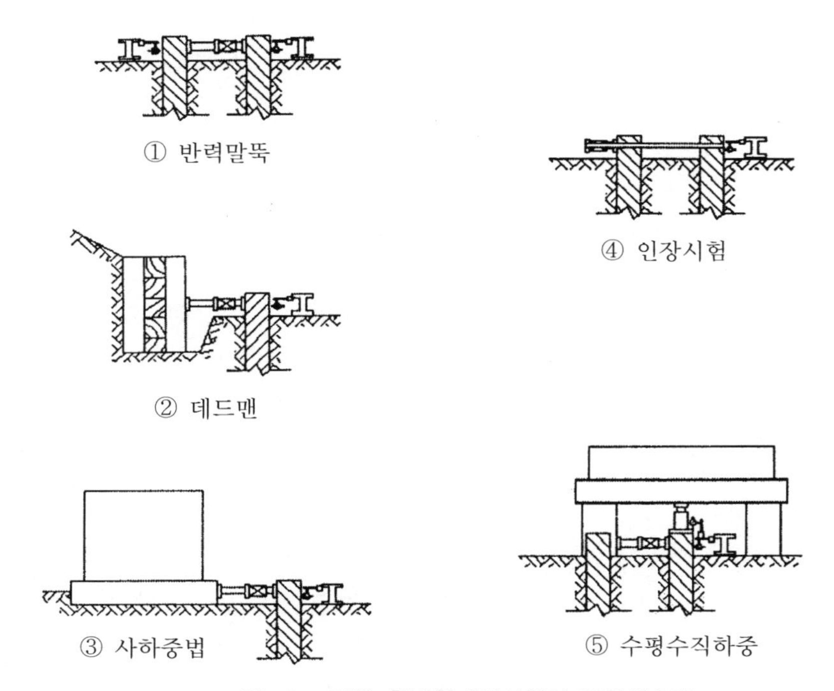


**그림 13.7 말뚝 횡방향재하시험의 반력시스템**

① 반력말뚝

2개 이상의 반력말뚝을 예상 횡방향 하중에 알맞도록 설치한다. 반력말뚝은 콘크리트, 강재 또는 목재를 이용하여 캡핑하거나 기타 방법으로 결속하여 반력말뚝이 일체로 거동하도록 서로 연결시킨다.

② 데드맨 : 주변 여건이 여유가 있을 때는 목재판 등을 이용하여 데드맨을 설치한다. 데드맨이 예상 횡방향 하중보다 충분히 큰 반력을 발휘하는지 사전에 검토해야 한다.

③ 사하중법 : 목재나 콘크리트 또는 강재 등으로 재하판을 만든 후 그 위에 사하중을 쌓아서 횡방향 저항하도록 하는 방법이다.

## (2) 인장형 반력시스템

말뚝에 가하는 횡력을 반력으로 재하하지 않고 인장력으로 가할 때에는 인장형 반력시스템을 구축하고 린치 등으로 잡아당겨서 횡력을 가한다. 이때 도르래를 이용하면 비교적 작은 힘으로 큰 힘을 발휘할 수 있다. 인장반력이 충분한 대구경 반력말뚝 등이 있어야 한다.

### (3) 축력과 횡력을 동시에 가하는 시스템

말뚝에 축력이 작용하는 상태에서 횡력을 가하여 시험할 때는 말뚝 두부에 마찰을 없애고 축력을 가한 상태에서 횡력을 가하여 시험한다.

## 13.3.5 변위 측정

재하도중에 말뚝의 횡방향 변위는 변위계(다이알 게이지나 LVDT)를 연결하여 측정한다. 변위가 클 때는 거울 위에 자눈금을 부착하고 가느다란 와이어를 말뚝에 연결하여 읽는다. 그밖에 측량기구를 이용하여 변위를 측정할 수도 있다. 그러나 궁극적으로 안전이나 현장 여건을 고려하여 계측을 자동화하는 것이 바람직하다.

재하도중에 말뚝이 회전할 가능성이 있으므로 말뚝의 회전변위 또한 측정해야 한다. 말뚝이 단일 말뚝이나 군말뚝일 때에 따라서 적절한 방법으로 측정한다. 재하도중에 발생하는 말뚝의 연직 변위는 매우 미세하지만 필요한 경우에는 이를 측정한다. 재하도중에 말뚝이 옆으로 밀리는 수도 있으므로 측정장치를 부착하여 이를 측정해야 한다.

**표 13.2 축방향 표준 재하단계 및 재하시간**

| 설계하중에 대한 백분율(%) | 0 25 50 | 75 100 | 125 150 | 170 180 | 190 200 | 150 100 | 50 0 |
|---|---|---|---|---|---|---|---|
| 지속시간[min] | 0 10 10 | 15 20 | 20 20 | 20 20 | 20 60 | 10 10 | 10 — |

**표 13.3 횡방향 재하단계 및 재하시간**

| 하중크기 설계하중에 대한 백분율 (%) | 0 50 100 | 150 200 | 210 | 220 230 240 | 250 | $P^*$ | $P_{max}$ | 75 $P_{max}$ | 50 $P_{max}$ | 25 0 $P_{max}$ |
|---|---|---|---|---|---|---|---|---|---|---|
| 하중지속시간 [min] | 10 10 10 | 10 10 | 15 | 15 15 15 | 15 | 15 | 30 | 10 | 10 | 10 |

**표 13.4 반복재하시의 재하단계 및 재하지속시간**

|  |  |
|---|---|
| 재하단계 | -0-25-50-25-0-50-75-100-50-0-50-100-125-150-75- |
| 지속시간 [min] | 10 10 10 10 10 10 15 20 10 10 10 10 20 20 10 |
| 재하단계 | -0-50-100-150-170-180-190-200-150-100-50-200-100- |
| 지속시간 [min] | 10 10 10 10 20 20 20 60 10 10 10 60 10 |
| 재하단계 | -0-50-100-150-200-210-220-230-240-250-200-100- |
| 지속시간 [min] | 10 10 10 10 10 15 15 15 15 15 10 10 |
| 재하단계 | -0-50-100-150-200-250-260-270-280-290-300-225-150-75- |
| 지속시간 [min] | 10 10 10 10 10 10 15 15 15 15 30 10 10 10 |

### 13.3.6 하중재하

#### (1) 표준재하(표 13.2)

말뚝이 파괴되지 않는 한 횡방향 설계하중의 200%까지 횡방향 재하한 후에 재하하되 다음과 같이 실시한다.

① 설계하중의 200%까지 표 13.2와 같은 하중단계별로 일정한 시간간격에 의하여 하중을 재하하고, 제하한다.

② 단계별 하중을 재하하거나 제하하기 직전, 직후의 변위를 측정하고 각 하중단계에 대하여 주어진 재하시간 내에서 5분 간격으로 횡방향 변위를 측정한다.

③ 최종 하중 단계에서는 15분 간격으로 횡방향 변위를 측정한다. 하중이 완전히 제거된 다음에도 15분 또는 30분 후의 축방향 변위를 측정한다.

#### (2) 표준하중보다 큰 하중을 가할 때(표 13.3)

표준하중보다 큰 하중을 가할 때에는 표 13.3의 크기로 재하하며 $P^*$보다 큰 하중을 가할 때는 최대치의 10%씩을 가한다. 최대하중에 도달되면 30분 동안 하중을 유지한 후에 제하한다. 제하 시에는 최대하중을 4단계로 나누어서 25% 씩 제하한다.

#### (3) 반복재하(표 13.4)

반복(cyclic) 재하하는 경우에는 표 13.4의 재하단계와 지속시간에 따라 재하한다. 여기에서 최대하중과 각 단계 재하하중은 설계하중에 대한 백분율(%)이며 지속시간은 분(min)을 나타낸다.

#### (4) 재하중 안전관리

말뚝의 재하시험 중에는 큰 하중을 가하게 되어 여러 가지 사고가 발생될 가능성이 있으므로 특히 다음과 같이 안전관리를 철저히 하여 안전문제가 발생하지 않도록 해야 한다.

① 주변 및 작업지역을 정리하고 청소해야 한다.

② 모든 재료(목재, 블록킹)상태가 양호해야 한다.

③ 유압센서는 접촉이 양호하고 편심이 작용하지 않도록 해야 한다.

④ 스트러트의 크기, 강도, 강성도가 충분하여 시험하중보다 25% 더 큰 하중에서도 휘거나 변형이 생기지 않아야 한다.

⑤ 인장재는 크기와 강도가 충분하고(시험하중보다 25 % 큰 하중에서도)시험말뚝, 유압잭, 앵커시스템에 연결상태가 확실해야 한다.

⑥ 인장시험에서 모든 라인, 로프, 케이블은 감기거나 꺾이지 않아서 최대하중보다 50% 큰 하중에서도 안정해야 한다.

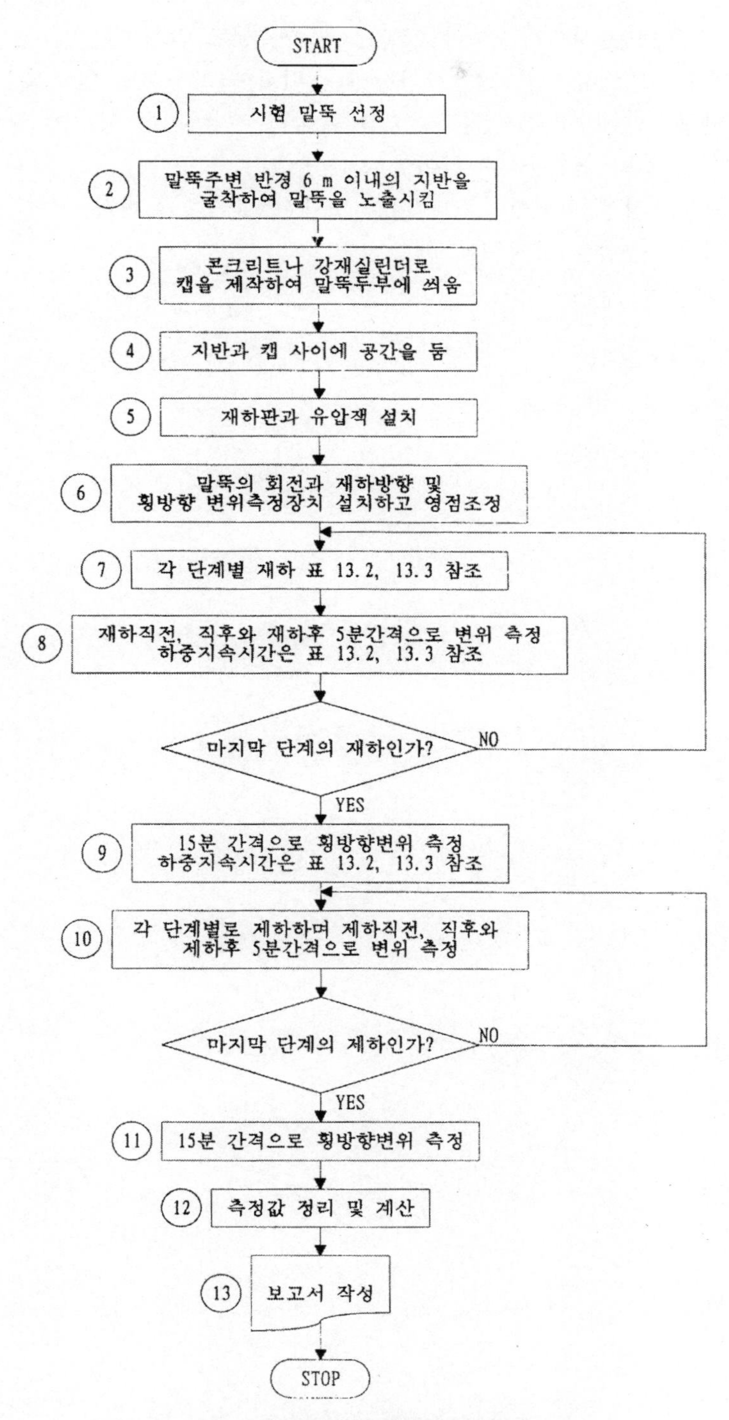


그림 13.8 말뚝의 횡방향재하시험 흐름도

⑦ 반력 시스템은 시험하중보다 25% 큰 하중에서도 안정해야 한다.
⑧ 스트러트, 블로킹, 지지판, 시험장비는 편심이 작용하지 않도록 설치한다.
⑨ 시험말뚝, 캡, 반력시스템은 하중을 확실히 전달할 수 있어야 한다.
⑩ 하중은 완전히 전달할 수 있어야 한다.
⑪ 작업 및 측정은 위험반경을 벗어난 곳에서 실시해야 한다.
⑫ 관계자 외 출입을 금지해야 한다.

### 13.3.7 결과정리

① 측정값을 정리하고 계산한다.
② 보고서를 작성한다.

# 참고문헌

KS F 2445, 2439.

ASTM D 1143, D 3689.

American Society for Testing and Materials (1989). Test Designation D 1143-81, 'Standard method of testing piles under static axial compressive load'. ASTM, Philadelphia, USA.

American Society for Testing and Materials (1989). Test Designation D 3689-83, 'Standard method of testing individual piles under axial tensile load'. ASTM, Philadelphia, USA.

American Society for Testing and Materials (1989). Test Designation D 3966-81, 'Standard method of testing piles under lateral load'. ASTM, Philadelphia, USA.

Banerjee, P. K. and Davies, T. G. (1978). 'The behaviour of axially and laterally loaded single piles embedded in nonhomogeneous soils'. Geotechnique, Vol. 28, No. 3.

Hobbs, N. B. abd Robins, P. (1976). 'Compression and tension tests on driven piles in chalk'. Geotechnique, Vol. 26, No. 1.

Hughes, J. M. O., Wroth, C. P. and Windle, D. (1977). 'Pressuremeter tests in sand'. Geotechnique, Vol. 27, No. 4.

Kim, J. B. and Brungraber, R. J. (1976). 'Full scale lateral load tests on pile groups'. Proc. Geotech. Div. ASCE.

Meyerhof, G. G. (1976). 'Bearing capacity and settlement of pile foundations'. J. Geotech. Eng. Div., ASCE, Vol. 102.

Schultz E. / Muhs H. (1967). Bodenunterschungen für Ingenieurbauten 2.Auf. Springer Verlag. Berlin/Heidelberg/New York.

Swedish Pile Commission (1970). 'Recommendations for pile driving test and routine test loading of piles'. Royal Swedish Academy of Engineering Sciences Commission on Pile Research, Report No. 11, Stockholm.

# 제 14 장 신속한 함수량시험

## 14.1 개 요

입자의 화학적 성질이 열에 의하여 변하지 않는 사질토나 점성토의 함수량은 시간이 오래 걸리는 건조토를 사용하지 않고도 다음과 같은 방법으로 신속하게 측정할 수가 있고, 이들이 최선의 방법이라고는 할 수 없으나 현장에서 함수량을 측정해야 할 시료의 개수가 많거나 신속히 시험결과를 요할 경우에 적용할 수 있다(DIN18121).

a) 급속건조법(14.2)
   - 적외선법(14.2.1)
   - 가열법(14.2.2)
   - 마이크로 오븐법(14.2.3)

b) 건조시키지 않는 방법(14.3)
   - 수중 시험법(14.3.2)
   - 대형 피그노미터법(14.3.3)

c) 칼슘카바이드법(14.4)

d) 공기피그노미터법(14.5)

## 14.2 급속건조법

흙시료는 건조로를 사용하지 않고도 다른 방법으로 신속하게 건조시켜서 함수량을 측정할 수 있다. 다만 흙을 건조하는 과정에서 110±5°C보다 높은 온도가 가해질 수 있으므로 입자의 성질이 열에 의하여 변하지 않는 경우에만 적용할 수 있다.

### 14.2.1 적외선법

#### (1) 개요

적외선을 사용하여 시료를 건조시키는 방법이며 광물질 지반에 적합하다. 이때 시료의 건조도는 흙입자의 흡수성에 따라 다르므로 각각의 지반에 대해 예비실험을 실시하여 시료의 건조도가 건조로를 사용할때와 같아지는 실험조건을 정해야 한다.

#### (2) 시험장비

① 적외선 건조기
② 샬레
③ 칼
④ 스패츌라
⑤ 저울

#### (3) 시험방법

① 최소한 300gf의 시료를 취한다.
② 샬레의 무게 $W_c$를 측정하고 시료를 샬레에 놓는다.
③ (샬레+습윤시료)의 무게 $W_t$를 측정한다.
④ 시료를 적외선 건조기에서 건조시킨다. 적외선 강도는 110±5℃ 건조로와 같은 상태가 되도록 지반에 따라 조절해야 한다.

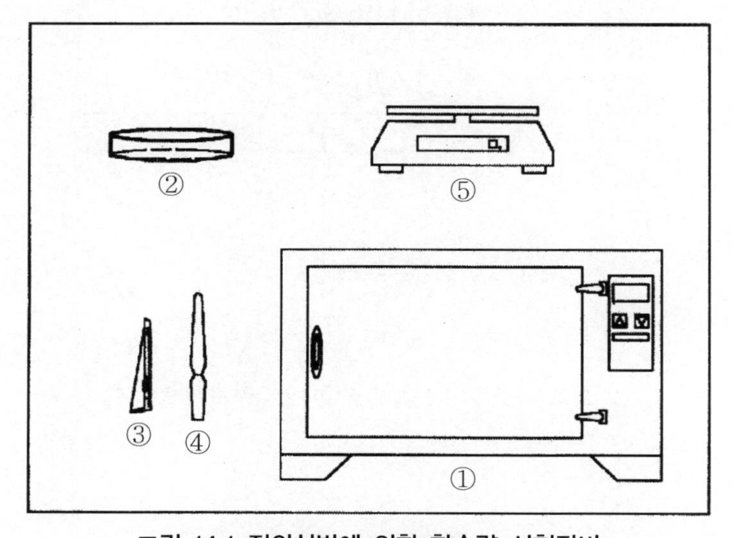


**그림 14.1 적외선법에 의한 함수량 시험장비**

⑤ 적외선 건조 후에 (샬레+건조시료) 무게 $W_d$를 측정한다.

⑥ 결과를 정리하고 함수비 $w$를 계산한다.

$$w = \frac{W_t - W_d}{W_d - W_c} \times 100 \ [\%]$$

⑦ 보고서를 작성한다.

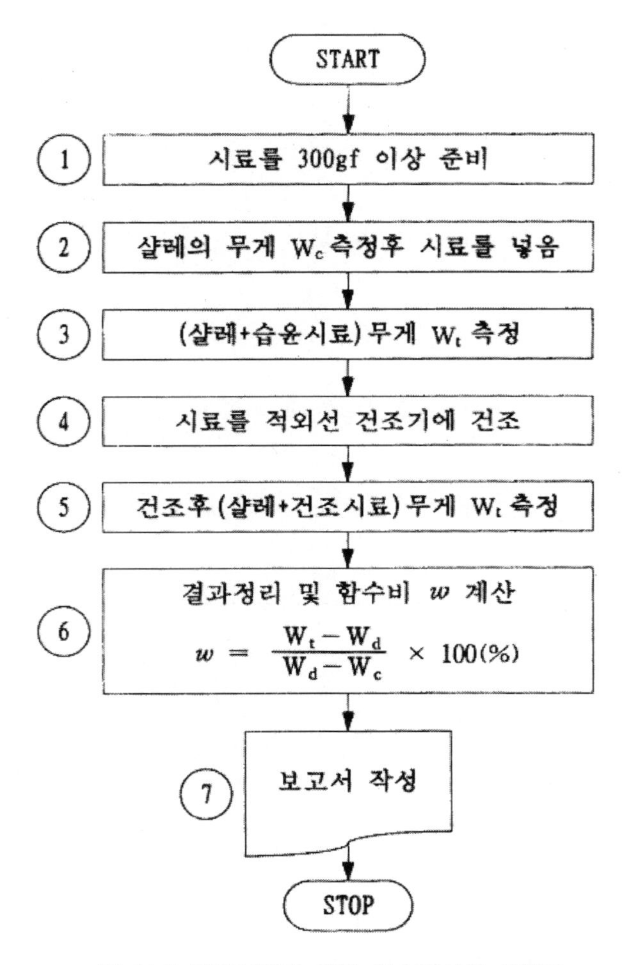


그림 14.2 적외선법에 의한 함수량시험 흐름도

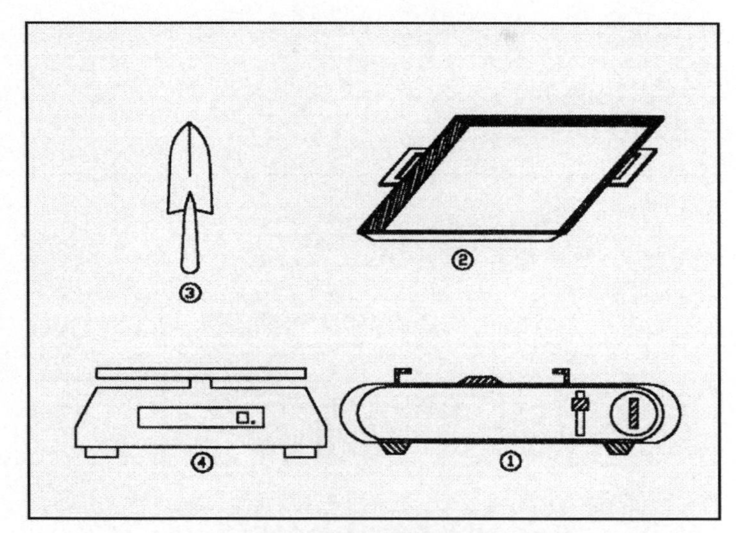

그림 14.3 가열법에 의한 함수량 시험장비

## 14.2.2 가열법

### (1) 개요

시료를 노건조하는 대신 건조판에 놓고 전열판이나 가스버너로 가열하여 건조시키는 간단한 방법이며, 400℃ 이하의 온도에서도 흙입자의 성질이 화학적으로 변하지 않는 (탄수, 산화 등) 지반에 적용할 수 있다.

### (2) 시험장비

① 전열판 또는 가스버너
② 건조판
③ 손삽
④ 저울

### (3) 시험방법

① 최소한 500gf의 시료를 취한다.
② 시료의 습윤무게 $W_t$를 측정하고 건조판에 놓는다.
③ 전열판이나 가스버너로 열을 가하고 손삽으로 잘 저으면서 시료를 건조시킨다.
④ 건조된 시료의 건조무게 $W_d$를 측정한다.

⑤ 결과를 정리하고 함수비 $w$를 계산한다.

$$w = \frac{W_t - W_d}{W_d} \times 100 \ [\%]$$

⑥ 보고서를 작성한다.

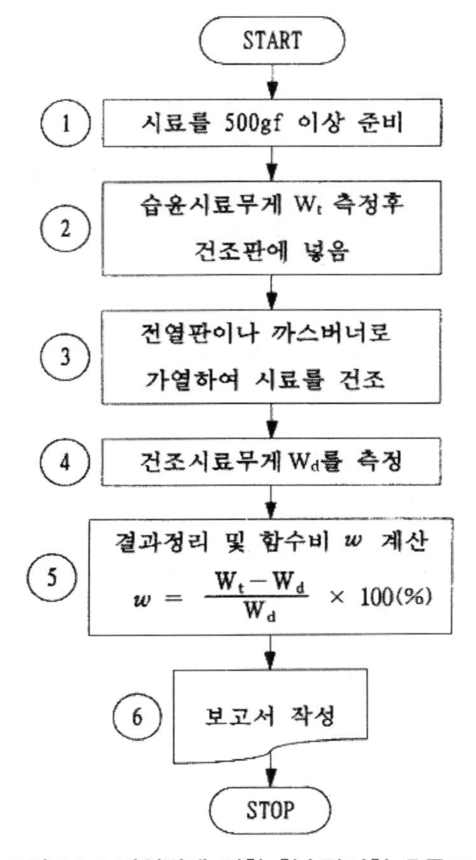


그림 14.4 가열법에 의한 함수량시험 흐름도

### 14.2.3 마이크로 오븐법

#### (1) 개요

마이크로 오븐을 이용해서 흙시료를 신속히 건조하여 함수비를 측정하는 방법이다. 건조온도는 흙입자의 흡수성에 따라 다르며, 최고 약 300℃까지 가능하다. 마이크로 오븐의 온도가 높으므로 흡착수가 제거되어 건조로에서 건조할때보다 1.01~1.02배의 함수비가 구해진다. 현장시험에 적합하다.

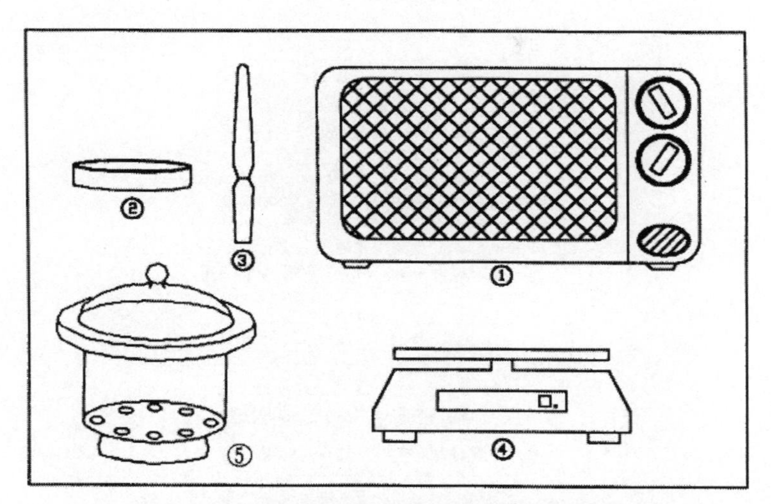


그림 14.5 마이크로 오븐법에 의한 함수량 시험장비

(2) 시험장비

① 마이크로 오븐
② 자기 샬레
③ 스패츌라
④ 저울
⑤ 데시케이터

(3) 시험방법

① 시료는 건조로에서 건조할 때와 같은 양을 준비한다.
② 자기샬레의 무게 $W_c$를 구한다.
③ 자기샬레에 시료를 넣고 (자기샬레+습윤시료) 무게 $W_t$를 측정한다.
④ 마이크로 오븐에서 건조시킨다. 마이크로 오븐의 온도를 급격히 높이면 시료가 터지는 수가 있으므로 온도를 서서히 증가시켜야 한다. 건조시간은 지반 종류와 시료의 양에 따라 다르므로 예비시험을 통해서 정해야 하며 대개의 지반시료는 20분 정도면 충분하다. 전체건조 수량이 100gf 이상 되지 않도록 해야 한다.
⑤ 데시게이터에서 상온으로 식힌 후에(건조시료+자기샬레) 무게 $W_d$를 측정한다.
⑥ 결과를 정리하고 함수비 $w$를 계산한다.

$$w = \frac{W_t - W_d}{W_d - W_c} \times 100 \ [\%]$$

⑦ 보고서를 작성한다.

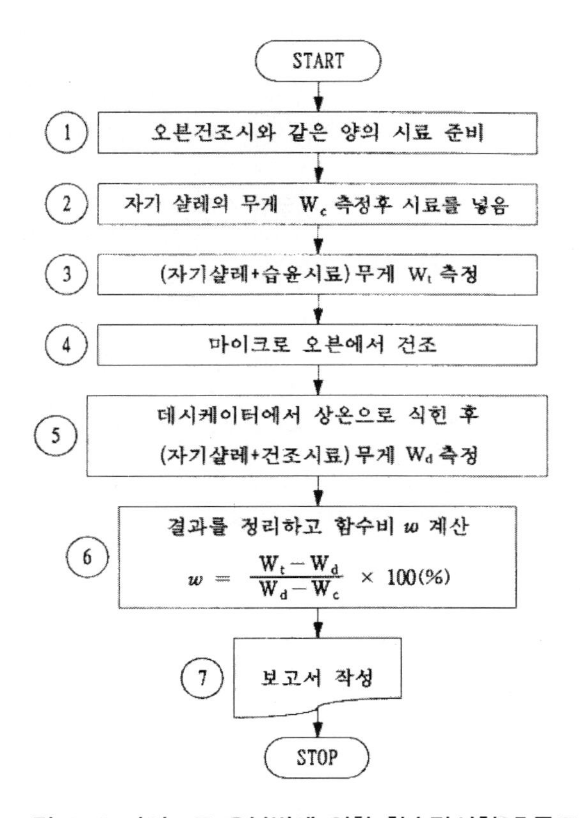


그림 14.6 마이크로 오븐법에 의한 함수량시험 흐름도

# 14.3 건조시키지 않는 방법

## 14.3.1 개 요

흙시료의 밀도 $\rho_s$와 물의 밀도 $\rho_w$를 알고 있으면 흙시료를 건조시키지 않고 부피가 일정한 용기(수침용기, 피크노미터 등)를 이용하여 다음과 같이 흙시료의 건조무게 $W_d$ 를 구할 수 있고, 이로부터 함수비 $w$를 구할 수 있다.

① 용기를 증류수로 채워서 (용기+물) 무게 $W_1$을 측정한다.

② 습윤시료의 무게 $W_t$를 측정한다.

③ 습윤시료를 용기에 넣고 증류수로 반쯤 채운 후에 기포가 발생되지 않게 잘 저어서 포화시킨다.

④ 증류수를 추가하여 용기를 가득 채운 후에 (용기+물+시료) 무게 $W_2$를 측정한다.

⑤ 흙입자의 부피 $V_s$를 계산한다.

$$V_s = \frac{W_2 - W_1}{\rho_s - \rho_w}$$

⑥ 시료의 건조무게 $W_d$를 계산한다.

$$W_d = \rho_s V_s = \frac{\rho_s (W_2 - W_1)}{\rho_s - \rho_w}$$

⑦ 함수비 $w$를 계산한다.

$$w = \frac{W_t - W_d}{W_d} \times 100 \ [\%]$$

시료를 건조시키지 않고 함수비를 구할 수 있는 시험방법은 다음과 같은 것들이 있다.

- 수중시험법
- 대형피크노미터법

## 14.3.2 수중시험법

### (1) 개요

밀도가 $\rho_s > 1.0$ gf/cm$^3$인 (즉, 물보다 가벼운 입자를 포함하지 않는) 모든 흙에 적합하며 반드시 입자의 밀도 $\rho_s$와 물의 밀도 $\rho_w$를 알고 있어야 한다.

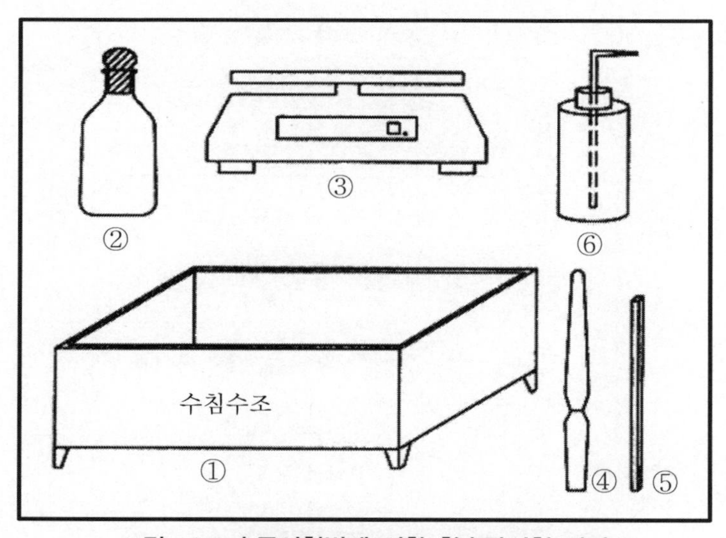


**그림 14.7 수중시험법에 의한 함수량시험 장비**

## (2) 시험장비

① 수침수조 : 공기를 제거할 수 있어야 한다.
② 수침용기 : 폐쇄가능해야 한다.
③ 저울
④ 스패츌라
⑤ 젓기 막대
⑥ 증류수

## (3) 시험방법

① 시료를 20gf 이상 준비한다.
② 수침용기를 증류수로 완전히 채운 후에 폐쇄하고 수중무게 $W_1$을 잰다.

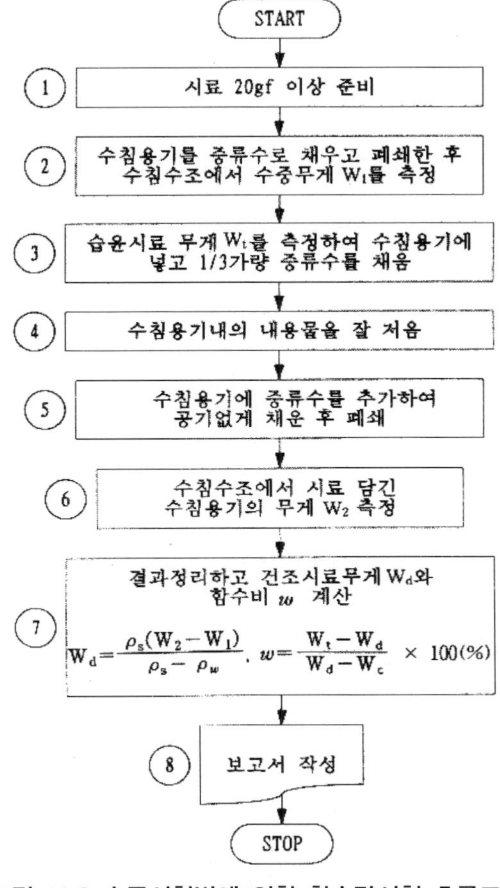


그림 14.8 수중시험법에 의한 함수량시험 흐름도

③ 습윤시료의 무게 $W_t$를 측정하여 수침용기에 넣고 수침용기를 1/3가량 증류수로 채운다.

④ 수침용기의 내용물을 스패츌라나 막대를 이용하여 잘 젓는다. 이때에 공기방울이 발생되지 않도록 주의한다.

⑤ 수침용기를 증류수로 채우고 공기를 없앤 후 폐쇄한다. 수침용기 내의 물과 수침수조의 물은 온도가 같아야 한다.

⑥ 수침수조에서 시료가 담긴 수침용기의 무게 $W_2$를 잰다.

⑦ 결과를 정리하고 계산한다.

건조시료무게 $W_d$ :

$$W_d = \rho_s V_s = \frac{\rho_s (W_2 - W_1)}{\rho_s - \rho_w}$$

함수비를 $w$ :

$$w = \frac{W_t - W_d}{W_d} \times 100 \ [\%]$$

⑧ 보고서를 작성한다.

### 14.3.3 대형 피크노미터법

#### (1) 개요

대형 피크노미터법은 같은 양의 시료에 대해 수침법보다 신속하고 간단하게 시료의 함수비를 구할 수 있는 방법이다.

#### (2) 시험장비

① 대형피크노미터 : 눈금이 새겨진 용기로 시료의 양이 1kgf이면 약 2ℓ의 체적을 갖는 것이 필요하다.

② 저울

③ 젓기 막대

④ 스패츌라

⑤ 증류수

#### (3) 시험방법

① 시료 5 ~ 20gf을 준비한다.

② 피크노미터를 눈금이 새겨진 곳까지 증류수로 채우고나서(피크노미터+물) 무게 $W_1$을 측정한다.

③ 습윤시료의 무게 $W_t$를 약 1% 정밀도로 측정한다.

④ 습윤시료를 피크노미터에 넣는다.

⑤ 피크노미터에 물을 반쯤 채우고 공기방울이 없어질 때까지 잘 젓는다.

⑥ 피크노미터의 눈금이 새겨진 곳까지 물로 채우고 (피크노미터+시료+물) 무게 $W_2$를 측정한다.

⑦ 결과를 정리하고 계산한다.

건조시료무게 $W_d$

$$W_d = \rho_s V_s = \frac{\rho_s (W_2 - W_1)}{\rho_s - \rho_w}$$

함수비 $w$ :

$$w = \frac{W_t - W_d}{W_d} \times 100 \ [\%]$$

⑧ 보고서를 작성한다.

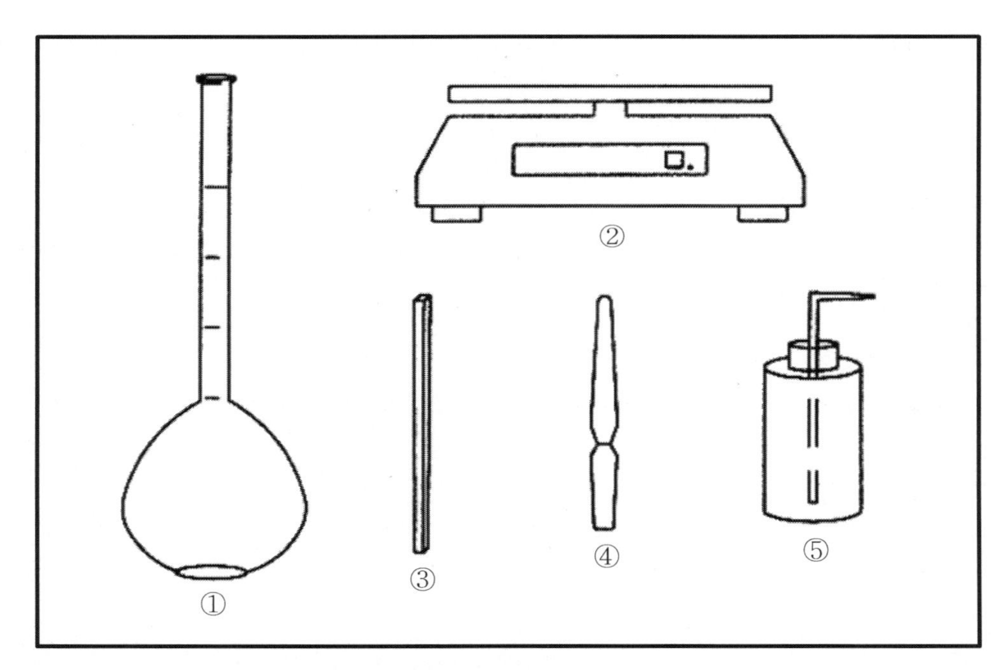


**그림 14.9 대형 피크노미터법에 의한 함수량 시험장비**

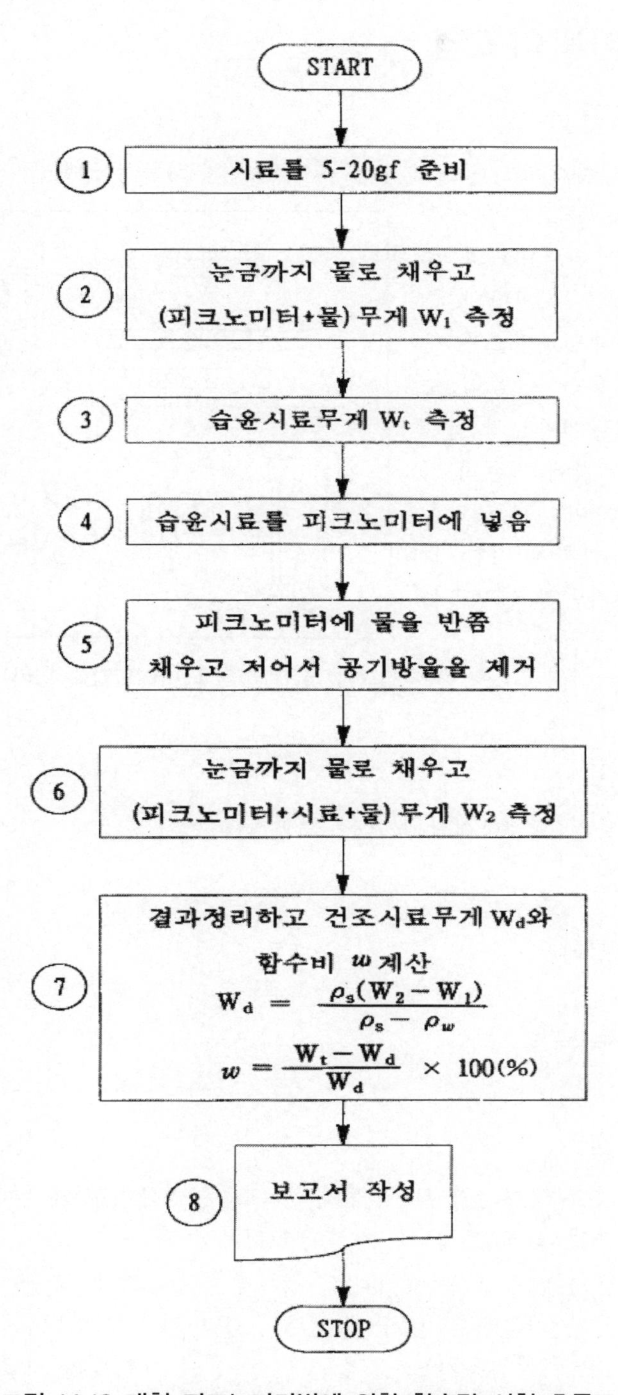


그림 14.10 대형 피크노미터법에 의한 함수량 시험 흐름도

# 14.4 칼슘 카바이드법

## 14.4.1 개 요

칼슘 카바이드법은 주로 강도가 작은 지반의 함수비를 측정하는 데 적용한다. 칼슘 카바이드법은 시료를 고압용 금속 용기에 넣어 칼슘 카바이드와 섞으면 칼슘 카바이드가 지반의 수분을 흡수하여 아세틸렌가스가 생성되는 원리를 이용한다. 혼합 중에 발생되는 아세틸렌가스의 압력은 시료 내의 함부량에 의존하며, 용기에 부착된 압력계에서 증가된 압력을 측정하면 기계에 따른 보정표를 참조하여 지반의 함수량을 알 수 있다.

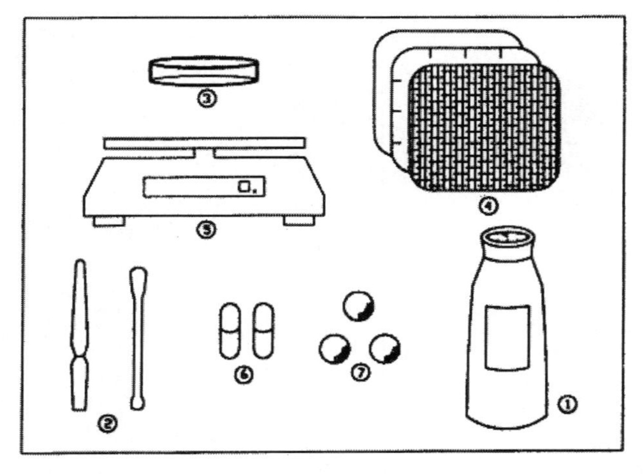

그림 14.11 칼슘 카바이드법에 의한 함수량 시험장비

## 14.4.2 시험장비

① 고압용 강재용기 : 압력계가 부착된 것이라야 한다.
② 스패츌라, 스푼
③ 라이베 샬레
④ 방수포, 천, 걸레
⑤ 저울
⑥ 칼슘 카바이드 캡슐
⑦ 철구슬

## 14.4.3 시험방법

① 보통의 함수량 시험에서와 같은 양의 시료를 준비하여 잘게 부순다.
② 시료를 방수포에 놓고 무게 $W_t$를 측정한다.
③ 시료를 압력용기에 넣고 용기 내에서 섞는다.
④ 압력용기를 약간 기울이고 용기 내에 철구슬과 칼슘 카바이드와 들어 있는 유리 캡슐을 넣은 후에 압력용기를 잘 잠근다. 이상의 작업들은 시료의 함수비 변화를 되도록 적게 하기 위하여 신속하게 실시한다.

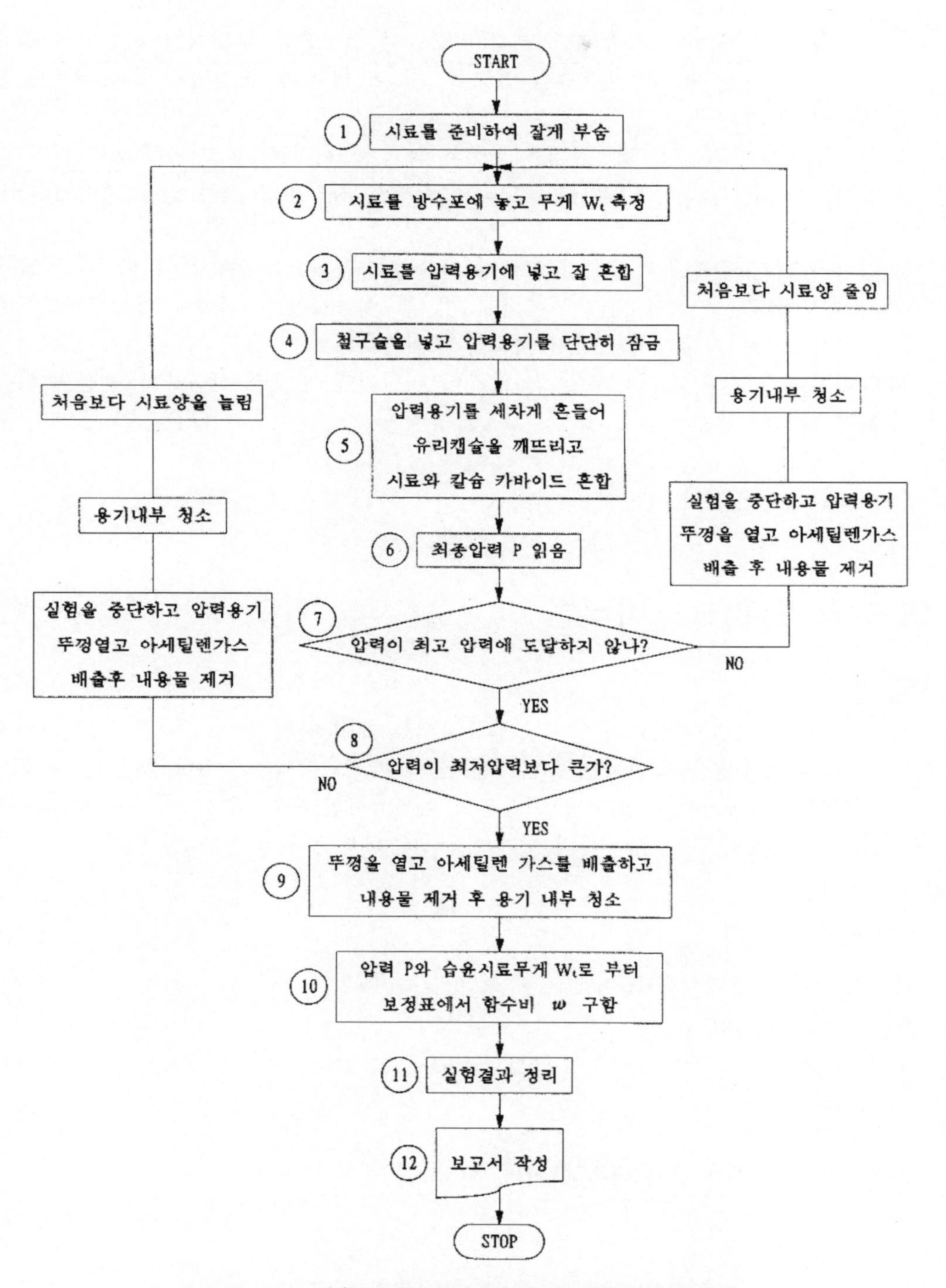


그림 14.12 칼슘 카바이드법에 의한 함수량시험 흐름도

⑤ 압력용기를 몇 번 세차게 흔들면 유리캡슐이 철구슬과 부딪쳐서 깨어져서 칼슘 카바이드가 시료와 섞이게 된다. 압력계 눈금이 더 이상 증가되지 않을 때까지 흔들어서 잘 섞는다.
⑥ 최종압력 $p$를 읽는다. 최종압력은 장비의 최고 및 최저압력이 사이에 있어야 한다.
⑦ 압력이 금방 최고 한계압력에 도달되면 실험을 중단하고 시료 양을 줄여서 다시 시험한다.
⑧ 압력이 최저 압력에 도달되지 않으면 시료의 양을 늘려서 다시 시험한다.
⑨ 시험이 끝나면 뚜껑을 열고 아세틸렌 가스를 배출시킨다. 이때에 아세틸렌가스는 발화성이므로 화재가 일어나지 않도록 주의한다.
⑩ 압력치 $p$와 습윤시료의 무게 $W_t$로부터 실험기에 부착된 산출표나 곡선을 이용해서 함수비 $w$를 읽는다.
⑫ 시험결과를 정리한다.
⑬ 보고서를 작성한다.

# 14.5 공기 피크노미터법

## 14.5.1 개 요

공기 피크노미터법은 시료의 입자무게와 물의 무게에 따라 압력이 다른 원리를 이용하여 시료 내 함수량을 측정하는 방법이며, 공기 피크노미터를 시료로 채운 후에 용기를 패쇄하고 압축공기를 가한다. 압력평형이 이루어지면 공기 피크노미터의 압력을 측정 하고 산출표에서 흙입자와 물의 무게비를 산출해서 함수비 $w$를 계산한다.

## 14.5.2 시험장비

① 압력계부착 공기 피크노미터
② 저울(감도 0.1gf)
③ 시료 분쇄기
④ 다짐봉
⑤ 압축공기통
⑥ 금속체 : 크기가 다른 금속체 여러 개 준비

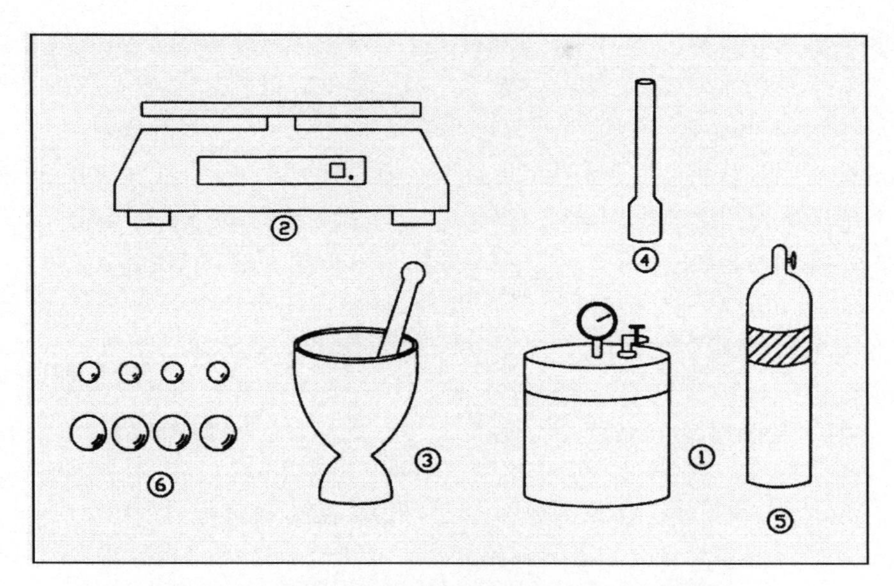

그림 14.13 공기 피크노미터법에 의한 함수량 시험장비

## 14.5.3 시험방법

① 입경 0.5mm 이상의 흙은 골라내고 시료를 충분히 준비한다. 가능한 많은 양의 시료(무게 $W$)로 빈 피크노미터를 채워서 시험한다.

② 빈 피크노미터의 무게 $W_c$를 측정한다.

③ 크기가 다른 여러 개의 금속체를 하나씩 사용하여 예비 시험하고 그 결과를 압력 $p$ 부피 $V$간의 관계로 표시하여 $p-V$ 관계 산출표를 구하여 사용한다.

④ 시료를 한 층씩 공기 피크노미터에 넣고 다짐봉으로 잘 다져가며 채운다.

⑤ 시료를 빈 피크노미터의 테두리까지 채워서(시료+공기 피크노미터) 무게 $W_{tc}$를 측정한다.

⑥ 공기 피크노미터의 뚜껑부분을 잘 닫고 압축공기 가압장치를 확실히 연결한다.

⑦ 초기압력이 $p_0$인 압축공기통을 준비한다.

⑧ 배기밸브를 잠그고 압축공기를 천천히 가하여 공기 피크노미터와 압축공기통의 압력이 같아지도록 하고 공기압력 $p_i$를 잰다.

⑨ 공기 피크노미터의 배기밸브를 열어 압축공기를 완전히 배기시킨다.

⑩ 공기 피크노미터를 다시 압력 $p_0$인 압축공기통에 연결하여 $n$회 반복시험한다.

⑪ 압력의 평균치 $P_m = (p_1 + p_2 + \ldots + p_n)/n$을 구한다.

⑫ 시험이 끝나면 먼저 공기 피크노미터에서 공기를 제거한 후에 이어서 압축공기통의 공기를 제거해서 공기 피크노미터의 습한 공기가 압축공기통으로 들어가서 압축공기의 부피가 변하지 않게 한다.

⑬ 공기 피크노미터와 압축공기통의 압력이 평형을 이룬 후에 압력이 초기압력 $p_0$의 40%($0.4p_0$) 미만이면 시료의 함수비가 너무 작거나 공극이 너무 큰 경우이므로 시료에 무게를 아는 일정량의 물(부피 $V_m$)을 붓고 다시 시험한다.

⑭ 점토 등 미세한 세립토에서는 공기 피크노미터 내의 압력이 압축공기통의 압력만큼 올라가지 않을 수가 있다. 이러한 시료의 함수비를 측정하기 위해서는 무게를 잰 일정량의 물을 공기 피크노미터에 붓고난 후에 흙시료를 잘게 부수어 공기 피크노미터 속에 넣고 시험을 실시한다.

⑮ 습윤시료무게 $W_t$와 공기압 $p$로부터 입자와 액체의부피 $V_m$을 산출표에서 구한다.

⑯ 압력 $p_m$과 부피 $V_m$의 관계를 보일의 법칙을 이용해서 구한다.

⑰ 결과를 정리하고 함수비를 계산한다.

$$w = \frac{\rho_w(\rho_s V_m - W)}{\rho_s(W - \rho_w V_m)} \times 100 \ [\%]$$

⑱ 보고서를 작성한다.

## 14.5.4 시험 예

- 저울용량 : $\Delta W = 0.1$ gf
- 최대입경 0.5mm
- 시료용기무게 $W_k$ gf
  (시료용기+습윤시료)무게 $W_{tc}$ gf
  습윤시료무게 $W_t$ gf
  추가수량 $V_m$ cm³
- 압력측정치 $p_1$, $p_2$, $p_3$.......$p_n$ bar
  압력평균측정치 $p_m$ bar
- 부피 산출표
  (습윤시료+추가수량) 부피 $V_m + V_w$cm³
  물의 밀도 $\rho_w$ gf/cm³
  시료의 밀도 $\rho_s$ gf/cm³
- 함수비 : $w = \dfrac{\rho_w(\rho_s V_m - W)}{\rho_s(W - \rho_w V_m)}$ [%]

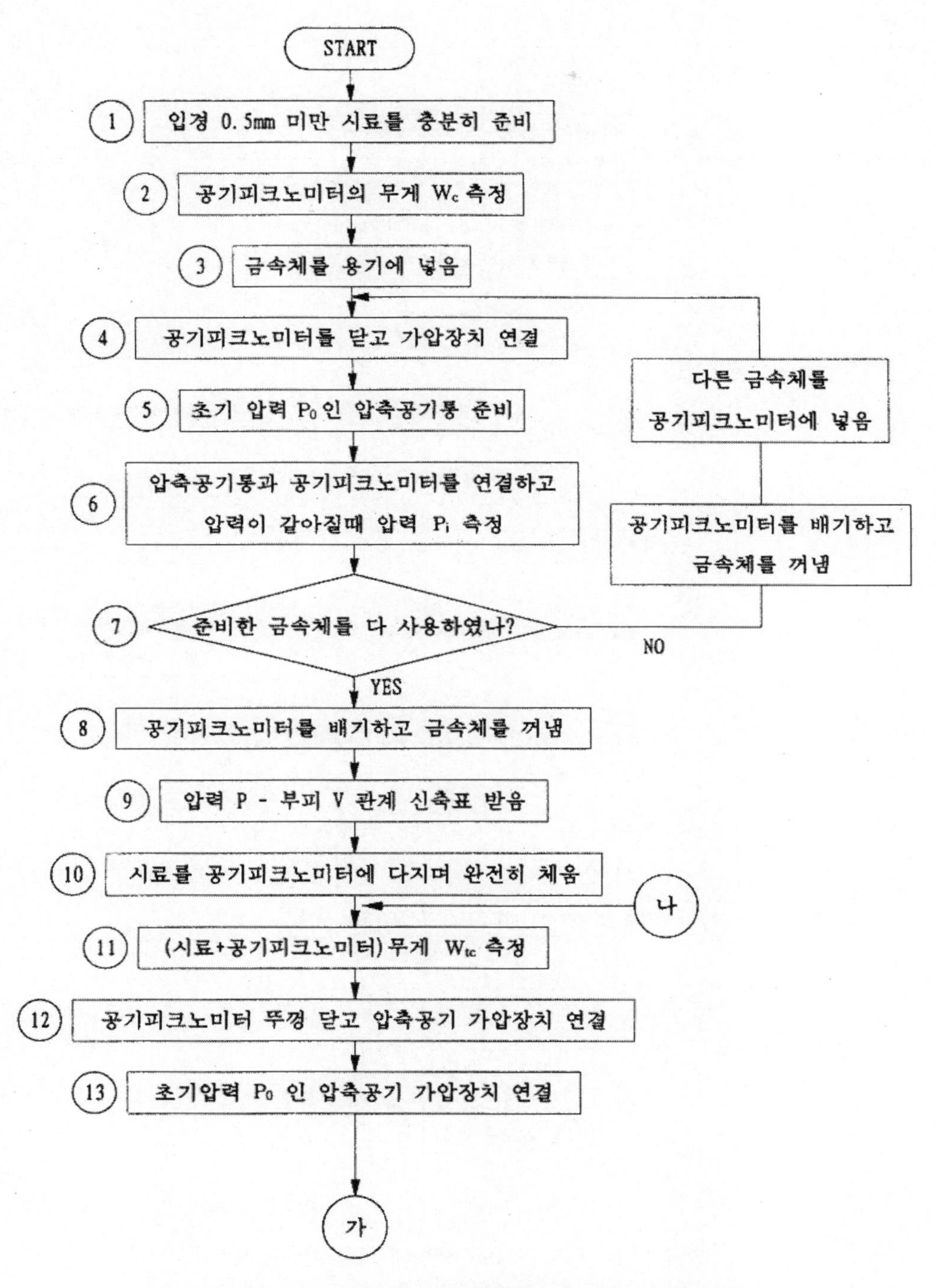


그림 14.14 공기 피크노미터법에 의한 함수량시험(1)

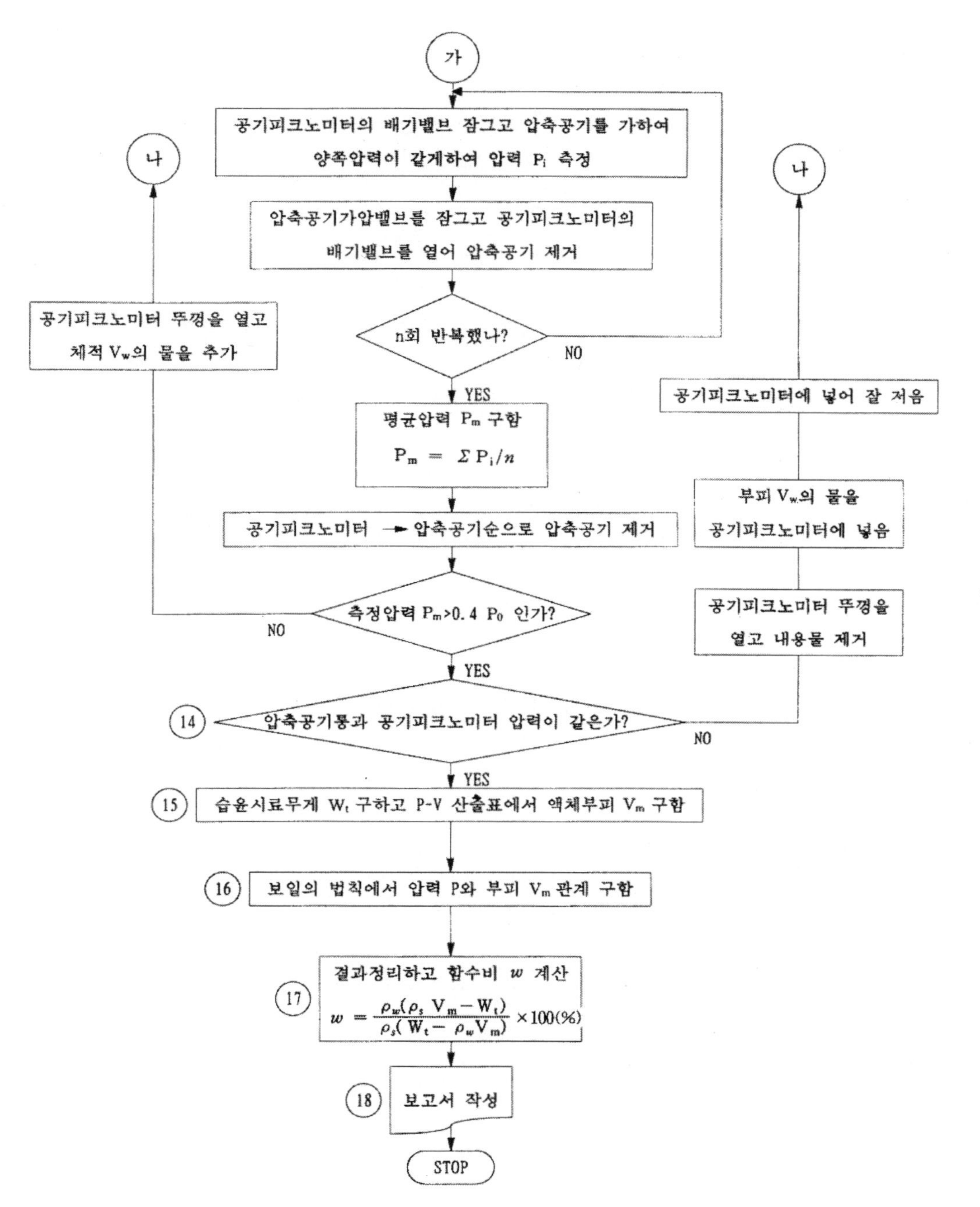


그림 14.14 공기 피크노미터법에 의한 함수량시험(2)

# 참고문헌

DIN 18121 T2 (1989)

Wassergehalt, Bestimmung durch Schnelverfahren

Simmer K. (1994)

Grundhau 1. Bodenmechamil underdstatische Berechnumgem

Teubner, Stuttgart

# 제15장 특수 토질시험

## 15.1 원심함수당량시험

### 15.1.1 개 요

원심함수당량시험은 흙에서 모세관 작용의 크기를 알아내는 시험이다. 한국산업규격 KS F 2315에서는 지반의 원심함수당량을 「최초에 물로 포화된 흙이 중력의 1000배, 즉 1000g에 상당하는 원심력을 1시간 동안 받았을 때의 함수비」라고 정의하고 있다.

지반의 원심함수당량은 노상토의 동상예측이나 노상이나 노반재료의 적부판정 등에 이용된다.

### 15.1.2 시험장비

① 원심분리기 : 시료를 넣은 상태에서 중력의 1000배에 해당하는 원심력을 5분 이내에 가할 수 있고 1시간 이상 지속적으로 가할 수 있는 것이라야 한다. 또한 4분 이내에 완전제동이 가능해야 한다.

② 구치도가니 : 흙시료를 담는 도가니용기이다. 원심분리기에 맞는 치수를 가져야 한다.

③ 드라이언 컵 : 구치도가니를 원심분리기에 설치하는 용기로 원심분리기의 부속기구이다.

④ 습기상자 : 시료를 보관하는 용기로 대개 투명한 종모양의 뚜껑이 있는 유리용기이다.

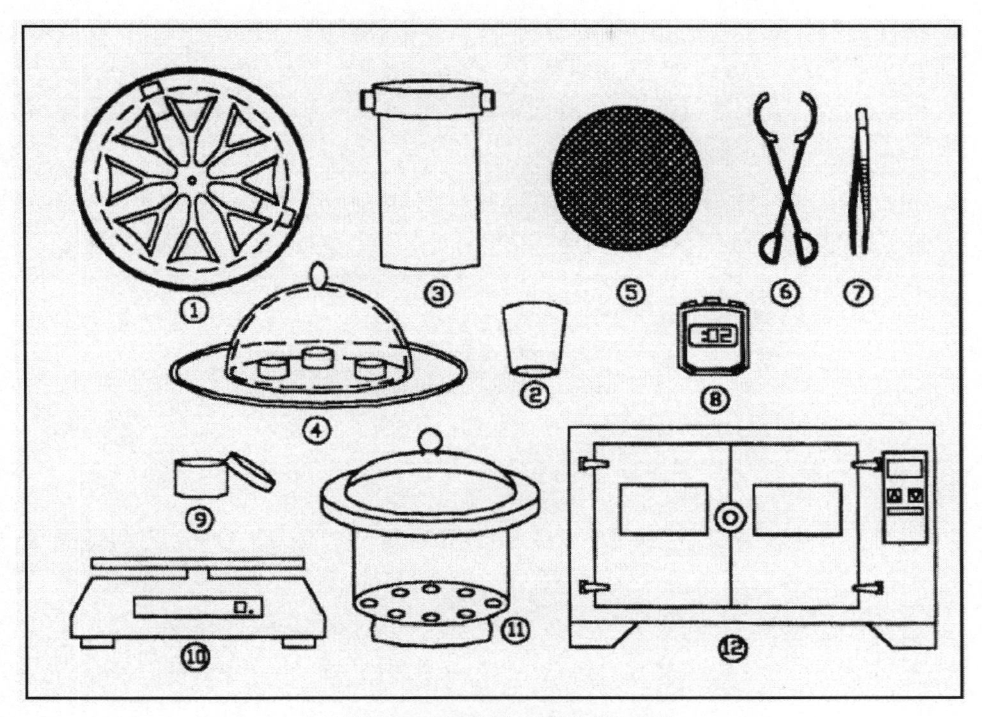


그림 15.1 원심함수당량 시험장비

⑤ 여과지
⑥ 집게
⑦ 핀셋
⑧ 시계
⑨~⑫ 함수량 시험용구(캔, 저울, 데시케이터, 전기로)

## 15.1.3 시험방법

① No.40체 통과시료 약 $10gf$을 준비한다.
② 마른 여과지 2장을 준비하여 각각의 무게 $W_d$를 측정한 후에 여과지를 물에 적셔서 무게 $W_e$를 측정한다.
③ 구치도가니 2개를 택하여 무게 $W_f$를 측정한다.
④ 2개의 구치도가니에 물에 적신 여과지를 넣은 후에 시료를 약 $5gf$씩 넣는다.
⑤ 시료가 담긴 구치도가니를 증류수에 담가서 밑에서부터 표면까지 완전히 포화시킨다.

⑥ 습기상자에 넣고 12시간 이상 방치하여 시료 전체의 수분이 평형이 되도록 한다. 표면에 물이 고이면 물을 버린다.
⑦ 최종적으로 표면에 고인물은 버리고 구치도가니 2개를 드라이언 컵에 넣어 원심분리기에 대칭으로 장치한다.
⑧ 원심력이 중력의 1000배, 즉 1000$g$이 되는 분당 회전수 $n$을 정하고 1시간 동안 원심분리기를 작동시킨다. 이때 분당 회전수 $n$은 다음과 같이 계산한다.

$$n = \sqrt{\frac{900 \times F}{\pi^2 Rm}}$$

여기서, $F$ : 원심력 $F = 1000 \times 980 \times m = 98 \times 10^4 \times m$ $[gf \cdot cm/s^2]$
$R$ : 회전중심축에서 구치도가니 안의 시료중심까지의 거리 $[cm]$
$m$ : 시료의 질량 $[g]$

원심분리기의 온도는 20±1℃로 유지하고 조절기의 각 단계별로 1분씩 회전시켜서 소요속도가 5분 이내에 도달되도록 해야 한다. 제동 시에도 4분 이내에 속도를 단계별로 줄여서 멈추도록 한다. 회전수를 순식간에 올리면, 물의 이동보다 흙입자 이동이 빨리 일어나서 시료표면에 물이 고이는 워터로깅이 발생될 수 있다.

⑨ 시료표면에 물이 고이면 워터로깅(water logging)이라고 기록한다.
⑩ 시료표면에 물이 고여 있어도 버리지 않고(구치도가니+젖은시료+젖은여과지) 무게 $W_a$를 측정한다.
⑪ 건조로에서 105±5℃로 노건조한다.
⑫ 노건조 후(구치도가니+노건조시료+마른여과지) 무게 $W_b$를 측정한다.
⑬ 원심함수당량 $w_c$를 다음의 식으로 계산한다.

$$w_c = \frac{(W_e - W_d) - (W_b - W_e)}{W_b - (W_f + W_e)} \times 100\ [\%]$$

⑭ 원심함수당량 $w_c < 15\%$이고 오차 $> 1\%$이면 재시험한다.
원심함수당량 $w_c \geq 15\%$이고 오차 $> 2\%$이면 재시험한다.
⑮ 측정치를 정리하고 계산한다.
⑯ 보고서를 작성한다.

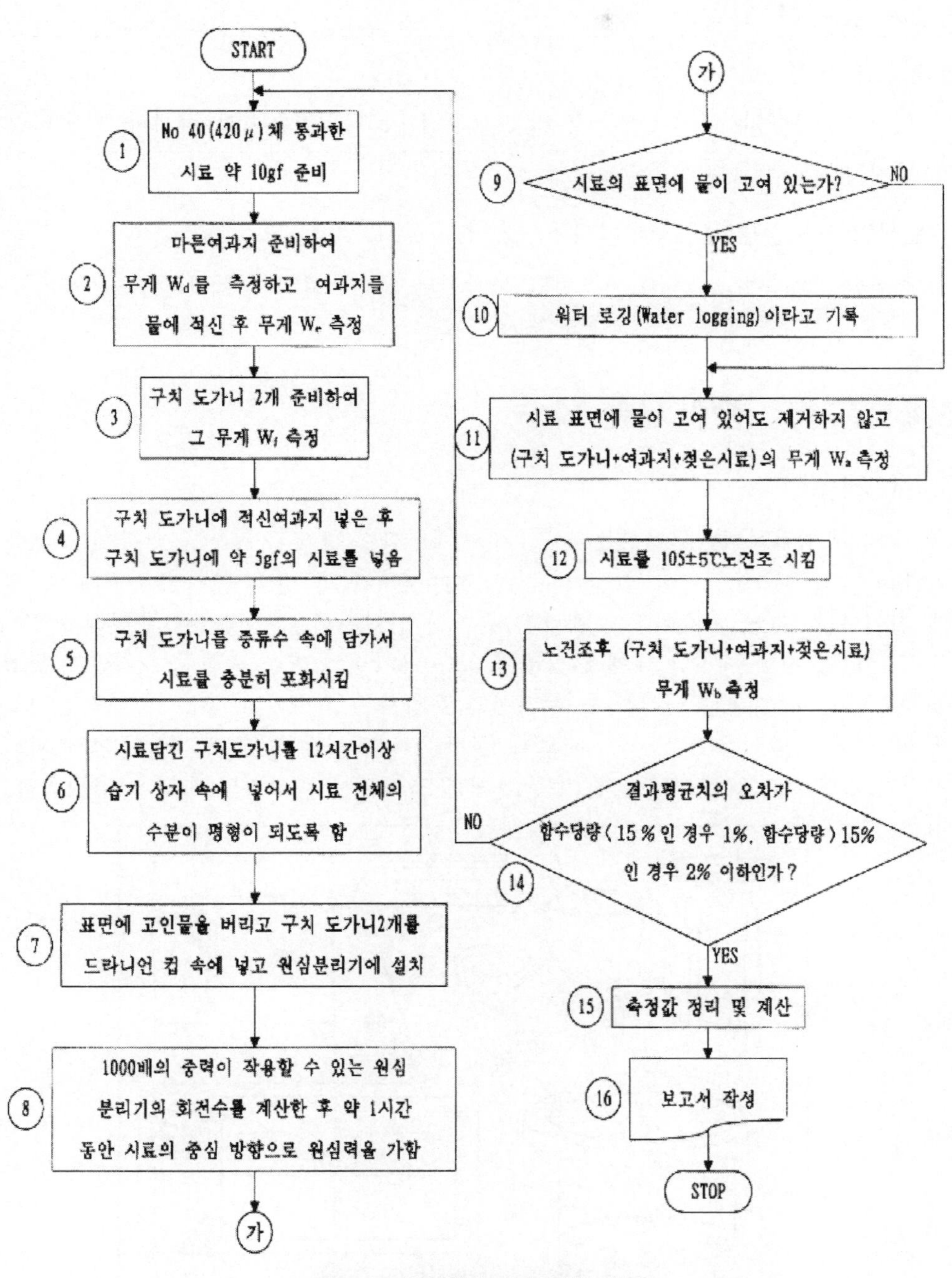


그림 15.2 원심함수당량 시험 흐름도

### 15.1.4 결과의 이용

(1) 동상성 판정

원심함수당량이 $w_c < 12\%$ 이면 모관작용이 작고 팽창수축이 적어서 동상이 일어나지 않는 흙이다.

(2) 노상이나 노반재료의 적부판정

원심함수당량이 $w_c < 6 \sim 8\%$ 이면 노상이나 노반재료로 적합하다.

## 15.2 유기질 함량시험

### 15.2.1 개 요

흙 속의 유기질의 존재 여부는 농도 30% 과산화수소($H_2O_2$)를 흙에 부어서 거품이 일어나는 것을 보고 간단히 확인할 수 있으며 유기질의 양이 많을수록 거품이 급격하게 일어난다. 그러나 유기질의 함량은 유기질 함량시험을 수행하여 측정해야 한다.

유기질 함량 시험은 지반 내에 혼합되어 있는 유기질의 양을 측정하여 지반의 판정과 분류에 적용하기 위해서 실시하며, 무기질인 흙입자는 산화되지 않는 반면에 유기질은 산화되는 성질을 이용한다. 즉, 시료를 불에 달구면 흙 속의 유기질이 산화되므로 유기질이 $CO_2$가스로 산화되어 줄어든 무게를 측정해서 유기질의 함량을 결정한다.

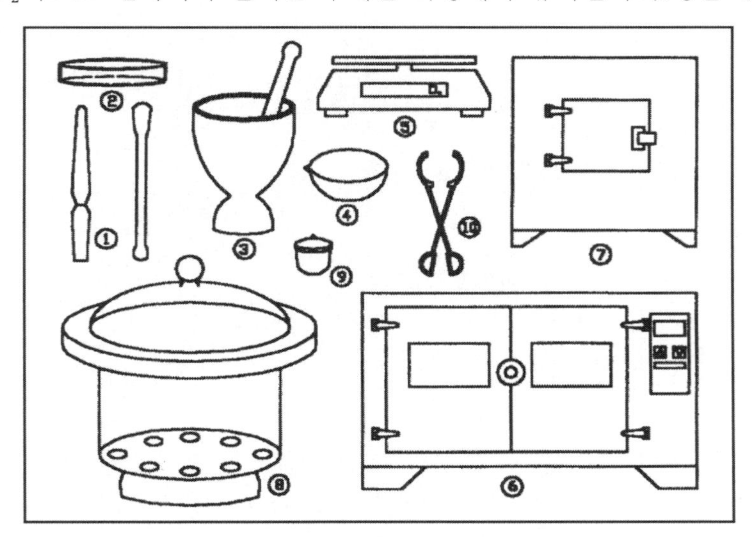


그림 15.3 유기질 함량 시험장비

그러나 불에 달구는 동안에 유기탄소가 탄산가스가 되어 무게가 감량되는 문제 외에도 흙입자에 포함된 흡착수나 결정수가 이탈되는 등 물리 화학적 요인에 의해서 무게가 감량되는 문제점이 있다. 그 밖에도 흙 속의 $Ca(OH)_2$는 $CO_2$와 반응하여 $CaCO_3$가 되고 흙속의 철분이 산화되면서 오히려 무게가 증가되는 문제점이 있다.

본 장에서는 DIN 18128을 근간으로 한 유기질 함량 시험방법을 설명한다.

흙 속의 유기질 함유율 $V_g$는 흙 속의 유기질 무게 $\triangle W_g$의 건조흙무게 $W_d$에 대한 무게비로 표현한다.

$$V_g = \frac{\triangle W_g}{W_d} = \frac{W_d - W_g}{W_d}$$

여기에서 $W_g$는 흙을 달구어 유기질이 산화된 후에 남는 순수한 흙만의 무게이다.

## 15.2.2 시험장비

① 스패츌라, 주걱
② 샬레
③ 분쇄기
④ 자기용기(증발접시)
⑤ 저울 : 0.001gf 측정가능
⑥ 건조로 : 110±5°C
⑦ 도가니 오븐 : 550°C 가열 가능
⑧ 데시케이터 ⑨ 시료캔 ⑩ 집게

## 15.2.3 시험방법

① 시료를 가장 잘 대표할 만한 부분을 취하여 공기 건조시킨다.
② 공기건조된 시료에서 2mm 이상의 큰 입자는 골라내고 덩어리를 부순다.
③ 일정량의 시료를 취하여 증발접시로 옮긴다. 이때에 지반의 종류에 따라 표 3.1을 참조하여 최소 시료량을 확보한다.
④ 시료는 110±5°C의 건조로에서 충분히 노건조시킨다.
⑤ 데시케이터에서 실내온도로 식힌다.
⑥ 시료를 분쇄기에 넣어서 분쇄하여 분말로 만든다. 모래나 자갈질 시료에서는 입자를 분쇄하지 않고 분리시키기만 하면 된다.

⑦ 자기용기를 550°C 도가니 오븐에서 20분간 달군 후에 데시케이터에서 실내온도로 식히고 무게 $W_c$를 측정한다.

⑧ 분쇄한 시료는 전체 무게의 1%까지 정확하게 달구기 전(자기용기+시료) 무게 $W_{dc}$를 측정하고 자기용기에 채운다. 이때에 달구는 과정에서 흙 분말이 날릴 염려가 있으므로 자기용기는 2/3 이상 채우지 말아야 한다.

⑨ 시료를 도가니 오븐에서 550°C로 달군다. 달구는 시간은 2시간 정도면 충분하다.

⑩ 실내온도로 식힌 후에 달군 후(자기용기+시료) 무게 $W_{gc}$를 측정한다.

**표 15.1 지반의 종류에 따른 최소시료량**

| 지반의 종류 | 유기질토, 세립토 | 모 래 | 자갈질 모래 | 자 갈 |
|---|---|---|---|---|
| 최소소요무게 $[gf]$ | 15 | 30 | 200 | 1000 |

⑪ 결과를 정리하고 계산한다.

시료를 달구어서 시료 내 유기질이 산화되어 줄어든 무게, 즉 유기질의 무게 $\Delta W_g$는 달구기 전의(시료+자기용기)의 무게 $W_{dc}$에서 달군 후의(시료+자기용기)의 무게 $W_{gc}$를 감하여 구할 수 있다.

$$\Delta W_g = W_{dc} - W_{gc}$$

달구기 전 건조시료 무게 $W_d$는 달구기 전(시료+자기용기) 무게 $W_{dc}$에서 자기용기의 무게 $W_c$를 감하여 구할 수 있다.

$$W_d = W_{dc} - W_c$$

유기질 함유율 $V_g$는 유기질의 무게 $\Delta W_g$의 달구기 전 건조시료의 무게 $W_d$에 대한 무게비이다.

$$V_g = \frac{\Delta W_g}{W_d}$$

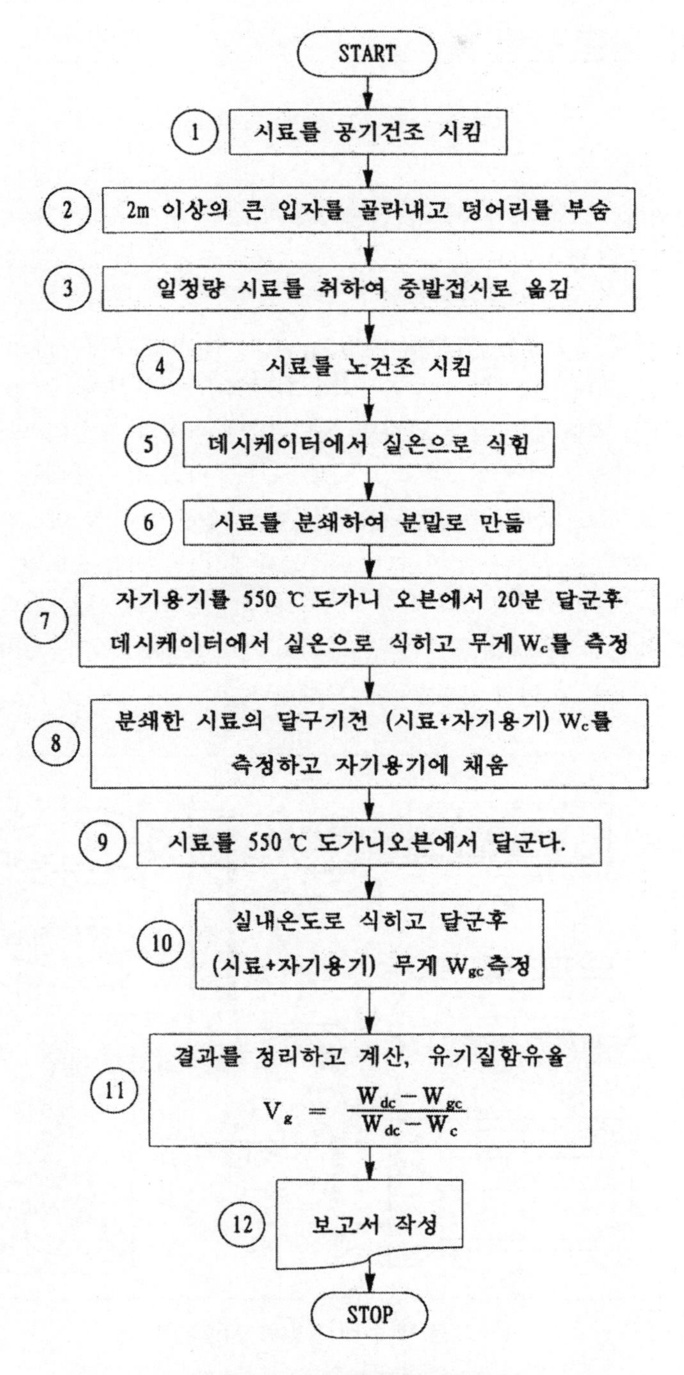


그림 15.4 유기질함량시험 흐름도

# 15.3 석회 함량시험

## 15.3.1 개 요

석회를 포함하는 흙은 일반적으로 점성을 가지며 이를 점착력으로 오판할 우려가 있으므로 유의해야 한다. 점착력은 지반이 포화되거나 건조되어도 변하지 않으나 점성은 지반이 포화되면 없어진다. 따라서 점성이 있는 흙은 강성도가 실제보다 크게 측정된다.

지반 내에서 석회의 유무는 단순히 지반에 20% 염산을 가해 거품이 발생하는 것을 보고 확인할 수 있으며, 석회의 함량은 석회 함량시험을 통하여 구한다.

석회를 포함하는 지반에 염산을 가하면 지반 내의 석회와 염산이 반응하여 일정량의 수용성 염류가 형성되고 탄산가스($CO_2$)가 발생된다. 따라서 발생되는 탄산가스양을 측정하여 지반 내의 석회 함량을 알 수 있다. 이렇게 측정한 석회 함량은 광물의 구성에 대한 완전한 정보를 알기에는 부족하나 토목공학에서 필요한 정도의 정보를 얻기에는 충분하다. 여기에서는 DIN 18129의 석회 함량시험을 근간으로 하는 시험법을 설명한다.

지반 내에서 석회는 일반적으로 탄산칼슘($CaCO_3$)이나 돌로마이트($CaCO_3 \cdot MgCO_3$, dolomite, 백운석) 또는 이들의 혼합형태로 존재한다.

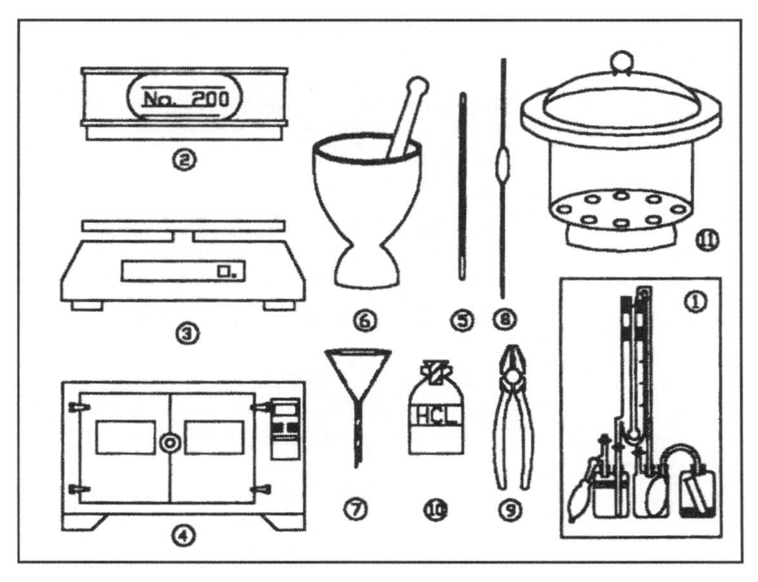


그림 15.5 석회 함량 시험장비

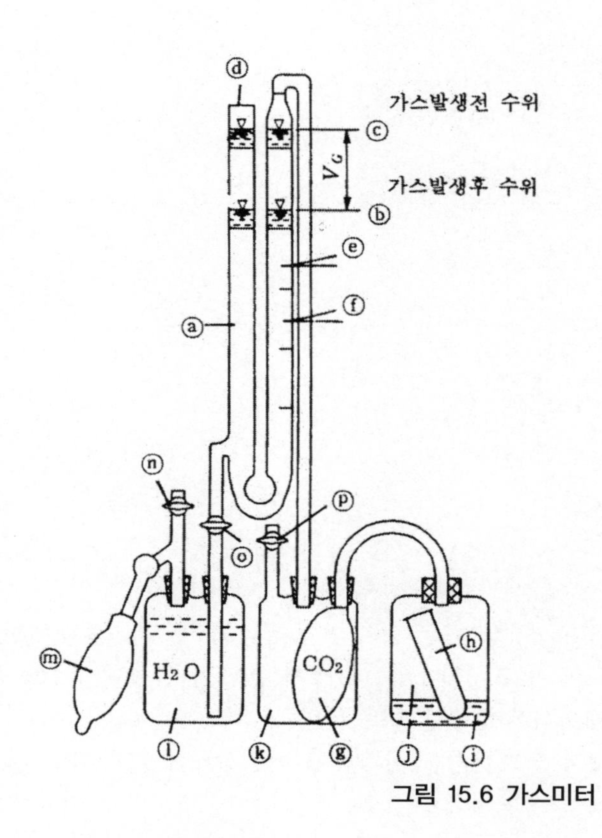


ⓐ 개관 메스실린더
ⓑ 시험후 수위
ⓒ 시험전 수위
ⓓ 대기압
ⓔ 측정눈금
ⓕ 메스실린더
ⓖ 고무풍선
ⓗ 염산을 넣은 시험관
ⓘ 흙시료
ⓙ 가스발생용기
ⓚ 가스포집용기
ⓛ 수위조절용기(물탱크)
ⓜ 펌프
ⓝ ⓞ ⓟ 밸브

그림 15.6 가스미터

지반의 석회 함유율 $R_{Ca}$는 지반 내에 포함된 석회의 무게 $W_{Ca}$의 건조 흙의 무게 $W_d$에 대한 무게비로 정의한다.

$$R_{Ca} = \frac{W_{Ca}}{W_d}$$

석회 함유율은 세립토나 혼합토에서 지반의 특성이나 흙입자 간의 안정성 및 결합 특성을 규명하는 자료로 활용된다.

## 15.3.2 시험장비

지반 내 석회성분이 염산과 반응하여 발생되는 $CO_2$ 가스의 부피는 가스미터를 이용하여 측정한다. 가스미터에는 가스발생용기와 가스포집용기가 장치되어 있으며 약 $500cc$의 가스발생용기 내에서 시료를 염산과 반응시켜서 발생된 $CO_2$ 가스의 부피 $V_G$는 눈금 있는 메스실린더에서 읽게 되어 있다. 석회 함량 시험에는 다음과 같은 장비와 시약이 필요하다.

① 가스미터
② 시험용체
③ 저울, 감량 0.01$gf$
④ 건조로
⑤ 온도계
⑥ 분쇄 절구
⑦ 깔때기
⑧ 피펫
⑨ 펜치
⑩ 염산 : 2$mol/l$ 염산 10$ml$
⑪ 데시케이터

## 15.3.3 시험방법

① 시료는 공기건조하여 직경 2$mm$ 이상 되는 입자를 골라내고 약 20g을 준비한다.
② 공기 건조한 시료를 분쇄절구에 넣고 0.6mm보다 잘게 분말로 만들어서 110±5°C 에서 노건조시킨 후에 데시케이터에서 실온으로 식힌다.
③ 시료는 염산반응 실험을 통해서 석회함량을 파악하고 반응상태에 따라 0.3~5gf를 취한다.

| 염 산 반 응 | 소 요 시 료 량 [gf] |
|---|---|
| 없음 | 4.0 ~ 5.0 |
| 약간 반응, 지속 안 됨 | 2.0 ~ 4.0 |
| 뚜렷한 반응, 지속 안 됨 | 0.7 ~ 2.0 |
| 강하게 반응, 지속됨 | 0.3 ~ 0.7 |

④ 펌프ⓜ을 가동하여 가스미터에 연결된 두 개의 메스실린더 ⓐ와 ⓕ를(그림15.6) 물로 채운다.
⑤ 노건조시료의 무게 $W_d$를 측정하고 깔때기를 이용하여 가스발생용기 ⓙ에 넣는다. 이때에 시료가 깔때기에 남지 않도록 유의한다.
⑥ 시험관ⓗ에 2$mol/l$ 농도의 염산 약 10ml를 붓는다.
⑦ 시험관ⓗ를 가스발생용기ⓙ에 설치하고 가스포집용 메스실린더ⓚ와 연결한다.
⑧ 밸브ⓟ를 잠시 열어서 메스실린더ⓐ와 ⓕ의 수위ⓒ를 맞춘다.

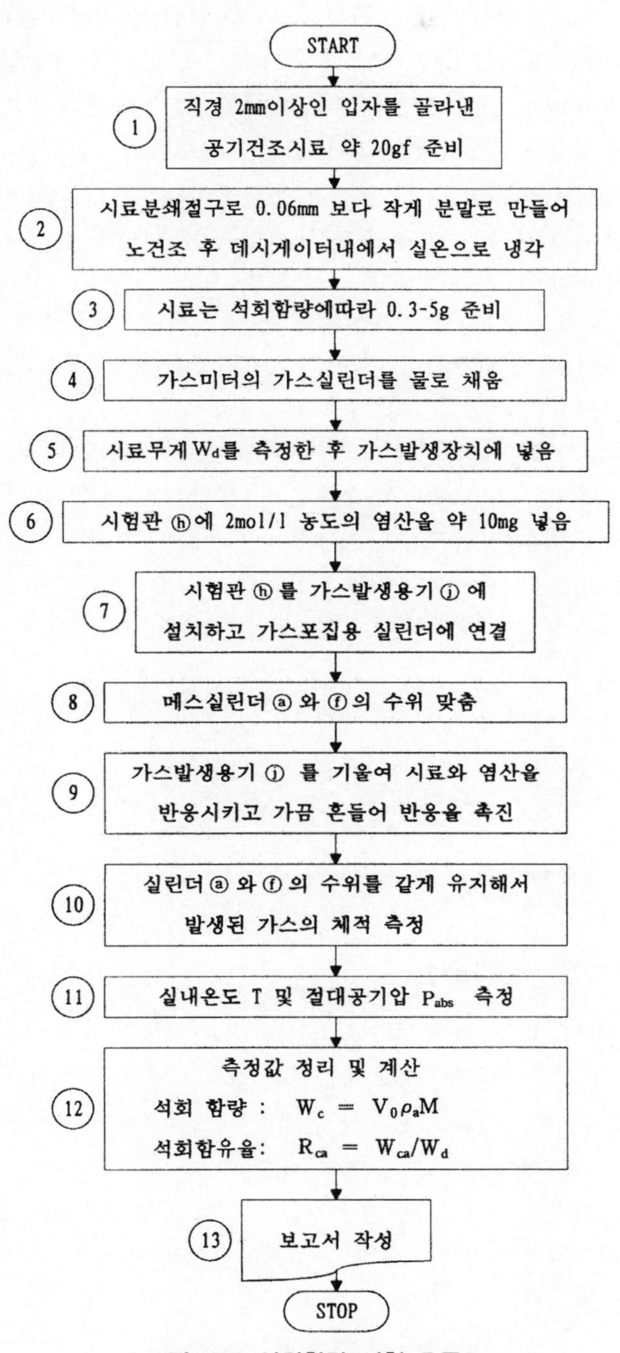


그림 15.7 석회함량 시험 흐름도

⑨ 가스발생용기ⓙ를 기울여서 시험관ⓗ 내의 염산($HCl$)이 흘러 나와서 흙시료와 반응하게 한다. 반응이 일어나면 $CO_2$가스가 발생되어 메스실린더ⓕ에서 메스실린더ⓐ의 방향으로 물을 밀어내게 된다. 메스실린더ⓕ에서 밀어낸 물의 체적이 발생가스 부피 $V_G$이다. 발생가스가 많을 때에는 메스실린더ⓐ에서 물이 넘치지 않도록 밸브ⓞ를 열어서 물을 물탱크ⓛ로 옮긴다. 메스실린더ⓕ의 수위ⓑ는 항상 실린더 ⓐ의 수위보다 아래에 오도록 한다. 가스발생용기ⓙ는 이따금 조심하면서 잘 흔들어서 반응을 촉진시킨다.

시험장치는 시험 중에 항상 일정한 온도를 유지한다. 가스가 발생되는 시간은 석회 광물의 종류에 따라 다르다. 대체로 가스 발생은 반응 시작 후 수분 내에 끝나며 최대 30분이면 대체로 반응이 정지된다.

⑩ 밸브ⓝ과 ⓞ를 열어서 실린더ⓐ의 물을 빼내어서 실린더ⓐ와 ⓕ의 수위를 일치시킨 후에 실린더ⓕ의 수위ⓑ를 읽어서 발생가스의 부피 $V_G$를 측정한다.

⑪ 실내온도 $T$와 절대대기압 $P_{abs}$를 측정한다.

⑫ 결과를 정리하고 계산한다.

석회 함량 :

$$W_{Ca} = V_o \rho_a M$$

석회함유율 :

$$R_{Ca} = \frac{W_{Ca}}{W_d}$$

⑬ 보고서를 작성한다.

## 15.3.4 $CO_2$가스의 분리포집

지반 내에서 석회성분은 주로 탄산칼슘($CaCO_3$)과 돌로마이트($CaCO_3 \cdot MgCO_3$)로 존재하므로 $CO_2$가스도 이들 두 가지 성분에서 따로 산출되지만 이를 정확히 분리하기는 어렵다. 돌로마이트는 탄산칼슘보다 염산에 대해서 느리게 반응하므로 발생된 $CO_2$가스의 최종량만을 측정하지 않고 중간과정에서 따로 구분하여 측정하면 근사적으로 분리할 수 있다. 즉, 돌로마이트는 30초에 겨우 $2 \sim 3\%$ 정도 반응하므로 30초 전후에 발생되는 가스량을 분리측정하여 탄산칼슘과 돌로마이트에서 발생된 $CO_2$가스를 근사적으로 구분하여 포집할 수 있다.

## 15.3.5 계산 및 결과정리

시료 내 석회함량 $W_{Ca}$는 다음 식으로 구한다.

$$W_{Ca} = V_o \rho_a M$$

여기에서 $\rho_a$는 온도 $T_n = 0℃$와 기압 $P_n = 100kPa$에서 $CO_2$가스의 밀도로 일반적으로 $\rho_a = 0.001977 gf/cm^3$이고 $M$은 $CaCO_3$와 $CO_2$의 분자질량 $M = 2.2275$이다. 또한 $V_0$는 정상상태의 가스부피로 온도 $T_n = 0℃$, 기압 $P_a = 100kPa$인 조건에서 $CO_2$ 가스의 부피를 나타내며 시험장소의 절대대기압 $P_{abs} kPa$을 이용하여 다음과 같이 구한다.

$$V_0 = \frac{P_{abs} V_G}{P_n (273 + T)\beta} \quad [cm^3]$$

이때에 $\beta$는 $CO_2$ 가스의 팽창계수로 $\beta = \frac{1}{268.4} K^{-1}$이다.

시료의 석회함유율 $R_{Ca}$는 다음과 같이 계산한다.

$$R_{Ca} = W_{Ca} / W_d$$

탄산석회와 돌로마이트의 $CO_2$ 가스 발생량을 구분하여 측정한 경우에는 전체 발생 $CO_2$ 가스 체적 $V_G$에서 탄산석회에서 발생된 $CO_2$ 가스량 $V_{Gc}$를 빼서 돌로마이트에서 발생된 $CO_2$ 가스 양 $V_{Gm}$을 알 수 있다.

$$V_{Gm} = V_G - V_{Gc}$$

여기에서 탄산석회에서 발생된 $CO_2$ 가스량 $V_{Gc}$는 시험 시작 후 30초 내에 발생된 $CO_2$ 가스량을 나타내며 이를 정상상태의 $CO_2$ 가스량 $V_{oc}$로 환산하면 다음과 같다.

$$V_{oc} = \frac{P_{abs} V_{Gc}}{P_n (273 + T)\beta}$$

탄산석회의 $Ca$ 무게 $W_{Cac}$와 돌로마이트의 $Ca$ 무게 $W_{Cam}$은 $CO_2$ 가스부피 $V_{oc}$로부터 다음과 같이 구할 수 있다.

$$W_{Cac} = V_{oc} \rho_a M$$
$$W_{Cam} = W_{Ca} - W_{Cac}$$

따라서 탄산석회의 $Ca$ 함유율 $R_{Cac}$와 돌로마이트의 $Ca$ 함유율 $R_{Cam}$은 다음과 같다.

$$R_{Cac} = W_{Cac} / W_d$$
$$R_{Cam} = R_{Ca} - R_{Cac}$$

참고로 20% 농도의 염산을 부었을 때에는 석회함유율 $R_{Ca}$에 따라 반응 정도가 다음과 같다.

| 염 산 반 응 | 석회함유율 $R_{Ca}$ [%] |
|---|---|
| 없음 | $R_{Ca} < 1$ |
| 약간 반응, 지속 안 됨 | $1 < R_{Ca} < 2$ |
| 뚜렷한 반응, 지속 안 됨 | $2 < R_{Ca} < 4$ |
| 강하게 반응, 지속됨 | $4 < R_{Ca}$ |

# ◘ 참고문헌 ◘

DIN 18129 T2 (1990).
Kalkgehaltbestimmung

DIN 18128 (1900).
Bestimmung des Glühverlusts.

BS 1377 (1961).
Methods of testing soils for civil engineering purpose.

JIS A 1207-1978 흙의 원심함수당량 시험방법

JSF T8-1968 흙의 유기물 함유량 시험방법(강열감량법)

Becher (1965).
Der Einfluß des Kalkgehaltes von Erdstoffen auf ihre Wasserdurchlässigkeit.
Forschungsanst. Schiffahrt, Wasseru. Grundbau, Berlin H.14. S. 137.

Voss R. / Floß R. (1968).
Die Bodenverdichtung im Straßenbau 5. Aufl, Düsselderf

Schulze E./ Muhs H. (1967).
Bodenuntersuchungen für Ingenieurbauten. Springer Verlag 2. Aufl. Berlin.

Müller-Vonmoos (1968).
Die Bodenverdichtung im Straßenbau 5. Aufl. Düsselderf

# 제16장 앵커시험

## 16.1 개 요

앵커는 지반 내에 설치하며, 두 정착점 사이를 연결하는 인장부재를 통해서 힘을 흙 지반이나 암지반에 전달하는 구조부재를 말한다. 즉, 두 정착점 중에서 한 점을 자유 표면이나 벽체 위에 설치하고 다른 한 점을 지반 내에 설치한 후에 인장부재에 인장력을 가하여 양 정착점 사이의 지반을 압축하여 굴착벽의 안정을 도모하는 구조부재이다.

앵커는 등급에 따라 일정한 시험횟수를 정하여(흙지반은 최소 3회) 권위 있는 기관의 감독하에 시험하며, 시험 후에는 앵커를 굴착하여 재료시험을 통한 재료의 상태를 확인해야 한다.

앵커는 임시앵커와 영구앵커로 구분하고, 앵커설치 기간이 2년 미만이면 임시앵커 하고 2년 이상이면 영구앵커라고 한다. 따라서 앵커시험은 앵커의 종류에 따라서 구분하여 실시해야 한다. 앵커시험은 나라별로 규정을 정하여 실시하며, 여기에서는 DIN 4125의 내용을 위주로 설명한다.

일반적으로 다음과 같은 앵커시험을 수행한다.

- 앵커의 기본시험(16.2)
- 앵커의 적합성시험(16.3)
- 앵커의 적용성시험(16.4)

## 16.2 앵커의 기본시험

앵커의 기본시험은 영구앵커에 대하여 앵커부재의 기능성을 검사할 목적으로 주로 다음의 내용을 시험하거나 검사한다.

- 앵커의 형상, 제작상태, 방식처리상태
- 앵커의 운반, 적치, 조립상태 적부
- 현장에서 앵커두부의 방식 보강형태
- 앵커의 인장부재의 인장거동
- 인발시험 후 인장부재에 대한 방식기능
- 인발시험 후 앵커부재의 치수 및 균열 유무

모든 앵커시험은 모델시험이 아닌 원규격대로 수행해야하며, 인발시험은 시공대상 지반에서 실시한다. 암반앵커는 현장암반 대신에 콘크리트 블록에 설치하여 시험할 수 있다. 인발시험 후에는 굴착해서 앵커상태를 조사해야 하며, 부분적인 내용에 대해서는 모델시험을 실시할 수 있다. 앵커의 제작과정, 인발시험 및 인발시험 후의 조사는 권위 있는 기관의 감독하에 실시하고 판정해야 한다. 특히 영구앵커에서는 인발시험 후에 방식기능검사에 대한 의견을 반드시 첨부해야 한다.

## 16.3 앵커의 적합성 시험

### 16.3.1 개 요

앵커의 적합성시험은 현장지반에서 앵커가 설계대로 충분한 인발저항을 발휘할 수 있는지 검사하기 위하여 실시한다. 따라서 각 현장의 가장 불리한 위치에서 최소 3개 이상의 인발시험을 실시해야 한다. 임시앵커의 경우에는 유사한 지반에서 실시한 예전 시험결과에 비추어볼 때에 적합하다는 확신이 있으면 적합성시험을 생략할 수 있다. 그러나 앵커의 설치방법이 예전과 다르거나 앵커가 예전보다 더 큰 지지력을 필요로 하는 경우에는 앵커의 적합성 시험을 실시해야 한다. 영구앵커에 대한 적합성 시험은 권위 있는 기관의 감독하에 실시해야 한다.

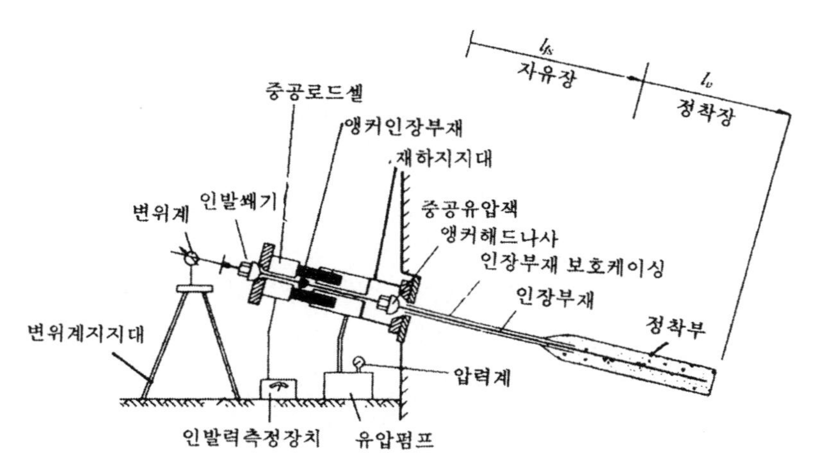


그림 16.1 앵커인발 시험장치

**표 16.1 앵커재하 방법**

| 재하단계 | 재 하 순 서 |
|---|---|
| $F_i$ | $F_i$ |
| $0.50F_w$ | $F_i \to 0.5F_w \to F_i$ |
| $0.75F_w$ | $F_i \to 0.5F_w \to 0.75F_w \to 0.5F_w \to F_i$ |
| $1.00F_w$ | $F_i \to 0.5F_w \to 0.75F_w \to 1.0F_w \to 0.75F_w \to 0.5F_w \to F_i$ |
| $1.25F_w$ | $F_i \to 0.5F_w \to 0.75F_w \to 1.0F_w \to 1.25F_w \to 1.0F_w \to 0.75F_w \to 0.5F_w \to F_i$ |
| $\eta\, F_w$ | $F_i \to 0.5F_w \to 0.75F_w \to 1.0F_w \to 1.25F_w \to \eta\, F_w \to 1.25F_w \to 1.0F_w \to$ $0.75F_w \to 0.5F_w \to F_i \to F_0$ (설치하중) |

## 16.3.2 측정장비

앵커 인발시험에는 다음의 장비가 필요하며 그 장치상태는 그림 16.1과 같다.

① 앵커 인발용 중공유압잭 및 유압펌프

② 앵커 연장부재

③ 앵커 인발용 중공로드셀

④ 인발쐐기

⑤ 변위계 : 0.01 mm 정확도

⑥ 변위계 지지대

### 16.3.3 시험방법

① 새로 설치하거나 기설치된 앵커중에서 인발시험을 수행할 앵커를 선택한다.

② 인발재하장치 지지대를 앵커헤드 위에 설치한다.

③ 인발저항 측정용 중공로드셀과 중공유압잭을 설치한다. 앵커두부의 길이가 짧은 경우에는 앵커연장부재를 연결한 후에 중공로드셀과 중공유압잭을 설치한다.

④ 유압펌프를 연결하고 로드셀의 초기치를 읽는다.

⑤ 앵커인발 쐐기를 설치하여 단단히 조여서 인발장치를 안정한 상태로 만든다.

⑥ 인발시험 장치는 인장력이 앵커의 축방향으로만 작용하도록 설치하고 충분히 안정한 지지대에 변위계를 고정시키고 영점을 조절한다.

⑦ 사용하중 $F_w$ 의 20 % 미만의 크기로($F_i < 0.2 \cdot F_w$) 초기재하 $F_i$ 한다.

⑧ 재하는 규정에 따라 $0.5F_w$, $0.75F_w$, $1.0F_w$, $1.25F_w$, $\eta F_w$ 의 단계별로(표 16.1) 일정한 크기의 하중을 재하하고 인발하중과 변위를 측정한다(그림 16.2).

⑨ 각 재하단계별로 표 16.2에 규정된 시간동안 하중을 유지하다가 초기재하 크기 $F_i$로 하중을 제하한다.

⑩ 최종단계하중 $\eta_k F_w$ 인장부재의 인장강도 $F_s$의 90% 미만으로, 즉 $\eta_k F_w < 0.9F_s$ 크기로 한다. 앵커의 안전율은 다음의 표 16.3과 같이 인장부재와 정착부재 및 작용하중에 따라 다르게 적용한다.

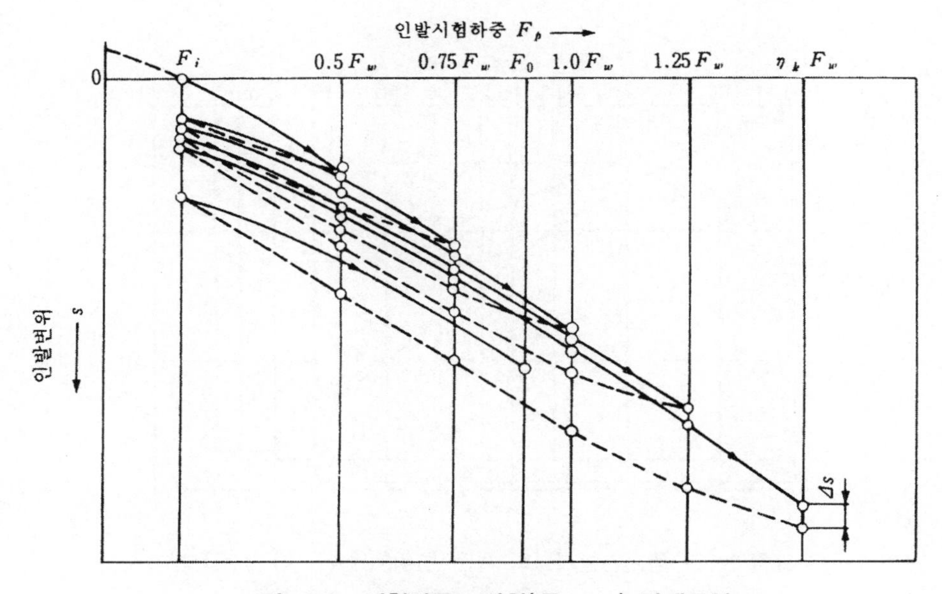


그림 16.2 시험하중 – 변위($F_p - s$) 관계곡선

**표 16.2 앵커인발시험의 재하단계 및 최소하중 유지시간(분)** (DIN 4125)

| 재하단계 | 적합성 시험 | | | | 적용성 시험 | | | |
|---|---|---|---|---|---|---|---|---|
| | 임시앵커 | | 영구앵커 | | 임시앵커 | | 영구앵커 | |
| | 사질토 암반 | 점성토 | 사질토 암반 | 점성토 | 사질토 암반 | 점성토 | 사질토 암반 | 점성토 |
| $F_i$ | 1 | 1 | 1 | 1 | 1 | 1 | 1 | 1 |
| $0.50F_w$ | 1 | 1 | 15 | 30 | — | — | — | — |
| $0.75F_w$ | 1 | 1 | 15 | 30 | 1 | 1 | 1 | 1 |
| $1.00F_w$ | 1 | 1 | 60 | 120 | 1 | 1 | 1 | 1 |
| $1.25F_w$ | 1 | 1 | 60 | 180 | 5 | 15 | 1 | 1 |
| $\eta F_w$ | 15 | 30 | 120 | 1 440 | — | — | 5 | 15 |

**표 16.3 앵커의 안전율** (DIN 4125)

| 하중 | 주입앵커 $\eta_k$ | | 인장부재 $\eta_k$ | |
|---|---|---|---|---|
| | 보통 | 정지토압 | 보통 | 정지토압 |
| 지속하중, 규칙적인 교통량 하중 | 1.50 | 1.33 | 1.75 | 1.33 |
| 시공중 하중, 불규칙적인 교통량 하중 | 1.33 | 1.25 | 1.50 | 1.25 |
| 사고나 장비고장 등에 의한 하중, 비정상하중 | 1.25 | 1.20 | 1.33 | 1.20 |

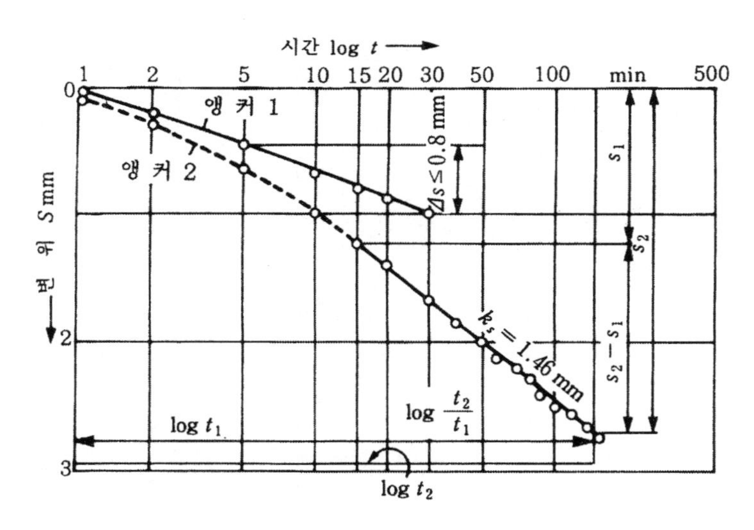


**그림 16.3 앵커인발시험의 시간-변위($\log t - s$) 관계곡선**

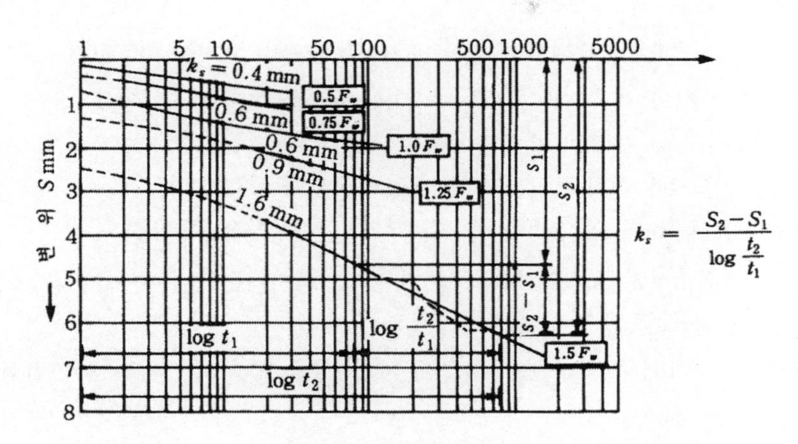


그림 16.4 앵커인발시험의 크립치 $k_s$ 결정 방법

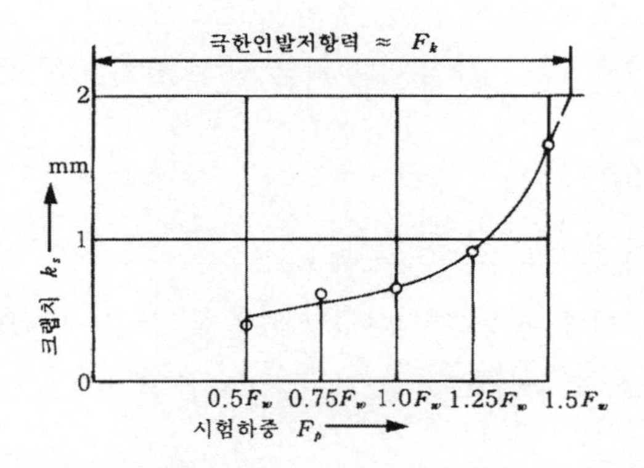


그림 16.5 앵커인발시험의 하중-크립치($F_p - k_s$) 관계 곡선

⑪ 사용하중 $F_w$를 모르거나 극한 지지력 $F_k$를 모르는 경우 표 16.2의 재하단계보다 작은 하중을 가한다.

⑫ 일정 하중을 유지하는 동안에 시간에 따른 변위량을 일정한 시간간격(1, 2, 5, 10, 15, 30분 등)마다 측정한다.

⑬ 일정 하중 유지시간이 5분 이상인 경우에는 시간-변위($\log t - s$) 관계 곡선(그림 16.3)을 그리며 크립치 $k_s$를 다음과 같이 정한다.

$$k_s = \frac{s_2 - s_1}{\log\left(t_2/t_1\right)}$$

⑭ 영구앵커에서는 시험하중 - 크립치($F_p - k_s$) 관계곡선(그림 16.5)을 그리고 시험하중 - 크립치 관계곡선에서 극한인발저항력 $F_k$ 를 추정할 수 있다.

⑮ 표 16.2의 일정 하중 유지시간은 다음의 경우에 연장할 수 있다.

- 사질토나 암반에 설치한 임시앵커에서 5~15분 사이의 변위가 $\Delta S > 0.5$mm 발생된 경우나, 점성토에 설치한 임시앵커에서 5~30분 사이의 변위가 $\Delta S > 0.8$mm 발생된 경우에는 크립치 $k_s$의 추정이 가능할 때까지 하중을 유지한다.
- 시간 - 변위($\log t - s$) 관계 곡선의 기울기가 증가되는 경우에는 크립치 $k_s$의 추정이 가능할 때까지 하중을 유지한다.
- 사질토나 암반에 설치한 앵커의 크립치가 $k_s > 1$mm인 경우에는 점성토의 최소 유지시간을 적용한다.

⑯ 일정하중 유지시간이 지난 후에는 초기재하하중 $F_i$ 까지 하중을 제거한다.

⑰ 영구앵커에서는 먼저 $1.0F_w$ 가한 후 $0.5F_w$로 제거하는 $0.5F_w \leftrightarrow 1.0F_w$ 과정을 20회 반복하며, 이때에는 하중을 일정시간 동안 유지하지 않는다. 매 5회마다 변위를 측정한다.

$$F_i \rightarrow 1.0F_w \rightarrow 0.5F_w \rightarrow 1.0F_w \rightarrow \cdots \rightarrow 1.0F_w \rightarrow 0.5F_w \rightarrow F_i$$

20회

⑱ 하중을 초기인발하중 $F_i$로 제거하였다가 시험 전 설치하중 $F_0 < F_w$로 긴장한다.

⑲ 앵커인발시험 장치를 제거하고 앵커두부상태를 확인한다.

⑳ 결과를 정리하고 계산한다.

㉑ 보고서를 작성한다.

## 16.3.4 크립치 $k_s$

**(1) 임시앵커**

사질토나 암반에 설치한 임시앵커에서는 일정하중 유지 후 5~10분 사이의 변위 $\Delta S \le 0.5$mm($k_s \le 0.5$mm)이어야 하고 점성토에 설치한 앵커에서는 일정한 하중 유지 후 5~30분 사이의 변위가 $\Delta S \le 0.8$mm($k_s \le 1.0$mm)이어야 한다. 또한 $\log t - s$ 관계곡선에 대한 크립치가 $k_s \le 2.0$mm 이어야 한다.

**(2) 영구앵커**

영구앵커에서는 $\log t - s$ 관계곡선에서 크립치가 $k_s \le 2.0$mm이어야 한다.

### 16.3.5 그룹 앵커의 시험

축간거리가 1.0m 이고 사용하중이 700kN 이하 이거나 축간 거리가 1.5m 이고 사용하중이 1300kN 이하인 그룹 앵커에서는(그밖의 축간거리를 갖는 그룹 앵커에서는 보간법으로 결정한다) 그룹앵커 시험을 실시하며, 앵커 2개씩 건너뛰어서 동시에 재하시험을 실시한다.

## 16.4 앵커의 적용성시험

### 16.4.1 개 요

앵커의 적용성 시험은 설치한 앵커의 적용성을 검사하기 위해 실시한다. 모든 주입앵커는 적용성 시험을 실시하며 임시앵커는 $1.25F_w$ 영구앵커는 $\eta F_w$ 까지 인발재하하며 재하요령은 적합성 시험과 같다. 시험은 권위있는 기관의 감독하에 실시한다.

### 16.4.2 시험장비

앵커의 적합성 시험과 같다.

### 16.4.3 시험방법

① 앵커의 인발시험 준비 및 장비설치 과정은 앵커의 적합성 시험과정과 동일하다.

② 일정 하중 유지시간을 사질토나 암반에 설치한 앵커에서는 5분, 점성토에 설치한 앵커에서는 15분으로 하고 일정한 시간간격(1, 2, 5, 10, 15분)마다 변위를 정한다.

③ 다음 경우에는 일정 하중 유지시간을 크립치 $k_s$를 결정할 수 있을 만큼 연장할 수 있다.

- 사질토나 암반에 설치한 앵커에서 일정하중 유지 후 2~5분 간의 변위가 $\Delta S > 0.2\,\text{mm}(k_s > 0.5\,\text{mm})$인 경우
- 점성토에 설치한 앵커에서 일정하중 유지 후 5~15분 간의 변위가 $\Delta S > 0.25\,\text{mm}\ (k_s > 0.5\,\text{mm})$인 경우

④ 불균질한 사질토나 암반에 설치한 앵커에서는 점성토에 설치한 앵커에 준하여 실시한다.

⑤ 시험 후에는 앵커에 시험 전 설치하중 $F_0$를 가하여 긴장한다.

⑥ 모든 시험과정은 기록으로 보전하며 특히 다음의 내용을 반드시 기록해야 한다.

- 허용 탄성변위
- 사질토나 암반에 설치한 앵커는 2~5분, 점성토에 설치한 앵커는 5~15분간에 발생된 변위량
- 제하 시 잔류변위량

⑦ 결과를 정리하고 계산한다.

⑧ 보고서를 작성한다.

## 16.4.4 허용탄성변위 및 크립치

앵커의 탄성변위는 사질토나 암반에 설치한 앵커에서는 2~5분 사이에 발생된 변위가 $\Delta S \leq 0.2\text{mm}$($k_s \leq 0.5\text{mm}$)이고 점성토에 설치한 앵커에서는 5~15분간에 발생된 변위가 $\Delta S \leq 0.25\text{mm}$($k_s \leq 0.5\text{mm}$)가 허용된다. 일정하중 유지시간을 연장한 경우에는 임시앵커에서 $k_s \leq 1.0\text{mm}$, 영구앵커에서 $k_s \leq 2.0\text{mm}$의 크립치$k_s$가 허용된다.

## 16.4.5 앵커의 보완

앵커의 적용성 시험 결과 설치한 앵커가 부적합한 것으로 판정된 경우에는 다음과 같은 보완조치를 취한다.

- 시험확대
- 사용하중 크기를 작게
- 추가 앵커설치

그밖에 적합성시험 결과보다도 더 큰 잔류변위가 발생된 경우에는 위의 보완조치외에도 추가로 보완조치해야 한다.

## 16.4.6 앵커의 설치기간 연장

임시앵커를 공기연장 등 여건변화에 의하여 2년 이상 유지할 경우에는 전문가의 의견을 따라서 보완해야 한다. 최소한 다음의 보완조치가 필요하다.

- 항상 접근하여 앵커를 관리할 수 있도록 접근로를 확보한다.
- 앵커 인장력이 계속 작용하는지 수시로 점검한다.

# 16.5 결과정리

앵커인발 시험 측정치를 토대로 다음의 내용을 구할 수 있다.

- 인발하중 - 변위($F_p - s$) 관계곡선
- 앵커의 탄성변위 $S_{el}$과 잔류변위 $S_{bl}$
- 탄성변위 한계곡선
- 앵커의 자유정 $l_{fs}$

## 16.5.1 하중-변위 관계곡선

① 모든 인장시험 결과를 하중-변위($F_p - s$) 관계곡선으로 표시한다(그림 16.6).

② 각각의 재하단계에서 일정하중 재하 후에 초기하중 $F_i$로 재하했을 때의 전체변위 $S_t$를 구하고 탄성변위$S_{el}$ 및 잔류변위 $S_{bl}$을 구한다.

③ 탄성변위 $S_{el}$과 잔류변위 $S_{bl}$을 구분하여 하중-변위($F_p - S_{el}$, $F_p - S_{bl}$) 관계곡선을 그린다.

## 16.5.2 탄성변위 한계곡선 결정

시험하중-탄성변위($F_p - S_{el}$)관계곡선의 상한 및 하한 한계곡선을 다음과 같이 결정하고 탄성변위 $S_{el}$직선과 평균변위직선 $C$를 비교하여 인장부재의 변위가 탄성범위 내에 있는지 확인한다.

**① 상한 한계곡선 a**

- 인장 앵커 : $S_{el} = \dfrac{F_p - F_i}{EA_s}\left(l_{fs} + \dfrac{l_v}{2}\right)$

- 압축 앵커 : $S_{el} = 1.1\dfrac{F_p - F_i}{EA_s}\,l_{fs}$

여기에서 $A_s$ : 인장부재의 단면적

$E$ : 인장부재의 탄성계수

$l_{fs}$ : 앵커의 자유장

$l_v$ : 앵커의 정착장

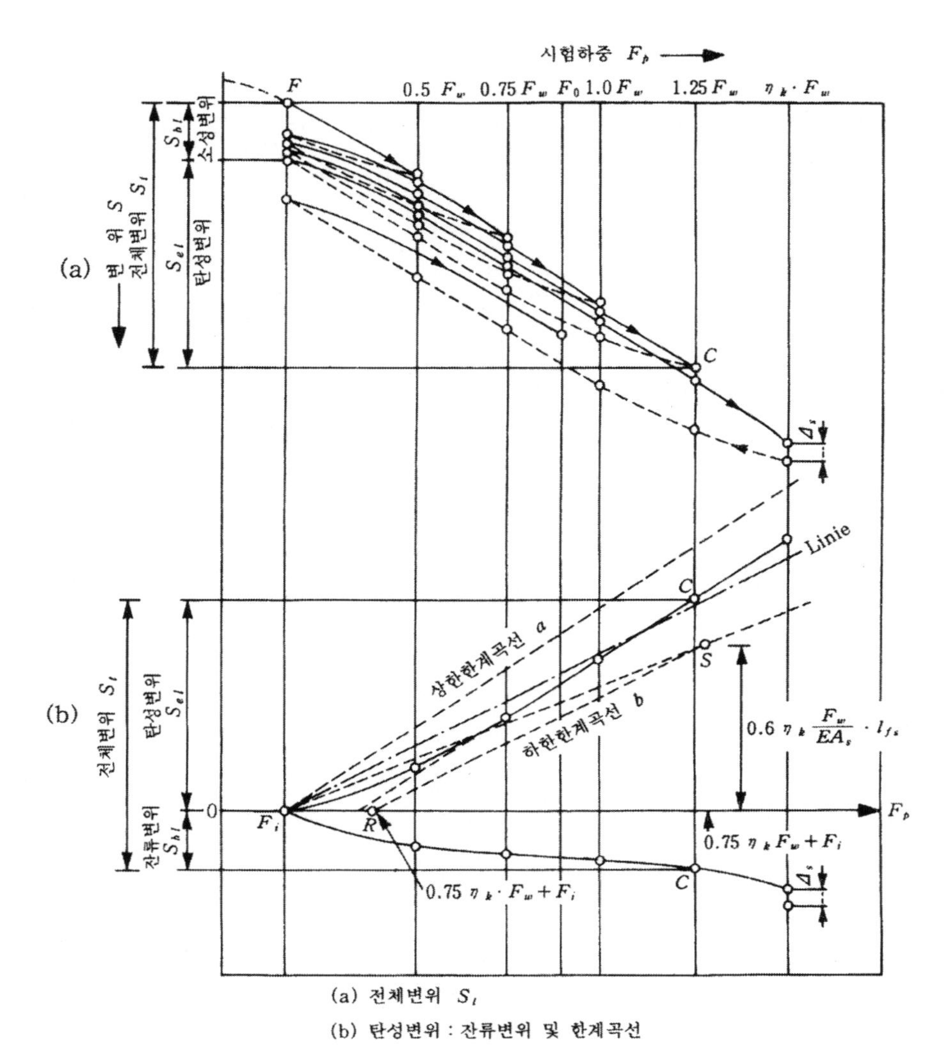


그림 16.6 임시앵커에 대한 하중 – 변위($F_p - s$) 관계곡선

표 16.4 $R$, $S$ 점에 따른 변위와 하중

| 점 | 변 위 측 $S_{el}$ | 하 중 측 $F_P$ |
|---|---|---|
| $R$ | 0 | $0.15\,\eta_k F_w + F_i$ |
| $S$ | $0.6\,\eta_k \dfrac{F_w}{EA_{s}l_{fs}}$ | $0.75\,\eta_k F_w + F_i$ |

② 하한 한계곡선 b

- $F_p \geq 0.75\,\eta_k F_w + F_i$ 인 경우에는

$$S_{el} = 0.8\frac{F_p - F_i}{EA_s} l_{fs}$$

- $F_d \leq 0.75\,\eta_k F_w + F_i$ 인 경우 :

그림 16.6(b)에서 $R$, $S$ 점에 따라 $\overline{F_i\ R_s\ S}$ 직선이 된다. 시험하중 - 탄성변위($F_p - S_{el}$) 관계에서 점 $R$과 $S$의 좌표는 표 16.4와 같다.

### 16.5.3 자유장 계산

시험하중-탄성변위($F_p - S_{el}$)곡선에서 앵커의 자유장 $l_{fs}$ 를 구한다.

$$l_{fs} = \frac{\Delta S_{el}}{\Delta F_p} EA_s$$

# 참고문헌

DIN 4125

BS 18:1962, 'Methods for tensile testing of metals'. British Standards Institution, London.

BS 3617:1963, 'Stress relieved seven wire steel strand for prestressed concrete'. British Standards Institution, London.

BS 2691:1969 'Steel wire for prestressed concrete'. British Standards Institution, London.

BS 4545:1970 'Methods for Mechanical Testing of Steel Wire'.

BS 4447:1973 'The performance of prestressing anchorages for post tensioned construction'.

Geotechnical Control Office, (1980). 'Design guide and specification for ground anchors (draft)'. New Works Division, Hong Kong.

Hutchinson, J. N. (1970). 'Contribution to discussion on soil anchors', Proc. Conf. Ground Eng. Inst. Civ. Eng., London.

Smoltcyk, U.(1986)

Bodenmechanik und Grundbau, Vorlesungsumdruck, Uni Stuttgart.

# 제 17 장 안정액시험

## 17.1 개 요

### 17.1.1 안정액의 지지원리

지반공학에서 안정액은 흙지반을 굴착하여 발생된 공간을 단기적으로 안정시키기 위하여 사용하는 슬러리 상태의 혼탁액을 말하며 점토를 물에 풀어서 만든다. 안정액의 지지원리는 유동상태의 슬러리가 정지상태가 되면 어느 정도의 전단강도를 갖게 되어 겔상태가 되는 틱소트로피 현상(thixotropy)이다(그림 17.1).

이러한 안정액은 이미 오래전부터 폐광이나 대구경 시추공 또는 수저지반에 굴착한 시추공을 안정시키는 용도로 사용되어 왔으며, 최근에는 육상에서 지하연속벽이나 각종 형태의 지반굴착 시와 쉴드 터널공법 등에서 굴착지반을 안정시키는 목적으로 적용하고 있다.

안정액을 만드는 데 사용하는 점토입자의 크기는 매우 작으며 흡착수로 둘러싸인 점토입자 간에는 마찰이 없으므로 안정액의 압력은 정수압적으로 작용한다. 따라서 굴착공간에 안정액을 채우면 안정액의 압력이 정수압적으로 작용하여 안정액은 유입압력을 갖게 되어서 굴착벽의 흙입자 사이의 간극으로 흘러 들어간다. 이때에 유입압력은 안정액의 압력과 지하수의 압력의 차이에 해당하는 크기이다. 안정액은 흙의 간극을 흘러 들어가는 동안에 틱소트로피 현상에 의하여 겔상태가 되어서 일정한 전단강도를 갖게 되므로 유입압력에 대항할 수 있게 된다. 안정액의 유입깊이는 안정액의 상태와 지하수 및 지반의 구조골격에 따라 결정되며 이렇게 안정액이 유입되어 간극을 채우고 있는 상태의 지반을 필터케익(Filter cake)이라고 한다.

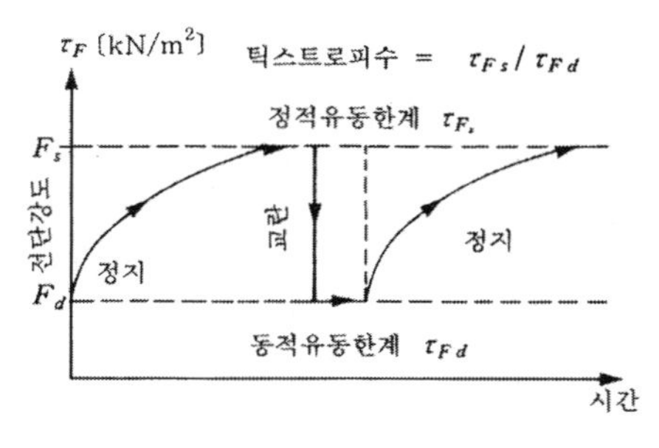


그림 17.1 안정액의 틱소트로피

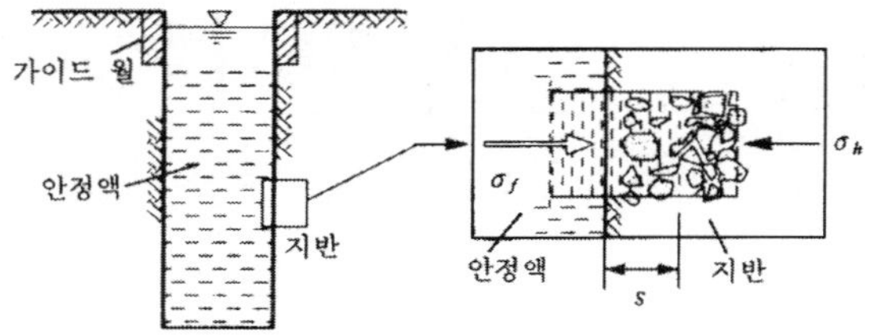

그림 17.2 필터케익의 형성

필터케익(그림 17.2)은 멤브레인과 같은 역할을 하지만 지하수의 이동이 가능하여 지하수의 압력은 받지 않는다. 따라서 필터케익이 형성되면 안정액의 압력과 토압이 평형을 이루게 되어 굴착벽이 안정을 유지한다.

점토 지반은 지반자체가 자립성이 있어서 필터케익이 형성되지 않아도 굴착벽이 안정한 상태를 유지한다. 또한 점토 지반은 간극이 작기 때문에 소량의 안정액이 지반의 간극으로 흘러 들어가도 필터케익이 형성된다. 따라서 점토지반을 안정액으로 지지하는 데에는 큰 문제가 없다. 그러나 사질토는 점착력이 없으므로 지반의 자립성이 없으며 간극이 크고 투수계수가 커서 지하수가 쉽게 이동하고 지하수위 아래에서는 구조골격이 쉽게 흐트러진다. 또한 입자크기가 커서 굴착벽에서 입자의 이탈이 쉽게 발생된다. 따라서 사질토는 굴착하기가 매우 어렵다. 그러나 안정액을 사용하여 필터케익이 형성되면 흙입자가 굴착벽에서 이탈하지 않고 안정액의 압력과 지반의 유효수평토압이 평형을 이루어 지중응력의 변화 없이 굴착벽이 안정을 유지하게 된다. 따라서 안정액은 주로 사질토지반을 굴착할 때에 적용한다.

### 17.1.2 안정액의 농도조건

안정액의 농도에는 다음과 같은 이중성이 있으므로 정밀한 시험을 통하여 안정액을 관리하여 현장조건에 적합한 상태를 유지해야 한다. 즉, 안정액의 농도가 커서 단위중량이 크면 다음과 같은 특성이 있으며, 역으로 안정액의 농도가 묽어서 단위중량이 작을 때에는 그 반대의 성향을 나타낸다.

- 지지력이 커지므로 정역학적으로는 유리하다.
- 유동성이 떨어지므로 굴착 장비의 작업성이 좋지 않다.
- 정지상태, 즉 겔상태이면 전단강도가 커서 침투길이가 작으므로 필터케익이 작게 형성되고 지반 내 유입으로 인한 안정액 손실이 적게 발생된다.

그러나 안정액의 농도가 너무 크면 지반의 간극으로 흘러 들어가지 못하므로 필터 케익이 전혀 형성되지 않으며 안정액의 기능을 상실하게 된다.

- 유동성이 떨어져서 굴착 흙에 쉽게 묻어 나와서 굴착으로 인한 안정액의 손실이 많아진다.

## 17.2 안정액의 안정조건

안정액은 점토광물 중 틱소트로피수, 즉 정적유동한계 $\tau_{Fs}$와 동적유동한계 $\tau_{Fd}$의 비 $\tau_{Fs}/\tau_{Fd}$가 가장 큰 벤토나이트(Na - Montmorillonite)를 중량비 3.5~6 % 로 물에 풀어 만든 슬러리 상태의 혼탁액으로 점토광물의 특성, 혼합에 사용한 물(물에 함유된 이온, 물의 온도), 물과의 혼합비, 교반상태(교반시간, 교반 시의 온도) 등에 따라 특성이 달라진다. 또한 현장지반의 종류와 구조골격(간극의 크기와 배열상태), 투수성, 지하수상태(지하수온도, 지하수 함유물질) 등의 현장조건의 영향을 받는다. 따라서 안정액은 현장지반의 특성에 따라 알맞게 조제하여 사용해야 한다.

안정액이 기능을 확실하게 발휘하기 위해서는 다음과 같은 조건들을 갖추어야 하며, 시험을 통하여 이를 확인해야 한다.

- 안정액의 안정(17.2.1)
- 필터케익 형성에 대한 안정(17.2.2)
- 굴착벽의 흙입자 이탈에 대한 안정(17.2.3)

### 17.2.1 안정액의 안정

안정액은 정지상태에서 충분히 안정되어야 한다. 안정액의 가장 이상적인 상태는 모든 점토입자가 붙어 있지 않고 서로 분리되어 일정한 거리를 유지하는 것이다. 즉, 안정액은 각각의 점토입자가 충분히 분산되어서 서로 뭉치지 않고 흩어져 있어서 그 압력이 정수압적으로 작용하고 지반의 좁은 간극 속으로 흘러 들어갈 수 있어야 한다. 또한 정지상태에서 물이 분리되거나 탈수되지 않고 겔상태를 유지할 수 있어야 한다.

안정액은 특정한 물질이나 이온을 함유하는 물과 혼합되면 서로 엉키고 점토입자와 물이 분리되어 안정액의 기능을 상실하여 굴착벽을 지지하지 못하게 된다. 따라서 안정액의 제조에는 원칙적으로 증류수를 사용해야 하며 사전에 지하수의 성분을 조사하여 대비해야 한다. 부득이한 경우에는 분산제를 혼합한다.

안정액의 특성은 보통 다음의 물성으로 관리한다.
- 유동한계 $\tau_F$
- 전단응력 $\tau_{500}$
- 필터시험 $f$
- 점토함유율 $g_{15}$ 및 안정액 밀도 $\rho_s{}'$

**1) 유동한계** $\tau_F$

유동한계는 물질이 유동하기 시작할 때의 전단강도를 말하며 틱소트로피 액체에서는 시간 $t$와 온도 $T$의 영향을 받는다. 틱소트로피 액체를 교반시키면 전단강도가 최소가 되며 이를 동적유동한계 $\tau_{Fd}$라고 하며, 교반을 중지하고 정지상태로 방치하면 시간이 흐를수록 전단강도가 증가하여 최대치에 수렴하게 되는데 그 최대치를 정적유동한계 $\tau_{Fs}$라고 한다.

이들 정적 및 동적유동한계는 시간과 온도에 의하여 영향을 받는다. 정적유동한계 $\tau_{Fs}$는 최대치에 도달되는 데에 많은 시간이 소요되나 16시간 후에 측정한 값을 적용해도 충분하다. 특별히 온도 20°C에서 교반 후 1분만에 측정한 전단저항을 유동한계 $\tau_F$ 라고 한다(그림 17.3).

**2) 전단응력** $\tau_{500}$

평면상태의 평행흐름이 층류일 때 흐름방향인 $x$방향에 수직인 $y$방향의 속도변화를 속도경사 $D$라고 정의하며 이런 경우에는 상하층의 속도차에 의해 인접한 흐름 사이에 $x$방향의 전단응력 $\tau$가 발생되며 그 크기는 상하층의 속도차가 클수록 커진다. 곧 그림 17.4에서 AB선은 속도를 나타내며 속도경사 $D$ 는 2개의 지점 C와 E 사이의 속도차이다.

$$D = \lim_{\Delta y \to 0} \left( \frac{\Delta V_x}{\Delta y} \right) = \frac{d V_x}{dy}$$

여기서, $\Delta V_x = V_{x2} - V_{x1}$이고, $\Delta y = y_2 - y_1$이다.

전단응력 $\tau_{500}$은 온도 20°C에서 속도경사 $D = 500\ s^{-1}$일 때의 전단응력으로 정의한다.

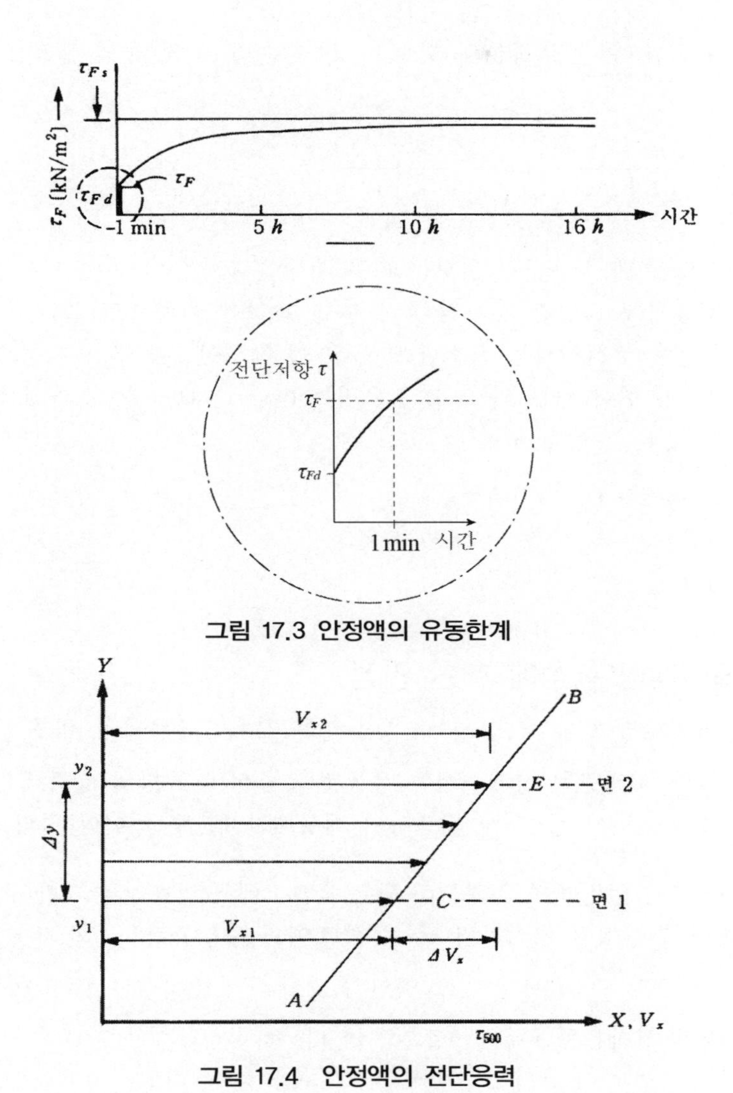


그림 17.3 안정액의 유동한계

그림 17.4 안정액의 전단응력

**3) 필터배수량 $f$**

필터배수량 $f$ 는 필터배수시험에 의해 온도 20℃에서 압력 7bar를 가압한 상태에서 7.5분 동안에 배수된 수량$f$[cm$^3$]을 말한다.

**4) 안정액의 점토함유율 $g_{15}$ 및 밀도 $\rho_s'$**

안정액의 점토함유율 $g_{15}$는 필터배수시험에서 필터배수량이 $f = 15\,\text{cm}^3$ 일 때의 점토함유량을 말한다.

안정액의 밀도 $\rho_s'$는 점토광물의 밀도 $\rho_s$ 와 함수비 $w$ 및 물의 밀도 $\rho_w$ 로부터 계산할 수 있다.

$$\rho_s' = \frac{\rho_s \rho_w (1+w)}{\rho_w + \rho_s w} = \frac{\rho_s (1+w)}{1+\rho_s w}$$

안정액을 만드는 데 사용하는 점토는 다음 특성을 갖추어야 하며 모든 안정액은 온도 20°C에서 밀폐용기에 14일간 방치한 후에 측정한 값을 기준으로 한다.

- 점토는 철근을 부식시키는 질소나 Fluorid 를 제외한 할로겐 화합물 등의 염류를포함하지 말아야 한다. 점토의 염소 함유비는 $W_{CL}$ = 0.60 % 를 초과해서는 안 된다.
- $0.5\,\tau_F \le \tau_F(10^o C) \le 1.3\,\tau_F$
- $0.7\,\tau_F \le \tau_F(30^o C) \le 1.5\,\tau_F$
- $\tau_{FS} \le \tau_F$
- $\tau_{500} \le 1.5\,\tau_F$

### 17.2.2 필터케익 형성에 대한 안정

안정액은 틱소트로피 수 즉, 정적유동한계와 동적유동한계의 비 $\tau_{Fs}/\tau_{Fd}$ 가 커야 한다. 즉, 안정액은 교란된 상태에서는 유동성이 좋아야 지반의 간극에 쉽게 유입되고 정지상태에서는 전단강도를 크게 회복하여 겔상태가 될 수 있어야 한다.

그림 17.2과 같이 안정액에 의해 지지되는 흙요소에서 안정액은 지반의 유효수평응력 $\sigma_h'$를 지지하며 안정액의 지지압력 $\sigma_F$은 안정액의 단위중량 $\gamma_S$ 와 수두 $H$ 로부터 계산하며 $\sigma_F = \sigma_h' = \gamma_F H$ 이다. 안정액이 흙지반 구조골격 사이로 깊이 $l$ 만큼 스며들어가면 침투력이 정적유동한계 $\tau_{Fs}$로 줄어든다.

안정액이 스며들어가서 정지하는 깊이, 즉 침투길이 $l$은 수두차 $H$에 비례하여 증가하며 안정액이 침투하여 간극이 안정액으로 채워진 부분을 필터케익(filter cake)이라고 한다.

이때에 수두차 $H$와 침투길이 $l$의 비 $H/l$ 을 정체경사 $i_0$ 로 정의한다.

$$i_0 = \frac{H}{l}$$

압력수두가 일정하면 정체경사 $i_0$는 침투길이 $l$의 역수이며 점성토에서는 침투길이가 극히 작아서 안정액이 필요하지 않을 수도 있다. 그러나 조립의 사질토에서는 침투길이가 매우 커질 수 있으며 이러한 경우에는 미세한 모래나 플라이애쉬 등을 첨가하여 침투길이를 줄일 수가 있다. 현장지반에 대한 정체경사를 알면 일정한 수두에서 안정액의 침투길이를 산정할 수 있다.

정체경사 $i_0$는 지반에 따라 일정한 크기를 가지며 실험(Mueller – Kirchenbauer, 1969)에 의하여 구하거나 경험식(Karstedt/Ruppert, 1980)을 이용하여 근사적으로 구할 수 있다.

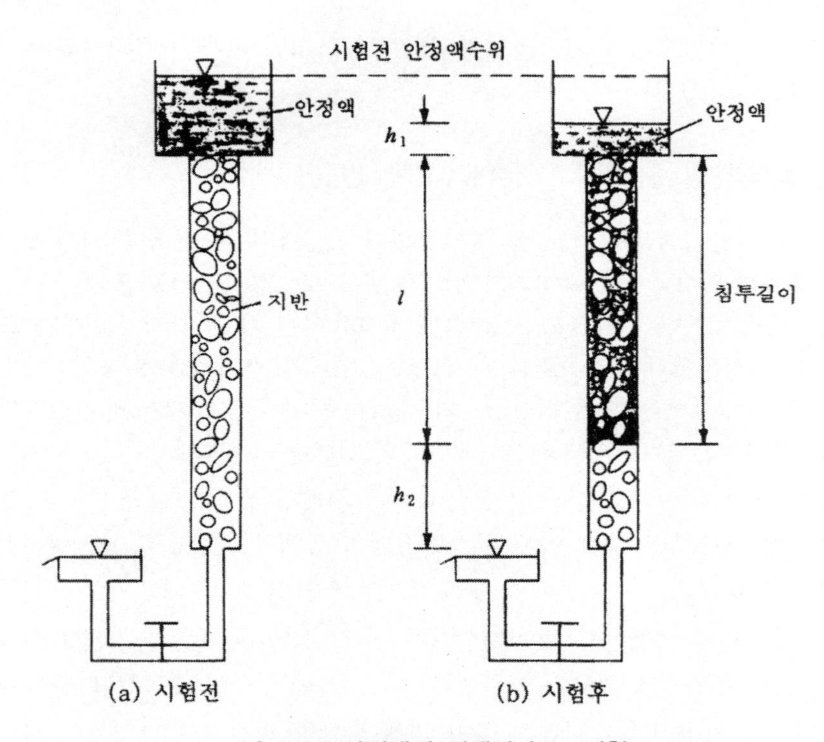


**그림 17.5 안정액의 정체경사 $i_0$ 시험**

정체경사 $i_0$는 실험실에서 그림 17.5와 같이 투수시험기를 이용하여 측정할 수 있다(Mueller – Kirchenbauer, 1969). 즉, 투수시험기에서 교반시킨 안정액을 채워 놓으면(그림 17.5a) 시간이 지남에 따라서 안정액이 지반으로 침투하여 길이 $l$의 필터케익이 형성되고 안정액의 수위가 변하지 않게 된다(그림 17.5b).

이때에 안정액의 수위와 배수조의 수위차가 수두차가 되므로 정체경사 $i_0$를 다음과 같이 구할 수 있다.

$$i_0 = \frac{H}{l} = \frac{h_1 + l + h_2 \gamma_w / \gamma_F}{l}$$

그밖에 정체경사는 지반의 유효입경 $d_{10}$[mm]과 정적유동응력 $\tau_{Fs}$[N/m²]에 의하여 영향을 받으며 다음의 경험식을 이용하여 근사적으로 구할 수 있다(Karstedt/Ruppert, 1980).

$$i_0 = a \frac{\tau_{Fs}}{d_{10}}$$

여기서 $a$는 비례상수이며 점토광물의 종류 및 특성에 따라 다르고 대체로 $a$ = 0.2 ~ 0.4[mm²/N]의 크기이다.

### 17.2.3 굴착벽의 흙입자 이탈에 대한 안정

사질토에서는 안정액으로 지지된 굴착벽면에서 흙입자가 떨어져 나와서 안정액에 가라앉는 경우가 있다. 일단 흙입자가 안정액 속으로 떨어져 나오면 윗 쪽에 있는 흙입자들이 연속적으로 떨어져 나오므로(그림 17.6) 이에 대한 안정검토가 반드시 이루어져야 한다. 점성토에서는 점착력을 가지므로 흙입자가 떨어져 나올 경우가 거의 없다.

안정액이 정지상태에 있으면 전단강도가 증가하여 겔상태가 되어서 흙입자가 떨어져 나오거나 가라앉지는 않으나 안정액이 교란되면 전단강도가 최소, 즉 동적유동한계 $\tau_{Fd}$로 작아져서 흙입자가 가라앉을 수가 있다. 따라서 흙입자가 굴착면에서 떨어져 나와서 안정액에 가라앉지 않기 위해서는 안정액의 동적유동한계 $\tau_{Fd}$가 일정한 값, 즉 소요동적유동한계 $\tau_{Fde}$ 이상($\tau_{Fd} \ge \tau_{Fde}$)으로 충분히 커야 한다.

흙입자가 굴착면에서 떨어져 나오는데 대한 안정은 Stokes 법칙을 적용하여 흙입자가 안정액에서 가라앉기 위해 필요한 동적유동한계 $\tau_{Fde}$를 구하여 검토한다. Weiss(1952)에 의하면 흙입자가 안정액에 가라앉지 않기 위해 필요한 동적 유동한계 $\tau_{Fde}$를 결정하는 데에는 입경 $d_{25}$가 중요한 인자가 되며 다음과 같이 구할 수 있다

$$\tau_{Fde} = F \frac{2}{3\pi} d_{25} (\gamma_S - \gamma_F)$$

흙입자가 굴착벽면에서 떨어져 나오는데 대한 안전율 $F$는 현상태의 안정액의 정체경사 $i_{0,v}$와 흙입자가 굴착벽면에서 떨어져 나오지 않기 위하여 필요한 정체경사 $i_{0,e}$로부터 다음과 같이 구하며 2.0 이상이어야 한다.

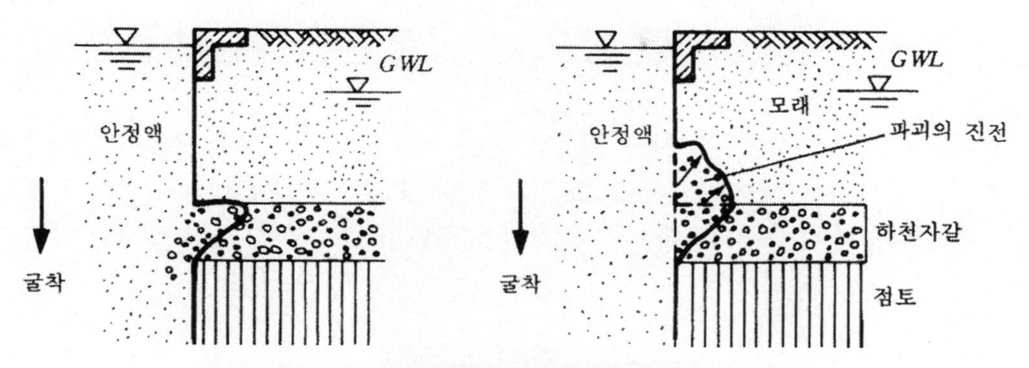


그림 17.6 안정액으로 지지된 벽체의 흙입자 이탈

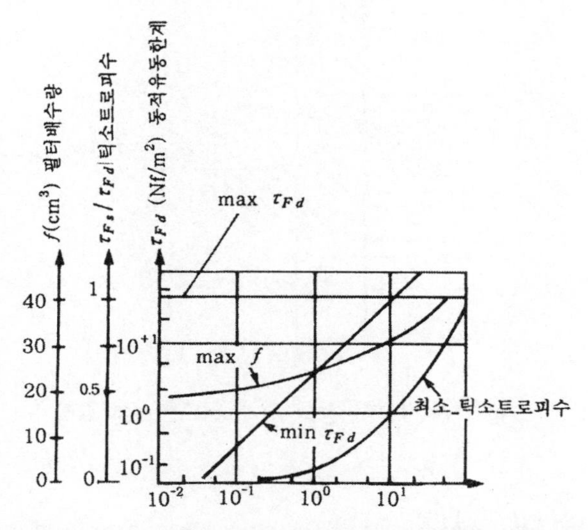


그림 17.7 지반의 $d_{25}$ 와 안정액의 틱소트로피수 관계(Kaercher, 1968)

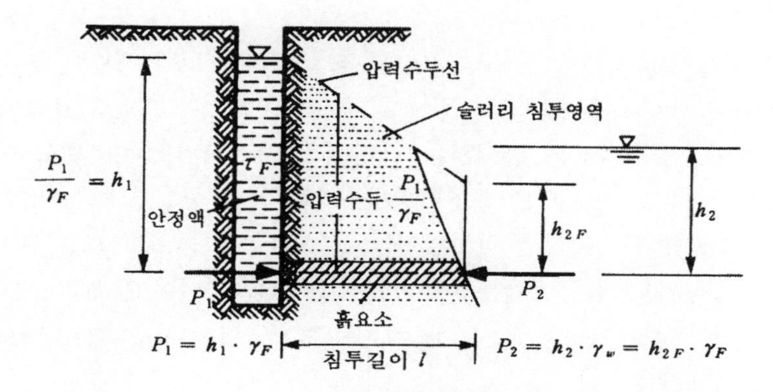


그림 17.8 현장 정체경사의 결정

$$F = \frac{i_{0,v}}{i_{0,e}} \geq 2.0$$

여기에서 현상태 안정액에 대한 정체경사 $i_{0,v}$는 17.2.2의 실험을 수행하거나 경험식을 이용하여 구할 수 있다. 흙입자가 굴착벽면에서 떨어져 나오지 않기 위하여 필요한 소요정체경사 $i_{0,e}$는 다음의 식을 적용하여 구할 수 있다(그림 17.8, 17.9).

$$i_{0,e} = \frac{\gamma_S - \gamma_F}{\tan \phi}$$

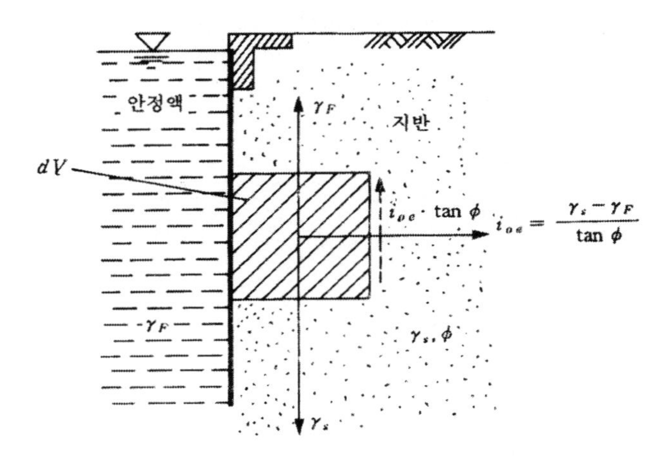


그림 17.9 내부안정을 위해 필요한 정체경사 $i_{0,e}$

## 17.3 안정액의 시험

### 17.3.1 개 요

안정액은 현장의 지반상태와 지하수 상태는 물론 온도와 사용점토의 특성을 정확히 파악한 후에 조제하여 사용하고 사용중에도 지속적으로 그 품질을 확인해야 하므로 정확한 시험이 필수적이다. 본 장에서는 안정액의 시험에 대하여 주로 DIN 4127의 「안정액용 점토」 내용을 근간으로 설명하였다 . 안정액은 증류수 또는 이온을 제거한 물에 혼합해서 조제한 4개 이상의 안정액 시료를 이용하여 시험한다. 시험에 사용하는 안정액은 어느 경우에나 유동한계는 $0 < \tau_F \leq 100\ \mathrm{N/m^2}$이어야 하고 필터배수량은 $0 < f \leq 20\,\mathrm{cm^3}$이어야 한다. 점토는 반드시 건조시켜서 사용할 필요는 없으며 보통의 함수상태로 사용한다.

2800~3000rpm의 교반기로 교반하며 교반용기의 내경은 교반날개의 직경에 비하여 2.3~3.3배 큰 것이어야 한다. 교반용기는 직경의 2배 미만의 깊이로 안정액을 채워서 교반한다. 교반시간은 10분을 표준으로 하며, 6시간 이내에는 유동한계 $\tau_F$가 10% 이상 변하지 않는 상태이어야 한다.

모든 시험은 점토를 반입한 후에 정해진 기간(대체로 21일) 이내에 실시해야 한다. 안정액의 시험은 사항에 따라 예비시험과 부분시험으로 나누어 시행한다.

① 예비시험 :

ⓐ 점 토 – 함수비 $w$ [%]
– 밀도 $\rho_s$ [gf/cm³]
– 염소함유량 $W_{cl}$ [%]

ⓑ 안정액 – 유동한계 $\tau_F$, $\tau_F$(20°C), $\tau_F$(30°C) [N/m²]
– 정적유동한계 $\tau_{Fs}$, $\tau_{Fs}$ [16 hour] [N/m²]
– 전단응력 $\tau_{500}$ [N/m²]
– 필터배수량 $f$ [cm³]

② 부분시험 :

안정액의 부분시험은 다음의 내용에 대해서 실시하며, 점토생산자는 주기적으로(적어도 1주일에 한번) 생산한 점토에 대하여 부분시험을 수행하여 점토의 품질을 관리해야 한다.

ⓐ 점 토 – 함수비 $w$ [%]

ⓑ 안정액 – 유동한계 $\tau_F$ [N/m²]
– 필터배수량 $f$ [cm³]

품질이 보증된 안정액을 얻기 위해서는 점토생산자는 주기적으로(적어도 1주일에 한번) 약식으로 시험을 수행해야 하고 제3자에 의하여 검증을 받아야 한다. 제3자에 의한 시험은 권위 있는 기관에서 정기적으로 실시한다. 특수목적으로 사용할 경우나, 생산 후 6개월 이상이 경과된 점토를 사용할 경우 또는 생산자의 요청이 있는 경우에는 특별시험을 실시한다.

## 17.3.2 유동한계 시험

안정액의 유동한계는 추시험을 실시하여 측정한다.

**1) 추시험 장비**

추시험 장비는 그림 17.11과 같이 고정대, 시험추, 시험용기, 이동대로 구분한다.

① 고정대 :

시험추를 고정하는 장치로 변위를 잴 수 있도록 자(scale)가 부착된 것이어야 한다.

② 시험추 :

시험추는 직경 $d$, 체적 $V = \pi d^3/6$, 무게 $G = V \cdot \gamma$ 인 추로 무게를 무시할 수 있을 정도의 가느다란 실을 이용하여 고정대에 매달아 놓은 것이다. 직경이 여러 가지가 있어야 한다.

③ 시험용기 :

시험용기는 추의 직경 $d$를 기준으로 치수를 정하며 폭 $\geq$ $5d$, 길이 $\geq$ $90\,\text{cm} + 5d$, 단면이 직사각형으로 길이 $\geq$ $6d$ 이어야 한다. 시험용 안정액을 담는데 사용한다.

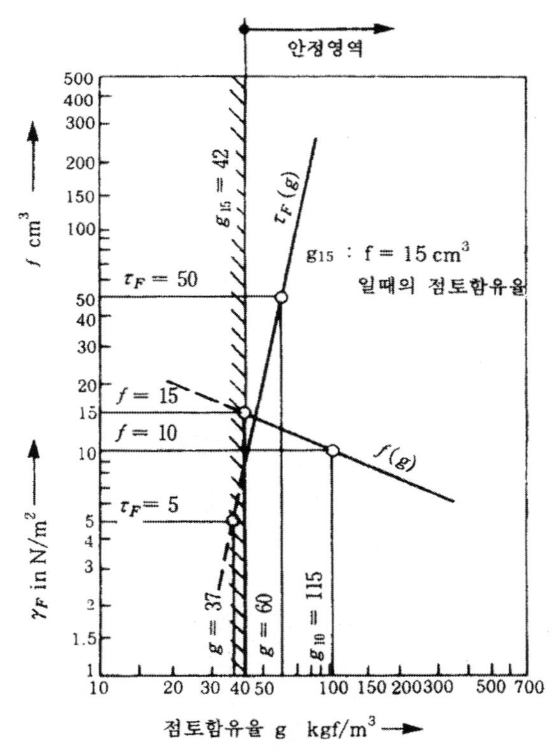


그림 17.10 점토함유율에 따른 유동한계와 필터배수량

④ 이동대 :

시험추가 시험용기 내의 안정액에 담겨진 상태에서 3cm/s 의 속도로 30초 이상 움직일 수 있는 것이어야 한다. 진동이 있으면 안 된다.

⑤ 교란장치 :

용기 내의 안정액을 심하게 움직여서 교란시킬 수 있는 장치가 필요하다. 한번 시험이 끝나면 용기 내 안정액을 교란시켜서 다음 시험을 준비한다. 안정액은 교반하거나 진동을 가하여 교란시킬 수 있다.

**2) 시험방법**

① 단위중량 $\gamma_F$인 안정액을 1분 동안 심하게 교란한다.

② 교란 후 안정액이 정지상태가 되면 시험추를 안정액에 수직으로 담근다.

③ 속도 3 cm/s로 8초~30초 동안 용기를 등속이동시킨다.

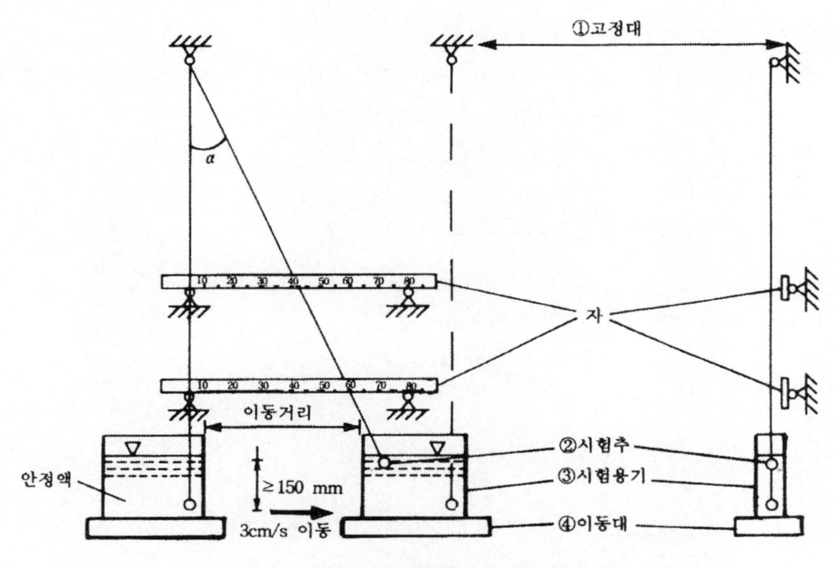


그림 17.11 안정액의 유동한계 시험

④ 시험추는 높이차가 150mm 이상 움직여야 한다.

⑤ 경사각 $\alpha$ 및 이동거리를 잰다.

⑥ 유동한계는 $\tau_F = 0.15\, d\, (\gamma - \gamma_F)\, \sin\alpha$ 이다.

⑦ 측정치는 25 % 범위 내에서 분포해야 한다.

⑧ 온도는(20 ± 2)℃로 유지한다.

⑨ 정적유동한계 $\tau_{Fs}$는 16시간 후에 잰다.

### 17.3.3 전단응력 $\tau_{500}$ 의 측정

안정액의 전단응력 $\tau_{500}$은 온도 20°C에서 속도경사 $D = dV/dg = 500\,s^{-1}$일 때의 전단응력으로 정의하며, 속도경사가 일정한 값이 될 수 있는 비스코미터의 교반날개를 회전시켜서 최전저항을 측정한다.

**1) 시험장비**

전단응력 $\tau_{500}$ 의 시험장치의 구성은 다음과 같다.

① 실린더 회전식 비스코미터 :
안정액을 용기에 넣고 회전날개를 회전시키면서 회전저항을 측정하여 안정액의 전단저항을 측정하는 장치이다.

② 시험용기 : 안정액을 담는 용기이다.

**2) 시험방법**

① 속도경사 $D$가 안정액의 하부와 상부에서 속도경사가 $D = 500\,s^{-1}$ 로 고정된 용기에서 하부와 상부 각각의 전단응력을 측정한다.

② 전단응력 $\tau_{500}$ 은 다음의 식으로 계산한다.

$$\tau_{500} = k\,\tau' + 500\,(1 - k)\,\frac{\tau_1 - \tau_2}{D_1 - D_2}$$

여기서, $D_1 > 500\,s^{-1}$ : 상부속도경사
$D_2 < 500\,s^{-1}$ : 하부속도경사
$\tau_1$ : 상부전단응력
$\tau_2$ : 하부전단응력

$$\tau' = \tau_1 - \frac{\tau_1 - \tau_2}{D_1 - D_2}\,(D_1 - 500)$$

시험장치의 특성치인 $k$는 다음과 같다.

$$k = \frac{R^2 - r^2}{2R^2 \ln R/r}$$

여기서, $R$ : 비스코미터에서 외부실린더의 직경
$r$ : 비스코미터에서 내부실린더의 직경

③ 온도는(20 ± 1)°C를 유지한다.

④ 표준편차 5 N/m$^2$ 이내에서 반복 시험한다.

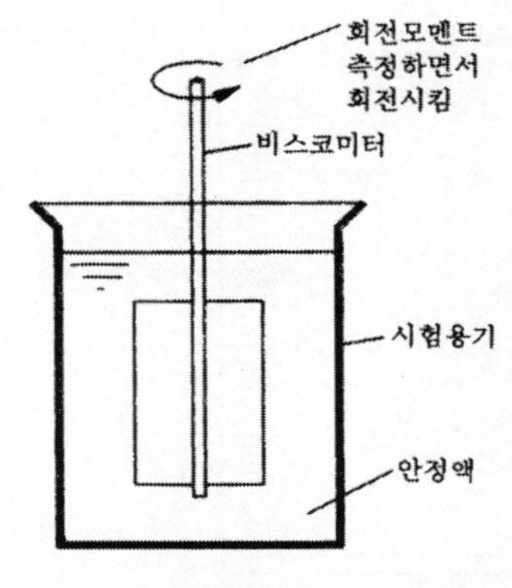


그림 17.12 회전식 비스코미터

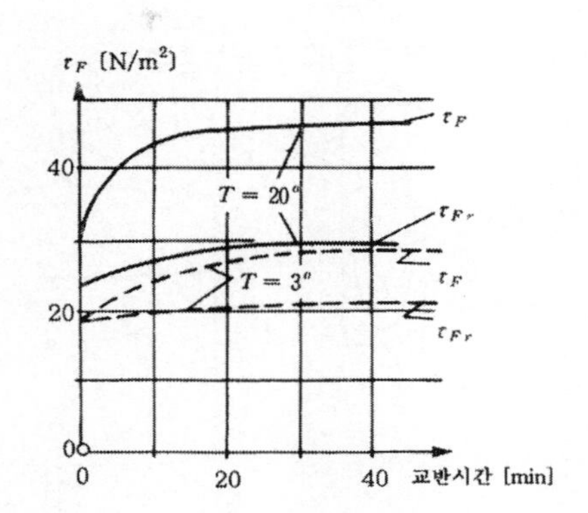


그림 17.13 교반시간과 유동응력

## 17.3.4 필터시험

안정액 필터시험은 안정액에서 분리되는 물의 양을 측정하기 위해 실시하며 폐쇄할 수 있는 실린더형 압력용기에 시료를 넣고 안정액의 필터링이 가능한 상태에서 배수구를 열고 실린더 내에 압력을 가하여 필터 배수량 $f$를 측정한다. 안정액의 안정상태를 배수량으로부터 판정하며, 그 결과를 안정액의 조제에 사용한다.

**1) 시험장비**

① 실린더형 압력용기 :

내경 76.2 mm, 높이 63.5 mm 이상인 실린더형 압력용기로 뚜껑을 덮고 외부에서 나사로 완전히 밀폐할 수 있어야 한다. 상부 덮개에는 압축가스를 연결할 수 있고 바닥판에는 철망이 있고 그 위에 필터용기를 놓으며 바닥판에는 흘러 나온 물을 실린더에 흐르게 할 수 있어야 한다. 필터순면적은 정확하게 45.1cm$^2$ 이어야 한다.

② 압력가스 용기 및 연결 :

압력가스는 (7 ± 0.35)bar되는 압축공기, 질소가스 또는 탄산가스를 이용한다.

③ 메스실린더 :

배수량의 체적을 측정하는 데에 필요하며 0.5cm$^3$ 이하를 잴 수 있어야 한다.

**2) 시험방법**

① 실린더에 안정액을 채운다. 상부에 여유공간의 높이가 10mm 이상이어야 한다.

② 압축가스를 서서히 가한다. 압력은 (7 ± 0.35)bar 로 압력조절이 가능해야 한다. 최소 30초 이내에 최고치에 도달할 수 있어야 한다.

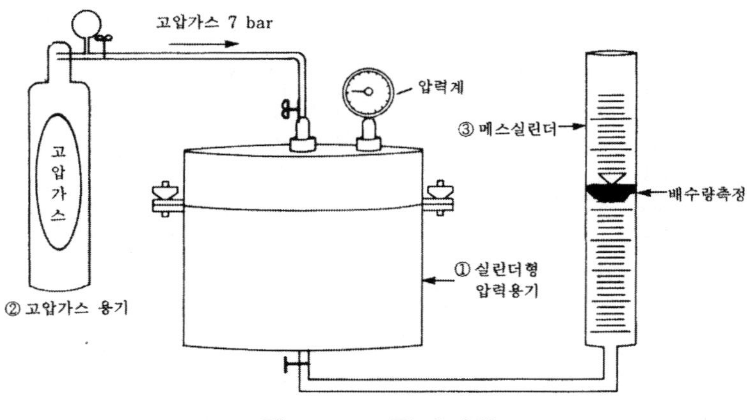


**그림 17.14 필터시험**

③ 온도는 (20 ± 2)°C를 유지한다.

④ 가압 후 7.5분에 측정한 배수량이 필터배수량 $f$ cm³이다.

⑤ 측정치의 표준편차는 2.0cm³로 한다.

## 17.3.5 염소함유량 시험

안정액을 만드는 데 사용한 점토(벤토나이트)에 염소성분이 포함되어 있으면 철근이 부식되므로 안정액을 조제하여 사용하는 점토에 포함된 염소의 함유량 $W_{cl}$을 검사해야 한다.

**1) 시 약**

① Salpeter 산 :

100 ml 의 농축 Salpeter 산을 100 ml 의 증류수에 희석시킨다.

② $NH_4Fe(SO_4)_2$ 용액 :

10 g의 $NH_4Fe(SO_4)_2$(암모늄 황산철)을 90 ml 의 증류수에 희석시킨다.

③ 0.1 n $AgNO_3$ 용액 :

0.1 규정농도의 질산은 용액

④ 0.1 n $NH_4SCN$ 용액 :

0.1 규정 암모늄 로다니드마스 용액

⑤ 니트로벤졸

**2) 시험수행**

① 점토를 건조하여 0.001 g 의 정밀도로 5 g을 취한다.

② 점토를 1000ml 비커에 넣고 350ml 증류수를 가하여 5분간 분산시킨다.
③ 필터시험용기에 넣고 필터링한다.
④ 필터링된 물 50 ml를 250ml 피페트로 취하여 약 100ml 의 증류수로 희석시킨다.
⑤ 이 용액에 $NH_4Fe(SO_4)_2$ 용액 1ml, Salpeter 산 2~3ml, 니트로벤졸 1ml를 추가한다.
⑥ 5ml 0.1 n $AgNO_3$ 용액을 추가하고 0.1 n $NH_4SCN$ 용액 0.02 ml씩 추가하되 연한 적갈색 용액으로 되면 총사용량 $a$를 기록하고 시험을 중단한다.

**3) 염소함유량 $W_{cl}$**

염소함유량은 다음 식으로 구한다.

$$W_{cl} = 0.49634(5 - a) \ [\%]$$

여기서 $a$는 사용한 0.1 n $NH_4SCN$ 용액의 양(ml)을 뜻한다.

# ◘ 참고문헌 ◘

DIN 4127 1986 : Schlitzwandtone für stützende Flüssigkeiten.

DIN 4126 1986, Ortbeton-Schlitzwände

Kärcher, K, (1968) : Über Suspensionen für Bentonischlitzwände. Technische Nachrichten Ph. Holzmann AG, Nr. 5

Karstedt, J./Ruppert, F.R.(1980) : Standsicherheitsproblem bei der Schlitz wandbauweise. Baumaschine u. Bautechnik, S.327-334.

Lorenz, H.(1950) : Über die Verwendung thixotroper Flüssigkeiten im Grundbau Die Bautechnik 27, S. 313317. Ferner : Patentschriften aus 1950, 1951.

Lorenz, H./Walz, B.(1982) : Ortswände. In : Grundbautaschenbuch 3. Aufl. Teil 2 Abschnitt, 2. 14, Verlag von W.Ernst u. Sohn Berlin München

Müller-Kirchenbauer, H.(1969) : Untersuchungen zur Eindringung von Injektionsmassen im porigen Untergrund und zur Auswertung von Probeverpressungen. Veröff, Inst. Bodenmech, Felsmech, Universität Karlsruhe, Heft 39

Müller-Kirchenbauer, H.(1977) : Stability of Slurry Trenches in Inhomogeneous Subsoil. Proc.IX. ICSMFE Tokyo, II, Smoltczyk, U. (1986)
Bodenmechanik und Grundbau, Vorlesungsumdruck, Uni Stuttgart.

Veder, Ch.(1950) : Österreichisches Patent Nr.176800 Klasse 84/11

Weiss, F.(1967) : Die Standfestigkeit flüssigkeitsgestützter Erdwände. Reihe Bauingenieur-Praxis Heft 70. Verlag W.Ernst u.Sohn, Berlin, München.

# 제18장 공내재하시험

## 18.1 개 요

### 18.1.1 공내재하시험 개요

공내재하시험(PMT)은 표준관입시험(SPT, Standard Penetration Test), 콘관입시험(CPT, Cone Penetration Test)과 더불어 지반의 역학적 특성을 현장에서 교란이 안된 상태로 신속히 구할 수 있는 시험이다. 특히 사운딩시험을 실시할 수 없거나 비교란 시료를 채취할 수 없어서 기존의 시험방법들을 적용하기 어려운 암지반, 자갈, 전석층 등에서 좋은 결과를 얻을 수 있다. 표준관입시험이나 콘관입시험처럼 일반화되어 가고 있는 시험이며 현장에서는 이용횟수가 급격히 증가되고 있는 시험이다.

PMT 시험은 처음 Koegler(1933)에 의하여 제안되었고 그 후에 Menard(1957)에 의하여 오늘날의 PMT 형태로 발전하였다. 현재 자주 이용되는 PMT는 개발자인 Louise Menard를 기려서 Menard PMT 라고도 하며, 현재에는 자동관입 PMT(Self Boring Pressuremeter)뿐만 아니라 해상에서도 측정 가능한 압입 PMT(Push－in Pressuremeter)도 개발되어 활용되고 있다. 공내 재하시험을 통해 흙지반과 암반에서 정지 토압계수 $K_o$, 수평토압 $\sigma_{oh}$, 탄성계수 $E$ 등과 강도정수 $c, \phi$ 그리고 지반의 비배수 전단강도, 침하, 변형특성, 지중응력 등을 구할 수 있다. 최근 암반용 고압장비도 개발되는 등 장차 발전성이 많은 현장시험방법이다. 특히 지반이 등방성일수록 좋은 결과를 얻을 수 있다.

공내재하시험에서는 다음 문제점에 유의해야 한다.
- 시험공 보링 시에 주변지반이 교란되면 측정결과에 영향을 미친다.
- 압력 재하방법 (압력증가방법, 지속시간)에 따라 그 결과가 영향을 받는다.
- Probe 의 길이가 한정되어서 3차원효과가 발생하여 해석조건(길이 ∞)과 다를 수 있다.

공내재하시험에 사용하는 Pressuremeter 는 압입 또는 측정방법에 따라 다음 종류가 있으나 PB PMT 가 가장 널리 이용되고 있다.
- PB PMT(Preboring Pressuremeter Test) : 선보링 PMT
- SB PMT(Selfboring Pressuremeter Test) : 자기보링 PMT
- PC PMT(Pushed cone Pressuremeter Test) : 압입 PMT
- DC PMT(Driven Pressuremeter Test) : 자동관입 PMT
- SB PMT(Push Shelby Tube Pressuremeter Test) : 압입 셸비튜브 PMT

가장 보편적으로 사용하는 PB PMT 는 먼저 시험공을 굴착한 후에 시험공에 Probe 를 삽입하여 측정하는 방식의 시험이다. 그 결과는 다음 경우에 적용할 수가 있다. 그러나 아직 개발단계에 있어서 일반화되어 있지는 못하다.
- 연직하중을 받는 얕은기초 설계
- 연직 및 수평하중을 받는 깊은기초 설계
- 흙지반앵커의 설계
- 현장타설 말뚝의 설계
- 앵커 정착부설계
- 도로의 포장설계
- 지반개량, 다짐관리
- 사면해석(자주 사용하지는 않는다)
- 차후 토압이 문제되는 지역

### 18.1.2 공내재하시험기

최근에 사용되는 PMT 는 다음 3가지 형태가 있으나 기본원리는 같으며 여기에서는 공내재하시험기를 주로 다룬다.
- 공내재하시험기(Pressuremeter)
- 수평재하시험기(Lateral Load Tester)
- 공벽재하시험기(Dilatometer)

수평재하시험기는 주로 일본에서 사용되는 시험방법으로 Menard PMT와 같은 원리이나 probe가 2중 고무막으로 된 단일 측정실로 만들어졌고 보통 직경 80mm, 길이 60cm이다.

probe는 물로 채우며 고압 질소가스로 가압한다. probe의 부피변화량은 유입량 측정관에서 물의 수위변화를 측정하여 바로 구할 수 있다. (참고로 Menard PMT는 probe가 3개의 압력실로 이루어지고 상하의 압력실은 공기압이나 수압으로 가압하고 보조실(guard cell)의 역할을 한다. 즉, 중간의 측정실이 완벽한 원기둥 형태로 팽창할 수 있도록 상하에서 잡아주는 역할을 하며, 측정실보다 약간 작은 압력을 받도록 되어 있다.) 중간의 측정실은 수압으로 가압하며 대개 Menard PMT와 같은 방법으로 시험한다. 각 가압단계마다 2분간 압력을 지속시키는 점이 Menard PMT와 다르다.

공벽재하시험기(dilatometer)는 시험공과 직경이 같은 반원형으로 휘어진 재하판을 시험공벽에 밀착시킨 후에 유압으로 하중을 가하면서 압력에 따른 수평변위를 측정하여 지반의 특성을 구하는 또 다른 형태의 PMT이다. 대체로 강성이 큰 흙지반이나 암반에서 사용하며 Goodman형과 Stuttgart형 등이 알려져 있다. 현재에는 대구경의 장비도 개발되어 bord pile의 지지력 예측 등에 적용되고 있다.

# 18.2 공내재하시험 장비

## 18.2.1 시험장비의 구성

공내재하시험에는 다음의 장비가 필요하며 그림 18.1과 같이 구성되어 있다.

① Probe :
시험공에 삽입하여 팽창시켜서 시험공벽의 변위 및 압력을 측정하는 부분이다. 실제로 공내시험장비에서 가장 중요한 부분으로 형태가 다양하다.

② 고압튜브(Tubing) :
압력탱크로부터 probe에 압력을 전달하는 고압용튜브로서 시험압력에서도 팽창하지 않는 특수한 것이어야 한다.

③ 압력/부피조절장치(Pressure/Volume Control Unit) :
시험장비내의 압력과 부피를 조절하거나 크기를 측정하는 장비이다.

④ 압력탱크 또는 유압잭 :
시험장비에 압력을 공급하는 장치로 고압탱크를 사용하거나 유압잭을 사용하여 소요압력을 얻는다.

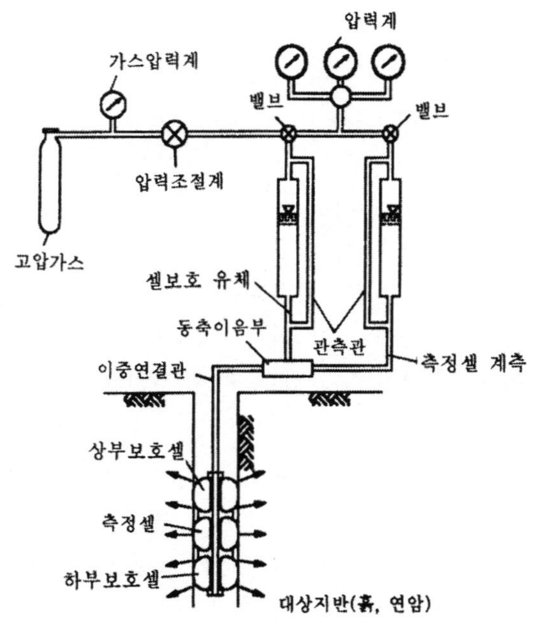


그림 18.1 공내재하시험 기구구성

## 18.2.2 시험장비의 보정

PMT 장비는 사전에 다음의 내용을 검사한 후에 사용해야 하며 이를 고려하여 측정치를 보정해야 한다.

- PMT 장비의 포화상태 및 압력누출
- PMT 장비의 팽창성
- Probe 고무막(membrane)의 강성도

**1) PMT 장비의 포화(Saturation)상태 및 압력누출(Leak) 검사**

PMT 장비는 부피변화, 즉 유입 유량으로부터 수평변위를 환산하므로, 장비 내에 유체기포가 있으면, 압력이 일정크기 이상으로 높아지는 순간 유체에 녹아 들어가서 유체의 부피가 감소한다. 따라서 장비를 완전히 포화시킨 후에 사용해야 정확한 부피변화를 측정할 수 있다.

PMT포화검사와 PMT압력누출검사는 probe, 고압튜브, 압력/부피 조절장치 등에 대해서 다음과 같이 실시한다.

① 길이가 probe에 꼭 맞고 내경이 probe 직경 $D_{pm}$ 의 1.005배, 즉 $1.005D_{pm}$ 정도 되면서 변형이 없을 정도로 강성이 큰 두꺼운 강재 보정관(calibration tube)을 준비한다.

② 강재보정관에 Probe 를 삽입하고 가압하면서 압력의 크기와 체적변화를 측정한다.
③ 압력-부피변화 ($P - \Delta R/R_0$)의 관계를 표시하여 그림 18.2 와 같은 곡선을 구한다. 곡선상에서 A → B 는 강재튜브와 probe 접촉과정을 나타내며 C는 강재 튜브와 probe 가 완전히 접촉된 상태를 나타낸다.
④ 압력을 25 tsf(그림 18.2의 D점)로 올리면서 측정하여 $P - \Delta R/R_0$ 관계곡선상에서 CD선을 그린다.

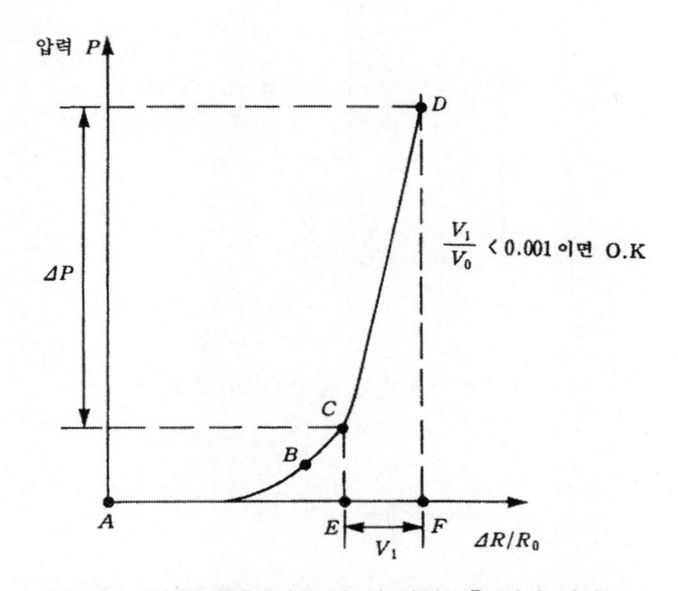


그림 18.2 PMT 장비의 포화 및 압력누출 검사 결과

⑤ C – D 직선으로부터 E, F 점을 찾는다. E–F점 간의 거리가 부피변화 $V_1$이다.
⑥ 부피변화 $V_1$(E – F 거리)이 측정부의 공칭체적(norminal volume) $V_o$에 비하여 0.1% 미만이면 압력이 새지 않는 것으로 간주한다. 대체로 측정부의 공칭체적이 $V_o = 2000\ \text{cm}^3$ 인 경우가 많다.

**2) PMT 장비의 팽창성(System Compressibility) 검사**

① PMT 장비가 팽창하면 시험공벽의 정확한 변위를 구할 수 없으므로 PMT 장비의 팽창성 검사를 실시하여 PMT장비의 팽창성을 확인해야 한다.
② 강재보정관(calibration steel tube)에 probe를 삽입한다.
③ 압력을 5, 15, 25 tsf 로 단계별로 가압한다.
④ 각 단계마다 30초를 유지하고 부피변화량 $V_3$를 측정한다.

⑤ 압력 - 부피변화량($P-V$)곡선을 그린다.

⑥ 각 단계별로 부피변화량 측정치 $V_3$에서 부피손실량 $V_2$를 뺀 $V_3-V_2$를 구하여 $P-(V_3-V_2)$곡선을 그리면, 이 곡선(그림 18.3)이 부피손실곡선(Volume loss curve)이 된다.

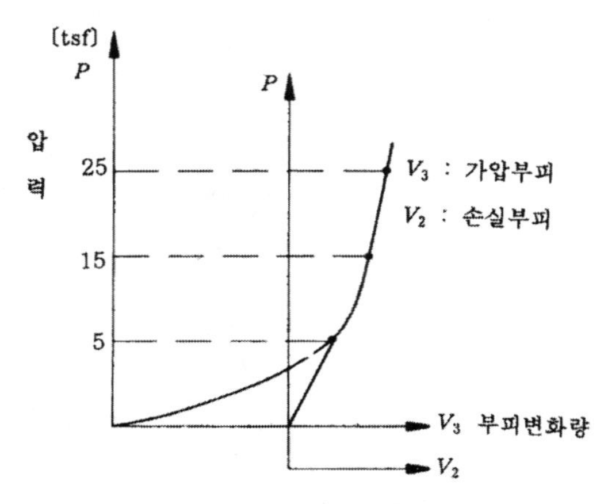


그림18.3 PMT 장비의 팽창성 검사

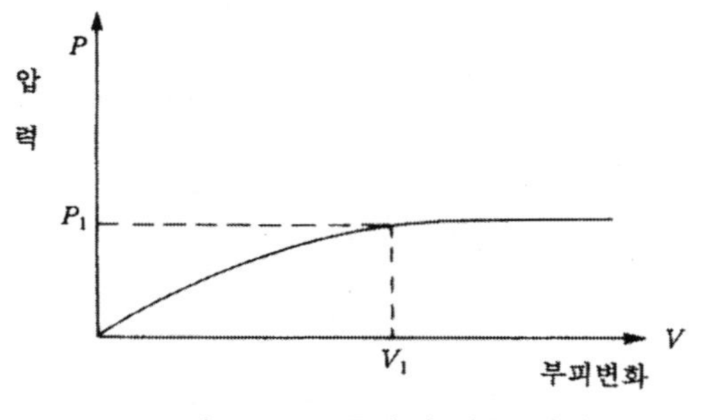


그림 18.4 고무막의 강성 검사

**3) Probe 고무막(membrane)의 강성 검사**

① 시험 중에 큰 압력이 가해지면 고무막이 터질 수 있으므로 probe 고무막의 강성을 측정하여 시험압력에서 고무막이 터지지 않고 안전한지 확인해야 한다.

② 고무막이 터지지 않도록 주의하여 probe를 공기 중에서 가압한다.

③ 고무막을 체적 $V_o$의 10 % 만큼 팽창시킨다.

④ 가압 후 압력을 1분간 유지시키면서 압력과 부피변화를 측정한다.

⑤ 측정치로부터 압력 - 부피변화($P-V$)곡선을 그린다(그림 18.4).

⑥ 대개의 PB Probe에서는 고무막 강성도가 약 9.07kPa이다.

# 18.3 공내재하시험 수행

## 18.3.1 시험공 보링

① 현장에서 시험위치를 정하고 Probe에 적당한 크기로 시험공을 보링한다. 시험공의 크기가 너무 작으면 Probe가 삽입되지 않으며 반대로 너무 크면 측정결과의 신뢰도가 떨어지고 심하면 Probe가 손상될 우려가 있다.

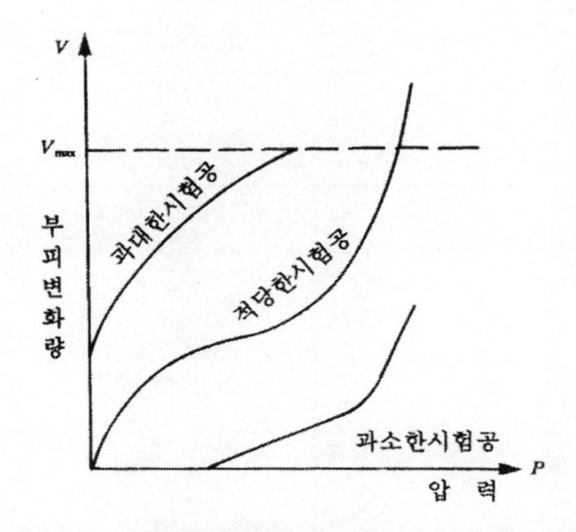


그림 18.5 시험공의 크기에 따른 $P-V$ 곡선의 모양

② 시험에 사용한 Probe의 크기(직경 $D_{PM}$)에 적당한 시험공의 크기(직경 $D_{BM}$)는 $D_{PM} < D_{BM} < 1.1D_{PM}$ 이어야 한다. $D_{BM} > 1.1\,D_{PM}$ 이면 최대압력(maximum pressure)을 측정할 수 없다. 암반에서는 시험공벽의 변형량이 작으므로 시험공의 크기가 다소 커도 크게 문제가 되지 않을 수도 있으나 흙지반에서는 최대압력을 측정할 수 없는 경우가 있다. 시험공의 크기에 따라 $P-V$ 곡선의 모양이 달라진다(그림 18.5).

③ 시험에 적합한 시험공을 시추하기 위해서는 Probe 크기에 맞는 시추드릴을 선택하여 시험공 단면크기의 변화가 없도록 세심하게 보링해야 한다. 시험에 사용한 드릴의 직경 $D_{DR}$, Probe(압력을 뺀 상태)의 직경 $D_{PM}$, 시험공의 초기직경 $D_{BM}$는 다음의 관계식을 만족해야 한다.

$$D_{PM} \le D_{DR} \le 1.03\,D_{PM} \le D_{BM} \le 1.10\,D_{PM}$$

④ 시험공의 굴착으로 시험공의 주변지반 및 공벽지반이 교란되지 않도록 주의하여 보링해야 하며 이를 위하여 다음의 내용을 검토해야 한다.

- 드릴비트보다 작은 직경의 로드를 사용해야 한다.
- 드릴비트의 회전속도는 ≤ 60rpm으로 느리게 시추한다.
- 세척수는 서서히 주입해야 한다.
- 보링 후 응력이완으로 시험공벽이 팽창될 가능성이 있으므로 1회 PMT 측정량 만큼 보링하여 시험한 후에 다음 측정위치를 보링한다.
- 한꺼번에 깊게 보링하면 지반의 유동이나 인접시험의 영향으로 시험공벽이 변형될 수 있다.

**표 18.1 대표적인 PMT 값**

| 흙지반 | | SPT $N$ 값 | 비배수 전단강도 $S_L$(tsf) | PMT 압력 $P_L$ (tsf) |
|---|---|---|---|---|
| 모래 | 느슨(loose) | 0 - 10 | | 0 - 5 |
| | 중간(medium) | 10 - 30 | | 5 - 15 |
| | 조밀(dense) | 30 - 50 | | 15 - 25 |
| | 매우조밀(very dense) | > 50 | | > 25 |
| 점토 | 연약(soft) | | 0 - 0.25 | 0 - 2 |
| | 보통(firm) | | 0.25 - 0.5 | 2 - 4 |
| | 강성(stiff) | | 0.5 - 1.0 | 4 - 8 |
| | 매우강성(very stiff) | | 1.0 - 2.0 | 8 - 16 |
| | 견고(hard) | | > 2.0 | > 16 |

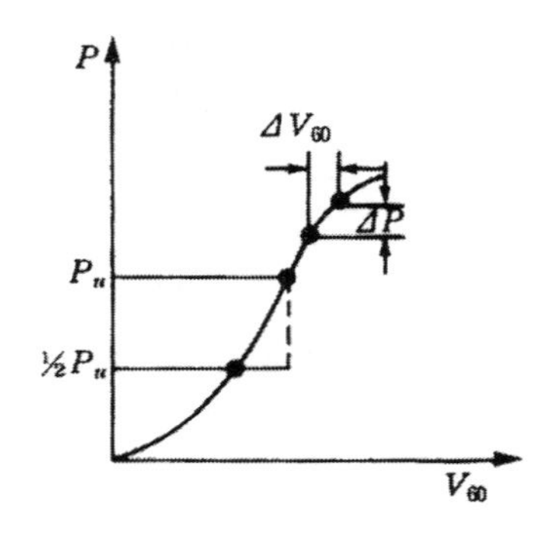


(a) $p-V_{60}$ 관계곡선

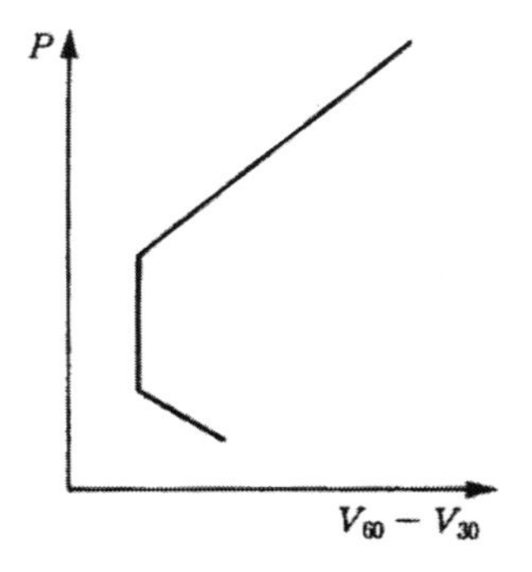


(b) $p-(V_{60}-V_{30})$ 관계곡선

그림 18.6 압력제어 시험

## 18.3.2 PMT 측정

### (1) 개 요

PMT 측정은 부피나 압력을 제어하여 측정할 수 있으며 일반적으로 취급이 편리한 압력제어 형태를 많이 적용한다.

- 압력제어 PMT시험(pressure control) : 예상 PMT 압력을 일정 개수의 단계로 나누어 단계별 압력을 결정한 후 압력을 증가시키면서 부피변화를 측정하는 방법이다. 유압잭이나 압축공기 등을 이용하면 압력을 일정하게 유지하기가 용이하기 때문에 현장에 자주 적용된다. 지반에 따른 예상 PMT 압력은 표 18.1과 같다.
- 부피제어 PMT시험(Volume Control) : 부피증가량을 일정하게 유지하면서 압력의 크기 변화를 측정하는 방법이다. 그러나 체적을 일정하게 유지하기가 쉽지 않으므로 잘 적용되지 않는다.

### (2) 압력제어 시험

① 표 18.1을 참조하여 예상되는 PMT 압력 $P_L$ 을 구하여 7～14회로 나누어 단계별로 압력증가량을 구한다. 대개 10회로 나누어 1회에 $P_L$ 의 1/10을 단계별 압력증가량으로 한다. 보통 연성지반(soft soil)에서는 단계별 압력증가량이 약 15kPa 정도 강성지반(stiff soil)에서는 약 50～100 kPa 정도가 된다.

② 압력증가 후에 1～2분 동안에 압력을 유지하면서 15, 30, 60, 120초마다 부피 변화량($V_{15}$, $V_{30}$, $V_{60}$, $V_{120}$)을 측정한다. 그러나 대개 각 단계별로 1분간 압력을 유지하고 부피변화량은 30초($V_{30}$), 60초($V_{60}$)마다 측정하여 $P-V_{60}$ 그래프(그림 18.6a)를 그린다.

③ 지반의 크립은 30～120초 또는 60～120초 등의 시간간격을 설정하여 이 시간 간격 동안에 발생된 부피변화량으로부터 구한다. 대체로 30초와 60초에 측정한 체적변화량 $V_{60}$, $V_{30}$ 를 이용하여 $P-V_{60}-V_{30}$ 관계곡선(그림 18.6 b)을 그려서 지반의 크립특성을 구한다.

④ 탄성계수 $E$ 를 정확히 측정하기 위하여 제하 - 재재하(unloading - reloading)할 수 있다. 점토에서는 제하 - 재재하하면 dissipation 이 일어날 수 있으므로 제하 - 재재하를 실시하지 않는다.

⑤ PMT 는 비배수상태에 대한 시험이므로 점토에서는 압력을 가하고 seepage 또는 suction 이 일어나기 전에 가급적 빨리 측정해야 한다.

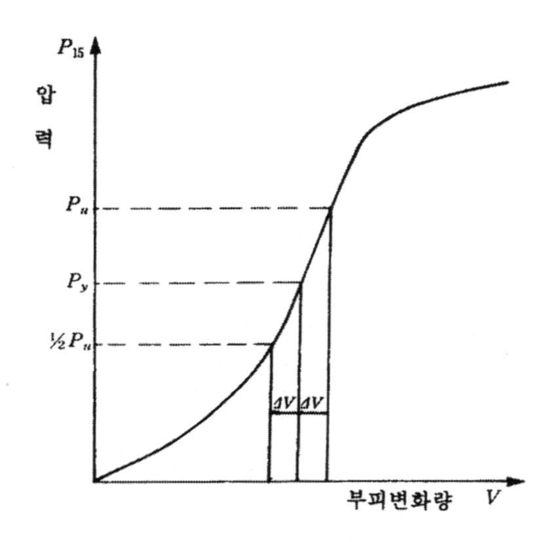


그림 18.7 체적제어 시험

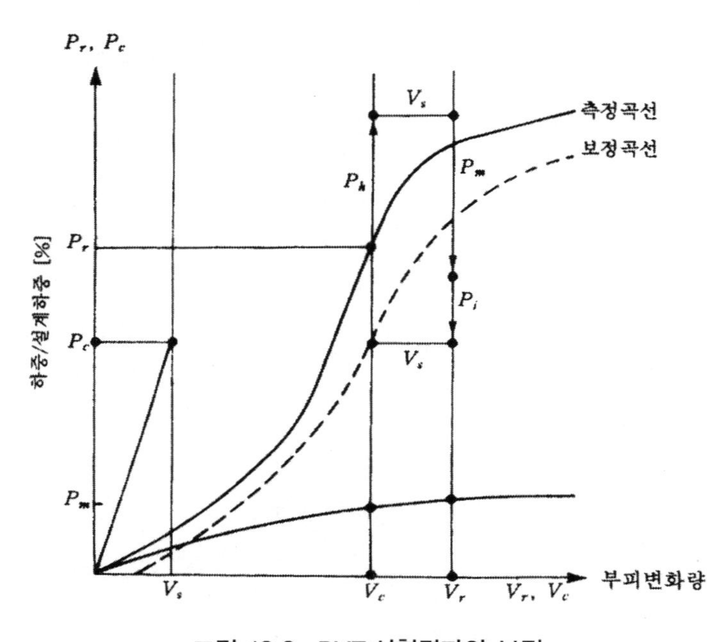


그림 18.8 PMT 시험결과의 보정

(3) 부피제어 시험

① 단계별 부피증가량을 결정한다. 이때 단계별 1회 부피증가량은 probe의 측정부 공칭부피 $V_0$를 기준해서 정하며 대체로 $V_0/40$으로 한다.

② 각 단계별로 체적을 증가시키고 15초 유지한 후에 압력 $P_{15}$를 측정한다.
③ $P_{15} - V$ 곡선을 그린다.
④ $P_{15} - V$ 곡선에서 직선부가 끝나는 점을 항복점(yield point) $P_y$ 로 한다.

# 18.4 결과정리

## 18.4.1 시험결과의 보정

PMT 의 측정치 $P_r(V_r)$은 고무막의 강성(membrane resistance)$P_m$, PMT 시스템 내 정수압 $P_h$, 초기치 $P_i(V_i)$, 시스템의 압축성 $V_s$ 에 대해서 보정하여 보정치$P_c$, $V_c$를 산출해야 한다. 또한 깊은 곳에서 측정할 때는 지하수의 정수압과 시험공의 여유분 만큼 증가할 때 발생되는 변위를 고려해야 한다.

따라서 PMT 측정치는 다음의 식으로 보정하며 보정과정은 그림 18.8과 같다.

$$P_c = P_r - P_m + P_h - P_i$$
$$V_c = V_r - V_s - V_i$$

여기서, $P_r$ : 현장시험시 압력조절장치에서 측정한 압력

$P_m$ : 고무막 강성(Membrane resistance) 검사 시에 측정한 압력이며 현장시험 시 부피에 대한 압력

$P_h$ : 압력조절장치와 Probe의 사이에 있는 물의 정수압으로 유입수량 측정위치와 시험위치 사이의 수압차에 의한 정수압을 나타낸다. 측정위치가 지하수 수위 아래일 경우에는 유입수량측정위치와 지하수위 사이의 수두차에 의한 정수압을 의미한다.

$P_i$, $V_i$ : 압력 및 부피조절장치의 게이지 위치에서 probe 의 초기 측정치

$V_s$ : 시스템의 팽창성(System compressibility)검사시에 측정한 부피변화량으로 현장시험 압력에 대한 부피변화량

$V_r$ : 현장시험 시 부피조절장치에서 측정한 부피변화량

## 18.4.2 PMT 곡선의 판정

### (1) 압력 - 부피변화량($P-V$)관계곡선

시험 후에 가로축에 압력 $P$, 세로축에 부피변화량 $V$의 측정결과를 표시하면 $P-V$ 관계 곡선(Menard plot)이 구해진다(그림 18.9). PMT 에서 압력을 가하면 처음에는 시험공벽과 완전히 접촉되지 않은 상태이므로 압력에 비하여 변형이 많이 발생되며(1단계) 다음에는 시험공벽의 지반이 탄성변형을 일으키므로 곡선의 중간부분은 직선이(2단계) 된다. 압력이 계속 증가하여 변형이 크게 일어나면 지반은 탄성이 아닌 소성 변형을(3단계) 일으킨다. 따라서 $P-V$ 관계곡선은 $S$ 자 형태가 되며 대체로 다음 그림 18.9와 같이 3단계로 구분할 수 있다.

1단계 : 시험공의 직경이 Probe 의 직경보다 약간 크기 때문에 Probe 와 공벽이 완전하게 접촉되지 못하였거나 시험공벽이 교란되었을 때에 뚜렷하게 나타난다. 시험이 완벽히 진행된 경우 또는 압입 PMT 에서는 나타나지 않는다. 1단계 종료 시 압력 $p_0$ 가 지반 내 수평응력 $\sigma_h$(Lateral earth pressure at rest)이다.

2단계 : 시험공벽이 탄성적인 변형을 하여 $P-V$ 곡선의 모양이 직선이 되고 직선의 기울기로부터 탄성계수를 구할 수 있다.

3단계 : 시험공벽이 소성변형을 일으키며 더 이상 가압하면 극한압력 $p_L$ 에 도달된다.

$P-V$ 관계곡선의 모양은 점토지반에서는 급격히 변하고 극한하중이 뚜렷하며 이런 경향은 과압밀점토에서 더욱 두드러진다. 모래지반에서는 전단되면서 수직응력 수준이 높아져서 모래의 강도가 점증되므로 극한하중이 뚜렷하지 않다(그림 18.10).

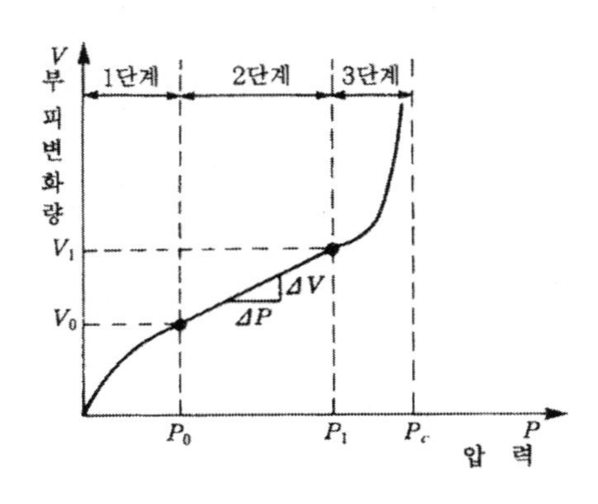


그림 18.9 $P-V$ 관계곡선

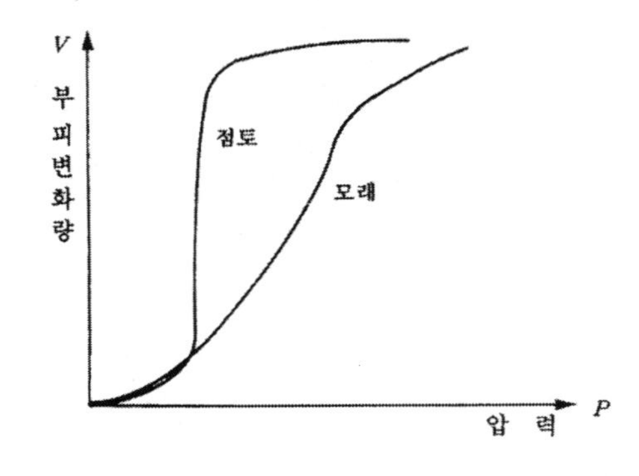


그림 18.10 지반에 따른 $P-V$ 관계곡선의 모양

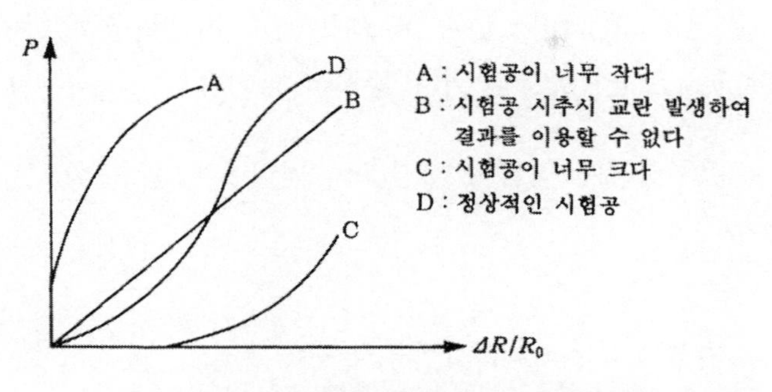


그림 18.11 시험공의 크기와 교란의 영향

지반의 탄성계수 $E_p$ 는 Menard 에 의하면 다음의 식으로 구할 수 있으며 이 값을 이용하여 연직방향 침하량을 계산할 수 있다.

$$E_p = k \frac{\Delta P}{\Delta R / R_0}$$

### (2) 시험공의 크기영향

PMT 시험에서는 시험공의 크기에 따라 $P - \Delta R/R_0$ 관계곡선의 모양이 달라진다. 따라서 시험결과를 적용하기 전에 $P - \Delta R/R_0$ 관계곡선의 모양으로부터 적용가능성을 먼저 판정해야 한다. 그림 18.11에서 곡선A 는 시험공이 너무 작은 경우에 또한 곡선 C 는 시험공이 너무 큰 경우에 나타나는 곡선의 형태이다. 일상적으로 결과를 이용할 수 있는 정상적인 시험결과는 곡선 D와 같은 경우이다.

### (3) 시험공벽의 교란

그림 18.11에서 곡선 B는 시추 시 시험공벽의 교란이 심하게 발생되었기 때문에 $P - \Delta R/R_0$ 관계곡선의 모양이 직선이 되었다. 이러한 경우에는 결과를 이용할 수 없다.

## 18.4.3 시험결과

### (1) 지반 내 수평응력(In - situ horizental stress) $P_0$

보통 $P - V$ 관계곡선에서 초기응력 $\sigma_0$ 를 구하면, 이는 지반 내 수평응력 $\sigma_h = \sigma_0$ 이다. 그러나 시험공 굴착 시에 주변지반이 교란되거나 굴착 후에 시간이 경과되면서 시험공 공벽지반의 응력이 이완되어서 $\sigma_h$ 가 너무 작아질 수 있으므로 주의해야 한다. SB PMT 에서는 이와 같은 문제가 발생되지 않으나 국내에서는 잘 사용하지 않는다.

보통 Marsland & Randolph 방법(1977)이 가장 자주 이용되며 $P-\log_e \Delta V/V$ 곡선(그림 18.12)을 그려서 그 곡선의 기울기를 구하여 초기응력 $\sigma_0$를 구할 수 있다.

곡선의 초기상태를 적절하게 취하여 시험공의 변형율 $\epsilon_c$를 구할 수 있다.

$$\epsilon_c = \frac{\Delta R}{R_0} = \frac{R-R_0}{R_0}$$

여기에서 $R_0$ : 초기상태($p=p_0$)의 시험공의 반경

$\Delta R$ : 압력증가($\Delta p = p-p_0$)에 의한 시험공 반경의 증가량

## (2) 전단탄성계수(Shear Modulus) $G$

PMT 시험결과로부터 $P-V$곡선을 그리고 탄성영역에서 그 기울기 $\Delta P/\Delta V$를 구하여 전단탄성계수 $G$를 다음의 식으로 정할 수 있다(Gibson/Anderson, 1961).

$$G = \frac{1}{2}\frac{P-\sigma_h}{\varepsilon_c} = (P-\sigma_h)\frac{V_0}{\Delta V} = V_0\frac{P-\sigma_h}{\Delta V}$$

이때에 $P-V$ 곡선의 기울기를 구하기 위하여 제하(unloading) 후에 재재하(re loading)한다(그림 18.13). 이때에 제하-제재하를 시키는 위치와 $V$를 어떤 값으로 간주할 것인지 결정하기 어려우며 경험이 많은 책임기술자의 판단에 의존하며, 보통 압력 $\Delta p$ 증가에 따른 부피증가량 $\Delta V$의 절반과 초기부피 $V_i$의 합, 즉 $V = V_i + 0.5\Delta V$을 적용한다.

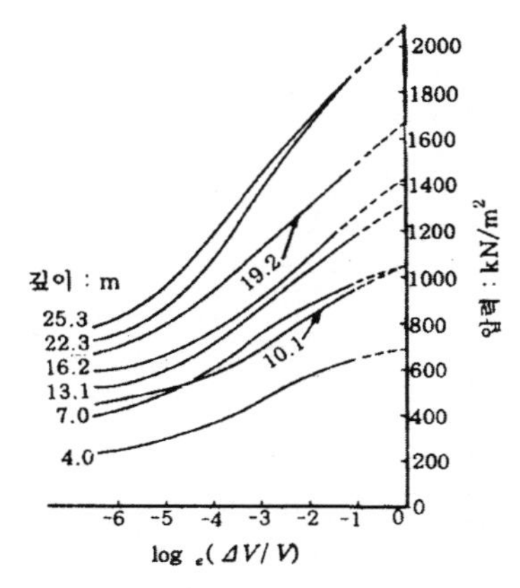


그림 18.12 $P-\log_e \Delta V/V$ 곡선

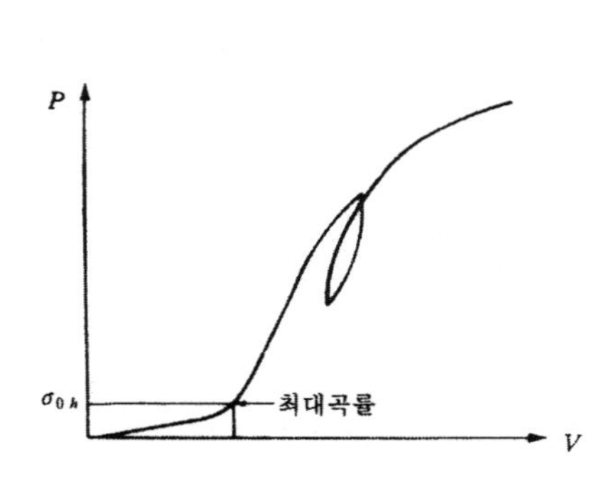


그림 18.13 $P-V$ 곡선

### (3) 정지토압계수 $K_0$

정지토압계수 $K_0$는 PMT 곡선의 초 기부분중 곡선의 곡률이 최대가 되는 점에서 수평응력 $\sigma_{0h}$를 구하고 측정위치(깊이 $z$)의 연직응력을 $\sigma_{0v} = \gamma z$로 하여 산정할 수 있다.

$$K_0 = \frac{\sigma_{0h} - u_0}{\sigma_{0v} - u_0}$$

여기서, $\sigma_{0h}$ = $P-V$ 곡선에서 읽은 초기응력의 값

$\sigma_{0v}$ = 측정위치의 연직응력($\sigma_{0v} = \gamma z$).

$u_0$ = 측정위치에서의 간극수압

### (4) PMT 계수(Pressuremeter Modulus) $E_0$, Reload modulus $E_r$

PMT 계수 $E_0$ 는 공벽 주변지반의 변형계수(deformation modulus)이고, PMT 곡선(그림 18.14) 직선부의 기울기를 나타내며 재재하 변형계수 $E_r$는 재재하 곡선의 기울기를 나타낸다. 일반적으로 재재하초기 압력의 2배 정도까지 가한다.

$$E_0 = 2G(1+\nu) = 2(1+\nu)V\frac{dP}{dV} = K\frac{dP}{dV}$$

여기서 $k$ 는 압축계수(Coefficient of Compressibility)로 $K = 2V(1+\nu)$이며, 이때 $V$는 평균부피이고, $V = (V_f + V_0)/2$를 적용한다.

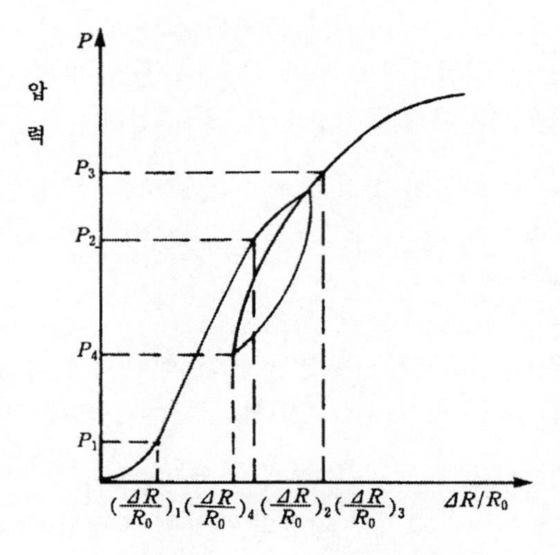


그림 18.14 $P - \Delta R/R_0$ 관계곡선

$p - \Delta R/R_0$곡선에서 $E_0$ 와 $E_r$ 은 다음의 식으로 구하며 이때에 포아송의 비는 $\nu = 0.33$를 표준치로 한다.

$$E_0 = (1+\nu)(P_2 - P_1)\frac{(1+(\Delta R/R_0)_2)^2 + (1+(\Delta R/R_0)_1)^2}{(1+(\Delta R/R_0)_2)^2 - (1+(\Delta R/R_0)_1)^2}$$

$$E_r = (1+\nu)(P_3 - P_4)\frac{(1+(\Delta R/R_0)_3)^2 + (1+(\Delta R/R_0)_4)^2}{(1+(\Delta R/R_0)_3)^2 - (1+(\Delta R/R_0)_4)^2}$$

$E_0$ 는 시험공의 교란에 민감하며 그 크기는 압축시 탄성계수와 인장시 탄성계수의 중간 크기이다. 대체로 $E_0$는 변형율 2 ~ 5%에서 측정된다. 또한 $E_0$는 PMT의 크기(길이 $L$, 직경 $D_{PM}$)에 의한 영향을 받으며 $L/D_{PM} = 6.5$일때 시험공의 교란에 의한 영향이 크다. 또한 PMT 의 크기(길이 $L$, 직경$D$ )에 $E_0$는 계산치가 측정치 보다 약 5% 정도 크다(Hartmann/Schmertmaun 1975). 일반적으로 수평방향($E_h$)과 연직방향($E_v$)의 탄성계수는 대체로 비슷하며 차이는 5 % 이내이다.

PMT곡선에서 항복압력 $P_y$ 는 직선부가 끝나는 점의 압력이며 그 크기는 대개 점토에서는 극한압력 $P_L$의 절반, 모래에서는 극한압력 $P_L$의 1/3정도가 된다.

### (5) 극한압력 $P_L$

$P - V$ 곡선이 부피변화, 즉 $V$축에 거의 평행일 때 압력을 극한압력 $P_L$ 이라 한다. 이 상태에서는 시추공벽의 지반이 파괴에 도달된 상태라고 할 수 있다.

보통의 PMT 시험에서는 시험압력이 극한압력에 도달되지 않을 수도 있다. 이때에는 곡선을 연장하여 $\Delta R/R_0$ 을 찾고 극한압력 $P_L$ 을 구한다.

순수 극한압력 $P_L^*$ 은 시험공의 공벽이 순수하게 받는 압력이며, 이는 극한압력 $P_L$ 에서 수평토압 $\sigma_{0h}$ 을 뺀 값이다.

$$P_L^* = P_L - \sigma_{0h}$$

극한압력의 값은 시험공 교란의 영향은 비교적 적게 받으나 probe 의 길이 $L/D$ 의 영향에 민감하다. 특히 probe 의 길이($L/D$)의 영향은 모래에서는 큰 반면에 점토에서는 크지 않다.

대체로 $E_r/E_0$ 와 $E_0/P_L^*$의 크기는 지반의 종류에 따라 다음과 같다.

$$E_r/E_0 = 1.5 - 5.0 \quad : \text{점토}$$
$$3.0 - 10.0 \quad : \text{모래}$$

$$E_0/P_L^* > 12 \quad : \text{점토}$$
$$7 - 12 \quad : \text{모래}$$

점토와 모래지반의 극한압력의 일반적인 값은 다음의 표 18.2, 표 18.3과 같다.

**표 18.2 점토지반의 극한압력**

| 컨시스턴시 | Soft | Medium | Stiff | Very stiff | Hard |
|---|---|---|---|---|---|
| $P_L^*$ tsf | 0~2 | 2~4 | 4~8 | 8~16 | 16 < |
| $E_0$ tsf | 0~25 | 25~50 | 50~120 | 120~250 | 250 < |

**표 18.3 모래지반의 극한압력**

| 상 대 밀 도 | Loose | Compact | Dense | Very dence |
|---|---|---|---|---|
| $P_L^*$ tsf | 0~5 | 5~15 | 15~25 | 25 < |
| $E_0$ tsf | 0~35 | 35~120 | 120~225 | 225 < |

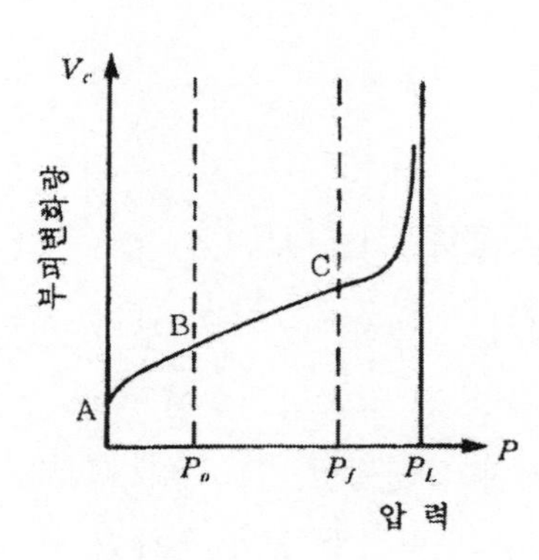


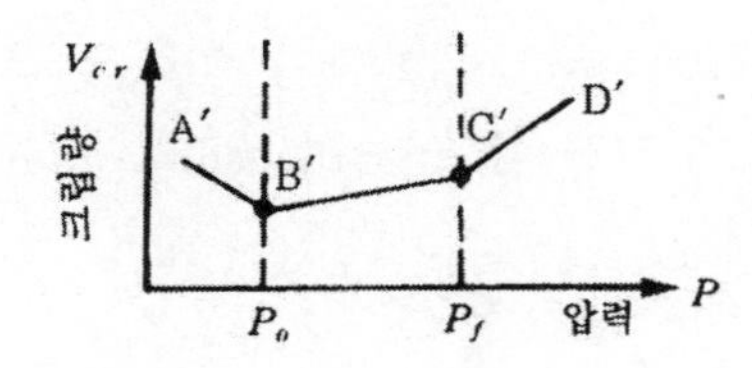


그림 18.15 지반의 크립계수

### (6) 크립압력 $P_f$(Creep Pressure)

PMT 에서 부피변화를 측정하여 크립량 $V_{cr}$을 정할수 있으며, 재하 후 60초의 부피변화량 $V_{60}$ 과 30초 후의 부피변화량 $V_{30}$ 의 차이로 정의한다.

$$V_{cr} = V_{60} - V_{30}$$

압력 - 크립량 관계곡선(그림 18.15)은 3개 직선으로 이루어지며 정지토압 $P_0$ 상태에서 최솟값이 되고 압력이 증가됨에 따라 증가율이 급격하게 커진다. 그림 18.15에서 C 점의 압력을 크립압 $P_f$ 라고 하며 PMT 압력이 $P_f$ 보다 커지면 시추공벽에 파괴가 발생되므로 $P_f$ 가 곧 항복압력이다.

지반의 크립계수$f_c$(Creep Coefficient)는 압력 $P_2$ 재하후 60초 후에 측정한 부피변화량 $V_{p2}$ 와 압력 $P_1$ 재하후 60초 후에 측정한 부피변화량 $V_{p1}$ 로부터 다음과 같이 정의하며 탄성역(B - C)에서의 평균 크립계수는 압력$(P_f + P_0)/2$에서 계산한 값이다. 크립계수 $f_c$ 가 클수록 장기침하량이 커진다.

$$f_c = \frac{V_{cr}}{V_{p2} - V_{p1 \times 100}} \ [\%]$$

# 18.5 결과의 이용

## 18.5.1 점성토의 비배수 전단강도 $S_u$

PMT 시험은 비배수상태에서 시험하므로 이로부터 점성토의 비배수 전단강도$S_u$를 구할 수 있다. PMT 로부터 구한 점토의 비배수전단강도 $S_u$ 는 시험공주변지반의 교란, 수평응력 $\sigma_{0h}$ 결정오차, 지반의 불균질성, 점토의 예민비, PMT 의 길이$(L/D)$, 지반의 비등방성, 시험공벽의 교란 및 응력이완 등에 의해서 그 값이 영향을 받는다.

대체로 tresca failure criterion을 적용하여 이론적으로 극한압력 $P_L$ 을 이용하여 점성토의 비배수전단강도$S_u$를 구할 수 있다(Gibson/Anderson, 1961).

$$P_L^{\ *} = \sigma_{0h} + S_u\left(1 + \ln\frac{G}{S_u}\right) = S_u \cdot \beta$$

$$S_u = P_L^{\ *}/\beta$$

여기서 $G/S_u$ 값은 점토의 종류 및 주로 OCR에 따라 100~600 사이에서 변하며 결과적으로 $\beta = 5.0 \sim 7.4$(평균값 $\beta = 6.5$)이다. Marsland/Randolf(1977)는 $\beta = 6.18$ 을 Menard(1965)는 $\beta = 5.5$을 적용하였다.

$$S_u = 0.67(P_L^{\ *})^{0.75} \text{ [kPa]}$$

$$S_u = 0.2(P_L^{\ *})^{0.75} \text{ [kPa]}$$

## 18.5.2 사질토의 내부 마찰각

PMT를 이용하여 사질토 내부마찰각을 구하는 여러 가지 방법이 제시되어 있으나 아직 불완전하다. 특히 PMT 시험은 비배수상태에서 시행하므로 유효강도정수 $c'$, $\phi'$를 정하는 데에는 부적합하다.

## 18.5.3 얕은기초 설계

PMT 결과를 이용하여 얕은기초의 지지력 $q_u$와 침하량 $s$를 구할 수 있으나 아직은 많은 검증을 필요로 하는 단계이다. Menard(1963)는 다음과 같이 얕은기초의 지지력 $q_u$를 계산하였다.

$$q_p = k\,P_L^{\ *} + q_0 = K(p_L - \sigma_{0h}) + q_0$$

여기서, $k$ : PMT 지지력계수(점성토에서 설치한 bored pile에서 $K = 1.8$)

$P_L^{\ *}$ : 기초위치에서 등가 순수 극한압력(equivalent net limit pressure)

$q_0$ : 상재하중 $q_0 = \gamma Z$

## 18.5.4 말뚝기초의 설계

말뚝기초의 지지력 $q_L$을 PMT 결과로부터 구할 수 있으나 아직 검증을 필요로 하는 단계이다.

$$q_L = K(P_e - \sigma_{0h}) + \sigma_{0v}$$

여기서, $K$ : PMT 지지력 계수

$P_e$ : 등가 극한 압력(equivalent limit pressure)

$\sigma_{0h}$ : 정지상태 수평응력(total horizontal stress at rest)

$\sigma_{0v}$ : 정지상태 연직응력(total vertical stress at rest)

# ◘ 참고문헌 ◘

Clarke B.G.(1995) Pressuremeters in Geotechnical Design. Blackie Academic & Professional, Glasgou.

Gibson, R. E./Anderson, W. F. (1961). In situ measurenent of soil properties with the pressuremeter. Civ. Engng Publ. Wks Rev. 56, No. 658, 615-618.

Hartman, P. J./Schmertmann, J.h. (1975). FEM study of elastic phase of pressuremeter tests. Proc. Conf. In-Situ Measurement of soil properties.
North Carolina State University, 1, 190-207.

Hobb,N.B./Dixon J.C.(1970). IN-situ testing for bridge foundation in the Devonian Marl. Proc.Conf.In-situ Investigations in Soils and Rocks, Paper 4,31-38

Ladanyi,B,(1972). In-situ determination of undrained stress-strain behavior of sensitive clays with the pressuremeter. Canad. Geotech. J.9, No. 3, 313-319

Marsland, A. (1967). Conf. Shear Strength Properties of Natural Soils and Rocks. Discussion, Session 2. Oslo, 2, 160-161

Marsland, A. (1972). Model studics of deep in-situ loading tests in clay. Civ. Engng publ. Wks Rev. 67, No. 792, 695, 697-8

McKinlay, D. G./Anderson, W, F. (1974). Glacial till testing and an improved pressuremeter. Civ. Engng 47-53.

Ménard, L. f. (1963). Calcul de la force portante des foundations sur la base des résultats des essais pressionmétriques. Sols-Soils 2, No. 5, 9-28, No. 6.

Ménard, L. f. (1965). Proc. Int. Conf. Soil Mech. Fdn Engng 2, 295-299.

Ménard, L. f. (1975). The interpretation and application of pressuremeter tests results. Sols-Soils. No. 26.

Meyerhoff, G. G. (1951). The ultimate bearing capacity of foundations.
Géotechnique 2, No. 4, 312-316.

Palmer, A. C. (1972). Undrained expansion of cylindrical cavity in clay.
Géotechnique 22, No. 3, 451-457.

Timoshenko, S. p./Goodier, J. N. (1951). Theory of elasticity. New York : McGraw Hill/

Wroth, C. P./Hughes, J. M. O. (1973). An instrument for the in-situ measurement of the properties of soft clays. Proc. 8th Int. Conf. Soil Mech. Fdn Engng, Moscow, 1, 487-494.

Marlsland A./Randolph M.f.(1977)
Comparisons of the results from pressuremeter tests and large in situ plate tests in London

clay. p.217-244, Geotechnique, Vol27. No.2

Smoltvzk U. (1986)

Bodenmechanik und Grundbau, Vorlesungsumdruck, Uni Stuttgart.

Smoltvzk U./Seeger H. (1980)

Erfahrungen mit der Stuttgarter Seitendrucksonde, Geotechik, H.4.

Smoltvzk U. (1985)

Nenu Erfahrungen mit der Seitendrucksonde, Geotechnik, H.3.

# 찾아보기

[ㄴ]



[ㄷ]

[ㄹ]



[ㅁ]



[ㅂ]

[ㅅ]

## [ㅇ]

[ㅈ]

**[ㅊ]**

[ㅋ]



[ㅌ]



[ㅍ]

[ㅎ]

# 부 록 1 (실험시트 작성 예)

흙의 No.200 체 통과량 시험

흙의 입도시험(체분석)

흙의 입도시험(비중계 분석)

흙의 입도 시험(결과)

흙의 함수비시험

흙의 비중 시험

흙의 최대건조 단위중량 시험

흙의 최소건조 단위중량 시험

현장 단위중량 시험

흙의 액성·소성한계 시험

동적 액성한계 시험

정적 한계한계 시험

소성한계 시험

흙의 수축한계 시험

흙의 다짐시험(측정 데이터)

흙의 다짐시험(다짐곡선)

정수두 투수시험

변수두 투수시험

현장 투수시험

압밀시험(측정 데이터)

압밀시험(선행압밀압력결정)

압밀시험( $\sqrt{t}$ )

압밀시험(log $t$ 법) UU, CU, CD

삼축압축시험(UU 시험)

- 축재하데이터
- 축차응력-축변형률곡선
- Mohr-Coulomb 파괴포락선, $p-q$관계곡선

삼축압축시험(CU 시험)

- 압밀과정
- 축재하데이터
- 축차응력-축변형률곡선
- Mohr-Coulomb 파괴포락선, $p-q$관계곡선

삼축압축시험(CUB 시험)

- 압밀과정
- 축재하데이터
- 축차응력-축변형률곡선
- Mohr-Coulomb 파괴포락선, $p-q$관계곡선

삼축압축시험(CD 시험)

- 압밀과정
- 축재하데이터
- 축차응력-축변형률곡선
- Mohr-Coulomb 파괴포락선, $p-q$관계곡선

직접전단시험(측정 데이터)

직접전단시험(전단응력-수평변위곡선)

직접전단시험(연직변위-수평변위곡선)

직접전단시험(전단응력(간극비)-수직응력곡선)

일축압축시험(측정 데이터)

일축압축시험(응력-변형률곡선)

베인시험(하중-변형각)

베인시험(깊이-전단강도)

CBR 시험(측정 데이터)

CBR 시험(관입곡선)

표준관입시험

콘관입시험(관입저항)

콘관입시험(콘지수)

평판재하시험

# 흙의 No.200 체 통과량 시험

과 업 명 6조 토질역학실험 시험날짜 1999 년 5 월 4 일
조사위치 아주대학교 팔달관 온도 18 [℃] 습도 68 [%]
시료위치 A - 3 시료심도 0.3 [m] ~ 1.0 [m] 시험자 주 영 훈

| 공기건조 시료의 함수비 | | | 평균 함수비 |
|---|---|---|---|
| 시료번호 1 | 시료번호 2 | 시료번호 3 | $w$ 6.3 [%] |
| $W_t$ 34.71 [gf] $W_d$ 33.87 [gf]<br>$W_d$ 33.87 [gf] $W_c$ 16.25 [gf]<br>$W_w$ 0.84 [gf] $W_s$ 17.62 [gf] | $W_t$ 35.50 [gf] $W_d$ 34.37 [gf]<br>$W_d$ 34.37 [gf] $W_c$ 17.72 [gf]<br>$W_w$ 1.13 [gf] $W_s$ 16.65 [gf] | $W_t$ 49.14 [gf] $W_d$ 47.83 [gf]<br>$W_d$ 47.83 [gf] $W_c$ 29.61 [gf]<br>$W_w$ 1.31 [gf] $W_s$ 18.22 [gf] | |
| $w$ = 4.8 [%] | $w$ = 6.8 [%] | $w$ = 7.2 [%] | |

참 고 : $W_t$ : (습윤시료 + 용기) 무게 $W_d$ : (노건조시료 + 용기) 무게
$W_c$ : 용기의 무게 $W_w$ : 물의 무게
$W_s$ : 흙 시료의 무게 $w$ : 함수비 $w = w_w / w_s \times 100$ [ % ]

| 시 험 번 호 | | 1 | 2 | 3 |
|---|---|---|---|---|
| 용 기 번 호 | | 가 | 나 | 다 |
| ( 공기건조시료 + 용기 ) 무게 | [gf] | 873.42 | 817.76 | 825.51 |
| 용 기 무 게 | [gf] | 121.24 | 109.81 | 112.35 |
| 공기건조 시료 무게 $W_d$ | [gf] | 752.18 | 707.95 | 713.16 |
| 공기건조 시료의 함수비 $w$ | [%] | 4.80 | 6.80 | 7.20 |
| 노건조 시료의 무게 ※1 $W_o$ | [gf] | 717.73 | 662.87 | 665.26 |
| No. 200체 잔류무게 $W_p$ | [gf] | 547.24 | 522.37 | 532.83 |
| No. 200체 통과율 ※2 $P_r$ | [%] | 23.75 | 21.20 | 19.91 |
| 평균 No.200 체 통과율 21.62 [%] | | | | |

참 고 : ※1 $W_o = W_d / (1 + w/100)$ ※2 $P_r = (W_o - W_p) / W_o \times 100$

확 인 조 병 하 (인)

# 흙의 입도시험 (체분석)

과 업 명 6조 토질역학실험 시험날짜 1999 년 5 월 4 일
조사위치 아주대학교 팔달관 온도 18 [℃] 습도 68 [%]
시료위치 A - 3 시료심도 0.3 [m] ~ 1.0 [m] 시험자 주 영 훈

| 공기건조 시료의 함수비 | | | 평균 함수비 |
|---|---|---|---|
| 시료번호 1 | 시료번호 2 | 시료번호 3 | |
| $W_t$ 34.71 [gf] $W_d$ 33.87 [gf]<br>$W_d$ 33.87 [gf] $W_c$ 16.25 [gf]<br>$W_w$ 0.84 [gf] $W_s$ 17.62 [gf] | $W_t$ 35.50 [gf] $W_d$ 34.37 [gf]<br>$W_d$ 34.37 [gf] $W_c$ 17.72 [gf]<br>$W_w$ 1.13 [gf] $W_s$ 16.65 [gf] | $W_t$ 49.14 [gf] $W_d$ 47.83 [gf]<br>$W_d$ 47.83 [gf] $W_c$ 29.61 [gf]<br>$W_w$ 1.31 [gf] $W_s$ 18.22 [gf] | $w$<br>6.3<br>[%] |
| $w$ = 4.8 [%] | $w$ = 6.8 [%] | $w$ = 7.2 [%] | |

참 고 : $W_t$ : (습윤시료 + 용기) 무게 $W_d$ : (노건조시료 + 용기) 무게
$W_c$ : 용기의 무게 $W_w$ : 물의 무게
$W_s$ : 흙 시료의 무게 $w$ : 함수비 $w = w_w / w_s \times 100$ [ % ]

| 체번호 No. | 눈 금 [mm] | 용 기 번 호 | (잔류토+용기) 무 게 [gf] | 용 기 무 게 [gf] | 잔류토 무 게 [gf] | 잔 류 율 [%] | 가 적 잔류율 [%] | 가 적 통과율 [%] |
|---|---|---|---|---|---|---|---|---|
| 4 | 4.76 | 가 | 460.45 | 396.8 | 63.65 | 9.09 | 9.09 | 90.91 |
| 10 | 2.00 | 나 | 513.83 | 460.7 | 53.13 | 7.59 | 16.68 | 83.32 |
| 16 | 1.19 | 다 | 345.82 | 291.0 | 54.82 | 7.83 | 24.51 | 75.49 |
| 40 | 0.42 | 라 | 444.65 | 320.3 | 124.35 | 17.76 | 42.27 | 57.73 |
| 60 | 0.25 | 마 | 409.62 | 300.4 | 109.22 | 15.60 | 57.87 | 42.13 |
| 100 | 0.149 | 바 | 368.46 | 287.3 | 81.16 | 11.59 | 69.46 | 30.54 |
| 200 | 0.074 | 사 | 359.08 | 290.5 | 68.58 | 9.80 | 79.26 | 20.74 |
| | | | | 계 $W_r$ = 491.81 | | | | |

$(W_r / W_s) \times 100 = 98.1 > 96$ [%]

OK.

| 확 인 | 조 병 하 (인) |
|---|---|

# 흙의 입도시험 (비중계 분석)

과 업 명 6조 토질역학실험 시험날짜 1999 년 5 월 4 일
조사위치 아주대학교 팔달관 온도 18 [℃] 습도 68 [%]
시료위치 A - 3 시료심도 0.3 [m] ~ 1.0 [m] 시험자 주영훈

1. 시료

흙입자의 비중 $G_s$= 2.63 , 소성지수 $I_p$ = 22.1 , 분산제 6% 과산화수소

공기건조 시료의 무게 $W_a$= 55.0953 [gf], 노건조시료의 무게 $W_s = W_a/(1+w/100)$= 51.83 [gf]

세립토 (NO.200체 통과 흙) 함유율 $W_f = W_{200}/W_s$= 0.4

2. 현탁액

부피 $V$ = 1000 [cm$^3$], 1ml당 건조시료의 무게 $W_s/V$ = 0.0518 [gf]

3. 비중계

구부길이 $L_2$ = 14 [cm], 구부부피 $V_b$ = 56 [cm$^3$], 메니스커스보정 $C_m$ = 0.0005

| 비 중 계 눈 금 | 1.000 | 1.015 | 1.035 | 1.050 |
|---|---|---|---|---|
| 눈금부터 구부상단까지 길이[cm] | 17.26 | 14.16 | 10.30 | 7.17 |

4. 메스실린더

용량: V = 1000 [cm$^3$], 단면적 A = 26.41 [cm$^2$], Vb/A = 2.121 [cm]

5. 비중계 시험

| | | 측 정 시 간 | 11:15 | 11:16 | 11:19 | 11:29 | 11:44 | 12:14 | 15:14 | 5일 11:14 |
|---|---|---|---|---|---|---|---|---|---|---|
| ① | 경 과 시 간 | $t$ [min] | 1 | 2 | 5 | 15 | 30 | 60 | 240 | 1440 |
| ② | 증류수 | 온 도 읽 음 [℃] | 20 | 20 | 20 | 20 | 20 | 20 | 20 | 20 |
| ③ | | 온 도 보 정 $F$ ※1 | 0,0008 | 0,0008 | 0,0008 | 0,0008 | 0,0008 | 0,0008 | 0,0008 | 0,0008 |
| ④ | | 비 중 $G_w$ ※2 | 0,9982 | 0,9982 | 0,9982 | 0,9982 | 0,9982 | 0,9982 | 0,9982 | 0,9982 |
| ⑤ | | $G_s/(G_s-G_w)$ | 1,0395 | 1,0395 | 1,0395 | 1,0395 | 1,0395 | 1,0395 | 1,0395 | 1,0395 |
| ⑥ | 비중계 읽 음 | 소수부분 읽음 | 0,0137 | 0,0134 | 0,0107 | 0,0082 | 0,0063 | 0,0044 | 0,0022 | 0,0011 |
| ⑦ | | $r' =$⑥$+ C_m$ | 0,0142 | 0,0139 | 0,0112 | 0,0087 | 0,0068 | 0,0049 | 0,0027 | 0,0016 |
| ⑧ | 유효 침강 길이 | 수면-구부상단거리 $L_1$ [cm] | 7,0903 | 7,1503 | 7,6803 | 8,2203 | 8,6403 | 9,0103 | 9,4803 | 9,7103 |
| ⑨ | | $(L_2 - V_b/A)/2$ [cm] | 5,9397 | 5,9397 | 5,9397 | 5,9397 | 5,9397 | 5,9397 | 5,9397 | 5,9397 |
| ⑩ | | $L =$⑧+⑨ [cm] | 13,03 | 13,09 | 13,62 | 14,16 | 14,68 | 14,95 | 15,42 | 15,65 |
| ⑪ | 흙입자 최대 직경 | $L/(60t)$ | 0,2172 | 0,1091 | 0,0454 | 0,0157 | 0,0081 | 0,0042 | 0,0010 | 0,0002 |
| ⑫ | | $\sqrt{\frac{L}{60t}}$ | 0,466 | 0,3303 | 0,2131 | 0,1254 | 0,0900 | 0,0644 | 0,0327 | 0,0135 |
| ⑬ | | $\sqrt{\frac{0.18 \cdot \eta}{(G_s-1)}}$ ※3 | 0,138 | 0,138 | 0,138 | 0,138 | 0,138 | 0,138 | 0,138 | 0,138 |
| ⑭ | | 입경 $D =$⑫×⑬ [mm] | 0,0064 | 0,0045 | 0,0029 | 0,0017 | 0,0012 | 0,0009 | 0,0004 | 0,0002 |
| ⑮ | 현탁액중의 흙의 중량 백분율 | ⑤$/(W_s/V)$ | 20,055 | 20,055 | 20,055 | 20,055 | 20,055 | 20,055 | 20,055 | 20,055 |
| ⑯ | | $r' + F =$⑦$+ F$ | 0,015 | 0,0147 | 0,0120 | 0,0095 | 0,0076 | 0,0057 | 0,0035 | 0,0024 |
| ⑰ | | $P =$⑮$\times \gamma_w \times$⑯$\times 100$ [%] | 30,0826 | 29,4809 | 24,0661 | 19,0523 | 15,2418 | 11,4314 | 7,0193 | 4,8132 |
| ⑱ | 보정가적통과율 | $P' =$⑰$\times W_f$ [%] | 12,0319 | 11,7912 | 9,6255 | 7,6202 | 6,0961 | 4,5721 | 2,8074 | 1,9251 |

참 고 : ※1 표2.9 ※2 표2.8 ※3 표2.11

| 확 인 | 조 병 하 (인) |
|---|---|

# 흙의 입도 시험(결과)

과 업 명 6조 토질역학실험 시험날짜 1999 년 5 월 4 일
조사위치 아주대학교 팔달관 온도 18 [℃] 습도 68 [%]
시료위치 A - 3 시료심도 0.3 [m] ~ 1.0 [m] 시험자 주 영 훈

| 시 료 | 최대입경 7.47 [mm] | 비 중 2.63 | 함수비 6.3 [%] |
|---|---|---|---|

| 시험방법 | 체번호 | 입경[mm] | 통 과 율 | | |
|---|---|---|---|---|---|
| | | | 시료번호 1 | 시료번호 2 | 시료번호 3 |
| 체 분 석 | 4 | 4.76 | 90.91 | | |
| | 10 | 2.00 | 83.32 | | |
| | 16 | 1.19 | 75.49 | | |
| | 40 | 0.42 | 57.73 | | |
| | 60 | 0.25 | 42.13 | | |
| | 100 | 0.149 | 30.54 | | |
| | 200 | 0.074 | 20.74 | | |
| 비 중 계 분 석 | | 0.0116 | 12.03 | | |
| | | 0.0095 | 11.79 | | |
| | | 0.0065 | 9.63 | | |
| | | 0.0040 | 7.62 | | |
| | | 0.0029 | 6.10 | | |
| | | 0.0021 | 4.57 | | |
| | | 0.0011 | 2.81 | | |
| | | 0.0010 | 1.93 | | |

참 고 : $D_{10}$ = 0.0092 [mm] , $D_{30}$ = 0.15 [mm] , $D_{60}$ = 0.46 [mm]
$C_u$ = 50 , $C_c$ = 5.32

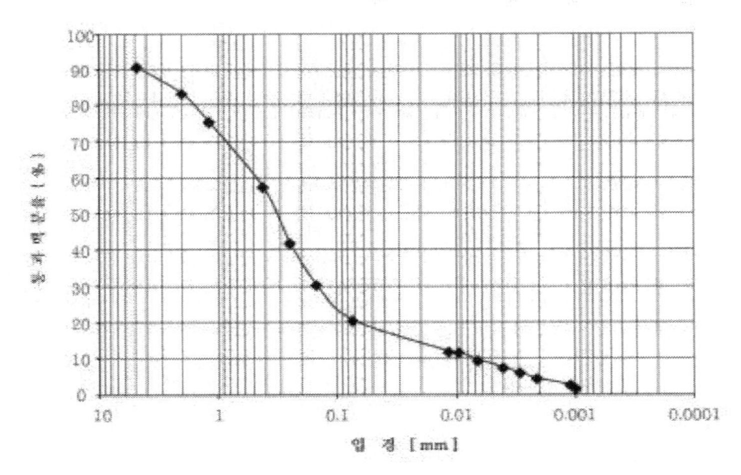


참 고 : 균등계수 $C_u = \frac{D_{60}}{D_{10}}$ , 곡률계수 $C_c = \frac{D_{30}^2}{D_{10} \times D_{60}}$

$D_{10}$ : 10% 통과입경 , $D_{30}$ : 30% 통과입경 , $D_{60}$ : 60% 통과입경

| 확 인 | 조 병 하 (인) |
|---|---|

# 흙의 함수비시험

과 업 명 2조 토질역학실험 시험날짜 1999 년 3 월 14 일
조사위치 아주대학교 팔달관 온도 15 [℃] 습도 52 [%]
시료위치 B - 4 시료심도 0.2 [m] ~ 0.4 [m] 시험자 김 양 운

| 시료 번호 | 시료 심도 | 함 수 비 측 정 | | | 평균 함수비 |
|---|---|---|---|---|---|
| | | 시료번호 1 | 시료번호 2 | 시료번호 3 | |
| 가 | 0.2 | $W_t$ 103.32 [gf]<br>$W_d$ 91.94 [gf]<br>$W_d$ 91.94 [gf]<br>$W_c$ 28.25 [gf]<br>$W_w$ 10.38 [gf]<br>$W_s$ 63.69 [gf]<br>$w$ = 16.30 % | $W_t$ 123.36 [gf]<br>$W_d$ 110.48 [gf]<br>$W_d$ 110.48 [gf]<br>$W_c$ 28.25 [gf]<br>$W_w$ 12.88 [gf]<br>$W_s$ 82.23 [gf]<br>$w$ = 15.66 % | $W_t$ 112.42 [gf]<br>$W_d$ 101.18 [gf]<br>$W_d$ 101.18 [gf]<br>$W_c$ 27.74 [gf]<br>$W_w$ 11.24 [gf]<br>$W_s$ 73.44 [gf]<br>$w$ = 15.31 % | $w$ = 15.76 % |
| 나 | 0.3 | $W_t$ 114.91 [gf]<br>$W_d$ 106.47 [gf]<br>$W_d$ 106.47 [gf]<br>$W_c$ 24.15 [gf]<br>$W_w$ 8.44 [gf]<br>$W_s$ 82.32 [gf]<br>$w$ = 10.25 % | $W_t$ 127.30 [gf]<br>$W_d$ 117.85 [gf]<br>$W_d$ 117.85 [gf]<br>$W_c$ 26.73 [gf]<br>$W_w$ 9.45 [gf]<br>$W_s$ 91.12 [gf]<br>$w$ = 10.37 % | $W_t$ 118.24 [gf]<br>$W_d$ 109.73 [gf]<br>$W_d$ 109.73 [gf]<br>$W_c$ 29.07 [gf]<br>$W_w$ 8.51 [gf]<br>$W_s$ 80.60 [gf]<br>$w$ = 10.55 % | $w$ = 10.39 % |
| 다 | 0.4 | $W_t$ 129.25 [gf]<br>$W_d$ 113.51 [gf]<br>$W_d$ 113.51 [gf]<br>$W_c$ 28.22 [gf]<br>$W_w$ 15.74 [gf]<br>$W_s$ 85.29 [gf]<br>$w$ = 18.45 % | $W_t$ 130.05 [gf]<br>$W_d$ 114.84 [gf]<br>$W_d$ 114.84 [gf]<br>$W_c$ 26.73 [gf]<br>$W_w$ 15.81 [gf]<br>$W_s$ 83.95 [gf]<br>$w$ = 18.83 % | $W_t$ 84.27 [gf]<br>$W_d$ 73.52 [gf]<br>$W_d$ 73.52 [gf]<br>$W_c$ 17.41 [gf]<br>$W_w$ 10.75 [gf]<br>$W_s$ 56.02 [gf]<br>$w$ = 19.19 % | $w$ = 18.82 % |

참 고 : $W_t$ : (습윤시료 + 용기)무게 , $W_d$ : (노건조시료 + 용기) 무게
$W_c$ : 용기캔의 무게 , $W_w$ : 물의 무게
$W_s$ : 흙 시료의 무게 , $w$ : 함 수 비

$$w = W_w \times W_s \times 100$$

| 확 인 | 김 상 철 (인) |
|---|---|

# 흙의 비중 시험

과 업 명 A조 토질역학실험 시험날짜 1996 년 5 월 14 일
조사위치 아주대학교 팔달관 온도 18 [℃] 습도 68 [%]
시료위치 A - 1 시료심도 0,3 [m] ~ 0,5 [m] 시험자 김 은 섭

| 시 험 번 호 | | 1 | 2 | 3 |
|---|---|---|---|---|
| 비 중 병 번 호 | | 가 | 나 | 다 |
| (비중병 + 물) 무게 $W'_{pw}$ | gf | 78,26 | 78,28 | 78,26 |
| 온 도 $T$ | ℃ | 18 | 18 | 18 |
| (비중병+물+시료) $W_{pws}$ | gf | 97,25 | 97,78 | 97,58 |
| (비중병+물) 무게 $W_{pw}$ | gf | 78,24 | 78,26 | 78,24 |
| 용 기 번 호 | | ㄱ | ㄴ | ㄷ |
| (용기+노건조시료)무게 $W_{cs}$ | gf | 57,34 | 62,67 | 59,59 |
| 용 기 무 게 $W_c$ | gf | 26,67 | 31,09 | 28,38 |
| 노건조시료 무게 ※1 $W_c$ | gf | 30,67 | 31,58 | 31,21 |
| 물의 비중 $G_w$ | | 0,9986 | 0,9986 | 0,9986 |
| 흙의 비중 ※2 $G_w$ | | 2,63 | 2,62 | 2,63 |
| 흙의 평균 비중 $G_s$ | | 2,63 | | |

참 고 : ※1 $W_s = W_{cs} - W_c$ ※2 $G_s = W_s / (W_{pw} + W_s - W_{pws})$

| 확 인 | 이 용 준 (인) |
|---|---|

# 흙의 최대건조 단위중량 시험

과 업 명 A조 토질역학실험 시험날짜 1996 년 6 월 24 일
조사위치 아주대학교 기숙사 온도 24 [℃] 습도 68 [%]
시료위치 A - 2 시료심도 0.3 [m] ~ 0.7 [m] 시험자 송 영 두

| 몰 드 | 직경 $D$ 5.0 [cm] | 높이 $H$ 17.5 [cm] | 단면적 $A$ 176.6 [cm²] | 체적 $V$ 3090.9 [cm³] |
|---|---|---|---|---|
| 재하링 | 높이 $H_k$ 5.0 [cm] | | | |
| 시 료 | 지반분류 SP | 최대입경 $d_{max}$ 4.75 [mm] | 균등계수 $C_u$ 4.23 | |
| | 비 중 $G_s$ 2.64 | 간극비 $e$ 0.52 | 간극율 $n$ 0.34 | |

| 시 험 번 호 | | | 1 | 2 | 3 |
|---|---|---|---|---|---|
| 재하링 위치 (용기상단과 상부간 거리) | 1 | mm | 2.9 | 4.0 | 3.7 |
| | 2 | mm | 3.4 | 4.2 | 3.7 |
| | 3 | mm | 3.3 | 4.0 | 3.6 |
| | 합 | mm | 9.6 | 12.2 | 11.0 |
| | 평균 | mm | 3.2 | 4.1 | 3.7 |
| 재하링 길이 ※1 $S$ | | mm | 53.2 | 54.1 | 53.7 |
| 시료 높이 ※2 $h$ | | mm | 121.8 | 120.9 | 121.3 |
| 시료 체적 ※3 $V$ | | cm³ | 2152.21 | 2136.3 | 2143.37 |
| 건조무게 $W_d$ | | gf | 3895.5 | 3802.61 | 3836.63 |
| 건조단위중량 ※4 $\gamma_d$ | | gf/cm³ | 1.81 | 1.78 | 1.79 |
| 평균건조단위중량 | | gf/cm³ | 1.79 | | |

참고 : ※1 $S = H_k + a$ ※2 $h = H + H_k + S$ ※3 $V = A \cdot h$ ※4 $\gamma_d = \frac{W_d}{V}$

| 확인 | 김 기 림 (인) |
|---|---|

# 흙의 최소건조 단위중량 시험

과 업 명 A조 토질역학실험 시험날짜 1996 년 6 월 24 일
조사위치 아주대학교 기숙사 온도 24 [℃] 습도 68 [%]
시료위치 A - 2 시료심도 0.3 [m] ~ 0.7 [m] 시험자 송 영 두

| 몰드 | 직경 $D$ 100 [mm] | 높이 $H$ 12.6 [cm] | 단면적 $A$ 78.54 [cm²] | 체적 $V$ 989.6 [cm³] |
|---|---|---|---|---|
| 시료 | 지반분류 SP | 최대입경 $d_{max}$ 4.75 [mm] | 균등계수 $C_u$ 4.23 | |
| | 비 중 $G_s$ 2.64 | 간극비 $e$ 0.52 | 간극율 $n$ 0.34 | |

| 시 험 번 호 | (건조시료+용기) 무게 $W_{cd}$ [gf] | 용기 무게 $W_c$ [gf] | 건조 시료 무게 ※1 $W_d$ [gf] | 건조 단위중량 ※2 $\gamma_d$ [gf/cm³] |
|---|---|---|---|---|
| 1 | 5418 | 3961 | 1457 | 1.472 |
| 2 | 5440 | 3961 | 1479 | 1.495 |
| 3 | 5422 | 3961 | 1461 | 1.476 |
| 4 | 5435 | 3961 | 1474 | 1.489 |
| 5 | 5435 | 3961 | 1474 | 1.489 |
| 6 | 5444 | 3961 | 1483 | 1.499 |
| 합 $\Sigma\gamma_d$ | | | | 8.92 |
| 평 균 $\gamma_d$ | | | | 1.49 |

참고 : ※1 $W_d = W_{cd} - W_c$ ※2 $\gamma_d = \dfrac{W_d}{V}$

확인 김 기 림 (인)

# 현장 단위중량 시험

과 업 명 A조 토질역학실험 시험날짜 1996 년 6 월 24 일
조사위치 아주대학교 기숙사 온도 24 [℃] 습도 68 [%]
시료위치 A - 2 시료심도 0.3 [m] ~ 0.7 [m] 시험자 송 영 두

조사방법 : 모래치환법

| ◎ 저장병과 연결부의 체적 | | | | |
|---|---|---|---|---|
| 저장병 + 부속기구 무게 $W_1$ [gf] | 2389.0 | 저장병 + 부속기구+물무게 $W_2$ [gf] | 6305.0 |
| 물온도 $T$ [℃] $\gamma_{wt}$ [gf/cm³] | 0.9973 | 저장병과 연결부의 체적 $V_B$ ※1 [cm³] | 3926.5 |
| ◎ 시험용 모래의 단위중량 검정 | | 저장병 + 부속기구+모래무게 $W_3$[gf] | 7950.0 |
| 표준사 단위중량 $\gamma_{ts}$ ※2 [gf/cm³] | 1.42 | 저장병속 모래무게 $W_4$ [gf] | 5561.0 |
| 저장병+부속기구+남은모래 $W_5$ [gf] | 6800 | 깔대기를 채운 모래무게 $W_6$ ※3 [gf] | 1150.0 |

◎ 시험굴의 현장단위중량

| 시험번호 | 단위 | 1 | 2 | 3 |
|---|---|---|---|---|
| 파낸시료의 습윤무게 $W_t$ | [gf] | 3344.4 | 4218.6 | 3951.8 |
| 현장 시료 함수비 $w$ ※4 | [%] | $W_a$= 49.6 [gf]<br>$W_c$= 32.5 [gf]<br>$W_d$= 47.0 [gf]<br>$W_{ws}$=17.1 [gf]<br>$W_{ds}$= 14.4 [gf]<br>$W_w$= 2.7 [gf]<br>$w$ = 18.8 % | $W_a$= 56.1 [gf]<br>$W_c$= 30.6 [gf]<br>$W_d$= 52.2 [gf]<br>$W_{ws}$=25.2 [gf]<br>$W_{ds}$= 21.6 [gf]<br>$W_w$= 3.9 [gf]<br>$w$ = 18.8 % | $W_a$= 64.6 [gf]<br>$W_c$= 28.8 [gf]<br>$W_d$= 59.1 [gf]<br>$W_{ws}$=35.8 [gf]<br>$W_{ds}$= 30.3 [gf]<br>$W_w$= 5.5 [gf]<br>$w$ = 18.8 % |
| 저장병+부속기구+모래무게 $W_3'$ | [gf] | 7930.0 | 8008.0 | 8030.0 |
| 저장병+깔때기+남은모래무게 $W_5'$ | [gf] | 4332.0 | 3738.0 | 4017.0 |
| 시험공에 들어간 모래무게 $W_7$ ※5 | [gf] | 2448.0 | 3120.0 | 2863.0 |
| 시험공부피 $V_t$ ※6 | [cm³] | 1723.9 | 2197.2 | 2016.2 |
| 습윤단위중량 $\gamma_t$ ※7 | [gf/cm³] | 1.94 | 1.92 | 1.96 |
| 건조단위중량 $\gamma_d$ ※8 | [gf/cm³] | 1.66 | 1.63 | 1.66 |

참고 : ※1 $V_B = (W_2 - W_1)/\gamma_{wt}$ ※2 $\gamma_{ts} = W_4 / W_B$ ※3 $W_6 = W_3 - W_5$

※4 $W_{ws} = W_a - W_c$, $W_{ds} = W_d - W_c$, $W_w = W_{ws} - W_{ds}$, $w = (W_w)/(W_{ds}) \times 100$

※5 $W_7 = W_3' - (W_5' + W_6)$ ※6 $V_t = W_7 / \gamma_{ts}$

※7 $\gamma_t = W_t / V_t$ ※8 $\gamma_d = \gamma_t / (1 + w/100)$

확인 이 용 준 (인)

# 흙의 액성·소성한계 시험

과 업 명 토질역학실험 시험날짜 1996 년 5 월 14 일
조사위치 아주대학교 성호관 온도 18 [℃] 습도 68 [%]
시료위치 A - 1 시료심도 0.3 [m] ~ 0.5 [m] 시험자 박 영 호

액 성 한 계 시험 $w_L$

| 시험번호 | 낙하횟수 | 함 수 비 $w$ |
|---|---|---|
| 1 | 34 회 | $W_t$=111.11 [gf] $W_d$= 109.20 [gf]<br>$W_d$=109.20 [gf] $W_c$= 104.67 [gf]<br>$W_w$= 1.91 [gf] $W_s$= 4.53 [gf]<br>함수비 $w$ = 42.16 [%] |
| 2 | 28 회 | $W_t$=115.88 [gf] $W_d$= 113.01 [gf]<br>$W_d$=113.0 [gf] $W_c$= 106.69 [gf]<br>$W_w$=2.87 [gf] $W_s$= 6.32 [gf]<br>함수비 $w$ = 45.41 [%] |
| 3 | 20 회 | $W_t$=118.80 [gf] $W_d$= 117.18 [gf]<br>$W_d$=117.1 [gf] $W_c$= 113.80 [gf]<br>$W_w$=1.62 [gf] $W_s$= 3.38 [gf]<br>함수비 $w$ = 47.92 [%] |
| 4 | 16 회 | $W_t$=112.62 [gf] $W_d$= 110.67 [gf]<br>$W_d$=110.6 [gf] $W_c$= 106.80 [gf]<br>$W_w$=1.95 [gf] $W_s$= 3.87 [gf]<br>함수비 $w$ = 50.39 [%] |

소 성 한 계 시험 $w_P$

| 시험번호 | 함 수 비 $w$ |
|---|---|
| 1 | $W_t$=108.73 [gf] $W_d$= 108.44 [gf]<br>$W_d$=108.44 [gf] $W_c$= 106.80 [gf]<br>$W_w$= 0.29 [gf] $W_s$= 1.64 [gf]<br>함수비 $w$ = 17.68 [%] |
| 2 | $W_t$=116.11 [gf] $W_d$= 115.77 [gf]<br>$W_d$=115.77 [gf] $W_c$= 113.80 [gf]<br>$W_w$= 0.34 [gf] $W_s$= 1.97 [gf]<br>함수비 $w$ = 17.26 [%] |
| 3 | $W_t$=106.81 [gf] $W_d$= 106.50 [gf]<br>$W_d$=106.50 [gf] $W_c$= 104.67 [gf]<br>$W_w$= 0.31 [gf] $W_s$= 1.83 [gf]<br>함수비 $w$ = 16.94 [%] |
| 평 균 | 함수비 $w$ = 17.29 [%] |

$W_t$ : (습윤시료+ 용기) 무게
$W_d$ : (노건조시료+ 용기) 무게
$W_c$ : 용기 무게
$W_w$ : 물의 무게
$W_s$ : 노건조시료 무게

$w = W_w / W_s \times 100$

$I_p = w_L - w_P$ $w_L$ :낙하횟수 25회 함수비

| | | | |
|---|---|---|---|
| 액성한계 | $w_L$ = | 46.30 | [%] |
| 소성한계 | $w_P$ = | 17.29 | [%] |
| 소성지수 | $I_p$ = | 29.01 | [%] |

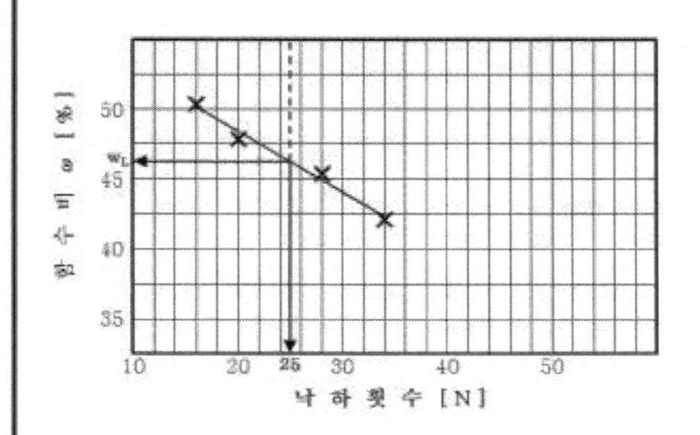


확인 이 용 준 (인)

# 동적 액성한계 시험

## Casagrande Test

과 업 명 토질역학실험　　시험날짜 1996 년 5 월 14 일

조사위치 아주대학교 성호관　　온도 18 [℃]　　습도 68 [%]

시료위치 A - 1　　시료심도 0.3 [m] ~ 0.5 [m]　　시험자 박 영 호

| 시험 번호 | | 시 료 번 호 1 | | 시 료 번 호 2 |
|---|---|---|---|---|
| 1 | 낙하 횟수<br>34 회 | $W_t$=111.11 [gf] $W_d$= 109.20 [gf]<br>$W_d$=109.20 [gf] $W_c$= 104.67 [gf]<br>$W_w$= 1.91 [gf] $W_s$= 4.53 [gf]<br>함수비 $w$ = 42.16 [%] | 낙하횟수<br>___ 회 | $W_t$= [gf] $W_d$= [gf]<br>$W_d$= [gf] $W_c$= [gf]<br>$W_w$= [gf] $W_s$= [gf]<br>함수비 $w$ = [%] |
| 2 | 낙하 횟수<br>28 회 | $W_t$=115.88 [gf] $W_d$= 113.01 [gf]<br>$W_d$=113.0 [gf] $W_c$= 106.69 [gf]<br>$W_w$=2.87 [gf] $W_s$= 6.32 [gf]<br>함수비 $w$ = 45.41 [%] | 낙하횟수<br>___ 회 | $W_t$= [gf] $W_d$= [gf]<br>$W_d$= [gf] $W_c$= [gf]<br>$W_w$= [gf] $W_s$= [gf]<br>함수비 $w$ = [%] |
| 3 | 낙하 횟수<br>20 회 | $W_t$=118.80 [gf] $W_d$= 117.18 [gf]<br>$W_d$=117.1 [gf] $W_c$= 113.80 [gf]<br>$W_w$=1.62 [gf] $W_s$= 3.38 [gf]<br>함수비 $w$ = 47.92 [%] | 낙하횟수<br>___ 회 | $W_t$= [gf] $W_d$= [gf]<br>$W_d$= [gf] $W_c$= [gf]<br>$W_w$= [gf] $W_s$= [gf]<br>함수비 $w$ = [%] |
| 4 | 낙하횟수<br>16 회 | $W_t$=112.62 [gf] $W_d$= 110.67 [gf]<br>$W_d$=110.6 [gf] $W_c$= 106.80 [gf]<br>$W_w$=1.95 [gf] $W_s$= 3.87 [gf]<br>함수비 $w$ = 50.39 [%] | 낙하횟수<br>___ 회 | $W_t$= [gf] $W_d$= [gf]<br>$W_d$= [gf] $W_c$= [gf]<br>$W_w$= [gf] $W_s$= [gf]<br>함수비 $w$ = [%] |

참고 : $W_w = W_t - W_d$ , $W_s = W_d - W_c$ , $w = (W_w)/(W_s) \times 100$ [%] ,

$w_L$ : 낙하횟수 25회의 함수비

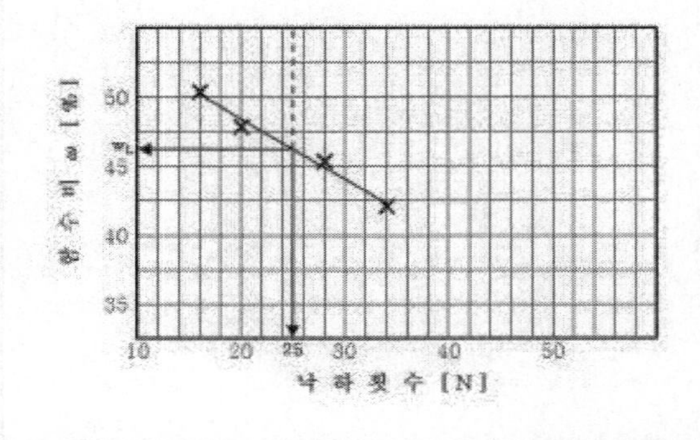


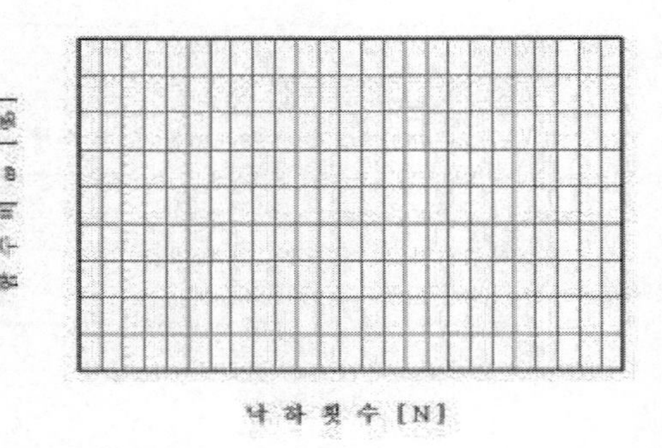


확인 이 용 준 (인)

# 정적 액성한계 시험

## Fall Casagrande Test

과 업 명 토질역학실험 시험날짜 1996 년 5 월 14 일

조사위치 아주대학교 성호관 온도 18 [℃] 습도 68 [%]

시료위치 A - 1 시료심도 0.3 [m] ~ 0.5 [m] 시험자 박 영 호

| 시험 번호 | 시료 번호 1 $w_L$ 63.3 [%] | | 시료 번호 2 $w_L$ 64 [%] | |
|---|---|---|---|---|
| 1 | 관입깊이 15.5 mm | $W_t$= 46.78 [gf] $W_d$= 32.51 [gf]<br>$W_d$= 32.51 [gf] $W_c$= 8.31 [gf]<br>$W_w$= 14.27 [gf] $W_s$= 24.20 [gf] | 관입깊이 15.1 mm | $W_t$= 45.56 [gf] $W_d$= 31.50 [gf]<br>$W_d$= 31.50 [gf] $W_c$= 7.68 [gf]<br>$W_w$= 14.06 [gf] $W_s$= 23.82 [gf] |
| | | 함수비 $w$ = 58.97 [%] | | 함수비 $w$ = 59.02 [%] |
| 2 | 관입깊이 19.0 mm | $W_t$= 57.20 [gf] $W_d$= 38.31 [gf]<br>$W_d$= 38.3 [gf] $W_c$= 8.35 [gf]<br>$W_w$= 18.89 [gf] $W_s$= 29.96 [gf] | 관입깊이 19.0 mm | $W_t$= 58.42 [gf] $W_d$= 39.40 [gf]<br>$W_d$= 39.40 [gf] $W_c$= 9.79 [gf]<br>$W_w$= 19.02 [gf] $W_s$= 29.61 [gf] |
| | | 함수비 $w$ = 63.05 [%] | | 함수비 $w$ = 64.24 [%] |
| 3 | 관입깊이 22.0 mm | $W_t$= 63.60 [gf] $W_d$= 41.64 [gf]<br>$W_d$= 41.64 [gf] $W_c$= 8.26 [gf]<br>$W_w$= 21.96 [gf] $W_s$= 33.38 [gf] | 관입깊이 21.8 mm | $W_t$= 64.51 [gf] $W_d$= 42.38 [gf]<br>$W_d$= 42.38 [gf] $W_c$= 9.12 [gf]<br>$W_w$= 22.13 [gf] $W_s$= 33.26 [gf] |
| | | 함수비 $w$ = 65.79 [%] | | 함수비 $w$ = 66.54 [%] |
| 4 | 관입깊이 25.4 mm | $W_t$= 71.72 [gf] $W_d$= 45.78 [gf]<br>$W_d$= 71.72 [gf] $W_c$= 8.29 [gf]<br>$W_w$= 25.94 [gf] $W_s$= 37.49 [gf] | 관입깊이 25.2 mm | $W_t$= 72.36 [gf] $W_d$= 46.13 [gf]<br>$W_d$= 46.13 [gf] $W_c$= 7.83 [gf]<br>$W_w$= 26.23 [gf] $W_s$= 38.30 [gf] |
| | | 함수비 $w$ = 69.19 [%] | | 함수비 $w$ = 68.49 [%] |

참고: $W_w = W_t - W_d$, $W_s = W_d - W_c$, $w = (W_w)/(W_s) \times 100$ [%],

$w_L$: 관입깊이 20mm의 함수비

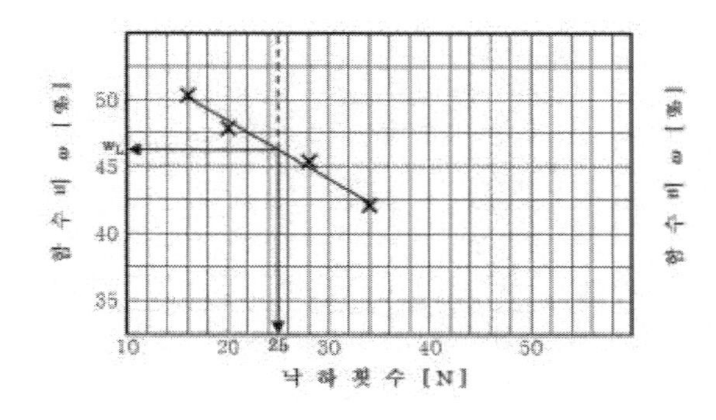


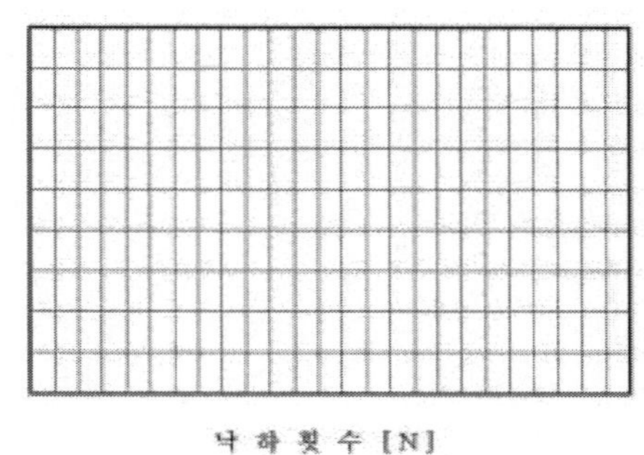


확인 이 용 준 (인)

# 소성한계 시험

과 업 명 토질역학실험 시험날짜 1996 년 5 월 14 일
조사위치 아주대학교 성호관 온도 18 [℃] 습도 68 [%]
시료위치 A - 2 시료심도 0.3 [m] ~ 0.5 [m] 시험자 박 영 호

| 시험 번호 | 시료번호 1 | 시료번호 2 |
|---|---|---|
| 1 | $W_t$ = 14.13 [gf] $W_d$ = 14.00 [gf]<br>$W_d$ = 14.00 [gf] $W_c$ = 13.3 [gf]<br>$W_w$ = 0.13 [gf] $W_s$ = 0.69 [gf]<br>함수비 $w_p$ = 18.84 [%] | $W_t$ = 17.69 [gf] $W_d$ = 17.47 [gf]<br>$W_d$ = 17.47 [gf] $W_c$ = 16.25 [gf]<br>$W_w$ = 0.22 [gf] $W_s$ = 1.22 [gf]<br>함수비 $w_p$ = 18.03 [%] |
| 2 | $W_t$ = 14.38 [gf] $W_d$ = 14.27 [gf]<br>$W_d$ = 14.27 [gf] $W_c$ = 13.63 [gf]<br>$W_w$ = 0.11 [gf] $W_s$ = 0.64 [gf]<br>함수비 $w_p$ = 17.19 [%] | $W_t$ = 32.71 [gf] $W_d$ = 32.25 [gf]<br>$W_d$ = 32.25 [gf] $W_c$ = 29.61 [gf]<br>$W_w$ = 0.46 [gf] $W_s$ = 2.64 [gf]<br>함수비 $w_p$= 17.42 [%] |
| 3 | $W_t$ = 14.85 [gf] $W_d$ = 14.65 [gf]<br>$W_d$ = 14.65 [gf] $W_c$ = 13.52 [gf]<br>$W_w$ = 0.20 [gf] $W_s$ = 1.13 [gf]<br>함수비 $w_p$ = 17.70 [%] | $W_t$ = 18.48 [gf] $W_d$ = 18.36 [gf]<br>$W_d$ = 18.36 [gf] $W_c$ = 17.72 [gf]<br>$W_w$ = 0.12 [gf] $W_s$ = 0.64 [gf]<br>함수비 $w_p$ = 18.75 [%] |
| 평균 함수비 | $w_p$ = 17.91 [%] | $w_p$ = 18.07 [%] |

참고 : $W_t$ : (습윤시료+용기) 무게 $W_d$ : (노건조시료+용기) 무게
$W_c$ : 용기 무게 $W_w$ : 물의 무게 $W_s$ : 노건조시료 무게
$W_w = W_t - W_d$ , $W_s = W_d - W_c$, $w = (W_w)/(W_s) \cdot 100$ [%] ,

확인 이 용 준 (인)

# 흙의 수축한계 시험

과 업 명 토질역학실험 시험날짜 1996 년 5 월 14 일
조사위치 아주대학교 성호관 온도 18 [℃] 습도 68 [%]
시료위치 A - 1 시료심도 0.3 [m] ~ 0.5 [m] 시험자 김 양 운

| 시 험 번 호 | | 1 | 2 | 3 | 평 균 |
|---|---|---|---|---|---|
| 함수비 | % | $W_t$ = 67.34 [gf]<br>$W_d$ = 52.14 [gf]<br>$W_w$ = 15.20 [gf]<br>$W_d$ = 52.14 [gf]<br>$W_c$ = 17.04 [gf]<br>$W_s$ = 35.10 [gf] | $W_t$ = 62.96 [gf]<br>$W_d$ = 48.64 [gf]<br>$W_w$ = 14.32 [gf]<br>$W_d$ = 48.64 [gf]<br>$W_c$ = 16.04 [gf]<br>$W_s$ = 32.60 [gf] | $W_t$ = 66.54 [gf]<br>$W_d$ = 52.19 [gf]<br>$W_w$ = 14.35 [gf]<br>$W_d$ = 52.19 [gf]<br>$W_c$ = 19.37 [gf]<br>$W_s$ = 32.82 [gf] | $w$ = 43.65[%] |
| | | $w$ = 43.30 [%] | $w$ = 43.93 [%] | $w$ = 43.72 [%] | |
| 습윤상태의 체적 $V$ | $cm^3$ | 26.40 | 26.35 | 26.38 | |
| 공기건조상태 체적 $V_o$ | $cm^3$ | 17.29 | 17.20 | 17.25 | |
| 노건조 시료 무게 $W_s$ | gf | 31.60 | 30.98 | 31.06 | |
| 수축체적 ※1 $\triangle V$ | $cm^3$ | 9.11 | 9.15 | 9.13 | |
| 증발함수비 ※2 $w_v$ | % | 28.83 | 29.54 | 29.39 | 29.25 [%] |
| 수축한계 ※3 $w_S$ | % | 14.47 | 14.35 | 14.33 | |
| 수정수축한계 ※4 $w_s'$ | % | 14.46 | 14.48 | 14.40 | 14.45 [%] |
| 수축비 ※5 $R$ | | 1.83 | 1.80 | 1.80 | $R$ = 1.81 |
| 액성한계 $w_L$ | % | 46.30 | 45.84 | 46.17 | |
| 체적변화 ※6 $C$ | | 58.25 | 56.68 | 57.31 | $C$ = 57.41 |
| 선수축 ※7 $L_s$ | | 14.19 | 13.90 | 14.12 | $L_s$ = 14.07 |
| 흙입자 비중 ※8 $G_s$ | | 2.49 | 2.43 | 2.43 | $G_s$ = 2.45 |

참고 :

※1 $\triangle V = V - V_o$ ※2 $w_v = (\triangle V \cdot \rho_w)/(w_s) \times 100$ [%] ※3 $w_s = w - w_v$

※4 $w_s' = (1/R - 1/G_s) \times 100$ [%] ※5 $R = w_s/(V_o \cdot \rho_w)$

※6 $C = (w_L - w_S) \cdot R$ [%] ※7 $L_s = 100 \times \left\{1 - \left(\frac{100}{C+100}\right)^{\frac{1}{3}}\right\}$

※8 $G_s = \frac{1}{\left(\frac{1}{R} - \frac{w_S}{100}\right)}$

$W_w = W_t - W_d$ $W_s = W_d - W_c$ $w = W_w / W_s \times 100$

확인 이 용 준 (인)

# 흙의 다짐시험(측정 데이터)

과 업 명 7조 토질역학실험 시험날짜 1996 년 3 월 24 일

조사위치 아주대학교 율곡관 온도 15 [℃] 습도 40 [%]

시료위치 A 시료심도 0.5 [m] ~ 0.7 [m] 시험자 이 용 준

| 다 짐 | 목 적 ( **보통 다짐**, CBR 다짐 ) | | 방 법 ( **A**, B, C, D, E ) | |
|---|---|---|---|---|
| | 램머무게 2.5 [kgf] | 낙하고 30 [cm] | 다짐층수 3 [층] | 층별다짐횟수 25 [회] |
| 사용몰드 | 번호 __ | 무게 (**몰드**, 몰드+저판) 2199 [kgf] | 크기 (직경10 cm,체적1000 cm³) (직경15 cm,체적2209 cm³) | |
| 시 료 | 준비상태 ( 노건조, **공기건조**, 자연상태 ) | | 함수비 ( 자연상태 19.1 [%] 시험개시전 13.0 [%] ) | |
| | 최대입경 4.75 [mm] | 흙입자비중 $G_s$ 2.63 | 시험온도에서 물의 단위중량 $\gamma_w$ 1.00 [gf/cm³] | |

| 시험번호 | 측정 내용 | 단위 | 1 회(평균 함수비 = 15.1%) | | 2 회(평균 함수비 = 16.5%) | | 3 회(평균 함수비 = 17.4%) | |
|---|---|---|---|---|---|---|---|---|
| 1 | (습윤시료+몰드) 무게 | gf | 3942 | | 4015 | | 4074 | |
| | 습윤시료 무게 | gf | 1743 | | 1816 | | 1875 | |
| | 습윤 단위중량 $\gamma_t$ | gf/cm³ | 1.847 | | 1.924 | | 1.987 | |
| | 함 수 비 $w$ ※1 | % | $W_c$25.3 $W_t$38.3<br>$W_d$36.3 $W_s$11.3<br>$W_w$1.7 $w$15.0 | $W_c$27.4 $W_t$44.8<br>$W_d$42.5 $W_s$15.1<br>$W_w$2.3 $w$15.2 | $W_c$25.3 $W_t$48.9<br>$W_d$45.8 $W_s$20.5<br>$W_w$3.1 $w$ 5.1 | $W_c$27.4 $W_t$49.1<br>$W_d$45.8 $W_s$18.4<br>$W_w$3.3 $w$ 7.9 | $W_c$25.3 $W_t$48.7<br>$W_d$45.3 $W_s$20.0<br>$W_w$3.4 $w$ 7.0 | $W_c$27.4 $W_t$42.6<br>$W_d$40.3 $W_s$12.9<br>$W_w$2.3 $w$17.8 |
| | 건조 단위중량 $\gamma_d$ ※2 | gf/cm³ | 1.605 | | 1.652 | | 1.693 | |
| 2 | 측정 내용 | 단위 | 4 회(평균 함수비 = 18.5%) | | 5 회(평균 함수비 = 19.8%) | | 6 회(평균 함수비 = 21.9%) | |
| | (습윤시료+몰드) 무게 | gf | 4111 | | 4121 | | 4085 | |
| | 습윤시료 무게 | gf | 1912 | | 1922 | | 1886 | |
| | 습윤 단위중량 $\gamma_t$ | gf/cm³ | 2.026 | | 2.037 | | 1.999 | |
| | 함 수 비 $w$ ※1 | % | $W_c$25.3 $W_t$41.3<br>$W_d$38.8 $W_s$13.5<br>$W_w$2.5 $w$ 8.5 | $W_c$27.4 $W_t$47.9<br>$W_d$44.7 $W_s$17.3<br>$W_w$3.2 $w$18.5 | $W_c$25.3 $W_t$59.0<br>$W_d$53.5 $W_s$28.2<br>$W_w$5.5 $w$ 9.5 | $W_c$27.4 $W_t$53.1<br>$W_d$48.8 $W_s$21.4<br>$W_w$4.3 $w$20.1 | $W_c$25.3 $W_t$46.9<br>$W_d$43.1 $W_s$17.8<br>$W_w$3.8 $w$ 1.4 | $W_c$27.4 $W_t$51.4<br>$W_d$47.0 $W_s$19.6<br>$W_w$4.4 $w$ 2.4 |
| | 건조 단위중량 $\gamma_d$ ※2 | gf/cm³ | 1.710 | | 1.701 | | 1.640 | |

참고 : $W_t$ :(습윤시료+용기)무게 [gf] $W_d$ :(노건조시료+용기)무게 [gf] $W_c$ :용기무게 [gf]

$W_s$ :노건조시료무게 [gf] $W_w$ :물무게 [gf] ※1 $w = W_w / W_s \times 100$ [%] ※2 $\gamma_d = \frac{\gamma_t}{w+100} \times 100$ [gf/cm³]

확인 이 용 준 (인)

# 흙의 다짐시험(다짐곡선)

KS F2312

과 업 명 7조 토질역학실험 시험날짜 1996 년 3 월 24 일
조사위치 아주대학교 율곡관 온도 15 [℃] 습도 40 [%]
시료위치 A 시료심도 0.5 [m] ~ 0.7 [m] 시험자 이 용 준

| 다 짐 | 목적 ( **보통다짐**, CBR다짐 ) | | 방 법 ( **A**, B, C, D, E ) | |
|---|---|---|---|---|
| | 램머무게 2.5 [kgf] | 낙하고 30 [cm] | 다짐층수 3 [층] | 층별다짐횟수 25 [회] |
| 사용몰드 | 번호 __ | 무게 (**몰드** 몰드+저판) 2199 [kgf] | 크기 (직경10 cm,체적1000 cm³)(직경15 cm,체적2209 cm³) | |
| 시 료 | 준비상태 (노건조, **공기건조** 자연상태) | | 함수비 (자연상태 19.1 [%] 시험개시전 13.0 [%]) | |
| | 최대입경 4.75 [mm] | 흙입자비중 $G_s$ 2.63 | 시험온도에서 물의 단위중량 $\gamma_w$ 1.00 [gf/cm³] | |

| 시 험 번 호 | 단위 | 1 | 2 | 3 | 4 | 5 | 6 | 7 |
|---|---|---|---|---|---|---|---|---|
| 건조단위중량 $\gamma_d$ | gf/cm³ | 1.605 | 1.652 | 1.693 | 1.710 | 1.701 | 1.640 | 1.591 |
| 함 수 비 $w$ | % | 15.1 | 16.5 | 17.4 | 18.5 | 19.8 | 21.9 | 23.1 |
| 영공기곡선 ※1 $\gamma_d$ | gf/cm³ | 1.882 | 1.834 | 1.804 | 1.769 | 1.729 | 1.669 | 1.636 |

참고 : 영공기곡선 ※1 $\gamma_d = \dfrac{\gamma_w}{1/G_s + w/100}$ [gf/cm³]

최적함수비 $w_{opt}$ = 18.9 [%]

최대건조단위중량 $\gamma_{d\,max}$ = 1.72 [gf/cm³]

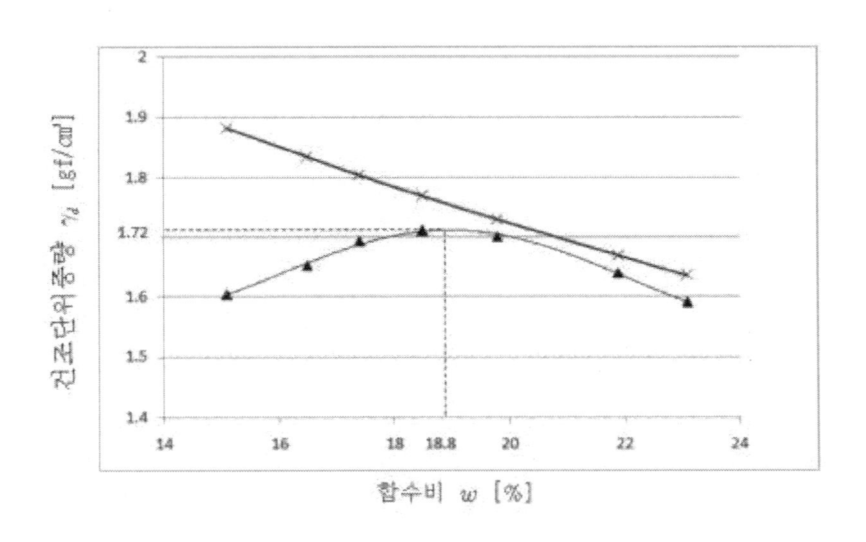


| 확인 | 이 용 준 (인) |
|---|---|

# 정수두 투수시험

과 업 명 5조 토질역학실험 　 시 험 날 짜 1995 년 3 월 16 일

조사위치 아주대학교 성호관 　 온도 20 [℃] 　 습 도 65 [%]

시료번호 BH-2 　 시료심도 0.3 [m] ~ 1.0 [m] 　 시험자 이 용 준

| 몰드 | 직경 $D$ 9.95 [cm] | 단면적 $A$ 7.76 [cm$^2$] | 높이 $L$ 6.91 [cm] | 체적 $V$ 537.32 [cm$^3$] | 무게 $W_c$ 14.40 [gf] |
|---|---|---|---|---|---|

| 시료상태 | | | | | |
|---|---|---|---|---|---|
| 지반분류 USCS SP | 시료상태 (**교란**, 비교란) | | 최대입경 2.00 [mm] | | 흙입자 비중 2.63 |
| 공시체제작법 다짐봉 | 공시체포화방법 수침 | | 사용한 물 증류수 | | 함수비 10.07 [%] |

| 함수비 | 시험번호 | 1 | 2 | 3 | 평 균 |
|---|---|---|---|---|---|
| 시험전 | | 용기 가 $w$ 10.2%<br>$W_t$ 47.2 $W_t$ 46.0<br>$W_t$ 46.0 $W_t$ 34.2<br>$W_t$ 1.2 $W_t$ 11.8 | 용기 나 $w$ 8.8%<br>$W_t$ 46.2 $W_t$ 45.4<br>$W_t$ 45.4 $W_t$ 36.3<br>$W_t$ 0.8 $W_t$ 9.1 | 용기 다 $w$ 11.2%<br>$W_t$ 49.4 $W_t$ 48.0<br>$W_t$ 48.0 $W_t$ 35.5<br>$W_t$ 1.4 $W_t$ 12.5 | $w$= 10.07 [%] |
| 시험후 | | 용기 가 $w$ 14.1%<br>$W_t$ 43.1 $W_t$ 42.0<br>$W_t$ 42.0 $W_t$ 34.2<br>$W_t$ 11.1 $W_t$ 7.8 | 용기 나 $w$ 11.3%<br>$W_t$ 49.1 $W_t$ 47.8<br>$W_t$ 47.8 $W_t$ 36.3<br>$W_t$ 1.3 $W_t$ 11.5 | 용기 다 $w$ 13.9%<br>$W_t$ 57.8 $W_t$ 56.3<br>$W_t$ 56.3 $W_t$ 35.5<br>$W_t$ 1.5 $W_t$ 10.8 | $w$= 3.10 [%] |

| 측 정 내 용 | 단 위 | 시 험 전 | 시 험 후 |
|---|---|---|---|
| (공시체+용기)무게 $W_t$ | gf | 2434 | 2451 |
| 시 료 무 게 ※1 $W$ | gf] | 994 | 1011 |
| 습 윤 단 위 중 량 $\gamma_t$ | gf/cm$^3$ | 1.85 | 1.88 |
| 함 수 비 $w$ | % | 10.07 | 13.10 |
| 건조 단위 중량 ※2 $\gamma_d$ | gf/cm$^3$ | 1.68 | 1.66 |
| 간 극 비 ※3 $e$ | | 0.57 | 0.58 |

| | 측 정 내 용 | 단위 | 측 정 값 | 결 과 |
|---|---|---|---|---|
| 투수계수 | 측 정 시 작 시 간 $t_1$ | min | 10시 30분 10초 | $k$ = ____ |
| | 측 정 종 료 시 간 $t_2$ | min | 10시 30분 20초 | |
| | 측정시간 $\Delta t = t_2 - t_1$ | min | 2분 10초 | |
| | 측 정 길 이 $l$ | cm | 6.91 | |
| | 수 두 차 $h$ | cm | 16.91 | |
| | 동 수 경 사 $i$ | | 2.43 | |
| | 투 수 유 량 $Q$ | cm$^3$ | 22.7 | |
| | 시 료 단 면 적 $A$ | cm$^2$ | 77.76 | |
| | 유 속 $V = Q/A$ | cm/s | 0.292 | |
| | 투 수 계 수 $k = V/i$ | cm/s | 0.12 | |
| 온도보정 | 측 정 온 도 $T$ | ℃ | 12 | $k_{15}$ = ____ |
| | 15℃온도보정계수 $\eta_T/\eta_{15}$ | | 1.082 | |
| | 15℃ 투 수 계 수 $k_{15}$ | cm/s | 0.13 | |

참고 ※1 : $W = W_t - W_c$ 　 ※2 : $\gamma_d = \dfrac{\gamma_t}{1 + w/100}$ [gf/cm$^3$] 　 ※3 : $e = \dfrac{G_s \cdot \gamma_w - \gamma_d}{\gamma_d}$

$W_t$ : (습윤시료+용기)무게 　 $W_d$ : (건조시료+용기)무게 　 $W_c$ : 용기무게

$W_w$ : 물의 무게 　 $W_s$ : 건조시료무게 　 $w = (W_w / W_s) \times 100$ [%]

| 확 인 | 이 용 준 ( 인 ) |
|---|---|

# 변수두 투수시험

과 업 명 지반개량공사　　시 험 날 짜 1990 년 6 월 9 일
조사위치 제 부 도　　온도 20 [℃]　습 도 65 [%]
시료번호 BH-2　　시료위치 0.3 [m] ~ 1.0 [m]　시험자 이 용 준

| 몰드 | 직경 $D$ 9.86 [cm] | 단면적 $A$ 76.36 [cm²] | 높이 $L$ 12.26 [cm] | 체적 $V$ 936.16 [cm³] | 무게 $W_c$ 1440 [gf] |
|---|---|---|---|---|---|

| 시료상태 | | 지반분류USCS CH | 시료상태(교란, **비교란**) | 최대입경 0.42 [mm] | 흙입자 비중 2.68 |
|---|---|---|---|---|---|
| | | 공시체제작법 성형 | 공시체포화방법 수침 | 사용한 물 증류 | 함수비 40.3 [%] |
| | 함수비 | 시험번호 | 1 | 2 | 3 | 평 균 |
| | | 시험전 | 용기번호 가 $w$= 38.4%<br>$W_t$ 62.9 [gf] $W_d$ 54.6 [gf]<br>$W_d$ 54.6 [gf] $W_c$ 33.0 [gf]<br>$W_w$ 8.3 [gf] $W_s$ 21.6 [gf] | 용기번호 나 $w$= 39.2%<br>$W_t$ 54.3 [gf] $W_d$ 49.2 [gf]<br>$W_d$ 49.2 [gf] $W_c$ 36.2 [gf]<br>$W_w$ 5.1 [gf] $W_s$ 13.0 [gf] | 용기번호 다 $w$= 43.3%<br>$W_t$ 49.7 [gf] $W_d$ 45.5 [gf]<br>$W_d$ 45.5 [gf] $W_c$ 35.8 [gf]<br>$W_w$ 4.2 [gf] $W_s$ 9.7 [gf] | $w$ = 40.3 [%] |
| | | 시험후 | 용기번호 가 $w$= 41.0%<br>$W_t$ 42.3 [gf] $W_d$ 39.6 [gf]<br>$W_d$ 39.6 [gf] $W_c$ 33.0 [gf]<br>$W_w$ 2.7 [gf] $W_s$ 6.6 [gf] | 용기번호 나 $w$= 41.0%<br>$W_t$ 47.2 [gf] $W_d$ 44.0 [gf]<br>$W_d$ 44.0 [gf] $W_c$ 36.2 [gf]<br>$W_w$ 3.2 [gf] $W_s$ 7.8 [gf] | 용기번호 다 $w$= 45.2%<br>$W_t$ 49.3 [gf] $W_d$ 45.1 [gf]<br>$W_d$ 45.1 [gf] $W_c$ 35.8 [gf]<br>$W_w$ 4.2 [gf] $W_s$ 9.3 [gf] | $w$ = 42.4 [%] |

| 측 정 내 용 | 단 위 | 시 험 전 | 시 험 후 |
|---|---|---|---|
| (공시체+용기)무게 $W_t$ | gf | 3209.3 | 3237.4 |
| 시 료 무 게 ※1 $W$ | gf | 1769.3 | 1797.4 |
| 습 윤 단 위 중 량 $\gamma_t$ | gf/cm³ | 1.89 | 1.92 |
| 함 수 비 $w$ | % | 40.3 | 42.4 |
| 건조 단위 중량 ※2 $\gamma_d$ | gf/cm³ | 1.35 | 1.35 |
| 간 극 비 ※3 $e$ | | 0.98 | 0.98 |
| 파 이 프 단 면 적 $a$ | [cm²] | 1.13 | |

| | 측 정 내 용 | | 측 정 값 | 결 과 |
|---|---|---|---|---|
| 투수계수 | 측 정 시 작 시 간 $t_1$ | min | 14시 00분 | $k$ = 1.19×10⁻⁶ |
| | 측 정 종 료 시 간 $t_2$ | min | 16시 00분 | |
| | 측정시간 $\Delta t = t_2 - t_1$ | min | 7200 | |
| | 시 간 $t_1$ 의 수 두 $h_1$ | cm | 127.0 | |
| | 시 간 $t_2$ 의 수 두 $h_2$ | cm | 121.1 | |
| | 투 수 계 수 ※4 $k$ | cm/s | $1.19 \times 10^{-6}$ | |
| 온도보정 | 측 정 온 도 : $T$ | ℃ | 20 | $k_{15}$ = $1.048 \times 10^{-6}$ |
| | 15℃온도보정계수 $\eta_T/\eta_{15}$ | | 0.881 | |
| | 15℃ 투 수 계 수 $k_{15}$ | cm/s | $1.048 \times 10^{-6}$ | |

참고
※1 : $W = W_t - W_c$　　※2 : $\gamma_d = \dfrac{\gamma_t}{1 + w/100}$ [gf/cm³]

※3 : $e = \dfrac{G_s \cdot \gamma_w - \gamma_d}{\gamma_d}$　　※4 $k = \dfrac{1}{\Delta t} \cdot 2.30 \dfrac{aL}{A} \cdot \log_{10}\left(\dfrac{h_1}{h_2}\right)$

$W_t$ : (습윤시료+용기)무게　$W_d$ : (건조시료+용기)무게　$W_c$ : 용기무게
$W_w$ : 물의 무게　$W_s$ : 건조시료무게　$w = (W_w / W_s) \times 100$ [%]

| 확 인 | 이 용 준 (인) |
|---|---|

# 현장 투수시험

과 업 명 경부고속철도 　 시 험 날 짜 1991 년 5 월 13 일
조사위치 2-1공구 　 온도 20 [℃] 습 도 65 [%]
시료번호 A-8 　 양수정 심도 20 [m] 시험자 송 영 두

| 지 반 | 대수층 지반분류USCS SC | 대 수 층 심 도: 2,0 [m] ~ 8,0 [m] | 대 수 층 두 께 515,0 [m] |
|---|---|---|---|
| 시 험 | 시 험 상 태 (**양수시험**, 주수시험) | 양수상태 ( **정상 상태**, 비정상 상태 ) | 관 측 정 갯 수 5 개 |
| 양수기 | 모 델 AM-3 | 최 대 양 수 용 량 300 [ℓ/min] | 모 터 용 량 5 [**HP**, W] |

양 수 량 1800 [$cm^3$/sec] 양 수 개 시 시 간 : 1991 년 5 월 13 일 13 시 40 분

| 관 측 정 번 호 | | | 양 수 정 | | 관 측 정 No.1 | | 관 측 정 No.2 | | 관 측 정 No.3 | | 관 측 정 No.4 | | 관 측 정 No.5 | |
|---|---|---|---|---|---|---|---|---|---|---|---|---|---|---|
| | | | 측정 수위 지표하 | 대수층 저면부터 수위 | 측정 수위 지표하 | 대수층 저면부터 수위 | 측정 수위 지표하 | 대수층 저면부터 수위 | 측정 수위 지표하 | 대수층 저면부터 수위 | 측정 수위 지표하 | 대수층 저면부터 수위 | 측정 수위 지표하 | 대수층 저면부터 수위 |
| 직 경 | | cm | 6 | | 6 | | 6 | | 6 | | 6 | | 6 | |
| 양수정 중심부터거리 $r_i$ | | m | 0 | | 100 | | 150 | | 200 | | 300 | | 350 | |
| 양수시 수위 | 양 수 개 시 전 | m | 130,0 | 0,0 | 180,0 | 0,0 | 130,0 | 0,0 | 140,0 | 0,0 | 110,0 | 0,0 | 110,0 | 0,0 |
| | 개 시 후 30 초 | m | 105,0 | 25,0 | 144,0 | 36,0 | 110,0 | 20,0 | 119,0 | 21,0 | 86,0 | 24,0 | 86,0 | 24,0 |
| | 1 분 | m | 88,0 | 42,0 | 115,0 | 65,0 | 96,0 | 34,0 | 105,0 | 35,0 | 68,0 | 42,0 | 68,0 | 42,0 |
| | 2 분 | m | 60,0 | 70,0 | 77,0 | 103,0 | 57,0 | 73,0 | 66,0 | 74,0 | 44,0 | 66,0 | 44,0 | 66,0 |
| | 4 분 | m | 42,0 | 88,0 | 52,0 | 128,0 | 33,0 | 97,0 | 42,0 | 98,0 | 30,0 | 80,0 | 30,0 | 80,0 |
| | 5 분 | m | 22,0 | 108,0 | 26,0 | 154,0 | 20,0 | 110,0 | 29,0 | 111,0 | 15,0 | 95,0 | 15,0 | 95,0 |
| | 10 분 | m | 11,0 | 119,0 | 14,0 | 166,0 | 9,0 | 121,0 | 18,0 | 122,0 | 8,0 | 102,0 | 8,0 | 102,0 |
| | 20 분 | m | 11,0 | 123,0 | 10,0 | 170,0 | 6,0 | 124,0 | 8,0 | 132,0 | 6,0 | 104,0 | 6,0 | 104,0 |
| | 40 분 | m | 3,0 | 127,0 | 5,0 | 175,0 | 3,0 | 127,0 | 2,0 | 138,0 | 3,0 | 107,0 | 3,0 | 107,0 |
| | 1 시간 | m | | | | | | | | | | | | |
| | 2 시간 | m | | | | | | | | | | | | |
| | 4 시간 | m | | | | | | | | | | | | |
| | 8 시간 | m | | | | | | | | | | | | |
| | 16 시간 | m | | | | | | | | | | | | |
| | ……… | m | | | | | | | | | | | | |
| 수위회복시 수위 | 개시후 30 초 | m | 3,5 | 126,5 | 5,2 | 174,8 | 3,2 | 126,8 | 2,1 | 137,9 | 3,3 | 106,7 | 3,1 | 106,9 |
| | 1 분 | m | 7,2 | 122,8 | 10,3 | 169,7 | 6,2 | 123,8 | 8,2 | 131,8 | 6,2 | 103,8 | 6,2 | 103,8 |
| | 2 분 | m | 11,3 | 118,7 | 14,4 | 165,6 | 9,1 | 120,9 | 18,4 | 121,6 | 8,1 | 101,9 | 8,2 | 101,8 |
| | 4 분 | m | 22,1 | 107,9 | 26,2 | 153,8 | 20,3 | 109,7 | 29,1 | 110,9 | 15,3 | 94,7 | 15,1 | 94,9 |
| | 5 분 | m | 42,3 | 87,7 | 52,3 | 127,7 | 33,5 | 96,5 | 42,4 | 97,6 | 30,1 | 79,9 | 30,2 | 79,8 |
| | 10 분 | m | 60,2 | 69,8 | 77,1 | 102,9 | 37,2 | 72,8 | 66,3 | 73,7 | 44,4 | 65,6 | 44,3 | 65,7 |
| | 20 분 | m | 88,3 | 41,7 | 115,2 | 64,8 | 96,3 | 33,7 | 105,2 | 34,8 | 68,2 | 41,8 | 68,2 | 41,8 |
| | 40 분 | m | 105,7 | 24,3 | 144,3 | 35,7 | 110,2 | 19,8 | 119,1 | 20,9 | 86,3 | 23,7 | 86,1 | 23,9 |
| | 1 시간 | m | | | | | | | | | | | | |
| | 2 시간 | m | | | | | | | | | | | | |
| | 4 시간 | m | | | | | | | | | | | | |
| | 8 시간 | m | | | | | | | | | | | | |
| | 16 시간 | m | | | | | | | | | | | | |
| | ……… | m | | | | | | | | | | | | |
| 투수계수 ※1 $k$ [cm/s] | | | $1.008\times10^{-3}$ | | $9.957\times10^{-3}$ | | $5.865\times10^{-4}$ | | $5.36\times10^{-4}$ | | $1.011\times10^{-3}$ | | $1.011\times10^{-3}$ | |

참고 : ※1 정 상 상 태 : $k = \dfrac{2.30Q}{\pi(h_i^2-h_j^2)}\log\dfrac{r_i}{r_j}$ 　 비정상 상태 : $k = \dfrac{2.30Q_v}{4\pi d_{s0}D}$

| 확 인 | 이 용 준 (인) |
|---|---|

# 압밀시험(측정 데이터)

과업명 지반개량공사　　시험날짜 1995 년 3 월 6 일

조사위치 시화매립지　　온도 ______ [℃]　　습도 ______ [%]

시료번호 BH-3　　시료심도 0.4 [m] ~ 1.2 [m]　　시험자 남순기

| 시료 | | | | | | |
|---|---|---|---|---|---|---|
| 일반성질 | | 지반분류 USCS CL | 시료상태 (교란, 비교란) | | 흙입자 비중 $G_s$ 2.68 | |
| | | 함수비 36.65 [%] | 액성한계 $w_L$ 42.1 [%] | | 소성한계 $w_P$ 19.5 [%] | |
| | | 직경 $D$ 6.02 [cm] | 단면적 $A$ 28.46 [cm²] | 높이 $h_o$ 1.97 [cm] | 체적 $V$ 56.07 [cm³] | |
| | | 간극비 $e_o$ 0.982 | | 포화도 $S_o$ 98.98 [%] | | |
| 단위중량 | 시험전 | 링무게 $W_r$ 76.79[gf] | (공시체+링)무게 $W_t$ 180.07 [gf] | 공시체무게 $W$ 103.28[gf] | 습윤단위중량 $\gamma_t$ 1.84[g/cm³] | |
| | 시험후 | 용기번호 가 | (건조공시체+용기)무게 $W_2$ 66.89[gf] | 용기무게 $W_3$ 28.4[gf] | 건조공시체무게 $W_s$ 38.49[gf] | |

압밀압력 0.05 [kgf/cm²], 재하날짜 3 월 6 일, 온도 17 [℃]

| 측정시각 | 경과시간 | 다이얼게이지 | 압축량 [mm] |
|---|---|---|---|
| 9시00분 | 0 | 0 | -0 |
| 9시00분 | 8" | 15 | -0.15 |
| 9시00분 | 15" | 16 | -0.16 |
| 9시00분 | 30" | 17.1 | -0.171 |
| 9시01분 | 1' | 18.6 | -0.186 |
| 9시02분 | 2' | 20.9 | -0.209 |
| 9시04분 | 4' | 22.9 | -0.229 |
| 9시08분 | 8' | 24.6 | -0.246 |
| 9시15분 | 15' | 25.8 | -0.258 |
| 9시30분 | 30' | 26.5 | -0.265 |
| 10시00분 | 1 h | 26.9 | -0.269 |
| 11시00분 | 2 h | 27.4 | -0.274 |
| 13시00분 | 4 h | 27.8 | -0.278 |
| 17시00분 | 8 h | 28 | -0.280 |
| 9시00분 | 24 h | 28.2 | -0.282 |

압밀압력 0.10 [kgf/cm²], 재하날짜 3 월 7 일, 온도 15 [℃]

| 측정시각 | 경과시간 | 다이얼게이지 | 압축량 [mm] |
|---|---|---|---|
| 9시00분 | 0 | 28.2 | -0.282 |
| 9시00분 | 8" | 36 | -0.36 |
| 9시00분 | 15" | 37.2 | -0.372 |
| 9시00분 | 30" | 38.7 | -0.387 |
| 9시01분 | 1' | 41 | -0.41 |
| 9시02분 | 2' | 44.1 | -0.441 |
| 9시04분 | 4' | 45.5 | -0.455 |
| 9시08분 | 8' | 48 | -0.48 |
| 9시15분 | 15 | 48.9 | -0.489 |
| 9시30분 | 30 | 49.5 | -0.495 |
| 10시00분 | 1 h | 49.9 | -0.499 |
| 11시00분 | 2 h | 50.2 | -0.502 |
| 13시00분 | 4 h | 50.5 | -0.505 |
| 17시00분 | 8 h | 50.7 | -0.507 |
| 9시00분 | 24 h | 51 | -0.51 |

압밀압력 0.20 [kgf/cm²], 재하날짜 3 월 8 일, 온도 16 [℃]

| 측정시각 | 경과시간 | 다이얼게이지 | 압축량 [mm] |
|---|---|---|---|
| 9시00분 | 0 | 51 | -0.51 |
| 9시00분 | 8" | 60.8 | -0.608 |
| 9시00분 | 15" | 61.1 | -0.611 |
| 9시00분 | 30" | 62.3 | -0.623 |
| 9시01분 | 1' | 63.8 | -0.638 |
| 9시02분 | 2' | 65.8 | -0.658 |
| 9시04분 | 4' | 68 | -0.68 |
| 9시08분 | 8' | 70.7 | -0.707 |
| 9시15분 | 15' | 72.9 | -0.729 |
| 9시30분 | 30' | 74.9 | -0.749 |
| 10시00분 | 1 h | 76.7 | -0.767 |
| 11시00분 | 2 h | 78 | -0.78 |
| 13시00분 | 4 h | 79 | -0.79 |
| 17시00분 | 8 h | 79.5 | -0.795 |
| 9시00분 | 24 h | 79.8 | -0.798 |

압밀압력 0.40 [kgf/cm²], 재하날짜 3 월 9 일, 온도 17 [℃]

| 측정시각 | 경과시간 | 다이얼게이지 | 압축량 [mm] |
|---|---|---|---|
| 9시00분 | 0 | 79.8 | -0.798 |
| 9시00분 | 8" | 89.9 | -0.899 |
| 9시00분 | 15" | 91.3 | -0.913 |
| 9시00분 | 30" | 93.4 | -0.934 |
| 9시01분 | 1' | 95 | -0.95 |
| 9시02분 | 2' | 99.4 | -0.994 |
| 9시04분 | 4' | 108.2 | -1.082 |
| 9시08분 | 8' | 105.6 | -1.056 |
| 9시15분 | 15' | 109.9 | -1.099 |
| 9시30분 | 30' | 113.5 | -1.135 |
| 10시00분 | 1 h | 115.7 | -1.157 |
| 11시00분 | 2 h | 117.3 | -1.173 |
| 13시00분 | 4 h | 118.2 | -1.182 |
| 17시00분 | 8 h | 118.8 | -1.188 |
| 9시00분 | 24 h | 119.2 | -1.192 |

압밀압력 0.80 [kgf/cm²], 재하날짜 3 월 10 일, 온도 16 [℃]

| 측정시각 | 경과시간 | 다이얼게이지 | 압축량 [mm] |
|---|---|---|---|
| 9시00분 | 0 | 119.2 | -1.192 |
| 9시00분 | 8" | 130.3 | -1.303 |
| 9시00분 | 15" | 132.2 | -1.322 |
| 9시00분 | 30" | 134.4 | -1.344 |
| 9시01분 | 1' | 138.1 | -1.381 |
| 9시02분 | 2' | 142.9 | -1.429 |
| 9시04분 | 4' | 148.3 | -1.483 |
| 9시08분 | 8' | 153.4 | -1.534 |
| 9시15분 | 15' | 157.6 | -1.576 |
| 9시30분 | 30' | 161.9 | -1.619 |
| 10시00분 | 1 h | 165 | -1.65 |
| 11시00분 | 2 h | 167.9 | -1.679 |
| 13시00분 | 4 h | 169.5 | -1.695 |
| 17시00분 | 8 h | 170.6 | -1.706 |
| 9시00분 | 24 h | 171.3 | -1.713 |

압밀압력 1.60 [kgf/cm²], 재하날짜 3 월 11 일, 온도 17 [℃]

| 측정시각 | 경과시간 | 다이얼게이지 | 압축량 [mm] |
|---|---|---|---|
| 9시00분 | 0 | 171.3 | -1.713 |
| 9시00분 | 8" | 186.2 | -1.862 |
| 9시00분 | 15" | 188.8 | -1.888 |
| 9시00분 | 30" | 191 | -1.91 |
| 9시01분 | 1' | 195.6 | -1.956 |
| 9시02분 | 2' | 205 | -2.05 |
| 9시04분 | 4' | 211.3 | -2.113 |
| 9시08분 | 8' | 217.5 | -2.175 |
| 9시15분 | 15 | 221.8 | -2.218 |
| 9시30분 | 30 | 225.8 | -2.258 |
| 10시00분 | 1 h | 229.1 | -2.291 |
| 11시00분 | 2 h | 231.5 | -2.315 |
| 13시00분 | 4 h | 232.8 | -2.328 |
| 17시00분 | 8 h | 233.8 | -2.338 |
| 9시00분 | 24 h | 234.1 | -2.341 |

압밀압력 3.20 [kgf/cm²], 재하날짜 3 월 12 일, 온도 15 [℃]

| 측정시각 | 경과시간 | 다이얼게이지 | 압축량 [mm] |
|---|---|---|---|
| 9시00분 | 0 | 234.1 | -2.341 |
| 9시00분 | 8" | 252.1 | -2.521 |
| 9시00분 | 15" | 254.6 | -2.546 |
| 9시00분 | 30" | 258.1 | -2.581 |
| 9시01분 | 1' | 265 | -2.65 |
| 9시02분 | 2' | 272.2 | -2.722 |
| 9시04분 | 4' | 279.1 | -2.791 |
| 9시08분 | 8' | 284.5 | -2.845 |
| 9시15분 | 15' | 288.6 | -2.886 |
| 9시30분 | 30' | 291.6 | -2.916 |
| 10시00분 | 1 h | 294.4 | -2.944 |
| 11시00분 | 2 h | 296.6 | -2.966 |
| 13시00분 | 4 h | 298.3 | -2.983 |
| 17시00분 | 8 h | 299.2 | -2.992 |
| 9시00분 | 24 h | 300 | -3.00 |

압밀압력 6.40 [kgf/cm²], 재하날짜 3 월 13 일, 온도 18 [℃]

| 측정시각 | 경과시간 | 다이얼게이지 | 압축량 [mm] |
|---|---|---|---|
| 9시00분 | 0 | 300 | -3.00 |
| 9시00분 | 8" | 323 | -3.23 |
| 9시00분 | 15" | 326 | -3.26 |
| 9시00분 | 30" | 330.8 | -3.308 |
| 9시01분 | 1' | 339.9 | -3.399 |
| 9시02분 | 2' | 348.9 | -3.489 |
| 9시04분 | 4' | 356 | -3.56 |
| 9시08분 | 8' | 361 | -3.61 |
| 9시15분 | 15' | 364.8 | -3.648 |
| 9시30분 | 30' | 368 | -3.68 |
| 10시00분 | 1 h | 370.1 | -3.701 |
| 11시00분 | 2 h | 371.9 | -3.719 |
| 13시00분 | 4 h | 372.8 | -3.728 |
| 17시00분 | 8 h | 374 | -3.74 |
| 9시00분 | 24 h | 375.2 | -3.752 |

확인　이용준 (인)

# 압밀시험(측정 데이터)

업 명 지반개량공사　　시 험 날 짜 1995 년 3 월 6 일

위치 시화매립지　　온도 ____ [℃]　　습도 ____ [%]

번호 BH-3　　시료심도 0.4 [m]~ 1.2 [m]　　시험자 남 순 기

| | | | | | |
|---|---|---|---|---|---|
| 일 반 성 질 | | 지 반 분 류 USCS CL | 시 료 상 태 (교란, 비교란) | | 흙 입 자 비 중 $G_s$ 2.58 |
| | | 함 수 비 36.66 [%] | 액 성 한 계 $w_L$ 42.1 [%] | | 소 성 한 계 $w_P$ 19.5 [%] |
| | | 직 경 $D$ 6.02 [cm] | 단 면 적 $A$ 28.45 [cm$^2$] | 높 이 $h_0$ 1.97 [cm] | 체 적 $V$ 55.07 [cm$^3$] |
| | | 간 극 비 $e_0$ 0.992 | | 포 화 도 $S_0$ 98.98 [%] | |
| 단 위 중 량 | 시 험 전 | 링무게 $w_r$ 76.75 [gf] | (공시체+링)무게 $w_1$ 180.07[gf] | 공시체무게 $w$ 108.28 [gf] | 습윤단위중량 $\gamma_t$ 1.84 [g/cm$^3$] |
| | 시 험 후 | 용 기 번 호 가 | (건조공시체+용기)무게 $w_2$ 66.86[gf] | 용 기 무 게 $w_3$ 28.4 [gf] | 건조공시체무게 $w_4$ 38.49[gf] |

| 압밀압력 | 12.8 [kgf/cm$^2$] | | | | 0.10 [kgf/cm$^2$] | | | | 0.20 [kgf/cm$^2$] | | | | 0.40 [kgf/cm$^2$] | | | |
|---|---|---|---|---|---|---|---|---|---|---|---|---|---|---|---|---|
| 재하날짜 | 3 월 6 일 | | | | 3 월 7 일 | | | | 3 월 8 일 | | | | 3 월 9 일 | | | |
| 온 도 | 17 [℃] | | | | 15 [℃] | | | | 15 [℃] | | | | 17 [℃] | | | |
| 측정치 | 측 정 시 각 | 경과 시간 | 다이알게이지 | 압축량 [mm] | 측 정 시 각 | 경과 시간 | 다이알게이지 | 압축량 [mm] | 측 정 시 각 | 경과 시간 | 다이알게이지 | 압축량 [mm] | 측 정 시 각 | 경과 시간 | 다이알게이지 | 압축량 [mm] |
| | 9 시 00분 | 0 | 3752 | −3752 | __시__분 | 0 | | | __시__분 | 0 | | | __시__분 | 0 | | |
| | 9 시00분 | 8" | 3685 | −3995 | __시__분 | 8" | | | __시__분 | 8" | | | __시__분 | 8" | | |
| | 9 시00분 | 15" | 4015 | −4015 | __시__분 | 15" | | | __시__분 | 15" | | | __시__분 | 15" | | |
| | 9 시00분 | 30" | 407 | −4.07 | __시__분 | 30" | | | __시__분 | 30" | | | __시__분 | 30" | | |
| | 9 시01분 | 1' | 415 | −4.15 | __시__분 | 1' | | | __시__분 | 1' | | | __시__분 | 1' | | |
| | 9 시02분 | 2' | 4235 | −4235 | __시__분 | 2' | | | __시__분 | 2' | | | __시__분 | 2' | | |
| | 9 시04분 | 4' | 430 | −4.30 | __시__분 | 4' | | | __시__분 | 4' | | | __시__분 | 4' | | |
| | 9 시08분 | 8' | 435 | −4.35 | __시__분 | 8' | | | __시__분 | 8' | | | __시__분 | 8' | | |
| | 9 시15분 | 15' | 4885 | −4385 | __시__분 | 15' | | | __시__분 | 15' | | | __시__분 | 15' | | |
| | 9 시30분 | 30' | 441 | −4.41 | __시__분 | 30' | | | __시__분 | 30' | | | __시__분 | 30' | | |
| | 10시00분 | 1 h | 4429 | −4429 | __시__분 | 1 h | | | __시__분 | 1 h | | | __시__분 | 1 h | | |
| | 11시00분 | 2 h | 4411 | −4411 | __시__분 | 2 h | | | __시__분 | 2 h | | | __시__분 | 2 h | | |
| | 13시00분 | 4 h | 4451 | −4451 | __시__분 | 4 h | | | __시__분 | 4 h | | | __시__분 | 4 h | | |
| | 17시00분 | 8 h | 446 | −4.45 | __시__분 | 8 h | | | __시__분 | 8 h | | | __시__분 | 8 h | | |
| | 9 시00분 | 24 h | 4458 | −4468 | __시__분 | 24 h | | | __시__분 | 24 h | | | __시__분 | 24 h | | |

| 압밀압력 | 0.80 [kgf/cm$^2$] | | | | 1.60 [kgf/cm$^2$] | | | | 3.20 [kgf/cm$^2$] | | | | 6.40 [kgf/cm$^2$] | | | |
|---|---|---|---|---|---|---|---|---|---|---|---|---|---|---|---|---|
| 재하날짜 | 3 월 10 일 | | | | 3 월 11 일 | | | | 3 월 12 일 | | | | 3 월 13 일 | | | |
| 온 도 | 16 [℃] | | | | 17 [℃] | | | | 15 [℃] | | | | 18 [℃] | | | |
| 측정치 | 측 정 시 각 | 경과 시간 | 다이알게이지 | 압축량 [mm] | 측 정 시 각 | 경과 시간 | 다이알게이지 | 압축량 [mm] | 측 정 시 각 | 경과 시간 | 다이알게이지 | 압축량 [mm] | 측 정 시 각 | 경과 시간 | 다이알게이지 | 압축량 [mm] |
| | __시__분 | 0 | | | __시__분 | 0 | | | __시__분 | 0 | | | __시__분 | 0 | | |
| | __시__분 | 8" | | | __시__분 | 8" | | | __시__분 | 8" | | | __시__분 | 8" | | |
| | __시__분 | 15" | | | __시__분 | 15" | | | __시__분 | 15" | | | __시__분 | 15" | | |
| | __시__분 | 30" | | | __시__분 | 30" | | | __시__분 | 30" | | | __시__분 | 30" | | |
| | __시__분 | 1' | | | __시__분 | 1' | | | __시__분 | 1' | | | __시__분 | 1' | | |
| | __시__분 | 2' | | | __시__분 | 2' | | | __시__분 | 2' | | | __시__분 | 2' | | |
| | __시__분 | 4' | | | __시__분 | 4' | | | __시__분 | 4' | | | __시__분 | 4' | | |
| | __시__분 | 8' | | | __시__분 | 8' | | | __시__분 | 8' | | | __시__분 | 8' | | |
| | __시__분 | 15' | | | __시__분 | 15' | | | __시__분 | 15' | | | __시__분 | 15' | | |
| | __시__분 | 30' | | | __시__분 | 30' | | | __시__분 | 30' | | | __시__분 | 30' | | |
| | __시__분 | 1 h | | | __시__분 | 1 h | | | __시__분 | 1 h | | | __시__분 | 1 h | | |
| | __시__분 | 2 h | | | __시__분 | 2 h | | | __시__분 | 2 h | | | __시__분 | 2 h | | |
| | __시__분 | 4 h | | | __시__분 | 4 h | | | __시__분 | 4 h | | | __시__분 | 4 h | | |
| | __시__분 | 8 h | | | __시__분 | 8 h | | | __시__분 | 8 h | | | __시__분 | 8 h | | |
| | __시__분 | 24 h | | | __시__분 | 24 h | | | __시__분 | 24 h | | | __시__분 | 24 h | | |

| 확 인 | 이 용 준 (인) |
|---|---|

# 압밀시험(선행압밀압력결정)

과 업 명 지반개량공사 시험날짜 1995 년 3 월 15 일

조사위치 시화매립지 온도 17 [℃] 습도 68 [%]

시료번호 BH-1 시료위치 0.4 [m] ~ 1.2 [m] 시험자 남 순 기

| 흙입자 비중 $G_s$ 2.68 | 단면적 $A$ 28.463 [cm²] | 건조중량 $m_s$ 38.49 [gf] | 간극비 $e_o$ 0.993 |
|---|---|---|---|

| 하중단계 | 압력 $P$ [kgf/cm²] | 압력 증가량 $\Delta P$ [kgf/cm²] | 초기치 $d_i$ | 최종치 $d_f$ | 압밀량 $\Delta d$※1 [×10⁻³cm] | 초기 시료높이 $h_i$※2 [cm] | 최종 시료높이 $h_f$ [cm] | 평균 시료높이 $\bar{h}$※3 [cm] | 압축 변형률 $\epsilon$※4 [%] | 체적 압축계수 $m_v$※5 [cm²/kgf] | 간극비 $e$※6 |
|---|---|---|---|---|---|---|---|---|---|---|---|
| 1 | 0.05 | 0.05 | 0 | 28.2 | 28.2 | 1.9740 | 1.9458 | 1.9599 | 1.4388 | 0.2878 | 1.964 |
| 2 | 0.1 | 0.05 | 28.2 | 51.0 | 22.8 | 1.9458 | 1.9230 | 1.9344 | 1.1787 | 0.2357 | 0.941 |
| 3 | 0.2 | 0.1 | 51.0 | 79.8 | 28.8 | 1.9230 | 1.8942 | 1.9086 | 1.5090 | 0.1509 | 0.912 |
| 4 | 0.4 | 0.2 | 79.8 | 119.2 | 39.4 | 1.8942 | 1.8548 | 1.8745 | 2.1019 | 0.1051 | 0.872 |
| 5 | 0.8 | 0.4 | 119.2 | 171.3 | 52.1 | 1.8548 | 1.8027 | 1.8288 | 2.8489 | 0.0712 | 0.819 |
| 6 | 1.6 | 0.8 | 171.3 | 234.1 | 62.8 | 1.8027 | 1.7399 | 1.7713 | 3.5454 | 0.0443 | 0.756 |
| 7 | 3.2 | 1.6 | 234.1 | 300.0 | 65.9 | 1.7399 | 1.6740 | 1.7070 | 3.8607 | 0.0241 | 0.690 |
| 8 | 6.4 | 3.2 | 300.0 | 375.2 | 75.2 | 1.6740 | 1.5988 | 1.6364 | 4.5955 | 0.0144 | 0.614 |
| 9 | 12.8 | 6.4 | 375.2 | 446.8 | 71.6 | 1.5988 | 1.5272 | 1.5630 | 4.5809 | 0.0072 | 0.541 |

참고 : ※1 $\Delta d = | d_i - d_f |$ ※2 $h_i = 2.0 - \Delta d$ ※3 $\bar{h} = | h_i - h_f |$

※4 $\epsilon = \frac{100 \times \Delta d}{h}$ ※5 $m_v = \frac{\epsilon}{\Delta p} \times \frac{1}{100}$ ※6 $e = \frac{Gs \cdot A \cdot h}{m} - 1$

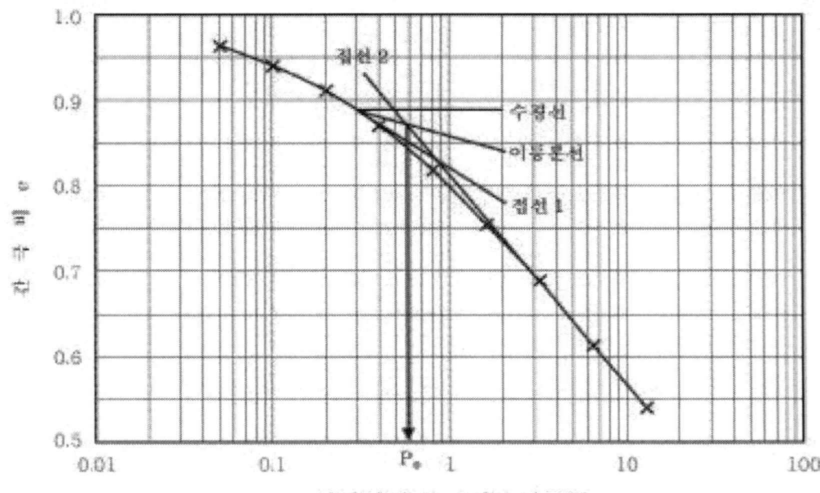


확인 이 용 준 (인)

# 압밀시험($\sqrt{T}$)

하중 1 단계 압밀압력 0.05 kgf/cm² KS F2316

| 과 업 명 | 지반개량공사 | 시험날짜 | 1995 년 3 월 6 일 |
|---|---|---|---|
| 조사위치 | 시화매립지 | 온도 17 [°C] | 습도 68 [%] |
| 시료번호 | H-1 | 시료심도 0.4 [m] ~ 1.2 [m] | 시험자 남 순 기 |

공시체 치수 및 지반물성

| 공시체 | | | | | 함수비 | | | 습윤 단위중량 | 흙입자 비중 | 물 단위중량 | 흙입자 단위중량 | 간극비 |
|---|---|---|---|---|---|---|---|---|---|---|---|---|
| 직경 $D_o$ [cm] | 높이 $h_o$ [cm] | 단면적 $A_o = \pi D_o^2/4$ [cm²] | 체적 $V_o = h_o A_o$ [cm³] | 무게 $W_o$ [kgf] | 습윤 무게 $W_t$ [kgf] | 건조 무게 $W_d$ [kgf] | 함수비 $w_o = \frac{W_t - W_d}{W_d} \times 100$ [%] | $\gamma_t = W_o/V_o$ [kgf/cm³] | $G_s$ | $\gamma_w$ [kgf/cm³] | $\gamma_s = G_s \gamma_w$ [kgf/cm³] | $e = \frac{\gamma_s}{\gamma_t}\frac{100+w_o}{100} - 1$ |
| 6.0 | 1.960 | 28.26 | 55.390 | | | | | | 2.65 | 1.0 | 2.65 | |

압밀시험

| 하중 단계 | 압밀 압력 $P$ [kgf/cm²] | 단계별 증가압 $\Delta P$ [kgf/cm²] | 공시체 초기높이 $h_0$ [cm] | 변형 초기 읽음 $d_i$ | 변형 최종 읽음 $d_f$ | *1 압밀량 $\Delta d$ [×10⁻³cm] | 보정 초기치 읽음 $d_0$ | 압밀 90% 변형량 읽음 $d_{90}$ | 압밀 90% 시간 $t_{90}$ [min] | *2 1차 압밀량 $\Delta d'$ [×10⁻³cm] | *3 1차 압밀비 $r_p$ | *4 간극비 변화 $\Delta e$ | *5 체적 변화 계수 $m_v$ [cm²/kgf] | *6 압밀 계수 $C_v$ [×10⁻³cm²/sec] | *7 보정 압밀계수 $C_v'$ [×10⁻³cm²/sec] | *8 투수 계수 $k$ [×10⁻⁷cm/sec] |
|---|---|---|---|---|---|---|---|---|---|---|---|---|---|---|---|---|
| 1 | 0.05 | 0.05 | 1.9599 | 0 | 28.2 | 28.2 | 12.5 | 22.9 | 4 | 11.5556 | 0.4098 | 0.0280 | 0.2878 | 3.3931 | 1.3904 | 4.0011 |

| 시간 | | 0 sec | 8 sec | 15 sec | 30 sec | 1 min | 2 min | 4 min | 8 min | 15 min | 30 min | 1h | 2h | 4h | 8h | 24h |
|---|---|---|---|---|---|---|---|---|---|---|---|---|---|---|---|---|
| 변위계 | 읽음 | 0 | 15 | 16 | 17.1 | 18.6 | 20.9 | 22.9 | 24.6 | 25.8 | 26.5 | 26.9 | 27.4 | 27.8 | 28 | 28.2 |
| | 변화량 | 0 | 15 | 1 | 1.1 | 1.5 | 2.3 | 2 | 1.7 | 1.2 | 0.7 | 0.4 | 0.5 | 0.4 | 0.2 | 0.2 |
| 압축량 [mm] | | 0 | 0.150 | 0.160 | 0.171 | 0.186 | 0.209 | 0.229 | 0.246 | 0.258 | 0.265 | 0.269 | 0.274 | 0.278 | 0.280 | 0.282 |

*1 $\Delta d = |d_i - d_f|$  *2 $\Delta d' = \frac{10}{9}\cdot|d_0 - d_{90}|$  *3 $\gamma_p = \frac{\Delta d'}{\Delta d}$  *4 $\Delta e = (1+e_0)\frac{\Delta d}{h_0}$

*5 $m_v = \frac{a_v}{1+e_o} = \frac{1}{1+e_0}\frac{\Delta e}{\Delta p}$  *6 $C_v = \frac{0.848H^2}{t_{90}}\cdot\frac{1}{60}$  *7 $C_v' = r_p C_v$  *8 $k = C_v' m_v \gamma_w$

압밀압력 0.05 $kgf/cm^2$



| 확인 | 이 용 준 (인) |
|---|---|

# 압밀시험($\sqrt{T}$)

하중 2 단계 압밀압력 0.10 kgf/cm² KS F2316

과 업 명 지반개량공사 시험날짜 1995 년 3 월 6 일

조사위치 시화매립지 온도 17 [℃] 습도 68 [%]

시료번호 H-1 시료심도 0.4 [m] ~ 1.2 [m] 시험자 남 순 기

공시체 치수 및 지반물성

| 공시체 | | | | | 함수비 | | | 습윤 단위중량 | 흙입자 비중 | 물 단위중량 | 흙입자 단위중량 | 간극비 |
|---|---|---|---|---|---|---|---|---|---|---|---|---|
| 직경 $D_o$ [cm] | 높이 $h_o$ [cm] | 단면적 $A_o=\pi D_o^2/4$ [cm²] | 체적 $V_o=h_oA_o$ [cm³] | 무게 $W_o$ [kgf] | 습윤 무게 $W_t$ [kgf] | 건조 무게 $W_d$ [kgf] | 함수비 $w_o=\frac{W_t-W_d}{W_d}\times 100$ [%] | $\gamma_t=W_o/V_o$ [kgf/cm³] | $G_s$ | $\gamma_w$ [kgf/cm³] | $\gamma_s=G_s\gamma_w$ [kgf/cm³] | $e=\frac{\gamma_s}{\gamma_t}\frac{100+w_o}{100}-1$ |
| 6.0 | 1.9344 | 28.26 | 54.666 | | | | | | 2.65 | 1.0 | 2.65 | |

압밀시험

| 하중 단계 | 압밀 압력 $P$ [kgf/cm²] | 단계별 증가압 $\Delta P$ [kgf/cm²] | 공시체 초기높이 $h_0$ [cm] | 변형 초기 읽음 $d_i$ | 변형 최종 읽음 $d_f$ | *1 압밀량 $\Delta d$ [×10⁻³cm] | 보정 초기치 읽음 $d_0$ | 압밀 90% 변형량 읽음 $d_{90}$ | 압밀 90% 시간 $t_{90}$ [min] | *2 1차 압밀량 $\Delta d'$ [×10⁻³cm] | *3 1차 압밀비 $r_p$ | *4 간극비 변화 $\Delta e$ | *5 체적 변화 계수 $m_v$ [cm²/kgf] | *6 압밀 계수 $C_v$ [×10⁻³cm²/sec] | *7 보정 압밀계수 $C_v'$ [×10⁻³cm²/sec] | *8 투수 계수 $k$ [×10⁻⁶cm/sec] |
|---|---|---|---|---|---|---|---|---|---|---|---|---|---|---|---|---|
| 2 | 0.1 | 0.05 | 1.9344 | 28.2 | 51.0 | 22.8 | 33 | 46.5 | 4 | 15 | 0.6579 | 0.0507 | 0.5273 | 3.3053 | 2.1746 | 1.1466 |

| 시간 | | 0 sec | 8 sec | 15 sec | 30 sec | 1 min | 2 min | 4 min | 8 min | 15 min | 30 min | 1h | 2h | 4h | 8h | 24h |
|---|---|---|---|---|---|---|---|---|---|---|---|---|---|---|---|---|
| 변위계 | 읽음 | 28.2 | 36 | 37.2 | 38.7 | 41 | 44.1 | 46.5 | 48 | 48.9 | 49.5 | 49.9 | 50.2 | 50.5 | 50.7 | 51 |
| | 변화량 | 0 | 7.8 | 1.2 | 1.5 | 2.3 | 3.1 | 2.4 | 1.5 | 0.9 | 0.6 | 0.4 | 0.3 | 0.3 | 0.2 | 0.3 |
| 압축량 [mm] | | 0.282 | 0.360 | 0.372 | 0.387 | 0.410 | 0.441 | 0.465 | 0.480 | 0.489 | 0.495 | 0.499 | 0.502 | 0.505 | 0.507 | 0.510 |

*1 $\triangle d=|d_i-d_f|$ *2 $\triangle d'=\frac{10}{9}\cdot|d_0-d_{90}|$ *3 $r_p=\frac{\triangle d'}{\triangle d}$ *4 $\triangle e=(1+e_0)\frac{\triangle d}{h_0}$

*5 $m_v=\frac{a_v}{1+e_o}=\frac{1}{1+e_0}\frac{\triangle e}{\triangle p}$ *6 $C_v=\frac{0.848H^2}{t_{90}}\cdot\frac{1}{60}$ *7 $C_v'=r_pC_v$ *8 $k=C_v'm_v\gamma_w$

압밀압력 0.10 $kgf/cm^2$

시간 $t$

8" 15" 30" 1' 2' 4' 8' 15' 30' 1h 2h 4h 8h 24h

압축량 [mm]: 0.27, 0.32, $d_0$, 0.37, $\alpha$, 0.42, $d_{90}$ 0.47, 0.52

$\tan\alpha$, $1.15\tan\alpha$, $t_{90}$

$\sqrt{t}$

0 3 6 9 12 15 18 21 24 36 39

$\sqrt{t}$ [min]

확인 이 용 주 (인)

# 압밀시험( $\sqrt{T}$ )

하중 3 단계 압밀압력 0.20 kgf/cm² KS F2316

과 업 명 지반개량공사 시험날짜 1995 년 3 월 6 일

조사위치 시화매립지 온도 17 [℃] 습도 68 [%]

시료번호 H-1 시료심도 0.4 [m] ~ 1.2 [m] 시험자 남 순 기

공시체 치수 및 지반물성

| 공시체 | | | | | 함수비 | | | 습윤 단위중량 | 흙입자 비중 | 물 단위중량 | 흙입자 단위중량 | 간극비 |
|---|---|---|---|---|---|---|---|---|---|---|---|---|
| 직경 $D_o$ [cm] | 높이 $h_o$ [cm] | 단면적 $A_o=\pi D_o^2/4$ [cm²] | 체적 $V_o=h_oA_o$ [cm³] | 무게 $W_o$ [kgf] | 습윤 무게 $W_t$ [kgf] | 건조 무게 $W_d$ [kgf] | 함수비 $w_o=\frac{W_t-W_d}{W_d}\times100$ [%] | $\gamma_t=W_o/V_o$ [kgf/cm³] | $G_s$ | $\gamma_w$ [kgf/cm³] | $\gamma_s=G_s\gamma_w$ [kgf/cm³] | $e=\frac{\gamma_s}{\gamma_t}\frac{100+w_o}{100}-1$ |
| 6.0 | 1.9086 | 28.26 | 53.937 | | | | | | 2.65 | 1.0 | 2.65 | |

압밀시험

| 하중 단계 | 압밀 압력 $P$ [kgf/cm²] | 단계별 증가압 $\Delta P$ [kgf/cm²] | 공시체 초기높이 $h_0$ [cm] | 변형 초기 읽음 $d_i$ | 변형 최종 읽음 $d_f$ | *1 압밀량 $\Delta d$ [×10⁻³cm] | 보정 초기치 읽음 $d_0$ | 압밀 90% 변형량 읽음 $d_{90}$ | 압밀 90% 시간 $t_{90}$ [min] | *2 1차 압밀량 $\Delta d'$ [×10⁻³cm] | *3 1차 압밀비 $r_p$ | *4 간극비 변화 $\Delta e$ | *5 체적 변화 계수 $m_v$ [cm²/kgf] | *6 압밀 계수 $C_v$ [×10⁻³cm²/sec] | *7 보정 압밀계수 $C_v'$ [×10⁻³cm²/sec] | *8 투수 계수 $k$ [×10⁻⁷cm/sec] |
|---|---|---|---|---|---|---|---|---|---|---|---|---|---|---|---|---|
| 3 | 0.2 | 0.1 | 1.9086 | 51.0 | 79.8 | 28.8 | 58 | 68 | 4 | 11.1111 | 0.3858 | 0.0794 | 0.4181 | 3.2178 | 1.2414 | 5.1905 |

| 시간 | | 0 sec | 8 sec | 15 sec | 30 sec | 1 min | 2 min | 4 min | 8 min | 15 min | 30 min | 1h | 2h | 4h | 8h | 24h |
|---|---|---|---|---|---|---|---|---|---|---|---|---|---|---|---|---|
| 변위계 | 읽음 | 51 | 60.3 | 61.1 | 62.3 | 63.8 | 65.8 | 68 | 70.7 | 72.9 | 74.9 | 76.7 | 78 | 79 | 79.5 | 79.8 |
| | 변화량 | 0 | 9.3 | 0.8 | 1.2 | 1.5 | 2 | 2.2 | 2.7 | 2.2 | 2 | 1.8 | 1.3 | 1 | 0.5 | 0.3 |
| 압축량 [mm] | | 0.510 | 0.603 | 0.611 | 0.623 | 0.638 | 0.658 | 0.680 | 0.707 | 0.729 | 0.749 | 0.767 | 0.780 | 0.079 | 0.795 | 0.798 |

*1 $\Delta d=|d_i-d_f|$ *2 $\Delta d'=\frac{10}{9}\cdot|d_0-d_{90}|$ *3 $r_p=\frac{\Delta d'}{\Delta d}$ *4 $\Delta e=(1+e_0)\frac{\Delta d}{h_0}$

*5 $m_v=\frac{a_v}{1+e_o}=\frac{1}{1+e_0}\frac{\Delta e}{\Delta p}$ *6 $C_v=\frac{0.848H^2}{t_{90}}\cdot\frac{1}{60}$ *7 $C_v'=r_pC_v$ *8 $k=C_v'm_v\gamma_w$



확인 이 용 준 (인)

# 압밀시험($\sqrt{T}$)

하중 4 단계　　압밀압력 0.40 kgf/cm²　　KS F2316

과 업 명 지반개량공사　　시험날짜 1995 년 3 월 6 일

조사위치 시화매립지　　온도 17 [℃]　　습도 68 [%]

시료번호 H-1　　시료심도 0.4 [m] ~ 1.2 [m]　　시험자 남 순 기

공시체 치수 및 지반물성

| 공시체 | | | | | 함수비 | | | 습윤 단위중량 | 흙입자 비중 | 물 단위중량 | 흙입자 단위중량 | 간극비 |
|---|---|---|---|---|---|---|---|---|---|---|---|---|
| 직경 $D_o$ [cm] | 높이 $h_o$ [cm] | 단면적 $A_o = \pi D_o^2/4$ [cm²] | 체적 $V_o = h_o A_o$ [cm³] | 무게 $W_o$ [kgf] | 습윤 무게 $W_t$ [kgf] | 건조 무게 $W_d$ [kgf] | 함수비 $w_o = \frac{W_t - W_d}{W_d} \times 100$ [%] | $\gamma_t = W_o / V_o$ [kgf/cm³] | $G_s$ | $\gamma_w$ [kgf/cm³] | $\gamma_s = G_s \gamma_w$ [kgf/cm³] | $e = \frac{\gamma_s}{\gamma_t} \frac{100 + w_o}{100} - 1$ |
| 6.0 | 1.8745 | 28.26 | 52.973 | | | | | | 2.65 | 1.0 | 2.65 | |

압밀시험

| 하중 단계 | 압밀 압력 $P$ [kgf/cm²] | 단계별 증가압 $\Delta P$ [kgf/cm²] | 공시체 초기높이 $h_0$ [cm] | 변형 초기 읽음 $d_i$ | 변형 최종 읽음 $d_f$ | *1 압밀량 $\Delta d$ [×10⁻³cm] | 보정 초기치 읽음 $d_0$ | 압밀 90% 변형량 읽음 $d_{90}$ | 압밀 90% 시간 $t_{90}$ [min] | *2 1차 압밀량 $\Delta d'$ [×10⁻³cm] | *3 1차 압밀비 $r_p$ | *4 간극비 변화 $\Delta e$ | *5 체적 변화 계수 $m_v$ [cm²/kgf] | *6 압밀 계수 $C_v$ [×10⁻³cm²/sec] | *7 보정 압밀계수 $C_v'$ [×10⁻³cm²/sec] | *8 투수 계수 $k$ [×10⁻⁷cm/sec] |
|---|---|---|---|---|---|---|---|---|---|---|---|---|---|---|---|---|
| 0.4 | 0.4 | 0.2 | 1.8745 | 79.8 | 119.2 | 39.4 | 85 | 103.2 | 4 | 20.2222 | 0.5133 | 0.1185 | 0.3180 | 3.1038 | 1.5930 | 5.0651 |

| 시간 | | 0 sec | 8 sec | 15 sec | 30 sec | 1 min | 2 min | 4 min | 8 min | 15 min | 30 min | 1h | 2h | 4h | 8h | 24h |
|---|---|---|---|---|---|---|---|---|---|---|---|---|---|---|---|---|
| 변위계 | 읽음 | 79.8 | 89.9 | 91.3 | 93.4 | 96.0 | 99.4 | 103.2 | 106.6 | 109.9 | 113.5 | 115.7 | 117.3 | 118.2 | 118.8 | 119.2 |
| | 변화량 | 0 | 10.1 | 1.4 | 2.1 | 2.6 | 3.4 | 3.8 | 3.4 | 3.3 | 3.6 | 2.2 | 1.6 | 0.9 | 0.6 | 0.4 |
| 압축량 [mm] | | 0.798 | 0.899 | 0.913 | 0.934 | 0.960 | 0.994 | 1.032 | 1.066 | 1.099 | 1.135 | 1.157 | 1.173 | 1.182 | 1.188 | 1.192 |

*1 $\Delta d = |d_i - d_f|$　　*2 $\Delta d' = \frac{10}{9} \cdot |d_0 - d_{90}|$　　*3 $r_p = \frac{\Delta d'}{\Delta d}$　　*4 $\Delta e = (1 + e_0)\frac{\Delta d}{h_0}$

*5 $m_v = \frac{a_v}{1 + e_o} = \frac{1}{1 + e_0} \frac{\Delta e}{\Delta p}$　　*6 $C_v = \frac{0.848 H^2}{t_{90}} \cdot \frac{1}{60}$　　*7 $C_v' = r_p C_v$　　*8 $k = C_v' m_v \gamma_w$

압밀압력 0.40 $kgf/cm^2$

시간 $t$

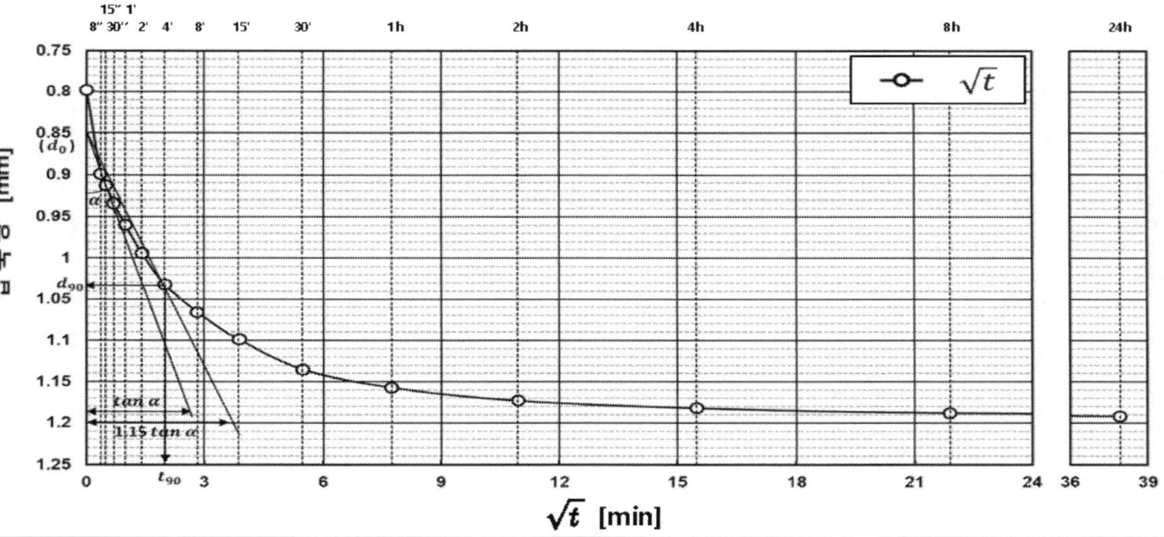


확인 이 용 준 (인)

# 압밀시험($\sqrt{T}$)

하중 5 단계　압밀압력 0.80 $kgf/cm^2$　　KS F2316

과 업 명 지반개량공사　시험날짜 1995 년 3 월 6 일

조사위치 시화매립지　온도 17 [℃]　습도 68 [%]

시료번호 H-1　시료심도 0.4 [m] ~ 1.2 [m]　시험자 남 순 기

공시체 치수 및 지반물성

| 공시체 | | | | | 함수비 | | | | | | | |
|---|---|---|---|---|---|---|---|---|---|---|---|---|
| 직경 $D_o$ $[cm]$ | 높이 $h_o$ $[cm]$ | 단면적 $A_o = \pi D_o^2/4$ $[cm^2]$ | 체적 $V_o = h_o A_o$ $[cm^3]$ | 무게 $W_o$ $[kgf]$ | 습윤무게 $W_t$ $[kgf]$ | 건조무게 $W_d$ $[kgf]$ | 함수비 $w_o = \frac{W_t - W_d}{W_d} \times 100$ [%] | 습윤 단위중량 $\gamma_t = W_o / V_o$ $[kgf/cm^3]$ | 흙입자 비중 $G_s$ | 물 단위중량 $\gamma_w$ $[kgf/cm^3]$ | 흙입자 단위중량 $\gamma_s = G_s \gamma_w$ $[kgf/cm^3]$ | 간극비 $e = \frac{\gamma_s}{\gamma_t}\frac{100+w_o}{100} - 1$ |
| 6.0 | 1.8288 | 28.26 | 51.682 | | | | | | 2.65 | 1.0 | 2.65 | |

압밀시험

| 하중 단계 | 압밀 압력 $P$ [kgf/cm²] | 단계별 증가압 $\Delta P$ [kgf/cm²] | 공시체 초기높이 $h_0$ [cm] | 변형 초기 읽음 $d_i$ | 변형 최종 읽음 $d_f$ | *1 압밀량 $\Delta d$ [×$10^{-3}$cm] | 보정 초기치 읽음 $d_0$ | 압밀 90% 변형량 읽음 $d_{90}$ | 압밀 90% 시간 $t_{90}$ [min] | *2 1차 압밀량 $\Delta d'$ [×$10^{-3}$cm] | *3 1차 압밀비 $r_p$ | *4 간극비 변화 $\Delta e$ | *5 체적 변화 계수 $m_v$ [cm²/kgf] | *6 압밀 계수 $C_v$ [×$10^{-3}$cm²/sec] | *7 보정 압밀계수 $C_v'$ [×$10^{-4}$cm²/sec] | *8 투수 계수 $k$ [×$10^{-7}$cm/sec] |
|---|---|---|---|---|---|---|---|---|---|---|---|---|---|---|---|---|
| 5 | 0.8 | 0.4 | 1.8288 | 119.2 | 171.3 | 52.1 | 126 | 153.4 | 8 | 30.4444 | 0.5843 | 0.1704 | 0.2342 | 1.4772 | 8.6317 | 2.0213 |

| 시간 | | 0 sec | 8 sec | 15 sec | 30 sec | 1 min | 2 min | 4 min | 8 min | 15 min | 30 min | 1h | 2h | 4h | 8h | 24h |
|---|---|---|---|---|---|---|---|---|---|---|---|---|---|---|---|---|
| 변위계 | 읽음 | 119.2 | 130.3 | 132.2 | 134.4 | 138.1 | 142.9 | 148.3 | 153.4 | 157.6 | 161.9 | 165.0 | 167.9 | 169.5 | 170.6 | 171.3 |
| | 변화량 | 0 | 11.1 | 1.9 | 2.2 | 3.7 | 4.8 | 5.4 | 5.1 | 4.2 | 4.3 | 3.1 | 2.9 | 1.6 | 1.1 | 0.7 |
| 압축량 [mm] | | 1.192 | 1.303 | 1.322 | 1.344 | 1.381 | 1.429 | 1.483 | 1.534 | 1.576 | 1.619 | 1.650 | 1.679 | 1.695 | 1.706 | 1.713 |

*1 $\Delta d = |d_i - d_f|$　*2 $\Delta d' = \frac{10}{9} \cdot |d_0 - d_{90}|$　*3 $r_p = \frac{\Delta d'}{\Delta d}$　*4 $\Delta e = (1+e_0)\frac{\Delta d}{h_0}$

*5 $m_v = \frac{a_v}{1+e_o} = \frac{1}{1+e_0}\frac{\Delta e}{\Delta p}$　*6 $C_v = \frac{0.848 H^2}{t_{90}} \cdot \frac{1}{60}$　*7 $C_v' = r_p C_v$　*8 $k = C_v' m_v \gamma_w$

압밀압력 0.80 $kgf/cm^2$

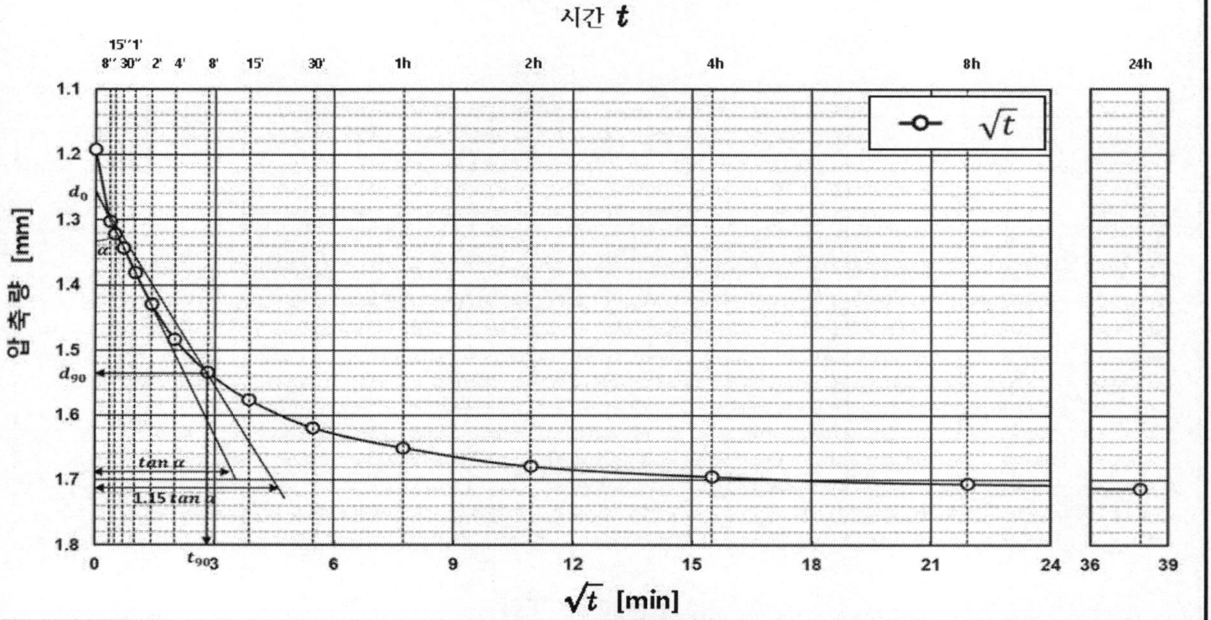


확인 이 용 준 (인)

# 압밀시험( $\sqrt{T}$ )

하중 6 단계　　압밀압력 1.60 kgf/cm²　　　　　　　　　　　　　　　　　　　　　KS F2316

| | | | |
|---|---|---|---|
| 과 업 명 | 지반개량공사 | 시험날짜 | 1995 년 3 월 6 일 |
| 조사위치 | 시화매립지 | 온도 | 17 [℃]　습도 68 [%] |
| 시료번호 | H-1 | 시료심도 | 0.4 [m] ~ 1.2 [m]　시험자 남 순 기 |

공시체 치수 및 지반물성

| 공시체 | | | | | 함수비 | | | 습윤 단위중량 | 흙입자 비중 | 물 단위중량 | 흙입자 단위중량 | 간극비 |
|---|---|---|---|---|---|---|---|---|---|---|---|---|
| 직경 $D_o$ [cm] | 높이 $h_o$ [cm] | 단면적 $A_o = \pi D_o^2/4$ [cm²] | 체적 $V_o = h_o A_o$ [cm³] | 무게 $W_o$ [kgf] | 습윤 무게 $W_t$ [kgf] | 건조 무게 $W_d$ [kgf] | 함수비 $w_o = \frac{W_t - W_d}{W_d} \times 100$ [%] | $\gamma_t = W_o/V_o$ [kgf/cm³] | $G_s$ | $\gamma_w$ [kgf/cm³] | $\gamma_s = G_s\gamma_w$ [kgf/cm³] | $e = \frac{\gamma_s}{\gamma_t}\frac{100+w_o}{100} - 1$ |
| 6.0 | 1.7713 | 28.26 | 50.057 | | | | | | 2.65 | 1.0 | 2.65 | |

압밀시험

| 하중 단계 | 압밀 압력 $P$ [kgf/cm²] | 단계별 증가압 $\Delta P$ [kgf/cm²] | 공시체 초기높이 $h_0$ [cm] | 변형 초기 읽음 $d_i$ | 변형 최종 읽음 $d_f$ | *1 압밀량 $\Delta d$ [×10⁻³cm] | 보정 초기치 읽음 $d_0$ | 압밀 90% 변형량 읽음 $d_{90}$ | 압밀 90% 시간 $t_{90}$ [min] | *2 1차 압밀량 $\Delta d'$ [×10⁻³cm] | *3 1차 압밀비 $r_p$ | *4 간극비 변화 $\Delta e$ | *5 체적 변화 계수 $m_v$ [cm²/kgf] | *6 압밀 계수 $C_v$ [×10⁻³cm²/sec] | *7 보정 압밀계수 $C_v'$ [×10⁻³cm²/sec] | *8 투수 계수 $k$ [×10⁻⁷cm/sec] |
|---|---|---|---|---|---|---|---|---|---|---|---|---|---|---|---|---|
| 6 | 1.6 | 0.8 | 1.7713 | 171.3 | 234.1 | 62.8 | 178 | 211.3 | 4 | 37 | 0.5892 | 0.2328 | 0.1652 | 2.7715 | 1.6329 | 2.6976 |

| 시간 | | 0 sec | 8 sec | 15 sec | 30 sec | 1 min | 2 min | 4 min | 8 min | 15 min | 30 min | 1h | 2h | 4h | 8h | 24h |
|---|---|---|---|---|---|---|---|---|---|---|---|---|---|---|---|---|
| 변위계 | 읽음 | 171.3 | 186.2 | 188.8 | 193.0 | 198.6 | 205.0 | 211.3 | 217.5 | 221.8 | 225.8 | 229.1 | 231.5 | 232.8 | 233.8 | 234.1 |
| | 변화량 | 0 | 14.9 | 2.6 | 4.2 | 5.6 | 6.4 | 6.3 | 6.2 | 4.3 | 4 | 3.3 | 2.4 | 1.3 | 1 | 0.3 |
| 압축량 [mm] | | 1.713 | 1.862 | 1.888 | 1.930 | 1.986 | 2.050 | 2.113 | 2.175 | 2.218 | 2.258 | 2.291 | 2.315 | 2.328 | 2.338 | 2.341 |

*1 $\Delta d = |d_i - d_f|$　　*2 $\Delta d' = \frac{10}{9}\cdot|d_0 - d_{90}|$　　*3 $r_p = \frac{\Delta d'}{\Delta d}$　　*4 $\Delta e = (1+e_0)\frac{\Delta d}{h_0}$

*5 $m_v = \frac{a_v}{1+e_o} = \frac{1}{1+e_0}\frac{\Delta e}{\Delta p}$　　*6 $C_v = \frac{0.848H^2}{t_{90}}\cdot\frac{1}{60}$　　*7 $C_v' = \gamma_p C_v$　　*8 $k = C_v' m_v \gamma_w$

압밀압력 1.60 $kgf/cm^2$

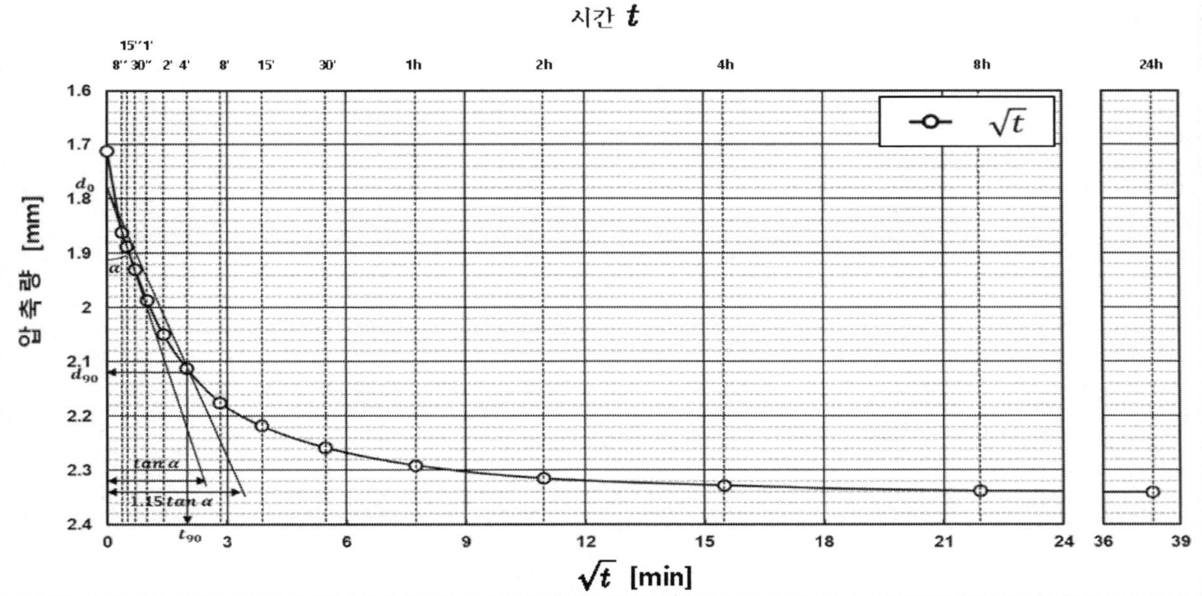


확인 이 용 준 (인)

# 압밀시험( $\sqrt{T}$ )

하중 7 단계　　압밀압력 3.20 kgf/cm²　　　　KS F2316

| | | | |
|---|---|---|---|
| 과 업 명 | 지반개량공사 | 시험날짜 | 1995 년 3 월 6 일 |
| 조사위치 | 시화매립지 | 온도 | 17 [℃]　습도 68 [%] |
| 시료번호 | H-1 | 시료심도 | 0.4 [m] ~ 1.2 [m]　시험자 남 슈 기 |

공시체 치수 및 지반물성

| 공시체 | | | | | 함수비 | | | 습윤 단위중량 | 흙입자 비중 | 물 단위중량 | 흙입자 단위중량 | 간극비 |
|---|---|---|---|---|---|---|---|---|---|---|---|---|
| 직경 $D_o$ [cm] | 높이 $h_o$ [cm] | 단면적 $A_o=\pi D_o^2/4$ [cm²] | 체적 $V_o=h_oA_o$ [cm³] | 무게 $W_o$ [kgf] | 습윤 무게 $W_t$ [kgf] | 건조 무게 $W_d$ [kgf] | 함수비 $w_o=\frac{W_t-W_d}{W_d}\times 100$ [%] | $\gamma_t=W_o/V_o$ [kgf/cm³] | $G_s$ | $\gamma_w$ [kgf/cm³] | $\gamma_s=G_s\gamma_w$ [kgf/cm³] | $e=\frac{\gamma_s}{\gamma_t}\frac{100+w_o}{100}-1$ |
| 6.0 | 1.7070 | 28.26 | 48.240 | | | | | | 2.65 | 1.0 | 2.65 | |

압밀시험

| 하중 단계 | 압밀 압력 $P$ [kgf/cm²] | 단계별 증가압 $\Delta P$ [kgf/cm²] | 공시체 초기높이 $h_0$ [cm] | 변형 초기 읽음 $d_i$ | 변형 최종 읽음 $d_f$ | *1 압밀량 $\Delta d$ [×10⁻³cm] | 보정 초기치 읽음 $d_0$ | 압밀 90% 변형량 읽음 $d_{90}$ | 압밀 90% 시간 $t_{90}$ [min] | *2 1차 압밀량 $\Delta d'$ [×10⁻³cm] | *3 1차 압밀비 $r_p$ | *4 간극비 변화 $\Delta e$ | *5 체적 변화 계수 $m_v$ [cm²/kgf] | *6 압밀 계수 $C_v$ [×10⁻³cm²/sec] | *7 보정 압밀계수 $C_v'$ [×10⁻³cm²/sec] | *8 투수 계수 $k$ [×10⁻⁷cm/sec] |
|---|---|---|---|---|---|---|---|---|---|---|---|---|---|---|---|---|
| 7 | 3.2 | 1.6 | 1.7070 | 234.1 | 300.0 | 65.9 | 244 | 279.1 | 4 | 39 | 0.5918 | 0.2984 | 0.1098 | 2.5739 | 1.5232 | 1.6732 |

| 시간 | | 0 sec | 8 sec | 15 sec | 30 sec | 1 min | 2 min | 4 min | 8 min | 15 min | 30 min | 1h | 2h | 4h | 8h | 24h |
|---|---|---|---|---|---|---|---|---|---|---|---|---|---|---|---|---|
| 변위계 | 읽음 | 234.1 | 252.1 | 254.6 | 258.1 | 265 | 272.2 | 279.1 | 284.5 | 288.6 | 291.6 | 294.4 | 296.5 | 298.3 | 299.2 | 300.0 |
| | 변화량 | 0 | 18 | 2.5 | 3.5 | 6.9 | 7.2 | 6.9 | 5.4 | 4.1 | 3 | 2.8 | 2.1 | 1.8 | 0.9 | 0.8 |
| 압축량 [mm] | | 2.341 | 2.521 | 2.546 | 2.581 | 2.650 | 2.722 | 2.791 | 2.845 | 2.886 | 2.916 | 2.944 | 2.965 | 2.983 | 2.992 | 3.000 |

*1 $\Delta d=|d_i-d_f|$　　*2 $\Delta d'=\frac{10}{9}\cdot|d_0-d_{90}|$　　*3 $r_p=\frac{\Delta d'}{\Delta d}$　　*4 $\Delta e=(1+e_0)\frac{\Delta d}{h_0}$

*5 $m_v=\frac{a_v}{1+e_o}=\frac{1}{1+e_0}\frac{\Delta e}{\Delta p}$　　*6 $C_v=\frac{0.848H^2}{t_{90}}\cdot\frac{1}{60}$　　*7 $C_v'=r_pC_v$　　*8 $k=C_v'm_v\gamma_w$

**압밀압력 3.20 $kgf/cm^2$**

시간 $t$

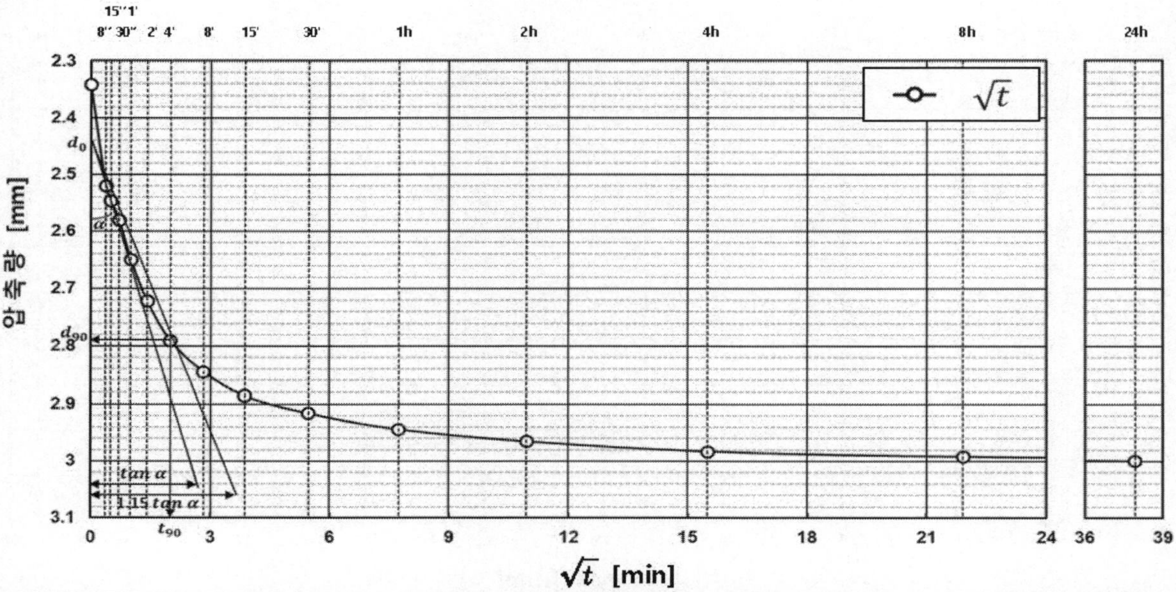

15''1'
8'' 30'' 2' 4' 8' 15' 30' 1h 2h 4h 8h 24h
2.3
2.4
2.5
2.6
2.7
2.8
2.9
3
3.1
$d_0$
$d_{90}$
α
tan α
1.15 tan α
$t_{90}$
$\sqrt{t}$
압 축 량 [mm]
0 3 6 9 12 15 18 21 24 36 39
$\sqrt{t}$ [min]


| 확인 | 이 용 준 (인) |
|---|---|

# 압밀시험( $\sqrt{T}$ )

하중 8 단계　　압밀압력 6.40 $kgf/cm^2$　　　　KS F2316

과 업 명: 지반개량공사　　시험날짜: 1995 년 3 월 6 일

조사위치: 시화매립지　　온도: 17 [℃]　　습도: 68 [%]

시료번호: H-1　　시료심도: 0.4 [m] ~ 1.2 [m]　　시험자: 남 순 기

공시체 치수 및 지반물성

| 공시체 | | | | | 함수비 | | | 습윤 단위중량 | 흙입자 비중 | 물 단위중량 | 흙입자 단위중량 | 간극비 |
|---|---|---|---|---|---|---|---|---|---|---|---|---|
| 직경 $D_o$ [cm] | 높이 $h_o$ [cm] | 단면적 $A_o=\pi D_o^2/4$ [$cm^2$] | 체적 $V_o=h_oA_o$ [$cm^3$] | 무게 $W_o$ [kgf] | 습윤 무게 $W_t$ [kgf] | 건조 무게 $W_d$ [kgf] | 함수비 $w_o=\frac{W_t-W_d}{W_d}\times 100$ [%] | $\gamma_t=W_o/V_o$ [$kgf/cm^3$] | $G_s$ | $\gamma_w$ [$kgf/cm^3$] | $\gamma_s=G_s\gamma_w$ [$kgf/cm^3$] | $e=\frac{\gamma_s}{\gamma_t}\frac{100+w_o}{100}-1$ |
| 6.0 | 1.6364 | 28.26 | 46.245 | | | | | | 2.65 | 1.0 | 2.65 | |

압밀시험

| 하중 단계 | 압밀 압력 $P$ [kgf/cm²] | 단계별 증가압 $\Delta P$ [kgf/cm²] | 초기 시료높이 $h_o$ [cm] | 변형 초기 읽음 $d_i$ | 변형 최종 읽음 $d_f$ | *1 압밀량 $\Delta d$ [×10⁻³cm] | 보정 초기치 읽음 $d_o$ | 압밀 90% 변형량 읽음 $d_{90}$ | 압밀 90% 시간 $t_{90}$ [min] | *2 1차 압밀량 $\Delta d'$ [×10⁻³cm] | *3 1차 압밀비 $r_p$ | *4 간극비 변화 $\Delta e$ | *5 체적 변화 계수 $m_v$ [cm²/kgf] | *6 압밀 계수 $C_v$ [×10⁻³cm²/sec] | *7 보정 압밀계수 $C_v'$ [×10⁻³cm²/sec] | *8 투수 계수 $k$ [×10⁻⁷cm/sec] |
|---|---|---|---|---|---|---|---|---|---|---|---|---|---|---|---|---|
| 8 | 6.4 | 3.2 | 1.6364 | 300.0 | 375.2 | 75.2 | 314 | 356 | 4 | 46.6667 | 0.6206 | 0.3731 | 0.0717 | 2.3654 | 1.4679 | 1.0518 |

| 시간 | | 0 sec | 8 sec | 15 sec | 30 sec | 1 min | 2 min | 4 min | 8 min | 15 min | 30 min | 1h | 2h | 4h | 8h | 24h |
|---|---|---|---|---|---|---|---|---|---|---|---|---|---|---|---|---|
| 변위계 | 읽음 | 300.0 | 323.0 | 326.0 | 330.8 | 339.9 | 348.9 | 356.0 | 361.0 | 364.8 | 368.0 | 370.1 | 371.9 | 372.8 | 374.0 | 375.2 |
| | 변화량 | 0 | 23 | 3 | 4.8 | 9.1 | 9 | 7.1 | 5 | 3.8 | 3.2 | 2.1 | 1.8 | 0.9 | 1.2 | 1.2 |
| 압축량 [mm] | | 3.000 | 3.230 | 3.260 | 3.308 | 3.399 | 3.489 | 3.560 | 3.610 | 3.648 | 3.680 | 3.701 | 3.719 | 3.728 | 3.740 | 3.752 |

*1 $\Delta d=|d_i-d_f|$　　*2 $\Delta d'=\frac{10}{9}\cdot|d_0-d_{90}|$　　*3 $r_p=\frac{\Delta d'}{\Delta d}$　　*4 $\Delta e=(1+e_0)\frac{\Delta d}{h_0}$

*5 $m_v=\frac{a_v}{1+e_o}=\frac{1}{1+e_0}\frac{\Delta e}{\Delta p}$　　*6 $C_v=\frac{0.848H^2}{t_{90}}\cdot\frac{1}{60}$　　*7 $C_v'=r_pC_v$　　*8 $k=C_v'm_v\gamma_w$

압밀압력 6.40 $kgf/cm^2$

시간 $t$

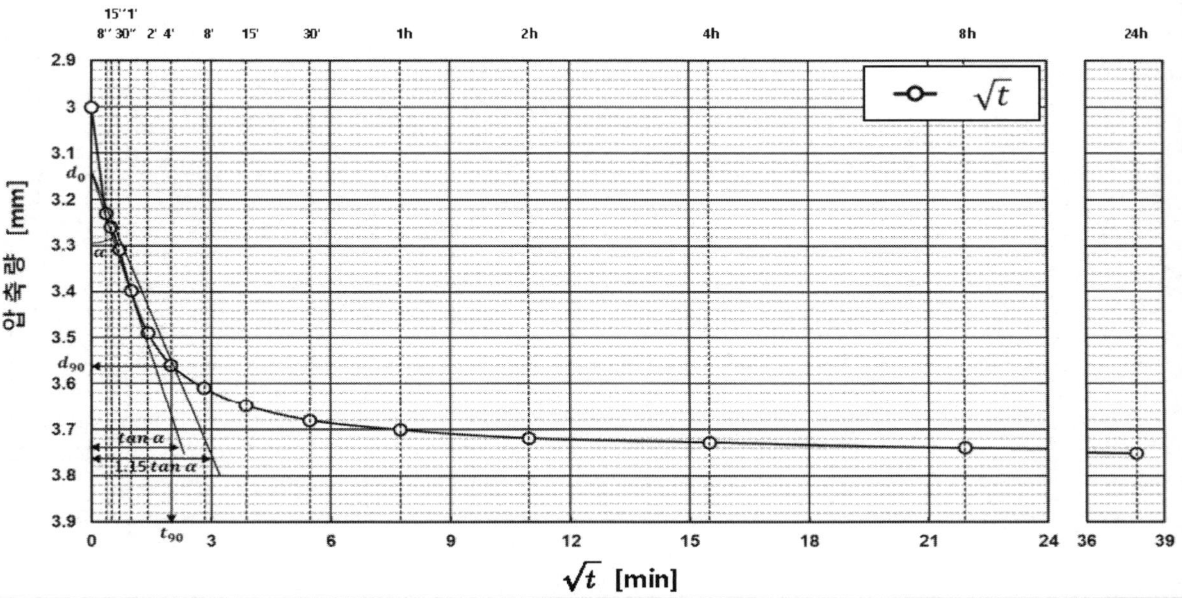

15" 1' 8" 30" 2' 4' 8' 15' 30' 1h 2h 4h 8h 24h

$\sqrt{t}$

2.9 3 3.1 3.2 3.3 3.4 3.5 3.6 3.7 3.8 3.9

압축량 [mm]

$d_0$　$\alpha$　$d_{90}$　$\tan\alpha$　$1.15\tan\alpha$　$t_{90}$

0 3 6 9 12 15 18 21 24 36 39

$\sqrt{t}$ [min]

확인: 이 용 준 (인)

# 압밀시험( $\sqrt{T}$ )

하중 9 단계 압밀압력 12.80 $kgf/cm^2$ KS F2316

과 업 명 지반개량공사 시험날짜 1995 년 3 월 6 일

조사위치 시화매립지 온도 17 [℃] 습도 68 [%]

시료번호 H-1 시료심도 0.4 [m] ~ 1.2 [m] 시험자 남 순 기

공시체 치수 및 지반물성

| 공시체 | | | | | 함수비 | | | 습윤 단위중량 | 흙입자 비중 | 물 단위중량 | 흙입자 단위중량 | 간극비 |
|---|---|---|---|---|---|---|---|---|---|---|---|---|
| 직경 $D_o$ [cm] | 높이 $h_o$ [cm] | 단면적 $A_o=\pi D_o^2/4$ [$cm^2$] | 체적 $V_o=h_oA_o$ [$cm^3$] | 무게 $W_o$ [kgf] | 습윤 무게 $W_t$ [kgf] | 건조 무게 $W_d$ [kgf] | 함수비 $w_o=\frac{W_t-W_d}{W_d}\times100$ [%] | $\gamma_t=W_o/V_o$ [$kgf/cm^3$] | $G_s$ | $\gamma_w$ [$kgf/cm^3$] | $\gamma_s=G_s\gamma_w$ [$kgf/cm^3$] | $e=\frac{\gamma_s}{\gamma_t}\frac{100+w_o}{100}-1$ |
| 6.0 | 1.563 | 28.26 | 44.170 | | | | | | 2.65 | 1.0 | 2.65 | |

압밀시험

| 하중 단계 | 압밀 압력 $P$ [kgf/cm²] | 단계별 증가압 $\Delta P$ [kgf/cm²] | 공시체 초기높이 $h_0$ [cm] | 변형 초기 읽음 $d_i$ | 변형 최종 읽음 $d_f$ | *1 압밀량 $\Delta d$ [×10⁻³cm] | 보정 초기치 읽음 $d_0$ | 압밀 90% 변형량 읽음 $d_{90}$ | 압밀 90% 시간 $t_{90}$ [min] | *2 1차 압밀량 $\Delta d'$ [×10⁻³cm] | *3 1차 압밀비 $r_p$ | *4 간극비 변화 $\Delta e$ | *5 체적 변화 계수 $m_v$ [cm²/kgf] | *6 압밀 계수 $C_v$ [×10⁻³cm²/sec] | *7 보정 압밀계수 $C_v'$ [×10⁻³cm²/sec] | *8 투수 계수 $k$ [×10⁻⁸cm/sec] |
|---|---|---|---|---|---|---|---|---|---|---|---|---|---|---|---|---|
| 9 | 12.8 | 6.4 | 1.5630 | 375.2 | 446.8 | 71.6 | 390 | 430 | 4 | 44.4444 | 0.6207 | 0.4443 | 0.0447 | 2.1580 | 1.3395 | 5.9830 |

| 시간 | | 0 sec | 8 sec | 15 sec | 30 sec | 1 min | 2 min | 4 min | 8 min | 15 min | 30 min | 1h | 2h | 4h | 8h | 24h |
|---|---|---|---|---|---|---|---|---|---|---|---|---|---|---|---|---|
| 변위계 | 읽음 | 375.2 | 398.5 | 401.5 | 407.0 | 415 | 425 | 430.0 | 435.0 | 438.5 | 441.0 | 442.9 | 444.1 | 445.1 | 446 | 446.8 |
| | 변화량 | 0 | 23.3 | 3 | 5.5 | 8 | 10 | 5 | 5 | 3.5 | 2.5 | 1.9 | 1.2 | 1 | 0.9 | 0.8 |
| 압축량 [mm] | | 3.752 | 3.985 | 4.015 | 4.070 | 4.150 | 4.250 | 4.300 | 4.350 | 4.385 | 4.410 | 4.429 | 4.441 | 4.451 | 4.460 | 4.468 |

*1 $\triangle d=|d_i-d_f|$ *2 $\triangle d'=\frac{10}{9}\cdot|d_0-d_{90}|$ *3 $r_p=\frac{\triangle d'}{\triangle d}$ *4 $\triangle e=(1+e_0)\frac{\triangle d}{h_0}$

*5 $m_v=\frac{a_v}{1+e_o}=\frac{1}{1+e_0}\frac{\triangle e}{\triangle P}$ *6 $C_v=\frac{0.848H^2}{t_{90}}\cdot\frac{1}{60}$ *7 $C_v'=r_pC_v$ *8 $k=C_v'm_v\gamma_w$

압밀압력 12.80 $kgf/cm^2$

시간 $t$

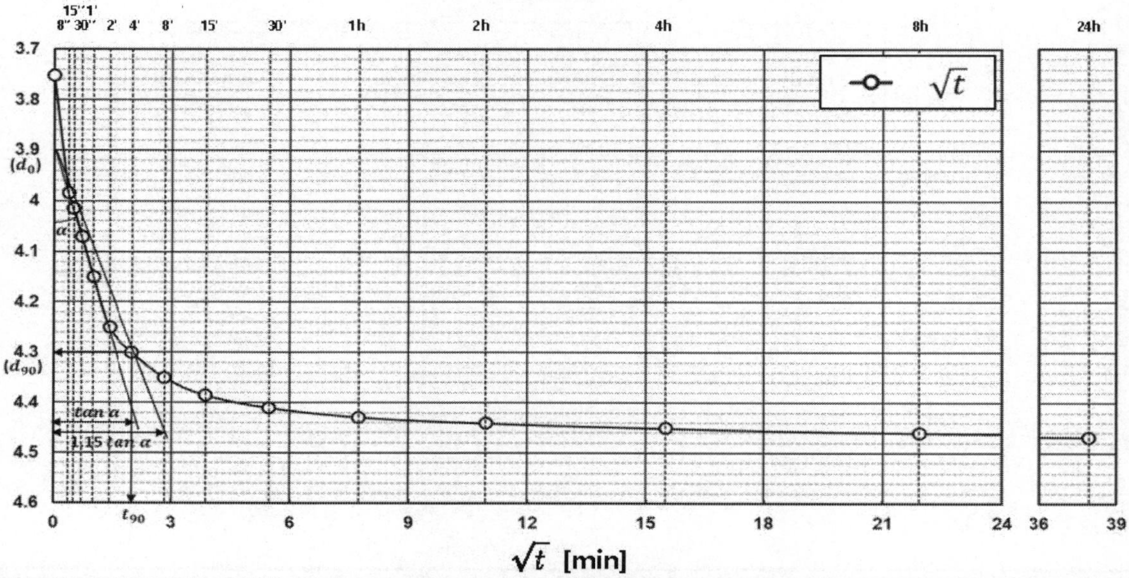

15'' 1' 8'' 30'' 2' 4' 8' 15' 30' 1h 2h 4h 8h 24h

압축량 [mm]

3.7 3.8 3.9 ($d_0$) 4 4.1 4.2 4.3 ($d_{90}$) 4.4 4.5 4.6

$\alpha$ tan $\alpha$ 1.15 tan $\alpha$ $t_{90}$

$\sqrt{t}$

0 3 6 9 12 15 18 21 24 36 39

$\sqrt{t}$ [min]

확인 이 용 준 (인)

# 압밀시험($\log t$)

하중 1 단계　　압밀압력 0.05 kgf/cm²　　KS F2316

과 업 명 지반개량공사　　시험날짜 1995 년 3 월 6 일

조사위치 시화매립지　　온도 17 [℃]　　습도 68 [%]

시료번호 H-1　　시료심도 0.4 [m] ~ 1.2 [m]　　시험자 남 순 기

공시체 치수 및 지반물성

| 공시체 | | | | | 함수비 | | | 습윤 단위중량 | 흙입자 비중 | 물 단위중량 | 흙입자 단위중량 | 간극비 |
|---|---|---|---|---|---|---|---|---|---|---|---|---|
| 직경 | 높이 | 단면적 $A_o=$ | 체적 $V_o=$ | 무게 | 습윤 무게 | 건조 무게 | 함수비 $w_o=$ | | | | | |
| $D_o$ [cm] | $h_o$ [cm] | $\pi D_o^2/4$ [cm²] | $h_o A_o$ [cm³] | $W_o$ [kgf] | $W_t$ [kgf] | $W_d$ [kgf] | $\frac{W_t-W_d}{W_d}\times 100$ [%] | $\gamma_t = W_o/V_o$ [kgf/cm³] | $G_s$ | $\gamma_w$ [kgf/cm³] | $\gamma_s = G_s\gamma_w$ [kgf/cm³] | $e=\frac{\gamma_s}{\gamma_t}\frac{100+w_o}{100}-1$ |
| 6.0 | 1.960 | 28.26 | 55.39 | | | | | | 2.65 | 1.0 | 2.65 | |

압밀시험

| 하중 단계 | 압밀 압력 $P$ [kgf/cm²] | 단계별 증가압 $\Delta P$ [kgf/cm²] | 공시체 초기높이 $h_0$ [cm] | 변형 초기 읽음 $d_i$ | 변형 최종 읽음 $d_f$ | *1 압밀량 $\Delta d$ [×10⁻³cm] | 보정 초기치 읽음 $d_0$ | 압밀 100% 변형량 읽음 $d_{100}$ | 압밀 100% 시간 $t_{50}$ [min] | *2 1차 압밀량 $\Delta d'$ [×10⁻³cm] | *3 1차 압밀비 $r_p$ | *4 간극비 변화 $\Delta e$ | *5 체적 변화 계수 $m_v$ [cm²/kgf] | *6 압밀 계수 $C_v$ [×10⁻³cm²/sec] | *7 보정 압밀계수 $C_v'$ [×10⁻⁴cm²/sec] | *8 투수 계수 $k$ [×10⁻⁷cm/sec] |
|---|---|---|---|---|---|---|---|---|---|---|---|---|---|---|---|---|
| 0 | 0.05 | 0.05 | 1.9599 | 0 | 28.2 | 28.2 | 13.3 | 27.0 | 1.55 | 13.7 | 0.4858 | 0.028 | 0.2878 | 2.0342 | 9.88224 | 2.8439 |

| 시간 | | 0 sec | 8 sec | 15 sec | 30 sec | 1 min | 2 min | 4 min | 8 min | 15 min | 30 min | 1h | 2h | 4h | 8h | 24h |
|---|---|---|---|---|---|---|---|---|---|---|---|---|---|---|---|---|
| 변위계 | 읽음 | 0 | 15 | 16 | 17.1 | 18.6 | 20.9 | 22.9 | 24.6 | 25.8 | 26.5 | 26.9 | 27.4 | 27.8 | 28 | 28.2 |
| | 변화량 | 0 | 15 | 1 | 1.1 | 1.5 | 2.3 | 2 | 1.7 | 1.2 | 0.7 | 0.4 | 0.5 | 0.4 | 0.2 | 0.2 |
| 압축량 [mm] | | 0 | 0.15 | 0.16 | 0.171 | 0.186 | 0.209 | 0.229 | 0.246 | 0.258 | 0.265 | 0.269 | 0.274 | 0.278 | 0.28 | 0.282 |

*1 $\Delta d = |d_i - d_f|$　　*2 $\Delta d' = |d_0 - d_{100}|$　　*3 $r_p = \frac{\Delta d'}{\Delta d}$　　*4 $\Delta e = (1+e_0)\frac{\Delta d}{h_0}$

*5 $m_v = \frac{a_v}{1+e_o} = \frac{1}{1+e_0}\frac{\Delta e}{\Delta P}$　　*6 $C_v = \frac{0.197H^2}{t_{50}}\cdot\frac{1}{60}$　　*7 $C_v' = r_p C_v$　　*8 $k = C_v' m_v \gamma_w$

압밀압력 0.05 $kgf/cm^2$

시간 $t$

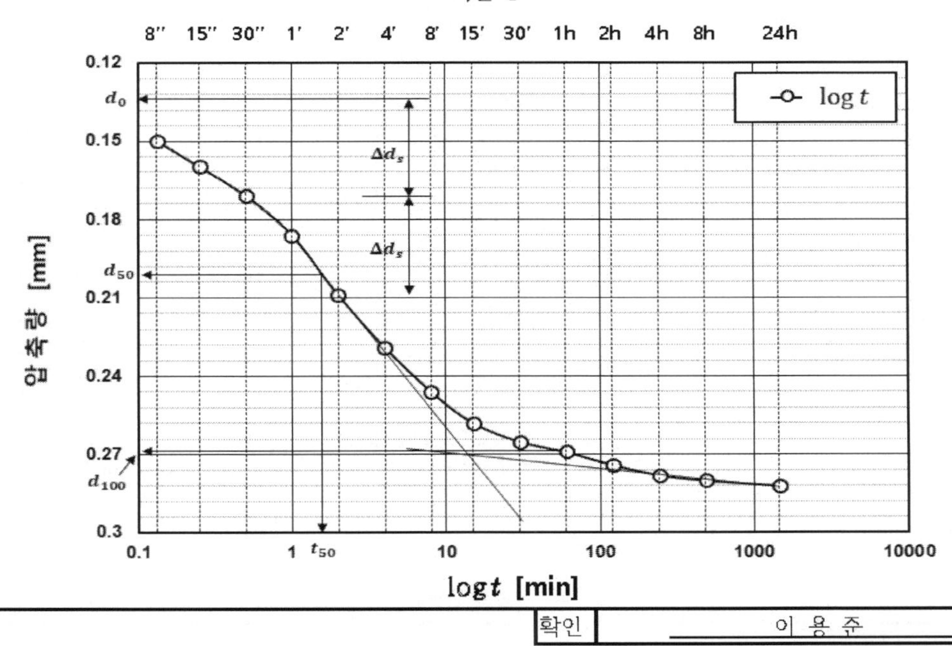


확인 이 용 주 (인)

# 압밀시험($\log t$)

하중 2 단계　압밀압력 0.10 kgf/cm²　KS F2316

과 업 명 지반개량공사　시험날짜 1995 년 3 월 6 일

조사위치 시화매립지　온도 17 [℃]　습도 68 [%]

시료번호 H-1　시료심도 0.4 [m] ~ 1.2 [m]　시험자 남 순 기

공시체 치수 및 지반물성

| 공시체 | | | | | 함수비 | | | | | | | |
|---|---|---|---|---|---|---|---|---|---|---|---|---|
| 직경 $D_o$ [cm] | 높이 $h_o$ [cm] | 단면적 $A_o = \pi D_o^2/4$ [cm²] | 체적 $V_o = h_o A_o$ [cm³] | 무게 $W_o$ [kgf] | 습윤 무게 $W_t$ [kgf] | 건조 무게 $W_d$ [kgf] | 함수비 $w_o = \frac{W_t - W_d}{W_d} \times 100$ [%] | 습윤 단위중량 $\gamma_t = W_o / V_o$ [kgf/cm³] | 흙입자 비중 $G_s$ | 물 단위중량 $\gamma_w$ [kgf/cm³] | 흙입자 단위중량 $\gamma_s = G_s \gamma_w$ [kgf/cm³] | 간극비 $e = \frac{\gamma_s}{\gamma_t} \frac{100 + w_o}{100} - 1$ |
| 6.0 | 1.9344 | 28.26 | 54.666 | | | | | | 2.65 | 1.0 | 2.65 | |

압밀시험

| 하중 단계 | 압밀 압력 $P$ [kgf/cm²] | 단계별 증가압 $\Delta P$ [kgf/cm²] | 공시체 초기높이 $h_0$ [cm] | 변형 초기 읽음 $d_i$ | 변형 최종 읽음 $d_f$ | *1 압밀량 $\Delta d$ [×10⁻³cm] | 보정 초기치 읽음 $d_0$ | 압밀 100% 변형량 읽음 $d_{100}$ | 압밀 100% 시간 $t_{50}$ [min] | *2 1차 압밀량 $\Delta d'$ [×10⁻³cm] | *3 1차 압밀비 $r_p$ | *4 간극비 변화 $\Delta e$ | *5 체적 변화 계수 $m_v$ [cm²/kgf] | *6 압밀 계수 $C_v$ [×10⁻³cm²/sec] | *7 보정 압밀계수 $C_v'$ [×10⁻³cm²/sec] | *8 투수 계수 $k$ [×10⁻⁶cm/sec] |
|---|---|---|---|---|---|---|---|---|---|---|---|---|---|---|---|---|
| 2 | 0.1 | 0.05 | 1.9344 | 28.2 | 51.0 | 22.8 | 33.3 | 49.5 | 1.1 | 16.2 | 0.7105 | 0.0507 | 0.5273 | 2.7923 | 1.9840 | 1.0461 |

| 시간 | | 0 sec | 8 sec | 15 sec | 30 sec | 1 min | 2 min | 4 min | 8 min | 15 min | 30 min | 1h | 2h | 4h | 8h | 24h |
|---|---|---|---|---|---|---|---|---|---|---|---|---|---|---|---|---|
| 변위계 | 읽음 | 28.2 | 36 | 37.2 | 38.7 | 41 | 44.1 | 46.5 | 48 | 48.9 | 49.5 | 49.9 | 50.2 | 50.5 | 50.7 | 51 |
| | 변화량 | 0 | 7.8 | 1.2 | 1.5 | 2.3 | 3.1 | 2.4 | 1.5 | 0.9 | 0.6 | 0.4 | 0.3 | 0.3 | 0.2 | 0.3 |
| 압축량 [mm] | | 0.282 | 0.360 | 0.372 | 0.387 | 0.410 | 0.441 | 0.465 | 0.480 | 0.489 | 0.495 | 0.499 | 0.502 | 0.505 | 0.507 | 0.510 |

*1 $\Delta d = |d_i - d_f|$　*2 $\Delta d' = |d_0 - d_{100}|$　*3 $d_p = \frac{\Delta d'}{\Delta d}$　*4 $\Delta e = (1 + e_0)\frac{\Delta d}{h_0}$

*5 $m_v = \frac{a_v}{1 + e_o} = \frac{1}{1 + e_0}\frac{\Delta e}{\Delta P}$　*6 $C_v = \frac{0.197 H^2}{t_{50}} \cdot \frac{1}{60}$　*7 $C_v' = r_p C_v$　*8 $k = C_v' m_v \gamma_w$

압밀압력 0.10 $kgf/cm^2$

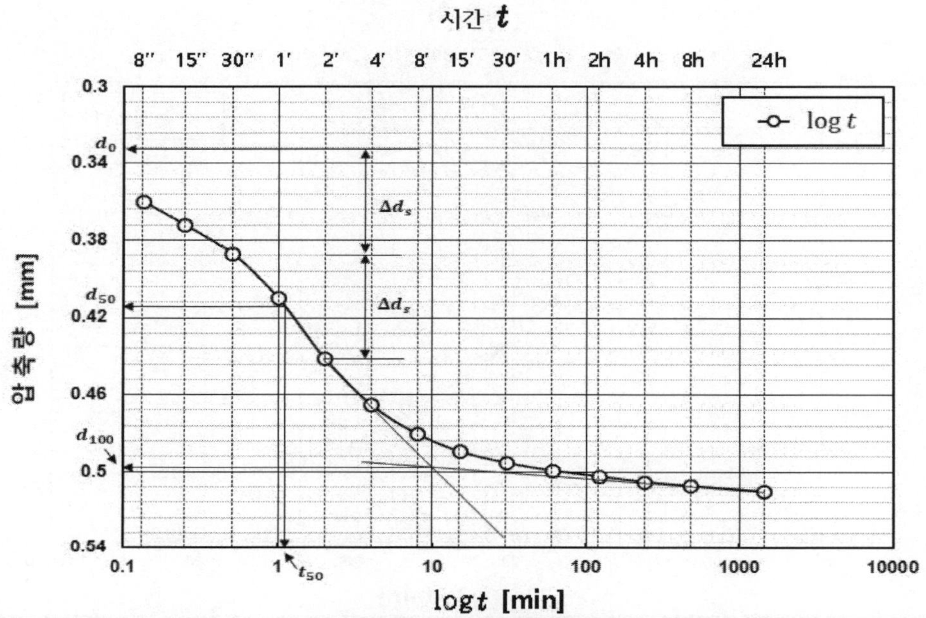

시간 $t$

8″ 15″ 30″ 1′ 2′ 4′ 8′ 15′ 30′ 1h 2h 4h 8h 24h

압축량 [mm]

0.3, $d_0$, 0.34, 0.38, $d_{50}$, 0.42, 0.46, $d_{100}$, 0.5, 0.54

$\Delta d_s$　$\Delta d_s$

-o- $\log t$

0.1　1 $t_{50}$　10　100　1000　10000

$\log t$ [min]

확인 이 용 준 (인)

# 압밀시험(log $t$)

하중 3 단계 압밀압력 0.20 kgf/cm² KS F2316

과 업 명 지반개량공사 시험날짜 1995 년 3 월 6 일

조사위치 시화매립지 온도 17 [℃] 습도 68 [%]

시료번호 H-1 시료심도 0.4 [m] ~ 1.2 [m] 시험자 남 순 기

공시체 치수 및 지반물성

| 공시체 | | | | | 함수비 | | | 습윤 단위중량 | 흙입자 비중 | 물 단위중량 | 흙입자 단위중량 | 간극비 |
|---|---|---|---|---|---|---|---|---|---|---|---|---|
| 직경 $D_o$ [cm] | 높이 $h_o$ [cm] | 단면적 $A_o=\pi D_o^2/4$ [cm²] | 체적 $V_o=h_oA_o$ [cm³] | 무게 $W_o$ [kgf] | 습윤 무게 $W_t$ [kgf] | 건조 무게 $W_d$ [kgf] | 함수비 $w_o=\frac{W_t-W_d}{W_d}\times 100$ [%] | $\gamma_t=W_o/V_o$ [kgf/cm³] | $G_s$ | $\gamma_w$ [kgf/cm³] | $\gamma_s=G_s\gamma_w$ [kgf/cm³] | $e=\frac{\gamma_s}{\gamma_t}\frac{100+w_o}{100}-1$ |
| 6.0 | 1.9086 | 28.26 | 53.937 | | | | | | 2.65 | 1.0 | 2.65 | |

압밀시험

| 하중 단계 | 압밀 압력 $P$ [kgf/cm²] | 단계별 증가압 $\Delta P$ [kgf/cm²] | 공시체 초기높이 $h_o$ [cm] | 초기 변형 읽음 $d_i$ | 변형 최종 읽음 $d_f$ | *1 압밀량 $\Delta d$ [×10⁻³cm] | 보정 초기치 읽음 $d_o$ | 압밀 100% 변형량 읽음 $d_{100}$ | 압밀 100% 시간 $t_{50}$ [min] | *2 1차 압밀량 $\Delta d'$ [×10⁻³cm] | *3 1차 압밀비 $r_p$ | *4 간극비 변화 $\Delta e$ | *5 체적 변화 계수 $m_v$ [cm²/kgf] | *6 압밀 계수 $C_v$ [×10⁻⁴cm²/sec] | *7 보정 압밀계수 $C_v'$ [×10⁻⁴cm²/sec] | *8 투수 계수 $k$ [×10⁻⁷cm/sec] |
|---|---|---|---|---|---|---|---|---|---|---|---|---|---|---|---|---|
| 3 | 0.2 | 0.1 | 1.9086 | 51.0 | 79.8 | 28.8 | 58.8 | 79.0 | 4.95 | 20.2 | 0.7014 | 0.0794 | 0.4181 | 6.0406 | 4.2368 | 1.7714 |

| 시간 | | 0 sec | 8 sec | 15 sec | 30 sec | 1 min | 2 min | 4 min | 8 min | 15 min | 30 min | 1h | 2h | 4h | 8h | 24h |
|---|---|---|---|---|---|---|---|---|---|---|---|---|---|---|---|---|
| 변위계 | 읽음 | 51 | 60.3 | 61.1 | 62.3 | 63.8 | 65.8 | 68 | 70.7 | 72.9 | 74.9 | 76.7 | 78 | 79 | 79.5 | 79.8 |
| | 변화량 | 0 | 9.3 | 0.8 | 1.2 | 1.5 | 2 | 2.2 | 2.7 | 2.2 | 2 | 1.8 | 1.3 | 1 | 0.5 | 0.3 |
| 압축량 [mm] | | 0.510 | 0.603 | 0.611 | 0.623 | 0.638 | 0.658 | 0.680 | 0.707 | 0.729 | 0.749 | 0.767 | 0.780 | 0.079 | 0.795 | 0.798 |

*1 $\Delta d=|d_i-d_f|$ *2 $\Delta d'=|d_0-d_{100}|$ *3 $r_p=\frac{\Delta d'}{\Delta d}$ *4 $\Delta e=(1+e_0)\frac{\Delta d}{h_0}$

*5 $m_v=\frac{a_v}{1+e_o}=\frac{1}{1+e_0}\frac{\Delta e}{\Delta P}$ *6 $C_v=\frac{0.197H^2}{t_{50}}\cdot\frac{1}{60}$ *7 $C_v'=r_pC_v$ *8 $k=C_v'm_v\gamma_w$

압밀압력 0.20 $kgf/cm^2$

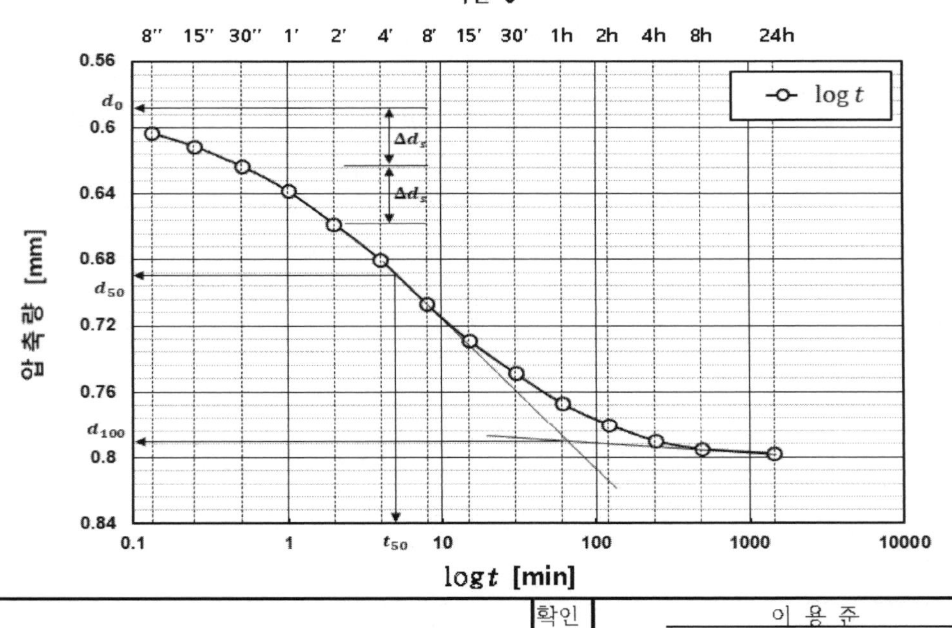


확인 이 용 준 (인)

# 압밀시험($\log t$)

하중 4 단계　　압밀압력 0.40 kgf/cm²　　KS F2316

과 업 명: 지반개량공사　　시험날짜: 1995 년 3 월 6 일

조사위치: 시화매립지　　온도: 17 [℃]　　습도: 68 [%]

시료번호: H-1　　시료심도: 0.4 [m] ~ 1.2 [m]　　시험자: 남 수 기

공시체 치수 및 지반물성

| 공시체 | | | | | 함수비 | | | | | | | |
|---|---|---|---|---|---|---|---|---|---|---|---|---|
| 직경<br>$D_o$<br>[cm] | 높이<br>$h_o$<br>[cm] | 단면적<br>$A_o=\pi D_o^2/4$<br>[cm²] | 체적<br>$V_o=h_oA_o$<br>[cm³] | 무게<br>$W_o$<br>[kgf] | 습윤무게<br>$W_t$<br>[kgf] | 건조무게<br>$W_d$<br>[kgf] | 함수비<br>$w_o=\frac{W_t-W_d}{W_d}\times 100$<br>[%] | 습윤단위중량<br>$\gamma_t=W_o/V_o$<br>[kgf/cm³] | 흙입자비중<br>$G_s$ | 물단위중량<br>$\gamma_w$<br>[kgf/cm³] | 흙입자단위중량<br>$\gamma_s=G_s\gamma_w$<br>[kgf/cm³] | 간극비<br>$e=\frac{\gamma_s}{\gamma_t}\frac{100+w_o}{100}-1$ |
| 6.0 | 1.8745 | 28.26 | 52.889 | | | | | | 2.65 | 1.0 | 2.65 | |

압밀시험

| 하중단계 | 압밀압력<br>$P$<br>[kgf/cm²] | 단계별 증가압<br>$\Delta P$<br>[kgf/cm²] | 공시체 초기높이<br>$h_0$<br>[cm] | 변형 초기 읽음<br>$d_i$ | 변형 최종 읽음<br>$d_f$ | *1 압밀량<br>$\Delta d$<br>[×10⁻³cm] | 보정 초기치 읽음<br>$d_0$ | 압밀 100% 변형량 읽음<br>$d_{100}$ | 시간<br>$t_{50}$<br>[min] | *2 1차 압밀량<br>$\Delta d'$<br>[×10⁻³cm] | *3 1차 압밀비<br>$r_p$ | *4 간극비 변화<br>$\Delta e$ | *5 체적 변화 계수<br>$m_v$<br>[cm²/kgf] | *6 압밀 계수<br>$C_v$<br>[×10⁻⁴cm²/sec] | *7 보정 압밀계수<br>$C_v'$<br>[×10⁻⁴cm²/sec] | *8 투수 계수<br>$k$<br>[×10⁻⁷cm/sec] |
|---|---|---|---|---|---|---|---|---|---|---|---|---|---|---|---|---|
| 4 | 0.4 | 0.2 | 1.8745 | 79.8 | 119.2 | 39.4 | 87.2 | 118.0 | 3.5 | 30.8 | 0.7817 | 0.1185 | 0.3180 | 8.2406 | 6.4419 | 2.0482 |

| 시간 | | 0 sec | 8 sec | 15 sec | 30 sec | 1 min | 2 min | 4 min | 8 min | 15 min | 30 min | 1h | 2h | 4h | 8h | 24h |
|---|---|---|---|---|---|---|---|---|---|---|---|---|---|---|---|---|
| 변위계 | 읽음 | 79.8 | 89.9 | 91.3 | 93.4 | 96.0 | 99.4 | 103.2 | 106.6 | 109.9 | 113.5 | 115.7 | 117.3 | 118.2 | 118.8 | 119.2 |
| | 변화량 | 0 | 10.1 | 1.4 | 2.1 | 2.6 | 3.4 | 3.8 | 3.4 | 3.3 | 3.6 | 2.2 | 1.6 | 0.9 | 0.6 | 0.4 |
| 압축량 [mm] | | 0.798 | 0.899 | 0.913 | 0.934 | 0.960 | 0.994 | 1.032 | 1.066 | 1.099 | 1.135 | 1.157 | 1.173 | 1.182 | 1.188 | 1.192 |

*1 $\Delta d=|d_i-d_f|$　　*2 $\Delta d'=|d_0-d_{100}|$　　*3 $r_p=\frac{\Delta d'}{\Delta d}$　　*4 $\Delta e=(1+e_0)\frac{\Delta d}{h_0}$

*5 $m_v=\frac{a_v}{1+e_o}=\frac{1}{1+e_0}\frac{\Delta e}{\Delta P}$　　*6 $C_v=\frac{0.197H^2}{t_{50}}\cdot\frac{1}{60}$　　*7 $C_v'=r_pC_v$　　*8 $k=C_v'm_v\gamma_w$

압밀압력 0.40 $kgf/cm^2$

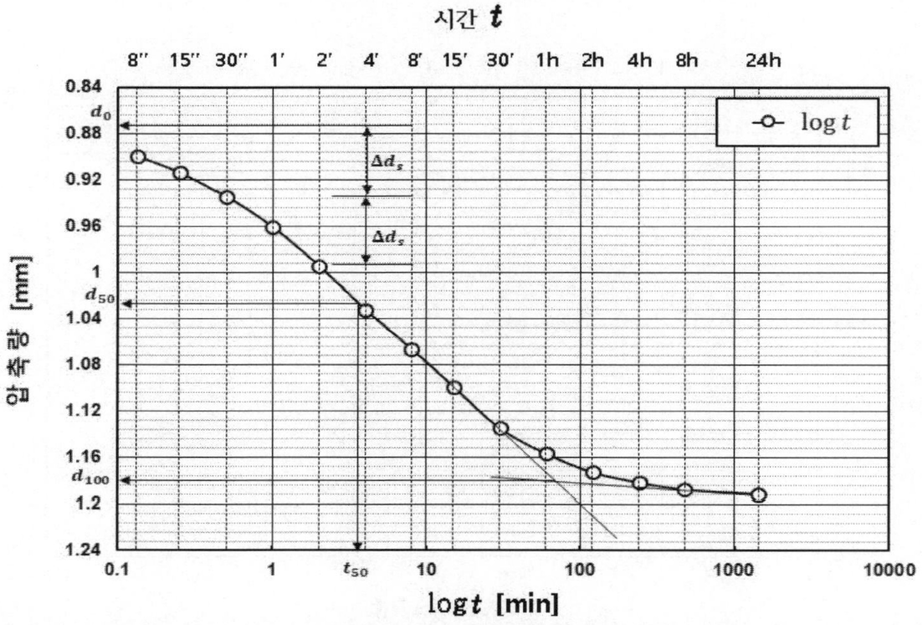

시간 $t$

8″ 15″ 30″ 1′ 2′ 4′ 8′ 15′ 30′ 1h 2h 4h 8h 24h

압축량 [mm]

$\log t$ [min]

확인　이 용 주　(인)

# 압밀시험($\log t$)

하중 5 단계　　압밀압력 0.80 kgf/cm$^2$　　KS F2316

과 업 명: 지반개량공사　　시험날짜: 1995 년 3 월 6 일

조사위치: 시화매립지　　온도: 17 [℃]　　습도: 68 [%]

시료번호: H-1　　시료심도: 0.4 [m] ~ 1.2 [m]　　시험자: 남 순 기

공시체 치수 및 지반물성

| 공시체 | | | | | 함수비 | | | 습윤 단위중량 | 흙입자 비중 | 물 단위중량 | 흙입자 단위중량 | 간극비 |
|---|---|---|---|---|---|---|---|---|---|---|---|---|
| 직경 $D_o$ [$cm$] | 높이 $h_o$ [$cm$] | 단면적 $A_o=\pi D_o^2/4$ [$cm^2$] | 체적 $V_o=h_oA_o$ [$cm^3$] | 무게 $W_o$ [$kgf$] | 습윤 무게 $W_t$ [$kgf$] | 건조 무게 $W_d$ [$kgf$] | 함수비 $w_o=\frac{W_t-W_d}{W_d}\times 100$ [%] | $\gamma_t=W_o/V_o$ [$kgf/cm^3$] | $G_s$ | $\gamma_w$ [$kgf/cm^3$] | $\gamma_s=G_s\gamma_w$ [$kgf/cm^3$] | $e=\frac{\gamma_s}{\gamma_t}\frac{100+w_o}{100}-1$ |
| 6.0 | 1.8288 | 28.26 | 51.682 | | | | | | 2.65 | 1.0 | 2.65 | |

압밀시험

| 하중 단계 | | | | | | *1 | | 압밀 100% | | *2 | *3 | *4 | *5 | *6 | *7 | *8 |
|---|---|---|---|---|---|---|---|---|---|---|---|---|---|---|---|---|
| | 압밀 압력 $P$ [kgf/cm$^2$] | 단계별 증가압 $\Delta P$ [kgf/cm$^2$] | 공시체 초기높이 $h_0$ [cm] | 변형 초기 읽음 $d_i$ | 변형 최종 읽음 $d_f$ | 압밀량 $\Delta d$ [×10$^{-3}$cm] | 보정 초기치 읽음 $d_0$ | 변형량 읽음 $d_{100}$ | 시간 $t_{50}$ [min] | 1차 압밀량 $\Delta d'$ [×10$^{-3}$cm] | 1차 압밀비 $r_p$ | 간극비 변화 $\Delta e$ | 체적 변화 계수 $m_v$ [cm$^2$/kgf] | 압밀 계수 $C_v$ [×10$^{-4}$cm$^2$/sec] | 보정 압밀계수 $C_v'$ [×10$^{-4}$cm$^2$/sec] | 투수 계수 $k$ [×10$^{-7}$cm/sec] |
| 5 | 0.8 | 0.4 | 1.8288 | 119.2 | 171.3 | 52.1 | 126 | 169.2 | 3.6 | 43.2 | 0.8292 | 0.1704 | 0.2342 | 7.6258 | 6.3231 | 1.4807 |

| 시간 | | 0 sec | 8 sec | 15 sec | 30 sec | 1 min | 2 min | 4 min | 8 min | 15 min | 30 min | 1h | 2h | 4h | 8h | 24h |
|---|---|---|---|---|---|---|---|---|---|---|---|---|---|---|---|---|
| 변위계 | 읽음 | 119.2 | 130.3 | 132.2 | 134.4 | 138.1 | 142.9 | 148.3 | 153.4 | 157.6 | 161.9 | 165.0 | 167.9 | 169.5 | 170.6 | 171.3 |
| | 변화량 | 0 | 11.1 | 1.9 | 2.2 | 3.7 | 4.8 | 5.4 | 5.1 | 4.2 | 4.3 | 3.1 | 2.9 | 1.6 | 1.1 | 0.7 |
| 압축량 [mm] | | 1.192 | 1.303 | 1.322 | 1.344 | 1.381 | 1.429 | 1.483 | 1.534 | 1.576 | 1.619 | 1.650 | 1.679 | 1.695 | 1.706 | 1.713 |

*1 $\Delta d=|d_i-d_f|$　　*2 $\Delta d'=|d_0-d_{100}|$　　*3 $r_p=\frac{\Delta d'}{\Delta d}$　　*4 $\Delta e=(1+e_0)\frac{\Delta d}{h_0}$

*5 $m_v=\frac{a_v}{1+e_o}=\frac{1}{1+e_0}\frac{\Delta e}{\Delta P}$　　*6 $C_v=\frac{0.197H^2}{t_{50}}\cdot\frac{1}{60}$　　*7 $C_v'=r_pC_v$　　*8 $k=C_v'm_v\gamma_w$

**압밀압력 0.80 $kgf/cm^2$**

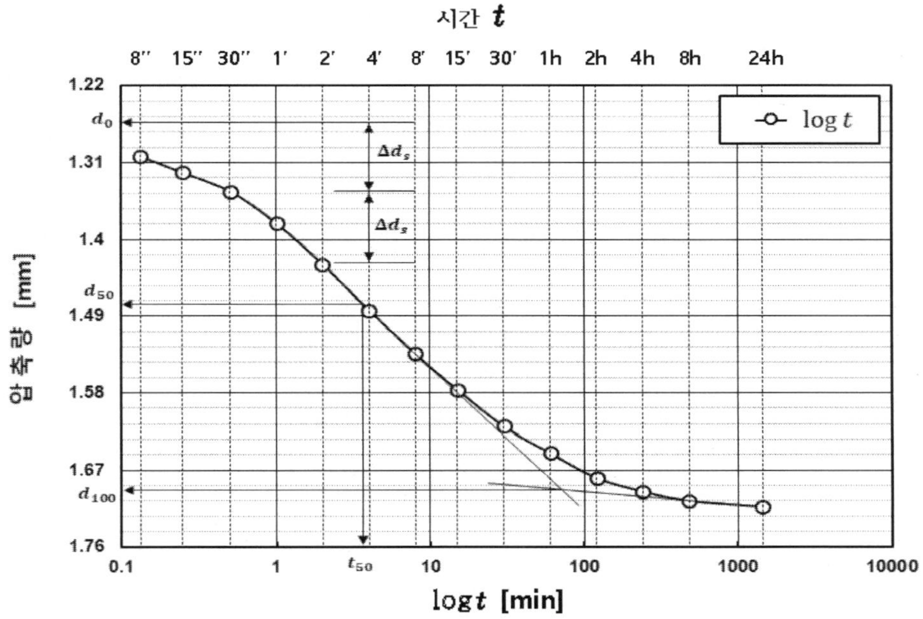


확인: 이 용 준 (인)

# 압밀시험(log $t$)

하중 6 단계 압밀압력 1.60 kgf/cm² KS F2316

| | | | |
|---|---|---|---|
| 과 업 명 | 지반개량공사 | 시험날짜 | 1995 년 3 월 6 일 |
| 조사위치 | 시화매립지 | 온도 17 [℃] | 습도 68 [%] |
| 시료번호 | H-1 | 시료심도 0.4 [m] ~ 1.2 [m] | 시험자 남 순 기 |

공시체 치수 및 지반물성

| 공시체 | | | | | 함수비 | | | | | | | |
|---|---|---|---|---|---|---|---|---|---|---|---|---|
| 직경 $D_o$ [cm] | 높이 $h_o$ [cm] | 단면적 $A_o=\pi D_o^2/4$ [$cm^2$] | 체적 $V_o=h_oA_o$ [$cm^3$] | 무게 $W_o$ [kgf] | 습윤 무게 $W_t$ [kgf] | 건조 무게 $W_d$ [kgf] | 함수비 $w_o=\frac{W_t-W_d}{W_d}\times 100$ [%] | 습윤 단위중량 $\gamma_t=W_o/V_o$ [$kgf/cm^3$] | 흙입자 비중 $G_s$ | 물 단위중량 $\gamma_w$ [$kgf/cm^3$] | 흙입자 단위중량 $\gamma_s=G_s\gamma_w$ [$kgf/cm^3$] | 간극비 $e=\frac{\gamma_s}{\gamma_t}\frac{100+w_o}{100}-1$ |
| 6.0 | 1.7713 | 28.26 | 50.057 | | | | | | 2.65 | 1.0 | 2.65 | |

압밀시험

| 하중 단계 | 압밀 압력 $P$ [kgf/cm²] | 단계별 증가압 $\Delta P$ [kgf/cm²] | 공시체 초기높이 $h_0$ [cm] | 변형 초기 읽음 $d_i$ | 변형 최종 읽음 $d_f$ | *1 압밀량 $\Delta d$ [×$10^{-3}$cm] | 보정 초기치 읽음 $d_0$ | 압밀 100% 변형량 읽음 $d_{100}$ | 압밀 100% 시간 $t_{50}$ [min] | *2 1차 압밀량 $\Delta d'$ [×$10^{-3}$cm] | *3 1차 압밀비 $r_p$ | *4 간극비 변화 $\Delta e$ | *5 체적 변화 계수 $m_v$ [cm²/kgf] | *6 압밀 계수 $C_v$ [×$10^{-3}$cm²/sec] | *7 보정 압밀계수 $C_v'$ [×$10^{-3}$cm²/sec] | *8 투수 계수 $k$ [×$10^{-7}$cm/sec] |
|---|---|---|---|---|---|---|---|---|---|---|---|---|---|---|---|---|
| 6 | 1.6 | 0.8 | 1.7713 | 171.3 | 234.1 | 62.8 | 181.0 | 235 | 2.7 | 54 | 0.8599 | 0.2328 | 0.1652 | 9.5384 | 8.2018 | 1.3550 |

| 시간 | | 0 sec | 8 sec | 15 sec | 30 sec | 1 min | 2 min | 4 min | 8 min | 15 min | 30 min | 1h | 2h | 4h | 8h | 24h |
|---|---|---|---|---|---|---|---|---|---|---|---|---|---|---|---|---|
| 변위계 | 읽음 | 171.3 | 186.2 | 188.8 | 193.0 | 198.6 | 205.0 | 211.3 | 217.5 | 221.8 | 225.8 | 229.1 | 231.5 | 232.8 | 233.8 | 234.1 |
| 변위계 | 변화량 | 0 | 14.9 | 2.6 | 4.2 | 5.6 | 6.4 | 6.3 | 6.2 | 4.3 | 4 | 3.3 | 2.4 | 1.3 | 1 | 0.3 |
| 압축량 [mm] | | 1.713 | 1.862 | 1.888 | 1.930 | 1.986 | 2.050 | 2.113 | 2.175 | 2.218 | 2.258 | 2.291 | 2.315 | 2.328 | 2.338 | 2.341 |

*1 $\Delta d=|d_i-d_f|$ *2 $\Delta d'=|d_0-d_{100}|$ *3 $r_p=\frac{\Delta d'}{\Delta d}$ *4 $\Delta e=(1+e_0)\frac{\Delta d}{h_0}$

*5 $m_v=\frac{a_v}{1+e_0}=\frac{1}{1+e_0}\frac{\Delta e}{\Delta P}$ *6 $C_v=\frac{0.197H^2}{t_{50}}\cdot\frac{1}{60}$ *7 $C_v'=r_pC_v$ *8 $k=C_v'm_v\gamma_w$

압밀압력 1.60 $kgf/cm^2$

시간 $t$

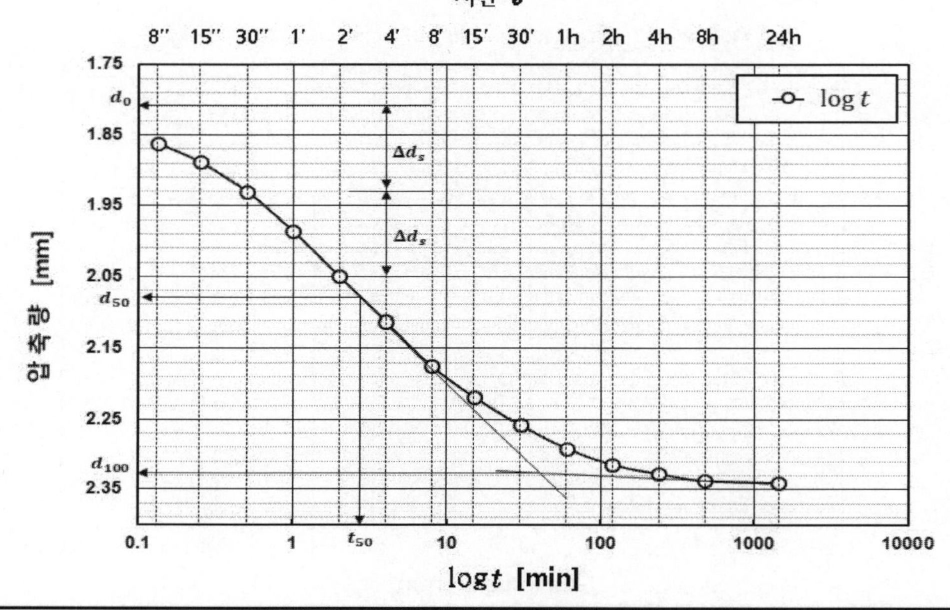


| 확인 | 이 용 주 (인) |
|---|---|

# 압밀시험(log $t$)

하중 7 단계　　압밀압력 3.20 kgf/cm$^2$　　　　　　　　　　　KS F2316

과 업 명　지반개량공사　　　　　시험날짜　1995 년 3 월 6 일

조사위치　시화매립지　　　　　　온도　17 [℃]　　습도　68 [%]

시료번호　H-1　　시료심도　0.4 [m] ~ 1.2 [m]　　시험자　남 순 기

공시체 치수 및 지반물성

| 공시체 | | | | | 함수비 | | | 습윤 단위중량 | 흙입자 비중 | 물 단위중량 | 흙입자 단위중량 | 간극비 |
|---|---|---|---|---|---|---|---|---|---|---|---|---|
| 직경 $D_o$ [$cm$] | 높이 $h_o$ [$cm$] | 단면적 $A_o=\pi D_o^2/4$ [$cm^2$] | 체적 $V_o=h_oA_o$ [$cm^3$] | 무게 $W_o$ [$kgf$] | 습윤 무게 $W_t$ [$kgf$] | 건조 무게 $W_d$ [$kgf$] | 함수비 $w_o=\frac{W_t-W_d}{W_d}\times 100$ [%] | $\gamma_t=W_o/V_o$ [$kgf/cm^3$] | $G_s$ | $\gamma_w$ [$kgf/cm^3$] | $\gamma_s=G_s\gamma_w$ [$kgf/cm^3$] | $e=\frac{\gamma_s}{\gamma_t}\frac{100+w_o}{100}-1$ |
| 6.0 | 1.707 | 28.26 | 48.240 | | | | | | 2.65 | 1.0 | 2.65 | |

압밀시험

| 하중 단계 | 압밀 압력 $P$ [kgf/cm²] | 단계별 증가압 $\Delta P$ [kgf/cm²] | 공시체 초기높이 $h_0$ [cm] | 변형 초기 읽음 $d_i$ | 변형 최종 읽음 $d_f$ | *1 압밀량 $\Delta d$ [×10⁻³cm] | 보정 초기치 읽음 $d_0$ | 압밀 100% 변형량 읽음 $d_{100}$ | 압밀 100% 시간 $t_{50}$ [min] | *2 1차 압밀량 $\Delta d'$ [×10⁻³cm] | *3 1차 압밀비 $r_p$ | *4 간극비 변화 $\Delta e$ | *5 체적 변화 계수 $m_v$ [cm²/kgf] | *6 압밀 계수 $C_v$ [×10⁻³cm²/sec] | *7 보정 압밀계수 $C_v'$ [×10⁻³cm²/sec] | *8 투수 계수 $k$ [×10⁻⁷cm/sec] |
|---|---|---|---|---|---|---|---|---|---|---|---|---|---|---|---|---|
| 7 | 3.2 | 1.6 | 1.7070 | 234.1 | 300.0 | 65.9 | 243.5 | 295.8 | 1.5 | 52.3 | 0.7936 | 0.2984 | 0.1098 | 1.5945 | 1.2655 | 1.3900 |

| 시간 | | 0 sec | 8 sec | 15 sec | 30 sec | 1 min | 2 min | 4 min | 8 min | 15 min | 30 min | 1h | 2h | 4h | 8h | 24h |
|---|---|---|---|---|---|---|---|---|---|---|---|---|---|---|---|---|
| 변위계 | 읽음 | 234.1 | 252.1 | 254.6 | 258.1 | 265 | 272.2 | 279.1 | 284.5 | 288.6 | 291.6 | 294.4 | 296.5 | 298.3 | 299.2 | 300.0 |
| | 변화량 | 0 | 18 | 2.5 | 3.5 | 6.9 | 7.2 | 6.9 | 5.4 | 4.1 | 3 | 2.8 | 2.1 | 1.8 | 0.9 | 0.8 |
| 압축량 [mm] | | 2.341 | 2.521 | 2.546 | 2.581 | 2.650 | 2.722 | 2.791 | 2.845 | 2.886 | 2.916 | 2.944 | 2.965 | 2.983 | 2.992 | 3.000 |

*1　$\Delta d=|d_i-d_f|$　　*2　$\Delta d'=|d_0-d_{100}|$　　*3　$r_p=\frac{\Delta d'}{\Delta d}$　　*4　$\Delta e=(1+e_0)\frac{\Delta d}{h_0}$

*5　$m_v=\frac{a_v}{1+e_o}=\frac{1}{1+e_0}\frac{\Delta e}{\Delta P}$　　*6　$C_v=\frac{0.197H^2}{t_{50}}\cdot\frac{1}{60}$　　*7　$C_v'=r_pC_v$　　*8　$k=C_v'm_v\gamma_w$

압밀압력　3.20 $kgf/cm^2$

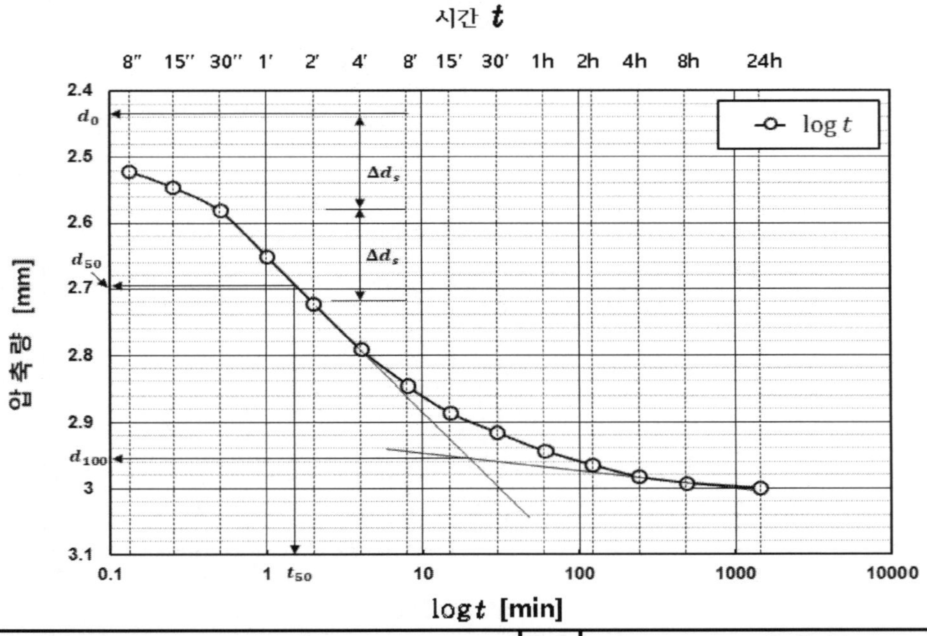

시간 t
8″ 15″ 30″ 1′ 2′ 4′ 8′ 15′ 30′ 1h 2h 4h 8h 24h
log t
d0
Δds
Δds
d50
d100
t50
2.4
2.5
2.6
2.7
2.8
2.9
3
3.1
0.1
1
10
100
1000
10000
압 축 량 [mm]
log t [min]


| 확인 | 이 용 준 (인) |
|---|---|

# 압밀시험(log $t$)

하중 8 단계　　압밀압력 6.40 kgf/cm²　　KS F2316

과 업 명 지반개량공사　　시험날짜 1995 년 3 월 6 일

조사위치 시화매립지　　온도 17 [℃]　　습도 68 [%]

시료번호 H-1　　시료심도 0.4 [m] ~ 1.2 [m]　　시험자 남 순 기

공시체 치수 및 지반물성

| 공시체 | | | | | 함수비 | | | 습윤 단위중량 | 흙입자 비중 | 물 단위중량 | 흙입자 단위중량 | 간극비 |
|---|---|---|---|---|---|---|---|---|---|---|---|---|
| 직경 $D_o$ [cm] | 높이 $h_o$ [cm] | 단면적 $A_o=\pi D_o^2/4$ [cm²] | 체적 $V_o=h_oA_o$ [cm³] | 무게 $W_o$ [kgf] | 습윤 무게 $W_t$ [kgf] | 건조 무게 $W_d$ [kgf] | 함수비 $w_o=\frac{W_t-W_d}{W_d}\times 100$ [%] | $\gamma_t=W_o/V_o$ [kgf/cm³] | $G_s$ | $\gamma_w$ [kgf/cm³] | $\gamma_s=G_s\gamma_w$ [kgf/cm³] | $e=\frac{\gamma_s}{\gamma_t}\frac{100+w_o}{100}-1$ |
| 6.0 | 1.6374 | 28.26 | 46.245 | | | | | | 2.65 | 1.0 | 2.65 | |

압밀시험

| 하중 단계 | 압밀 압력 $P$ [kgf/cm²] | 단계별 증가압 $\Delta P$ [kgf/cm²] | 공시체 초기높이 $h_o$ [cm] | 변형 초기 읽음 $d_i$ | 변형 최종 읽음 $d_f$ | *1 압밀량 $\Delta d$ [×10⁻³cm] | 보정 초기치 읽음 $d_0$ | 압밀 100% 변형량 읽음 $d_{100}$ | 압밀 100% 시간 $t_{50}$ [min] | *2 1차 압밀량 $\Delta d'$ [×10⁻³cm] | *3 1차 압밀비 $r_p$ | *4 간극비 변화 $\Delta e$ | *5 체적 변화 계수 $m_v$ [cm²/kgf] | *6 압밀 계수 $C_v$ [×10⁻³cm²/sec] | *7 보정 압밀계수 $C_v'$ [×10⁻³cm²/sec] | *8 투수 계수 $k$ [×10⁻⁷cm/sec] |
|---|---|---|---|---|---|---|---|---|---|---|---|---|---|---|---|---|
| 8 | 6.4 | 3.2 | 1.6364 | 300.0 | 375.2 | 75.2 | 312.7 | 368.4 | 1.02 | 55.7 | 0.7407 | 0.3731 | 0.0717 | 2.1549 | 1.5961 | 1.1437 |

| 시간 | | 0 sec | 8 sec | 15 sec | 30 sec | 1 min | 2 min | 4 min | 8 min | 15 min | 30 min | 1h | 2h | 4h | 8h | 24h |
|---|---|---|---|---|---|---|---|---|---|---|---|---|---|---|---|---|
| 변위계 | 읽음 | 300.0 | 323.0 | 326.0 | 330.8 | 339.9 | 348.9 | 356.0 | 361.0 | 364.8 | 368.0 | 370.1 | 371.9 | 372.8 | 374.0 | 375.2 |
| | 변화량 | 0 | 23 | 3 | 4.8 | 9.1 | 9 | 7.1 | 5 | 3.8 | 3.2 | 2.1 | 1.8 | 0.9 | 1.2 | 1.2 |
| 압축량 [mm] | | 3.000 | 3.230 | 3.260 | 3.308 | 3.399 | 3.489 | 3.560 | 3.610 | 3.648 | 3.680 | 3.701 | 3.719 | 3.728 | 3.740 | 3.752 |

*1 $\Delta d=|d_i-d_f|$　　*2 $\Delta d'=|d_0-d_{100}|$　　*3 $r_p=\frac{\Delta d'}{\Delta d}$　　*4 $\Delta e=(1+e_0)\frac{\Delta d}{h_0}$

*5 $m_v=\frac{a_v}{1+e_o}=\frac{1}{1+e_0}\frac{\Delta e}{\Delta P}$　　*6 $C_v=\frac{0.197H^2}{t_{50}}\cdot\frac{1}{60}$　　*7 $C_v'=r_pC_v$　　*8 $k=C_v'm_v\gamma_w$

압밀압력 6.40 $kgf/cm^2$

시간 $t$

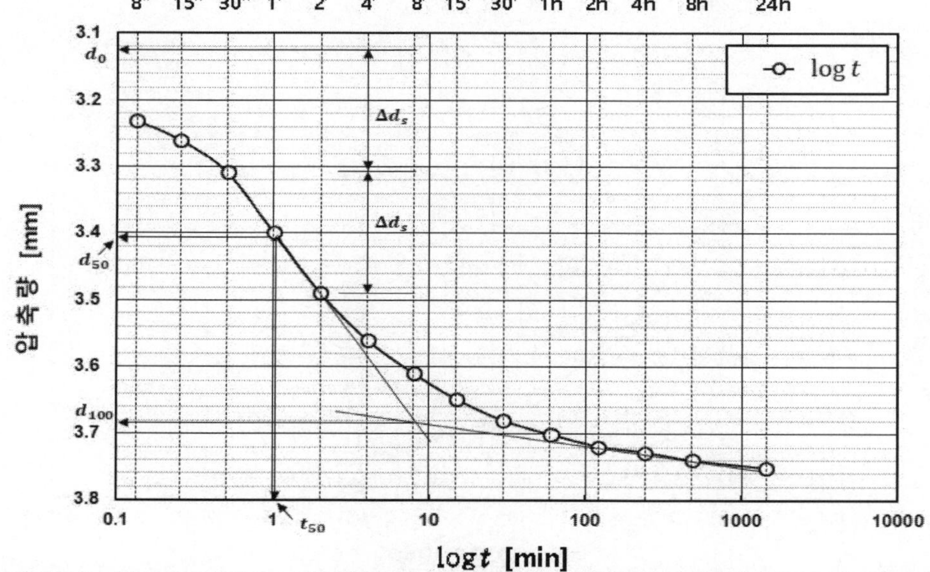


확인　이 용 주　(인)

# 압밀시험(log t)

하중 9 단계 압밀압력 12.80 kgf/cm² KS F2316

과 업 명 지반개량공사 시험날짜 1995 년 3 월 6 일

조사위치 시화매립지 온도 17 [℃] 습도 68 [%]

시료번호 H-1 시료심도 0.4 [m] ~ 1.2 [m] 시험자 남 순 기

공시체 치수 및 지반물성

| 공시체 | | | | | 함수비 | | | | | | | |
|---|---|---|---|---|---|---|---|---|---|---|---|---|
| 직경 $D_o$ [cm] | 높이 $h_o$ [cm] | 단면적 $A_o=\pi D_o^2/4$ [cm²] | 체적 $V_o=h_oA_o$ [cm³] | 무게 $W_o$ [kgf] | 습윤무게 $W_t$ [kgf] | 건조무게 $W_d$ [kgf] | 함수비 $w_o=\frac{W_t-W_d}{W_d}\times 100$ [%] | 습윤 단위중량 $\gamma_t=W_o/V_o$ [kgf/cm³] | 흙입자 비중 $G_s$ | 물 단위중량 $\gamma_w$ [kgf/cm³] | 흙입자 단위중량 $\gamma_s=G_s\gamma_w$ [kgf/cm³] | 간극비 $e=\frac{\gamma_s}{\gamma_t}\frac{100+w_o}{100}-1$ |
| 6.0 | 1.563 | 28.26 | 44.17 | | | | | | 2.65 | 1.0 | 2.65 | |

압밀시험

| 하중단계 | 압밀압력 $P$ [kgf/cm²] | 단계별 증가압 $\Delta P$ [kgf/cm²] | 공시체 초기높이 $h_0$ [cm] | 변형 초기 읽음 $d_i$ | 변형 최종 읽음 $d_f$ | *1 압밀량 $\Delta d$ [×10⁻³cm] | 보정 초기치 읽음 $d_0$ | 압밀 100% 변형량 읽음 $d_{100}$ | 압밀 100% 시간 $t_{60}$ [min] | *2 1차 압밀량 $\Delta d'$ [×10⁻³cm] | *3 1차 압밀비 $r_p$ | *4 간극비 변화 $\Delta e$ | *5 체적변화계수 $m_v$ [cm²/kgf] | *6 압밀계수 $C_v$ [×10⁻³cm²/sec] | *7 보정 압밀계수 $C_v'$ [×10⁻³cm²/sec] | *8 투수계수 $k$ [×10⁻⁸cm/sec] |
|---|---|---|---|---|---|---|---|---|---|---|---|---|---|---|---|---|
| 9 | 12.8 | 6.4 | 1.5630 | 375.2 | 446.8 | 71.6 | 388.4 | 444 | 1.1 | 55.6 | 0.7765 | 0.4443 | 0.0447 | 1.8230 | 1.4156 | 6.3229 |

| 시간 | | 0 sec | 8 sec | 15sec | 30 sec | 1 min | 2 min | 4 min | 8 min | 15 min | 30 min | 1h | 2h | 4h | 8h | 24h |
|---|---|---|---|---|---|---|---|---|---|---|---|---|---|---|---|---|
| 변위계 | 읽음 | 375.2 | 398.5 | 401.5 | 407.0 | 415 | 425 | 430.0 | 435.0 | 438.5 | 441.0 | 442.9 | 444.1 | 445.1 | 446 | 446.8 |
| | 변화량 | 0 | 23.3 | 3 | 5.5 | 8 | 10 | 5 | 5 | 3.5 | 2.5 | 1.9 | 1.2 | 1 | 0.9 | 0.8 |
| 압축량 [mm] | | 3.752 | 3.985 | 4.015 | 4.070 | 4.150 | 4.250 | 4.300 | 4.350 | 4.385 | 4.410 | 4.429 | 4.441 | 4.451 | 4.460 | 4.468 |

*1 $\Delta d=|d_i-d_f|$ *2 $\Delta d'=|d_0-d_{100}|$ *3 $r_p=\frac{\Delta d'}{\Delta d}$ *4 $\Delta e=(1+e_0)\frac{\Delta d}{h_0}$

*5 $m_v=\frac{a_v}{1+e_o}=\frac{1}{1+e_0}\frac{\Delta e}{\Delta P}$ *6 $C_v=\frac{0.197H^2}{t_{60}}\cdot\frac{1}{60}$ *7 $C_v'=r_pC_v$ *8 $k=C_v'm_v\gamma_w$

압밀압력 12.80 $kgf/cm^2$



확인 이 용 준 (인)

# 삼축압축시험 (축재하)

과 업 명 : A 공장 신축      시험날짜 1996 년 11 월 16 일

조사위치 : 시화매립지      온도 19 [℃]    습도 68 [%]

시료번호 : BH-1    시료위치 : 4.0 [m] ~ 5.0 [m]      시험자 : 김 은 섭

| 구분 | | | | |
|---|---|---|---|---|
| 시험 | 시험조건 (**UU**,CU,CD,CUB) | 시료상태 ( 교란, **비교란** ) | 배수조건 ( **비배수**, 상부, 하부, 상하부 ) | |
| | 축재하방식 ( 응력, **변형률**, 병용 ) 제어 | 재하속도 0.027 [mm/min], | [km/cm²/min] | |
| | 시료직경 $D_0$ 3.51 [cm] | 단면적 $A_0$ 9.6 [cm²] | 시료높이 $H_0$ 7.62 [cm] | 체적 $V_0$ 74.98 [cm³] |
| | 입력실 번호 : No. 1 | 측압 $\sigma_3$ 1.0 [kgf/cm²] | 사용 측액 ( **물**, 글리세린, 기타 ) | |
| | 시험기모델 DA-490 | 축력측정 ( 프르빙링, **로드셀** ) | 축력계비례상수 $K_1$ 0.3367 | |
| 압밀 | 압밀조건 ( **등방**, 비등방 ) 압밀 | 체적압축량 ΔV [cm³] | 압밀후 공시체 높이 $H_{c0}$ [cm] | |
| | 시험 전 습윤단위중량 | ( 습윤 공시체 + 용기 ) 무게 $W_{tc}$ [gf]<br>습윤 공시체 무게 $W_t$ [gf] | 용기 무게 $W_c$ [gf]<br>습윤단위중량 $\gamma_t$ [gf/cm²] | |
| | 시험 후 함수비 | ( 습윤 공시체 + 용기 ) 무게 $W_{tc1}$ [gf]<br>( 건조 공시체 + 용기 ) 무게 $W_{dc}$ [gf]<br>증발 물무게 $W_w$ [gf] | 용기 무게 $W_c$ [gf]<br>건조공시체 무게 $W_d$ [gf],<br>함수비 ω※1 [%] | |

| ① | ② | ③ | ④ | ⑤ | ⑥ | ⑦ | ⑧ | ⑨ | ⑩ |
|---|---|---|---|---|---|---|---|---|---|
| 측정시간 | 축 압 축 량 | | | 단면적 | 축차응력 | | 최대 주응력 | | |
| [min] | 축 압축량 읽음 | 축 압축량 ΔH [mm] | 축 변형률 ε※2 | A'※3 [cm²] | 축차응력 읽음 R | 축차응력 Δσ※4 [kgf/cm²] | $\sigma_1$※5 [kgf/cm²] | p※6 [kgf/cm²] | q※7 [kgf/cm²] |
| 0 | 0.0 | 0.00 | 0.00 | 9.60 | 0.00 | 0.00 | 1.00 | 1.000 | 0.000 |
| 1 | 76.4 | 0.76 | 0.99 | 9.69 | 7.20 | 0.25 | 1.25 | 1.125 | 0.125 |
| 2 | 151.3 | 1.51 | 1.94 | 9.79 | 14.54 | 0.50 | 1.50 | 1.250 | 0.250 |
| 3 | 222.3 | 2.22 | 2.91 | 9.88 | 19.96 | 0.68 | 1.68 | 1.340 | 0.340 |
| 4 | 292.5 | 2.93 | 3.84 | 9.97 | 24.91 | 0.84 | 1.84 | 1.420 | 0.420 |
| 5 | 386.1 | 3.86 | 5.06 | 10.10 | 29.70 | 0.99 | 1.99 | 1.495 | 0.495 |
| 6 | 456.3 | 4.56 | 5.98 | 10.20 | 33.92 | 1.12 | 2.12 | 1.560 | 0.560 |
| 7 | 529.6 | 5.30 | 6.96 | 10.30 | 37.32 | 1.22 | 2.22 | 1.610 | 0.610 |
| 8 | 617.7 | 6.18 | 7.99 | 10.43 | 40.87 | 1.32 | 2.32 | 1.660 | 0.660 |
| 9 | 686.4 | 6.86 | 8.99 | 10.53 | 44.08 | 1.41 | 2.41 | 1.705 | 0.705 |
| 10 | 756.6 | 7.57 | 9.93 | 10.63 | 47.05 | 1.49 | 2.49 | 1.745 | 0.745 |
| 11 | 823.6 | 8.24 | 10.81 | 10.73 | 49.09 | 1.54 | 2.54 | 1.770 | 0.770 |
| 12 | 889.2 | 8.89 | 11.67 | 10.84 | 50.85 | 1.58 | 2.58 | 1.790 | 0.790 |
| 13 | 983.5 | 9.84 | 12.91 | 10.99 | 52.20 | 1.60 | 2.60 | 1.800 | 0.800 |
| 14 | 1081.0 | 10.81 | 14.19 | 11.14 | 53.95 | 1.63 | 2.63 | 1.815 | 0.815 |
| 15 | 1134.9 | 11.35 | 14.90 | 11.23 | 55.39 | 1.66 | 2.66 | 1.830 | 0.830 |
| 16 | 1185.6 | 11.86 | 15.56 | 11.32 | 55.81 | 1.66 | 2.66 | 1.830 | 0.830 |
| 17 | 1259.7 | 12.60 | 16.54 | 11.45 | 56.11 | 1.65 | 2.65 | 1.825 | 0.825 |
| 18 | 1361.8 | 13.62 | 17.87 | 11.63 | 56.31 | 1.63 | 2.63 | 1.815 | 0.815 |
| 19 | 1422.7 | 14.23 | 18.67 | 11.74 | 56.15 | 1.61 | 2.61 | 1.805 | 0.805 |
| 20 | 1466.4 | 14.66 | 19.24 | 11.82 | 55.83 | 1.59 | 2.59 | 1.795 | 0.795 |
| | | | | | | | | | |

참고 : ※1 $\omega = W_w/Ws \times 100$   ※2 $\varepsilon = \Delta H/H_0 \times 100[\%]$   ※3 $A' = \frac{A_0}{1-\varepsilon/100}$   ※4 $\Delta\sigma = \frac{R \times K_1}{A'}$ [%]   ※5 $\sigma_1 = \Delta\sigma + \sigma_3$

※6 $p = (\sigma'_1 + \sigma'_3)/2$   ※7 $q = (\sigma'_1 - \sigma'_3)/2$

확인 이 용 준 (인)

# 삼축압축시험 (축재하)

과 업 명 : A 공장 신축 시험날짜 1996 년 11 월 16 일
조사위치 : 시화매립지 온도 19 [℃] 습도 68 [%]
시료번호 : BH-1 시료위치 : 4.0 [m] ~ 5.0 [m] 시험자 : 김 은 섭

| 구분 | | | | |
|---|---|---|---|---|
| 시험 | 시험조건 (**UU**, CU, CD, CUB) | 시료상태 ( 교란, **비교란** ) | 배수조건 ( **비배수**, 상부, 하부, 상하부 ) | |
| | 축재하방식( 응력, **변형률**, 병용 ) 제어 | 재하속도 0.027 [mm/min], [km/cm$^2$/min] | | |
| | 시료직경 $D_0$ 3.50 [cm] | 단면적 $A_0$ 9.6 [cm$^2$] | 시료높이 $H_0$ 7.65 [cm] | 체적 $V_0$ 74.88 [cm$^3$] |
| | 입력실 번호 : No.2 | 측압 $\sigma_3$ 2.0 [kgf/cm$^2$] | 사용 측액 ( **물**, 글리세린, 기타 ) | |
| | 시험기모델 : DA-490 | 축력측정 ( 프르빙링, **로드셀** ) | 축력계 비례상수 $K_1$ 0.3367 | |
| 압밀 | 압밀조건 ( **등방**, 비등방 ) 압밀 | 체적압축량 $\Delta V$ [cm$^3$] | 압밀후 시료높이 $H_{c0}$ [cm] | |
| | 시험 전 습윤단위중량 | ( 습윤공시체 + 용기 ) 무게 $W_{tc}$ [gf]<br>습윤공시체 무게 $W_t$ [gf] | 용기무게 $W_c$ [gf]<br>습윤단위중량 $\gamma_t$ [gf/cm$^2$] | |
| | 시험 후 함수비 | ( 습윤공시체 + 용기 ) 무게 $W_{tc1}$ [gf]<br>( 건조공시체 + 용기 ) 무게 $W_{dc}$ [gf]<br>증발 물무게 $W_w$ [gf] | 용기 무게 $W_c$ [gf]<br>건조공시체 무게 $W_d$ [gf]<br>함수비 ω※1 [%] | |

| ① | ② | ③ | ④ | ⑤ | ⑥ | ⑦ | ⑧ | ⑨ | ⑩ |
|---|---|---|---|---|---|---|---|---|---|
| | 축 압 축 량 | | | | 축차응력 | | | | |
| 측정 시간 [min] | 축 압축량 읽음 | 축 압축량 ΔH [mm] | 축 변형률 ε※2 | 단면적 A'※3 [cm$^2$] | 축력 읽음 R | 축차응력 Δσ※4 [kgf/cm$^2$] | 최대 주응력 $\sigma_1$※5 [kgf/cm$^2$] | p※6 [kgf/cm$^2$] | q※7 [kgf/cm$^2$] |
| 0 | 0.0 | 0.00 | 0.00 | 9.60 | 0.00 | 0.00 | 2.00 | 2.000 | 0.000 |
| 1 | 76.4 | 0.76 | 0.99 | 9.69 | 11.52 | 0.40 | 2.40 | 2.200 | 0.200 |
| 2 | 151.3 | 1.51 | 1.97 | 9.79 | 18.61 | 0.64 | 2.64 | 2.320 | 0.320 |
| 3 | 222.3 | 2.22 | 2.90 | 9.88 | 24.65 | 0.84 | 2.84 | 2.420 | 0.420 |
| 4 | 292.5 | 2.93 | 3.83 | 9.97 | 31.40 | 1.06 | 3.06 | 2.530 | 0.530 |
| 5 | 386.1 | 3.86 | 5.05 | 10.10 | 36.00 | 1.20 | 3.20 | 2.600 | 0.600 |
| 6 | 456.3 | 4.56 | 5.96 | 10.20 | 38.76 | 1.28 | 3.28 | 2.640 | 0.640 |
| 7 | 529.6 | 5.30 | 6.93 | 10.30 | 41.60 | 1.36 | 3.36 | 2.680 | 0.680 |
| 8 | 617.7 | 6.18 | 8.08 | 10.43 | 44.28 | 1.43 | 3.43 | 2.715 | 0.715 |
| 9 | 686.4 | 6.86 | 8.97 | 10.53 | 47.21 | 1.51 | 3.51 | 2.755 | 0.755 |
| 10 | 756.6 | 7.57 | 9.90 | 10.63 | 48.94 | 1.55 | 3.55 | 2.775 | 0.775 |
| 11 | 823.6 | 8.24 | 10.77 | 10.73 | 51.00 | 1.60 | 3.60 | 2.800 | 0.800 |
| 12 | 889.2 | 8.89 | 11.62 | 10.84 | 52.45 | 1.63 | 3.63 | 2.815 | 0.815 |
| 13 | 983.5 | 9.84 | 12.86 | 10.99 | 54.16 | 1.66 | 3.66 | 2.830 | 0.830 |
| 14 | 1081.0 | 10.81 | 14.13 | 11.14 | 54.28 | 1.64 | 3.64 | 2.820 | 0.820 |
| 15 | 1134.9 | 11.35 | 14.84 | 11.23 | 54.05 | 1.62 | 3.62 | 2.810 | 0.810 |
| 16 | 1185.6 | 11.86 | 15.50 | 11.32 | 53.80 | 1.60 | 3.60 | 2.800 | 0.800 |
| 17 | 1259.7 | 12.60 | 16.47 | 11.45 | 53.39 | 1.57 | 3.57 | 2.785 | 0.785 |
| 18 | 1361.8 | 13.62 | 17.80 | 11.63 | 53.54 | 1.55 | 3.55 | 2.775 | 0.775 |
| 19 | 1422.7 | 14.23 | 18.60 | 11.74 | 53.01 | 1.52 | 3.52 | 2.760 | 0.760 |
| 20 | 1466.4 | 14.66 | 19.16 | 11.82 | 52.67 | 1.50 | 3.50 | 2.750 | 0.750 |
| | | | | | | | | | |

참고 :
※1 $\omega = W_w/Ws \times 100$ ※2 $\varepsilon = \Delta H/H_0 \times 100[\%]$ ※3 $A' = \frac{A_0}{1-\varepsilon/100}$ ※4 $\Delta\sigma = \frac{R \times K_1}{A'}$ [%] ※5 $\sigma_1 = \Delta\sigma + \sigma_3$
※6 $p = (\sigma'_1 + \sigma'_3)/2$ ※7 $q = (\sigma'_1 - \sigma'_3)/2$

| 확인 | 이 용 준 (인) |
|---|---|

# 삼축압축시험 (축재하)

과 업 명 : A 공장 신축 | 시험날짜 1996 년 11 월 16 일
조사위치 : 시화매립지 | 온도 19 [℃] 습도 68 [%]
시료번호 : BH-1 시료위치 : 4.0 [m] ~ 6.0 [m] 시험자 : 김 은 섭

| | | | |
|---|---|---|---|
| 시험 | 시험조건 (**UU**, CU, CD, CUB ) | 시료상태 ( 교란, **비교란** ) | 배수조건 ( **비배수**, 상부, 하부, 상하부 ) |
| | 축재하방식 ( 응력, **변형률**, 병용 ) 제어 | 재하속도 0.027 [mm/min], | [km/cm²/min] |
| | 시료직경 $D_0$ 3.51 [cm] | 단면적 $A_0$ 9.6 [cm²] / 시료높이 $H_0$ 7.67 [cm] | 체적 $V_0$ 75.07 [cm³] |
| | 입력실번호 : No.3 | 측압 $\sigma_3$ 3.0 [kgf/cm²] | 사용 측액 ( **물**, 글리세린, 기타 ) |
| | 시험기모델 : DA-490 | 축력측정 ( 프르빙링, **로드셀** ) | 축력계 비례상수 $K_1$ 0.3367 |
| 압밀 | 압밀조건 ( **등방,** 비등방 ) 압밀 | 체적압축량 ΔV [cm³] | 압밀후 시료높이 $H_{co}$ [cm] |
| | 시험 전 습윤단위중량 | ( 습윤공시체 + 용기 ) 무게 $W_{tc}$ [gf]<br>습윤공시체무게 $W_t$ [gf] | 용기 무게 $W_c$ [gf]<br>습윤단위중량 $\gamma_t$ [gf/cm²] |
| | 시험 후 함수비 | ( 습윤공시체 + 용기 ) 무게 $W_{tc1}$ [gf]<br>( 건조공시체 + 용기 ) 무게 $W_{dc}$ [gf]<br>증발 물무게 $W_w$ [gf] | 용기무게 $W_c$ [gf]<br>건조공시체무게 $W_d$ [gf]<br>함수비 ω※1 [%] |

| ① | ② | ③ | ④ | ⑤ | ⑥ | ⑦ | ⑧ | ⑨ | ⑩ |
|---|---|---|---|---|---|---|---|---|---|
| 측정 시간 [min] | 측 압 축 량 | | | 단면적 | 축차응력 | | 최대 주응력 | | |
| | 축 압축량 읽음 | 축 압축량 ΔH [mm] | 축 변형율 ε※2 | A'※3 [cm²] | 축력 읽음 R | 축차응력 Δσ※4 [kgf/cm²] | $\sigma_1$※5 [kgf/cm²] | p※6 [kgf/cm²] | q※7 [kgf/cm²] |
| 0 | 0.0 | 0.00 | 0.00 | 9.60 | 0.00 | 0.00 | 3.00 | 3.000 | 0.000 |
| 1 | 76.4 | 0.76 | 0.99 | 9.69 | 15.84 | 0.55 | 3.55 | 3.275 | 0.275 |
| 2 | 151.3 | 1.51 | 1.97 | 9.79 | 26.75 | 0.92 | 3.92 | 3.460 | 0.460 |
| 3 | 222.3 | 2.22 | 2.89 | 9.88 | 34.34 | 1.17 | 4.17 | 3.585 | 0.585 |
| 4 | 292.5 | 2.93 | 3.82 | 9.97 | 38.51 | 1.30 | 4.30 | 3.650 | 0.650 |
| 5 | 386.1 | 3.86 | 4.99 | 10.10 | 42.00 | 1.40 | 4.40 | 3.700 | 0.700 |
| 6 | 456.3 | 4.56 | 5.95 | 10.20 | 45.12 | 1.49 | 4.49 | 3.745 | 0.745 |
| 7 | 529.6 | 5.30 | 6.91 | 10.30 | 47.41 | 1.55 | 4.55 | 3.775 | 0.775 |
| 8 | 617.7 | 6.18 | 7.99 | 10.43 | 50.78 | 1.64 | 4.64 | 3.820 | 0.820 |
| 9 | 686.4 | 6.86 | 8.94 | 10.53 | 51.90 | 1.66 | 4.66 | 3.830 | 0.830 |
| 10 | 756.6 | 7.57 | 9.87 | 10.63 | 53.05 | 1.68 | 4.68 | 3.840 | 0.840 |
| 11 | 823.6 | 8.24 | 10.74 | 10.73 | 52.60 | 1.65 | 4.65 | 3.825 | 0.825 |
| 12 | 889.2 | 8.89 | 11.59 | 10.84 | 52.45 | 1.63 | 4.63 | 3.815 | 0.815 |
| 13 | 983.5 | 9.84 | 12.83 | 10.99 | 52.20 | 1.60 | 4.60 | 3.800 | 0.800 |
| 14 | 1081.0 | 10.81 | 13.99 | 11.14 | 51.97 | 1.57 | 4.57 | 3.785 | 0.785 |
| 15 | 1134.9 | 11.35 | 14.80 | 11.23 | 51.72 | 1.55 | 4.55 | 3.775 | 0.775 |
| 16 | 1185.6 | 11.86 | 15.46 | 11.32 | 51.44 | 1.53 | 4.53 | 3.765 | 0.765 |
| 17 | 1259.7 | 12.60 | 16.43 | 11.45 | 51.01 | 1.50 | 4.50 | 3.750 | 0.750 |
| 18 | 1361.8 | 13.62 | 17.76 | 11.63 | 50.78 | 1.47 | 4.47 | 3.735 | 0.735 |
| 19 | 1422.7 | 14.23 | 18.55 | 11.74 | 49.87 | 1.43 | 4.43 | 3.715 | 0.715 |
| 20 | 1466.4 | 14.66 | 19.11 | 11.82 | 48.46 | 1.38 | 4.38 | 3.690 | 0.690 |
| | | | | | | | | | |

참고 : ※1 $\omega = W_w/Ws \times 100$ ※2 $\varepsilon = \Delta H/H_0 \times 100[\%]$ ※3 $A' = \frac{A_0}{1-\varepsilon/100}$ ※4 $\Delta\sigma = \frac{R \times K_1}{A'}$ [%] ※5 $\sigma_1 = \Delta\sigma + \sigma_3$

※6 $p = (\sigma'_1 + \sigma'_3)/2$ ※7 $q = (\sigma'_1 - \sigma'_3)/2$

확인 이 용 준 (인)

# 삼축압축시험 (축재하)

| 과 업 명 : A 공장 신축 | | 시험날짜 : 1996 년 11 월 16 일 |
|---|---|---|
| 조사위치 : 시화매립지 | | 온도 : 19.0 [℃] 습도 : 68 [%] |
| 시료번호 : BH-1 | 시료위치 : 5.0 [m] ~ 6.0 [m] | 시험자 : 김 은 섭 |
| 시험 | 시험조건 ( **UU,** CU, CD, CUB ) | 시료상태 ( 교란, **비교란** ) 배수조건( **비배수**, 상부, 하부, 상하부 ) |
| | 축재하방식 ( 응력, **변형률**, 병용 ) 제어 | 재하속도 : 0.0027 [mm/min], [km/cm²/min] |

| 측 정 내 용 | | 단위 | 공시체 1 | 공시체 2 | 공시체 3 | 공시체 4 |
|---|---|---|---|---|---|---|
| 측 압 $\sigma_3$ | | kgf/cm² | 1.00 | 2.00 | 3.00 | |
| 파괴시 | 축 차 응 력 Δσ | kgf/cm² | 1.66 | 1.66 | 1.68 | |
| | 축 변 형 률 ε | % | 14.90 | 12.86 | 9.87 | |
| | 최 대 주 응 력 $\sigma_1$ | kgf/cm² | 2.66 | 3.66 | 4.68 | |

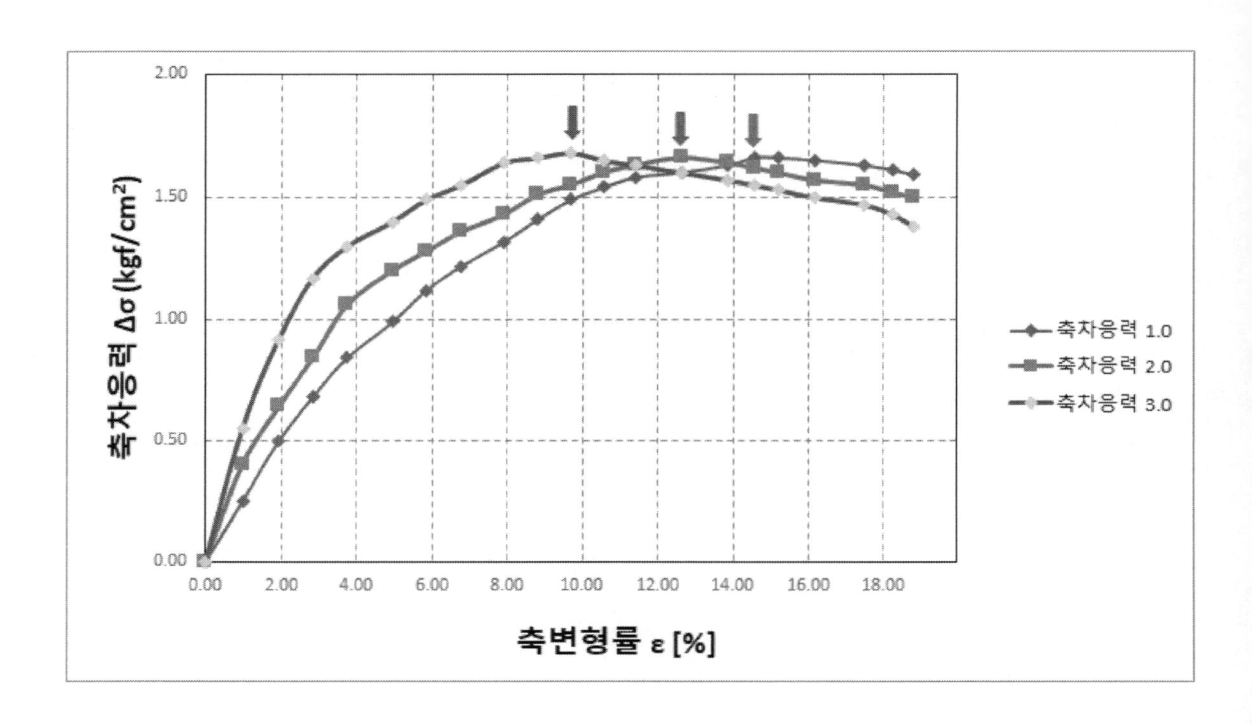

# 삼축압축시험(Mohr-Coulomb 파괴포락선, p-g 관계곡선)

과 업 명 A공장신축 시험날짜 1996 년 11 월 16 일
조사위치 시화매립지 온도 19 [℃] 습도 68 [%]
시료번호 BH-1 시료위치 0.2 [m] ~ 1.0 [m] 시험자 김 은 섭

| 강 도 정 수 | $c$ [kgf/cm²] | ϕ [°] | $c'$ [kgf/cm²] | ϕ′ [°] |
|---|---|---|---|---|
| 정 규 압 밀 영 역 | 0.83 | 0 | | |
| 과 압 밀 영 역 | | | | |

**Mohr-Coulomb 파괴포락선**

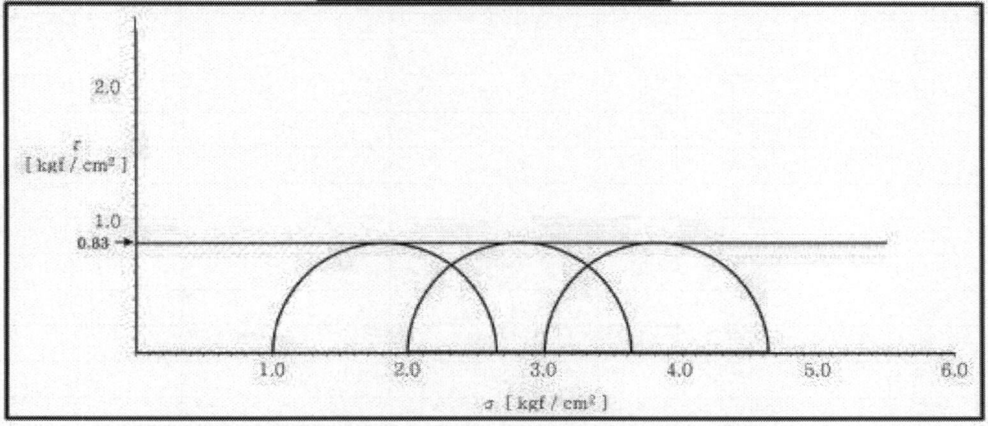

$(\sigma_1-\sigma_3)$ - $\sigma_3$ 관계
$p$ - $q$ 관 계

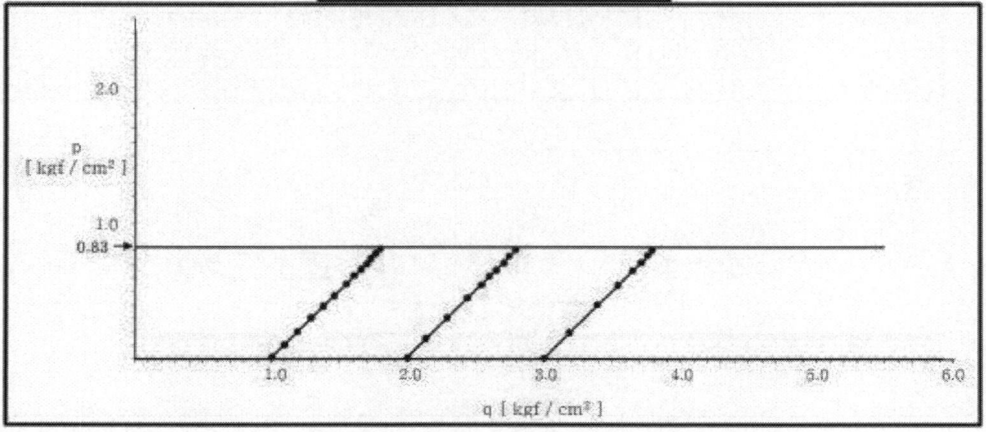

| 확 인 | 이 용 준 ( 인 ) |
|---|---|

# 삼축압축시험(압밀과정)

과 업 명 A상가신축　　　　시험날짜 1996 년 11 월 20 일

조사위치 우만아파트　　　　온도 19 [℃]　　습도 68 [%]

시료번호 BH-4　　시료위치 0.2 [m] ~ 1.0 [m]　　시험자 김 은 섭

| 시험 | 시험조건 (**CU**, CUB, CD) | | 시료 상태 ( 교란, **비교란** ) | | 압밀배수조건(**비배수**, 상부, 하부, 상하부) |
|---|---|---|---|---|---|
| 지반 | 지반분류USCS SC | 액성한계 $w_L$ 46.0 [%] | | 소성한계 $w_P$ 17.2 [%] | 비중 $G_s$ 2.63 |
| 함수비 | ( 습윤시료+용기 ) 무게 $W_t$ 91.76 [gf] | 용기 무게 $W_c$ 35.70 [gf] | | (건조시료+용기) 무게 $W_d$ 82.89 [gf] | 함 수 비 $w_0$ 18.8 [%] |

| | 측 정 내 용 | | 단위 | 공시체 1 | 공시체 2 | 공시체 3 |
|---|---|---|---|---|---|---|
| | 측 압 | | kgf/cm² | 1.0 | 2.0 | 3.0 |
| 압밀전 | 시료직경 | $D_o$ | cm | 3.5 | 3.5 | 3.5 |
| | 시료높이 | $H_o$ | cm | 7.8 | 7.8 | 7.8 |
| | 시료단면적 | ※1 $A_o$ | cm² | 9.6 | 9.6 | 9.6 |
| | 시료체적 | ※2 $V_o$ | cm³ | 74.9 | 74.9 | 74.9 |
| | 시료무게 | $W_t$ | gf | 143.81 | 141.56 | 143.06 |
| | 시료습윤단위중량 | ※3 $\gamma_t$ | gf/cm³ | 1.92 | 1.89 | 1.91 |
| | 건조시료무게 | $W_d$ | gf | 121.05 | 119.16 | 120.42 |
| | 함수비 | ※4 $w_o$ | % | 18.8 | 18.8 | 18.8 |
| | 간극비 | ※5 $e_o$ | | 0.62 | 0.65 | 0.63 |
| | 포화도 | ※6 $S_o$ | % | 79.75 | 76.07 | 78.48 |
| 압밀후 | 체적변화 | $\Delta V$ | cm³ | 8.15 | 12.14 | 15.50 |
| | 압밀시간 | $t$ | min | 1440 | 1440 | 1440 |
| | 간극비 | ※7 $e_c$ | | 0.51 | 0.49 | 0.42 |
| | 온도 | | ℃ | 18 | 19 | 19 |

| | 경과시간 | 0″ | 8″ | 15″ | 30″ | 1′ | 2′ | 4′ | 8′ | 15′ | 30′ | 1 | 2 | 4 | 8 | 16 | 24 |
|---|---|---|---|---|---|---|---|---|---|---|---|---|---|---|---|---|---|
| 공시체 1 | 체적읽음 | 19.1 | 19.5 | 20.4 | 21.2 | 22.5 | 23.9 | 24.9 | 25.6 | 25.9 | 26.4 | 26.7 | 26.8 | 27.0 | 27.3 | 27.3 | 27.3 |
| | 배수량[cm³] | 0 | 0.4 | 1.3 | 2.1 | 3.4 | 4.8 | 5.8 | 6.5 | 6.8 | 7.3 | 7.6 | 7.7 | 7.9 | 8.2 | 8.2 | 8.2 |
| 공시체 2 | 체적읽음 | 17.8 | 18.5 | 19.4 | 20.6 | 22.0 | 24.1 | 25.7 | 27.0 | 27.9 | 28.7 | 29.1 | 29.4 | 29.6 | 29.8 | 29.9 | 29.9 |
| | 배수량[cm³] | 0 | 0.7 | 1.6 | 2.8 | 4.2 | 6.3 | 7.9 | 9.2 | 10.1 | 10.9 | 11.3 | 11.6 | 11.8 | 12.0 | 12.1 | 12.1 |
| 공시체 3 | 체적읽음 | 17.1 | 18.0 | 19.1 | 21.2 | 23.1 | 26.3 | 28.8 | 29.9 | 30.6 | 31.4 | 31.8 | 31.9 | 32.2 | 32.4 | 32.7 | 32.7 |
| | 배수량[cm³] | 0 | 0.9 | 2.0 | 4.1 | 6.0 | 9.2 | 11.7 | 12.8 | 13.5 | 14.3 | 14.7 | 14.8 | 15.1 | 15.3 | 15.6 | 15.6 |

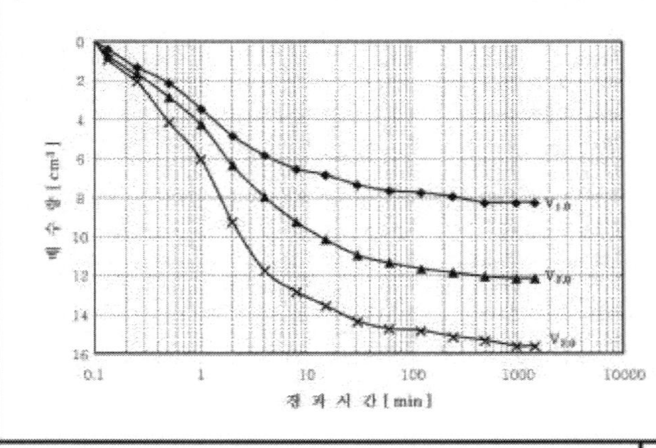


※1 $A_o = \pi \dfrac{D_o^2}{4}$　　※2 $V_o = A_o \cdot H_o$

※3 $\gamma_t = \dfrac{(W_t - W_c)}{V_o}$　　※4 $w_o = \dfrac{W_t - W_d}{W_d - W_c} \times 100$

※5 $e_o = \dfrac{V_o}{V_s} - 1$　　$V_s = \dfrac{W_d}{G_s \cdot \gamma_w}$

※6 $S_o = \dfrac{G_s}{e_o} \cdot w_o$　　※7 $e_c = e_o - \dfrac{\Delta V}{V_s}$

| 확인 | 이 용 준 (인) |
|---|---|

# 삼축압축시험 (축재하)

과 업 명 : B 상가 신축 　　　　시험날짜 : 1996 년 11 월 20 일

조사위치 : 수원 우만아파트 　　　　온도 : 20 [℃] 습도 : 66 [%]

시료번호 : BH-3 　시료위치 : 5.0 [m] ~ 6.0 [m] 　　　　시험자 : 김 은 섭

**시험**

| | | |
|---|---|---|
| 시험조건 (UU, **CU**, CD, CUB) | 시료상태 ( 교란, **비교란** ) | 배수조건 ( **비배수**, 상부, 하부, 상하부 ) |
| 축재하방식 ( 응력, **변형률**, 병용 ) 제어 | 재하속도 0.027 [mm/min], | [km/cm²/min] |
| 시료직경 $D_0$ 3.50 [cm] | 단면적 $A_0$ 9.61 [cm²] / 시료높이 $H_0$ 8.01 [cm] | 체적 $V_0$ 76.976 [cm³] |
| 입력실 번호 : No.1 | 측압 $\sigma_3$ 1.0 [kgf/cm²] | 사용 측액 ( **물**, 글리세린, 기타 ) |
| 시험기 모델 : DA-490 | 축력측정 ( 프르빙링, **로드셀** ) | 축력계 비례상수 $K_1$ 0.3367 |

**압밀**

| | | |
|---|---|---|
| 압밀조건 ( **등방**, 비등방 ) 압밀 | 체적 압축량 ΔV 10.56 [cm³] | 압밀후 시료높이 $H_{co}$ 7.64 [cm] |
| 시험 전 습윤단위중량 | ( 습윤공시체 + 용기 ) 무게 $W_{tc}$ [gf]<br>습윤공시체 무게 $W_t$ [gf] | 용기 무게 $W_c$ [gf]<br>습윤단위중량 $\gamma_t$ [gf/cm²] |
| 시험 후 함수비 | ( 습윤 공시체 + 용기) 무게 $W_{tc1}$ [gf]<br>( 건조 공시체 + 용기) 무게 $W_{dc}$ [gf]<br>증발 물무게 $W_w$ [gf] | 용기 무게 $W_c$ [gf]<br>건조공시체 무게 $W_d$ [gf]<br>함수비 ω※1 [%] |

| ① | ② | ③ | ④ | ⑤ | ⑥ | ⑦ | ⑧ | ⑨ | ⑩ |
|---|---|---|---|---|---|---|---|---|---|
| 측정 시간 [min] | 측 압 축 량<br>축 압축량 읽음 | 축 압축량 ΔH [mm] | 축 변형률 ε※2 | 단면적 A'※3 [cm²] | 축차응력<br>축력 읽음 R | 축차응력 Δσ※4 [kgf/cm²] | 최대 주응력 $\sigma_1$※5 [kgf/cm²] | p※6 [kgf/cm²] | q※7 [kgf/cm²] |
| 0 | 0.0 | 0.00 | 0.00 | 9.60 | 0.00 | 0.00 | 0.50 | 0.500 | 0.000 |
| 15 | 39.0 | 0.39 | 0.49 | 9.65 | 10.32 | 0.36 | 0.86 | 0.680 | 0.180 |
| 30 | 78.0 | 0.78 | 0.99 | 9.70 | 18.72 | 0.65 | 1.15 | 0.825 | 0.325 |
| 45 | 117.0 | 1.17 | 1.48 | 9.75 | 24.60 | 0.85 | 1.35 | 0.925 | 0.425 |
| 60 | 156.0 | 1.56 | 1.98 | 9.80 | 28.51 | 0.98 | 1.48 | 0.990 | 0.490 |
| 75 | 199.8 | 2.00 | 2.53 | 9.85 | 32.77 | 1.12 | 1.62 | 1.060 | 0.560 |
| 90 | 240.3 | 2.40 | 3.04 | 9.91 | 35.32 | 1.20 | 1.70 | 1.100 | 0.600 |
| 105 | 273.0 | 2.73 | 3.46 | 9.95 | 36.93 | 1.25 | 1.75 | 1.125 | 0.625 |
| 120 | 321.7 | 3.22 | 4.07 | 10.01 | 37.77 | 1.27 | 1.77 | 1.135 | 0.635 |
| 135 | 360.7 | 3.61 | 4.56 | 10.07 | 39.76 | 1.33 | 1.83 | 1.165 | 0.665 |
| 150 | 399.7 | 4.00 | 5.06 | 10.12 | 39.07 | 1.30 | 1.80 | 1.150 | 0.650 |
| 165 | 436.8 | 4.37 | 5.53 | 10.17 | 38.36 | 1.27 | 1.77 | 1.135 | 0.635 |
| 180 | 477.7 | 4.78 | 6.05 | 10.23 | 37.97 | 1.25 | 1.75 | 1.125 | 0.625 |
| 195 | 516.7 | 5.17 | 6.54 | 10.28 | 36.64 | 1.20 | 1.70 | 1.100 | 0.600 |
| 210 | 558.6 | 5.59 | 7.07 | 10.34 | 35.63 | 1.16 | 1.66 | 1.080 | 0.580 |
| 225 | 594.7 | 5.95 | 7.50 | 10.39 | 35.50 | 1.15 | 1.65 | 1.075 | 0.575 |
| 240 | 633.7 | 6.34 | 8.02 | 10.45 | 35.07 | 1.13 | 1.63 | 1.065 | 0.565 |
| 255 | 672.7 | 6.73 | 8.52 | 10.51 | 34.32 | 1.10 | 1.60 | 1.050 | 0.550 |
| 270 | 721.5 | 7.22 | 9.14 | 10.58 | 34.56 | 1.10 | 1.60 | 1.050 | 0.550 |
| 285 | 764.0 | 7.64 | 9.67 | 10.64 | 34.14 | 1.08 | 1.58 | 1.040 | 0.540 |
| 300 | 809.2 | 8.09 | 10.25 | 10.71 | 34.36 | 1.08 | 1.58 | 1.040 | 0.540 |
| 315 | 851.1 | 8.51 | 10.78 | 10.78 | 33.93 | 1.06 | 1.56 | 1.030 | 0.530 |
| 330 | 895.0 | 8.95 | 11.33 | 10.84 | 34.14 | 1.06 | 1.56 | 1.030 | 0.530 |
| 345 | 945.7 | 9.46 | 11.92 | 10.92 | 34.39 | 1.06 | 1.56 | 1.030 | 0.530 |
| 360 | 994.5 | 9.95 | 12.60 | 11.00 | 34.31 | 1.05 | 1.55 | 1.025 | 0.525 |
| 375 | 1039.3 | 10.39 | 13.16 | 11.08 | 33.88 | 1.03 | 1.53 | 1.015 | 0.515 |
| 390 | 1080.3 | 10.80 | 13.18 | 11.14 | 33.43 | 1.01 | 1.51 | 1.005 | 0.505 |
| 405 | 1118.0 | 11.18 | 14.16 | 11.21 | 33.28 | 1.00 | 1.50 | 1.000 | 0.500 |
| | | | | | | | | | |

참고 :

※1 $\omega = W_w/Ws \times 100$ ※2 $\varepsilon = \Delta H/H_0 \times 100[\%]$ ※3 $A' = \frac{A_0}{1-\varepsilon/100}$ ※4 $\Delta\sigma = \frac{R \times K_1}{A'}$ [%] ※5 $\sigma_1 = \Delta\sigma + \sigma_3$

※6 $p = (\sigma'_1 + \sigma'_3)/2$ ※7 $q = (\sigma'_1 - \sigma'_3)/2$

| 확인 | 이 용 준 (인) |
|---|---|

# 삼축압축시험 (축재하)

과 업 명 : B 상가 신축 　　　　　　　　　　　 시험날짜 1996 년 11 월 20 일
조사위치 : 수원 우만아파트 　　　　　　　　　 온도 20 [℃] 습도 66 [%]
시료번호 : BH-3 시료위치 : 5.0 [m] ~ 6.0 [m] 　　 시험자 : 김 은 섭

| 구분 | | | | |
|---|---|---|---|---|
| 시험 | 시험조건 ( UU, **CU**, CD, CUB ) | 시료상태 ( 교란, **비교란** ) | 배수조건 ( **비배수**, 상부, 하부, 상하부 ) | |
| | 축재하 방식 ( 응력, **변형률**, 병용 ) 제어 | 재하속도 0.027 [mm/min], [km/cm²/min] | | |
| | 시료직경 $D_0$ 3.50 [cm] | 단면적 $A_0$ 9.60 [cm²] | 시료높이 $H_0$ 8.00 [cm] | 체적 $V_0$ 76.8 [cm³] |
| | 입력실번호 : No.2 | 측압 $\sigma_3$ 2.0 [kgf/cm²] | 사용 측액 ( **물**, 글리세린, 기타 ) | |
| | 시험기모델 : DA-490 | 축력측정 : ( 프르빙링, **로드셀** ) | 축력계 비례상수 $K_1$ 0.3367 | |
| 압밀 | 압밀조건 ( **등방**, 비등방 ) 압밀 | 체적 압축량 ΔV 12.35 [cm³] | 압밀후 시료높이 $H_{c0}$ 7.55 [cm] | |
| | 시험 전 습윤단위중량 | ( 습윤공시체 + 용기 ) 무게 $W_{tc}$ [gf] | 용기 무게 $W_c$ [gf] | |
| | | 습윤공시체 무게 $W_t$ [gf] | 습윤단위중량 $\gamma_t$ [gf/cm²] | |
| | 시험 후 함수비 | ( 습윤 공시체 + 용기) 무게 $W_{tc1}$ [gf] | 용기 무게 $W_c$ [gf] | |
| | | ( 건조 공시체 + 용기) 무게 $W_{dc}$ [gf] | 건조공시체 무게 $W_d$ [gf] | |
| | | 증발 물무게 $W_w$ [gf] | 함수비 ω※1 [%] | |

| ① | ② | ③ | ④ | ⑤ | ⑥ | ⑦ | ⑧ | ⑨ | ⑩ |
|---|---|---|---|---|---|---|---|---|---|
| 측정 시간 [min] | 측 압 축 량 | | | 단면적 A'※3 [cm²] | 축차응력 | | 최대 주응력 $\sigma_1$※5 [kgf/cm²] | p※6 [kgf/cm²] | q※7 [kgf/cm²] |
| | 축 압축량 읽음 | 축 압축량 ΔH [mm] | 축 변형률 ε※2 | | 축력 읽음 R | 축차응력 Δσ※4 [kgf/cm²] | | | |
| 0 | 0.0 | 0.00 | 0.00 | 9.60 | 0.00 | 0.00 | 2.00 | 2.000 | 0.000 |
| 15 | 39.0 | 0.39 | 0.50 | 9.65 | 15.76 | 0.55 | 2.55 | 2.275 | 0.275 |
| 30 | 78.0 | 0.78 | 1.00 | 9.70 | 25.92 | 0.90 | 2.90 | 2.450 | 0.450 |
| 45 | 117.0 | 1.17 | 1.50 | 9.75 | 31.84 | 1.10 | 3.10 | 2.550 | 0.550 |
| 60 | 156.0 | 1.56 | 2.00 | 9.80 | 37.82 | 1.30 | 3.30 | 2.650 | 0.650 |
| 75 | 199.8 | 2.00 | 2.56 | 9.85 | 42.43 | 1.45 | 3.45 | 2.725 | 0.725 |
| 90 | 240.3 | 2.40 | 3.08 | 9.91 | 45.60 | 1.55 | 3.55 | 2.775 | 0.775 |
| 105 | 273.0 | 2.73 | 3.50 | 9.95 | 50.23 | 1.70 | 3.70 | 2.850 | 0.850 |
| 120 | 321.7 | 3.22 | 4.12 | 10.01 | 53.53 | 1.80 | 3.80 | 2.900 | 0.900 |
| 135 | 360.7 | 3.61 | 4.62 | 10.07 | 56.80 | 1.90 | 3.90 | 2.950 | 0.950 |
| 150 | 399.7 | 4.00 | 5.12 | 10.12 | 60.10 | 2.00 | 4.00 | 3.000 | 1.000 |
| 165 | 436.8 | 4.37 | 5.60 | 10.17 | 61.92 | 2.05 | 4.05 | 3.025 | 1.025 |
| 180 | 477.7 | 4.78 | 6.12 | 10.23 | 63.78 | 2.10 | 4.10 | 3.050 | 1.050 |
| 195 | 516.7 | 5.17 | 6.62 | 10.28 | 65.96 | 2.16 | 4.16 | 3.080 | 1.080 |
| 210 | 558.6 | 5.59 | 7.16 | 10.34 | 64.49 | 2.10 | 4.10 | 3.050 | 1.050 |
| 225 | 594.7 | 5.95 | 7.62 | 10.39 | 63.27 | 2.05 | 4.05 | 3.025 | 1.025 |
| 240 | 633.7 | 6.34 | 8.12 | 10.45 | 60.51 | 1.95 | 3.95 | 2.975 | 0.975 |
| 255 | 672.7 | 6.73 | 8.62 | 10.51 | 56.17 | 1.80 | 3.80 | 2.900 | 0.900 |
| 270 | 721.5 | 7.22 | 9.25 | 10.58 | 54.98 | 1.75 | 3.75 | 2.875 | 0.875 |
| 285 | 764.0 | 7.64 | 9.79 | 10.64 | 53.73 | 1.70 | 3.70 | 2.850 | 0.850 |
| 300 | 809.2 | 8.09 | 10.37 | 10.71 | 52.49 | 1.65 | 3.65 | 2.825 | 0.825 |
| 315 | 851.1 | 8.51 | 10.91 | 10.78 | 51.21 | 1.60 | 3.60 | 2.800 | 0.800 |
| 330 | 895.0 | 8.95 | 11.47 | 10.84 | 51.53 | 1.60 | 3.60 | 2.800 | 0.800 |
| 345 | 945.7 | 9.46 | 12.12 | 10.92 | 50.29 | 1.55 | 3.55 | 2.775 | 0.775 |
| 360 | 994.5 | 9.95 | 12.75 | 11.00 | 50.32 | 1.54 | 3.54 | 2.770 | 0.770 |
| 375 | 1039.3 | 10.39 | 13.32 | 11.08 | 50.33 | 1.53 | 3.53 | 2.765 | 0.765 |
| 390 | 1080.3 | 10.80 | 13.85 | 11.14 | 50.64 | 1.53 | 3.53 | 2.765 | 0.765 |
| 405 | 1118.0 | 11.18 | 14.33 | 11.21 | 49.92 | 1.50 | 3.50 | 2.750 | 0.750 |
| | | | | | | | | | |

참고 :

※1 $\omega = W_w/Ws \times 100$ ※2 $\varepsilon = \Delta H/H_0 \times 100[\%]$ ※3 $A' = \frac{A_0}{1\ \varepsilon/100}$ ※4 $\Delta\sigma = \frac{R \times K_1}{A'}$ [%] ※5 $\sigma_1 = \Delta\sigma + \sigma_3$

※6 $p = (\sigma'_1 + \sigma'_3)/2$ ※7 $q = (\sigma'_1 - \sigma'_3)/2$

| 확인 | 이 용 준 (인) |
|---|---|

# 삼축압축시험 (축재하)

과 업 명 : B 상가 신축 　　시험날짜 : 1996 년 11 월 20 일
조사위치 : 수원 우만아파트 　　온도 20 [℃] 습도 66 [%]
시료번호 : BH-3 　시료위치 : 5.0 [m] ~ 6.0 [m] 　　시험자 : 김 은 섭

| | | | | |
|---|---|---|---|---|
| 시험 | 시험조건 (UU, **CU**, CD, CUB) | 시료상태 ( 교란, **비교란** ) | 배수조건 ( **비배수**, 상부, 하부, 상하부 ) | |
| | 축재하 방식 ( 응력, **변형률**, 병용 ) 제어 | 재하속도 0.027 [mm/min], | [km/cm²/min] | |
| | 시료직경 $D_0$ 3.50 [cm] | 단면적 $A_0$ 9.61 [cm²] | 시료높이 $H_0$ 8.0 [cm] | 체적 $V_0$ 76.98 [cm³] |
| | 입력실 번호 : No.3 | 측압 $\sigma_3$ 3.0 [kgf/cm²] | 사용 측액 ( **물**, 글리세린, 기타 ) | |
| | 시험기 모델 : DA-490 | 축력측정 ( 프르빙링, **로드셀** ) | 축력계 비례상수 $K_1$ 0.3367 | |
| 압밀 | 압밀조건 ( **등방**, 비등방 ) 압밀 | 체적압축량 ΔV 16.50 [cm³] | 압밀후 시료높이 $H_{co}$ 7.41 [cm] | |
| | 시험 전 습윤단위중량 | ( 습윤공시체 + 용기 ) 무게 $W_{tc}$ [gf] | 용기 무게 $W_c$ [gf] | |
| | | 습윤공시체 무게 $W_t$ [gf] | 습윤단위중량 $\gamma_t$ [gf/cm²] | |
| | 시험 후 함수비 | ( 습윤공시체 + 용기 ) 무게 $W_{tc1}$ [gf] | 용기 무게 $W_c$ [gf] | |
| | | ( 건조공시체 + 용기 ) 무게 $W_{dc}$ [gf] | 건조공시체 무게 $W_d$ [gf] | |
| | | 증발 물무게 $W_w$ [gf] | 함수비 ω※1 [%] | |

| ① | ② | ③ | ④ | ⑤ | ⑥ | ⑦ | ⑧ | ⑨ | ⑩ |
|---|---|---|---|---|---|---|---|---|---|
| 측정 시간 [min] | 축 압 축 량 | | | 단면적 A'※3 [cm²] | 축차응력 | | 최대 주응력 $\sigma_1$※5 [kgf/cm²] | p※6 [kgf/cm²] | q※7 [kgf/cm²] |
| | 축 압축량 읽음 | 축압축량 ΔH [mm] | 축 변형률 ε※2 | | 축력 읽음 R | 축차응력 Δσ※4 [kgf/cm²] | | | |
| 0 | 0.0 | 0.00 | 0.00 | 9.60 | 0.00 | 0.00 | 3.00 | 3.000 | 0.000 |
| 15 | 39.0 | 0.39 | 0.51 | 9.65 | 28.08 | 0.98 | 3.98 | 3.490 | 0.490 |
| 30 | 78.0 | 0.78 | 1.02 | 9.70 | 44.64 | 1.55 | 4.55 | 3.775 | 0.775 |
| 45 | 117.0 | 1.17 | 1.53 | 9.75 | 55.00 | 1.90 | 4.90 | 3.950 | 0.950 |
| 60 | 156.0 | 1.56 | 2.04 | 9.80 | 64.01 | 2.20 | 5.20 | 4.100 | 1.100 |
| 75 | 199.8 | 2.00 | 2.61 | 9.85 | 75.20 | 2.57 | 5.57 | 4.285 | 1.285 |
| 90 | 240.3 | 2.40 | 3.14 | 9.91 | 83.84 | 2.85 | 5.85 | 4.425 | 1.425 |
| 105 | 273.0 | 2.73 | 3.57 | 9.95 | 87.75 | 2.97 | 5.97 | 4.485 | 1.485 |
| 120 | 321.7 | 3.22 | 4.19 | 10.01 | 96.65 | 3.25 | 6.25 | 4.625 | 1.625 |
| 135 | 360.7 | 3.61 | 4.71 | 10.07 | 99.55 | 3.33 | 6.33 | 4.665 | 1.665 |
| 150 | 399.7 | 4.00 | 5.22 | 10.12 | 103.68 | 3.45 | 6.45 | 4.725 | 1.725 |
| 165 | 436.8 | 4.37 | 5.71 | 10.17 | 108.73 | 3.60 | 6.60 | 4.800 | 1.800 |
| 180 | 477.7 | 4.78 | 6.24 | 10.23 | 111.77 | 3.68 | 6.68 | 4.840 | 1.840 |
| 195 | 516.7 | 5.17 | 6.75 | 10.28 | 111.45 | 3.65 | 6.65 | 4.825 | 1.825 |
| 210 | 558.6 | 5.59 | 7.29 | 10.34 | 110.56 | 3.60 | 6.60 | 4.800 | 1.800 |
| 225 | 594.7 | 5.95 | 7.76 | 10.39 | 108.03 | 3.50 | 6.50 | 4.750 | 1.750 |
| 240 | 633.7 | 6.34 | 8.27 | 10.45 | 105.51 | 3.40 | 6.40 | 4.700 | 1.700 |
| 255 | 672.7 | 6.73 | 8.78 | 10.51 | 104.53 | 3.35 | 6.35 | 4.675 | 1.675 |
| 270 | 721.5 | 7.22 | 9.43 | 10.58 | 100.54 | 3.20 | 6.20 | 4.600 | 1.600 |
| 285 | 764.0 | 7.64 | 9.98 | 10.64 | 96.40 | 3.05 | 6.05 | 4.525 | 1.525 |
| 300 | 809.2 | 8.09 | 10.56 | 10.71 | 95.44 | 3.00 | 6.00 | 4.500 | 1.500 |
| 315 | 851.1 | 8.51 | 11.12 | 10.78 | 94.41 | 2.95 | 5.95 | 4.475 | 1.475 |
| 330 | 895.0 | 8.95 | 11.69 | 10.84 | 88.57 | 2.75 | 5.75 | 4.375 | 1.375 |
| 345 | 945.7 | 9.46 | 12.35 | 10.92 | 85.98 | 2.65 | 5.65 | 4.325 | 1.325 |
| 360 | 994.5 | 9.95 | 12.99 | 11.00 | 81.70 | 2.50 | 5.50 | 4.250 | 1.250 |
| 375 | 1039.3 | 10.39 | 13.57 | 11.08 | 82.24 | 2.50 | 5.50 | 4.250 | 1.250 |
| 390 | 1080.3 | 10.80 | 14.11 | 11.14 | 81.08 | 2.45 | 5.45 | 4.225 | 1.225 |
| 405 | 1118.0 | 11.18 | 14.60 | 11.21 | 80.88 | 2.43 | 5.43 | 4.215 | 1.215 |
| | | | | | | | | | |

참고 :

※1 $\omega = W_w/Ws \times 100$ ※2 $\varepsilon = \Delta H/H_0 \times 100[\%]$ ※3 $A' = \frac{A_0}{1-\varepsilon/100}$ ※4 $\Delta\sigma = \frac{R \times K_1}{A'}$ [%] ※5 $\sigma_1 = \Delta\sigma + \sigma_3$

※6 $p = (\sigma'_1 + \sigma'_3)/2$ ※7 $q = (\sigma'_1 - \sigma'_3)/2$

| 확인 | 이 용 준 (인) |
|---|---|

# 삼축압축시험

과 업 명 A공장신축 　 시험날짜 1996 년 11 월 16 일
조사위치 시화매립지 　 온도 19 [℃] 습도 68 [%]
시료번호 BH-1 　 시료위치 0.2 [m] ~ 1.0 [m] 　 시험자 김 은 섭

| 시험 조건 | 시험조건 ( UU, **CU**, CD ) | 지반분류 USCS SC | 시료 상태 ( 교란, **비교란** ) |
|---|---|---|---|
| | 축재하 방식 ( 응력, **변형율**, 병용 ) 제어 | 재하 속도 ( 0.49 [mm/min], ___ [kgf/cm²/min] ) | |

| 측 정 내 용 | | 단위 | 공시체 1 | 공시체 2 | 공시체 3 | 공시체 4 |
|---|---|---|---|---|---|---|
| 측 압 $\sigma_3$ | | kgf/cm² | 1.00 | 2.00 | 3.00 | |
| 파괴시 | 축 차 응 력 $(\sigma_1-\sigma_3)_f$ | kgf/cm² | 1.09 | 1.78 | 2.43 | |
| | 축변형율 $\epsilon_f$ | % | 11.33 | 8.75 | 8.13 | |
| | 최대주응력 $\sigma_{1f}$ | kgf/cm² | 2.09 | 3.78 | 5.43 | |

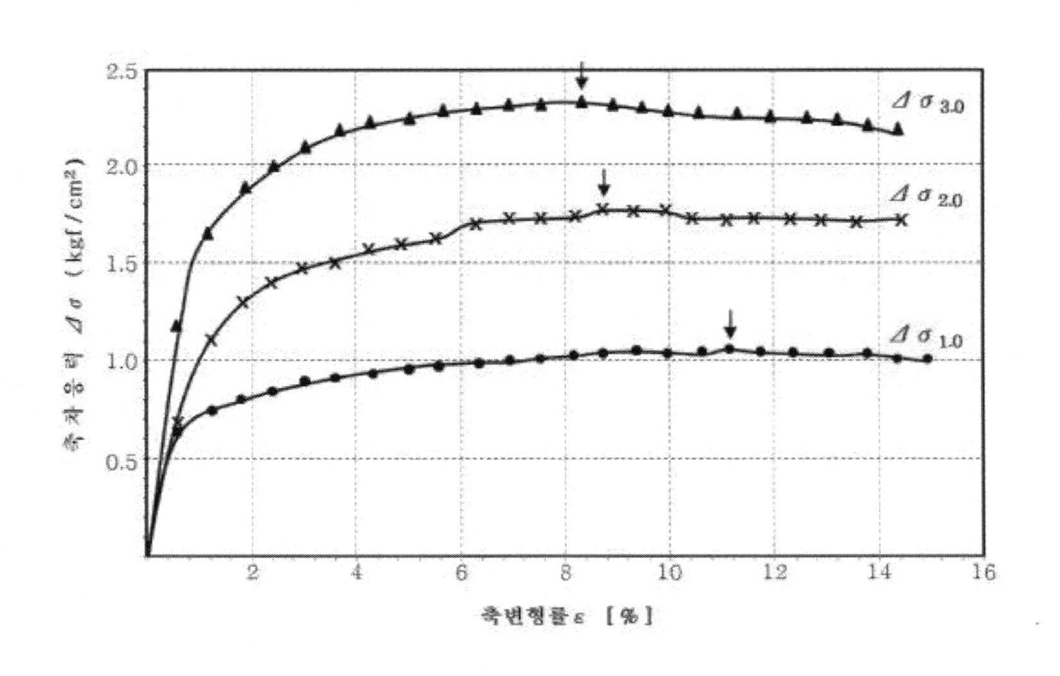


확인 　 이 용 준 (인)

# 삼축압축시험 (CU)

(Mohr-Coulomb 파괴포락선, $p-q$ 관계곡선)

과 업 명 A공장신축 시험날짜 1996 년 11 월 16 일

조사위치 시화매립지 온도 19 [℃] 습도 68 [%]

시료번호 BH-1 시료위치 0.2 [m] ~ 1.0 [m] 시험자 김 은 섭

| 강 도 정 수 | $c$ [kgf/cm²] | φ [°] | $c'$ [kgf/cm²] | φ′ [°] |
|---|---|---|---|---|
| 정 규 압 밀 영 역 | 0.16 | 14 | | |
| 과 압 밀 영 역 | | | | |

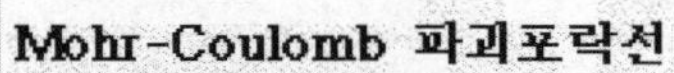

**Mohr-Coulomb 파괴포락선**

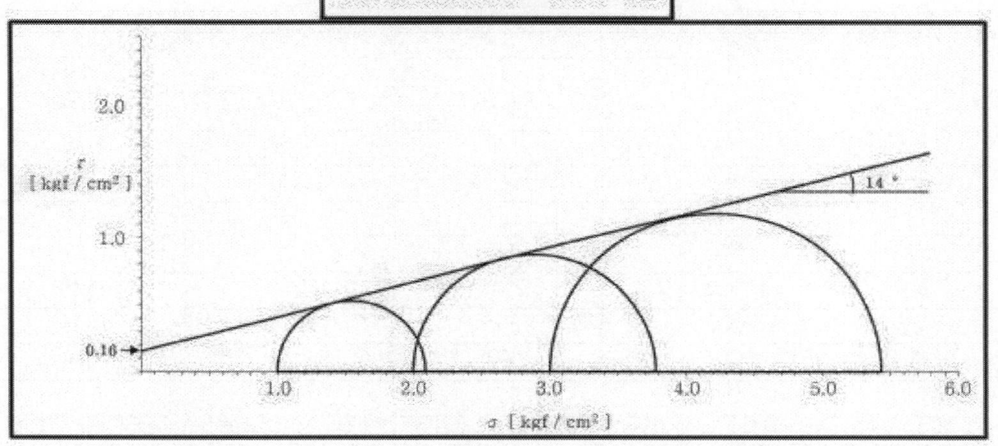



$(\sigma_1-\sigma_3)$ - $\sigma_3$ 관계

$p$ - $q$ 관 계

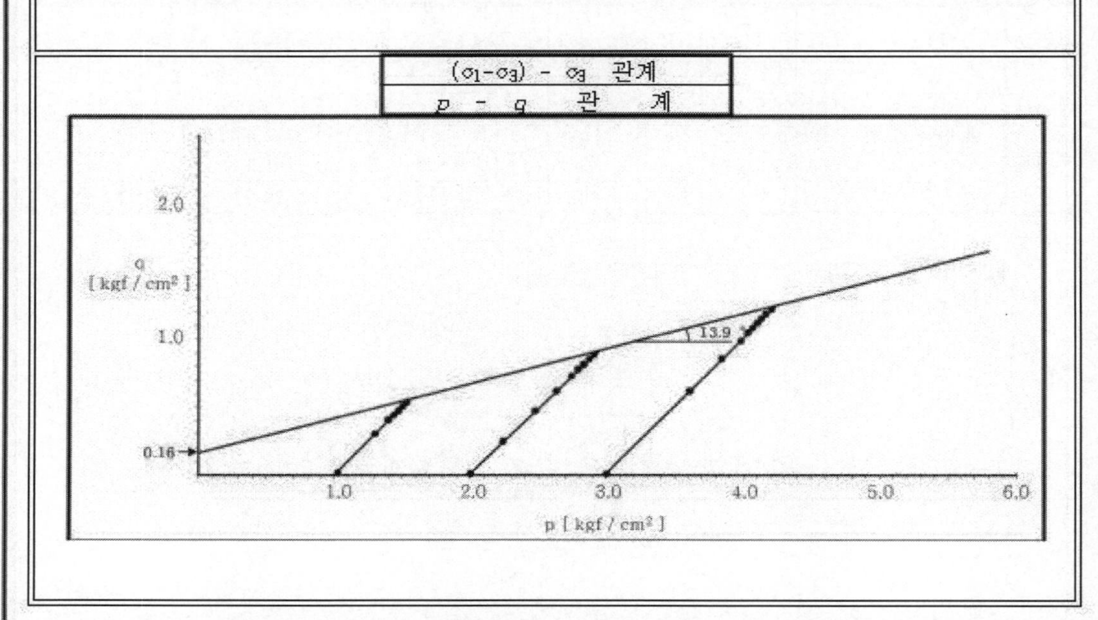



| 확 인 | 이 용 준 ( 인 ) |
|---|---|

# 삼축압축시험(압밀과정)

과 업 명 A상가신축　　　시험날짜 1996 년 11 월 20 일

조사위치 우만아파트　　　온도 19 [℃]　　　습도 68 [%]

시료번호 BH-4　　　시료위치 0,2 [m] ~ 1,0 [m]　　　시험자 김 은 섭

| 시험 | 시험조건 (CU, **CUB**, CD) | | 시료 상태 ( 교란 **비교란**) | 압밀 배수조건(비배수, **상부**, 하부, 상하부) |
|---|---|---|---|---|
| 지반 | 지반분류USCS SC | 액성한계 $w_L$ 46,0 [%] | 소성한계 $w_P$ 17,2 [%] | 비중 $G_s$ 2,63 |
| 함수비 | (습윤시료+용기) 무게 $W_t$ 91,76 [gf] | 용기 무게 $W_c$ 35,70 [gf] | (건조시료+용기) 무게 $W_d$ 82,89 [gf] | 함수비 $w_0$ 18,8 [%] |

| | 측정 내용 | | 단위 | 공시체 1 | 공시체 2 | 공시체 3 |
|---|---|---|---|---|---|---|
| | 측압 | | kgf/cm² | 1,0 | 2,0 | 3,0 |
| 압밀전 | 시료직경 | $D_o$ | cm | 3,5 | 3,5 | 3,5 |
| | 시료높이 | $H_o$ | cm | 7,8 | 7,8 | 7,8 |
| | 시료단면적 | ※1 $A_o$ | cm² | 9,6 | 9,6 | 9,6 |
| | 시료체적 | ※2 $V_o$ | cm³ | 74,9 | 74,9 | 74,9 |
| | 시료무게 | $W_t$ | gf | 143,81 | 141,56 | 143,06 |
| | 시료습윤단위중량 | ※3 $\gamma_t$ | gf/cm³ | 1,92 | 1,89 | 1,91 |
| | 건조시료무게 | $W_d$ | gf | 121,05 | 119,16 | 120,42 |
| | 함수비 | ※4 $w_o$ | % | 18,8 | 18,8 | 18,8 |
| | 간극비 | ※5 $e_o$ | | 0,62 | 0,65 | 0,63 |
| | 포화도 | ※6 $S_o$ | % | 79,75 | 76,07 | 78,48 |
| 압밀후 | 체적변화 | $\Delta V$ | cm³ | 8,15 | 12,14 | 15,50 |
| | 압밀시간 | $t$ | min | 1440 | 1440 | 1440 |
| | 간극비 | ※7 $e_c$ | | 0,51 | 0,49 | 0,42 |
| | 온도 | | ℃ | 18 | 19 | 19 |

| | 경과시간 | 0″ | 8″ | 15″ | 30″ | 1′ | 2′ | 4′ | 8′ | 15′ | 30′ | 1 | 2 | 4 | 8 | 16 | 24 |
|---|---|---|---|---|---|---|---|---|---|---|---|---|---|---|---|---|---|
| 공시체 1 | 체적읽음 | 19,1 | 19,5 | 20,4 | 21,2 | 22,5 | 23,9 | 24,9 | 25,6 | 25,9 | 26,4 | 26,7 | 26,8 | 27,0 | 27,3 | 27,3 | 27,3 |
| | 배수량[cm³] | 0 | 0,4 | 1,3 | 2,1 | 3,4 | 4,8 | 5,8 | 6,5 | 6,8 | 7,3 | 7,6 | 7,7 | 7,9 | 8,2 | 8,2 | 8,2 |
| 공시체 2 | 체적읽음 | 17,8 | 18,5 | 19,4 | 20,6 | 22,0 | 24,1 | 25,7 | 27,0 | 27,9 | 28,7 | 29,1 | 29,4 | 29,6 | 29,8 | 29,9 | 29,9 |
| | 배수량[cm³] | 0 | 0,7 | 1,6 | 2,8 | 4,2 | 6,3 | 7,9 | 9,2 | 10,1 | 10,9 | 11,3 | 11,6 | 11,8 | 12,0 | 12,1 | 12,1 |
| 공시체 3 | 체적읽음 | 17,1 | 18,0 | 19,1 | 21,2 | 23,1 | 26,3 | 28,8 | 29,9 | 30,6 | 31,4 | 31,8 | 31,9 | 32,2 | 32,4 | 32,7 | 32,7 |
| | 배수량[cm³] | 0 | 0,9 | 2,0 | 4,1 | 6,0 | 9,2 | 11,7 | 12,8 | 13,5 | 14,3 | 14,7 | 14,8 | 15,1 | 15,3 | 15,6 | 15,6 |

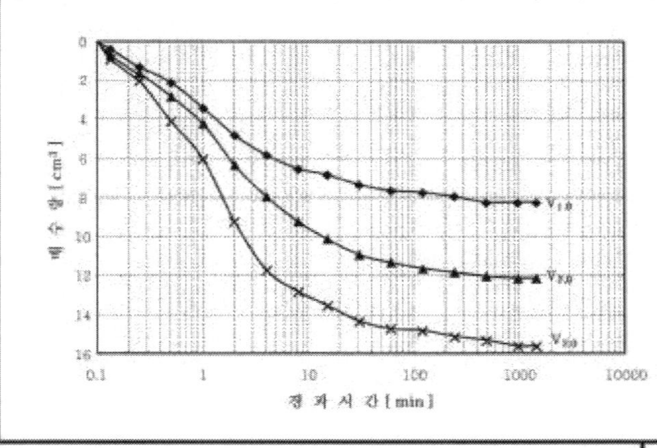


※1 $A_o = \pi \dfrac{D_o^2}{4}$　　※2 $V_o = A_o \cdot H_o$

※3 $\gamma_t = \dfrac{(W_t - W_c)}{V_o}$　　※4 $w_o = \dfrac{W_t - W_d}{W_d - W_c} \times 100$

※5 $e_o = \dfrac{V_o}{V_s} - 1$　　$V_s = \dfrac{W_d}{G_s \cdot \gamma_w}$

※6 $S_o = \dfrac{G_s}{e_o} \cdot w_o$　　※7 $e_c = e_o - \dfrac{\Delta V}{V_s}$

확인 이 용 준 (인)

# 삼축압축시험 (축재하)

과 업 명 : A 상가 신축 시험날짜 : 1996 년 11 월 24 일
조사위치 : 우만 아파트 온도 : 19 [℃] 습도 : 69 [%]
시료번호 : BH-4 시료위치 : 5.0 [m] ~ 6.0 [m] 시험자 : 김 은 섭

| | | | | |
|---|---|---|---|---|
| 시험 | 시험조건 (UU, CU, CD, **CUB**) | 시료상태 ( 교란, **비교란** ) | 배수조건 ( **비배수**, 상부, 하부, 상하부 ) | |
| | 축재하방식 ( 응력, **변형률**, 병용 ) 제어 | 재하속도 : 0.027 [mm/min], | [km/cm²/min] | |
| | 시료직경 $D_0$ 3.52 [cm] | 단면적 $A_0$ 9.60 [cm²] | 시료높이 $H_0$ 7.82 [cm] | 체적 $V_0$ 75.072 [cm³] |
| | 입력실 번호 : No.1 | 측압 $\sigma_3$ 1.0 [kgf/cm²] | 사용 측액 ( **물**, 글리세린, 기타 ) | |
| | 시험기 : DA-490 | 축력측정 (프르빙링,**로드셀**) | 축력계 비례상수 $K_1$ 0.3367 | 축력계 비례상수 $K_2$ 0.3367 |
| 압밀 | 압밀조건 ( **등방**, 비등방 ) 압밀 | 체적압축량 ΔV 7.58 [cm³] | 압밀후 시료높이 $H_{co}$ 7.62 [cm] | |
| | 시험 전 습윤단위중량 | ( 습윤 공시체 + 용기 ) 무게 $W_{t0}$ [gf]<br>습윤 공시체 무게 $W_t$ [gf] | 용기 무게 $W_c$ [gf]<br>습윤 단위중량 $\gamma_t$ [gf/cm²] | |
| | 시험 후 함수비 | ( 습윤공시체 + 용기 ) 무게 $W_{t1}$ [gf]<br>( 건조공시체 + 용기 ) 무게 $W_d$ [gf]<br>증발 물무게 $W_W$ [gf] | 용기 무게 $W_c$ [gf]<br>건조 공시체 무게 $W_s$ [gf]<br>함수비 ω※1 [%] | |

| 측정 시간 [min] | 축압축량: 축 압축량 읽음 | 축압축량: 축 압축량 ΔH [mm] | 축압축량: 축 변형률 ε※2 | 단면 면적 A'※3 [cm²] | 축차응력: 축력 읽음 R | 축차응력: 축차 응력 Δσ※4 [kgf/cm²] | 최대 주응력 $\sigma_1$※5 [kgf/cm²] | 간극수압: 간극 수압 읽음 P | 간극수압: 간극 수압 u※6 [kgf/cm²] | 유효 최대 주응력 σ'※7 [kgf/cm²] | p※8 [kgf/cm²] | q※9 [kgf/cm²] |
|---|---|---|---|---|---|---|---|---|---|---|---|---|
| 1 | 0.0 | 0.00 | 0.00 | 9.60 | 0.00 | 0.00 | 1.00 | 0.00 | 0.00 | 1.00 | 1.00 | 0.00 |
| 2 | 48.7 | 0.49 | 0.64 | 9.66 | 18.08 | 0.63 | 1.63 | 0.89 | 0.30 | 1.33 | 1.17 | 0.17 |
| 3 | 97.5 | 0.98 | 1.29 | 9.72 | 21.94 | 0.76 | 1.76 | 1.49 | 0.50 | 1.26 | 1.13 | 0.13 |
| 4 | 146.2 | 1.46 | 1.92 | 9.78 | 24.12 | 0.83 | 1.83 | 1.69 | 0.57 | 1.26 | 1.13 | 0.13 |
| 5 | 195.0 | 1.95 | 2.56 | 9.85 | 25.73 | 0.88 | 1.88 | 1.78 | 0.60 | 1.28 | 1.14 | 0.14 |
| 6 | 243.7 | 2.44 | 3.20 | 9.91 | 27.37 | 0.93 | 1.93 | 1.87 | 0.63 | 1.30 | 1.15 | 0.15 |
| 7 | 292.5 | 2.93 | 3.85 | 9.97 | 28.14 | 0.95 | 1.95 | 1.96 | 0.66 | 1.29 | 1.14 | 0.14 |
| 8 | 341.2 | 3.41 | 4.48 | 10.04 | 29.22 | 0.98 | 1.98 | 2.11 | 0.71 | 1.27 | 1.14 | 0.14 |
| 9 | 390.0 | 3.90 | 5.11 | 10.11 | 29.71 | 0.99 | 1.99 | 2.17 | 0.73 | 1.26 | 1.13 | 0.13 |
| 10 | 438.7 | 4.39 | 5.76 | 10.17 | 30.21 | 1.00 | 2.00 | 2.23 | 0.75 | 1.25 | 1.12 | 0.12 |
| 11 | 487.5 | 4.88 | 6.40 | 10.24 | 30.41 | 1.00 | 2.00 | 2.26 | 0.76 | 1.24 | 1.12 | 0.12 |
| 12 | 536.2 | 5.36 | 7.03 | 10.31 | 31.54 | 1.03 | 2.03 | 2.32 | 0.78 | 1.25 | 1.13 | 0.13 |
| 13 | 585.0 | 5.85 | 7.68 | 10.38 | 32.06 | 1.04 | 2.04 | 2.32 | 0.78 | 1.26 | 1.13 | 0.13 |
| 14 | 633.7 | 6.34 | 8.32 | 10.45 | 32.59 | 1.05 | 2.05 | 2.35 | 0.79 | 1.26 | 1.13 | 0.13 |
| 15 | 682.5 | 6.83 | 8.96 | 10.52 | 33.12 | 1.06 | 2.06 | 2.35 | 0.79 | 1.27 | 1.13 | 0.13 |
| 16 | 731.2 | 7.31 | 9.61 | 10.59 | 33.98 | 1.08 | 2.08 | 2.35 | 0.79 | 1.29 | 1.15 | 0.15 |
| 17 | 780.0 | 7.80 | 10.24 | 10.67 | 33.58 | 1.06 | 2.06 | 2.35 | 0.79 | 1.27 | 1.13 | 0.13 |
| 18 | 828.7 | 8.29 | 10.88 | 10.74 | 34.45 | 1.08 | 2.08 | 2.41 | 0.81 | 1.27 | 1.13 | 0.13 |
| 19 | 877.5 | 8.78 | 11.52 | 10.82 | 35.02 | 1.09 | 2.09 | 2.38 | 0.80 | 1.29 | 1.15 | 0.15 |
| 20 | 926.2 | 9.26 | 12.15 | 10.89 | 35.27 | 1.09 | 2.09 | 2.38 | 0.80 | 1.29 | 1.15 | 0.15 |
| 21 | 975.0 | 9.75 | 12.80 | 10.97 | 35.19 | 1.08 | 2.08 | 2.38 | 0.80 | 1.28 | 1.14 | 0.14 |
| 22 | 1023.7 | 10.24 | 13.44 | 11.05 | 35.45 | 1.08 | 2.08 | 2.35 | 0.79 | 1.29 | 1.15 | 0.15 |
| 23 | 1072.5 | 10.73 | 14.08 | 11.13 | 37.70 | 1.07 | 2.07 | 2.32 | 0.78 | 1.29 | 1.15 | 0.15 |
| 24 | 1121.2 | 11.21 | 14.57 | 11.21 | 35.30 | 1.06 | 2.06 | 2.29 | 0.77 | 1.29 | 1.15 | 0.15 |
| 25 | 1170.0 | 11.70 | 15.35 | 11.29 | 35.56 | 1.06 | 2.06 | 2.29 | 0.77 | 1.29 | 1.15 | 0.15 |
| | | | | | | | | | | | | |

참고 :

※1 $\omega = W_w/Ws \times 100$ ※2 $\varepsilon = \Delta H/H_0 \times 100[\%]$ ※3 $A' = \frac{A_0}{1-\varepsilon/100}$ ※4 $\Delta\sigma = \frac{R \times K_1}{A'}$ [%] ※5 $\sigma_1 = \Delta\sigma + \sigma_3$

※6 $p = (\sigma'_1 + \sigma'_3)/2$ ※7 $q = (\sigma'_1 - \sigma'_3)/2$

| 확인 | 이 용 준 (인) |
|---|---|

# 삼축압축시험 (축재하)

과 업 명 : A 상가 신축 　　　　시험날짜 1996 년 11 월 24 일

조사위치 : 우만 아파트 　　　　온도 : 19 [℃] 　습도 : 69 [%]

시료번호 : BH-4 　시료위치 : 5.0 [m] ~ 6.0 [m] 　　시험자 : 김 은 섭

**시험**

- 시험조건 (UU, CU, CD, **CUB**) | 시료상태 ( 교란, **비교란** ) | 배수조건 ( **비배수**, 상부, 하부, 상하부 )
- 축재하방식 ( 응력, **변형률**, 병용 ) 제어 | 재하속도 : 0.027 [mm/min], [$km/cm^2$/min]
- 시료직경 $D_0$ 3.51 [cm] | 단면적 $A_0$ 9.60 [$cm^2$] | 시료높이$H_0$ 7.80 [cm] | 체적$V_0$ 74.88 [$cm^3$]
- 입력실번호 : No.2 | 측압 $\sigma_3$ 2.0 [$kgf/cm^2$] | 사용 측액 (**물**, 글리세린, 기타)
- 시험기 : DA-490 | 축력측정 (프르빙링, **로드셀**) | 축력계 비례상수 $K_1$ 0.3367 | 축력계 비례상수 $K_2$ 0.3367

**압밀**

- 압밀조건 ( **등방**, 비등방 ) 압밀 | 체적 압축량 ΔV 12.50 [$cm^3$] | 압밀후 공시체높이 $H_{co}$ 7.58 [cm]
- 시험 전 습윤단위중량: ( 습윤공시체 + 용기) 무게 $W_{t0}$ [gf] | 용기 무게 $W_c$ [gf] | 습윤공시체 무게 $W_t$ [gf] | 습윤 단위중량 $\gamma_t$ [$gf/cm^2$]
- 시험 후 함수비: ( 습윤공시체 + 용기) 무게 $W_{t1}$ [gf] | 용기 무게 $W_c$ [gf] | ( 건조공시체 + 용기) 무게 $W_d$ [gf] | 건조공시체 무게 $W_s$ [gf] | 증발 물무게 $W_W$ [gf] | 함수비 ω※1 [%]

| 측정 시간 [min] | 축 압 축 량: 축 압축량 읽음 | 축 압축량 ΔH [mm] | 축 변형률 ε※2 | 단면 면적 A'※3 [$cm^2$] | 축차응력: 축력 읽음 R | 축차 응력 Δσ※4 [$kgf/cm^2$] | 최대 주응력 $\sigma_1$※5 [$kgf/cm^2$] | 간극수압: 간극 수압 읽음 P | 간극수압 u※6 [$kgf/cm^2$] | 유효 최대 주응력 σ'※7 [$kgf/cm^2$] | p※8 [$kgf/cm^2$] | q※9 [$kgf/cm^2$] |
|---|---|---|---|---|---|---|---|---|---|---|---|---|
| 1 | 0.0 | 0.00 | 0.00 | 9.60 | 0.00 | 0.00 | 2.00 | 0.00 | 0.00 | 2.00 | 2.00 | 0.00 |
| 2 | 48.7 | 0.49 | 0.65 | 9.66 | 20.08 | 0.70 | 2.70 | 1.04 | 0.35 | 2.35 | 2.18 | 0.18 |
| 3 | 97.5 | 0.98 | 1.29 | 9.72 | 31.18 | 1.08 | 3.08 | 2.08 | 0.70 | 2.38 | 2.19 | 0.19 |
| 4 | 146.2 | 1.46 | 1.93 | 9.78 | 37.77 | 1.30 | 3.30 | 2.67 | 0.90 | 2.40 | 2.20 | 0.20 |
| 5 | 195.0 | 1.95 | 2.57 | 9.85 | 42.69 | 1.46 | 3.46 | 2.97 | 1.00 | 2.46 | 2.23 | 0.23 |
| 6 | 243.7 | 2.44 | 3.22 | 9.91 | 44.15 | 1.50 | 3.50 | 3.18 | 1.07 | 2.43 | 2.22 | 0.22 |
| 7 | 292.5 | 2.93 | 3.86 | 9.97 | 45.92 | 1.55 | 3.55 | 3.27 | 1.10 | 2.45 | 2.23 | 0.23 |
| 8 | 341.2 | 3.41 | 4.50 | 10.04 | 46.81 | 1.57 | 3.57 | 3.56 | 1.20 | 2.37 | 2.19 | 0.19 |
| 9 | 390.0 | 3.90 | 5.15 | 10.11 | 48.02 | 1.60 | 3.60 | 3.71 | 1.25 | 2.35 | 2.18 | 0.18 |
| 10 | 438.7 | 4.39 | 5.79 | 10.17 | 51.36 | 1.70 | 3.70 | 3.86 | 1.30 | 2.40 | 2.20 | 0.20 |
| 11 | 487.5 | 4.88 | 6.44 | 10.24 | 52.61 | 1.73 | 3.73 | 4.01 | 1.35 | 2.38 | 2.19 | 0.19 |
| 12 | 536.2 | 5.36 | 7.09 | 10.31 | 52.97 | 1.73 | 3.73 | 4.16 | 1.40 | 2.33 | 2.17 | 0.17 |
| 13 | 585.0 | 5.85 | 7.72 | 10.38 | 53.94 | 1.75 | 3.75 | 4.16 | 1.40 | 2.35 | 2.18 | 0.18 |
| 14 | 633.7 | 6.34 | 8.36 | 10.45 | 55.24 | 1.78 | 3.78 | 4.25 | 1.43 | 2.35 | 2.18 | 0.18 |
| 15 | 682.5 | 6.83 | 9.01 | 10.52 | 54.99 | 1.76 | 3.76 | 4.25 | 1.43 | 2.33 | 2.17 | 0.17 |
| 16 | 731.2 | 7.31 | 9.37 | 10.59 | 55.06 | 1.75 | 3.75 | 4.25 | 1.43 | 2.32 | 2.16 | 0.16 |
| 17 | 780.0 | 7.80 | 10.03 | 10.67 | 54.81 | 1.73 | 3.73 | 4.19 | 1.41 | 2.32 | 2.16 | 0.16 |
| 18 | 828.7 | 8.29 | 11.09 | 10.74 | 54.23 | 1.70 | 3.70 | 4.31 | 1.45 | 2.25 | 2.13 | 0.13 |
| 19 | 877.5 | 8.78 | 11.16 | 10.82 | 54.61 | 1.70 | 3.70 | 4.25 | 1.43 | 2.27 | 2.14 | 0.14 |
| 20 | 926.2 | 9.26 | 12.21 | 10.89 | 55.00 | 1.70 | 3.70 | 4.25 | 1.43 | 2.27 | 2.14 | 0.14 |
| 21 | 975.0 | 9.75 | 12.86 | 10.97 | 54.74 | 1.68 | 3.68 | 4.25 | 1.43 | 2.25 | 2.13 | 0.13 |
| 22 | 1023.7 | 10.24 | 13.51 | 11.05 | 55.14 | 1.68 | 3.68 | 4.19 | 1.41 | 2.27 | 2.14 | 0.14 |
| 23 | 1072.5 | 10.73 | 14.16 | 11.13 | 54.54 | 1.65 | 3.65 | 4.25 | 1.43 | 2.22 | 2.11 | 0.11 |
| 24 | 1121.2 | 11.21 | 14.79 | 11.21 | 54.94 | 1.65 | 3.65 | 4.16 | 1.40 | 2.25 | 2.13 | 0.13 |
| 25 | 1170.0 | 11.70 | 15.43 | 11.29 | 55.35 | 1.65 | 3.65 | 4.16 | 1.40 | 2.25 | 2.13 | 0.13 |
| | | | | | | | | | | | | |

참고 :

※1 $\omega = W_w/Ws \times 100$ ※2 $\varepsilon = \Delta H/H_0 \times 100[\%]$ ※3 $A' = \frac{A_0}{1-\varepsilon/100}$ ※4 $\Delta\sigma = \frac{R \times K_1}{A'}$ [%] ※5 $\sigma_1 = \Delta\sigma + \sigma_3$

※6 $p = (\sigma'_1 + \sigma'_3)/2$ ※7 $q = (\sigma'_1 - \sigma'_3)/2$

확인 이 용 준 (인)

# 삼축압축시험 (축재하)

과 업 명 : A 상가 신축 　　　　시험날짜 1996 년 11 월 24 일

조사위치 : 우만 아파트 　　　　온도 : 19 [℃] 　　습도 : 69 [%]

시료번호 : BH-4 　　시료위치 : 5.0 [m] ~ 6.0 [m] 　　시험자 : 김 은 섭

| | | | |
|---|---|---|---|
| 시험 | 시험조건 (UU, CU, CD, **CUB**) | 시료상태 ( 교란, **비교란** ) | 배수조건 ( **비배수**, 상부, 하부, 상하부 ) |
| | 축재하 방식 ( 응력, **변형률**, 병용 ) 제어 | 재하속도 0.027 [mm/min], | [km/cm²/min] |
| | 시료직경 $D_0$ 3.52 [cm] | 단면적 $A_0$ 9.6 [cm²] \| 시료높이 $H_0$ 7.81 [cm] | 체적 $V_0$ 74.976 [cm³] |
| | 입력실번호 : No.3 | 측압 $\sigma_3$ 3.0 [kgf/cm²] | 사용 측액 ( **물**, 글리세린, 기타 ) |
| | 시험기모델 : | 축력측정 (프르빙링, **로드셀**) | 축력계 비례상수 $K_1$ 0.3367 축력계 비례상수 $K_2$ 0.3367 |
| 압밀 | 압밀조건 ( **등방**, 비등방 ) 압밀 | 체적 압축량 ΔV 16.55 [cm³] | 압밀후 시료높이 $H_{co}$ 7.40 [cm] |
| | 시험전 습윤단위중량 | ( 습윤공시체 + 용기 ) 무게 $W_{tc}$ [gf]<br>습윤공시체 무게 $W_t$ [gf] | 용기무게 $W_c$ [gf]<br>습윤단위중량 $\gamma_t$ [gf/cm²] |
| | 시험후 함수비 | ( 습윤공시체 + 용기 ) 무게 $W_{tc1}$ [gf]<br>( 건조공시체 + 용기 ) 무게 $W_{dc}$ [gf]<br>증발 물무게 $W_w$ [gf] | 용기 무게 $W_c$ [gf]<br>건조공시체 무게 $W_d$ [gf]<br>함수비 ω※1 [%] |

| 측정시간 [min] | 축 압축량 읽음 | 축 압축량 ΔH [mm] | 축 변형률 ε※2 | 단면면적 A'※3 [cm²] | 축차응력 축력 읽음 R | 축차응력 축차 응력 Δσ※4 [kgf/cm²] | 최대 주응력 σ1※5 [kgf/cm²] | 간극수압 간극 수압계 읽음 P | 간극수압 간극 수압 u※6 [kgf/cm²] | 유효 최대 주응력 σ'※7 [kgf/cm²] | p※8 [kgf/cm²] | q※9 [kgf/cm²] |
|---|---|---|---|---|---|---|---|---|---|---|---|---|
| 1 | 0.0 | 0.00 | 0.00 | 9.60 | 0.00 | 0.00 | 3.00 | 0.00 | 0.00 | 3.00 | 3.00 | 0.00 |
| 2 | 48.7 | 0.49 | 0.66 | 9.66 | 33.57 | 1.17 | 4.17 | 2.08 | 0.70 | 3.47 | 3.24 | 0.24 |
| 3 | 97.5 | 0.98 | 1.32 | 9.72 | 47.64 | 1.65 | 4.65 | 3.21 | 1.08 | 3.57 | 3.29 | 0.29 |
| 4 | 146.2 | 1.46 | 1.97 | 9.78 | 53.75 | 1.85 | 4.85 | 3.92 | 1.32 | 3.53 | 3.27 | 0.27 |
| 5 | 195.0 | 1.95 | 2.63 | 9.85 | 57.90 | 1.98 | 4.98 | 4.40 | 1.48 | 3.50 | 3.25 | 0.25 |
| 6 | 243.7 | 2.44 | 3.30 | 9.91 | 61.22 | 2.08 | 5.08 | 4.66 | 1.57 | 3.51 | 3.26 | 0.26 |
| 7 | 292.5 | 2.93 | 3.96 | 9.97 | 64.28 | 2.17 | 5.17 | 4.90 | 1.65 | 3.52 | 3.26 | 0.26 |
| 8 | 341.2 | 3.41 | 4.61 | 10.04 | 66.49 | 2.23 | 5.23 | 5.20 | 1.75 | 3.48 | 3.24 | 0.24 |
| 9 | 390.0 | 3.90 | 5.27 | 10.11 | 67.53 | 2.25 | 5.25 | 5.35 | 1.80 | 3.45 | 3.23 | 0.23 |
| 10 | 438.7 | 4.39 | 5.93 | 10.17 | 68.58 | 2.27 | 5.27 | 5.49 | 1.85 | 3.42 | 3.21 | 0.21 |
| 11 | 487.5 | 4.88 | 6.59 | 10.24 | 69.95 | 2.30 | 5.30 | 5.79 | 1.95 | 3.35 | 3.18 | 0.18 |
| 12 | 536.2 | 5.36 | 7.24 | 10.31 | 70.72 | 2.31 | 5.31 | 5.94 | 2.00 | 3.31 | 3.16 | 0.16 |
| 13 | 585.0 | 5.85 | 7.91 | 10.38 | 70.89 | 2.30 | 5.30 | 6.03 | 2.03 | 3.27 | 3.14 | 0.14 |
| 14 | 633.7 | 6.34 | 8.57 | 10.45 | 72.31 | 2.33 | 5.33 | 6.15 | 2.07 | 3.26 | 3.13 | 0.13 |
| 15 | 682.5 | 6.83 | 8.51 | 10.52 | 72.18 | 2.31 | 5.31 | 6.24 | 2.10 | 3.21 | 3.11 | 0.11 |
| 16 | 731.2 | 7.31 | 9.88 | 10.59 | 72.36 | 2.30 | 5.30 | 6.24 | 2.10 | 3.20 | 3.10 | 0.10 |
| 17 | 780.0 | 7.80 | 10.05 | 10.67 | 72.86 | 2.30 | 5.30 | 6.24 | 2.10 | 3.20 | 3.10 | 0.10 |
| 18 | 828.7 | 8.29 | 11.20 | 10.74 | 72.74 | 2.28 | 5.28 | 6.24 | 2.10 | 3.18 | 3.09 | 0.09 |
| 19 | 877.5 | 8.78 | 11.86 | 10.82 | 72.28 | 2.25 | 5.25 | 6.27 | 2.11 | 3.14 | 3.07 | 0.07 |
| 20 | 926.2 | 9.26 | 12.51 | 10.89 | 72.15 | 2.23 | 5.23 | 6.30 | 2.12 | 3.11 | 3.06 | 0.06 |
| 21 | 975.0 | 9.75 | 12.83 | 10.97 | 72.66 | 2.23 | 5.23 | 6.30 | 2.12 | 3.11 | 3.06 | 0.06 |
| 22 | 1023.7 | 10.24 | 13.84 | 11.05 | 72.20 | 2.20 | 5.20 | 6.30 | 2.12 | 3.08 | 3.04 | 0.04 |
| 23 | 1072.5 | 10.73 | 14.50 | 11.13 | 72.07 | 2.18 | 5.18 | 6.33 | 2.13 | 3.05 | 3.03 | 0.02 |
| 24 | 1121.2 | 11.21 | 15.15 | 11.21 | 71.59 | 2.15 | 5.15 | 6.33 | 2.13 | 3.02 | 3.01 | 0.01 |
| 25 | 1170.0 | 11.70 | 15.81 | 11.29 | 71.45 | 2.13 | 5.13 | 6.33 | 2.13 | 3.00 | 3.00 | 0.00 |
| | | | | | | | | | | | | |

참고 : ※1 $\omega = W_w/Ws \times 100$ ※2 $\varepsilon = \Delta H/H_0 \times 100[\%]$ ※3 $A' = \frac{A_0}{1-\varepsilon/100}$ ※4 $\Delta\sigma = \frac{R \times K_1}{A'}$ [%] ※5 $\sigma_1 = \Delta\sigma + \sigma_3$

※6 $p = (\sigma'_1 + \sigma'_3)/2$ ※7 $q = (\sigma'_1 - \sigma'_3)/2$

| 확인 | 이 용 준 (인) |
|---|---|

# 삼축압축시험 (축재하)

| 과 업 명 : A 상가 신축 | | 시험날짜 : 1996 년 11 월 24 일 |
|---|---|---|
| 조사위치 : 우만 아파트 | | 온도 19 [°C] 습도 69 [%] |
| 시료번호 : BH-4 | 시료위치 : 5.0 [m] ~ 6.0 [m] | 시험자 : 김 은 섭 |

| 시험 | | | |
|---|---|---|---|
| 시험 | 시험조건 (UU, CU, CD, **CUB**) | 시료상태 ( 교란, **비교란** ) | 배수조건 ( **비배수**, 상부, 하부, 상하부 ) |
| | 축재하방식 ( 응력, **변형률**, 병용 ) 제어 | 재하속도 0.027 [mm/min], | [km/cm$^2$/min] |

| 측 정 내 용 | | | 단위 | 공시체 1 | 공시체 2 | 공시체 3 | 공시체 4 |
|---|---|---|---|---|---|---|---|
| 측 압 $\sigma_3$ | | | kgf/cm$^2$ | 1.00 | 2.00 | 3.00 | |
| 파괴시 | 축 차 응 력 $\Delta\sigma_f$ | | kgf/cm$^2$ | 1.09 | 1.78 | 2.33 | |
| | 축 변 형 률 $\epsilon_f$ | | % | 11.52 | 8.36 | 8.57 | |
| | 최 대 주 응 력 $\sigma_{1f}$ | | kgf/cm$^2$ | 2.09 | 3.78 | 5.33 | |
| | 간극수압 | 간 극 수 압 $u_f$ | kgf/cm$^2$ | 0.80 | 1.43 | 2.07 | |
| | | 간 극 수 압 계 수 $A_f$ | | 0.73 | 0.81 | 0.88 | |
| | | 유효 최대 주응력 $\sigma_{1f}'$ | kgf/cm$^2$ | 1.29 | 2.35 | 3.26 | |

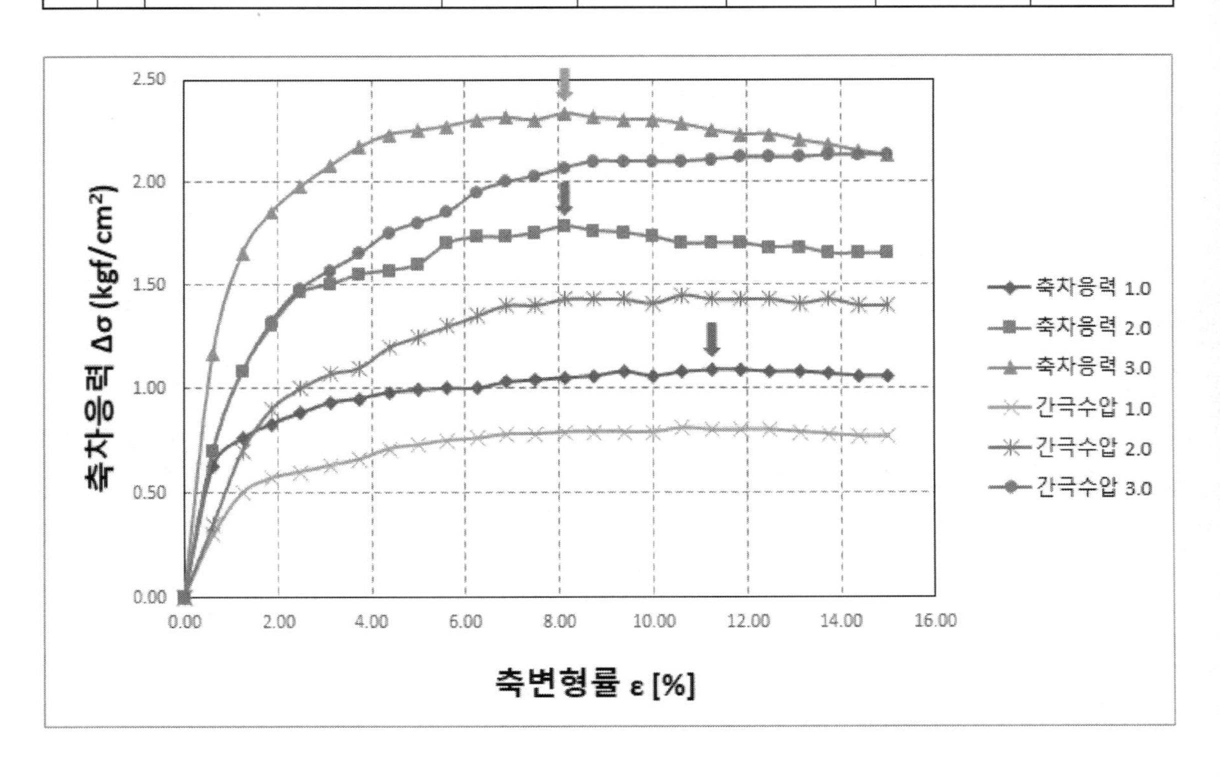

# 삼축압축시험

과 업 명 A상가신축공사 시험날짜 1996 년 11 월 20 일
조사위치 우만아파트 온도 19 [℃] 습도 68 [%]
시료번호 BH-4 시료위치 0.2 [m] ~ 1.0 [m] 시험자 김 은 섭

| 시험 조건 | 시험 조건 CUB | 지반분류 USCS SC | 시료 상태 ( 교란, **비교란** ) |
|---|---|---|---|
| | 축재하 방식 ( 응력, **변형율**, 병용 ) 제어 | 재하속도 ( 0.49 [㎜/min], ____ [kgf/㎠/min] ) | |

| 측 정 내 용 | | 단위 | 공시체 1 | 공시체 2 | 공시체 3 | 공시체 4 |
|---|---|---|---|---|---|---|
| 측 압 $\sigma_3$ | | kgf/㎠ | 1.0 | 2.0 | 3.0 | |
| 파괴시 | 축 차 응 력 $(\sigma_1-\sigma_3)_f$ | kgf/㎠ | 1.09 | 1.78 | 2.43 | |
| | 축변형율 $\epsilon_f$ | % | 11.25 | 8.75 | 8.13 | |
| | 간극수압 $u_f$ | kgf/㎠ | 0.80 | 1.45 | 2.13 | |
| | 간극수압계수 $A_f$ | % | 0.73 | 0.81 | 0.88 | |
| | 최대주응력 $\sigma_{1f}$ | kgf/㎠ | 1.29 | 2.33 | 3.30 | |
| | 축변형율 $\epsilon_{1f}$ | % | 10.63 | 10.63 | 13.75 | |

참 고 : ※1 $A_f = u_f/(\sigma_1-\sigma_3)_f$

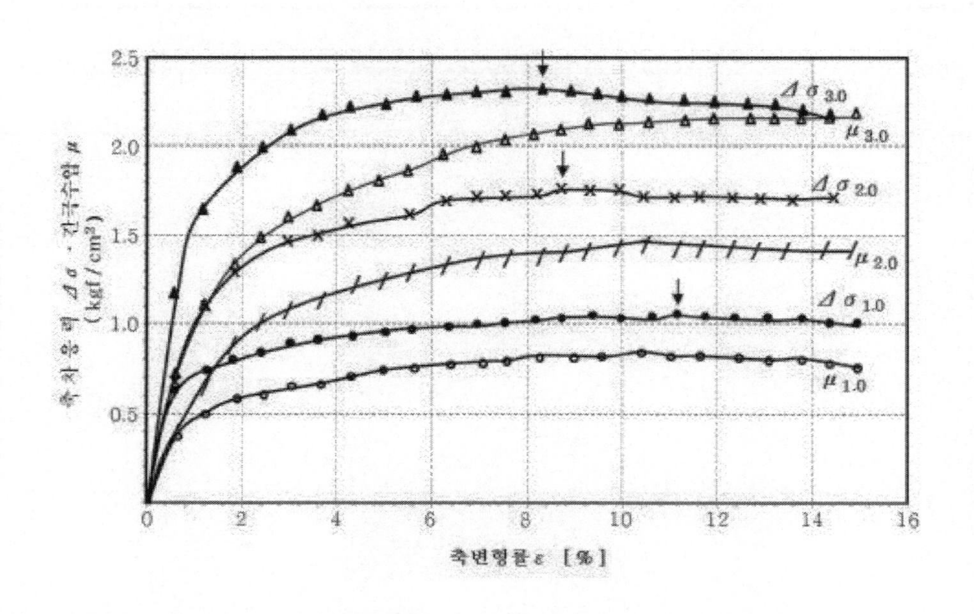


| 확인 | 이 용 준 (인) |
|---|---|

# 삼축압축시험(Mohr-Coulomb 파괴포락선, $p-q$ 관계곡선)

과 업 명 A공장신축 시험날짜 1996 년 11 월 16 일
조사위치 시화매립지 온도 19 [℃] 습도 68 [%]
시료번호 BH-1 시료위치 0.2 [m] ~ 1.0 [m] 시험자 김 은 섭

| 강 도 정 수 | $c$ [kgf/cm²] | Φ [ °] | $c'$ [kgf/cm²] | Φ' [ °] |
|---|---|---|---|---|
| 정 규 압 밀 영 역 | 0.16 | 14 | | |
| 과 압 밀 영 역 | | | | |

**Mohr-Coulomb 파괴포락선**

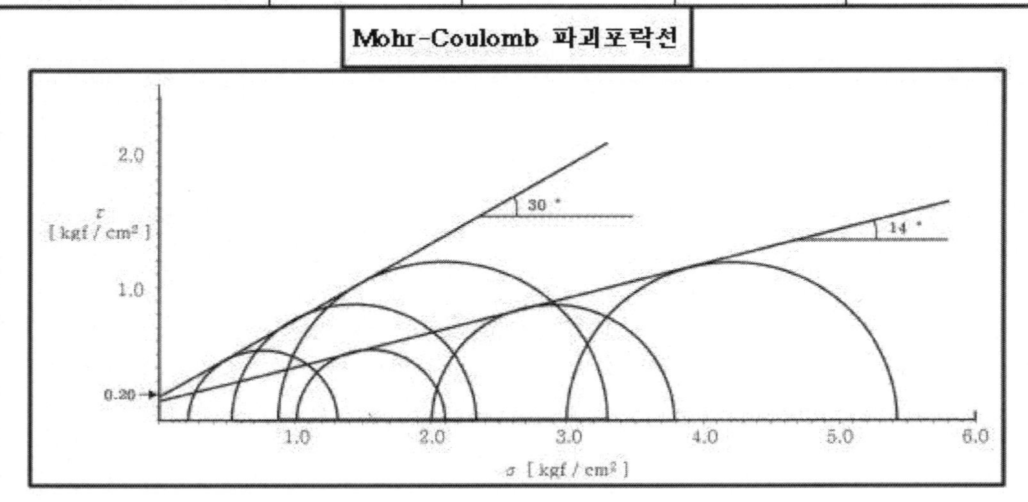


$(\sigma_1-\sigma_3)$ - $\sigma_3$ 관계
$p$ - $q$ 관 계

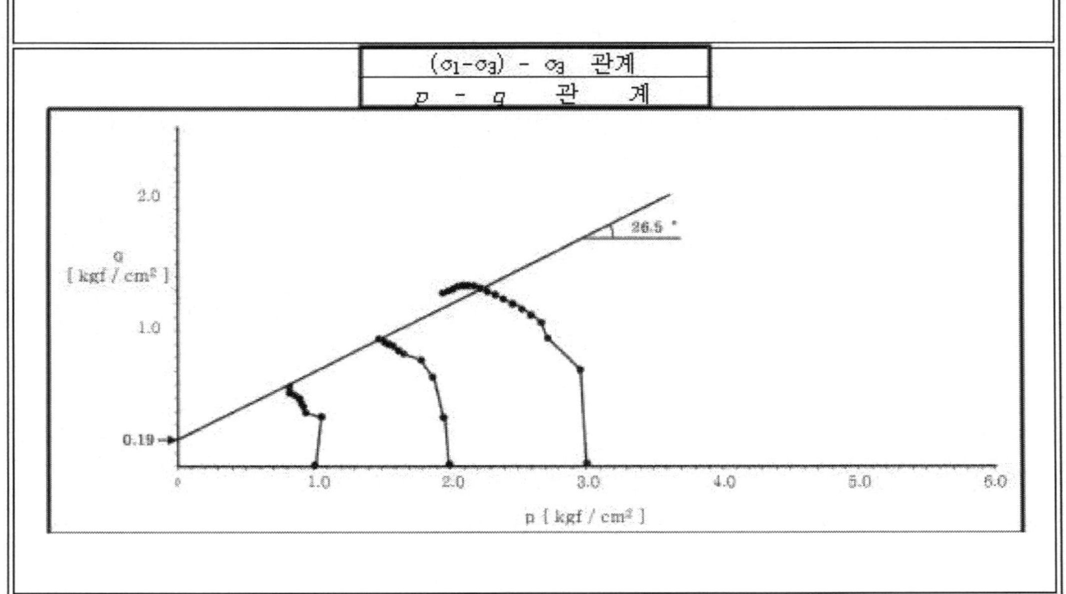


| 확 인 | 이 용 준 ( 인 ) |
|---|---|

# 삼축압축시험(압밀과정)

과 업 명 A상가신축　　시험날짜 1996 년 11 월 20 일

조사위치 우만아파트　　온도 19 [℃]　　습도 68 [%]

시료번호 BH-4　　시료위치 0.2 [m] ~ 1.0 [m]　　시험자 김 은 섭

| 시험 | 시험조건 (CU, CUB, **CD**) | 시료 상태 ( 교란 **비교란** ) | 압밀 배수조건 (비배수, 상부, **하부**, 상하부) |
|---|---|---|---|
| 지반 | 지반분류USCS SC | 액성한계 $w_L$ 46.0 [%] | 소성한계 $w_P$ 17.2 [%] | 비중 $G_s$ 2.63 |
| 함수비 | ( 습윤시료+용기 ) 무게 $W_t$ 84.03 [gf] | 용기 무게 $W_c$ 35.70 [gf] | (건조시료+용기) 무게 $W_d$ 76.55 [gf] | 함수비 $w_0$ 18.3 [%] |

| 측정 내용 | | | 단위 | 공시체 1 | 공시체 2 | 공시체 3 |
|---|---|---|---|---|---|---|
| 측압 | | | kgf/cm² | 0.5 | 1.0 | 2.0 |
| 압밀전 | 시료직경 | $D_o$ | cm | 3.5 | 3.5 | 3.5 |
| | 시료높이 | $H_o$ | cm | 7.8 | 7.8 | 7.8 |
| | 시료단면적 | ※1 $A_o$ | cm² | 9.6 | 9.6 | 9.6 |
| | 시료체적 | ※2 $V_o$ | cm³ | 74.9 | 74.9 | 74.9 |
| | 시료무게 | $W_t$ | gf | 142.27 | 139.92 | 140.04 |
| | 시료습윤단위중량 | ※3 $\gamma_t$ | gf/cm³ | 1.90 | 1.87 | 1.87 |
| | 건조시료무게 | $W_d$ | gf | 120.26 | 118.28 | 118.28 |
| | 함수비 | ※4 $w_o$ | % | 18.3 | 18.3 | 18.3 |
| | 간극비 | ※5 $e_o$ | | 0.64 | 0.66 | 0.66 |
| | 포화도 | ※6 $S_o$ | % | 75.2 | 72.92 | 72.92 |
| 압밀후 | 체적변화 | $\Delta V$ | cm³ | 5.18 | 7.87 | 12.07 |
| | 압밀시간 | $t$ | min | 1440 | 1440 | 1440 |
| | 간극비 | ※7 $e_c$ | | 0.57 | 0.55 | 0.50 |
| | 온도 | | ℃ | 17 | 18 | 18 |

| | 경과시간 | 0″ | 8″ | 15″ | 30″ | 1′ | 2′ | 4′ | 8′ | 15′ | 30′ | 1 | 2 | 4 | 8 | 16 | 24 |
|---|---|---|---|---|---|---|---|---|---|---|---|---|---|---|---|---|---|
| 공시체 1 | 체적읽음 | 5.3 | 5.5 | 6.1 | 6.6 | 7.4 | 8.3 | 8.9 | 9.3 | 9.6 | 9.9 | 10.0 | 10.1 | 10.3 | 10.4 | 10.4 | 10.4 |
| | 배수량[cm³] | 0 | 0.2 | 0.8 | 1.3 | 2.1 | 3.0 | 3.6 | 4.0 | 4.3 | 4.6 | 4.7 | 4.8 | 5.0 | 5.1 | 5.1 | 5.1 |
| 공시체 2 | 체적읽음 | 11.8 | 12.2 | 12.7 | 13.3 | 14.1 | 15.2 | 16.1 | 16.8 | 17.3 | 17.7 | 17.9 | 18.1 | 18.2 | 18.4 | 18.4 | 18.4 |
| | 배수량[cm³] | 0 | 0.4 | 0.9 | 1.5 | 2.2 | 3.4 | 4.2 | 5.0 | 5.5 | 5.9 | 6.1 | 6.3 | 6.4 | 6.6 | 6.6 | 6.6 |
| 공시체 3 | 체적읽음 | 10.8 | 11.3 | 12.0 | 13.3 | 14.5 | 16.6 | 18.1 | 18.8 | 19.3 | 19.8 | 20.0 | 20.1 | 20.3 | 20.4 | 20.6 | 20.6 |
| | 배수량[cm³] | 0 | 0.5 | 1.2 | 2.5 | 3.7 | 5.8 | 7.3 | 8.0 | 8.5 | 9.0 | 9.2 | 9.3 | 9.5 | 9.6 | 9.8 | 9.8 |

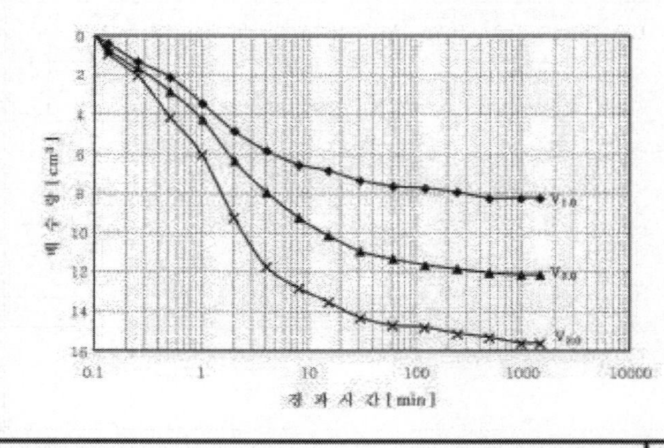


※1 $A_o = \pi \dfrac{D_o^2}{4}$　　※2 $V_o = A_o \cdot H_o$

※3 $\gamma_t = \dfrac{(W_t - W_c)}{V_o}$　　※4 $w_o = \dfrac{W_t - W_d}{W_d - W_c} \times 100$

※5 $e_o = \dfrac{V_o}{V_s} - 1$　　$V_s = \dfrac{W_d}{G_s \cdot \gamma_w}$

※6 $S_o = \dfrac{G_s}{e_o} \cdot w_o$　　※7 $e_c = e_o - \dfrac{\Delta V}{V_s}$

| 확인 | 이 용 준 (인) |
|---|---|

# 삼축압축시험 (축재하)

과 업 명 : A 상가신축 시험날짜 : 1996 년 11 월 28 일

조사위치 : 우만아파트 온도 : 18 [℃] 습도 : 68 [%]

시료번호 : BH-4 시료위치 : 5.0 [m] ~ 6.0 [m] 시험자 : 김 은 섭

| | | | | | |
|---|---|---|---|---|---|
| 시험 | 시험조건 (UU, CU, **CD**, CUB) | 시료상태 ( 교란, **비교란** ) | | 배수조건 ( 비배수, 상부, 하부, **상하부** ) | |
| | 축재하방식 ( 응력, **변형률**, 병용 ) 제어 | 재하속도 0.027 [mm/min], | | [km/cm²/min] | |
| | 시료직경 $D_0$ 3.51 [cm] | 단면적 $A_0$ 9.61 [cm²] | 시료높이 $H_0$ 8.01 [cm] | 체적 $V_0$ 76.976 [cm³] | |
| | 입력실번호 : No.1 | 측압 $\sigma_3$ 0.5 [kgf/cm²] | | 사용 측액 ( **물**, 글리세린, 기타 ) | |
| | 시험기모델 | 축력측정( 프르빙링, **로드셀** ) | | 축력계비례상수 $K_1$ 0.3367 | |
| 압밀 | 압밀조건( **등방**, 비등방 ) 압밀 | 체적압축량 ΔV [cm³] | | 압밀후시료높이 $H_{c0}$ 7.64 [cm] | |
| | 시험 전 습윤단위중량 | ( 습윤공시체 + 용기 ) 무게 $W_{tc}$ [gf]<br>습윤공시체 무게 $W_t$ [gf] | | 용기 무게 $W_c$ [gf]<br>습윤단위중량 $\gamma_t$ [gf/cm²] | |
| | 시험 후 함수비 | ( 습윤공시체 + 용기 ) 무게 $W_{tc1}$ [gf]<br>( 건조공시체 + 용기 ) 무게 $W_{dc}$ [gf]<br>증발 물무게 $W_w$ [gf] | | 용기 무게 $W_c$ [gf]<br>건조공시체 무게 $W_d$ [gf]<br>함수비 ω※1 [%] | |

| ① | ② | ③ | ④ | ⑤ | ⑥ | ⑦ | ⑧ | ⑨ | ⑩ |
|---|---|---|---|---|---|---|---|---|---|
| 측정 시간 [min] | 측 압 축 량 | | | 단면적 | 축차응력 | | 최대 주응력 $\sigma_1$※5 [kgf/cm²] | p※6 [kgf/cm²] | q※7 [kgf/cm²] |
| | 축 압축량 읽음 | 축 압축량 ΔH [mm] | 축 변형률 ε※2 | A'※3 [cm²] | 축력 읽음 R | 축차응력 Δσ※4 [kgf/cm²] | | | |
| 0 | 0.0 | 0.00 | 0.00 | 9.60 | 0.00 | 0.00 | 0.50 | 0.500 | 0.000 |
| 15 | 39.0 | 0.39 | 0.49 | 9.65 | 9.50 | 0.32 | 0.82 | 0.660 | 0.160 |
| 30 | 78.0 | 0.78 | 0.99 | 9.70 | 19.60 | 0.66 | 1.16 | 0.830 | 0.330 |
| 45 | 117.0 | 1.17 | 1.48 | 9.75 | 25.25 | 0.85 | 1.35 | 0.925 | 0.425 |
| 60 | 156.0 | 1.56 | 2.00 | 9.80 | 29.70 | 1.00 | 1.50 | 1.000 | 0.500 |
| 75 | 199.8 | 2.00 | 2.53 | 9.85 | 33.56 | 1.13 | 1.63 | 1.065 | 0.565 |
| 90 | 240.3 | 2.40 | 3.04 | 9.91 | 36.53 | 1.23 | 1.73 | 1.115 | 0.615 |
| 105 | 273.0 | 2.73 | 3.46 | 9.95 | 37.72 | 1.27 | 1.77 | 1.185 | 0.635 |
| 120 | 321.7 | 3.22 | 4.07 | 10.01 | 38.31 | 1.29 | 1.79 | 1.145 | 0.645 |
| 135 | 360.7 | 3.61 | 4.56 | 10.07 | 38.61 | 1.32 | 1.82 | 1.160 | 0.660 |
| 150 | 399.7 | 4.00 | 5.06 | 10.12 | 38.02 | 1.28 | 1.78 | 1.140 | 0.640 |
| 165 | 436.8 | 4.37 | 5.53 | 10.17 | 37.22 | 1.27 | 1.77 | 1.135 | 0.635 |
| 180 | 477.7 | 4.78 | 6.05 | 10.23 | 37.72 | 1.27 | 1.77 | 1.135 | 0.635 |
| 195 | 516.7 | 5.17 | 6.54 | 10.28 | 37.13 | 1.25 | 1.75 | 1.125 | 0.625 |
| 210 | 558.6 | 5.59 | 7.07 | 10.34 | 36.23 | 1.22 | 1.72 | 1.110 | 0.610 |
| 225 | 594.7 | 5.95 | 7.50 | 10.39 | 35.64 | 1.20 | 1.70 | 1.100 | 0.600 |
| 240 | 633.7 | 6.34 | 8.02 | 10.45 | 34.75 | 1.17 | 1.67 | 1.085 | 0.585 |
| 255 | 672.7 | 6.73 | 8.52 | 10.51 | 34.16 | 1.15 | 1.65 | 1.075 | 0.575 |
| 270 | 721.5 | 7.22 | 9.14 | 10.58 | 34.15 | 1.15 | 1.65 | 1.075 | 0.575 |
| 285 | 764.0 | 7.64 | 9.67 | 10.64 | 32.97 | 1.11 | 1.61 | 1.055 | 0.555 |
| 300 | 809.2 | 8.09 | 10.25 | 10.71 | 32.67 | 1.10 | 1.60 | 1.050 | 0.550 |
| 315 | 851.1 | 8.51 | 10.78 | 10.78 | 32.37 | 1.09 | 1.59 | 1.045 | 0.545 |
| 330 | 895.0 | 8.95 | 11.33 | 10.84 | 32.28 | 1.08 | 1.58 | 1.040 | 0.540 |
| 345 | 981.7 | 9.82 | 12.12 | 10.92 | 31.50 | 1.06 | 1.56 | 1.030 | 0.530 |
| 360 | 994.5 | 9.95 | 12.60 | 11.00 | 31.45 | 1.06 | 1.56 | 1.030 | 0.530 |
| | | | | | | | | | |

참고 : ※1 $\omega = W_w/Ws \times 100$ ※2 $\varepsilon = \Delta H/H_0 \times 100[\%]$ ※3 $A' = \frac{A_0}{1 \ \varepsilon/100}$ ※4 $\Delta\sigma = \frac{R \times K_1}{A'}$ [%] ※5 $\sigma_1 = \Delta\sigma + \sigma_3$

※6 $p = (\sigma'_1 + \sigma'_3)/2$ ※7 $q = (\sigma'_1 - \sigma'_3)/2$

확인 이 용 준 (인)

# 삼축압축시험 (축재하)

과 업 명 : A 상가신축 　　　　　　　　　　　시험날짜 1996 년 11 월 28 일
조사위치 : 우만아파트 　　　　　　　　　　　온도 : 19 [℃] 습도 : 68 [%]
시료번호 : BH-4 시료위치 : 5.0 [m] ~ 6.0 [m] 　　　　　시험자 : 김 은 섭

**시험**

| 시험조건 ( UU, CU, **CD**, CUB) | 시료상태 ( 교란, **비교란** ) | 배수조건 ( 비배수, 상부, 하부, **상하부** ) |
|---|---|---|
| 축재하 방식 ( 응력, **변형률**, 병용 ) 제어 | 재하속도 : 0.027 [mm/min], | [km/cm²/min] |
| 시료직경 $D_0$ 3.50 [cm] | 단면적 $A_0$ 9.61 [cm²] / 시료높이 $H_0$ 8.00 [cm] | 체적 $V_0$ 76.88 [cm³] |
| 입력실 번호 : No.2 | 측압 $\sigma_3$ 1.0 [kgf/cm²] | 사용 측액 ( **물**, 글리세린, 기타 ) |
| 시험기 모델 : | 축력측정 ( 프르빙 링, **로드셀** ) | 축력계 비례상수 $K_1$ : 0.3367 |

**압밀**

| 압밀조건 ( **등방**, 비등방 ) 압밀 | 체적압축량 ΔV [cm³] | 압밀후 시료높이 $H_{c0}$ 7.55 [cm] |
|---|---|---|
| 시험 전 습윤단위중량 | ( 습윤공시체 + 용기) 무게 $W_{tc}$ [gf]<br>습윤공시체 무게 $W_t$ [gf] | 용기 무게 $W_c$ [gf]<br>습윤단위중량 $\gamma_t$ [gf/cm²] |
| 시험 후 함수비 | ( 습윤공시체 + 용기 ) 무게 $W_{tc1}$ [gf]<br>( 건조공시체 + 용기 ) 무게 $W_{dc}$ [gf]<br>증발 물무게 $W_w$ [gf] | 용기 무게 $W_c$ [gf]<br>건조공시체 무게 $W_d$ [gf]<br>함수비 ω※1 [%] |

| ① | ② | ③ | ④ | ⑤ | ⑥ | ⑦ | ⑧ | ⑨ | ⑩ |
|---|---|---|---|---|---|---|---|---|---|
| 측정 시간 [min] | 축 압 축 량 | | | 단면적 | 축차응력 | | 최대 주응력 | | |
| | 축 압축량 읽음 | 축압축량 ΔH [mm] | 축 변형률 ε※2 | A'※3 [cm²] | 축력 읽음 R | 축차응력 Δσ※4 [kgf/cm²] | $\sigma_1$※5 [kgf/cm²] | p※6 [kgf/cm²] | q※7 [kgf/cm²] |
| 0 | 0.0 | 0.00 | 0.00 | 9.60 | 0.00 | 0.00 | 1.00 | 1.000 | 0.000 |
| 15 | 39.0 | 0.39 | 0.45 | 9.65 | 16.35 | 0.55 | 1.55 | 1.275 | 0.275 |
| 30 | 78.0 | 0.78 | 0.95 | 9.70 | 26.14 | 0.88 | 1.88 | 1.440 | 0.440 |
| 45 | 117.0 | 1.17 | 1.50 | 9.75 | 33.56 | 1.13 | 2.13 | 1.565 | 0.565 |
| 60 | 156.0 | 1.56 | 2.00 | 9.80 | 40.69 | 1.37 | 2.37 | 1.685 | 0.685 |
| 75 | 199.8 | 2.00 | 2.56 | 9.85 | 42.66 | 1.47 | 2.47 | 1.735 | 0.735 |
| 90 | 244.3 | 2.44 | 3.05 | 9.91 | 46.03 | 1.55 | 2.55 | 1.775 | 0.775 |
| 105 | 273.0 | 2.73 | 3.50 | 9.95 | 51.08 | 1.72 | 2.72 | 1.860 | 0.860 |
| 120 | 321.7 | 3.22 | 4.12 | 10.01 | 53.46 | 1.80 | 2.80 | 1.900 | 0.900 |
| 135 | 360.7 | 3.61 | 4.62 | 10.07 | 56.43 | 1.90 | 2.90 | 1.950 | 0.950 |
| 150 | 399.7 | 4.00 | 5.12 | 10.12 | 60.03 | 2.02 | 3.02 | 2.010 | 1.010 |
| 165 | 436.8 | 4.37 | 5.60 | 10.17 | 61.18 | 2.06 | 3.06 | 2.030 | 1.030 |
| 180 | 477.7 | 4.78 | 6.15 | 10.23 | 63.26 | 2.13 | 3.13 | 2.065 | 1.065 |
| 195 | 516.7 | 5.17 | 6.62 | 10.28 | 64.15 | 2.16 | 3.76 | 2.380 | 1.380 |
| 210 | 558.6 | 5.59 | 7.16 | 10.34 | 63.26 | 2.13 | 3.13 | 2.065 | 1.065 |
| 225 | 594.7 | 5.95 | 7.62 | 10.39 | 60.90 | 2.05 | 3.05 | 2.025 | 1.025 |
| 240 | 633.7 | 6.34 | 8.12 | 10.45 | 57.91 | 1.95 | 2.95 | 1.975 | 0.975 |
| 255 | 672.7 | 6.73 | 8.62 | 10.51 | 53.76 | 1.81 | 2.81 | 1.905 | 0.905 |
| 270 | 721.5 | 7.22 | 9.25 | 10.58 | 52.87 | 1.78 | 2.78 | 1.890 | 0.890 |
| 285 | 764.0 | 7.64 | 9.79 | 10.64 | 51.68 | 1.74 | 2.74 | 1.870 | 0.870 |
| 300 | 809.2 | 8.09 | 10.37 | 10.71 | 50.50 | 1.70 | 2.70 | 1.850 | 0.850 |
| 315 | 851.1 | 8.51 | 10.91 | 10.78 | 49.02 | 1.65 | 2.65 | 1.825 | 0.825 |
| 330 | 895.0 | 8.95 | 11.47 | 10.84 | 49.05 | 1.65 | 2.65 | 1.825 | 0.825 |
| 345 | 945.7 | 9.46 | 12.12 | 10.92 | 46.04 | 1.55 | 2.55 | 1.775 | 0.775 |
| 360 | 994.5 | 9.95 | 12.75 | 11.00 | 45.15 | 1.52 | 2.52 | 1.760 | 0.760 |

참고 : ※1 $\omega = W_w/Ws \times 100$ ※2 $\varepsilon = \Delta H/H_0 \times 100[\%]$ ※3 $A' = \frac{A_0}{1-\varepsilon/100}$ ※4 $\Delta\sigma = \frac{R \times K_1}{A'}$ [%] ※5 $\sigma_1 = \Delta\sigma + \sigma_3$
※6 $p = (\sigma'_1 + \sigma'_3)/2$ ※7 $q = (\sigma'_1 - \sigma'_3)/2$

확인 이 용 준 (인)

# 삼축압축시험(축재하)

과 업 명 : A 상가신축　　　　시험날짜 : 1996 년 11 월 28 일
조사위치 : 우만아파트　　　　온도 : 19 [℃]　습도 : 68 [%]
시료번호 : BH-4　시료위치 : 5.0 [m] ~ 6.0 [m]　　시험자 : 김 은 섭

| | | | |
|---|---|---|---|
| 시험 | 시험조건 (UU, CU, **CD**, CUB) | 시료상태 ( 교란, **비교란** ) | 배수조건 ( 비배수, 상부, 하부, **상하부** ) |
| | 축재하방식 ( 응력, 변형률, 병용 ) 제어 | 재하속도 : 0.027 [mm/min], [km/cm²/min] | |
| | 시료직경 $D_0$ 3.50 [cm] | 단면적 $A_0$ 9.60 [cm²] / 시료높이 $H_0$ 8.01 [cm] | 체적 $V_0$ 76.896 [cm³] |
| | 입력실번호 : No.3 | 측압 $\sigma_3$ 2.0 [kgf/cm²] | 사용 측액 ( **물**, 글리세린, 기타 ) |
| | 시험기모델 : | 축력측정 ( 프르빙링, **로드셀** ) | 축력계 비례상수 $K_1$ 0.3367 |
| 압밀 | 압밀조건 ( **등방**, 비등방 ) 압밀 | 체적 압축량 ΔV 16.50 [cm³] | 압밀후 시료높이 $H_{c0}$ 7.41 [cm] |
| | 시험 전 습윤단위중량 | ( 습윤 공시체 + 용기 ) 무게 $W_{tc}$ [gf]<br>습윤 공시체 무게 $W_t$ [gf] | 용기무게 $W_c$ [gf]<br>습윤 단위중량 $\gamma_t$ [gf/cm²] |
| | 시험 후 함수비 | ( 습윤 공시체 + 용기 ) 무게 $W_{tc1}$ [gf]<br>( 건조 공시체 + 용기 ) 무게 $W_{dc}$ [gf]<br>증발 물무게 $W_w$ [gf] | 용기 무게 $W_c$ [gf]<br>건조 공시체 무게 $W_d$ [gf]<br>함수비 ω※1 [%] |

| ① | ② | ③ | ④ | ⑤ | ⑥ | ⑦ | ⑧ | ⑨ | ⑩ |
|---|---|---|---|---|---|---|---|---|---|
| 측정 시간 | 측 압 축 량 | | | 단면적 | 축차응력 | | 최대 주응력 | | |
| [min] | 축 압축량 읽음 | 축압축량 ΔH [mm] | 축 변형율 ε※2 | A'※3 [cm²] | 축력 읽음 R | 축차응력 Δσ※4 [kgf/cm²] | $\sigma_1$※5 [kgf/cm²] | p※6 [kgf/cm²] | q※7 [kgf/cm²] |
| 0 | 0.0 | 0.00 | 0.00 | 9.60 | 0.00 | 0.00 | 2.00 | 2.000 | 0.000 |
| 15 | 39.0 | 0.39 | 0.50 | 9.65 | 28.15 | 0.95 | 2.95 | 1.475 | 0.475 |
| 30 | 78.0 | 0.78 | 1.00 | 9.70 | 45.45 | 1.53 | 3.53 | 2.765 | 0.765 |
| 45 | 117.0 | 1.17 | 1.50 | 9.75 | 54.95 | 1.85 | 3.85 | 2.925 | 0.925 |
| 60 | 156.0 | 1.56 | 2.00 | 9.80 | 65.34 | 2.20 | 4.20 | 3.100 | 1.100 |
| 75 | 199.8 | 2.00 | 2.56 | 9.85 | 76.63 | 2.58 | 4.58 | 3.290 | 1.290 |
| 90 | 240.3 | 2.40 | 3.08 | 9.91 | 83.16 | 2.80 | 4.80 | 3.400 | 1.400 |
| 105 | 276.0 | 2.76 | 3.45 | 9.95 | 88.22 | 2.97 | 4.97 | 3.485 | 1.485 |
| 120 | 321.7 | 3.22 | 4.12 | 10.01 | 96.53 | 3.25 | 5.25 | 3.625 | 1.625 |
| 135 | 360.7 | 3.61 | 4.62 | 10.07 | 98.01 | 3.30 | 5.30 | 3.650 | 1.650 |
| 150 | 399.7 | 4.00 | 5.12 | 10.12 | 102.48 | 3.45 | 5.45 | 3.725 | 1.725 |
| 165 | 436.8 | 4.37 | 5.60 | 10.17 | 106.33 | 3.58 | 5.58 | 3.790 | 1.790 |
| 180 | 477.7 | 4.78 | 6.12 | 10.23 | 109.30 | 3.68 | 5.68 | 3.840 | 1.840 |
| 195 | 516.7 | 5.17 | 6.62 | 10.28 | 107.81 | 3.63 | 5.63 | 3.815 | 1.815 |
| 210 | 558.6 | 5.59 | 7.16 | 10.34 | 106.92 | 3.60 | 5.60 | 3.800 | 1.800 |
| 225 | 594.7 | 5.95 | 7.62 | 10.39 | 103.95 | 3.50 | 5.50 | 3.750 | 1.750 |
| 240 | 633.7 | 6.34 | 8.12 | 10.45 | 101.55 | 3.42 | 5.42 | 3.710 | 1.710 |
| 255 | 672.7 | 6.73 | 8.62 | 10.51 | 99.50 | 3.35 | 5.35 | 3.675 | 1.675 |
| 270 | 721.5 | 7.22 | 9.25 | 10.58 | 95.05 | 3.20 | 5.20 | 3.600 | 1.600 |
| 285 | 764.0 | 7.64 | 9.79 | 10.64 | 90.58 | 3.05 | 5.05 | 3.525 | 1.525 |
| 300 | 809.2 | 8.09 | 10.37 | 10.71 | 89.10 | 3.00 | 5.00 | 3.500 | 1.500 |
| 315 | 851.1 | 8.51 | 10.91 | 10.78 | 86.72 | 2.92 | 4.92 | 3.460 | 1.460 |
| 330 | 895.0 | 8.95 | 11.47 | 10.84 | 80.78 | 2.72 | 4.72 | 3.360 | 1.360 |
| 345 | 945.7 | 9.46 | 12.12 | 10.92 | 80.22 | 2.70 | 4.70 | 3.350 | 1.350 |
| 360 | 994.5 | 9.95 | 12.75 | 11.00 | 74.25 | 2.50 | 4.50 | 3.250 | 1.250 |
| | | | | | | | | | |

참고 : ※1 $\omega = W_w/Ws \times 100$　※2 $\varepsilon = \Delta H/H_0 \times 100[\%]$　※3 $A' = \frac{A_0}{1-\varepsilon/100}$　※4 $\Delta\sigma = \frac{R \times K_1}{A'}$ [%]　※5 $\sigma_1 = \Delta\sigma + \sigma_3$
※6 $p = (\sigma'_1 + \sigma'_3)/2$　※7 $q = (\sigma'_1 - \sigma'_3)/2$

확인 이 용 준 (인)

# 삼축압축시험(축재하)

| 과 업 명 : A 상가신축 | | 시험날짜 : 1996 년 11 월 28 일 |
|---|---|---|
| 조사위치 : 우만아파트 | | 온도 : 19 [℃] 습도 : 68 [%] |
| 시료번호 : BH-4 | 시료위치 : 5.0 [m] ~ 6.0 [m] | 시험자 : 김 은 섭 |

| 시험 | 시험조건 (UU, CU, **CD**, CUB) | 시료상태 ( 교란, **비교란** ) | 배수조건 ( 비배수, 상부, 하부, **상하부** ) |
|---|---|---|---|
| | 축재하 방식 ( 응력, **변형률**, 병용 ) 제어 | 재하속도 : 0.027 [mm/min], | [km/cm$^2$/min] |

| 측 정 내 용 | | 단위 | 공시체 1 | 공시체 2 | 공시체 3 | 공시체 4 |
|---|---|---|---|---|---|---|
| 측압 $\sigma_3$ | | [kgf/cm$^2$] | 0.50 | 1.00 | 2.00 | |
| 파괴시 | 축 차 응 력 $\Delta\sigma_f$ | [kgf/cm$^2$] | 1.32 | 2.16 | 3.68 | |
| | 축 변 형 률 $\epsilon_f$ | [%] | 4.56 | 6.62 | 6.12 | |
| | 최 대 주 응 력 $\sigma_{1f}$ | [kgf/cm$^2$] | 1.82 | 3.76 | 5.68 | |

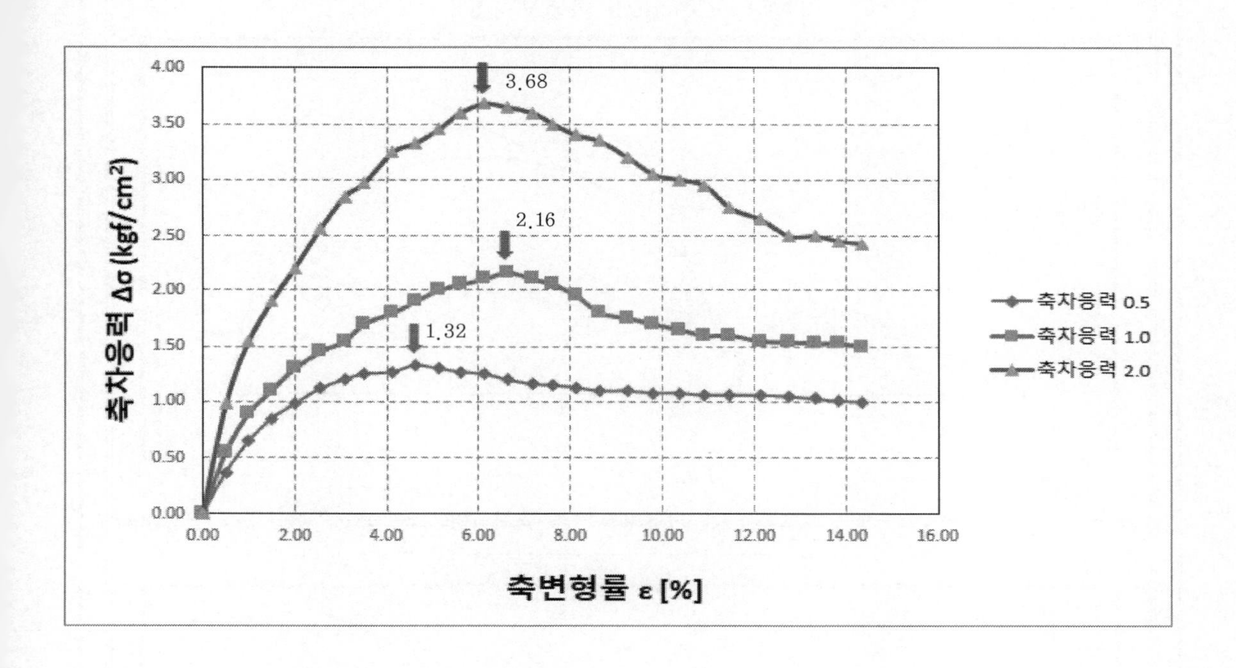

# 삼축압축시험(Mohr-Coulomb 파괴포락선, $p-q$ 관계곡선)

과 업 명 A공장신축 시험날짜 1996 년 11 월 16 일
조사위치 시화매립지 온도 19 [℃] 습도 68 [%]
시료번호 BH-1 시료위치 0.2 [m] ~ 1.0 [m] 시험자 김 은 섭

| 강 도 정 수 | $c$ [kgf/cm²] | ϕ [ °] | $c'$ [kgf/cm²] | ϕ' [ °] |
|---|---|---|---|---|
| 정 규 압 밀 영 역 | 0.15 | 27 | | |
| 과 압 밀 영 역 | | | | |

**Mohr-Coulomb 파괴포락선**

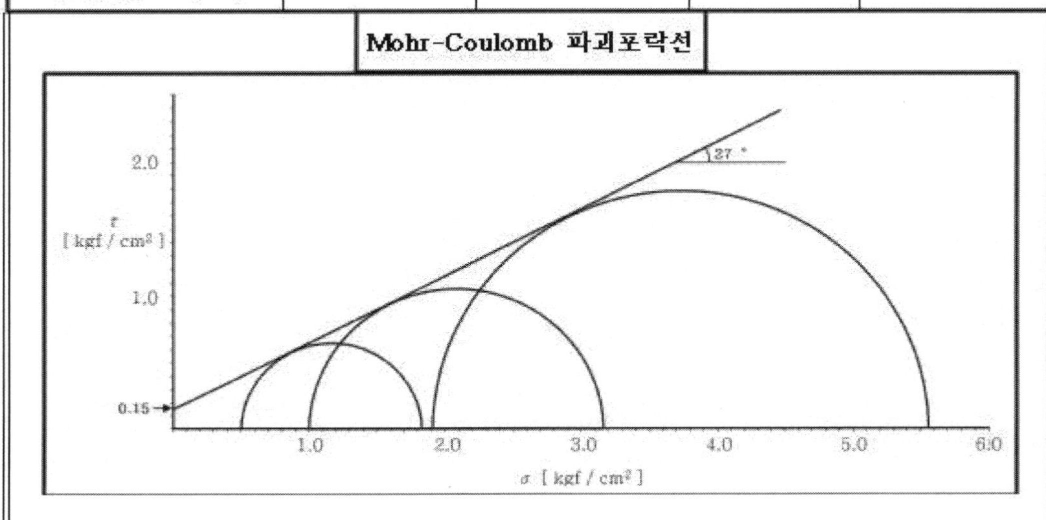


$(\sigma_1-\sigma_3)$ - $\sigma_3$ 관계

$p$ - $q$ 관 계

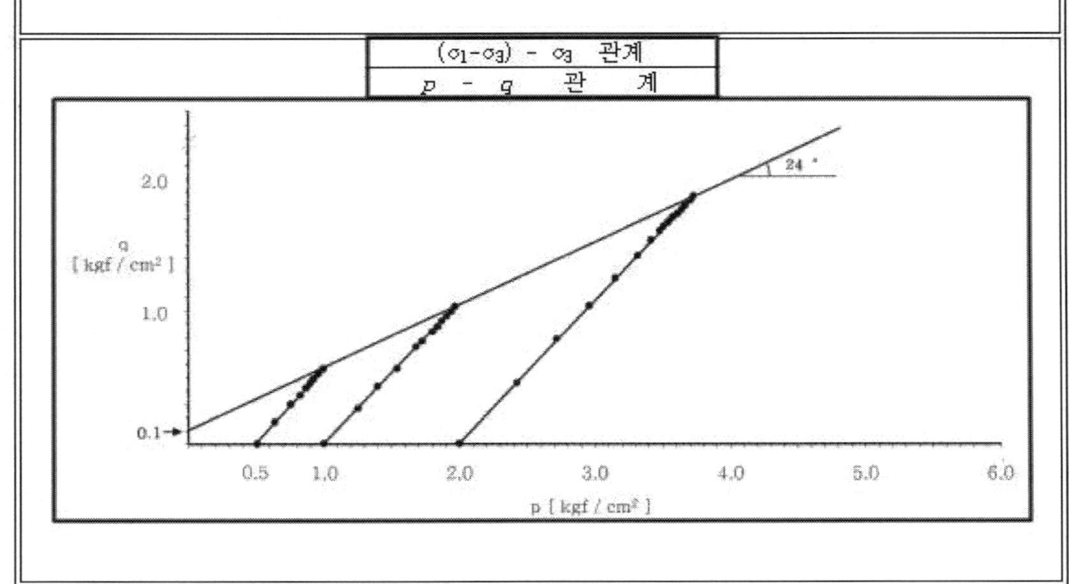


| 확 인 | 이 용 준 ( 인 ) |
|---|---|

# 직접전단시험(측정데이터)

과 업 명 토질역학실험 3조　　시험날짜 1997 년 3 월 30 일

조사위치 아주대학교 다산관　　온도 17 [℃]　　습도 65 [%]

시료번호 B-4　　시료위치 0.3 [m] ~ 0.7 [m]　　시험자 김 용 설

| | | |
|---|---|---|
| 재하 | 재하방법 (응력, **변형율**, 병용) 제어 | 재하속도 (0.66 [mm/min] ___[kgf/cm²/min]) |
| 시료 | 분류 USCS SP | 시료상태 (**교란**, 불교란) |
| 시험기 | 모델 DA 492A | 전단력계 비례상수 $K_1$ 0.3369 |

| 시험내용 | | 단위 | 공시체 No.1 | 공시체 No.2 | 공시체 No.3 |
|---|---|---|---|---|---|
| 칫수 직경 $D_o$ / 높이 $H_o$ | | [cm] | 6.0/2.0 | 6.0/2.0 | 6.0/2.0 |
| 시험전 | 용기번호/무게 | [gf] | 가/74.98 | 나/74.98 | 다/76.94 |
| | (공시체+용기) 무게 | [gf] | 186.78 | 186.92 | 189.29 |
| | 공시체 무게 $W_t$ | [gf] | 111.80 | 111.94 | 112.35 |
| | 습윤단위중량 $\gamma_t$ | [gf/cm³] | 1.98 | 1.98 | 1.99 |
| 시험후 | 용기번호 / 무게 | [gf] | 가/74.98 | 나/74.98 | 다/76.94 |
| | (건조 공시체+용기) 무게 | [gf] | 169.25 | 169.68 | 171.91 |
| | 공시체 건조 무게 $W_d$ | [gf] | 94.27 | 94.70 | 94.97 |
| | 공시체 건조단위중량 $\gamma_d$ | [gf/cm³] | 1.67 | 1.68 | 1.68 |
| 공시체함수비 $W_o=(W_t-W_d)/W_d$ | | % | 18.60 | 18.20 | 18.30 |
| 수직압력 $\sigma$ | | [kgf/cm²] | 0.50 | 1.00 | 2.00 |

| 공시체 No. 1 | | | | 공시체 No. 2 | | | | 공시체 No. 3 | | | |
|---|---|---|---|---|---|---|---|---|---|---|---|
| 수평 변위 $D\times\frac{1}{100}$ [mm] | 연직 변위 $V\times\frac{1}{100}$ [mm] | 전단력 읽음 | 전단 응력 $\tau$ [kgf/cm²] | 수평 변위 $D\times\frac{1}{100}$ [mm] | 연직 변위 $V\times\frac{1}{100}$ [mm] | 전단력 읽음 | 전단 응력 $\tau$ [kgf/cm²] | 수평 변위 $D\times\frac{1}{100}$ [mm] | 연직 변위 $V\times\frac{1}{100}$ [mm] | 전단력 읽음 | 전단 응력 $\tau$ [kgf/cm²] |
| 0 | 0 | 0 | 0 | 0 | 0 | 0 | 0 | 0 | 0 | 0 | 0 |
| 20 | -10 | 4.2 | 0.05 | 20 | -15 | 9.2 | 0.11 | 20 | -26 | 16.8 | 0.20 |
| 40 | -19 | 9.2 | 0.11 | 40 | -28 | 18.5 | 0.22 | 40 | -40 | 36.1 | 0.43 |
| 60 | -21 | 13.4 | 0.16 | 60 | -38 | 26.9 | 0.32 | 60 | -55 | 52.1 | 0.62 |
| 80 | -20 | 17.6 | 0.21 | 80 | -40 | 35.3 | 0.42 | 80 | -60 | 67.2 | 0.80 |
| 100 | -18 | 21.0 | 0.25 | 100 | -40 | 43.7 | 0.52 | 100 | -67 | 80.6 | 0.96 |
| 120 | -14 | 25.1 | 0.30 | 120 | -39 | 50.4 | 0.60 | 120 | -69 | 90.7 | 1.08 |
| 140 | -10 | 28.5 | 0.34 | 140 | -33 | 57.1 | 0.68 | 140 | -65 | 99.9 | 1.19 |
| 160 | 0 | 31.1 | 0.37 | 160 | -20 | 60.5 | 0.72 | 160 | -60 | 108.3 | 1.29 |
| 180 | 34 | 27.7 | 0.33 | 180 | -12 | 64.7 | 0.77 | 180 | -50 | 112.5 | 1.34 |
| 200 | 65 | 25.2 | 0.30 | 200 | 0 | 65.5 | 0.78 | 200 | -40 | 117.5 | 1.40 |
| 220 | 100 | 23.5 | 0.28 | 220 | 20 | 64.7 | 0.77 | 220 | -20 | 119.2 | 1.42 |
| 240 | 129 | 22.7 | 0.27 | 240 | 40 | 61.3 | 0.73 | 240 | 0 | 120.9 | 1.44 |
| 260 | 140 | 21.8 | 0.26 | 260 | 60 | 57.1 | 0.68 | 260 | 17 | 118.4 | 1.41 |
| 280 | 142 | 22.7 | 0.27 | 280 | 78 | 53.7 | 0.64 | 280 | 23 | 115.9 | 1.38 |
| 300 | 142 | 22.7 | 0.27 | 300 | 80 | 52.9 | 0.63 | 300 | 35 | 110.8 | 1.32 |
| | | | | 320 | 80 | 52.9 | 0.63 | 340 | 39 | 107.5 | 1.28 |
| | | | | 340 | 80 | 53.7 | 0.64 | 380 | 40 | 106.6 | 1.27 |

확인 이 용 준 (인)

# 직접전단시험(전단응력)

과 업 명 토질역학실험 3조 시험날짜 1997 년 3 월 30 일
조사위치 아주대학교 다산관 온도 17 [℃] 습도 65 [%]
시료번호 B-4 시료위치 0.3 [m] ~ 0.7 [m] 시험자 김 용 설

| 재 하 | 재하방법 ( 응력, **변형율**, 병용 ) 제어 | 재하속도 ( 0.66 [mm/min], ____ [kgf/cm²/min] ) |
|---|---|---|
| 시 료 | 지반분류 USCS SP | 시료상태 (**교란**, 비교란) |

| 공 시 체 번 호 | | | No. 1 | No. 2 | No. 3 |
|---|---|---|---|---|---|
| 수직응력 $\sigma$ | | kgf/cm² | 0.51 | 1.01 | 2.01 |
| 파괴상태 | 전단응력 $\tau_f$ | kgf/cm² | 0.37 | 0.78 | 1.44 |
| | 수평변위 $D_{hf}$ | mm | 1.6 | 2.05 | 2.4 |
| | 수직변위 $D_{vf}$ | mm | 1.42 | 0.8 | 0.4 |
| | 간극비 $e_f$ | | 0.59 | 0.59 | 0.59 |

$D_{hf}-D_h$ , $\tau - D_h$ 관계

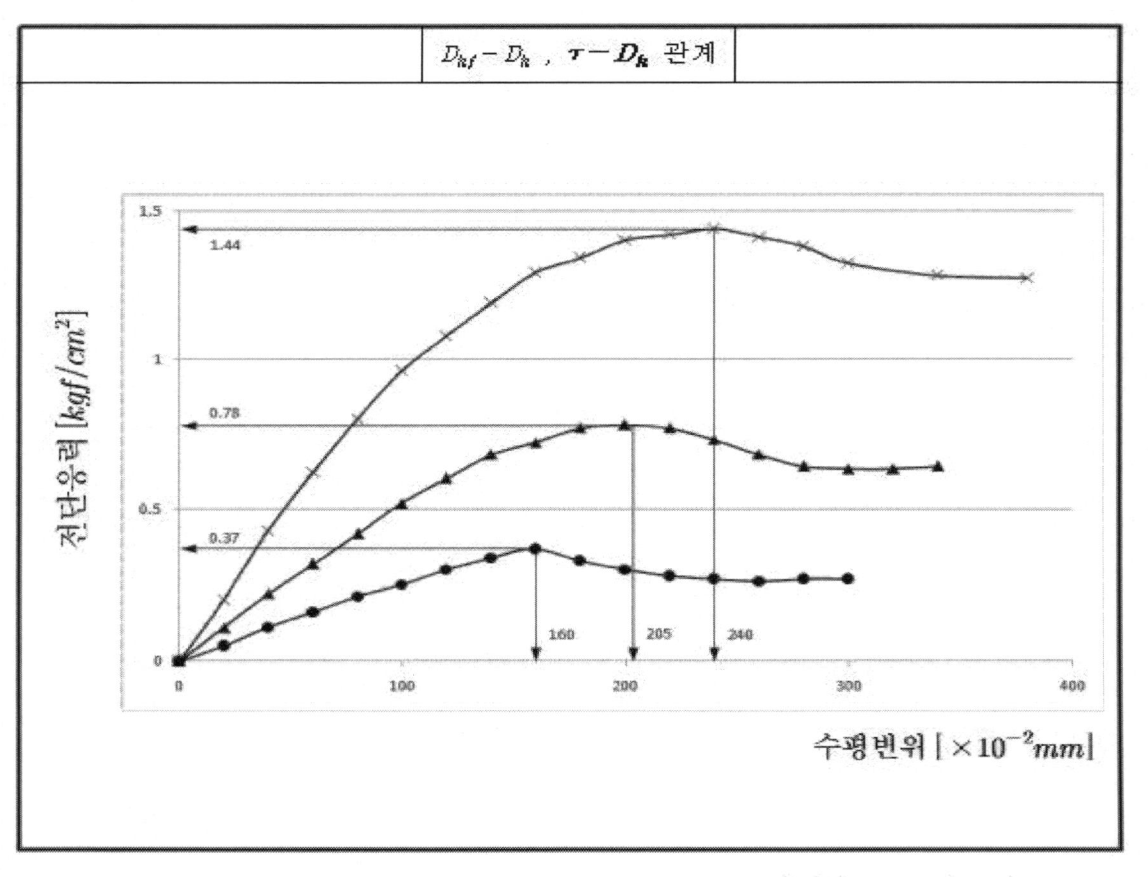


수평변위 $D_h$ 1.2 [mm]

확인 이 용 준 (인)

# 직접전단시험 (연직변위)

| | | | | |
|---|---|---|---|---|
| 과 업 명 | 토질역학실험 3조 | 시험날짜 | 1997 년 3 월 30 일 | |
| 조사위치 | 아주대학교 다산관 | 온도 17 [℃] | 습도 65 [%] | |
| 시료번호 | B-4 | 시료위치 0.3 [m] ~ 0.7 [m] | 시험자 | 김 용 설 |

| | | |
|---|---|---|
| 재 하 | 재하방법 ( 응력, **변형율**, 병용 ) 제어 | 재하속도 ( 0.66 [mm/min], ____ [$kgf/cm^2/min$]) |
| 시 료 | 지반분류 USCS SP | 시료상태 (**교란**, 비교란) |

| 공 시 체 번 호 | | | No. 1 | No. 2 | No. 3 |
|---|---|---|---|---|---|
| 수직응력 | | $\sigma$ $kgf/cm^2$ | 0.51 | 1.01 | 2.01 |
| 파괴상태 | 전단응력 $\tau_f$ | $kgf/cm^2$ | 0.37 | 0.78 | 1.44 |
| | 수평변위 $D_{hf}$ | mm | 1.6 | 2.05 | 2.4 |
| | 수직변위 $D_{vf}$ | mm | 1.42 | 0.8 | 0.4 |
| | 간극비 | $e_f$ | 0.59 | 0.59 | 0.59 |

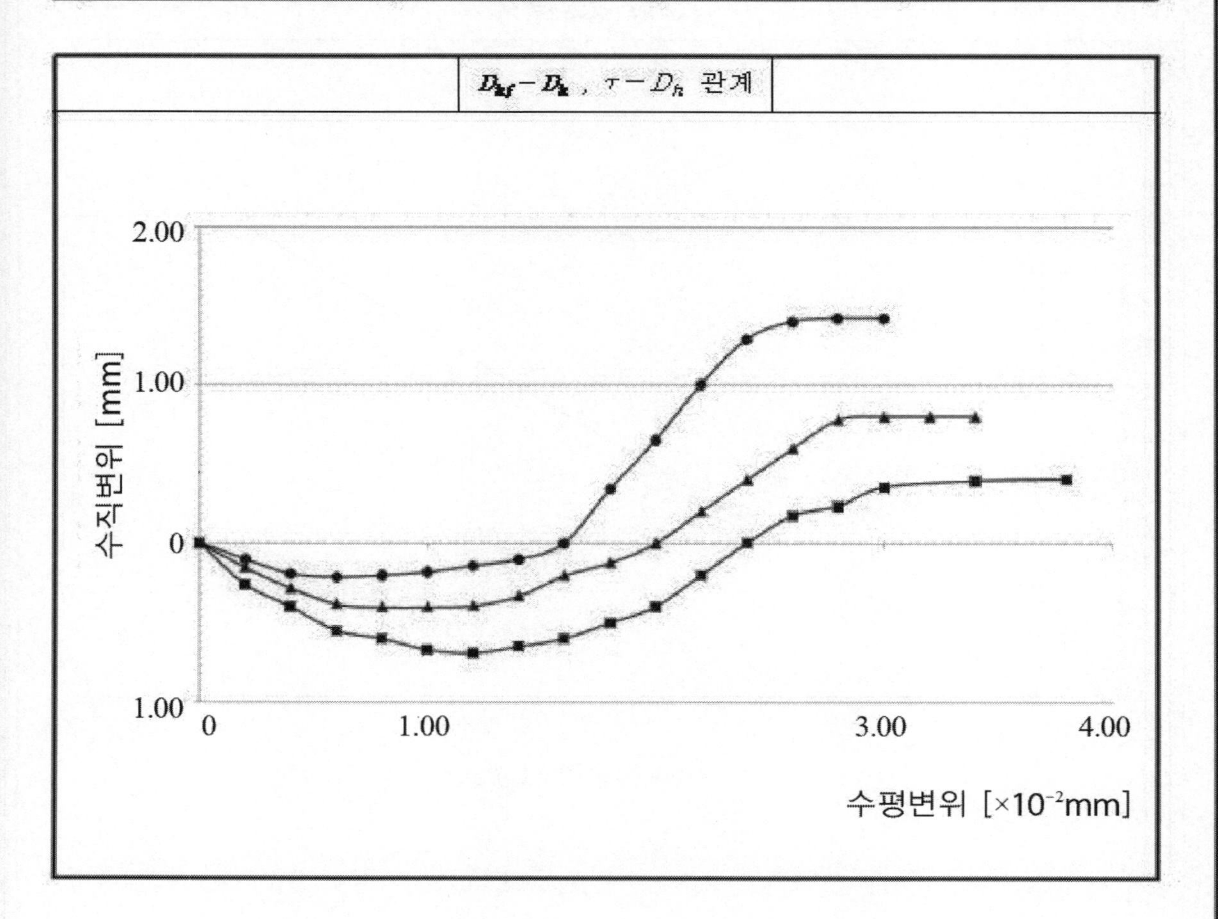


| 확인 | 이 용 준 (인) |
|---|---|

# 직접전단시험

과 업 명 토질역학실험 3조 시험날짜 1997 년 3 월 30 일
조사위치 아주대학교 다산관 온도 17 [℃] 습도 65 [%]
시료번호 B-4 시료위치 0.3 [m] ~ 0.5 [m] 시험자 김 용 설

| 재 하 | 재하방법 ( 응력, **변형율**, 병용 ) 제어 | 재하속도 ( 0.66 [mm/min], ____ [kgf/cm²/min]) |
|---|---|---|
| 시 료 | 지반분류 USCS SP | 시료상태 (**교란**, 비교란) |

| 강도정수 | $C$ [kgf/cm²] | Φ [ °] | $C'$ [kgf/cm²] | Φ ' [ °] |
|---|---|---|---|---|
| 정규압밀영역 | 0.02 | 34 | | |
| 과압밀영역 | | | | |

***(τ-σ)***, $e-\sigma$ 관계

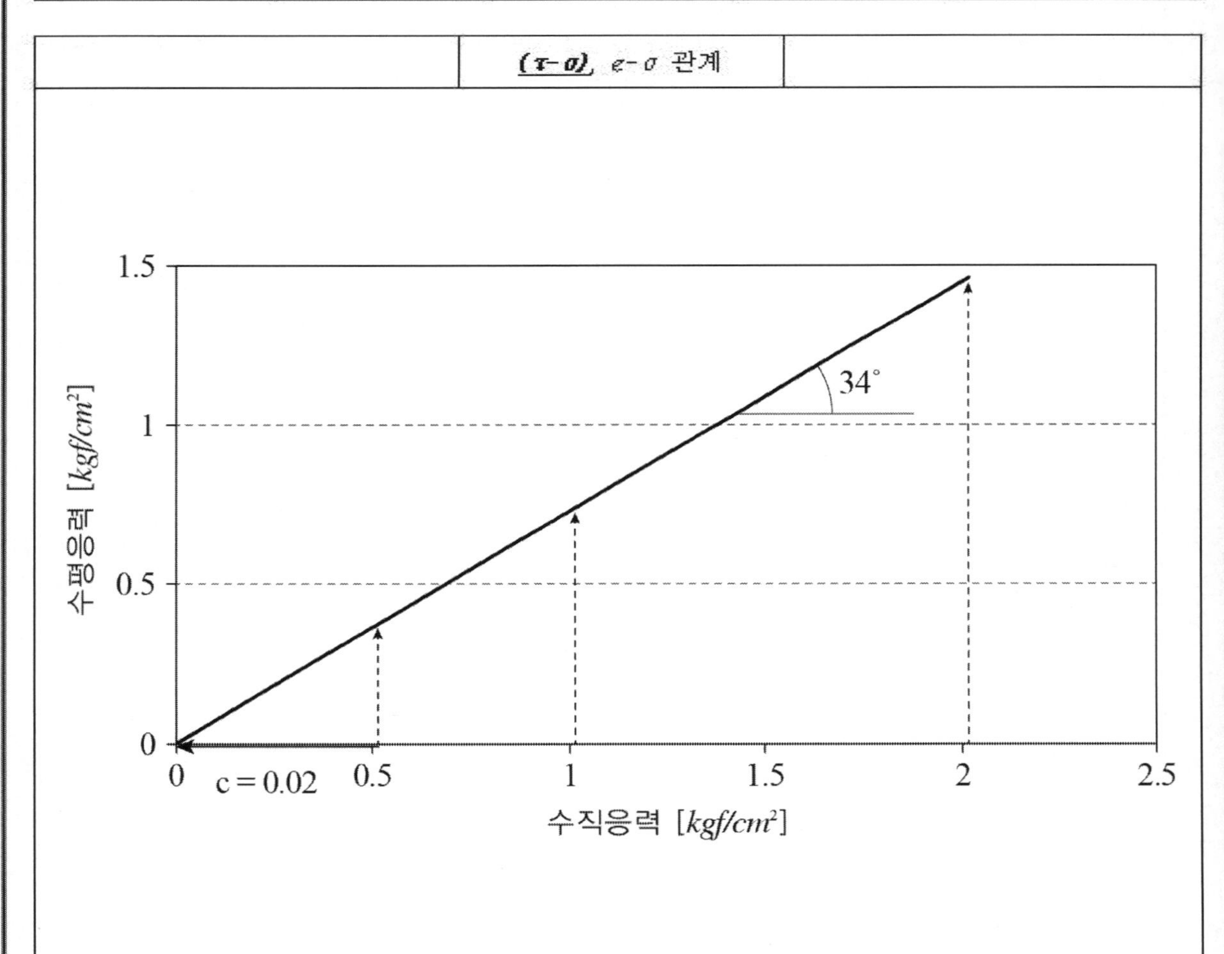


확인 이 용 준 (인)

# 일축압축시험 (측정데이터)

과 업 명 4조 토질역학실험 시험날짜 1996 년 5 월 22 일
조사위치 아주대학교 팔달관 온도 17 [℃] 습도 68 [%]
시료번호 B-4 시료위치 0.3 [m] ~ 1.0 [m] 시험자 변 혁 희

| 시험 조건 | |
|---|---|
| 지반분류 USCS SC | 시료상태 ( **교란**, 비교란 ) |
| 재하방법 ( 응력, **변형율**, 병용 ) 제어 | 재하속도 ( 0.86 [mm/min], [kgf/cm²/min] ) |
| 축력계 ( Proving Ring No. 13256 Load Cell No. ) | 축력보정계수 $K$ 0.3367 |

|  |  | | |
|---|---|---|---|
| 공시체 직경 $D$ | 상 3.50 [cm] / 중 3.51 [cm] / 하 3.50 [cm] / 평균 3.50 [cm] | | |
| 재하전 칫수 | 높이 $H$ 8.8 [cm] / 단면적 $A$ 9.62 [cm²] / 체적 $V$ 84.66 [cm³] | | |
| 무게/단위중량 | 습윤상태무게 $W_t$ 170.37 [gf] / 습윤단위중량 $\gamma_t$ 2.01 [gf/cm³] | | |
| 함수비 $w$ [%] | 용기번호 가 $w$ = 18.8 % | 용기번호 나 $w$ = 19.2 % | 용기번호 다 $w$ = 18.4 % |
| $W_t$ : (습윤시료 + 용기)무게 [gf] | $W_t$ 155.51 [gf] $W_d$ 148.88 [gf] | $W_t$ 141.19 [gf] $W_d$ 135.28 [gf] | $W_t$ 201.45 [gf] $W_d$ 186.87 [gf] |
| $W_d$ : (노건조시료 + 용기)무게 [gf] | $W_d$ 148.88 [gf] $W_c$ 113.62 [gf] | $W_d$ 135.28 [gf] $W_c$ 104.51 [gf] | $W_d$ 186.87 [gf] $W_c$ 107.65 [gf] |
| $W_c$ : 용기무게 [gf] $W_w$ : 물의무게 [gf] | $W_w$ 6.63 [gf] $W_s$ 35.26 [gf] | $W_w$ 5.91 [gf] $W_s$ 30.77 [gf] | $W_w$ 14.58 [gf] $W_s$ 79.22 [gf] |
| $W_s$ : 노건조시료 무게 [gf]<br>$w = W_w / W_s \times 100$ [%] | 평균 함수비 $w$ = 18.8 % | | |

| 축압축량 읽음 | 축압축량 $\Delta H$ [mm] | 압축변형율 ※1 $\epsilon$ [%] | 축력 읽음 $R$ | 축력 ※2 $P$ [kgf] | 단면보정 $1-\frac{\epsilon}{100}$ | 압축응력 ※3 $\sigma$ [kgf/cm²] |
|---|---|---|---|---|---|---|
| 0 | 0 | 0 | 0 | 0 | 1 | 0 |
| 60 | 0.6 | 0.682 | 13.9 | 4.68 | 0.9932 | 0.4832 |
| 120 | 1.2 | 1.36 | 22.1 | 7.44 | 0.9864 | 0.7630 |
| 180 | 1.8 | 2.05 | 29.0 | 9.76 | 0.9795 | 0.9942 |
| 240 | 2.4 | 2.73 | 35.0 | 11.78 | 0.9727 | 1.1916 |
| 300 | 3.0 | 3.41 | 39.9 | 13.43 | 0.9659 | 1.3489 |
| 360 | 3.6 | 4.09 | 43.2 | 14.55 | 0.9591 | 1.4502 |
| 420 | 4.2 | 4.77 | 47.0 | 15.82 | 0.9523 | 1.5665 |
| 480 | 4.8 | 5.45 | 49.1 | 16.53 | 0.9545 | 1.6248 |
| 540 | 5.4 | 6.14 | 51.3 | 17.27 | 0.9386 | 1.6853 |
| 600 | 6.0 | 6.82 | 53.2 | 17.91 | 0.9318 | 1.7350 |
| 660 | 6.6 | 7.50 | 54.5 | 18.35 | 0.9250 | 1.7644 |
| 720 | 7.2 | 8.18 | 55.7 | 18.75 | 0.9182 | 1.7900 |
| 780 | 7.8 | 8.86 | 56.2 | 18.92 | 0.9114 | 1.7927 |
| 840 | 8.4 | 9.55 | 56.3 | 18.96 | 0.9045 | 1.7830 |
| 900 | 9.0 | 10.23 | 55.0 | 18.51 | 0.8977 | 1.7281 |
| 960 | 9.6 | 10.91 | 53.9 | 18.15 | 0.8909 | 1.6807 |
| 1020 | 10.2 | 11.59 | 50.8 | 17.10 | 0.8841 | 1.5719 |
| 1080 | 10.8 | 12.27 | 47.7 | 16.06 | 0.8773 | 1.4647 |
| 1140 | 11.4 | 12.95 | 45.0 | 15.15 | 0.8705 | 1.3710 |
| 1200 | 12.0 | 13.64 | 40.2 | 13.54 | 0.8682 | 1.2151 |

참 고 : ※1 $\epsilon = \frac{\Delta H}{H} \times 100$ [%], ※2 $P = R \cdot K$, ※3 $\sigma = \frac{P}{A}\left(1-\frac{\epsilon}{100}\right)$

확인 이 용 준 (인)

# 일축압축시험(압축응력-변형률 관계)

과 업 명 4조 토질역학실험 시험날짜 1996 년 5 월 22 일

조사위치 아주대학교 팔달관 온도 17 [℃] 습도 68 [%]

시료번호 B-4 시료위치 0.3 [m] ~ 1.0 [m] 시험자 변 혁 희

| | | | | | |
|---|---|---|---|---|---|
| 시험 조건 | 지반분류 USCS SC | | | 시료상태 ( **교란** 비교란 ) | |
| | 재하방법 ( 응력, **변형율**, 병용 ) 제어 | | 재하상태 [mm/min], [kgf/cm²/min] | | |
| | 액성한계 $w_L$ 46.0 [%] | | 소성한계 $w_p$ 17.2 [%] | 소성지수 $I_p$ 28.8 [%] | 비중 $G_s$ 2.63 |
| 공시체 | 번 호 | | 1 | 2 | 3 | 4 |
| | 직경 $D_o$ / 높이 $H_o$ | cm | $D_o$ 3.5 / $H_o$ 8.8 | $D_o$ / $H_o$ | $D_o$ / $H_o$ | $D_o$ / $H_o$ |
| | 습윤단위중량 $\gamma_t$ | gf/cm³ | 2.01 | | | |
| | 함 수 비 $w$ | % | 18.8 | | | |
| | 간 극 비 $e$ | | 0.55 | | | |
| | 포 화 도 $S_r$ | % | 89.9 | | | |
| 일축 압축 강도 $q_u$ | | kgf/cm² | 1.79 | | | |
| 파괴시 변형률 $\epsilon_f$ | | % | 8.86 | | | |
| 예 민 비 $S_t$ | | | | | | |

응력 - 변형율 곡선

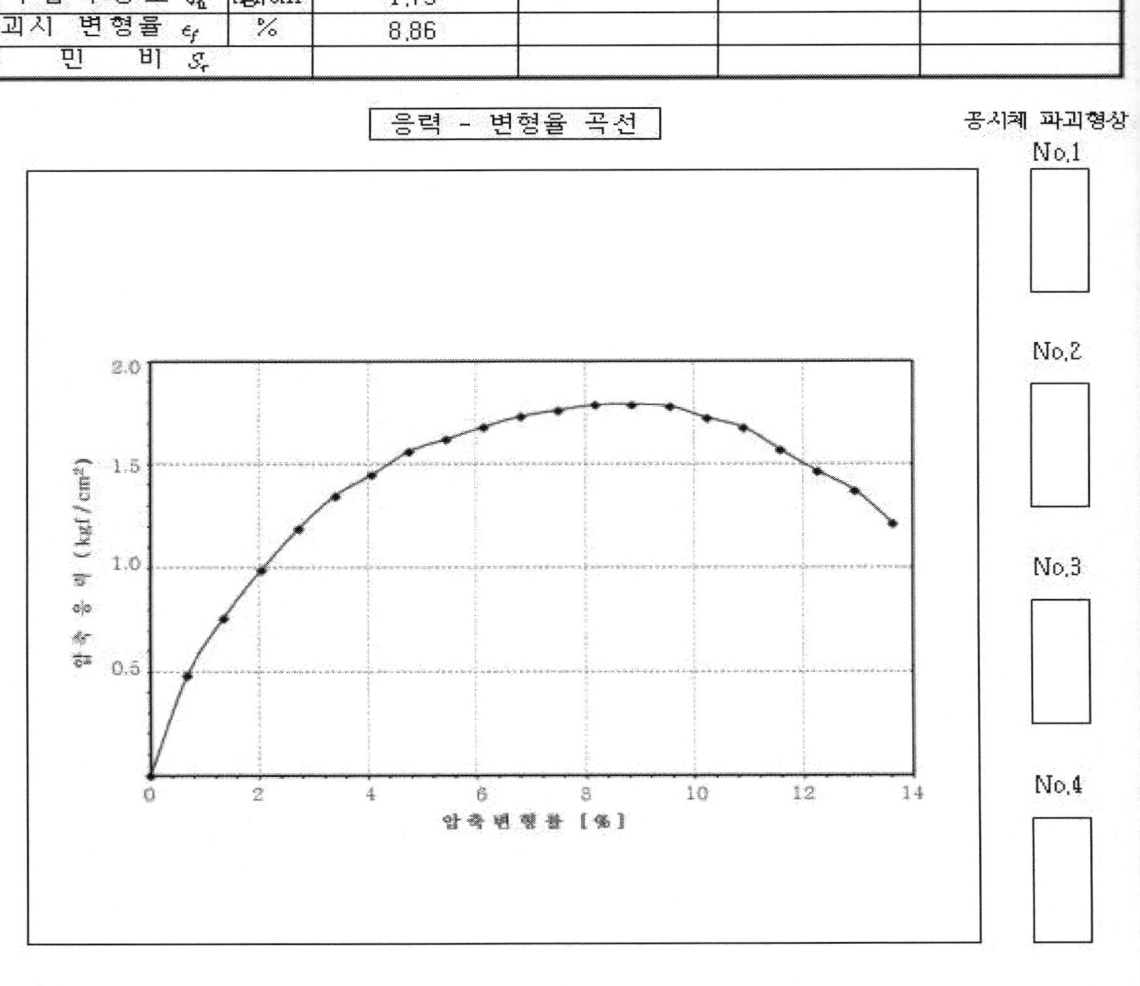


확인 이 용 준 (인)

# 베인시험(하중-변형각)

과 업 명 ______________ 시험날짜 1999 년 5 월 23 일

조사위치 궁평리 간척지 매립장 온도 21 [℃] 습도 65 [%]

시료위치 BH-1 시료심도 0.25 [m] 시험자 주 영 훈

| 지 반 | 지반분류 USCS ______ | | |
|---|---|---|---|
| 베인기 | 형식 ( (강봉) 이중관 ) ( (보링공)이용, 직접관입 ) | 날개폭 $D$ 5 [cm] | 날개길이 $H$ 10 [cm] |
| | 변형각속도 0.1 [° /sec] | 모멘트 팔길이 a 14 [cm] | |

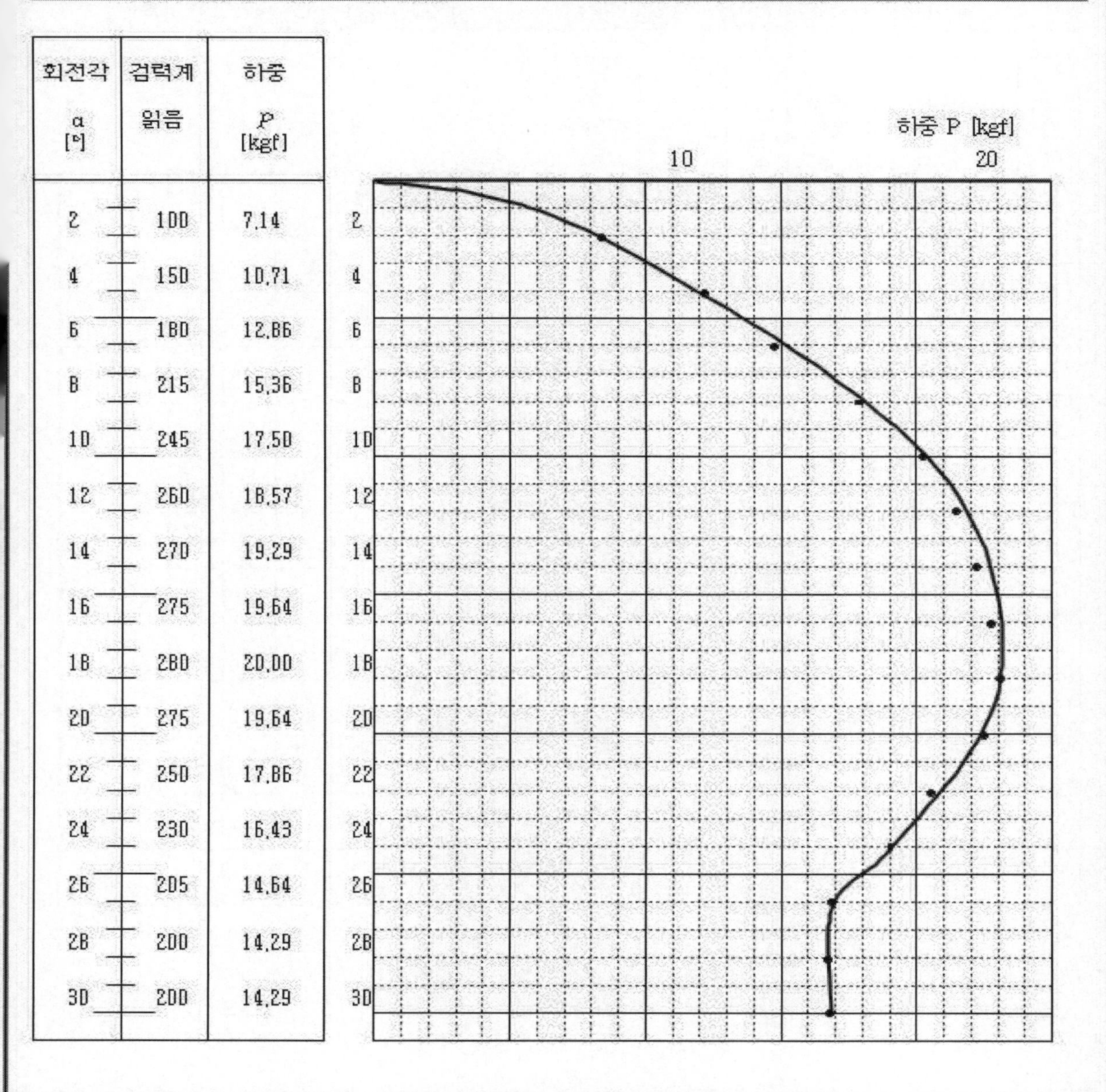


| 회전각 α [°] | 검력계 읽음 | 하중 $P$ [kgf] |
|---|---|---|
| 2 | 100 | 7.14 |
| 4 | 150 | 10.71 |
| 6 | 180 | 12.86 |
| 8 | 215 | 15.36 |
| 10 | 245 | 17.50 |
| 12 | 260 | 18.57 |
| 14 | 270 | 19.29 |
| 16 | 275 | 19.64 |
| 18 | 280 | 20.00 |
| 20 | 275 | 19.64 |
| 22 | 250 | 17.86 |
| 24 | 230 | 16.43 |
| 26 | 205 | 14.64 |
| 28 | 200 | 14.29 |
| 30 | 200 | 14.29 |

확인 조 재 경 (인)

# 베인시험(깊이-전단강도)

과 업 명 ______________ 시험날짜 1999 년 5 월 23 일

조사위치 궁평리 간척지 매립장 온도 21 [℃] 습도 65 [%]

시료위치 ______ 시료심도 0.25 [m] ~ 2.75 [m] 시험자 주 영 훈

| 지 반 | 지반분류 USCS SC 표고 ______ |
|---|---|
| 베인기 | 형식 ( 강봉, 이중관 ) ( 보링공 이용, 직접관입 ) |
| | 날개폭 $D$ 5 [cm] 날개길이 $H$ 10 [cm] 변형각속도 0.1 [˚/sec] |
| | 베인정수 ※1 $\beta$ = 4.58 [$cm^3$] ( $D$ = 5cm, $H$ = 10cm인 경우 $\beta$ = 458 $cm^3$ ) |

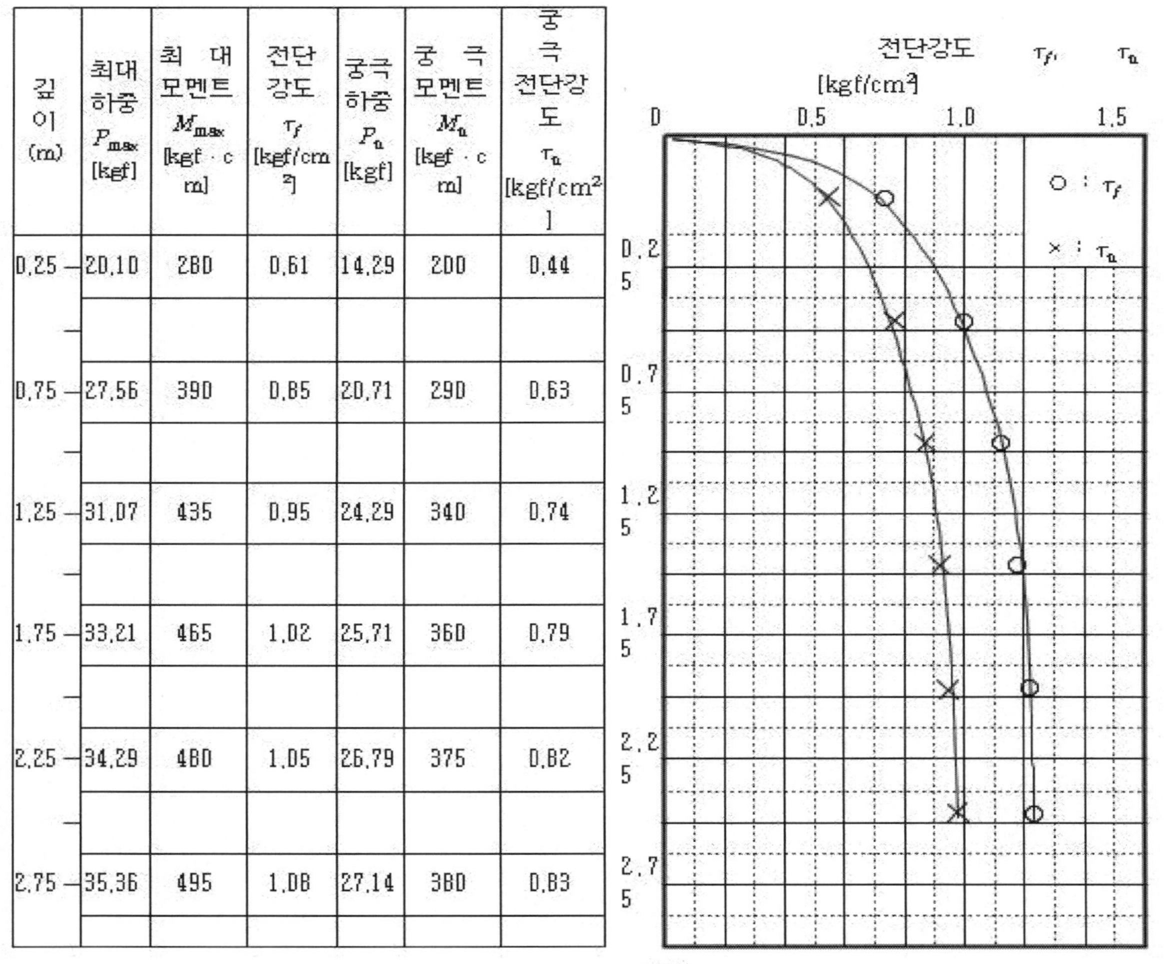

| 깊이 (m) | 최대하중 $P_{max}$ [kgf] | 최대 모멘트 $M_{max}$ [kgf · cm] | 전단강도 $\tau_f$ [kgf/cm²] | 궁극하중 $P_u$ [kgf] | 궁극 모멘트 $M_u$ [kgf · cm] | 궁극 전단강도 $\tau_u$ [kgf/cm²] |
|---|---|---|---|---|---|---|
| 0.25 | 20.10 | 280 | 0.61 | 14.29 | 200 | 0.44 |
| | | | | | | |
| 0.75 | 27.56 | 390 | 0.85 | 20.71 | 290 | 0.63 |
| | | | | | | |
| 1.25 | 31.07 | 435 | 0.95 | 24.29 | 340 | 0.74 |
| | | | | | | |
| 1.75 | 33.21 | 465 | 1.02 | 25.71 | 360 | 0.79 |
| | | | | | | |
| 2.25 | 34.29 | 480 | 1.05 | 26.79 | 375 | 0.82 |
| | | | | | | |
| 2.75 | 35.36 | 495 | 1.08 | 27.14 | 380 | 0.83 |
| | | | | | | |



$M_{max} = P_{max} \cdot a$ $\tau_f = M_{max} \cdot \beta$

참 고 ※1 $\beta = \frac{6}{7\pi D^3}$ ( $a$ : 모멘트 팔길이 )

$M_u = P_u \cdot a$ $\tau_u = M_u \cdot \beta$

확인 조 재 경 (인)

# CBR 시험

과 업 명 1조 토질역학실험　　시험날짜 1995 년 9 월 5 일
조사위치 아주대학교 율곡관　　온도 19 [℃]　　습도 69 [%]
시료위치 A-1　　시료위치 0.2 [m] ~ 0.7 [m]　　시험자 송 영 두

| 시료 | 준 비 상 태 ( 노건조, 공기건조, 자연상태 ) | 함수비 ( 자연상태 21.5 [%]　시험개시전 17.2 [%] ) |
|---|---|---|
| | 최적함수비 $w_{opt}$ = 18.81 [%] | 최대건조단위중량 $\gamma_{d\,max}$ = 1.66 [g/cm³] |

| 측정내용 | 단위 | 55회 다짐시료 | 25회 다짐시료 | 10회 다짐시료 |
|---|---|---|---|---|
| 몰드무게 | gf | 7054 | 7051 | 7057 |
| 몰드지름 | cm | 14.97 | 15.01 | 15.01 |
| 몰드높이 | cm | 17.51 | 17.52 | 17.48 |
| 몰드부피 | cm³ | 3081.91 | 3100.17 | 3093.09 |
| 총시료무게 | gf | 7000 | 5276.9 | 5736.9 |
| 최적함수비에 맞춘 물의 무게 | gf | 1316.70 | 992.58 | 1079.11 |
| 몰드+시료무게 (다짐 후) | gf | 11497 | 11300 | 11227 |
| 시료무게 | gf | 443 | 4249 | 4170 |
| 스페이서 디스크의 부피를 뺀 몰드의 부피 | cm³ | 2198.35 | 2211.88 | 2204.80 |
| 유공밑판무게 | gf | 1256 | 1256 | 1256 |
| 하중판무게 | gf | 5002 | 5002 | 5002 |
| 함수비 ※1 $w$ | % | 용기 가　$w$ 18.63<br>$W_t$ 111.17　$W_d$ 98.19<br>$W_d$ 98.19　$W_c$ 28.52<br>$W_w$ 12.98　$W_s$ 69.67 | 용기 나　$w$ 18.91<br>$W_t$ 32.93　$W_d$ 30.56<br>$W_d$ 30.56　$W_c$ 18.03<br>$W_w$ 2.37　$W_s$ 12.56 | 용기 다　$w$ 18.51<br>$W_t$ 101.98　$W_d$ 89.67<br>$W_d$ 89.67　$W_c$ 28.02<br>$W_w$ 11.41　$W_s$ 61.65 |
| 건조 단위중량 ※2 $\gamma_d$ | gf/cm³ | 1.70 | 1.62 | 1.59 |

*흡수팽창성시험

| 시간(hour) | 단위 | 55회 다짐시료 변위량 | 25회 다짐시료 변위량 | 10회 다짐시료 변위량 |
|---|---|---|---|---|
| 1 | mm | -0.020 | 0 | 0.03 |
| 2 | mm | -0.011 | 0.009 | 0.039 |
| 4 | mm | -0.005 | 0.019 | 0.054 |
| 8 | mm | -0.008 | 0.020 | 0.063 |
| 24 | mm | -0.009 | 0.020 | 0.072 |
| 48 | mm | -0.004 | 0.024 | 0.082 |
| 72 | mm | -0.001 | 0.029 | 0.089 |
| 96 | mm | -0.001 | 0.030 | 0.091 |
| 최종치 | mm | -0.001 | 0.030 | 0.091 |
| ※3팽창비 | % | -0.015 | 0.024 | 0.048 |

참고: $W_t$ : (습윤시료+용기)무게 [gf]　$W_d$ : (노건조시료+용기)무게 [gf]　$W_c$ : 용기무게 [gf]

$W_s$ : 노건조시료무게 [gf]　$W_w$ : 물무게 [gf]　※1 $w = W_w / W_s \times 100$ [%]　※2 $\gamma_d = \dfrac{\gamma_t}{w+100} \times 100$ [gf/cm³]

※3팽창비 : $\dfrac{|\text{변위계의 최종치} - \text{변위계의 초기치}|}{\text{공시체의 초기 높이}} \times 100$ [%]

| 확인 | 이 용 준 (인) |
|---|---|

# CBR시험

과 업 명 1조 토질역학실험 시험날짜 1995 년 9 월 5 일
조사위치 아주대학교 율곡관 온도 19 [℃] 습도 69 [%]
시료위치 A-1 시료심도 0.2 [m] ~ 0.7 [m] 시험자 송 영 두

* 수침후의 함수비 측정

| 측 정 내 용 | 단위 | 55회 다짐시료 | 25회 다짐시료 | 10회 다짐시료 |
|---|---|---|---|---|
| 수침후의 몰드+시료+몰드밑판 | gf | 15066.7 | 14838.2 | 14489.4 |
| 몰드무게 | gf | 7054 | 7051 | 7057 |
| 몰드밑판의 무게 | gf | 3355 | 3352 | 3349 |
| ※1습윤단위중량 | gf/cm³ | 2.12 | 2.01 | 1.86 |
| ※2건조단위중량 | gf/cm³ | 1.69 | 1.61 | 1.53 |
| ※3함수비 | gf/cm³ | 25.4 | 24.9 | 21.5 |

* 관입시험

| 관입량 [mm] | 55회 다짐시료 하중강도 [gf/cm²] | 25회 다짐시료 하중강도 [gf/cm²] | 10회 다짐시료 하중강도 [gf/cm²] |
|---|---|---|---|
| | 0 | 0 | 0 |
| 0.5 | 2.13 | 1.53 | 1.27 |
| 1.0 | 3.09 | 2.55 | 1.83 |
| 1.5 | 3.59 | 3.14 | 2.47 |
| 2.0 | 4.15 | 3.51 | 3.08 |
| 2.5 | 4.42 | 3.79 | 3.41 |
| 5.0 | 5.76 | 4.85 | 4.35 |
| 7.5 | 6.38 | 5.58 | 4.87 |
| 10.0 | 7.04 | 6.04 | 5.36 |
| 12.5 | 7.64 | 5.23 | 5.60 |

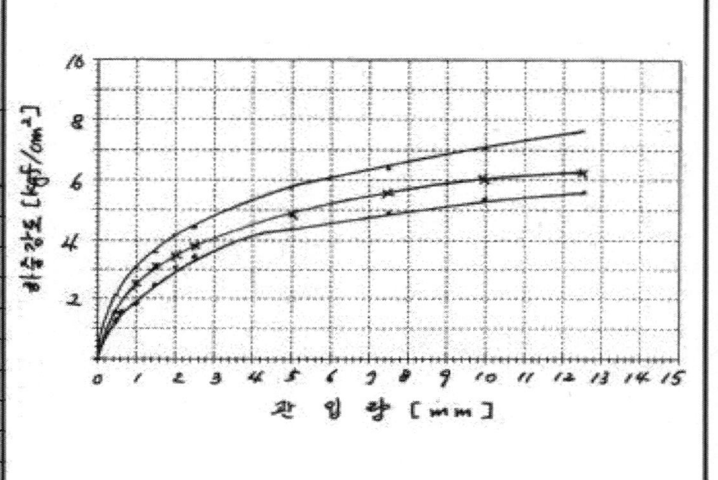


* CBR값 결정

| | 단위 | 55회 다짐시료 | 25회 다짐시료 | 10회 다짐시료 |
|---|---|---|---|---|
| ※4 $CBR_{2.5}$ | % | 6.31 | 5.41 | 4.87 |
| ※5 $CBR_{5.0}$ | % | 5.49 | 4.62 | 4.14 |

| | | 55회 | 25회 | 10회 |
|---|---|---|---|---|
| ※6 함수비 $w$ | % | 용기 가 $w$ 18.63<br>$W_t$ 111.17 $W_d$ 98.19<br>$W_d$ 98.19 $W_c$ 28.52<br>$W_w$ 12.98 $W_s$ 69.67 | 용기 나 $w$ 18.91<br>$W_t$ 32.93 $W_d$ 30.56<br>$W_d$ 30.56 $W_c$ 18.03<br>$W_w$ 2.37 $W_s$ 12.56 | 용기 다 $w$ 18.51<br>$W_t$ 101.98 $W_d$ 89.67<br>$W_d$ 89.67 $W_c$ 28.02<br>$W_w$ 11.41 $W_s$ 61.65 |

참고 : ※1습윤단위중량 $\gamma_t' = \frac{W_{mw}}{V_m}$ [gf/cm³]  ※2건조단위중량 $\gamma_d' = \frac{100\gamma_d}{100+\gamma_d}$ [gf/cm³]

※3함수비 $w = \left(\frac{\gamma_t'}{\gamma_d'} - 1\right)$ [%]  ※4 $CBR_{2.5} = \frac{\text{시험하중강도}}{\text{표준하중강도}} \times 100$

※5 $CBR_{5.0} = \frac{\text{시험하중강도}}{\text{표준하중강도}} \times 100$  ※6함수비 $w = W_w / W_s \times 100$ [%]

확인 이 용 준 (인)

# 표준관입시험

과업명 ______________ 시험날짜 1995 년 4 월 30 일
조사위치 아주대 제 4 기숙사 온도 16 [℃] 습도 72 [%]
시료위치 28m 시료심도 0 [m] ~ 28 [m] 시험자 송영두

| 시추 | 장비 Rotary wash | 발형식 삼발 | 시추 직경 0.15 [m] |
|---|---|---|---|
| 햄머 | 햄머 무게 63.5 [kgf] | 햄머 낙하고 76.2 [m] | |

| 깊이 [m] | 층두께 [m] | 케이싱 타입 | 지층표시 | 세부사항 | 샘플링 타입 및 번호 | 표준관입시험 타격수 N/30cm |
|---|---|---|---|---|---|---|
| 0.4 | | | | 표토층<br>실트질 모래, 황갈색 | | |
| 7.5 | 7.1 | | | 풍화 잔류토층<br>심도 0.4~7.5m<br>실트 질 모래<br>황갈색 | | 23<br>38<br>50/29<br>50/20<br>50/10 |
| 19.0 | 11.5 | | | 풍화 암층<br>심도 74.5~19.0m<br>실트 모래로 파쇄<br>경연 중복 상태<br>황갈색 | | 50/9<br>50/6<br>50/6<br>50/5<br>50/3<br>50/2<br>50/2 |
| | 7.0 | | | 연암층<br>심도 19.0~27.0m<br>편마암<br>파쇄대<br>중간중간 풍화암층 형성<br>절리간격 1~2cm<br>Core 회수율 저조<br>RQD=0%, 황갈색 | | |

타격수 N: 0 10 20 30 40 50

확인 이 용 준 (인)

# 콘관입시험(관입저항)

과 업 명 : 공장신축부지조사　　시험날짜 : 1996 년 4 월 28 일
조사위치 : 시화공단　　온도 : 16 [℃]　　습도 : 75 [%]
시료번호 : No. 12 T1　　시료위치 : 0 [m] ~ 1.0 [m]　　시험자 : 김 은 섭

| 콘 | | | | |
|---|---|---|---|---|
| 콘 | 지반분류 USCS CM | 검력계번호 7268 | 검력계용량 100 [kgf] | 검력계교정계수 눈금당 0.5 [kgf] |
| | 콘지수외경 28.65 [mm] | 선단각도 30 [°] | 콘길이 5.2 [cm] | 표면적 6.45 [cm²] / 로드직경 1.6 [cm] |
| | 관입방식 ( **수동식**, 기계식 ) | 관입속도 1.0 [cm/sec] | | |

| ① | ② | ③ | ④ | ⑤ | ⑥ | ⑦ |
|---|---|---|---|---|---|---|
| 깊이 [m] | 로드 개수 | 로드 자중 [kgf] | 압력 측정치 | 압력 관입압력 [kgf/cm²] | 압력 관입강도 [kgf/cm²] | 관입저항 (⑥+③)/10 [kgf/cm²] |
| 0 | 2 | 1.25 | 5.2 | - | - | 0.596 |
| 0.1 | 2 | 1.25 | 31.0 | - | - | 2.596 |
| 0.2 | 2 | 1.25 | 37.4 | - | - | 3.093 |
| 0.3 | 2 | 1.25 | 34.8 | - | - | 2.891 |
| 0.4 | 2 | 1.75 | 40.0 | - | - | 3.372 |
| 0.5 | 2 | 1.75 | 113.6 | - | - | 9.077 |
| 0.6 | 2 | 1.75 | 135.4 | - | - | 10.767 |
| 0.7 | 2 | 1.75 | 129.0 | - | - | 10.271 |
| 0.8 | 2 | 2.25 | 132.8 | - | - | 10.643 |
| 0.9 | 2 | 2.25 | 169.0 | - | - | 13.449 |
| 1.0 | 2 | 2.25 | 167.8 | - | - | 13.356 |
| | | | | | | |
| | | | | | | |

관 입 저 항 [kgf/cm²]
0 2 4 6 8 10 12 14
0.2
0.4
0.6
0.8
1.0
깊이 [m]

확인 : 이 용 준 (인)

# 콘관입시험(콘지수)

과 업 명 공장신축부지조사 시험날짜 1996 년 4 월 28 일
조사위치 시화공단 온도 16 [℃] 습도 75 [%]
시료번호 No. 13 T1 No. 14 T1 시료위치 0 [m] ~1.0 [m] 시험자 김 은 섭

| 검력계 | 번호 7268 | 용량 100 [kgf] | 교정계수 눈금당 0.5 [kgf] | | |
|---|---|---|---|---|---|
| 관 입 | 관입방식 (수동, 기계식) | | 관입속도 1.0 [cm/sec] | | |
| 콘 | 두부직경 2.855[cm] | 길이 5.2 [cm] | 선단각도 30 [°] | 표면적 6.45 [cm²] | 로드직경 1.6 [cm] |

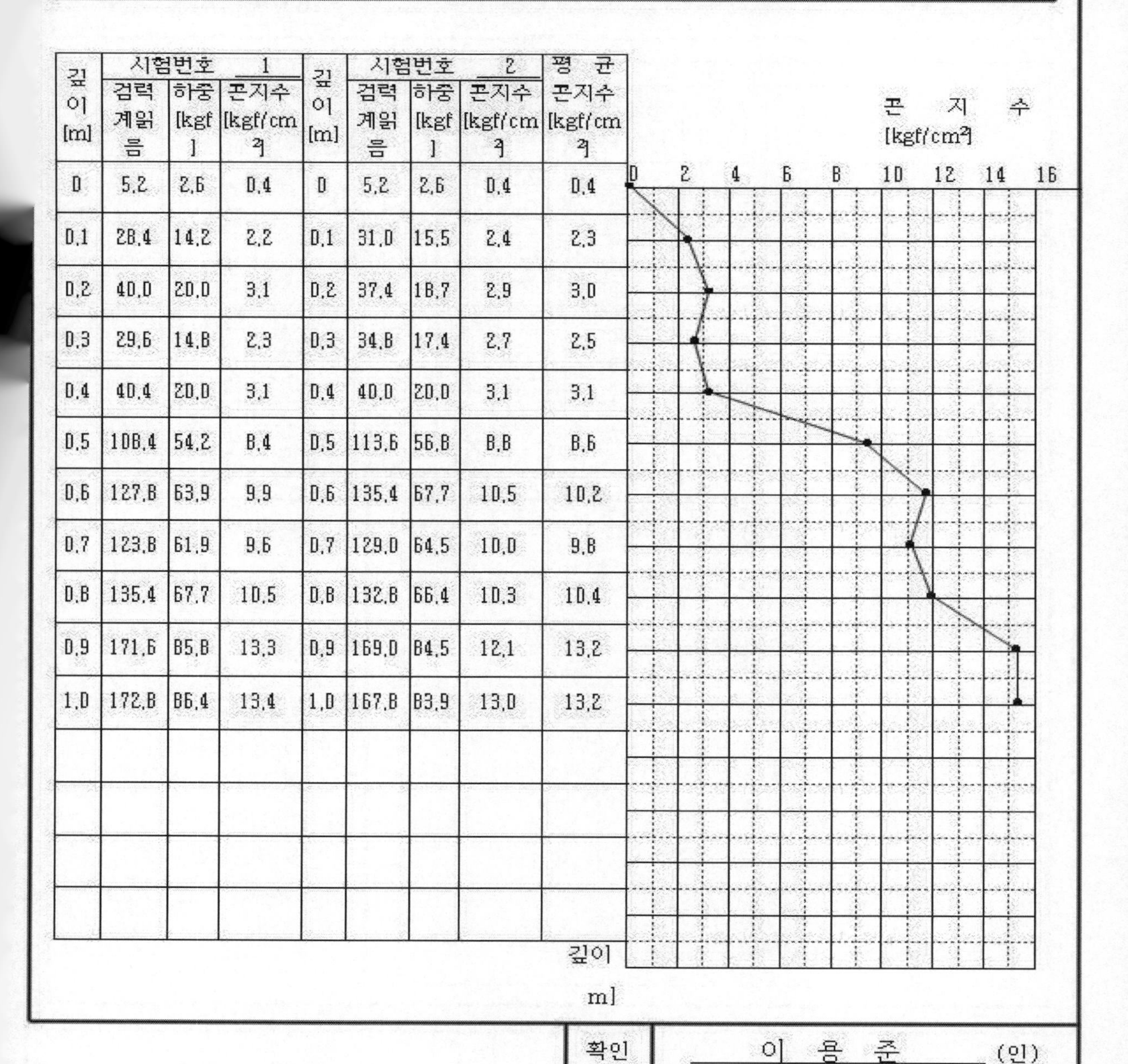

| 깊이 [m] | 시험번호 1 | | | 깊이 [m] | 시험번호 2 | | | 평균 |
|---|---|---|---|---|---|---|---|---|
| | 검력계읽음 | 하중 [kgf] | 콘지수 [kgf/cm²] | | 검력계읽음 | 하중 [kgf] | 콘지수 [kgf/cm²] | 콘지수 [kgf/cm²] |
| 0 | 5.2 | 2.6 | 0.4 | 0 | 5.2 | 2.6 | 0.4 | 0.4 |
| 0.1 | 28.4 | 14.2 | 2.2 | 0.1 | 31.0 | 15.5 | 2.4 | 2.3 |
| 0.2 | 40.0 | 20.0 | 3.1 | 0.2 | 37.4 | 18.7 | 2.9 | 3.0 |
| 0.3 | 29.6 | 14.8 | 2.3 | 0.3 | 34.8 | 17.4 | 2.7 | 2.5 |
| 0.4 | 40.4 | 20.0 | 3.1 | 0.4 | 40.0 | 20.0 | 3.1 | 3.1 |
| 0.5 | 108.4 | 54.2 | 8.4 | 0.5 | 113.6 | 56.8 | 8.8 | 8.6 |
| 0.6 | 127.8 | 63.9 | 9.9 | 0.6 | 135.4 | 67.7 | 10.5 | 10.2 |
| 0.7 | 123.8 | 61.9 | 9.6 | 0.7 | 129.0 | 64.5 | 10.0 | 9.8 |
| 0.8 | 135.4 | 67.7 | 10.5 | 0.8 | 132.8 | 66.4 | 10.3 | 10.4 |
| 0.9 | 171.6 | 85.8 | 13.3 | 0.9 | 169.0 | 84.5 | 12.1 | 13.2 |
| 1.0 | 172.8 | 86.4 | 13.4 | 1.0 | 167.8 | 83.9 | 13.0 | 13.2 |
| | | | | | | | | |
| | | | | | | | | |
| | | | | | | | | |
| | | | | | | | | |



확인 이 용 준 (인)

# 평판재하시험

과 업 명 기초공학실험　　시험날짜 1996 년 4 월 8 일

조사위치 아주대학교 토목실험동　　온도 12 [℃]　　습도 75 [%]

시료번호 A-1　　시료위치 ＿＿ [m] ~ ＿＿ [m]　　시험자 김 용 설

| | | |
|---|---|---|
| 재하 | 평판크기 | 직경 40 [cm] 재하판면적 1256.64 [cm²] 재하판두께 22 [mm] |
| | 재하방법 | ( 응력, 변형율 ) 제어 재하속도 ＿＿ [mm/min], 0.04 [kgf/cm²/min] |
| | 반력시스템 | ( 사하중, 인장말뚝, 앵커 ) 잭형식 유압식 잭용량 200t |
| 지반 | 지반분류 USCS SC 함수비 21 [%] | |
| 하중계 | 번호 1 용량 10 [ton] 검정계수 눈금당 2 [kgf] | |
| 변위계 | 번호 2 최대스트로크 100 [mm] 검정계수 눈금당 0.01 [mm] | |

| 측정시간 | 하중 | | | 침하 | | | | | | |
|---|---|---|---|---|---|---|---|---|---|---|
| | 하중계 읽음 | 하중 [kgf] | 평균압력 [kgf/cm²] | 변위계 1 | | 변위계 2 | | 변위계 3 | | 평균 [mm] |
| | | | | 읽음 | 변위 [mm] | 읽음 | 변위 [mm] | 읽음 | 변위 [mm] | |
| 0 | | 0 | 0 | | 0 | | 0 | | 0 | 0 |
| 7분 39초 | | 500 | 0.40 | | 1.01 | | 1.03 | | 0.89 | 0.98 |
| 14분 50초 | | 1000 | 0.80 | | 2.08 | | 2.17 | | 1.86 | 2.04 |
| 20분 29초 | | 1500 | 1.19 | | 2.97 | | 3.04 | | 2.84 | 2.95 |
| 27분 29초 | | 2000 | 1.59 | | 4.11 | | 3.87 | | 3.97 | 3.98 |
| 32분 32초 | | 2500 | 1.99 | | 5.14 | | 4.77 | | 5.11 | 5.01 |
| 39분 42초 | | 3000 | 2.39 | | 6.08 | | 6.11 | | 5.98 | 6.05 |
| 43분 36초 | | 3500 | 2.79 | | 7.19 | | 7.05 | | 7.38 | 7.21 |
| 49분 44초 | | 4000 | 3.18 | | 9.21 | | 9.38 | | 8.86 | 9.15 |
| 52분 30초 | | 4500 | 3.58 | | 10.28 | | 11.96 | | 13.20 | 11.82 |
| 58분 43초 | | 5000 | 3.98 | | 14.98 | | 15.16 | | 17.08 | 15.74 |
| 1시간 1분 38초 | | 5500 | 4.38 | | 19.34 | | 21.13 | | 20.25 | 20.24 |
| 1시간 6분 40초 | | 6000 | 4.77 | | 26.34 | | 27.91 | | 29.42 | 27.89 |

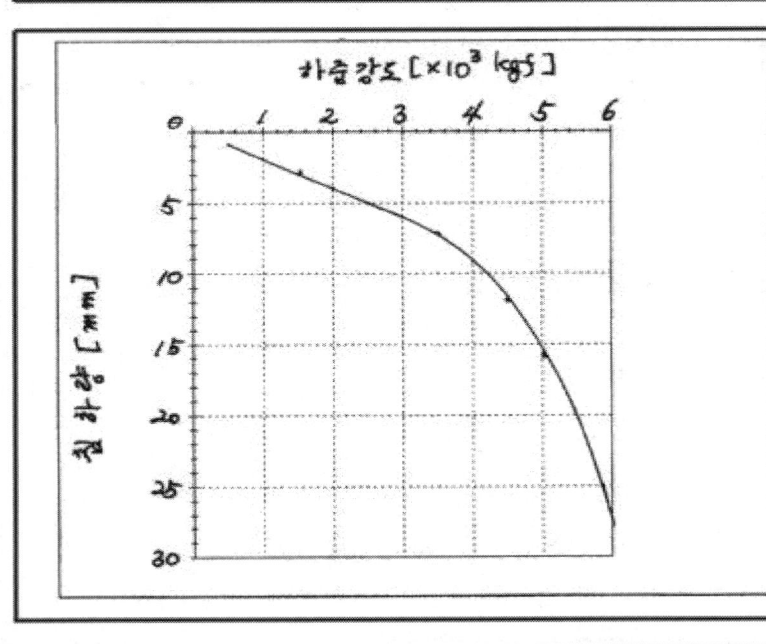


**극한지지력**

항복하중 $P_y$ = 3300 [kgf]

$P_y/2$ = 1650 [kgf]

극한하중 $P_u$ = 4790 [kgf]

$P_u/3$ = 1596.7 [kgf]

극한지지력 = 1.27 [kgf/cm²]

침 하 = 1.0 [cm]

**지반반력계수**

0.125cm 침하평균하중

$P_{125}$ = 63.78 [kgf]

0.250cm 침하평균하중

$P_{250}$ = 127.55 [kgf]

$$\text{지반반력계수} = \frac{P_{250} - P_{125}}{0.125} \times \frac{1}{A}$$

= 0.41 [kgf/cm³]

확인 이 용 준 (인)

# 부 록 2 (실험시트)

흙의 No.200 체 통과량 시험

흙의 입도시험(체분석)

흙의 입도시험(비중계 분석)

흙의 입도 시험(결과)

흙의 함수비시험

흙의 비중 시험

흙의 최대건조 단위중량 시험

흙의 최소건조 단위중량 시험

현장 단위중량 시험

동적 액성한계 시험

정적 한계한계 시험

소성한계 시험

흙의 수축한계 시험

흙의 다짐시험(측정 데이터)

흙의 다짐시험(다짐곡선)

정수두 투수시험

변수두 투수시험

현장 투수시험

압밀시험(측정 데이터)

압밀시험(선행압밀압력)

압밀시험( $\sqrt{t}$ )

압밀시험(log $t$ 법)

삼축압축시험(압밀과정 CU, $\overline{CU}$, CD)

삼축압축시험(축재하 데이터, UU, CU, $\overline{CU}$, CD)

삼축압축시험(축차응력-변형률곡선, $\overline{CU}$)

삼축압축시험(축재하 데이터, 간극수압측정, $\overline{CU}$)

삼축압축시험(파괴포락선, UU, CU, $\overline{CU}$, CD)

직접전단시험(측정 데이터)

직접전단시험(계산시트)

직접전단시험(전단응력(연직변위)-수평변위곡선)

일축압축시험(측정 데이터)

일축압축시험(응력-변형률곡선)

베인시험(하중-변형각)

베인시험(깊이-전단강도)

CBR 시험(측정 데이터)

CBR 시험(관입곡선)

표준관입시험

콘관입시험(관입저항)

콘관입시험(콘지수)

평판재하시험

# 흙의 No.200 체 통과량 시험

과 업 명 ______________________ 시험날짜 ______년 ____월 ____일
조사위치 ______________________ 온도 ______ [℃] 습도 ______ [%]
시료번호 ____________ 시료위치 ____ [m] ~ ____ [m] 시험자 ____________

| 공 기 건 조 시 료 의 함 수 비 | | | 평 균 함수비 |
|---|---|---|---|
| 시료번호 1 | 시료번호 2 | 시료번호 3 | $w$ ______ [%] |
| $W_t$ ____[gf] $W_d$ ____[gf]<br>$W_d$ ____[gf] $W_c$ ____[gf]<br>$W_w$ ____[gf] $W_s$ ____[gf] | $W_t$ ____[gf] $W_d$ ____[gf]<br>$W_d$ ____[gf] $W_c$ ____[gf]<br>$W_w$ ____[gf] $W_s$ ____[gf] | $W_t$ ____[gf] $W_d$ ____[gf]<br>$W_d$ ____[gf] $W_c$ ____[gf]<br>$W_w$ ____[gf] $W_s$ ____[gf] | |
| $w$ = ______ [%] | $w$ = ______ [%] | $w$ = ______ [%] | |

참 고 : $W_t$ : (습윤시료 + 용기) 무게　　$W_d$ : (노건조시료 + 용기) 무게
$W_c$ : 용기의 무게　　$W_w$ : 물의 무게
$W_s$ : 흙 시료의 무게　　$w$ : 함수비　　$w = W_w / W_s \times 100$ [%]

| 시 험 번 호 | | 1 | 2 | 3 |
|---|---|---|---|---|
| 용 기 번 호 | | | | |
| ( 공기건조시료 + 용기 ) 무게 | [gf] | | | |
| 용 기 무 게 | [gf] | | | |
| 공기건조 시료 무게 $W_a$ | [gf] | | | |
| 공기건조 시료의 함수비 $w$ | [%] | | | |
| 노건조 시료의 무게 *1 $W_0$ | [gf] | | | |
| No. 200체 잔류무게 $W_p$ | [gf] | | | |
| No. 200체 통과율 *2 $P_r$ | [%] | | | |
| 평균 No.200 체 통과율 ____________ [%] | | | | |

참 고 : ※1 $W_o = W_a / (1+w/100)$　　※2 $P_r = (W_o - W_p)/W_o \times 100$

| 확 인 | ______________________ (인) |
|---|---|

# 흙의 입도시험 (체분석)

KS F2302

과 업 명 ____________ 시험날짜 ____년 ___월 ___일
조사위치 ____________ 온도 ____ [℃] 습도 ____ [%]
시료번호 ________ 시료위치 ____ [m] ~ ____ [m] 시험자 ________

| 공기건조 시료의 함수비 | | | 평균 함수비 |
|---|---|---|---|
| 시료 번호 1<br>$w_t$ ____[gf] $w_d$ ____[gf]<br>$w_d$ ____[gf] $w_c$ ____[gf]<br>$w_w$ ____[gf] $w_s$ ____[gf]<br>$w$ = ______ % | 시료 번호 2<br>$w_t$____[gf] $w_d$ ____[gf]<br>$w_d$____[gf] $w_c$ ____[gf]<br>$w_w$____[gf] $w_s$ ____[gf]<br>$w$ = _____ % | 시료 번호 3<br>$w_t$ ____[gf] $w_d$ ____[gf]<br>$w_d$____[gf] $w_c$ ____[gf]<br>$w_w$____[gf] $w_s$ ____[gf]<br>$w$ = _____ % | $w$ = ____ % |

참 고 :

$w_t$ : (공기건조시료+용기)무게 $w_d$ : (건조시료+용기) 무게
$w_c$ : 용기무게 $w_w$ : 물의무게
$w_s$ : 흙의 무게 $w$ : 함수비

$w = w_w / w_s \times 100$ [%]

| 체번호 No . | 눈 금 [mm] | 용 기 번 호 | (잔류토+용기) 무 게 [gf] | 용 기 무 게 [gf] | 잔류토 무 게 [gf] | 잔 류 율 [%] | 가 적 잔류율 [%] | 가 적 통과율 [%] |
|---|---|---|---|---|---|---|---|---|
| 4 | 4.76 | | | | | | | |
| 10 | 2.00 | | | | | | | |
| 16 | 1.19 | | | | | | | |
| 40 | 0.42 | | | | | | | |
| 60 | 0.25 | | | | | | | |
| 100 | 0.149 | | | | | | | |
| 200 | 0.074 | | | | | | | |

| 확 인 | ________________ (인) |
|---|---|

# 흙의 입도시험 (비중계 분석)

KS F 2302

과 업 명 ______ 시험날짜 ____년 ____월 ____일
조사위치 ______ 온도 ____ [℃] 습도 ____ [%]
시료번호 ______ 시료위치 ____ [m] ~ ____ [m] 시험자 ______

흙입자의 비중 $G_s$=______ 소성지수 $I_p$ =______ 분산제______ $m_s/m_0$ = ______

1. 공기건조 시료의 함수비

| 공 기 건 조 시 료 의 함 수 비 | | | 평 균 함수비 |
|---|---|---|---|
| 시료번호 1 | 시료번호 2 | 시료번호 3 | $w$ = ______ [%] |
| $w_t$ ____ [gf] $w_d$ ____ [gf] | $w_t$ ____ [gf] $w_d$ ____ [gf] | $w_t$ ____ [gf] $w_d$ ____ [gf] | |
| $w_d$ ____ [gf] $w_c$ ____ [gf] | $w_d$ ____ [gf] $w_c$ ____ [gf] | $w_d$ ____ [gf] $w_c$ ____ [gf] | |
| $w_w$ ____ [gf] $w_s$ ____ [gf] | $w_w$ ____ [gf] $w_s$ ____ [gf] | $w_w$ ____ [gf] $w_s$ ____ [gf] | |
| $w$ = ______ [%] | $w$ = ______ [%] | $w$ = ______ [%] | |

참 고 : $w_t$ : (습윤시료+용기) 무게 , $w_d$ : (노건조시료+용기) 무게 $w_c$ : 용 기 무 게
$w_w$ : 물 무게 , $w_s$ : 흙시료 무게 , $w$ : 함수비 $w = w_w / w_s \times 100$

2. 건조시료의 무게

공기건조 시료의 무게 $w_a$ = ______ [gf]
건조시료의 무게 $w_{s0} = w_a / \{1 + w / 100\}$ = ______ [gf]

3. 비중계 시험

| | 측 정 시 간 | | | | | | | | | | | |
|---|---|---|---|---|---|---|---|---|---|---|---|---|
| ① | 경 과 시 간 $t$ [min] | | 1 | 2 | 5 | 15 | 30 | 60 | 240 | 1440 | | |
| ② | 비중계 읽음 | 소수부분 읽음 | | | | | | | | | | |
| ③ | | $r'$ ② + $C_m$ | | | | | | | | | | |
| ④ | 측정시의 물의 온도 ℃ | | | | | | | | | | | |
| ⑤ | 유효 침강 길이 $L$ (mm) | | | | | | | | | | | |
| ⑥ | 침 강 속 도 $\frac{L}{60t}$ [$mm/s$] | | | | | | | | | | | |
| ⑦ | $\sqrt{\frac{L}{60 \cdot t}}$ | | | | | | | | | | | |
| ⑧ | $\sqrt{\frac{0.18 \cdot \eta}{(G_s - 1) \cdot \gamma_w}}$ | | | | | | | | | | | |
| ⑨ | 입 경 $D$ (⑦ × ⑧) [mm] | | | | | | | | | | | |
| ⑩ | 보 정 계 수 $F$ | | | | | | | | | | | |
| ⑪ | $r'$ + $F$ | | | | | | | | | | | |
| ⑫ | 가적통과율 $P$(⑪×$M^{*1}$) [%] | | | | | | | | | | | |
| ⑬ | 보정가적통과율($P \times m_s/m_0$)[%] | | | | | | | | | | | |

참 고 : $\frac{1}{w_{s0} \cdot V}$ = ____ [$cm^3/gf$] , $\frac{G_s}{G_s - 1} \cdot \rho_w$ = ____ [$cm^3/gf$] [*1] $M = \frac{100}{w_{s0}/V} \cdot \frac{G_s}{G_s - 1} \cdot \rho_w$[$cm^3/gf$]

| 확 인 | ______________ (인) |
|---|---|

# 흙의 입도 시험(결과)

KS F2302

과 업 명 ______________________ 시험날짜 ______년 ____월 _____일

조사위치 ______________________ 온도 ______ [℃] 습도 ______ [%]

시료번호 ____________ 시료위치 _____ [m] ~ ____ [m] 시험자 ____________

| 시 료 | 최대입경 ________ [mm] | 비 중 __________ | 함수비 ________ [%] |
|---|---|---|---|

| 시험방법 | 체번호 | 입경[mm] | 통 과 율 | | |
|---|---|---|---|---|---|
| | | | 시료번호 1 | 시료번호 2 | 시료번호 3 |
| 체 분 석 | 4 | 4.76 | | | |
| | 10 | 2.00 | | | |
| | 16 | 1.19 | | | |
| | 40 | 0.42 | | | |
| | 60 | 0.25 | | | |
| | 100 | 0.149 | | | |
| | 200 | 0.074 | | | |
| 비 중 계 분 석 | | 0.048 | | | |
| | | 0.035 | | | |
| | | 0.0222 | | | |
| | | 0.0131 | | | |
| | | 0.0094 | | | |
| | | 0.0067 | | | |
| | | 0.0034 | | | |
| | | 0.00139 | | | |

참 고 : $D_{10}$ = ________ [mm] , $D_{30}$ = ________ [mm] , $D_{60}$ = ________ [mm]

$C_u$ = ___________ , $C_c$ = _________

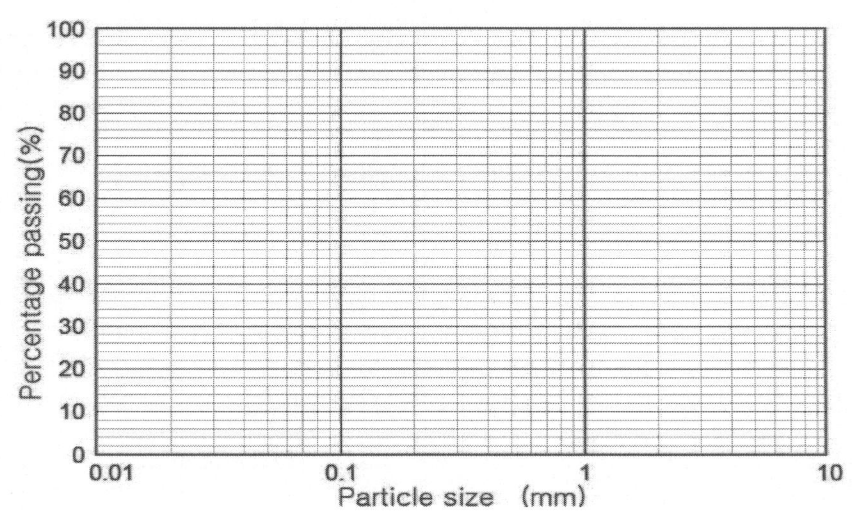


참 고 : 균등계수 $C_u = \frac{D_{60}}{D_{10}}$ , 곡률계수 $C_c = \frac{D_{30}^2}{D_{10} \times D_{60}}$

$D_{10}$ : 10% 통과입경 , $D_{30}$ : 30% 통과입경 , $D_{60}$ : 60% 통과입경

| 확 인 | ______________________ (인) |
|---|---|

# 흙의 함수비시험

KS F2306

과 업 명 ______________________ 시험날짜 ______ 년 ____ 월 ____ 일
조사위치 ______________________ 온도 ______ [℃] 습도 ______ [%]
시료번호 ____________ 시료위치 ____ [m] ~ ____ [m] 시험자 ____________

| 시료 번호 | 시료 심도 | 함 수 비 측 정 | | | 평 균 함 수 비 |
|---|---|---|---|---|---|
| | | 시료번호 1 | 시료번호 2 | 시료번호 3 | |
| | | $w_t$ ____ [gf] $w_d$ ____ [gf]<br>$w_d$ ____ [gf] $w_c$ ____ [gf]<br>$w_w$ ____ [gf] $w_s$ ____ [gf]<br>$w$ = ____ % | $w_t$ ____ [gf] $w_d$ ____ [gf]<br>$w_d$ ____ [gf] $w_c$ ____ [gf]<br>$w_w$ ____ [gf] $w_s$ ____ [gf]<br>$w$ = ____ % | $w_t$ ____ [gf] $w_d$ ____ [gf]<br>$w_d$ ____ [gf] $w_c$ ____ [gf]<br>$w_w$ ____ [gf] $w_s$ ____ [gf]<br>$w$ = ____ % | $w$ = ____ % |
| | | $w_t$ ____ [gf] $w_d$ ____ [gf]<br>$w_d$ ____ [gf] $w_c$ ____ [gf]<br>$w_w$ ____ [gf] $w_s$ ____ [gf]<br>$w$ = ____ % | $w_t$ ____ [gf] $w_d$ ____ [gf]<br>$w_d$ ____ [gf] $w_c$ ____ [gf]<br>$w_w$ ____ [gf] $w_s$ ____ [gf]<br>$w$ = ____ % | $w_t$ ____ [gf] $w_d$ ____ [gf]<br>$w_d$ ____ [gf] $w_c$ ____ [gf]<br>$w_w$ ____ [gf] $w_s$ ____ [gf]<br>$w$ = ____ % | $w$ = ____ % |
| | | $w_t$ ____ [gf] $w_d$ ____ [gf]<br>$w_d$ ____ [gf] $w_c$ ____ [gf]<br>$w_w$ ____ [gf] $w_s$ ____ [gf]<br>$w$ = ____ % | $w_t$ ____ [gf] $w_d$ ____ [gf]<br>$w_d$ ____ [gf] $w_c$ ____ [gf]<br>$w_w$ ____ [gf] $w_s$ ____ [gf]<br>$w$ = ____ % | $w_t$ ____ [gf] $w_d$ ____ [gf]<br>$w_d$ ____ [gf] $w_c$ ____ [gf]<br>$w_w$ ____ [gf] $w_s$ ____ [gf]<br>$w$ = ____ % | $w$ = ____ % |

참 고 : $w_t$ : (습윤시료 + 용기)무게 , $w_d$ : (노건조시료 + 용기) 무게
$w_c$ : 용기캔의 무게 , $w_w$ : 물의 무게
$w_s$ : 흙 시료의 무게 , $w$ : 함 수 비

$$w = w_w / w_s \times 100$$

| 확 인 | ______________________ (인) |
|---|---|

# 흙의 비중 시험

KS F2308

과 업 명 ______________________ 시험날짜 ______ 년 ____ 월 ____ 일
조사위치 ______________________ 온도 _____ [℃] 습도 _____ [%]
시료번호 ____________ 시료위치 ____ [m] ~ ____ [m] 시험자 ____________

| 시 험 번 호 | | | 1 | 2 | 3 | 4 |
|---|---|---|---|---|---|---|
| 비 중 병 번 호 | | | | | | |
| (비중병 + 물) 무게 | $W'_{pw}$ | gf | | | | |
| 온 도 | $T$ | ℃ | | | | |
| (비중병+물+시료) | $W_{pws}$ | gf | | | | |
| (비중병+물) 무게 | $W_{pw}$ | gf | | | | |
| 용 기 번 호 | | | | | | |
| (용기+노건조시료)무게 | $W_{cs}$ | gf | | | | |
| 용 기 무 게 | $W_c$ | gf | | | | |
| 노건조시료 무게 | ※1 $W_s$ | gf | | | | |
| 물의 비중 | $G_w$ | | | | | |
| 흙의 비중 | ※2 $G_s$ | | | | | |
| 흙의 평균 비중 | $G_s$ | | | | | |

참 고 : ※1 $W_s = W_{cs} - W_c$ ※2 $G_s = \frac{W_s \cdot G_w}{W_{pw} + W_s - W_{pws}}$

| 확 인 | ____________________ (인) |
|---|---|

# 흙의 최대건조 단위중량 시험

KS F2356

과 업 명 ____________________ 시험날짜 ____년 ____월 ____일
조사위치 ____________________ 온도 ____ [℃] 습도 ____ [%]
시료번호 ____________ 시료위치 ____ [m] ~ ____ [m] 시험자 ____________

| 몰 드 | 직경 $D$ ____ [cm] | 높이 $H$ ____ [cm] | 단면적 $A$ ____ [cm²] | 체적 $V$ ____ [cm³] |
|---|---|---|---|---|
| 재하링 | 높이 $H_k$ ____________ [cm] | | | |
| 시 료 | 지반분류 ________ | 최대입경 $d_{max}$ ____ [mm] | 균등계수 $Cu$ ________ | |
| | 비 중 $G_s$ ________ | 간극비 $e$ ______ | 간극율 $n$ ______ | |

| 시 험 번 호 | | | 1 | 2 | 3 |
|---|---|---|---|---|---|
| 재하링 위치 (용기상단과 상부간 거리) | 1 | mm | | | |
| | 2 | mm | | | |
| | 3 | mm | | | |
| | 합 | mm | | | |
| | 평균 | mm | | | |
| 재하링 길이 ※1 $S$ | | mm | | | |
| 시료 높이 ※2 $h$ | | mm | | | |
| 시료 체적 ※3 $V$ | | cm³ | | | |
| 건조무게 $W_d$ | | gf | | | |
| 건조단위중량 ※4 $\gamma_d$ | | gf/cm³ | | | |
| 평균건조단위중량 | | gf/cm³ | | | |

참고 : ※1 $S = H_k + a$ ※2 $h = H + H_k - S$ ※3 $V = A \cdot h$ ※4 $\gamma_d = \dfrac{W_d}{V}$

확인 ____________________ (인)

# 흙의 최소건조 단위중량 시험

KS F2345

과 업 명 ______________________ 시험날짜 ____년 ____월 ____일
조사위치 ______________________ 온도 ____ [℃] 습도 ____ [%]
시료번호 ____________ 시료위치 ____ [m] ~ ____ [m] 시험자 __________

| 몰드 | 직경 $D$____ [mm] | 높이 $H$____ [cm] | 단면적 $A$____ [$cm^2$] | 체적 $V$____ [$cm^3$] |
|---|---|---|---|---|
| 시료 | 지반분류 ________ | 최대입경 $d_{max}$____ [mm] | 균등계수 $Cu$ ______ | |
| | 비 중 $Gs$ ________ | 간극비 $e$ ________ | 간극율 $n$ ______ | |

| 시 험 번 호 | (건조시료+용기) 무게 $W_{cd}$ [gf] | 용기 무게 $W_c$ [gf] | 건조 시료 무게 ※1 $W_d$ [gf] | 건조 단위중량 ※2 $\gamma_d$ [gf/$cm^2$] |
|---|---|---|---|---|
| 1 | | | | |
| 2 | | | | |
| 3 | | | | |
| 4 | | | | |
| 5 | | | | |
| 6 | | | | |
| 합 $\Sigma \gamma_d$ | | | | |
| 평 균 $\gamma_d$ | | | | |

참고 : ※1 $W_d = W_{cd} - W_c$ ※2 $\gamma_d = \frac{W_d}{V}$

확인 ________________________ (인)

# 현장 단위중량 시험

과 업 명 ______________________ 시험날짜 ______년 ____월 _____일
조사위치 ______________________ 온도 ______ [℃] 습도 ______ [%]
시료번호 ______________ 시료위치 _____ [m] ~ _____ [m] 시험자 ______________

조사방법 :

| 시 험 번 호 | | | 1 | 2 | 3 | 4 |
|---|---|---|---|---|---|---|
| 시료 | 번 호 | | | | | |
| | 심도 | m | ~ | ~ | ~ | ~ |
| 공시체 칫수 | 직경 $D$ | cm | | | | |
| | 단면적 ※1 $A$ | $cm^2$ | | | | |
| | 높이 $H$ | cm | | | | |
| | 체적 ※2 $V$ | $cm^3$ | | | | |
| 공시체 단위 중량 | 습윤무게 $W_t$ | gf | | | | |
| | 건조무게 $W_d$ | gf | | | | |
| | 습윤단위중량 ※4 $\gamma_t$ | $gf/cm^3$ | | | | |
| | 건조단위중량 ※5 $\gamma_d$ | $gf/cm^3$ | | | | |
| 함수비 | 용기번호 | | | | | |
| | 용기무게 $w_c$ | gf | | | | |
| | 습윤시료 무게 $w_t$ | gf | | | | |
| | 건조시료 무게 $w_d$ | gf | | | | |
| | 함수비 ※3 $w$ | % | | | | |
| 온 도 $T$ | | ℃ | | | | |
| 물의 단위중량 $\gamma_w$ | | $gf/cm^3$ | | | | |
| 흙입자의 비중 $G_s$ | | | | | | |
| 간극비 ※6 $e$ | | | | | | |
| 포화도 ※7 $S$ | | % | | | | |

참고 : ※1 $A = \frac{\pi D^2}{4}$ ※2 $V = A \cdot H$ ※3 $w = (w_t - w_d)/(w_d - w_c) \times 100$

※4 $\gamma_t = \frac{W_t}{V}$ ※5 $\gamma_d = \frac{W_d}{V} = \frac{\gamma_t}{1 + \frac{w}{100}}$ ※6 $e = G_s \frac{\gamma_w}{\gamma_d} - 1$

※7 $S = \frac{G_s \cdot w}{e}$

확인 ______________________ (인)

# 동적 액성한계 시험

## Casagrande Test

KS F2303

과 업 명 ______________________ 시험날짜 ______ 년 ______ 월 ______ 일

조사위치 ______________________ 온도 ______ [℃] 습도 ______ [%]

시료번호 __________ 시료위치 ______ [m] ~ ______ [m] 시험자 ______________

| 시험 번호 | 시료 번호 1 | | 시료 번호 2 | |
|---|---|---|---|---|
| 1 | 낙하횟수 ____ 회 | $w_t$ = ____ [gf] $w_d$ = ____ [gf]<br>$w_d$ = ____ [gf] $w_c$ = ____ [gf]<br>$w_w$ = ____ [gf] $w_s$ = ____ [gf] | 낙하횟수 ____ 회 | $w_t$ = ____ [gf] $w_d$ = ____ [gf]<br>$w_d$ = ____ [gf] $w_c$ = ____ [gf]<br>$w_w$ = ____ [gf] $w_s$ = ____ [gf] |
| | | 함수비 $w$ = ____ [%] | | 함수비 $w$ = ____ [%] |
| 2 | 낙하횟수 ____ 회 | $w_t$ = ____ [gf] $w_d$ = ____ [gf]<br>$w_d$ = ____ [gf] $w_c$ = ____ [gf]<br>$w_w$ = ____ [gf] $w_s$ = ____ [gf] | 낙하횟수 ____ 회 | $w_t$ = ____ [gf] $w_d$ = ____ [gf]<br>$w_d$ = ____ [gf] $w_c$ = ____ [gf]<br>$w_w$ = ____ [gf] $w_s$ = ____ [gf] |
| | | 함수비 $w$ = ____ [%] | | 함수비 $w$ = ____ [%] |
| 3 | 낙하횟수 ____ 회 | $w_t$ = ____ [gf] $w_d$ = ____ [gf]<br>$w_d$ = ____ [gf] $w_c$ = ____ [gf]<br>$w_w$ = ____ [gf] $w_s$ = ____ [gf] | 낙하횟수 ____ 회 | $w_t$ = ____ [gf] $w_d$ = ____ [gf]<br>$w_d$ = ____ [gf] $w_c$ = ____ [gf]<br>$w_w$ = ____ [gf] $w_s$ = ____ [gf] |
| | | 함수비 $w$ = ____ [%] | | 함수비 $w$ = ____ [%] |
| 4 | 낙하횟수 ____ 회 | $w_t$ = ____ [gf] $w_d$ = ____ [gf]<br>$w_d$ = ____ [gf] $w_c$ = ____ [gf]<br>$w_w$ = ____ [gf] $w_s$ = ____ [gf] | 낙하횟수 ____ 회 | $w_t$ = ____ [gf] $w_d$ = ____ [gf]<br>$w_d$ = ____ [gf] $w_c$ = ____ [gf]<br>$w_w$ = ____ [gf] $w_s$ = ____ [gf] |
| | | 함수비 $w$ = ____ [%] | | 함수비 $w$ = ____ [%] |
| 5 | 낙하횟수 ____ 회 | $w_t$ = ____ [gf] $w_d$ = ____ [gf]<br>$w_d$ = ____ [gf] $w_c$ = ____ [gf]<br>$w_w$ = ____ [gf] $w_s$ = ____ [gf] | 낙하횟수 ____ 회 | $w_t$ = ____ [gf] $w_d$ = ____ [gf]<br>$w_d$ = ____ [gf] $w_c$ = ____ [gf]<br>$w_w$ = ____ [gf] $w_s$ = ____ [gf] |
| | | 함수비 $w$ = ____ [%] | | 함수비 $w$ = ____ [%] |

참고 : $w_w = w_t - w_d$ , $w_s = w_d - w_c$ , $w = (w_w)/(w_s) \times 100$ [%] , $w_L$ : 낙하횟수 25 회의 함수비

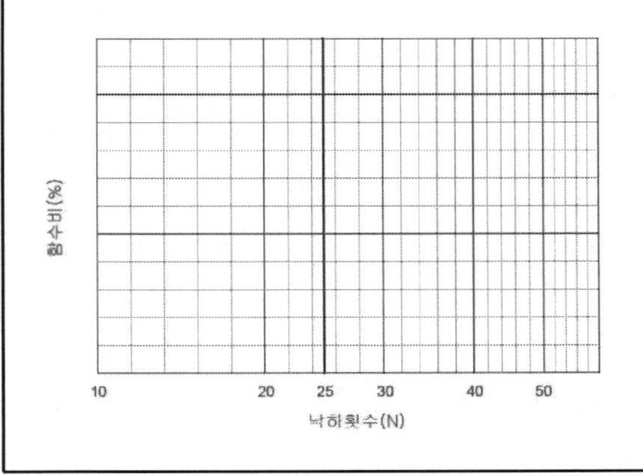


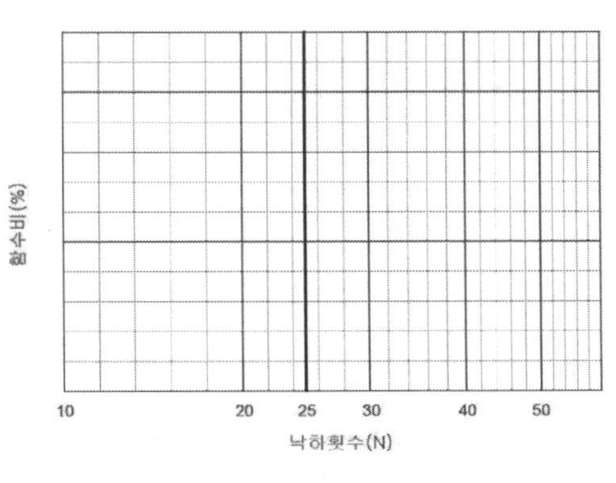


확인 ______________________ (인)

# 정적 액성한계 시험

## Fall Cone Test

과 업 명 ______________________ 시험날짜 ______년 _____월 _____일
조사위치 ______________________ 온도 ______ [℃] 습도 ______ [%]
시료번호 __________ 시료위치 _____ [m] ~ _____ [m] 시험자 ______________

| 시험 번호 | 시료 번호 1 | | 시료 번호 2 | |
|---|---|---|---|---|
| 1 | 관입깊이 _____mm | $w_t$=_____[gf] $w_d$=_____[gf]<br>$w_d$=_____[gf] $w_c$=_____[gf]<br>$w_w$=_____[gf] $w_s$=_____[gf]<br>함수비 $w$ = _____ [%] | 관입깊이 _____mm | $w_t$=_____[gf] $w_d$=_____[gf]<br>$w_d$=_____[gf] $w_c$=_____[gf]<br>$w_w$=_____[gf] $w_s$=_____[gf]<br>함수비 $w$ = _____ [%] |
| 2 | 관입깊이 _____mm | $w_t$=_____[gf] $w_d$=_____[gf]<br>$w_d$=_____[gf] $w_c$=_____[gf]<br>$w_w$=_____[gf] $w_s$=_____[gf]<br>함수비 $w$ = _____ [%] | 관입깊이 _____mm | $w_t$=_____[gf] $w_d$=_____[gf]<br>$w_d$=_____[gf] $w_c$=_____[gf]<br>$w_w$=_____[gf] $w_s$=_____[gf]<br>함수비 $w$ = _____ [%] |
| 3 | 관입깊이 _____mm | $w_t$=_____[gf] $w_d$=_____[gf]<br>$w_d$=_____[gf] $w_c$=_____[gf]<br>$w_w$=_____[gf] $w_s$=_____[gf]<br>함수비 $w$ = _____ [%] | 관입깊이 _____mm | $w_t$=_____[gf] $w_d$=_____[gf]<br>$w_d$=_____[gf] $w_c$=_____[gf]<br>$w_w$=_____[gf] $w_s$=_____[gf]<br>함수비 $w$ = _____ [%] |
| 4 | 관입깊이 _____mm | $VW_t$=_____[gf] $w_d$=_____[gf]<br>$w_d$=_____[gf] $w_c$=_____[gf]<br>$w_w$=_____[gf] $w_s$=_____[gf]<br>함수비 $w$ = _____ [%] | 관입깊이 _____mm | $w_t$=_____[gf] $w_d$=_____[gf]<br>$w_d$=_____[gf] $w_c$=_____[gf]<br>$w_w$=_____[gf] $w_s$=_____[gf]<br>함수비 $w$ = _____ [%] |
| 5 | 관입깊이 _____mm | $w_t$=_____[gf] $w_d$=_____[gf]<br>$w_d$=_____[gf] $w_c$=_____[gf]<br>$w_w$=_____[gf] $w_s$=_____[gf]<br>함수비 $w$ = _____ [%] | 관입깊이 _____mm | $w_t$=_____[gf] $w_d$=_____[gf]<br>$w_d$=_____[gf] $w_c$=_____[gf]<br>$w_w$=_____[gf] $w_s$=_____[gf]<br>함수비 $w$ = _____ [%] |

참고 : $w_w = w_t - w_d$ , $w_s = w_d - w_c$ , $w = (w_w)/(w_s) \times 100$ [%] , $w_L$ : 관입깊이 20 mm의 함수비

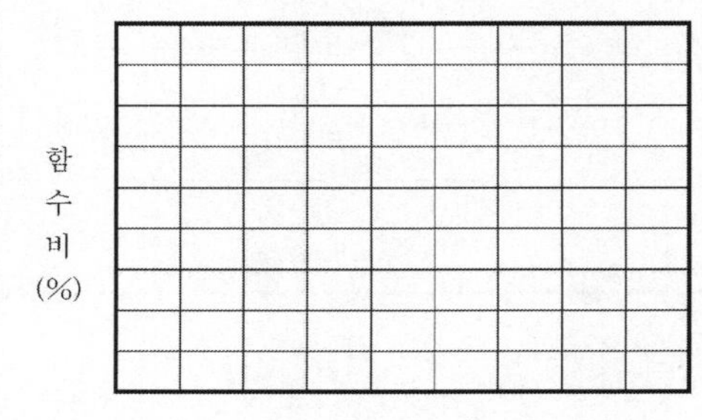


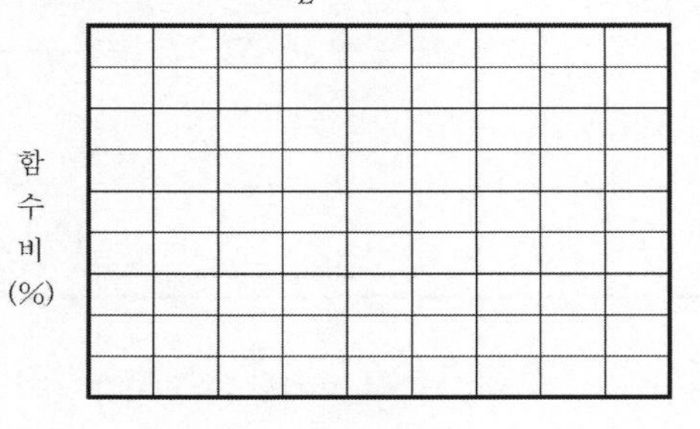


확인 ______________________ (인)

# 소성한계 시험

KS F2303

과 업 명 ____________ 시험날짜 ______ 년 ______ 월 ______ 일
조사위치 ____________ 온도 ______ [℃] 습도 ______ [%]
시료번호 ____________ 시료위치 ______ [m] ~ ______ [m] 시험자 ____________

| 시험 번호 | 시료번호 1 | 시료번호 2 |
|---|---|---|
| 1 | $w_t$ =______[gf] $w_d$ =______[gf]<br>$w_d$ =______[gf] $w_c$ =______[gf]<br>$w_w$ =______[gf] $w_s$ =______[gf]<br>함수비 $w_p$ =______[%] | $w_t$ =______[gf] $w_d$ =______[gf]<br>$w_d$ =______[gf] $w_c$ =______[gf]<br>$w_w$ =______[gf] $w_s$ =______[gf]<br>함수비 $w_p$ =______[%] |
| 2 | $w_t$ =______[gf] $w_d$ =______[gf]<br>$w_d$ =______[gf] $w_c$ =______[gf]<br>$w_w$ =______[gf] $w_s$ =______[gf]<br>함수비 $w_p$ =______[%] | $w_t$ =______[gf] $w_d$ =______[gf]<br>$w_d$ =______[gf] $w_c$ =______[gf]<br>$w_w$ =______[gf] $w_s$ =______[gf]<br>함수비 $w_p$ =______[%] |
| 3 | $w_t$ =______[gf] $w_d$ =______[gf]<br>$w_d$ =______[gf] $w_c$ =______[gf]<br>$w_w$ =______[gf] $w_s$ =______[gf]<br>함수비 $w_p$ =______[%] | $w_t$ =______[gf] $w_d$ =______[gf]<br>$w_d$ =______[gf] $w_c$ =______[gf]<br>$w_w$ =______[gf] $w_s$ =______[gf]<br>함수비 $w_p$ =______[%] |
| 평균 함수비 | $w_p$ = ______ [%] | $w_p$ = ______ [%] |

참고 : $w_t$ : (습윤시료+용기) 무게 $w_d$ : (노건조시료+용기) 무게
$w_c$ : 용기 무게 $w_w$ : 물의 무게 $w_s$ : 노건조시료 무게
$w_w = w_t - w_d$ , $w_s = w_d - w_c$ , $w = (w_w)/(w_s)100$ [%]

| 확인 | ____________ (인) |
|---|---|

# 흙의 수축한계 시험

KS F2305

과 업 명 ________________ 시험날짜 ____년 ____월 ____일
조사위치 ________________ 온도 ____ [℃] 습도 ____ [%]
시료번호 ________ 시료위치 ____ [m] ~ ____ [m] 시험자 ________

| 시 험 번 호 | | 1 | 2 | 3 | 평 균 |
|---|---|---|---|---|---|
| 수축 용기 번호 | | | | | |
| 함수비 | % | $w_t$= ____ [gf]<br>$w_d$= ____ [gf]<br>$w_w$= ____ [gf]<br>$w_d$= ____ [gf]<br>$w_c$= ____ [gf]<br>$w_s$= ____ [gf]<br>$w$ = ____ [%] | $w_t$= ____ [gf]<br>$w_d$= ____ [gf]<br>$w_w$= ____ [gf]<br>$w_d$= ____ [gf]<br>$w_c$= ____ [gf]<br>$w_s$= ____ [gf]<br>$w$ = ____ [%] | $w_t$= ____ [gf]<br>$w_d$= ____ [gf]<br>$w_w$= ____ [gf]<br>$w_d$= ____ [gf]<br>$w_c$= ____ [gf]<br>$w_s$= ____ [gf]<br>$w$ = ____ [%] | $w$ = ____ [%] |
| 습윤상태의 체적 $V$ | $cm^3$ | | | | |
| 공기건조상태 체적 $V_o$ | $cm^3$ | | | | |
| 노건조 시료 무게 $w_s$ | gf | | | | |
| 수축체적 ※1 $\Delta V$ | $cm^3$ | | | | |
| 증발함수비 ※2 $w_v$ | % | | | | ____ [%] |
| 수축한계 ※3 $w_s$ | % | | | | |
| 수정수축한계 ※4 $w_s'$ | % | | | | ____ [%] |
| 수축비 ※5 $R$ | | | | | $R$ = ____ |
| 액성한계 $w_L$ | | | | | |
| 체적변화 ※6 $C$ | | | | | $C$ = ____ |
| 선수축 ※7 $L_s$ | | | | | $L_s$ = ____ |
| 흙입자 비중 ※8 $G_s$ | | | | | $G_s$ = ____ |

참고 :

※1 $\Delta V = V - V_o$ ※2 $w_v = (\Delta V \ \rho_w)/(w_s) \times 100$ [%] ※3 $w_s = w - w_v$

※4 $w_s' = (1/R - 1/G_s) \times 100$ [%] ※5 $R = w_s / (V_o' \ \rho_w)$

※6 $C = (w_L - w_s)R$ [%] ※7 $L_s = 100 \times \left\{1 - \left(\frac{100}{C+100}\right)^{\frac{1}{3}}\right\}$

※8 $G_s = \frac{1}{\left(\frac{1}{R} - \frac{w_s}{100}\right)}$

$w_w = w_t - w_d$, $w_s = w_d - w_c$, $w = w_w / w_s \times 100$

| 확인 | ________________ (인) |
|---|---|

# 흙의 다짐시험(측정 데이터)

KS F2312

과 업 명 ______________________ 시험날짜 ____년 ____월 ____일

조사위치 ______________________ 온도 ____[℃] 습도 ____[%]

시료번호 __________ 시료위치 ____[m] ~ ____[m] 시험자 ______________

| | | | |
|---|---|---|---|
| 다 짐 | 목 적 ( 보통 다짐, CBR 다짐 ) | | 방 법 ( A, B, C, D, E ) |
| | 램머무게 ____[kgf] | 낙하고 ____[cm] | 다짐층수 ____[층] 층별다짐횟수 ____[회] |
| 사용몰드 | 번호 ____ | 무게 (몰드, 몰드+저판) ____[kgf] | 크기(직경10cm, 체적1000cm³) (직경15cm, 체적2209cm³) |
| 시 료 | 준 비 상 태 ( 노건조, 공기건조, 자연상태 ) | | 함수비 ( 자연상태 ____[%] 시험개시전 ____[%] ) |
| | 최대입경 ____[mm] | 흙입자비중 $G_S$ ____ | 시험온도에서 물의 단위중량 $\gamma_w$ ____[gf/cm³] |

| 시험번호 | 측정 내용 | 단위 | 시 료 1 | 시 료 2 | 시 료 3 | 평 균 |
|---|---|---|---|---|---|---|
| 1 | (습윤시료+몰드) 무게 | kgf | | | | |
| | 습윤시료 무게 | kgf | | | | |
| | 습윤 단위중량 $\gamma_t$ | gf/cm³ | | | | |
| | 함 수 비 $w$ ※1 | % | 용기 ____ $w$ ____<br>$W_t$ ____ $W_d$ ____<br>$W_d$ ____ $W_c$ ____<br>$W_w$ ____ $W_s$ ____ | 용기 ____ $w$ ____<br>$W_t$ ____ $W_d$ ____<br>$W_d$ ____ $W_c$ ____<br>$W_w$ ____ $W_s$ ____ | 용기 ____ $w$ ____<br>$W_t$ ____ $W_d$ ____<br>$W_d$ ____ $W_c$ ____<br>$W_w$ ____ $W_s$ ____ | $w$<br>= ____ |
| | 건조 단위중량 $\gamma_d$ ※2 | gf/cm³ | | | | |
| 2 | (습윤시료+몰드) 무게 | kgf | | | | |
| | 습윤시료 무게 | kgf | | | | |
| | 습윤 단위중량 $\gamma_t$ | gf/cm³ | | | | |
| | 함 수 비 $w$ ※1 | % | 용기 ____ $w$ ____<br>$W_t$ ____ $W_d$ ____<br>$W_d$ ____ $W_c$ ____<br>$W_w$ ____ $W_s$ ____ | 용기 ____ $w$ ____<br>$W_t$ ____ $W_d$ ____<br>$W_d$ ____ $W_c$ ____<br>$W_w$ ____ $W_s$ ____ | 용기 ____ $w$ ____<br>$W_t$ ____ $W_d$ ____<br>$W_d$ ____ $W_c$ ____<br>$W_w$ ____ $W_s$ ____ | $w$<br>= ____ |
| | 건조 단위중량 $\gamma_d$ ※2 | gf/cm³ | | | | |
| 3 | (습윤시료+몰드) 무게 | kgf | | | | |
| | 습윤시료 무게 | kgf | | | | |
| | 습윤 단위중량 $\gamma_t$ | gf/cm³ | | | | |
| | 함수비 $w$ ※1 | % | 용기 ____ $w$ ____<br>$W_t$ ____ $W_d$ ____<br>$W_d$ ____ $W_c$ ____<br>$W_w$ ____ $W_s$ ____ | 용기 ____ $w$ ____<br>$W_t$ ____ $W_d$ ____<br>$W_d$ ____ $W_c$ ____<br>$W_w$ ____ $W_s$ ____ | 용기 ____ $w$ ____<br>$W_t$ ____ $W_d$ ____<br>$W_d$ ____ $W_c$ ____<br>$W_w$ ____ $W_s$ ____ | $w$<br>= ____ |
| | 건조 단위중량 $\gamma_d$ ※2 | gf/cm³ | | | | |

참고 : $W_t$ :(습윤시료+용기)무게 [gf] $W_d$ :(노건조시료+용기)무게 [gf] $W_c$ :용기무게 [gf]

$W_s$ :노건조시료무게 [gf] $W_w$ :물무게 [gf] ※1 $w = W_w / W_s \times 100$ [%] ※2 $\gamma_d = \frac{\gamma_t}{w+100} \times 100$ [gf/cm³]

확인 ______________________ (인)

# 흙의 다짐시험(다짐곡선)

KS F2312

과 업 명 ____________ 시험날짜 ____년 ____월 ____일
조사위치 ____________ 온도 ____[℃] 습도 ____[%]
시료번호 ____________ 시료위치 ____[m] ~ ____[m] 시험자 ____________

| 다 짐 | 목 적 ( 보통다짐, CBR다짐 ) | | 방 법 ( A, B, C, D, E ) | |
|---|---|---|---|---|
| | 램머무게 ____[kgf] | 낙하고 ____[cm] | 다짐층수 ____[층] | 층별다짐횟수 ____[회] |
| 사용몰드 | 번호 ____ | 무게 (몰드, 몰드+저판) ____[kgf] | 크 기 (직경10cm,체적1000cm³) (직경15cm,체적2209cm³) | |
| 시 료 | 준 비 상 태 ( 노건조, 공기건조, 자연상태 ) | | 함수비 ( 자연상태 ____[%] 시험개시전 ____[%] ) | |
| | 최대입경 ____[mm] | 흙입자비중 $G_S$ ____ | 시험온도에서 물의 단위중량 $\gamma_w$ ____[gf/cm³] | |

| 시 험 번 호 | 단위 | 1 | 2 | 3 | 4 | 5 | 6 | 7 |
|---|---|---|---|---|---|---|---|---|
| 건조단위중량 $\gamma_d$ | gf/cm³ | | | | | | | |
| 함 수 비 $w$ | % | | | | | | | |
| 영공기곡선 ※1 $\gamma_d$ | gf/cm³ | | | | | | | |

참고 : ※1 영공기곡선 $\gamma_d = \dfrac{\gamma_w}{1/Gs + w/100}$ [gf/cm³]

최적함수비 $w_{opt}$ = ____ [%]

최대건조단위중량 $\gamma_{dmax}$ = ____ [gf/cm³]

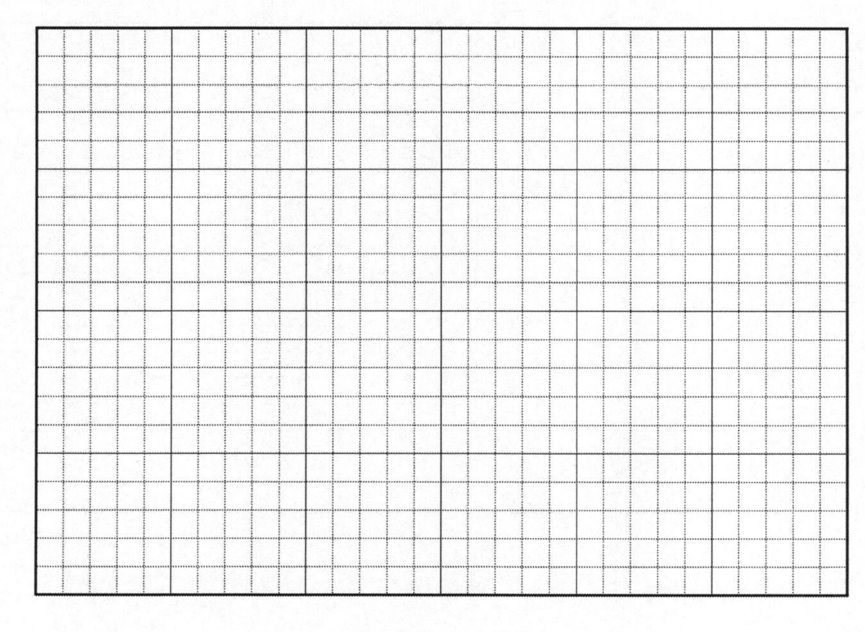


확인 ____________ (인)

# 정수두 투수시험

KS F2322

과 업 명 ____________ 시 험 날 짜 ______년 ____월 ____일
조사위치 ____________ 온도 ______ [℃] 습 도 ______ [%]
시료번호 ____________ 시료위치 ____ [m] ~ ____ [m] 시험자 ____________

| 몰드 | 직경 $D$ ___ [cm] | 단면적 $A$ ___ [$cm^2$] | 높이 $L$ ___ [cm] | 체적 $V$ ___ [$cm^3$] | 무게 $W_c$ ___ [gf] |
|---|---|---|---|---|---|

| 시료상태 | | 지반분류 USCS ____ | 시료상태(교란, 비교란) | 최대입경 ____ [mm] | 흙입자 비중 ____ |
|---|---|---|---|---|---|
| | | 공시체제작법 ____ | 공시체포화방법 ____ | 사용한 물 ____ | 함수비 ____ [%] |
| | 함수비 | 시험번호 | 1 | 2 | 3 | 평 균 |
| | | 시험전 | 용기 ____ $w$____ $W_t$____ $W_d$____ $W_d$____ $W_c$____ $W_w$____ $W_s$____ | 용기 ____ $w$____ $W_t$____ $W_d$____ $W_d$____ $W_c$____ $W_w$____ $W_s$____ | 용기 ____ $w$____ $W_t$____ $W_d$____ $W_d$____ $W_c$____ $W_w$____ $W_s$____ | $w$ = ____ [%] |
| | | 시험후 | 용기 ____ $w$____ $W_t$____ $W_d$____ $W_d$____ $W_c$____ $W_w$____ $W_s$____ | 용기 ____ $w$____ $W_t$____ $W_d$____ $W_d$____ $W_c$____ $W_w$____ $W_s$____ | 용기 ____ $w$____ $W_t$____ $W_d$____ $W_d$____ $W_c$____ $W_w$____ $W_s$____ | $w$ = ____ [%] |

| 측 정 내 용 | 단 위 | 시 험 전 | 시 험 후 |
|---|---|---|---|
| (공시체+용기)무게 $W_t$ | gf | | |
| 시 료 무 게 ※1 $w$ | gf | | |
| 습 윤 단 위 중 량 $\gamma_t$ | gf/$cm^3$ | | |
| 함 수 비 $w$ | % | | |
| 건조 단위 중량 ※2 $\gamma_d$ | gf/$cm^3$ | | |
| 간 극 비 ※3 $e$ | | | |
| 포 화 도 $S$ | % | | |

| 측 정 내 용 | | 단위 | 시험번호 1 | 시험번호 2 | 시험번호 3 | 시험번호 4 | 평균치 |
|---|---|---|---|---|---|---|---|
| 투수계수 | 측 정 시 작 시 간 $t_1$ | min | | | | | $k$ = |
| | 측 정 종 료 시 간 $t_2$ | min | | | | | |
| | 측정시간 $\Delta t = t_2 - t_1$ | min | | | | | |
| | 측 정 길 이 $\ell$ | cm | | | | | |
| | 수 두 차 $h$ | cm | | | | | |
| | 동 수 경 사 $i = h/\ell$ | | | | | | |
| | 투 수 유 량 $Q$ | $cm^3$ | | | | | |
| | 유 속 $V = Q/A$ | cm/s | | | | | |
| | 투 수 계 수 $k = V/i$ | cm/s | | | | | |
| 온도보정 | 측 정 온 도 : $T$ | ℃ | | | | | $k_{15}$ = |
| | 15℃온도보정계수: $\eta_T/\eta_{15}$ | | | | | | |
| | 15℃ 투 수 계 수 $k_{15}$ | cm/s | | | | | |

참고 ※1 : $W = W_t - W_c$ ※2 : $\gamma_d = \frac{\gamma_t}{1 + w/100}$ [gf/$cm^3$] ※3 : $e = \frac{G \cdot \gamma_w - \gamma_d}{\gamma_d}$

$W_t$ : (습윤시료+용기)무게 $W_d$ : (건조시료+용기)무게 $W_c$ : 용기무게

$W_w$ : 물의 무게 $W_s$ : 건조시료무게 $w = W_w / W_s \times 100$ [%]

| 확 인 | ____________ ( 인 ) |
|---|---|

# 변수두 투수시험

KS F2322

과 업 명 ______ 시 험 날 짜 ____ 년 ____ 월 ____ 일

조사위치 ______ 온도 ____ [℃] 습 도 ____ [%]

시료번호 ______ 시료위치 ____ [m] ~ ____ [m] 시험자 ______

| 몰드 | 직경 D ___ [cm] | 단면적 $A$ ___ [cm²] | 높이 $L$ ___ [cm] | 체적 $V$ ___ [cm³] | 무게 $W_c$ ___ [gf] |
|---|---|---|---|---|---|
| 시료상태 | 지반분류 USCS ___ | 시료상태 (교란, 비교란) | 최대입경 ___ [mm] | 흙입자 비중 ___ | |
| | 공시체제작법 ___ | 공시체포화방법 ___ | 사용한 물 ___ | 함수비 ___ [%] | |

| 시료상태 | 함수비 | 시험번호 | 1 | 2 | 3 | 평 균 |
|---|---|---|---|---|---|---|
| | | 시험전 | 용기번호 ___ $w$= ___<br>$W_t$ ___ [gf] $W_d$ ___ [gf]<br>$W_d$ ___ [gf] $W_c$ ___ [gf]<br>$W_w$ ___ [gf] $W_s$ ___ [gf] | 용기번호 ___ $w$= ___<br>$W_t$ ___ [gf] $W_d$ ___ [gf]<br>$W_d$ ___ [gf] $W_c$ ___ [gf]<br>$W_w$ ___ [gf] $W_s$ ___ [gf] | 용기번호 ___ $w$= ___<br>$W_t$ ___ [gf] $W_d$ ___ [gf]<br>$W_d$ ___ [gf] $W_c$ ___ [gf]<br>$W_w$ ___ [gf] $W_s$ ___ [gf] | $w$ = ___ [%] |
| | | 시험후 | 용기번호 ___ $w$= ___<br>$W_t$ ___ [gf] $W_d$ ___ [gf]<br>$W_d$ ___ [gf] $W_c$ ___ [gf]<br>$W_w$ ___ [gf] $W_s$ ___ [gf] | 용기번호 ___ $w$= ___<br>$W_t$ ___ [gf] $W_d$ ___ [gf]<br>$W_d$ ___ [gf] $W_c$ ___ [gf]<br>$W_w$ ___ [gf] $W_s$ ___ [gf] | 용기번호 ___ $w$= ___<br>$W_t$ ___ [gf] $W_d$ ___ [gf]<br>$W_d$ ___ [gf] $W_c$ ___ [gf]<br>$W_w$ ___ [gf] $W_s$ ___ [gf] | $w$ = ___ [%] |

| 측 정 내 용 | 단 위 | 시 험 전 | 시 험 후 |
|---|---|---|---|
| (공시체+용기)무게 $W_t$ | gf | | |
| 시 료 무 게 ※1 $W$ | gf | | |
| 습 윤 단 위 중 량 $\gamma_t$ | gf/cm³ | | |
| 함 수 비 $w$ | % | | |
| 건조 단위 중량 ※2 $\gamma_d$ | gf/cm³ | | |
| 간 극 비 ※3 $e$ | | | |
| 포 화 도 $S$ | % | | |

| 측 정 내 용 | | 단위 | 시험번호 1 | 시험번호 2 | 시험번호 3 | 시험번호 4 | 평균치 |
|---|---|---|---|---|---|---|---|
| 투수계수 | 측 정 시 작 시 간 $t_1$ | min | | | | | $k$ = ___ |
| | 측 정 종 료 시 간 $t_2$ | min | | | | | |
| | 측정시간 $\Delta t = t_2 - t_1$ | min | | | | | |
| | 시 간 $t_1$ 의 수 두 $h_1$ | cm | | | | | |
| | 시 간 $t_2$ 의 수 두 $h_2$ | cm | | | | | |
| | 투 수 계 수 ※4 $k$ | cm/s | | | | | |
| 온도보정 | 측 정 온 도 : $T$ | ℃ | | | | | $k_{15}$ = ___ |
| | 15℃온도보정계수: $\eta_T/\eta_{15}$ | | | | | | |
| | 15℃ 투 수 계 수 $k_{15}$ | cm/s | | | | | |

참고 ※1 : $W = W_t - W_c$ ※2 : $\gamma_d = \dfrac{\gamma_t}{1+w/100}$ [gf/cm³] ※3 : $e = \dfrac{G \cdot \gamma_w - \gamma_d}{\gamma_d}$

※4 : $k = \dfrac{1}{\Delta t} \cdot 2.30 \dfrac{aL}{A} \cdot \log_{10}\left(\dfrac{h_1}{h_2}\right)$

$W_t$ : (습윤시료+용기)무게 $W_d$ : (건조시료+용기)무게 $W_c$ : 용기무게

$W_w$ : 물의 무게 $W_s$ : 건조시료무게 $w = W_w / W_s \times 100$ [%]

| 확 인 | ______ ( 인 ) |
|---|---|

# 현장 투수시험

KS F 2322

과 업 명 ______________________ 시 험 날 짜 ________ 년 ______ 월 ______ 일

조사위치 ______________________ 온도 ______ [℃] 습도 ________ [%]

양수정 번호 ____________ 양수정 심도 __________ [m] 시험자 ____________

| | | | | |
|---|---|---|---|---|
| 지 반 | 대수층 지반분류 USCS ______ | 대 수 층 심 도: _____ [m] ~ _____ [m] | | 대 수 층 두 께 ________ [m] |
| 시 험 | 시 험 상 태 (양수시험, 주수시험) | 양 수 상 태 ( 정상 상태, 비정상 상태 ) | | 관 측 정 갯 수 ______ 개 |
| 양수기 | 모 델 ____________ | | 최 대 양 수 용 량 ______ [ ℓ/min] | 모 터 용 량 ______ [HP,W] |
| 양 수 량 ________ [cm³/sec] | | 양 수 개 시 시 간 : ______ 년 ____ 월 ____ 일 ____ 시 ____ 분 | | |

| 관 측 정 번 호 | | | 양 수 정 | | 관 측 정 No.1 | | 관 측 정 No.2 | | 관 측 정 No.3 | | 관 측 정 No.4 | | 관 측 정 No.5 | |
|---|---|---|---|---|---|---|---|---|---|---|---|---|---|---|
| | | | 측정수위지표하 | 대수층저면부터수위 | 측정수위지표하 | 대수층저면부터수위 | 측정수위지표하 | 대수층저면부터수위 | 측정수위지표하 | 대수층저면부터수위 | 측정수위지표하 | 대수층저면부터수위 | 측정수위지표하 | 대수층저면부터수위 |
| 직 경 | | cm | | | | | | | | | | | | |
| 양수정 중심부터 거리 $r_i$ | | m | | | | | | | | | | | | |
| 양수시 수위 | 양수개시전 | m | | | | | | | | | | | | |
| | 개시후 30 초 | m | | | | | | | | | | | | |
| | 1 분 | m | | | | | | | | | | | | |
| | 2 분 | m | | | | | | | | | | | | |
| | 4 분 | m | | | | | | | | | | | | |
| | 5 분 | m | | | | | | | | | | | | |
| | 10 분 | m | | | | | | | | | | | | |
| | 20 분 | m | | | | | | | | | | | | |
| | 40 분 | m | | | | | | | | | | | | |
| | 1 시간 | m | | | | | | | | | | | | |
| | 2 시간 | m | | | | | | | | | | | | |
| | 4 시간 | m | | | | | | | | | | | | |
| | 8 시간 | m | | | | | | | | | | | | |
| | 16 시간 | m | | | | | | | | | | | | |
| | ……… | m | | | | | | | | | | | | |
| 수위회복시 수위 | 개시후 30 초 | m | | | | | | | | | | | | |
| | 1 분 | m | | | | | | | | | | | | |
| | 2 분 | m | | | | | | | | | | | | |
| | 4 분 | m | | | | | | | | | | | | |
| | 5 분 | m | | | | | | | | | | | | |
| | 10 분 | m | | | | | | | | | | | | |
| | 20 분 | m | | | | | | | | | | | | |
| | 40 분 | m | | | | | | | | | | | | |
| | 1 시간 | m | | | | | | | | | | | | |
| | 2 시간 | m | | | | | | | | | | | | |
| | 4 시간 | m | | | | | | | | | | | | |
| | 8 시간 | m | | | | | | | | | | | | |
| | 16 시간 | m | | | | | | | | | | | | |
| | ……… | m | | | | | | | | | | | | |
| 투수계수 ※1 $k$ [cm/s] | | | | | | | | | | | | | | |

참고 : ※1 정 상 상 태 : $k = \dfrac{2.30Q}{\pi(h_i^2 - h_j^2)} \log \dfrac{r_i}{r_j}$ 비정상 상태 : $k = \dfrac{2.30Q_v}{4\pi d_{s0} D}$

| 확 인 | ____________________ ( 인 ) |
|---|---|

# 압밀시험(측정 데이터)

KS F2316

과 업 명 ______________________ 시 험 날 짜 ______ 년 ____ 월 ____ 일

조사위치 ______________________ 온도 ______ [℃] 습도 ______ [%]

시료번호 ______________ 시료심도 ______ [m] ~ ______ [m] 시험자 __________

| 시료 | | 지반분류 USCS ____ | 시료상태 (교란, 비교란) | 흙입자 비중 $G_s$ ______ | |
|---|---|---|---|---|---|
| | 일반성질 | 함수비 ______ [%] | 액성한계 $w_L$ ____ [%] | 소성한계 $w_P$ ______ [%] | |
| | | 직경 $D$ ______ [cm] | 단면적 $A$ ______ [cm$^2$] | 높이 $h_0$ ______ [cm] | 체적 $V$ ____ [cm$^3$] |
| | | 간극비 $e_0$ ______ | 포화도 $S_0$ ______ [%] | | |
| 단위중량 | 시험전 | (공시체+링)무게 $W_1$ ______ [gf] | 링무게 $W_r$ ____ [gf] | 공시체무게 $W$ ____ [gf] | 습윤단위중량 $\gamma_t$ ____ [g/cm$^3$] |
| | 시험후 | 용기번호 ____ | (건조공시체+용기)무게 $W_2$ ____ [gf] | 용기 무게 $W_3$ ____ [gf] | 건조공시체무게 $W_4$ ______ [gf] |

| 압밀압력 | 0.05 [kgf/cm$^2$] | | | | 0.10 [kgf/cm$^2$] | | | | 0.20 [kgf/cm$^2$] | | | | 0.40 [kgf/cm$^2$] | | | |
|---|---|---|---|---|---|---|---|---|---|---|---|---|---|---|---|---|
| 재하날짜 | ___ 월 ___ 일 | | | | ___ 월 ___ 일 | | | | ___ 월 ___ 일 | | | | ___ 월 ___ 일 | | | |
| 온도 | ______ [℃] | | | | ______ [℃] | | | | ______ [℃] | | | | ______ [℃] | | | |
| | 측정 시각 | 경과 시간 | 다이알 게이지 | 압축량 [mm] | 측정 시각 | 경과 시간 | 다이알 게이지 | 압축량 [mm] | 측정 시각 | 경과 시간 | 다이알 게이지 | 압축량 [mm] | 측정 시각 | 경과 시간 | 다이알 게이지 | 압축량 [mm] |
| 측정치 | _시_분 | 0 | | | _시_분 | 0 | | | _시_분 | 0 | | | _시_분 | 0 | | |
| | _시_분 | 8" | | | _시_분 | 8" | | | _시_분 | 8" | | | _시_분 | 8" | | |
| | _시_분 | 15" | | | _시_분 | 15" | | | _시_분 | 15" | | | _시_분 | 15" | | |
| | _시_분 | 30" | | | _시_분 | 30" | | | _시_분 | 30" | | | _시_분 | 30" | | |
| | _시_분 | 1' | | | _시_분 | 1' | | | _시_분 | 1' | | | _시_분 | 1' | | |
| | _시_분 | 2' | | | _시_분 | 2' | | | _시_분 | 2' | | | _시_분 | 2' | | |
| | _시_분 | 4' | | | _시_분 | 4' | | | _시_분 | 4' | | | _시_분 | 4' | | |
| | _시_분 | 8' | | | _시_분 | 8' | | | _시_분 | 8' | | | _시_분 | 8' | | |
| | _시_분 | 15' | | | _시_분 | 15' | | | _시_분 | 15' | | | _시_분 | 15' | | |
| | _시_분 | 30' | | | _시_분 | 30' | | | _시_분 | 30' | | | _시_분 | 30' | | |
| | _시_분 | 1 h | | | _시_분 | 1 h | | | _시_분 | 1 h | | | _시_분 | 1 h | | |
| | _시_분 | 2 h | | | _시_분 | 2 h | | | _시_분 | 2 h | | | _시_분 | 2 h | | |
| | _시_분 | 4 h | | | _시_분 | 4 h | | | _시_분 | 4 h | | | _시_분 | 4 h | | |
| | _시_분 | 8 h | | | _시_분 | 8 h | | | _시_분 | 8 h | | | _시_분 | 8 h | | |
| | _시_분 | 16 h | | | _시_분 | 16 h | | | _시_분 | 16 h | | | _시_분 | 16 h | | |
| | _시_분 | 24 h | | | _시_분 | 24 h | | | _시_분 | 24 h | | | _시_분 | 24 h | | |

| 압밀압력 | 0.80 [kgf/cm$^2$] | | | | 1.60 [kgf/cm$^2$] | | | | 3.20 [kgf/cm$^2$] | | | | 6.40 [kgf/cm$^2$] | | | |
|---|---|---|---|---|---|---|---|---|---|---|---|---|---|---|---|---|
| 재하날짜 | ___ 월 ___ 일 | | | | ___ 월 ___ 일 | | | | ___ 월 ___ 일 | | | | ___ 월 ___ 일 | | | |
| 온도 | ______ [℃] | | | | ______ [℃] | | | | ______ [℃] | | | | ______ [℃] | | | |
| | 측정 시각 | 경과 시간 | 다이알 게이지 | 압축량 [mm] | 측정 시각 | 경과 시간 | 다이알 게이지 | 압축량 [mm] | 측정 시각 | 경과 시간 | 다이알 게이지 | 압축량 [mm] | 측정 시각 | 경과 시간 | 다이알 게이지 | 압축량 [mm] |
| 측정치 | _시_분 | 0 | | | _시_분 | 0 | | | _시_분 | 0 | | | _시_분 | 0 | | |
| | _시_분 | 8" | | | _시_분 | 8" | | | _시_분 | 8" | | | _시_분 | 8" | | |
| | _시_분 | 15" | | | _시_분 | 15" | | | _시_분 | 15" | | | _시_분 | 15" | | |
| | _시_분 | 30" | | | _시_분 | 30" | | | _시_분 | 30" | | | _시_분 | 30" | | |
| | _시_분 | 1' | | | _시_분 | 1' | | | _시_분 | 1' | | | _시_분 | 1' | | |
| | _시_분 | 2' | | | _시_분 | 2' | | | _시_분 | 2' | | | _시_분 | 2' | | |
| | _시_분 | 4' | | | _시_분 | 4' | | | _시_분 | 4' | | | _시_분 | 4' | | |
| | _시_분 | 8' | | | _시_분 | 8' | | | _시_분 | 8' | | | _시_분 | 8' | | |
| | _시_분 | 15' | | | _시_분 | 15' | | | _시_분 | 15' | | | _시_분 | 15' | | |
| | _시_분 | 30' | | | _시_분 | 30' | | | _시_분 | 30' | | | _시_분 | 30' | | |
| | _시_분 | 1 h | | | _시_분 | 1 h | | | _시_분 | 1 h | | | _시_분 | 1 h | | |
| | _시_분 | 2 h | | | _시_분 | 2 h | | | _시_분 | 2 h | | | _시_분 | 2 h | | |
| | _시_분 | 4 h | | | _시_분 | 4 h | | | _시_분 | 4 h | | | _시_분 | 4 h | | |
| | _시_분 | 8 h | | | _시_분 | 8 h | | | _시_분 | 8 h | | | _시_분 | 8 h | | |
| | _시_분 | 16 h | | | _시_분 | 16 h | | | _시_분 | 16 h | | | _시_분 | 16 h | | |
| | _시_분 | 24 h | | | _시_분 | 24 h | | | _시_분 | 24 h | | | _시_분 | 24 h | | |

| 확 인 | ______________________ ( 인 ) |
|---|---|

# 압밀시험(선행압밀압력)

KS F2316

과 업 명 ______________________ 시험날짜 ______ 년 ______ 월 ______ 일

조사위치 ______________________ 온도 ______ [℃] 습도 ______ [%]

시료번호 ____________ 시료위치 ______ [m] ~ ______ [m] 시험자 ______________

| 하중 단계 | 압력 $P$ [kgf/cm²] | 압력 증가량 $\Delta P$ [kgf/cm²] | 초기치 $d_i$ | 최종치 $d_f$ | 압밀량 $\Delta d$※1 [×10⁻³cm] | 초기 시료높이 $h_i$※2 [cm] | 최종 시료높이 $h_f$ [cm] | 평균 시료높이 $\bar{h}$※3 [cm] | 압축 변형률 $\varepsilon$※4 [%] | 체적 압축계수 $m_v$※5 [cm²/kgf] | 간극비 $e$※6 |
|---|---|---|---|---|---|---|---|---|---|---|---|
| 0 | 0 | 0.05 | | | | | | | | | |
| 1 | 0.05 | 0.05 | | | | | | | | | |
| 2 | 0.10 | 0.1 | | | | | | | | | |
| 3 | 0.2 | 0.2 | | | | | | | | | |
| 4 | 0.4 | 0.4 | | | | | | | | | |
| 5 | 0.8 | 0.8 | | | | | | | | | |
| 6 | 1.6 | 1.6 | | | | | | | | | |
| 7 | 3.2 | 3.2 | | | | | | | | | |
| 8 | 6.4 | 6.4 | | | | | | | | | |
| 9 | 12.8 | | | | | | | | | | |

참고 : ※1 $\Delta d = |d_i - d_f|$ ※2 $h_i = 2.0 - \Delta d$ ※3 $\bar{h} = |h_i - h_f|$

※4 $\epsilon = \frac{100 \times \Delta d}{h}$ ※5 $m_v = \frac{\epsilon}{\Delta p} \times \frac{1}{100}$ ※6 $e = \frac{Gs \cdot A \cdot h}{m} - 1$

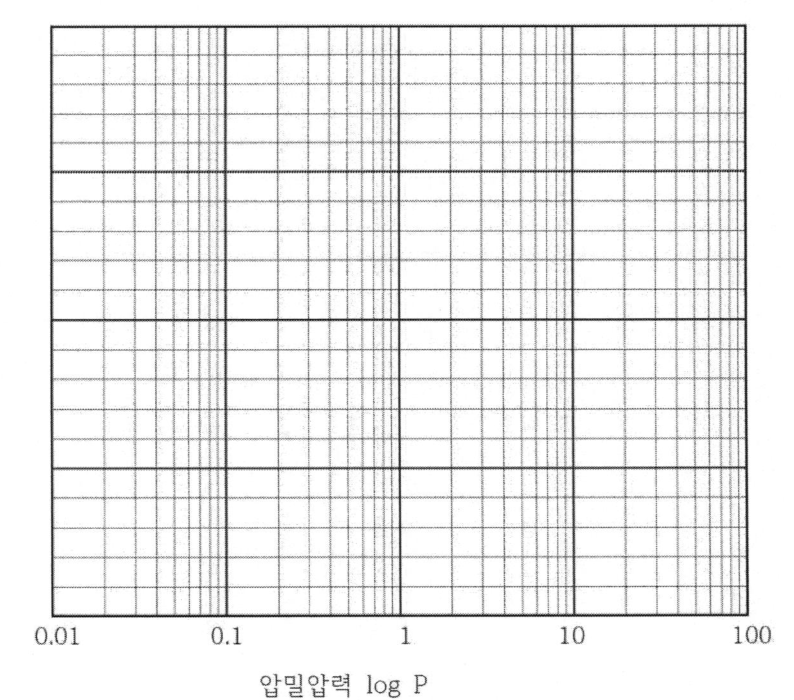


확인 ______________________ (인)

# 압밀시험( $\sqrt{T}$ )

하중 __ 단계　　압밀압력 ____ kgf/cm²　　　　　　　　　　KS F2316

과 업 명 ____________________　　시험날짜 ____ 년 ___ 월 ___ 일

조사위치 ____________________　　온도 _____ [℃]　습도 ______ [%]

시료번호 __________　시료심도 ______ [m] ~______ [m]　　시험자 __________

공시체 치수 및 지반물성

| 공시체 | | | | | 함수비 | | | 습윤 단위중량 | 흙입자 비중 | 물 단위중량 | 흙입자 단위중량 | 간극비 |
|---|---|---|---|---|---|---|---|---|---|---|---|---|
| 직경 $D_o$ [$cm$] | 높이 $h_o$ [$cm$] | 단면적 $A_o = \pi D_o^2/4$ [$cm^2$] | 체적 $V_o = h_o A_o$ [$cm^3$] | 무게 $W_o$ [$kgf$] | 습윤 무게 $W_t$ [$kgf$] | 건조 무게 $W_d$ [$kgf$] | 함수비 $w_o = \frac{W_t - W_d}{W_d} \times 100$ [%] | $\gamma_t = W_o / V_o$ [$kgf/cm^3$] | $G_s$ | $\gamma_w$ [$kgf/cm^3$] | $\gamma_s = G_s \gamma_w$ [$kgf/cm^3$] | $e = \frac{\gamma_s}{\gamma_t} \frac{100 + w_o}{100} - 1$ |
| | | | | | | | | | | | | |

압밀시험

| | | | | | *1 | | | | *2 | *3 | *4 | *5 | *6 | *7 | *8 |
|---|---|---|---|---|---|---|---|---|---|---|---|---|---|---|---|
| | | | | | | | 압밀 90% | | | | | | | | |
| 하중 단계 | 압밀 압력 $P$ [kgf/cm²] | 단계별 증가압 $\Delta P$ [kgf/cm²] | 공시체 초기높이 $h_0$ [cm] | 변형 초기 읽음 $d_i$ | 변형 최종 읽음 $d_f$ | 압밀량 $\Delta d$ [×10⁻³cm] | 보정 초기치 읽음 $d_0$ | 변형량 읽음 $d_{90}$ | 시간 $t_{90}$ [min] | 1차 압밀량 $\Delta d'$ [×10⁻³cm] | 1차 압밀비 $r_p$ | 간극비 변화 $\Delta e$ | 체적 변화 계수 $m_v$ [cm²/kgf] | 압밀 계수 $C_v$ [×10⁻³cm²/sec] | 보정 압밀계수 $C_v'$ [×10⁻³cm²/sec] | 투수 계수 $k$ [×10⁻⁷cm/sec] |
| | | | | | | | | | | | | | | | |

| 시간 | | 0 sec | 8 sec | 15 sec | 30 sec | 1 min | 2 min | 4 min | 8 min | 15 min | 30 min | 1h | 2h | 4h | 8h | 24h |
|---|---|---|---|---|---|---|---|---|---|---|---|---|---|---|---|---|
| 변위계 | 읽음 | | | | | | | | | | | | | | | |
| | 변화량 | | | | | | | | | | | | | | | |
| 압축량 [mm] | | | | | | | | | | | | | | | | |

*1　$\Delta d = |d_i - d_f|$　　*2　$\Delta d' = \frac{10}{9} \cdot |d_0 - d_{90}|$　　*3　$\gamma_p = \frac{\Delta d'}{\Delta d}$　　*4　$\Delta e = (1 + e_0) \frac{\Delta d}{h_0}$

*5　$m_v = \frac{a_v}{1 + e_o} = \frac{1}{1 + e_0} \frac{\Delta e}{\Delta p}$　　*6　$C_v = \frac{0.848 H^2}{t_{90}} \cdot \frac{1}{60}$　　*7　$C_v' = r_p C_v$　　*8　$k = C_v' m_v \gamma_w$

압밀압력 _____ [$kgf/cm^2$]

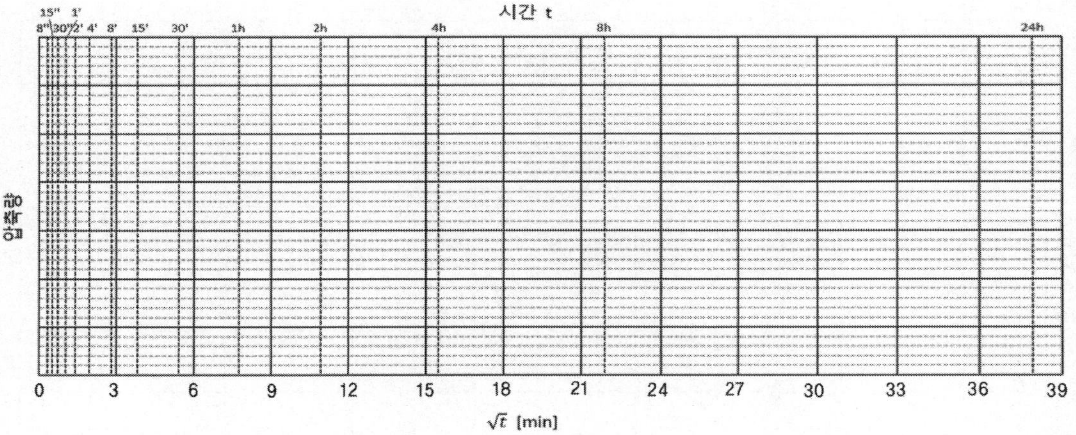

시간 t
15"
1'
8"
30"
2'
4'
8'
15'
30'
1h
2h
4h
8h
24h
압축량
0
3
6
9
12
15
18
21
24
27
30
33
36
39
√t [min]


확인 ____________________ (인)

# 압밀시험(log $t$법)

하중 ___ 단계　압밀압력 ____ kgf/cm²　　　KS F2316

과 업 명 ______________________　　시험날짜 ________ 년 ____ 월 ____ 일

조사위치 ______________________　　온도 ________ [℃]　습도 ________ [%]

시료번호 ____________ 시료심도 ______ [m] ~ ______ [m]　시험자 ____________

공시체 치수 및 지반물성

| 공시체 | | | | | 함수비 | | | 습윤 단위중량 | 흙입자 비중 | 물 단위중량 | 흙입자 단위중량 | 간극비 |
|---|---|---|---|---|---|---|---|---|---|---|---|---|
| 직경 $D_o$ [cm] | 높이 $h_o$ [cm] | 단면적 $A_o=\pi D_o^2/4$ [cm²] | 체적 $V_o=h_oA_o$ [cm³] | 무게 $W_o$ [kgf] | 습윤 무게 $W_t$ [kgf] | 건조 무게 $W_d$ [kgf] | 함수비 $w_o=\frac{W_t-W_d}{W_d}\times 100$ [%] | $\gamma_t=W_o/V_o$ [kgf/cm³] | $G_s$ | $\gamma_w$ [kgf/cm³] | $\gamma_s=G_s\gamma_w$ [kgf/cm³] | $e=\frac{\gamma_s}{\gamma_t}\frac{100+w_o}{100}-1$ |
| | | | | | | | | | | | | |

압밀시험

| 하중 단계 | 압밀 압력 $P$ [kgf/cm²] | 단계별 증가압 $\varDelta P$ [kgf/cm²] | 공시체 초기높이 $h_0$ [cm] | 변형 초기 읽음 $d_i$ | 변형 최종 읽음 $d_f$ | *1 압밀량 $\varDelta d$ [×10⁻³cm] | 보정 초기치 읽음 $d_0$ | 압밀 100% 변형량 읽음 $d_{100}$ | 압밀 100% 시간 $t_{50}$ [min] | *2 1차 압밀량 $\varDelta d'$ [×10⁻³cm] | *3 1차 압밀비 $r_p$ | *4 간극비 변화 $\varDelta e$ | *5 체적 변화 계수 $m_v$ [cm²/kgf] | *6 압밀 계수 $C_v$ [×10⁻³cm²/sec] | *7 보정 압밀계수 $C_v'$ [×10⁻⁴cm²/sec] | *8 투수 계수 $k$ [×10⁻⁷cm/sec] |
|---|---|---|---|---|---|---|---|---|---|---|---|---|---|---|---|---|
| | | | | | | | | | | | | | | | | |

| 시간 | | 0 sec | 8 sec | 15 sec | 30 sec | 1 min | 2 min | 4 min | 8 min | 15 min | 30 min | 1h | 2h | 4h | 8h | 24h |
|---|---|---|---|---|---|---|---|---|---|---|---|---|---|---|---|---|
| 변위계 | 읽음 | | | | | | | | | | | | | | | |
| | 변화량 | | | | | | | | | | | | | | | |
| 압축량 [mm] | | | | | | | | | | | | | | | | |

*1 $\Delta d=|d_i-d_f|$　*2 $\Delta d'=|d_0-d_{100}|$　*3 $r_p=\frac{\Delta d'}{\Delta d}$　*4 $\Delta e=(1+e_0)\frac{\Delta d}{h_0}$

*5 $m_v=\frac{a_v}{1+e_o}=\frac{1}{1+e_0}\frac{\Delta e}{\Delta P}$　*6 $C_v=\frac{0.197H^2}{t_{50}}\cdot\frac{1}{60}$　*7 $C_v'=r_pC_v$　*8 $k=C_v'm_v\gamma_w$

압밀압력 _____ $[kgf/cm^2]$

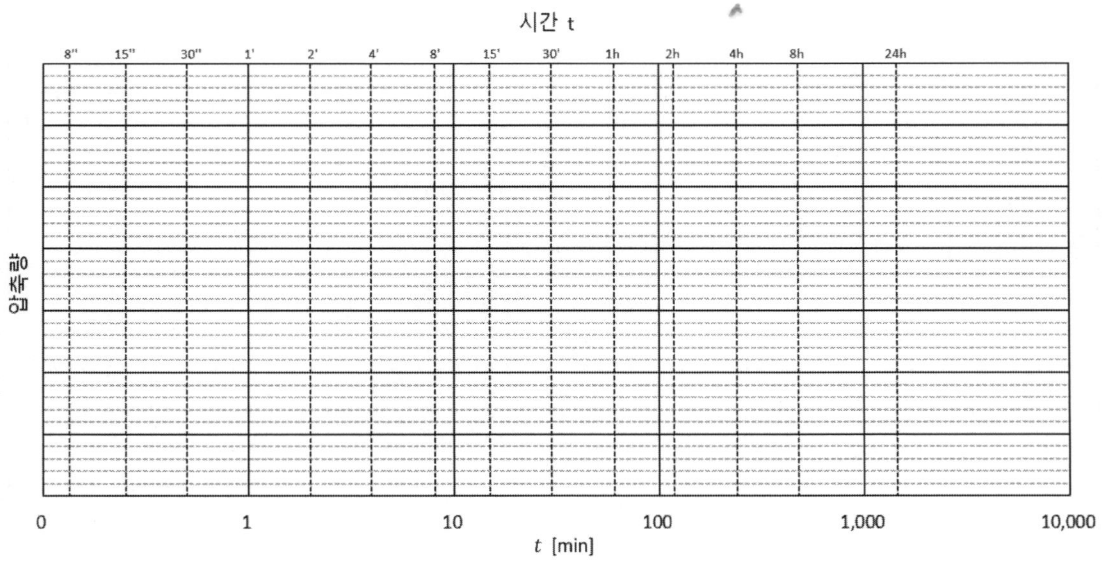


| 확인 | ____________________ (인) |
|---|---|

# 삼축압축시험(압밀과정)

KS F2346

과 업 명 ______________________ 시험날짜 ______ 년 ______ 월 ______ 일

조사위치 ______________________ 온도 ______ [℃] 습도 ______ [%]

시료번호 ____________ 시료위치 ______ [m] ~ ______ [m] 시험자 ____________

| | | | | |
|---|---|---|---|---|
| 시험 | 시험조건 ( $CU$, $\overline{CU}$, $CD$ ) | 시료 상태 ( 교란, 비교란 ) | 압밀 배수조건 ( 상부, 하부, 상하부 ) | |
| 지반 | 지반분류USCS ______ | 액성한계 $w_L$ ______ [%] | 소성한계 $w_P$ ______ [%] | 비중 $G$ ______ |
| 함수비 | ( 습윤시료+용기 ) 무게 $w_t$ ______ [gf] | 용기 무게 $w_c$ ______ [gf] | (건조시료+용기) 무게 $w_d$ ______ [gf] | 함 수 비 $w_o$ ______ [%] |

| 측 정 내 용 | | | 단위 | 공시체 1 | 공시체 2 | 공시체 3 | 공시체 4 |
|---|---|---|---|---|---|---|---|
| 측 압 | | | kgf/cm² | | | | |
| 압밀전 | 시료직경 | $D_o$ | cm | | | | |
| | 시료높이 | $H_o$ | cm | | | | |
| | 시료단면적 | $A_o$ ※1 | cm² | | | | |
| | 시료체적 | $V_o$ ※2 | cm³ | | | | |
| | 시료무게 | $w_t$ | gf | | | | |
| | 시료습윤단위중량 | $\gamma_t$ ※3 | gf/cm³ | | | | |
| | 건조시료무게 | $w_d$ | gf | | | | |
| | 함수비 | $w_o$ ※4 | % | | | | |
| | 간극비 | $e_o$ ※5 | | | | | |
| | 포화도 | $S_o$ ※6 | % | | | | |
| 압밀후 | 체적변화 | $\Delta V$ | cm³ | | | | |
| | 압밀시간 | $t$ | min | | | | |
| | 간극비 | $e_c$ | | | | | |
| | 온도 ※7 | | ℃ | | | | |

| | 경과시간 | 0″ | 8″ | 15″ | 30″ | 1′ | 2′ | 4′ | 8′ | 15′ | 30′ | 1 | 2 | 4 | 8 | 16 | 24 |
|---|---|---|---|---|---|---|---|---|---|---|---|---|---|---|---|---|---|
| 공시체 1 | 체적읽음 | | | | | | | | | | | | | | | | |
| | 배수량[cm³] | | | | | | | | | | | | | | | | |
| 공시체 2 | 체적읽음 | | | | | | | | | | | | | | | | |
| | 배수량[cm³] | | | | | | | | | | | | | | | | |
| 공시체 3 | 체적읽음 | | | | | | | | | | | | | | | | |
| | 배수량[cm³] | | | | | | | | | | | | | | | | |
| 공시체 4 | 체적읽음 | | | | | | | | | | | | | | | | |
| | 배수량[cm³] | | | | | | | | | | | | | | | | |

참고:

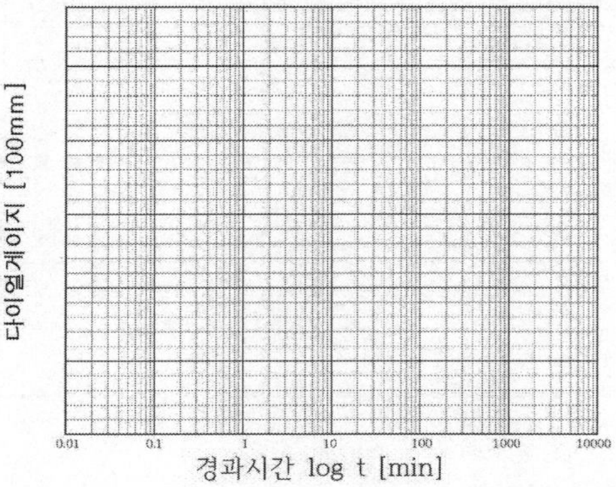

다이얼게이지 [100mm]
0.01
0.1
1
10
100
1000
10000
경과시간 log t [min]


※1 $A_o = \pi \frac{D_o^2}{4}$

※2 $V_o = A_o \cdot H_o$

※3 $\gamma_t = \frac{W_t}{V_o}$

※4 $w_o = \frac{W_t - W_d}{W_d - W_c} \times 100$

※5 $e_o = \frac{V_o}{V_s} - 1$

$V_s = \frac{W_d}{G_s \cdot \gamma_w}$

※6 $e_c = e_o - \frac{\Delta V}{V_s}$

※7 $S = \frac{G_s}{e_o} \cdot w_o$

확인 ______________________ (인)

# 삼축압축시험(축재하)

과 업 명 ______________________ 시험날짜 ____ 년 ____ 월 ____ 일
조사위치 ______________________ 온도 ____ [℃] 습도 ____ [%]
시료번호 ____________ 시료위치 ____ [m] ~ ____ [m] 시험자 ____________

| 시험 | | | |
|---|---|---|---|
| 시험조건 (UU, CU, CD, CUB) | 시료상태 ( 교란, 비교란 ) | 배수조건 ( 비배수, 상부, 하부, 상하부 ) | |
| 축재하방식 ( 응력, 변형률, 병용 ) 제어 | 재하속도 : [mm/min], [km/cm²/min] | | |
| 시료직경 $D_0$ [cm] | 단면적 $A_0$ [cm²] | 시료높이 $H_0$ [cm] | 체적 $V_0$ [cm³] |
| 입력실 번호 : | 측압 $\sigma_3$ [kgf/cm²] | 사용 측액 (**물**, 글리세린, 기타) | |
| 시험기 : | 축력측정(프르빙링, 로드셀) | 축력계 비례상수 $K_1$ | 축력계 비례상수 $K_2$ |

| 압밀 | | | |
|---|---|---|---|
| 압밀조건 ( 등방, 비등방 ) 압밀 | 체적압축량 $\Delta V$ [cm³] | 압밀 후 시료높이 $H_{c0}$ [cm] | |
| 시험 전 습윤단위중량 | ( 습윤 공시체 + 용기 ) 무게 $W_{t0}$ [gf] | 용기 무게 $W_c$ [gf] | |
| | 습윤 공시체 무게 $W_t$ [gf] | 습윤 단위중량 $\gamma_t$ [gf/cm²] | |
| 시험 후 함수비 | ( 습윤공시체 + 용기 ) 무게 $W_{t1}$ [gf] | 용기 무게 $W_c$ [gf] | |
| | ( 건조공시체 + 용기 ) 무게 $W_d$ [gf] | 건조 공시체 무게 $W_s$ [gf] | |
| | 증발 물무게 $W_W$ [gf] | 함수비 $w$ [*1] [%] | |

| 측정 시간 [min] | 측 압 축 량 | | | 단면 면적 | 축차응력 | | 최대 주응력 | 간극수압 | | 유효 최대 주응력 | | |
|---|---|---|---|---|---|---|---|---|---|---|---|---|
| | 축 압축량 읽음 | 축 압축량 $\Delta H$ [mm] | 축 변형률 $\varepsilon$ [*2] | $A'$ [*3] [cm²] | 축력 읽음 $R$ | 축차 응력 $\Delta\sigma$ [*4] [kgf/cm²] | $\sigma_1$ [*5] [kgf/cm²] | 간극 수압 읽음 $P$ | 간극 수압 $u$ [*6] [kgf/cm²] | $\sigma'$ [*7] [kgf/cm²] | $p$ [*8] [kgf/cm²] | $q$ [*9] [kgf/cm²] |
| | | | | | | | | | | | | |
| | | | | | | | | | | | | |
| | | | | | | | | | | | | |
| | | | | | | | | | | | | |
| | | | | | | | | | | | | |
| | | | | | | | | | | | | |
| | | | | | | | | | | | | |
| | | | | | | | | | | | | |
| | | | | | | | | | | | | |
| | | | | | | | | | | | | |
| | | | | | | | | | | | | |
| | | | | | | | | | | | | |
| | | | | | | | | | | | | |
| | | | | | | | | | | | | |
| | | | | | | | | | | | | |
| | | | | | | | | | | | | |
| | | | | | | | | | | | | |
| | | | | | | | | | | | | |
| | | | | | | | | | | | | |
| | | | | | | | | | | | | |
| | | | | | | | | | | | | |
| | | | | | | | | | | | | |
| | | | | | | | | | | | | |
| | | | | | | | | | | | | |
| | | | | | | | | | | | | |
| | | | | | | | | | | | | |

참고 :
[*1] $w=(w_w/w_s)\times 100$ [*2] $\varepsilon=\dfrac{\Delta H}{H}\times 100[\%]$ [*3] $A'=\dfrac{A_0}{1-\epsilon/100}$ [*4] $\Delta\sigma=\dfrac{R\times K_1}{A'}[\%]$
[*5] $\sigma_1=\Delta\sigma+\sigma_3$ [*6] $p=(\sigma_2'+\sigma_3')/2$ [*7] $q=(\sigma_1'-\sigma_3')/2$

확인 (인)

# 삼축압축시험(축재하)

과 업 명 ______________________ 시험날짜 ______년 _____월 ____일
조사위치 ______________________ 온도 ______ [℃] 습도 _____ [%]
시료번호 ______________ 시료위치 ____ [m] ~ ____ [m] 시험자 ______________

| 시험 | 시험조건(UU, CU, CD, CUB) | 시료상태( 교란, 비교란 ) | 배수조건(비배수, 상부, 하부, 상하부) |
|---|---|---|---|
| | 축재하방식 ( 응력, 변형률, 병용 ) 제어 | 재하속도 [mm/min], | [km/cm²/min] |

| 측 정 내 용 | | | 단위 | 공시체 1 | 공시체 2 | 공시체 3 | 공시체 4 |
|---|---|---|---|---|---|---|---|
| 측 압 $\sigma_3$ | | | kgf/cm² | | | | |
| 파괴시 | 축 차 응 력 $\Delta\sigma_f$ | | kgf/cm² | | | | |
| | 축 변 형 률 $\epsilon_f$ | | % | | | | |
| | 최 대 주 응 력 $\sigma_{1f}$ | | kgf/cm² | | | | |
| | 간극수압 | 간 극 수 압 $u_f$ | kgf/cm² | | | | |
| | | 간 극 수 압 계 수 $A_f$ | | | | | |
| | | 유효 최대 주응력 $\sigma_{1f}'$ | kgf/cm² | | | | |

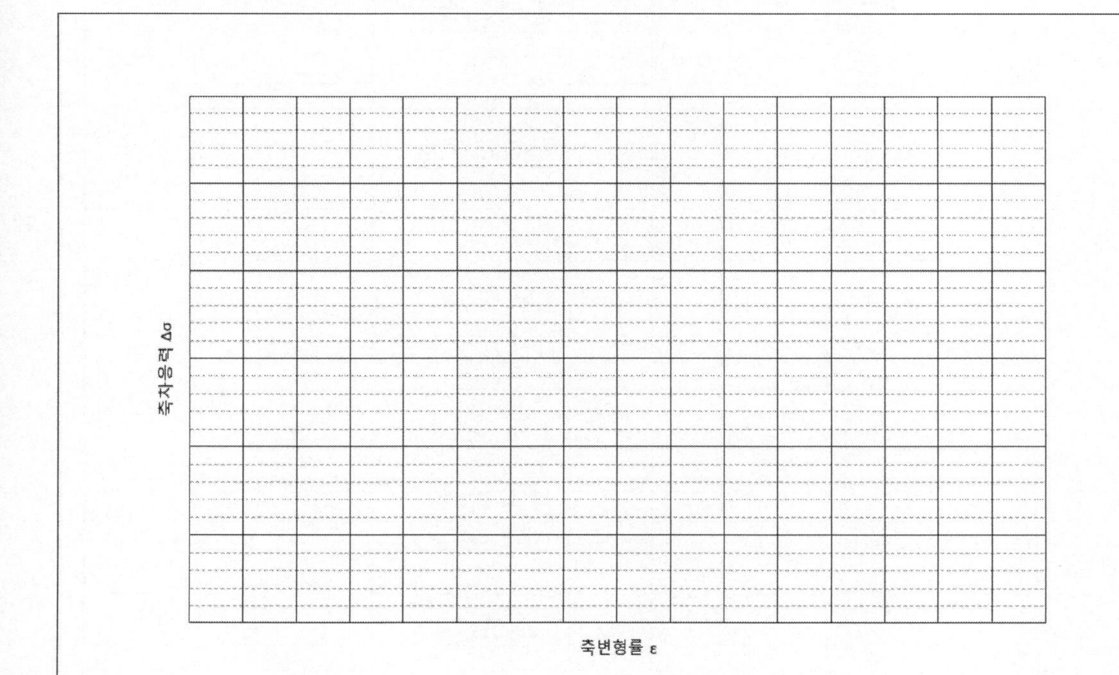

# 삼축압축시험(축재하,간극수압측정)

KS F2346

과 업 명 ______________________ 시험날짜 ______년 ______월 ______일

조사위치 ______________________ 온도 ______ [℃] 습도 ______ [%]

시료번호 ____________ 시료위치 ______ [m] ~ ______ [m] 시험자 ____________

| | | | | |
|---|---|---|---|---|
| 시험 | 시 험 조 건 $\overline{CU}$ | 지반분류 USCS ______ | 시 료 상 태 ( 교란, 비교란 ) | |
| | 축재하 방식 ( 응력, 변형률, 병용 ) 제어 | | 재하 속도 ______[mm/min], ______$[kgf/cm^2/min]$ | |
| | 시료직경 $D$ ______[cm] | 단면적 $A$ ______$[cm^2]$ | 시료높이 $H$ ______[cm] | 체적 $V$ ______$[cm^3]$ |
| | 압력실번호 ______ | 측압 $\sigma_3$ ______$[kgf/cm^2]$ | 사 용 측 액 ( 물, 글리세린, 기타 ) | |
| | 시험기모델 ______ | 축력측정(프르빙링, 로드셀) | 축력계비례상수 $K_1$ ______ | 압력계비례상수 $K_2$ ______ |
| 압밀 | 압밀조건 ( 등방, 비등방 ) 압밀 | 체적압축량 $\Delta V$ ______$[cm^3]$ | 압밀후시료높이 $H_c$ ______[cm] | |
| | 시험전 | (공시체+용기)무게 ______[gf], 용기무게 ______[gf], 습윤무게 ______[gf], 습윤단위중량 $\gamma_t$ ______$[gf/cm^{33}]$ | | |
| | 시험후 | (습윤공시체+용기)무게 $w_t$ ______[gf], (건조공시체+용기)무게 $w_d$ ______[gf], 용기무게 $w_c$ ______[gf]<br>건조공시체 무게 $w_s$ ______[gf], 증발물무게 $w_w$ ______[gf], 함수비 $w$ ※1 ______[%] | | |

| 측정시간 | 축 압 축 량 | | | 축 차 응 력 | | | 최대주응력 $\sigma_1$※5 $[kgf/cm^2]$ | 간 극 수 압 | | 유효 최대주응력 $\sigma'$※7 $[kgf/cm^2]$ |
|---|---|---|---|---|---|---|---|---|---|---|
| | 축압축 읽음 | 축압축량 $\Delta h$ [mm] | 축변형률 $\varepsilon$※2 | 단면적 $A$※3 | 축력 읽음 $R$ | 축차응력 $\Delta\sigma$※4 $[kgf/cm^2]$ | | 간극 수압계 읽음 $P$ | 간극수압 $u$※6 $[kgf/cm^2]$ | |
| | | | | | | | | | | |
| | | | | | | | | | | |
| | | | | | | | | | | |
| | | | | | | | | | | |
| | | | | | | | | | | |
| | | | | | | | | | | |
| | | | | | | | | | | |
| | | | | | | | | | | |
| | | | | | | | | | | |
| | | | | | | | | | | |
| | | | | | | | | | | |
| | | | | | | | | | | |
| | | | | | | | | | | |
| | | | | | | | | | | |
| | | | | | | | | | | |
| | | | | | | | | | | |
| | | | | | | | | | | |
| | | | | | | | | | | |
| | | | | | | | | | | |
| | | | | | | | | | | |
| | | | | | | | | | | |
| | | | | | | | | | | |
| | | | | | | | | | | |
| | | | | | | | | | | |
| | | | | | | | | | | |
| | | | | | | | | | | |

참고 : ※1 $w=(w_w/w_s)\times 100$ ※2 $\varepsilon=\frac{\Delta H}{H}$ ※3 $A=\frac{V}{1-\varepsilon}$ ※4nk $\Delta\sigma=R\times K_1$ ※5 $\sigma_1=\Delta\sigma+\sigma_3$ ※6 $u=P\times K_2$ ※7 $\sigma'=\sigma_1-u$

확인 ______________________ (인)

# 삼축압축시험(Mohr-Coulomb 파괴포락선, $p-q$ 관계)
# (UU, CU, $\overline{CU}$, CD)

KS F2346

과 업 명 ______________________ 시 험 날 짜 ______ 년 ____ 월 ____ 일
조사위치 ______________________ 온도 ______ [℃] 습도 ______ [%]
시료번호 ____________ 시료위치 ______ [m] ~ ______ [m] 시험자 ____________

| 강 도 정 수 | $c$ [kgf/cm²] | $\varphi$ [ ° ] | $c'$ [kgf/cm²] | $\varphi'$ [ ° ] |
|---|---|---|---|---|
| 정 규 압 밀 영 역 | | | | |
| 과 압 밀 영 역 | | | | |

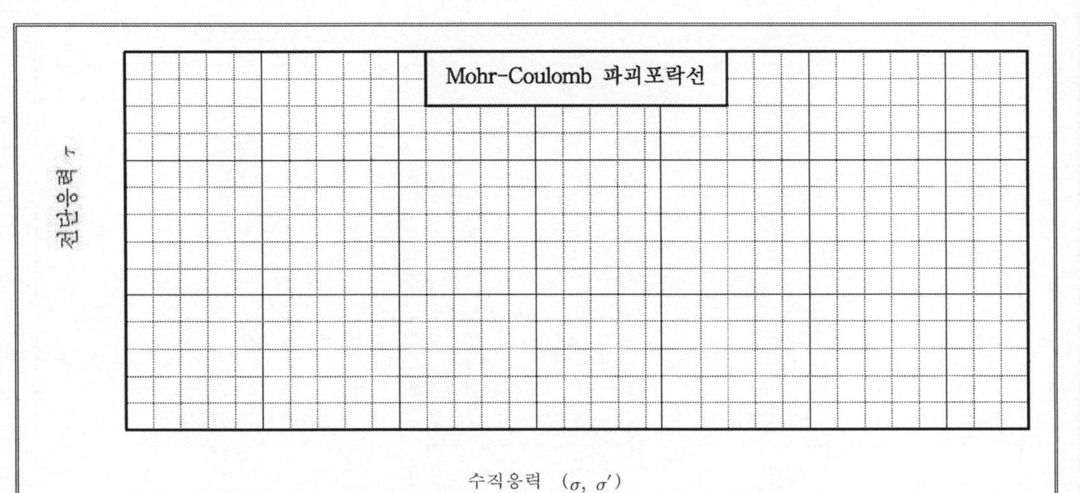


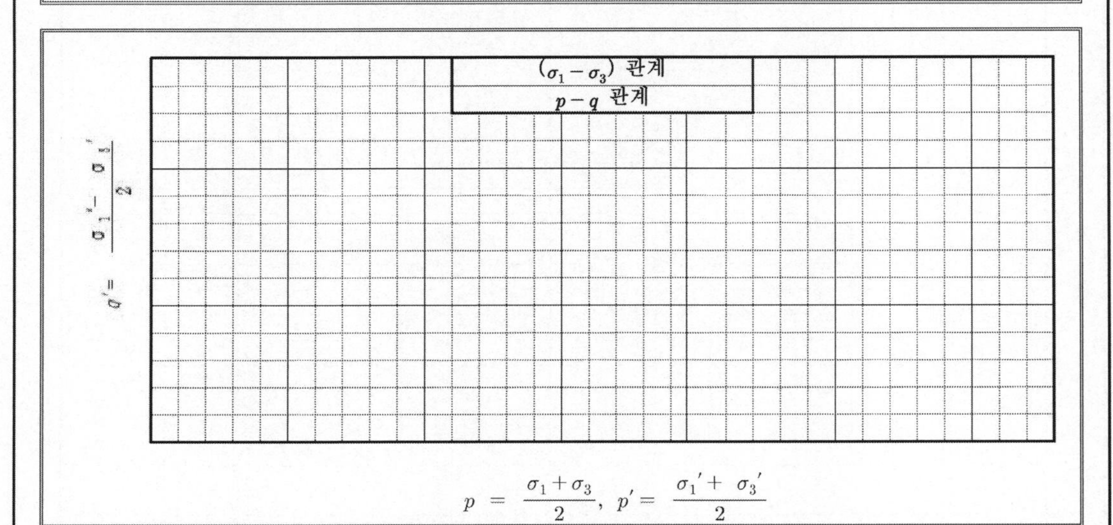


| 확인 | ______________________ ( 인 ) |
|---|---|

# 직접전단시험

KS F2343

과 업 명 ______________ 시험날짜 ______ 년 ______ 월 ______ 일

조사위치 ______________ 온도 ______ [℃] 습도 ______ [%]

시료번호 ______________ 시료위치 ______ [m] ~ ______ [m] 시험자 ______________

| 시험 조건 | | | |
|---|---|---|---|
| | 재하 | 재하방법 (응력, 변형률, 병용) 제어 | 재하속도 ( ______ [mm/min], ______ [$kgf/cm^2/min$] ) |
| | 시료 | 분류 USCS ______ | 시료상태 ( 교란, 비교란 ) |
| | 시험기 | 모델 ______ | 전단력계 비례상수 $K_1$ ______ |

| 시 험 내 용 | | | 공시체 번호 ______ | 공시체 번호 ______ |
|---|---|---|---|---|
| 치수 직경 $D_0$ /높이 $H_0$ | | [cm] | / | / |
| 시험전 | 용 기 번 호 / 무 게 | [gf] | / | / |
| | (공시체+용기)무게 | [gf] | | |
| | 공 시 체 무게 $w_t$ | [gf] | | |
| | 습 윤 단 위 중 량 $\gamma_t$ | [$gf/cm^3$] | | |
| 시험후 | 용 기 번 호 / 무 게 | [gf] | / | / |
| | (건조공시체+용기)무게 | [gf] | | |
| | 공 시 체 건 조 무 게 $w_d$ | [gf] | | |
| | 공시체 건조 단위중량 $\gamma_d$ | [$gf/cm^3$] | | |
| 공시체 함수비 $w_o=(w_t-w_d)/w_d$ | | % | | |
| 수 직 압 력 $\sigma$ | | [$kgf/cm^2$] | | |

| 공시체 번호 | | | | | 공시체 번호 | | | | |
|---|---|---|---|---|---|---|---|---|---|
| 수평변위 $D$ ($\times \frac{1}{100}$mm) | 연직변위 읽 음 | 연 직 변 위 $V$ ($\times \frac{1}{100}$mm) | 전단력 읽 음 | 전단응력 $\tau$ [$kgf/cm^2$] | 수평변위 $D$ ($\times \frac{1}{100}$mm) | 연직변위 읽 음 | 연 직 변 위 $V$ ($\times \frac{1}{100}$mm) | 전단력 읽 음 | 전단응력 $\tau$ [$kgf/cm^2$] |
| | | | | | | | | | |

확인 ______________ (인)

# 직접전단시험

KS F2343

과 업 명 ____________________ 시험날짜 ______년 ______월 ______일
조사위치 ____________________ 온도 ______ [℃] 습도 ______ [%]
시료번호 __________ 시료위치 ______ [m] ~ ______ [m] 시험자 __________

| 시험 조건 | 재하 | 재하방법 (응력, 변형률, 병용) 제어 | 재하속도 ( ______[mm/min], ______[kgf/cm²/min] ) |
|---|---|---|---|
| | 시료 | 분류 USCS ______ | 시료상태 ( 교란, 비교란 ) |
| | 시험기 | 모델 ______ | 전단력계 비례상수 $K_l$ ______ |

| 시 험 내 용 | | | 공시체 No.1 | 공시체 No.2 | 공시체 No.3 | 공시체 No.4 |
|---|---|---|---|---|---|---|
| 치수 직경 $D_0$ /높이 $H_0$ | | [cm] | / | / | / | / |
| 시험전 | 용 기 번 호 / 무 게 | [gf] | / | / | / | / |
| | ( 공시체 + 용 기 ) 무 게 | [gf] | | | | |
| | 공 시 체 무 게 $w_t$ | [gf] | | | | |
| | 습 윤 단 위 중 량 $\gamma_t$ | [gf/cm³] | | | | |
| 시험후 | 용 기 번 호 / 무 게 | [gf] | / | / | / | / |
| | (건조공시체 + 용기) 무게 | [gf] | | | | |
| | 공 시 체 건조무게 $w_d$ | [gf] | | | | |
| | 공 시 체 건조단위중량 $\gamma_d$ | [gf/cm³] | | | | |
| 공시체 함수비 $w_0=(w_t-w_d)/w_d$ | | % | | | | |
| 수직압력 $\sigma$ | | [kgf/cm²] | | | | |

| 공시체 No. 1 | | | | | 공시체 No. 2 | | | | | 공시체 No. 3 | | | | | 공시체 No. 4 | | | | |
|---|---|---|---|---|---|---|---|---|---|---|---|---|---|---|---|---|---|---|---|
| 수평변위 $D$ (× $\frac{1}{100}$ mm) | 연직변위 읽음 | 연직변위 $V$ (× $\frac{1}{100}$ mm) | 전단력 읽음 | 전단응력 $\tau$ [kgf/cm²] | 수평변위 $D$ (× $\frac{1}{100}$ mm) | 연직변위 읽음 | 연직변위 $V$ (× $\frac{1}{100}$ mm) | 전단력 읽음 | 전단응력 $\tau$ [kgf/cm²] | 수평변위 $D$ (× $\frac{1}{100}$ mm) | 연직변위 읽음 | 연직변위 $V$ (× $\frac{1}{100}$ mm) | 전단력 읽음 | 전단응력 $\tau$ [kgf/cm²] | 수평변위 $D$ (× $\frac{1}{100}$ mm) | 연직변위 읽음 | 연직변위 $V$ (× $\frac{1}{100}$ mm) | 전단력 읽음 | 전단응력 $\tau$ [kgf/cm²] |
| | | | | | | | | | | | | | | | | | | | |

| 확 인 | ______________________ (인) |
|---|---|

# 직접전단시험

KS F2343

과 업 명 ______________ 시험날짜 ______ 년 ______ 월 ______ 일
조사위치 ______________ 온도 ______ [℃] 습도 ______ [%]
시료번호 ______ 시료위치 ______ [m] ~ ______ [m] 시험자 ______

| 재 하 | 재하방법 ( 응력, 변형률, 병용 ) 제어 | 재하속도 ( ____ [mm/min], ____ [kgf/cm²/min] ) |
|---|---|---|
| 시 료 | 지반분류 USCS ______ | 시료상태 ( 교란, 비교란 ) |

| 공 시 체 번 호 | | | 1 | 2 | 3 | 4 |
|---|---|---|---|---|---|---|
| 수 직 압 력 $\sigma$ | | kgf/cm² | | | | |
| 파괴 상태 | 전단응력 $\tau_f$ | kgf/cm² | | | | |
| | 수평변위 $D_{hf}$ | mm | | | | |
| | 연직변위 $D_{vf}$ | mm | | | | |
| | 간 극 비 $e_f$ | | | | | |

$D_{vf}$ - $D_{hf}$, $\tau$ - $D_{hf}$ 관계

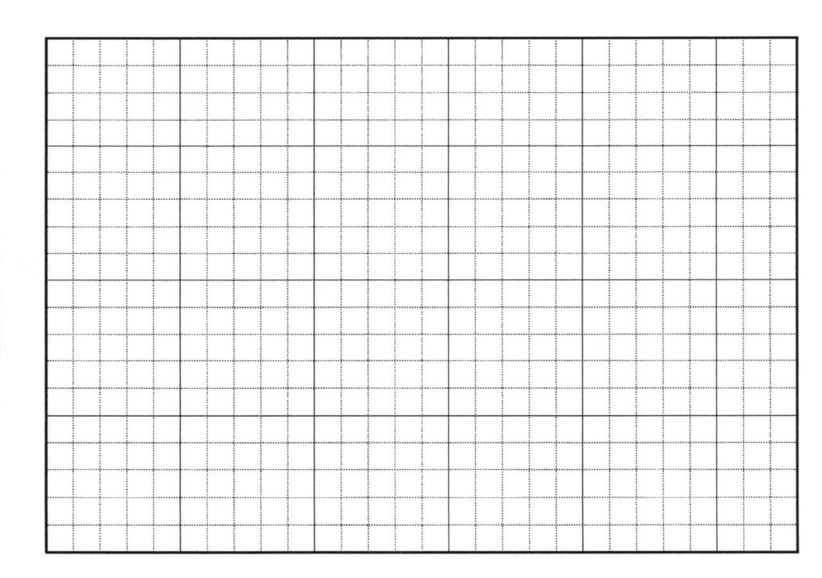


수평변위 [×10 mm]

확인 ______________ (인)

# 일축압축시험

KS F2314

과 업 명 ______________________ 시험날짜 ______ 년 ____ 월 ____ 일

조사위치 ______________________ 온도 ______ [℃] 습도 ______ [%]

시료번호 ______ 시료위치 ______ [m] ~ ______ [m] 시험자 ______

| 시험 조건 | | |
|---|---|---|
| | 지반분류 USCS ______ | 시료상태 ( 교란, 비교란 ) |
| | 재하방법 ( 응력, 변형률, 병용 ) 제어 | 재하속도 ( ____ [mm/min], ____ [kgf/cm²/min] ) |
| | 축력계 ( Proving Ring No. ______ Load Cell No. ______ ) | 축력보정계수 $K$ ______ |

| 공 시 체 번 호 | ______ | | |
|---|---|---|---|
| 공 시 체 직 경 $D$ | 상____ [cm] / 중____ [cm] / 하____ [cm] / 평균____ [cm] | | |
| 재 하 전 칫 수 | 높이 $H$____ [cm] / 단면적 $A$____ [cm²] / 체적 $V$____ [cm³] | | |
| 무 게 / 단 위 중 량 | 습윤상태무게 $W_t$____ [gf] / 습윤단위중량 $\gamma_t$____ [gf/cm³] | | |
| 함 수 비 $w$ [%] | 용기번호____ $w$=____ | 용기번호____ $w$=____ | 용기번호____ $w$=____ |
| $w_t$ : (습윤시료 + 용기)무게 [gf] | $w_t$ ____[gf] $w_d$ ____[gf] | $w_t$ ____[gf] $w_d$ ____[gf] | $w_t$ ____[gf] $w_d$ ____[gf] |
| $w_d$ : (노건조시료 + 용기)무게 [gf] | $w_d$ ____[gf] $w_c$ ____[gf] | $w_d$ ____[gf] $w_c$ ____[gf] | $w_d$ ____[gf] $w_c$ ____[gf] |
| $w_c$ : 용기무게 [gf] $w_w$ : 물의무게 [gf] | $w_w$ ____[gf] $w_s$ ____[gf] | $w_w$ ____[gf] $w_s$ ____[gf] | $w_w$ ____[gf] $w_s$ ____[gf] |
| $w_s$ : 노건조시료 무게[gf]<br>$w = w_w / w_s \times 100$ [%] | 평균 함수비 $w$ = ______ | | |

| 축압측량 읽음 | 축압축량 $\Delta H$ [mm] | 압축변형률 ※1 $\varepsilon$ [%] | 축력 읽음 $R$ | 축력 ※2 $P$ [kgf] | 단면보정 $1-\varepsilon$ | 압축응력 ※3 $\sigma$ [kgf/cm²] |
|---|---|---|---|---|---|---|
| | | | | | | |
| | | | | | | |
| | | | | | | |
| | | | | | | |
| | | | | | | |
| | | | | | | |
| | | | | | | |
| | | | | | | |
| | | | | | | |
| | | | | | | |
| | | | | | | |
| | | | | | | |
| | | | | | | |
| | | | | | | |
| | | | | | | |
| | | | | | | |
| | | | | | | |
| | | | | | | |
| | | | | | | |
| | | | | | | |
| | | | | | | |
| | | | | | | |
| | | | | | | |
| | | | | | | |

참 고 : ※1 $\varepsilon = \dfrac{\Delta H}{H}$ [mm], ※2 $P = R \cdot K$, ※3 $\sigma = \dfrac{P}{A}(1-\varepsilon)$

| 확인 | ______ (인) |
|---|---|

# 일축압축시험

KS F2314

과 업 명 ______________________ 시험날짜 ______ 년 ______ 월 ______ 일

조사위치 ______________________ 온도 ______ [℃] 습도 ______ [%]

시료번호 ______________ 시료위치 ______ [m] ~ ______ [m] 시험자 ______

| 시험 조건 | 지반분류 USCS ______ | | 시료상태 ( 교란, 비교란 ) | |
|---|---|---|---|---|
| | 재하방법 ( 응력, 변형률, 병용 ) 제어 | 재하상태 ______ [mm/min], ______ [kgf/cm²/min] | | |
| | 액성한계 $w_L$ ______ [%] | 소성한계 $w_P$ ______ [%] | 소성지수 $I_P$ ______ [%] | 비중 $G_S$ ______ |

| | 번 호 | | 1 | 2 | 3 | 4 |
|---|---|---|---|---|---|---|
| 공시체 | 직경 $D_0$ / 높이 $H_0$ | cm | $D_0$ ______ / $H_0$ ______ | $D_0$ ______ / $H_0$ ______ | $D_0$ ______ / $H_0$ ______ | $D_0$ ______ / $H_0$ ______ |
| | 습윤단위중량 $\gamma_t$ | gf/cm³ | | | | |
| | 함 수 비 $w$ | % | | | | |
| | 간 극 비 $e$ | | | | | |
| | 포 화 도 $S_r$ | % | | | | |
| 일축압축강도 $q_u$ | | kgf/cm² | | | | |
| 파괴시 변형율 $\varepsilon_f$ | | % | | | | |
| 예 민 비 $S_r$ | | | | | | |

응력 - 변형률 곡선

공시체 파괴형상

압축응력

압축변형률 [%]

No.1

No.2

No.3

No.4

확인 ______________________ (인)

# 베인시험(하중-변형각)

KS F2342

과 업 명 ______________________ 시험날짜 ________ 년 ____ 월 ____ 일
조사위치 ______________________ 온도 ________ [℃] 습도 ________ [%]
시료위치 ______________ 시료심도 ______ [m] 시험자 ______________

| 지 반 | 지반분류 USCS ________ | | |
|---|---|---|---|
| 베인기 | 형식 ( 강봉, 이중관 ) ( 보링공이용, 직접관입 ) | 날개폭 $D$ ______ [cm] | 날개길이 $H$ ______ [cm] |
| | 변형각속도 ________ [ °/sec] | 모멘트 팔길이 a ________ [cm] | |

| 회전각 $\alpha$ [° ] | 검력계 읽음 | 하중 $P$ [kgf] |
|---|---|---|
| | | |

하중 P [kgf]

| 확인 | ______________ (인) |
|---|---|

# 베인시험(깊이-전단강도)

KSF 2342

과 업 명 ______________________ 시험날짜 ______ 년 ____ 월 ____ 일

조사위치 ______________________ 온도 ______ [℃] 습도 ______ [%]

시료위치 ____________ 시료심도 ____ [m] ~ ____ [m] 시험자 ____________

| 지 반 | 지반분류 USCS ________ 표고 ________ |
|---|---|
| 베인기 | 형식 ( 강봉, 이중관 ) ( 보링공이용, 직접관입 ) |
| | 날개폭 $D$ ________ [cm] 날개길이 $H$ ________ [cm] 변형각속도 ________ [ °/sec] |
| | 베인정수 ※1 $\beta$ = ________ [$cm^3$] ( $D$ = 5cm, $H$ = 10cm인 경우 $\beta$ = 458 $cm^3$ ) |

| 깊이 (m) | 최대 하중 $P_{max}$ [kgf] | 최 대 모멘트 $M_{max}$ [kgf·cm] | 전단 강도 $\tau_f$ [kgf/$cm^2$] | 궁극 하중 $P_u$ [kgf] | 궁 극 모멘트 $M_u$ [kgf·cm] | 궁 극 전단강도 $\tau_u$ [kgf/$cm^2$] |
|---|---|---|---|---|---|---|
| | | | | | | |
| | | | | | | |
| | | | | | | |
| | | | | | | |
| | | | | | | |
| | | | | | | |
| | | | | | | |
| | | | | | | |
| | | | | | | |
| | | | | | | |
| | | | | | | |
| | | | | | | |
| | | | | | | |
| | | | | | | |
| | | | | | | |
| | | | | | | |
| | | | | | | |
| | | | | | | |

전단강도 $\tau_f$, $\tau_u$

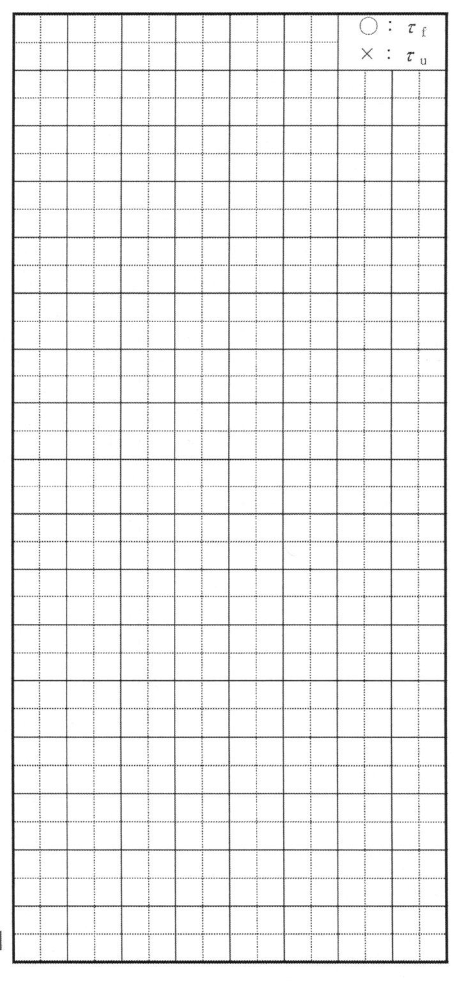


심도 [m]

참 고 ※1 $\beta = \dfrac{6}{7\pi D^3}$ $M_{max} = P_{max} \cdot a$ $\tau_f = M_{max} \cdot \beta$ ( $a$ : 모멘트 팔길이 )

$M_u = P_u \cdot a$ $\tau_u = M_u \cdot \beta$

| 확인 | ______________________ (인) |
|---|---|

# CBR시험

KS F2320

과 업 명 ____________________ 시험날짜 ______년 ______월 ______일

조사위치 ____________________ 온도 ______ [℃] 습도 ______ [%]

시료위치 ______ 시료심도 ______ [m] ~ ______ [m] 시험자 ______

| 시료 | 준비상태 ( 노건조, 공기건조, 자연상태 ) | 함수비 ( 자연상태 ____ [%] 시험개시전 ____ [%] ) |
|---|---|---|
| | 최적함수비 $w_{opt}$ = ______ [%] | 최대건조단위중량 $\gamma_{dmax}$ = ______ [g/cm³] |

| 측 정 내 용 | 단위 | 55회 다짐시료 | 25회 다짐시료 | 10회 다짐시료 |
|---|---|---|---|---|
| 몰 드 무 게 | gf | | | |
| 몰 드 지 름 | cm | | | |
| 몰 드 높 이 | cm | | | |
| 몰 드 부 피 | cm³ | | | |
| 총시료무게 | gf | | | |
| 최적함수비에 맞춘 물의 무게 | gf | | | |
| 몰드+시료무게 (다짐 후) | gf | | | |
| 시 료 무 게 | gf | | | |
| 스페이서 디스크의 부피를 뺀 몰드의 부피 | cm³ | | | |
| 유 공 밑 판 무 게 | gf | | | |
| 하 중 판 무 게 | gf | | | |
| 함 수 비 $w$*1 | % | 용기 ____ $w$ ____<br>$W_t$ ____ $W_d$ ____<br>$W_d$ ____ $W_c$ ____<br>$W_w$ ____ $W_s$ ____ | 용기 ____ $w$ ____<br>$W_t$ ____ $W_d$ ____<br>$W_d$ ____ $W_c$ ____<br>$W_w$ ____ $W_s$ ____ | 용기 ____ $w$ ____<br>$W_t$ ____ $W_d$ ____<br>$W_d$ ____ $W_c$ ____<br>$W_w$ ____ $W_s$ ____ |
| 건조 단위중량 $\gamma_d$*2 | gf/cm³ | | | |

* 흡수팽창시험

| 시간(hour) | 단위 | 55회 다짐시료 변위량 | 25회 다짐시료 변위량 | 10회 다짐시료 변위량 |
|---|---|---|---|---|
| 1 | mm | | | |
| 2 | mm | | | |
| 4 | mm | | | |
| 8 | mm | | | |
| 24 | mm | | | |
| 48 | mm | | | |
| 72 | mm | | | |
| 96 | mm | | | |
| 최종치 | mm | | | |
| 팽창비*3 | % | | | |

참고 : $W_t$ : (습윤시료+용기)무게 [gf]  $W_d$ : (노건조시료+용기)무게 [gf]  $W_c$ : 용기무게 [gf]

$W_s$ : 노건조시료무게 [gf]  $W_w$ : 물무게 [gf]  *1 $w = W_w / W_s \times 100$ [%]  *2 $\gamma_d = \frac{\gamma_t}{w+100} \times 100$ [gf/cm³]

*3 팽창비 : $\frac{|\text{변위계의 최종치} - \text{변위계의 초기치}|}{\text{공시체의 초기높이}} \times 100$ [%]

확인 ____________________ (인)

# CBR시험

KS F2320

과 업 명 ______ 시험날짜 ____년 ____월 ____일

조사위치 ______ 온도 ____ [℃] 습도 ____ [%]

시료위치 ______ 시료심도 ____ [m] ~ ____ [m] 시험자 ______

* 수침후의 함수비 측정

| 측 정 내 용 | 단위 | 55회 다짐시료 | 25회 다짐시료 | 10회 다짐시료 |
|---|---|---|---|---|
| 수침후의 몰드+시료+몰드밑판 | gf | | | |
| 몰 드 무 게 | gf | | | |
| 몰드밑판의 무게 | gf | | | |
| 습윤단위중량*1 | $gf/cm^3$ | | | |
| 건조단위중량*2 | $gf/cm^3$ | | | |
| 함 수 비*3 | % | | | |

* 관입시험

| | 55회 다짐시료 | 25회 다짐시료 | 10회 다짐시료 |
|---|---|---|---|
| 관입량 [mm] | 하중강도 [$kg/cm^2$] | 하중강도 [$kg/cm^2$] | 하중강도 [$kg/cm^2$] |
| 0 | | | |
| 0.5 | | | |
| 1.0 | | | |
| 1.5 | | | |
| 2.0 | | | |
| 2.5 | | | |
| 5.0 | | | |
| 7.5 | | | |
| 10.0 | | | |
| 12.5 | | | |

* CBR값 결정

| | 단위 | 55회 다짐시료 | 25회 다짐시료 | 10회 다짐시료 |
|---|---|---|---|---|
| $CBR_{2.5}$*4 | % | | | |
| $CBR_{5.0}$*5 | % | | | |

* 관입시험후 함수비측정

| | | | | |
|---|---|---|---|---|
| 함수비 $w$*6 | % | 용기 ____ $w$____<br>$W_t$____ $W_d$____<br>$W_d$____ $W_c$____<br>$W_w$____ $W_s$____ | 용기 ____ $w$____<br>$W_t$____ $W_d$____<br>$W_d$____ $W_c$____<br>$W_w$____ $W_s$____ | 용기 ____ $w$____<br>$W_t$____ $W_d$____<br>$W_d$____ $W_c$____<br>$W_w$____ $W_s$____ |

참고 : *1 습윤단위중량 $\gamma_t' = \frac{W_{mw}}{V_m}$ [$gf/cm^3$]  *2 건조단위중량 $\gamma_d' = \frac{100\gamma_d}{100+\gamma_e}$ [$gf/cm^3$]

*3 함수비 $w = \left(\frac{\gamma_t'}{\gamma_d'} - 1\right)$ [%]  *4 $CBR_{2.5} = \frac{\text{시험하중강도}}{\text{표준하중강도}} \times 100$

*5 $CBR_{5.0} = \frac{\text{시험하중강도}}{\text{표준하중강도}} \times 100$  *6 $w = W_w/W_s \times 100$ [%]

$W_t$ : (습윤시료+용기)무게 [gf]  $W_d$ : (노건조시료+용기)무게 [gf]  $W_c$ : 용기무게 [gf]

$W_s$ : 노건조시료무게 [gf]  $W_w$ : 물무게 [gf]  *1 $w = W_w/W_s \times 100$ [%]

확인 ______ (인)

# 표준관입시험

KS F2307

과 업 명 ______________________ 시 험 날 짜 ________년 ______월 ______일

조사위치 ______________________ 온도 ________ [℃] 습도 ________ [%]

조사심도 ________ 시료위치 ________ [m] ~ ________ [m] 시험자 ________

| 시 추 | 장 비 ________ | 발 형 식 ________ | 시 추 직 경 ________ [m] |
|---|---|---|---|
| 햄 머 | 햄머 무게 ________ [kgf] | 햄 머 낙 하 고 ____ [m] | |

| 깊이 [m] | 층두께 [m] | 케이싱 타 입 | 지층 표시 | 세 부 사 항 | 샘플링 타입 및 번호 | 표준관입시험 타격수 N/30cm | 타격수 N 0 10 20 30 40 50 |
|---|---|---|---|---|---|---|---|
| | | | | | | | |

| 확 인 | ________________ ( 인 ) |
|---|---|

# 콘관입시험(관입저항)

과 업 명 ______________________ 시험날짜 ______ 년 ____ 월 ____ 일

조사위치 ______________________ 온도 ______ [℃] 습도 ______ [%]

시료번호 ______________ 시료위치 ______ [m] ~ ______ [m] 시험자 ______________

| 콘 | 지반분류 USCS ____ | 검력계번호 ____ | 검력계용량 ____ [kgf] | 검력계교정계수 눈금당 ____ [kgf] |
|---|---|---|---|---|
| | 콘지수외경 ____ [mm] | 선단각도 ____ [ °] | 콘길이 ____ [cm] 표면적 ____ [$cm^2$] | 로드직경 ____ [cm] |
| | 관입방식 ( 수동식, 기계식 ) | 관입속도 ____ [cm/sec ] | | |

| ① | ② | ③ | ④ | ⑤ | ⑥ | ⑦ |
|---|---|---|---|---|---|---|
| 깊이 | 로 드 | | 압 력 | | | 관입저항 |
| | 개수 | 자중 | 측정치 | 관입압력 | 관입강도 | ((⑥+③)/10 |
| [m] | | [kgf] | | [$kgf/cm^2$] | [$kgf/cm^2$] | [$kgf/cm^2$] |
| | | | | | | |
| | | | | | | |
| | | | | | | |
| | | | | | | |
| | | | | | | |
| | | | | | | |
| | | | | | | |
| | | | | | | |
| | | | | | | |
| | | | | | | |

관입저항

0

확인 ______________________ (인)

# 콘관입시험(콘지수)

과 업 명 ____________ 시험날짜 ______ 년 ____ 월 ____ 일
조사위치 ____________ 온도 ______ [℃] 습도 ______ [%]
시료번호 ______ 시료위치 ______ [m] ~ ______ [m] 시험자 ______

| 검력계 | 번호 ______ | 용량 ______ [kgf] | 교정계수 눈금당 ______ [kgf] | | | |
|---|---|---|---|---|---|---|
| 관 입 | 관입방식 (수동,기계식) | | 관입속도 ______ [cm/sec] | | | |
| 콘 | 두부직경 ______ [cm] | 길이 ______ [cm] | 선단각도 ______ [ ° ] | 표면적 ______ [$cm^2$] | 로드직경 ______ [cm] | |

| 깊이 [m] | 시험번호 1 | | | 깊이 [m] | 시험번호 2 | | | 평 균 |
|---|---|---|---|---|---|---|---|---|
| | 검력계 읽음 | 하중 [kgf] | 콘지수 [kgf/cm] | | 검력계 읽음 | 하중 [kgf] | 콘지수 [kgf/cm] | 콘지수 [$kgf/cm^2$] |
| | | | | | | | | |
| | | | | | | | | |
| | | | | | | | | |
| | | | | | | | | |
| | | | | | | | | |
| | | | | | | | | |
| | | | | | | | | |
| | | | | | | | | |
| | | | | | | | | |
| | | | | | | | | |
| | | | | | | | | |
| | | | | | | | | |
| | | | | | | | | |
| | | | | | | | | |
| | | | | | | | | |
| | | | | | | | | |
| | | | | | | | | |
| | | | | | | | | |
| | | | | | | | | |
| | | | | | | | | |
| | | | | | | | | |

콘지수

깊이 [m]

확인 ______________________ (인)

# 평판재하시험

KS F 2310

과 업 명 ______________________ 시험날짜 ________ 년 ____ 월 ____ 일

조사위치 ______________________ 온도 ________ [℃] 습도 ________ [%]

시료번호 ______________ 시료위치 ______ [m] ~ ______ [m] 시험자 __________

| 재 하 | 평판크기 | 직경 ______ [cm] 재하판면적 ______ [$cm^2$] 재하판두께 ______ [mm] |
|---|---|---|
| | 재하방법 | ( 응력, 변형률 ) 제어 재하속도 ______ [mm/min], ______ [$kgf/cm^2/min$] |
| | 반력시스템 | ( 사하중, 인장말뚝, 앵커 ) 잭형식 ______ 잭용량 ______ |
| 지 반 | 지반분류 USCS ______ 함수비 ______ [%] | |
| 하중계 | 번호 ______ 용량 ______ [ton] 검정계수 눈금당 ______ [kg] | |
| 변위계 | 번호 ______ 최대스트로크 ______ 검정계수 눈금당 ______ [mm] | |

| 측 정 시 간 | 하 중 | | | 침 하 | | | | | | |
|---|---|---|---|---|---|---|---|---|---|---|
| | 하중계읽음 | 하 중 [kgf] | 평균압력 [$kgf/cm^2$] | 변위계 1 | | 변위계 2 | | 변위계 3 | | 평 균 [mm] |
| | | | | 읽음 | 변위 [mm] | 읽음 | 변위 [mm] | 읽음 | 변위 [mm] | |
| | | | | | | | | | | |
| | | | | | | | | | | |
| | | | | | | | | | | |
| | | | | | | | | | | |
| | | | | | | | | | | |
| | | | | | | | | | | |
| | | | | | | | | | | |
| | | | | | | | | | | |
| | | | | | | | | | | |
| | | | | | | | | | | |
| | | | | | | | | | | |
| | | | | | | | | | | |
| | | | | | | | | | | |
| | | | | | | | | | | |
| | | | | | | | | | | |
| | | | | | | | | | | |

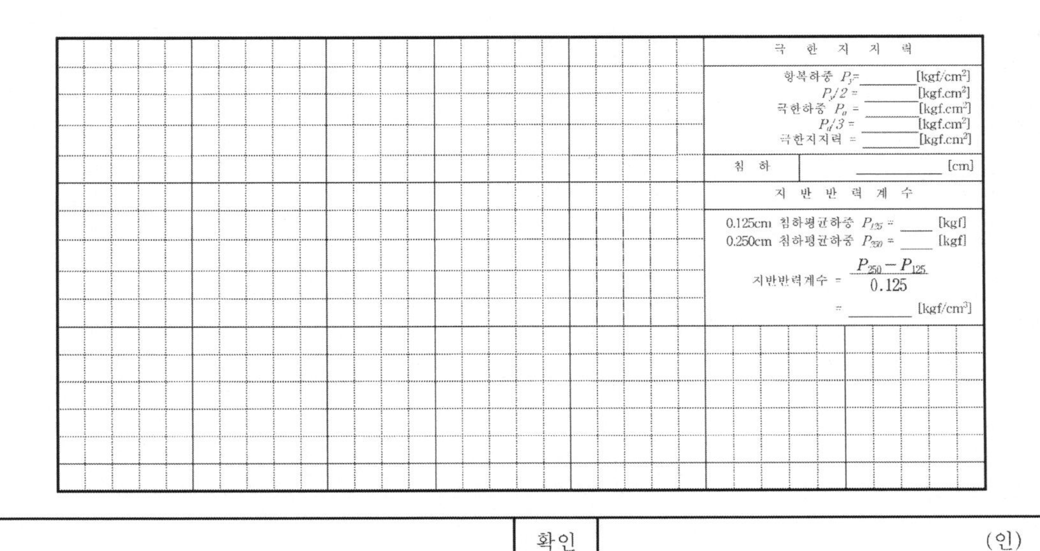

극 한 지 지 력

항복하중 $P_y$= ______ [$kgf/cm^2$]

$P_y/2$ = ______ [$kgf.cm^2$]

극한하중 $P_u$ = ______ [$kgf.cm^2$]

$P_u/3$ = ______ [$kgf.cm^2$]

극한지지력 = ______ [$kgf.cm^2$]

침 하 ______ [cm]

지 반 반 력 계 수

0.125cm 침하평균하중 $P_{125}$ = ____ [kgf]

0.250cm 침하평균하중 $P_{250}$ = ____ [kgf]

$$지반반력계수 = \frac{P_{250} - P_{125}}{0.125}$$

= ______ [$kgf/cm^3$]

| 확인 | ______________________ (인) |
|---|---|

## ■ 저자약력

**이 상 덕 (李 相德, Lee, Sang Duk)**
서울대학교 토목공학과 졸업 (공학사)
서울대학교 대학원 토목공학과 토질전공 (공학석사)
독일 Stuttgart 대학교 토목공학과 지반공학전공 (공학박사)
독일 Stuttgart 대학교 지반공학연구소 (IGS) 선임연구원
미국 UIUC 토목공학과 Visiting Scholar
미국 VT 토목공학과 Visiting Scholar
아주대학교 건설시스템공학과 교수
현 아주대학교 건설시스템공학과 명예교수

# 토질시험(제3판)

**초판발행** 1997년 2월 28일 (도서출판 새론)
**초판2쇄** 2011년 2월 23일
**2판 1쇄** 2014년 9월 5일 (도서출판 씨아이알)
**2판 2쇄** 2016년 12월 5일
**3판 1쇄** 2023년 4월 5일

**저 자** 이상덕
**펴 낸 이** 김성배
**펴 낸 곳** 도서출판 씨아이알

**책임편집** 최장미
**디 자 인** 송성용
**제작책임** 김문갑

**등록번호** 제2-3285호
**등 록 일** 2001년 3월 19일
**주 소** 100-250 서울특별시 중구 필동로8길 43(예장동 1-151)
**전화번호** 02-2275-8603(대표) **팩스번호** 02-2275-9394
**홈페이지** www.circom.co.kr

**I S B N** 979-11-6856-144-1 93530
**정 가** 33,000원